赵其国文集

农业发展卷

赵其国 等 著

科 学 出 版 社
北 京

内 容 简 介

《赵其国文集·农业发展卷》是赵其国院士及其领衔的科研团队近 60 多年来在农业发展领域所作的科研工作及取得的科技成果的系统总结和全面反映。

本书收录赵其国院士独立及合作撰写发表的农业发展论文 102 篇，共五部分，包括：农业发展战略，粮食与食物安全，耕作制度改革，农业发展模式，区域农业发展。

本书适合从事农业科学理论研究与实际应用及相关学科专业的科研人员、管理人员、研究生、本科生等阅读，也适合农村基层干部、群众参考。

图书在版编目（CIP）数据

赵其国文集·农业发展卷/赵其国等著. —北京：科学出版社，2017.9

ISBN 978-7-03-054664-7

Ⅰ. ①赵… Ⅱ. ①赵… Ⅲ. ①土壤学-关系-农业发展-文集 Ⅳ. ①S-53

中国版本图书馆 CIP 数据核字（2017）第 238523 号

责任编辑：周 丹 曾佳佳 / 责任校对：贾娜娜 杜子昂
责任印制：张克忠 / 封面设计：许 瑞

科学出版社 出版
北京东黄城根北街 16 号
邮政编码：100717
http：//www.sciencep.com

中国科学院印刷厂 印刷
科学出版社发行 各地新华书店经销

*

2017 年 9 月第 一 版 开本：880×1230 1/16
2017 年 9 月第一次印刷 印张：42 1/4
字数：1 430 000

定价：498.00 元

（如有印装质量问题，我社负责调换）

作 者 简 介

赵其国 土壤学家、农学家，中国科学院院士，中国科学院南京土壤研究所研究员。曾任中国土壤学会理事长，国际土壤学会盐渍土分委员会主席，国际土壤学会土壤环境委员会第一副主席，国际山地研究中心理事，江苏省和南京市科协副主席。长期从事中国及世界土壤地理与土壤资源研究。在热带土壤发生方面，首次明确提出中国红壤具有古风化过程及现代红壤化过程两种对立统一的特征。提出“土壤圈”研究的新方向，建立了“土壤圈物质循环开放研究实验室”。提出南方红壤分区整治、退化土壤改良以及土壤生态与环境评价的多种规划与开发方案。曾建议并参与国家“土壤质量”及“东南环境质量”等“973”计划项目，对农业与环境、生态可持续发展、农业清洁生产等重大问题均参与咨询与研究。2008～2011 年参与“中国至 2050 年农业科技发展路线图”研究并担任组长。近年来提出了发展我国“生态高值农业”的理念与建议。曾获中国科学院竺可桢奖、国际道库恰耶夫奖、第四届日经亚洲大奖等国际、国家及中国科学院奖 20 次。出版专著 21 本，论文 400 余篇，已培养研究生 100 多名。E-mail: qgzhao@issas.ac.cn。

Zhao Qiguo，a distinguished soil scientist，academy member of Chinese Academy of Sciences and Researcher of Institute of Soil Sciences of Chinese Academy of Sciences. Previously，he served as Chairman of Soil Science Society of China，Chairman of the International Union of Soil Sciences of Saline Soil Sub-Committee，Vice-Chairman of Soil and Environment Committee，Academic Member of International Mountain Research Center，Vice President of Science & Technology Association of Jiangsu Province and Nanjing City. Dr. Zhao has been dedicated to the research on soil geography and soil resources in China as well as internationally. During the study of tropical soil，he proposed that the Chinese red soil has both the opposite and unified features of ancient weathering and modern rubefaction processes. He also puts forward the evaluation plan for utilizing the tropical crops based on the thermal conditions and soil properties，which provided the scientific reference for compiling the tropical crop development plan and distribution. In recent years，he has pointed out pedosphere theory as a new direction of soil science and established the Open Laboratory of Material Cycling in Pedosphere to promote the development of soil science. Based on the long-term study of southern red soil，he has proposed and participated in research projects of the Major State Basic Research Development Program of China（“973” Program）on “soil quality” and “the southeast environmental quality”. Besides，he has also provided advices for decision-making of government on the major issues such as agriculture and environment，ecologically sustainable development，and agricultural cleaner production. From 2008 to 2011，as a team leader，he participated in the research on Chinese Roadmap to the Year of 2050 for the development of agricultural science and technology. He has won 20 domestic and international awards by now，such as Zhu Kezhen Award from Chinese Academy of Sciences，Dokuchaev Basic Soil Science Award，Nikkei Asia Prizes and so on. He published 21 monographs，over 400 scientific papers，and trained more than 100 postgraduates. E-mail：qgzhao@issas.ac.cn.

《赵其国文集·农业发展卷》编辑委员会

自　序

2016年12月，由科学出版社出版了《赵其国文集·土壤科学卷》，将我近60多年来在土壤科学领域所作的工作及发表的论文（260篇）进行了总结和汇编。实际上，从事土壤科学研究离不开农业，“万物土中生”，“土壤-农业”之间有着千丝万缕、不可分割的联系。正因为此，我在60多年的时间里，在研究土壤的同时，也从未离开过对农业的探索，或者说，我是将“土壤”与“农业”融为一体进行分析和研究的。

我是1949年9月考入武汉大学农艺系（后更名为华中农学院农学系，现为华中农业大学植物科学技术学院）的，从这个意义上来说，我的最初“专业”、“本行”就是学农业的，研究农业发展的，我的“初心”就是“农”。只是后来工作的需要，我被分配到中国科学院土壤研究所，即现在的工作单位中国科学院南京土壤研究所，从事专业的土壤科学研究工作。正如前面所述，研究土壤，离不开农业。我在研究土壤科学的同时，对我国农业发展的理论与实践也进行了长期的、深入的分析、思考和探索。

1953年，我参加了海南橡胶宜林地的调查，并坚持了10年之久，于20世纪60年代基本解决了有关我国发展天然橡胶的理论与实践问题，且对全球橡胶种植具有重要的借鉴意义；1963~1969年，我被派往古巴从事援古工作，不仅研究古巴的土壤问题，也深入第一线解决古巴的农业问题；1973~1980年，我响应国家“向黑龙江荒地要一百亿斤粮食”的号召，深入黑龙江的“北大荒”进行调查研究，选出了3400万亩可开垦的农用地，为国家农业发展，特别是解决当时粮食需求作出了重要贡献；2008~2011年，我参与并主持了“中国至2050年农业科技发展路线图”研究，提出了发展我国“生态高值农业”“功能农业”的理论及技术体系；2000～2016年，我还参加了针对江苏省沿海、沿江开发开展的多次咨询调研，直接领导了对江苏省沿海滩涂、湿地农业等的规划、保护与开发工作；今年（2017年），我开始主持中国科学院学部咨询项目“探索实行耕地轮作休耕制度试点问题咨询研究”（No：2016ZWH002A-002）工作，并取得积极进展。

在进行上述研究工作的同时，我也撰写了多部农业著作，如《生态高值农业：理论与实践》《功能农业》《中国至2050年农业科技发展路线图》《江苏农业可持续发展研究》《广西农业》等；还先后到全国各地就农业发展问题讲学、研讨、作学术报告达数十至上百场次；至今，已先后被聘为华中农业大学、南京农业大学、西北农林科技大学、浙江农业大学（现浙江大学）、福建农林大学、江西农业大学、广西农业科学院等单位的特聘教授、兼职教授或学术顾问等。

作为一名农业科研领域的“老兵”——探索者、实践者，我主要对农业发展战略、粮食与食物安全、耕作制度改革、农业发展模式和区域农业发展五个方面进行了深入、系统的分析与研究，发表相关论文100余篇。

为了进一步总结、梳理我在农业领域所做的工作和取得的成果，经研究决定，将上述100余篇论文结集，并以《赵其国文集·农业发展卷》为书名由科学出版社公开出版。

我希望本书的出版，不仅能为推动我国当前及今后农业发展作出积极贡献，还应为促进农业科学研究积累有益资料，更要为农业科技人才的培养，为事业后来者的成长发挥应有作用。

是为序。

赵其国

2017年4月22日于南京

前　言

赵其国院士不仅是我国著名土壤学家，在土壤科学领域作出了杰出贡献；同时，也是著名农学家，在农业发展领域进行了开拓性探索，取得了具有国际领先水平的科技成果，并在生产实践中广泛推广应用，产生了显著的经济效益、社会效益和生态效益。

为了全面、系统地总结赵其国院士近 60 多年来在农业发展领域所做的开创性工作和取得的创新性成果，以期为促进国家农业发展、培养农业科技人才作出积极贡献，经《赵其国文集·农业发展卷》编辑委员会研究决定，将赵其国先生及其科研团队在农业发展领域发表的论文进行梳理和汇编，并以《赵其国文集·农业发展卷》为书名，由科学出版社公开出版。

本书共分五部分，共收录论文 102 篇。第一部分，农业发展战略，收录相关论文 19 篇，主要是赵其国院士在各个不同时期，从宏观、战略层面对我国农业及农业科技发展方向和对策所作的思考；第二部分，粮食与食物安全，收录相关论文 16 篇，集中反映了赵其国院士对我国“粮食安全”“食物安全”的高度关注和深入研究，尤其是赵院士呼吁“推广农业清洁生产”、首倡建设东北“大粮仓”等均具有现实参考价值和指导意义；第三部分，耕作制度改革，收录研究论文 22 篇，内容涉及稻田轮作与保护性耕作、红壤旱地间作系统的结构与功能、轮作休耕制度和区域耕作制度等，研究不仅具有学术深度，更有现实针对性；第四部分，农业发展模式，内含论文 22 篇，全面展示了赵其国院士创造性地提出的“生态高值农业”“功能农业”的理论内涵与技术体系，对当前我国农业发展具有重要参考价值；第五部分，区域农业发展，收录相关论文 23 篇，体现了赵其国院士对我国不同区域农业发展面临的问题及应采取的战略措施的深入研究和思考，尤其是提出的对策与建议具有很强的针对性和可操作性，从一个侧面也反映了赵院士“立足实际、扎根农业”的工作作风和优秀品质。

与科学出版社已出版的《赵其国文集·土壤科学卷》一样，本书同样具有以下四个特点：一是“真”。本书真实记录和反映了赵其国院士（及其团队）在农业发展领域所做的开创性工作和取得的创新性成果，收录的论文均按当时发表时的“情形”，包含作者署名、工作单位等均不作任何改动，充分体现“原真性”。二是“实”。本书的价值在于以事实为依据，以科学数据为灵魂，体现了赵其国院士踏踏实实的做事风格、实实在在的科学精神。三是“广”。书中收录的论文，涵盖了农业发展战略、粮食与食物安全、耕作制度改革、农业发展模式和区域农业发展五个方面，在农业发展领域体现其研究范围之宽、领域之广。四是“新”。全书收录的论文，均反映了赵其国院士及其团队在各个时期，站在国内外农业发展前沿发表的具有前瞻性的创新性成果，充分体现了在农业发展领域的新理念、新战略、新技术和新方法。

本书的出版，得到了中国科学院南京土壤研究所的大力支持，得到了科学出版社的大力支持，得到了所有论文作者的大力支持。在此，一并致以衷心的感谢！

因时间仓促，书中可能有疏漏和不妥之处，请多多批评指正。

《赵其国文集·农业发展卷》编辑委员会

2017 年 4 月 22 日

目　录

第三部分　耕作制度改革

第四部分　农业发展模式

第五部分　区域农业发展

第一部分　农业发展战略

创建节源高效持续农业
——我国农业的发展方向

赵其国

中国科学院南京土壤研究所，南京　210008

摘　要

本文从我国基本国情出发，提出创建节源高效持续农业是我国农业的发展方向，并简要叙述了它的主要内容、目标及实施措施。

目前，我国人口-资源-粮食-环境之间的矛盾日益突出：人口急增，耕地继续减少，土地退化仍在扩展，农业产量增长缓慢，资源严重短缺，环境日趋恶化。面临如此严峻的形势，我们认为，走节源高效持续农业之路，是符合我国国情的正确的技术选择。

所谓节源高效持续农业，是指在节约资源、获得高产的同时，注意增强地力，改善和优化生态环境。也就是，在有限资源条件下，发挥其生产潜力，注意生态系统、物质循环与各类资源的平衡与协调，增强农业产出，并保其稳定增长。

节源高效持续农业的全部内涵，可用图1表述。

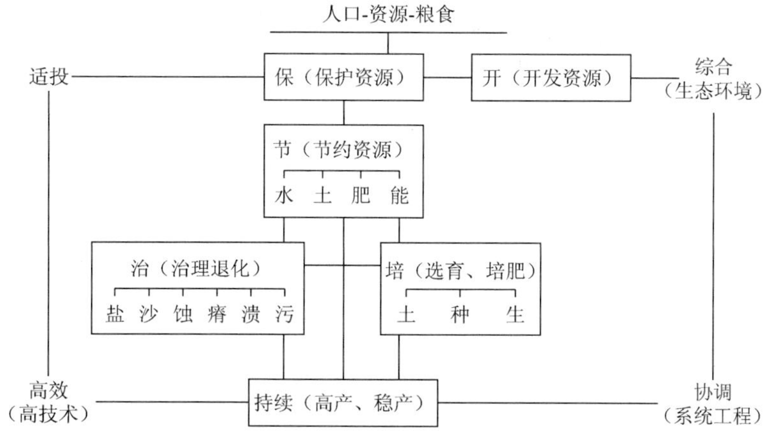

图1　节源高效持续农业的内涵

节源高效持续农业的具体内容是：从综合协调的观点出发，节约利用土地资源、水资源、肥料资源及能源，其中特别要充分利用好现有的20亿亩耕地，尽量减少非农业占地和人为因素引起的土地退化现象；改造占耕地面积2/3的中低产田；开垦荒地，增加耕地面积，我国约有3亿亩荒地可供垦殖，但必须因地制宜地加以利用。

从近期来说，主要应达到以下3项目标：①在节约资源和保持资源平衡的前提下，实现大面积增产；②增加投入，提高投入/产出比。要将水的利用率提高20%，化肥利用率提高10%～20%，病虫害损失率降低20%；③尽量采用新的科技成果，提高农业生产的技术水平和管理水平。

为了在全国逐步创建节源高效持续农业，我们必须采取如下措施。

1）将“节源高效持续农业”列为国家农业发展的战略目标。

2）努力遏制耕地下降的势头，发展节水型工农业生产体系，提高水资源的重复利用率。

3）加强科学研究，建设区域农业试验站及实验基地，稳定农业科技队伍。

本文原载《土壤》1991年第5期第54页。

重要的研究内容有：

（1）农业自然资源开发与农业发展战略的研究。包括我国农业自然资源的数量和质量；提高农业自然资源生产力的途径及人口承载力；农业后备资源的开发；农业布局及农业结构地域系统分析；农村经济类型区域发展模式研究；贫困地区资源合理利用与农业发展研究。

（2）我国重点区域农业综合开发治理试验示范研究。包括对黄淮海平原、黄土高原、南方红壤丘陵、东北三江平原、北部沙漠化及南北方草地 6 个不同类型区进行农业综合开发治理。总体设想是针对不同类型区农业综合开发的重大科技与生产问题，通过建立试验站、区，开展试验示范，将成熟的配套经验，由点到面地辐射推广，达到区域农业综合治理的目的。

（3）农业资源的节约利用研究。包括：①节水农业及高产技术研究。区域水资源的合理调配；节水潜力；水管理和水政策；节水农业的实用技术研究和示范，包括作物布局、作物需水规律、土壤水分动态、覆盖技术、以肥调水和节水新材料等方面的研究。②高效节肥及管理施肥研究。高效、长效、多功能复合肥和微肥的应用与开发；优化施肥模型及其调控；农田生态系统中氮素损失及其对策；土壤肥力变化趋势及预测报的研究。③保护及合理利用现有耕地的研究。保护耕地防止及减缓侵占政策的研究；区域综合农业的合理配置；适度规模农业与合理利用耕地的各种耕作制和措施。④农村再生能源的综合利用。生物、太阳和风等再生能源对农业的综合利用途径及其前景。

（4）土地退化的时空变化及对农业生产的影响。近百年，特别是近十年来人为活动对土地退化的影响；次生盐渍化、沙化、土壤侵蚀及土壤肥力减退的特点与农业发展的关系；土地退化趋势、模式及其预测预报：土地退化与中低产田的综合治理途径；中低产田改造配套技术的试验与推广；海水倒灌入侵的防治研究。

（5）培育地力及高产农业技术的研究。高产土壤水肥调节技术；主要农作物育种及生物防治新技术（包括作物抗病虫、抗逆、优质、高产良种的选育和推广）；水、肥、药、膜农业新技术综合运用及效益研究；农、林、牧主要害虫害鼠综合治理的研究。

（6）农业投入及垦殖开发对农业发展的影响。资源节约条件下的农业投入；农业投入的规模、形式及效益研究；“适投佳产”的水、土、肥、能管理技术；宜垦荒地的开发途径与效益；荒地开发利用的配套技术及示范、推广。

（7）农田生态环境的保护、配置与调节。农田生态环境的结构、功能和优化模式；农田生态环境的污染及防治；农田生态环境中各因素的配置及对农业生产的影响；农业超前模式——农业园的典型试区建设。

（8）全国节源高效持续农业信息系统及遥感监测系统的建设。以建立农业数据库为中心，在资源平衡、结构调整、合理配置、模式优化、动态监测及农业协调发展等方面提供决策依据。

4）增加对农业的科技资金和物资投入、完善农业管理。

依靠科学技术开拓农业发展新时代

赵其国

中国科学院南京土壤研究所，南京　210008

在当前世界科学技术突飞猛进，新技术革命日益高涨的形势下，农业科技正朝向新的时代迈进。

我国是世界农业大国，近十年来，随着科学技术的进步，我国土地产出率比 1950 年提高了三倍，农业劳动生产率提高一倍以上。但由于我国人口多，耕地少，底子薄，人均资源相对不足，因此，要实现国家“八五”纲要：今后十年，我国粮食要先后登上 4.5 亿 t 和 5 亿 t 两个台阶，棉、油、糖要同时增产的目标，今后我们必须进一步依靠科学技术，通过实现农业现代化，不断挖掘农业科技潜力，促进农业的发展。

世界农业科技发展趋势

事实推断，21 世纪将是以高度信息化为基础，以生物工程为中心，以先进技术武装各个领域综合发展的新产业社会，而农业的高科技化和工程化，将是 21 世纪农业和农业科技发展的总趋势。具体表现在以下四个方面。

第一，改造传统农业，探索农业发展的新途径　为使传统农业向现代化农业方向转化，各国均将对传统农业进行技术改造，并将在农业生产模式上出现变革。例如，针对提高抗御自然灾害与病虫害的能力，对农作物进行遗传基因改造，针对提高土壤养分吸收与利用率，对土壤营养元素循环转化进行调节。此外，农作物品种的多样化，家禽家畜免疫力提高，农田病虫害的综合防治以及传统耕制与管理制度改造等，都将是传统农业技术改造的新内容。其次，在农业发展方向上，除已经提出的自然农业、有机农业、生态农业、再生农业、替代农业、超石油农业等观点外，最近国际上提出“持续农业”的方向，即在现代农业中，在强调产品数量、质量与效率的同时，必须重视资源环境保护与农业的持续发展，这种强调农业与环境协调发展的持续农业的新概念，将对今后世界农业的发展产生明显影响。

第二，重视科技投入，加强多学科的联合　据统计，发达国家农业投资占总投资的 3%～6%，其投资与产值之比为 1∶1，1987 年发达国家人均农业产值 720 美元，每个农业人口农业产值 1 万～1.5 万美元，而发展中国家相应为 195 美元及 114～200 美元，说明今后农业投入，包括农业科技、物质及资金的投入，是农业发展的重要保证。此外，未来的农业问题将与全球范围的重大问题，如人口、资源、生态、环境、粮食相联系，并与生命科学、分子生物学等密切结合，因此，今后农业问题的解决唯有依靠多学科的综合并通过宏观与微观两方面的发展，才会出现突破性的进展。

第三，科技目标明确，发展重点具体　世界农业科技发展的主要目标是增加产量，改进品质，合理利用资源，保护生态环境。在此目标下，今后农业科技发展的重点，包括：充分利用生物的遗传潜力，保持与提高土壤肥力，合理和有效利用水资源，提高科学种植与养殖水平，改进农产品加工与贮运技术五个方面。所有这些，都是 20 世纪 90 年代世界农业科技发展的主要动力。

第四，突出生物工程技术，开创农业发展新领域　90 年代生物工程技术将在农业领域中广泛运用，据估计，20 世纪末，世界农产品增加将有 5/6 来自生物工程技术及增产措施。这方面的研究内容有：利用生物技术培育作物与畜禽新品种；大力开发生物固氮技术；提高作物光合利用效率；提高作物抗性；快速繁殖和脱病毒复壮；提高作物蛋白质含量；生物农药研制等。所有这些研究，将为农业发展开创出新的领域。

总之，世界各国都在不断调整自己的农业科技发展战略，并在面临人口、资源、环境、粮食的严峻形势下，探索农业发展的新出路，其中最根本的是，依靠科技进步，促进农业发展。

我国农业发展趋势与任务

“科学技术是第一生产力”，科技一旦运用到农业生产中，就会成为发展农业生产的强大推动力。90 年

本文原载《农业现代化研究》1991 年第 12 卷第 6 期第 1-3 页。

代我国农业科技发展的战略目标是，以现代化科学技术和工业为强大支柱，把传统农业转变到现代科学技术为基础的现代持续农业上来，逐步降低农业人口比重，大幅度提高土地利用率、劳动生产率和产品商品率，建立现代化农业生产技术体系。当前世界农业增产依靠科技作用的比例已达 60%～80%，而我国仅 30%～40%，说明我国今后在依靠科技发展农业方面尚有很大的潜力。从总的发展趋势看，我国依靠科技，促进农业发展的任务有以下五个方面。

第一，充分挖掘农业潜力　首先我国尚有可垦荒地 5 亿亩，在耕地中有 2/3 的中低产田，今后十年，通过消除土壤障碍因素，对盐碱、潜育等 10 亿亩中低产田进行治理，平均每亩增产粮食 50kg，则共可增粮 500 亿 kg。其次，从单产潜力看，1989 年我国水稻单产仅 365kg，日本为 428.6kg；小麦我国仅 201.3kg，法国为 422.5kg；玉米我国仅 253.4kg，美国为 478.8kg，然而，就玉米而言，其理论产值可达 1486.7kg，说明依靠科技尚有很大增产潜力。我国每年通过农作物新品种培育可增产 10%左右，通过耕制等改革可增产 10%～30%，采用施肥技术可提高化肥利用率 10%，通过节水灌溉可节水 20%，节地 1%～1.5%，通过植保及病虫防治可挽回农业损失 10%～20%。这些都是挖掘科学潜力的主要内容。

第二，加强农业现代化建设　农业现代化的核心是科技农业与智力农业，它是保证我国农业上新台阶的重要基础。现代化农业是采用现代化科学技术武装，现代工业装备和现代科学管理而建立的农业生产新体系，其中包括农业机械化、水利化、化学化、商品化和社会化等。从国情出发，今后我国农业的发展方向，应当是使传统农业向现代化农业转化，劳动密集向知识密集转化，用地与养地结合向高产、优质、低耗、集约化转化，从而提高农业综合生产力，使农业环境与资源利用密切结合，走具有中国特色的现代化农业发展道路。

第三，将科技成果转化为现实生产力　首先应选择一批投资少、见效快、效益高、与现有技术水平相适应的科技成果和先进适用技术，认真组织推广。就全国而言，应重点推广各种高产优质的作物新品种，节水灌溉与草地农业培养技术，畜禽水产新品种与新组合等，并与农林综合开发和商品基地建设相结合，以便有效地促进这些成果尽快转化为生产力。“七五”期间，在黄淮海农业综合开发中，通过综合试验区进行科技成果示范推广，累计增产粮食 20 亿 kg，棉花 10 亿 kg，增产效益达 34 亿元，有力地促进了科技与生产的密切结合。

第四，建立资源节约型持续农业体系　资源节约型持续农业体系，是指在我国有限资源条件下，充分利用资源潜力，提高资源综合生产效率，增加单位资源的农业产出，减少资源破坏、浪费，以促进农业持续、稳定与协调增长。科学技术进步是资源节约型持续农业建立与发展的基础。长期定位试验证明，黄淮海平原和东北平原，由目前每毫米降水生产粮食 0.46kg 可提高到 0.70kg，水分利用率可提高 50%。华北地区 1.7 亿亩井灌面积，在总产不减的前提下，每季小麦可较目前少灌 1.5～2 次，即使减少 1 次，华北地区每年可节水 70 亿 m^3。这些事例说明了资源节约型持续农业存在着巨大的生产潜力。当然，除了节水外，还必须注意节肥、节地、节能及高产农业综合技术的开发。

第五，加强科技体制改革，建立和完善农村社会化服务体系　科技体制改革是促进科技进步与经济发展的重要保证，在科技体制改革中，要逐步建立引进、应用、推广、创新相结合的新机制，形成多渠道的科技投入，加强和完善农业开发机制，促进农业科技投入与产出之间的良性循环，保证农业的不断增长。此外，应建立和完善以公办为主体骨干、公办与民办相结合的服务体系，加强乡镇农业技术服务站的建设，增加投入，综合办站，加强管理，增强推广服务站的功能，促进农村科技与农业的稳步发展。

中国科学院今后的农业研究任务

中国科学院自 1985 年成立农业研究委员会以来，在科学院及有关专家的领导下，从全院农业发展战略方针到重大农业项目的遴选、评议、鉴定，包括研究所的评议与指导等方面，做了大量工作，起了很大作用。今后农研委将继续对全院的农业重大决策及研究工作，发挥咨询与协调作用。过去我院农业科研工作的特点是：注意农业与资源环境相结合，应用研究与基础研究相结合，种植业与林、牧、渔等相结合；在研究内容上主要有，全国农业发展方向、战略，不同区域农业发展模式，试验站的试验、示范与推广等，从全国、区域及试验区三个层次进行。随着国民经济的发展，今后我院农业研究应侧重抓好以下几个方面。

第一，20 世纪末到 21 世纪，我国农业发展的战略和面临的任务　包括：全国农业发展的战略布局，长远目标及重大措施；全国农业科技发展的方向、任务及有关政策等。

第二，探索我国资源节约型持续农业发展体系的新内容与新途径 包括：持续农业的结构与功能；持续农业与资源节约的关系；节水、节地、节肥、节能的技术体系；不同区域资源节约与持续农业的典型模式；不同农业制度，如立体农业，换茬耕制，刀耕火种的特点与持续农业的关系，自然农业与持续农业的关系等。

第三，实现农业科技成果转化为现实生产力 包括下列诸方面的科技成果：土地资源开发；水资源节约利用；提高化肥肥效（如长效尿素，脲酶抑制剂）；节约农药，提高病虫害防治技术（如棉花摘早蕾，少打药技术）；禽畜饲养，水产养殖及饲料开发；品种培育，扩大试种技术等方面。这些成果的转化与推广，必将对农业发展起重大推动。

第四，区域农业资源综合治理与开发新途径 包括：不同区域农业发展的战略目标与措施（特别是不同区域在不同阶段的农业科技发展重点）；不同区域农业的具体布局与结构调整；不同区域的农业生产与发展模式；不同区域农、林、水、草等生态试验示范的网络体系等。

第五，农业高科技化与工程化的新技术与新方法研究 除通过遗传工程培育作物新品种外，还应逐步探索蛋白质工程农业、细胞工程农业及海洋动植物养殖工程，逐步发展以基因工程全面综合应用而组成的“工程农业”，以便建立我国农业科技发展的新基础与新领域。

总之，依靠科技发展农业是今后发展与振兴我国农业的重要途径，我们一定要按此方向，奋发努力，为我国农业的不断发展与繁荣作出巨大贡献。

参 考 文 献

[1] 何康. 依靠科学技术. 实现农业上新台阶. 中国科协第四次全国代表大会论文集，1991.

[2] 卢良恕，等. 当代世界农业科学技术现状与发展前景. 中国科协第四次全国代表大会论文集，1991.

农业科技发展态势与面向 2020 年的战略选择*

赵其国　黄季焜

中国科学院农业领域战略研究组，南京　210008

摘　　要

（1）至 2020 年农业领域科技发展新趋势新特点。世界农业科技发展新趋势将体现在如下 5 个方面：①植物种质资源与现代育种科技，如大规模植物种质资源发掘，光合作用研究的突破将加快现代育种大变革速度，系统生物学将为大规模基因资源发掘和利用提供系统的理论与技术基础，分子设计育种将产生突破性品种并催生智能品种诞生，第二代生物质原料生产将成为大农业的重要组成部分；②动物种质资源与现代育种科技，如大规模动物种质资源发掘，传统育种和基因工程相结合培育新品系是动物遗传育种发展方向，动物克隆技术和转基因动物将进一步取得突破，良种化和健康养殖科技发展迅速；③资源节约型农业科技，如耕地资源集约利用与耕地质量定向培育科技发展，农田生态系统节水技术体系和建设流域水资源保障体系，高效新肥料研制和集成农田生态系统养分技术，低碳农业技术将成为未来的重要技术；④农业生产与食品安全科技，如支撑食品安全的生产技术发展迅速，更加关注营养保健功能食品的科技和食品安全监控技术，危险性快速评估技术体系得到广泛应用；⑤农业信息化和精准农业科技，如农业信息服务网络化科技和种养业管理信息化科技将加速发展，精准农业科技进入新的发展阶段，农业装备制造技术向大型和复式作业等方向发展。

（2）中国农业发展和粮食安全面临的挑战和对科技的重大需求。①农业发展面临新的挑战。在生产上，小规模经营与大市场和现代化的矛盾更加突出；耕地刚性下降和水资源短缺对农业形成的威胁越来越严峻；科技体系不能适应市场发展和农民对技术的需求；许多农业资源的利用和管理与农业食物系统的可持续性相悖。在市场上，对食品质量和安全将提出更高要求；整个农产品供应链系统正经历着历史性变化；贸易自由化使农产品进口压力进一步加大。②国家粮食安全面临的挑战：我国粮食安全于 2008 年已经突破了 95%自给率目标，2010 年更下降到 90.6%；我们预测，我国粮食需求在 2020 年将达到 6.7 亿 t，在现有政策下需求增长将高于生产增长，粮食自给率到 2020 年将下降到 87%左右。③农业科技创新是发展农业和保障国家粮食安全的重大需求：面对农业发展和粮食安全的挑战，我国亟须在植物种质资源利用与现代育种、动物种质资源利用与现代育种、资源节约型农业、农业生产与食品安全、农业信息化和精准农业五大科技领域实现突破。为此，国家最近对农业科技发展提出了新的要求，特别是构建“生态高值农业”技术体系。中国科学院的优势在于多学科联合，能够在科技综合研究和集成基础上实现重大突破。如果把以上五大科技领域联合起来，在“生态高值农业”科技发展上将能起到国家科技发展的引领作用。

（3）面向 2020 年的农业科技战略选择：构建我国生态高值农业产业体系。生态高值农业含义：所谓“生态”，就是要体现农业既能为社会提供安全、优质的农产品，又能实现农业资源的永续利用；所谓“高值”，就是要体现农业有很高的土地产出率、投入产出率、劳动生产率。因此，“生态高值农业”是集约化经营与生态化生产有机结合的现代农业。它以健康消费需求为导向，以提高农业市场竞争力和可持续发展能力为核心，是转变农业增长方式、提高农业综合生产能力的集中体现。

生态高值农业科技的发展目标：到 2020 年，通过重点农业科技领域的重大创新突破，为不断满足日益增长的农产品总量、质量、安全和多功能的需求以及改善农业生产结构、生态环境和农业资源永续利用等生态高值农业体系提供科技支撑。

生态高值农业研发内容：①提升“中国至 2050 年农业科技发展路线图”的理念与五大科技领域的研究水平；②建立生态高值农业的综合技术体系；③研发六大城市圈（如北京、上海、重庆、武汉、沈阳、

---

* 基金项目：中国科学院农业科技领域发展路线图研究专项基金项目（2009 年 6 月）。

本文原载《生态环境学报》2012 年第 21 卷第 3 期第 397-403 页。

南京）、十大典型区域生态高值农业发展模式及其技术支撑体系（长三角城市群郊区生态高值农业模式，华中种养加一体化农业圈层模式，西南山地立体农业生态高值农业模式，南方亚热带特种农林果综合开发模式，滨海滩涂农业综合开发利用模式，黄土高原水土保持及农林果流域开发模式，黄淮海平原粮养加农业综合模式，东北平原粮食基地综合开发利用模式，西北寒旱区农牧综合开发模式，北部漠境盐湖综合整理开发模式）；④建设农产品产业化、加工产业化和综合产业化三大体系。最后在上述 4 个层次研发基础上，全面建立我国生态高值农业产业化网络体系。

我国生态高值农业技术体系的构建：根据我国的现状，目前应主要从以下几个方面进行技术创新：①无公害农产品种养殖技术；②农产品加工技术；③我国传统农业精华技术；④标准化生产技术；⑤高新农业技术。

对中国科学院提出的建议：①将“生态高值农业”列为中国科学院“十二五”的重大研发项目；②组织“农业领域战略研究组”和中国科学院有关单位提出生态高值农业建设的项目规划，并通过院部将此项目向国家有关部委推荐；③组织全院农业科研力量，联合全国的有关力量，首先在城市郊区农业与经济相对发达的地区，建立我国“生态高值农业”模式及其配套技术体系。

关键词 中国；农业科技；发展态势；战略选择；生态高值农业

1 未来至 2020 年农业领域科技发展新趋势新特点

未来 5～10 年，农业科技将发生显著变化。我们在分析未来农业科技发展趋势的基础上，从如下 5 个领域分别介绍其发展的新趋势新特点。

1.1 植物种质资源与现代育种科技发展

植物种质资源与现代育种科技发展新趋势和特点主要体现在如下 5 个方面：

（1）大规模生物种质资源发掘和在植物上的利用技术将快速发展。科技发展主要特征：生物种质资源的收集和利用将进一步加速，系统生物学将为大规模基因资源发掘和利用提供系统的理论与技术基础，通过基因型分析，综合应用细胞工程、染色体工程、分子标记辅助选择、基因克隆与转基因等技术成为高效种质创新的主体思路。

（2）光合作用研究的可能突破将加快未来植物现代育种大变革的速度。科技发展主要特征：加快探索碳循环调控的遗传控制规律，在提高光合效率上产生新的思路和手段，为提高光能利用效率和增加作物产量提供理论依据和可能途径；产生“设计作物”新概念，并开始显示在农业产业中的引领作用。

（3）系统生物学将为大规模基因资源发掘和利用提供系统的理论与技术基础。科技发展主要特征：系统生物学研究将在转录水平（转录组学）、蛋白质水平（蛋白组学）以及代谢水平（代谢组学）三个主要层次对影响一个或多个复杂生物学过程的多个基因及其互作网络开展功能研究，并将形成高通量、配套的研究技术；系统生物学将为大规模研究基因功能提供系统的理论与技术基础，从而显著地改善人类对复杂性状分子机理的认识和加快改良生物学性状和物种特性的实践活动。

（4）分子设计育种将提供大量突破性品种并催生智能植物品种的诞生。科技发展主要特征：植物质量性状的分子标记定位和分子标记辅助选择在理论上将趋于成熟，技术上将得到更广泛的应用；功能基因组学和系统生物学研究将产生大量基因资源和对关键基因功能解析的进步，并为作物转基因育种提供材料和快速发展的动力；到 2020 年，主要粮油作物的基因转移和优异种质创新技术接近完善。

（5）第二代生物质原料生产将成为大农业重要组成部分。科技发展主要特征：由于以粮食为原料的第一代生物质能源发展对全球粮食安全造成威胁，以农林废弃物和能源专用植物为原料的第二代生物质生产技术和原料生产技术将得到快速发展；基因组学技术的发展将在能源植物的研发速度上产生主要影响。

1.2 动物种质资源与现代育种科技发展

动物种质资源与现代育种科技发展新趋势主要体现在如下几个方面：

（1）大规模生物种质资源发掘和在动物上的利用技术将快速发展。科技发展主要特征：动物遗传多样性和种质资源评价、发掘、保存及利用的分子和细胞技术以及与之配套的技术体系将得到快速发展；系统生物学将为大规模动物基因资源发掘和利用提供系统的理论与技术基础；有市场价值的生物种质资源发掘将在经济动物上得到初步应用。

（2）传统育种和基因工程相结合培育新的动物品系是动物遗传育种发展方向。科技发展主要特征：利用传统育种方法扩繁优质种群和利用基因工程手段培育新的畜禽品系相结合，是今后5～10年动物遗传育种的重要发展方向；畜禽水产动物的分子设计育种还处于起步阶段，但分子设计育种将依赖系统生物学、生物信息学和遗传学的知识，得到显著发展；重要畜禽水产动物主要经济性状的功能基因组和分子设计育种基础研究已受到发达国家的重视和关注。

（3）动物克隆技术和转基因动物将进一步取得突破。科技发展主要特征：动物克隆技术将在更多的国家和更大规模上研发发展；提高动物克隆成功率的新技术将取得重要突破；克隆转基因动物将在药物产业得到初步应用并将显示巨大的开发和市场潜力。

（4）优质经济动物的良种化和健康养殖科技发展将出现新的突破。科技发展主要特征：低脂肪、高蛋白的优质畜禽水产品科技将成为动物的良种化的重要研发方向；养殖生物特别是海水养殖生物生长速度、抗病能力和产量等诸多经济性状方面的遗传改良潜力技术将引起关注；动物养殖的生态学管理、健康养殖和资源环境改善科技发展加速，实现养殖布局科学、优质高效、节能减排等目标。

1.3　资源节约型农业科技发展

资源节约型农业主要包括节地、节水和节能型的农业，其科技发展的新趋势主要体现在如下几个方面：

（1）耕地资源的集约利用与耕地质量定向培育科技研发体系在不断加强。科技发展主要特征：基于卫星遥感等信息技术和自动化监测技术的发展，建设智能化无线网络监测体系与分布式数据采集与管理平台；土壤肥力评价和土壤肥力演变规律的研究；土壤环境质量、健康质量的培育技术和土壤质量的恢复重建技术体系，障碍土壤改良的生物、耕作和化学改良剂技术。

（2）发展农田生态系统节水技术体系和建设流域水资源保障体系。科技发展主要特征：通过工程技术，建立最低水消耗的输水系统；水源配水、墒情预报、田间灌溉等自动化控制系统和综合农业技术措施的集成体系；旱地节水农业发展综合技术体系；利用封闭型农田气候工程，抑制棵间土壤蒸发；发展抗蒸化学剂抑制土壤蒸发和减少作物蒸腾；开发基于ET管理的真实农业节水新技术；基于流域知识管理的农业节水型社会科技和政策。

（3）高效新肥料的研制和集成农田生态系统养分和能源的高效利用技术研发。科技发展主要特征：肥料技术向复合高效、缓释/控释和环境友好等多方向发展，特别是可控释肥料研发技术的创新（如生化抑制剂型缓释肥料、低水溶性无机或有机合成肥料等技术）；利用亲水性高分子材料作为养分控释载体的胶黏肥料技术代表了可控释新肥料发展的新方向；农田化肥养分和有机废弃物养分的高效利用技术创新；降低能源消耗、增加水土保持能力的少免耕措施与技术。

1.4　农业生产与食品安全科技发展

农业生产与食品安全科技发展新趋势主要体现在如下几个方面：

（1）支撑食品安全的生产技术将成为食品安全的重要技术。科技发展主要特征：注重有机食品和自然食品科技支撑体系；将环境与健康作为优先发展的领域，注重替代化学品的农业生物技术、生物肥料与农药的开发；加速发展生物综合防治技术和新型农药的研发；注重植物抗性诱导因子的开发并应用到植物病害的防治实践中；注重畜禽水产营养代谢及其调控、动物环境控制及其饲养技术、动物排泄物无害化增值处理方法研究、动物养殖过程疾病控制和健康养殖标准制定等将继续成为国际动物科学研究的核心内容；生态环境质量安全科技将得到更大的关注，特别是土壤污染和水质污染的生物修复技术。

（2）营养和保健功能食品的科技将得到更大关注。科技发展主要特征：增加必需氨基酸（赖氨酸、色氨酸）、维生素（A、E）、微量元素（铁、钙、锌、硒等）、抗氧化物质（多酚、黄酮、胡萝卜素、花青素）、不饱和脂肪酸（ω-3）等含量的科技；通过生物技术（如动植物“生物强化”育种技术）和非生物技术（如施肥灌溉技术和饲养管理技术等）生产富含某些营养素的特色食品；随着基因组学和蛋白质组学的发展，具有保健功能的食品科技将成为农业科技新的发展方向，在预防治疗贫血、降血压、降血脂、防治糖尿病和冠心病等方面产生重要作用。

（3）食品安全监控技术体系研发将得到迅速发展。科技发展主要特征：研发农产品质量安全过程控制技术体系，实现从“农田到餐桌”的全过程管理，建立从源头治理到最终消费的监控体系；加快研发对食品安全的关键检测技术创新和应用；建立危险性快速评估技术体系。

1.5 农业信息化和精准农业科技发展

农业信息化和精准农业科技发展新趋势主要体现在如下几个方面：

（1）农业信息服务网络化科技将加速发展。科技发展主要特征：农业资源调查、动植物生产过程中的信息采集系统；农业数据资源与科研设备资源的管理与共享机制；农业虚拟化研究网络化平台建设；农业生产、资源、气象、运输、储存、加工和市场等信息服务的网络化体系技术的研发和应用；农业信息、专家系统、市场预测模型和基于空间技术、遥感技术、传感技术、GPS、GIS、智能化技术等重大关键技术的研发及其在农业中的应用。

（2）种养业管理信息化科技发展。科技发展主要特征：种业企业管理信息化技术，面向种子用户和零售商的信息化服务技术，种业监管信息化技术；种养业生产和资源信息管理系统技术；农业生产过程环境和生物信息监测无损化、实时化、功能复合化，农作和畜禽水产模型及决策系统的发展趋势表现为由局部性到系统化、数字化、智能化，由经验性到普适性。

（3）精准农业科技进入新的发展阶段。科技发展主要特征：基于完善的农业信息服务网络，建立模拟及调控模型、智能农业决策支持系统以及智能机械精准作业等的科技发展；作物生长过程的形态演变模型、生态生理模型和计算机可视化模型等研发和应用；农业机械及智能化装备关键理论技术与相关产品；农业装备制造技术向大型、高速、复式作业等方向发展。

2 中国农业发展和粮食安全面临的挑战和对科技的重大需求

2.1 国家农业发展面临的挑战

过去 30 年，我国在农业发展上所取得的成就举世瞩目，在为不断增长的人口提供适量以至充足的衣食方面所做的努力受到了国际社会的广泛认可。用仅占世界 1/15 的耕地供养着 1/5 的世界人口，食物总体基本达到自给水平，农村贫困人口显著下降，所有这些进步都与农业经济的发展紧密相关。

然而，我国农业发展在取得巨大成就的同时，也面临着巨大挑战。

农业生产面临的挑战：第一，虽然过去以家庭联产承包制为主的农业制度创新在农业增长中起到过极其重要的作用，但农户小规模生产与现代农业发展矛盾日益突出。第二，在现有的农业生产技术条件下，进一步增加农业生产资料投入不但增产不显著，而且将导致成本上升、农产品国际市场竞争力的下降和面污染加剧的压力。第三，90 年代以来的耕地刚性下降将成为不可逆转的趋势。第四，随着非农就业机会的增加和劳动力工资的上升，农产品生产劳动成本也将继续提高。第五，随着城市化和工业化进程加速、水污染的日益恶化，水资源短缺对农业形成的威胁也越来越严峻。第六，非农部门发展对农业在自然资源以至资金利用上产生的竞争压力将会越来越大。第七，目前农业科研和技术推广体系还不能很好适应当前和未来市场经济发展和农民对技术的需要。第八，耕地退化、灌溉地盐碱化、地下水耗竭，化肥、农药和生活废弃物对土壤及水的污染、林地草地破坏等现象相当严重。

农产品需求和市场面临的挑战。首先，随着收入增长人们的消费结构及对食品的质量和安全的要求发生了显著变化，要适应市场需求从数量到质量和安全的转变，国家亟须实施新的科技创新。其次，农产品一体化市场正逐渐形成，整个农产品的供应链系统正经历着历史性的变化，如何让成千上万小规模、独立的农户适应这种供应链系统的变化，国家还没有有效的对策。最后，经济全球化和贸易自由化是中国农业发展面临的又一大挑战，加入 WTO 以来，大豆等农产品进口显著增加，近几年我国已经从食物净出口国变为净进口国。

2.2　国家粮食安全面临的挑战

虽然我国粮食产量连续 8 年丰收，2011 年全国粮食总产量达 57121 万 t，但粮食安全也将面临巨大挑战。

2.2.1　我国粮食安全于 2008 年已经突破了 95%自给率的目标

粮食（包括大米、小麦、玉米、豆类和薯类）自给率从 20 世纪 90 年代平均 99.4%，下降到 2001～2005 年的 98.0%，此后，我国粮食自给率不断下降，到 2008 年已经下降到 95%以下，2010 年为 90.6%。饲料粮需求和食用植物油需求的刚性增长是我国粮食自给率下降的主要原因。2010 年我国大豆净进口（进口–出口）达 5461 万 t，进口占国内大豆需求总量的近 80%；同时，2010 年我国还进口了 200 万 t 的大豆油，相当于 1000 多万 t 大豆。需求增长和国内生产资源与技术约束是大豆进口快速增长的根本原因。美国和巴西的转基因大豆的单产比我国大豆高 70%左右。玉米供给也正逐渐从国内生产向国际市场进口转变，20 世纪 90 年代我国玉米年均出口 550 多万 t，2003 年出口曾达到 1600 万 t，到 2010 年，我国从玉米净出口国转变为净进口国，玉米进口 157 万 t，同时还进口了 316 万 t 作为饲料的玉米干酒糟。

2.2.2　未来将面临增加粮食进口的更大压力

最近，中国科学院农业政策研究中心基于深入的实证研究和模型预测，对我国主要粮食生产、需求和贸易做了分析，得到如下几个基本结论。

首先，我国粮食需求增长在未来十年将显著高于国内生产增加，自给率不断降低。在考虑消费影响因素和农业生产资源、政策与技术增长等因素变化情况下，我国粮食需求在 2020 年将达到 6.7 亿 t，年均增长幅度约为 1.1%，高于预测的粮食生产年均增长率（0.6%）。粮食自给率将不断下降，从 2009 年的 92.5%下降到 2020 年的 87%。

其次，口粮和饲料粮的供需状况和自给率存在显著差异。未来 10 年我国大米和小麦由于消费下降，总体上能保持完全自给，但我国饲料粮玉米自给率将显著下降，预计 2020 年我国玉米供需缺口在 2000 万 t 左右，自给率将下降到 91%。大豆供需缺口将进一步加大，预计在 2020 年我国大豆进口量将达到 7200 万 t，自给率降低到 18%。

最后，农业科技进步是提高粮食生产和粮食安全保障水平的最有效措施。在较高的技术进步情况下，到 2020 年我国粮食自给率能够保持在 90%以上，但 95%的国家粮食安全目标依然难以实现。

2.3　农业科技创新是农业发展和保障国家粮食安全的重大需求

面对农业面临的各种挑战，我国农业发展和粮食安全亟须农业科技创新和农业发展政策改革。在科技上，亟须在植物种质资源利用与现代育种、动物种质资源利用与现代育种、资源节约型农业、农业生产与食品安全、农业信息化和精准农业等重大科技领域实现一系列突破。到 2020 年，通过以上 5 个领域的重大创新和突破，使我国农业具备以下各方面的科技支撑条件：国家食物和纤维总量供给安全得到基本保障所需要的科技支撑条件；国家食品质量安全得到基本保障所需要的科技支撑条件；农业生产结构实现根本转变所需要的科技支撑条件；农业资源可持续利用和安全得到一定提高的科技支撑条件。

面对农业面临的各种挑战，国家对农业科技发展也提出新的要求，特别是构建“生态高值农业”技术体系。2012 年中央一号文件《推进农业科技创新增强农产品供给能力》提出实现农业持续稳定发展、长期确保农产品有效供给，根本出路在科技。文件指出：农业科技是确保国家粮食安全的基础支撑，是突破资源环境约束的必然选择，是加快现代农业建设的决定力量。要求我们必须把保障粮食安全作为首要任务，把提高土地产出率、资源利用率、劳动生产率作为主要目标，并努力促进农业技术集成化、劳动过程机械化、生产经营信息化，构建适应“高产、优质、高效、生态、安全”农业发展要求的技术体系。这对我国农业的发展和农业的现代化建设具有十分重要的意义。

2.4 中国科学院作为国家科研机构应该发挥的作用

中国科学院在“生态高值农业”科技研究上有独特的研究优势，在该领域能在国家科技发展上起引领的作用。虽然中国科学院在动植物种质资源利用与现代育种、资源节约型农业、农业生产与食品安全、农业信息化和精准农业等科技领域都有一定的研究力量和研究部署，但其绝对优势不在各个分领域的单项科技发展，中国科学院的优势在于多学科的联合，在于科技的综合和集成，实现农业科技的重大突破。如果把以上 5 个领域联合起来，在“生态高值农业”科技发展上将有独特的优势。

构建我国“生态高值农业”产业体系也是国家领导人对农业科技发展寄予的期望。2010 年 6 月召开的中国科学院第十五次院士大会、中国工程院第十次院士大会上，胡锦涛总书记在讲话中对我国科技发展工作提出了八点意见，其中针对农业科技的第四点意见明确指出：我国要大力发展现代农业科学技术。要发展高产、优质、高效、生态、安全农业和相关生物产业，保障粮食和主要农产品安全，实现农产品优质化、营养化、功能化，推进农业信息化、数字化、精准化，构建我国生态高值农业和生物产业体系，建成农业高值转化的产业体系。这其中，首次提出要“构建我国生态高值农业产业体系”。

3 面向 2020 的农业科技战略选择：构建我国生态高值农业产业体系

3.1 生态高值农业的概念与内涵

“生态高值农业”：所谓“生态”，就是要体现农业既能为社会提供安全、优质的农产品，又能实现农业资源的永续利用，将农业纳入可持续发展的道路；所谓“高值”，就是要体现农业有很高的土地产出率、投入产出率、劳动生产率。因此，“生态高值农业”是集约化经营与生态化生产有机结合的现代农业。它以健康消费需求为导向，以提高农业市场竞争力和可持续发展能力为核心，兼有高产出、高效益与可持续发展的双重特性，是转变农业增长方式、提高农业综合生产能力的集中体现。“生态高值农业”的目标体系可表述为

$$D = aE + bV + cS\{E,V\}$$

式中，D 为生态高值农业发展水平；E 为农业的生态环境效益；V 为农业的经济效益；S 为农业的社会效益，体现生态环境效益与经济效益相互协调的程度；a、b、c 是由社会生产力的发展水平、社会制度、人类的审美观与价值观等因素决定的。

上述公式表明，生态高值农业绝对不是简单的“生态+高值”，而是需要体现生态和高值协调的社会属性。不同的社会生产力的发展水平、社会制度、人类的审美观与价值观等因素也将决定着系数 a、b、c 的不同，从而表现出不同的“生态高值农业”模式。实现“生态高值农业”必然引发农业思想观念、产业结构、技术结构和经营管理体制等一系列重大变革，促进农业综合生产能力的全面提升，充分发掘农业增产、农民增收的潜力，更加体现农业集约化经营与生态化生产的有机结合和经济社会生态综合效益的最大化。

可见，“生态高值农业”是包括生态农业及环境，农产品的高产、高质、高效，以及科技、市场、产业经济价值（包括农业的一、二、三产业的产值）“三者”相结合的总概念，是现代农业可持续发展的总体方向。

3.2 我国生态高值农业的建设目标和研发内容

3.2.1 生态高值农业科技的建设目标

到 2020 年，通过重点农业科技领域的重大创新突破，构建生态高值农业技术体系，为不断满足我国日益增长的对农产品总量、质量、安全和多功能的需求以及改善农业生产结构、生态环境和农业资源永续利用等生态高值农业体系提供科技支撑。

到 2050 年，中国农业具备实现农业资源可持续利用、国家食物总量和质量安全得到充分保障，进入传统功能和现代多功能并存的未来农业所需要的科技支撑条件，使我国在发展中国家中率先进入生态高值可持

续发展的新时代，全面实现农产品优质化、营养化、功能化，实现农业生产管理的信息化、数字化、精准化，建成农业高值转换的产业体系，形成生态系统持续良性循环、景观优美、功能多样、城乡一体的新型农业。

3.2.2　生态高值农业的研发内容

我国生态高值农业的研发内容与目标有 4 个层次。

1. 提升“中国至 2050 年农业科技发展路线图”的理念与五大科技领域的研究水平

根据中国至 2050 年农业科技发展路线图，到 2020 年，我国农业科技将在如下一些具体方面取得科技重大突破。

植物种质资源利用与现代育种方面：①建立生态群落和种质资源数据库平台与共享体系；②培育多基因转移和多性状改良品种；③实现主效基因与其互作网络的高效转移和聚合。

动物种质资源利用与现代育种方面：①建立重要畜禽水产动物的种质资源共享平台；②开发分子标记技术和对特殊价值种质资源的发掘。

资源节约型农业方面：①建立耕地和水资源监测预警平台、水肥利用研究平台和新肥料研发平台；②建立耕地协同耦合利用和土壤质量定向培育技术；③研发节水灌溉工程与改土保墒覆盖集成技术；④研究节肥和免耕技术以及新型缓控释肥料；⑤达到中低产田面积减少 30%～40%，土、肥、水综合利用率提高 10%，养分能源投入降低 15%～20%，增加复种指数 10%～15%，普及复合肥和缓释肥的目标。

农业生产与食品安全方面：①针对影响农业产品品质安全的主要因素，加强相关科学问题的基础研究；②通过关键技术的突破和综合技术的集成应用，消除影响农产品安全的危害因素，建立农产品安全生产、贮运保鲜和加工的标准化技术体系；③构建绿色食品生产的生态环境，提供绿色安全优质的农产品。

农业现代化与智能化农业方面：①完成农业信息多功能网络平台和专业搜索引擎的开发；②实现农业信息服务多网络融合；③完成精准化、智能化、数字化、虚拟农业关键技术的开发。

同时，我国农业创新的制度背景也发生了迅速变化——更加复杂，而且涉及创新的多个体系和多个来源。随着市场经济的发展，创新动力更多地来源于市场（需求端），新的需求推动在确定创新研究方向以及从“农场到盘碟”的价值链时，更强调使用者的权力。新型农业的创新需要更多参与者的信息反馈、学习和集体行动。

因此在今后 10 年或更长一段时间内，根据我国国情及地区发展特点，需要构建一系列农业科技发展体制与政策保障。

一是进一步深化农业科技体制改革，创建国家农业科技创新体系。

二是建立国家农业长期科技投入机制，改善农业科研环境。

2. 生态高值农业的综合技术体系

生态高值农业是能够协调农业的生态效益、经济效益和社会效益的一种农业生产方式。生态高值农业的建立需要做好以下 4 个方面的工作：

（1）建立健全生态高值农业创新体制：主要包括各级政策法规等保障与激励制度、生态环境质量标准与快速诊断、区域特色模式研究等。

（2）资源节约发展战略：涉及耕地质量定向培育与集约利用、流域水资源保护与持续利用、农业生态系统养分循环增效等。

（3）产品质量安全保障：涉及环境友好型肥料、生物性农药、病虫害生物防治、可降解农膜、清洁生产标准化体系等。

（4）智能农业预警系统：涉及土壤质量动态信息库、农业物联网技术、农田增汇减排、可控环境农业、精准农业等。

3. 研发 6 大城市圈、10 大典型区域生态高值农业发展模式及其技术支撑体系

目前急需开展与加强以下典型生态高值农业发展模式的研究：

（1）6 大城市圈：北京、上海、重庆、武汉、沈阳、南京等特大城市生态圈建设模式。

（2）10大典型区域生态高值农业发展模式：①长三角城市群郊区生态高值农业模式；②华中种养加一体化农业圈层模式；③西南山地立体农业生态高值农业模式；④南方亚热带特种农林果综合开发模式；⑤滨海滩涂农业综合开发利用模式；⑥黄土高原水土保持及农林果流域开发模式；⑦黄淮海平原粮养加农业综合模式；⑧东北平原粮食基地综合开发利用模式；⑨西北寒旱区农牧综合开发模式；⑩北部漠境盐湖综合整理开发模式。

4. 建设农产品产业化、加工产业化和综合产业化3大体系

最后在上述4个层次研发基础上，全面建立我国生态高值农业产业化网络技术体系。

3.3 我国生态高值农业技术体系的构建

根据我国生态高值农业技术支撑与需求现状，目前应主要从以下几个方面进行技术创新：

（1）无公害农产品种养殖技术。包括环境友好型肥料、生物性农药、病虫草害生物防治、可降解农膜、废弃物资源化利用、污染物处理技术等。

（2）农产品加工技术。提升营养水平和商品化水平的高附加值加工技术及相应加工设备的研制。

（3）我国传统农业精华技术。包括间套复种和轮作、保护性耕作、病虫综合控制技术，生态化种养殖业技术。

（4）标准化生产技术。重点就生态化物料投入、生态化种养殖业、无公害产品加工，产品营销技术规程、标准等进行规范化研究，为农业的规范化和国际化奠定基础。

（5）高新农业技术。目前主要为分子育种技术、精确农业技术、可降解塑料生产的农用薄膜、害虫的性引诱技术、新型纳米控释肥生产、新型微生物制剂等。

3.4 我国生态高值农业展望

我国生态高值农业是在十七届三中全会审议通过了《中共中央关于推进农村改革发展若干重大问题的决定》之后，出现“土地流转与适度规模”等一系列农业变革的情况下发展起来的。过去农业的研究主要是以提高粮食产量为目标的相对单一的技术突破，如品种更新、配方施肥、化学防控、节水灌溉等。当前农业已在我国迅速发展，农业生产正由粗放经营向集约经营转变，“农庄作业、机械化生产”正逐步实现，这些均为生态高值农业的发展创造了发展的机遇与条件，也为其发展奠定了良好的社会基础。

但当前从全国看，我国“生态高值农业”大多局限在部分农业园区，尚未形成全局，也未形成全国性的布局与产业。今后还需要从“生态高值农业”的理念、模式、技术及产业体系上进行更广泛深入的研究与发展，使我国的农业逐步走向真实全面的“生态高值农业”的道路!

3.5 对中国科学院发展“我国生态高值农业”的建议

我国农业的现代化必然是现代化的“生态高值农业”，只有发展生态高值农业，才能充分挖掘农业增效、农民增收的潜力，实现生态、经济与社会的可持续发展。为此对我院提出以下建议：

（1）将“我国生态高值农业建设”列为我院“十二五”期间的重大研发项目，优先提供必要的支持条件与帮助。

（2）尽快组织“农业领域战略研究组”会同院有关单位提出我国生态高值农业建设的“十二五”项目规划，并通过院部将此项目向国家有关部委推荐。

（3）中国科学院在系统科学、生态科学和相关农业技术上具有综合优势，组织全院农业力量，引领与联合全国，首先在城市郊区农业与经济相对发达的地区，建立我国“生态高值农业”模式及其配套技术体系，不断推动我国农业持续发展。

参考文献

[1] 中国科学院农业领域战略研究组. 中国至2050年农业科技发展路线图. 北京：科学出版社，2009：1-156.

[2] 黄季焜，杨军，仇焕广. 新时期的国家粮食安全战略和政策建议. 中国科学院农业政策研究中心研究报告，2011.

[3] 赵其国，黄季焜，段增强. 我国生态高值农业的内涵、模式及其研发建议. 中国科学院农业领域战略研究组研究报告，2011.

当前我国农业发展中存在的深层次问题及对策

赵其国

中国科学院南京土壤研究所，南京 210008

摘 要

农业现代化是保障国家粮食安全、农民持续增收、缩小城乡发展差距的重要举措之一。文章结合我国农业发展的现状，分析了当前农业发展中暴露出的一些深层次的问题，如土地流转不规范、耕地污染日益突显、盐碱地增产潜力不够、种子创新能力较弱、农业科技投入较少、农业发展理念有待革新等，并针对性地提出了相应的对策建议，为进一步推动我国农业转型发展和提高农村社会生产力提供决策依据。

关键词 农业发展；深层次问题；对策建议

农业是一个国家的发展基础，关系到整个社会经济可持续发展战略。近 10 年来，在党中央和政府的高度重视下，我国农业发展取得了举世瞩目的成就，粮食生产实现“九连增”，农民增收实现“九连快”，农业农村发展实现了历史性跨越，为国家现代化建设发挥了重要保障作用。2013 年，中共中央国务院《关于加快发展现代农业进一步增强农村发展活力的若干意见》，文件明确提出“保供增收惠民生、改革创新添活力”的目标，紧紧围绕现代农业建设，突出强调加大农村改革力度、创新农业经营体制，提出了一系列新观点、新政策、新举措，必将进一步解放和发展农村社会生产力，为“三农”工作再创新辉煌提供制度保障[1]。但必须清醒地看到，随着我国工业化、城镇化的快速推进，农业呈现高成本、高风险、资源环境约束型、劳动力紧缺的态势，农产品需求总量刚性增长、供求结构性矛盾突出，谁来种地、怎么种地的问题日益严峻，保障国家粮食安全、持续增加农民收入、缩小城乡发展差距的任务十分艰巨。因此，本文拟进一步剖析当前农业发展中暴露出的一些深层次的问题，并针对性地提出相应的对策建议。

1 土地流转不规范，应创新市场机制

我国是一个人多地少的发展中国家，土地问题仍是我国现代化建设进程中一个全局性、战略性的主要问题。确保我国耕地 $1.2\times10^8 hm^2$ 红线是土地资源管理中的首要问题。土地流转已成为我国农业转型发展关注的焦点。全国各地大量农民外出务工，特别是实施农转城后，农村土地撂荒现象更为严重[2]。大面积的耕地有待流转，包括转包、出租、农庄化等形式，这种土地流转形式为土地货币化创造了前提条件。十七届三中全会通过的《中共中央关于推进农村改革发展若干重大问题的决定》中，也指出土地流转的决定将是自实行土地家庭联产承包经营制以来乡村财产制度的一次重大变革，农民承包的土地可从实物形态变为价值形态，让一部分农民获得股权后安心从事二、三产业，另一部分农民可以扩大土地经营规模；随着土地流转的加速，以“公司+农户土地入股+科技”的适度规模农业已在我国迅速发展，农业生产正由粗放经营向集约经营转变，“农庄作业、机械化生产”正逐步实现。这就为科技成果的转化、农业投资的扩大提供了我国近 30 年来难得的机遇，同时也为“生态高值农业”的发展奠定了良好的社会基础[3]。因此，如何解决农村土地（特别是耕地）流转问题，并实现土地货币化，是我们当前全面推进农业现代化建设进程中亟须解决的新课题。

农村土地的货币化是我国土地所有权制度改革的第一步[4]。根据全国农业的区域发展、种植制度及农

本文原载《生态环境学报》2013 年第 22 卷第 6 期第 911-915 页。

民经济水平等，尽快建立相应的货币化管理框架体系[5]。其具体措施包括如下几方面。①创新土地流转市场，为土地货币化提供一个平台。在货币化分类管理的基础上，以现有的土地承包经营权为基础，可先以镇（乡）、村为主体逐步核地确权（如根据前3年土地收入平均价确定基数），把土地以货币化的形式纳入地方、乡村财政系统，使农村土地具有租佃、买卖、抵押等流转的市场功能，这样就可以介入金融资本把分散的、抛荒的等土地变成可集中购置的良性资产，由村集体组织进行竞价发包，将土地发包收益打到农民专用账户。②根据我国不同区域生态高值农业发展的模式，在条件成熟地区开展先行试点工作，探索经验，然后再逐步在全国范围内推广实施。③土地货币化是现有农村土地承包经营形式的革新模式，需要进一步明确组织实施的主体，加强科学指导，确保土地货币化工作有序推进。④应加大农业补贴力度，加快推进土地流转，推动农业规模化经营，提高农村劳动力有序转移就业。包括推进农业转移人口市民化，科学编制城镇发展规划，增强城镇产业发展和公共服务就业；健全城镇建设投融资服务体系，加大金融支持城镇化力度；保障和协调好“三农”的核心利益，节约农村土地资源，推进有效土地流转，提高农业生产规模化、专业化、现代化水平。

2 耕地污染日益突显，应加强环境监管

我国大部分地区农业的发展模式还比较粗放，存在着资源消耗大、浪费严重、污染加剧等突出问题[6]。据调查显示，目前全国仅农村每年的生活垃圾量接近3×10^8t，而且农村污水每年有超过6×10^7t直接排放，污灌进入农田生态系统，致使土壤污染现象十分严重，农村环境日趋恶化。全国耕地重金属污染面积在16%以上，其中在大城市、工矿区周边情况相当严重。如广州有50%耕地遭受镉、砷、汞等重金属污染[7]。我国耕地农膜污染突出，残留量高达135kg/hm^2，而且农膜使用过程中释放出大量的酞酸酯，近期调查发现设施土壤中六种酞酸酯含量高于露地的3～5倍，对人体带来潜在的健康风险，应引起高度关注。可见，当前农村环保压力与日俱增，应理顺管理体制，加强耕地污染防控，完善设施及标准，提高环保技术，把治理农村环境提上日程。

由于农村大部分农家仍处于较分散状态，生活废弃物和废水随地堆放和排放。据调查，东南沿海地区农村垃圾随意倒置可达70%以上，并且农作物秸秆就地燃烧现象也很普遍，其综合利用率非常低，也加重了环境污染[8]。造成我国农村环境质量恶化存在多方面的原因，如农村环境管理法律法规缺乏，环境管理处于无序状态，农村垃圾处理技术缺失，综合利用率低等。如何遏制农村环境继续恶化，应积极采取有效措施[9]。①理顺管理体制：建议由环保部、农业部、国土资源部等相关部委协调管理，成立农业环境治污领导小组，专门负责统筹指挥和决策，积极落实，真正把农村环境污染治理融入国家生态文明建设大局中来。②大力增加农村环境综合整治和环境保护的管理工作：加强农村环境保护意识，将基本公共环境投入优先向农村倾斜，加强农村饮用水安全建设工程、垃圾回收处理系统和污水生态处理工程。推广高效环保的垃圾收集、中转和运输系统。加大转运站规划布点和建设力度。③加强农村环境治理基础设施建设：加强农业生产过程中的环境管理，因地制宜制定农村生活污水的排放标准，在环保部门的指导下按规定执行排放，控制农业面源污染，控制持久性农药使用。如强化土壤监控，包括土壤污染指标，制定无公害施肥技术规程，健全完善无公害农产品质量标准体系，包括无公害农产品生产基地环境质量、生产过程、栽培措施、肥料、农药、农膜等投入品质量和监测规程等。④增强农村环境保护意识：积极推进高效生态高值农业，在建设生态农村时，应以永续性的自然规划与传统农村文化保留为优先，积极推进农村绿色观光示范工程。⑤建设农村环境监测与信息平台：设置长期的农村环境定位监测，尤其是强化水、气环境质量的监测，建立能定期观测的土壤、农田灌溉水、大气沉降等薄弱环节的监测系统和平台，加强农村环境监测人员的培训，提高监测人员的技术能力与水平。

3 盐碱地增产潜力不够，应实施盐碱地分类治理工程建设

根据我国后备耕地资源状况，通过盐碱地资源的整治开发和盐碱耕地改良提高粮食单产具有较大的潜力[10]。我国目前仍有5亿多亩（1亩=1/15hm^2）的盐碱土地资源，这类土地资源分布广泛，只要消除土壤

盐碱障碍因素，可改造成为高产农田，是我国需要优先开发的耕地资源。尽管我国盐碱地治理利用相关技术成果已产生了较好的改良利用成效，但适用各盐碱区的分类治理关键特色技术仍有待深入研究，相关技术与产品在推广应用中的可操作性仍有待大幅提升，盐碱地的分类治理及盐碱区农业资源高效利用等有待于深入开展。

建议开展“我国盐碱地的分类治理盐碱区农业资源高效利用增粮计划”专项研究，其目的在于全面提升拓展现有技术层次，加强集成技术的全面示范应用。研究内容包括：建立重盐碱地的工程-农艺改造与治理技术及模式、轻中度盐碱地的障碍快速消减与地力提升技术模式；开展盐渍区适用粮食型和经济型耐盐-盐生植物品种培育、筛选与规模化应用研究；系统建立我国盐碱地的分类治理技术体系和盐碱区土-水-生物农业资源高效利用配套技术模式；通过县域示范进行规模化推广，实现我国盐碱地的高效分类治理和五大盐碱区的土、水、生物等农业资源的高效利用等。为培育我国盐土农业产业体系，充分挖掘盐碱地资源作为耕地后备资源的潜力和粮食增产的潜力，大幅度增加我国的耕地储备和粮食生产能力，以保障国家粮食安全和维持国家耕地红线。初步估算能新增耕地面积 2000 万～3000 万亩，大幅度提高 5000 万～8000 万亩盐碱地农业生产能力，每年能够增加约 100×10^8kg 粮棉油产量。

4　种子创新能力较弱，应严控转基因准入

目前，我国种业尚处于初级发展阶段，与发达国家及跨国企业相比，种业发展的整体水平还很低。许多跨国种业公司正在利用先进的科技实力和优势，不断占领中国种业市场。如跨国种业公司具有成熟的转基因技术，转基因品种正在流入中国市场，加上中国尚未建立转基因产品的准入机制，严重干扰我国种业产业的发展。跨国种业公司的进入，会使国内无数家小规模的种子公司失去市场竞争力，面临重组和破产局面。同时，我国种业在品种创新能力、企业竞争能力和供种保障能力等方面相对较弱，已经难以适应现代农业发展的需要。因此，我国应不断完善种子行业的相关政策[11]。①应严控转基因准入：建议禁止转基因主粮的商业化审批；修改完善我国的《种子法》等相关政策法规，禁止跨国公司和境外科研机构非法搜集国内种质资源，防止种质资源流失；建立可以追踪的国家重要农作物的核心种质资源档案，建立种质资源流失追究责任制度，审查种子资源国际合作研究档案，严防种质资源流入跨国育种公司。②启动育种专家保护工程：保护育种人才，加大培育我国种业企业发展。提高我国育种人才的待遇及各种条件，稳住人才队伍；选择有竞争优势或重要战略地位的种业公司，国家集中资金投入重点培育具有国际竞争力的大型企业。

5　农业科技投入较少，应大力推进农业科技创新

2012 年中央一号文件《关于加快推进农业科技创新持续增强农产品供给保障能力的若干意见》，突出强调了农业科技创新，把农业科技创新作为“三农”工作的重点。我国是一个以农村为主的国家，而农业科技的发展与国家整体经济发展还不十分协调。由于农业科技投入较少，导致我国农业科技创新的步伐偏慢，主要表现在：①农业科技园区建设数量少、规模小、档次低，难以达到产业化和规模化要求；②农业科技自主创新动力不强，跟踪式、模仿式和重复性研究还较多，重大创新性成果较少；③农业科技成果转化水平不高，科技公共平台建设薄弱，农业科技领军人才缺乏[12]。为了进一步推进我国农业科技创新工作，提出如下建议：

（1）加强农业科技创新领导：成立农业科技创新工作领导小组，加快推进农业科技创新，持续增强农产品供给保障能力，使我国农业发展的各项政策真正落地。

（2）明确农业科技创新方向和重点：面向产业需求，着力突破农业重大关键技术和共性技术；立足国情，遵循农业科技规律，把保障国家粮食安全作为首要任务，把提高土地产出率、资源利用率、劳动生产率作为主要目标，把增产增效并重、良种良法配套、农机农艺结合、生产生态协调作为基本要求，促进农业技术集成化、劳动过程机械化、生产经营信息化，构建适应高产、优质、高效、生态、安全农业发展要求的技术体系；大力加强农业基础研究，在农业生物基因调控及分子育种、农林牧动植物抗逆机理、农田

资源高效利用、农林生态修复、有害生物控制、生物安全和农产品安全等方面突破一批重大基础理论和方法；加快推进前沿技术研究，在农业生物技术、信息技术、新材料技术、先进制造技术、精准农业技术等方面取得一批重大自主创新成果，抢占现代农业科技制高点；着力突破农业技术瓶颈，在良种培育、节本降耗、节水灌溉、农机装备、新型肥药、疫病防控、加工贮运、循环农业、海洋农业、农村民生等方面取得一批重大实用技术成果。

（3）完善农业科技创新机制：打破部门、区域、学科界限，有效整合科技资源，建立协同创新机制，推动产学研、农科教紧密结合；完善农业科研立项机制，实行定向委托和自主选题相结合、稳定支持和适度竞争相结合；完善农业科研评价机制，坚持分类评价，注重解决实际问题，改变重论文轻发明、重数量轻质量、重成果轻应用的现状，避免科技浮躁；大力推进现代农业产业技术体系建设，完善以产业需求为导向、以农产品为单元、以产业链为主线、以综合试验站为基点的新型农业科技资源组合模式，组建农业产业技术创新战略联盟，加快农业技术转移和成果转化；落实税收减免、高新技术优惠等政策，支持企业加强技术研发和升级，增强自主创新能力。

（4）改善农业科技创新条件：加大国家各类科技计划向农业领域倾斜支持力度，尤其是新品种培育科技重大专项，提高公益性科研机构运行经费保障水平；支持发展农业科技创新基金，积极引导和鼓励金融信贷、风险投资等社会资金参与农业科技创新创业；推进国家农业高新技术产业示范区、国家农业科技园区建设以及涉农领域国家级实验室、工程中心、共享平台等基地建设；加强国际农业科技交流与合作，加大力度引进消化吸收国外先进农业技术；加强农业应对气象、气候变化的科技能力建设。

（5）着力抓好种业科技创新：加强种质资源收集、保护、鉴定，创新育种理论方法和技术，创制改良育种材料，加快培育一批突破性新品种；建立以企业为主体的商业化育种机制，企业布局，提高市场准入门槛；建立种业发展基金，支持企业与优势科研单位建立育种协同创新平台；加大优势种子繁育基地建设；完善品种审定、保护、退出制度，强化种子生产经营行政许可管理。

6 农业发展理念有待革新，应大力推行生态高值农业模式

当前，我国经济发展面临“三农”问题的困扰和加入 WTO 后的一系列挑战，现阶段的农业已进入了结构转型的关键时期。在新形势下，“生态高值农业”的提出将丰富我国农业的转型战略，促进我国农业的可持续发展，是我国生态农业产业化客观性和必然性的体现[13]。生态高值农业是充分应用现代及未来新能源、新材料、新装备以及新信息技术、新生物技术等武装起来的农业高新技术体系与生产模式，其宗旨是在确保生态环境友好的前提下通过提高农业科技内涵和提高农业生产管理水平实现农业产业的高值化，从而大幅度提高农业生产能力、产业化水平、竞争力和比较效益。生态高值农业是包括生态农业及环境与农产品高产、高质、高效及科技、市场、产业经济价值相结合的总概念，是现代农业可持续发展的方向，对全面提高农业综合生产能力具有十分重要的意义。

（1）植物种质资源与现代育种：主要利用系统生物学，生物信息学、组学及其技术、基因工程以及生命科学与信息科学、材料科学等多学科交叉融合研究手段，采用重大产品导向的研发战略，充分发掘和利用我国丰富基因资源优势，建立战略植物各层面基因资源库，根据需要优化设计植物新基因型，对目标基因进行扫描，对理想基因型进行组装，对基因表达、翻译进行定量激活，创制高产、优质、多功能性，并能够对环境进行快速响应的智能粮食作物、饲料作物和能源植物新品种。

（2）动物种质资源与现代育种：充分发掘我国丰富的畜禽水产动物资源优势，发展水产动物种质资源评价、发掘、保存及利用技术，增强畜禽水产动物遗传改良力度。克隆鉴定出有重要价值的功能基因，进行分子育种设计，并与传统育种相结合，培育出生长速度快、蛋白含量高、产肉量高、饲料转化率高或抗病力强的猪、牛、羊、鸡和鱼、虾、贝新品种；发展特定病原特效育苗制备等技术，实现高效的、无病害的集约化养殖，提供健康安全的畜禽水产品。

（3）资源节约型农业：首先建立耕地监测管理，水、肥能资源利用和新肥料研发平台；在阐明区域耕地水资源演变和调控，农业生态系统水、肥、能循环和调控，土壤退化阻止修复和定向培育等理论的基础上，实现水土资源集约利用、节地技术、少免耕技术、农田生物质资源高效利用技术和高效施肥技术体系

的单项突破、研发配套农业机械、制定生产的操作规范；创制新型智能肥料，建立新肥料产业；最后结合农业信息化和植物品种方面的发展，全面建立节时节地型农业、节水型农业和节能型农业三大生产技术体系，实现农业集约化生产与耕地生产力的稳定提升，稳定我国农业的可持续发展。

（4）农业生产与食品安全：充分采用计算机网络技术、3S 技术、计算机可视化、地理信息系统、高质量的卫星图，并建立动植物病虫害流行的预警监测系统、智能专家管理系统，并建立以预防为主的综合防治的食品安全生产技术管理体系；建立从源头到餐桌的完整的食品安全数字追踪预警系统，实现精确监测、精确防控的“主动食品安全战略”；在全面解析动植物安全产品的各要素的基础上，运用基于精确、快速高通量检测“智能化个性营养食品”，满足每个人对食品安全营养健康的持久需求。

（5）农业现代化与智能化农业：农业信息服务网络化所依赖技术相对成熟，基础条件具备，将在 2020 年前优先发展。农业资源管理数字化、农业生产过程管理精确化、农业装备智能化依赖于多项高技术的发展，处于研究开发阶段，需要制定长远发展计划。基本思路是：技术难点关键部件（或模块），重要系统发展模式，即首先突破关键技术难点，解决瓶颈问题，然后研发关键部件（或模块），最后进行重要系统的集成。

总之，解决我国农业发展所面临的难题的根本出路在于实现生态高值农业可持续发展。只有发展生态高值农业，才能充分挖掘农业增效、农民增收的潜力，保障农产品清洁安全生产，实现生态、社会与经济的可持续发展，实现人与自然和谐共处，最终达到经济、社会、生态综合效益的最大化。

致谢　在材料收集整理中，中国科学院南京土壤研究所滕应、杨劲松、段增强等研究员及周华等多位研究生提供了帮助，谨致谢意。

参 考 文 献

[1] 新华网. 2013 年中共中央国务院一号文件《中共中央国务院关于加快发展现代农业进一步增强农村发展活力的若干意见》. http：//www.farmer.com.cn/xwpd/tjyd/201302/t20130201_805057.htm[2013-02-01].

[2] 谢德体. 关于重视农村耕地撂荒问题的建议. http：//news.china.com.cn/2013lianghui/2013-03/18/content_28281126. htm[2013-03-18].

[3] 赵其国，黄季焜.农业科技发展态势与面向 2020 年的战略选择.生态环境学报，2012，21（3）：397-403.

[4] 程世平，张雪山. 土地货币化与土地所有权——中国农村产权制度变革的基础.农业经济导刊，2007，（9）：32-37.

[5] 谭志娟. 关于推行农村家庭土地承包货币化的建议. http：//www.dongbeiya.org/ShowArticle.aspx？ID=3913[2013-03-11].

[6] 赵其国，骆永明，滕应.中国土壤保护宏观战略思考. 土壤学报，2009，（6）：1140-1145.

[7] 中国网.发展绿色农业为食品安全“清源”. http：//finance.china.com.cn/roll/20130315/1332953.shtml[2013-03-15].

[8] 陶雪琴，邹梦遥，刘洁萍，等. 小流域农村地区环境现状调查与保护策略：以松口镇为例. 广东农业科学，2010，37（9）：211-213.

[9] 中国网. 台盟：推动农村环境治理建设“美丽中国”.http：//news.china.com.cn/live/2013-03/15/content_19089607.htm[2013-03-15].

[10] 杨劲松. 中国盐渍土研究的发展历程与展望. 土壤学报，2008，45（5）：837-845.

[11] 李泽民. 民建中央提案：建议禁止转基因主粮商业化审批. 每日经济新闻网. http：//www.nbd.com.cn/articles/2013-03-15/723151.html[2013-03-12].

[12] 姜健. 关于积极推进农业科技创新的建议. http：//news.china.com.cn/2013lianghui/2013-03/12/content_28216702. htm[2013-03-12].

[13] 赵其国. 农业的未来在于生态高值. 东北之窗：上半月，2011，（11）：15.

Deep-seated Problems of the Current Agricultural Development and the Corresponding Countermeasures in China

Zhao Qiguo

Institute of Soil Science，Chinese Academy of Sciences，Nanjing　210008，China

Abstract

Agriculture modernization is one of important measures to ensure national food security，increase farmer's income，narrowing the development gap between urban and rural areas. In this paper，we combined with the development status of China's agriculture and analysed some deep-seated problems of the current agricultural development exposed，such as land transfer not standardized，arable land pollution increasingly appearing，yield potential of saline-alkali soil not enough，the seeds of innovation weak，less investment in agricultural science and technology，agricultural development idea to be innovative，and puts forward the corresponding countermeasures and suggestions. This paper provides a decision-making basis for further promote the transforming development of China's agriculture and improve the productivity of rural society.

Key words Agriculture development；Deep-seated problems；Countermeasure and suggestions

我国农业发展面临的问题与对策
——兼谈江苏省农业发展有关问题

赵其国
中国科学院南京土壤研究所，南京　210008

摘　要

在分析我国农业发展的特点和成就的基础上，概述了农业发展中的主要问题和解决问题的对策。同时，针对江苏省农业生产中的问题，提出相应建议。

关键词　农业；发展；问题；对策

农业是国民经济的基础，农业可持续发展是我国农业发展的必由之路。中华人民共和国成立50年来，我国农业发生了根本的转变，整个农业正在由过去的传统农业走向高产、高效、优质的现代化农业，但另一方面，随着人口、资源、环境之间矛盾的加剧与人们生活需求水平的提高，当前我国农业发展正面临着产品总量与供求平衡、农产品品质与质量提高、农业生态与环境恶化、农民收益增加及加入世贸组织等的问题。这些问题的核心是进行新的农业科技革命。因此，如何正确对待与解决这些问题，特别是认真贯彻“科技兴农”政策，是推动我国当前与今后农业发展的关键。本文兹就上述问题，进行初步讨论。

1　农业发展的特点与成就

我国是农业大国，农村面积辽阔，当前有72%的人民生活在农村，因此农业与农村的发展对国民经济发展与社会稳定具有重要意义。由于人口基数大，农业资源相对不足，农村每户耕地不到0.7hm^2，每个劳力耕地不到0.27hm^2，都只有世界水平的1/4，人均水的径流量[1]为2474m^3，为世界水平的1/5。加上我国正处在传统农业向现代化农业过渡的阶段，农业生产规模小，农村生产力落后，传统农业、手工农业与现代农业并存，农民文化素质较低，尚有4000万人处于贫困之中。所有这些都决定了我国农业的发展必须依靠科技进步，走农业持续发展的道路。

中华人民共和国成立50年来，我国农业得到迅猛发展，并使农村经济及整个国家经济实力得到增强和提高。

（1）农业生产持续稳定增长。当前科技在种植业方面的贡献率为42%，中华人民共和国成立以来共培育出40多种作物，5000个新种，品种更新达5～6次，每次更新使农业增产10%～30%。据统计，粮食产量1949～1998年，由1.13亿t上升到4.9亿t，增加4.34倍；棉花产量由44万t上升到440万t，增加10倍；油料作物由256万t增至2292万t，增加8.95倍。糖料由294万t增至9765万t，增加33.21倍。肉类同期由220万t增至5570万t，增加25.32倍。同时，畜牧业也有很大发展，1997年我国水产达3601万t，森林的覆盖率由8.6%提高到13.5%以上。所有这些成果，均表明科技进步在农业发展中的作用，并对农业与国民经济的发展作出了重要贡献。

（2）农业生产条件显著改善。主要的农业物质投入和技术装备有了大幅度的增大和改善，农田的有效灌溉面积、农业总动力、机械耕作面积较中华人民共和国成立初期有了大幅度的增加。据统计，1998年中国化肥总产量达2864万t，占世界总量的1/5，化肥施用量4560万t，占世界的1/3，生产与消费均占世界首位。同时开展了大规模的农田基本建设，土壤生产力大幅度提高。为农业的进一步持续增产打下了坚实基础。

（3）农村经济体制改革成效显著。改革开放以来，我国农村实行了家庭联产承包责任制和双层经营体制，极大地调动了广大农民的积极性，推动了农村经济的加速发展。此外，农产品流通领域的改革和市场体系的建设，农业资源的综合开发，使农村经济日趋活跃，加之农村乡镇企业进一步向规模化、集团化和外向型发展，使农民生活得到显著改善，农村经济结构发生了深刻变化。

本文原载《土壤》1999年第31卷第6期第281-288页。

（4）农业科技实力不断加强。当前我国已拥有农业产前、产中、产后不同领域不同层次的完整农科体系。至 1997 年，全国农业科技机构达 1587 个，150 万人，科技示范户达 500 万个。当前我国农业新技术领域，如生物技术、信息技术、植物细胞组织培养、花药培养、单倍体育种、杂交水稻、玉米、大豆等研究，均取得明显成就，达到世界先进水平。此外，地膜覆盖水稻旱育秧技术推广已达 650 万 hm^2，与世界 160 多个国家进行农业合作交流，从 93 个国家引进作物品种达 10 万份，当前我国主要农业品种资源达 35 万份，仅次于美国与俄罗斯，居世界第三位。

2 农业发展面临的问题

在我国农业不断发展的同时，随着我国人口、资源、环境矛盾的日益加剧，特别是随着农业体制的改革及人们生活需求水平的提高，当前我国农业发展正面临着以下几个新的问题。

2.1 农产品总量与产品结构供求平衡问题

据统计，到 2030 年，中国人口达 16 亿，按人均 400kg 计，粮食总产量需达 6.4 亿 t，粮食总量在 1996 年 4.8 亿 t 基础上，需增产 1.6 亿 t，粮食单产比目前要提高 55%～60%，其他农副产品产量均需提高，肉类比现有要提高 60%。

按中科院分析预测，2000～2030 年期间，我国可能出现粮食低速增长。在此期间，中方案是总产 6.6 亿 t，年增产 533 万 t，年增长率为 0.93%（按 16 亿人，人均粮食 410kg）；高方案是总产 7.0 亿 t，年增产 630 万 t，年增长率为 1.06%；低方案是总产 6.3 亿 t，年增产 467 万 t，年增长率为 0.84%。而 1952～1995 年 43 年间，粮食年均增长 2.46%。因此相比之下，这些方案都是低速的，但尽管如此，要达到上述方案，均需在耕地面积、种粮面积，发挥光、热、水、土资源潜力及农业科技潜力上下功夫。任务极为艰巨[2]。

2.2 农产品品质与产品质量的提高问题

当前我国农产品产量已从亏缺转向总量基本平衡、丰年有余的阶段，但随着人民生活需求水平的提高，目前出现因农产品品种结构及品质引起的产品流通不畅及农产品积压现象严重的问题，如早籼稻及南方粳稻品质差，库存积压大，小麦以软粒为主，质量差，这些情况说明，当前对农产品的品种与质量的需求正在不断提高。在此情况下，如何调整农业种植结构与加强品种和品质的研究与开发工作，是全国农业发展面临的新问题。

2.3 农业资源紧缺和生态环境恶化问题

在全国 2300 个县中，有 666 个县人均耕地低于国际警戒线 0.053hm^2，其中 463 个县低于 0.033hm^2。中国是世界 13 个贫水国之一，且水分分配不均。目前农业灌水缺 3000 亿 m^3，尚有 7000 多万人，5500 万牲畜缺乏饮水。我国天然林由 50 年代 1 亿 hm^2 到目前减至 8700 万 hm^2，水土流失面积 367 万 hm^2，水土流失农耕地 4887 万 hm^2，严重退化草原 7300 万 hm^2，沙化速度 2460km^2/年，受荒漠化危害的农地 1500 万 hm^2，草原 1 亿 hm^2。此外，我国年受洪涝灾害面积 1987 万 hm^2，成灾面积 1187 万 hm^2，黄河断流由 70 年代 21 天到 1997 年的 226 天。由此可见，保护和改善我国农业资源环境，是实现当前农业持续发展的紧迫任务。

2.4 不断增加农民收入的问题

改革开放以来，我国农村农民收入增加较快，但这些年又变得缓慢。这直接影响到城乡工农业产品市场的启动与农民生活水平的提高。1978 年到 1998 年 20 年间，农民纯收入年递增约 8%，低于同期城镇居民增长速度，占全国 70%的农村人口购买力不及城镇人口的 1/2，因此，提高农民收入，启动农村市场，扩大内需，推动农村经济进一步发展，是当前一项艰巨的任务。

2.5 加入世贸组织后，提高农产品比较优势与增加国际竞争力问题

1996 年 8 月中国水稻、玉米、小麦、大豆、油料、棉花国内年平均批发价较国际市场高 21%，预计

2020 年将高出国际 1 倍以上，这将使我国加入世贸组织（WTO）后，在农业上的竞争力急剧下降，因此，在加入世贸组织势在必行的情况下，降低农业生产成本，提高农产品质量，搞好农产品深加工，提高农业附加值与比较优势，参与竞争，迎接挑战，是本时期农业发展将面临的重大任务，这不仅是农业的国际性问题，而且也是反映我国农业今后发展前景与命运的问题[3]。

3　当前农业发展的对策

3.1　必须坚持农业持续发展的方向，加快实现农业现代化的步伐

我国当前农业发展必须坚持农业与人口、资源、环境及社会经济相协调的持续发展方向，这个方向的战略是不只考虑当前，而要考虑长远，并注意农业发展在时间与空间、数量与质量、静态与动态的统一，最终促进农产品的数量和质量、农村经济与农民收入的不断提高。

实现农业现代化除坚持农业技术发展方向外，还需实现农业现代化的基本内涵，包括现代化的物质装备、科学技术、管理体制、优化的资源与生态、环境 4 个方面，它的特点是：第一，必须以现代化工业为支撑基础，没有工业现代化，就没有现代化农业。第二，必须建立农业现代化的指标体系，包括产业化与市场化、集约化与机械化、信息化、高效生态农业、高新技术集成 5 个方面的指标体系。

可见，农业现代化的最终目标是农业的持续发展，其核心是依靠现代化科学技术，依靠新的现代化的“农业科学革命”，可以说推进现代科学技术革命是解决农业发展的根本出路。

3.2　必须进一步挖掘农业资源潜力，强化国家食物的安全保障能力

我国 1996 年粮食综合生产力达 4.8 亿 t，人均 400kg，但从中长期看，我国食物保障能力仍面临严峻形势，这是因为人口的快速增长（2000 年达 13 亿，2030 年达 16 亿）；人均耗粮增加（2010 年 442kg，2030 年 460kg）；粮食需求巨大（到 2030 年需粮 7.18 亿 t），种粮效益低，水土资源紧缺（2030 年缺水 1300 亿～1500 亿 m^3）；环境退化，灾害频繁。在另一方面，我国尚有 2/3 中低产田可以增产；耕地保护，提高复种尚有潜力；科技对农业增产份额可以提高（1997 年为 42%，相当于发达国家的 1/2），化肥利用率及水资源利用率（均为 30%～40%）均可增加，此外，水域、草原与山地资源可进一步开发利用，所有这些均为加强我国中长期食物保障力提供了重要基础。

根据中科院预测，通过控制耕地与种粮面积，发挥光热水土资源潜力，我国 2030 年粮食总产可望达 6.6 亿 t，即在 1996 年基础上增加 1.8 亿 t，主要途径是节水增效（扩大 1600 万 hm^2 灌溉面积，灌溉水利用率提高 60%）；提高复种（从 157%提高到 170%），推广良种（占播种面积 30%），合理增施化肥（主要在中低产田区），强化病虫鼠害防治（挽回粮食 1000 万 t）5 个方面。此外，通过开发耕地资源的粮食替代能力，如开发农区秸秆和天然草地，发展木本粮油；开发水域，发挥野生植物的替代作用 4 个方面，可增加粮食替代能力 9200 万 t，在此情况下，加上 6.6 亿 t，即可望增加到 7.52 亿 t，如按人均 460kg 计，可供养 16.35 亿人。但要达到这一要求，尚需采取 5 方面的措施，即建立多元化食物生产体系；推行国家粮食发展战略；大力发展规模化高效节水农业；强化粮食中长期保障体系；加强中低产田改造及高产、高效农业建设等。

总之，国家食物保障能力的建设，是我国农业发展的重要标志，只有真正加强我国中长期的食物保障能力，才能使我国国民经济不断持续发展。

3.3　必须依靠科技进步，推进农业科技革命

我国农业的根本出路在于科技进步，这是我国的基本国策。我国的农业应有一个质的飞跃，大的发展，进行一次新的农业革命，小平同志指出，“中国将来的农业，最终要靠生物工程，靠尖端技术解决问题”，可见，促进农业产业革命，是一项艰巨的战略任务。

（1）推动农业科技进步，需坚持农业科技发展的原则。这些基本原则是，第一，实施“科技兴农”战略，依靠科技革命，促进农业产业革命；第二，坚持把农业科技摆在科技工作的重要位置，把解决当前及

今后农业发展的重大科技问题作为重要目标；第三，坚持持续发展战略，面向整个国土资源开发；第四，始终如一地抓好基础性、长期性的农业科技工作，并注意常规技术与高新技术相结合，超前与实用相结合。

（2）切实抓好农业科技与开发，解决当前与长远关键问题。第一，重点抓住障碍农业高产、高效的限制因素，建立节水农业，实现示范区。着重抓好黄淮海、三江、松嫩、南方红壤、北方旱农、黄土综合开发，形成地区的现代农业样板。第二，力争生物技术、信息技术为主的农业高新技术研究有新的突破，培育新品种新组合，如水稻高产优质品种和杂交稻新组合，抓好基因工程、光合作用、杂交优势治理、生物固氮等技术，同时发展主要农产品高产、高效、优质、低耗、持续发展的体系研究，转变农业增长方式，加速生态与环境治理，防治土地退化。第三，大力加强农业产后技术开发，促进农产品工业发展，提高农产品附加值，开展对食品制造、农产品加工、储藏及运输技术进行研究。第四，围绕农村经济产业化，抓好科技成果推广，重点推广农业生物优良新品种，高产、规模化、工厂化、集约化的养殖技术，使科技在农业上的增长率达50%以上。

（3）实现农业科技进步，必须加强农业科技挖潜。为提高我国农业发展的总体水平，从科技的角度看，有四种潜力可挖。第一是生物潜力，目前的生物产量，远未达到生物的潜在生产能力，如江苏省水稻产量在平均亩产500kg的基础上，又有大的提高，常熟外向型农业示范区亩产已接近700kg，省农科院培育的“两优培九”，亩产650～700kg。因此，通过品种培育及提高有机物合成、转化和储存，粮食产量可在较大范围内得到提高。第二是环境潜力，从某种意义上讲，栽培技术的任务之一就是改善或充分调节环境条件，特别是包括光、气、水、肥、土、热和病虫害等外部环境条件。全国现有2/3的中低产田，通过改善环境条件同样具有较大增产潜力。第三是空间潜力，指空间的进一步拓展，如开垦滩涂地，土地退耕，水面种植等的水平拓展，立体式与垂直栽培式的垂直向拓展等均可大大增加利用空间。产量可成倍增加。第四是时间潜力，指延伸可种植时间或提高复种指数，通过地膜、大棚、温室，使原来不能种植的时间变得可以利用，特别是设施农业的发展使反季节生产成为可能；双季或三季的耕作制度，也将随着机械化程度提高，新种植方法的建立，有再实施的可能。总之，为了充分发挥这四种潜力，现代农业科技与农业的配套政策不可少，其中土地政策解决护农，科技政策解决为农，农业政策解决务农等问题，只有这样才能加速实现农业的科技进步。

（4）继续深化农村科技体制改革，不断增加科技投入。当前农村科技体制改革主要抓3点，第一，优化农村科技产业结构，应对农业产前、产中、产后科技力量进行合理配置。第二，重视农业科技队伍的优化与布局，地区之间进行人才交流，达到布局合理。第三，加强国内国际之间的农业科技交流与合作，扩大开放度，不断引进技术与人才，壮大地区科技力量，促进农业科技发展。此外，加大科技投入是实现农业科技进步的重要保证，应争取20世纪末使我国农业科技投入占农业总产值的0.5%～0.7%以上（当前我国农业年总产值为35亿元），世界农业科技投入平均为农业总值的1%，发达国家为5%。

3.4 必须面对“入贸”现实，提出相应的对策与措施

我国加入世界贸易组织（WTO）后，在农业面临国际竞争的严峻形势下，全国农业发展形势将发生重大变化，并将影响我国今后农业发展前景与命运。对此，已引起国内外的广泛关注。

3.4.1 我国农业加入“世贸”后的有利影响

（1）农业资源配置和农业生产结构将得到改善，表现为玉米、小麦、油料、大豆和棉花的播种面积及总产量将逐年减少，而园艺作物（蔬菜、水果、花卉）将有所扩大，畜牧业（除牛奶及羊毛外）将得到发展。

（2）畜产品将显著增加，猪肉出口到2005年将超过400万～600万t。

（3）消费者的生活福利水平将进一步提高，到2005年，在贸易自由化条件下，农产品价格将下降，小麦142～332元/t，玉米240～324元/t，大豆400～598元/t，大米也显著下降，这将给消费者带来福利。

（4）食品加工行业发展潜力将显著提高。

3.4.2 加入“世贸”后，给农业将带来的不利影响

（1）种植业将相对萎缩，其中影响最大的是玉米，估计到2005年将减产560万～1000万t。

（2）粮食自给率下降，将从95%下降到92%甚至更低，其中细粮自给率保持95%。但饲料粮，特别是玉米将由出口转为进口，2000年进口300万t，2005年进口将达2700多万t。

（3）农业就业率将进一步减少，至2005年农业就业将减少400万～1000万人，这将给社会带来新的就业问题。

（4）短期内，中低收入阶层，以种植业为主及贫困地区以种粮为主的农民，可能成为主要受害者，主要原因是这些地区种粮的比较效益低，交通闭塞，经济差距大。

另有人认为，我国农业“入贸”后，将面临用行政手段限制粮食进口的路子会越来越窄，粮食的自给率可能会由95%降至90%；增加农民收入的出路，应从种植业向畜牧业等方向转变。

3.4.3　几点建议

（1）农业贸易发展应从进口农业替代品转向出口外向型农业的发展战略，在发挥我国比较优势，实现资源优化配置，调整农业生产结构基础上，大力发展饲料、畜牧，集中发挥劳动密集型农产品（蔬菜、水果、养殖品）及技术密集型产品（花卉、药果、经作）等。

（2）政府对农业生产的干预，应从农业市场价格调控向全面提高农业资源利用效益，降低成本，提高农产品质量方向转变，而增加科技与农业基本建设投资是提高农业生产力、降低成本、提高质量的有效途径。

（3）由食物安全向口粮安全的方向转。今后主要是进口饲料（玉米）满足畜产品需求，而大米、小麦依靠科技进步完全有可能达到95%自给率，同时，利用世界资源和国际市场，努力发展创汇农业，进口粮、油、饲料及农业原料，出口水产、蔬菜、肉、水果、花卉、精加工食品等。总之，我国农业加入世贸后的变化复杂，影响甚大，对此问题应引起重视与认真研究。

4　对江苏省当前农业发展有关问题的思考

当前江苏省农业发展面临两个问题，一是全省农业种植结构的调整，二是丘陵地区农业的综合开发。

4.1　江苏省农业种植结构的调整问题①

江苏省1998年播种面积为800万hm^2，其中粮食种植面积595万hm^2，总产超过350亿kg，其中水稻达205亿kg，单产达8820kg/hm^2，小麦总产100亿kg，单产超过4500kg/hm^2，玉米总产28.7亿kg，单产达6060kg/hm^2。从粮食生产结构看，比较单一，夏粮占1/3，秋粮占2/3，夏粮中小麦不断增大，由1980年的种植面积63.3%增至1998年的87.9%，秋粮中稻谷占89%以上。粮食品质较差，如红皮小麦，部分中粳稻，部分杂交籼稻品种均处于退化阶段。从粮食消费的需求情况看，出口粮为主的粮食，目前呈平稳减少趋势，而饲料需求增长快，1998年全省消费粮食约319.5亿kg（人均消费447kg），比全国人均高57kg，而全省总量为350亿kg，因此全省余粮达30亿kg，其中，小麦有15亿kg剩余，属自给有余省。但另一方面全省粮食消费结构表现为“口粮有余，饲料不足”，“稻麦有余，玉米不足”。1998年全省稻谷消费174.5亿kg，而饲料粮自1984年以来每年按5%递增，至1998年达66.5亿kg。1985年以来，全省玉米消费增加了40%，而生产仅增加17%，缺口一半以上。当前，全省有近1000万亩复种耕地面积的调整空间，可以而且需要进行种植结构的调整，以适应今后农业生产的持续发展。

针对这种情况，兹对全省种植业结构调整提出以下建议。

（1）在确保粮食综合生产能力提高的前提下，坚持确保口粮自给有余。首先要稳定粮食综合生产能力，对苏南、苏中、淮北区域粮食生产基地，要稳步发展。必须确保250亿kg粮食的基本要求，加大行业用粮与饲料用粮的市场调节力度，同时依靠科技引进优质、高产、抗逆的水稻品种，改善水稻品质，并利用国内外市场，有进有出提高市场竞争力。

（2）因地制宜多途径、多层次、多模式地搞好种植业结构调整。首先应考虑在提高优质品种、经作比

① 江苏省农林厅. 1999. 江苏省种植业结构现状与调整思路.

重及优势产业创汇比重的前提下进行种植业结构调整。水稻种植面积可适当调减，着重提高优质比重，总产稳定在 160 亿 kg 较宜。调整区域集中在易涝易旱的淮北、里下河、沿海部分地区及丘陵地区，经营重点转向高效经作、特色林果、水生养殖及水产蔬菜等，同时应突出品质，提高质量，创名牌，面向市场。小麦生产重点转向苏北，同时应压缩劣质品种（如淮南红皮小麦，应根据情况逐步压缩），逐步提高小麦专用程度，扩大麦田套种，开发冬季农业，提高综合发展效益。油菜生产可按实际情况，加快发展“双低”品种，开拓市场，建立名牌。棉花调整主要是创立稳定的商品棉基地，提高质量。要加强畜牧业及牧草饲料的发展，要特别注重蔬菜以及反季保鲜加工蔬菜的发展，这是创汇农业的重要途径。目前，全省蔬菜种植面积已达 33 万 hm^2，是全国最大的蔬菜种植区之一，应该继续发挥这一优势。

（3）提高科技含量，大力加强品种培育与品质提高的研究。依靠生物工程技术，力争在作物品种和产品质量档次上求新突破，水稻应培育与引进优质、高产、抗逆的新品种，小麦应培育优质专用品种，并逐步推广。培育创汇农产品，建立主导农业与农业支柱产业，大力发展农业产业化经营，将生产、加工、流通结合起来，延长产业链，增加附加值，提高农业生产的综合效益。

（4）重视农业基本建设的投入，不断提高农民收入。今后农业投入的方向应着重在加强农业基础设施建设，包括加强高产稳产田建设、农田水利、治水改土、农业物质技术装备建设等方面，以不断提高耕地产出率与劳动生产率。同时在种植业结构调整中，必须以增加农民收入为前提，因地制宜，将资源优势、区位优势与市场优势统一起来，形成适合市场多元需求和反映区域分工特色的农业经济，使不同地区农民获得最大的经济效益。

4.2 加强宁镇扬丘陵地区开发，促进农业发展

宁镇扬丘陵地区位于本省西南，总面积 1.13 万 km^2，占全省 1/6。其中丘陵占 76.5%，平地占 23.5%，除 467hm^2 耕地外，其余 86.7 万 hm^2 均为旱地及林地，该区人均土地 0.27hm^2，耕地 0.1hm^2，林地 0.04hm^2，水面 0.03hm^2，是全省水资源较多、劳动力较充裕、生产潜力较大的地区。该区土地资源开发优势：第一，兼有山、丘、岗、圩复合地形特点，利于综合开发。第二，人口密度较低，土地较多，劳力有余，开发潜力大，易于结构调整。第三，农业生产水平中等，产品基本自给，增加投入效率高，发展商品潜力大。第四，无严重农业限制因素，如洪涝盐碱等，易于改善生产条件。土地资源开发存在的问题是水土流失较重，水资源缺乏，肥力较低，农业结构单一，农业经济实力及工业基础薄弱。

由此可见，该区应成为我省丘陵地区资源开发与生态农业建设的重点区。特别是在当前全省种植业进行调整的形势下，整个丘陵地区的发展方向，应为我省农、林、特产品的集中发展区，使全省生态农业建设迈上新台阶，改变丘陵地区农业发展的面貌。

针对上述情况，丘陵区土壤开发应遵循以下原则：①按地形从“小而全”到整体进行发展；②从资源劳力密集型农业逐步走向技术资金型；③应发展多样性生物种植结构与农业复合系统；④搞好“立体”农业布局，发展林、果、茶、油、栗、桑等，形成粮、饲、肥、经等复合结构，并加强农、林、牧、副、渔及种、养、加等全面发展。总的说来，这些原则应与整个丘陵地区生态农业建设的“五化”目标相结合。即绿色化，丘陵高处建立生态林、小流域植树造林，对水土流失进行综合治理；产业化，建立以经济林、果树为主的规模与支柱产业，形成产业化群；立体化，建立生态系统的立体结构，发展间套系统与名特优生产基地；无虫害化，发展无虫害、无污染的绿色商品与加工业，建成丘陵地区无虫害商品基地；休闲化，生态农业与观光旅游相结合，建立休闲生态农业区，满足人民生活质量要求。

从当前看，我省丘陵地农业开发正迅速发展，并取得显著效果。溧水县有 2.53 万 hm^2 丘陵地，现已分区进行开发，南部种杨梅、板栗、茶叶、用材等，并发展畜禽养殖；北部种植黑莓，黄花梨，水蜜桃；湖区发展油、桑、水产、水禽；秦淮河区发展经林等多种经营。该县傅家边农业科技园段林小流域治理及丘陵龙头企业的发展都已具规模。值得提出的是，1997 年在句容白兔建立的 20hm^2 科技园已引种数十种果树（如杨梅、桃、李、枇杷）、蔬菜、草莓等新品种，成为丘陵地区的开发样板。溧阳市是我省唯一被国家确定的全国山区综合开发示范县（市），目前在丘陵地区已初步建成 0.67 万 hm^2 板栗，0.40 万 hm^2 茶叶，0.33 万 hm^2 桑，0.67 万 hm^2 竹，30 万只良种山羊，全市还有 0.67 万 hm^2 丘陵地可供开发利用，当前在丘陵区开发上已初步形成区域化、规模化生产格局，可供其他地区借鉴。

为了全面摘好整个丘陵地区的开发建设，兹提出以下建议：

（1）明确目标，摘好规划。将占全省 1/6 的丘陵地区作为全省生态农业建设的重点来抓，按前述的“四项原则”与“五化目标”，对不同地区进行因地制宜的总体规划，并制定不同阶段的实施方案，由全省统一布置，推动实施。

（2）依靠科技，不断创新。丘陵地区开发必须依靠科技，抓紧培育新品种，引进新技术，提高产品品质，突出新项目，不搞重点样板，创造新经验，只有这样，才能走向市场，参与竞争。

（3）调整结构，探索机制，与地区种植业结构调整相结合。例如溧水县 1.73 万 hm^2 小麦，1999 年只种 0.8 万 hm^2，另 0.93 万 hm^2 种什么？溧阳市大面积红皮小麦，今年如何进行品种调整？所有这些问题均需因地制宜，提出合理方案并探索新的管理机制，才能收到良好效果。

（4）争取速度，壮大发展。省及地区应加大经费投入与组织管理力度，像建设“海上苏东”一样，在丘陵地区进行点面片布局并建设成各个规模性的生态农业产业群，形成我省及全国生态农业开发的样板与典范。

参 考 文 献

[1] 路明. 实施科技兴农战略，促进中国农业可持续发展. 中国农业科技导报，1999，1：7-10.

[2] 韩德乾. 科技兴农是农业科技工作跨世纪的战略任务. 中国农业科技导报，1999，1：3-6.

[3] 黄季焜. WTO 对中国农业是抗逆还是挑战. 科技日报，1999-5-19.

我国农业发展和结构调整问题*

赵其国

中国科学院南京土壤研究所，南京　210008

摘　　要

本文分析了我国农业现状和加入世界贸易组织带来的影响，提出了发展农业的对策，并对安徽省农业结构调整提出了建议。

关键词　农业；世界贸易组织；农业结构调整

1　我国农业的特点和成就

我国是一个农业大国，农村面积非常辽阔，农业人口占总人口 72%（过去占 90%到 90%以上），农业发展对整个国民经济发展和社会稳定都具有重要意义。由于人口基数大，农业资源相对不足，人均耕地仅占世界平均水平的 1/4，人均水资源只相当于世界平均水平的 1/5。农业尚处在由传统农业向现代农业过渡阶段，农业生产规模很小，农业生产力落后，传统农业、手工农业与现代化农业并存，山区、半山区、边远和贫困地区仍然用手工劳动，用牛耕地。农业人口占的比例大，农业资源紧缺，农业现代化还处在过渡阶段，这是当前我国农业的三个基本特点。

中华人民共和国成立以来，我国农业取得了举世瞩目的成就，主要表现在以下四个方面：一是农业生产持续稳定增长。粮食年产量由 1949 年 1.13 亿 t 增长到 5 亿 t，和 1949 年相比，粮食增长到 4.34 倍，棉花 10 倍，油料 8.5 倍，糖类 33 倍以上，肉类 25 倍，畜牧业也有很大发展，已基本解决粮食供求平衡问题。二是农业生产条件显著改善。以化肥为例，1998 年全国化肥施用量 4560 万 t，占世界的 1/3；年生产量 2864 万 t，占世界的 1/5，化肥的消费和生产均居世界第一位。三是农村经济体制改革成效非常显著。推行了家庭联产承包双层经营体制，进行了农产品流通领域改革和市场体系建设，使农民生活得到显著改善。四是科技实力不断增强，1997 年全国农业科研机构已发展到 1587 个，农业科技人员增长到 150 万人，农业科技示范户达 500 万个，信息技术和生物技术等新技术在农业上的应用取得了很大成效，地膜覆盖和旱育秧水稻已扩大到 650 万 hm^2，我国和 160 多个国家进行了农业科技交流，和 93 个国家交换了品种资源 10 万份。

最近中央对当前农业形势的分析概括为：①现代农业已告别食物短缺的历史，主要农产品丰年有余；②农产品已出现结构性的低消耗水平的相对过剩；③发展农业产业化，提高农产品品质与效益，成为农业进入新阶段的主要问题；④主要农产品已经由总数不足的矛盾转向优质数量不足的矛盾，由全局性转向地区性矛盾，跨世纪人口高峰到来以前，我国粮食等主要农产品的生产压力将长期存在。

现在一种意见认为我国粮食多了，粮食总量问题可以打句号；另一种意见认为我国目前粮食的相对过剩，并不说明我国对粮食问题长期可以忽视。我支持后一种观点，始终认为对粮食问题应持慎重态度。

2　我国农业发展当前存在的问题

2.1　农产品总量的供求平衡问题

2030 年，我国人口将增加到 16 亿，按人均 400kg 粮食计算，需要年产粮食 6.4 亿 t，总产比现在增加 1.4 亿 t，由于粮食种植面积将有所减少，粮食单产应比现在增加 60%。肉类也应比现在增加 60%。为了发展畜牧业，人均粮食 400kg 是不够的，最好能达到 460kg。中国科学院对将来粮食年产量提出三种方案：中方案为 6.6 亿 t，年增产 533 万 t，年增产率 0.93%；高方案为 7.0 亿 t，年增产 630 万 t，年增产率 1.06%；

---

* 本文系作者 1999 年 12 月 28 日在安徽省农业结构调整和产业化经营学术研讨会上所作的学术报告，编辑部根据录音整理。

本文原载《安徽农学通报》2000 年第 6 卷第 2 期第 2-6 页。

低方案为 6.3 亿 t，年增产 467 万 t，年增产率 0.84%。我国 1952～1995 年 43 年粮食年增长率 2.46%，而高方案年增产率仅 1.06%，相比之下，仍然是低速增长。今后国家要搞粮食保障体系，保证粮食总量供求平衡。

2.2 农产品品质和产品质量提高问题

由于人们对农产品的品质要求越来越高，许多品质不高的农产品，例如早籼稻，南方的粳稻品种，江苏的红皮小麦，已出现大量积压现象。据 1998 年年终统计，我国需要做面包的优质小麦为 550 亿 kg，现只能满足 20%；需要优质油菜籽 700 万 t，现只能满足 200 万 t。

2.3 农业资源紧缺和生态环境恶化问题

现在越是经济发展得快的地方，例如长江、珠江三角洲，资源破坏和环境污染越严重。安徽巢湖和淮河流域，江苏太湖流域水质污染很严重，还有草原退化、水土流失、沙漠化等许多生态问题已严重制约农业的发展，生态环境治理已被提上重要议事日程，国家将通过加强法制进一步强化治理。

2.4 农民收入增加问题

我国要保持社会稳定和扩大内需，必须解决好农民增收问题。1978～1998 年 20 年中，农民纯收入年增长率仅 8%，低于城镇人口的增长速度，占 72%的农民购买力只相当于占 28%的城镇人口的 45%。国家正集中力量研究农村钱从哪里来、人到哪里去、市场在哪里、未来吃什么和资源怎么办五大问题。

3 加入世界贸易组织（WTO）对我国农业发展的影响

我国加入 WTO，2005 年以前对农业冲击还不大；2005 年以后，进入世界自由贸易阶段，冲击就比较大。据 1996 年统计，我国的水稻、玉米、棉花、大豆的国内批发价比国际市场高 20%～55%，如再不提高我国农产品的比较优势，增强国际市场的竞争力，2000 年后价格可能比国际市场高出一倍。进入 WTO 以后，农产品参与国际市场竞争势不可免。

美国是世界上头号农业出口国，荷兰是居第三位的农业出口国。1961 年，荷兰出口农产品 3 亿美元，名列世界第 9 位。到 1990 年，增加了 30 倍，年增长 3.1%。1996 年，达到 166.4 亿美元，占世界 4.1%。荷兰国土仅有 4088 万 km^2，人口 1300 万人，是低洼沼泽地带，耕地面积占世界 6.8/10 000，靠发展畜牧业和花卉赚外汇。虽然荷兰人口只占美国的 1/16，农业劳力和土地只占美国的 1/12，但出口农产品占美国的 2/3。荷兰将温室（green house）出售给我国上海高新农业技术开发区，一间温室的面积为 $3hm^2$。我国农业参与国际竞争能力无法与荷兰、美国等发达国家相比，主要差距有以下几点：

（1）我国农业国际参与度比较小。20 年中，我国农产品进出口有 11 年出现逆差。农产品出口量最高的年份，只占世界 3.7%。

（2）我国农产品特别是粮食的比较优势不断下降，价格超过国际市场，农产品出口在整体上呈下滑趋势。

（3）我国农业经营规模是超小型（superlittle），美国农业经营规模是 $100hm^2$、$150hm^2$、$200hm^2$，我国则是小规模经营，平均每个农户仅 $0.67hm^2$，差距很大。

（4）农民素质很低。

（5）我国农业科技对农业增长的贡献率很低，国家用于农业科技的经费只占全国农业总产值的 0.36%，相当于发达国家的 1/7。

（6）农业缺乏后劲，农业资源的潜力没有充分发挥。

（7）在落实扶植农业的政策、调整政府职能、改善农业环境和调整农业结构等方面，还有不足之处。

综上可见，我国是一个农业大国，但不是农业强国，面临全球经济一体化的压力，如果不采取积极措施，提高农业的国际竞争地位，将影响我国整个国民经济的发展。

我国参与 WTO 有利有弊，利有以下几点：

（1）农业资源配置和农业生产结构将得到改善。小麦、玉米、大豆、油料、棉花的播种面积将逐年减少，资源密集型的农业将逐步压缩，花卉、园艺、畜牧将得到发展。

（2）畜产品出口增加。猪肉将可出口 700 万 t，按照我们意见甚至出口 1000 万～1200 万 t。牛肉因无疯牛病，出口也将增加。

（3）广大消费者生活福利水平将上升，农产品价格的总体水平将下降。国际市场上小麦每吨 142～332 元，玉米每吨 240～300 元，大豆每吨 400～508 元，这些农产品价格将会调低。大米价格也将下降。

（4）食品加工行业将有显著提高。

加入 WTO 的弊主要是种植业生产将相对萎缩，由于廉价的美国玉米大量输入，我国玉米将减少 500 万～1000 万 t。我国粮食的自给率，目前是 98%。5 年后，粮食自给率有可能降到 95%，甚至 92%。我国玉米原是出口农产品，近 2～3 年，将进口玉米 300 万 t，到 2005 年，将进口玉米 2700 万 t。5 年前我国大豆资源在国际上占优势，而现在则落在美国后面。

我国加入 WTO 后，不可能靠国家补贴提高粮价。粮价将靠市场竞争进行调节。国家执行节水节地政策，农民也很难靠提高地价和水价来增加收入。

进入 WTO 后我国粮食进口以多少为宜？一种意见认为不宜多进口，另一种意见认为多进口一些也可以。20 世纪 70 年代，苏联是世界上头号粮食进口国，国际市场上 80%～90%的粮食输入苏联。90 年代，日本虽然种植水稻的条件很好，但水稻全部由美国进口，基本上不种水稻，人均进口粮食 226kg，占世界粮食的 8.8%。80 年代，苏联粮食自给率是 82%～87%，日本是 33%，墨西哥是 79%，巴西是 86%，我国自给率即使降到 90%，也没有什么问题。到 2030 年，我国 16 亿人口，年生产粮食 6.6 亿～7 亿 t，按人均 460kg 计算，不足部分需要进口的主要是玉米、大豆等饲料，也不会有什么风险。还有人认为，进口粮食等于是进口土地和水资源，按 1hm^2 耕地产 4t 粮食，1t 粮食需耗水 1000m^3 计算，如果进口 4000 万 t 粮食，就相当于进口 1000 万 hm^2（1.5 亿亩）耕地，400 亿 m^3 的水，还是很划算的。但我认为，粮食自给率 90%，进口 5000 万～6000 万 t 粮食，风险还是太大。最好进口 3000 万 t，粮食自给率为 95%，比较保险。

进入 WTO 后，必须长期地进行农业战略性结构调整，大力发展劳动密集型农业——饲料、畜牧、蔬菜、养殖、水果和技术密集型农业——花卉、农药，适当调减资源密集型农业——粮食作物。政府对农业生产的干预，应从农业市场价格调控转向全面提高资源利用效率，降低成本，提高农产品品质。要由食物安全向粮食安全方向转变，今后主要进口饲料，满足畜牧业要求。小麦依靠科技进步，有可能达到 95%自给率。要利用世界资源和国际市场，发展创汇农业，进口粮油，出口水产、蔬菜、肉、水果；进口饲料、食品，出口精加工食品、花卉；进口农业原料，出口粮食加工品。

4 我国农业发展对策

4.1 坚持农业可持续发展

我国农业发展必须坚持人口、资源、环境和社会经济相互协调的持续发展方针。可持续发展（sustainable development）的实质，按我的观点，就是两个字：协调（coordinate），在人口增长、资源利用、环境保护和社会经济发展上求得平衡，协调一致。

从可持续发展观点看，农业应是代传农业（genenation），绝不能以破坏资源、污染环境为代价来发展农业。要以维持人类健康和生存，提高生活质量作为农业发展的根本标准。只有坚持农业可持续发展，才能谈得上实现农业现代化。

4.2 挖掘农业资源潜力，强化食物安全保证能力

要建立多元化食物生产体系，发展规模化高效率节水农业，认真进行中低产土壤改良。治理好砂姜黑土可以提高产量 3～4 倍，安徽省还有上千万亩自然草地和人工草地，它的增产潜力很大。

4.3 推进农业技术革命

一要实施科技兴农和持续发展战略，做好基础性工作。二要抓好农业科技开发，解决当前和长远的关

键问题，要加强生物技术等高新技术和常规技术的应用，目前高新技术只能是局部性、推进性、开始性工作。要特别重视普及一般性的、通常性的科学技术。三要注意挖掘四个潜力，即生物潜力（例如发展超级稻效益可提高 40 多倍）、环境潜力（向光、肥、水、气、热要产量）、空间潜力和时间潜力（例如反季节蔬菜）。

4.4 深化科技体制改革

要使农业科技投入占到农业产出的 0.5%～0.7%。目前全国农业科技投入只有 35 亿，数额很小，美国一个居第八位的农业科技开发公司，它每年的农业科技投入超过我国全国的 2 倍。日本北海道已经是工厂化农业，它们科技投入等于我国全国科技投入的 3 倍。我国应逐步增加农业科技投入。

5 农业战略性结构调整问题及对安徽省进行结构调整的建议

5.1 农业结构调整的特点、思路、目标和途径

在面对加入世界贸易组织、参与国际市场竞争的新形势下，各省都把农业结构调整作为工作重点进行了部署。当前进行农业战略性结构调整具有新的特点，一是从计划经济转向市场经济；二是从稻麦油调整转向农业整体调整；三是从提高种植业转向提高农业综合能力，四是从一个市场转向两个市场。农业战略性结构调整的思路：一是从生产型向加工流通型转变，要抓产前、产中和产后，不仅抓生产，还要抓加工和市场，特别是要注意国际市场。二是由数量向质量效率转变，国外一个人有 10 万～20 万的产值，而我国只有 500～1000 元。三是由国内市场向国际市场转变。四是由行政命令向经济手段转变。行政性指令要和村一级基层的思路及农民的要求结合起来。调整的目标，一是社会目标，农村要稳定。二是经济目标，农民的利益要增加。三是生态目标，要可持续发展。四是产品目标，要适应市场多样化要求，产品结构要多元化、多层次、宝塔形，大路和优质相结合。农业战略性结构调整不能一刀切，要适应市场要求，因地制宜。例如江苏省畜牧业的比重就可提高到 58%～60%。

优化品种品质要提高名优特产品比重，优化农业结构要提高优化企业优势，优化产业结构要提高加工农产品比重，优化市场竞争力要提高农产品综合生产能力。现在各省市场竞争力差距较大，以比较好的苏、鲁、闽、粤为例，江苏省农产品年出口是 6 亿，比广东 25 亿远远落后，也赶不上山东和福建。山东的蔬菜和西瓜等农产品具有较高的市场竞争力，例如它的西瓜在上海市场上售价要比苏北西瓜每斤低 0.30 元。

农业结构调整的途径：要针对农产品市场特点，过剩难卖的农产品要调整；劣质过剩的、优质不足的、通用过剩的、专用不足的、初级的、加工不足的、地区性过剩的农产品要调整。我国地区性过剩的农产品，主要是东北的玉米，新疆的棉花，南方的柑橘（例如长江三峡的脐橙在南京大量滞销），黄淮海的苹果。我国水果品质差，苹果 50%已经退化，在国际市场上，美国一个苹果就卖 3 美元，我国一斤 3 元还卖不出去。在农业结构调整上，要抓适应性农产品，进行适应性调整；要立足地区优势，进行竞争性调整；要依靠科技进步，进行开发性调整。调整要做到人无我有，人有我优。要做到品种创新，思路创新，搞好农业战略性结构调整。

5.2 对安徽省农业结构调整的建议

对安徽省农业结构调整有两点想法：

（1）大力加强畜牧业，向荷兰的方向发展。安徽省发展畜牧业有悠久历史，除生猪外，阜阳地区黄牛，沿江水禽，皖西白鹅都相当发达。特别是发展黄牛很有潜力，20 世纪 90 年代初，中国科学院曾在安徽蒙城和河南禹城分别建立黄牛基点，结果河南禹城的黄牛发展很快，而安徽蒙城发展不快。安徽阜阳地区原来有黄牛 42 万头，现在也仅扩大到 45 万头。

安徽省农业结构由种植业向畜牧业转变颇具潜力，很有意义。一是畜牧业是劳动密集型产业，从产品到加工和销售，产业链比较长，需要投入更多的劳力。二是随着畜牧业占有主导地位，将促使种植业有调整和提高，发展成为节水、节地的高效农业，成为创汇的特色农业。三是畜牧业可以拉动饲料种植业和畜

产品加工业，有利于解决农村剩余劳力问题。四是发展畜牧业通过引种改良，参与国际竞争，可以改变整个农业的面貌。

安徽省有 2500 万亩丘陵成片草场，其中可利用草场 840 万亩，发展畜牧业很有前途。现在安徽省规划提出近期内畜牧业比重提高到 33%～35%，我认为这个指标偏低，还应大幅度提高。

（2）大力推进农业产业化，把种养加、产供销联成一个整体。吉林省德惠市农业产业化龙头企业德大公司，年产值 35 亿，现养鸡 5000 万～6000 万只，拟发展到 1 亿只以上，养牛 5 万头，拟发展到 15 万头。该公司对广大农户养鸡包饲料、包防疫、包销售。每天屠宰牛 250 头，牛的前半部销给以色列，后半部销售给巴勒斯坦。现德惠市年产 140 亿斤粮食，其中 30 亿斤被德大公司收购作饲料。这是农业产业化一个很值得借鉴的典型。

6 结　语

（1）农业是国民经济的基础，是基础产业，是国家的战略产业，农业解决了全国 12.4 亿人口的食物安全问题，国民经济总产值的 19.3%，国民收入的 30%，出口创汇的 40%，轻工业总产值的 66%都来自农业。农业直接影响人民的健康，经济的发展，社会的稳定和国家综合国力的发展加强。发达国家也一直把农业作为增加就业、出口创汇、协调国际关系的重要方面，英、美、德、日都把农业看得很重。因此，我们应该把农业放在战略产业的地位，放在国民经济发展的首位。

（2）农业发展的根本出路在于农业新科技革命。农业新科技革命目标要面向三农，方向要提高总体效益。坚持可持续发展（sustainable development），内容是抓质量、抓效益、抓增收、抓环境，另外，要抓体制、机制、推广、管理和保障体系五项改革。当前，我国农业问题具有与发达国家不同的特点；一是要考虑农民占全人口 72%的问题；二是要解决体制、机制与法制的统一问题；三是我国农业发展一靠政策（policy）、二靠投入（investment）、三靠技术（technology），科学技术只有在解决了政策和投入情况下，才能发挥作用。今后只有真正落实小平同志关于科学技术是第一生产力的指示，做到科学技术放在首位，科学技术决定政策，决定投入，我国的农业才大有希望，我国经济的发展才大有希望。

我国现代农业发展中的若干问题

赵其国

中国科学院南京土壤研究所，南京 210008

摘 要

现代农业是农业发展的现代化阶段，也是我国当今农业发展的必然趋势。我国现代农业的发展方向是走集约化农业发展的道路，即加强集约经营；力争粮食稳产；坚持持续发展。今后在面临人口与粮食，资源与环境严峻挑战的情况下，现代农业必须为人类享有充足与健康的食物和清洁的环境作出贡献。当前我国现代农业发展中存在的问题，主要是农业持续发展和生态与环境修复及其相互关系问题。为解决此问题，需要采取建立四大观点、解决四大矛盾、强化四大对策、处理好四大关系等对策，只有认真落实这些对策，我国现代农业才会得到进一步发展，并将在促进农业与国民经济发展中起到更大的作用。

关键词 现代农业；农业持续发展；生态与环境

农业的现代化是我国当今农业发展的必然趋势，也是我国现代化建设的重要组成部分。当前我国农业正在由过去的传统农业向高产、高效、优质的现代农业的方向转变。因此，如何从现代农业的观点，正确地认识与解决我国当今农业持续发展中面临的若干问题，具有重要的理论与现实意义。

1 现代农业的发展

现代农业是农业发展的现代化阶段，也是农业发展进程中的一个相对的历史阶段。世界农业，包括中国农业的历史已有几千年。最初盛行的是原始农业（包括农业的游耕、游牧制），进入文明时期后，转变为传统农业（包括休闲农业、有机生态农业、粗放雨养农业等），一直延续到20世纪初，当时世界谷物单产仅0.94t/hm^2（125斤/亩），中国1949年单产仅1t/hm^2（133斤/亩），20世纪以来，随着工业的兴起，传统农业向现代农业转变，一些发达国家实现了农业现代化的初步目标，发展中国家的传统农业也向现代农业推进。1982～1986年世界谷物产量较1909～1913年增加2.3倍，粮食快于人口的增长，但贫富不均，发达国家人均占有粮750kg，而发展中国家仅250kg，世界上还有近4亿人处于饥饿之中。值得注意的是，现代农业在取得成就的同时，带来能源急剧消耗，化肥农药污染，水土流失，草原退化，工业对水、土、气的污染等资源与环境问题。因此，70年代，世界上出现“环境至上”的热潮，相应出现有机农业、生态农业、生物农业、再生农业、自然农业、替代农业等，80年代则出现“可持续农业”的战略。

由此可见，农业发展的一般阶段是：原始农业—传统农业（粗放农业）—现代农业（集约农业、精细农业）。

我国农业发展，如以粮食增长过程看，自1949～1993年，44年中，大致可分为四个阶段，跨三个半台阶，每台阶增长粮食约2000亿斤①。

1949～1958年为第一台阶，9年共增产粮食1736亿斤，年增长193亿斤，单产为137～218斤/亩。

1958～1978年为第二台阶，20年增粮2095亿斤，年增长105亿斤，单产为218～336斤/亩。

1978～1984年为第三台阶，6年增粮205亿斤，年增长34.2亿斤，单产为336～481斤/亩。

1984～1993年为第四台阶（半台阶），9年增加983亿斤，年增109亿斤，单产为481～551斤/亩。

以上阶段表明，1978～1984年间我国农业有较大推进，粮食的增长，是与化肥施用（由800万t→1739万t，增加2.2倍）品种，灌溉的提高分不开的。我国自1949～1993年，44年间，粮食由1.13亿t增至4.56

本文原载《土壤学报》1997年第34卷第1期第1-9页。

① 中国科学院. 1995. 我国农业生产的问题、潜力与对策. 中国科学院印，1-15页。

亿 t（增加 4 倍），前 35 年粮食增长 7.42%，人口增长 2.64%，后 9 年粮食增长 1.34%，人口增长 1.512%，所有这些均说明，我国农业发展正不断由传统转向现代农业推进。

2 现代农业的内涵

对现代农业的内涵，国内外有不同认识，20 世纪 70 年代前强调“石油农业”“工业化农业”，认为现代化农业就是机械化，化学化，水利化与电气化，70 年代后，发达国家实现了“四化”，出现了资源与环境问题，于是将重点放在环境保护上，又提出“有机农业”“生态农业”。总结这些经验，针对我国的实际，我们认为，现代农业应包括以下几点[1]：

第一，现代的物质装备：包括“四化”及农村交通通信网络化，必须增加农业投入，提高综合生产力。

第二，现代的科学技术：现代农业的标志是现代科技在农业中的应用水平，科技进步在农业的增长成分应超过 50%甚至 60%以上，包括土地集约，品种改良，两高一优技术及农民知识水平的提高。

第三，现代的经营管理体制：用现代社会经济科学武装农业，实现开放型的商品市场经济，实现农业的商品化、市场化、规模化、社会化，包括社会服务流通体系，不断提高劳动生产率，促进农业向产业化方向发展。

第四，现代的优化资源与环境：用现代环境保护意识武装农业，力争在人口增加与农业发展的同时，不断改善资源与环境的状态，实现资源的合理与永续利用，生态与环境改善及净化，以保持农业的不断持续发展。

以上四个方面是相互依存的，不能只强调一个方面，这是由粗放、低效、封闭的传统农业走向现代农业，即走向现代工业，现代科技，现代经营体制与优化资源环境的高效持续发展的开放式商品农业的必须具备的条件。

需要强调的是，现代农业必须以现代工业为支撑前提，没有工业化就不会有农业的现代化，中国的特点是，需要建立农业现代化与农村工业化（乡镇工业化）组成的现代农业模式。

3 我国现代农业的发展方向

总的应该走“集约持续农业”的道路。这是因为，我国农业具有“四少一低”的特点。

第一，人口多（剩余劳力多），人均资源少：由于人口增加，50 年代到 80 年代人均耕地由 2.8 亩减到 1.4 亩，21 世纪中叶，人口达 16 亿，人均耕地将不足 1 亩，中国人均耕地、草地、林地、水资源分别不到世界的 1/3、1/3、1/8、1/4，农村 4 亿劳力，有 1 亿待转移。

第二，产量高（总单产），人均产品少：中国粮食肉类总量，虽居世界首位，但 1990 年人均粮食、肉类、奶类，分别仅约为发达国家平均的 1/2、1/3、1/5。

第三，物质投入多，人均相对量少：虽然灌溉总面积占耕地 47%，化肥用量达 3000 万 t，均比美国多，但人均灌溉面积仅 0.6 亩，人均化肥用量 22kg，仅为美国 1/2 及 1/3，全国农业劳力年产值仅为工业的 1/15，农业的比较效益甚低，农业商品率只有 35%～60%。

第四，农业的贡献多，但工业对农业的反馈少：1952 年工农消费水平应为 2.4∶1，到 1990 年为 2.8∶1，农业综合生产力与发展均受影响。

第五，农民仅初步温饱，生活水平低。1995 年全国农业人口人均收入仅 780 元，全国有 8000 万农民尚处于贫困之中。

从此可见，中国农业虽正朝向现代农业方向推进，但从全局来看，尚处于半自给半商品、半经验半科学、半人畜半机械的状况，并未完全脱离传统农业的范围。

因此，必须加快由传统农业向现代农业过渡的进程，走集约化农业发展的道路[1]。

第一，加强集约经营：将保护土地与提高土地利用率放在首位，保护耕地，集约与合理用地，精耕细作，间套复种，发展大农业，提高农产品的数量与质量。

第二，力争“二高一优”：将提高粮食产量与农业的综合效益放在首位。通过改良中低产田与提高丰产田单产水平，使粮食不断稳产高产。在力争“二高一优”的基础上，走“种、养、加”一条龙，“贸、工、农”一体化的农业产业化道路，不断促进农村经济的全面发展。

第三，坚持“持续发展”，将合理利用资源，保护生态环境放在首位。在发展“两高一优”农业的同时，应对资源利用与生态、环境有所改善，并通过提高资源利用率，提高农民收入，提高劳动者的素质，实现农业增长方式的转变，同时应特别注意作物产量、社会经济与生态，环境三者的相互协调与持续发展。

4　现代农业面临的挑战

从当前社会与经济发展对现代农业发展的要求看，我国现代农业正在面临着以下的严峻的挑战[2]。

4.1　人口与粮食

到 20 世纪末，世界人口总数将达到 62.41 亿，粮食的需求量为 21.3 亿～22 亿 t，比 1990 年的粮食总量要净增 3.5 亿 t。面对这样的严峻形势，生产条件落后的发展中国家将承受巨大的粮食生产压力。我国人口到 20 世纪末，预计可达 13 亿左右。以人均 400kg 的年消费水平计算，需要粮食 5.2 亿 t，然而要在仅占世界耕地面积 6.8%土地上，获得世界粮食生产总量的 23.6%，任务是极为艰巨的。

4.2　资源与环境

当前，全世界拥有耕地 7.3 亿 hm^2，预计到 20 世纪末可再扩大耕地 1.8 亿 hm^2，总共为 9.1 亿 hm^2。但是，由于人类不合理地开垦土地，近年来土壤退化不断加剧。全球范围内的水土流失面积已发展到总土地面积的 16.8%；沼泽化、沙漠化的面积也分别达到总面积的 10%和 33%；次生盐渍化面积约 12 亿 hm^2；耕地被侵占近 2 亿 hm^2；20%耕地存在着养分亏缺；在 76 个发展中国家中，森林以每年 1130 万 hm^2 的速度砍伐，而造林仅为 110 万 hm^2。世界上仅有 0.27%的水资源可为农业、工业和城市利用，有人预测，不出 20 年，淡水的供给将不能满足需要。

我国的水土及森林资源按其绝对量来说名列前茅，但人均占有量很低。人均耕地、林地和草地分别仅占世界人均量的 1/3、1/5 和 1/4；水资源总量虽居世界前列，但只占世界人均的 1/4；森林资源居世界第 7 位，但人均量是第 130 位。目前全国中低产田已占总耕地面积的 2/3，目前约有 2000 万 hm^2 的耕地受到干旱威胁。水土流失面积占国土总面积的 1/5；沙漠化的土地达到 3330 万 hm^2，并且平均每年以 15 万 hm^2 的速度扩展；草原退化面积 8700 万 hm^2，并且每年以 120 万 hm^2 左右速度增加。随着工业的发展，污染日益严重，每年废水排放量为 368 亿 t，烟尘排放量为 1445 万 t，受污染的耕地面积约 670 万 hm^2，酸雨对江南农业生产的影响也越来越严重，仅 SO_2 的危害，每年可达 270 万 hm^2。

面对上述挑战，现代农业今后的发展必须为人类享有充足与健康的食物和清洁的环境作出贡献。今后相当长的时期内，稳定粮食增产是主要任务。

5　现代农业发展中的若干问题

当前我国现代农业发展中存在的问题，主要是农业持续发展与生态，环境的建设及其相互关系问题，这也是我国当前国民经济建设发展中所面临的重大问题[3]。

江泽民同志最近指出：“在整个现代化进程中，我们都必须加强农业，重视对农业的保护与扶持，确保农业逐步实现现代化”“农业是国民经济发展的一个重要支柱，我国的农业，尤其是粮食生产，在经济发展的任何阶段都绝不能削弱，而且必须加强，要始终保持粮食的稳定增长”，由此可见，我国农业持续发展，必须以农业现代化为基础，而在农业持续发展中，粮食的稳定增长是关键。此外，生态、环境的建设与保护也是农业持续发展的重要组成部分，在农业现代化进程中，必须处理好人口、资源、环境与农业之间的关系，这是我国经济发展的战略与基本国策。为了正确认识与解决我国现代农业发展中面临的若干问题，初步提出如下四个方面的对策。

5.1　建立四个观点

（1）“产业化”观，即加快农业产业化的进程，走农业产业化的道路，这是当前农业向现代化发展的必然趋势。农业的产业化，就是农业的工业化与农业的企业化，它与工业的发展及其对农业的支撑是分不开的，从发展看，今后我国农业的产业化方向应该是农业的产前、产中、产后相联系；贸、工、农相结合；产、加、销一体化。在此情况下，农业不仅是国民经济的基础，而是具有高产值、高效率、高效益的现代基础产业，只有这样，我国农业现代化才能与整个国民经济的发展相适应[4]。

（2）“持续发展”观，即走农业持续的道路。农业的持续发展，应包括农业产量，经济与环境三者的持续发展，其中环境与农业的协调与持续发展是关键，这是因为，现代农业的发展，绝不能以浪费资源与牺牲环境为代价，而应以建立生态、环境良性循环为农业发展的基础，只有这样，农业发展才能“功在当代，利在千秋”，可见现代农业中的持续发展观点不仅是整个国民经济的发展战略，同时，必将是农业发展的重要方向。

（3）全局观，即走农业全面发展的道路。首先，现代农业发展在战略上必须考虑治理开发、综合持续、城乡一体化三个方面的全面结合。其次在土地开发战略上，除面向现有 15 亿亩耕地外，应该更加开阔视野，面向山丘，面向草原，面向海洋，面向空间，向“山、草、水、空”开发，向“山、草、水、空”要食物。江西省提出“在山地上再建一个江西”，江苏省提出“海上苏东”，说明从全局考虑农业发展是现代农业的一个新的内容。

（4）务实观，即务实地对待我国今后粮食的需求问题，到 2030 年“谁养活中国的问题”（美国布朗 1995 年提出），我们的基本态度是“必须，能够而且有办法养活”，关键是采取切实有力的技术与政策措施，严格贯彻执行中央提出的农业发展 8 大措施与 16 个项目（见科技日报，1996 年 9 月 16 日），明确农业与农村发展战略，加强农田基本建设保护，进行国土全面治理与开发等，在此情况下，到 20 世纪末，我国粮食总产达到 5 亿 t，2030 年达到 7.6 亿 t，是有可能的，我们应对此付出努力并充满信心。

5.2 解决四大矛盾

1. 人地矛盾

据统计，1957 年，全国耕地为 17.6 亿亩，人均为 2.7 亩，从 1978～1994 年，16 年间，全国耕地净减 6880 万亩，人口增加 2.3 亿，人均耕地由 1.55 亩降至 1.19 亩，相当于世界人均水平的 1/4，全国 1/3 的省（区）人均耕地不足 1 亩，从 1957 年到 1986 年 29 年间平均每年净减耕地 807 万亩，如果今后按年净减耕地 500 万亩计，50 年后，我国人均耕地将降至 0.6 亩，届时人口增加与耕地减少的矛盾将更为尖锐。为此，必须严格控制人口，保护耕地，提高耕地的数量与质量，解缓人地矛盾：第一，必须控制人口，加强土地管理，强化国家土地法的执法力度。第二，严格控制用地总量，规定每年全国非农用地占耕地数量的极限，通过适度开发与复垦，不断增加耕地，努力实现耕地总量的动态平衡，确保耕地与播种面积的稳定。第三，划分基本农田保护区，改造中低产田，建设吨粮田，不断提高耕地的利用率。第四，在保护耕地数量的基础上，通过平衡施肥，治水改土，合理耕作，建立耕地质量监测网络系统等措施，不断提高耕地质量，达到农业的稳定增产[2]。

2. 人粮矛盾

我国粮食总产 1949 年为 1.132 亿 t，1995 年为 4.66 亿 t，增加了 4 倍，人均为 388kg，到 20 世纪末，人口为 13 亿，按人均 400kg 粮食计算，总产需 5.2 亿 t，尚需增加 0.5 亿 t。

从历史上看，我国粮食产量变幅较大，区域发展不平衡，近十年来，我国粮食增长较缓慢，1984 年后，南方粮食较北方增产少，过去“南粮北调”，现变为“北粮南调”。产生原因，一是由于耕地面积减少，1984～1993 年全国耕地共减少 4000 多万亩，其中我国东南地区（包括沪、苏、皖、鄂、湘、桂、浙、闽、粤）耕地减少 1800 万 t。二是粮食播种面积下降，十年间全国减少 3500 万亩，而东南地区减少 5300 万亩。三是粮食单产降低，全国近 10 年较前 6 年（1978～1984 年）减少 67 斤/亩，东南地区减少 124 斤/亩，总产减少 79.7 斤/亩。为此，今后需要取如下对策。

第一，稳定耕地及粮食播种面积。通过提高复种、综合开发、荒地开垦、保护耕地等措施，今后 15 年内，即到 2010 年，虽然耕地将净减 6000 万亩，但耕地应保持在 18 亿亩左右。

第二，加强中低产治理与平衡施肥，全国有近 2/3 的耕地为中低产农田，1989～1985 年，黄淮海与东北地区共治理中低产田 7500 多万亩，新增粮食 200 亿斤，说明中低产田治理有很大潜力。此外，在化肥施用水平较高地区，应尽快调整 N、P、K 的施肥比例，推广平衡施肥技术，这是防止土壤退化、提高耕地肥力的重要措施。

第三，加强农田水利建设与品种培育，通过各种农田水利基本建设，不断提高耕地的实际灌溉面积，同时应通过改良作物品种，防治病虫害，加强田间管理，不断提高粮食增产水平。

第四，建造粮食增产的外部环境，加强区域性粮食生产基地建设，包括建立粮食生产的保护与投入制度，加强市场体制与科技服务体系建设等。

3. 水资源矛盾

当前水资源矛盾在农业发展上的表现是，第一，供水不足，全国耕地的实际灌溉面积仅 40%，每年有 60%的耕地无水灌溉；第二，洪涝旱灾频繁，每年农业遭受水旱灾的损失，约占自然灾害损失的 60%；第三，水质污染，不少地区由于水质污染，直接影响耕地的肥力水平与作物产量，上述矛盾主要是人、水与环境之间协调的矛盾，为此提出如下对策。

第一，扩大灌溉面积，发展节水农业。首先，通过兴修农田水利，加强农田水利开发，不断扩大耕地灌溉面积。其次，通过管道输水，平整土地，农田覆盖、灌溉技术、改善耕作等措施发展节水农业。实践证明，在井灌区，采用管道灌溉。可节水 30%，喷灌可节水 30%～50%，在水源不足地区，采用湿润灌溉法，水田可节水 65%，初步估计，仅节水一项可增产粮食 200 亿斤以上。

第二，加强水资源的管理与保护。水资源的管理，包括政策，法规（水法）、体制、组织结构、水价体系、调度运行、污水排放及处理等诸方面均需加强，其中节水是管理的核心。

第三，搞好开源及水源调配，兴建一批新的水资源工程，以丰补缺，进行水资源的合理调配，其中开展“南水北调”为主体的全国与流域和跨地区水资源的总体布局，也是重要措施之一。

4. 环境恶化矛盾

随着工业的发展，我国每年废水排放量为 368 亿 t，烟尘排放量 1445 万 t，受污染的耕地面积约 570 万 hm^2，酸雨对江南农业的影响日益加重，仅 SO_2 的危害，每年可达 270 万 hm^2。由于旱、涝、盐、碱、风、砂等导致土壤的肥力下降，有 2000 万 hm^2 耕地受到威胁，此外，由于城乡企业的“三废”与生活垃圾与污水排放及农药所产生的污染，也直接威胁着人们的安全与农业发展。因此，应采取如下对策。

第一，实施环境保护的三大战略，综合治理污染。首先对污染的排放总量加以控制，城市工业污染防治与农村环境保护并重，以科技为先导，提高环境建设和管理水平。在此基础上，通过速度与效益的有机结合，将国民生产总产值的污染排放和资源损失量降下来。

第二，大力发展生态农业，减少面源污染，倡导增强有机肥、推广配方施肥，提高肥料利用率，推广高效、经济、安全的农药，加速废膜资源化。

第三，建立环境与发展综合决策机制。优化产业结构，控制污染源头。在优化乡镇企业结构与调整布局的基础上，严格控制高污染产业的新建，鼓励与支持清洁生产的产业，从源头上控制污染的扩大。

第四，加强法制建设，加大环保投入，不断提高全民族的环境保护意识。

5.3　强化四大对策

1. 提高科技份额

我国科技对农业增产的贡献份额，“六五”期间为 35%，“七五”期间减少到 28%，近些年在 35%～40%，按照中央的要求，20 世纪末，科技在农业中的贡献份额应提高到 50%以上。事实表明，我国科技份额的提高，除用现代科技不断充实与推动农业发展外，更重要的是要抓好农业科技成果的推广，使大批的农业科技成果，真正在农业生产中变成推动农业的生产力。这就要在农业技术推广与提高农民科技文化素质上下功夫，这是现代农业发展中，实现农业增长方式转变的重要方面。

2. 建立新的农村经营体制

当前我国的分户承包为主的责任制和统分结合的双层经营体制，在经济发展相对落后的地区，对解放农业生产力起到积极作用，但在农村经济较发达的地区，往往导致粗放经营、土地利用率低等弊端，有碍农业生产的集约化与农业现代化发展。为此，在现代农业发展条件下，必须进一步完善农村经营体制，处理好农民土地经营权，改革农产品与生产资料流通体制，逐步建立农业规模化与产业化模式，使农村经济适应整个社会经济的全面发展。

3. 加强农业投入[4]

为了加速现代农业发展进程，必须大幅度地增加农业投入，第一，农用工业基本建设投资占国家基本建设投资总额，由“六五”期间的5.4%，降至“七五”期间的1.3%，建议恢复到5%。第二，农业基本建设投资占国家基本建设投资总额，在“六五”期间为6.3%，到1994年降至2.5%，建议在“九五”期间恢复到6%，到2010年提高到10%。第三，全国的农业支出占财政总支出的比例，“六五”期间为9.6%，“七五”期间为8.28%，“八五”期间为6%～9%，建议“九五”期间保持在10%的水平，并将农业科研的政府投资占农业总产值的比重，提高到1%以上。

4. 制定与实施农业政策

包括农业的基本建设，科技投入、环境保护、水土资源治理，农产品价格，其中包括粮食、土壤与水资源价格，农产品收购、出售的市场与国家价格的平衡政策等的制定与贯彻实施，都是现代农业发展的必要保证。

5.4 处理好四大关系

1. 现代农业与现代工业发展的关系

现代农业发展的方向是农业的产业化，也就是“农业的工业化”。因此，现代农业是离不开现代工业发展的，没有现代工业对农业的扶持与推动，现代农业的发展是不可能的。我国当前的实践表明，随着农村工业的提高，以工补农、以工建农的水平才能提高，农业与农村的现代化才能实现。由此可见，坚持农村工业化与农业协调发展，走工业化、城市化带动农业现代化的道路，是中国现代农业发展的必然途径。因此，在现代化发展中，必须处理好现代工业与现代农业协调发展的关系。

2. 农业、农民与农村之间的关系

处理好“三农”关系，是推进农村经济和整个社会全面发展的关键。当前我国农业发展，是为了提高农业生产力，加快农业现代化建设的步伐，将农业现代化作为总体战略统率农业发展的全局。但要实现农业现代化，必须以农民为主体，因为农民是实现农业现代化的主力军，要把维护农民利益、充分发挥农民的主体作用，作为各项农业政策的出发点。此外，我国80%的人口在农村，因此，农村建设，其中包括农村经济建设、社会主义精神文明建设，民主法制和基层组织建设是农村全面建设的组成部分。只有以农村为基础，农民为主体，推动我国现代农业的发展，才能促进农村经济与整个社会经济的全面发展。

3. 政策、投入与技术的关系

政策、投入与技术是国民经济，特别是农业发展的重要保证。从现代农业发展看，这三个方面的作用与相互结合是不容忽视的，“科技是第一生产力”，没有现代科技武装农业，则农业现代化不可设想，但另一方面，没有充分的资金与物质对农业的投入，特别是没有坚强的政策的保证，现代科技也无法介入农业或被农业所武装。因此，可以这样认为，在现代农业发展中，科技是动力，投入是基础，政策是保证，三者共同结合，共同推动现代农业的发展。

4. 人口、资源与环境的关系

这三者的关系是统一的，并是现代农业发展中必须重视与处理好的问题。我国当今农业发展面临的挑战，如前所述，是“人口增加，资源贫乏，环境恶化”，因此，在现代农业发展中，必须“控制人口，合理利用资源，加强环境保护”，总的方向是，绝不能以牺牲资源及环境为代价，来换取农业的发展。当前不少经济发达地区，经济发展了，但资源与环境遭到破坏，反之，资源环境保护良好的地区，往往是经济处于贫乏落后的地区。因此，如何在人口增长条件下，注意资源与环境的相互协调，从而促进农业与经济的持续发展，是我国当前与今后农业发展中必须引起重视的问题。

参 考 文 献

[1] 刘巽浩. 21 世纪的中国农业现代化，农业现代化研究，1994，19（4）：193-196.

[2] 赵其国. 从现代土壤学看江苏省农业持续发展中的问题，土壤，1996，28（4）：169-175.

[3] 赵其国. 现代土壤学与农业持续发展，土壤学报，1996，33（1）：1-12.

[4] 徐颖秋. 中国农业现代化建设专家访谈. 科技日报，1996-9-23.

Problems Challenging the Development of Modern Agriculture of China

Zhao Qiguo

Institute of Soil Science，Chinese Academy of Sciences，Nanjing　210008，China

Abstract

Modern agriculture，as a modernizing stage of agricultural development，is the inevitable developmental trend of China's contemporary agriculture. The developmental orientation of the modern agriculture of China is to take the way of intensive agriculture，i. e.，to strengthen intensive management，to stabilize food grain production and to persist in sustainable development. Under the future circumstances when facing serious challenges of population，resources and the environment，modern agriculture must contribute to providing human beings with sufficient and healthy food and a clear environment. The main problems challenging the development of the modern agriculture of China currently result from the sustainable development of agriculture and the construction of ecological environment as well as their interactions. To solve the problems，four main concepts should be consolidated and adopted，four principal contradictions should be solved，four key countermeasures should be intensified and four main relations should be well dealt with. Only by conscientious implementation of these policies can China's modern agriculture be developed further，thus making modern agriculture play a greater role in promoting the development of agriculture and economy in China.

Key words　Modern agriculture；Sustainable development of agriculture；Ecology and environment

我国现代农业发展路线与发展战略

赵其国[1]　周应恒[2]　耿献辉[2]
1 中国科学院南京土壤研究所，南京　210008
2 南京农业大学经济管理学院，南京　210095

摘　　要

在当前，我国现代农业发展背负着重大包袱，面临着日益激烈的国际竞争，大力发展现代农业成为迫切需要。世界农业形势出现了新的变化，集中体现在理念创新、科技创新和制度创新。结合我国发展现代农业的国情，构建一个以产业理念创新为核心，以科技创新为动力，以组织保障制度创新为支撑的现代农业发展战略框架，描绘一个30年跨度的我国农业发展路线图，具有积极的理论意义与现实意义。

关键词　现代农业；发展战略；路线图

我国是世界上最大的发展中国家，拥有庞大的农业生产和农业人群，承担着养活世界上最大规模人口的重任，决定了农业在我国具有特别重要的战略意义。我国农业发展战略必须基于我国的国情。首先是小农经济，经营规模较小，生产细碎分散；其次是面对世界上最多数量的人口，农用资源特别是水土资源稀缺。经过改革开放，我国农业生产呈现出多元化发展的趋势，以人、畜为主，手工劳作生产的传统农业，与应用现代机械、信息、生物技术的规模化农业生产并存，常规农业与先进农业互为交织、共生共长。城乡二元结构及其农业内部的二元结构问题，使得农业发展成为我国现代化进程中的瓶颈。

在我国经济社会发展的新阶段，党中央提出了新农村建设的部署，明确提出新农村建设的首要任务和重要产业支撑是发展现代农业。在当前，我国现代农业发展背负着重大包袱，面临着日益激烈的国际竞争，大力发展现代农业成为迫切需要。如何推进我国传统农业向现代农业转变，构建一个以产业理念创新为核心，以科技创新为动力，以组织保障制度创新为支撑的现代农业发展战略框架，描绘一个30年跨度的我国农业发展路线图，具有积极的理论意义与现实意义。

1　世界农业发展趋势与特点

世界农业发展主要呈现出三个趋势：一是以传统种养殖业为产中环节，向生产资料投入、农产品加工流通及涉农服务等产前、产后环节延伸，形成一个大大突破传统农业范围的现代涉农产业体系，现代农业增值的主要空间集中在产后环节；二是在整个涉农产业体系中的每一环节都蕴含着科技创新与经营理念的进步，特别是以新物种繁育改良、新耕作方式与种养殖技术、人造食品和饲料生产、能源开发等为代表的生物技术以及信息技术在涉农产业体系中的广泛应用，进一步推动了农业生产率的提高和农业结构的优化，改变了农业的传统特性，使农业的内涵和外延都发生了很大变化；三是农业发展的组织化、规模化程度高，以美国为代表的大农场模式，其生产规模庞大，农业主体在发达的社会化农业服务体系的支撑下直接参与到涉农产业体系中去，而以日本为代表的东亚农业发展模式，其生产规模小，分散的农业生产主体通过农民组织集中起来，大规模融入涉农产业体系。

1.1　技术化与设施化：小农业发展为大农业

从世界范围来看，现代农业的发展建立在科学技术不断突破和广泛应用的基础上，以强大的资本投入作保障，以完善的生产条件、基础设施和现代化的物质装备为基础，集约化、高效率地使用各种现代生产投入要素，包括水、土、农机等物质投入和农业劳动力投入，从而达到提高农业生产率的目的。现代农业

本文原载《生态环境》2008年第17卷第5期第1721-1727页。

的发展过程，实质上是先进科学技术在农业领域广泛应用的过程，是用现代科技改造传统农业的过程。

随着科技进步与社会需求的发展，发达国家逐步由以粮食为主的传统小农业，发展成为农林牧副渔交错发展的大农业，继而发展成现代涉农综合产业系统。美国与日本根据资源禀赋，分别选择了不同的技术进步道路。美国的资源条件是土地丰富而劳动力供给短缺，走的是以节约劳动为特征的机械技术进步优先的道路。20 世纪 40 年代初，美国农业已基本实现了机械化，逐渐发展为现代农业。日本的资源条件是土地稀缺而劳动力丰富，走的是以节约土地为主的生物技术进步优先的道路。日本政府对品种技术、操作技术、栽培技术、土壤培肥技术等特别重视，到 20 世纪 70 年代中期基本实现了农业现代化。

目前，发达国家农业科技成果的转化率和科技贡献率一般都在 70%以上。随着新农业科技革命的兴起与发展，信息、生物、设施、加工、节水、生态等高新技术农业领域全面渗透、广泛应用、快速产业化，加速了农业技术的高新化，推进传统农业走向现代化。

1.2　组织化与规模化：分散小规模经营发展为合作大规模经营

1.2.1　组织化

发达国家传统农业也存在农户分散经营的问题，随着市场竞争日趋激烈，分散的农户在市场中已毫无竞争力可言。为改变这种局面，以美、日等发达国家为代表，农民纷纷参加或建立各种组织（如合作社等），不仅实现了规模经营，也建立了广泛的农村社会化服务体系，提升了农业产业组织化程度，推动了涉农产业的蓬勃发展。

农民合作经济组织已经成为发达国家现代农业与农村发展中一支重要的推动力量。日本在充分吸收西方国家农业发展经验的基础上创立一套适合本国国情的农协制度，有效解决了小农户与大市场之间的矛盾，充分满足小农户在生产要素供给和农产品销售等方面的需求。日本几乎所有的农民都加入了农协组织，市场销售的农产品大部分由农协提供。与日本一样，荷兰农业的各个领域都有合作组织，业务涉及农业生产的各个环节，从生产资料供应，到各种农产品的出售，以及大型农业机械的使用，甚至农民生产和生活所需要的贷款，都来自合作社。合作社把分散的小生产同激烈竞争的大市场联结在一起，为农业现代化起到了巨大的基础性作用。

1.2.2　规模化

农业规模化经营是农业发展的一个历史趋势，是各国推进现代化进程中遇到的共同问题。随着现代化进程的加速和农业与其他产业关系的密切，各国普遍选择了加速推动规模化的对策。许多国家政府制定了有利于土地集聚和整合的法律、制度，积极加速这一进程。

韩国在近 5 年内，促使耕作面积在 75 英亩（约 $30hm^2$，1 英亩≈$4046.856m^2$）以上，达到规模化经营的农户的户数增加了一倍，达到 1.57 万户；日本从 1947 年到 1975 年农业人口从 72%降低到了 25%。农业规模化促使农业实现了现代化，有力地支撑了整个经济的现代化。目前，美国农场的平均规模已经达到 $176hm^2$，其中大的农场已经达到 1215～$1620hm^2$。

1.3　产业化与国际化：独立部门经济发展为综合产业经济

近几十年来，发达国家的农产品加工业迅速发展，整个生产链条在逐步延长，各个环节的关系越来越密切，在农业产中环节劳动力减少的同时，其他环节吸纳的劳动力越来越多，其产值也大大超过了农业产中环节的产值，形成了发达的涉农产业体系。

发达国家的现代农业不再局限于传统的种植业、养殖业等农业部门，而是包括了生产资料工业、食品加工业等第二产业和交通运输、技术和信息服务等第三产业的内容，原有的第一产业扩大到第二产业和第三产业。现代农业成为一个与发展农业相关、为发展农业服务的涉农综合产业体系。2002 年美国及 2000 年日本的涉农综合产业产出占当年各自国民经济全部门总产出的比重分别为 10%和 12%。可以看出，虽然美国、日本等发达国家的农业产出在国民经济全部门总产出中的比重已经降到 2%以下，但涉农产业产出却占有相对稳定、可观的份额，达到了10%或以上，涉农产业对整个国民经济的稳定与发展起着重要作用。美国、日本等发达国家的涉农产业体系结构中，加工制造是最大的产出贡献环节，是生产环节的4倍左右，流通服务环节也占有重要地位，通常是生产环节的2倍以上。

2 我国农业发展面临的约束与挑战

2.1 我国农业发展的约束条件

2.1.1 人口众多，需要确保粮食安全

我国人口众多，地区间差异较大，农户平均耕地仅7.3亩（$1hm^2$=15亩），只相当于美国的1/400。面临严峻的国际形势，保证我国粮食基本自给成为我国农业发展的使命。

我国目前已有13亿人口，而且总人口还处于快速增长阶段。到2030年总人口将达到16亿多，随着人口增长，社会物质消费总量必相应增加，自然资源由于不断地被消耗而相应减少，粮食安全问题日益凸显。

2.1.2 水土资源稀缺，生态环境脆弱，需要可持续发展

我国耕地保有量人均1.4亩，为世界平均水平的40%；人均水资源为世界平均水平的28%，农业用水每年缺口达300亿m^3。随着经济社会的发展，我国耕地和水资源的紧缺将使食品供给在较长时间内面临着资源相对不足的压力。因此，需要制定资源高效利用及现代农业可持续发展战略。

我国主要资源的人均占有量远低于世界平均水平并继续下降，而且资源分布不均，因此，必须走可持续发展之路，否则，到2030年达到16亿人口，我国有限自然资源将不堪重负。我国山多地少，山地占国土面积的69%，环境脆弱、灾害频发，也就难于幸免。只有走可持续发展之路，保护生态环境，协调环境与发展的关系，才有出路。

2.1.3 小规模分散经营为主，需要组织化（规模化）、产业化

我国目前农业生产以小农分散经营方式为主体，农产品生产规模细小而分散，商品化率只有60%左右，越来越不适应现代农业发展的要求。同时，在经济全球化的国际背景下，我国农业还面临着国内农产品市场进一步开放的严峻挑战，农户小生产与大市场的矛盾将更加突出。由于实行分散经营，缺少组织，所以缺少产前、产中和产后的分工，无法实现现代农业的专业化和规模化经营。需要通过提高小农的组织化程度和农业纵向一体化程度来实现规模经济，实现小农户与大市场的对接，实现农业附加价值的提升。

2.2 我国农业发展面临的新机遇

中国农业今后将同全球农业一样，也面临许多发展机遇，农业发展的环境将日益宽松，特别是农产品的市场扩张、比较效益提高、农业生产结构改善和科技发展等方面都将为中国未来农业发展提供难得的发展机遇。

2.2.1 国民经济的持续快速发展将为农业发展创造日益宽松的环境

中国将同世界其他许多国家一起共同分享人类对食物和纤维需求及对农业多功能需求增长而为农产品市场的扩张提供发展的空间。

在世界各国未来食物和纤维需求增长中，中国在畜产品、水产品、水果、食油、食糖和棉花等农产品的需求是增长最快的国家之一，中国人口庞大，需求总量的增加列世界首位，市场发展空间极大，农业发展的环境将日益宽松。对农业多功能需求的增长，将进一步扩展农业的发展空间。

2.2.2　农产品市场需求日益旺盛和多样化，给农业带来广阔的发展前景

中国农业生产结构将得到不断优化，经济全球化将为中国许多有比较效益的农产品提供更大的发展空间。农产品市场需求将日益旺盛和多样化，在水产品、部分畜产品、蔬菜、水果和花卉等产业均有相对比较优势，经济全球化对发挥中国这些农产品的比较优势和扩大生产，充分利用国内外资源和市场调节国内市场，改善农业生产结构都将起积极的推动作用。

2.2.3　农业科技创新能力将有极大的提高，农业科技的总体水平将进入世界的领先水平

随着国家科技发展中长期规划的贯彻和实施，国家对农业的科技投入不断提高，同时也随着国家农业科技创新体系的建立和完善，中国农业现代化进程将进一步加速，农业科技进步将继续成为农业发展的第一生产力。尽管我国水稻、小麦、玉米、棉花、油料和糖料作物等主要农作物的土地产出率都已经达到了比较高的水平，单产高速增长的难度越来越大，但许多研究也表明，我国农作物的单位面积产量还有很大的增产潜力，农业的资源利用率还有很大的提高空间，中国农业科技的总体水平将进入世界的领先水平。

3　我国农业发展目标与战略

3.1　指导思想和总体目标

立足国情，把握国际现代农业发展方向，面对市场竞争，满足多样化需求，发挥政府、市场、农民三个主体的作用，加大资金与科技投入，保护培育农业土地资源，提升资源产出效率，通过专业性产业组织分工协作，拓展农业发展空间，促进传统农业向现代农业产业转型，确保粮食安全与食品安全，实现农业可持续发展（图 1）。

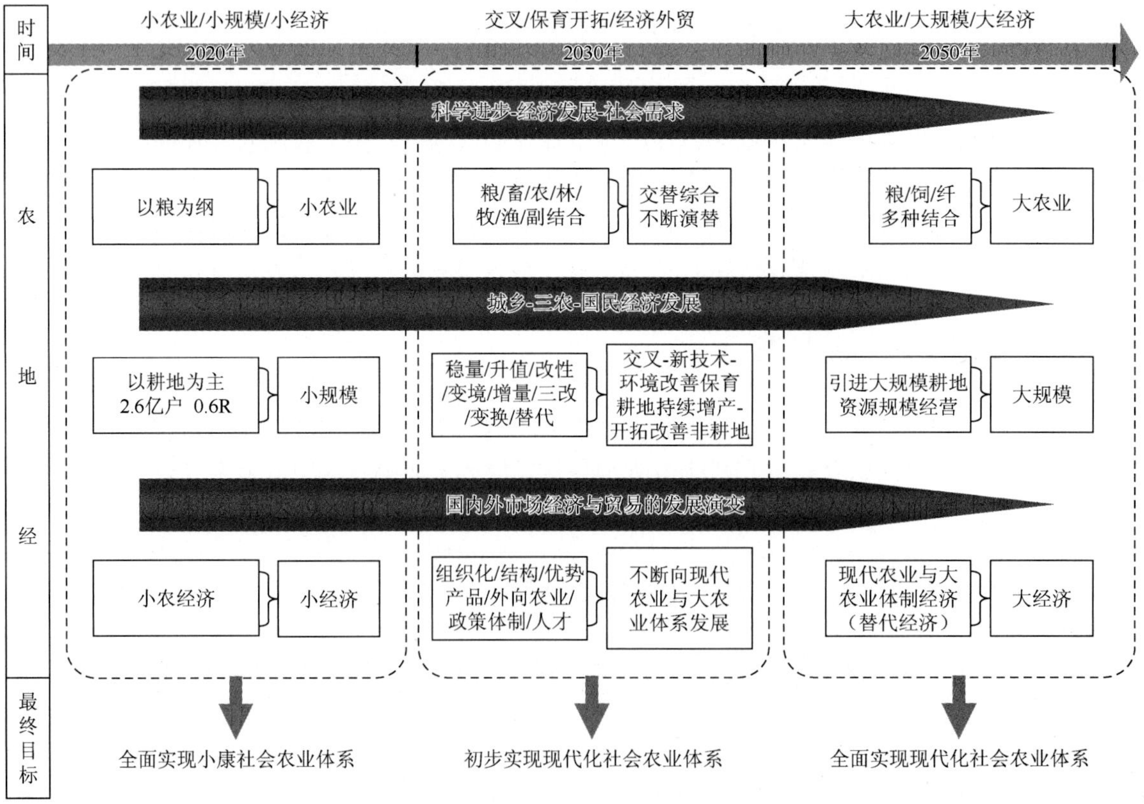

图 1　至 2050 年我国农业领域发展路线

通过理念创新、技术创新、组织创新，延伸并拓宽涉农产业链，深化现代农业的内涵与外延。从大农业体系整体来看，通过选择应用先进实用型关键技术，提升产业组织化程度，加快发展农产品加工业和农产品流通服务业；从体系内部来看，农业生产环节通过保护培育农业土地资源，选择资源节约型的增产技术，提升农民组织化程度保障粮食安全与食品质量安全。通过涉农产业体系的发展提升农业附加值，为我国整个国民经济的发展提供新增长点。

3.2 农业和农业科技发展战略

世界发达国家农业现代化一般历经三个主要阶段，各阶段分别具有明确的农业发展目标。在起步（初级）阶段，农业发展的主要任务是增加粮食产量；在发展时期，农业发展的主要任务是提高农业劳动生产率；在现代农业时期，农业发展的主要目标是协调经济、技术体系和自然环境的关系，实现经济效益、技术效益、社会效益和生态环境之间的优化，实现现代农业可持续发展。

在全面建设小康社会的进程中，要使我国农业和农业产业化经营在21世纪取得长足发展，基本实现农业现代化，就必须全面实施科教兴农战略，切实把科技进步放在产业化经营和农村经济发展的关键地位，大力推进我国新的农业科技革命，实现农科教跨越式发展，用科技的强大动力对农业生产的各个环节进行全面组装配套，产生新的生产力，以加快农业现代化进程。

3.2.1 近期目标与科技战略（到2020年以前）

到2020年，满足经济与社会发展的需求，通过科学技术进步，使农业和农村经济更加发展，基本实现农业生产的商品化、区域化和专业化，农业与农民组织化程度提升，农用耕地的数量保持稳定，质量得以提升，农产品加工与流通快速发展，涉农综合产业的理念与实践得以确立与发展，农村工业化和城市化达到较高水平。农民收入大幅度提高，生活比较富裕；农村的社会主义市场经济及各项配套制度更加完善，总体达到小康水平。

到2020年，中国农业科技水平总体上缩短与发达国家的差距，并在生物技术、有机农业科学等领域保持世界领先地位。以大幅度提高农业生产力，提高农业经济效益和重视农产品质量，广辟食物来源，改善食物结构，防御自然灾害，保护生态环境为目的进行深入研究；在加强农业基础设施建设、改善农业技术装备、增加物质投入的同时，大力推广和普及农业适用技术，提高农民素质。积极开展新技术的应用研究，加强农业科技的基础理论研究，以增强农业生产和农业科技的发展后劲。建立并完善农业推广体系，加大农业资金的投入比例。

3.2.2 中期目标与科技战略（2030年）

到2030年左右，适应国民经济发展的需要，通过技术与制度创新，农用耕地资源进一步拓展，使得我国农业初步具备大规模经营与组织化经营的条件，逐步形成以当代科技、先进装备与高素质农民合成的现代农业生产力为主力，以农业社会化服务体系、农产品市场体系、支农工业体系、农业宏观调控体系为支撑，能够适应全国人口峰值期小康生活需求的、能够应对国际国内农产品市场激烈竞争局面的、向着可持续发展和现代化方向迈进的农业产业体系，初步实现农业现代化。

2030年前是农业技术高速发展阶段。把科学技术的资金投入由目前占农业增加值的0.5%提高到1.5%；以现代科学技术和现代工业为强大支柱，把传统农业转变到以现代科技和管理技术为主的现代农业轨道上来。

3.2.3 远期目标与科技战略（2050年）

到2050年，我国农业基本实现农业现代化，农业的物质装备、科学技术、经营管理水平显著提高，基本建成按照现代产业的理念、以产业关联关系为基础、以科技为支撑、以现代产业组织为纽带的可持续发展的包括农业产前、产中和产后环节的涉农综合产业系统；农村工业化和城市化水平极大提高；农民生活达到富裕；建成富强、民主、文明的社会主义新农村。

2050 年前我国在主要农业科技和技术推广方面跃居世界先进水平，高水平地实现社会主义农业现代化目标；以农业高科技发展为重点，使农业产供销各部门各环节以先进的农业科技设备武装起来，在农业生物技术、农业工程技术、微电子技术、农业机械技术、农业区域综合开发治理工程技术、农作物和畜禽良种繁育技术等方面将居世界领先地位，高产、优质、低耗、高效农、牧、渔业综合生产技术将得到普遍推广应用，现代农业宏观经济和科学管理的研究将取得重大突破，农业综合生产能力居世界首位，农业的单产水平将在 2000 年的基础上增长 1 倍；农业科技的资金投入将占农业增加值的 2.5%；科技在农业增产中的份额将达 75%左右；农业人口将下降到占总人口的 30%。我国农业现代化整体水平将超过发达国家的平均水平，现代科技集约型可持续发展农业的目标将实现，农业生态环境处于良性循环的高级发展阶段。

3.3　主要战略措施

在确立了现代农业发展战略的指导思想，明确了发展方向和目标，确定了发展重点之后，为了保证战略顺利有效的实施，必须规划战略实施的具体措施。战略实施的过程，就是通过采取相应的措施，实现战略目标，达到战略目的的过程。

3.3.1　突破传统农业范畴，拓展农业发展空间

（1）加大投入，提高农业科技创新能力和农业装备水平，促进农产品规模和品质的提升。

（2）组织再造，壮大农业市场竞争主体，吸引工商资本进入涉农加工业，形成农产品加工产业集群与出口基地，提高附加值。

（3）建设现代农产品流通业态并推进现代涉农服务业的发展，最大限度吸引农村剩余劳动力就业，增加农民收入。

3.3.2　提高农用水土资源利用效率，推动现代农业可持续发展（图 2）

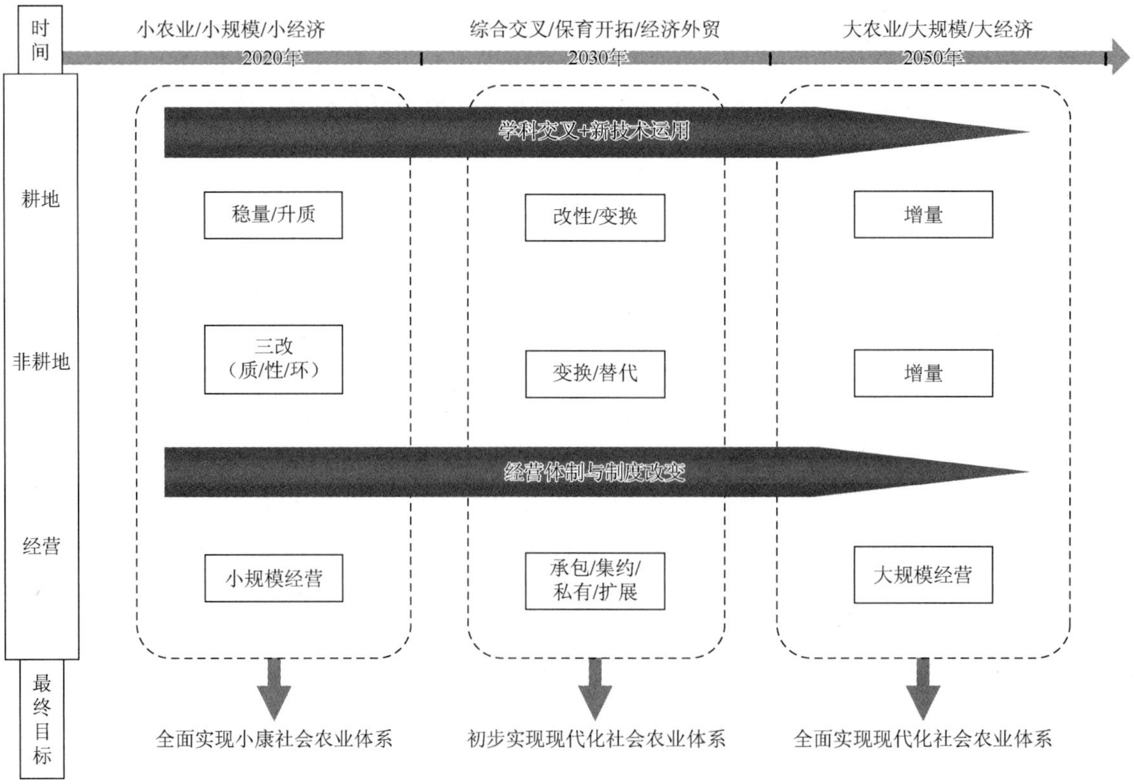

图 2　我国农业土地资源发展概况

1. 建立水、土等资源高效利用的技术体系

开发适应农业资源高效持续利用的新技术体系，推动农业技术革命，实现农业各资源要素的优化配置。重点发展①生物技术——挖掘利用生物的遗传潜力，培育开发节水、节肥、节地、节粮型的新资源，如作物和畜禽新品种、新的栽培技术和饲养技术。②土壤技术——保持和提高土壤肥力。重点通过土壤培肥和科学施肥，改善土壤物理学化学性质，创造作物生产的最佳环境，提高土地生产力。如新型肥料、新的施肥技术、新的耕作制度和集约化持续农业管理技术等。③节灌技术——高效利用和保护水资源。水资源短缺和农业需水量增加的双重压力，农业水资源高效持续利用技术创新应用越来越受到重视。如新的灌溉技术、新型节水材料、新型节水设备。④信息技术——促进市场经济条件下农业资源优化配置。

2. 完善水、土等资源高效利用的制度体系

①根据市场经济和水土资源特点，建立与之相适应的农业资源管理体制和运行机制，加强国家宏观调控，强化资源综合管理和综合立法。②建立资源替代战略，缓解淡水和耕地资源的压力。向丘陵、草原、水域、沙漠、海洋要食物和各种农林牧产品，向再生资源要食物和能源，向细胞要食物。

3. 推动现代农业可持续发展

①发展循环型农业，加强农业废弃物的循环利用。②发展精确农业，加强农业环境保护，改善环境质量。③合理开发利用农业资源，加强后备资源的综合开发，加强对生态农业建设。

图 3 以江苏省为例，概述了农业土地资源的发展情况。

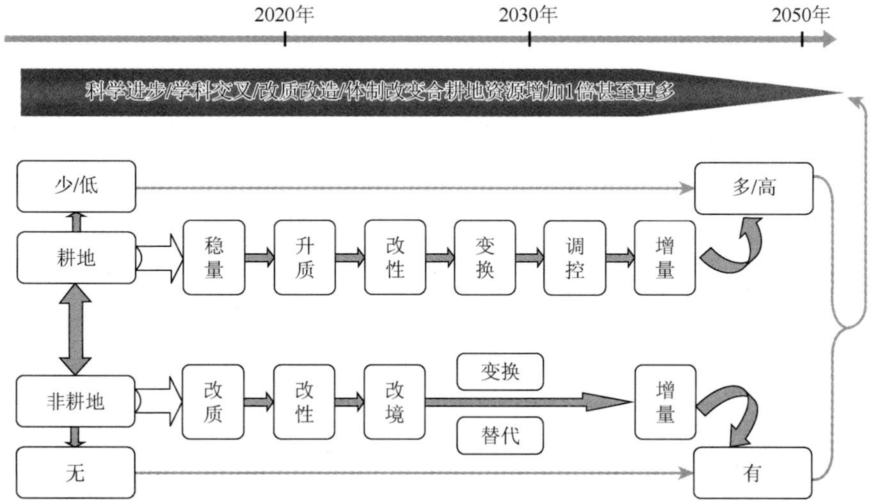

图 3　江苏省农业土地资源发展概况

3.3.3　技术与制度创新，保障粮食安全

考虑到世界生物质能源的发展趋势以及美国等国家生物质能源的发展动态，建立“提高单产，稳定总量”为原则的粮食安全保障思路。

生物能源的兴起，必然会增加对玉米、大豆等粮食作物的需求，从而会通过国际贸易来影响短期和长期的粮食安全，粮食安全首先要立足国内保育耕地，提高综合生产能力，并稳定国际粮食贸易来确保我国粮食安全。①选择粮食增产技术，提高单产能力。②严格保护农用耕地。③考虑到物质能源的发展，构建国际粮食贸易的稳定机制。

3.3.4　技术、组织、服务三位一体，完善现代农业发展保障体系

1. 建立实用新型农业技术为主的农业科技创新与应用体系

①加强农业科技创新能力建设，努力推动农业技术研究、推广、生产三结合，加快促进农业科技成果的转化，重点解决制约我国农业发展的重大关键性科技问题；②推进农业企业研发机构建设，鼓励涉农企业的技术

推广，逐步形成以农业龙头企业、专业协会、专业合作社和各种产业化组织为主的多元农业科技研究开发推广体系；③强化农业科技培训，根据优势特色农业产业带发展和农业产业化需求，建立起新型农民科技培训网络，拓展农民培训的广度和深度，加大对新型农民的文化科技知识、管理能力和技能水平的培训，提高农民的综合素质，以适应现代农业发展的需要，重点是搞好专业大户、职业农民和新型农场主等核心农户的农业实用技术和经营管理知识的培训，为发展农业规模经营和农业专业化生产培养合格的生产经营管理人才。

2. 完善以农民专业合作社为主体的微观组织，提升农民和产业组织化程度。

①大力发展农民专业合作社。启动合作社规范发展试点工作；启动“合作社教育与合作社人力资源培训工程”；向合作社派遣“农业科技特派员”；由财政供养的农业技术推广机构向农民专业合作经济组织派遣“农业科技特派员”，实施“农业技术人员+农民专业经济合作组织+农户”的农业技术服务新模式。②鼓励和引导契约一体化（生产合同）组织发展。

3. 构建较为完善的农业服务体系。

①强化政府的公共产品服务功能。完善政府对农业的支持和保护政策体系，包括农业技术创新推广支持体系、农产品质量安全保障监测体系、动植物保护和病虫害防控体系、资源节约和生态保护体系、农业政策性保险制度。②吸引社会力量参与农业服务体系。

参 考 文 献

[1] 牛若峰. 中国农业的变革与发展. 北京：中国统计出版社，1997：103-104.
[2] 夏英，牛若峰. 中外农业产业化经营发展道路与模式比较. 北京：中国统计出版社，2000：80-81.
[3] Davis J，Goldberg R. A Concept of Agribusiness. Boston：Harvard University，1957.
[4] 周应恒. 高效益、多功能、外向化：江苏现代农业产业发展现状、问题与对策. 江苏现代农业产业发展论坛主题报告，2005：10.
[5] 帕塔穆·巴拉提，柴军，朱洪波. 新疆农业及其关联产业体系的构建. 新疆农业大学学报，2003，(1)：58-61.
[6] 卢良恕. 现代农业建设与农业科技发展. 科技日报，2006-03-29.
[7] 潘泽江. 湖北省优势农产品产业带研究. 武汉：华中农业大学，2005.
[8] 国际交流服务中心. 日本农业概况. 农业部农业贸易促进中心，2003-06-06.
[9] Guilhoto J J M. Regional Importance of the Agribusiness in the Brazilian Economy. Paper Presented at the 44 th Congress of the European Regional Science Association，August 25-29，2004，Porto，Portugal.
[10] 厉为民. 中外农业和农村经济结构调整的比较研究. http：//www.iae.org.cn/zhuanjialt/lwmlw4.htm[2002-07-16].
[11] 王薇. 中国食品工业发展（1）. 食品科技，2005，(6)：3-4.
[12] 国家发展和改革委员会，科技部，农业部. 食品工业“十一五”发展纲要. 中国食品报，2006-10-30.

Route and Strategy for Modern Agricultural Development in China

Zhao Qiguo[1]　Zhou Yingheng[2]　Geng Xianhui[2]
1 Institute of Soil Science，Chinese Academy of Sciences，Nanjing 210008，China
2 College of Economics and Management，Nanjing Agricultural University，Nanjing 210095，China

Abstract

At present，vigorous development of modern agriculture has become urgent affairs with increasingly fierce international competition and other great pressure from various aspects. World agriculture has some new development trends which mainly display in innovation of idea，technology and institution. So it is necessary to constitute a route chart of agricultural development in the next 30 years and construct framework of modern agriculture development according to the situation of our country. The developmental framework will be constructed which based on innovation of industry idea，technology and organization guarantee institution. These measures for agricultural development have profound significance of theory and practice.

Key words　Modern agriculture；Development strategy；Route diagram

现代生态农业与农业安全*

赵其国
中国科学院南京土壤研究所，南京　210008

摘　要

现代生态农业是现代农业的发展方向；现代生态农业的核心是农业的可持续发展，其重要内容是农业安全。文章着重提出现代生态农业的基本概念与内涵，指出现代生态农业是以生态理论为基础，以现代生态农业技术为手段，通过农业与环境，生态与经济的平衡，达到农业可持续发展、农业安全和人类健康的最终目标。在总结国家发展现代生态农业的经验的基础上，列举了我国东南沿海经济发达地区（包括江苏省）存在的生态环境质量和农业安全问题，最后提出现代生态农业建设和解决农业安全问题的对策与建议。

关键词　现代生态农业；农业安全；农业可持续发展；生态学原则；环境质量；人类健康

现代生态农业是现代农业的发展方向；现代生态农业的核心是农业的可持续发展，其重要内容是农业安全。

1　现代生态农业

1.1　现代生态农业的概念与内涵

现代生态农业既是一门重要的科学，又是一种涉及国计民生的重要产业。它研究农业生物与环境之间的相互关系，以生态理论为基础，以现代生态农业技术为手段，通过农业与环境，生态与经济的平衡，达到农业可持续发展、农业安全和人类健康的最终目标。现代生态农业主要有以下 7 点内涵。

1.1.1　现代生态农业以生态学原理为理论基础

生态（ecology）是生物与生物之间以及生物与环境之间所形成的结构与关系；生态学是研究生物系统与环境系统（包括无机因素、生物因素、人类社会等方面）之间的关系的科学。生态学的基本原理包括：整体优化原则，趋时开拓原则，协调共生原则，区域分异原则，生态平衡原则，高效和谐原则，机巧循环原则，相生相克原则，最适功能原则，最小风险原则等。按照生态学原理，人类的经济活动必须遵循环境保护与经济发展，资源开发与可持续利用的原则。

1.1.2　现代生态农业以农业可持续发展为核心

农业生产应强调生态系统的良性循环，系统功能的稳定性与持续性。在生态结构上，农业生产应体现多层次、多产业复合；在效益上，体现生态、经济和社会效益并重。同时，要有利于发挥资源与自然潜力，保持农业可持续发展。

1.1.3　现代生态农业必须促进生态与经济的平衡和发展

生态农业建设的根本是既不为发展而牺牲环境，也不单纯为保护而放弃发展；既按生态规律开发，

---

* 基金项目：国家自然科学基金项目（40071055）。
本文原载《生态环境》2003 年第 12 卷第 3 期第 253-259 页。

又按生态规律建设；既要创建一流的生态环境和生活质量，又要确保经济建设快速发展，做到生态与经济“双赢”。

1.1.4 现代生态农业必须将农业安全与人类健康列为首位

现代生态农业除注重农业生产方式与生态环境相协调外，应更加注重农产品的安全与高附加值。开发安全食品，有利于改善农业生产环境，增加农业收入，促进农业可持续发展。其关键是建立严格的农业清洁生产的质量与监测体系，保证农产品的安全与人体健康。

1.1.5 现代生态农业是现代农业技术集成的产业化经营体系

现代种植技术、养殖技术、加工技术的集成是现代生态农业的重要条件。此外，建设以市场为导向，以产业经营技术为支撑，促进农、工、商、贸一体化产业经营系统的形成是生态农业不可缺少的重要环节。

1.1.6 现代生态农业是大农业，多资源利用的生产体系

生态农业建设，应充分利用土地、生物、技术、信息等资源，将农、林、牧、副、渔、加、商等各业进行有机联合，建立多层次的、持续高效的农业生态系统。

1.1.7 现代生态农业具有明显的区域特点与生态模式组合

现代生态农业因区域差异而表现出不同的生态结构、功能与模式，因此，在建设生态农业中，必须按区域特点建立各种因地制宜的市级、县级生态区域模式，使现代生态农业在促进地区与国家经济发展中起推动作用。

1.2 国家级生态农业示范区发展的成效

2000～2002 年国家批准全国生态区建设试点有 314 个，其中生态省 4 个（海南、吉林、黑龙江和福建省），生态市 40 个，生态县 264 个，其他试点 10 个。这一措施取得了以下的成效[1]。

1.2.1 推动了试点区经济的持续发展

江苏兴化市先后被授予全国农村综合实力百强县（市），成都温江县被评为四川省第一小康县，北京平谷县、上海崇明县、浙江安吉县的生产总值连续几年以 10%以上的速度增长。一些贫困地区通过生态区建设，2000 年农民收入达 2074 元，比试点前增加 84.2%。

1.2.2 改善了试点区的生态环境

北京的平谷县、安徽的马鞍山市、成都的都江堰等地，通过生态保护，均在水资源、矿山生态治理中取得了成效。

1.2.3 取得了良好的社会效益

江西的宁都县、贵州的赤水县等地，通过生态农业建设，在水土治理、生态竹林产业方面均取得了突出的进展。

1.2.4 促进了生态产业成规模发展

浙江安吉县、福建华安县、贵州赤水市大力发展竹林生态产业，山东寿光市发展蔬菜产业，黑龙江饶河市、同江市发展有机食品产业，均成为农业产业的龙头。

1.3 国家级生态农业示范区发展的经验

1.3.1 形成了政府部门重视的建设目标

生态农业的试验与示范，在政府与群众的共同支持与推动下，成为促进农村面貌发生变化的重大举措。

1.3.2 建立了生态农业与示范保障制度

通过制定一系列的地方环境保护法规和政策，保证了地区生态农业建设的顺利进行，使生态农业得到可持续发展。

1.3.3 总结出体现地区特点的各种生态农业模式

这些生态农业模式有：城乡一体化模式（江苏溧阳、成都温江县）；平原生态农业恢复模式（黄泛区）；山区生态恢复模式（安徽泾县和绩溪县）；南方的“恭城模式”等。

1.3.4 找到解决环境问题的有效途径

例如，云南通海县的猪-沼-果生态模式，辽宁盘山的稻田养蟹，安徽砀山酥梨复合种植，均在解决水土流失、绿化荒山、防治污染方面取得较好的效益[1]。

1.4 江苏省生态农业示范县（市）的建设与经验

江苏省“九五”期间初步形成了 30 多个星火密集区生态农业产业，完善了 6 大农区生态农业基地建设，建设了 20 多个生态农业科技示范园，增加社会效益达 100 亿元；这些示范园与基地广泛分布在全省近 30 个县、市。下面介绍其中 4 个县、市级生态农业示范工程的经验[2]。

1.4.1 赣榆县（苏北）

“四种、四养、四过腹”农业生态工程模式。“四种”是种作物、果树、牧草、食用菌；“四养”是养牛、鸡、猪、鱼；“四过腹”是，牛粪喂鱼，鸡粪喂猪，牧草喂牛，猪粪进沼气池，这种生态工程模式，获得增产增收和生态效益。

1.4.2 武进市（苏南）

奶牛场污染排放生态治理工程模式。采用种草养牛，$0.067hm^2$ 草地的牧草养一头奶牛，牧草与饲料综合利用，生产牛奶牛肉获效益。这是太湖地区防治污染的良好生态模式之一。

1.4.3 海安市（苏中）

农村环境综合治理工程模式。工程按生态效益与物质再循环原理设计。工程实施后，全县工业污染治理率达 80%，实行平衡施肥的农田面积占总面积的 90%，村庄绿化覆盖率达 45%，环境效益显著。

1.4.4 高淳县（南京市）

蔬菜示范工程。养猪-沼-菜循环利用，改善环境污染，提高了生态效益。

1.5 生态农业建设中应注意的问题

1.5.1 遵循生态学原则

生态农业建设必须遵循前述的生态学的各项原则，强调资源环境保护与经济发展相结合。

1.5.2 发展以科技为主的产业市场

生态农业建设必须发展以科技为主的产业市场，形成寓环境于一体的高新农业产业。应当因地制宜，实行农业的产业化经营，实现农业的根本性转变。

1.5.3 重视环境质量和农业安全

生态农业的区域及县级示范，应因地制宜，发挥优势，突出产业；重视环境质量和农业安全，加强农业清洁生产，提高农产品质量；面向市场，走向世界。

1.5.4 重视总结经验和研究问题

生态农业的发展，一方面要总结经验，不断深化。另一方面，要重视不同模式与资源配置，结构升级，环境响应等问题的深入研究，从而促进生态建设的发展。

总之，21 世纪是生态文化、生态文明、生态农业建设的新世纪，人与自然的和谐必将成为推进全社会生态建设的动力。

2 农 业 安 全

2.1 全国的形势

农业安全，主要是指农业的质量安全。当前我国农业持续发展面临的重要问题是提高效益，保证质量与不断增收，但其中保证质量是关键。因为，在今后跨入 21 世纪的现代农业发展中，没有质量就谈不上效益，更无法保证能增加收益。

农业质量，是指农产品品质与质量。当前通过遗传选种及生物工程等高新技术，正在这方面取得进展。但农产品的品质与质量不仅包括农产品的色、香、味等品质，更重要的是农产品的安全质量，即要杜绝任何影响人体健康与生命安全的农产品质量。

引发农产品质量变劣的因素包括自然与人为因素，其中生态环境，包括水、土、气、生等因子的污染，是影响农产品品质的重要方面。例如，水体污染所带来的各种过量的有机和无机元素，土壤富含重金属和其他有害元素，大气酸沉降产生的酸雨，以及生物富集的有害物质再返回土壤，均会使农产品品质变劣，给人类健康带来危害。

事实表明，随着农业生产的高强度发展，化肥、农药与农膜的大量投入，是造成环境污染的重要原因。当前我国每年损失肥料氮量达 9×10^6t，约相当于尿素 1.9×10^7t。尿素进入水体而到土壤，对土体产生污染。目前我国不同程度遭受农药污染的农田面积达 9.33×10^6hm^2。例如，南京市有的市场所出售的鸡蛋，被初步监测出有机残留物含量超过国际标准 15 倍。新疆废旧地膜残留量平均每公顷达 37.8kg，最高的可达 225kg。这些残留土壤中的农膜一般 50 年内不会分解，它是造成农作物病害及污染的根源。特别是，当前无论是果、菜、瓜、豆、蛋、肉、鱼、鸡、鸭、油，还是大米、面粉、饲料，均出现不同情况的安全质量问题。这类农业安全问题，令人担忧。

针对上述农业持续发展中的农产品质量问题，当前社会上有各种“保证农业与农产品质量”的新提法和新举措，例如，建立“有机农业”“绿色农业”“绿色食品”“绿色硅谷”“无公害食品”等，即有建立生态农业体系的新思路。的确，21 世纪的农业应该以建立“生态农业”为标志，但生态农业并不等于或不能完全保证是具有安全质量的，如果不能从本质上杜绝有害因素的介入，不能从整个农业生产体系与全部生产过程来保证质量安全，也仍然无济于事。

总之，农业质量与安全是一个总体概念，只有针对保证人类生命健康的农业质量才是质量安全的核心内涵，这是人类追求农业质量的根本目的，也是21世纪农业持续发展的战略方向；如果忽视这一点，就根本谈不上我国农业的持续发展与农业增产、农民增收[3]。

2.2 我国东南沿海经济发达地区环境污染的现状与问题举例

我国东南沿海的珠江三角洲、长江三角洲及闽南厦门、漳州、泉州地区，陆地面积约占全国的1.8%，人口占全国的7.1%。改革开放以来，特别是近10年来，这些地区的经济以惊人的速度持续增长，2001年GDP达2.2万亿元，约占全国的1/4。与此同时，大规模城市化建设正在迅猛展开。但是，该地区的生态环境污染问题却相当严重，对社会经济的可持续发展和人体健康已经产生不良影响。为了深入了解这些经济快速发展地区环境污染状况，提出治理对策建议，中国科学院地学部[4]组织有关院士及专家20余人，于2002年9月在上述城市进行了实地考察。下面是调研结果和建议。

2.2.1 经济高速增长背景下严重的生态环境问题

（1）水体污染严重。珠江三角洲、长江三角洲及厦漳泉地区，大部分水体的氨氮和耗氧有机物严重超标。太湖、淀山湖等20个湖泊水质多数在Ⅲ至Ⅴ类，处于富营养化状态，不能满足饮用水功能的要求。长江和珠江沿岸各大城市下游江段均存在明显的近岸污染带。长江三角洲地区大多数城市市区河道水质为Ⅳ至劣Ⅴ类，河水普遍黑臭。珠江广州河段水中已检出有机化合物300多种，其中38种属于国家环保局的优控污染物，114种属于美国环保局地表水质标准（EPA 822-Z-99-001）中的优控污染物。上海、苏州、广州、深圳、东莞等城市已经面临突出的水质型缺水问题。近岸海域赤潮发生的次数和面积都在迅速增加。2001年共发生赤潮77次，造成经济损失约10亿元；仅深圳湾就发生赤潮16次之多，累计面积约150km^2。

在常量污染物污染的同时，持久性微量毒害污染物如重金属、难降解有机污染物、环境内分泌干扰物等在水体中日趋积累，已成为新的越来越严重的、具潜在健康危害的区域性水环境问题。已禁用20年的农药六六六和滴滴涕等在长江、珠江、太湖沉积物中都大量存在。这类微量毒害物质进入水环境后长期滞留，危害极大。

由于水体普遍受到污染，饮用水的安全已经难以保障。在整个长江三角洲的河网地区很难找到可直接安全使用的洁净地表水源。许多饮用水源甚至含有种类繁多的有毒物和致癌物。2000年太湖水体中微量毒害有机物污染程度比1985年严重得多，例如，作为制药中间体的苯并噻唑浓度提高了100倍，作为塑料增塑剂的邻苯二甲酸酯浓度明显增加。珠江广州河段水源水被检出了数百种微量有毒污染物，其中六六六、滴滴涕及其衍生物等污染物的浓度大大超过美国环保局地表水质标准。城市上游取水河段普遍遭受污染。城市饮用水越来越多地依赖于商品瓶装水。

（2）酸雨未获缓解，城市光化学烟雾污染日益加重。由于大型燃煤企业二氧化硫排放总量还在增加，酸雨问题未获缓解。近10年来，珠江三角洲地区空气中二氧化硫和氮氧化物质量浓度分别在0.029～0.038mg/m^{3}和0.054～0.070mg/m^{3}范围内波动，与10年前大致相当。但总体酸雨频率还有所增加。1999年以来长江三角洲地区酸雨平均pH均在4.8以下，酸雨频率高于75.5%。厦门、漳州、泉州地区近3年的酸雨最小pH在4.0以下，酸雨频率达85.0%。大气污染类型出现由煤烟型向汽车尾气型逐渐演变过渡的趋势，氮氧化物已成为空气中的首要污染物。所以，在硫酸盐增加降水酸度的同时，硝酸盐贡献率在不断提高。城市大气光化学烟雾污染频繁出现并明显加重。珠江三角洲地区曾于2000年爆发区域性光化学烟雾污染事件。2002年9月6日，香港和深圳同时出现200μg/m^{3}以上的高臭氧质量浓度的光化学烟雾污染事件。

更值得注意的是，大气中有害气体、细粒子和痕量有毒污染物形成复合污染。目前困扰发达国家的一些大气环境问题已在东南沿海地区不断出现。珠江、长江三角洲及厦门地区的臭氧污染已相当严重，城市大气中观测到的臭氧平均质量浓度经常高于240μg/m^3（超过国家标准），且呈现逐年升高的趋势。空气中高质量浓度的臭氧不仅影响农作物、植被和森林生长，同时对人体呼吸系统和皮肤有不利影响，危及健康。与健康密切相关的大气细粒子污染也已出现。珠江三角洲部分地区的降尘中有毒重金属 Pb、Hg、As 的质量分数分别达 100.5mg/kg、38.7mg/kg、0.60mg/kg；在小于 1.5μm 的颗粒物中，16 种优控多环芳烃的质量分数达 88.9%。大气细粒子成为大气有毒重金属和有机污染物的载体。2002 年初在珠江三角洲某肺癌高发病区，大气中富含携带多环芳烃致癌物的细粒子。室内空气污染也越来越成为空气污染的极其重要的方面。

（3）土壤污染突出，严重影响农产品安全质量。沿海大部分地区的耕地土壤中持久性有毒物质大量积累，农田、菜地农药残留和重金属污染突出，严重影响了农产品品质。2000 年太湖全流域农田土壤中六六六、滴滴涕、15 种多氯联苯同系物检出率达 100%，滴滴涕和六六六质量分数超标率分别为 28%和 24%。广州有一半的农地遭受镉、砷、汞等有毒重金属和石油类的污染。杭州有 600～700hm^2 连片农田受镉、铅、砷、铜、锌等多种重金属污染，致使 10%的土壤基本丧失生产力。江苏也曾发生 60～70hm^2 稻田的铜污染及水稻中毒事件。宁波主要蔬菜基地土壤镉污染普遍存在。上海市郊 10 个主要设施蔬菜园艺场中，土壤锌质量分数高达 517mg/kg，超标 5 倍之多；而砷质量分数全部高于 5.0mg/kg 的安全线，有的已超过 10mg/kg 污染线，原则上已不适宜于无公害蔬菜的种植。此外，菜地土壤硝酸盐质量分数也大幅度增加。土壤质量的恶化影响到农产品质量。2000 年下半年广州市检测到蔬菜亚硝酸盐质量分数超标率为 6.8%，铅、镉、铬、砷四种重金属质量分数超标率为 33.1%，农药残留质量分数超标率为 6.5%。2001 年浙江省农产品出口由于检测不合格而损失数亿美元。欧盟对中国茶叶的农药检测项目从原来的 6 种增加到 62 种，直接影响浙江省每年茶叶出口额 670 万美元。更令人不安的是，许多低浓度有毒污染物的影响是慢性的和长期的，可能长达数十年乃至数代人。

（4）食物安全和生态系统状况令人担忧。各种污染物可通过多种途径进入地表环境，并大量积累，对生态系统和人体健康的危害已显初步迹象。据不完全统计，广州市自 1997 年至 2001 年共发生因蔬菜农药残留引发的食物中毒事件 28 起，中毒 415 人。东莞市高毒、高残留农药每年造成急性中毒 5～7 宗，受害人数约 300 人。类似的急性中毒事故在浙江、江苏等地也时有发生。水产品中有毒物质含量检出率逐年增加，出口退货事件经常发生。此外，赤潮不仅造成养殖鱼类大量死亡，而且已同时出现多起因赤潮引起的人体中毒及死亡事件。水体生物物种显著减少乃至消失，渔业资源严重破坏，水生生态系统功能衰退。2002 年在珠江广州市段观察到原生动物多为耐污或食菌及食碎屑种类，而自养或食藻种类减少。在近海，被称为我国四大鱼类的大黄鱼、小黄鱼、带鱼和乌贼受到的威胁最大，产量大幅下降。围海造地使沿海红树林、芦苇等湿地减少，海域淤积，纳潮量减少，造成航道淤积及港口深水岸线资源的破坏。在厦门，国家二级保护动物——文昌鱼的渔场遭到破坏，文昌鱼资源锐减，成为濒危物种。

2.2.2 环境污染和生态破坏加重的主要原因

主要原因：①地方政府偏重经济发展，轻视环境保护，环保投入不足，措施不力；②在产业结构和能源结构上存在严重的缺陷，常量污染物大量肆意排放，微量毒害污染物不断积累，复合污染突出；③城市规划和产业布局不合理，环境污染物难以控制和集中处理；④环保法规不够健全，环境标准不够严格，地区间、部门间缺乏有效的环境治理协调体制与合作机制；⑤区域环境科学技术的研究与发展滞后，储备不足。

2.2.3 治理环境污染和生态破坏的建议与对策

鉴于上述原因，建议将东南沿海城市地区的环境污染与北方荒漠化引起的沙尘暴、长江黄河上游的水土流失等列为同等重要的环境问题，摆到政府的议事日程上来。同时建议该地区在未来的经济快速增长和城市化大规模发展过程中，采取以下治理对策与措施：①全面理解、贯彻“发展就是硬道理”的指导思想，强化“维护生态环境安全质量、保障人体健康和实现可持续发展”的战略思想，适当增加环境保护的投入比例，充分利用政策杠杆和市场机制，加强环保基础设施建设；②加快调整产业结构，改善能源消费结构；③加强环保法规建设，健全环境管理体制和机制，制定更严格的区域环境质量标准；④实行区域及部门合作，控制农业和农村面源污染，重视持久性毒害环境的污染物及其危害效应；⑤加强环境科学和污染治理技术的研究与发展，加强环保科普工作，提高全民生态环保意识。

2.3 江苏省农业安全举例

江苏省环境污染问题十分突出。由环境污染所带来的农业产品质量与农业安全问题，成为影响全省可持续发展亟须解决的战略问题[3]。

2.3.1 环境污染状况

（1）大气污染。衡量大气质量的 3 项主要指标是 SO_2、NO_x、总悬浮颗粒的质量浓度。根据国家《环境空气质量标准》（GB 3095—1996），江苏省这 3 项指标超过二级标准的城市占全省城市总数的比例分别为 77%、85%和 100%。如以全省平均状况论，3 项指标全部超标，超标率为 1.0%～12.4%。

（2）酸雨污染。近 10 年来，全省频降酸雨，酸雨平均发生频率达 23%。除淮阴与宿迁局部地区外，全省绝大部分地区均是酸雨影响区域。

（3）水体污染。全省除河流、湖泊均受不同程度污染外，尚有一半以上的城市饮用水受污染。此外，全省废水年排放量达 3.4×10^9t，其中工业废水 2.2×10^9t，占 64.7%。废水中除 COD、悬浮物及石油类（年平均质量分别为 5.01×10^5t、1.8×10^5t、4.2×10^3t）之外，还含有毒物质如氰化物，砷及其化合物，重金属（汞、镉、铅、铬）等，其总质量年平均近 300t，占全国的 8.6%。

（4）土壤污染。江苏省 1999 年化肥（折纯）使用量达 3.354×10^6t，占全国化肥用量的 8.1%；其中以氮肥和磷肥为主，这两者占全省化肥使用量的 75%。农药使用量达 1.7×10^5t，占 1999 年全国农药用量的 9.1%。"九五"期间农膜使用量为 4×10^4～6×10^4t/a；其中 1999 年的使用量为 5×10^4t，占全国使用量的 5.1%。全省平均每年产生固体废弃物 2.89×10^7t，约占全国产生固体废弃物总量的 3.6%，其中含有大量的危险物；废弃物占地面积达 $2.489\times10^7\text{m}^2$。所有这些物质均严重污染土壤，危害土壤的安全。

2.3.2 农业安全状况

据不完全统计，江苏省遭受外省污水污染的农地面积超过 $4\times10^5\text{hm}^2$。由于污水污染，鱼类资源减少，1985～2000 年，鱼产量下降 70%。农产品质量检测结果表明，重金属铅、镉、汞、铜、砷、锌等元素以及农药，是残留在农产品中最主要的有害物质。在受污染的产品中，80%的产品是受重金属污染或重金属加农药复合污染，其中铅的检出频率最高，其次为镉、汞等重金属；20%是受农药污染，农药多为呋喃丹、乐果、甲拌磷等，甚至在南京的市场中检出蔬菜含有禁用的剧毒农药甲胺磷、对硫磷。此外，农产品中硝酸盐的检出率也较高，其中，粮食产品硝酸盐的检出率为 47.6%，蔬菜类达 85.3%。

2002 年元旦，抽检南京、苏州、常州和徐州四市 28 种 225 份蔬菜，结果表明，这四市均出现不合格产品，不合格率分别为 46%、42.1%、19%和 45%。2002 年 5 月抽检全省 8 市 28 县（区）的粮食产品（大米、小麦和面粉）质量，铅检出率达 88.1%，超标率 21.4%；南京、苏州、无锡三市基本农田保护区产品质量检测发现，重金属检出率几乎达 100%；除苏州因抽样不当而未出现超标外，南京、无锡产品中的重金属铅、汞、镉超标率分别达 66.7%、33.3%、25%。

据报道，江苏省为全国恶性肿瘤死亡水平最高的省份，较全国平均水平高 50%。自 20 世纪 70 年代以来，江苏恶性肿瘤死亡率一直居各死因之首。土壤中超容量外源重金属的存在，也是导致农产品遭受重金属污染的根源。江苏基本农田保护区土壤监测资料表明，土壤重金属检出率达 100%，无锡市土壤重金属质量分数超过国家标准的 12.5%，部分地区超出国家标准的 1 倍多。江苏土壤重金属污染是较为严重的。

2.3.3 解决农业安全问题的建议与对策

（1）加强宣传，强化环境伦理道德教育。应当通过各种媒体，加强宣传，特别是应加强对农民合理使用农药和化肥等的科学技术教育。通过多层次、多方面、大范围的宣传教育活动，为治理、保护、优化江苏环境质量奠定深厚的民众基础，聚集强大的社会与民众力量。

（2）加快城镇污水处理。城镇污水是造成环境问题的重要污染源。"九五"初期，全省城镇生活污水处理率仅 35%，大量的生活污水未经处理便直接排放。尤其是对土壤易造成重金属污染的工业废水，至 1999 年直接排放量达 2.2×10^8t 之多。应当提高城镇污水的处理能力，力争工业废水的达标排放率在 90%以上，生活污水的处理率在 80%以上，从源头上降低环境污染的危险性。

（3）加快农业结构性调整，重视生态与环境修复。农业生产应与工业一样重视环境保护工作，重视农产品质量的优化。应严格控制施用农药、化肥，特别是氮肥的施用量（每公顷施 240～270kg 为宜）。通过实行秸秆还田、平衡施肥，推广施用高效低毒、低残留农药，以及实施病虫草害综合防治技术，有效地控制化肥、农药流失所导致的污染。

（4）综合治理乡镇工业，强化乡镇环境管理。应调整农村工业布局，促使乡镇工业走规模化、集约化的道路，以便实行污染集中控制与治理。同时努力推进其技术进步与更新改造，实施清洁生产。强化乡镇的环境管理，除了对乡镇工业实施从污染末端治理转化为工业生产的全过程环境管理与控制外，还要对农业活动中的不良环境行为加强管理与执法力度。

（5）加大资金投入，提高环保工作的有效性。“九五”期间的 1999 年度，环保资金投入 126.6 亿元，占当年全省 GDP 的 1.64%；2000 年投入 154.0 亿元，占全省 GDP 的 1.79%。应当将投资基本稳定在 GDP 的 2.0%左右，以支持环境保护事业的顺利发展。

（6）加强法制建设。应针对江苏环境问题的特征制定相关的地方法规，使环境法在保护江苏环境中发挥应有的重要作用。

（7）开展区域性农业安全与农业清洁生产的研究，不断总结经验，广泛推广。

当前江苏省正在开展农业清洁生产创新研究，其总体目标如下：修订江苏省主要农产品国家市场无公害农产品品质强制标准和无公害农产品检测标准，并与国内、国际的标准和技术规范接轨；针对农产品品质与监测标准，通过示范基地试验，提出环境（本底）质量水平，制定农（粮、油、菜）、畜（肉、蛋）、水（淡水鱼）等生产领域的主要农产品加工技术规程，对相应的技术规程进行集成；开发肥料、农药、地膜、饲料、添加剂的无公害技术，以及治理水体、土壤中有毒有害物质的技术；在上述示范基地生产清洁农产品的基础上，探索公司（企业）、农户、市场等管理模式，并通过法规法制体系的调整，不断扩大开发规模，保证从基地到市场和餐桌上的食物有全清洁的生产过程。

为达到上述的总体目标，江苏省正在完善以下五大体系：农产品质量安全生产技术规范体系；农产品质量安全标准体系；农产品质量安全监管监测与认证体系；农产品质量安全管理与市场信息体系；农产品质量安全法规与执法体系。这五大体系可概括为：技术、质量、监测、管理、法制体系。这项研究任务的完成，必将有效地推动全省农业清洁与安全生产的进程，并将对全国农业安全生产起促进作用。

3　结　　语

（1）现代生态农业是现代农业的发展方向；现代生态农业的核心是农业的可持续发展，其重要内容是农业安全。现代生态农业是以生态理论为基础，以现代生态农业技术为手段，通过农业与环境，生态与经济的平衡，达到农业可持续发展、农业安全和人类健康的最终目标。

（2）生态农业建设必须遵循生态学的各项原则，强调资源环境保护与经济发展相结合。生态农业建设必须发展以科技为主的产业市场，形成寓环境于一体的高新农业产业，实行农业的产业化经营，实现农业的根本性转变。生态农业的区域及县级示范，应因地制宜，发挥优势，突出产业，重视环境质量，加强农业清洁生产，重视农业安全，提高农产品质量，面向市场，走向国际。生态农业的发展，一方面要总结经验，不断深化；另一方面，要重视不同模式与资源配置，结构升级，环境响应等问题的深入研究，从而促进生态建设的发展。

（3）农业安全是现代农业的核心内容。从东南沿海经济发达区的经验看，解决农业安全问题的对策，首先是加强宣传，强化环境伦理道德教育；其次是加快城镇环境污染，特别是城镇污水的处理，重视生态与环境修复，强化乡镇的环境管理；最后是加大资金投入，加强法制建设，提高环境保护工作的有效性；第四是开展区域性农业安全与农业清洁生产的研究，不断总结经验，广泛推广应用。

总之，21 世纪是生态文化、生态文明、生态农业建设的新世纪，人与自然的和谐必将成为推进我国现代生态与环境修复的强大动力。

参 考 文 献

[1] 石山. 生态时代已降临中华大地. 中国生态农业学报，2001，9（1）：3-5.

[2] 宗良纲，卢东. 江苏省农业生态环境工程主要模式及分析评价. 农业环境与发展，2002，19（1）：30-31.

[3] 赵其国. 重视农业安全质量，加强农业清洁生产. 土壤，2001，（5）：225-226.

[4] 中国科学院地学部. 东南沿海经济高速发展地区环境污染及其治理对策. 地球科学进展，2003，18（4）：493-496.

Modern Ecological Agriculture and Agricultural Safety

Zhao Qiguo

Institute of Soil Science，Chinese Academy of Sciences，Nanjing 210008，China

Abstract

As a direction for the development of modern agriculture，modern ecological agriculture has a core of sustainable development and a key content of agricultural safety. This paper put forwards the concept and connotation of the modern ecological agriculture. Modern ecological agriculture is based on the ecology theory and adopts the modern ecological agriculture technology. Through the balance between the agriculture and environment，ecology and economy，it reaches the target of the sustainable development and safety of agriculture and the health of the human being. Based on the review of experiences in developing modern ecological agriculture in China，this paper raises the problems of the eco-environment quality and the agricultural safety in the coastal region with fast developing economy in the southeastern China，and finally suggests the strategy and countermeasures.

Key words Modern ecological agriculture；Agricultural safety；Agricultural sustainable development；Ecological principle；Environmental quality；Human health

中国生态安全、农业安全及“三农”建设研究*

赵其国 [1]　黄国勤 [2]　王礼献 [2]
1 中国科学院南京土壤研究所，南京　210008
2 江西农业大学生态科学研究中心，南昌　330045

摘　要

生态安全是关乎国计民生的大事，它与国家农业安全及“三农”建设息息相关。通过阐述生态安全、农业安全及“三农”建设的内涵，在总结生态安全与农业安全及“三农”建设关系的基础上，提出有关中国生态安全与农业安全发展的思考与建议，指出中国农业生产面临的发展机遇和主要挑战，最后论述我国新时期现代农业发展的战略选择。

关键词　生态安全；农业安全；“三农”建设；中国

生态安全关乎国计民生。李克强总理在2014年政府工作报告中指出：“生态文明建设关系人民生活，关乎民族未来。”“生态环保功在当代、利在千秋。”[1]生态安全与国家农业安全及“三农”建设息息相关，如何在中国经济社会发展的转型期，保证中国生态安全、农业安全并促进“三农”建设健康发展，是新时期的一项重要战略任务。

1　生 态 安 全

生态是指生物资源（动、植、微、农、林、牧）与环境（水、土、气、生、废污）的相互依存关系，简单地说，就是生物对环境的存在状态。目前，学术界对于生态安全并没有一个统一的定义，不同的学者从不同的角度定义生态安全。邹长新等[2]从区域入手，认为生态安全是指一定的时空区域内，各类生态系统（包括自然生态系统、人工生态系统和自然-人工复合生态系统）在人类各种正常的社会经济活动下，没有超出其自身承载力，能够正常维持生态系统的结构和功能；余谋昌[3]则认为生态安全是指地球上良好的自然环境和丰富的自然资源，综合表现出各种环境要素的安全性。笔者认为生态安全是指包括生物资源与环境之间的安全，即在人为活动影响下，它们之间存在的“建设与破坏”相对立的矛盾与统一，它关系到国家农业安全与“三农”建设，也关系到国家社会经济建设的可持续发展，包括国土安全、水安全、环境安全及生物安全。

1.1　国土安全

国土作为一个国家赖以生存发展的最基本条件，关系到人们生存生活的方方面面，对于中国这么一个人口众多的发展中国家尤为重要[4]。国土安全决定着国家的经济发展和社会稳定[5]。中国国土资源总量大，但人均占有量少，且由于地区差异，土地质量普遍不高。加上人为负面活动影响，出现了水土流失、土地荒漠化、沙化、盐碱化以及耕地退化等问题，国土资源的数量、质量和结构已经打破了动态平衡，国土资源形势严峻。其中水土流失面积达到3.56亿hm^2，占到国土面积的37.1%；荒漠化土地面积达2.62亿hm^2，占国土面积的27.3%；草地退化、沙化、盐碱化的面积占国土面积的14.1%，国土安全不容乐观[5, 6]。

1.2　水安全

水是生命之源，与人类生活发展息息相关，没有水一切发展都无从谈起。中国水资源占世界水资源总

* 基金项目：国家自然科学基金重点项目（U1033004）。
本文原载《农林经济管理学报》2014年第3期第237-243页。

量的8%，人均占有量却仅为世界平均水平的1/4，是世界上13个贫水国家之一。随着社会经济的发展，中国水安全这根“红线”更要绷紧。现有河湖退化、水资源浪费现象已经屡见不鲜，水污染和水源紧缺是中国水安全中最为突出的问题。2014年5月9日江苏靖江因长江水源出现水质异常，全市暂停供水，这又一次敲响了水资源安全问题的警钟[7]。保障水资源的可持续利用，加快节水防污型社会的建设已迫在眉睫[8]。

1.3 环境安全

环境安全是基本的安全，良好的环境是人类健康发展的保障。环境安全问题已经成为影响国家安全的重大问题，备受各国的广泛关注。一是大气污染（颗粒物污染）：中国的能源结构以燃煤为主，主要污染物是总悬浮颗粒物和二氧化硫，大量雾霾天气的出现，更是极大地引发了社会对大气污染的关注；二是有毒化合物污染：包括有毒有机化合物污染和有毒无机化合物污染，目前环境中有毒化合物种类繁多，对它的预防和治理提出了更高的要求；三是环境激素污染：环境激素是指一些存在于生物机体之外的、具有与人和生物内分泌激素作用类似的物质，有时能引起生物内分泌紊乱。环境激素对人类的影响主要是在生殖方面，如生育力下降、后代生存能力减弱、影响激素分泌和激素活性以及造成生殖解剖学结构的改变（如隐睾症、尿道下裂、子宫内膜异位、阴阳人、发育不全等），而其另一个影响是动物界的雌性化现象严重[9]；四是水土污染：生存环境的恶化，触动了人们对水土资源污染治理的神经，同时也加强了人类治理水土污染的决心；五是粮食污染：粮食污染的核心问题是土壤污染，中国粮食污染状况不容乐观，2013年5月湖南“镉大米”事件，更是引起公众高度重视粮食污染问题[10]。

1.4 生物安全

生物安全是生态安全的重要组成部分，在一定程度上会影响到国家安全。中国是生物物种最丰富的国家之一，但由于各方面的原因，许多物种已濒危或接近濒危。生物安全主要包括三个方面：一是生物入侵，中国作为一个受到外来生物入侵严重的国家，在全球性组织——世界自然保护联盟统计公布的100多种最具有威胁性的外来有害生物物种中，中国的外来有害生物物种达到50多种，全国每年因为外来有害生物物种入侵而遭受的损失多达上千亿，损失十分惨重[11]；二是动植林农地减退，如桉树的引进，由于它大量吸收水分、土壤肥力和养分，时间长了，可能引起土地退化；三是生物多样性改变，生物入侵的一个严重后果就是造成生物多样性的减少。

2 农业安全与“三农”建设

农业在国民经济中的基础地位，决定了农业安全对于国家安全具有重要意义，因而农业安全与“三农”建设一直受到党和政府的高度重视，中央一号文件已经连续11年聚焦“三农”问题。农业安全，主要是指农业的质量安全[12]。按最新中央一号文件及总理政府工作报告精神，当前中国农业安全及“三农”建设的总目标：走出一条具有中国特色新型农业现代化道路，即生产技术先进、经营规模适度、市场竞争力强、生态环境可持续。

根据当前及今后中国的实际，要实现国家农业安全、搞好“三农”建设，必须做到以下几点。

2.1 确保粮食安全

粮食安全是农业安全的首要任务。中国作为发展中的农业大国和人口大国，决定了中国农业的发展必须以确保粮食安全为基础。随着人们生活水平和生活方式的改变，粮食安全的内涵也发生了深刻的变化，人们多样化的需求，使得食物转向健康、多功能方面发展。通过建立国家粮食安全保障体系，健全粮食等重要农产品价格形成机制，健全农产品市场调控，强化产品质量和食品安全，强化农产品支持保护政策，严格实施国家粮食安全战略，严守耕地红线，划定永久基本农田，以确保食物基本自给、口粮绝对安全，把“饭碗”牢牢端在自己手里。

2.2　加强基础设施建设

农业长期持续稳定健康发展的关键是要加强基础设施建设，它关系到农村发展和农民生活。通过实施高效节水灌溉项目，建设重点水利工程，治理饮水调水、骨干水源、江河湖泊问题，解决农村居民用水饮水问题；通过建成高标准基本农田，培育优良品种，实现高效农业机械化，改善农村危房，完善农、林、水、电、路、气、信等基础设施，促进“三农”建设。

2.3　坚持和完善农业经营体制

当前，坚持和完善农业经营体制，对保障现代农业又快又好发展、增强农村发展活力具有重要意义。一是坚持和完善农村基本经营体制，赋予农民更多财产权利，保持农村土地承包关系长久不变，建立农村集体建设用地使用权确权登记，引导承包地经营权有序流转，稳妥引进农村土地制度改革试点；二是坚持家庭经营产业性地位，健全农业社会服务体系，培育新型农业经营主体，发展规模适度的农业经营。

2.4　健全城乡规划

城乡规划是一项战略性工作，涉及国家发展的各个方面。健全城乡规划，不仅有利于生态环境的保护，而且有利于促进城乡经济可持续发展。这就要求做到：一是加快编制以治理城乡垃圾和污水、改善人居环境为主的规划；二是加快制定完善农村义务教育及学校基本条件、推进户籍制度改革、促进城镇就业问题的规划。

2.5　发展农村金融

解决“三农”问题需要农村金融的支持，这关系到农民、农业、农村发展的大局。为了推动农村金融发展，一方面通过农业改革来适应农村金融，不断提高农村建设资金的投入，提高重要粮食作物（如稻谷、小麦、玉米）保险费的补贴比；另一方面通过农村金融改革来促进“三农”建设，强化金融机构服务“三农”机制，发展农村合作金融组织，加大农业保险力度。

2.6　推进“三农”建设

当前“三农”问题的形势依然严峻，具体表现在：一是农业上存在农产品生产数量不足、农产品质量不高的问题；二是在农村存在社会公共服务不足和生态环境保护不力的问题；三是农民在经济收入、权利保障以及自身素质方面都有待提高。及时、科学、有效地处理好这些问题，是走中国特色新型农业现代化道路的客观选择和必然要求。坚持解决好“三农”问题，要不断加大强农、惠农、富农政策力度，始终把“三农”工作紧紧抓好。增加“三农”支出，拓宽“三农”投入，基础建设向“三农”倾斜，带动金融更多投入“三农”建设。

2.7　建设美丽新农村

美丽新农村建设是解决“三农”问题的现实需要，是建设“美丽中国”的应有之义，是保障农业安全和解决“三农”问题的必然要求。一是打造良好的生态环境；二是完善设施，发展特色产业，带动农村经济发展；三是进行合理的规划布局，形成“一村一品”的鲜明形象；四是实现农民富裕，村民和谐相处。

3　生态安全与农业安全及“三农”建设的关系

生态安全是农业安全及“三农”建设的基石，离开了水、土、气、生物资源的数量质量、时空演变、形成过程及对农业的评价与调控的保证，中国今后要走出一条具有中国特色的新型农业化道路是不可能的。因此，只有加强资源优化配置、合理调控、高效利用与全面建设，充分利用国内外两个市场以及国内、国际两种资源，确保生物、生态与环境的安全，才有可能解决我国的“三农”问题，保障粮食安全，促进农民增收，坚守耕地红线，增加农业综合生产力，最后全面实现我国农业发展及“三农”建设的总体目标。

3.1 生态安全与农业安全

中国经济正处于转型期，资源环境正经受极大的考验。农业是国民经济的基础，作为依附资源环境存在发展，农业安全的基本要求就是要确保生态安全。生态的良好，即水、土、气、生物资源的数量质量、时空演变、形成过程的安全保证，对农业安全的实现至关重要，是农业可持续发展的基本保障；反过来说，农业安全的实现又增强了其保障生态安全的能力。一旦生态出现了问题，就会对农业发展极其不利，继而扰乱整个社会经济的稳定。

3.2 生态安全与“三农”建设

随着社会经济的发展，“三农”含义发生了深刻变化，不再只是农民增收、农村发展和农业增产，其内涵更多体现了农民权益、农村可持续和农业生态[13]。生态安全是“三农”建设的基础，没有良好的环境资源作支撑，一切的建设发展都只是“空中楼阁”。只有生态安全了，才会有农民权益的保障、农村的可持续稳定和农业生态安全。而如果“三农”建设的强度超出了生态安全的容忍度范围，导致生态安全被破坏，那么“三农”建设的意义也将不复存在。

3.3 农业安全与“三农”建设

资源短缺和环境恶化已经威胁到了农业安全，如何实现资源高效利用，保护和改善资源环境，是处理好“三农”问题的前提。保障农业安全，成为现代农业和农村经济持续发展及农民权益保护需要解决的关键问题。只有农业生态良好，才能保证农业安全，只有农业安全，才能实现农民增收、农业增产和农村经济的可持续发展，“三农”建设才能真正落到实处。

4 有关中国生态安全与农业安全发展的思考与建议

4.1 中国农业生产面临的发展机遇

中国农业面临许多的发展机遇，国家对农业的扶持和政策上的倾斜、农产品需求的增加、农业生产效益的提高、农业生产结构的优化以及农业科技进步创新等都将为中国农业生产提供助力。

（1）国家对农业发展高度重视，不断提高农业投入。农业作为基础产业，在社会经济发展中始终具有不可替代的作用。国家高度重视农业发展，中央一号文件已经连续 11 年聚焦农业问题。在传统农业向现代农业转变的过程中，政策的支持是现代农业发展的最大机遇。

（2）农产品需求不断增长，农业发展的市场空间将不断扩大[14]。一方面，随着经济的发展和人均收入水平的提高，居民消费能力不断增强，人类已不只满足于温饱问题，转向追求高水平的生活质量，形成对食物、纤维、农业多功能需求的增长；另一方面，农业综合生产能力得到提高，农产品市场丰富，可供选择的农产品不断增加，这些都将促进农业市场空间的扩大。

（3）农产品价格逐渐提高，农业有可能晋升为比较优势较高的产业。近年来随着生物质能源发展和农产品需求的大幅增长[15]，再加上全球气候变化影响了农产品供求关系的平衡，世界范围内农产品价格出现了不断上涨的势头（表 1），食品价格指数从 2000 年的 91.1 上升到 2013 年的 209.8，增幅达到 230.3%。国内农产品市场价格变动基本上与国际市场保持一致，政府支持农业的各种优惠政策和较高的农产品价格，将可能吸引更多的资金投入到农业，农业生产者的积极性将得到提高，农业生产力将得到加强。

表 1　联合国粮农组织食品价格指数

年份	食品价格指数	肉类	奶类	谷物	植物油油脂	食糖
2000	91.1	96.5	95.3	85.5	69.5	116.1
2001	94.6	100.1	105.5	86.8	67.2	122.6
2002	89.6	89.9	80.9	93.7	87.4	97.8
2003	97.7	95.9	95.6	99.2	100.6	100.6
2004	112.7	114.2	123.5	107.1	111.9	101.7
2005	118.0	123.7	135.2	101.3	102.7	140.3
2006	127.2	120.9	129.7	118.9	112.7	209.6
2007	161.4	130.8	219.1	163.4	172.0	143.0
2008	201.4	160.7	223.1	232.1	227.1	181.6
2009	160.3	141.3	148.6	170.2	152.8	257.3
2010	188.0	158.3	206.6	179.2	197.4	302.0
2011	229.9	183.3	229.5	240.9	254.5	368.9
2012	213.3	182.0	193.6	236.1	223.9	305.7
2013	209.8	184.1	242.7	219.2	193.0	251.0

资料来源：FAO，Food Outlook，April，2014，http：www. fao. org。

（4）农业生产结构将不断优化，优势农产品具有更大的发展空间。农业生产结构的不断调整优化对于中国农业的发展具有重要意义。在经济全球化的背景下，中国要充分利用国内、国际两种市场和资源，发挥比较优势和后发优势，发展自身具有相对比较优势的产业，如水产品和部分畜产品、蔬菜、水果及花卉等劳动或资本密集型的农产品，提高农产品附加值。

（5）农业科技创新潜力大。国家高度重视农业科技，不断提高农业科技投入。2012 年数据显示，中国农业科技的整体水平与发达国家相比存在一定距离（表 2）。差距意味着潜力，因此中国在建设现代农业过程中，必须大力推进农业科技创新，将农业科技创新成果应用于“三农”建设，以期实现农业增产、农民增收、农村繁荣。

表 2　中国农业科技与发达国家比较（2012 年）　（单位：%）

项目	中国	发达国家
农业科技贡献率	53	70
水分利用率	40	60
化肥利用率	40	60
农业科技成果转化率	40	80

资料来源：http：//theory. people. com. cn/GB/49154/49369/17634651. html。

4.2　中国农业生产面临的主要挑战

（1）水资源短缺和耕地退化严重。水是生命之源，它对于农业的发展至关重要。中国是世界上人均水资源最少的国家之一，人均占有量仅为世界平均水平的四分之一。水资源短缺尤其是农业水资源短缺甚为严重。其原因在于：一是非农业用水需求增加，挤占了农业用水；二是水污染日趋严重，加剧了水资源短缺；三是农业用水效率低，即农业用水方式落后和农业水利设施老化，造成农业用水效率低下，浪费严重[16]。近年来，由于水土流失、土地荒漠化、土壤污染等环境问题，使得耕地资源在数量和质量上都呈下降的趋势。守住 18 亿亩耕地这根红线，对于人口众多的中国确保粮食安全极为重要。

（2）农业生产力（特别是土地生产力）增长乏力。农业生产力是在社会经济发达、农业生产技术和手段先进以及生产水平较高背景下，区域农业的物质和经济生产能力[17]。虽然中国农作物产量逐年增长，但主要体现在农作物单产的提高，其增长速度却呈现放慢趋势。农业生产力的提高关键在于科技的进步创新，而土地生产力是农业生产力提高的基础。一方面国家在农业科技上的投入还有待加强，农业科技未能跟上农业生产发展变化；另一方面现有的农业基础设施不足以充分利用农业资源，不利于农业生产力尤其是土地生产力的提高。

（3）小规模的农业生产经营方式同日益提高的劳动生产率和农业现代化的矛盾。中国农业的发展历史证明，小规模的农业生产经营方式为中国农村经济的发展作出了重要贡献。但随着传统农业向现代农业的转变，小规模的农业生产经营暴露出了一些缺点：一是小规模农业生产经营易受到市场的严重制约；二是土地、水资源利用效率低下；三是农业产业化程度不高，农民从农业经营活动中难以获得较高的收入；四是抵御自然灾害的能力不强。

（4）劳动力工资上涨。中国高速增长的经济，往往伴随着农业劳动力向非农部门大规模转移。据相关资料显示，2002～2009 年，外出从事生产经营活动的农民工，人均月工资由 640 元增加到 1417 元，增加 1.21 倍，年均增长 12%。与此同时，近 10 余年农业部门劳动力雇佣工规模逐步扩大。数据显示，1998～2008 年间雇工费用比例从 5.7%上升到 10.8%，2003～2008 年雇工日工价从 16.8 元上升到 46.4 元，6 年间实际涨幅超过 1 倍[18]。农村劳动力的输出以及人口老龄化，使得农业生产的劳动力机会成本呈现上升趋势，直接导致农业劳动力工资上涨，影响农产品生产成本。

（5）气候变化的冲击。自工业革命以来，在工业化进程中，化石燃料的燃烧、森林的滥砍滥伐、土地利用的变化等人类社会经济活动所排放的温室气体，致使全球温室效应不断增强。在此背景下，我国气候变暖趋势也越来越明显。在气候变暖的环境下，中国极端天气事件的发生频率加快，主要表现为极端降水事件增多，洪涝灾害加剧；北方干旱事件发生次数趋多，区域性干旱事件经常发生；夏季高温热浪天气增多等[19]。气候变暖会影响农作物的生长发育和品质，导致高温伏旱，使中国农业生产出现不稳定性，致使农作物产量出现波动。

4.3 新时期中国现代农业发展的战略选择

生态安全是农业安全的基础，要严格保护好农业生态环境，在提高农业生产力的同时，充分利用好国内外农产品市场，保障国家农产品供需平衡，确保国家粮食安全。

（1）改革创新土地、农民组织和社会化服务体系以提升农业生产力。土地是农业发展的根本，在城市化、信息化的浪潮中，需要保持农民对土地使用权的长久稳定性。在此基础上，加快健全土地经营权流转市场，促进土地向农业大户、新型农民组织（如股份合作式的农民合作社）流转，提高农业生产适度规模化经营水平，尽量减少农业生产成本。提高农业劳动生产力，在各种国家政策支持下，创建规模化较大的农村组织，为农民提供专业化服务[14, 20]。与此同时，大力创新发展社会化服务体系，推行形式多样的农业社会化服务模式，充分、高效、合理利用社会资源，以提升农业生产力。

（2）综合评价各种国家农业财政投入，调整投入结构以提高其在提升农业生产力中的作用。几十年来，国家一直增加对农业财政的投入，但由于投入结构不合理，收到的效果不尽如人意。国家在农业发展中的投入资金毕竟有限，如何利用有限的资金获得较高的效益，这就必须对各种农业财政投入进行科学合理的评价估量，在此基础上调整农业投入结构，发挥其最佳效果，以最大限度地提高农业综合生产力。

（3）创新农业科技，加强农业基础设施建设。科学技术是解决农业问题的根本出路，面对中国众多人口对粮食及其他农产品的巨大需求与耕地、水等农业自然资源短缺的矛盾，农业科技创新（包括传统技术、现代生物技术研发和产业化）是中国现代农业发展的必然选择。一方面国家需要重视农业科研和技术推广，加大在这方面的财政投入；另一方面需要改革创新农业科技体制，打破体制桎梏，使农业科技发展与农业生产需要相匹配，满足农民对农业技术的需求。加强农业基础设施建设，特别是农田水利生态建设、生产生活设施建设、农产品市场体系建设和食品安全监管建设，这将有利于农产品的稳定供给、保障食品安全和市场稳定，为提高农业生产力起到促进作用。

（4）在评估主要短缺农产品安全性的基础上，调整国家对不同农产品财政投入的优先次序。根据中科院发布的《新时期我国农业发展的战略选择》报告，中国结构性短缺产品的范围和程度将逐渐扩大，除大豆、棉花和食用油这几类农产品可以得到稳定供给外，其他如玉米、奶制品、糖以及牛羊肉等都将成为短缺农产品[14, 20]。一方面国家要对这些即将短缺的主要农产品的国内生产能力和安全性做出科学评估；另一方面根据实情，国家需要对不同农产品投入适时地做出全局性安排，调整不同农产品财政投入的优先次序。

（5）充分合理地利用国内外两个市场、两种资源，保障国内农产品的稳定供给。现阶段我国农产品供需比较紧张，必须坚持立足国内，准确把握国际农产品市场变化，采取有针对性的调控措施，确保国内市场稳定和主要农产品有效供给。因此，必须要在参与制定国际贸易环境和全球食物安全治理机制的过程中积极发挥作用[14, 20]，充分利用国际国内两个市场，高效合理利用国内外两种资源，保障国家粮食安全和其他主要农产品的价格稳定。

（6）产业化经营是发展现代农业的重要技术路径。农业产业化经营有利于“三农”问题的解决，是我国发展现代农业的重要选择。它促进了农业结构的调整，创新了农业经营制度，能够充分合理地利用国内外资源，实现农业资源的高效配置，增强了农业的竞争力和农民的素质，能极大地提升农业综合生产力，在推动农业转型中处于核心地位。

参 考 文 献

[1] 李克强总理作政府工作报告. http：www. gov. cn/guowuyuan/2014—03/05content_2629550. htm[2014-03-05].

[2] 邹长新，沈渭寿.生态安全研究进展. 农村生态环境，2003，19（1）：56-59.

[3] 余谋昌. 论生态安全的概念及其主要特点. 清华大学学报：哲学社会科学版，2004，19（2）：29-35.

[4] 罗道成，刘俊峰. 我国生态安全现状分析及保护对策研究. 中国安全科学学报，2007，17（3）：10-14.

[5] 邓红蒂，谢俊奇，吴次芳. 我国土地资源安全面临的挑战与对策. 21 世纪中国土地科学与经济社会发展. 中国土地学会学术年会论文集，2003.

[6] 孟旭光. 我国国土资源安全面临的挑战及对策. 中国人口·资源与环境，2002，12（1）：47-50.

[7] 凌军辉，杨洋，郑思远，等. 江苏靖江停水 7 小时：又是水源地“有问题”惹的祸. 新华每日电讯，2014-05-10.

[8] 吴季松.用循环经济理念创新水污染防治对策. 中国水利，2003，（9）：14-16.

[9] 陈正夫，朱坚，周亚康，等. 环境激素的分析与评价. 北京：化学工业出版社，2004.

[10] 蔡梦藜. 镉超标如狼似虎，镉大米邪恶本质初探. 企业家日报，2013-05-06.

[11] 高杰，李娜，张爽. 浅谈外来有害生物物种入侵及其防范措施. 中小企业管理与科技，2013，（9）：180-181.

[12] 赵其国.现代生态农业与农业安全. 生态环境，2003，12（3）：253-259.

[13] 温铁军.生态安全是现阶段“三农”的重要问题. 农村工作通讯，2014，（2）：45.

[14] 黄季焜. 新时期的中国农业发展：机遇、挑战和战略选择. 中国科学院院刊，2013，28（3）：295-300.

[15] 李国祥. 全球农产品价格上涨及其对中国农产品价格的影响. 农业展望，2008，（7）：32-35.

[16] 王丘，阮文彪.中国水资源问题与农业可持续发展. 安徽农业大学学报：社会科学版，2000，（4）：11-13.

[17] 周留根.生产力评价分析和优化系统研究. 南京：南京农业大学，2005.

[18] 邓垚. 中国劳动力资源与经济发展研究. 长春：吉林大学，2012.

[19] 周文魁. 气候变化对中国粮食生产的影响及应对策略. 南京：南京农业大学，2012.

[20] 黄季焜. 新时期我国农业发展的战略选择. 农业科技与信息，2013，（23）：45-46.

Ecological Safety，Agriculture Security and Construction of the Three Aspects of Agriculture of China

Zhao Qiguo[1] Huang Guoqin[2] Wang Lixian[2]

1 Institute of Soil Science，Chinese Academy of Sciences，Nanjing 210008，China

2 Research Center on Ecological Science，Jiangxi Agricultural University，Nanchang 330045，China

Abstract

Ecological security is closely associated not only with people’s livelihood，but with national agricultural safety and the construction of “Sannong” （three aspects of agriculture，namely，agriculture，rural areas and farmers）. This paper explores the connotation of ecological security，agricultural safety and “Sannong” construction. Based on the relations between the three，the paper puts forward the thinkings and suggestions on China’s ecological safety and agriculture safety, points out the major challenges and opportunities that China's agricultural production is facing, and proposes the strategic choice for the development of modern agriculture during the new period of the nation.

Key words Ecological safety; Agriculture security; Construction of the three aspects of agriculture; China

我国农业可持续发展问题初探

赵其国

中国科学院南京土壤研究所，南京 210008

摘　要

针对我国农业可持续发展问题，从农业可持续发展所面临的形势、问题及发展战略与对策进行了初步探讨。

关键词　农业可持续发展；现代农业；科技进步

农业可持续发展是我国农业发展的现代化阶段，也是我国当今农业发展的必然趋势。我国现代农业的发展方向是走集约化农业的道路，即加强集约经营；力争粮食稳产，坚持可持续发展。今后在面临人口与粮食，资源与环境严峻挑战的情况下，我国农业可持续发展必须为人类享有充足与健康的食物和清洁的环境作出贡献。我国农业可持续发展中存在的问题，主要是农业持续发展和生态与环境修复及其相互关系的问题。当前我国农业正在由过去的传统农业向高产、高效、优质的现代农业方向转变。因此，如何从现代农业的观点出发，正确地认识与解决我国当今农业可持续发展中面临的若干问题，具有重要的理论与现实意义。

1　我国农业可持续发展面临的形势与问题

我国正处在传统农业向现代农业过渡的阶段，在农业可持续发展过程中，正面临不少新的形势与问题。

1.1　人口与粮食

目前我国人口每年正以1600万净增人数增长，预计到20世纪末，人口总数可达13亿左右。以人均400kg的消费水平计算，年需要粮食5.2亿t，比1990年净增1.1亿t，其年均增长率为2.2%。然而要在仅占世界耕地面积6.8%的土地上获得世界粮食生产总量的23.6%，并且维持这样的增长率，其任务是极为艰巨的。

1.2　资源与环境

我国的国土面积居世界第三，水、土、森林资源按其绝对量来说在世界上名列前茅，但人均占有量太低。水资源人均只相当于世界水平的1/4；人均耕地、林地和草地分别仅占世界人均量的1/3、1/5和1/4；森林资源总量居世界第七，可人均占有量则是第130位。我国土地承载着巨大的压力。由于旱涝、盐碱、风沙以及冷浸等原因导致现有农田肥力下降，中低产田已占总耕地面积的2/3，目前约有2000万hm^2的耕地受到干旱威胁。与此同时，由于不合理开垦利用，土地资源退化明显，水土流失面积占国土总面积的1/5；沙漠化的土地达到3330万hm^2，并且平均每年以15万hm^2的速度扩展；草原退化面积8700万hm^2，每年以120万hm^2左右速度增加。随着工业的发展，污染日益严重，每年废水排放量为368亿t，烟尘排放量为1445万t，受污染的耕地面积约670万hm^2，酸雨对江南农业生产的影响也越来越严重，仅SO_2的危害，每年可达270万hm^2。

面对上述挑战，今后相当长的时期内，提高粮食生产是主要的任务。

1.3　产品与市场

随着市场经济体制的建立，对农业生产经营、农产品流通体制提出了新的要求。具体地说：一是要按

本文原载《农业现代化研究》1998年第19卷第5期第267-271页。

市场的需求生产农产品；二是生产的规模要与市场相适应，保证数量和质量满足市场要求；三是价值规律要求降低成本、提高效益；四是要有健全的市场流通渠道，需要确立贸工农一体化生产经营的指导思想。总的宗旨是要立足农民这个生产主体，通过架设生产与销售之间的桥梁，达到发展生产，提高效益，增加收入，致富农民。因此，用市场经济规律指导农业生产经营和流通，已成为今后农业持续发展的重大问题。

1.4 体制与管理

目前的农业生产经营体制与市场经济体制极不适应，也没有形成有利于农业持续发展的大环境。其一是农民的组织化程度低，呈千家万户的分散经营状态，与千变万化的大市场的矛盾日益突出。不少地区虽具有较高的文化和技术素质，但伴随农村劳动力大量转移，高素质的农民转向二、三产业，使实际务农的劳动力多数文化低、素质差。同时，一家一户的小规模生产经营，农产品生产批量小，产品科技含量低、质量差，适应不了市场的要求。其二是宏观政策上的不协调，农业比较效益低，农业与其他产业利益分配不合理的矛盾，加大了农民与其他行业职工的利益反差，极大地影响了农民的积极性，使农业可持续发展的主体基础不稳。经济体制改革尚没有从根本上理顺城乡关系和工农关系，导致农业比较效益低，农民收入增加慢，城乡与工农差距进一步拉大。在此情况下，加强与建立适应农业可持续发展的科学管理体制是解决问题的关键。

1.5 科技与发展

科技进步是关系到农业可持续发展的重大战略问题。全国的农业科技力量较强，科技进步使农业综合生产能力不断提高，农业生产已达到较高水平。但目前农用土地资源紧缺，实现较高水平上的农业持续发展的难度甚大，农业科技在农业增长中的份额每提高一个百分点都需要付出巨大的劳动。当前农业科技与农业的持续发展已不相适应，农业科学的基础研究薄弱，科教结合力度不够，储备少，科技进步滞后。此外，农业科技队伍不稳，人才流失和断层现象严重。所有这些，使得农业科研成果转化为农业生产力的效率不高，农业科技与农业持续发展的隐性矛盾将进一步突出。由此可见，加强科技成果转化，提高科技份额，进行农业科技革命是解决农业持续发展的关键。

2 农业现代化是农业可持续发展的重要标志

什么是农业现代化？农业现代化的内涵应包括现代化的物质装备，现代化的科学技术，现代化的管理体制，现代化优化的资源与环境 4 个方面。这是由粗放、低效、封闭的传统农业走向现代化农业的基本前提。它有以下特点。

第一，必须以现代工业为支撑基础，没有工业现代化，就没有现代化农业，建立现代化农业与农业工业化（乡镇工业化）组成的农业现代化模式是重要方向。

第二，必须建立农业现代化的指标体系，包括产业化与市场化、集约化与机械化、信息化、高效生态农业、高新技术集成等指标体系。

第三，必须坚持农业的持续发展方向，即人口、资源、环境与社会经济的协调。不只考虑当前，而要考虑长远的战略。注意农业发展在时间与空间、数量与质量、静态与动态的统一以及农产品、农村经济与农民收入的不断提高。

可见，农业现代化的最终目标是农业的可持续发展，其核心是依靠现代科学技术，依靠新的现代化的“农业科学革命”。小平同志说过，“中国将来的农业，最终要靠生物工程，靠尖端技术解决问题”。从这个意义上看，推进“现代农业科技革命”，“科技兴农”，是解决我国农业发展，走农业可持续发展的出路所在，希望所在。

3 坚持农业可持续发展的战略

为了推进我国农业可持续发展，必须转变观念，建立新的农业可持续发展的战略思路。

3.1 “转变认识”观，即对跨世纪农业发展观点的转变

其中包括由传统农业向现代化农业的转变，由粗放农业向集约农业的转变，由小农业向大农业的转变，由耕地向国土的转变，由粮食向非粮食的转变，由单项向配套的转变，由基础向产业的转变等。

3.2 “产业化”观，即加快农业产业化的进程，走农业产业化的道路

这是当前传统农业向现代化农业发展的必然趋势。农业的产业化，就是农业的工业化与农业的企业化，它与工业的发展及其对农业的支撑是分不开的。从发展看，今后我国农业的产业化方向应该是农业的产前、产中、产后相联系；贸、工、农相结合；产、加、销一体化。农业不仅是国民经济的基础，而且是具有高产值、高效率、高效益的现代基础产业，只有这样，我国农业现代化才能与整个国民经济的发展相适应。

3.3 “持续发展”观，即走农业持续发展的道路

农业的持续发展，应包括农业产量、经济与环境三者的持续发展，其中环境与农业的协调和持续发展是关键，这是因为，现代农业的发展，绝不能以浪费资源与牺牲环境为代价，而应以建立生态、环境良性循环为农业发展的基础，只有这样，农业发展才能“功在当代，利在千秋”，可见现代农业中的可持续发展观点，不仅是整个国民经济的发展战略，同时，必将是农业发展的重要方向。

3.4 “全局”观，即走农业全面发展的道路

首先，现代农业发展在战略上必须考虑治理开发、综合持续、城乡一体化三个方面的全面结合。其次，在土地开发战略上，除面向现有 1 亿 hm^2 耕地外，应该更加开阔视野，面向山丘，面向草原，面向海洋，面向空间，向“山、草、水、空”开发，向“山、草、水、空”要食物。江西省提出“在山地上再建一个江西”，江苏省提出“海上苏东”，都表明从全局考虑，是现代农业发展的一个新的内容。

3.5 “务实”观，即务实地对待我国今后粮食的需求问题

到 2030 年“谁养活中国的问题”（美国布朗斯 1995 年提出），我们的基本态度是我们“必须，能够而且有办法养活”。关键是采取切实有力的技术与政策措施，严格贯彻执行中央提出的农业发展 8 大措施与 16 个项目（见科技日报，1996 年 9 月 16 日），明确农业与农村发展战略，加强农田基本建设保护，进行国土全面治理与开发等。这样，到 20 世纪末我国粮食总产超过 5 亿 t，到 2030 年超过 7 亿 t 是有可能的，我们应对此付出努力并充满信心。

4　农业可持续发展的重大措施与对策

4.1 解决四大矛盾

（1）人地矛盾。据统计，1957 年全国耕地为 1.33 亿 hm^2，人均为 0.18hm^2（2.7 亩），从 1978～1994 年的 16 年间，全国耕地净减 459 万 hm^2，人口增加 2.3 亿，人均耕地由 0.1hm^2（1.5 亩）降至 0.08hm^2，相当世界人均水平的 1/4，全国 1/3 的省（区）人均耕地不足 1 亩（0.07hm^2）。从 1957～1986 年的 29 年间，平均每年净减耕地 53.8 万 hm^2，如果 1998 年按年净减耕地 33.3 万 hm^2 计，50 年后，我国人均耕地将降至 0.04hm^2，届时人口增加与耕地减少的矛盾更为尖锐。为此，必须严格控制人口，保护耕地，提高耕地的数量与质量，缓解人地矛盾。第一，必须严格控制人口，在继续执行计划生育方针的同时，做好优生优育，提高人口素质。第二，加强土地管理，强化国家土地法的执法力度。严格控制用地总量，规定每年全国非农用地占耕地数量的极限，通过适度开发与复垦，不断增加耕地，努力实现耕地总量的动态平衡，确保耕地与播种面积的稳定。第三，划分基本农田保护区，改造中低产田，建设吨粮田，不断提高耕地的利用率。

第四，在保护耕地数量的基础上，通过平衡施肥，治水改土，合理耕作，建立耕地质量监测网络系统等措施，不断提高耕地质量，达到农业的稳定增产。

（2）人粮矛盾。我国粮食总产 1949 年为 1.132 亿 t，1995 年为 4.66 亿 t，增加了 4 倍，人均为 388kg，到 20 世纪末，人口为 13 亿，按人均 400kg 粮食计算，总产需 5.2 亿 t，尚需增加 0.5 亿 t。从历史上看，我国粮食产量变幅较大，区域发展不平衡，近 10 年来，粮食增长较缓慢，1984 年后，南方粮食较北方增产少，过去“南粮北调”，现变为“北粮南调”。其原因，一是由于耕地面积减少，1984～1993 年全国耕地共减少 267 万 hm^2，其中我国东南地区（包括沪、苏、皖、鄂、湘、赣、浙、闽、粤）耕地减少 120 万 hm^2。二是粮食播种面积下降，10 年间全国净减少 233 万 hm^2，而东南地区减少了 353 万 hm^2（与同地区相比）。三是粮食单产的增产幅度降低，全国近 10 年较前 6 年（1978～1984 年）减少 510kg/hm^2，东南地区减少 930kg/hm^2，该地区因此而总产减少 40 亿 kg。为此，今后需要采取如下对策：第一，稳定耕地及粮食播种面积。通过提高复种、综合开发、开垦荒地、保护耕地等措施，今后 15 年内，即到 2010 年，耕地应保持在 1.2 亿 hm^2 左右。第二，加强中低产田治理与平衡施肥，全国有近 2/3 的耕地为中低产农田，1989～1995 年，黄淮海与东北地区共治理中低产田 500 多万 hm^2，新增粮食 1000 万 t，说明中低产田治理有很大潜力。此外，在化肥施用水平较高地区，应尽快调整 N、P、K 的施肥比例，推广平衡施肥技术，提高耕地肥力。第三，培育优良品种，通过改良作物品种，防治病虫害，加强田间管理，不断提高粮食增产水平。第四，建造粮食增产的外部环境，加强区域性粮食生产基地建设，包括建立粮食生产的保护与投入制度，加强市场体制与科技服务体系建设等。

（3）水资源矛盾。当前水资源矛盾在农业发展上的表现是：第一，供水不足，全国耕地的实际灌溉面积仅 40%，每年有 60%的耕地无水灌溉；第二，洪涝旱灾频繁，每年农业遭受水旱灾的损失，约占自然灾害损失的 60%；第三，是水质污染，不少地区由于水质污染，直接影响耕地的肥力水平与作物产量。上述矛盾主要是人、水与环境之间协调的矛盾，为此提出如下对策：①扩大灌溉面积，发展节水农业。通过兴修农田水利，加强农田水利开发，不断扩大耕地灌溉面积；通过管道输水、平整土地、农田覆盖、灌溉技术、改善耕作等措施发展节水农业。实践证明，在井灌区采用管道灌溉可节水 30%，喷灌可节水 30%～50%，在水源不足地区，采用湿润灌溉法，水田可节水 65%，初步估计，仅节水一项可增产粮食 1000 万 t 以上。②加强水资源的管理与保护。水资源的管理，包括政策、法规、体制、组织结构、水价体系、调度运行、污水排放及处理等诸方面均需加强，其中节水是管理的核心。③搞好开源及水源调配，兴建一批新的水资源工程，以丰补缺，进行水资源的合理调配，其中搞好“南水北调”为主体的全国与流域和跨地区水资源的总体布局，也是重要措施之一。

（4）环境恶化矛盾。随着工业的发展，我国每年废水排放量为 368 亿 t，烟尘排放量 1445 万 t，受污染的耕地面积约 570 万 hm^2，酸雨对江南农业的影响日益加重，仅 SO_2 的危害，每年可达 270 万 hm^2。由于旱、涝、盐、碱、风、沙等导致土壤的肥力下降，有 2000 万 hm^2 耕地受到威胁，此外，由于城乡企业的“三废”、生活垃圾与污水排放及农药所产生的污染，也直接威胁着人们的安全与农业发展。因此，应采取如下对策：第一，实施环境保护的三大战略，综合治理污染。首先对污染的排放总量加以控制，城市工业污染防治与农村环境保护并重，以科技为先导，提高环境建设和管理水平。第二，大力发展生态农业，减少面源污染，倡导增施有机肥，推广配方施肥，提高肥料利用率，推广高效、经济、安全的农药，加速废膜资源化。第三，建立环境与发展综合决策机制。优化产业结构，控制污染源头。在优化乡镇企业结构与调整布局的基础上，严格控制高污染产业的新建，鼓励与支持清洁生产的产业，从源头上控制污染的扩大。第四，加强法制建设，加大环保投入，不断提高全民族的环境保护意识。

4.2 加快农业科技进程，促进农业可持续发展

近年来我国农业有很大发展，但从农业可持续发展要求看，仍然存在不少问题，有待农业科技的进步予以解决。其基本途径有以下几点：

第一，发展农业科技的重点应放在提高农业资源，特别是水土资源的产出率与利用率技术；农业资源的延续利用与污染的防治与保护技术；基因工程、现代微生物、新品种繁殖、信息及遥感等现代农业科学技术等方面。

第二，必须加强科技挖潜。尽管我国的农业总体水平较高，但仍有以下四种潜力可挖：一是生物潜力。目前生物的产量，远未达到生物的潜在生产能力。如江苏（常熟）外向型农业示范区的大面积水稻亩产已超过 650kg。因此，通过品种培育及提高有机物合成、转化和储存，这种产量是可能在较大范围内达到的。二是环境潜力。从某种意义上讲，栽培技术是为了改善或充分调节环境条件，特别是光、气、水、肥、土、热及病虫害等外部环境条件。目前全国有 2/3 中低产田，通过改善环境条件，同样具有较大的增产潜力。三是空间潜力。指空间的进一步双向拓展。如开垦滩涂地，土地退耕，水面种植等平面向的拓展；又如立体式与垂直栽培式的垂直向拓展等，均可大大增加空间利用，产量可成倍增加；四是时间潜力。指延伸可种植时间或复种指数。通过地膜、大棚、温室，使原来不能种植的季节变为可以利用，特别是设施农业的发展使反季节生产成为可能。此外，双季或三季的耕作制度，也将随着机械化程度的提高，新的种植方法的建立，有再实施的可能。总之，为了充分发挥上述四种潜力，现代农业科学技术，包括现代育种、先进栽培及农业设施技术等均不可少。同时，农业的配套政策，包括土地、科技和农业政策也不可少，其中土地政策解决护农问题，科技政策解决为农问题，农业政策解决务农问题。只有这样，才能加速实现我国的农业现代化。

第三，加大农业投入。加大投入是实现农业现代化必不可少的物质保证。首先，要加大投入力度，通过现代科学技术武装农业（包括农业的工厂化生产），实现现代科学技术对传统农业的改造；对农民进行科学种田的推广和科普教育；还包括对因地制宜地利用现代科学技术的研究的投入，以迅速提高农业集约化程度。其次，投入重点应逐步转向农田基础设施标准化建设和农业机械化方面。建议国家有关部门进一步扶持农机工业，集中攻关，研制并生产出适于不同土地特点的、高效低价的多种农业机械。此外，必须完善农业投入体系。实行政府、集体、个人三结合，各级政府要增加对农业的投入，可建立各种农业现代化基金组织，将投入重点逐步由农产品价格补贴转向农田基本建设与农业科技教育；要进一步完善各种政策，充分发挥各级集体组织和个人投资农业的积极性。

4.3　改革农业生产经营体系，加强农业产业化与农民的自组织程度

从生产经营体系看，影响我国农业现代化的突出问题是小生产与大市场的矛盾，分散的农户生产经营缺乏与市场沟通的有效途径，规模经营发展缓慢，农产品与工业原料流通困难，极大地影响了农村经济发展与农民的利益。解决途径是：①要通过探索口粮田的规模，推进非农业化，并以市场化为导向，在生产专业化、基地化、商品化及产业化的过程中稳妥地推进适度规模经营。②加快实现农业产业化，关键在于培育龙头产品，龙头企业，并做到企业与农民利益共享，风险共担。③加强贸工农一体化，产加销一条龙的新型经营体系。④为了保障农民利益，必须加强农民的自组织程度，制定相应法制与法规，并介入行政管理，确保农业的可持续发展。

参 考 文 献

[1]　赵其国. 现代土壤学与农业持续发展. 土壤学报，1996，33（1）：1-12.

[2]　赵其国. 从现代土壤学看江苏省农业持续发展中的问题. 土壤，1996，28（4）：169-175.

我国热带亚热带持续农业的土地利用与管理

张桃林　赵其国　张　斌

中国科学院南京土壤研究所，南京　210008

摘　　要

本文从持续农业的角度，剖析了我国热带和亚热带土地资源开发与农业发展潜力和障碍因素；讨论了该区几种主要的土地退化类型及其生态环境后果；提出了该区农业持续发展的土地资源综合利用战略、对策与配套措施。文中还就农业及农村经济持续发展和生态与环境修复等提出了建议。

1　引　　言

世界热带和亚热带地域辽阔，占地球表面的59%。其中，热带占38%，亚热带占21%，分别包括了赤道南北纬度23°以内和23°到40°之间的广大地区[1,2]。该区自然及社会经济技术条件复杂多样，蕴藏着巨大的开发利用与发展潜力。特别是在当前，随着欧洲及其他一些温带地区的可耕地大多已经垦种[3]，全球资源开发的重点正迅速转向后备可耕地相对较多的广大热带、亚热带地区。就我国而言，在区域农业发展研究方面，从"八五"起，已将南方红黄壤区农业持续发展研究，列为国家科技重点攻关项目。值得一提的是，世界热带亚热带地区是经济基础比较薄弱的发展中国家集中分布区，农业发展中存在着一系列的自然与社会经济障碍因素，特别是最近几十年来，由于人口的急剧增长，区域人口-资源-环境-粮食的矛盾十分突出。我国热带亚热带地区一方面在不同程度上有与之类似的问题，但另一方面因受东南季风之惠，水热等生物气候条件又明显优于世界上同纬度的其他地区。同时，该区矿产资源丰富，是我国有色金属、稀有金属和稀土等矿产的主要富集区[4]。此外，该区地处沿海和沿江开发带及其腹地，具有得天独厚的区位优势。因此，针对该区农业发展中的有利条件和主要障碍因素及薄弱环节，探讨和建立起各种以持续农业为核心的土地利用与管理系统，无论对我国还是对世界其他热带、亚热带地区的农业持续发展均具有重要意义。

2　区域农业发展的潜力与障碍因素

该区受东南季风之惠，水热资源丰富，生物循环活跃。年降雨量为1000～2000mm，年均温14～28℃，≥10℃积温为5000～9800℃，可全年种植作物（如一年三熟的稻-稻-麦种植制）。同时，该区动植物资源丰富多样，开发利用潜力大。此外，由于其优越的水热条件和丰富的其他自然资源，该区在热带亚热带经济作物和经济林果如橡胶、可可、咖啡、甘蔗、茶叶及柑橘等的生产中具有举足轻重的作用。另外，该区耕地中尚有2/3属中低产地，年产分别低于8.6t/hm^{2}和3.7t/hm^2，大大低于其潜力产量（23～30t/hm^2），因而赋予极大的增产潜力。再从荒地资源的潜力看，该区有近4670万hm^{2}的未垦荒地，约占地区总面积的23.8%。这些荒地的80%集中于山地和丘陵，具有多样化立体农业开发的潜力。尤其值得一提的是，该区具有比其他地区更加优越的区位条件，沿江沿海一带经济开发区的发展必将对整个地区的综合开发及农业与农村经济的持续发展和生态与环境修复产生巨大的带动作用。

然而，长期以来对资源的各种不合理利用与掠夺式经营已引起一系列区域问题，包括：肥料、燃料和饲料的严重短缺；各种土壤退化过程，如土壤侵蚀、压实、结构恶化、潜育化、养分贫瘠化与肥力衰减、酸化以及污染等。同时，该区人口急剧增长，而耕地面积仅2800万hm^2，为全区土地面积的12.1%[5]，且随着大量开发区的涌现，耕地侵占呈有增无减趋向。据统计，当前该区人均耕地为0.93亩，低于全国平均值（1.42亩）。事实上，在遍布南方9省（区）的中亚热带东部山丘红壤区（面积约114万km^2），人均耕地仅为0.86亩，而在长江下游及三角洲地区已不足0.7亩。特别是在当前，随着乡镇工业的迅速发展，耕

本文原载《红壤生态系统研究》（第二集）1993年第1-7页。

地侵占的日益加剧已对资源和生态环境产生巨大压力。此外，该区农业持续发展中也面临着区内各亚区间农业发展速率极不平衡等问题，这往往又加剧了贫困地区的恶性循环。

3　土地退化及其生态环境后果

如前所述，由于对农业生态系统的长期不合理经营管理，如毁林开荒，资源过度开发利用，加之苛刻的气候条件（季节性干旱严重）以及山丘生态系统固有的脆弱性，该区农业生态系统极易遭受土壤侵蚀及侵蚀诱发的土壤肥力下降、结构变坏、生物多样性衰减等退化过程，进而使一些土层浅薄的陡坡边际土地被迫耕种，导致了大面积无生产力的废弃荒丘坡地的形成。

3.1　土壤侵蚀及其环境后果

最近几十年来，由于不合理的土地利用及农耕系统，毁林及其产生的土壤侵蚀正在以惊人的速率扩展。据统计，东部中亚热带 9 省（区）的土壤侵蚀面积已由 20 世纪 50 年代的 713 万 hm^2，增加到 80 年代的 2000 万 hm^2，约占相应地区总面积的 17.5%[4]，1/4 的山地和丘陵已遭侵蚀。就侵蚀程度而言，侵蚀区的 46.8%属轻度侵蚀，26.9%和 26.3%分别为中度和强度侵蚀。一般说来，严重土壤侵蚀主要发生在花岗岩、紫色砂页岩、石灰岩及第四纪红黏土发育的土壤上[6]。根据史德明报道[4]，该区侵蚀模数可达 10 000t/(km^2·a)，在严重和剧烈侵蚀区（如花岗岩丘陵区）甚至高达 10 750t/(km^2·a)和 13 500t/(km^2·a)，超出容许侵蚀值（500t/(km^2·a)）的 20～26 倍，意味着很高的潜在侵蚀危险。如果土壤侵蚀以这样的势态发展下去，那么，在 50～100 年内，许多地区的表土将侵蚀殆尽。

土壤作为生态系统中最重要的组成分之一，与其他环境组分密切相互作用，因而其变化可导致一系列的环境变化，甚至整个生态系统的崩溃。由于土壤侵蚀，在严重侵蚀区已有 20%～40%的土壤丧失其 A 层，各种严重侵蚀景观，如“红色沙漠”“崩岗”或“白沙岗”以及“裸岩光板地”等广泛分布。整个生态系统已遭受严重损坏，处于不平衡的脆弱状态，地方小气候条件恶化，干旱、涝渍、冻害及其他自然灾害日趋频繁和严重。以湖南省为例，在 210 座中型水库中，1/6 因遭加速侵蚀而被严重淤积。同时，六座大型水库的库容减少了 1.14 亿 m^3。此外，由于上部山丘森林生态屏障的失去，470 000hm^2 的农田受害[4]。另外，在失去植被覆盖的侵蚀裸地，地表温度变幅极大，伏夏季节可超过 70℃，加之此时华中一带盛行的伏旱、秋旱的袭扰，旱作的生长常常受到严重威胁。

3.2　土壤肥力衰减

尽管该区自然植被下具有较高的生物量生产能力，而且整个森林生产系统中具有较高的养分水平，然而，这些养分大多集中在地上活体部分，而不是在土壤中。因此，一旦原始森林被转为农作物，原森林系统的自然养分再循环过程即被破坏，如不采取相应的管理措施，土壤肥力将急剧下降。据报道[7]，目前该区 68%的耕地属中低产地，所有耕地均缺乏有机质及 N，100%的旱地和 60%的水田缺 P，58%的耕地缺 K，而缺 B、Mo、Zn 及 Mg 的耕地也分别为 80%、64%、49%和 18%。此外，土壤侵蚀及其产生的土壤养分平衡赤字仍在不断地加剧土壤肥力衰减过程。据史德明报道[8]，中度和严重侵蚀红壤的有机质损失量分别达 806 和 1009.8kg/hm^2，而氮的损失分别为 32.3 和 55.1kg/hm^2，远高于其的补入量，进而导致土壤养分贫瘠化。另外，中亚热带东部 9 省（区）的资料也表明，该区每年分别有近 7 亿 t 的表土、16 万 t 的有机质和 18 万 t 的矿质养分（N，P，K）因遭侵蚀而损失[4]。由此可见，养分贫瘠化已成为该区持续农业生产的严重障碍之一。

4　农业持续发展的土地利用方向与途径

为最大限度地发挥该区资源潜在优势，克服各种障碍因素，该区农业持续发展的总方向应是在保证粮食产品稳定增长的同时，通过资源优化配置与农业结构调整、耕制改革、生物工程技术的应用与生物遗传潜力的发挥，特别是高抗逆性优质作物品种的选育和优化配置、植保及病虫害综合防治以及通过对具有山丘特色的各种多样化立体生态农业模式的探讨，建立起融资源合理开发利用与生态环境保护及农林牧渔综合发展于一体的“资源节约型高产、优质、高效持续农业系统”。具体途径应包括下列几方面：

4.1 加强水土保持，改善生态环境

鉴于土壤侵蚀已成为该区农业持续发展中面临的最严重的问题之一，从水土保持和生态系统管理的角度，发展新的持续土地利用系统，以增强和利用土壤的复退力（resilience），已是该区亟待加强研究和解决的重大课题。就水土保持原则而言，应考虑以下几点。

（1）生物措施与工程措施相结合，以生物措施为主。

（2）以小流域和集水面作为治理单元，即将上游、中游和下游作为一整体；山地、丘陵、谷地、池塘为一体。

（3）不同侵蚀类型区采取不同的治理对策。

（4）长期与中期及近期利益相结合，生态与社会及经济效益相结合。

依据这些原则，应采取下列有关生态系统管理与建设的土地利用抉择和具体措施。

（1）封山育林：在坡度大于10°的中度到严重侵蚀的山丘上，尤其是在那些坡度超过30°的陡坡上，应进行封山育林，并在林木生长早期林下种草。同时，对那些已实施陡坡垦种的脆弱土地利用类型，必须尽快采取退耕还林措施。

（2）水土保持耕作系统。由于该区的许多地区降雨季节分配极不均匀，且多以暴雨或大暴雨形式出现，加之红壤本身特殊的理化性状，受雨滴冲击后极易发生地表封闭和结壳作用，因而在许多土壤中，尤其是在遭受严重侵蚀的土壤中，水分的入渗作用急剧降低，进而导致地表径流增加，而产生严重的水分胁迫问题。因此，急切需要发展和实施有效的水土保持耕作系统，如通道种植、混种和套种、树篱间作以及其他复合农林系统等。同时，还要配以一整套土壤地表耕作管理措施，诸如少耕、免耕、修筑梯田、轮作中选用密集和深根系作物品种，施用稻草和绿肥，作物残茬覆盖，覆盖作物和活地被层以及苗床准备等等。

（3）工程措施：尽管工程措施因其花费大而一般不倡导采用，但在一些严重侵蚀地区，工程措施的配合可获得更好的效益。例如，在严重侵蚀的花岗岩丘陵区，可采用阶式梯田、水平沟、拦水坝和鱼鳞坑等工程措施拦沙蓄水。据江西兴国县的试验结果，经15年的治理后，梯田土壤中有机质含量从0.25%～0.4%增至2.2%，全氮从0.029%～0.032%增至0.068%[8]。同样，第四纪红黏土侵蚀区的试验也表明，在遭严重侵蚀的“红色沙漠”劣地上采用生物与工程措施相结合的治理模式，5年后地表径流、径流中泥沙含量及产沙量分别减少了52%、85.6%和94%[9]。

4.2 走出单一经营的“沟谷农业”，发展多样化的“立体农业”

该区地形复杂多样，从平缓的台地、缓丘岗地至起伏山丘，均有分布。其中，以山地和丘陵为主体，两者面积之和超过总面积的3/4，其间分布着一些沟谷盆地，直径可达几百公里。然而，这种多样化地形的潜在优势远未能充分发挥出来。只有占该区土地总面积10%～20%的土地集中耕种，而其余超过现有耕地4倍以上的土地基本处于闲置状态，使得80%的劳力拥挤在有限的沟谷平原耕地上。因此，当务之急是根据该区地形特征及其他立地条件，调整农业和农村产业结构，大力发展多样化农业，将传统的纯谷类种植农业系统转变为农、林、牧、渔全面发展的大农业系统。为此，应根据现代生态学原理（如生态位、他感作用和生态系统物质循环等理论），设计、实施和完善一系列不同的土地利用模式，尤其是那些与地形相配的多层、立体土地利用模式，如“顶林-腰果-谷农-塘渔”模式。在这一模式中，每一海拔层次又各自形成一个相对独立的亚系统，对每个亚系统，同样应该根据时空序列及整个生态系统管理原则制定出相应的土地利用模式。

4.3 中低产地的改良

据理论计算结果，该区潜在产量可达23～30t/hm^2，约为华北地区的1.5倍。目前，浙江金衢盆地的产量已达到11.8t/hm^2，有些地区甚至达到13.83t/hm^2。然而，在现有的28×10^{6}hm^{2}的耕地中，2/3为中低产

田。其中，有 $18.6\times10^6hm^2$ 其产量在 $8.6\sim3.7t/hm^2$，$10.7\times10^6hm^2$ 产量在 $2.25t/hm^2$ 左右。此外，该区经济作物的产量也较低，柑橘只有 $3.8t/hm^2$，茶油 $45kg/hm^2$，桐油 $75kg/hm^2$。可见，该区当前作物实际产量远远低于潜在产量，具有进一步提高的巨大潜力。为了提高现有耕地的单位面积产量，需发展一系列综合的土壤与作物管理系统，特别是那些具有保持水土和提高土壤肥力的持续、高产、高效耕作系统及其配套措施，包括耐酸耐瘠及高产作物品种的培育，轮作中可更新土壤肥力的豆科作物的种植，农田生态系统中养分再循环的利用，病虫害的生物防治等。

4.4 开发和综合利用未垦荒地

作为增加粮食产量的三个主要途径（即扩大耕地面积，提高单产，增加复种指数）之一，扩大耕地面积在本地区的粮食增产中虽有着一定的作用，但潜力不大。一方面该区尚有近 $46.7\times10^6hm^2$ 的未垦荒地，占总面积的 23.8%，为现有耕地面积的两倍；但另一方面，这些荒地中的 80%为荒山和荒丘，且石质荒地的比例高达 15%，而宜农荒地仅占 7.5%，而且大部分肥沃的潜在可耕地已被开垦利用，剩下的一般都不同程度地遭受各种土壤限制因子的影响，如低肥力、土壤酸性、干旱以及不易接近等。此外，由于荒山荒丘生态系统固有的脆弱特性，不合理的耕作极易造成土壤侵蚀和其他土地退化过程。因此，扩大耕地面积应作为该区增加粮食生产途径的最后一种选择，而且需经过仔细的调查研究后才能实施。不过，鉴于该区荒地资源中宜林地比例高达 47.5%这一特点，该区在今后发展林业生产中具有较大的潜力。

4.5 发展热带、亚热带经济作物和经济林果

根据本地区特殊的自然资源和区位优势，应大力发展热带、亚热带经济作物和经济林果，如橡胶、椰子、荔枝、龙眼、菠萝、咖啡、亚麻、甘蔗、柑橘等。在生产模式上应改过去的分散型种植为集中的基地型拳头产品生产，发展规模商品生产模式，走“商品农业”或“市场农业”的道路。

5 战略性优先研究领域

为了更好地了解和持续利用热带、亚热带土地资源，特别是那些退化了的土地资源，促进该区农业及农村经济的持续发展和生态与环境修复，近期应特别注重以下几个方面的研究工作。

5.1 热带亚热带主要土地利用系统的表征

主要包括：

（1）热带亚热带山丘农业生态系统，特别是复合农林业系统的结构。

（2）主要土壤和土地利用系统的功能。重点是主要农田生态系统的水分运动、物质迁移、养分循环与土壤肥力，以及复合农林业系统中各组分间的相互作用，如树木、作物和牲畜之间对光、养分和水分的竞争关系。

（3）不同耕作和自然条件下主要农业生态系统的演变特征与规律，特别是变化着的土地利用方式及人类活动对系统的长期影响，如砍伐森林和种植水稻对温室效应和气候变化的影响。

5.2 土地退化及其更新与恢复

主要包括：

（1）土地利用系统中主要物理的、化学的和生物学的退化过程的辨识，特别是有关土壤侵蚀、肥力衰减、酸化及土壤污染等退化过程的机制和动因的研究。

（2）主要类型土地退化过程的动态监测、模拟建模和预测。

（3）与土壤复退力（resilience）有关的土壤性质的变化及其与土壤退化的关系。

（4）土壤与土地（SOTER）数字数据库和地理信息系统的建立。

（5）红壤生态环境演变及其与全球变化的关系。

（6）退化土地的更新和恢复的理论与实践。

5.3 热带亚热带山丘综合开发利用的最佳人工生态系统模式

（1）与地形相配的各种多层立体土地利用优化模式。
（2）复合农林业系统的设计、改善与发展，重点是多目的树种的引进、改良和管理。

5.4 热带亚热带农业持续发展战略的研究

（1）持续农业的农村产业结构，特别是农业内部结构的调整与优化。
（2）农业生产的区域化、专业化、集约化、商品化及社会化方向与发展模式的研究。
（3）农业经营管理制度与土地规模经营模式及其规模效益的评价研究。
（4）热带亚热带农业生态经济分区与区间（特别是沿海、沿江与中部丘陵腹地间）的经济互补与协调发展以及不同类型区高效集约持续农业发展模式的研究。

参考文献

[1] Dndal R. 1986. Changing Patterns in the Utilization of Upland Soils in the Tropics and Subtropics//Proceeding of the International Conference on the Management and Fertilization of Upland Soils in the Tropics and Subtropic：1-5.
[2] Lal R. 1990. Soil Erosion in the Tropics-Principles and Management. McGraw-Hill，lnc.
[3] Brady N C. 1991. The Nature and Properties of Soils. Macmillan Publishing Company：547-566.
[4] 中国科学院南方山区综合考察队. 南方山区的出路. 北京：科学出版社，1990.
[5] 红黄壤利用和改良区划协作组. 中国红黄壤地区土壤利用改良区划. 北京：农业出版社，1985.
[6] 史德明，杨艳生. 土壤侵蚀和土地退化//中国科学技术协会. 中国土地退化防治研究. 北京：中国科学技术出版社，1990：179-184.
[7] 赵其国. 加速我国南方农业持续发展与生态环境建设. 土壤，1993，25（1）：3-8，22.
[8] Shi D M. Soil erosion and its control in red soil region of China//Proceedings of the International Symposium on Red Soils，Institute of Soil Science，Academia Sinica. Beijing：Science Press，1986：678-699.
[9] 杨艳生，等. 红壤生态站侵蚀土壤特性及其改良利用//石华. 红壤生态系统研究第一集. 北京：科学出版社，1992：251-257.

Land Utilization and Management for Sustainable Agriculture in the Tropics and Subtropics of China

Zhang Taolin Zhao Qiguo Zhang Bin
Institute of Soil Science，Academia Sinica，Nanjing 210008，China

Abstract

From the viewpoint of sustained agriculture，an analysis was made of the potentials and constraints in land exploitation and agricultural development in the tropics and subtropics，with an emphasis on the major types of soil degradation and their consequences to the ecological environment. Also proposed were the integrated strategies for land resource management and the matching concrete measures for the sustainable development of agriculture in this region. In addition，suggestions were made to the priorities in research for sustainable development of rural economy and construction of ecological environment.

我国南方贫困山区的发展问题

赵其国　王明珠

中国科学院南京土壤研究所，南京　210008

我国南方是个多山地区，山丘面积占全区总面积的80%，是全国五大山区中水热条件优越、经济基础较好、开发潜力最大的山区之一。但长期来，该区经济发展缓慢，人民生活贫困，部分地区尚处在温饱线以下。因此，如何促使山区经济发展，农村脱贫致富，是山区经济建设的重要环节，也是党和政府极度关注的问题。

1　自然经济特点

南方山区是一个完整的自然经济地域单元，山丘是土地结构的主体，其基本格局是“八山半水一分田，半分道路和庄园”。与平川地区相比，山丘地区起伏高差大，自然条件变化复杂，具有多种多样的土地资源，森林、水资源，矿产资源（如有色金属、稀有金属）以及名优土特产资源及风景资源等。盛产林、竹、茶、果、药等，适于层状垂直布局，发展立体农业。但另一方面，由于山广人稀、交通不便、经济封闭、人才、资金与信息匮乏，因而，长期以来发展以农、林为主体的自给型产业，同时随地势变化，不同地段在人口、交通、城镇及文化程度上均存在明显差异，对各自的经济发展带来一定影响（表1）。此外，该区自然资源的数量虽大，但人均占有量较小；资源的开发潜力大，但转化为商品的能力小；不少地区资源开发程度并不高，但引起环境的破坏，特别是山区的水土流失却相当严重（表2）。所有这些，都是造成山区贫困的自然与经济历史根源[1]。

表1　浙江省丽水地区社会经济因素的层次分布

海拔/m	人口密度/(人/100km^2)	公路密度/(km/100km^2)	城镇分布/个	大中学生/(人/万人)
<200 的河谷盆地	732	73	12	2362
200～500，山麓地带	141	25	1	1706
500～1000，低山区	27	10	0	1273
>1000，中高山区	16	3	0	1233

表2　南方山区与全国人均资源量比较

项目	土地总面积/亩	耕地/亩	森林蓄积量/m^3	可开发水电能/kW
世界人均	45.2	4.7	68.8	—
全国人均	14.0	1.42	8.6	0.36
南方山区（长江以南）	9.36	1.00	7.7	—
东南部山区（长江以南，云贵高原以东）	6.10	0.86	5.3	0.17
南方山区占全国人均/%	66.9	70.4	89.5	—
东南部山区占全国人均/%	43.6	60.6	61.6	45.9

应当指出的是山区的贫困与人为因素也有很大关系。特别是过去一段时期，片面强调了山地开荒种粮，以致形成山区越垦越穷、越穷越垦的恶性循环。如安徽歙县深山区，历来盛产林、果、茶，是徽商的发源地之一，后因片面强调粮食自给，开荒种粮，加之人口增长，致使森林覆被率由20世纪50年代初期的68%降到42%（60年代），再降到36%（70年代），水土流失面积翻了一番，自然灾害加剧。不少村庄土壤蓄水能力降低，甚至冬季饮水困难，最终被迫搬迁，使历史上的富庶山区，不到30年变为贫困之地。此外，资源开发及投资等政策的偏差也是造成山区贫困的原因之一。浙江省西部的淳安县，原是一个比较富裕的

本文原载《土壤》1992年第24卷第5期第225-227，233页。

商品粮基地山区县，杭州市在该县建造了一座新安水电站，仅水电每年获利达1亿元，但效益均产生在山区以外的地区，而淳安县本身却变得严重缺粮，同时，由于水运交通阻塞，仅运杂费全县年增加100多万元，成为杭州市郊最贫困的山区县之一。

2 开发策略

根据多年实践经验，我国南方山区的开发途径，应该是依托山区资源优势，大搞综合开发治理，解决土地退化和资源更新。从而发展具有山区特色的综合经济，将其他地区的“靠山吃山，靠水吃水”及“治山养山要寓于开发之中”的基本经验，运用于本山区的综合开发。

贫困山区的综合开发，其主攻目标是对山区各种资源进行深层次的开发，具体内容包括3个方面：首先是广度开发。即充分利用山区的荒山荒地与水资源，提高土地资源的实际开发率，在注意水土保持的前提下，因地制宜地建立农、林、茶、果、渔的立体开发生产模式。其次是精度开发。主要是对山区低产田、园、林、塘的改造。根据调查，目前山区耕地100%缺氮，58%缺钾，至于磷的亏缺，水稻田为60%，旱地为100%，此外，南方山区与全国其他山区相比，其作物产量仅为生物生产潜力的1/3～1/5（表3），说明只要增加物质与科技投入，即可提高作物单产及增加经济效益。最后是深度开发。即突破“原材料输出型”的农村经济体系，延长农、林、矿产资源的开发系列。开拓多层次加工增值的经济领域，并与大中城市相配合，发展成为一个农工商结合、城乡互补的“加工增值型”农村经济体系。以容纳剩余劳力，壮大农村经济，提高资源开发的总价值[2]。

表3 南方山区与其他地区年理论生物生产潜力比较 （单位：kg/亩）

地区	植物生长量	作物经济产量
东北地区	250～550	250～500
华北地区	450～800	750～1000
黄土高原地区	450～650	500～750
四川盆地地区	850～1000	1000～1250
云贵高原地区	850～1000	200～500
西北地区	15～150	50～150
青藏高原地区	35～150	50～250
南方山区	900～1100	1250～1750

资料来源：据贺庆崇等《中国植物的可能生产力》和侯光良等《我国气候生产潜力分区》整理。

由于山区的财力、物力有限，不可能百业俱兴，只能按其地域特点，瞄准优势资源，以国内国外的两个市场为导向，依靠技术进步，先易后难，深层开发，梯级推进，建设具有地区特色和一定规模的商品基地，进而发展以拳头产品为主的“基地开发型”生产格局。强调开发与治理相结合，将开发建立在良性循环的生态基础上，防止对生态与环境的破坏。

3 振兴步骤

3.1 因地制宜，抓好起步

开发治理山地是一项系统工程，必须有计划有步骤地进行。其中制定规划，抓好起步是实施开发策略的关键。由于山区的自然资源、社会经济条件不一，应区别不同情况因地制宜地确定不同类型山区的突破口：安徽的黄山汤口乡，发展旅游业；霍山县立足当地资源，建立8大基地（林、果、茶、桑、药、水产、食用菌、苎麻），6大经济支柱（造纸、轻纺、食品、制药、采矿、小水电）；福建省福安县背山靠海，大念“山海经”，建立李、菇、竹、茶、对虾、奶牛6大基地，江西省井冈山地区则应发挥盛产生姜、竹笋、木耳、香菇的优势，开拓销售渠道，搞好服务加工，开展横向联合，进行山货加工，使之成为国内外生产玉兰片、井冈翠绿、笋罐头等重要基地[3]。1987年以来，该地区年出口创汇已达百万美元。赣中地区的吉泰盆地的千烟洲乡，1983年开发荒山草坡，建立了“丘上林草丘间塘，缓坡沟谷果鱼粮”的立体农业模式，使开发者 5 年就踏上了脱贫致富的良性循环轨道，80%农户成了万元户（表 4）。

表 4　千烟洲乡开发前后生态及经济效益的变化[4]

项目			开发前（1982 年）	开发后（1987 年）	1987 年比 1982 年增加的倍数
基本情况	1	土地面积/亩	3062.5	3062.5	0
	2	人口/人	31	206	5.6
	3	劳动力/人	11	101	8.2
	4	人均土地/(亩/人)	98.8	14.9	−0.85
	5	土地利用率/%	12.3	78.1	5.3
生态效益	6	林地占总面积比重/%	0.4	61.3	152.5
	7	平均土壤流失量/(t/km^2)	47.1	10.3	−0.88
经济效益	8	农业总收入/万元	0.58	1.81	3.0
	9	农业纯收入/万元	0.37	1.27	3.2
	10	人均纯收入/(元/人)	120	614	4.1
	11	劳动纯收入/(元/人)	339	1253	2.7

3.2　智力开发，科技进山

智力开发是振兴山区经济的关键，主要是大力培养“不走”的人才。重点加强实用技术培训，开展科技承包，组织短（投资少、周期短的项目）、平（农民平常愿意接受的，而又易掌握的技术）、快（能尽快取得经济、社会、生态效益的技术）的技术项目。建立技术服务体系，使科技逐步进山。浙江省庆元县 1984 年人均收入仅 100 多元，农大毕业回乡的谢力群，利用当地已有 800 多年砍林长菇的传统工艺，结合引进袋料制菇新技术，使庆元县人均收入 2 年增长 5 倍，一跃成为全国较大的香菇产销地。群众称后来当了县长的谢力群为“香菇县长”；江西省铜鼓县依靠科技开发深山竹林，将竹笋加工成甜、酸、辣、鲜等多种风味的方便笋，将毛竹加工成毛竹系列产品，平均每根毛竹增值 1.5 倍，年产值 782.68 万元。

3.3　发展交通，搞活流通

交通是山区的命脉。有了交通，山区的经济才能搞活，山区应重点发展公路交通。但要加强大区域间的经济联系，必须加强水运和铁路建设。如新安江大坝必须建船舶升降机，否则新安江水系无法畅通，影响皖南徽州地区和浙江山区的经济发展；桐柏—大别山区、南岭山区、闽南、赣南、粤东北、浙西南山区等，需修建铁路，以便使山区大量的农、矿产品向外运输。此外，在发展山区交通的同时，应注意发展商业，形成山区商品流通网络，才能使山区封闭与半封闭的自然经济转向开放的商品生产，使丰富的产品货畅其流，促进山区经济的发展。

4　政策与管理

针对山区落后，生产周期长的特点，应该让山区有一个休养生息的转机，各项政策均需稳定，如营林政策、小水电建设政策应几十年保持不变，以充分调动山区人民开发整治的积极性。同时南方贫穷山区大多是革命老区，为了促使该区尽快脱贫致富，应专门制定适合山区特点的优惠政策，如减免农业税、赊销粮棉、以工贷赈的政策。此外，应推行承包荒山、小流域的治理开发等各种形式的联产承包责任制。在资金的投放和借贷、生产资料和生活用品的供应、文教卫生、职工待遇、子女就业等方面都应有所倾斜，着眼于有效地搞活山区经济和提高人民生活水平。应当指出，在当前情况下加强贫困山区的管理，具有特别重要的现实意义。我国至今尚没有一个协调和领导山区各项事业的职能机构，这就很难及时解决山区开发中的各种矛盾和问题。当前，应在国家土地、森林等一系列法规基础上，制定一套有利于山区资源开发利用，保护和振兴山区经济的地方性法规，发挥国家宏观经济对山区的指导作用。总之，我国南方贫困山区的开发治理，是一个带有根本性与全局性的问题，在党和政府的关怀与有关部门的支持下，通过山区人民自己的艰苦努力，必定会尽快改善面貌，走向经济繁荣，不断发展的道路!

参考文献

[1] 中国科学院南方山区综合科学考察队. 南方山区的出路. 北京：科学出版社，1990：1-104.
[2] 舒惠国. 江西农业开发总体战第一线的报告. 1991：52-55，150-153，163-166.
[3] 安徽省科委等. 安徽省大别山贫困地区技术经济开发典型材料汇编. 1987：94-100.
[4] 中国科学院南方山区综合科学考察队. 中国亚热带东部丘陵山区自然资源开发策略. 北京：科学出版社，1989：18-55.

我国南方红壤丘陵区农村经济现状与发展对策*

翟玉顺　张桃林　赵其国

中国科学院南京土壤研究所，南京　210008

摘　　要

本文通过对我国南方红壤丘陵地区农业经济现状，特别是人均收入水平、产业结构和综合经济实力的剖析，指出了该区域农村经济发展的潜力和方向并提出了促进经济持续发展的对策。结果表明，经济发展不平衡、产业结构不尽合理以及农村经济效益低下是该区域农村经济中存在的主要问题；调整产业结构、加快沿江开发和山区扶贫以及不断提高农村经济效益是促进该区域经济持续稳定发展的重要途径。

1　引　　言

南方红壤丘陵区是我国具有战略意义的经济区域。这一区域的社会经济和自然条件较为优越，不仅工商业发达，而且也是重要的粮、油、果、茶和木材生产基地，目前还是我国重要的沿海、沿江和沿边开发、开放区，是经济增长异常活跃的地区之一。加快这一地区经济的发展，充分发挥区域优势，并注意保护生态环境，以实现整个区域经济的持续健康发展是一个亟待研究的重要课题。另外，这一地区经济的发展将为全国经济的发展做出重要贡献，农村经济的发展又可为整个区域的经济腾飞创造条件。

2　材料与研究方法

本项研究资料主要来源于中国科学院自然资源综合考察委员会的“中国分县农村社会经济统计资料”数据库（资料年限为1984～1991年）。研究采用专家评议与实际调查并参照前人的研究成果，通过数据库的操作，对农村经济中的人均收入、产业结构进行了分等划级和统计计算，并应用综合评价模型对区域中各县（市）的农村经济综合实力进行了评价，在此基础上将分析结果转入GIS（ARC/INFO 3.4D+）成图，进行空间分析和必要的反馈修改，最后得出各经济指标的分析结果和空间分布状况。

3　结果分析及讨论

3.1　农村经济现状剖析

南方红壤丘陵区在我国经济中占有重要地位。该区域国土面积占全国的11.8%，人口占全国的22.5%，农村社会总产值占全国的30.2%，农业总产值占全国的31.3%。该区域既有我国经济水平最高、发展速度最快的珠江三角洲、长江三角洲及东南沿海地区（这里也是目前世界上最富有经济活力的地区之一），又包括了农业生产水平很高、农业技术先进的长江中下游地区，同时也有诸如鄂西南、湘西、桂西及赣南等我国主要的贫困山区。

1. 人均收入

从1991年的统计数字看，这一地区已有13个县（市、区）近520万人的年均收入超过1500元（表1），提前实现了小康，同时又有21个县的900多万人年均收入不足300元，仍然过着衣不蔽体、食不果腹的生活；该区域共有52个县的2100多万人的年均收入在500元之下，尚未彻底解决温饱问题；最能代表该区域状况的是有287个县（市、区）（占统计县、市、区总数的619个的46.37%），近12 500万人（占总人口25 600万人的48.74%）的年均收入在500～800元，处于温饱线上下。

---

* 本文为中国科学院“九五”前期研究红壤项目的部分研究结果。

本文原载《红壤生态系统研究》（第三集）1995年第44-49页。

表 1　人均收入及其分级（1991 年资料）

人均收入/元	县数	占县数比重/%	分级	人口/万人	占总人口/%
＜300	21	3.39	极贫困	905.71	3.35
300～500	129	20.84	贫困	4787.64	18.68
500～800	287	46.37	温饱	12 496.55	48.74
800～1100	130	21.00	较富裕	5346.21	20.85
1100～1500	39	6.30	富裕	1583.35	6.18
＞1500	13	2.10	小康	517.76	2.02

1991 年该区域人均纯收入为 705 元，比 1985 年增加 92%，按可比价格计算，年递增率为 1.85%与全国水平持平。经济的发展使贫困地区和贫困人口减少，富裕地区、富裕人口增加（图 1）。

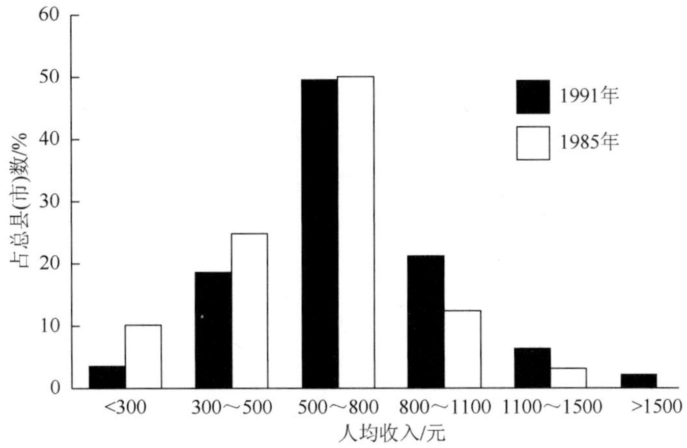

图 1　农村人均收入的变化

2. *产业结构*

农村产业结构的状况及其演变，可以反映农村经济的发展水平及其发展方向。如果以产值比重占 60%作为分类界限，可以发现该区域目前仍有 324 个县的农业总产值占农村社会总产值的 60%以上，人口近 13 000 万，这里主要以传统的农业经营为主，经济水平较低，贫困及温饱线以下的人口主要分布在这些地区；同时，该地区也有 71 个县的乡村工业产值占社会总产值的 60%以上，有些地区甚至超过了 90%，是富裕或较为富裕的地区，主要分布在杭州湾和珠江三角洲地区；当农业总产值的比重降到 60%以下，而工业总产值不足 40%时，工业开始萌动，但农业及相关产业仍居主导地位，该地区这类型有 109 个县，人口 4300 万；而工业和农业都处于 40%～60%时，工业与农业平行发展，这类地区有 115 个县，人口 5100 多万，工业起步型和工农并重型地区大多是农村经济水平中等或中等偏上的地区，诸如浙闽淮海和两湖平原区（表 2）。可见整个区域的产业结构正处于耕地型农业（种植业）向非耕地型农业（大农业）和非农产业的过渡进程中。

表 2　产业结构划分标准及结果（1991 年资料）

产业比重/%	县数	占县（市）总数比重/%	类型	人口/万人	占总人口/%
农业＞60	324	52.34	农业主导型	12 891.87	50.28
农业＜60 及工业＜40	109	17.61	工业起步型	4263.37	16.63
40＜工业＜60	115	18.58	工农并重型	5108.60	19.92
工业＞60	71	11.47	工业主导型	3375.37	13.16

3. 综合实力

将经济总量、个量、产业结构、经济效益和科技水平各指标进行综合分析，可从总体评价农村经济的水平，经济水平的高低也可反映出经济综合实力的强弱。综合评价的指标体系如下：

综合评价
- —经济数量(0.30)
  - —人均收入(0.60)
  - —劳均总产值(0.40)
- —经济结构(0.20)　—非农产业比重
- —经济效益(0.30)　—综合生产效益
- —科技水平(0.20)　—科技潜力

综合评价值用下式计算：

$$I=W\times V,\ \text{其中}\ V=(R-R_{\min})/(R_{\max}-R_{\min})\times 10$$

式中，I 为综合评价值；W 为各指标权重；V 为单项指标评价值；R 为单项指标值；$R_{\max}$、$R_{\min}$ 则为各单项指标的最大值和最小值；最后将求得 I 值划为 0～10 的值。

经济效益（综合生产效益）计算公式为[1]

$$E=(E_L\times E_C\times E_F)^{1/3}\times 100$$

式中，E 为综合生产效益；E_L、E_C 和 E_F 分别表示劳动生产率、资金产出率和土地生产率。

科技水平的计算公式采用[2, 3]

$$A=(Y/L)^{1-K/Y}\times (K/Y)^{-K/Y}$$

式中，A 表示科技水平，Y、K、L 分别表示社会总产值、乡村劳动力和总物质费用，这一公式反映了科技水平与劳动生产率和资金占用率之间的关系。

农村经济综合实力的评价结果列于表 3。

表 3　农村经济综合实力评价结果（1991 年资料）

综合评价值	县市数量/个	占县（市）总数比重/%	综合实力判断	人口/万人	占总人口/%
＜1.00	64	10.34	弱	2219.57	8.66
1.00～2.00	285	46.04	较弱	11 635.30	45.38
2.00～3.00	165	26.66	中等	7535.82	29.39
3.00～4.00	72	11.63	较强	2802.51	10.93
＞4.00	33	5.33	强	1146.02	5.64

分析表明，该区域农村经济的综合实力很弱的有 64 个县，人口 2200 多万，主要分布在鄂西南、湘西及桂西地区；综合实力较弱的地区有桂东、湘南、赣南、皖南、浙闽交界处及海南岛，这些地区为南岭、雪峰山、武夷山、皖南丘陵及红水河流域；综合实力处于中等水平的有两湖平原、闽中及金衢盆地；综合实力强和较强的地区有杭州湾和珠江三角洲地区。

3.2　经济增长潜力的分析

随着我国经济的不断发展和改革开放的进一步深入，南方红壤丘陵的许多地区将逐渐成为具有巨大发展潜力的地区，如以广州—深圳等为核心的珠江三角洲地区，以汕头—厦门—福州—温州—宁波为轴心的东南沿海地区，以杭州—上海—南京等为核心的长江三角洲地区，以长沙—南昌为轴心的两湖平原地区以及以上海浦东和三峡水利工程为东西两极的整个长江中下游地区，以广西北海等为核心的西南、中南沿边贸易开放区。尤其值得一提的是，即将全线贯通的京九铁路，必将促进沿线新生产业带和经济区的出现。

另外，由于地理优势的差异和自然条件的不同，造成了这一地区沿海、沿江和腹心地带经济发展水平和发展速度的巨大差异，从而造成了资源利用和分配等方面的巨大不平衡和深刻的矛盾。

首先，经济发展极不平衡，农民收入差异显著。从表 4 可以看出该区域中农村人均社会总产值和劳动生产率无论在数值上还是在年递增率上都呈现为沿海→沿江→腹地逐步递减的趋势，这种梯级分布是造成大批劳动力由内地、沿江向沿海地区流动的内在动力，加之外资涌向沿海地区，从而推动了沿海地区经济的高速发展。虽然这种趋势已经由沿海逐步向沿江和内陆地区推移，但经济发展的差距将不可避免的进一步拉大，农民收入水平的差异也将扩大。

表 4 沿海、沿江及腹地主要经济指标

地区		农村人均社会总产值		劳动生产率		非农产业比重		人均收入	
		1991 年值/元	1985～1991 年递增率/%	1991 年值/元	1985～1991 年递增率/%	1991 年值/元	1985～1991 年递增率/%	1991 年值/元	1985～1991 年递增率/%
沿海	珠江三角洲	9520	13.02	16 221	12.20	75.32	0.71	1609	2.40
	杭州湾	7234	8.75	11 216	10.15	83.30	1.81	1270	2.75
沿江	江苏 8 县市	5538	8.27	10 014	16.17	79.62	3.25	784	−2.89
	江西 13 县市	2281	7.45	4732	4.17	44.24	8.13	783	0.39
	湖南 11 县市	1894	6.30	3986	4.84	47.32	9.09	680	−0.28
腹地	广西百色	706	4.17	1475	2.64	13.98	3.49	330	4.40
	鄂西南	836	1.54	1743	−0.02	23.19	2.53	344	−3.56

其次，产业结构不尽合理，资源利用不充分。从区域的总体上看，经济落后地区农业总产值在全社会总产值中比重较高，种植业在农业中的比重也较高（表 4）。由于工农产品剪刀差的存在，农产品在竞争中处在不利地位，农业资源优势难以得到充分的发挥；即使是经济发达地区，其第三产业的比重大都也不及总产值的 20%，交通运输、通信、商贸及信息服务业的落后将制约该地区经济的进一步发展。值得一提的是，沿江大量中等发达地区的农村产业结构已进入迅速变动时期，是现阶段具有较大发展潜力的地区，但目前尚缺乏有关的产业政策和启动机制。

最后，农村经济效益不够理想。研究表明，农村人均收入的增长水平普遍远低于同期劳动生产率及人均社会总产值的增长速度，有些地区人均收入甚至出现递减的现象，这一方面是由于生产资料价格上涨所致；另一方面则是因为农村经济的效益较低。

3.3 促进农村经济发展的对策

1. 调整产业结构，优化生产要素组合

南方红壤丘陵区的农村产业结构差异很大，以乡镇工业为主导的产业结构类型、以农业为主导类型的产业结构类型以及农工并重的产业结构在这一区域同时存在。从总体上看，农村人均收入水平同非耕地农业以及非农产业的比重有密切关系，这是因为非农产业能吸纳大量的农村剩余劳动力，而非耕地农业的劳动力容量要高于耕地农业，在目前耕地资金相对稀缺而劳动力资源极为丰富的情况下，提高农村劳动力的就业率和劳动生产率就成为提高农村收入水平的主要途径。因此，调整农村产业结构，促进农村剩余劳动力向非农产业和非耕地农业大量转移是发展农村经济的重要措施。

调整农村产业结构要循序渐进，在沿海及其他工业产值比重较高的地区，重点是发展交通运输、邮电通信、商业贸易信息服务等第三产业，以期通过第三产业的发展来促进经济水平再上一个新台阶；在沿江各省，工业产值比重在迅速上升，应抓住浦东开发和沿江开放的大好时机，大力促进乡镇工业的发展，同时注意扶持农村第三产业；在内地及一些农业经营占主导地位的地区，重点是调整农业内部结构，协调农、林、牧、渔之间的关系，同时鼓励发展交通运输和劳务输出，充分发挥自身资源优势，积累资金并积极争取外部投资，为工业和第三产业的发展创造条件。

2. 加快沿江各省的开发

沿江地区是南方红壤丘陵区农业生产条件较好、农业资源丰富、农业水平较高的地区。该地区受大城市的辐射作用较强，是未来我国经济最富活力的地区之一。研究表明，该地区目前已进入产业结构的快速变动期，应抓住机遇，加快发展，争取在较短时间内使这一地区农村经济跨上一个新台阶。这一地区经济的腾飞也将从根本上改变南方红壤丘陵地区的农村经济状况，为沿海和沿江地区国民经济的持续发展奠定坚实的基础。

3. 继续扶持贫困地区经济的发展

贫困地区农村经济综合实力较弱，人均收入水平低，以经营传统农业为主，由于长期掠夺式经营，生态环境不断恶化；而交通闭塞、信息不灵，资源优势得不到发挥，生活与生产条件艰苦，生存空间不断缩小。事实证明，这类地区经济的起飞很难依靠自身力量实现，国家的扶持非常重要。

总之，我国南方农村经济的发展必须以市场为导向，以技术进步为依托，以经济效益为中心，走劳力密集和技术密集的经济发展道路。

参 考 文 献

[1] 国家统计局农村社会经济调查总队. 农业综合生产能力的探讨. 统计研究，1992，6：54-56.

[2] 张以杰. 上海农业技术模型：评估与选择. 上海社会科学院学术季刊，1992，2：16-24.

[3] 杨京英. 我国农业人口的贫困标准及其计算. 统计研究，1987，5：68-69.

Current Situation and Development Strategies of Rural Economy in Hilly Red Soil Region of Southeastern China

Zhai Yushun Zhang Taolin Zhao Qiguo

Institute of Soil Science，Academia Sinica，Nanjing 210008，China

Abstract

Based on the analysis of current rural economy，especially the income per capita，structure of rural economy and the integrated economic potential，in the hilly red soil region of South China， the strategies for the sustaining development of the rural economy were proposed. It was indicated that the uneven economic development，uncoordinated structure of rural economy and low efficiency of economic administration were the main constraints to the rural economy. To adjust the economic structure，accelerate the economic development in the Yangtze Valley region，support the poor mountainous area and improve the administration efficiency of rural economy were the principal countermeasures to the sustaining development of the rural economy in this region.

红黄壤地区农业资源综合发展战略与对策

赵其国　石　华　吴志东
中国科学院南京土壤研究所，南京　210008

摘　要

从人口、资源、环境、粮食、能源五大问题出发，论述了我国南方农业综合发展战略。从自然、社会、经济环境条件全面剖析了我国热带、亚热带的优势和问题；并从生物产量、中低产田改良、耕制、山地丘陵综合开发诸方面指出其发展潜力。提出了合理开发荒地资源，改土培肥，集约经营，保护生态环境，建立农业综合利用和生态农业体系，调整政策，增加投入等具体战略措施和建议。

人口、资源、环境、粮食和能源是当代人类生存与发展的五大问题，也是我国现代经济发展的基本限制因素。

我国农业生产有悠久的历史和丰富的经验，也取得了惊人的成绩：以占世界总耕地 7%的土地，养活了 1/4 的世界人口；1984 年全国粮食平均亩产 241kg，达到了我国历史的最高点，也远远高于目前世界平均水平。但是，随着人口不断膨胀，需求日益扩大，非农占用耕地急剧增加，可垦荒地面积越来越少，农业生产形势严峻。如不及时采取措施，不仅富裕很难实现，温饱也成问题。为此，控制人口和限制非农占有耕地，提高粮食单产成为解决当前农业、粮食和人口矛盾的重要途径。

我们认为，解决我国农业出路问题，不能只着眼于现有的耕地上，应采取多途径、多层次和发展大农业的办法。一方面充分利用和保护好现有耕地，控制非农占用土地的速度，着力改造中、低产田，不断提高农产品的数量和质量；另一方面要扩大视野，把注意力转移到广阔的低山丘陵区。

由于温带可垦荒地越来越少，土地资源的垦殖利用逐渐由温带向热带、亚热带地区转移。由于温带地区水土资源管理的经验并不能直接解决热带、亚热带地区的特殊问题，因此，合理开发利用该区水土资源，合理布局该区农业生产已成为当前国际上的一大研究热点。

我国南方红黄壤地区的综合开发利用，是关系到国计民生的重大课题。科学地综合开发这一地区，是提高土地承载力，改善生态环境，缓解人口粮食矛盾，促进“脱贫致富”的根本出路。本文从我国热带、亚热带的优势、问题和潜力出发，全面剖析该区的农业综合发展可能性，从而提出发展战略和建议。讨论的范围包括福建、江西、湖南、广东、广西、海南、贵州、台湾等省（区）的全部，浙江、云南、四川的大部以及皖南、鄂南、藏东南和苏南边缘小部，涉及 15 省（区），面积为 $2.1796\times10^6km^2$。[1]

1　优越的自然条件

1.1　充沛的水热条件

我国红黄壤地区是全国生物生产量最高的地区，这与其优越的自然条件分不开的。在这里，年平均降水量在 1200～2500mm，是我国的多雨地区；干燥度小于 1；年平均太阳辐射总量为 98～$125J/cm^2$，年平均气温为 14～18℃，≥10℃的积温 4500～9000℃，是温带的 1～2 倍；由于该区高温与多雨基本同期，水热条件充足，生产潜力大，更为重要的是农作物生长季节（4～10 月）光、热、水量均占全年总量的 70%～86%，有利作物及林木生长。生物生长期长，复种指数比温带高 1 倍左右。区内有长江、珠江两大水系，河流纵横，湖泊星罗棋布。

1.2　相对丰富的自然资源

该区耕地 4.19 亿亩①，占 13.6%；林业用地 13.55 亿亩，占 44.1%；牧业用地 1.13 亿亩，占 3.7%；荒

本文原载《红壤生态系统研究》（第一集）1992 年第 1-13 页。

① 1 亩≈$666.67m^2$。

山荒地 7.23 亿亩，占 23.8%。在仅占全国耕地总面积 30%的土地上，生产了全国粮食总量的 50%，承担了全国 50%人口的粮食供应，农业总产值也占全国的 50%。

该区有各种热带、亚热带经济林果。据统计，我国橡胶面积已占世界第 4 位，年产干胶量为世界第 6 位；甘蔗、茶叶、柑橘的年总产量均占全国产量的 99.9%。此外，还有一批在国内外享有盛名的名特优产品，如杉、毛竹、中华猕猴桃、龙眼、荔枝、蜜柑、夏橙、罗汉果、乌龙茶、油茶及各种药材和经济价值高的作物，如椰子、胡椒、剑麻、紫胶、油棕、可可、咖啡、香料及各类水果。

该区林业资源丰富。据统计，全区森林植被面积达 8.26 亿亩，约占全国 45%，蓄积量 $3.76\times10^9m^3$，占全国 39.6%，森林覆被率为 24%。西南山区冷杉、云杉的单位蓄积量高达 $750m^3/hm^2$。且林木生长快，材质好，更新快，是我国重要的林业基地之一。

1.3 良好的投资效益

我国南方农区不仅是当前我国 T 字形宏观产业布局的主体，也是我国国土开发的重点。全国 19 个综合开发重点区就有 11 个分布于该区，其中有的还拟建成外向型全方位开发经济区。由于该区水热条件优越，自然资源丰富，只要与科学技术结合，便能产生良好的投资效益。中国科学院先后在该区建立了 7 个地区性农业生态试验站，通过科学技术的投入，已经取得了明显的效果。中国科学院小良试验站，20 余年来，对 $369km^2$ 严重水土流失地进行了改造，使水稻亩产由 50kg 提高到 600kg，经济收入由原来的 1.8 万元，上升到 219 万元，扣除成本及固定资产，纯收入 31 万元；中国科学院千烟洲红壤综合试验站自 1983 年建站以来，4 年中对该站 3000 亩土地进行改造，通过改善生态环境，建立立体农业，发展商品生产等综合途径进行开发治理，使农业总收入从 1982 年的 0.58 万元，增至 1986 年的 9.84 万元，4 年净增 15 倍，纯收入从 0.37 万元增至 6.87 万元，净增 17 倍。

发展木本粮油，增加收入，促进现有农田增产。该区有发展木本粮油的优越条件。在国内市场上十分抢手的板栗，是良好的木本粮食；油茶是一种很好的食用油来源，其油质好，耐贮藏；油茶籽和油茶枯饼既可作工业原料，又可作肥料和饲料。据中国科学院桃源试验站研究证明，只要适当抚育，合理施肥，亩产可达 35kg 以上，是目前油茶平均单产的 10 倍，就全区现有 6000 万亩油茶林来说，其增产潜力十分可观。如果油茶林垦复并修成梯田后，种上耐阴性的作物、牧草和药材（如广东东莞市在油茶林下种砂仁，湖南永顺县在油茶林下种黄连，每亩产值都在 1000 元以上）等，增加的产值会更大。

2 巨大的潜力

2.1 水、热、光、能条件赋予高额的生物产量潜力

生物产量潜力是衡量一个地区农业增产前景的常用指标之一。以广州为例，该地生物产量潜力为 3150kg/亩（指生物体总量，以水稻为例，其籽粒重约占全株重量的 50%），比东北地区的哈尔滨和西北地区的酒泉高出 2 倍以上，是华北地区北京的 1.5 倍以上。上述生产潜力，在我国南方某些高产田块上已基本达到，而大部分农村的作物平均亩产水平尚远低于此数，可见其增产潜力极大。

光能尚未得到充分利用。作物生物量干重的 90%～95%来自光合作用。因此太阳光照的多寡和光能的利用程度，是影响作物产量的重要因素。以江西省为例[2]，全年平均日照时数为 1500～2100h，年平均日照率为 37%～47%，绝大部分地区在 40%以上，总辐射能为 111.28～116.45kcal①/（cm^2·年）。根据江西气象台近 20 年的观测，早、晚稻生育期间太阳辐射为 $84kcal/cm^2$。该省水稻全年平均亩产以 550kg 计，其生物总产量为 1100kg。按干物的平均值为 4000kcal/kg，生理辐射与太阳总辐射的比值大多取 0.5，则水稻生育期间

$$\text{光能利用率}(\%)=\frac{1100\text{kg}\times4000\text{kcal/kg}}{84\text{kcal/cm}^2\times0.5\times667\times10^4\text{cm}^2}=1.57\%$$

根据目前我国有关科研单位研究，如各方面条件配合得好，光能利用率可达 6.16%，而该省目前水稻的生产对光能的利用率只达到 1.57%左右，可见光能的利用潜力还是很大的。

① 1cal≈4.1868J。

2.2 中低产田面积大，稍加改造，即可取得经济效益

据统计，在该区4.19亿亩耕地中，高产的（单产400～500kg/亩）有1.3亿亩，占31%；中等产量的（单产250～400kg/亩）1.29亿亩，占30.8%；低产的（单产250kg/亩以下）1.6亿亩，占38.2%。在低产田中，低产稻田5866万亩，占低产土壤的36.7%，低产旱地4737万亩，占29.7%，其他类型的低产土壤为5370万亩，占33.6%。上述数据表明，全区有将近70%的耕地，其粮食产量距离该区生物产量潜力的理论值很远。如果将部分土地的单产提高10%（这是极容易办到的，中国科学院等单位已经做了大量科学实验），则全区即可增产粮食近百亿公斤。如果在政策上注意增加农业投入、科技投入，通过改良土壤，增施和合理施用肥料、改善灌排条件、选用良种和综合开发，不但中低产田的产量可迅速提高，高产田也仍有较大增产潜力。云南省的思茅综合试验区，第一年产量就成倍增长，湖南省自1986年以来开展“吨粮田开发技术”[3]，把优良品种与高产栽培技术结合起来，全省20万亩大麦-双季稻示范田，大麦亩产175～190kg，两季稻共收获800～825kg；醴陵市进行的“吨粮田”技术开发面积最大，全市按承包粮食耕地面积计算，1986年平均每亩年产991.5kg。

2.3 水热条件有保证，复种指数再提高

北纬32°以南的热带亚热带低海拔地区，大部分稻田可以满足双季稻三熟制要求。但就目前情况来看，该区复种指数平均仅为199，这一数字虽居全国之首，但与当地优越的水热条件相比，仍属较低水平。浙江省具有较高的复种指数，达247。该省“六五”期间平均粮食总产量为1.63×10^{10}kg，人均粮食404.5kg，平均每亩耕地产粮611.5kg。如果全区都能适当提高现有耕地的复种指数，在现有粮食产量的基础上，又可增加粮食1.50×10^{10}kg。

水资源丰富，可增加旱涝保收农田。长江及珠江两大水系流域面积占全国土地的1/4，其地表径流量占全国1/2。长江水系的平均流量为31 055m^3/s，珠江水系为11 075m^3/s。只要充分利用丰富的水资源，增加农业基本建设的投入，就完全可以扩大旱涝保收的农田面积。并在此基础上加强土壤培肥，建设高产稳产农田以增加农业后劲。

2.4 综合开发山地丘陵发展“立体农业”

对山地丘陵从大农业观点出发，实行综合开发经营，既可以建立良性的生态系统，又可以充分利用空间，取得农业发展的综合效益。中国科学院等单位在丘陵山地综合开发利用方面，已经取得了一批成果。实施“立体农业”已在不少地方取得效益。在山地，可以发展“垂直利用”，丘陵实行“一丘多用”，平地搞“多层利用”等。如海南岛山地400m以下为砖红壤，适宜种植橡胶、油棕、咖啡、可可等热带经济作物；400～800m为赤红壤，可以种植大叶茶、油茶等；800～1200m以上黄壤带，宜作用材林基地。一丘多用的例子很多，如湖南的“岗顶松、窝里杉、山坡种油菜”；江西的“丘顶薪炭林，丘腰果、茶、桑，丘脚棉、油、麻”。在同一地形条件下（包括平地）还可以多层利用，如西双版纳的栲-樟-大叶茶、橡胶-茶叶组合等，海南岛的橡胶-咖啡、橡胶-胡椒，东莞的油茶林下种砂仁，湖南油茶下种黄连等等，都有很好的生态效益和经济效益。

试验证明，在未郁闭的幼林地，实行林草结合，林下种草，割草养畜，既不影响林木生产，又可合理用地，增加收入，还有保持水土、促进生态良性循环的积极作用。利用新造林地5年幼林期，在林间种植牧草，全区常年可以保持1.5亿亩人工草地，可发展肉用牛3000万～3700万头，为国家提供大量草食畜禽产品，促进亚热带林草结合型草食畜禽生产基地的发展。利用丘间塘库，发展小水面养殖。据不完全统计（缺浙江省资料，下同），该区目前淡水鱼产量约为9.5×10^5t，其中89%来自池塘养鱼。由于小水面养殖易于人工控制、便于培肥水质，因此产量较高，亩产达135kg，远高于湖泊和水库的生产水平。在丘陵区立体农业布局中，根据地形特点，因地就势修建塘库，是红壤丘陵区渔业生产的重要途径。另外，该区荒山荒地中70%～80%为山地丘陵，只要合理经营可为国家提供大量用材林，成为我国未来最大最可靠的速生丰产用材林生产基地。随着东北林区的超负荷采伐，林业生产布局由天然林向人工林，由温带林区向热带、亚热带林区的战略转移势在必行。据中国科学院会同试验站研究结果，该区杉木林生长20年即可采伐。自第21年起，每年采伐其中的1/20，同时营造相等面积的幼林，则年可获得相当于当前全国合理出材量的4倍，相当于今后全国木材年需求量的1/2。中国科学院鹤山试验站在草坡山丘上营造的7年生

大叶相思树林，平均高度 9.65m，最高达 12.85m；平均胸径 7.36cm，最大胸径 12.40cm。植株枝叶多，林内具有一定郁闭，盖度为 60%～70%，林下层植物种类的组成发生了变化。这些都说明了该区林业增产的潜力。

综上所述，我国南方热带亚热带地区既有发展农业生产得天独厚的优势，也有影响农业发展的问题。充分发挥该区优势，增加农业资金投入和科学技术投入，挖掘巨大的生物生产潜力，是缓解我国人口-粮食-环境问题的一个重要途径。

3　主要的问题

3.1　人多地少，自然资源人均数量低，粮食矛盾突出

我国南方地区土地总面积为全国的 1/4，而人口接近全国的 1/2，人均占有土地 7.36 亩，约为全国人均土地面积的一半，世界人均土地面积的 1/7；全区人均耕地面积 1 亩比全国人均耕地少 1/3，为世界人均耕地的 1/5。随着人口增加，耕地的非农业占用，估计至 2000 年，该区人均耕地将减至 0.86 亩。

森林资源的人均占有量也很低。世界人均森林面积为 12 亩，该区仅为 1.7 亩；世界人均活立木蓄积量 $83m^3$，而该区仅为 $6.75m^3$，尤其是近些年来乱砍滥伐，森林面积急剧下降。

其他资源也同样存在总贮量与人均占有量的矛盾。因此，在本地区，人口问题对发展农业生产的不利影响比全国其他地区更为严重。

3.2　水土流失严重，生态环境遭到严重破坏

该区虽有丰富的自然资源，但由于不合理的开发利用给自然资源带来严重后果：森林面积急剧下降，全区目前已有 1/4 以上的山丘失去森林保护，红壤丘陵大多荒芜；水土流失日益严重，据 20 世纪 50 年代统计，南方 11 个省（区）土壤侵蚀面积为 $6.0\times10^5km^2$，占土地面积的 24.4%，80 年代初的侵蚀面积达到 $6.9\times10^5km^2$，占土地总面积 28%。30 年来，长江流域 13 个重点县流失面积每年以 1.25%～2.5%的速度递增。随着土壤侵蚀的发展，长江流域的水土流失面积已由 20%增至 40%左右。据水利水电科学院报道，1950 年至 1979 年的 30 年间，宜昌站长江年输沙量平均为 5.2×10^8t，平均含沙量为 $1.2kg/m^3$，而 1980 年至 1985 年的 6 年间，年均输沙量为 6.3×10^8t，含沙量为 $1.4kg/m^3$ 分别增加了 21.9%和 18.8%。长江和珠江两河的年平均冲刷量达 2.5×10^9t，占全国土壤总流失量的一半。

造成水土流失的原因，除了降水集中（年降水都集中在 4～9 月）、强度大（日降水量大于 50mm 的暴雨占 15%～34%，多数地方还常有达 100mm/h 的大暴雨，雨滴的动能可达 $1.0\times10^5N/m^2$）、地形起伏（70%～80%为山丘和丘陵）、土壤抗蚀性弱等因素外，植被破坏、盲目垦殖及忽视防治等人为因素起着很大的作用。加上该区生态系统本身比较脆弱，连续破坏，缺乏休养生息机会，必然很难恢复。

严重的水土流失反过来又进一步影响生态环境。洞庭湖近 20 年中，平均每年淤高 3.5cm，1977 年比 1949 年湖面缩小 37%，湖容量减少 40%；长江上游 20 多座水库，使用 20 年后，泥沙沉积已使库容量减小了 18.5%；大片良田或被冲走表土，或被沙泥堆埋，使土壤的生物生产力越来越低。植被破坏，森林面积缩小，又影响到地方小气候，旱涝灾害频繁，抗灾能力下降，如不及早引起重视，后果不堪设想。

3.3　农业结构不合理，单一经营占主导地位

该区是山地丘陵面积比重很大的地区。20 世纪 80 年代初期，土地利用结构中林业用地占 44%，农业用地则不足 14%，牧业用地占 3.7%。而同期该区农林牧副渔总产值中，农业占 68%，林业只占 4.2%，牧业占 14.5%，副业和渔业产值分别为 12.1%和 1.5%。由此可见，大农业布局极不协调，大片低山丘陵，未能很好利用，其林牧副渔各业发展缓慢，产值不高。以江西省为例[2]，70%以上的丘陵土壤资源优势未得到充分利用和发挥。80 年代初期，面积近半的林地产值尚不足大农业总产值的 10%。80 年代中后期，农业结构虽有所调整，但整体功能仍然较差。种植业占大农业产值的 46.9%，在种植业中，粮食产值又占 70%以上；在粮食作物中又主要是水稻，旱粮仅占 4%。由此而影响农业的稳定以及经济、社会和生态效益的同步增长。尤其是 50%以上的低丘红壤植被破坏，用多养少，肥力锐减，四料（燃料、饲料、肥料、木料）俱缺，生态系统陷入恶性循环。尽管如此，只要认真利用热带、亚热带发展多种经济作物的优越条件，综合开发低山丘陵，其生产潜力仍可得到充分发挥。

3.4 土地资源质量不高，自然灾害比较频繁

热带亚热带土壤的主要特点是淋溶作用强，多数呈酸性反应，pH4.5～5.5，土壤保肥性能低，养分缺乏，多数黏重板结。耕地几乎都缺氮，约 60%的水田和 100%的旱地缺磷，58%的耕地缺钾，80%缺硼，64%缺钼，49%缺锌，18%缺镁，10%缺硫，大部分耕地缺乏有机质。

全区虽有荒山荒地 7.23 亿亩，但多为山地丘陵，土层浅薄，坡度较大。其中宜农荒地仅占 7.5%，而石质荒地有 1 亿多亩，占 15%。而长期的单一经营和不合理的垦殖，使区内相当大一部分荒地都是耕后弃荒，土壤侵蚀严重，肥力低下。

该区水热资源存在着严重的不平衡性，水旱灾害比较频繁。华中一带，常有伏旱、秋旱袭扰，红壤裸地表面，夏季土壤温度可高达 70℃，高温加干旱，旱作往往不能正常生长；暴雨不仅冲刷土壤，而且毁坏作物，浙江省 1977 年一场暴雨，受灾农田达 23 万余亩；台风是该区的主要灾害性天气，特别是该区东南部，每年数次遭受台风袭击，其破坏性已不只是农业的损失。

4 四个各具特色的开发区域

4.1 华中丘陵盆地区

范围为：浙、赣、湘三省中北部，包括浙江的金华；江西的上饶、鹰潭、抚州、吉安、赣州、萍乡和湖南的长沙、株洲、常德、邵阳、衡阳等地（市）60 个县市的全部和部分，面积约 1.755×10^5km^2。

区内丘陵为主，低丘、中丘和盆地相间，地形起伏逐步向周围高丘低山过渡，海拔 50～300（500）m 不等，利于开垦利用，是农业、经济林、茶、果的集中地区之一。

该区气候高温多雨，干湿季明显，四季分明，年均温 16.1～18.9℃，≥10℃的积温 4750～6350℃，无霜期 240～300 天，年降雨量 1300～2000mm，植被多为次生林，森林覆盖率各地不一，一般均小于 20%～50%不等。

区内主要土壤类型以红壤和水稻土为主，间有一定面积的紫色土，成土母质为第四纪红黏土、砂岩、页岩、千枚岩和花岗岩等，低丘坡度平缓，土层较厚，中高丘一般土层较薄，且多水土流失出现，甚至形成严重的土壤侵蚀；土壤存在问题是酸、瘦、黏、板、沙，肥力低，区内低产田、低产经济林木面积大，增产潜力大，三料（肥料、饲料、燃料）俱缺。据不完全统计，区内有耕地 6500 万亩，其中水田占 85%左右，水田中的中低产田又占 2/3 以上。以油茶为主的经济林约 2500 万亩左右，以柑橘为主的果树约 100 万亩，茶园约 100 万亩，用材林 600 万亩，荒丘和迹地 5000 万亩左右。尚有 700 万亩宜农荒地未开发。

区内农业生产的总水平不高，各地发展又很不平衡，潜力较大。例如[4]，区内的高产县亩产粮食已达 922kg，最低的低产县只有 368kg，两者差 1.5 倍；浙江的金衢盆地已达 787.3kg，江西的吉泰盆地则为 470.5kg，后者只相当于前者的 60%。但只要把高产地区和中产地区的技术措施和生产经验，逐级推广到低产地区，把该区的复种指数提高，增产数字将十分惊人。

农业生产以水稻为主，豆、麦、薯、棉、麻次之，是二水一旱和二水一肥耕作制，山丘以种植茶、油茶、油桐、柑橘等为主，林业发展缓慢。素有重耕地，轻山丘；重水田，轻旱地；重粮食，轻经作的传统。大部分经济作物和林木、旱作种在瘠薄的坡土上，易受旱且管理粗放，所以单产很低。中低产田常年产量在 300～400kg，增产潜力十分巨大，是红黄壤地区开发的重点之一。

根据该区特点应实行农林并重方针。在积极提高粮食单产，大力改造和发展经作、经林，为农业提供资金后盾；搞好水土保持，寓用于治，营造水保林和薪炭林的基础上，合理开发荒原。中国科学院桃源生态实验站的改造低产油茶和潜育性水稻土的技术成果，在该区可以大力推广和普及。中国科学院鹰潭红壤生态实验站改造低产茶园、橘园；低产水面的技术和一坡多用以及在有灌溉条件下改稻-稻-肥为花生-稻-油菜等技术成果正在站区附近的农村推广。中国科学院千烟洲综合试验站对小流域综合并发治理的技术成果的经济、社会、生态三个效益十分明显。再经数年至数十年的努力，生态环境将会逐步改观。

4.2 四川盆地（中）丘陵区

范围为盆地中部广大丘陵地区，隶属绵阳、南充、达县、内江、江津、宜宾、乐山、自贡、温江 9 个地

（市），58 个县（市）的全部或部分，土地面积约 4.41×10^4km^2。区内为由紫色砂页泥岩构成的丘陵地貌，整个地形北高南低，丘陵错综起伏、沟谷纵横分割，自然条件比较优越，年均温 16～18℃，≥10℃积温 6000～6500℃，持续日数 240～290 天。南部无霜期 320～340 天，长江谷地几乎全年无霜。年降水量大部为 1000～1200mm，具有“冬暖、春旱、夏热、秋霪”的特点，作物适种广，对热量要求较高的甘蔗、甜橙等生长良好。从总的趋势看是一年两熟有余，三熟不足。主要气候资源潜力是在早春和晚秋两个时段，充分利用间、套形式增种早春或晚秋作物是有前途的。区内自然植被稀少，多以草坡植被为主，森林覆盖率低，仅 7.1%。

区内土壤以紫色土为主，其次为紫色土母质发育的水稻土。紫色土坡耕地问题不少，但其开发潜力也大。紫色母岩是一种养分丰富的沉积岩，其中磷钾较多，特别是微量元素，如 Mn、Zn、B、Mo 等都超出地壳岩石平均值。紫色岩易于风化，如紫色泥岩自然风化 1 年后，有 78%呈屑状，崩解深度为 2～4cm，成土率为 30%。

母岩的富营养性和高速风化相结合的特征，既是农业生产所必需，也是农业发展的潜力所在。

四川大部分粮经作物都生产在坡耕紫色土上，在生产中具有不可忽视的地位，坡耕地的改造将对农业生产和经济发展做出新的贡献。

区内耕地 4400 万亩，茶园 33 万亩，果园 30 万亩，桑园 25 万亩。人多地少，人均土地和耕地分别为 3 亩和 0.8 亩，加之耕地后备资源贫乏，所以人和耕地矛盾十分突出。区内经济作物面积大，种类多，产量高，是粮食、经济作物的生产基地，是我国油桐、蚕桑、柑橘、白蜡的主要产区之一。

区内土壤抗蚀能力弱，水土流失严重；干旱频繁，春夏伏旱交替发生，灌溉不便，低产田（土）较多，光热优越条件未能发挥。发挥潜力的主要措施应以治水改土为中心。中国科学院盐亭试验站试验成功的“旱地聚土免耕耕作法”①对农田，增产抗逆、改土增肥蓄水、水土保持、增产增收等方面都有明显效果。根据该站 1986～1989 年 3 个县数万亩的试验结果，平均每亩增产粮食 50～100kg，增收 100 元左右。证明是一项改良低产田（土），增产增收的有效途径。

该区应以发展粮食和经济作物为主，结合改造和发展经济林果，发挥该区优势，逐步使该区建成生态、经济和社会三个高效益的农业区。

4.3　华南丘陵台地区

范围包括福建省南部的泉州、漳州、厦门，广东省的汕头、梅县、惠州、肇庆以及广西壮族自治区的梧州、南宁等区（市）所属各县或部分县的南亚热带丘陵地区，面积约 16.38×10^4km^2。地貌以丘陵台地和谷地相间，地势东部由北向南倾斜，西部则由南北向中间降低，海拔在 350m 以下，低者仅数米至数十米，是闽、粤、桂经济开发较早且有一定基础的地区，经济发达、人多地少、交通方便、生产潜力大，有利于进一步深入开发。

气候为南亚热带气候，温度比中亚热带更为温暖，年均温 22℃左右，高者可达 24℃；≥10℃的积温为 6500～7500℃；无霜期 350 天左右；年降水量 1200～1600mm，但分布不均，常有旱情；干湿季节不十分明显，夏秋常有台风袭击，危害农业生产。丘陵区自然植被破坏严重，天然亚热带季雨林残存无几，主要以次生的疏林草地为主。土壤以赤红壤和水稻土为主，由于成土母岩（花岗岩、砂页岩、变质岩系以及第四纪堆积物）的不同，土壤性质也有明显区别。水稻土由于分布位置，耕作施肥之别，差异亦大。

区内土地利用率一般不高，平缓处的赤红壤部分辟为水田、旱地或果园，谷地低处多为水田，人均耕地不足 1 亩，甘蔗面积约占全国 70%，还是桑、麻的重要产地之一；农作可一年三熟。除中亚热带的柑橘、油茶、油桐、八角、肉桂外，尚可种植香蕉、菠萝、荔枝、龙眼、阳桃等热带果木。在背风向阳的马蹄形谷地的局部地区，可种植橡胶、咖啡等热带作物，由于热量和寒潮之影响，生长状况较热带地区逊色。

区内大面积丘陵，在多年人为活动影响下，植被破坏严重，目下大部呈荒芜状，应大力植树造林（用材林、经济林果和薪炭林），中国科学院鹤山生态试验站，关于荒草丘陵造林技术和一坡多用、立体开发模式等成果可以大面积推广。对于部分侵蚀严重的土壤，应尽力营造水土保持林，以恢复植被，改善生态

① 中国科学院成都分院土壤研究室. 1990. 旱地聚土免耕耕作法研究。

环境，增加抗逆能力。对此，中国科学院小良试验站已有成套技术可资借鉴。

区内应大力发展热带和亚热带林果，缓坡处可以发展龙眼、荔枝、菠萝、香蕉、柑橙等热带水果：福建省永春、平和、安溪等县的乌龙茶，是我国名茶，都应大力发展，采取增产的有效措施，提高其产量，以达到增收创汇的目的。

区内农业生产的技术水平和产量差异明显，东部高而西部低，南部高而北部低。低产土壤面积大，除养分缺乏外，尚有一些障碍因素（如冷浸、酸、板、黏等），产量低，但增产潜力大，只要有计划地进行改造，粮食产量将会大幅度地增加。在大力提高粮食产量的同时，处理好粮食与蔗、麻等经济作物的关系，充分发挥土壤生产潜力，提高和发展经济作物的产量和面积，把该区建设成为甘蔗等经济作物基地。

4.4 琼雷、滇南丘陵台地区

范围包括雷州半岛、海南省四周和云南省河口、西双版纳等地，面积约 70 000km^2。地貌东部为丘陵、台地或二者相间，西部为谷地丘陵盆地。成土母岩以花岗岩、片麻岩、玄武岩、石灰岩、千枚岩、砂页岩和浅海沉积物等。

区内属热带气候，为全国热量最丰富的地区，年均温 23～26℃，≥10℃积温大都在 8000℃以上（海南省南部可达 9300℃），一般无霜。全年温度都在 10℃以上，降水量 1500mm 左右（海南省东部超过 2500mm）。自然植被破坏后演替成次生林、中草、稀草群落。

土壤以砖红壤、水稻土为主，开垦种植后由于耕作粗放，或遭受侵蚀等原因，土壤肥力不高。由于热量及水分条件好，最适宜热带作物和林木的生长，是我国热带作物的基地，如橡胶、咖啡、椰子、槟榔、油棕、胡椒、波罗蜜、香蕉、龙眼、荔枝、剑麻、香茅草等均可栽培。琼雷地区夏秋常有台风袭击，对热作生长不利。农业组成复杂，除水稻外，台地多种植甘蔗、甘薯、木薯、花生等。种植粮、糖、油、热作已有基础。农作复种指数高。丘陵荒地资源生产潜力大。应禁止毁林开荒，防止水土流失，保护生态环境。由于地势起伏，热量丰富，雨量充沛，可进行粮作、热作立体布局，实行间作套作，充分利用光能热量，达到经作、热作的双丰收。中国科学院西双版纳生态试验站试验成功的胶茶间作技术已得到推广，达到以短养长，相互依托、相互促进的目的，取得了良好生态效益、经济效益和社会效益。

该区的海南省应以粮为主，粮作、热作并重。常因风大，台风多，及暴雨频繁，影响农业生产，应重视防风林、海岸林带及农田林带的建设。滇南以热作为主，林粮结合，巩固和扩大橡胶等热作基地，提倡固定农田建设，精耕细作，制止“刀耕火种”粗放的耕作制，以保证胶粮双丰收。总之，在保证粮食自给的基础上，大力发展和提高橡胶等热作的产量，将其建设成为我国唯一的热作基地。

5 战略与对策

在今后半个世纪中，我国将进入现代经济高速增长的阶段。随着生产规模和经济总量的迅速扩张，人民物质生活需求的不断增长，将对日益短缺的资源和基础脆弱的环境形成越来越大的压力。农业生产将面临极其严峻的形势。从全局出发，在考虑和制定我国南方地区农业发展战略时，既要考虑到当前国民经济和人民物质生活的需要，更要考虑到子孙后代的持续发展。因此，必须彻底打破单一经营的传统观念；改变那种头疼医头、脚疼医脚的治表方法；彻底清除毁林种粮、消耗地力等短期行为，从而确立长期发展的方针。作者基于上述认识，提出该区农业综合发展的初步设想，即充分发挥水热条件优势，以保护和合理开发利用自然资源，建设生态农业体系为中心，调整农业产业结构和种植业结构，发展集约经营，改善农业生态环境，建立新商品生产基地，提高农业自我发展能力，逐步建立以热带亚热带作物为主体的农、林、牧、副、渔全面发展的山丘综合利用体系。其战略措施主要有如下几点。

5.1 合理开发荒地资源，建立山丘地农业综合利用和生态农业体系

根据该区特点，建立山丘地农业综合利用和生态农业体系是当务之急。如前所述，该区森林面积锐减，水土流失严重，耕地逐年被侵，土壤肥力有所下降，自然生态系统濒临破坏。要解决我国目前和近期内存在的粮食问题，在该区已不能用简单地开垦荒地，扩大耕地面积的方法来解决。应针对该区荒地资源的特

点，发展多种经营、立体农业。经过科学实验，宜农则农，宜林则林，搞好整体布局，合理配置。与此同时，对已垦非宜农土地，还应坚持退耕还林或还牧，逐步建立起良性的生态农业体系，使粮食产量稳步增长。

在建设立体农业生态体系中，依托低山丘陵林、果、牧、渔的发展，为耕地提供良好的生态环境和雄厚的资金支持，带动丘陵地区经济的全面繁荣，逐步建立新的用材林、木本油粮作物和草食牲畜生产基地；促进生态系统的良性循环，逐步形成具有自我发展能力的、子孙后代可以永续利用的热带亚热带丘陵经济开发区。

所谓立体农业，是指根据该区山丘、岗、谷相间的地形格局，从理顺生态关系入手，进行立体布局，形成多层协调利用，农、林、果、牧、渔综合开发的生产体系。

在综合开发的布局上，可以有目的地安排产投比高的作物作为支柱，以支持迟效的林业和需高投入的种植业。据有关部门统计，温州蜜柑的产投比为 4～6，甜橙为 10，脐橙为 12～14；在红壤丘陵区发展果树，每亩纯收入可达 3200～4000 元，茶叶为 700～800 元。而柑橘、茶叶、板栗等正是该区的主要出口产品。将这些作物引入立体农业，见效快、后劲大，有利于脱贫致富。千烟洲试验站 1983～1988 年农业总投资 40 万元，营造人工林、栽培果树、筑坝蓄水扩大灌溉和养殖水面等 3443 亩，平均每亩投资约 160 元。6 年来，人均纯收入已从 130 元增至 1078 元，平均每年增加 160 元。随着果园逐步进入盛产期，用材林进入成熟期，人均收入还将大幅度提高。显然，综合开发的经济效益是令人满意的。

5.2 发展集约经营，加强改土培肥，增加复种，建立合理的耕作制和作物布局

为了充分利用好现有耕地，不断提高其生产力和承载力。首先要重点改造中、低产田。经过调查研究，摸清中低产田影响增产的障碍因素，对症下药地进行改良，就可收到增产的效果。据湖南省农业厅对 139 个稻田的地力测产结果，最低的亩产 152kg，最高的为 498kg，相差 346kg。中国科学院长沙农业现代化研究所在对潜育性水稻土进行改良的 16 个肥料试验中[3]，不施肥的最低单产只有 130.5kg，高的为 352kg，两者相差 221.5kg，施肥后每亩可增产稻谷 21～123.5kg，平均为 55kg。有些中产地，并无难以克服的障碍因子，只要改进耕作措施，合理施肥便可获得高产。其次要重视用地和养地相结合。就区内高产地来看，虽然产量已经比较高，但与公布在该区各地的丰产典型相比，差距仍然很大，今后在精耕细作、培肥地力和更换良种的前提下，产量仍可大幅度提高。1987 年全国种植杂交水稻 1.66 亿亩，单产达 441kg，比全国水稻平均单产高 85kg。近几年来，湖南的育种工作已培育出 20 多个不同熟期的高产、优质、多抗杂交早稻新组合，可使早稻单产显著提高。如双峰县大村乡，湘潭县泉塘子乡连片种植稻威优 49，平均亩产为 500～591kg，比常规稻净增 50kg。

热带亚热带地区土壤中有机质分解快，矿质养分淋溶强，因此要注意增加土壤有机质，选用既有肥田作用，当季又有经济效益的作物安排在轮作制中，以提高农民养地培肥的积极性。

增加复种的主要困难是抢收抢种时劳力紧张，随着农业机械化条件的逐步改善，季节性劳力紧张的问题是不难解的。

5.3 大力防治水土流失，保护生态环境

水土流失问题，有人为因素，也有自然因素。在建立起生态农业体系以后，滥伐滥垦现象将减少，水土流失的人为因素可能降低，但自然因素仍然存在，因此这是一项长期的战略任务。治理水土流失的主要措施是采用生物防治与工程防治相结合，同时要预防为主，注意保护森林资源，对于不应利用的地方，要进行封山育林。

水土保持是一项利国利农利民的工作，应在政策上、立法上给予必要的保证，要有投资，有检查，杜绝那种“年年造林不见林”的不正常现象。

在农业综合开发中，应重视解决农村能源、燃料等问题；要严格执行环境保护法，坚决控制有毒废弃物污染环境，建设良好的生态环境。生态环境的改善是建立生态农业的必然结果。山、丘、平地综合治理后，绿色植物成为区域环境的保护者，水土流失问题将会得到基本解决，局部小气候有明显的好转，各种生物资源能发挥出最佳的生产潜力。

中国科学院小良试验站[5]，20 多年来实践表明，在寸草不生的花岗岩荒丘上，通过植被恢复和建立良

性生态循环体系，使试区生态环境发生了根本的变化：植被由原来的寸草不生变为多层多种阔叶混交林；地表径流泥沙冲刷量由19.9t/（hm^2·a）下降到0.003t/（hm^2·a）；试验区内气温年振幅由14.3℃降至13℃；大气相对湿度由83.2%提高到87.3%；土壤有机质含量从原来的6.0g/kg增到17g/kg。

由于生态环境的改善，既保蓄了水土，又保护了耕地，提高了土壤肥力，在其他增产措施的配合下，使试验区内水稻产量由原来的100kg/亩，增长了8倍。

另外，充分利用生物生长快、自然恢复能力强的特点，只要注意抚育和管理，通过几年封山育林，情况就会明显好转。中国科学院红壤生态站[5]自1986年以来，对部分荒芜的马尾松疏林进行封育，仅3～4年即已开始复苏；用综合措施改造低产橘园和茶园，使480亩橘园的产量由年产2.0×10^5kg跃增至8.0×10^5kg，翻了两番，400亩茶叶产量也翻了一番。

生态农业体系建立后，有很强的自我调节功能。各亚系统之间、系统结构内部形成紧密的联系，促进了生物资源的多级利用和食物链的衔接，从而形成基础比较稳固的生态体系。

5.4 增加农业投入，增强农业后劲

从我国国情分析，要使我国农业生产跟上国民经济发展的速度，并适应国民经济发展的需要，增加农业投入是关键条件。特别是在目前我国人口压力不断增长、工业发展速度很快的情况下，在人均耕地极少、土地承载力已近极限的情况下，必须要大幅度增加对农业的投入。改良中、低产田，建设旱涝保收、高产稳产农田，开发利用宜农荒地，培育优良品种，探索作物高产、优质栽培技术措施等都需要有相应的投资。

我国的农业投资偏低，南方各省区的情况也不例外，根据江西省典型地区调查，近年来粮食生产平均每亩年投资尚不足20元，这样微弱的农业投资，很难产生良好的经济效益。党的十三大报告中指出："在深化农村改革的同时，国家、集体和农民个人都应当增加农业投入，地方财力要更多地用于农业，以加强农田水利基本建设，防治水旱灾害，改善农业的基础条件"。以发挥农业增产潜力，增强农业后劲。

由于该区水热条件优越，自然资源丰富，生物生产周期短，周转快，给予必要的投入，便能产生良好的效益。中国科学院先后在本区的广东鹤山，湖南桃源、会同，江西千烟洲、鹰潭，四川盐亭和云南西双版纳等地建立了7个农业生态试验站，通过长期科研积累和试验示范，已表现出明显的效果。

5.5 增加科技投入，开展必要的应用基础研究

中华人民共和国成立以来，由于发展生产的需要，对我国红黄壤地区进行了大量调查研究和科学试验，取得了很大成绩，其中不少成果已在国民经济中发挥了重要作用。但是，就整个地区农业的发展战略、生态农业体系、自然资源综合利用等方面尚缺乏系统的研究。现在就需要着手进行。实践证明，现代农业的发展，离开了科学技术的进步将一事无成。我们认为在以下几个方面开展研究是十分必要的。①全区大农业合理配置的科学基础；②分区开发利用的原则和实施依据；③该区自然资源的调查研究和承载力评价；④该区不同自然条件下，土壤-大气界面的能流和物流通量及其对生态环境和农业生产的影响；⑤提高复种指数的土壤环境条件；⑥进一步提高单位面积产量的途径；⑦主要作物的高产模式及其预报；⑧水土保持的原则和实施途径。

6 几 点 建 议[5]

针对目前红黄壤地区在利用上存在的问题，针对我国人口、资源、环境间的突出矛盾，充分利用各部门和各单位已建立起来的试验示范区，组织多学科、各行业的综合研究，点、片、面相结合。通过研究、试点和示范，逐步建立不同生态类型区综合开发利用模式，以取得良好的经济效益和生态效益，从而为我国的农业发展开辟一条新的途径。

参 考 文 献

[1] 红黄壤利用改良区划协作组. 中国红黄壤地区土壤利用改良区划. 北京：农业出版社，1985.
[2] 赵其国，谢为民，等. 江西红壤. 南昌：江西省科学技术出版社，1988.
[3] 何电源. 论我国红黄壤地区的农业增产潜力. 农业现代化研究，1988，(4)：20-23.

[4] 中国科学院南方山区综合科学考察队. 南方山区的出路. 北京：科学出版社，1990.
[5] 中国科学院红壤丘陵开发战略研究小组. 东南红壤丘陵的综合开发. 中国科学报，1990：122.

Comprehensive Exploitation and Management of Agricultural Resources in Red and Yellow Soil Areas of China

Zhao Qiguo　Shi Hua　Wu Zhidong
Institute of Soil Science，Academia Sinica，Nanjing　210008，China

Abstract

Population，natural resources，environment，food grain，and energy resource are discussed，and a plan of comprehensive exploitation and management of agricultural resources in the southern China is presented.

Based on natural，social，economic and other environmental conditions，the advantages and disadvantage to agriculture development in the tropics and subtropics are described. The productive potentiality is presented in the light of biomass，the amelioration of low- to medium-yield farmlands，cropping system，comprehensive exploitation in mountainous and hilly region. Some strategic plans are proposed，including the following measures and suggestions：reasonable exploitation and management of uncultivated lands，soil amelioration，intensive cultivation，ecological environmental protection，establishment of ecoagriculture system，comprehensive utilization，policy adjustment and increase of input.

红壤生态系统综合治理技术及农业持续发展*

石　华　赵其国　王明珠　张桃林　何园球　唐永良　刘崇群

中国科学院南京土壤研究所，南京　210008

摘　要

本文全面论述了红壤区生态环境的逆向演替及其退化机制；提出了立体布局优化模式、调控水分养分和改造低产田地园林塘的综合治理技术。并从促进农业持续发展的高度，阐述了改造生境条件，增加物质投入，发挥潜在优势等战略性的关键措施。

红壤既是我国亚热带地区的重要土壤资源，也是我国南方农业综合开发与经济发展的重要基地。由于受东南季风之惠，该地区气候温暖，水热丰沛，年均温 14～20℃，≥10℃积温 4500～6500℃，年降水量 1000～1800mm，干燥度小于 1。植被组成丰富，生物生长速度快、周期短，生物产量潜力高，有良好的投资效益。盛产大米、茶叶、烤烟、油茶、油桐、毛竹、杉木和柑橘果类等，为我国野生和栽培植物资源最丰富的地区之一[1]。

然而，由于长期利用失当，红壤资源的潜力未能充分发挥。尤其是人口密度大的低丘红壤区，林被破坏，经营单一，土地用多养少四料（燃料、饲料、肥料、木料）俱缺，水土流失加剧；肥力锐减，季节性干旱也日趋严重，使整个红壤生态系统退化并陷入恶性循环，荒丘荒地和中强度流失面积各占 1/4 和 1/3。每公顷产量低于 3750～7500kg 的中低产田约占耕地的 2/3。

1　红壤生态系统

红壤-生物-环境间的物质能量交换构成了一个红壤生态系统。现有利用状况表明，该系统正向生态环境退化和生物的逆向演替方向发展，现以余江县为例，剖析如下：余江县处于赣东北山区向鄱阳湖平原过渡的地段（约 28°14′～28°37′N，116°41′～116°89′E），是长江中下游以南典型的低丘红壤区。红壤及红壤性水稻土占全县土地面积的 90%。在我国南方，尤其是中亚热带东部湿润区有着广泛的代表性。

1.1　红壤区生态环境的演变

1.1.1　近期气候变异的特点[2]

1. 温度、光照、雨水变化趋势

近 36 年来，余江县年平均气温为 17.6℃；年平均日照时数为 1809.5h；年平均降水量 1741.3mm。如果以年平均气温 17.0～18.0℃为平年，＜17.0℃为冷年，＜18.0℃为暖年，则 50 及 60 年代应为暖、平年；70 及 80 年代为冷、平年。年平均日照时数的变化大致与其相对应，其中以 70 年代为最少。年平均降水量变幅较大，也以 70 年代最为明显，可见，余江气候有向冷、湿、少日照和旱涝年频繁交替方向发展的迹象，且四者相关性显著。

2. 季风气候的年际变异增大

该县处于亚热带季风区，气候具有不稳定性和年际振荡的特征。近 40 年来，这种变异与振荡加大，灾害的频率强度也越来越大。

1）炎夏年与凉夏年频繁出现

典型炎夏年（距平+1℃）有 5 年，最高气温≥35℃的天数≥35，极端高温达 40.5℃。凉夏年（距平−1℃）

---

* 本文系中国科学院红壤生态实验站 8 年多来研究的综合性成果，主要资料来源于《红壤生态系统研究》第一、二集有关应用研究成果；本文由王明珠执笔。

本文原载《红壤生态系统研究》（第三集）1995 年第 1-27 页。

有 8 年，最高气温≥35℃的天数≤25。高温、凉夏年占统计年数的 43.3%。

2）干旱与洪涝频繁发生

1960～1989 年间，有 6 年出现严重伏旱，6 年出现秋旱，平均每 2、3 年有 1 次伏旱或秋旱，有 5 年出现伏秋连旱，平均每 6 年有 1 次，1978 年和 1986 年伏秋旱最为严重，干旱持续 90 天；出现洪涝有 10 年，每年平均有 2～3 次大的连续降水过程，降水量达 280～550mm。

3）冷冬年与暖冬年交替发生

余江县在正常年份的极端低温–5～–6℃，1967～1973 年是冬季寒冷期，最低温度达–9℃。其后，是冬暖时期，1990 年以前未出现过–7℃以下低温。1990 年及 1991 年又是两个冬寒年，极端低温分别为–11.7℃和–15.1℃，是该县有气象记录以来的最低值，以致柑橘遭毁灭性危害。

4）作物生长发育临界温度的初终日变异大

≥10℃初日最早在 3 月 6 日，最迟在 4 月 4 日。≥20℃终日最早在 9 月 18 日，最迟在 10 月 31 日。而且 70、80 年代积温偏低，比 60 年代低 5%～25%。

1.1.2　植被逆向演替

从现在植被类型和植物区系分析，原生植被属亚热带中生性常绿阔叶林。由于人为活动的干扰，余江县森林覆被率由 50 年代的 34%下降至 80 年代的 15.2%。而且植被有逆向演替的趋势，表现出旱生、阳性、次生的性质。目前，这种次生的常绿阔叶林仅零星残存于丘陵下部边缘和村落周围，优势种主要有常绿阔叶树木荷（*Schima superba*）、石栎（*Lithocarpus glaber*）、苦槠（*Castanopsis sclerophylla*）和针叶树马尾松（*Pinus massoniana*），而面积较大的为次生性稀树干旱草坡，建群种有白茅（*Impcrata cylindrical* var. *major*）、刺芒野古草（*Arundinella setosa*）、珠芽画眉草（*Eragrostis bulbillifera*）、金茅（*Eulalia speciosa*）等。但从残存的毛萼杨桐和川山矾的高大、粗壮估计，它们树龄大致在百年以上，由此推断该区的林被是近百年或更近的时期才被破坏的。据访问，50 年前这里还是木荷、苦槠等林木组成的林地。但从 50 年代起，随着土地大面积的开垦，加剧了常绿阔叶林向马尾松稀树草坡逆向演替。

1.1.3　红壤性质退化

长期以来，余江县农业生产活动主要局限于丘间盆地和沟谷地区，而对于面积比沟谷大 2～4 倍的低丘红壤的利用重视不够，随着开垦、重用轻养，导致红壤大面积退化。根据余江县土壤普查资料，红壤退化主要表现在以下 3 个方面。

1）侵蚀红壤面积扩大、程度加剧

从表 1 可见，全县红壤侵蚀面积达 28.74 万亩，占丘岗面积的 45.3%，与 50 年代相比，不仅侵蚀面积增加了 144.6%；而且中、强度侵蚀比例增加了 3 倍多。有些地方甚至已经出现了裸岩。

2）土壤肥力衰减，抗逆性差

近 20 多年来，红壤及其发育而成的水稻土广种薄收，只用不养的现象较为普遍。余江县冬绿肥（紫云英）面积几乎减少一半，化肥投入量也只及全国平均量的 68.9%，导致土壤营养元素亏缺，每公顷产量 3750～7500kg 的中低产田，约占全县耕地的 2/3 以上。

表 1　余江县侵蚀红壤面积及其肥力状况

指标项目		侵蚀总面积	侵蚀程度		
			轻度＜2000t/km^2	中度 2000～10 000t/km^2	强度＞10 000t/km^2
侵蚀面积/万亩		28.74	17.46	10.12	1.16
占总侵蚀面积/%		100.00	60.8	35.2	4.0
土壤肥力状况	有机质/(g/kg)		＞5	5～3	＜3
	全磷/(g/kg)		＞1.0	10.5	＜0.5
	有效磷/(mg/kg)		5～3	3～1	＜1

3）红壤酸化、水稻土潜育化

红壤是在高温多雨环境下，遭受强烈风化淋溶形成的酸性土壤，黏土矿物简单，交换量低，易于受酸性沉降物（pH 4.5 左右）的影响，形成较多的铝离子，对柑橘、花生、油菜等产生毒害。此外，它的抗逆力也弱，特别是降水分配不均，红壤中可供作物利用的有效水含量范围窄（5～10g/100g 土），易产生伏秋旱。水稻土由于长期灌排不当和实行稻-稻-肥轮作，引起次生潜育化（其面积近 5 万亩，约占余江水稻土总面积的 15%），氧化还原电位低，还原性有毒物质含量较高，养分的有效性差，使水稻根系发育不良，迟发贪青、病虫害多，一般减产 10%～20%。

因此，随着该区人口增长，特别是贫困低丘红壤区人口的增加，土地资源开垦无度、森林面积急剧减少，生物多样性降低，植被出现逆向演替，不少名特优农林产品退化或濒临灭绝；气候的年际与季节变异突出，旱、涝、冻害的频率及强度增大；土壤由于覆被破坏，利用不合理以及乡镇工业的废弃物污染，导致了土壤侵蚀及其理化特性的恶化。而红壤的退化又对气候、水循环、生产环境等产生了一系列影响[3]。这样，互为因果、愈演愈烈，使整个系统陷入了恶性循环（图 1）

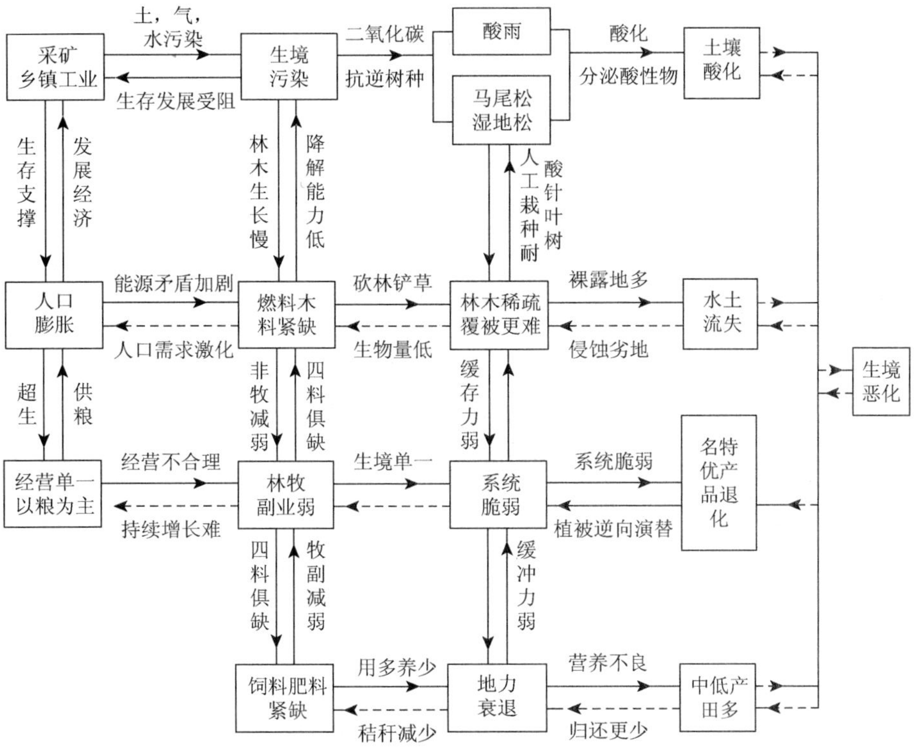

图 1　红壤农业生态系统恶性循环示意图

1.2　红壤生态环境的退化机制

该系统退化既有自然因素，也有人为因素。但从整个系统来看，后者的影响更为重要。自然因素包括气候、土壤、地形等因素。人为因素首先由于人口增长、生存的压力；次为农业结构不合理[4]。如余江县长期经营单一，农业总产值中的 63.1%～87.0%依靠种植业，而种植业用地只占土地面积的 18.0%，大片低丘红壤森林覆被率不足 15%，林业产值仅占农业产值的 0.7%～3.6%；再次是投入少，80 年代，水田平均每公顷年投资不足 750 元，加之管理粗放，很难取得 7500kg 以上的产量。现就红壤生态系统退化机制[5]剖析如下。

1.2.1　侵蚀引起退化

土壤侵蚀是导致红壤和红壤生态系统退化的最重要的原因，联合国粮农组织将其列为世界土地退化的首要问题。据我国中亚热带东部 9 省（区）估计[6]，每年分别有近 7 亿吨的表土，16 万 t 的有机质和 18 万 t 的矿质养分（N、P、K）因遭侵蚀而损失。由此可见，侵蚀引起的红壤养分贫瘠化已成为土壤肥力衰减的根本原因。尤其是近 40 年来，低丘红壤的侵蚀有所加剧。侵蚀面积由 50 年代的 7.1 万 km^2 增加到 80 年代的 20 万 km^2；长江流域的侵蚀面积也由中华人民共和国成立初期的 36.4 万 km^2 增加到 1985 年的 56.2 万 km^2，流失面积扩大 54.48%，土壤壤侵蚀量由以往的 13 亿 t 增加到 15.7 亿 t。洞庭湖平均年淤积泥沙 2 亿 t，淤高 3.5cm，湖面相应从 6270km^2 缩小至 2400km^2，湖容量减少了 40%。第二次土壤普查表明：余江县红壤侵蚀面积已占其总面积的 45.3%。在侵蚀红壤中，中、强度侵蚀红壤又占其侵蚀面积的 40%，它们的剖面构型发生变化，A 层以至 B 层全部被蚀，心、底土的 C 层裸露，而成为侵蚀劣地。

1. 土壤养分流失[7]

从表 2 中可以看出，氮、磷、钾的消失率（固体径流值/侵蚀土壤值）达 1.57～3.11。再加之径流水中流失的养分元素，每年流失的水解氮总量为 84.04kg/hm^2，速效磷（P_2O_5）总量为 0.83kg/hm^2 和速效钾（K_2O）总量 422kg/hm^2，大大高于进入土壤中的物质量。例如，在严重流失坡地，氮、磷、钾元素的积累量，仅为无明显流失地段（密林下）的 1/40。而严重流失坡地氮、磷、钾的流失量却为无明显流失坡地的 35 倍。

表 2　固体径流中养分元素含量

项目	有机质/(g/kg)	全氮/(g/kg)	全磷/(g/kg)	全钾/(g/kg)	速效钾/(mg/kg)	水解性氮/(mg/kg)
平均固体径流	0.31	0.04	0.12	1.9	15.00	00
固体径流样品数	10	26	32	32	33	20
侵蚀土壤	0.30	0.03	0.07	1.29	5.1	30
固体径流值：侵蚀土壤值	1.03	1.57	1.71	1.40	3.11	2.05

表 3 列出了第四纪红黏土发育的红壤侵蚀劣地的氮、磷、钾、有机质、pH 与盐基交换量资料，由此可见：①有机质含量极低。除少数上层达到 10g/kg 以上外，其余大部分均低于 5g/kg。②全氮和水解氮低。全氮含量几乎都在 0.5g/kg 以下，水解氮轻度侵蚀土壤为 57～76mg/kg，其他各土壤都在 50mg/kg 以下。按每公顷表土计，轻度侵蚀土中水解氮是 148.5kg，而严重侵蚀土壤中的水解氮含量仅为轻度侵蚀的一半。③磷素奇缺。侵蚀土壤中全磷（P_2O_5）最高含量仅为 2.2g/kg，最低仅有 0.4g/kg。速效磷除轻度侵蚀土壤仅 0.2～0.3mg/kg（P_2O_5）外，其他侵蚀土壤几乎检测不出来。④盐基交换量低。其值为 8.17～11.63cmol（+）/kg，而对于同地区无明显侵蚀土壤，其含量约为 20cmol（+）/kg。⑤土壤中全钾（K_2O）含量，最高大于 15g/kg，最低小于 1.0g/kg；速效钾（K_2O）含量最高为 97mg/kg，最低为 30mg/kg，而且表现出土壤钾含量高低与土壤侵蚀度没有明显关系。

表 3　土壤侵蚀程度对土壤养分含量的影响

侵蚀程度	土壤侵蚀剖面号	全氮/(g/kg)	水解氮/(mg/kg)	全磷/(g/kg)	速效磷/(mg/kg)	全钾/(g/kg)	速效钾/(mg/kg)	有机质/(g/kg)	盐基交换量/(cmol（+）/kg)
轻度	1.1	0.70	66	2.2	0.3	0.3	97	14.0	8.17
	1.2	0.36	57	2.1	0.2	0.7	56	3.9	8.60
	1.3	0.29	76	1.3	0.2	0.6	45	3.0	8.40
强度	2.1	0.30	40	0.4	痕迹	16.5	43	3.6	9.97
	2.2	0.27	35	0.7	痕迹	15.6	46	2.9	9.51
	2.3	0.25	25	0.5	痕迹	14.6	30	2.6	10.34
	2.4	0.29	24	0.6	痕迹	16.2	47	2.0	9.78
剧烈	3.1	0.26	30	0.7	痕迹	10.9	59	2.5	11.44
	3.2	0.28	20	1.3	痕迹	15.1	51	2.4	11.63

2. 有效水量减少

人们通常把田间持水量至凋萎点间的土壤水分作为作物有效水分，其值在不同土壤中有很大差别。一般肥沃土壤中有效水容量可以占干土重 10%～20%。随着红壤侵蚀的发生，有机质减少，土壤养分流失和结构破坏，有效容量也明显降低。如表 4 所示，在 100cm 深度的土层中，轻度、强度、剧烈侵蚀土壤的田间持水量（吸持力 0.025×10^5Pa）将减少，而凋萎含水量（吸持力 15×10^5Pa）则相应增加，两者之差的有效含水量分别为 135g/kg、126g/kg 和 61g/kg。显然，剧烈侵蚀土壤的有效水含量还不及轻度侵蚀土壤一半。

表 4 不同吸持力下不同侵蚀程度红壤的含水量 （单位：g/kg）

侵蚀红壤	0.025×10^5Pa	0.05×10^5Pa	0.1×10^5Pa	0.3×10^5Pa	1×10^5Pa	3×10^5Pa	15×10^5Pa	拟合方程
Ⅰ轻度	300	283	270	248	220	198	165	Y=217.24A–0.0934
Ⅱ强度	306	290	277	250	243	230	180	Y=211.39A–0.0712
Ⅲ剧烈	274	265	250	248	230	228	213	Y=237.22A–0.0307

3. 土壤通透性差

严重侵蚀的红壤其通气性和透水性矛盾十分突出。由表 5 可见，轻度、强度、剧烈侵蚀土壤的总孔隙度分别为 52.0%、51.3%和 46.9%。总孔隙越少，通气越差、土壤越板实。在同一土壤剖面内，上层土壤一般比下层土壤疏松，孔隙度较大。

表 5 第四纪红黏土发育的侵蚀红壤的孔隙度（100cm 土层平均值）

侵蚀红壤	<0.12mm 孔隙/%	<0.0002mm 非活性孔隙	有效水量/(g/kg)	总孔隙度/%	>0.03mm 通气孔隙/%	0.03～0.0002mm 毛管孔隙	<0.12mm 孔隙占总孔隙/%
Ⅰ轻度侵蚀	37.9	21.0	169	52.0	18.4	13.4	72.7
Ⅱ强度侵蚀	39.4	23.3	126	51.3	14.5	13.2	79.2
Ⅲ剧烈侵蚀	39.7	30.9	80	46.9	9.5	6.6	84.5

表 6 列出了不同水分吸持力平衡条件下的土壤通气系数。由表可见，各类侵蚀土壤表层的通气状况均较好。但表层以下的通气状况则视侵蚀程度而定，剧烈侵蚀土壤表层 10cm 以下，通气状况就很差。其在 0.3×10^5Pa 吸持力水分条件下的通气系数仅 3.1。另据测定，在 50cm 土壤表层的平均通气孔隙（>0.03mm 孔径），其轻度、强度、剧烈侵蚀土壤分别为 21.0%、19.6%和 11.8%。而且，红壤表土一经风化和曝晒后，再遭雨滴打击，极易使表面孔隙闭塞，导致通气状况恶化。

表 6 侵蚀红壤的通气状况

侵蚀红壤	采样深度/cm	不同压力下的通气系数/($\times10^5$Pa)					
		0.025	0.05	0.1	0.3	1.0	3.0
Ⅰ轻度侵蚀	0～22	2.2	5.1	7.7	0.9	10.9	17.6
	22～70	1.8	2.3	3.0	4.2	4.0	10.4
	70～100	0.0	1.0	1.7	1.0	2.0	2.5
Ⅱ强度侵蚀	0～30	2.6	7.3	9.5	10.0	12.3	21.6
	30～56	2.5	3.9	4.0	5.0	6.4	16.9
	56～70	2.9	4.1	5.4	5.0	0.0	17.4
	70～100	0.0	0.0	0.1	0.1	0.2	1.4
Ⅲ剧烈侵蚀	0～10	11.4	11.0	14.4	16.0	17.6	63.0
	10～100	2.1	2.5	2.9	3.1	6.1	10.4

各侵蚀类型土壤的 pH 测定结果表明，pH（H_2O）变化趋势大致是，轻度侵蚀土壤的 pH 略高，重度侵蚀土壤的 pH 稍低。

1.2.2 土壤肥力衰竭

红壤生态环境质量评价表明，影响红壤生产力的主要障碍因素是瘦、蚀、酸、旱等，综合表现为肥力衰竭。这除了因侵蚀引起养分流失外，投入少、土地用多养少，也是重要原因，现以余江县为例，从红壤有机质平衡和养分循环角度分析其肥力衰竭的机理。

1. 土壤肥力平衡状况

1）有机质平衡状况

土壤有机质和养分含量随土地利用方式、植被覆盖度和地形部位以及耕作、施肥而异。一般而论，在自然土壤中，地形部位较高，植被覆盖差的红壤有机质与养分含量最低；在耕地中，旱地因施有机肥少，分解快，有机质含量低于水田；在水田中，距村远的田块因施肥不便和有机肥用量较少，有机质含量常低于近村水田。所以，对一个县而言，其耕地有机质平衡和养分循环状况只能从其整个区域的有机质积累量与分解量概算而得。当输入的有机质量（积累量）大于有机质分解量时，土壤有机质增加，反之则减少，若二者相当则相对稳定。

（1）主要来源。耕地土壤有机质的主要来源是有机肥料、作物根茬、还田的秸秆和绿肥。

有机肥料：余江县的有机肥料主要是牛厩肥和猪厩肥，其他家畜的粪肥很少，而且大多不能进入大田。根据已有的资料及1990年的统计数字估算，1990年余江县年产新鲜猪粪7.07×10^7kg；按70%的利用系数及15%的干物质含量计，折合干物质量为7.42×10^6kg；年产新鲜牛粪9.78×10^7kg，按70%的利用系数及20%的干物质含量计，折干物质为13.69×10^6kg。

作物残茬与还田的秸秆：1990年余江县早稻总产74.2×10^6kg，双季晚稻82.2×10^6kg，一季晚稻3.53×10^6kg。油菜、大豆等根茬及落叶总量为6.1×10^6kg；其他作物所占比例很小，如薯类、花生等藤本作物，在收获时通常是连根拔走作饲料；一些秸秆作物的根在耕作时也被刨除，所以它们均不计算在内。

1990年余江县秸秆总量为124.27×10^6kg，按当地农村的习惯，早稻秸秆约有60%直接还田，约为26.61×10^6kg。其余秸秆部分用作燃料，部分用作饲料及垫圈材料。据估算，每头牛每年食用4000kg秸秆，剩下部分全部作为垫圈材料，其量为49.7×10^6kg，按70%可返回大田计，则为34.79×10^6kg。

绿肥：1990年余江县绿肥播种面积为14.4×10^3hm^2，占耕地面积的49.3%。产鲜草约3.6×10^8kg，折合干物质为41.04×10^6kg。

余江县耕地土壤有机质的主要来源及数量详见表7。

表7　余江县耕地土壤有机质的主要来源及数量

来源	干物质量/($\times10^6$kg)	有机碳量/($\times10^6$kg)	年形成的土壤有机质量	
			质量/($\times10^6$kg)	占总量/%
猪粪	7.42	2.75	1.18	3.59
牛粪	13.69	5.52	2.84	8.64
垫圈秸秆	34.79	15.12	6.27	19.07
作物残茬	55.42	19.30	10.42	31.7
直接还田秸秆	26.61	11.47	4.75	14.45
绿肥	41.04	10.52	7.41	22.55
总计	178.97	64.68	32.87	100.00

（2）分解量。1990年余江县水田面积为2.37×10^4hm^2，土壤有机质的年分解量为40.46×10^6kg。旱地面积为4.19×10^3hm^2，有机质分解量为3.9×10^6kg。

（3）平衡状况。由表8可见，全县土壤有机质亏缺11.49×10^6kg，平均每公顷耕地亏缺约175.15kg有机质。但是，不同肥力水平的土壤，其有机质的平衡状况各有不同（表9），由于高产水稻土（年亩产500kg以上）通常离村庄较近，常年施肥水平较高，有机质基本能达到平衡。但这类土壤如果不种植绿肥，又不施用其他有机肥，其有机质含量也会很快降低（第一年可下降10.4%）。而对于低产稻田（年亩产300kg以下），因施肥水平低，特别是有机肥用量少，作物残茬的归还量也不多。这类土壤每亩必须增施175kg秸秆或者种植绿肥（鲜草量必须达到1t以上），方能使土壤有机质维持在低平衡点上，否则有机质含量难以提高。

表8　余江县耕地有机质的平衡状况

项目	有机质/($\times10^6$kg)
年形成的土壤有机质量	32.87
土壤有机质的年分解量	44.36
亏缺	11.49

表 9 余江县不同肥力水平耕地的有机质平衡状况

肥力水平	年形成的土壤有机质量/(kg/hm^2)	土壤有机质的年分解量/(kg/hm^2)	盈亏/(kg/hm^2)
高产稻田	有机质 82.65 作物残茬 49.20 秸秆还田 30.60 绿肥 36.45	193.5	−5.35
低产稻田	作物残茬 286.5 秸秆还田 204.0	978.0	487.5

旱地土壤有机质的亏缺更为严重，特别是侵蚀严重的旱地土壤，每亩亏缺高达 30kg 以上。

2）养分平衡状况

（1）主要来源。

化学肥料：根据余江县 1990 年农业统计资料，全县农田共施用氮（N）5.89×10^3t、磷（P_2O_5）1.05×10^3t、钾（K_2O）1.86×10^3t，以及复合肥 7.49×10^3t，（按 8—8—4 计），故 1990 年实际施用化肥 N 为 5.89×10^3t，P_2O_5 为 1.11×10^3t，K_2O 为 2.16×10^3t[8]。扣除化学氮肥部分损失，则氮素实际收入为 4.12×10^3t。

有机肥料：有机肥料也是余江耕地土壤主要的养分来源，但其数量很难估计，因为不同家畜所产厩肥数量、养分含量都是不同的，加之在积制、贮存和施用中还有损失。所以，我们只能按平均数计算。按 1990 年计，猪粪提供 N 386.80t、P_2O_5 196.68t、K_2O 384.80t。牛粪提供 N 259.28t，P_2O_5 121.00t、K_2O 299.62t。秸秆提供 N 2.17×10^2t、P_2O_5 1.1×10^2t、K_2O 5.6×10^2t。

在计算绿肥（水田主要是紫云英，旱地多种萝卜菜）养分时，只应计算豆科绿肥固氮部分，其他的养分，不应列为收入中。

其他来源：根据不多的资料，灌溉水中带入的养分大体和渗漏水携走的养分相当，故我们未将这两部分养分作为收入和支出看待。养分来源的各项数字列于表 10。由表 10 可见，在养分来源总量中，化肥氮占 75.60%，磷占 68.94%，钾占 59.34%。有机肥氮占 20.00%，磷占 27.96%、钾占 35.99%。可以看出，有机肥在农田钾素供应上，占有重要地位。

从养分供应的绝对量看（$N+P_2O_5+K_2O$），化肥为 39.82×10^3t，占 69.06%；有机肥为 2.05×10^3t，占 26.65%；其他来源为 0.46×10^3t，占 4.20%。

（2）养分消耗量。余江县以栽培水稻为主，以及种植部分花生、油菜和茶叶、柑橘等作物。它们是红壤养分的主要消耗者，现概算分述如下：

1990 年，余江县水稻总产 160×10^3kg。按每吨稻谷吸收 N 26kg；P_2O_5 9kg；K_2O 25kg，共消耗 N 4.16×10^3t；P_2O_5 1.44×10^3t；K_2O 4.00×10^3t。

表 10 余江县农田养分来源（1990 年）

来源	氮		磷		钾	
	/($\times10^3$t)	/%	/($\times10^3$t)	/%	/($\times10^3$t)	/%
化肥	4.12	75.6	1.11	68.94	2.16	59.34
猪粪	0.39		0.20		0.38	
牛粪	0.26		0.12		0.30	
稻草还田	0.22	20.0	0.11	27.96	0.56	35.99
人粪尿	0.11		0.02		0.07	
豆科绿肥	0.11		—		—	
种子	0.06	4.4	0.04	3.10	0.06	4.67
雨水	0.18		0.01		0.11	
总量	5.45	100.0	1.61	100.0	3.64	100.0

1990 年油菜、花生、芝麻等，作物总消耗 N 素 0.16×10^3t；P_2O_5 0.16×10^3。1990 年，茶叶、果树（主要是柑橘）大致消耗 N 0.06×10^3t；P_2O_5 0.1×10^3t。

上述作物共消耗：N 4.38×10^3t；P_2O_5 1.6×10^3t；K_2O 4.26×10^3t。各类作物所消耗养分中的比例见表 11。

表 11　余江县主要作物的养分消耗量（1990 年）

作物	氮消耗量		磷消耗量		钾消耗量	
	/($\times10^3$t)	/%	/($\times10^3$t)	/%	/($\times10^3$t)	/%
粮食作物	4.16	95.0	1.44	90.0	4.00	94.0
油料作物	0.16	3.7	0.11	6.9	0.16	3.8
经作果树	0.06	1.3	0.05	3.1	0.10	2.2
总消耗	4.38	100.0	1.60	100.0	4.26	100.0

（3）平衡状况。由表 12 可见，余江县农田的氮素有盈余，磷素基本平衡，钾则明显亏缺（实际亏缺可能更大），即使按表中数字计算，钾的亏缺量每公顷已经达到 26.55kg。

表 12　余江县农田养分平衡现状（1990 年）　（单位：$\times10^3$t）

项目	氮	磷	钾
养分收入（1）	5.45	1.61	3.64
养分消耗（2）	4.38	1.60	4.26
盈亏	+1.07	+0.01	–0.62
（1）/（2）	1.24	1.01	0.85

2. 养分循环特征

1）养分循环的基本途径

（1）余江县红壤耕地养分进入系统比较简单，主要是化肥施入和降雨及生物固氮。据测定，耕种红壤从雨水得到的氮素达 0.18×10^3t，约占总氮素来源的 3.3%；钾素 0.11×10^3t，约 3.0%；磷素很少，仅为 0.005×10^3t，占 0.4%。生物固氮主要是依靠豆科绿肥，估计每年纯固氮量在 1.6×10^2t 左右。养分的损失途径主要是氮素的挥发损失和养分淋失。比如，我国南方碳铵的损失量可达 37%～68%，尿素可达 30%～45%，硫铵可达 21%～36%（氮肥损失量均按 30%计）。稻田氮素淋失量大概在 0.3～0.4kg/hm²，而随灌溉水进入稻田的氮素大概也在 0.4kg/hm²，收支大致相当。

磷在渗漏水和灌溉水中都是很少的，但钾的含量不可忽视。据测定，随灌溉水进入农田的钾（K_2O）有 3～13.5kg/hm²，而渗漏水中含钾量在 0.6～10.5kg/hm²。粗略地说，二者大体相当。

（2）人畜粪尿中养分损失包括两种：一是人畜粪尿不可能全部被植物利用，是有一定的利用系数的；二是在贮存、运输、施用过程中，氮有所损失，粗略估计，人粪的利用系数为 0.6，家畜禽粪尿为 0.7。

（3）粮食、秸秆的养分损失。余江县是商品粮基地，外销粮食量较大，约占粮食产量的 33.0%。农作物秸秆约有 1/4～1/3 被用作燃料。秸秆中的氮素全部损失，磷、钾也有部分损失。

2）养分再循环

红壤生态系统中养分再循环状况，是衡量“持续农业”水平的依据之一。这不仅是为农业再生产提供养分来源，它也是减轻“石油农业”对环境不利影响的重要方面。

耕种红壤（农田）生态系统的养分再循环，通常用有机肥料形态返还农田的养分量占养分总消耗量的百分率表示。表 13 列出了余江县 1990 年农田养分再循环的有关资料。

表 13　余江县农田养分再循环状况

养分	养分总消耗量/($\times10^3$t)	以有机肥返还养分量/($\times10^3$t)	养分再循环/%
N	4.38	1.09	24.9
P_2O_5	1.60	0.45	28.1
K_2O	4.26	1.31	30.8
总量	10.24	2.85	27.8

表 13 表明，余江县农田生态系统中，氮素再循环达到 24.9%，磷为 28.1%，钾为 30.8%。这些数字表明，红壤垦用后，主要养分的再循环率为 25%～30%。对侵蚀土壤而言，由于养分赤字加剧（特别是氮和钾素）以致土壤肥力不断下降。据调查，在红壤耕地中，几乎有 70%缺氮，60%的水田和 100%的旱地缺磷，58%的土壤缺钾，导致中低产田地约占耕地 2/3 的局面。

1.2.3 土壤酸化加剧

众所周知，脱硅富铝化是红壤的主导成土作用，它是一个酸化过程，致使红壤呈酸性至强酸性。这种酸化过程原本较为缓慢，但近代由于受酸雨影响，加速了红壤的酸化进程，进而对作物生长和红壤整个生态系统产生了不利影响。

1. 红壤酸化因素

通常认为，自然条件下导致红壤酸化有四个原因：一是土壤中的硝化过程产生硝态氮；二是大气中的酸性沉降物；三是针叶树分泌酸性物或植物残体产生有机酸；四是土壤中的微生物活动产生 CO_2。事实上，自然条件下的淋溶和土壤侵蚀作用也会引起土壤酸化，只是酸化作用极其缓慢。当红壤的 pH 低于 5 时，碳酸根对土壤的酸度无显著影响；硝酸根可为自然界的某些植物吸收，因此，在自然条件下，影响红壤酸化的主要因素是有机酸和酸性沉降物[9, 10]。

据中国环境监测总站 1982～1986 年报告，江西省南昌地区当时是我国的两个酸雨中心之一，雨水 pH 4.5～5.0，最低值为 3.2，酸雨频率 80%以上。酸性沉降物的主要阴离子是 SO_4^{2-}，它对红壤性质有重要影响。红壤所含的大量铁铝化合物能吸附 SO_4^{2-}，或通过配位交换将其表面的一部分羟基释放出来与之结合，使之不易从土壤中淋去，从而改变了胶体表面电荷性质。

某些农业生产措施也会引起土壤酸化。例如，当尿素或铵态氮肥施入土壤中时，将在土壤中转化为硝态氮，从而引起土壤酸化。据报道，pH 为 5.6 的土壤，在每年施入 112kg N/hm^2 的硝酸铵或硫酸铵时，10 年后该土壤的 pH 分别下降至 4.7 和 3.9。

应该指出的是，由于红壤黏土矿物组成以 1∶1 的高岭石为主，阳离子交换量低（5～15cmol/kg），盐基饱和度＜25%，在土壤胶体缓冲曲线上位于较弱范围；有机质量少，对酸缓冲能力较弱，在输入相同量酸的情况下，红壤更易酸化。

2. 酸化毒害机制

酸化对土壤化学性质的影响较为明显。大量带正电荷的氢离子，使红壤胶体所带的负电荷减少，正电荷增多。当 pH 降低到一定程度时，红壤对钾、铵、钙、镁等离子的吸附量减少，而随渗漏水流失。

随着土壤酸化，氢质土壤可以自发地转化为铝质土壤，使土壤中的铝离子增多，并取代了盐基离子，使它们进入土壤溶液遭受淋失，降低了红壤的保肥能力，当土壤溶液中的铝离子增加至一定程度后，即产生铝毒，从而降低农产品的产量和质量。

土壤酸化还影响土壤微生物的活动。一般说来，土壤酸度增大时，许多对植物生长有益的微生物都会受到抑制，当 pH 低于 4.0 时，硝化作用则完全停止。

红壤酸性还会引起水体（塘库、湖泊、河流）酸化。大部分酸沉降物随地表径流流入周围的水体或进入土体中渗漏水或地下水。

总之，红壤退化主要是由侵蚀、肥力衰竭与土壤酸化引起的，进而导致了红壤生态系统与环境的退化。

2 红壤综合治理技术

2.1 农林牧布局模式的优化

目前，丘陵区红壤利用正处于农业转型阶段，即由丘谷农田延伸至丘顶、腰部的立体农业开发；由单一作物转向农、果、林组合配置；由粗放耕作转为用养结合、集约经营，从而构成了多种农业生态型模式。

如一丘多用的“丘顶薪炭林、丘腰桑果茶、丘脚棉油麻”；“岗上松、窝里杉、山坡种油茶”等，平缓地段的多层种植“果、茶、农”“林、草、药”“乔、灌、草”模式等。

2.1.1 立体农业的优化模式

野外调查与定位监测表明（表 14），红壤坡地从上到下可分为流失段、过渡段和积累段，三段的面积比例随坡度陡缓而异。一般顶部占 1/4～1/3，因其土地薄、旱、瘦，应以种植抗性强、保水土的林、草为主；坡麓约占 1/3～2/5，由于土层深厚、肥沃、湿润，宜种水稻、蔬菜、饲料等；腰（中）部也占 1/3 左右，土、肥、水、热状况介于上述二者之间，适宜发展多年生果、茶和桑园。此外，丘塘水库还可养鱼和珍珠，构成了红壤坡地利用的“顶林、腰园、谷农、塘渔”的立体布局模式。

表 14 不同坡位红壤的理化性质

坡位	土层总厚度/cm	30cm 处土壤水势/kPa			土壤温度（1993 年）				
		3～5 月	6～8 月	9～11 月	观察深度/cm	3～5 月	6～8 月	9～11 月	12～翌年 2 月
丘顶	75	21.5	50.3	25.5	0	19.6	34.5	23.2	10.2
					20	11.6	19.0	31.0	22.4
腰部	160	—	—	—	0	19.5	31.0	21.9	964
					20	10.3	16.9	27.8	20.3
坡麓	＞200	16.2	37.7	29.9	0	18.5	20.2	20.7	9.6
					20	9.7	16.8	20.6	11.5

坡位	采土深度/cm	质地（中国制）	pH		有机质/(g/kg)	全氮/(g/kg)	全磷/(g/kg)	全钾/(mg/kg)	水解氮/(mg/kg)	有效磷/(mg/kg)
			H_2O	KCl						
丘顶	0～20	砾质土	4.91	3.90	11.60	0.568	0.60	12.15	100	6.80
	20～40	黏壤	5.27	4.03	6.04	0.300	—	—	220	0.76
腰部	0～20	黏壤	5.02	4.04	13.50	0.694	0.70	12.29	600	116.00
	20～40	轻黏	5.19	3.97	5.20	0.369	—	—	200	0.76
坡麓	0～20	轻黏	5.01	4.03	15.50	0.831	0.71	12.31	790	15.50
	20～40	轻黏	5.02	4.00	6.00	0.403	—	—	650	9.90

2.1.2 坡段、田块的多层配置

为了充分挖掘红壤资源的潜力，同一坡段的地块也可实行多层种植，使株高、生育期和营养需求不同的植物形成适生互补的共同群落。例如，“顶林”乔灌结合，生物量可比纯林、纯灌木地高 0.5～6 倍，地被覆盖率增加 10%～40%。“腰园”间套经作、药材，既能减少裸面，储蓄水分，又能提高养分含量和光能利用率，经济效益增加 29.0%～158.2%；“谷农”主要是合理配置适生互补作物，提高复种指数。

2.1.3 种养结合与调控

在红壤实行立体布局、多层配置同时，可在塘边建造养猪场，以林草枝叶养猪，猪粪养菇和沼气发酵，沼液又流入塘内作为放养珍珠贝和鱼的饲料，形成草-猪-沼（菇）-果（粮）-鱼的食物链（图 2），可提高物流能流利用率 15%～30%。在有效调控下，入塘粪尿量与鱼单产呈正相关。

从表 15 可见，1988 年起，鱼的单产逐年增加，至 1992 年每公顷已突破 1950kg 大关，比投粪前的 1987 年增加了 6.6 倍。

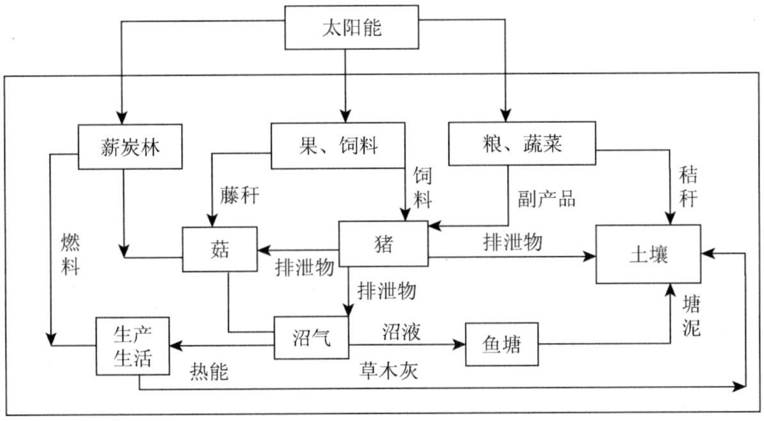

图 2　种养结合多层利用的链式循环

表 15　粪尿入塘前后鱼的年产量变化（50 亩水面）

项目	粪尿入塘前	粪尿入塘后				
	1987 年	1988 年	1989 年	1990 年	1991 年	1992 年
单产/(kg/亩)	14.5	19.8	40.3	55.8	108.3	110.2
总产/kg	725.0	990.0	2015.0	2790.0	5415.0	6510.0

从各类鱼的增长速度分析，以浮游植物为生的鲢鱼增长较快，其他鱼类变化不明显。但 1990 年放鲢鱼时，死亡率高达 12%，夏季又发现烂肠死鱼现象。对此，进行了全年水质动态分析。结果表明，粪尿入塘后水质变肥、浮游植物与初级生产力明显增加，但在夏季水温增高时，氨的比率增大，非离子氨的含量高达 0.14mg/L（已超过 0.05mg/L 的安全浓度标准）对鱼造成毒害。为此，必须定期分析水质，调控入塘粪尿数量。

综上所述，丘陵红壤的“顶林、腰园、谷农、塘渔”的立体布局，坡段、地块的多层配置，加之养猪为纽带的食物链，构成了较优化的农业生态模式，总体经济效益可翻 1～2 番。这一模式在向同类地区辐射推广。

2.2　水分和养分的循环与调控

2.2.1　水分循环特点

1. 水分流失量大

众所周知，降雨经林冠到达地面后，一部分沿地表流失，一部分被凋落物保蓄，还有一部分则进入土壤。据对红壤生态站人工幼林的观测，若以降雨量为 100%，林冠截留约占 3%；地表径流和深层渗漏（100cm）约占 39%～63%；而进入土壤中的水分只占 30.5%～60.5%。

水分流失量受降雨量、植被类型、地形部位影响。当降雨量大于 20mm 时，地表径流和深层渗漏将会发生；若林被覆盖度大，水分流失量则小；红壤低丘顶部和下部地表径流小，深层渗漏大，而中部则相反。红壤丘陵区地表径流及深层渗漏所损失的水量以荒地＞人工幼林＞阔叶林，它们分别为 58%～61%，30%～49.7%和 17.7%～18.0%（表 16）。

表 16　红壤丘陵林型对降水再分配的影响

地点与林型		海拔/m	占降雨量/%				
			林冠截流	枯叶层保蓄	地表径流	进入土壤	90cm 渗漏水
红	阔叶林	52	18.7	11.5	5.4	51.8	12.6
壤	人工幼林	40	3.6	1.4	41.2	45.3	8.5
站	荒地	25	0.0	0.0	51.0	39.0	10.0

2. 水分供需不协调

该区水热不完全同季，降雨主要集中在 4～6 月，占年降雨量的 67.0%。在此期间常发生涝害和渍害。7～9 月则炎热少雨，常出现伏旱，且常与秋旱连旱，造成作物减产甚至颗粒无收。

3. 水分有效性低

红壤质地黏重，结构体小，大空隙少，持水量虽高（30g/100g 土），而有效水量却很低（仅 5～10g/100g 土），植物可吸收利用的水分较少，出现土壤持水量高而又显干旱的不协调现象。然而，在地势较高处，土壤有效水含量相对较高；表土层比底土层相对较高；花岗岩发育的红壤又比红黏土发育的红壤相对高一点（表 17）。

由于红壤地表易形成坚硬结壳，阻碍水分下渗，因而土壤渗漏速率低，在降雨量大时，易发生径流和水土流失。

表 17　红壤的利用状况对土壤持水性及渗漏速度影响

土壤利用状况	海拔/m	采样深度/cm	持水性/(g/100g 土)				渗漏速度/(mm/h)
			2.5kPa	10kPa	30kPa	1.5MPa	
阔叶林	130	0～20	32.0	25.3	23.7	17.0	105.5
		70～90	25.0	20.1	19.7	14.5	48.4
人工幼林	55	0～20	21.2	28.2	24.8	18.7	432.0
		70～90	34.9	30.9	26.4	21.2	159.0
人工幼林	40	0～20	33.1	30.8	26.5	17.9	36.0
		70～90	30.9	30.2	29.3	24.0	54.0
旱地	30	0～20	32.9	31.6	29.9	18.4	278.0
		70～90	26.4	24.6	20.1	14.8	21.0

2.2.2　养分循环特点

红壤丘陵区土壤养分循环的特点是营养物质积累快，分解也快，养分归还迁移不平衡，导致红壤肥瘠不均。

1. 从归还方面看

由于利用方式不同，养分归还方式各异，对森林土壤而言，主要有降雨及凋落物归还，而农田主要有降雨和施肥归还。归还的养分总量（表 18）以林被覆盖度大的季雨林、雨林、阔叶林较多，覆盖度小的人工林较少；农田则随施肥量而定。

表 18　红壤不同利用方式下养分平衡　　［单位：kg/(hm^2·a)］

利用方式	养分输入			养分输出			盈余量
	降水归还	凋落物归还	合计	地表径流损失	深层渗漏损失	合计	
阔叶林	144.4	319.2	463.6	28.5	34.0	62.5	401.1
人工林	41.5	51.2	92.7	65.3	23.6	88.9	3.8
农地	41.5	2147.1	2188.6	—	—	2082.8	150.8

2. 从迁移方面看

林地养分主要有地表迁移和深层渗漏迁移；农田养分主要是农作物移出系统外的迁移。养分的迁移总量以覆盖度大的季雨林和雨林较高，而人工林较低，但前二者的迁移量只占养分归还量的 12%～14%，而后者却占养分归还量的 96%。

对林地来说，养分迁移量随降雨量的增加而增大，这主要是地表径流增大所致。

3. 从平衡方面来看

阔叶林养分年盈余量大，人工林的养分处于收支基本平衡状态，而农田则视施肥量而定，一般稍有盈余。在天然林地，归还量最大的元素是硅、钙、氮等，而迁移量最大的则是钾、钠、钙、镁等元素，但由于归还量远大于迁移量，因而所有元素均有盈余。人工林地除磷、铝外，其他均亏损。农田氮、磷有结余，钾则亏损。由此可见，提高植被覆盖度，是促进土壤向肥沃方向发展的重要条件。

2.2.3 水分和养分的调控

调控水肥要因地、因时、因作物而宜，这里仅从节水节肥的角度，探讨一下有关拦截地表径流，利用土壤不同深度的水分，合理灌溉以及水肥互利的技术及工程措施。

1. 工程措施

主要是建立山塘水库和水平梯田，目的在于拦截地表径流以蓄水，在干旱季节可供作物对水的需求。中科院千烟州红壤试验站在3062亩低丘区修建了10多个山塘，保证了近千亩的果园和农地对水分的需要，获得了持续增产。

2. 耕作措施

建立合理的间、套、轮作制和耕作制，以充分利用土壤深层的水分，协调水肥间的关系。在海南省进行的胶肥间作和在红壤站进行的林木与花生间作试验都表明，林农间套与单一种植相比能增加土壤含水量、土壤养分和植物的生物量（表19）。

表19 红壤丘陵区实行农林间套作对水肥的影响

种植方式	养分状况				土壤含水量/%	生物量/(kg/亩)
	有机质/(g/kg)	P_2O_5/(g/kg)	K_2O/(g/kg)	合计		
橡胶林-绿肥	13.8	0.32	20.8	34.9	13.8	2500
单作橡胶林	10.2	0.41	20.6	31.2	12.3	1000
林木-花生	10.8	0.71	19.8	31.3	30.7	800
单作林木	8.1	0.63	11.8	20.5	24.8	400
单作花生	12.5	0.65	13.0	26.1	25.0	400

3. 覆盖技术

采用覆盖技术可以有效地减少地表径流，增加土壤渗漏，提高作物产量。试验结果表明，死物覆盖对减少地表径流、增加土壤渗漏和提高作物产量均有较大作用，用死物进行地表覆盖，每公顷土地每年可节水6000t，用活物覆盖可节省3000t，而用塑料薄膜覆盖，可节水3750t。因此，在旱季应大力推广死物覆盖技术（表20）。

表20 不同覆盖物对红壤水、肥变化的影响

项目	死覆盖（A）	活覆盖（B）	薄膜覆盖（C）	对照（D）	D–A	D–B	D–C
径流量/mm	278.1	391.2	686.6	480.0	181.9	88.8	–206.6
渗漏量/mm	486.6	364.9	119.0	299.7	186.9	65.2	100.7
蒸发量/mm	645.9	735.8	492.7	880.0	234.1	144.2	387.9
玉米产量/(kg/亩)	866.7	793.1	777.0	588.9	197.8	124.2	108.1

注：数据由马渭俊、文化一提供。

4. 合理灌溉

所谓合理灌溉是指根据作物需水特性和降雨的季节性规律，进行适时适量灌溉和提高灌溉水的利用率。灌溉时期是影响灌溉效果的重要因素，试验表明，早稻在扬花期进行灌溉，较非扬花期灌溉，产量增加4.5倍，水的利用率也大大提高。

此外，灌溉还应随作物品种、播期及耕作制度而异，以适应或者避开季节性干旱，力求节约用水。

2.3 低产田、地、园、林和塘的改造

2.3.1 低产水田、旱地的改造

首先，引种良种。水稻推广“杂交稻”与“赣选19”等优质稻，红薯示范“苏薯一号”“南薯一号”

与“红心脆”，配之以尼龙薄膜覆盖育秧，比对照增产 10%～15%；其次，推广水稻、花生、油菜专用肥，多点示范；最后，改革耕作制，实行多种种植模式与免耕、保墒、覆盖等耕作方法，提高复种指数 30%～50%，调节土壤水分与温度，使土壤含水量小于 15%和地表极端高温大于、等于 40℃的频次仅为其对照的一半，成本效率提高 48%。

2.3.2　茶园用草甘膦除草

江西红壤丘陵区约有茶树 4.4 万 hm^2。长期以来，草害突出。人工锄除强度大，效果差，草欺茶现象十分严重，影响了茶叶的产量和品质。茶园杂草主要为白茅草，每公顷密度达 15 万株以上。此外，还有加拿大蓬、珍珠菜、马唐、鸡眼、酢浆、辣蓼、地脚草及狗牙根等十多个品种，茶园受害面积占 80%以上，某些受害严重的茶园中杂草覆盖面积超过 60%，导致茶叶无收。为此，根据丘陵茶树生长特点及杂草危害情况，选择广谱性除草剂草甘膦（10%水剂）喷洒，效果甚佳。对一年生杂草，用 7.5kg/hm^2 剂量时，马唐、加拿大蓬、辣蓼、酢浆、牛筋等将全部死亡。而对白茅、珍珠菜等抗性强，密度大的杂草，即使用药剂量加大 10%～30%，因其生理药效较慢，经两个月后，死亡率才达 90%以上，但 3 个月后存活率又回升 5%～10%（表 21）。

在草甘膦水溶液中，添加洗衣粉或碳酸氢铵可提高效率 2%～4%。与人工除草相比，省钱省力 1 倍以上。

表 21　草甘膦对茶园白茅草的防除效率

施药量/(kg/亩)	白茅草数/(株/亩)								总茅草数/(株/亩)	杀死茅草数/(株/亩)	防除率/%
	Ⅰ		Ⅱ		Ⅲ		Ⅳ				
	施药前	施药后	施药前	施药后	施药前	施药后	施药前	施药后			
0.5	78	12							78	66	84.6
1.0			48	3					48	45	93.8
1.5	22	14	34	0	29	7			85	64	75.3
1.0+200g 碳铵			42	0			60	2	102	100	98.0

2.3.3　综合改造低产橘园

余江县洪湖园艺场 31.33hm^2 柑橘产量长期徘徊在 20 万～25 万 kg，每公顷产量不足 7500kg，且病多质量差，甜度不够。1988 年贷款 10 万元，制定技改实施方案。首先，完善水利配套设施，当年冬干期间灌水两次，为秋梢萌发提供充足的水分。其次，增施钾肥，提高了柑橘的甜度，而根外喷施硼、锌肥，能防治柑橘落花与花而不实。再次，改变传统的施肥方式，根据春季雨水多、气温低的特点，不施或少施花芽肥，重施稳果壮果肥。最后，防治病虫害，及时治理吸壁虫，从而提高了柑橘产量。以 1989 年为例，柑橘总产达 80 万 kg，比上年翻了两番多，达历史最高水平，产投比约 1.8∶1。

2.3.4　低改塘库渔业

根据我站低改水塘的实践，1990 年选择站附近的余江县洪桥水库（500 亩），进行低改模式的推广与开发。向专业户贷款 3.5 万元。立体放养草鱼、鲤鱼、鲢鱼 8 万尾，塘边建猪圈（养猪 1000 头）、鸭棚，并垦荒种黑麦草，形成以草喂猪、鸭，猪鸭粪肥地肥草又喂鱼的食物链，当年产鱼 2 万～2.5 万 kg，约为 1989 年产量的 4～5 倍。产投比约 2∶1，得到了多层利用，多次增值的效果。

3　红壤区农业持续发展

红壤区农业持续发展主要是合理利用该区自然资源优势，保持生态环境的良性循环，提高资源利用率，在保证粮食生产的同时，开发“适生、适销、高效”的农业产品，走出“各地”小农业，向大农业延伸。因地制宜，发展“两高一优”农业，调整种植结构，发展名特优农产品，为农业持续发展累积资金。林业建设是丘陵区农业持续发展之本，农业生产的重要屏障。实行封山育林、造林、营林，是保证该区自然资源的永续利用的重要措施。

长期以来，由于采取平原地区发展农业的方针和策略，指导山丘地区的农业发展，致使山丘地自然资源优势未能充分发挥，反而导致资源破坏、生态环境恶化、农业生产发展缓慢的被动局面。因此防治的关键在于改造生境条件，因地制宜开发利用；优化农业生态模式，充分发挥潜在优势；寓治于用，用养结合，促进整个生态系统的农、林、牧、果、渔良性循环，使其向高效、高产、优质、低耗、持久与相对稳定的方向发展。

3.1 改造生境条件，稳定水热状况

红壤生态系统的退化往往是从毁林或单一种植等生境变化开始的。所以，把红壤生态系统内的改土与治山、治水结合起来，促进地面大气层、生物气候与土壤内部三方面的水热动态的协调和稳定。

3.1.1 植树造林

在低丘红壤上营造护田林或实行混农林业，对于调节农田小气候，美化环境都有重要作用。营造护田林，首先要因地制宜在丘顶、岗背、山脊、风口配置永久性林带[11]。其次，林带要与农作物保持一定距离，不与作物争光、争水、争肥，在树种选择上要注意选择树冠适中、抗逆力强、生长快的品种。最后，农林混合、互相促进，一林多用、以林促牧。研究表明（表 22），花生与林木间作较各自单作既增加了土壤水分、养分和光能利用率，又有利于缓冲地面的水热状况。

表 22 农业林间混作的水肥效应

项目	水分			养分					经济效益/(元/hm²)
间作方式	土壤持水性/(g/kg)	有效水/(g/kg)	流失量/(g/kg)	氮（N）/(g/kg)	磷（P_2O_5）/(g/kg)	钾（K_2O）/(g/kg)	有机质/(g/kg)	流失量/(g/kg)	
林木+花生	307	63	—	0.63	0.71	19.80	12.50	—	7750
林木	248	48	—	0.43	0.65	11.80	8.10	—	3000
花生	259	52	—	0.52	0.65	13.80	10.80	—	6000
马尾松	246	61	7170	0.63	0.63	15.60	10.40	100.9	—
荒地	209	48	9630	0.57	0.60	11.80	7.50	73.3	—
阔叶林	265	86	6121	0.67	0.60	16.50	11.80	71.3	—

3.1.2 灌蓄节水

1. 引水灌溉

引水灌溉是旱季稳定土壤水分状况的重要措施。据江西资料，红薯旱季灌溉，块根增产 81.34%～118.24%，茎叶增长 41.95%～100.66%。同时，灌溉可使 0～15cm 土层地温降低 5～6℃，显示出良好的稳温效果。

丘陵红壤区要实现蓄、引、提三结合，通常有以下四种解决方式[12]：一是山前丘岗，依出傍丘，可利用渗水源层层拦蓄，修建山塘水库；二是盆地中波状低丘，可利用丘间洼地逢沟筑坝或河旁提水灌溉；三是地势平缓连片的滨湖、河旁丘岗阶地，既可提水上田，也能在其上游筑坝建库；四是远离水源的丘岗，在其坡麓打土井（直径 1～2m，深 7～10m）提水灌溉，缓解干旱缺水矛盾。

2. 覆盖保墒

地面覆盖可减少蒸发。据中科院红壤站和江西省红壤所田间定位试验，在雨养条件下，覆盖比对照增产玉米 16%～20%；花生 38.2%；大豆 29.3%。茶叶叶芽头数增加 3.4～7.8 个/0.1m²，柑橘增产 6.0～14.5kg/株。但不同覆盖物保水效果不同，以稻草优于地膜、活覆盖和对照（图 3）[13]。活覆盖（竹豆和生草）在干旱严重时，有与茶果争水争肥的矛盾。地膜覆盖在前期可防渍保温，但中后期则因阻隔雨水和追肥不便，效果相对较差。

图 4 显示了以 400kg 和 200kg 油菜秆作覆盖对花生地水分耗损的影响。在雨季结束 30 天后，0～50cm

土层耗水总量，未覆盖地分别是覆盖地的 2 倍和 1.3 倍，对照地是亩盖 400kg 的 2 倍；200kg 的 1.3 倍，而覆盖 200kg 油菜秆又是覆盖 400kg 的 1.5 倍。

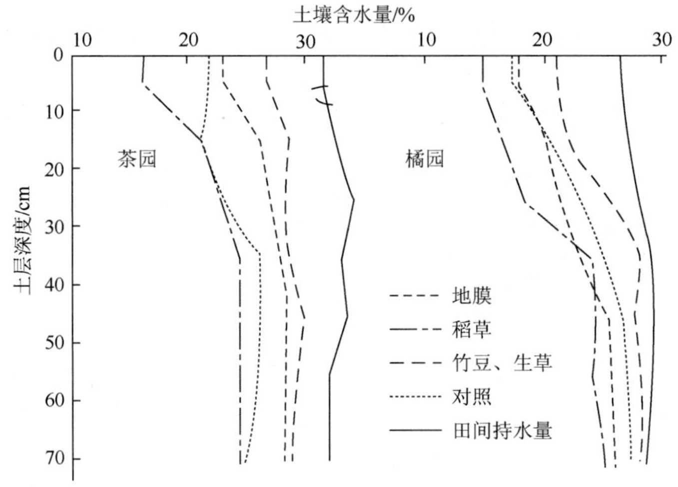

图 3　不同覆盖物对茶园、柑橘园土壤水分的影响

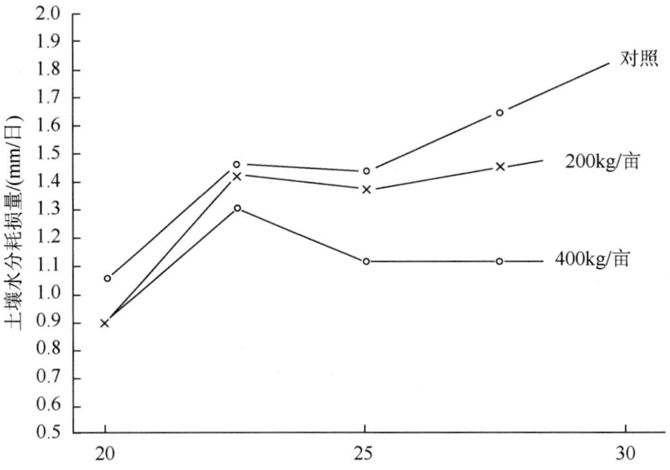

图 4　以油菜秆作覆盖对花生地水分耗损的影响

3. 坑洞沟蓄水

包括小洞深蓄（简称洞蓄），坑膜蓄灌（简称坑灌）和等高截水沟（简称等高沟）。洞蓄即沿柑橘季用干草堵塞洞口，防止蒸发。坑灌是在橘树行间隔行挖坑，每两株共一坑，坑呈 1m 见方或长方形，深 1m，容积 $1m^3$，再用形状相同的塑料袋（膜厚 0.1mm 以上）垫衬在坑内，以贮积降水和地表径流，蓄满水后（约 1000kg）用薄膜盖口防止蒸发（表 23）。等高沟即在等高种植的茶果园内，开挖宽 0.8～1m、深 0.8m 的等高截流沟。三种蓄水方法均能增蓄土壤含水量，在一般旱年不致受旱[14]。

表 23　坑膜蓄灌与对照土壤含水量比较（多点平均）

深度/cm	1989 年 8 月 15 日				1989 年 10 月 4 日				2 次平均				坑灌比对照增减（0～60cm）	
	坑灌（灌后第 7 天）		对照（连晴 13 天）		坑灌（灌后第 7 天）		对照（连晴 13 天）		坑灌		对照			
	/mm	含水量/%	/mm	含水量/%	/mm	含水量/%	/mm	含水量/%	/mm	含水量/%	/mm	含水量/%	/mm	含水量/%
0～20	52.4	21.3	40.0	16.6	49.2	20.0	39.1	15.9	50.0	20.7	40.0	16.3	10.0	4.4
20～40	69.1	24.5	59.5	21.1	60.3	21.4	53.9	19.1	64.7	23.0	56.7	20.1	0.0	2.9
40～60	73.2	26.7	60.0	22.2	61.9	22.6	56.7	20.7	67.6	24.7	50.0	21.5	0.0	3.2
0～60	194.7	24.2	161.1	20.0	171.4	21.3	149.7	10.6	103.1	22.0	155.5	19.3	27.6	3.5
		平均		平均		平均		平均		平均		平均		平均

3.1.3 修筑梯田

坡地修筑梯田是改良红壤坡地水势条件与养分状况最彻底的办法。它使地表处于相对等高的状态，达到保水、保土、保肥的目的。据江西省红壤研究所在红壤丘陵缓坡地测定的结果[14]，在一次降雨量为 60～80mm 时，水平梯田基本保蓄了水分，未发生地表径流，等高不水平的梯田，可保蓄 70%左右，而坡耕地仅保蓄 40%～50%。三者作物产量的比率分别为 100%、70%～90%和 60%～75%。

在修梯田时应因地制宜、合理规划，便于机耕、运输和灌排，有利于水土保持。梯田面宽应根据地形、坡度和土层厚度而定。一般要注意保留表土，创造深厚、疏松、均一的耕作层。

3.2 加大物质投入，提高肥力水平

红壤具有蚀、瘦、酸、黏、板等特点。必须加大物质投放，不断提高土壤调节和供应热、水、气、肥的能力，才能取得较好的收成。

3.2.1 多施有机肥

红壤低产的根本原因，是有机质少。大量施用有机肥，可以加速土壤有机质积累，改良红壤一系列不良性状。有机质经过微生物的分解和合成作用，形成的深色腐殖质与红壤中的矿质胶体结合，形成有机-无机复合胶体，促使以低硅矿质胶体为主的冷性土变为以复合胶体为主的生理热性土。胶体品质的改变，从根本上改善了土壤对养分的保蓄和供应性能。同时有机质不断矿化也丰富了土壤营养物质，因此，随着有机质含量的增高，红壤养分状况和供肥能力显著好转（表 24）。

表 24 红壤有机质含量与养分状况的关系

采集地	熟化度	有机质/(g/kg)	全氮/(g/kg)	全磷/(g/kg)	交换性基盐总量/(cmol/kg)	pH
南昌	荒地	3.10	0.3	0.4	2.89	4.5
	种植四年	16.10	—	—	—	—
进贤	荒地	9.90	0.8	0.1	1.47	5.0
	基本熟化	13.90	0.9	0.6	0.31	5.8
	强度熟化	16.90	1.0	0.8	11.39	6.4
刘家站	荒地	5.2	0.4	0.3	1.04	5.5
	种植五年	10.2	0.7	0.6	12.94	5.7

有机肥源主要包括种植绿肥，养猪积肥和秸秆还田三个方面。

此外，随着有机质的增加，腐殖质逐步成为结构体的主要胶结物质，土粒表面包被的铁锰胶膜逐渐由有机-无机复合胶膜所代替，从而使耕层土壤的水稳性团聚体增加，土壤容重减轻，孔隙度增加（表 25），通透性能良好，缓和了热、水、气、肥之间的矛盾。为土壤和作物的协调，创造了稳、匀、足、适的环境条件。

表 25 红壤有机质含量与物理性状的关系

采集地	熟化度	有机质/(g/kg)	容重/(g/cm^3)	孔隙度/%	土壤含水量/%
进贤	荒地	9.9	1.53	43	—
	基本熟化	13.9	1.40	46	—
	强度熟化	16.9	1.36	50	—
刘家站	荒地	5.2	1.55	42	—
	种植五年	18.2	1.03	60	—

续表

采集地	熟化度	有机质/(g/kg)	容重/(g/cm^3)	孔隙度/%	土壤含水量/%
南昌柏岗	荒地	3.1	—	—	16.3
	种植四年	16.1	—	—	21.3

1. 大种绿肥

绿肥是富含有机质和氮、磷、钾养分的完全肥料，特别是豆科绿肥，由于根瘤菌的固氮作用，体内氮素丰富。同时，绝大多数绿肥作物吸肥能力强。从而使养分得到活化和富集。一般新鲜绿色体中含有机质10%～15%，氮素 0.4%～0.8%，磷素 0.1%～0.2%，钾素 0.3%～0.5%。因此，绿肥翻压入土后，不但能补充红壤的矿质营养，而且可以提高土壤有机质含量。群众说："绿肥种三年，瘦田变肥田"。种植绿肥首先要选择适生、速生、抗逆力强、覆盖度大、产量和肥效都比较高的种类和品种。目前冬季绿肥主要有肥田萝卜、蚕豆、豌豆、苕子、紫云英；春夏季绿肥有豇豆、绿豆、猪屎豆、田青。多年生绿肥有胡枝子、山毛豆、紫穗槐等。果、桑、茶园内间作绿肥，已成为各地"以园养园"的有效措施。

2. 养猪积肥

猪厩肥改土主要依赖富含大量有机质和微生物，能显著改善土壤胶体品质。猪粪含有充足的氮、磷、钾养分，且与所喂饲料种类密切相关，以配合饲料油枯饼饲喂的猪所产之粪便，不但养分丰富，而且其交换性能远比用其他饲料喂养者优。

3. 秸秆还田

秸秆中含有糖类、淀粉、纤维素、半纤维素、脂肪、树脂、木质素、含氮化合物等物质，经过微生物分解以后，可形成大量的活性有机质并释放出矿质营养元素，特别是豆科作物秸秆，富含有机质及氮素，肥效尤佳。

3.2.2 合理施用化肥

合理施用氮、磷、钾矿质肥料对于进一步改善红壤的供肥状况，提高作物产量，也有着重要的意义。在开垦早期或尚处于熟化初期的红壤，氮、磷效果都很显著，特别是磷肥，肥效往往超过氮肥，且肥力越低者磷肥的效果越大。磷肥在土壤中移动性小，后效较高，随着红壤熟化，磷素有一定累积以后，磷肥肥效（在没有氮素的配合下），又会逐渐降低。

红壤开垦后，由于耕作频繁，有机质分解快，氮素含量相应降低。同时，作物从土壤中取走的氮素要比磷素多。谷类作物中氮、磷比例约为 2∶1。而且由于施磷，作物产量提高，又大大加速了氮素的消耗。因此，中度熟化的红壤施用磷肥与氮肥的肥效差异很小。随着土壤熟化度继续提高，氮素供应日趋紧张，氮肥的效应明显地大于磷肥。

钾肥肥效一般比氮、磷稍差，这是因为红壤中钾的淋失率较小，含钾量相对较高。其中第四纪红黏土发育的红壤为 13.5g/kg，红砂岩发育的为 1.g/kg。在耕垦初期，除甘薯、马铃薯、大豆、花生、玉米、烟草等需钾较多的作物对钾肥有较高的增产效果外，其他作物反应不明显，但是随着利用年限的增加，复种指数和产量的提高，作物从土壤中吸取大量钾素，红壤中钾的供应水平逐渐降低，钾肥肥效渐趋显著。多年的钾肥试验表明，钾肥无论对旱作物或水稻都有良好的增产效果，增产率一般都在 10%～12%以上，高的达 30%以上。各种钾肥品种都有增产。一般认为，窑灰钾肥、钾钙肥等矿质钾肥以作基肥较好，氯化钾、硫酸钾等化学钾肥，除可用作基肥外，也可作早期追肥。红壤中钼、硼、锌、镁、铜等微量元素，虽然在酸性条件下可以提高其有效度，但由于受到强烈的淋溶，绝对含量低，施用微量元素肥一般都有较好的效果。特别是钼和硼对于柑橘、大豆、花生、紫云英、油菜等增产显著。在不同程度熟化红壤旱地上试验，旱大豆用 1g/kg 硼砂拌种，增产 11.07%，旱花生用 1g/kg 钼酸铵拌种增产 7%～15%，油菜使用硼、钼肥增产 10%～20%。

3.2.3 施用石灰

红壤施石灰的主要作用在于中和酸性，减轻活性铝危害，提高土温，增加钙素，因而能促进微生物繁殖，间接调节土壤养分状况，改善物理性质。在低丘红壤区的适宜施用量为 750～1125kg/hm^2，效果最好的可使土壤提高 1 个 pH 单位。试验资料表明，施用有机肥料配合施石灰可使花生增产 10%，大豆、水稻增产 10%～20%。石灰后效较长，根据轮作换茬制度，选择适宜茬口施石灰是必要的。值得注意的是应该与有机肥配合施用，否则可能引起土质板结。

3.3 合理轮作、耕作，充分发挥潜在优势

合理安排茬口，搞好田间耕作管理，不但产量可以提高，而且土壤肥力也可以不断改善。这主要是由于通过人们的合理种植、轮作耕作等措施，使土壤中水热动态趋于稳、匀、足、适，为根系的生长，土壤微生物的活动创造了条件。

同时，合理的轮、间、套、复种，可以充分利用红壤生境条件的光、热、水资源优势，特别是轮作复种中安排豆科作物，效果更好。总之，使合理利用红壤的过程成为改良红壤的过程。

3.3.1 因土种植

农作物都有自己的土宜特性，按作物土宜种植，不但产量较高，而且培肥改土效果也显著。根据红壤的熟化程度，选择最适宜的作物既可充分利用红壤的增产潜力，又有良好的养地效果。

新垦旱地肥力差，宜种性窄，在没有大量有机肥料和其他许多措施配合的情况下，只有少部分作物，绿肥和树种适合种植，这类作物通常被称之为红壤地上的“先锋作物”或“先锋树种”，它们是甘薯、花生、马铃薯、芝麻等农作物，茶叶、油茶、油桐、桑、柿、柑橘、梨、桃等园林作物，肥田萝卜、豇豆、光叶紫花苕子、紫云英、猪屎豆、紫穗槐、胡枝子等绿肥牧草以及马尾松、湿地松、苦槠、合欢、泡桐、桤木等林木。

必须指出，因土种植是相对而言的，因为红壤的熟化程度及其熟化的快慢，取决于人们的投入，如果在开垦初期能修筑水平梯田，施用大量有机肥，及时灌溉等满足作物生长发育的需要，显然就不存在所谓种植“先锋作物”了。

红壤最常见的障碍因素是酸害铝毒。如果选用耐酸及耐铝毒作物就可大大减少因消除铝毒所需的投入。此外，缺磷也是一个严重障碍因素，红壤的标准需要磷量为 100～500μg/g 土，这相当于 3600～18 000kg/hm^2 过磷酸钙。如果能选择耐低磷的作物或者种植能较好利用难溶性磷的甜菜、花生、油菜等，也可降低磷的收入。

3.3.2 合理间作套种

低丘红壤地区历来有间作套种的习惯。近年来，不仅间套面积逐年扩大，而且形式更多，增产越来越显著。对红壤生态系统来说，通过间作套种，可以稳定水热动态，促进作物与土壤之间的协调，从而夺取高产。

间作套种主要功能在于高温和多雨季节保持连续、多层的植被，缓冲地面上下水势状况的剧烈变化。由表 26、表 27 可见，高粱大豆间作行间与二者单作行间比较，温度日变幅和热周期变幅都变小，绝对最高温度低 5.5℃。同时地面大气相对湿度较大，日变幅较稳定，土壤含水量较高，间套作日平均湿度比单作高 7%～8%，日变幅小 13%～16%，耕层土壤含水量高 1.7%左右。

表 26 红壤的间套作旱地与单作旱地土温变幅比较 （单位：℃）

间套种形式	温度日变幅			热周期变幅			地表绝对最高温度
	地表	5cm 处	10cm 处	地表	5cm 处	10cm 处	
休闲露地	14.0	10.0	9.9	0.5	2.1	2.0	43.2
高粱单种行间	10.2	6.0	3.4	1.4	1.0	0.9	40.0
大豆单种行间	9.4	6.3	3.0	2.3	1.0	0.0	40.0
甘薯单种行间	9.0	4.0	2.6	0.6	0.9	0.0	30.3
高粱间大豆大豆行间	6.3	3.6	2.1	1.5	1.0	0.0	35.0
高粱间大豆高粱行间	6.0	5.0	2.9	0.5	1.2	0.0	34.0

表 27　红壤的间套作旱地与单作旱地地面大气温度与土壤含水量变化比较　　（单位：%）

测定时间		休闲露地	高粱单种行间	大豆单种行间	甘薯单种行间	高粱间大豆大豆行间	高粱间大豆高粱行间
6月22日	8时	69	61	65	65	90	90
	14时	49	49	59	47	67	77
	20时	90	65	90	90	65	90
	平均值	69	72	70	71	61	86
	日变幅	41	36	31	13	23	13
6月23日	8时	66	69	77	65	90	60
	14时	40	40	50	73	61	63
	20时	65	61	65	47	22	60
	平均值	60	66	71	67	65	75
	日变幅	37	33	35	34	23	10
6月24日	8时	59	66	76	73	73	76
	14时	40	40	52	49	64	70
	20时	65	61	65	65	65	65
	平均值	64	65	71	69	74	77
	日变幅	37	33	33	36	24	15
耕层土壤含水量		14.0	16.0	17.7		19.0	10.23

由于间套作旱地水热动态相对稳定，为作物与土壤之间的协调创造了条件，因而增产显著。研究资料表明，在施肥和管理水平基本相似的情况下，凡采用间套作（三熟以上）的产量都超过 6000kg/hm^2，而二熟连种的只有 3390～5214kg/hm^2，仅为三熟制的 78%～88%，间套每亩纯收入增加 30%左右。

3.3.3　合理轮作换茬

合理轮作换茬，能在一个年周期或一个轮作周期内解决作物与土壤之间的供需矛盾，并保持连续性的均一植被，这在高温和多雨季节尤为重要。生产者必须根据当地的气候特点安排好各季作物茬口，做到间作套种，茬茬扣紧。新垦红壤多采用花生-肥田萝卜（绿肥）；甘薯-肥田萝卜（绿肥）一年一熟制，或花生-油菜（早熟种）一年两熟制。

初度熟化红壤的轮作形式主要有春夏种甘薯、花生、芝麻等，秋冬种油菜、大萝卜、苕子留种等的一年两熟制或油菜-花生-荞麦一年三熟制。

3.3.4　合理深耕

红壤旱地耕层浅薄，不能满足作物根系伸展及正常生长发育所需的良好环境和营养范围。进行合理深耕，目的在于创造一个深厚的均一的肥沃的耕作层，促进土壤熟化。

雨后进行中耕及表土埋草深松耕作等措施对于吸蓄雨水、减少蒸发、稳定水热动态有明显的作用。此外，在红壤坡耕地上，采用等高耕作、留茬、作畦以及选择耐旱作物、选用早熟品种、适当提早播种和推行合理密植等措施都是行之有效的抗旱保墒经验。

3.3.5　旱地改水田

旱地改水田可以加快土壤熟化速度，增产幅度也相当明显。正如群众所说：“地改田，一年抵三年”。旱改水增产的主要原因是，第一，土地经过平整后可以进行人工灌溉，解除了干旱威胁，并能满足高产作物在夏秋高温季节的较高需水量，从而可充分利用夏秋充足的光、热因素达到高产；第二，解决了红壤的水、土、肥冲蚀问题，变“三跑田”为“三保田”；第三，土壤在淹水条件下水热条件的变化相对稳定，施用有机肥料容易促成腐殖化，提高土壤的保肥供肥能力；第四，改变了红壤旱地宜种、宜肥、宜耕范围窄的缺陷，有利于水旱轮作，便于安排作物茬口。旱改水田后有机质和养分含量增加，酸度和活性铝含量明显下降，交换性盐基总量上升，盐基饱和度提高（表 28、表 29）。

表 28 红壤（红黏土）旱地改水田后的土壤肥力变化

土壤	pH	有机质/(g/kg)	全氮/(g/kg)	全磷（P_2O_5）/(g/kg)	速效磷/(mg/kg)	全钾（K_2O）/(g/kg)	交换性钾/(cmol/kg)	交换量/(cmol/kg)
红壤老水田	6.2	23.11	1.73	1.56	73.70	7.97	0.226	7.04
改田八年	6.2	10.26	1.30	1.56	12.60	10.0	0.363	9.92
改田五年	5.3	11.00	1.15	0.96	11.15	0.32	0.246	6.93
改田两年	5.71	7.99	0.09	0.05	6.60	15.4	0.177	0.57

表 29 红壤旱地改水田前后主要性状的变化

类别	土壤深度/cm	有机质/(g/kg)	全氮/(g/kg)	全磷/(g/kg)	全钾/(g/kg)	pH	交换性酸/(cmol/kg)	交换性氢/(cmol/kg)	活性铝/(cmol/kg)	交换性盐基总量/(cmol/kg)	盐基饱和度/%
旱地	0～20	3.70	0.40	0.30	12.5	4.75	4.00	0.036	4.041	0.45	5.9
	20～40	3.10	0.39	0.30	12.6	4.70	4.29	0.036	4.254	0.45	5.8
	40～60	2.90	0.31	0.37	11.6	4.65	4.59	0.036	4.551	0.644	5.5
	60～80	2.50	0.30	0.39	11.7	4.60	4.03	0.023	4.007	0.40	5.1
	80～100	2.40	0.26	0.643	12.0	4.70	4.00	0.041	4.039	0.44	5.2
改水田	0～20	4.10	0.37	0.52	—	4.95	1.16	0.027	1.133	3.52	53.2
	20～40	2.90	0.36	0.42	—	4.70	4.90	0.029	4.071	4.25	50.7
	40～60	2.90	0.35	0.43	—	4.65	5.66	0.054	5.606	0.14	1.9
	60～80	2.50	0.35	0.42	—	4.60	5.16	0.027	6.133	0.19	2.2
	80～100	2.40	0.32	0.42	—	4.60	3.19	0.020	6.170	0.30	3.7

4 结　语

红壤是我国重要的土壤资源。红壤区农业的持续发展，必须突破以粮食为中心的生产模式，变自给成分为主的“分散型”为适度规模的基地“开发型”，要立足现有耕地，面向广大山区，形成山、丘、平、谷并举，发展立体农业，参与市场流通。

红壤区农业生产素有重耕地、轻山丘；重水田、轻旱地；重粮食、轻经作和林木的传统习惯，所以林业（用材林、经济林等）发展缓慢。除种植业外，林业、畜牧业、渔业等也都需要提高单位面积的产量和质量。

实现高效增收，就要将经济效益放在重要位置，因地制宜地调整生产结构，增加果品、蔬菜、畜禽、水产品的比重，并将农产品加工业作为高效农业的重要组成部分，促进农产品的增值。

在不同类型区，应结合其社会经济条件因地制宜，选择适宜的开发模式。利用地方优势，大力发展地方经济，坚持“合理分工，各展所长、优势互补、共同发展”的原则，加强地方农业开发。

此外，红壤区有多种名特优农林产品，如江津甜橙、南丰蜜橘、黄岩蜜橘、沙田柚、祁门红茶、西湖龙井茶、铁观音茶及茉莉花茶等。对这些农作物，该区有悠久栽培历史，农民又有生产管理、加工技术和经验，进一步扩大这些作物的种植面积与提高品质已成为实现高效持续农业的一个重要方面。

参 考 文 献

[1] 红黄壤利用改良区划协作组. 中国红黄壤地区土壤利用改良区划. 北京：农业出版社，1985：1-30.

[2] 李平安，陈绍荣. 余江的气候与农业. 江西农业科技出版社，1993.

[3] 谢先德等. 农村生态环境质量指标体系初探. 农业生态系统国际学术讨论会论文集，北京：中国环境出版社，1987.

[4] 史学正. 我国土地退化对环境的影响. 土壤环境变化，北京：中国科学技术出版社，1992：133-137.

[5] 余江县土壤普查办公室. 余江县土壤. 1986：13-21.

[6] 史德明，杨艳生. 土壤侵蚀与土地退化. 中国土地退化防治研究，1990：179-184.

[7] 杨艳生. 我国南方主要侵蚀类型区及水土保持经验. 中国土地退化防治研究，北京：中国科学技术出版社，1990：189-193.

[8] 江西省土地利用管理局. 江西红壤. 北京：中国农业出版社，1991.
[9] 季国亮. 中国土壤的酸度和酸化问题. 我国土地资源利用及其变化论文集，1988：86-93.
[10] 于天仁，张效年. 中国土地的酸化问题. 酸雨与农业，北京：中国林业出版社，1983：78-84.
[11] 侯光炯，高惠民. 中国农业土壤概论. 北京：农业出版社，1982：189-217.
[12] 王明珠. 谈谈江西土壤资源的开发利用. 农业现代化研究，1986，4：38-40.
[13] 张淑文. 丘陵红壤旱地覆盖保墒措施的研究. 江西红壤研究第九辑，1987：86-91.
[14] 贺湘逸，等. 红壤抗御季节性干旱农业技术措施研究. 南方红（黄）壤区域农业研究资料汇编，1986-1990：33-36.

Study on Comprehensive Improvement Techniques of Red Soil Ecological System and Sustained Development of Agriculture

Shi Hua　Zhao Qiguo　Wang Mingzhu　Zhang Taolin　He Yuanqiu　Tang Yongliang　Liu Chongqun
Institute of Soil Science，Acdemia Sinica，Nanjing　210008，China

Abstract

This paper deals with the mechanism of succession against direction and degeneration of ecological environment in red soil area. Therefore，the optimized model of stereoscopic layout，the comprehensive tackle techniques of adjusting and controlling water and nutrient in soil and amelioration of low-yield land，orchard，forest and pond was put forward. At the same time，the strategic key measure of reforming the habitat condition，increasing the input of material and developing the potential dominant were proposed in the view of promoting the sustained development of agriculture.

以生态扶贫带动精准扶贫

赵其国　滕　应

中国科学院南京土壤研究所，南京　210008

生态环境退化与经济贫困恶化是许多国家贫困地区面临的两大困局，也是联合国 2030 年全球可持续发展议程极为关注的重要内容。能否将对这二者的治理结合起来，是科学家们一直思索的问题。中国科学院南京土壤研究所赵其国院士、滕应研究员提出，应以生态扶贫带动精准扶贫，实现减贫脱贫和生态文明建设的“双赢”。

1　建设中国特色生态扶贫产业体系

我们提出的生态扶贫，是以科学发展观和绿色发展为指导，把精准扶贫、精准脱贫作为基本方略，以“消除贫困，生态修复，保护环境，产业致富，改善民生，人地和谐”为生态扶贫的出发点，以集中连片特殊困难地区生态环境综合防治为重点，构建具有区域特色的土-水-气-生-人一体化的生态修复技术体系，建立适合国情的融自然-经济-社会复合系统于一体的生态产业体系；通过全面实施生态扶贫战略，稳固维系中华民族繁荣与文明发展的资源环境根基，坚决打赢脱贫攻坚战，保障区域协同发展、生态环境安全和国民健康，促进小康社会和生态文明的全面建设。面对现阶段和未来相当长一段时期显现或潜在的生态系统退化和环境污染问题，全面贯彻绿色发展理念，统筹贫困地区资源保护与经济社会发展，统筹土壤质量维护与农业持续发展，统筹生态建设与生物多样性保护，统筹环境污染治理与人居环境健康保障，统筹服务扶贫攻坚的中央、地方政府和社会各方资源投入。坚持“扶贫开发与经济社会发展并行，扶贫开发与生态保护并重”，坚持精准扶贫和生态环境综合治理，坚持分区分类生态扶贫；依靠科技进步，强化组织领导，政产学企结合，增强社会合力，群众增收创业，提高扶贫效益，努力建设具有中国特色的生态扶贫产业体系。

我们希望，通过一系列措施，到 2020 年，以消除经济贫困和改善生态环境质量、保障生态安全和人居健康为目标，以集中连片生态脆弱贫困区为重点区域，开展生态产业扶贫工程，集成并推广面向各区域的生态环境修复技术体系；开发基于区域特色资源的生态产品，发展生态产业模式，推动产业转型和民生改善，增加贫困人口的经济收入；根据区域生态承载力评估、生态红线以及生态补偿等手段，实施贫困地区生态环境安全调控和管理技术体系，提升政府决策与管理能力，明显提高我国生态脆弱贫困区的扶贫效益。

2　五大重点战略任务

结合考察情况，我们认为，目前实施生态扶贫需要重点完成五大战略任务。以集中连片特困地区、生态环境脆弱区的生态保护治理、保障与促进贫困地区农业可持续发展、保障生态安全和人居环境健康为基本任务，以消除经济贫困和改善农村生态环境质量为完成生态扶贫战略任务的两大基点。

1. 编制全国生态扶贫规划与产业区划

根据全国各贫困地区生态环境质量状况和区域特色资源情况，深入分析每个区域群众主体致贫的主要矛盾，研究区域水土资源及生态产业发展的限制因子，开展适于区域特色的生态产业区划，建立区域协调的生态环境污染防治机制。针对生态脆弱区和经济贫困区的村镇环境状况，构建基于风险管理的生态环境综合治理体系，制定具有区域特色的生态修复、生态农业、生态旅游、生态工业等产业技术体系和模式，并建立区域联动的生态产业园示范区。

2. 连片特困地区农产品产地环境污染防治与生态修复

农产品产地环境安全是保障土壤与农业可持续发展的关键。开展全面、系统、准确的连片特困地区产

本文原载《光明日报》2011 年 4 月 29 日 010 版。

地环境质量以及污染源的动态普查，掌握主要产地环境（如粮食产区、蔬菜生产区、茶叶主产区、中药材种植区、水果等特色产区）的突出环境问题，建立连片特困地区农业环境质量数据信息系统，科学制定基于农产品安全的生态农业高值产业体系。加强连片特困地区农村环境保护，严格管理化肥、农药、污泥和农业废弃物的生态使用，提高土壤肥力，保护土壤环境。开展农产品产地环境生态修复技术集成与示范，挖掘乡村生态农业旅游资源，形成环保产业带动作用。

3. 矿区及周边生态环境污染控制与生态修复技术及示范

针对连片特困地区（如武陵山片区）大型金属矿区及周边土壤中多种重金属污染十分突出的问题，研发污染土壤及尾矿库的生物/物化生态稳定构建技术；研究酸性高浓度重金属废水循环生态处理技术，建立尾矿渣-水体生态修复工程化技术体系；研究尾矿渣生态综合利用技术以及尾矿堆的稳定化技术；并选择典型废弃矿区（如汞矿、锰三角）实施生态扶贫工程与示范；建设武陵山特色矿都生态地质公园和历史博物馆，形成矿山生态旅游线；通过实施生态补偿，建立特色苗木生态产业基地，为当地脱贫致富提供新途径。

4. 喀斯特石漠化地区生态高值农业综合模式及产业化

针对西南喀斯特贫困地区土壤退化、石漠化严重的问题，分析喀斯特地区生态要素时空演变规律与驱动因素，研发生态要素高效利用技术；研发喀斯特系统退化植被（林、草、农等）生态修复与经济优化重建技术，构建高效生态系统产业技术体系；开展石漠化地区特色林产业、草地生态畜牧业、土水肥耦合生态农业、农村清洁能源化与低碳经济发展等技术体系与示范；系统开发喀斯特地区特殊地形地貌岩溶特色乡村生态旅游精品线；通过实施生态补偿，提升生态服务功能与改善民生，为区域产业脱贫和生态安全保障提供支撑。

5. 连片特困地区生态扶贫战略管理对策

建立连片特困地区生态扶贫机制，构建基于风险的区域生态保护体系。研究并制定区域生态扶贫的相关政策，实施生态扶贫产业标准战略；建立严格的生态环境保护责任制度、补贴补偿制度和投入机制、毁损和污染环境的经济、刑事惩罚制度和行政问责制度等；建立生态补偿制度和管理机制；完善区域和地方生态环境保护监管机构，建立有效的生态环境监测与修复网络；培育生态环保的市场经济机制，为生态扶贫地区的生态产品提供国家生态产品认证书；加强生态环境保护宣传教育，提高当地人民群众的生态文明素质。

生态扶贫的实施，需要加强顶层设计，建立协调机制和完善的技术体系，并引导多渠道资金投入。我们希望，结合区域特色资源和生态环境特点的生态扶贫，能够协调区域生态环境安全与经济社会发展的矛盾，为我国大力实施精准扶贫和区域可持续发展战略提供新途径和新范式。

未来农业科技五大发展趋势

赵其国　　　　黄季焜
著名土壤科学家　中国科学院院士

未来5～10年，农业科技将发生显著变化。主要表现在如下5个领域的新趋势新特点。

1. 植物种质资源与现代育种科技发展

（1）大规模生物种质资源发掘和在植物上的利用技术将快速发展。

科技发展主要特征：生物种质资源的收集和利用将进一步加速，系统生物学将为大规模基因资源发掘和利用提供系统的理论与技术基础，通过基因型分析，综合应用细胞工程、染色体工程、分子标记辅助选择、基因克隆与转基因等技术成为高效种质创新的主体思路。

（2）光合作用研究的可能突破将加快未来植物现代育种大变革的速度。

科技发展主要特征：加快探索碳循环调控的遗传控制规律，在提高光合效率上产生新的思路和手段，为提高光能利用效率和增加作物产量提供理论依据和可能途径；产生"设计作物"新概念，并开始显示在农业产业中引领作用。

（3）系统生物学将为大规模基因资源发掘和利用提供系统的理论与技术基础。

科技发展主要特征：系统生物学研究将在转录水平（转录组学）、蛋白质水平（蛋白组学）以及代谢水平（代谢组学）等三个主要层次对影响一个或多个复杂生物学过程的多个基因及其互作网络开展功能研究，并将形成高通量、配套的研究技术；系统生物学将为大规模研究基因功能提供系统的理论与技术基础，从而显著地改善人类对复杂性状分子机理的认识和加快改良生物学性状和物种特性的实践活动。

（4）分子设计育种将提供大量突破性品种并催生智能植物品种的诞生。

科技发展主要特征：植物质量性状的分子标记定位和分子标记辅助选择在理论上将趋于成熟，技术上将得到更广泛的应用；功能基因组学和系统生物学研究将产生的大量基因资源和对关键基因功能解析的进步，并为作物转基因育种提供材料和快速发展的动力；到2020年，主要粮油作物的基因转移和优异种质创新技术接近完善。

（5）第二代生物质原料生产将成为大农业重要组成部分。

科技发展主要特征：由于以粮食为原料的第一代生物质能源发展对全球粮食安全造成威胁，以农林废弃物和能源专用植物为原料的第二代生物质生产技术和原料生产技术将得到快速发展；基因组学技术的发展将在能源植物的研发速度上产生主要影响。

2. 动物种质资源与现代育种科技发展

（1）大规模生物种质资源发掘和在动物上的利用技术将快速发展。

科技发展主要特征：动物遗传多样性和种质资源评价、发掘、保存和利用的分子和细胞技术以及与之配套的技术体系将得到快速发展；系统生物学将为大规模动物基因资源发掘和利用提供系统的理论与技术基础；有市场价值的生物种质资源发掘将在经济动物上得到初步应用。

传统育种和基因工程相结合培育新的动物品系是动物遗传育种发展方向。科技发展主要特征：利用传统育种方法扩繁优质种群和利用基因工程手段培育新的畜禽品系相结合，是今后5～10年动物遗传育种的重要发展方向；畜禽水产动物的分子设计育种还处于起步阶段，但分子设计育种将依赖系统生物学、生物信息学和遗传学的知识，得到显著发展；重要畜禽水产动物主要经济性状的功能基因组和分子设计育种基础研究已受到发达国家的重视和关注。

（2）动物克隆技术和转基因动物将进一步取得突破。

科技发展主要特征：动物克隆技术将在更多的国家和更大规模上研发发展；提高动物克隆成功率的新

本文原载《中华合作学报》2015年9月22日A05版。

技术将取得重要突破；克隆转基因动物将在药物产业得到初步应用并将显示巨大的开发和市场潜力。

优质经济动物的良种化和健康养殖科技发展将出现新的突破。

科技发展主要特征：低脂肪、高蛋白的优质畜禽水产品科技将成为动物的良种化的重要研发方向；养殖生物特别是海水养殖生物生长速度、抗病能力和产量等诸多经济性状方面的遗传改良潜力技术将引起关注；动物养殖的生态学管理、健康养殖和资源环境改善科技发展加速，实现养殖布局科学、优质高效、节能减排等目标。

3. 资源节约型农业科技发展

资源节约型农业主要包括节地、节水和节能型的农业，其科技发展的新趋势主要体现在如下几个方面：

（1）耕地资源的集约利用与耕地质量定向培育科技研发体系在不断加强。

科技发展主要特征：基于卫星遥感等信息技术和自动化监测技术的发展，建设智能化无线网络监测体系与分布式数据采集与管理平台；土壤肥力评价和土壤肥力演变规律的研究；土壤环境质量、健康质量的培育技术和土壤质量的恢复重建技术体系，障碍土壤改良的生物、耕作和化学改良剂技术。

（2）发展农田生态系统节水技术体系和建设流域水资源保障体系。

科技发展主要特征：通过工程技术，建立最低水消耗的输水系统；水源配水、墒情预报、田间灌溉等自动化控制系统和综合农业技术措施的集成体系；旱地节水农业发展综合技术体系；利用封闭型农田气候工程，抑制棵间土壤蒸发；发展抗蒸化学剂抑制土壤蒸发和减少作物蒸腾；开发基于 ET 管理的真实农业节水新技术；基于流域知识管理的农业节水型社会科技和政策。

（3）高效新肥料的研制和集成农田生态系统养分和能源的高效利用技术研发。

科技发展主要特征：肥料技术向复合高效、缓释/控释和环境友好等多方向发展，特别是可控释肥料研发技术的创新（如生化抑制剂型缓释肥料、低水溶性无机或有机合成肥料等技术）；利用亲水性高分子材料作为养分控释载体的胶黏肥料技术代表了可控释新肥料发展的新方向；农田化肥养分和有机废弃物养分的高效利用技术创新；降低能源消耗、增加水土保持能力的少免耕措施与技术。

4. 农业生产与食品安全科技发展

（1）支撑食品安全的生产技术将成为食品安全的重要技术。

科技发展主要特征：注重有机食品和自然食品科技支撑体系；将环境与健康作为优先发展的领域，注重替代化学品的农业生物技术、生物肥料与农药的开发；加速发展生物综合防治技术和新型农药的研发；注重植物抗性诱导因子的开发并应用到植物病害的防治实践中；注重畜禽水产营养代谢及其调控、动物环境控制及其饲养技术、动物排泄物无害化增值处理方法研究、动物养殖过程疾病控制和健康养殖标准制订等将继续成为国际动物科学研究的核心内容；生态环境质量安全科技将得到更大的关注，特别是土壤污染和水质污染的生物修复技术。

（2）食品安全监控技术体系研发将得到迅速发展。

科技发展主要特征：研发农产品质量安全过程控制技术体系，实现从“农田到餐桌”的全过程管理，建立从源头治理到最终消费的监控体系；加快研发对食品安全的关键检测技术创新和应用；建立危险性快速评估技术体系。

5. 农业信息化与精准农业科技发展

（1）农业信息服务网络化科技将加速发展。

科技发展主要特征：农业资源调查、动植物生产过程中的信息采集系统；农业数据资源与科研设备资源的管理与共享机制；农业虚拟化研究网络化平台建设；农业生产、资源、气象、运输、储存、加工和市场等信息服务的网络化体系技术的研发和应用；农业信息、专家系统、市场预测模型和基于空间技术、遥感技术、传感技术、GPS、GIS、智能化技术等重大关键技术的研发及其在农业中的应用。

（2）种养业管理信息化科技发展。

科技发展主要特征：种业企业管理信息化技术，面向种子用户和零售商的信息化服务技术，种业监管信息化技术；种养业生产和资源信息管理系统技术；农业生产过程环境和生物信息监测无损化、实时化、功能复合化，农作和畜禽水产模型及决策系统的发展趋势表现为由局部性到系统化、数字化、智能化，由经验性到普适性。

（3）精准农业科技进入新的发展阶段。

科技发展主要特征：基于完善的农业信息服务网络，建立模拟及调控模型、智能农业决策支持系统以及智能机械精准作业等的科技发展；作物生长过程的形态演变模型、生态生理模型和计算机可视化模型等研发和应用；农业机械及智能化装备关键理论技术与相关产品；农业装备制造技术向大型、高速、复式作业等方向发展。

信息化与农业现代化

赵其国[1]　叶　方[2]

1 中国科学院南京土壤研究所，南京　210008

2 南京大学城市与资源学系，南京　210093

摘　要

在分析国外农业信息化发展的基础上，阐述了我国农业信息化的发展、应用情况，以及农业信息技术的集成与产业化的重点领域，最后提出了我国现代化农业发展方向。

关键词　信息化；农业现代化；精准农业

随着计算机技术、光纤和卫星通信技术的快速发展，国家信息化水平越来越成为衡量其现代化水平和综合国力的重要标志之一。大力推进信息化，是我国实现工业化、现代化的必然选择，是促进生产力跨越式发展，增强综合国力和国际竞争力，维护国家安全的关键环节，是覆盖现代化建设全局的战略举措。

农业现代化是我国社会主义现代化建设的重要目标之一，在当前国际信息化的大潮中，农业的信息化是农业现代化的必然要求，也是国民经济信息化的重要组成部分。

1　国外农业信息化的发展

国外农业信息化发展经历了三个阶段：第一阶段为 20 世纪 50～60 年代，主要是利用计算机进行农业的科学计算；第二阶段是 20 世纪 70 年代，主要是农业数据的处理与农业数据库的开发应用；第三阶段为 20 世纪 90 年代，重点转向知识处理、自动控制与网络服务。目前正朝着高强度的农业信息产业化方向发展。

1.1　国外农业信息化的重点研究领域

1.1.1　数据库与网络

将大量的农业信息进行加工处理，建立农业数据库系统。并逐渐向多元化、全球化、商品化和多媒体化和网络化方向发展。目前世界上最大的农业中心网络系统是美国内布拉斯加大学于 1975 年创建的 AGENT 联机网络，它可以提供多个不同用途的农业服务软件。

1.1.2　精准农业

“精准农业”（precision farming 或 cyberfarm）是在现代信息技术、生物技术、工程技术等一系列高新技术最新成就的基础上发展起来的一种新型的现代农业生产形式，其核心技术是地理信息系统、全球定位系统、遥感技术和计算机自动控制技术。最初起源于美国，它由若干个子系统构成（图 1），是 21 世纪农业的发展方向[1]。

1.1.3　专家系统

“专家系统”是一种集中某一领域中的专家知识、经验所编写的应用软件，可以为用户提供信息、建

本文原载《土壤学报》2004 年第 41 卷第 3 期第 449-455 页。

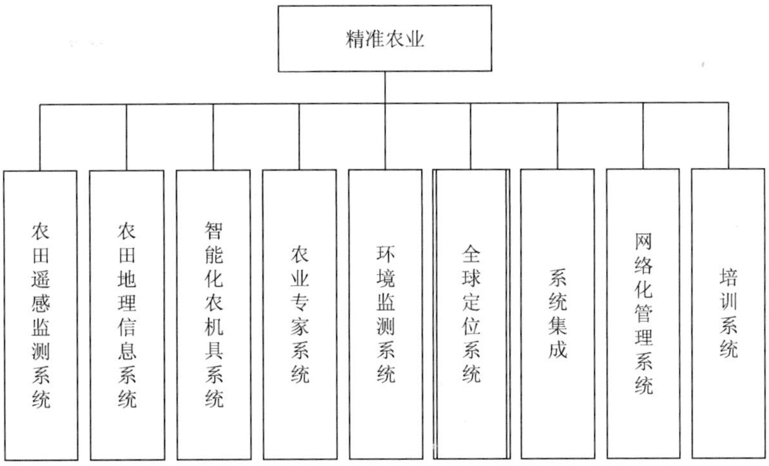

图 1 精准农业的主要子系统构成

议和决策支持。最早始于美国伊利诺伊大学开发的“大豆病害诊断专家系统 PLANT/DS”。70 年代后期开始在国外得到普遍应用。80 年代中期以来，农业专家系统迅速发展，美国、日本、英国、澳大利亚、加拿大等国相继在作物栽培、畜禽饲养、农业经济效益分析、农产品市场销售管理等方面研制出不少的农业专家系统并投入使用。

1.1.4 虚拟农业

“虚拟农业”是 80 年代中期问世的一种农业高新信息技术，是作物生长模拟模型的进一步发展。目前，世界上仅有少数几个研究机构在开展这方面的研究，研究内容为虚拟主要农作物、畜禽的育种和管理。

1.2 国外农业信息化的发展趋势[2-4]

（1）信息集成化。现代农业对信息资源及信息技术的综合开发利用需求日趋迫切，单项信息技术往往不能满足需要。因此，多种信息技术的集成越来越引起人们的普遍关注。

（2）专业化。即针对农业生产中的某一种具体作物，或某一项具体农艺措施，建立计算机应用系统以进行生产管理。专业化的农业应用软件还可适用于不同生产级别（如地块级和农场级）管理，能更经济、有效地确保农业生产。

（3）网络化。网络技术应用于农业，不但能及时解决农业发展中的技术问题，而且能降低农业信息的获取成本。不同地域的生产者可以使用基于互联网的农业专家决策支持模型进行数据处理与分析，随意连接其他农业信息网站。

（4）多媒体化。多媒体是利用计算机或其他电子手段传递文本、图形艺术、声音、动画和视频信息的组合。随着多媒体技术的兴起，农业多媒体数据库建设及农业实用技术等多媒体产品开发应运而生，它将十分复杂的农业技术，以甚为简单、易懂、易学的方式表现出来，具有传播速度快、覆盖面广、形象逼真、易于操作等特点。

（5）实用化。农业系统软件的研制及应用目前大多局限于科研院所及示范基地，其潜在作用远没有被充分发挥。此类软件开发必须通过多部门、多学科的合作以及农业生产、经营管理专家的协同攻关，以确保软件结构、功能、界面、程序的规范化，提高软件的科学性、有效性、适应性。

（6）普及化。一是指农业信息的获取、分析与利用始终贯穿于整个农业生产过程并充当着重要角色；二是指通过有计划、分批次的农业教育培训，大部分农民和农技员可以通过计算机、多媒体学习各种农业知识，从而加快农业科技的普及，提高农民科技文化素质。

1.3 国外农业信息化的成功经验

（1）注重农业基础设施的信息化。包括农田基本建设设施、农作物种子工程设施、农产品加工与贮藏设施、畜禽工厂化饲养设施、日光节能温室设施、无土栽培设施、卫星遥感通信设施等内容。

（2）注重信息化基础设施建设。包括基础信息资源的开发和网络设施建设，其中，信息资源开发利用是信息化的核心内容。

（3）坚持科研、教育、推广三结合。目前，农业传媒（计算机网络、通信、视听等载体）网络正成为农民、农技人员和各地农业部门获取农业科学知识、传播推广实用技术、进行农业信息咨询服务的重要手段。

（4）建立完善农业信息化领导体系、政策、法制、法规和立法监督。农业信息化是一项涉及多部门、多学科的综合性工程，政府必须重视并建立强有力的领导体系，确定各部门职责，分工协作。

2　我国农业信息化的发展及应用

2.1　“3S”技术与发展

“3S”技术指的是对地观测的三种空间高新技术系统：遥感（RS）、全球定位系统（GPS）和地理信息系统（GIS），它是信息化技术的集中表现。

2.1.1　遥感（RS）技术

遥感是指在远离目标，与目标不直接接触的情况下，判定、量测并分析目标的性质。遥感（RS）技术正在不断发展并将进入新的阶段。

多传感器技术可以广谱覆盖大气窗口的所有部分。光学遥感包含可见光、近红外和短波红外区域，主要探测目标物反射和散射；热红外遥感主要探测目标物的发射率等辐射特性。

遥感的高分辨率全面体现在空间分辨率、光谱分辨率和温度分辨率三个方面，长线阵 CCD 成像扫描仪空间分辨率可以达到 1～2m，成像光谱仪的光谱细分可以达到 5～6nm。例如美国的 Lewis 卫星，在 0.4～2.56μm 波段范围内分成 384 个波段。热红外辐射计的温度分辨率可从 0.5K 提高到 0.3K 乃至 0.1K，从而可以实现遥感几何和物理的全面反演。

遥感具有多时相特点。利用具有 6 颗卫星的小卫星群，每 2～3 天对地表周期采样，获得 2～3m 的高分辨率成像光谱仪数据；利用多波段、多极化方式的雷达卫星在复杂气象条件下全天候对地观测，并通过卫星遥感及机载、车载遥感技术的有机结合，实现多时相遥感数据获取。

遥感技术已被欧洲、美国、日本、中国、澳大利亚等国广泛应用于农业资源调查、农业生态环境评价、作物产量预报和农林牧灾害监测等诸多方面，定位精度可达以 10m^2 为单位的小块土地，大大降低了作物生产成本[5]。

2.1.2　全球定位（GPS）技术

全球卫星定位系统是利用地球上空的 24 颗通信卫星和地面上的接收系统而形成的全球范围的定位系统。80、90 年代以来，用 GPS 同时测定三维坐标的方法将定位测绘技术从陆地与近海，扩展到整个海洋和外层空间；从静态扩展到动态；从事后处理扩展到实时、准实时定位与导航；定位精度也越来越高。

2.1.3　地理信息系统（GIS）技术

地理信息系统是一种特定而又非常重要的空间信息系统，它是以采集、存贮、管理、分析和描述整个或部分地球表面（包括大气层在内）与空间和地理分布有关的数据的空间信息系统。

GIS 技术的发展一方面基于 Client/Server 结构，即客户机可在其终端上调用服务器所存数据和程序；另一方面通过互联网络发展 Internet GIS 或 Web GIS，远程寻找各种所需的地理空间数据以及图形和图像，并进行各种地理空间分析。

通过现代通信技术使 GIS 进一步与信息高速公路相联，借助现代通信技术，可以将 RS、GPS 和 GIS 有机地集成，使之成为众多行业包括土地利用监测的强有力技术手段。

2.2 “3S”技术在持续农业中的应用

2.2.1 农用地资源的监测与保护

“3S”技术监测农用地数量与质量变化——利用航空相片（大比例尺）、TM影像（中比例尺）并与GIS、GPS相结合，编制出不同时段下农用地分布现状详图，测量出农地的时空变化，据此加以保护。

2.2.2 农作物的估产和监测

作物估产包括两个方面。一是对作物种植面积进行估算；二是由单产模型、长势遥感监测来确定估产模式，对产量进行估算。

过去常用FAO推行的美国农业部（USDA）框图面积取样法，即统计估产、气象估产和遥感光谱估产相结合的综合遥感估产法。近年来采用TM影像的多波段特性和高几何分辨率（30m），在农作区进行提高面积解译精度的研究，并结合利用NOAA数据对作物面积、单产和长势变化进行了估计，将RS和GPS相结合，可取得更好效果[6]。

2.2.3 “3S”技术在精准农业中的运用[7]

“精准农业”是一个综合性的复杂系统，是实现农业低耗、高效、优质、安全的重要途径，是21世纪全球农业科技革命的方向。

通过“3S”技术能及时发现和调控田块内、田块与田块之间的差异性，从而根据优化经营目标，实施目标投入，实现田内资源潜力的均衡利用。

借助航空与航天遥感，以高空间和高光谱分辨率，及时（平均每2～3天一次）提供农作物长势、水肥状况和病虫害情况的“征兆图”（symptom maps），供诊断、决策和估产等使用。通过与航空遥感或小卫星群建立全球数据采集网，可获取实时数据。

利用已存贮的土壤背景数据库、农田灌溉、施肥、种子等数据库以及新获取的“征兆图”，进行分析、判断，形成“诊断图”（diagnosis maps），将这些结果与GIS相结合进行综合分析，并做出投入产出估算，提出“实施计划”（action plan）。

将GPS与GIS集成系统装载在农业机械上，实现农田作业的自动指挥和控制，如自动播种、施肥、除草、灌溉、培土以及收割等工作。为了保证作业的精确性，需要建立相应的专题电子地图和广域/局域GPS差分服务网。

2.3 “3S”技术与“精准农业”的应用

2.3.1 建立山区土地利用与覆被变化（LUCC）动态监测信息系统

山区土地利用具有明显的时空特征，只有动态地研究山地时空变化规律，才能对山地利用进行有效监控和保护。过去的静态GIS（static GIS/SGIS）制图或显示查询，只能阐明土地利用地理信息的空间维度和属性维度，而不能反映其时间维度，现代的多时态GIS（temporal GIS/TGIS）才能同时处理时间维度。

因此，建立山地利用与覆被时空动态变化的信息系统应该是一个“TGIS”。通过多时态空间信息数据模型的研究，建立动态的土地利用与覆被动态监测信息系统，是山地利用动态监测研究的发展方向[8]。

目前的土地利用动态监测中，使用较多的是卫星遥感图像[9]，如美国陆地卫星（landsat）TM图像，法国SPOT卫星图像，此外还有欧洲空间局ERS-1/2卫星图像以及加拿大的SAR雷达卫星图像等等。1995年起投入运行的印度遥感卫星（IRC系列）图像，尤其是1999年发射的美国Space Imaging公司的IKONOS卫星图像，以其较高的空间分辨率，在土地利用动态监测中正在发挥独特的作用。

2.3.2 山区土壤侵蚀与土地退化监控研究

山区土壤的侵蚀与退化对区域生态环境有重大影响，利用“3S”技术可精确监测山区地表土壤年侵蚀量（图 2）。

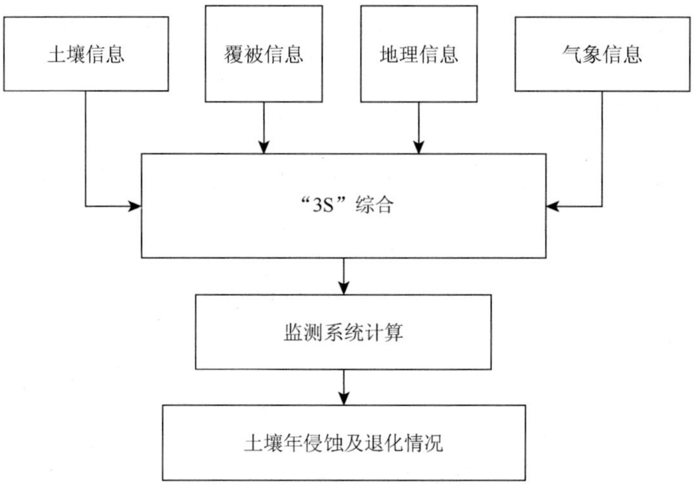

图 2 土壤侵蚀与土地退化监控工作流程

这种用 RS 与 GIS 相结合的方法一般能达到 83%的精度（按我国山东省丘陵水库监测经验）[10]；如果在此基础上用 GPS 更新陈旧信息（新修公路、建设开发等），则可达到 90%以上的精度（我国福建省山区的经验）。

2.3.3 “3S”技术在山区减灾工程中的应用

减灾应用主要领域：一是监测全球板块运动；二是监测区域或板内地壳运动；三是监测全球海平面变化；四是监测滑坡、地面沉降及重大工程的变形[11]。

2.3.4 我国精准农业的应用

（1）实现精准灌溉，提高水资源利用率。水资源短缺是我国农业生产主要制约因素。我国年降水量 $6.19\times10^{13}m^3$ 中的 55%消耗于陆面蒸发，45%转化为径流和地下水，实际利用率低于 10%；渠灌面积约 $3900\times10^4hm^2$，利用率约 30%，井灌面积大于 $1100\times10^4hm^2$，利用率约 50%，加权平均为仅 35%，与发达国家 70%～90%的利用率差距甚大。如提高农业用水利用率 20%，则可节水 $800\times10^9m^3$（按 $4000\times10^9m^3$ 算），效益可观。

（2）实施精准施肥，提高化肥资源利用率。据 FAO 统计，化肥对粮食的贡献率约占 40%。我国能以占世界 7%的耕地供养占世界 22%的人口，化肥作用更显重大。目前农田复种指数和作物产量正大幅度提高，但化肥施用结构不合理、利用率低、氮磷化肥施用过量、化学钾肥施用不足以及有机肥施用量下降，问题很突出。通过实施精准施肥技术，不但可以提高化肥资源利用率，还可以降低成本、提高作物产量。

（3）发展精准设施农业。“设施农业”是指应用某些特制的设施来改变动植物生产发育的小气候，达到人为控制其生产效果的农业生产形式。我国精准设施农业跟西欧一些发达国家相比还有很大差距，应加大推广力度，以增加农产品产出，提高农产品品质，同时应注意节约水、肥资源，保护农业生态环境。

3 农业信息技术的集成与产业化重点领域

农业信息化主要包括农业生产条件、农业生产技术及农产品流通领域等主要方面。在农业生产条件方面，可提高重要农业资源环境的监测、评估和管理水平；在农业生产技术方面，可提高农业生产技术的智能化水平和新技术的推广速度；在农产品流通领域方面，可提供及时、准确的农产品流通和贸易信息，促进农产品流通。

3.1 农产品质量安全的监测管理与风险预警信息系统

农产品的污染造成了大量的蔬菜和粮食损失，每年损失达 400×10^9 元。随着加入 WTO 的要求和环保压力的增加，农产品污染问题越来越成为限制农产品进出口的重要壁垒，我国有大量出口农产品因残留物超标而被退货或被迫就地销毁。污染也诱发突发性疾病，威胁社会安定和经济发展，有必要集成现有的分散技术，建立风险预警信息系统和专家系统。

可以从以下几方面研制和开发具有大规模推广应用潜力的专家系统和网络服务系统：

（1）以城郊农区和农产品基地等典型地区为代表，集成遥感、地理信息系统、全球定位系统、计算机硬件和软件、农业生产等技术，研制区域性土壤污染监测与评价信息系统。

（2）集成农产品流通、贸易和农产品污染监测信息，研制农产品质量安全监测、预警与风险管理的空间决策支持系统。

（3）针对不同层次用户（国家、省、市、县、规模化农场和农户）的实际需求和接受能力，研制无公害农业管理信息系统和专家系统软件包，解决建立相关咨询服务网络的成套技术。

（4）针对通过食物传染的重大人畜共患疾病问题，研制和开发相应的突发性食物污染风险预警系统和应急管理信息系统。

3.2 农业资源环境监测与农业产量预测预报

农业资源环境监测和农业产量是国家宏观决策的重要基础。农业估产、农业资源和生态网络监测、空间信息采集、遥感图像处理、地理信息系统等现有技术需要进一步集成。遥感技术在农业资源环境、作物长势的监测方面具有范围大、速度快、时效短的特点，特别适合于我国地域辽阔、自然环境复杂的情况。

农业资源环境监测与农业产量预测预报的研究内容有以下方面：

（1）全国资源环境时空数据库建设，包括遥感数据的获取、农业资源环境数据库的结构、农业生态网络监测信息的标准化等。

（2）农业资源、环境、作物长势等遥感图像的计算机智能判别技术。

（3）作物生长和产量预测模型构建，多源数据信息集成与决策支持系统的研究与建设。

（4）农业灾害的遥感监测系统，农业产量预测预报的系统科学方法与遥感技术。

通过研究，遥感图像的农业资源环境、农情的计算机智能判读和系统集成技术，在全国范围内推广应用，提高遥感图像与其他信息源的综合模型的精度，并在相关理论和技术上有所突破，提高农业产量预测预报的科学性、准确性和权威性，为决策提供可靠的数据及其他相关信息。

3.3 农业与农村信息网络化集成技术

建立综合性农业数据库和 WEB 数据库，建立包括农业政策、农产品市场信息、农业生产实用技术、国外农业动态等信息的综合信息网络。研究和开发针对我国不同层次农业生产单位的 MIS（管理信息系统）、DSS（决策支持系统）、ES（专家系统和电子商务）技术平台及其综合集成技术。为农业和农村的信息化提供技术支撑，以利于提高政府、农业企业和农户的管理和决策水平，促进我国农业发展。

3.4 数字农业的理论框架研究

农业生产是一个开放系统，条件复杂多变，稳定性和可控性差。我国地域辽阔，生产规模小，这些特点都决定着对信息技术的极大需求。数字农业把农业生产的环境以及动植物生长过程应用计算机技术形成数据流，为农业生产和管理决策提供服务。

它的主要研究内容有农业自然环境的数字化及其数据组织技术；农业和农村社会经济信息的数字化技术；动植物生长过程的数字模拟技术；农业数字神经网络技术；不同等级的数字农业集成技术和农业生产管理专家系统等。

通过初步建立数字农业技术体系，提高我国农业生产和管理的信息化和智能化水平，开发出大型农场、集约经营的大农户等不同层次的智能农业生产管理系统，以及构建数字农业的系统框架，为我国的数字农业建设打下坚实的基础。

3.5　精准农业的关键技术及其集成

精准农业可以提高效率、增加收入、节约资源、保护环境，是当前国际农业发展的一个方向，集成“3S”技术、智能农业专家决策支持系统与自动化控制技术等高新技术，不断提高农业技术的现代化和信息化水平，在我国规模化农场具有应用前景。

建造以 GIS 为基础的农田基本信息数据库，包括：农业自然资源数据、农作物收成状况数据的采集以及数据库的集成；不同地块类型、不同作物、不同生长阶段的水肥优化配置方案研究；农业生产自然条件数据的遥感采集与分析处理方法，以及智能管理信息系统综合集成技术等。研究出适合国情的、低成本的精准农业技术体系，应用与集成“3S”技术，开发具有自主知识产权的精准农业信息系统软件。

目前，我国农业仍属于高耗、低效型农业，农田灌溉水的有效利用率只有 30%～40%（发达国家达 50%～70%），化肥当年利用率仅 30%。因此，近期应重点发展节水、节肥的信息化精准农业技术体系。

与农业发达国家相比，我国农业集约化总体水平较低，但可在一些经营规模大、农业机械化程度高、农业生产基础好、职工素质较高的重点粮棉生产基地，如黑龙江大型国有农场和新疆建设兵团，进行现代精准农业的生产实践。

4　我国的现代化农业

当前我国农产品数量问题已基本解决，调整结构、提高效益、改善生态环境，已成为新阶段农业发展的重要任务。我国农业经历了原始农业→传统农业→近代农业的发展历程，正朝向现代农业方向发展。经济发达地区应率先基本实现农业现代化。

4.1　生物与信息技术为核心的科技密集型产业

通过生物技术，可注入作物某些新的特性，显著提高其抗逆性；也可使作物产生某些新的功能特性，如富含不饱和脂肪酸的油料，富含抗癌蛋白质的大豆，富含鞣花酸的草莓，可食性疫苗等。此外，动物的体外授精、胚胎分割、性别控制、动物疫苗、生物农药、生物肥料、生长调节剂等不断涌现。

信息技术也对农业进行深入改造，如精准农业技术、“3S”技术改善了农业分散性、时空多变性特点。精准化工、新型材料、自动控制、航天航空等现代工程技术也加速了农业武装，如专门栽培、饲养技术和植保防疫技术相结合的工厂化种植和养殖先进技术都是在现代工程技术上的推进。

4.2　面向全球经济和贸工农一体化经营的现代企业

20 世纪 90 年代后期，我国明确走“公司+农户”一体化道路，逐步实行产、加工、销售相结合，当前推动龙头企业的组织也有所发展。如云南形成了红河葡萄酒、文山三七、思茅咖啡、西双版纳坚果，花卉占 1/3 国内市场；内蒙古伊利乳业，有 6 万头乳牛；新疆德隆集团番茄生产，三年位居世界第二，占总贸易量的 1/5。这些均是走农、工、贸一体化经营模式的典型。尽管还只是起步阶段，尚有不少问题待解决，但已具备现代农业的特点。

4.3 不断拓展的多元化和综合性的新型产业

随着市场经济发展，农业自身的性质与领域也在改变。现代农业由传统初级农产品生产，发展为以生物质产品为基础，并向农产品加工、医药、生物化工、能源、环保、观光休闲等多元化综合方面拓展。

一种玉米的梯级开发可将种子业、种植业、养殖业、食品加工业、生物化工联成一体，生产几十种产品，产值达 10 倍以上。生物反应器以动植物为载体，可产生价值高昂的生物制品如疫苗，其价值比常规高出百倍。农田作物有可能取代石油成为从燃料到塑料的所有物质来源，可能“黑金也许被绿金”所替代。以淀粉为原料的全生物降解塑料将替代以石化为原料难降解的塑料等。

农业发展跳出初级农业生产，走多元化、综合化道路，前景广阔。

4.4 资源节约型和可持续发展型的绿色产业

对生物体及其系统蕴藏潜能的挖掘就是最大的资源节约。现在植物光能利用率仅为 3%，如能提高一个百分点，仅用 1/10 全球耕地，就可能提供所需能源燃料。此外，动植物及微生物的遗传改良，农业生态系统功能的发挥，有害生物的调控，均可调动生物体潜能。

土、肥、水、药和动力投入的高效化，是农业可持续发展的重要特征。如高效、低投和低负面影响的施肥和灌溉体系，保护作物及生态体系的病虫害防治，保护土壤肥力的保护耕作体系，设施种植和养殖体系均为对紧缺资源的替代。也即建立以生物为中心的“生物-技术-经济-社会”复合人工生态系统。

高质量的生活与社会需求，农产品的市场化与国际化，都要求不仅有数量和品质，而且要求有严格的安全保障质量标准、检测监管制度及环境质量标准，以确保人的食物、健康和安全。因此，现代农业的生产过程必须是清洁的，其产品是无公害的“绿色”产品。

5 小 结

农业信息化使农业生产、加工、销售等农业产业经营者迅速获取新知识，促进农业科学技术的全面普及和推广；避免农业管理决策部门由于信息不全或信息迟缓而造成决策偏差，不断提高农业科学管理和决策水平；通过远程技术培训和教育，促进农民文化素质的提高和科技意识的增强；促进农业由原始的以牛耕人种为代表的粗放经营向以机械化为代表的现代集约经营方式迅速转变，从而加快农业现代化步伐，促进农业现代化的持续、稳定和健康发展。

农业现代化的实质就是现代农业，即“七有农业”：具有规模的，有组织的，有生物、信息与科技带动的，有贸工农与产供销一体化的，有多元化综合发展的，有资源节约与可持续发展的，并具有清洁与无公害的绿色产业。

及时、充分地消化利用信息化生产力，以信息化带动现代化，可以大大加快传统现代化的速度和质量，并赢得时间，缩小与发达国家之间的差距，实现农业的“跨越式”发展。

参 考 文 献

[1] Stafford J V.Implementing precision agriculture in the 21st century. Journal of Agricultural Engineering Research，2000，76：267-275.

[2] 沈瑛. 国外农业信息化发展趋势. 世界农业，2001，1：43-45.

[3] Thysen I.Agriculture in the information society.Journal of Agricultural Engineering Research，2000，76：297-303.

[4] Cox S.Information technology：the global key to precision agriculture and sustainability.Computers and Electronics in Agriculture，2002，36：93-111.

[5] Zhang N Q，Wang M H，Wang N.Precision agriculture-worldwide overview.Computers and Electronics in Agriculture，2002，36：113-132.

[6] 龚卫红. 航空遥感技术在土地及农作物调查中的应用. 山西农业科学，2000，28（4）：81-84.

[7] 赵其国. “三 S”技术在持续农业与山区土地利用中的应用. 土壤，2003，32（1）：1-5.

[8] 王思远，张增祥，周全斌，等. 基于遥感与 GIS 技术的土地利用时空特征研究. 遥感学报，2002，6（3）：223-229.

[9] Rao K S，Pant R.Land use dynamics and landscape change pattern in a typical micro watershed in the mid elevation zone of central Himalaya，India.Agriculture，Ecosystems and Environment，2001，86：113-123.

[10] 卜兆宏，孙金庄，董勤瑞，等. 应用水土流失定量遥感方法监测山东全省山丘区的研究. 土壤学报，1999，36（1）：1-8.

[11] 陈鑫逵，黄立人. GPS、RS、GIS 在减灾工程中的应用与发展. 国土与自然资源研究，1998，3：78-83.

Information Technology and Agro-modernization

Zhao Qiguo[1] Ye Fang[2]

1 Institute of Soil Science，Chinese Academy of Sciences，Nanjing 210008，China

2 Department of Urban and Resources，Nanjing University，Nanjing 210093，China

Abstract

Based on the development of agro-information technology in foreign countries，the development and application of agro-information technology and major aspects of integration and industrialization of agro-information techniques are elaborated. And besides，the direction for development of modern agriculture in China is brought onto the table.

Key words Information technology；Agro-modernization；Precision farming

第二部分　粮食与食物安全

解决“粮食安全”之道

——对话中科院院士、中科院南京土壤所研究员赵其国

本报深度报道组记者　张　璐

写在前面

拥有13亿人口的中国，目前共有耕地18亿亩，现在的粮食年产量基本能够满足全国平均每人每年400公斤粮食的需求。

然而，依照目前的人口增长速度，到2050年，全国人口将达到15亿多。照此推算，粮食产量至少还要增加1.2亿吨方能满足需求，仅靠现有的耕地面积显然不够用。而今年以来，频发的自然灾害和全球粮食涨价，也使未来的粮食安全更为引人关注。

农业出路何在？如何保证粮食安全？

不久前，本报深度报道组记者专访了中科院院士、中科院南京土壤所研究员、“中国至2050年农业科技发展路线图”课题负责人赵其国。

【人物档案】

赵其国，著名土壤学家，中科院院士，博士生导师。1930年2月25日出生，湖北武汉人，1953年毕业于华中农学院农学系。曾任中科院南京土壤所所长，中国土壤学会理事长等，现任中科院南京土壤研究所研究员。

长期从事我国及世界土壤地理与土壤资源研究。近几年曾建议并参与国家“土壤质量”及“东南环境质量”等973研究项目，对农业与环境、生态可持续发展，农业清洁生产等重大问题也参与咨询与研究。2008年参与“中国至2050年农业科技发展路线图”研究并担任组长。

曾获中科院竺可桢奖、国际道库恰耶夫奖、第四届日经亚洲奖，为国家有突出贡献的专家，获国家及中科院奖19次。

A【预测】

到2050年，我国粮食年产量至少需要增加1.2亿吨，目前的耕地显然不够用

记者：今年以来，受极端异常气候影响，我国农业灾害多发，尤其是近期部分地区发生的暴雨、山洪和泥石流，使粮食生产成为大家关注的焦点。我国农业生产的现状究竟如何？

赵其国：目前，我国共有耕地面积18亿亩，近3年每年粮食年产量都超过5亿吨，满足了全国13亿人口平均每人每年400公斤粮食的需求。近年来，生态环境问题和全球气候变化对农业的影响越来越严重。每年旱涝灾害造成的平均减产将近1000万吨。我国现在耕地总面积是18亿亩，不足世界人均水平的45%，还在以每年300万～500万亩的速度减少，并且1/3的国土正受到风沙威胁，草地退化、沙化、碱化面积每年以200万公顷的速度增加。此外，还有工业和农业自身造成的一些污染问题也比较严重。

我们计算过，未来40年，我国粮食产量至少要增加1.2亿吨才能跟上人口增加的需求。除了大米、小麦等主粮的需求在今后10年会出现先缓慢增长，然后下降的趋势外，其他农产品需求都将出现不同幅度的增加，如奶制品需求将增长6倍以上，水产品需求将增长近3倍，畜产品、饲料粮、水果、食油和纤维总量需求将增长1.5倍多，蔬菜和食糖需求将分别增长75%和1倍。如此增量，仅靠目前的耕地，显然不够用。

记者：在土地之外，中国农业发展还面临哪些困难？

赵其国：随着工业化与城镇化的不断推进，受资源短缺、成本上涨、市场竞争、劳动力外流等多重因素的约束，农业的比较效益在不断下降。如果不能实现农业的高值化生产，“三农”问题将不能得到根本解决。此外，全球不确定性因素对农业发展的影响也日益明显，经济全球化进一步加剧了农业国际贸易竞争；全球能源紧缺与食物安全的矛盾日益突出，也加大了我国农产品贸易难度。

B【应对】

土壤改性、耕地“提质”，未来15年，全国可增加2.25亿亩耕地，粮食年产可增加1亿～1.5亿吨

本文原载《南京日报》2010年9月13日第A03版。

记者：回到土地问题上，目前看来，我国现有的 18 亿亩耕地不够今后数十年的使用，这个难题有办法解决吗？

赵其国：当然有。最近几年，我一直参与开发江苏沿海的滩涂资源，取得了一些进展。由于农作物的耐盐性不能超过 0.2%，以前沿海滩涂上只能种植蒲草等禾本科植物，白白浪费了大量土地。经过多年攻关，我们对沿海滩涂的土壤进行改性，并解决了农作物的耐盐性问题，目前技术已非常成熟。在盐城临近东海的沿海区域，我们试种成功了水稻和数十个品种的瓜果蔬菜，这些盐地农作物的产量比在普通耕地上的还要高。江苏的沿海滩涂总面积有 750.25 万亩，约占全国滩涂总面积的 1/4，未来沿海滩涂进行以"盐土农业"为主的土地开发利用，大有可为。

这只是一个方面。此外还有风沙干旱土壤、侵蚀土壤、酸化土壤等，都可以通过高科技来"改性"，变成耕地资源。再用上后备土地资源开发、土地整理、土地复垦，减少中低产田、水肥能耗，增加水肥效率、复种指数等方法来"提质"，预计从今年到 2025 年，全国共可增耕地 2.25 亿亩，全国粮食年产量可增加 0.5%～1%，即年增 1000 亿斤，至 2025 年共可增 1 亿～1.5 亿 t。这样算来，到 2050 年，粮食产量满足不了人口增长需求的难题，也就迎刃而解了。

记者：除了通过增加耕地面积来提升粮食产量，您还有什么好建议？

赵其国：中国科学院去年发布了我国面向 2050 年科技发展路线图，其中很重要的一个领域便是农业，而我正是"中国至 2050 年农业科技发展路线图"课题的负责人。为了应对当前和未来几十年的农业难题，我们已经做了些规划，核心是按照胡锦涛总书记在两院院士大会上提出的要求，构建"生态高值农业产业体系"。

现在只要一谈到农业发展，大多数人首先想到高产、高质、高效，却往往忽略了核心的生态化问题。所谓生态化，也就是所有的农业资源，水、土、气、生物资源都要优化，走生态化发展的路。"生态高值农业"将充分应用现代及未来新能源、新材料、新装备以及新信息技术、新生物技术等武装，将大幅提高农业生产能力、产业化水平、竞争力和比较效益，将是应对未来农业巨大挑战、实现农业持续发展的一项重要创新举措。

C【前景】

发展"生态高值农业"，让"农业的一产、农业的二产、农业的三产"整体发展

记者：听起来，"生态高值农业"的最大特点就是用高科技来武装农业。能具体谈谈它的好处吗？

赵其国：高科技只是其中的一个手段，"生态高值农业"其实是在传统生态农业基础上，加上了"高值"的理念。现阶段我国农业已进入了结构转型的关键时期。只有发展"生态高值农业"，才能充分挖掘农业增效、农民增收的潜力，最终达到经济、社会、生态综合效益的最大化。

一说起农业，人们往往想到的就是简单地种粮食、种菜。其实，农业本身就包括工业，农业生产需要机械化，农业还要产业化，比如加工业、运输业。农业也有很多第三产业的东西，比如农业旅游等。在此之外，农业还要大力提升附加值，种粮食的同时，发展渔业、家禽、奶业等，并且进入市场经济中，形成产业化，换得更高的产业价值。农业的问题要从农业的一产、农业的二产、农业的三产来整体发展，把农业的产业化的价值、加工的价值、产品的价值加在一起来发展。现在我们一提起农业就是辛苦种田的农民，以后农民都要变成大企业家、大商业家、大的资本驾驭者，农业与社会的其他产业并驾齐驱。生态也不仅仅是把水土弄好，更是要赚钱，就像投资要获得投资的生产率，劳动要有劳动的生产率，一切东西要讲生产率，生态高值农业就是指这个"值"。

记者：未来几十年，我国现代化的农业会是啥模样？

赵其国：上海崇明岛有个前卫村，近 10 年来，这个只有 500 人口、5000 亩土地的村庄，坚持"生态、环境可持续发展"的生态农业理念，加强生态经济、生态环境和生态文化建设，形成了"种植业、养殖业、沼气、加工业"一体化的生态产业链，大力发展科学技术、旅游、文化、教育等产业，全村年收入有 8000 万元，人均年分配达到 16 万元。这就是一个名副其实的"生态高值农业"的典范，虽然目前还是"星星之火"，却值得在上海及全国其他地区推广，希望在未来几年可以形成"燎原"之势，全国各地农村都成为"前卫村"。

根据我们的规划，今后 10 年，我国农产品安全、可持续农业、智能农业和高值农业都将得到长足的发展。届时，我国将获得 80～100 个具有特定高营养组分或对人体健康具有可靠功效的功能型动植物新品

种，生产和加工等环节的污染将得到完全控制，粮食自给率达到95%以上，其他农副产品基本自给；化肥和农药适量使用，开始应用可降解农膜；生产流通全程信息服务将覆盖到县级，实现全国及全球遥感估产、各种灾情遥感监测；初步建立起集休闲、观光、教育、文化于一体的高值化服务型农业产业。40年后，我国将全面实现农产品优质化、营养化、功能化，实现农业生产管理的信息化、数字化、精准化，建成农业高值转化的产业体系，形成生态系统持续良性循环、景观优美、功能多样、城乡一体的新型农业。

保障我国“耕地红线”及“粮食安全”十字战略方针

赵其国[1]　杨劲松[1]　周　华[2]
1 中国科学院南京土壤研究所，南京　210008
2 南京大学地理与海洋科学学院，南京　210093

摘　　要

通过对我国耕地利用现状及新形势下需求分析，指出我国耕地资源保护存在“四难”，要保障 1.2 亿 hm^2 耕地红线以及粮食安全的土壤（耕地），应采取“扩量、提质、增效、持续增产”的战略方针，并就具体实施提出了相关的建议；分析并展望了基于“生态高值农业”建设的耕地保护目标体系与发展方向。

关键词　耕地；粮食安全；战略方针；保障

拥有 13 亿人口的中国，目前拥有耕地 1.22 亿 hm^2，现有粮食年产量基本能满足全国平均每人每年 400kg 的粮食需求。然而，依照目前人口增长速度，到 2050 年左右，我国人口将超过 15 亿，粮食产量至少还要再增加 1.2 亿 t 方能满足需求[1]。依靠现有耕地及农业生产方式显然无法满足；频发的极端天气和全球粮食涨价，也使得未来的粮食安全更加引人关注；而近年来粮食及农产品频频爆出安全问题，给农业生产、经济发展、社会进步及人民安居乐业带来了巨大冲击。

“耕地红线”如何保护、“粮食安全”如何保障已经成为当前我国亟须解决的重大问题。目前中国科学院已经研究并制定了我国“生态高值农业”发展路线图（2020～2050 年），如何结合这一重大举措，探寻缓解“耕地红线”“粮食安全”与经济社会发展的矛盾的出路，适应时代的发展趋势，体现了建设小康社会与和谐社会的发展要求，对推动我国农业的发展和农业现代化建设、构建和谐的人地关系、全面提高资源综合利用生产能力具有十分重要的意义。

1　面临的压力与挑战

我国是农用耕地资源严重缺乏的国家，人均耕地 0.11hm^2，不足世界人均水平的 45%，并且还在以每年 33 万 hm^2 速度减少；1/3 的国土正受到风沙威胁，草地退化、沙化、碱化面积每年以 200 万 hm^2 速度增加；全国平均每年旱涝灾害造成粮食减产近 1000 万 t[2]；灌溉水生产效率 0.8kg/m^3，不到西方发达国家一半[3]；全国污灌面积已占灌溉总面积的 7.3%；化肥施用量 400kg/hm^2 以上，农药年使用量已超过 170 万 t，其中约 50%的农药将进入土壤与水体，污染农田面积已达 900 万 hm^2[4]。

据中国科学院预测，未来 40 年，即到 2050 年，我国人口将超过 15 亿，粮食产量至少要增加 1.2 亿 t 才能满足人口需求。除了大米、小麦等主粮的需求在今后 10 年会出现先缓慢增长，然后下降的趋势外，其他农产品需求都将出现不同幅度增加，如奶制品需求将增长近 3 倍，畜产品、饲料粮、水果、食油和纤维总量需求将增长 1.5 倍多，蔬菜和食糖需求将分别增长 75%和 100%[4]。除了数量要满足需求外，对粮食及农产品的质量要求也日益提高，民众已经不再满足“吃得饱”，更需要“吃得好”“吃得健康”，粮食安全问题已经成为有关农业生产、经济发展、社会进步及人民安居乐业的根本问题。显然，这些要求，仅靠现有耕地数量和农业生产方式是不能满足的。

2　十字战略方针

我国目前虽然仍是农业大国，但粮食问题突出，耕地保护任务任重道远。耕地红线和粮食安全的保障，

本文原载《土壤》2011 年第 43 卷第 5 期第 681-687 页。

核心是确保 1.2 亿 hm^2 耕地红线不能动摇，而当前全国耕地资源保护面临形势可总结为“四难”：即耕地资源的扩量难、提质难、增效难以及耕地资源的持续增产难。因此，要保障 1.2 亿 hm^2 耕地红线以及粮食安全的土壤（耕地），应采取“扩量、提质、增效、持续增产”的十字战略方针（表 1）。

表 1 保障耕地红线十字方针表

方针	步骤	措施	实施面积/亿 hm^2	新增耕地/亿 hm^2
扩量	替代	土地开发	0.075	0.02
		土地整理	0.06	0.02
		土地复垦	0.059	0.02
	改性	盐渍化土地改造	0.077	0.02
		风沙干旱土地改造	0.073	0.017～0.02
		酸化土壤改良	0.48	0.023
		水土流失治理	1.239	0.02
提质	一增	增加 10%～15%水肥效率	粮食增产 15%～30%[16]	
	一减	减少 10%～15%水肥能耗		
	二增	增加 10%～15%复种指数	粮食增产 30%～40%[17]	
	二减	减少 30%～40%中低产田	粮食增产 20%[19]～43.69%[18]	
	三增	增加农业科技投入	-	
增效	生态高值农业方向的提升			
持续增产	通过上述途径提高耕地数量，提升耕地质量，实现持续增产的效率			

2.1 耕地资源“扩量”

在国民经济快速发展、城镇化水平不断提高、土地高强度利用的形势下，今后一段时间内耕地数量将不断减少，质量也将有所下降。而我国农业开发历史悠久，绝大部分优质土壤早已垦种，新中国成立后又历经数次大规模开垦，宜农后备土壤资源所剩无几，耕地资源扩量难度大。要破解“扩量”难题，应该从土壤资源的“替代”和“改性”扩量两个方面入手。

2.1.1 土壤资源的“替代”扩量

包括后备土地资源开发、土地整理和土地复垦等三大举措。当前我国耕地后备资源总量为 0.075 亿 hm^2，大部分位于北方和西部干旱地区。其中，新疆的耕地后备资源最为丰富；东部耕地后备资源主要为分布于江苏和山东的滨海滩涂湿地；此外，西部和西南地区大面积的水土流失撂荒、弃耕地占有一定比例，也是重要后备耕地资源[5]。据研究，在这些耕地后备资源中，实际可以开发成耕地的仅约 0.02 亿 hm^2。土地整理的重点在农村地区，其基本形式有两种，一种是综合整治，即对畸零不整的农田、废弃地、零星分散的村庄等，按照统一规划，同步实施田、水、路、林、村的综合整治；另一种是专项整理，即本着先易后难、重点突破的原则，对其中的某一项或几项进行专项整治。全国土地整理补充耕地潜力约 0.06 亿 hm^2[5]，但考虑到经济、社会投入、生态环境需求等多方面因素，全国通过土地整理可实现补充耕地的面积约 0.027 亿 hm^2。另外，从复垦情况看，我国因采矿破坏的土地面积达 586 万 hm^2，主要分布在东北、华北、长江中下游、华南、西北青藏和西南区，土地复垦率仅 12%①。据测算，通过复垦可增加的耕地面积约 0.02 亿 hm^2（表 2）。

通过土壤资源“替代”三大措施并举，共可新增耕地约 0.067 亿 hm^2。

① 国土资源部耕地保护司开发整理处. 中央国家机关工委研究室中央国家机关构建社会主义和谐社会优秀调研成果专辑. 2008-05-06。

表 2　各省耕地资源及开发复垦整理能力分布表

地区	2008 年耕地面积/亿 hm^2	开发复垦整理比重/%	地区	2008 年耕地面积/亿 hm^2	开发复垦整理比重/%
广东	0.03	1.79	宁夏	0.01	0.71
福建	0.01	0.31	陕西	0.04	1.80
云南	0.06	4.10	青海	0.01	1.03
湖南	0.04	2.04	天津	0.00	0.53
江西	0.03	1.38	山西	0.04	1.07
浙江	0.02	8.57	北京	0.00	0.52
重庆	0.02	1.84	甘肃	0.05	1.08
上海	0.00	1.01	河北	0.06	6.77
湖北	0.05	1.91	辽宁	0.04	1.29
四川	0.06	3.22	吉林	0.06	0.74
贵州	0.04	0.94	新疆	0.04	6.01
安徽	0.06	2.68	内蒙古	0.07	28.87
江苏	0.05	5.48	黑龙江	0.12	1.93
河南	0.08	4.22	海南	0.01	0.07
西藏	0.00	0.18	广西	0.04	1.68
山东	0.08	6.20			

2.1.2　土壤资源的“改性”扩量

主要通过对盐渍化、沙化、酸化和侵蚀等障碍性土壤改性治理，实现耕地资源的扩量。我国现阶段有不同程度盐渍化耕地面积 0.077 亿 hm^2，主要分布在西北内陆、东北松嫩平原、黄河上中游、沿海地区和华北平原①；盐碱地治理改造工作尚缺乏全国层面的系统技术研发支撑和针对不同区域、不同类型盐碱地的治理与农业高效利用的配套技术模式方面的研究工作，目前在一系列重大课题支撑下，海涂资源的综合开发利用已取得一定成效。据测算，通过“盐土农业”整治，可在我国盐渍化地区，新增耕地约 0.02 亿 hm^2。

我国受风沙干旱影响的土壤面积约 0.073 亿 hm^2，主要分布在东北松嫩平原西部、华北平原北部、黄土高原及西北地区等直接或间接受风沙危害的地区，且每年以 10 万 hm^2 的速度增加。目前在主要耕地沙化分布区域，都开展了不同程度的沙化耕地治理与改造方面的研究工作，并取得较好的成绩与经验。据调查，通过风沙干旱治理，可在干旱土壤中，新增耕地约 0.017 亿～0.02 亿 hm^2。

我国土壤酸化面积达耕地面积的 40%以上[6]。土壤酸化破坏大，会促进土壤中一些有毒有害污染物的释放迁移或使之毒性增强。近年来，珠三角和长三角开展了耕地土壤酸化治理与改造方面的工作，在化学制剂、生物农艺和耕作管理等方面具有一定技术积累。今后酸化土壤改造将以重庆、贵阳为中心的西南地区，以长沙等为中心的华南地区和以福州为中心的东南地区安排土壤酸化治理工作。据测算，通过酸化治理，可在我国南方酸化地区，新增耕地约 0.023 亿 hm^2。

水土流失是耕地退化最主要障碍因子，目前我国耕地水土流失治理改造重点是总面积 1.239 亿 hm^2 的坡耕地，主要分布在长江上游、黄河中游、珠江上游和黄土高原地区[7]。近年来，国内已研发了一系列耕地水土流失治理技术，取得了较好的效果。通过水土流失治理，可新增耕地约 0.02 亿 hm^2。

这样，通过上述土壤资源“改性”四大措施并举，共可以新增耕地约 0.08 亿 hm^2。

① 国土资源部耕地保护开发司开发整理处. 2008. 中央国家机关工委研究室中央国家机关构建社会主义和谐社会优秀调研成果专辑。

2.2 耕地资源“提质”

我国耕地利用程度高，目前垦殖率已达 13.7%，超过世界平均数 3.5 个百分点[8]；现有耕地中旱地占的比重大，占到 74%，水田占的比重小，仅占到 26%。而在旱地中，耕层浅薄、地力贫瘠、产量低下的坡耕地面积占耕地总面积的 35.1%，其中坡度在 25°以上耕地占全部耕地面积的近 3.3%，但仅不到 0.7%的为梯田[9]，改善耕地生产条件的潜力很大。具体说来就是要实行“三增二减”的措施。

“一增”是增加 10%～15%的水肥效率。我国每年农业灌溉用水约 3500 亿～3900 亿 m^3，而灌溉水生产效率仅 $0.8kg/m^3$，不到美国、以色列等发达国家的一半[3]；国际公认的化肥施用安全上限是 $225kg/hm^2$，但目前我国农用化肥单位面积平均施用量达到 $434.3kg/hm^2$，是安全上限的 1.93 倍；农药年产约 170 万 t，平均每公顷 0.067kg 投放量，其中约 50%的农药将进入土壤与水体，每年约有 50 万 t 农膜残留于土壤中，残膜率达 40%[10]……农资利用水平有限、水肥效率低下，已经成为制约我国农业可持续发展的瓶颈。因此耕地资源的“提质”首先就是要提高水肥的使用效率，农用灌溉用水有效利用效率达到 0.55 以上，通过全膜覆盖集雨保墒等新型土肥综合利用技术，提高水资源和化肥使用效率 10%～15%，在现有水资源和化肥施用量条件下，可有效提高耕地利用效率。

“一减”是减少 10%～15%水肥能耗。在水肥利用效率不高的情况下，为了保障粮食生产能力，就必须大量消耗各种能资来确保施用效率。因此提升水肥效率，就能有效地减少各种物资能耗使用，保护耕种不受污染，保障生态环境和粮食安全。

“二增”是增加 10%～15%的复种指数。复种是区域粮食增产最简单直接并且行之有效的方式。如 1986～1995 年的 10 年内，我国复种指数增加了 9.7 个百分点，其中 75%种粮食，年增产粮食达 0.24 亿 t，占同期粮食总增产数的 36.5%[11]。可见，实施复种在粮食增产中发挥着至关重要的作用。相关研究亦指出我国的耕地复种指数潜力为 198%[11]。目前我国华南、华东大部分省份，耕地的复种指数水平超过 200%；华中地区的湖北、湖南，以及西南地区的云南耕地复种指数水平在 200%左右；东北、华北、西北大部分省区耕地的复种指数在 100%左右[12]。通过各省的复种指数比较可以发现，我国复种指数尚有提升能力，如江苏的复种指数为 186%，而浙江达到了 218%，安徽达到了 201%，可见通过复种指数提高，粮食生产能力仍然有较大提升空间。今后复种指数提升重点地区将是黄淮海平原、成都平原、长江中下游北部、华南南部等地区产粮大县。

“二减”是减少 30%～40%的中低产田。我国中低产田面积约占耕地面积的 70%，耕地土壤有机质含量平均仅为 18g/kg，比欧洲同类土壤低 1.5～3 个百分点，这些耕地产量只有高产田的 40%～60%[13]，改善耕地生产条件的潜力很大。根据《中国农用地（耕地）等别调查与评定》的结果，我国农用地平均等别为 9.8 等，高于平均值的耕地占 42.95%，低于平均值的耕地占 57.05%。其中平均等别东部和中部地区要高于西部和东北部地区，而耕地数量东部和中部地区要低于西部和东北部地区。因此从耕地利用方针而言，东部和中部地区土地生产条件好，经济发展应尽量避免占用优、高质量耕地，确保耕地资源安全与生产能力稳定；东北地区应加强农田基础设施建设，注重基本农田规模化保护；西部地区应在不破坏生态环境的前提下，加大中低产田改造力度。从技术层面讲，在今后一段时期内，通过一系列的物理、生物、化学、工程技术等手段改善中低产田耕地土壤理化性质，提高有机质含量，变中低产田为高产田，在耕地总量不变的情况下，可以大大提高粮食生产能力，保障粮食安全。

“三增”是增加农业科技投入。我国农业科技投入只占农业生产毛额的 0.19%，与欧美国家 2%的投入相比[14]，相差了 10 余倍。在我国现有的农业生产条件下，要确保耕地产出，保障粮食安全，协调农业与二、三产业关系、农业耕种与生态环境矛盾，将面临很多技术难关需要攻克。今后需要大力促进科技创新，强化农业生物技术和信息技术的应用，加强科研攻关，实施新品种选育、粮食丰产等科技工程，启动转基因生物新品种培育重大专项，提高生物育种的研发能力和扩繁能力，力争在粮食高产优质品种选育、高效栽培模式、农业资源高效利用等方面取得新突破；加快培育形成一批具有自主知识产权的高产、优质、抗性强的粮油品种。实施农业科技入户工程，集成推广超级杂交稻等高产、优质粮食新品种和高效栽培技术、栽培模式，提倡精耕细作。科技对农业增长的贡献率年均提高 1 个百分点[15]。可以预见，增加农业科技投入，培育新型农产品，培养具有现代意识的农业生产方式，增强水、肥、能资利用和新肥料研发水平，提高农产品及其产品附加值，逐步实现农业现代化，将是保障我国耕地保护面积和粮食安全，解决“三农”问题的重要手段。

2.3 耕地资源“增效”

近年来，我们看到这样一些矛盾现象：一方面是城市农产品价格不断攀升；另一方面则是农民卖不出好的农产品价格。一方面是国家高呼粮食安全；另一方面则是农户不断进城打工，土地抛荒。一方面不断强调农业污染严重；另一方面则不断增加化肥、农药的投入……耕地资源“增效”并不是简单的粮食生产能力提高，它实际上是农业生产效益、农民生活效益、农村生态环境安全效益的有机组合，是现代农业和生态高值农业所追求的目标（图 1）。通过建立耕地的“扩量”和“提质”工程，2010～2025 年，全国可增耕地约 0.147 亿 hm^2，即在 1.2 亿 hm^2 基础上，增长到 1.33 亿 hm^2 水平可以有效增加和提高耕地的数量和质量，确保粮食生产能力稳步增强；通过提质工程，2010～2025 年，全国粮食产量可增加 0.5%～1%，即每年增加 1000 亿斤，共可增加 1 亿～1.5 亿斤，即在现有粮食生产能力基础上，达到 6 亿～6.5 亿 t，确保满足粮食需求。同时，耕地数量和质量的提高，既满足了经济社会发展对空间需求，又为农业多种经营、构建完善的农产产业链奠定了基础，保障了农业从传统的农产品生产，向农业一产、农业二产及农业三产综合经营的合理转变，通过对耕地资源的合理保护和开发，在粮食和农产品生产中充分体现农业产业化的价值、加工的价值、产品的价值，不仅把水土弄好，更重要的是确保农业生产者有合理的收入，体现出耕地资源和农业生产的价值所在，这才是“增效”的本质[16]。

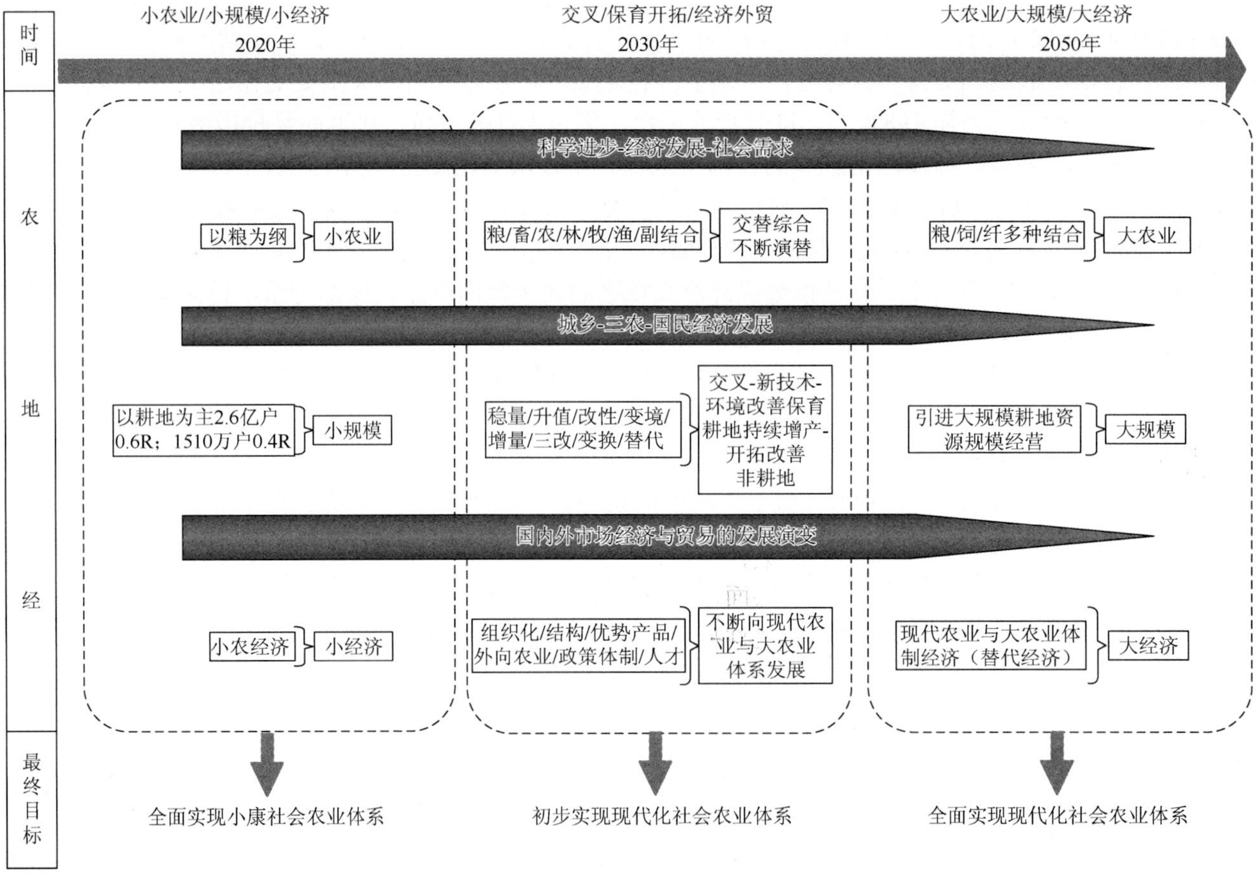

图 1　生态高值农业发展路线图

2.4 耕地资源“持续增产”

虽然“十一五”以来，我国粮食连年增产，但不可忽视的是，耕地的可持续使用及粮食稳定生产仍然存在诸多隐患：①今后很长一段时间内，农业生产仍然不能排斥化肥农药使用，在增产的同时，也给耕地土壤和农产品生态安全带来隐患；②农业生产的劳动力多是留守农村的老弱妇孺，这对于农业生产及科技成果转化不利；③不可预见性的自然灾害频发，小规模的农业生产方式抵御灾害能力差，威胁粮食的稳定生产；④食品安全问题频发，已经成为一个公众关注的焦点，不仅影响粮食生产销售，也成为影响社会稳定的重大因素；⑤农产品销售渠道不畅。农产品销售利润很大程度被销售渠道获取，影响了农户生产积极性。

要实现耕地资源的永续利用和粮食的持续增产，就必须面对这一系列挑战，发展生态高值农业解决我国耕地保护和农业发展中的矛盾。通过推动我国生态高值农业的建设，实现生态农业与环境保护协调发展，开发提升农产品高附加值，实现农产品高产、高质、高效及科技、市场、产业经济价值（即农业的一二三产产值），是今后合理利用耕地资源，保障粮食安全稳产的方向。而当务之急是要重建公众对食品安全的信心，让社会形成“安全的耕地、安全的产品”共识，安心购买，放心食用；同时建议考虑推进从农田到市场到餐桌的便捷模式，减少销售渠道，还利于农，让农户真正在耕地上获得收益，积极生产[17]。

3 举措与建议

“扩量、提质、增效、持续增产”战略方针是一项系统化的大工程。其中“扩量”“提质”是保障途径，“增效”是根本目标，“持续增产”是发展方向，不能一蹴而就，需要各部门、社会各界、科研院所通力合作，积极构建耕地开发与保护、粮食增产与稳产的政策框架体系。在今后 10～15 年内，需要做实以下几方面工作：①综合科技、创新研发。通过增加科技研发的投入，攻克耕地“扩量、提质”的关键技术问题，包括耕地扩垦数量的精细规划、空间布局、时间安排与种植结构调整等，并结合传统农业的精华，创新研发提高农业生产的无害化、标准化、精细化、规模化，实现耕地和农产品生产数量和质量的稳步提升。②高科技农业科技与工程技术相结合。将高科技农业科研成果转化为生产力，并实现农业的规模化、批量化生产。这样不仅可以充分利用耕地资源，还能提高水肥利用效率，降低不必要的能耗。③统一领导、统筹组织、通力联合协作。我国农业人口众多，生产方式、生活习惯地区间差别大，需要结合生态高值农业建设，由政府统一领导、统筹组织，各有关部门通力联合，稳步推进才能保持社会稳定发展，耕地保护目标最终落实。④在上述原则下，重新制定工程实施规则。建议由相关部门、大专院校和企业联合，讨论制定试点项目的落实区域，并由相关省份具体负责实施，同时就当前的各项工程实施经验进行总结，编写或修订相关的工程实施技术指导，特别是在“十二五”期间，应开始进行生态高值农业理论研究、技术研发和示范推广等工作，不断推出我国“生态高值农业”典型模式及配套技术[18]。

4 成绩与前景

当前，我们国家在保护耕地、保障粮食安全方面已取得不少成绩。2002 年以来，在 863、973、国家公益性、国家自然基金项目等一系列重点研究课题支持下，以建设高产稳产农田为目的，在滨海盐土上创建了“盐土农业”高效循环利用、产业集群合理布局的现代农业模式；江苏省 2008 年开展“万顷良田建设工程”开始，以土地开发整理项目为载体，以实施城乡建设用地增减挂钩政策为抓手，城乡统一规划、协调发展，增加有效耕地面积，提高耕地质量。截至 2010 年，全省的 13 个省辖市以及 53 个县（市、区）共有 47 个“万顷良田建设工程”试点规划方案获得批复。已通过审查的试点工程共涉及土地规模 59 887.66hm^2，新增耕地面积 9012.45hm^2，可盘活建设用地 6446.65$hm^2$①。

各地的实践及成功案例说明，我国耕地保护和粮食安全还有大量工作要做。特别是“生态高值农业”发展战略的提出与落实，进一步有力地推动了两项工作的融合和相互促进。今后 10 年，我国耕地保护、农产品安全、可持续农业、智能农业和生态高值农业都得到长足发展；今后 15 年左右，通过对土壤的改性、耕地的“提质”，可在全国增加 0.15 亿 hm^2 耕地，实现粮食年产量增加 1 亿～1.5 亿 t。届时我国粮食自给率达到 95%以上，其他农副产品基本自给；获得 80～100 个具有特定高营养组分或对人体健康具有可靠功效的功能性动植物新品种，生产和加工环节污染将得到完全控制；化肥和农药适量使用，开始应用可

① 江苏省土地学会《城乡统筹发展路径创新研究》课题组. 2011. 城乡统筹发展路径创新研究——“万顷良田建设工程”探索与实践. 2011-06。

降解农膜；40 年后，即到 2050 年，通过“生态高值农业”建设，耕地保护与经济社会发展达到平衡，全面实现“生态高值农业”发展目标，我国将建成农业高值转化的产业体系，形成生态系统持续良性循环、景观优美、功能多样、城乡一体化的耕地保护与可持续利用体系。

参 考 文 献

[1] 赵其国，段增强. 中国生态高值农业发展模式及其技术体系. 土壤学报，2010，47（6）：1249-1254.

[2] 张璐. 解决“粮食安全”之道. 南京日报，2010-9-13（A3）.

[3] 关于提高灌溉水利用率的认识. http：//www.hljagri.gov.cn/nygk/ntsl/200705/t20070523_29481.htm[2008-05-04].

[4] 潘希. 我国须走生态高值农业之路. 科学时报，2010-9-6（A1）.

[5] 刘宏鹏，王春雨，董振国. 耕地后备资源开发面临生态难题. 农村·农业·农民（B 版），2006，（12）：13.

[6] 梅旭荣. 土地沙漠化速度惊人耕地面临可持续发展挑战. 半月谈网络版，http：//www.southcn.com/news/community/shzt/zsj/smh/2005-03100788.htm.

[7] 水利部民盟中央进行坡耕地水土流失治理专题调研. http：//www.gov.cn/gzdt/2009-08/17/content_1394305.htm[2009-08-17].

[8] 龚子同，陈鸿昭，张甘霖，等. 保护耕地：问题、症结和途径——谈我国 1.2 亿公顷耕地的警戒线. 生态环境，2007，16（5）：1570-1573.

[9] 国家统计局综合司. 第二次全国农业普查主要数据公报. http：//www.stats.gov.cn/tjgb/nypcgb/qgnypcgb/t20080229_402465309.htm[2008-02-29].

[10] 韩乐悟. 中国化肥用量 60 年增百倍有毒物质危及食品安全. 法制日报，http：//news.sohu.com/20110527/n308686944.shtml[2011-05-27].

[11] 左丽君，张增祥，董婷婷，等. 耕地复种指数研究的国内外进展. 自然资源学报，2009，24（3）：553-560.

[12] 2010 年我国耕地复种指数监测结果. http：//www.wtsp.org/newContent.asp？id=2077&iid=95[2010-12-28].

[13] 黄汉权，涂圣伟. 全面提高农业现代化水平. 经济日报，2010-4-12（9）.

[14] 范建，彭丽. 90 高龄 114 次回国左天觉的报国路. 科技日报电子版，http：//www.stdaily.com/ldweb/gb/stdaily/2004-07/23/content_277867.htm.

[15] 国家粮食安全中长期规划纲要（2008－2020 年）. http：//www.gov.cn/jrzg/2008-11/13/content_1148414.htm[2008-11-13].

[16] 新疆维吾尔自治区科技厅. 新疆两项自治区“十一五”重大专项实施成效明显. 中华人民共和国科学技术部. http：//www.most.gov.cn/dfkj/xj/zxdt/201107/t20110721_88441.htm.

[17] 郧文聚. 全国农用地等级调查发出保护耕地警示：当务之急是提等级、优布局、严占补. 思想理论内参，2008，(27)：3-8.

[18] 林鹏生. 我国中低产田分布及增产潜力研究. 北京：中国农业科学院，2008.

“Ten Words” Strategic Policy for Ensuring Red Line of Farmland and Food Security in China

Zhao Qiguo[1]　Yang Jinsong[1]　Zhou Hua[2]

1　Institute of Soil Science，Chinese Academy of Sciences，Nanjing　210008，China

2　The School of Geography and Ocean Science，Nanjing University，Nanjing　210093，China

Abstract

The author analyzed the utilization status of domestic farmland resources and demands under the new situation of China，and pointed out there are four obstacles should be surmounted. The strategic policy of “quantity expansion，quality enhancement，efficiency augmentation and sustainable yield increase” must be adopted to ensure red line of 1.2 billions hm^2 of farmland and food security. In the end，goal system and development direction of farmland protection was analyzed and prospected on the basis of “High Value Eco-agriculture”.

Key words　Red line of farmland；Food security；Strategic policy；Ensuring

稳耕地红线确保粮安需改变农业生产方式

赵其国

中国科学院院士、中国科学院南京土壤研究所研究员

“最严格的土地管理制度”、“最严格的耕地保护制度”、“最严格的节约用地制度”。8 月 23 日，在中共中央政治局集体学习会上，胡锦涛总书记用了 3 个“最严格”来强调中国的土地管理。“耕地红线”如何保护，“粮食安全”如何保障，已成为当前我国急需解决的重大问题。笔者认为，仅靠现有耕地数量和农业生产方式是不行的，应实行“扩量、提质、增效、持续增产”十字战略方针，改变我国农业生产方式。

我国农业开发历史悠久，绝大部分优质土壤早已垦种，中华人民共和国成立后又历经数次大规模开垦，宜农后备土壤资源所剩无几，耕地资源扩量难度大。要破解“扩量”难题，应该从土壤资源的“替代”和“改性”扩量两个方面入手。其中，“替代”扩量，包括后备土地资源开发、土地整理和土地复垦三大举措，预计可新增耕地约 1 亿亩；“改性”扩量主要通过对盐渍化、沙化、酸化和侵蚀等障碍性土壤改性治理，实现耕地资源的扩量，预计可新增耕地约 1.2 亿亩。

如何“提质”，具体就是要实行“三增二减”的措施：“三增”就是增加 10%～15%的水肥效率、增加 10%～15%的复种指数、增加农业科技投入；“二减”是减少 10%～15%水肥能耗、减少 30%～40%的中低产田。

而“增效”并不是简单的粮食生产能力提高，而是通过“扩量”和“提质”工程，耕地数量和质量提高，既满足了经济社会发展对空间的需求，又为农业多种经营、构建完善的农产品产业链奠定了基础，保障了农业从传统的农产品生产，向农业一产、农业二产及农业三产综合经营的合理转变，通过对耕地资源的合理保护和开发，在粮食和农产品生产中充分体现农业产业化的价值、加工的价值、产品的价值，不仅把水土弄好，更重要的是确保农业生产者有合理的收入，体现出耕地资源和农业生产的价值所在，这是“增效”的本质。

“持续增产”则必须发展生态高值农业，解决我国耕地保护和农业发展中的矛盾，实现生态农业与环境保护协调发展，开发提升农产品高附加值，实现农产品高产、高质、高效及科技、市场、产业经济价值，是今后合理利用耕地资源，保障粮食安全稳产的方向。而当务之急是要重建公众对食品安全的信心；同时建议考虑推进从农田到市场到餐桌的便捷模式，减少销售渠道，还利于农，让农户真正在耕地上获得收益，积极生产。

“扩量、提质、增效、持续增产”的战略方针是一项系统化的大工程。其中“扩量”、“提质”是保障途径，“增效”是根本目标，“持续增产”是发展方向，不能一蹴而就，需要各部门、社会各界、科研院所通力合作，积极构建耕地开发与保护、粮食增产与稳产的政策框架体系。

本文原载《粮油市场报》2011 年 9 月 1 日第 A01 版。

重视农业“安全质量”，加强农业“清洁生产”

赵其国

中国科学院南京土壤研究所，南京 210008

摘 要

文章强调了农业生产的安全质量问题，并在分析了安全生产的必要性的基础上，提出了加强清洁生产的见解。

关键词 农产品；安全质量；清洁生产

1 必须重视农业的“安全质量”

我国农业持续发展面临的重要问题是提高效益、保证质量与不断增收。其中保证质量是关键。因为，在今后跨入新世纪的现代农业发展中，没有质量就谈不上效益，更无法保证增加收益。

在这里，农业质量主要指农产品的品质与质量。通过遗传选种及生物工程等高新技术，当前正在取得新的进展。农产品的品质与质量不仅包括农产品的色、香、味等质量，更重要的是农产品的安全质量，即杜绝任何影响人体健康与生命安全的农产品质量，具体来说，就是保证农产品所含的元素与营养成分符合卫生标准，从而保证对人体健康的安全。简言之，农产品质量的最高检验标准就是“安全”，是质量安全或安全质量。

引发农产品质量变劣的因素包括自然与人为两个方面，其中生态环境，包括水、土、气、生等方面的污染，是产生对农产品品质不良影响的重要方面。例如，水体污染所带来的各种过量的有机与无机元素，通过灌溉、淋溶进入农产品而产生对人体毒害；土壤中一旦富含重金属与有害元素，将会生产出含有重金属的农产品（汞米、镉米等）；大气酸沉降产生的酸雨以及生物富集的有害物质再返回土壤，均会使农产品品质变劣，对人类健康带来危害。

事实表明，随着农业生产的高强度发展，化肥、农药与农膜的大量投入，是造成环境污染的重要原因。当前我国每年损失肥料氮达 900 万 t，相当于尿素 1900 多万 t，折合人民币 350 亿元。据北京、上海、江苏、河北、山东部分地区调查，目前蔬菜，特别是大棚种植的菠菜、芹菜、黄瓜等蔬菜中，硝酸盐含量均严重超标，北京市人民每日从蔬菜中摄入的硝酸盐为 310mg，超标达 41%。目前我国不同程度遭受农药污染的农田面积达 933 万 hm^2。河北省历时 3 年的调查表明，蔬菜中农药残留种类和数量均在逐年增多。在南京市有的市场所出售的鸡蛋中，初步监测出有机残留物含量较国际标准超过 15 倍。新疆废旧地膜残留量平均每公顷达 37.8kg，最高可达 225kg，这些土壤残留的农膜一般 50 年内不会分解，它是造成农作物病害及污染的根源。特别值得注意的是，在市场经济与单纯利益驱使下，越来越多的人为干预所造成的农产品质量安全事件层出不穷，对社会及人类健康带来威胁与影响。当前无论是果、菜、瓜、豆、蛋、肉、鱼、鸡、鸭、油，甚至大米、面粉与饲料均出现不同情况的安全质量问题，虽谈不上“草木皆兵”，但这种“星星之火”是可以“燎原”的，有的甚至是可以致人死命的。

针对上述农业持续发展中的农产品质量问题，当前社会上有各种“保证农业与农产品质量”的新提法与新举措。如建立“有机农业”、“绿色农业”、“绿色食品”、“绿色硅谷”、“无公害食品”等，即建立生态农业体系的新思路。的确，21 世纪的农业应该以建立“生态农业”为标志，但生态农业并不等于或不能完全保证是具有安全质量的，如果不能从本质上杜绝有害因素的介入，不能从整个农业生产体系与全部生产过程来保证质量安全，这仍然是无济于事的。

总之，农业质量与安全是一个总体概念，只有针对保证人类生命健康的农业质量才是质量安全的核心内涵，这是人类追求农业质量的根本目的，也是 21 世纪农业持续发展的战略方向。如果忽视这点，就根本谈不上我国农业的持续发展与农业富裕，农民增收。

本文原载《土壤》2001 年第 33 卷第 5 期第 225-226 页。

2 加强农业的清洁生产

为解决我国当前农业出现的安全质量问题，加强农业的清洁生产是一项重要举措。

农业清洁生产是指在农业生产的全过程中，通过技术、管理与监控体系的调控，避免或减少面源污染，生产出卫生合格的食品，达到环境健康和食品安全的目的。这是当前我国农业发展中所出现的一种新的思路，主要包括以下两个方面。

2.1 农业清洁生产的目标与内容

（1）建立农业清洁生产的关键技术体系。包括环境技术体系、生产技术体系及质量标准技术体系。其中以品种、化肥、农药、农膜为主的生产技术体系为重点。

（2）建立生产基地环境质量技术体系。包括以水、土、气、生为主的无公害与无污染集成技术体系等。

（3）建立新的生产技术体系的研究及开发。包括新品种的培育与开发，高效化肥（可控释肥料）的平衡施用技术，低毒、低残留农药及生物农药的开发与合理使用技术等。

（4）建立农业清洁生产的管理体系。包括建立农产品安全质量监控与监控体系，农产品质量法规体系等。

（5）建立农业清洁生产的服务体系。由为农业生产服务转向为农业产品的服务体系，将农业效益与经济效益密切结合起来。

（6）建立以企业为主体的，由农民、公司、科技（示范基地）与市场（超市）相结合的经营体制，保证农业清洁生产体系的全面建立。

2.2 农业清洁生产的总体原则

（1）农产品是指包括农作物产品、畜产品及水产品等食物产品的总称。

（2）农业清洁生产必须贯穿农业生产的全过程。包括品种的选培—基地水土环境的清洁过程—生产过程的无公害技术组装—产品的监测与监控—产品产业化过程的清洁及监测技术体系—产品全程管理及最终进入市场。所有这些过程及衔接均需贯穿清洁生产的技术与质量监控。

（3）农业清洁生产是农业生产技术及其产业化的系统工程，除生产关键技术体系的组装外，还必须与产业化开发与企业及市场经营相结合，最终通过建立以企业为主体的新体制加以推动。

（4）当前农业清洁生产正处于起步阶段，应注意抓住重点，建好基地，突出技术，开展示范，加强管理，逐步推广，最后达到全面发展的目的。

总之，农业清洁生产技术体系是国家当前急需的农业技术之一，也是新世纪农业发展最有优势的领域之一，因此，开展我国自主知识产权的农业清洁生产关键技术体系的研究，并进行相关技术的集成与试验示范具有重要意义，它必将对我国农业的可持续发展产生深远影响。

不保“净土”，何谈“洁食”？

农业专家、中科院院士赵其国投书本报，直言对我国土壤污染现状的忧思，并为治理保护土壤环境质量献上五策

当前我国农产品质量与安全问题，越来越引起社会广泛关注。引发农产品质量不良的因素，包括自然与人为两个方面，其中生态环境，即水、土、气、生物等方面的影响，是导致农产品品质不良的重要根源。以往人们关注的是“蓝天、碧水”，认为只要天蓝，水碧，就能保证农业环境及其产品质量安全。岂不知，除了“蓝天、碧水”外，更重要的是保证土壤质量的安全，只有保证了“净土”，才能保证“洁食”，才能保证人类生命的健康与安全，最终才能保障整个社会的稳定与发展。

“万物土中生，食以土为本”，土壤是人类生存的基本资源，是农业发展的基础。然而，土壤中的养分元素含量，对作物生长讲，经常是供需不平衡的，必须注意调节，特别是人们有意无意地向土壤中加入了不利于作物健康生长的各种“有害”元素，使土壤发生污染，不仅会导致农产品品质恶化，土壤中的有害气体还将影响大气，土壤中的有毒物质也会影响到水体，都将对人体健康产生危害。因此，对农产品质量安全而言，“净土、洁食”是至关重要的战略性问题。

近 20 年来，随着工业化、城市化、农业集约化的快速发展，人们对农业资源高强度的开发利用，使大量未经处理的固体废弃物向农田转移，过量的化肥与农药大量在土壤与水体中残留，造成我国大面积农田土壤环境发生显性或潜性污染，成为影响我国农业与社会经济可持续发展的严重问题。解决我国土壤与环境污染问题，刻不容缓！

本文原载《中国财经报》2006 年 11 月 23 日第 001 版。

施用化肥对农业生态环境的负面影响及对策*

黄国勤[1]　王兴祥[2]　钱海燕[1]　张桃林[2]　赵其国[2]
1 江西农业大学生态科学研究中心，南昌　330045
2 中国科学院南京土壤研究所，南京　210008

摘　　要

论述了肥料的过量使用对我国的农业生态环境质量的负面影响，提出了合理施用化肥防治环境污染的对策。认为过量施用化肥引起土壤酸化和板结、重金属污染、硝酸盐污染和土壤次生盐渍化，从而导致土壤肥力下降，并且造成水体富营养化，淋溶污染地下水，致使作物品质下降，硝酸盐含量超标，并通过食物链危害人体健康。此外，认为化肥对大气环境的影响主要集中在氮肥上，氨挥发和 NO_x、CH_4 及 CO_2 的释放，不仅能引起温室效应，而且还能够引起臭氧层的破坏。提出了相应的对策：增加科技教育的投入，提高农民的科学文化素质，提高全民的环境意识；合理施肥；结合国家的调控政策，在粮食产量与环境保护、作物产量与产品品质之间找到平衡点。

关键词　化肥；土壤；水环境；温室气体；污染；对策

农业生态环境质量决定我国农业可持续发展的长期性和食物安全的稳固性。化肥的使用是农业获得高产的重要手段，为农业带来巨大的经济效益[1]。增施化肥是我国温饱工程的主要技术政策之一，历来受到政府的关注与农民的拥护。但是，过量施用化肥，或者偏施某一种化肥；不重视有机肥和无机肥的合理配合使用；或者将其直接排入水体等，均会导致局部地区严重的生态环境问题。本文就过量施用化肥导致的对土壤、水、大气环境以及作物的危害和相应的对策展开讨论，以便使公众对化肥在粮食和“绿色”食品生产上的作用有正确的认识，对因“过量”、“偏施”带来的副作用和防治措施有基本的了解。

1　化肥使用和环境污染状况

我国的化肥施用量增长速度快，呈现逐年递增的趋势。1985 年全国化肥施用总量为 1775.8 万 t，2002 年达 4339.5 万 t，比 1985 年增长 1.4 倍，年平均增长率为 8%[2, 3]（图 1）。与此同时，单位面积化肥施用量也呈逐年递增趋势，2002 年达到了 333.7kg/hm²[2, 3]（图 2），高于世界平均水平。

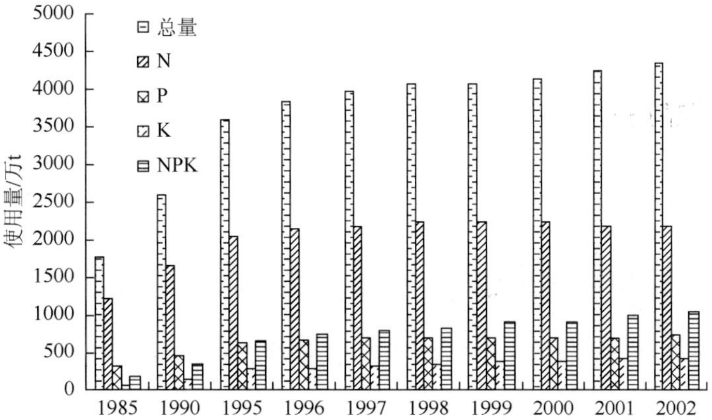

图 1　1985～2002 年我国化肥施用总量

---

* 基金项目：中国科学院知识创新工程资助项目（KZCX3-SW-417）。
作者简介：黄国勤（1962－），男，教授，博士生导师，研究方向为农业生态学及农业可持续发展。
本文原载《生态环境》2004 年第 13 卷第 4 期第 656-660 页。

施用化肥可提高土壤肥力，改善土壤性状，创造最佳的植物营养环境，从而提高农产品的质量。但是，化肥用量并非越大越好。一般来说，各种作物对化肥的平均利用率，氮为 40%～50%，磷为 10%～20%，钾为 30%～40%[4]。通常，化肥施用量越高，流失到环境中的数量也就越大，对生态环境的污染程度也就越高。以氮肥为例，由于施用量较高，而利用率较低，损失严重。据对我国主要粮食作物氮肥去向的研究的数据，我国氮肥的利用率在 9%～72%，平均为 30%～41%[5]，化肥每年的流失量占施用量的 40%左右[6]。

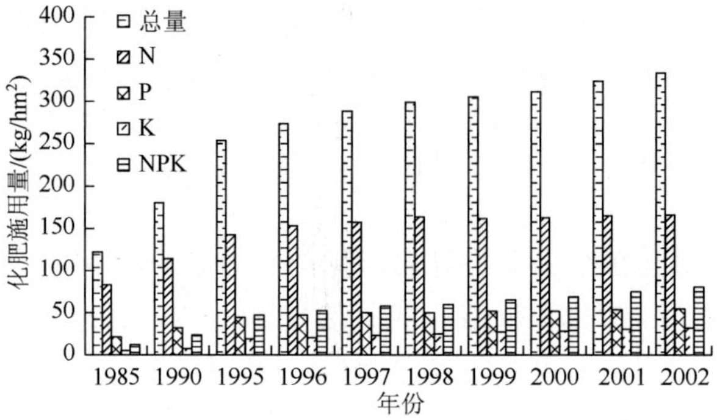

图 2　1985～2002 年我国单位面积化肥施用量

化肥的过量施用与地区经济的发展水平有密切关系。一般来说主要发生在经济相对发达地区，尤其是种植蔬菜等经济作物的田块上。此外，也与农业生产的发展、化肥品种的单一性、施肥的盲目性、施用技术的不合理等因素有关。

2　化肥施用与土壤生态环境

2.1　引起土壤酸化和板结，导致土壤肥力下降

长期施用化肥对土壤的酸度有较大的影响。在江西红壤中，盆栽试验结果表明，在酸性红壤中施用硫酸钾、硫酸铵等，都会使红壤的酸度有不同程度的增大[7]。同时，硫酸钾在中性和石灰性土壤中生成硫酸钙，而在酸性土壤上生成硫酸，因此在中性和石灰性土壤上长期大量施用硫酸钾，土壤中钙会逐渐减少，而使土壤板结。土壤酸化和土壤板结使耕地土壤退化，生产力降低，并可活化有害重金属元素如铝、锰、镉、汞、铅、铬等，增加它们在土壤中的活性，或导致有毒物质的释放，使之毒性增强，进一步对土壤生物造成危害。土壤酸化还能溶解土壤中的一些营养物质如钾、钙、镁等，在降雨和灌溉的作用下，向下渗漏补给地下水，使得营养成分流失，造成土壤贫瘠化，影响作物生长。

大量的施用化肥，用地不养地，造成土壤肥力的普遍下降。据调查，由于长年施用化肥，华北平原土壤有机质已降到 1%左右，全氮含量不到 0.1%，在东北三江平原，多年重用轻养，使土壤有机质的含量从 10%～11.5%下降到 3%～5%[8]。从第二次全国土地普查的 1403 个县的汇总来看，土壤有机质低于 0.6%的农田占 10.6%；农田总面积的 52.6%缺磷，23%缺钾，14%磷钾俱缺。由于大量使用以氮肥为主的化肥，导致很多土壤中磷或钾成为限制肥力的主要因子；缺硼、钼、锰、锌和铜的农田分别为 25.6%、34.8%、15.8%、38.0%和 5.2%[9]。

2.2　化肥中的有害物质对土壤的污染

制造化肥的矿物原料及化工原料中，含有多种重金属放射性物质和其他有害成分，它们随施肥进入农田土壤造成重金属污染。磷肥的施用，不可避免地带给土壤许多有害物质：镉、锶、氟、镭、钍等。施用磷肥过多，会使施肥土壤含镉量比一般土壤高数十倍，甚至上百倍，长期积累将造成土壤镉污染[10-13]。由于镉在土壤中移动性很小，不易淋失，也不为微生物所分解，被作物吸收后容易通过饮食进入并积累于人体，是某些地区骨痛病、骨质疏松等重要病因之一。但是据鲁如坤等测定[14]，我国磷矿镉含量范围在 0.1～571mg/kg，但大部分在 0.2～2.5mg/kg，比世界主要国家磷矿都低。目前随磷肥进入土壤中的镉含量最多为 $0.59g/hm^2$，远远低于我国最低绝对环境容量（$0.73kg/hm^2$）[15]。可以认

为，国产磷肥长期施用时所带入土壤的镉量不至于造成环境问题。但是，我国还进口一些国外磷矿，这些磷矿一般含镉量远远高于我国磷矿。对于这些磷矿生产的磷肥，应对其含镉量加以监测，以确保我国土壤不受污染。

有些化肥中还含有机污染物，以致生产出含酚量较高、具有异味的农产品。另外，大量施用石灰氮（氰化钙）可产生双氰胺、氰酸等有害物质，抑制土壤硝化作用，引起土壤污染，严重威胁着粮食生产。三氯乙醚的污染是一个比较典型的事例[16]，它是由于施用含三氯乙醚的废硫酸生产的普通过磷酸钙肥料所引起的。其中 666.7hm^2 以上的污染事故在山东、河南、河北、辽宁、苏北、皖北等地曾多次发生，受害品种包括小麦、花生、玉米等 10 多种农作物，轻则减产，重则绝收。有的田块毁苗后重新播种多次仍然受害，损失很大。

2.3 造成土壤硝酸盐（NO_3^-）污染和土壤次生盐渍化

频繁施用氮肥能直接影响土壤中 NO_3^--N 的含量水平。在过量施用氮肥和大量灌溉的情况下，肥料氮主要以硝酸态形式从土壤中淋溶损失。有试验结果表明，土壤中的硝态氮含量随施肥量的增加而增加[17-19]。古巧珍等通过大田长期定位施肥试验研究了土壤剖面硝态氮分布与累积，表明长期单施化学氮肥或氮钾、氮磷、氮磷钾肥使土壤 NO_3^--N 大量积累，从而随土壤水分，通过土壤-植物系统而部分淋失[17]。与大田作物相比，蔬菜保护地施肥量大且施肥次数频繁。由于温室大棚内土壤水分蒸发快，土壤返盐现象比较严重[20]。因此大量施用化肥，容易使保护地 NO_3^- 大量剩余与迅速累积，加速了土壤盐积和次生盐渍化[21]。崔正忠等对黑龙江省四个中心城市蔬菜保护地土壤养分变化趋势进行了研究，分析结果表明，过量施用无机肥料，致使一些保护地土壤速效氮、磷、钾含量过高，部分土壤含盐量高达 0.567%，出现盐渍化现象[22]。另外，由于农民缺乏必要的技术指导，对 N、P、K 及微量元素肥料使用缺乏科学知识，只注重施用见效快的氮肥，导致养分供应失衡，影响作物正常吸收利用，势必引起土壤盐分的过剩而累积。设施栽培条件下，次生盐渍化通常是造成连作障碍的重要因素之一，盐分的过分积累会造成作物生理性干旱，甚至生理毒性物质的形成[23]。

3 化肥施用与水环境

3.1 为水体富营养化提供氮、磷等营养源

农业生产中大量施用化肥，使氮、磷等营养元素大量进入水体，引起水体富营养化，造成化肥对地表水的非点源污染。据估计，沉入河、湖的氮素约有 60%来自化肥[1]。美国环保部门一项研究报告也同样估计，每年流入河流中的氮和磷量有 29.1%～67.5%的 N，25.0%～45.9%的 P 来自农田径流，并随着施肥量的增加而增加，农田是水体富营养化的主要营养源，施肥对地表水和地下水中氮、磷含量的增加有重要影响[24]。吕耀等报道：太湖流域等农业集约化较高的地区出现了施肥过量以及肥料结构不合理的现象，造成大量氮通过地表径流进入太湖，从而加剧了太湖水体富营养化[25]。张兴昌等则发现径流流失的无机氮主要以硝态氮为主[26]。

3.2 氮素淋溶污染地下水

农业上长期大量施用化肥是造成地下水硝酸盐污染的重要原因。长期使用氮肥的地区，地下水含氮量在逐年增高。氮肥进入土壤后，经硝化作用产生 NO_3^-，除了被作物吸收利用外，其余的 NO_3^- 不能被带负电的土壤胶体吸附，因而随降雨下渗而污染地下水[8]。朱建华等认为施用氮肥不仅增加了土壤表层硝酸盐含量，同时也容易造成大量的硝酸盐被淋洗到深层土壤，形成对地下水的潜在威胁[27]。据调查，京、津、唐地区 69 个观测点的地下水，半数以上硝态氮含量超标，高者达 67.7mg/kg[28]。有资料表明，北京市郊菜田因施用氮肥过多，地下水硝态氮含量为 61.6～124.0mg/kg[29]。农田施用氮肥对地下水的污染很普遍[30]。在大量施用氮肥地区，食用水中硝态氮含量经常超过最大允许量[31]。

4 化肥过量施用对作物品质及食物链的影响

过量施用化肥，不但造成肥料养分的浪费，而且对植物体内有机化合物的代谢产生不利影响。在这种情况下，植物体内可能积累过量的硝酸盐、亚硝酸盐。过量的硝酸盐和亚硝酸盐在植物体内的积累一般不会使植物受害，但是这两种化合物对动物和人的机体都是有很大毒性的，特别是亚硝酸盐，其毒性要比硝酸盐高 10 倍[32]。植物性产品中高含量的硝酸盐会使其产品品质明显降低。

硝酸盐以过多的有毒的数量被作物大量吸收，成为作物产品的污染源。对同一种作物，氮肥施用越多，土壤中的 NO_3^--N 含量也越高，则作物体内的 NO_3^--N 含量也将随之提高[33-36]，进而经由食物或饲料，影响进入人体或畜禽体内的 NO_3^--N 含量。尽管 NO_3^- 本身毒性不大，但它在人体肠胃中经硝酸还原细菌的作用会转化成 NO_2^-，从而可能引起人体血液缺氧中毒反应，导致患有高铁血红蛋白血症，甚至引起窒息和死亡[32]。蔬菜是一种容易富集和残留硝酸盐污染的作物。人体摄入的硝酸盐有 81.2%是来自蔬菜[37]，而施入土壤中的各种 N 肥又是蔬菜累积硝态氮的主要来源[38]。孙权等对宁夏灌於旱耕人为土氮肥（N）与大白菜产量及菜体和土体中硝酸盐累积的关系进行了田间试验研究[39]，结果表明，在设计范围内，施用 N 肥明显增加土体各土层中的硝态 N 含量，内叶硝酸盐含量随施 N 肥量的增加而增加，外叶硝酸盐含量在高施 N 肥时，随生育期延长而增加。陈新平等调查表明，北京市郊菜地施氮量高达每季 781.5kg/hm^2，过量的氮肥施用造成蔬菜（特别是叶菜类蔬菜）硝酸盐含量过高，在每公顷施氮量 225～675kg 的范围内，小白菜地上部分硝酸盐含量达 3993～4504mg/kg[40]。

养分投入不平衡已成为制约蔬菜产量和品质提高的重要因素，超高量的化肥施用存在着巨大的环境风险。氮营养过剩一方面会导致蔬菜叶面积过大，结实不良，易感病虫害，对不良气候环境的抗逆性变弱；另一方面，氮过量会造成土壤中亚硝酸、氨气等气体挥发而引起作物地上部分直接受害，造成气体障碍[41]。磷过量，菜地土壤较其他土壤有效磷含量要高出十倍至数十倍，高磷土壤蔬菜生育期明显延长，并由于作物对 N、P 的过量吸收，而引起其他营养元素的缺乏、营养失调等生理病害，严重影响蔬菜的产量和品质，如形成番茄脐腐病、空果、条腐果，青椒小果，黄瓜苦味，莴苣的叶烧病以及甜瓜、芹菜的心腐病等[42]。马朝红等依据蔬菜生长需肥特性和养分平衡原理[7]，结合随机抽样调查数据分析，结果表明，武汉市市郊东西湖区蔬菜养分投入量远高于蔬菜生长需肥量，导致氮、磷在土壤中的大量积累，其中以磷最为突出，每季蔬菜磷的积累量达到 220～380kg/hm^2，氮积累量为 80～210kg/hm^2，必然会对产品品质和产量带来负面影响，增加农业环境风险。胡承孝等以潮土、黄棕壤为供试土壤，选取小白菜、番茄分别为叶菜类、果菜类代表，在土培条件下研究了氮肥水平对蔬菜品质的影响，分析表明，随着氮素水平的提高，蔬菜营养品质下降，蔬菜体内维生素 C、可溶性糖含量下降，氨基酸总量及谷氨酸、脯氨酸等氨基酸含量，非蛋白氮与总氮比值升高，可滴定酸度呈直线增加，N 含量逐渐增加，而 P、K 含量逐渐减少，硝酸盐污染加剧[43]。

5 化肥施用与大气环境

化肥对大气环境的影响主要集中在氮肥上，氨挥发及 NO_x 的释放等会使大气中氮含量增加而带来一系列的影响。硝化及反硝化释放 N_2O 到大气中造成温室效应，氮肥的使用对其他温室气体 CH_4 及 CO_2 的释放也有影响。而且 CH_4、CO_2 等气体在大气中的含量增加，不仅能引起温室效应，而且还能够引起臭氧层的破坏。

5.1 氨挥发

氨态氮肥是化学氮肥的主体，施入土壤的氨态氮肥很容易以 NH_3 的形式挥发逸入大气。农业生态系统中 NH_3 的释放量每年为 10^7t，主要来自于 NH_4^+-N 肥和动物排泄物中 NH_3 的挥发。据王文兴等[44]估计，我国 1991 年全国人为源氨的排放量为 8.91×10^6t，其中氮肥施用的排氨量占氮肥使用量的 18%。据朱兆良[45]估计，我国农田氮素的主要损失途径为氨挥发、反硝化和淋失及径流损失。综合有关资料看出，稻田中氮的损失主要是反硝化和氨挥发，分别占氮肥施用量的16%～41%和9%～40%[46]。旱地，特别是石灰性土壤上撒施尿素、碳酸氢铵的NH_3挥发损失很大，一般为所施N量的10%～25%[47, 48]。在石灰性水稻田，由于灌溉稻田表面水层的pH高达7～8，撒施或分次施用尿素（或碳酸氢铵）的NH_3挥发量很大，有时高达所施N量的40%～50%[49]。硝酸盐淋失和氮素径流损失主要发生在降水量和强度较大的地区和季节，约占氮肥施用量的0.23%～30%[23]。由此可见，我国农田氨挥发的氮素损失量可能占肥料氮肥施用量的10%以上。氨是一种刺激性气体，对眼、喉、上呼吸道刺激性很强。高含量的氨还可熏伤作物，并引起人畜中毒事故。大气氨含量的增加，可增加经由降雨等形式进入陆地水体的氨量，是造成水体富营养化的一个因素。

5.2 N_2O 和 NO_x 的排放

随着化肥的大量施用，大气中氮氧化物含量不断增加。化肥施入土壤，有相当一部分以有机或无机氮形态的硝酸盐进入土壤，在土壤反硝化微生物作用下，会使难溶态、吸附态和水溶态的氮化合物还原成亚硝酸盐，同时转化生成氮和氮氧化物进入大气，使空气质量恶化。1992年IPPC工作报告指出，由于人类活动加强，大气中N_2O的含量正急剧增加，由农业系统中无机和有机氮肥的施用及生物固氮作用产生的N_2O量约占年排放量的60%[50]。

根据Veldkamp和Keller[51]估计，大约有所施N肥的0.5%是以NO_x的形式损失。

5.3 CH_4 和 CO_2 的排放

化肥深施能明显降低稻田CH_4的释放。如尿素的深施对降低甲烷排放速度效果最好，而施在土壤表面则能增加甲烷排放。硫酸铵也是如此，虽然表施和深施都能降低CH_4排放量，但施在稻田表面对降低甲烷排放程度却比施在土壤深层低得多，大致低1/10～1/5[52]。施肥量对稻田CH_4的排放，尤其对化肥施用量的影响，研究结果相差很大，难以定论。如Cicernoe等发现施硫酸铵的稻田甲烷排放是不施肥田的5倍；Schiitz则发现施用硫酸铵总体上降低了甲烷的排放，而有些试验则认为，施肥量对甲烷特征影响不大，或没有明显规律[53]。在江苏句容稻田试验中，施氮量为100kg/hm^{2}和200kg/hm^{2}的处理甲烷排放量高于不施氮肥处理，但施氮量最高300kg/hm^{2}的处理却低于对照处理[54]，所以化肥用量对稻田甲烷排放的影响仍有待进一步研究。

随着农业集约化程度的提高，化肥的大量使用将会促进农田CO_2的排放，如尿素地CO_2排放通量大于不施尿素地CO_2排放通量值，在整个观察期，两种田CO_2平均排放量分别是262mg/（m^2·h）和177mg/（m^2·h）[55]。

6 防治对策

随着肥料施用量的不断增加，化肥对农业生态环境的消极影响日益明显，促使人们开始反思大量施用化肥可能带来的某些问题及副作用。在国际上，掀起了以低投入、重有机，将化肥使用保持较低的水平，保障食品安全和环境安全为中心的持续农业运动，提倡推广以尽量低的化肥投入，尽量小的对环境的破坏与化肥在农业生产中的高效增产作用相结合为主要目的的“施肥制度”。若单纯地靠拒绝使用化肥来控制其污染影响是不现实的。最重要的是增加科技教育的投入，提高农民的科学素质，提高全民的环境意识，才可以有效地做到合理施肥。这与国家的政策调控也有关，核心的问题是怎样在粮食产量与环境保护、作物产量与品质之间找到平衡点，对我们国家来说，温饱问题还是非常重要的。无粮不稳，一方面要保证产量；另一方面则要保护环境。

农业和土壤科学的研究要与生产实践紧密结合，做到从实践中来，再回到实践中去。研究不同土壤在不同耕作制度下的合理施肥技术，并通过地方政府定期向农民发布。

针对当地土壤生态条件的特点，制定相应对策，科学合理地使用化肥，充分有效地发挥其肥效，尽量减轻和避免对环境的不良影响。根据我国目前土壤肥力状况和肥料资源的特点，提出以下对策。

6.1 确定化肥的最适施用量

施肥量特别是氮肥，不应当超过土壤和作物的需要量。不同的土壤和相同土壤的不同地块，在养分含量上往往存在着很大的差异。而且不同作物和同一作物的不同品种，各有其不同的生育特点，它们在其生长发育过程中所需要的养分种类、数量和比例也都不一样。因此，在拟定施肥建议时必须严格按照作物的营养特性、预期产量和土壤的农化分析结果，来确定化肥的最适施用量。即要了解土壤肥力，这样才能做到合理施肥，减少淋失对生态环境的不良影响。但是由于预测土壤的供氮量比较困难，一般用“以土定产，因产定氮”法。太湖地区的水稻和小麦的田间试验统计结果证明了这一方法的可行性[45]，因此可据此并结合已有的经验确定大面积上氮肥的施用量。

6.2 化肥与有机肥结合施用

实现作物养分综合管理，有机和无机相结合，是提高作物生产力和氮肥利用率的重要措施之一。有机肥是营养比较齐全的肥料而且含有丰富的有机物，对改善土壤的物理性状，提高土壤养分含量具有重要作用。据西北农业大学在米脂县的调查[49]，小麦连作多年的坡耕地，土壤有机质和全氮含量下降。而经过苜蓿倒茬的坡耕地，土壤有机质和全氮含量分别增加 0.18%和 0.02%（绝对值）。有机肥是供给微生物能量的主要来源，而化肥却能供给微生物生长发育所需的无机养料。因此，二者配合使用就能增加微生物的活性，促进有机物的分解，增加土壤中的速效养分，以满足作物生长的需求。有机-无机肥料结合施用符合我国肥源的国情，也是培肥土壤，建立高产、稳产农田的重要途径。

6.3 氮、磷、钾等肥料配合施用

目前，我国氮、磷、钾比例及土壤养分状况与作物对养分的吸收状况不相协调。关键是必须从宏观上调整肥料结构，在配合施肥的基础上，采取“适氮、增磷、补钾”的施肥技术，使植物的矿质营养处于最佳状态。在目标施氮量中扣除一定比例的氮肥（如 10%～20%[32]），视需要进行补施，这样可避免氮素过多的危害和流失。在当前钾肥亏缺较大的情况下，应当充分利用农家肥中的钾，以缓解钾素供应不足的矛盾，将有限的钾肥资源用在严重缺钾的土壤和需钾量高的作物上。同时，应重视发展我国高含量复合肥料，并以增加高含量磷肥和氮磷复混肥为主攻方向，这样既起到调整氮磷比例，又能起到逐步改变我国化肥品种结构以单一、低含量为主的现状。

6.4 改进施肥方法

针对当前施肥不当和过量施肥造成的土壤污染，专家们进行了大量研究，提出了许多具体方案。例如过量施用氮肥引起 NO_3^- 污染，可以通过施用缓效氮肥，使用硝化抑制剂、脲酶抑制剂来降低土壤中的 NO_3^- 的含量；对于施肥造成土壤的重金属污染，可采用施用石灰、增施有机肥料、调节土壤 E_h 等方法降低植物对重金属的吸收积累，还可以采用翻耕、客土和换土来去除或稀释土壤中重金属和其他有毒元素。为提高肥料利用率，提倡改地面浅施为开沟深施和叶面喷施，改分散追肥为重施底肥等，减少施肥次数，减少肥料流失的机会。

参 考 文 献

[1] 崔玉亭. 化肥与农业生态环境保护. 北京：化学工业出版社，2001.
[2] 中华人民共和国统计局. 中国统计年鉴. 北京：中国统计出版社，2002.
[3] 中国农业年鉴编辑委员会. 中国农业年鉴. 北京：中国农业出版社，2003.
[4] 屈宝香. 农业中的化肥使用与环境影响. 环境保护，1994，(8)：41-44.
[5] 刘青松. 农村环境保护. 北京：中国环境科学出版社，2003.

[6] 王敬国. 农用化学物质的利用与污染控制. 北京：科学出版社，2001.
[7] 赵其国. 中国东部红壤地区土壤退化的时空变化、机理及调控. 北京：科学出版社，2002.
[8] 夏立江，王宏康. 土壤污染及其防治. 上海：华东理工大学出版社，2001：7.
[9] 国家环境保护局自然保护司. 中国生态问题报告. 北京：中国环境科学出版社，1999.
[10] Williams C H，David D J. The effect of super-phosphate on the cadmium content of soils and plants. Soil Research，1973，11：43-56.
[11] Williams C H，David D J. The accumulation in soil of cadmium residues from phosphate fertilizers and their effect on the cadmium content of plants. Soil Sci，1976，121：86-93.
[12] Schroeder H A，Bal J J. Lassa. Cadmium：uptake by vegetables from super-phosphate and soil. Science，1963，140：819-820.
[13] Mulla D J，Page A L，Gange T J. Cadmium accumulation and bioavailability in soils from long-term phosphorus fertilization. Journal of Environmental Quality，1980，9：408-412.
[14] 鲁如坤，时正元，雄礼明. 我国磷矿磷肥中镉的含量及其生态环境影响的评价. 土壤学报，1992，29（2）：150-157.
[15] 鲁如坤. 土壤-植物营养学原理与施肥. 北京：化学工业出版社，1998：423-443.
[16] 徐瑞薇，蒋德勤，钱文恒，等. 磷肥污染事故及磷肥中三氯乙醚、三氯乙酸极限量的研究. 环境科学丛刊，1988，9（6）：1-43.
[17] 李晓欣，胡春胜，程一松. 不同施肥处理对作物产量及土壤中硝态氮累积的影响. 干旱地区农业研究，2003，21（3）：38-42.
[18] 刘敏超，曾长立，王兴仁，等. 氮肥施用对冬小麦氮肥利用率及土壤剖面硝态氮含量动态分布的影响. 农业现代化研究，2000，21（5）：309-312.
[19] 古巧珍，杨学云，孙本华，等. 旱地塿土长期定位施肥土壤剖面硝态氮分布与累积研究. 干旱地区农业研究，2003，21（4）：48-52.
[20] 薛继澄，毕德义，李家金，等. 保护地栽培蔬菜生理障碍的土壤因子与对策. 土壤肥料，1994，1：4-9.
[21] 夏立忠，杨林章. 大棚番茄优化施肥与土壤养分和盐分的变化特征. 中国蔬菜，2003，2：4-7.
[22] 崔正忠，陈友，单德新. 蔬菜保护地土壤养分变化趋势. 北方园艺，2001，2：10-12.
[23] 薛继澄，毕德义，李家金，等. 保护地栽培蔬菜土壤硝酸盐积累对辣椒生长和锰含量的影响. 南京农业大学学报，1995，18（1）：53-56.
[24] 马朝红，方建坤. 蔬菜土壤养分积累状况与环境分险. 长江蔬菜，2000，12：43-45.
[25] 吕耀. 苏南太湖流域农业非点源污染与农业可持续发展战略. 环境科学动态，1998，2：1-4.
[26] 张兴昌，邵明安. 水蚀条件下不同土壤氮素和有机质流失规律. 应用生态学报，2000，11（1）：231-234.
[27] 朱建华，李俊良，李晓林，等. 几种复合肥施用对蔬菜保护地土壤环境质量的影响. 农业环境保护，2002，21（1）：5-8.
[28] 张维理，田哲旭，张宁，等. 我国北方农田氮肥造成地下水硝酸盐污染的调查. 植物营养与肥料学报，1998，4（2）：8-15.
[29] 马毅杰，马立珊. 化肥与生态环境//植物营养与肥料学会第一届学术讨论会论文. 成都：成都出版社，1994.
[30] 王朝辉，宗志强，李生秀，等. 蔬菜的硝态氮累积及菜地土壤的硝态氮残留. 环境科学，2002，5（3）：79-83.
[31] 武志杰. 化学肥料与生物圈. 农业环境保护，1994，13（6）：279-282.
[32] 孙铁珩，周启星，李培军. 污染生态学. 北京：科学出版社，2001.
[33] 徐晓荣，李恒辉. 利用 ^{15}N 研究氮肥对土壤及植物内硝酸盐的影响. 核农学报，2000，14（5）：301-304.
[34] 周艺敏. 天津菜田施肥对土壤环境和蔬菜品质的影响//施肥与环境学术讨论会论文集. 北京：中国农业科技出版社，1994：11-12.
[35] 张乃民. 施肥对蔬菜中硝酸盐累积量的影响. 农村生态环境，2001，（2）：37-38.
[36] 刘明月，秦玉芝，蔡雁平，等. NPK 产量与芹菜和产量相关性. 中国蔬菜，1998，（6）：4-7.
[37] 任祖淦，蔡元呈. 氮肥施用与蔬菜硝酸盐积累的相关研究. 生态学报，1998，18（5）：523-528.
[38] 王朝辉，李生秀，田霄鸿. 不同氮肥用量对蔬菜硝态氮累积的影响. 植物营养与肥料学报，1998，4（1）：22-28.
[39] 孙权，丁福荣，李鹏，等. 氮肥对大白菜硝酸盐累积的影响及合理施用量研究. 土壤，2003，35（3）：255-258.
[40] 陈新平，张福锁. 北京地区蔬菜施肥的问题与对策. 中国农业大学学报，1996，1（5）：63-66.
[41] 中国农业科学院土壤肥料研究所. 中国肥料. 上海：上海科学技术出版社，1994.
[42] 内海修一. 保护地园艺：环境与作物生理. 北京：农业出版社，1984.
[43] 胡承孝，邓波儿，刘同仇. 氮肥水平对蔬菜品质的影响. 土壤肥料，1996，（3）：34-36.
[44] 王文兴，卢筱凤，庞燕波，等. 中国氨的排放强度地理分布. 环境科学学报，1997，17（1）：2-7.
[45] 朱兆良，文启孝. 中国土壤氮素. 南京：江苏科学技术出版社，1992.
[46] 赵其国. 土壤圈物质循环与农业和环境. 南京：江苏科学技术出版社，1995：233-238.
[47] 曹志洪. 碳铵长效肥的研制. 土壤学报，1980，17（2）：143-154.
[48] 李仲林，曹志洪. 石灰性土壤上氮肥施用方法对春小麦利用率的影响. 土壤，1984，16（3）：134-137.
[49] De Datta S K. Nitrogen transformation in wetland rice ecosys-tems. Fertilizer Research，1995，42：193-203.
[50] 李庆逵，朱兆良，于天仁. 中国农业可持续发展中的肥料问题. 南昌：江西科学技术出版社，1998.
[51] Veldkamp E，Keller M. Fertilizer induced nitric oxides emission from agriculture soils. Nutrient Cycling in Agro-ecosystems，1997，46：69-77.
[52] 上官行健，王明星. 稻田甲烷排放影响因子的研究进展. 中国农业气象，1993，14（4）：48-53.
[53] 谢小立，上官行健. 施肥对稻田甲烷排放的影响. 农村生态环境，1995，11（1）：10-14.
[54] 曹金留，徐华. 水稻田烤田期间甲烷排放规律研究. 农村生态环境，1998，14（4）：1-4.
[55] 陈宗良，禹仲举. 不同农业管理方式对北京地区稻田甲烷排放的影响研究. 环境科学研究，1992，5（4）：1-7.

Negative Impact of Inorganic Fertilizes Application on Agricultural Environment and its Countermeasures

Huang Guoqin[1]　Wang Xingxiang[2]　Qian Haiyan[1]　Zhang Taolin[2]　Zhao Qiguo[2]

1　Research Center of Ecological Science，Jiangxi Agricultural University，Nanchang　330045，China

2　Institute of Soil Science，Chinese Academy of Sciences，Nanjing　210008，China

Abstract

The concern of the negative impact on environmental quality caused by the overuse of both organic and inorganic fertilizes is increasing worldwide. The present paper studies various agricultural environment degradation problems by excessive inorganic fertilizer application in China，and puts forward to some countermeasures to prevent environmental pollution. Excess inorganic fertilizer application in China causes series of soil degradation，such as soil acidification and compact，heavy metal contamination，underground nitrate contamination，salinization，decline in soil fertility，and eutrophication. On the other hand，the quality of crops is decreased and nitrate content exceeds criteria by excess inorganic fertilizer application，which do serious harm to human beings through food chains. In addiction，this paper regards that the main effect of excess use of fertilizer on atmosphere is from N fertilizer，the volatilization of ammonia，and release of NO_x，CH_4，CO_2 can not only cause to green house effect，but also leads to formation of holes in ozone layer. At last，The paper regards，we must devote to the increment technology education and increase the science and culture character of the farmer and the environmental consciousness of the all the people，reasonable use of both organic and inorganic fertilizes. Combining to the policy nationally，equilibrium will be found between food production and environmental protection，farm crop yield and the quality.

Key words　Inorganic fertilizes；The soil；The water；Greenhouse gases；Pollution；Countermeasures

赵其国 沈仁芳：藏粮于地　科技先行

苏南地区现代农业高新技术示范区

钾肥高效利用与替代技术示范区

每年的12月5日是世界土壤日（World Soil Day），2015年是“国际土壤年”，2016年我国又颁布了“土壤污染防治行动计划”（“土十条”），无论是国家战略还是国际计划，这些都在告诉我们土壤与人类生存和发展的密切联系。

保障粮食安全是治国安邦的首要之务，是一个永恒的课题。习近平总书记指出：“我国是个人口众多的大国，解决好吃饭问题始终是治国理政的头等大事。”耕地是粮食生产的根本和载体，耕地红线是粮食安全的警报，土壤是农业可持续发展的核心保障。“十三五”规划提出：“坚持最严格的耕地保护制度，坚守耕地红线，实施藏粮于地、藏粮于技战略，提高粮食产能，确保谷物基本自给、口粮绝对安全。”

近年来，我国粮食产量实现了“十二连增”，然而在粮食连年增产的同时，我国耕地资源环境面临着多重挑战。耕地高强度利用，长期高负荷运转，得不到休养生息，地力严重透支，质量退化、污染尤为突出，严重制约了我国农业可持续发展。同时，国内粮食库存增加较多，仓储补贴负担较重，加之国际市场粮食价格走低，国内外市场粮价倒挂明显。在这一大背景条件下，实施“藏粮于地、藏粮于技”战略则是保障国家粮食安全的必然选择，体现了党中央和国务院对保障我国“粮食安全”问题的高度重视，是对我国粮食生产、农业发展形势的准确判断。“藏粮于地，藏粮于技”，是保障我国粮食安全和农业绿色发展长效机制的科学路径。

当前，我国传统农业生产方式已难以为继，粮食生产必须依靠科技创新，突破资源环境约束，实现农

本文原载《中国科学报》2016年12月5日。

业可持续稳定发展，走内涵式发展道路。因此，针对耕地资源紧缺、质量退化、污染加剧和农业资源利用率低等亟须解决的问题，需开展如下科学研究：

（1）开展全国土壤资源详查工作，研发现代土壤调查与信息获取技术，制定相应技术规范与数据标准，构建土壤数据采集—自动传输—云端存储—大数据分析—共享服务的技术体系，创建包含多元土壤信息库、多目标数据分析模型库、多服务模式的国家土壤信息服务平台。

（2）针对我国农业主产区土壤质量退化问题和化肥减施增效需求，研究区域土壤资源及粮食产能发展的限制因子，科学认知土壤障碍形成过程及消减原理，深化土壤地力定向培育理论，构建土壤障碍消减和地力提升的核心技术体系。研究粮食主产区土壤肥力和养分利用率特征及主要驱动因素，开发新型控释肥料、有机肥料以及功能肥料，构建肥料环境效应评估方法和精准施肥技术体系。

（3）尽快落实土壤污染防治科技支撑工作方案，深入解析区域土壤复合污染形成机制、土壤圈污染物的迁移转化过程、土壤污染调查监测和风险评估方法、建立污染土壤环境基准和标准体系。研发系列污染土壤修复产品、治理关键技术与装备，形成区域性土壤污染治理系统性技术方案，在全国建立典型污染土壤综合治理技术示范区。

（4）深入分析重点关注区域（如地下水漏斗区、重金属污染区、连作障碍区、生态严重退化地区）农业生态环境的主要矛盾，研究区域土水资源及粮食产能发展的限制因子，明确适于轮作休耕的耕地资源数量和质量，开展适于区域轮作休耕的生态环境产业区划。以农业资源承载力和环境容量为基础，提出有针对性的耕地轮作休耕技术方案，并开展综合治理示范，建立重点关注区域耕地轮作休耕制度体制机制。同时，选育高抗高产的新品种种质资源，开发高效生物农药及其精准施用技术，以及农作物生态栽培技术和农业智能化装备等。构建完善的现代农业科技创新体系，提高农业科技对保障国家粮食安全的贡献率，为我国粮食安全保障和生态环境保护提供科技支撑。

生态农业与食品安全*

赵其国[1]　黄国勤[2**]　钱海燕[3]
1 中国科学院南京土壤研究所，南京　210008
2 江西农业大学生态科学研究中心，南昌　330045
3 江西省山江湖开发治理委员会办公室遥感中心，南昌　330046

摘　　要

食品安全已引起国内外的广泛关注。我国食品安全与提高人民生活质量、保证人民健康，维护社会稳定、建设和谐社会等密切相关。维护食品安全，就是维护生态安全、维护经济安全、维护国家安全。目前，我国食品安全面临的主要问题，一是食品数量不足，合格率不高；二是食品中有毒有害物质残留量高，食物中毒事件增多；三是资源、生态、环境问题突出，食品可持续生产能力面临潜在威胁；四是食品安全的法律、法规尚不健全，执法与管理力度不够。生态农业是当今社会农业发展的重要方向，具有显著的增产、增收、增效和环境保护功能，对改善和优化农业生态环境、生产健康优质的安全食品具有重大意义。生态农业在解决当前及今后我国面临的食品数量、质量安全及食品可持续生产能力等方面，将发挥着重要与不可替代的作用。为保障新世纪我国的食品安全，必须大力发展生态农业。主要措施包括：提高对生态农业的认识；大力普及生态农业知识；全面应用与推广生态农业技术；加强生态农业的科学研究；重视实行生态农业的产业化。

关键词　食品安全；生态农业；和谐社会；可持续发展；中国

蔬菜专家不敢吃蔬菜，畜牧专家不敢吃肉，水产专家不敢吃鱼。目前，食品安全已经成为一个全世界不能回避的问题。俗话说，“民以食为天，食以安为先”。食品安全和质量是食品生产最基本的要求，是关系到人类健康的首要问题，然而近年来在世界范围内却出现了食品安全危机，相继发生了几起重大食品污染事件，给人类健康造成了直接的威胁，引起了人们对食品安全的强烈关注。如肆虐欧洲的二噁英污染动物饲料，比利时可口可乐污染，法国的李斯特菌污染熟肉罐头，日本“O-157”风波以及横扫欧洲许多国家的疯牛病，等等[1]。国家之间贸易的迅速发展，让我们不能安全地站在隔岸观察“邻居家”的“火情”，何况，我国食品安全问题也同样不容乐观。近一段时间，我国出口到美国的食品屡遭美国食品与药物管理局（FDA）扣留或退货，主要问题是含杂质或农药残留、食品添加剂等卫生指标不符合标准；同时我国出口到日本和欧盟一些国家的食品因卫生问题也有被进口国扣留或退货，这些形成了一次次强烈的食品安全冲击波。它不仅会伤害广大消费者的健康，也使商家蒙受巨大的经济损失，使我国的出口食品丧失良好的信誉，国际竞争力大打折扣。我国因致病微生物污染引发的食源性中毒事件逐年上升，中毒和死亡人数逐年增加，蔬菜、粮食、肉类食品的农药和兽药残留、环境污染和毒素的污染较为突出。这些问题如不及时加以解决，将严重影响我国的现代化进程，影响我国经济、社会的全面、协调和可持续发展。

本文拟在分析我国食品安全的意义及其面临的主要问题的基础上，探讨生态农业在解决我国食品安全问题中所起的作用，并提出发展生态农业、确保我国食品安全的若干对策和措施，供有关方面参考。

1　确保我国食品安全的重大战略意义

食品安全问题是指利用相应的生产加工技术生产出的食品在消费者食用或饮用后对身体健康所表现

---

* 国家科技部重大科技专项“粮食丰产科技工程”子课题（2004BA 520A14-C14）和江西省科技厅项目（2004IB0207000）共同资助。

** 通讯作者：黄国勤（1962—），教授，博士生导师。

本文原载《土壤学报》2007 年第 44 卷第 6 期第 1127-1134 页。

出的显性或隐性的危害[2]。按食品污染的性质来分，有微生物性污染、化学性污染、放射性污染、寄生虫污染；按食品污染的来源划分，有原料污染、加工过程污染、包装污染、运输和储存污染、销售污染；按食品污染发生的情况来划分，有一般性污染和意外性污染。

食品安全问题是涉及人类生存与发展的重大问题，它影响着社会的政治稳定和国家的经济发展。可以说，确保我国食品安全具有生活意义、经济意义、生态意义、社会意义和政治意义。

1.1　生活意义

食用安全食品，食用营养丰富、健康优质的食品，才能谈得上过上了“好日子”，提高了生活质量。相反，食用不安全食品，食用有毒、有害的食品，不仅不利于人民健康、长寿，反而有可能危及人民生命安全。

1.2　经济意义

食品安全在经济方面的意义体现在，如能维护食品安全，不断提升食品品质，则有利于产品出口，有利于扩大食品出口数量，提高食品贸易额，有利于促进国际贸易的发展，从而可显著增加国家、企业和农户的经济收入。

1.3　生态意义

首先，农田尽可能少施用化肥、农药、除草剂等化学制品，不仅可减少对农产品的污染，还可减少对大气、水体、土壤的污染，对保护生物多样性具有重要作用；其次，为确保食品安全，在产前—产中—产后等各个“生产”环节或“非生产”环节，均实行“清洁生产”，走“循环经济”之路，这本身就是对生态环境的保护；最后，保护生态环境，就是保护食品可持续生产能力。

1.4　社会意义

广大群众只有“吃得饱”（食品数量安全）、“吃得好”（食品质量安全）和“吃得健康”（食品可持续生产能力安全），才能安居乐业，安心生产，社会才平安、稳定，天下才太平。

1.5　政治意义

从国际方面来讲，我国是拥有 13 亿人口的发展中农业大国，确保食品安全，是在国际上维护国家主权和安全，使中国不受制于他国的“政治需要”。从国内方面来说，只有在食品的数量、质量及可持续生产能力方面均有“安全保障”，才有利于国家的长治久安。

2　中国食品安全面临的严峻挑战

进入新世纪、新阶段，我国食品安全面临着多方面的严峻挑战。

2.1　食品数量不足

我国农业人均耕作面积小，规模效益低。日本人均耕种面积为 1.8hm^2，德国为 36hm^2，英国为 68.4hm^2，美国为 68.4hm^2，而中国仅为 0.24hm^2[3]；另外，中国大陆地区的土地单产量为 4800kg/hm^2，远远不及韩国的 6500kg/hm^2，也赶不上台湾地区的 5800kg/hm^2[3]。中国粮食产量在 1998 年达到 5.12 亿 t 的高峰后，已经发生了连续 5 年的减产，到 2003 年，粮食产量已下降至 4.31 亿 t；从 2000 年开始，每年国内的粮食产量都不能满足当年的粮食需求，当年的产量与消费需求之间的缺口大约在 3000 万 t[4]。2000 年以来，政府大力倡导和支持农业结构调整，同时为了改变日趋恶化的农村生态环境（水土流失、森林被过度砍伐、草场退化、沙漠化等），组织了大规模的退耕还林还草项目以及非农建设占用地等，粮食播种面积不断下降，导致粮食连续减产，2003 年降到了 20 世纪 90 年代的最低点，粮食供应短缺的问题越来越严重。据美国食品和农业政策研究所预测，到 2013～2014 年销售年度之前，中国的玉米净进口量将达到每年 370 万 t①。未来几十年中国粮食需求量为：2010 年人口接近 14 亿，按人均占有 390kg 计算，总需求量达到 5.5 亿 t；2030 年人口达到 16 亿峰值，按人均占有 400kg 计算，总需求量达到 6.4 亿 t 左右②，而按照农业发展规划，我国的粮食生产即使经过努力到 20 世纪末达第二个台阶，即 5 亿 t 的水平，那么，2010 年在我国粮食消费构成不发生重大变化的情况下，将出现 5000 万 t 的缺口，而在 2030 年粮食间接消费比重有所提高的需求格局下，将出现 1.4 亿 t 的缺口[5]。

2.2 食品污染问题严重

兽药及饲料添加剂造成的动物性食品污染问题严重。有人对取自广州肉品市场的 200 例食用猪肝进行病理学分析，68%猪肝存在着各种各样的病变，病变种类多达 25 种，不仅有肝细胞的萎缩和各种变性、水肿、囊肿、出血、坏死和钙化等，还发现恶性肿瘤[6]。23%的猪肉和猪肝中检出有“瘦肉精”，18%的禽肉及水产品中检出有激素，10%～20%的不同奶粉中检出硝酸盐类物质[7]。另外，食品中有毒有害物质残留量高。据对海南省的茶叶、乳猪、菠萝罐头、蔬菜、水产品等 21 种食品中 BHC、DDT 残留分析，有机氯农药检出率为 40%，最高值为 0.1692mg/kg[8]。有关部门监督监测结果显示，目前北京市场上有 51.2%的蔬菜农药残留量超标，其中生产基地、批发市场及农贸市场的蔬菜农药残留量超标率分别为 22.2%、56.3%和 65.6%，其中有些蔬菜甚至检出了国家禁止使用的剧毒致畸、致癌性的农药[9]。

2.3 食物中毒事件增多，严重危及社会稳定

我国每年食物中毒报告例数约为 2 万～4 万人，专家估计这个数字尚不到实际发生数的 1/10，也就是说我国每年食物中毒例数至少在 20 万～40 万人③。1996 年 6 月 27 日至 7 月 21 日，云南曲靖地区会泽县发生利用甲醇制售有毒假酒致死人命特大恶性案件，有 192 人中毒，其中 35 人死亡，6 人致残；1998 年 2 月，山西省朔州、忻州、大同等地又连续发生多起重大制售假酒中毒事件，有 200 多人中毒，共夺去了 27 人的生命③。根据卫生部公布的数据，1998～2005 年，我国共发生食物中毒事件 2152 起，中毒人数 82 555 人，造成死亡人数 1489 人，相当于平均每年发生中毒事件 269 起，中毒 10 319 人，死亡 186 人[10]④（表 1）。

表 1 我国近年来发生的食物中毒事件（1998～2005 年）

年份	中毒事件/起	中毒人数/人	死亡人数/人
1998	55	5838	88
1999	97	4999	103
2000	150	6273	150
2001	706	22 193	184
2002	128	7126	138
2003	379	12 876	323
2004	381	14 229	268
2005	256	9021	235
小计	2152	82 555	1489
平均	269	10 319	186

① 中国粮食需求蕴藏大商机，http：//www.nai.edu.cn/library/upload/zjyb-04-40.pdf.2005-08-25。

② 未来中国的粮食消费需求. 人民日报. 2005-05-25。

③ 我国每年食物中毒超过 20 万人. 中国经济时报. 2001-10-08。

④ 卫生部新闻办公室. 卫生部通报 2005 年全国食物中毒事件报告情况. 2006-03-20。

2.4　资源、生态、环境问题突出，食品可持续生产能力面临潜在威胁

目前，我国面临的资源、生态、环境问题非常突出，对 21 世纪中国食品可持续生产能力构成潜在威胁。

（1）耕地资源锐减。目前，我国耕地数量不足，2004 年全国耕地面积总计 1.30 亿 hm^2，人均仅有 0.10hm^2 耕地[11]。10 多年来，我国共减少优质耕地累计近 466.7 万 hm^2，折算损失粮食综合生产能力 4000 多万 t，占我国目前粮食总产量的 10%左右①。耕地资源减少，不仅是数量，更重要的是随着经济社会的发展以及自然等多种因素的影响，大量高质量耕地被占用，加之耕地普遍存在重用轻养，片面强调数量的“占补平衡”以及环境恶化等，耕地总体质量下降，耕地质量问题可能更加突出。

（2）水土流失加剧。我国是世界上水土流失最为严重的国家之一。目前，全国水土流失面积达到 367 万 km^2，占国土面积的 38.2%，且还以 10 000km^2/a 的速度流失[12]。严重的水土流失使我国每年流失地表土壤 50 亿 t，并带走大量的氮、磷、钾营养元素，从而导致土地的贫瘠化现象十分严重，再加上我国人口多，耕地少，土地后备资源相对匮乏，每年的净增人口数大，而耕地却以每年数以百万亩（1 亩≈667m^2）的速度锐减[13]，今后耕地供需矛盾更加尖锐。年复一年的水土流失加速了本来就十分珍贵的土地资源的丧失。

（3）土壤污染问题严重。我国的土壤污染问题严重，但是目前对土壤污染的问题还没有像对大气污染和水污染那样重视。土壤污染直接或间接影响了食物链的平衡，形成有毒有害的物质积累，最终影响人的健康。据报道，目前我国受镉、砷、铬、铅等重金属污染的耕地面积近 2000 万 hm^2，约占总耕地面积的 1/5；其中工业“三废”污染耕地 1000 万 hm^2，污水灌溉的农田面积已达 330 多万 hm^2；另外，我国有 1300 万～1600 万 hm^2 耕地受到农药的污染[14]。我国耕地中重金属及其他有害元素的污染相当普遍，少数地方比较严重，对我国多数大中城市如南京、沈阳、保定、南昌等地的调查结果显示，主要的蔬菜都不同程度地受到重金属及氟元素的污染[7, 9, 15, 16]。全国每年就因重金属污染而减少粮食 1000 多万 t，另外被重金属污染的粮食每年也多达 1200 万 t[17]。

（4）生物多样性降低。近几十年在全世界范围内，物种及其栖息地、生态系统和基因（如生物多样性）的下降甚至是消失速度都在增加。生物多样性的下降会影响到与粮食有关的生物体以及与育种有关的亲缘植物，并因此对粮食安全造成直接影响。此外，集约化农业包括现代育种系统，会大幅减少适应当地具体情况的特有品种以及传统品种。目前，已收集保存了 35.5 万份农用植物遗传资源，仍有约 15 万份亟待原位或收集保存；中国在农业生产上大约种植了 600 种栽培植物，但随着人口增加、良种推广，生产朝着集约化方向发展，形成栽培植物的多样性急剧减少，其结果形成栽培植物种类较少，作物品种单一和遗传基础狭窄，由此已数次使生产造成巨大损失[18]。生物多样性具有保持水循环、稳定水文功能、维护集水区的植被调节和防止水分流失及促进土壤生成和保护，减少土壤肥力的损失，减少水土流失等多种经济价值。生物多样性降低会使其经济价值降低。生物多样性丧失造成的经济损失是一种链式作用。以水库、湖泊为例，由于上游的水源涵养林、植被受到破坏，使水土流失增加，河流中的泥沙含量增加，从而造成下游水库、湖泊中泥沙淤积，使水库灌溉能力下降，将造成农田产量下降，又由于农田产量下降将使人们生活质量下降，或者造成饲料减少，使畜牧业受到影响而带来经济损失，同时也在一定程度上加大了干旱、洪涝等自然灾害的发生机会，所以当生物多样性在降低的同时，其造成的经济损失也在逐渐加大[19]。

（5）自然灾害频繁，且呈不断加剧趋势。我国是世界上自然灾害最严重的国家之一。2004 年全国各种自然灾害共造成 2250 人死亡，155 万间房屋倒塌，3711 万 hm^2 农作物受灾，436 万 hm^2 农作物绝收，因灾直接经济损失 1602 亿元[20]。可见，自然灾害无论是直接还是间接都对我国今后食品可持续生产能力构成不利影响。

2.5　食品安全标准体系建设存在许多问题

我国现已制定和发布包括食品污染物和药物残留限量标准、食品卫生操作规范在内的食品卫生及其检验方法、食品质量及其检验方法、食品添加剂、食品包装、食品储运、食品标签等方面的国家标准近 1000

① 藏粮于地——春天的新话题.《人民日报》第 14 版. 2005-02-26。

项，行业标准 1000 余项，约有 23%采用国际标准，目前已经初步形成一套安全标准体系[21]。但是，与国际水平和我国加入世界贸易组织后新形势的要求相比，我国食品安全标准体系建设存在许多问题。首先，标准总体水平偏低。如我国粮食类食品的黄曲霉素指标要求为 10～20μg/kg，而国际上一般要求 2～5μg/kg；又如 1997 年发布的 GB 10770—1997《婴幼儿断奶期补充食品》规定，蛋白质不低于 5.0%，较同类产品的 CAC 标准（CODEX STAN 74—1981《以谷物为主的婴幼儿食品》）低 10 个百分点[22]。其次，重要标准短缺，部分产品无标可依。发达国家一般都制定有比较完善的农药残留限量标准和检验方法。同时，采用国际标准和国外先进标准的比例偏低。食品法典（CAC）是国际公认的食品安全基本标准，目前发达国家已普遍采用，而且基本垄断了 CAC 标准的制修订工作，但这一标准在我国还处于起步阶段。目前国家标准的总体采标率为 43.5%，实际上真正采标（等同国际标准）的只有 24%，如应采用的国际乳品联合会（IDF）标准共 41 项，我国只采用 2 项，仅占 4.9%；应采用的国际分析化学家协会标准共 148 项，我国只有行业标准采用 1 项[21]。另外，我国食品安全标准研究薄弱，缺少科学依据和监测网络与实验室分析手段，中小型食品企业普遍存在着人员素质低、食品安全控制技术水平落后、设备设施老化等问题，导致无法真正按照相关标准的要求进行食品生产和流通。

3 生态农业在解决食品安全问题方面的重要作用

随着化学农药、化学肥料和食品生产过程中合成添加剂、防腐剂、人工色素等的普遍使用，食品污染和品质下降问题越来越受到人们的普遍关注。具有显著的增产、增收、增效作用的生态农业是新世纪世界农业发展的重要方向和主导模式之一，在解决当前及今后我国面临的食品安全问题中将发挥重要的和不可替代的作用。

3.1 生态农业的增产作用

由于生态农业具有绿色覆盖率高、光能利用率高、资源转化率高的“三高”特点，这就决定了其具有显著的增产作用，因而对解决我国食品“数量安全问题”具有十分重要的作用。大量科学研究和生产实践表明，推广生态农业模式，一般可较当地的“常规农业模式”增产 8%～12%，高的可增产 15%～20%，尤其是推广现代高效生态农业模式，其增产幅度可达 25%以上[23-26]。

3.2 生态农业的增收作用

增加农民收入是农村全面建设小康社会的重点和难点，是破解“三农”的瓶颈。突破这个瓶颈，涉及党和政府对农民的多给予，少收取，扩大农民自主贸易权等政策的方方面面，在求得政策等方面倾斜的同时，应高度重视发展生态农业。发展生态农业，有利于增加农产品种类，提高农产品质量，降低生产成本，有利于合理利用农业资源，尤其是充分利用各种废弃物，做到“变废为宝”，从而增加农民收入。农民收入的增加，又可调动农民发展农业生产、种植粮食作物的积极性，从而为维护粮食与食品安全提供保障[27]。

通过发展生态农业，农民可从以下几个方面间接和直接地实现收入的增加。第一，发展生态农业，是推进农村工业化进程，走新型工业化道路的必然结果。由于农民由体力型向技术型转变，对种田以外的新型工业的生产技术的掌握有一个通过培训学习掌握技术的问题，因此，让农民发展生态农业，成为技术型的农民，就为农民提供了学习科学技术的机会，从目前我国的科技兴农、科技扶贫角度来看，农民接受这种科学技术的培训一般是免费的，免费接受科学技术的培训学习，实际上是收入的隐形增加，从而为步入小康奠定基础。第二，在农村，过去由于农民为提高土地地力，农药、化肥使用的投入较多，而粗放经济和农产品原料的附加值较低，农民增收只能是一种期盼。生态农业减少了物质和人工的投入。在发展生态农业过程中，农民参加绿色农副产品的产前、产中、产后利润的分配成为现实。这种利润的分配，与过去提供农产品原料相比，农民的收入往往是成倍地增长。目前，农民对农产品的上游的农业、中游的食品加工业、下游的食品营销业的利润增加值的认识有了一个质的飞跃。第三，生态农业增加了物质产出。推广生态农业模式，一般可比传统种植模式增产 10%～20%左右。浙江省温州市苍南县龙港乡奶牛场采用以沼气建设为纽带，通过“牛-沼-菜”生态模式，达到农业废弃物的减量化、资源化、无害化、生态化的要求，最终实现了农民增收的目标[28]。

3.3 生态农业技术的环境保护作用

保护农村良好的生态环境既是农民生存和物质文明与精神文明的需要，又是农业高产丰收的基础，也是开发绿色食品的可靠保证，更是治理我国生态环境恶化的一项基础性工作。绿色食品是指以保护环境、维护生态的有机农业、生态农业的源泉为基础，以高科技为先导，集生产与生态环境保护于一体，生产无污染、无公害、安全、优质、营养类食品的种养、加工、科技一条龙的产业链。这条产业链要求产品原料的产地必须符合绿色食品的生态环境标准。首先，发展生态农业，推广生态农业技术，可最大限度地减少“废物”的排放，实现废物“减量化”；其次，发展生态农业，推广生态农业技术，可最大限度地对“废物”进行再次利用、多次利用和循环利用，做到“废物不废、资源再生”，真正实现废物“资源化”和“无害化”，从而有利于农村保护良好的生态环境。

3.4 生态农业产品的优质性和安全性

目前，西方发达国家对食品污染指标控制日益严格，日本等国已经明文规定对进口大米等农产品中各类污染物含量进行严格限制。可以说，未来的市场将是“无污染”的市场。发展生态农业，就是要在生产实践中推广应用生态种植技术、生态养殖技术、生态加工技术、生态减灾技术、生态恢复技术等一整套“清洁生产技术”，其最终成果是生产出无公害食品、绿色食品和有机食品，这正是保障食品“质量安全”之要求。20 世纪 90 年代兴起的绿色食品，在近几年得到了长足的发展，并以其高质量而获得了良好的声誉。因为绿色食品强调无污染、安全、优质、营养，既要求食品的品质好，更要求食品的安全性高，强调生产过程要遵循可持续发展的原则，也就是要求物质生产的可持续和生态环境的改善与持续，所以大力发展生态农业，已成为多数地方经济增长、农民增收、产业结构调整、产品质量提高、生态环境改善的重要举措，能大大增强我国在国际市场上的竞争力。

3.5 推广生态农业模式和技术是确保食品安全的最有效措施

生态农业具有增产、增收、增效、环保的功能，能够生产出安全、健康的优质食品，这是目前为止确保我国食品安全的最有效措施之一，值得在全国广大地区进一步推广。中国的生态农业借鉴了国外各种替代农业形式，强调在发展农村经济的同时保护生态环境，注意农业发展中资源、产品、效率、结构、环境的协调与统一，在引进国外替代农业持久发展的先进思想与技术的同时，因地制宜地发展了具有自己特色的生态农业模式及技术。如通过以农产品加工为纽带，实行产加销一体化的产业链，将产品优势转化为产业优势和经济优势，利用公司+农户的现代农业模式构筑生态农业链条等[29]。

4 大力发展生态农业，切实保障食品安全

我国农产品贸易已出现逆差，绿色壁垒是必须充分正视的关键问题，只有构筑良性循环的生态农业产业链，顺应农业向企业化、集约化、规模化、商品化方向发展的潮流，兼顾农业的经济效益、社会效益和生态效益，才能有效规避绿色壁垒，并促使生态农业不断焕发勃勃生机。

从 20 世纪 90 年代开始，生态农业在世界各国有了较大发展。目前，在世界上实行生态管理的农业用地约 1055 万 hm^2。其中，澳大利亚生态农地面积最大，拥有 529 万 hm^2，占世界总生态用地面积的 50%；其次是意大利和美国，分别有 95 万 hm^2 和 90 万 hm^2；若从生态农地占农业用地面积的比例来看，欧洲国家普遍较高；生态农产品产值方面，据统计，现在全球每年生态农业产品总值达到 250 亿美元，其中，欧盟 100 亿美元，澳大利亚 35 亿美元，美国和加拿大共 100 亿美元[30]。

经过 20 多年的实践，我国的生态农业建设已从生态农业户、生态农业村（场）、生态农业乡，发展到生态农业县。全国生态农业试点已经达到 2000 多个，遍布全国 30 个省、直辖市、自治区，生态农业建设

面积 67 万 hm^2，占全国耕地面积的 7%左右[31]。为从根本上保障食品安全性，必须做好以下几方面的工作：

（1）加强对生态农业的认识。目前，我国各级领导和广大群众对生态农业的重要性已有一定认识，但为了今后生态农业更进一步的发展，还必须加强宣传工作，以引起更广泛的重视。

（2）大力普及生态农业知识。要全面普及生态农业知识，提高领导干部和广大农民的科技、文化素质，比较可行的办法是实行“绿色证书”制度。即可进行分类、分级、分步培训，颁发资格证书，实行持证上岗。

（3）全面推广生态农业技术。要使生态农业有一个大发展，必须高度重视生态农业的示范和推广工作。当前，应在全国各地重点示范和推广如下生态农业技术：一是高效立体农业技术；二是沼气综合利用技术；三是北方“四位一体”生态农业模式技术；四是农作物间、混、套、复、轮作、再生作多熟与多样化种植技术；五是小流域综合治理技术；六是农业废弃物的资源再生技术和环境污染的综合整治技术，等等[32, 33]。

（4）全程监控农业生产过程。生态农业的一条总的要求就是“全程实行清洁生产”。这就要求我们对整个农业生产的过程、环节进行全程监控，确保每个环节的“规范化操作”。一是加强对“产前”的管理；二是加强对“产中”的管理，即要强化生产过程（这里主要指农田生产过程）的农事操作，要求采用“保护性耕作措施”；三是加强对“产后”各个环节的管理，尤其是产后加工、运输、储藏、保鲜等各个环节。总之，全程监控，即要完成从“田头”到“餐桌”的整个过程的监控和管理，切实有效地维护食品安全。

（5）强化生态农业科学研究。一是要进一步研究生态农业增产、增收的生理生化机制；二是要研究不同生态农业模式对食品安全的影响机理及其调控途径；三是区域生态农业模式的差异性和高效性；四是深入研究不同生态农业模式对食品可持续生产能力的影响及可持续性机理；五是要筛选和集成现代高效生态农业模式及配套技术体系，并使之模式化、规范化、标准化，同时增强适用性和可操作性。

（6）重视科技化，实行产业化，确保我国食品安全。生态农业实际上是现代科学技术的载体，尤其是发展新型高效生态农业，更离不开高新技术的运用。因此，要大力发展生态农业，必须高度重视农业科学技术的大发展，要大力提高农业科技成果的产出率和转化率，要以“科技化”带动生态农业不断向前发展。要在生态农业科技化的前提下，实现生态农业的产业化。

此外，不断完善食品安全相关法律法规，进一步加大食品安全的监管力度，也是维护我国食品安全必不可少的环节。

综上所述，食品安全离不开生态农业的发展。

参 考 文 献

[1] 孙慧，李毅. 经济全球化与我国食品安全体系面临的挑战. 口岸卫生控制，2004，7（3）：2-3.

[2] 阚欢，王伟. 21 世纪食品安全问题面临的新趋势. 云南农业科技，2004，（5）：10-13.

[3] 刘宗超. 世界粮食形势及中国的对策. 中国特色社会主义研究，2004，（5）：60-63.

[4] 李成贵. 中国的粮食问题——改革以来的中国粮食安全及最近的状况. 粮油加工与食品机械，2005，（5）：8-10.

[5] 毛惠忠. 中国粮食问题研究. 北京：中国农业出版社，2005.

[6] 张学富，王志民，李伟红. 动物性食品中常见的化学污染物. 肉品卫生，2002，（7）：13-24.

[7] 付玉华，李艳金. 沈阳市郊区蔬菜污染调查. 农业环境保护，1998，17（1）：36-37.

[8] 卓海华，刘小梅，欧伟，等. 海南省部分出口食品中 BHC 和 DDT 残留量检测分析. 海南大学学报（自然科学版），1998，16（2）：128-132.

[9] 谢建治，刘树庆，刘玉柱，等. 保定市郊土壤重金属污染对蔬菜营养品质的影响. 农业环境保护，2002，21（4）：325-327.

[10] 朱敏. 食品安全问题祸从何来？中国国情国力，2005，（9）：6-7.

[11] 中华人民共和国国家统计局. 中国统计年鉴. 北京：中国统计出版社，2005.

[12] 周怀东，李贵宝. 我国水环境与生态保护存在的问题及对策. 水利水电技术，2001，32（1）：23-27.

[13] 刘国华，傅伯杰，陈利顶，等. 中国生态退化的主要类型、特征及分布. 生态学报，2000，20（1）：13-19.

[14] 林强. 我国的土壤污染现状及其防治对策. 福建水土保持，2004，16（1）：25-28.

[15] 杨永岗，胡霭堂. 南京市郊蔬菜类重金属污染现状评价. 农业环境保护，1998，17（2）：89.

[16] 马立锋，石元值，阮建云，等. 我国茶叶氟含量状况研究. 农业环境保护，2002，21（6）：537-539.

[17] 高翔云，汤志云，李建和，等. 国内土壤环境污染现状与防治措施. 环境保护，2006，（4）：50-53.

[18] 谢建春，杨世勇. 生物多样性丧失原因及保护对策. 安徽教育学院学报，2003，21（6）：72-73.

[19] 李斌，蒋步新，李化雨. 论生物多样性的价值，环境保护科学，2002，28（1）：49-51.

[20] 中国农业年鉴编辑委员会. 中国农业统计年鉴. 北京：中国农业出版社，2005.

[21] 钱玲玲，霍增辉，盛敏，等. 中国食品安全标准的现状、问题与对策. 企业技术开发，2006，25（5）：93-95.

[22] 韩俊，罗丹. 关于完善我国食品安全标准体系的研究. 农业质量标准，2005，(3)：4-7.
[23] 周卫军，王凯荣，张光远. 红壤稻田系统有机物循环再利用潜力及增产作用. 长江流域资源与环境，2002，11 (2)：141-144.
[24] 蒋海燕，黄国勤. 生态农业——新世纪新阶段我国农业发展的方向. 江西农业大学学报（社会科学版），2004，3 (3)：20-23.
[25] Unger P W，McCalla T M. Conservation fillages systems. Advances in Soil Science，1980，33：1-58.
[26] Prasad R，Power J F. Crop residue management. Advances in Soil Science，1991，15：205-251.
[27] 赵其国. 现代生态农业与农业安全. 生态环境，2003，12 (3)：253-259.
[28] 朱定松，黄体胜. “牛-沼-菜”生态模式研究. 农村能源，2005，(8)：45.
[29] 蔡海华，汪方送. 安庆市生态农业建设现状和发展思路. 安徽农学通报，2005，11 (3)：5-6.
[30] 颜景晨，雷海章. 世界生态农业的发展趋势和启示. 世界农业，2005，(1)：7-10.
[31] 邱建军，张士功，李哲敏，等. 农业生态环境安全与生态农业发展. 中国农业资源与区划，2005，26 (6)：43-46.
[32] 全国生态农业试点县建设领导小组办公室. 中国生态农业. 北京：中国农业科技出版社，1996.
[33] 农业部科技教育司，全国生态农业试点县建设领导小组办公室. 中国生态农业实践与发展. 北京：中国农业科技出版社，2000.

Ecological Agriculture and Food Safety

Zhao Qiguo[1] Huang Guoqin[2] Qian Haiyan[3]

1 Institute of Soil Science，Chinese Academy Sciences，Nanjing 210008，China

2 Research Center on Ecological Science，Jiangxi Agricultural University，Nanchang 330045，China

3 Remote Sensing Center，Office of MRL Development in Jiangxi Province，Nanchang 330046，China

Abstract

Food safety has aroused worldwide concern. In our country food safety is closely related to the issues of improving people’s life quantity，safeguarding people’s health，maintaining social stability，establishing a harmonious society，etc. It can be said in some degree that to safeguard food safety is to maintain ecological safety，economy safety，and national safety. Currently，the country is confronted with the following questions in the aspect of food safety：①Insufficient food supply and low up-to-standard rate；②High residue of poisonous and harmful materials in food and increased food poisoning accidents；③Prominence of resource，ecology and environment problems，and latent threats to sustainable food production capability；④Incomplete legislation for food safety，and inadequacy in law enforcement and management. Ecological agriculture is an important orientation for agricultural to develop in the current society，because of its significant functions of boosting production，increasing income，improving efficiency and protecting the environment，and its great contribution to improvement and optimization of agricultural eco-environment and production of healthy quality safe food. It can be said that ecological agriculture will play an important irreplaceable role in resolving a number of problems China is confronted with in the aspects of food supply，quality and safety，and sustainable development of food production. In order to guarantee safety food in the new century，China must make more efforts in developing ecological agriculture，adopting the following measures：To improve the awareness of ecological agriculture；to popularize eco-agricultural knowledge；to expand and apply eco-agricultural knowledge countrywide；to intensify scientific research on ecological agriculture and to attach more importance to industrialization of ecological agriculture.

Key words Food safety；Ecological agriculture；Harmonious society；Sustainable development；China

赵其国院士呼吁：

推广农业清洁生产刻不容缓

记者　解　悦

历时两年多、由江苏省多个职能部门与科研单位共同承担的全省农业清洁生产技术与管理体系试验示范研究项目日前通过鉴定，该项目科技顾问、中科院院士、中科院南京土壤研究所研究员赵其国昨接受记者采访时表示，苏南地区包括南京有1/4～1/3的耕地受过量施用氮、磷肥、重金属及有机残留化合物的严重污染，推广农业清洁生产已刻不容缓。

有的蔬菜基地因污染超标已不适合种植蔬菜

赵其国介绍说，农产品遭受污染的主要因素：一是工业“三废”，导致对农田、水源和大气污染，使有毒物质在食物（农产品）中聚集。二是化学肥料、农药使用过量，使一些有害化学物质在食物中残留。同时，食物加工、流通、储运等过程不当也会使农产品受到污染。调查显示，苏南包括南京地区土壤重金属检出率达100%，南京某主要蔬菜基地因镉、铅等污染超标已不适合种植蔬菜。

有毒有机物质控制未纳入现有无公害产品标准

农业清洁生产是指通过对农业生产的全过程控制，避免或减少污染，生产出合格的卫生食品，达到环境健康和食品安全的目的。农业清洁生产技术体系是我国急需的农业技术之一。耕地质量是农业清洁生产的基础，赵其国说，由于江苏地区耕地质量状况不明，农产品生产加工缺乏有效的质量监察，这对社会及人体健康都将导致严重影响。目前欧美国家对土壤和农作物污染状况均进行过普查，并且对多氯联苯、多环芳烃、二噁英等对人体健康威胁最大的有机污染物规定了有关的质量控制标准。而我国现有的无公害产品有关标准中仅规定了农药残留、重金属和硝酸盐含量控制标准，未考虑多氯联苯、多环芳烃、二噁英等有毒有机物质的控制。

用3～5年建立农业清洁生产强制性标准

在历时两年多的农业清洁生产技术与管理体系的试验示范研究中，制订了农产品质量安全生产技术规程体系、标准体系、检测体系、市场管理体系和政策法规保障体系等五大体系，特别是对优质稻米、夏季小白菜、茶叶、淡水鱼等农产品清洁生产建立了19项技术规程，创建了江宁区土桥镇的无公害稻米基地、禄口地区的夏季小白菜基地等省级无公害生产基地14个，也建立了清洁生产的系统配套技术规程。

赵其国介绍说，即使同一土壤，对于不同作物来说，其污染物的生物有效性也是不同的，比如对水稻污染严重的有毒物质未必会污染水果。鉴于目前食品安全存在的诸多问题，这套清洁生产体系应尽快在全省推广应用，对全省7500万亩耕地质量状况进行本底调查，科学评价土壤的环境质量，建立长期的动态监测体系，进行种植结构调整，比如，南京不适合种植蔬菜的地区尽快改种其他品种。赵其国希望，经过3～5年的努力，这套体系能像工业产品生产标准那样成为强制性标准，逐步实现无公害农产品生产的长效管理，确保食品安全。

本文原载《南京日报》2004年10月16日。

我国东南低山丘陵区土地粮食生产潜力研究——以桂林市为例*

周生路[1]　朱云梅[1]　徐彬彬[2]　赵其国[2]

1 南京大学城市与资源学系，南京　210093

2 中国科学院南京土壤研究所，南京　210008

摘　　要

我国东南低山丘陵区资源丰富，历来为重要的粮食生产基地，但其粮食生产近年发展缓慢。根据采用趋势潜力与资源潜力相结合的方法，所进行的桂林市土地粮食生产潜力及其发挥和实现影响因素的研究结果，该区粮食生产潜力较大，但目前发挥和实现程度低，为促进粮食生产潜力的发挥，并保证其持续发展，今后应大力改造中产田，提高土地质量和耕地灌溉保证率。加强粮食生产的物化投入，保证活劳动投入的需要，并同时注意协调化肥的投入结构。

关键词　低山丘陵区；粮食生产潜力；持续发展；桂林

我国东南低山丘陵处于长江中下游平原以南，由江南丘陵、浙闽丘陵和两广低山丘陵组成，包括浙、皖、赣、粤、桂、湘、鄂、闽 8 个省区，约占全国土地总面积的 7.30%[1, 2]。该区位于亚热带，具有类型多样的自然条件和丰富的水、热、土地和生物资源，历来为我国农业和粮食生产的重要基地。近些年来，该区粮食产量增长缓慢，其中部分地区还有所下降并成为严重缺粮区，这已阻碍区域的持续发展。为此，本文拟以桂林市为例，探讨该区粮食潜力及其发挥和实现影响因素，从而切实采取措施促进粮食生产的持续发展。

1　研究区概况

桂林市地处我国亚热带中部，现辖市区和临桂、阳朔两县，面积 4248km^2，人口 128.2 万人。该市属典型的亚热带喀斯特地貌，境内中低山、丘陵、平地纵横交错，山间盆地较多。土地地貌以中山、平地为主，其中中山、低山分别占 24.3%和 5.1%，高丘、中丘、低丘占 8.7%、12.7%和 1.7%，台地、平地占 6.3%和 22.7%，其他占 18.5%。气候具有明显的亚热带季风气候特征：光照充足，但春季较少；热量丰富，四季分明；雨量充沛，但多集中于春夏两季。该市地表、地下水资源丰富，年径流总量 169.2×10^{8}m^3。但由于降雨量季节分配不均匀，加之喀斯特地貌的作用及其对水利设施建设的不利影响，该市河川地表径流与雨量同季，从而造成夏涝秋旱较为严重，不利于农业和粮食生产。1995 年全市粮食总产量 34 123×10^{4}kg，人均 266kg，境外粮食调入约 19 750×10^{4}kg。按此计算，粮食自给率约为 63.3%。

2　研 究 方 法

一个地区土地粮食生产潜力有趋势潜力和资源潜力之分。其中，趋势潜力主要根据历史产量采用统计预测方法测算，其结果能反映历史趋势条件下研究区域未来粮食产量发展可能达到的水平。虽然这种方法具有较大局限性，但对近、中期潜力预测仍能取得较好效果，并可借助关联分析等手段揭示社会经济及投入因素对粮食产量增长的影响[3]。而资源潜力，则从作物光合作用与其环境要素相关原理出发，采用逐项资源要素订正方法[4]，揭示粮食生产对光、温、水、土等自然资源的利用程度，或限制作用的克服能力。这种方法物理意义清晰，能够较好地反映粮食生产潜力发挥与农业生态环境改善及农业综合技术水平提高之间的关系。本文拟分别采用上述两种方法，进行桂林市土地粮食生产潜力测算。

---

* 本文为中、美、印国际合作项目“土地利用与人口增长相互作用关系研究”的部分内容。

第一作者简介：周生路，男，1968 年 6 月生，土地管理与房地产开发专业，博士，已发表《桂林市人口增长特点、趋势与对策研究》等论文。

本文原载《南京大学学报（自然科学）》1998 年第 34 卷第 6 期第 655-661 页。

2.1 趋势潜力测算及关联分析

本研究据该市 1988～1995 年粮食产量及其影响因子（表 1），进行趋势预测和关联分析。其中，趋势预测采用相除法 GM（1, 1）模型[5]，关联分析采用灰色关联度方法[6]。

表 1 桂林市历年粮食产量及其影响因子状况

粮食产量及影响因子	1988 年	1989 年	1990 年	1991 年	1992 年	1993 年	1994 年	1995 年
总产量/万 kg	27 896	29 667	31 850	32 547	34 703	34 827	34 165	34 123
单位面积产量/(kg/hm^2)	2 359	2 543	2 761	2 751	2 924	2 989	2 946	2 891
粮地复种指数/%	169	175	160	162	169	169	170	174
粮地面积/hm^2	70 024	66 488	72 351	72 589	70 445	68 863	68 318	67 701
化肥投入/(kg/hm^2)	430.2	466.7	502.6	465.9	520.1	547.4	569.1	550.6
劳力投力/(人/hm^2)	2.05	2.23	2.39	2.60	2.51	2.48	2.53	2.46
N 肥投入/(kg/hm^2)	217.4	234.1	254.2	251.9	267.6	281.1	276.6	258.4
P 肥投入/(kg/hm^2)	121.2	130.8	142.1	132.9	152.0	156.8	158.0	145.5
K 肥投入/(kg/hm^2)	62.5	67.1	69.4	61.9	71.7	74.6	84.9	93.3

注：单产和粮地面积已按耕地详查面积修正，与统计数值有所差异。

2.2 各级资源潜力测算

2.2.1 光合及光温生产潜力

光合生产潜力 $y（Q）$ 和光温生产潜力 $y（Q, T）$，采用 FAO 所推荐的 AEZ 法进行测算。但 AEZ 法中的许多参数具有地区性，目前我国该方法中的有关参数值是据 20 世纪 80 年代中期高产作物特性修正得到，而作物优良品种的更替往往使作物产量得到普遍提高。因此，需对据原参数计算所得结果进行新品种增产效应校正，这样才能使测算结果符合计算时期的实际情况。据研究[7]，我国粮食新当家品种的更替周期一般约为 5～8 年，产量增幅约为 3%～8%，并与生产管理水平成正比。根据桂林市农业生产管理水平，80 年代中期至今的新品种增产效应订正系数 $g（C_1）$ 取 1.05～1.10，即采用新品种使粮食产量增加 5%～10%。

2.2.2 气候生产潜力

气候生产力 y（Q, T, W）采用下式测算：

$$y(Q,T,W)=[1-k_y\cdot(1-ET_a/ET_m)]\cdot y(Q,T)$$

式中，k_y 为作物水分产量反映系数；ET_m 为最大蒸发蒸腾量。$ET_m=k_c\cdot ET_o$，k_c 为作物系数；ET_o 为标准蒸发蒸腾量，本研究采用辐射法计算，即 $ET_o=C\cdot（W\cdot R_1）$，式中 C 为昼夜风速修正系数，W 为重力因子，R_1 为短波辐射量。ET_a 为实际蒸发蒸腾量，据 ET_m、土壤有效水分指数 ASI 及（$1-P$）$\cdot S_a\cdot D$ 得到。S_a 为单位厚度土壤有效水分，D 为根区深度，P 为保证 $ET_a=Et_m$ 的土壤有效水分；$ASI=[Pe+Wb-(1-P)\cdot S_a\cdot D]/ET_m$，$Pe$ 为计算期有效降雨量，Wb 为期初根深处的土壤有效水分。其中 Pe 考虑到喀斯特地区地表径流蓄积较差的特点，当 Wb 达到饱和后雨量大于 15mm 时，均取 Pe=15mm。

上述各项的值可通过有关备查用表计算获取。

2.2.3 经济生产潜力

经济生产潜力 $y（Q, T, W, I）$，在光温、气候生产潜力基础上，根据不同投入水平，分别进行相应的土地质量、灌溉条件、养分投入、优良品种使用及农业技术和管理水平等订正后而测算得到。公式为

$$y(Q,T,W,I)=f[a,y(Q,T)],y(Q,T,W)]\cdot k\cdot\{[g(F)+g(C_2)+g(M)]/3\}$$

式中，$f[a,y(Q,T)],y(Q,T,W)]$为灌溉条件订正函数，

$$f[a,y(Q,T)],y(Q,T,W)]=a\cdot y(Q\cdot T)+(1-a)\cdot y(Q,T)+(1-a)\cdot y(Q,T,W)$$

式中，a为灌溉保证率；k为土地质量订正系数，$k=(a_1\times F_1+a_2\times F_2+a_3\times F_3)/(F_1+F_2+F_3)$，$Fi$和$a$分别取各等级土地面积比率及其平均质量分值[8]；$g(F)$为养分投入订正系数，采用养分投入的可能水平与理想水平之比衡量；$g(C_2)$为优良品种使用订正系数，以大范围生产一般品种与优良品种产量之比衡量；$g(M)$为农业技术和管理水平订正系数，采用大范围生产一般农业技术及管理水平与理想农业技术及管理水平之比衡量。

投入水平及对应投入因子订正设计是经济生产潜力测算的关键。本研究以桂林市目前粮食生产投入水平为基准，按高、中、低三种可能增长情况进行投入水平设计。根据该市实际情况，各投入增长水平对应投入因子订正系数取值见表 2。其中，由于不少土地因子的限制作用具有难以克服性，因此土地质量订正系数k据现状土地质量评价结果，高、中、低投入增长水平对应取值分别为 0.9、0.85 和 0.8。

表 2　各投入增长水平对应投入因子订正系数取值

投入增长水平	土地质量 k	灌溉保证率 a	养分投入 $g(F)$	优良品种使用 $g(C_2)$	农业技术和管理水平 $g(M)$
高增长水平	0.9	1.0	1.0	1.0	1.0
中增长水平	0.85	0.9	0.85	0.9	0.9
低增长水平	0.8	0.8	0.75	0.8	0.8

3　结果与分析

3.1　趋势潜力及其关联

据 1988～1995 年粮食产量及其影响因子资料（表 1），所得桂林市粮食总产量增长预测方程为

$$y(t)=28\,227.4\,92\times\exp[0.020\,590\,8\times(t-1987)]\text{（单位：}\times10^4\text{kg）}$$

式中，t为预测年份。据此可测算得到桂林市 2010 年和 2020 年粮食总量，将分别约为 48 214×10^4kg 和 59 238×10^4kg。

1988～1995 年桂林市粮食总产量，与影响因子单位面积产量、粮地复种指数和粮地面积之间增长关联度r_{01}、r_{02}、r_{03}，分别为 0.8750、0.5922 和 0.5781，大小排序$r_{01}>r_{02}>r_{03}$。其中粮食单位面积产量，与单位面积耕地投入化肥、劳力、N 肥、P 肥、K 肥之间增长关联度R_{01}、R_{02}、R_{03}、R_{04}、R_{05}，分别为 0.9110、0.9140、0.9801、0.9268 和 0.8330。

由上述结果可见：①在各影响因子与粮食产量增长的关联度中，单位面积产量的关联度 r_{01} 最大，并明显高于粮地复种指数和粮地面积关联度r_{02}、r_{03}。因此，单产水平亦即投入水平提高是该市粮食产量增长的决定性因子，加大粮食生产投入，提高其单产水平，是该市粮食产量持续发展最主要、最根本的途径。②在各投入因子增长与粮食单产水平提高的关联度中，劳力投入关联度 R_{02} 与化肥投入关联度 R_{01} 几乎相等。说明在目前该市农业现代化水平还较低的情况下，劳力投入仍然是粮食产量增长的重要影响因素。因此，在大力提倡农村剩余劳动力向城市、集镇及非农化转移的同时，应注意保证粮食生产所需劳力，尤其是年富力强、懂技术、会经营、会管理的年轻劳力。③从化肥投入结构上看，N 肥、P 肥、K 肥投入与该市粮食产量增长之间的关联度 R_{03}、R_{04}、R_{05} 依次减小，表明该市粮食生产增长更多地是靠 N 肥投入的增加，而对 P 肥和 K 肥投入则重视不够，这与该市土壤普遍少 P 缺 K 状况很不匹配。因此，今后在注意增加 N 肥投入的同时，应该加强 P 肥和 K 肥的投入。

3.2 资源潜力

根据桂林市有关气象、土地资源条件等资料，采用前述方法测算所得土地粮食作物（水稻）光合、光温、气候和经济生产潜力见表 3、表 4。据此可作如下分析。

表 3　土地水稻光合、光温、气候生产潜力　　（单位：kg/hm^2）

年份	光合生产潜力 $y(Q)$				光温生产潜力 $y(Q, T)$				气候生产潜力 $y(Q, T, W)$			
	早稻	中稻	晚稻	综合*	早稻	中稻	晚稻	综合	早稻	中稻	晚稻	综合
1988	17 769	18 345	19 753	18 829	5 441.5	5 739.7	6 229.0	5 865.8	5 186.8	4 053.3	4 052.0	4 540.0
1989	18 094	18 722	20 138	19 188	5 552.3	5 855.5	6 355.6	5 985.2	5290.5	4 134.4	4 123.0	4 625.6
1990	18 486	19 056	20 533	19 579	5 660.2	5 968.3	6 478.2	6 101.0	5 394.3	4 215.4	4 225.6	4 727.6
1991	17 768	18 197	19 735	18 812	5 676.7	5 755.9	6 187.5	5 963.6	5 438.3	3 500.0	2 874.7	4 008.3
1992	18 395	19 147	20 789	19 678	5 592.2	6 017.6	6 596.9	6 050.3	5 530.8	4 531.3	4 414.7	4 830.4
1993	18 941	19 771	21 360	20 241	5 582.6	6 253.8	6 810.7	6 138.7	5 518.2	4 232.8	3 891.4	4 607.9
1994	18 465	18 860	20 390	19 485	5 592.5	5 865.3	6 391.9	5 951.7	5 592.5	4 676.8	5 555.2	5 527.3
1995	19 388	19 978	21 550	20 542	5 931.2	6 255.3	6 789.6	6 393.8	5 653.6	4 417.1	4 415.7	4 948.1

* 水稻综合生产力以早稻、中稻、晚稻生产力按面积比例加权平均求取，下同。

表 4　各投入增长水平下土地水稻经济生产潜力　　（单位：kg/hm^2）

年份	高投入增长水平				中投入增长水平				低投入增长水平			
	早稻	中稻	晚稻	综合	早稻	中稻	晚稻	综合	早稻	中稻	晚稻	综合
1988	4 897.4	5 165.7	5 606.1	5 279.2	4 066.4	4 182.7	4 513.3	4 304.5	3 450.0	3 457.6	3 707.9	3 584.4
1989	4 997.1	5 270.0	5 720.0	5 386.7	4 149.0	4 267.1	4 604.1	4 391.6	3 519.9	3 527.2	3 781.8	3 656.5
1990	5 094.2	5 371.5	5 830.4	5 490.9	4 229.4	4 349.4	4 694.5	4 477.5	3 588.5	3 595.3	3 857.7	3 728.8
1991	5 109.0	5 180.3	5 568.8	5 367.2	4 244.1	4 152.1	4 396.9	4 330.6	3 602.6	3 395.1	3 536.0	3 566.4
1992	5 033.0	5 415.8	5 937.2	5 445.3	4 194.0	4 406.3	4 789.1	4 451.0	3 571.2	3 661.0	3 942.7	3 716.0
1993	5 024.3	5 628.1	6 129.6	5 524.8	4 186.5	4 543.4	4 894.2	4 94.0	3 564.6	3 743.7	3 985.2	3 732.9
1994	5 033.3	5 278.8	5 752.7	5 356.5	4 198.8	4 314.5	4 736.2	4 436.6	3 579.2	3 601.6	3 983.7	3 754.8
1995	5 338.1	5 629.8	6 110.6	5 754.4	4 432.3	4 558.5	4 919.4	4 691.9	3 761.5	3 768.1	4 041.5	3 907.0

（1）在一般太阳辐射和热量条件下，目前（1995 年，下同）该市早稻、中稻、晚稻及水稻综合的光温生产潜力 y（Q, T）为 5931.2kg/hm^2、6255.3kg/hm^2、6789.6kg/hm^2 和 6393.8kg/hm^2，分别约为实际单产水平（分别为 3274kg/hm^2、3294kg/hm^2、2976kg/hm^2、3147kg/hm^2）的 1.8 倍、1.9 倍、2.3 倍和 2.0 倍；理想投入水平下经济产量有望分别达到 5338.1kg/hm^2、5629.8kg/hm^2、6110.6kg/hm^2 和 5754.4kg/hm^2。与此相比，目前该市水稻实际单产平均约为理想投入下经济产量的 49%～61%。亦即由于投入不足，约有 39%～51%经济生产潜力尚未得到充分发挥。因此，在加大投入力度前提下，该地区粮食生产仍有较大的增长潜力。

（2）早稻、中稻、晚稻和水稻综合光温生产潜力 y（Q, T）年际变化均较小，平均变幅分别约为 1.8%、5.0%、6.2%和 2.4%，变差系数 C_v 为 0.030、0.040、0.043 和 0.029；其相互间的年内变化也不大，变幅 9%～22%，变差系数 C_v 为 0.039～0.081。由此可见，尽管该市太阳辐射和热量条件年际、年内均有一定波动，但尚未造成粮食产量锐减和巨幅波动。因此，该地区光、温条件较为平稳、优越，利于区域粮食生产的持续发展。

（3）一般太阳辐射、热量和雨量条件下，目前该市早稻、中稻、晚稻和水稻综合气候生产潜力 y（Q, T, W），分别为 5653.6kg/hm^2、4417.1kg/hm^2、4415.7kg/hm^2 和 4948.1kg/hm^2。与 y（Q, T）相比有较大幅度下降，降幅晚稻＞中稻＞早稻。其中，早稻降幅为 0～4.7%，平均 2.2%；中稻达 20.3%～39.2%，平均 29.2%；晚稻达 13.1%～53.5%，平均 35.5%。y（Q, T, W）的年际变化差异较大，变幅晚稻＞中稻＞早稻。其中，早稻平均变幅 2.9%，最大 5.4%，变差系数 0.018，与 y（Q, T）接近；中稻和晚稻平均变幅分别为 22.3%和 45.3%，最大分别为 33.6%

和 93.3%，变差系数分别为 0.109 和 0.232，与 y（Q, T）相比均明显增大。由此可见，虽然该市降雨丰沛（年均 1894mm），但年际、年内变化较大（5～7 月约占 74%），尤其伏旱和秋旱较为频繁严重。这种状况严重影响水稻尤其是中稻和晚稻的生长发育，从而导致其产量显著下降。水分因素（季节性干旱）已成为该地区粮食生产持续发展的重要影响因子。

（4）太阳辐射、热量和降水等气候条件波动影响 y（Q）、y（Q, T）和 y（Q, T, W）的实现，从而导致经济生产潜力 y（Q, T, W, S, I）下降。其降幅=$a \cdot F_1$+（1−a）$\cdot F_2$，式中 a 为灌溉保证率，F_1 为 y（Q, T）平均降幅，F_2 为 y（Q, T, W）平均降幅。将有关数据代入上式，可以计算得到高、中、低投入增长水平下，水稻综合 y（Q, T, W, S, I）降幅分别为 2.4%、4.8%和 7.1%。即随投入水平的提高，不利气候条件尤其是干旱缺水所致粮食的可能减产幅度将有所下降。因此，提高投入水平是保证该地区粮食生产持续、稳定发展的重要措施之一。

3.3　趋势潜力与资源潜力比较

根据前述资源潜力测算方法，可得未来粮食可能总产量 F 计算式为

$$F = y(Q,T,W,S,I) \cdot f(C_1) \cdot f(C_1) \cdot (1/k_1) \cdot S \cdot t \cdot a \cdot (1-b)$$

式中，$y(Q,T,W,S,I)$为目前优良品种水稻经济生产潜力；$f(C_1)$为新品种增产效应系数，按前文研究 2010 年和 2020 年分别取 1.15 和 1.25；k_1 为水稻总产量与粮食总产量之比，据该市情况取 0.95；S 为耕地面积，据土地利用总体规划 2010 年和 2020 年均取 87 100hm^2；t 为粮地（稻田）面积系数，取 0.70；a 为粮地复种指数，2010 年和 2020 年分别取 1.80 和 1.85；b 为田间损耗系数，取 5%。

据此所得高、中、低投入增长水平下，桂林市未来粮食潜在产量，2010 年分别为 72 429×10^{4}kg、59 762×10^{4}kg 和 47 690×10^{4}kg，2020 年为 81 785×10^{4}kg、66 686×10^{4}kg 和 53 215×10^{4}kg。

将上述两种方法所得未来粮食可能总产量进行比较可以发现，该市 2010 年和 2020 年趋势潜力法粮食总量预测结果（分别约为 48 214×10^{4}kg 和 59 238×10^{4}kg），分别仅相当于资源潜力法投入增长低偏强和中偏弱水平下的粮食产量。因此，为满足粮食需求增长、缓解耕地粮食人口压力，今后必须加速增强粮食生产的投入力度。

4　结　　论

根据上述桂林市土地粮食生产潜力及其发挥和实现影响因素研究结果，可以得出以下初步结论。

（1）尽管我国东南低山丘陵区粮食生产发展受到较多因素的限制，但在加大投入力度的前提下，仍具有较大的增产潜力。

（2）当前这一地区土地粮食生产资源潜力的发挥和实现仍处于较低水平。为促进粮食生产潜力的发挥和持续发展，协调人地与人粮关系，今后应在稳定耕地面积的同时，大力改造中低产田，提高土地质量；进一步兴修水利调节水资源的季节分配，从而提高耕地灌溉保证率；加强粮食生产的物化劳动投入，并保证活劳动投入的需求。其中化肥投入在结构上，除 N 肥外应加强 P 肥和 K 肥的投入。

（3）将趋势潜力结合资源潜力进行研究，能够更全面地揭示土地粮食生产的发展潜力及其发挥和实现自然、社会经济、投入等因素的影响和作用，从而更好地为区域粮食生产持续发展的决策服务。

参 考 文 献

[1]　任美锷，包浩生. 中国自然区域及开发整治. 北京：科学出版社. 1992：83-92.

[2]　吴传钧，郭焕成. 中国土地利用. 北京：科学出版社. 1994：177-182.

[3]　李克煌. 钟兆站. 豫西地区降水资源对旱地粮食作物产量的影响与对策. 自然资源学报，1997，12（1）：23-28.

[4]　郭岐峰，傅硕龄. 我国作物生产潜力研究进展. 地理研究. 1992，11（4）：62-67.

[5]　唐五湘. GM（1，1）模型参数估汁的新方法及假设检验. 系统工程理论与实践，1995，（3）：20-25.

[6]　邓聚龙. 灰色系统理论教程. 武汉：华中理工大学出版社，1990：128-134.

[7]　高觉民，林培. 中国气候生态区划分及作物气候生产力估算. 全国土地利用总体规划研究. 北京：科学出版社. 1994：69-77.

[8]　倪绍祥. 地理信息系统在土地适宜性评价中的应用. 科学通报，1992，37（15）：403-1404.

A Study on Land Potental of Food Production in Low Mountains and Hills of Southeast China—A Case Study in Guilin city

Zhou Shenglu[1] Zhu Yunmei[1] Xu Binbin[2] Zhao Qiguo[2]
1 Department of Urban and Resources Sciences, Nanjing University, Nanjing 210093, China
2 Institute of Soil Sciences, Academia Sinica, Nanjing 210008, China

Abstract

The low mountains and hills in southeast China, with abundant resources, are an important base of food production in our country. But its food production developed slowly in recent years. In order to promote the food production and a sustainable development in this area, the land food production potential and its realization influence factors, taken Guilin city as a case study, were studied in this paper, by trend potential analysis with GM (1, 1) model and resources potential calculation mainly with AEZ method.

According to the study results, the following conclusions were reached: ①In low mountains and hills of southeast China, the food production development is restricted by a lot of factors, but its potential is large with the input quantity greatly increased. ②In this area, the realization level of land food production potential is low today. In order to give full play to food production potential, promote its sustainable development and coordinate the relationship of man-land and man-food, it is critical to transform middle-low yield land; improve land quality, irrigation system as well as input; ensure labour input requirement and regulate chemical fertilizer input. especially enforce the input of N and K fertilizer. ③The research by the method which combines trend potential with resources potential can more entirely discover the potential for land food production development, as well as the influence of nature, socio-economic and input factors on the potential realization. Moreover, it can better service the decision for the sustainable development of regional land food production.

Key words Low mountains and hills; Food production potential; Sustainable development; Guilin

江苏省中长期食物保障能力与对策

徐梦洁　赵其国

中科院南京土壤研究所，南京　210008

摘　要

江苏省具备优越的自然条件和地理位置，是我国农业最发达的省份之一，但是江苏省作为资源约束型省份，人口众多，耕地的数量减少，质量退化，使江苏省中长期食物保障能力受到挑战，本文论证了江苏省中长期食物保障能力，并提出了保证食物安全的对策和措施。

关键词　江苏省；食物保障能力；粮食产量

1　江苏省粮食生产现状和面临的问题

江苏省位于长江下游，交通便利，地理位置优越，土地面积约 10.26km^2，江苏气候属于亚热带和暖温带的过渡地带，南北差异显著。江苏省的平原和水面约占全省总面积的 85.7%，加上良好的气候条件，对农业生产发展十分有利，是我国农业最发达的省区之一，全省土地垦殖指数较高，种植业发达，1996 年以占全国 4.7%的耕地生产了占全国 7.1%的粮食，江苏省农业为全省经济发展提供了坚实的基础。但是江苏省是资源约束型省份，在进入 20 世纪 90 年代后，江苏省的粮食产量出现徘徊局面，一方面粮食需求不断增加，另一方面耕地面积减少、耕地质量下降、农业投入落后于经济发展水平、农业生态环境恶化，使粮食生产面临严峻形势。

1.1　人口快速增长

江苏省人口众多，1996 年全省人口密度 693 人/km^2，居全国之首。从 1983 年到 1996 年江苏省人口由 6135 万人增长到 7110.2 万人，年均增长率为 1.14%。“八五”至“九五”期间，江苏省面临第三次人口生育高峰的冲击；同时该省平均每年净迁入人口 6.6 万人。有关专家[1]对江苏省人口进行预测，到 2000 年，低、中、高方案预测的江苏省总人口分别是 7294 万人、7362 万人、7417 万人，展望 2020 年 3 种方案预测的总人口分别是 7948 万人、8114 万人、8240 万人[1]。

1.2　人均耗粮水平增加

近年来江苏省经济实力稳步增长，随之而来的是粮食消耗结构的快速转换和消费水平的快速增长。研究[1]表明人均收入水平与粮食需求量呈现密切的相关关系：人均纯收入水平增加，对于粮的直接需求先增加，然后逐渐减少，而肉类、鱼类、蛋类、酒类和其他需求都有所增加，折合成粮食的间接需求量后，粮食总的需求量是上升的。1996 年江苏省人均粮食需求为 389.58kg，专家预测[1]2000 年人均粮食需求量将达到 400kg 以上，随着收入的增加，人均粮食需求收入弹性将趋向于零，2020 年人均粮食需求量将为 460kg。

1.3　农业投入滞后于经济发展水平

表 1 是江苏省农业（种植业）物耗、产值和农村社会总产值序列，由于现行核计制度缺乏以不变价格计算的物耗统计，表 1 采用的数据为当年价格，各序列仍具有可比性。从 1985 年到 1996 年农业（种植业）产值年均增长率为 17.3%，同期农业（种植业）物质消耗年均增长率为 22.8%，同期农村社会总产值年均增长率为 26.6%，农业的物质消耗增长速度高于农业产值的增长速度，而低于农村社会总产值的增长速度。

本文原载《土壤》1999 年第 31 卷第 4 期第 179-184 页，196 页。

表 1 江苏省 1985 年和 1996 年农业（种植业）产值、物耗情况（当年价格） （单位：亿元）

年份	农业物耗	农业产值	农村社会总产值	年份	农业物耗	农业产值	农村社会总产值
1985	44.97	183.66	775.71	1996	434.77	1062.39	10413.89

注：本文数据除特别说明外，均引自江苏省农村厅编《江苏农村经济资料（历年）》。

1.4 种粮比较效益低，影响农民种粮积极性

改革开放以来，粮食市场逐渐开放，粮价多次上涨，但是农业生产资料的价格涨幅等同甚至超过粮食价格上涨幅度（表 2），粮食生产成本增加，农民的实际收入反而减少。从 1978 年到 1996 年，江苏省粮食类产品的收购价格指数高于农副产品收购价格指数的上涨幅度，但是明显低于部分经济作物、禽畜产品、干鲜果类和水产品类收购价格和涨幅（表 3）。产品收购价格的变动直接影响到农业用地的内部调整，往往出现“粮棉争地”和“粮林（果）争地”等现象。

表 2 1995 年粮食与主要农业生产资料价格指数（以 1994 年为 100）[2]

粮食	农资综合指数	饲料	化肥	农药	其他
131.7	126.9	146.4	134.6	118.3	133.1

表 3 全省部分农副产品收购价格分类指标（以 1978 年价格为 100）

指标	1985 年	1987 年	1989 年	1992 年	1995 年	1996 年
总指数	155.6	183.1	267.2	269.4	526.0	536.5
粮食类	160.5	180.5	258.5	257.8	585.4	592.4
经济作物	143.8	165.7	215.6	235.4	527.4	520.3
竹木材类	197.3	212.3	306.3	285.6	565.4	571.6
禽畜类	169.3	207.6	336.5	332.3	586.1	624.2
干鲜果类	217.8	264.4	417.1	502.1	773.6	701.7
水产品类	294.7	401.7	515.9	555.6	1001.5	1078.6

1.5 耕地持续减少，质量下降

耕地减少（表 4）的原因是多方面的，包括：①基建占有耕地。江苏省正处于工业化和城镇化迅速发展的时期，城市的扩展势必占用耕地，1991～1995 年平均每年基建占地 1 万 hm^2 以上。②乡村集体占用耕地以及农村宅基地占用耕地。乡村集体占地主要用于乡村工业发展，农村人口近年呈现减少的趋势，但是农村宅基地的建设不减反增，这两项每年平均占用耕地 0.2 万～0.4 万 hm^2。③农业内部调整用地，一部分耕地被退耕还林或者改种经济作物。因开发荒地增加的耕地面积低于减少的面积，1985 年到 1996 年耕地面积平均每年减少 1.7 万 hm^2。

表 4 江苏省历年年末耕地面积 （单位：万 hm^2）

年份	耕地面积	年份	耕地面积	年份	耕地面积
1985	463.97	1989	456.93	1993	449.52
1986	462.59	1990	455.79	1994	446.40
1987	460.21	1991	455.00	1995	444.83
1988	457.98	1992	452.19	1996	443.54

耕地数量减少的同时还伴随耕地质量的下降，转化为非农用途的土地大部分是优质粮田。此外，由于工业（乡镇企业）的迅速发展，污染源不断增加，而污染治理设施跟不上，农业环境污染将面临由点污染扩大为面污染，水污染扩大至耕地农田污染的局面[3]，都会导致土地生产力下降，影响粮食的产量和质量，

最终危害人体健康。

1.6　环境退化，灾害频繁

江苏省属暖温带与北亚热带的过渡地区，多种灾害性气候的概率较高，近年来自然灾害的发生频率和程度都有所增加。灾害类型包括洪涝、旱灾、风雹灾与冰冻灾害等，以洪涝灾害和旱灾为主。从表 5 中看出，90 年代和 80 年代相比，受灾面积和灾害的成灾率都明显扩大和增加，而且表现为洪灾和旱灾交替发生，频率加剧。1998 年长江流域乃至全国其他地区还爆发了新中国成立以来的特大洪涝灾害，造成了空前巨大的社会和经济损失，也严重地影响了粮食生产。

表 5　江苏省主要年份旱灾与洪涝灾害受灾、成灾面积一览表　（单位：万 hm^2）

年份	旱灾受灾面积	旱灾成灾面积	洪灾受灾面积	洪灾成灾面积
1984	14.0	2.6	43.0	20.0
1988	285.0	161.3	20.0	2.7
1989	100.0	26.7	114.0	73.3
1992	166.7	68.7	50.9	2.0
1993	54.7	24.8	189.9	94.5
1994	295.4	134.6	5.1	0.5
1995	66.7	22.7	26.9	7.9

2　江苏省粮食增产潜力

2.1　耕地面积预测

耕地面积选用灰色系统 GM（1, 1）[3]模型，该模型为：$x（t+1）=A\exp（-a\times t）+b$，选用江苏省 1983～1996 年耕地数据作为原始数据，可得到模型参数：a=0.003 831，b=4654.059 837，模型检验参数 c=0.2208，p=1.0000，表明为很好。

江苏省耕地面积变化情况对应的灰色模型为

$$x（t+1）=-1\,210\,274.21\exp（-0.003\,831t）+4654.059\,837$$

经计算得到的预测结果为：2000 年时，耕地面积为 436.901 万 hm^2；2020 年时，耕地面积为 404.678 万 hm^2。1985～1996 年，耕地面积减少了 20.43 万 hm^2，年均减少 1.7 万 hm^2，根据预测，1996～2020 年耕地面积将减少 38.87 万 hm^2，年均减少耕地面积 1.23 万 hm^2，符合城市发展需要及近期出台的耕地保护政策，预测结果是可信的。

2.2　粮食需求分析

根据高、中、低 3 种方案预测的江苏省人口和对应的人均粮食消费水平，可以计算出江苏省 2000 年和 2010 年粮食需求量（表 6）。如果粮食生产保持 1996 年的单产水平，2020 年粮食产量也无法满足低增长方案人口的需求，不能实现粮食自给，因此提高土地生产率是江苏省具备食物保障能力的必要措施。

表 6　江苏省 2000 年和 2020 年不同人口增长方案所需的粮食　（单位：万 t）

年份	高方案	中方案	低方案
2000	2966.8	2944.8	2917.6
2020	3799.6	3732.44	3656.08

2.3 粮食增产可行性分析

2.3.1 耕地的生产潜力

综考会①曾对粮食生产潜力进行研究，认为全国平均粮食生产潜力为 1280kg/(亩·年)，长江以南三熟区为 1500～1840kg/(亩·年)。江苏省地处长江三角洲地区，属于亚热带气候，光热水资源丰富，匹配良好。1996 年江苏省耕地亩产为 522kg/(亩·年)，仅及耕地光热水资源潜力的 30%，耕地蕴藏了巨大的生产潜力，粮食增产具备理论可行性。

2.3.2 粮食增产的实际可行性分析

1. 开发改造中低产田

全省除兴化、吴江、扬中 3 县市以及常州、苏州市郊外，各市县均分布有中低产地②（表 7），尤以淮北旱作区、丘陵地区、沿海垦区、通南高沙土地区、如海垦区等区域集中连片。中低产田的制约因素以水因素为主占 42.1%，次为综合因素和土因素，分别占 29.44%和 26.45%。以水为限制因子的中低产田改造的关键是加强水利工程和农田基本建设，减少旱涝灾害的影响；以土为限制因子的中低产田的改造主要通过完善排灌体系，以水压盐洗碱，取得较好效果。通过治理改造，中低产耕地粮食年亩产提高 100kg，就可增加粮食 500 万 t，在 2020 年耕地面积减少的情况下，也可增加粮食 450 万 t。

表 7 江苏省“四低”资源结构 （单位：万亩）

资源类型	中低产耕地	低产林地	低产园地	低产水面
面积	5160.93	143.95	73.94	308.24

目前，江苏省的高产田约 1500 万亩，按优质高产高效要求，每亩增产 50kg，则粮食的增长潜力为 75 万 t，若每亩增产 100kg，则粮食的增产潜力可达到 150 万 t。

2. 提高复种指数

江苏省的复种指数较高，高于全国平均水平约 20 个百分点。80 年代江苏省复种指数保持在 185%左右，近年徘徊在 177%左右，1996 年为 178%。江苏省大部分地区实行稻（玉）麦两熟和棉（麦）两熟制，太湖地区的麦豆稻、麦瓜稻等三熟制，复种指数稳定在约 200%。今后提高复种指数的重点是苏南地区。复种指数提高到 190%，等于耕地面积增加了 7.3%，相当于 2020 年耕地面积增加了 29.54 万 hm^2，以 70%用于种粮，亩产按 1996 年江苏省平均亩产 522kg 计，可增加粮食 231 万 t。

3. 合理施肥

粮食生产很大程度上依赖肥料的投入，1995 年江苏省肥料用量（表 8）已达 45kg/亩（折纯量），但是肥料投入中氮、磷、钾比例失调，1995 年全省氮、磷、钾的投入比是 1∶0.33∶0.16，与大多数农作物所需的 1∶0.5～0.6∶0.8～1.2 的比例有很大差距，由于磷、钾元素供应不足，全省大多数地区只有依靠挖掘土壤磷、钾库存弥补亏缺，以致土壤有效磷、钾，特别是钾素含量下降的趋势越来越明显，如南通市土壤速效钾含量十多年下降 23.3%。施肥的不平衡使三要素相互增效的作用不能发挥。今后的重点是合理施肥，调整施肥结构，以推行平衡施肥可增产 10kg/亩计，2020 年可增产粮食 60 万 t。

① 中国社科院中国中长期食物保障能力与对策. 1997。

② 江苏省农业区划委员会. 江苏省农业后备资源调查评价和开发利用研究. 1994。

表 8　江苏省主要年份肥料施用（折纯量）状况　　（单位：万 t）

肥料	1983 年	1987 年	1990 年	1993 年	1994 年	1995 年
化肥总量	129.07	178	221.8	249.7	271.8	292.8
氮肥	100.95	123	150.6	157.1	166.9	176.7
磷肥	27.65	34.1	36.2	38.3	41.7	44.1
钾肥	0.47	2.9	6.8	7.9	8.9	9.9
复合肥	0	18	28.2	46.4	54.4	62.1

2.3.3　强化对病虫草鼠害的防治

病虫草鼠害对江苏省农业生产造成了经常而普遍的威胁（表 9）。1990～1995 年平均每年发生病虫草鼠害约 0.3 亿 hm^2，每年因病虫草鼠害造成的粮食损失平均达到 1 117 505t，其中病虫害造成的粮食损失比例最大，平均占总损失的 71%。如果能加强对病虫草鼠害的防治，以近年粮食损失的 50%计，就可挽回 50 万 t 粮食的损失。

表 9　江苏省 1990～1995 年病虫草鼠害造成的粮食损失　　（单位：t）

粮食损失	1990 年	1991 年	1992 年	1993 年	1994 年	1995 年
总损失	1 353 178	1 269 292	1 044 064	1 108 044	821 604	1 108 846
病虫害造成损失	1 014 000	868 736	698 887	732 273	579 465	850 759
草害造成损失	278 774	273 532	218 830	270 363	194 576	180 135
鼠害造成损失	60 404	127 025	126 347	105 408	47 563	77 952

3　非耕地资源的粮食替代能力

3.1　木本粮替代粮食

本省木本粮林主要分布在宁镇扬丘陵，以板栗等干果为主。但是管理和科技水平不同而造成单产的差异是非常大的。以板栗为例，立地条件好、管理合理、科技水平高的园地亩产可达到 500kg，而管理和科技条件不好的园地亩产甚至只有几十公斤。木本粮的增产潜力大。不仅可改善农业生态环境，还可促进经济发展、增强出口创汇能力（出口 10 万 t 板栗可换回 70 万 t 小麦）。近年江苏省板栗种植面积稳定在 35 万亩，实际产量在 69～100kg/亩，生产潜力一般在 300～480kg/亩，目前尚有近 10 万 hm^2 的三荒宜林、宜园资源（表 10），生产潜力较大，以宜园三荒资源的 20%种植板栗，亩产 150kg 计，出口可换取 96 万 t 小麦。

表 10　三荒资源宜林宜园面积*　　（单位：万亩）

资源类型	荒山	荒地	荒滩	合计
宜林	32.28	19.34	32.44	84.06
宜园	7.30	13.78	26.00	47.08

*江苏省农业区划委员会. 江苏省农业后备资源调查评价和开发利用研究. 1994。

3.2　水域开发

江苏省在 1986～1996 年间水产品产量增长了 3 倍（表 11）；在充分利用水面的基础上，由自然捕捞转向人工养殖，养殖产量占总产量的比例由 1986 年的 55.7%增加到 1996 年的 62.8%；同时加强海洋捕捞，提高了海产品的比重。

表 11 江苏省历年水产品产量和养殖面积

产量和面积	1986 年	1988 年	1990 年	1992 年	1994 年	1995 年	1996 年
水产品总量/t	804 787	1 028 292	1 182 549	1 346 867	1 805 420	2 194 737	2 457 217
海水产品/t	263 840	289 622	338 540	422 769	525 520	650 868	794 998
海水养殖产量/t	22 250	33 553	31 716	43 366	60 520	83 790	134 047
海水养殖面积/×10^3hm^2	62.89	70.85	66.89	71.56	76.49	87.94	99.04
淡水产品/t	540 947	738 670	844 009	924 098	1 279 900	1 543 869	1 662 219
淡水养殖产品/t	426 272	600 898	679 797	722 077	1 068 500	1 289 233	1 409 809
淡水养殖面积/×10^3hm^2	361.46	365.63	381.23	381.11	449.12	467.29	474.19

江苏省有淡水可养水面 553.53×10^3hm^2，已养面积是 474.19hm^2，低产面积 205.49hm^2，其中水库养殖低产面积最大，其次是河沟养殖和池塘养殖①，低产水面的单产往往只及平均单产的 50%，大部分低产水面具有可改造性。1986～1996 年，淡水养殖单产由 78kg/亩提高到 198kg/亩，在此基础上单产水平再提高 50kg 是完全可能的。若将淡水可养水面全部利用，同时改造中低产水面，使平均单产水平提高 50kg，淡水养殖产量可达到 206 万 t，可替代粮食 222 万 t。

江苏省海岸面积约 3.5 万 km^2[4]，其中沿岸陆地及潮间带滩涂 1 万 km^2 左右，浅海部分约 2 万 km^2，沿海滩涂滩宽坡缓面积大，适于围海造田、养殖、种植等多种利用方式。在现有技术条件下，除已利用的滩涂资源以外，全省沿海滩涂按资源优势配置①，可建设对虾养殖基地 58 万亩，鳗鱼养殖基地 2500 亩，文蛤养殖基地 144 万亩，紫菜养殖加工基地 2.5 万亩，如果沿海滩涂得到充分开发，单产水平达到 120kg/亩，海水养殖产量可达到 4.24 万 t，替代粮食 4.6 万 t，且出口创汇效益远不止于此。

4 结论与对策

从上面的分析可以得出这样的结论：江苏省粮食生产面临严峻的形势，但是粮食生产也存在巨大的潜力。如果能充分挖掘耕地生产潜力，2020 年粮食产量将达 4110 万 t，非耕地粮食替代能力为 320 万 t，江苏省中长期食物保障能力毋庸置疑。然而要切实发挥耕地生产潜力，需要从规划、投入、改造等多方面入手。

4.1 搞好粮食生产布局并切实执行

根据农业生产条件，江苏省有 6 个一级农业区[5]：徐淮农业区、里下河农业区、沿海农业区、沿江农业区、宁镇扬丘陵农业区和太湖农业区。在农业生产中，应该根据不同农业区的特点，做好规划，搞好种植业的生产布局。徐淮农业区光热条件较好，人均占有土地资源较多，但中低产田面积也较大，今后应注意生产条件的改善，建设好商品粮基地和果品生产基地；里下河农业区地势较低，河网交错，低产水面面积较大，应充分开发水域的生产潜力，提高淡水养殖产量；沿海农业区是江苏省人均耕地最多的区域，有大片海涂可供开发，粮食生产发展较快，今后应在保障粮食自给有余的基础上，继续保持海洋渔业基地的地位；沿江农业区是江苏人地关系最紧张的地区，粮棉争地的现象明显，应处理好粮棉生产的关系；宁镇扬丘陵农业区是江苏主要丘陵区和主要林木生产基地，同时也是重要的粮油生产基地，但该地区地形复杂，易受旱涝灾害，应当继续加强水利建设，提高农业抗御旱涝灾害能力；太湖农业区社会经济相对发达，但人多地少的矛盾也较突出，尤其该区乡镇工业的“三废”排放量也急剧增加，水体污染尤为严重，无锡县外塘水面几乎全部污染[6]，治理环境污染、创造良好的农业生态环境成为该区农业发展的当务之急。

4.2 突出重点，开发后备土地资源，加强中低产田的改造

在粮食供给可行性分析中，中低产田改造和高产田建设是提高粮食供给能力的主体，尤其是中低产田的改造，是江苏省是否具备食物保障能力的关键。以往在改造中低产田的工作中，由于重点不突出，水

① 江苏省农业区划委员会. 江苏省农业后备资源调查评价和开发利用研究. 1994。

利工程质量不高，导致改造效果不理想。对中低产田的改造要实行统一规划，集中人力、物力和财力，连片治理。

4.3 增大投入力度

土地是农业增长的限制因素[6]，但只要资本能够有效地替代土地和劳动，农业的增长就不会受到土地数量的绝对制约。提高土地生产率需要大量的资金，以开发沿海滩涂为例，仅筑堤匡围和内部水系配套每亩土地约需投资 1300 多元，亩耕地投资约 2100 多元，亩虾池、鱼池投资则更高，开发江苏省的滩涂就需投资几十亿元①。江苏省农业投入水平滞后于全省经济发展水平，在今后应逐渐增加农业投入，缩小与经济发展水平之间的差距。

4.4 重视农业科技工作，提高农业技术效应

江苏省的资源、人口条件决定了江苏省农业发展的战略是提高单位面积产量，这也是江苏一贯的农业技术传统。仅新中国成立以来主要农作物良种的全面更换更新就先后进行了 4～5 次[6]，不仅提高了产量，而且改进了品质，增强了抗逆能力。江苏省农业技术路线在现阶段和今后应以生物技术、有机技术为导向，将重点放在土地生产率的提高上，这不仅符合江苏省的省情，也符合农业发展的大趋势。

参 考 文 献

[1] 张峰. 走向 21 世纪的江苏. 南京：江苏人民出版社，1995：163-184.
[2] 赵其国，等. 长江三角洲农业与环境问题及其可持续发展对策. 土壤，1996，(6)：285-289.
[3] 傅立. 灰色系统理论及其运用. 北京：科学技术文献出版社，1992：6-7.
[4] 张泉源，等. 江苏城市化问题及对策研究. 北京：中国统计出版社，1994：156-157.
[5] 孙颔，凌启鸿. 江苏农业资源与综合区划. 南京：江苏科学技术出版社，1989：291-292.
[6] 冯海发. 中国农业的效率评估——理论 • 方法 • 实践. 北京：农业出版社，1992：74-77.

① 江苏省农业区划委员会. 江苏省农业后备资源调查评价和开发利用研究. 1994。

民以食为天　食以净为本
——论江苏省农产品清洁生产创新研究

赵其国
中国科学院南京土壤研究所，南京　210008

摘　　要

农产品清洁生产是保证食物安全的关键，是现代生产过程中运用的一种新的、创造性的思维方式。它是指通过对农业生产的全程控制或减少污染，生产出合格的卫生食品，以达到环境健康和人类食品安全的目的。江苏省于 2002 年 1 月启动了全省农业清洁生产技术与管理体系的试验示范研究。这项研究历时两年多，在省政府领导及有关职能部门与科研单位的共同配合下，已取得初步进展，积累了不少可值得借鉴的有关农业清洁生产的技术与管理体系的创新经验。本文是此项研究工作经验的综合总结，仅供有关方面参考。

关键词　农产品清洁生产；生产技术与管理体系；试验示范研究

农业清洁生产与食物安全是人类健康与生命攸关的大事，千万不能忽视。2002 年 1 月江苏省启动了全省农业清洁生产技术与管理体系的试验示范研究。这项研究历时两年多，在省政府领导及有关职能部门与科研单位的共同配合下，已取得初步进展，积累了不少可值得借鉴的有关农业清洁生产的技术与管理体系的创新经验。本文是在本项研究资料汇总基础上，对此项研究工作经验的综合总结，仅供有关方面参考。

1　农产品清洁生产研究的战略意义

农产品清洁生产是保证食物安全的关键，从战略上看，食物安全是国家最基本的安全之一，而农产品清洁生产是食物安全的重要保证。

农产品清洁生产是现代生产过程中运用的一种新的、创造性的思维方式。它是指通过对农业生产的全程控制或减少污染，生产出合格的卫生食品，以达到环境健康和人类食品安全的目的。农业清洁生产是国家急需的农业技术之一，因此，开展我国自主知识产权的农业清洁生产关键技术体系的研究，必将对中国农业的可持续发展产生深远影响。

从我国当前情况看，造成食物质量不安全，即农产品遭受污染的主要因素有 4 个方面：①工业“三废”与农业“非点源”污染，导致对农田、水体和大气污染，使有毒物质在食物（农产品）中聚集；②化学肥料、农药等的不合理或过量使用，使一些有害化学物质在食物中残留；③食物（饲料）加工过程中一些化学色素、化学添加剂等的不适当使用，使食物（饲料）与农产品中的有害物质增加；④在流通储运及营销过程中产生的腐烂、霉变等，使农产品受到污染。

农业环境的恶化不仅增加了农业投入，减少产出，导致农产品污染，威胁人类健康，而且严重影响农产品国际贸易。据农业部的调查显示，全国 24 个省市区选定的重点污染区，蛋类和蔬菜产品受污染的程度最高，超标率分别为 33%和 22%。1999 年 8 月至 2000 年 1 月，美国有关当局因化肥、农残、添加剂等超标而扣留了我国 634 批出口美国的食品。随着国际市场农产品质量标准的进一步提高，我国农产品国际贸易不断遭遇更大的“绿色壁垒”影响。

大量投入的化肥、农药和地膜等农业化学品给生态环境带来严重影响，成为农产品污染的主要来源。我国化肥的生产总量和施用量均占世界第 1 位，化肥已成为影响粮食生产的最主要的因素，在今后相当长的时期内，化肥施用仍是提高我国粮食产量的主要措施之一。然而，我国目前化肥利用率低，氮肥的当季利用率仅为 30%～35%，磷约为 10%～20%，钾约为 35%～50%，低于发达国家 10～15 个百分点。由于化

本文原载《土壤》2005 年第 37 卷第 1 期第 1-7 页。

肥的不合理施用，对作物的品质（特别是蔬菜的品质）带来不良影响。例如，2001 年对北京市 737 个菜地施肥量的最新调查表明，平均每季施氮量为 674kg/hm^2，远远超出作物需求。对 1256 个样本的蔬菜硝酸盐含量测试表明，叶菜和根菜类蔬菜硝酸盐污染十分严重。北京市人均每日从蔬菜中摄入的硝酸盐为 885mg，超出 WHO 规定的成人人均摄入量的 30%，以煮熟食减少 65%计算，人均每日摄入量为 310mg，仍超标 41%。

此外，农药的大量使用，也带来一系列严重问题，据统计，每年我国杀虫剂有效成分的使用量达 30 万 t 左右，其中仅有 15%作用于靶标，30%残留在作物上，其余部分进入了土壤和包括地下水在内的江河湖海等各种水系。目前我国不同程度遭受农药污染的农田面积已达 933.3 万 hm^2，对动植物的品质与进出口贸易产生了极为不良影响。我国虽然于 1983 年禁止了滴滴涕、六六六等有机氯农药的生产和使用，但至今仍可以从各种环境和动植物产品中检出。2001 年“五一”劳动节前夕，江苏省质量监督局对南京市 30 批次茶叶监督检查，结果显示合格率虽比上年上升了 22.8%，但仍有 40%不合格，其中有两批滴滴涕含量超标，其含量高达我国卫生标准的 12 倍。由于食用农药污染的蔬菜导致中毒的报道屡见不鲜。

值得注意的是，随着我国经济、社会的发展，人们对食物品质乃至整个生活质量的需求不断提高，“绿色”已被人们普遍关注，因此，在我国农业由数量和粗放型向质量和效益型转变的关键时刻，大力开发以新型环境友好的化肥、农药以及农膜为主体的农业清洁生产技术体系，是亟待解决的关键问题，这也是我国“十五”农业科技创新的重要方向之一。

2　江苏省开展农产品清洁生产的目标与内容①

江苏省为我国经济大省，以乡镇工业繁荣和农业高度发达著称，但农业和农村环境的污染日益突出，主要是乡镇工业引起的点源污染和化学农药及过量施用氮、磷肥引起的非点源污染，致使水质恶化，土壤生产力破坏，水体富营养化，农产品品质变坏，直接威胁着人类健康及经济社会的可持续发展。

从农业发展的需要看，江苏省农产品质量安全与标准问题，是今后农业可持续发展的主要矛盾；从农业环境治理看，全省水土环境污染及农药、化肥、饲料、激素、有毒有害物质带来的污染，是全省农产品安全的严重障碍，必须加以治理；从广大群众的需要看，不仅要满足群众对农产品的营养化与多样化需求，更重要的是生产出符合卫生安全标准的农产品（食品）；最后，从国际竞争的需要看，在我国进入 WTO 的形势下，必须按国家市场准入强制标准（并追求国际标准和技术规范），生产出清洁的农产品，这是推动我国农业结构调整，提高农业质量与效益，增加农民收入的重大举措。

针对上述各个方面的形势与需求，江苏省“农业清洁生产创新研究”的总体目标，主要是通过农产品清洁生产的试验与示范研究，逐步建立全省农产品农业清洁生产的技术与管理体系。即建立和完善农产品农业清洁生产的五大体系：

（1）农产品质量安全生产技术规范体系——（技术）；

（2）农产品质量安全标准体系——（质量）；

（3）农产品质量安全监督与认证体系——（监测）；

（4）质量安全农产品管理与市场信息体系——（管理）；

（5）农产品质量安全法规与执法体系——（法制）。

在具体开展此项研究中，共分以下 10 个课题开展示范与研究：

（1）农产品清洁生产基地本底调查与信息系统研究；

（2）稻米清洁生产技术体系研究；

（3）夏季叶菜类蔬菜清洁生产技术体系研究；

（4）主要果品与茶叶清洁生产技术体系研究；

（5）畜禽清洁生产技术体系研究；

（6）水产品清洁生产技术体系研究；

（7）生物农药、环境友好肥料、无公害饲料添加剂的研制及应用；

（8）清洁农产品质量标准体系研究；

（9）清洁农产品检测体系研究；

① 江苏省农产品清洁生产创新研究与实施项目技术总结. 2004。

（10）清洁农产品生产经营体制创新政策法规保障体系研究。

3　农产品清洁生产创新研究的主要经验

两年来的具体实践表明，江苏省的农产品农业清洁生产技术与管理体系示范研究，必须在农产品农业清洁生产的质量与标准化基础上，建设“五大体系”，搞好“四个结合”，突出“三个加强”，并不断总结实践经验，坚持不懈，才能取得明显成效。

3.1　建设“五大体系”

3.1.1　农产品质量安全生产技术规程体系

这次共建了 19 项技术规程。其中包括：农产品清洁生产技术规程；无公害优质稻米生产技术规程；无公害夏季小白菜生产规程；无公害茶叶、沙梨与红富士苹果规程；无公害淡水鱼、对虾、固城湖螃蟹、银鱼养殖技术规程等。这些技术规程与规范，是在众多试验基地上进行试验，取得经验后，按技术先进、操作简易、经济可行原则，进行技术集成，逐步完善制订的，因而取得了明显效益。例如：夏季蔬菜与超大集团基地相结合，无公害大米与南京绿建米业、江南春米业相结合，无公害茶叶、苹果与宜兴茶叶、丰县红富士苹果企业相结合，水产与多个水产养殖基地企业相结合，获得了明显的社会与经济效益，为建立规范化的无公害农产品生产提供了技术保证。

3.1.2　制订农产品安全标准体系

农产品安全生产质量的标准体系，是建立农产品规范的基础。在上述 19 项技术规范中，这次共建立与制订了 16 项农产品安全生产的质量标准，其中无公害稻米标准 2 项，无公害小白菜生产质量标准 4 项，无公害水产（鳊鱼、鲫鱼）养殖质量标准 7 项，无公害水产检测方法 2 项，有机磷农药残留检测法 1 项。这些质量标准是根据国家及地方现有的地方标准，通过实地试验与验证取得的，它们均已正式公布并报国家批准。由于有了这些可靠的质量标准为依据，使得不少清洁农产品创建了品牌，并取得明显的社会与经济效益，其质量标准可作为省及地方标准发布和推广实行。

3.1.3　建立清洁农产品检测体系

按照农产品安全质量标准，在调查研究基础上，首先提出了全省农产品安全质量检测体系的建设方案，包括：建立一个覆盖全省，层次清晰、重点突出、完整有效的省、市、县 3 级检测网络体系，并提出对农产品产前、产中、产后的检测分工及全省检测体系机构建设的重点发展与建议，这将有利于集中有效资源，全面解决全省农产品质量的检测问题。此外，在检测方法上，制订了快速检测有机磷农药残留及对水产品中五氯酚钠等快速便捷的检测方法等 8 项。所有这些，将对农产品的安全标准化生产及从严控制农产品的质量安全起重要保证。

3.1.4　建立农产品清洁生产经营体系

将项目内的菜、米、果、茶、肉、水产 6 种农产品清洁生产的经营管理形式作为重点，并对项目外生产经营清洁农产品的超大南京公司、太仓温氏家禽有限公司、江苏雨润食品集团公司和白马镇黑莓专业协会等经营管理形式进行了调研，探索了各类农产品清洁生产的不同经营形式，从经营管理及农民的关系看，在对 14 个经营实体的调研中，总的可以归纳为“产加销”一体化、“企业（公司）+基地（中介）+农民”、“市场（流通企业）+专业合作经济组织+农户”及“公司+专业种植户+农民”4 类经营形式，并对清洁农产品的生产经营，在资本、经营管理水平、规模、市场等不同情况下，应分别采用的适应的经营模式作了推荐。

此外，在研究的基础上，提出努力培育清洁农产品生产经营主体；加快农产品市场质量安全立法；强化清洁农产品市场、销售的监管；推行农产品市场质量准入制；加大产品市场营销工作力度以及加大农药标准体系、质量监管体系建设投入等六项对策建议。

3.1.5　建立农业清洁生产政策法规保障体系

通过对我省农业清洁生产地方性法规和地方政府规章、部门规范性文件、生产标准进行分析，并在实地调查与分析基础上，提出了推进我省农业清洁生产发展的政策法规建议，包括修改涉及法规和规章；制订农业清洁生产条例；加强农业扶持和保护的立法；强化执法监管，健全执法体系；制定合理的清洁农业产业政策，明确重点扶持方向；强化政府对农业清洁生产的直接支持；建设完整的清洁农产品市场载体；建立完善清洁农业预警系统等。这些政策法规的建立，将使得农产品清洁生产的全过程纳入有法可行的法制管理轨道。

总之，上述五大体系的建设，是农产品清洁生产的综合保证，这五大体系之间是相互关联，不可分割的，必须在整个生产过程中全面实施，才能达到农产品全过程的质量安全，并取得明显的生态、社会与经济效益，促进农业的可持续发展。

3.2　搞好“四个结合”

3.2.1　生产技术配套与示范基地相结合

这次在全省总共选定了 20 个农业清洁生产的试验示范基地，其中通过生产技术配套研究，最后创建了通过省级无公害基地认证的生产基地共 14 个。这些试验示范基地均有清洁生产的系统配套技术，并在基地上得到效益显示。例如，在无公害稻米研究中，确定了南京江宁区土桥镇和金湖县前锋镇为基地，面积 1333.3hm^2，通过选择既适宜于机械化收割，提高产量，减少防病农药，使用生物降解菌与控制稻米生产过程等配套技术，并采取区域连片种植，实施投入品统购统供，组建了南京绿健米业，所生产的稻米均通过了省级无公害农产品认定，其中“土桥”牌大米还通过了绿色食品认定，较好地带动了当地稻米无公害生产并增加了农民的收入。又如：在夏季小白菜项目中，选择了南京禄口、常熟及滨海 3 个示范基地共 66.7hm^2，通过高棚边网，高垄顶灌，一次施肥等叶菜清洁生产配套技术，生产出无公害产品，并与超大集团六合蔬菜基地结合，开发出江苏明天菜业名优品牌，为建立无公害叶菜产品流通提供了技术保证。此外，在畜禽产品项目中，通过养殖屠宰、加工、运输全过程质量控制配套技术的建立，在南京天环盘城无公害生猪养殖基地，生产出的产品已进入南京市超市营销。其他在水产养殖及果、茶、基地的建设中，由于与清洁生产的配套技术相结合，均获得名优品牌的无公害产品，显示出明显的社会与经济效益。

3.2.2　品牌产品与市场开拓相结合

清洁生产的目的，在于生产出高品质无公害的农产品，创建产品名牌，通过市场开拓，产生显著效益。在这次米、茶、果、菜的项目中，通过技术配套，基地试验，培育出不少新品牌产品。如：“土桥”牌大米、“苏牌”大米、“鑫品”茶叶、“苏园”水果、“方欣”蔬菜等，它们均通过相应的企业，进入市场，并不断发展开拓。如：“苏牌”大米，通过与江南春米业相结合，进入市场。“土桥”牌大米，通过与南京金陵优质米公司相结合，进入超市。又如：“天环”牌猪肉、“康宝”牌鸡蛋，与天环集团企业相结合；“徐海”牌对虾、“金荡”鲫鱼、“固淳”牌螃蟹与天环有机食品公司等企业相结合，直接进入市场不断开拓。在各个项目研究中，这次共建立了 12 个经营实体，这些实体，在经营实体内部，展示了从基地认证，技术体系建立，标准及规程制定的优势；通过这些实体将无公害品牌农产品与市场企业相结合，得到开拓与发展。由此可见，高质量无公害的农产品，一旦形成并创建了品牌，就能与市场相结合，产生明显效益，并对其他产品起带动作用。

3.2.3　科技创新与清洁生产相结合

“农产品清洁生产基地本底调查与信息系统研究”项目，通过单项污染指数法，Nemerow 综合指数法等评价标准及等级划分，摸清了我省苏南、苏中、苏北耕地环境质量基本状况；通过农田耕地环境质量状况长期以来种植制度、投入品使用、工矿企业发达程度及土壤母质等的变化规律研究，基本摸清了苏南太仓、苏中海安、高邮地区土壤环境污染状况及影响因素；通过对4个县耕地环境质量的检测与评价，划分了耕地质量等级，提出了有效的耕地利用对策；初步掌握了典型实施区土壤肥力演变规律，探讨了农产品质量与土壤本底环境的关系；通过县域耕地质量信息管理系统的研究，建立了海安、高邮、太仓地区耕地质量信息管理系统，制作了相关图件并建立了太仓地区蔬菜地和水稻田土壤环境质量信息系统。所有这些成果均在方法与技术上有所创新，并对全省今后全面开展农产品清洁生产基地本底调查有指导意义。

此外，在“生物农药，环境友好肥料，无公害饲料添加剂及应用”项目中，通过微生物发酵中试，枯草芽孢杆菌产业化生产及纯化复壮和理化诱变B-916菌株等技术，最后研制出“纹曲宁”——生物农药；通过发酵工艺，添加发酵菌剂等试验，最后生产出叶菜有机无机专用肥；通过复合制剂的制备工艺，混剂的抗虫试验，及有效成分分析，最后制备出无公害饲料添加剂——苦参碱复方制剂。所有这些项目的研究过程均表明，在农业清洁生产中，必须与科技创新相结合，才能生产出高质量的清洁农业产品。

3.2.4 基地建设与全程清洁生产相结合

农业清洁生产的基地建设，是生产清洁农产品的重要保证，没有优良环境质量的基地，即包括优质的水、土、肥等环境质量的基地，绝不可能生产出无公害的农产品。但实践证明，基地产出的农产品，还要经过生产的粗加工，包装、转运、企业精加工，市场经营进入“餐桌”；所有的这些环节，必须层层进行质量监控，严加管理，才能保证农产品是真正无公害的。因此，农产品的清洁生产，必须从基地到餐桌进行全程清洁控制，才能取得实效。应该说，在这次全省的示范研究中，除稻米、蔬菜、果茶、畜禽、水产的基地，按环境本底规范进行控制外，还通过市场与企业加工运输技术规范，对农产品全程清洁生产加以调控。例如在无公害猪肉全程质量控制生产技术规程和无公害鸡蛋全程生产技术规程中，均对上述各个生产环节的全过程进行了质量控制。因而形成了“天环”牌、“康宝”牌两个无公害畜禽产品进入了超市专卖市场，实现了产品优质优价的良好社会与经济效益。

3.3 突出“三个加强”

3.3.1 加强组织领导与协调

此项任务在省政府领导下，由省科协负责组织，参加工作的单位有农林厅、农科院、海洋与渔业局、省质量技术监督局、中科院南京土壤所及省财政厅等。整个工作由上述部门组织领导小组统一推动。领导小组除按申请项目与各方签订合同，并按合同督促项目开展外，主要围绕五大体系建立检测规程的论证，经营模式和政策法规的完善以及清洁市场的全程控制等方面进行检查推动。在任务完成期间，还组织了多次实地现场检查与指导，如：2002年对南京浦口生猪养殖、高邮本底调查、兴化淡水鱼养殖和高淳河蟹养殖等4个课题；2003年对盘城养鸡场、仪征梨园、江宁叶菜基地和太仓本底基地等进行了现场指导。此外，还对仪征馋神集团、六合超大集团、南京雨润集团、海门京海肉鸡集团、如东东海食品公司、常熟董滨蔬菜基地进行了经营管理的调查研究，并组织项目赴上海开展安全卫生优质农产品考察，吸取外地的经验加以借鉴。所有这些工作，均对整个农产品清洁生产研究工作，起到明显的促进作用，保证了各个项目的顺利推进，为今后在全省全面开展此项工作打下了良好基础。

3.3.2 加强农业标准化的建立

农业标准化是实现清洁生产的核心与保证，在这次研究项目中，投入了较大的人力与物力，形成了一批在生产上急需的农产品标准及生产技术规程。首先抓好标准制定，使不少项目在试验的基础上，提出了科学与可操作的质量标准；其次通过对产品的标准检测并与国内外已有标准对照，得出各种标准的实用与可靠性，然后报送国家质检总局备案。这次按项目任务，共确定了19项无公害标准，包括小白菜、稻米、鳊鱼、辣椒、白芹等。虽然这些标准还缺少科学规划，产业链标准还残缺不全，但对我省农产品清洁生产进程起到明显推动作用。值得提出的是，在整个任务所提出的“农产品清洁生产质量本底技术规程”“无公害农产品清洁生产标准体系的建设方案”“农产品清洁生产有关检测问题的建议”以及“清洁农产品生产建议体制创新研究”等方案，均是制定农业标准化研究基础，只有这几个方面标准化的统一，才能保证全省农业标准化的全面建设。

3.3.3 加强建立无公害经营体系

加强与建立无公害农产品经营相适应的管理模式与机制，是推进农产品清洁生产的主要保证。农产品质量和市场占有率是决定农产品市场竞争力的主要因素，因此，将千家万户的生产者组织起来，走产业化经营之路，创建利益风险共担的经营模式，是实现增收致富的重要途径。为积极探索这种经营模式，经过多方调查研究，得出 3 类与经营管理及农民利益相关的模式：①“产加销”一体化形式。如明天菜业公司、苏园白梨及鑫品茶叶公司等；特点是企业有经营自由权，有较强科技优势，获利能力强，但风险极大且不具规模效益。②“企业（公司）＋基地（中介）＋农民”类型形式。如：土桥大米、明天菜业等；特点是有中介组织，能实现企业经营目标，但经营成本大，超出行政区范围难以控制，目前难以全面推广。③“公司＋菜业种植户＋农户”形式。特点是在科技示范区内控制较好，但在示范区外，质量管理难以控制，因而推广局限性大。为此在经营方式的选择上，应按不同情况分别对待。如：在投入高，产品适于规模化生产的，可采用“企业＋市场”的模式；投入低，产品不宜规模化生产的，应采用“农户＋专业合作社＋企业＋市场”的模式；不需加工的清洁农产品，最好采用“农户＋专业合作社＋市场”模式等。总之，经营管理体制的加强建立，必将推动难以清洁市场的不断发展，这是实践得出的重要经验。

4 对农产品清洁生产创新研究的建议及展望

4.1 建议全面开展全省耕地质量本底调查与评价，并建立全省土壤质量监测网络

耕地质量是农业清洁生产的基础，全省共有 500 万 hm^2 耕地，目前已建立 211.7 万 hm^2 无公害农产品基地，“十五”期间规划无公害面积为 200 万 hm^2，但实际并未全部落实。据此次典型地区耕地本底调查，在苏南地区几乎有 1/4～1/3 耕地受过量施用的氮肥、磷肥、重金属及有机残留化合物的严重污染，几种蔬菜中的 Cd、Cr、Pb 超标率为 20%、60%和 60%。此外，试验区中春季蔬菜中的甲胺磷、甲拌磷等农药含量也超标，特别是我省大部分地区的耕地质量状况不明，种植的农产品缺乏质量监察，对社会及人体健康将产生严重影响。

鉴此情况，建议省政府组织与协调有关部门，加强资源与技术整合，制定整体规划，全面开展耕地土壤的环境质量调查，摸清全省 500 万 hm^2 耕地的质量状况，并建立长期的动态监测体系，确保全省农产品的清洁生产。

4.2 加强对土壤中环境激素类物质及农产品标准体系的研究，尽快与国际接轨

目前欧美西方国家对土壤和农作物中的污染状况均进行过普查，并且对多氯联苯、多环芳烃、二噁英等对人体健康威胁最大的有机污染物（内分泌干扰物或环境激素）也制定了有关的质量控制标准（达 10 万多个），我国颁布的无公害农产品有关标准中仅规定了农药残留、重金属和硝酸盐含量控制标准，尚未考虑多氯联苯、多环芳烃、二噁英等的控制。在土壤环境质量标准中，有机污染物也只考虑了六六六和滴滴涕。因此，要加强土壤中持久性毒害污染物，如内分泌干扰物或环境激素类物质的监测和研究，制定和修订有关环境和农产品质量标准，并尽快与国际接轨。此外，现行的土壤环境质量标准中，重金属，六六六和滴滴涕是以土壤中的总量为标准，而不同的土壤和环境条件下，这些污染物的生物有效性差异较大，即使同一土壤，不同的作物其污染物生物有效性也不相同。因此，要科学地评价土壤的环境质量，必须与农产品质量安全联系起来，建立一套基于污染物生物有效性的环境质量标准体系和相应的风险评价方法。此外，在我省今后无公害标准制定和实施方面，必须进一步围绕全省农业主导产业的发展，针对产品生产与加工各个环节，制定完整的清洁生产标准体系，建立农产品全过程质量控制的标准体系。总之，农业标准体系的建立是一项复杂而综合的试验研究与推广项目，应加强领导、全面规划、增加投入、依法监督、

按质完成、面向市场、国际接轨，只有这样才能保证我省无公害农产品的实施。

4.3　建立与无公害农产品生产经营相适应的经营体制

无公害农产品的经营管理体制，离不开农民的组织化与农业产业化经营，从我省具体情况看，首先，应大力支持兴办“三资”农业企业，实现以高品质产品获得高额的经济利益；其次，扶持一批从事农产品清洁生产的龙头企业，在全省培育一批农业清洁产品品牌和名牌，起引导和示范作用。此外，应重点发展农民合作的集体组织，大力发展农民专业合作社，使农民得到最大的自身利益，这些体制中，以“公司＋专业合作经济组织＋农民”的经营形式最为有利，应当加强探索并成为全省清洁生产的专业农民组织化的主要形式。最后，在经营管理体制建设中，需逐步建立清洁农产品的质量安全控制体系，其中包括强化源头管理，加强全程监督，并通过信息可追溯到制度的建立，实现清洁生产的全过程质量控制。

4.4　加快农产品质量安全立法，建立和完善农业标准体系

实行农产品清洁生产，全面推进农产品质量建设，需要加强农产品质量安全立法，在国家制定的《农产品质量安全法》及相关配套法规条件下，我省需尽快制定关于在粮食、蔬菜、水果、禽畜、水产生产中，禁止使用高残留农药、农业投入品管理、农（作物）鱼病虫害防治管理、水产品农业残留控制和监测、饲料和饲料添加剂管理及清洁生产环境监督等地方性法规或规章。建议今后几年内，政府主管部门应会同相关专家、生产部门，加速组织包括地方标准和企业标准在内的农业标准体系，落实项目资金和制定标准的单位。在标准的制订过程中，要考虑其是否能适应农业生产技术发展的需要，也要参照国际标准化组织（ISO）及有关国家、区域组织已有的农业标准，把标准建立范围拓展到包括生产环境、农业生产资料、种苗、生产技术规程、加工工艺、产品质量、包装、外观设计、储运、运输、销售、品质等级、食品添加剂和最大农兽渔药残留物允许含量等环节在内的农业标准体系。

4.5　加大对农业科技的投入，提高农产品清洁生产技术水平

为了推进这一工作，必须加大资金投入。首先，应加大农业标准体系建设的投入。加速制定包括地方标准和企业标准在内的农业（农产品）标准体系，使每个农产品的生产或加工都有相应的可执行标准。其次，应加大农产品质量检测体系和质量监督体系建设投入。至少各大城市，应建立一个独立的区域性农产品质量检测中心。同时应加强市场终端农产品快速检测方法的研制，以适应现场快速检测工作的需要。最后，应加大农业科技投入。包括加大农业研发经费投入，集中研发一系列的农产品生产、加工质量安全控制技术。此外，还需加大农业推广经费的投入，保证全社会农产品清洁生产技术达到一个全新的水平，促进清洁农产品产业的发展。

4.6　健全农业清洁生产的政策法规，积极推进无公害农产品的生产，逐步实现长效管理与推进制度化

政策法规的建立是保证农业清洁生产的根本。应加强对全社会对农业清洁生产的教育和宣传，编制我省农业清洁生产的立法条例与强化监管的执法条例，制定合理的清洁农业产业政策，强化政府对农业清洁生产的直接支持，建立完善的清洁农业预警体系。此外，应将推进无公害农产品生产作为解决“三农”问题的一个重要措施与有效手段，它不仅需要政府的推动、涉及部门以及农民的直接参与，还需要更多的来自社会力量的支持与帮助。因此，在推动全省农产品清洁生产中，应更多地调动全社会的资源参与农产品无公害生产，并发挥他们的积极性，特别是在农产品质量检验与检测体系建设中，充分发挥我省教育、科研单位众多，仪器装备精良的优势，减少不必要的重复建设与资源的浪费。同时，逐步改变由政府包办的产地认定、质量检验与检测以及产品认证等有关无公害农产品生产的工作，逐步建立无公害地产品认定、质量检验与检测以及技术咨询服务等中介性质的相互依存的长效管理体制，并加以制度化，使我省的无公害农产品生产能够长效持久。

总之，农业清洁生产是涉及农产品安全与人体健康的一项复杂的系统工程。此项任务，在省政府领导与有关部门的共同努力下，虽然取得了不少成果与进展，但由于时间及有关条件的限制，不少研究项目，诸如，全省耕地质量的本底调研；粮、菜、茶、果、畜禽、水产试区的扩展与质量标准的跟踪监测；农产品安全质量指针体系与方法建立及国际接轨；农产品生产管理模式、运行机制与市场调节；农产品清洁生产的政策法规的健全等五大体系的研究方面，均处于研究的起步阶段，仅在全省典型地区起到试验与示范的初步推动作用。为此，希望今后省政府与有关部门，在现有的工作基础上，针对上述提出的六项建议，加强统一组织，进一步在全省范围内，推动此项农业清洁生产的示范与研究工作，以取得更加显著成果，为全省农业清洁生产与农业可持续发展作出新的贡献。

参 考 文 献

[1] 董元华，张桃林. 基于农产品质量安全的土壤资源管理与可持续利用. 土壤，2003，35（3）：182-186.

Agricultural Cleaner Production in Jiangsu

Zhao Qiguo
Institute of Soil Science，Chinese Academy of Sciences，Nanjing　210008，China

Abstract

Agricultural cleaner production is the key to food safety and a novel creative way of thinking in modern agricultural production. It refers to end-to-end control and waste minimization of agricultural production and production of qualified wholesome food，which is oriented toward materializing the target of environment health and food safety for the mankind. In January 2002，Jiangsu launched an experiment and demonstration project on agricultural cleaner production technical and management system. The project lasted over two years and achieved some results and accumulated some valuable experience in agricultural cleaner production that worth referencing. This paper is trying to summarize comprehensively experience of the project for related parties to use as reference.

Key words　Agricultural cleaner production；Production technology and management system；Experiment and demonstration research

江苏省农业清洁生产技术与管理体系的研究与试验示范

赵其国　周建民　董元华

中国科学院南京土壤研究所，南京　210008

摘　　要

文章叙述了农业清洁生产的重要性，强调这是关系到人类生存和发展的重大问题。对江苏省开展农业清洁生产技术与管理体系的研究提出了建议。

关键词　农业；清洁生产；管理体系；试验

1　战略意义及面临的问题

1.1　农业发展的需要

农产品质量安全与标准问题是今后农业发展的主要矛盾。发展优质技术是农业发展的核心。到 21 世纪中叶，中国人口将达 16 亿，即使维持现有的人均粮食消费量，单位面积的产量也必须增长 30%以上，且蔬菜、肉类及水产食品的消费量也要不断增加，伴随着这种农业的高强度生产，大量农用化学品，如化肥、农药和地膜的大量投入将不可避免。同时，我国正处在工业和城市化的快速发展时期，城市的工业与生活污染也在不断向农业发展。所有这些，均直接影响到农产品的质量，而且使生态环境日益恶化。因此，在农业高强度发展中，不断维持农产品质量和生态环境健康，是摆在各级政府和科学家面前亟待解决的重要问题。

1.2　农业环境治理的需要

水土环境污染及农药、化肥、饲料、激素、有毒有害物质带来的污染是农产品安全问题的严重障碍，必须加强治理。化肥的不合理施用对作物的品质（特别是蔬菜的品质）带来不良影响。北京、上海、江苏、河北、山东部分地区的调查显示，目前蔬菜特别是大棚种植的菠菜、芹菜、黄瓜等硝酸盐超标严重。例如对北京市 737 个菜地施肥量的最新调查表明，平均每季施氮量为 674kg/hm^2，远远超出作物需求，对 1256 个样本的蔬菜硝酸盐含量测试表明，叶菜和根菜类蔬菜硝酸盐污染十分严重。北京市人均每日从蔬菜中摄入的硝酸盐为 885mg，超出 WHO 规定的成人人均摄入量的 302%，以煮熟食减少 65%计算，人均每日摄入量为 310mg，仍超标 41%。化肥大量施用和损失还对土壤、大气和水环境造成破坏，生物多样性急剧减少，全球气候变暖，湖泊河流富营养化加剧，地下水硝酸盐含量增加。如果我们现在不采取切实有效的措施，我们所面临的化肥利用率低下及施肥造成的环境污染等问题就会愈加严重，这将直接威胁到中国 21 世纪 16 亿人口的食物安全和生存环境。

据统计，每年我国杀虫剂有效成分的使用量达 30 万 t 左右，其中仅有 1%作用于靶标，30%残留在植物上，其余部分则进入了土壤和包括地下水在内的江河湖海等各种水系。

目前我国不同程度遭受农药污染的农田面积已达 1600 万 hm^2，对动植物的品质与进出口贸易产生了极为不良的影响。我国虽然于 1983 年禁止了滴滴涕、六六六等有机氯农药的生产和使用，但至今仍可从各种环境和动植物产品中检出。1996 年我国曾向德国出口一船兔子，但德国海关从兔子身上检出了六六六，导致全部退回。2001 年“五一”劳动节前夕，江苏省质量监督局对南京市 30 批次茶叶监督检验结果显示有 2 批次滴滴涕含量超标，其含量高达我国卫生标准的 12 倍。农业部农残抽检结果还表明，部分省会城市农贸市场上的蔬菜、水果中不同程度地存在着农药超标，并有违禁农药检出，部分地区农药超标非常严重。由于食用农药污染的蔬菜而导致中毒的报道屡见不鲜。河北省一项历时 3 年的调查表明，蔬菜中农残种类和数量还在逐年增多。许多高毒持久残留农药属于全球极度关注的环境激素物质，这类污染物随食物链进入人体，不

本文原载《土壤》2001 年第 33 卷第 6 期第 281-285 页。

仅增加癌症的发生率，还将严重影响人体内分泌功能和生殖能力。因此，目前我国农产品污染的发展趋势如果不加控制，不仅严重影响城乡居民的身体健康，从长远来看也将关系着中华民族的生死存亡。

我国地膜、棚膜年用量和覆盖面均列世界首位。然而，地膜多年使用后，土壤中残膜累积，造成耕作困难、破坏土壤结构，可使作物减产 15%～30%。新疆的一项调查显示，仅地膜污染造成的直接经济损失就达 1500 万元人民币，环境监测部门提供的检测数据显示，该区废旧地膜残留量平均为每公顷 37.8kg，最高可达 270kg。这些土壤中残留的农膜在 50 年内不会分解，将严重影响农作物的品质和产量。此外，研究表明，290～380nm 的紫外光极易引起作物病害，如番茄和黄瓜的灰霉病，甜椒的白疫病和斑萎病，番茄的轮纹病等。传统的温室或大棚不能有效地阻隔或转换这部分的紫外光，致使为预防病害发生不得不施用更多农药，从而造成温室或大棚中的农药污染。

工业对农业环境的污染早已引起了人们的注意，经过不断努力，其恶化势头已得到相对控制，但农业自身污染，特别是过度施用化肥、农药、农膜等造成的土壤污染却常常被人忽视。农业面源污染发生范围广，持续时间长，又未能有效治理，已成为农业生产乃至社会经济可持续发展的严重障碍。

1.3　农业增效农民增收的需要

当今人民群众对农产品的要求不仅是满足于营养化与多样化，更重要的是农产品（食品）的卫生安全，只有开展农业清洁生产，提高农产品质量的安全标准，才能保证农业增效，农民增收。随着我国经济的发展，人们对食物品质乃至整个生活和环境质量的需求不断提高，“绿色”与无公害食品已成为人们追求的重要目标。

清洁生产是现代生产过程中的一种新的生产方式。它意味着通过对生产过程、产品服务及环境战略的调控，以增加生态效率并降低人类和环境的风险。农业清洁生产是指从“农田到餐桌”对农业生产全过程的控制，避免或减少污染，同时生产出卫生合格的食品，以达到环境健康和食品安全的目的。

江苏省是我国的经济大省，由于乡镇工业繁荣和农业高度发达，致使农业和农村环境的污染日益突出，主要表现为化肥与农药过量施用所引起的面源污染，使水质恶化，水源富营养化，农产品品质变差。据最新调查，太湖水中检出有机污染物 273 种，比 1985 年（73 种）增加了 200 种，其中优先控制污染物 6 类 43 种，环境优先控制污染物 6 类 24 种；沉积物中检出有机污染物 188 种，与 1985 年相比，2000 年如苯并噻唑浓度比 1985 年提高近 100 倍，来源于工业生产的苯二甲酸酯类浓度增加 2.1～49.6 倍。这与制药工业发展相关。南京市蔬菜中的硝酸盐含量不少均已超标，有的市场销售的鸡蛋，其中有机污染物含量已超标 10 倍以上。所有这些均直接威胁着人类健康及社会的持续发展。由此可见，率先在我省开展农业清洁生产关键技术体系与管理体系的研究，并进行相关技术的集成与试验示范具有重要的战略意义，必将对我省乃至全国农业的可持续发展产生深远影响。

1.4　国际竞争的需要

我国进入 WTO 后，必须按国家市场准入无公害强制标准（并追踪国际标准和技术规范）生产清洁农产品。这不仅是提高农产品国内外市场竞争力的有效措施，同时也是推动农业结构调整，保护消费者利益与增加农民收入的重大举措。

1.5　面临问题

当前主要面临以下 5 个方面问题：无完整的农业清洁生产技术规范；无严格的清洁农产品质量标准（质量标准化）；无完善的农产品安全性能的检测与监管体系；无完整的农业清洁生产的经营体制和无严谨的农业清洁生产的法规与法制。

2　研 究 目 标

引进、吸收、组装农业清洁生产的关键技术体系，探索建立农业清洁生产的管理体制与农产品服务体系，并采用企业的运作方式在示范基地上进行农业清洁生产技术体系与管理体系的综合集成与试验示范，为我省农业结构的调整和战略转变提供关键技术支持。具体包括以下 3 个方面：

（1）制（修）订江苏省主要农产品国家市场无公害农产品品质强制标准与无公害农产品检测标准。并不断追踪国际标准和技术规范（主要由省质量监测局主持）。

（2）针对农产品品质与监测标准，通过示范基地试验，提出环境（本底）、农（粮、油、菜）、畜（肉、鸡，蛋）、水（淡水鱼）等主要农产品及其加工技术规程，并进行相应的技术规程集成。如水土、肥料、农药、地膜、饲料、添加剂及有毒有害物质的治理与无公害技术（主要由省农科院、研究所及院校主持）。

（3）在上述示范基地生产清洁农产品的基础上，探索公司（企业）、农户、市场等管理模式，并通过法规法制体系的调整，不断扩大开发规模，正式从农田走向市场直到餐桌消费（主要由省职能局有关企业部门主持）。

农业清洁生产技术与管理结构可以用框图来表示（图 1）。

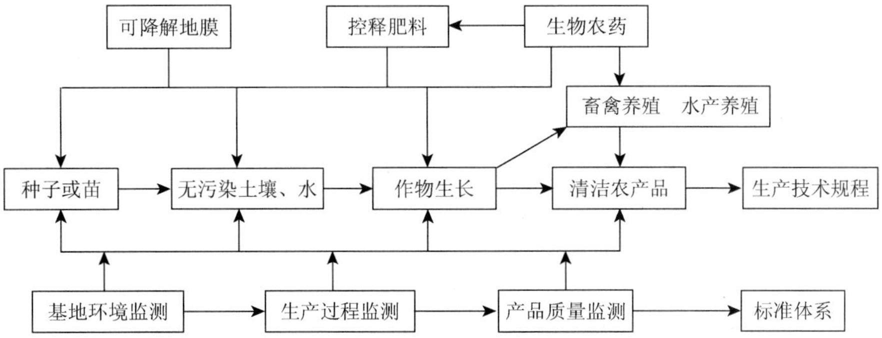

图 1　农业清洁生产技术与管理结构框图

3　主要研究内容和技术关键

3.1　农业清洁生产关键技术体系的引进与研发

主要突出肥料、农药与农膜 3 项关键技术。

1. 控释肥料

筛选或改性具有控释功能的天然高分子，合成具控释功能的人工高分子，研究和发展微囊技术，在配方设计的基础上采用物理的、化学的或物理化学的手段，运用一定的工艺研制和开发控释肥料，包括载体肥料、包膜肥料等；建立控释肥料评价体系与控释模型或理论，应用于控释肥料的研制、生产和施用；研究控释肥料生产的工艺流程，编制与控释肥料生产相关的技术性文件。其技术关键为：控释材料的筛选和配伍；微囊包膜技术的研究；载体材料的养分承载量的提高及其工艺。

2. 生物农药和植物生长调节剂

根据蔬菜生产的需求，研制小菜蛾等重要害虫的行为调节剂，并将其应用于诱捕、迷向等基本防治原理的农药新剂型开发；利用我国杀虫植物资源如除虫菊、辣蓼等，筛选出对刺吸式口器害虫有毒杀和抑制作用的天然活性产物，并研究其大批量提取、纯化和精制的工艺；高效复合微生物农药的研制与开发。其技术关键为：生物制剂有效活性成分的确定和组配；新的高效活性微生物菌株和毒株的选择；简便、实用的生物制品质量标准和检测体系。

3. 农膜

对天然高分子进行改性和增容处理，制备生物可降解膜；研发新型光生态棚膜，使照射到作物的光与作物需光相吻合，提高光合作用，减少病虫害，提高作物品质；研究反应性内加法与喷涂法、涂层法相结合的工艺，使生态棚膜材料的无滴、防雾性与膜寿命同步。其技术关键为：生物降解地膜中的天然高分子改进和生物降解高分子合成路线的优化；光生态棚膜中转光剂的合成、抑制病虫害的有效波长和转光剂的选择。

3.2 农业清洁生产管理体系的研究与标准化

1. 农业清洁生产标准体系的建立

在江苏省无公害农产品（食品）地方标准的基础上，研究国际农业清洁生产标准体系，并结合我省实际，建立与国际接轨的农业清洁生产标准体系与生产技术规程。

2. 农业清洁生产管理体制的研究

比较研究国内外农业生产的现代管理体系，探索建立我省农业清洁生产的管理新体制，有效组织农业清洁生产的龙头企业。

3. 农业清洁生产农产品服务体系研究

比较研究国际农产品服务体系，探索建立我省农业清洁生产的农产品服务体系。

3.3 城郊农业清洁生产环境背景的调查与评价

1. 蔬菜生产基地环境背景调查与评价

主要调查土壤与蔬菜产品中重金属、有机污染物、硝酸盐等，并进行土壤环境质量的评价与蔬菜清洁生产基地发展规划。

2. 水产养殖基地环境背景的调查与评价

主要调查水产养殖基地水体、底泥、牧草、水产品中重金属和有机污染物，并进行环境质量的评价与水产养殖基地发展规划。

3. 畜禽养殖基地环境背景的调查与评价

主要调查畜禽养殖基地土壤、水源、牧草、畜禽产品中重金属和有机污染物，并进行环境质量的评价与畜禽养殖基地发展规划。

3.4 农业清洁生产技术与管理的综合集成与试验示范

1. 蔬菜农业清洁生产关键技术与管理体系的集成与试验示范

选择 2～3 个蔬菜生产基地，采用与示范基地和企业结合的方式，形成技术源头—示范基地综合集成—企业技术载体与开拓市场的优势互补的产业化开发链，加速产业化进程。

2. 水产农业清洁生产关键技术与管理体系的集成与试验示范

选择 1～2 个水产养殖基地，采用企业运作模式，加速产业化进程。

3. 畜禽农业清洁生产关键技术与管理体系的集成与试验示范

选择 2～3 个畜禽养殖基地，采用企业运作模式，并进行全程质量监测控。

4 研究及开发工作的部署内容和技术路线

4.1 研究及开发工作的部署内容

（1）突出重点。以农、畜、水为主。

（2）选择基地。按农、畜、水，在南京市、苏北、苏南等地选 3～5 个基地。

（3）抓好科技。突出以栽培体系（种、肥、药、膜），环境体系（土、水、肥），质量监测体系为主的科技体系。

（4）侧重管理。按组织与服务环节，建立标准体系、监控体系、法规体系，加强管理。

（5）建立监测。通过职能部门，市场与社会对全程质量进行监控。

（6）通过企业。以企业及公司为主体，通过科技—职能—企业—农民相联合，进行收购与销售。

（7）进入市场。在上述过程的基础上，直接进入市场（或超市）经营。

（8）树立示范。全省可建立 3～5 个典型的示范基地，按上述步骤进行，并不断总结经验，向全省与全国推广。

4.2 技术路线

农业清洁生产关键技术采取引进或自主研发，成熟的项目可与企业合作，进行产业化。农业清洁生产管理体系的研究与建立采取借鉴国内外成熟经验，结合我省实际情况，建立以下 5 大体系（图 2）。

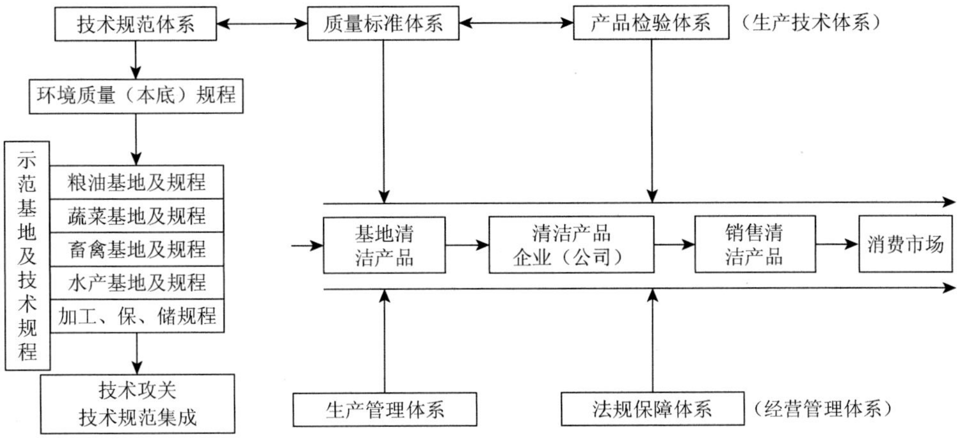

图 2 清洁农产品生产技术与经营流程图

（1）农产品质量安全生产技术规范体系——（技术）；

（2）农产品质量安全标准体系——（质量）；

（3）农产品质量安全监管监测与认证体系——（监测）；

（4）质量安全农产品管理与市场信息体系——（管理）；

（5）农产品质量安全法规与执法体系——（法制）。

此外，农业清洁生产环境背景调查与评价以南京城郊为对象，采用 3S 技术，进行网格控制采样，并采用国际分析标准进行室内化验分析与环境质量评价，建立南京城郊农业清洁生产环境背景数据库与规划决策支持系统，为南京农业清洁生产规划布局提供科学依据，为全省提供样板与规范。

建设江西优质粮仓　确保国家粮食安全

赵其国

中国科学院南京土壤研究所，南京　210008

摘　　要

江西省是我国 13 个国家粮食生产基地之一，是保证 50 年不断为国家提供商品粮的重要省份。为进一步发挥江西省粮食生产潜力，向国家提供更多的商品粮，本文根据多年的研究结果，针对江西省粮食生产的战略地位，建设优质粮仓的资源潜力与关键问题，提出建设优质粮仓的有关建议，供有关方面参考。

关键词　粮食生产；资源潜力；优质粮仓

新中国成立以来，江西省一直是国家重要的商品粮生产基地，为国家粮食生产作出了巨大贡献。随着国民经济的快速发展，城镇化的推进，土地复种指数的增加，季节性干旱的频发，江西省耕地数量逐渐减少和质量明显退化，粮食产量近 5 年出现下降趋势。同时，国家随着人口的增长，对粮食数量和质量的需求却逐年提高。鉴于此，加紧江西省优质商品粮基地建设，确保国家粮食安全势在必行。

1　江西粮食生产的战略地位

新中国成立初期，我国南方①耕地面积有 4016.5 万 hm^2，1957 年达到 4576.7 万 hm^2。但是从 50 年代末开始逐年减少，到 1993 年仅有 3731.3 万 hm^2，低于新中国成立初期。随着耕地面积的逐年减少，我国南方水稻面积也呈现明显下降趋势。

江西省是我国 13 个国家粮食生产基地之一，是保证 50 年不断为国家提供商品粮的重要省份之一。新中国成立以来，江西省向国家提供的商品粮逐年增加，1953 年为 4.15 亿 kg，到 2002 年已达 30 亿 kg。因此，保证江西粮食高产、稳产对确保国家粮食安全意义重大。

江西省水稻面积位居全国第二；水田面积占耕地面积的比重居全国之首。历年水稻面积占粮食面积的 85%～90%，水稻产量占粮食产量的 93%～96%，粮食生产主要依靠种植水稻。所以，建好江西优质粮仓主要是保证水稻高产、稳产和生产优质绿色大米。

江西省低丘红壤旱地后备资源丰富，宜农、宜林的多宜性红壤荒地近 66.7 万 hm^2，可开发利用种粮、栽果、造林。如开发 13.3 万 hm^2 宜农荒地约可新增粮食 5 亿 kg。

2　建设优质粮仓的资源潜力

2.1　生物气候资源潜力

衡量一个地区农业增产前景的常用指标之一，是生物产量潜力。它取决于水热条件和人为影响，是指在充分供应养分，充分控制病虫害和没有毒害物质时可能达到的产量，是实践中经过努力可以实现的目标。江西南昌地区生物产量潜力为 39 750kg/hm^2（表 1），比东北哈尔滨、西北酒泉高出 0.75 倍，但当前大部分田地产量仅为潜力的 1/3～1/2。

---

① 我国南方系指秦岭—淮河以南长江中下游区和西南区的 14 省（区、市），土地面积为 247 万多平方千米，约占全国土地面积的 25.7%。

本文原载《土壤》2005 年第 37 卷第 3 期第 225-229 页。

表 1　我国不同地区的生物产量潜力

地区	月平均气温＞10℃的月份	生物产量潜力/（kg/hm^2）		以哈尔滨地区有灌溉时的潜力为 100
		有灌溉时	无灌溉时	
哈尔滨	5～9	22 725	14 925	100
酒泉	5～10	24 000	—	106
北京	4～10	31 500	18 000	139
南京	4～11	33 000	33 000	146
南昌	3～11	39 750	36 000	175
广州	1～12	47 250	47 250	208

江西省光、热、水资源特别丰富，能满足各种农作物生长发育的需要，对发展多熟耕作制度极为有利，目前利用现状是冬季旱地基本空闲，水田绿肥面积逐年减少。具有以下特点：

（1）日照时数约 1500～2000h，太阳年总辐射量为 $110kcal/cm^2$，年光合作用潜力可超过 97 $500kg/hm^2$ 干物质。

（2）年平均温度 17.7～18.6℃，全年＞10℃积温 4500～5400℃。

（3）雨量充沛，年降雨量＞1600mm，年地表径流量全省达到 1483 亿 m^3。但是水、热不完全同季，伏秋干旱频率和强度加大，2003 年已经出现了百年一遇的干旱。

从江西粮食的发展情况来看：

（1）新中国成立后的前 30 年是以扩大水田面积和推行生产四改（旱改水、单改双、高秆改矮秆和稀改密），来提高水稻产量的，播种面积 1978 年最高，达 382.1 万 hm^2，单产翻了一番，总产增加近 2 倍，突破 100 亿 kg 大关（表 2）。

表 2　历年江西省粮食播种面积、产量以及人均占有粮食

年份	播种面积/万 hm^2	粮食单产/（kg/hm^2）	粮食总产/亿 kg	人均占有粮食/kg
1949	262.1	1470	38.75	258.7
1978	382.1	2940	112.55	339.0
1984	373.3	4170	154.90	431.8
1996	350.0	5040	179.35	436.9
2002	318.8	4860	154.95	367.0

（2）1978 年以后，播种面积不再扩大，总产主要依靠提高单产来实现。20 世纪 80 年代前期，联产承包制度调动了农民的积极性，单产每公顷提高 1230kg，总产突破 150 亿 kg，第一次出现了卖粮难现象。

（3）20 世纪 80 年代后期开始，播种面积逐年减少，到 1991 年减少 11.3 万 hm^2，到 2002 年减少 54.7 万 hm^2；依靠推广杂交稻、平衡施肥等良种、良法，1996～1997 年单产超历史，总产仍然达 150 亿 kg 以上。

（4）2003 年因遭百年不遇大旱和局部发生洪涝灾害，播种面积又比上年减少 13.7 万 hm^2，总产跌至 145 亿 kg。

2.2　荒地资源开发潜力

江西省土地资源的总体格局是“六山一水二分田，一分道路和庄园”，其中丘陵岗地占全省总土地面积的 54%。荒地资源开发潜力很大：

（1）面积大。全省有 266.7 万多 hm^2 荒地，占全省土地面积的 16%。其中易垦、潜力大、可作储备耕地近百万公顷。

（2）适种性广。荒地资源大多数为宜农、宜林、宜牧的多宜性荒地，在调整大农业布局和种植业结构上缓冲性较大，可作结构型、休耕型、流转型、开发型储备。

（3）开发条件较优越。大多数丘岗地，地势起伏不大，坡度多<20°，土层较厚，易培育。

（4）土壤资源洁净。污染小，非常适宜发展绿色农业。

2.3 粮食单产提高潜力

江西粮食产量主要依靠水田面积大和双季稻的比例高来取得，水稻单产水平较低，常年比全国平均水平低 5%，即每公顷低 300kg 左右；比邻省低 10%～15%，即每公顷低 600～900kg。水稻平均每公顷产量比湖南 1984 年低 1327.5kg，2002 年低 787.5kg 左右，其中早稻低 330kg，晚稻低 817.5kg，一季稻低 870kg（表 3）。

表 3 2002 年江西和湖南水稻播种面积、单产和总产比较

项目	播种面积/万 hm^2		水稻单产/（kg/hm^2）		水稻总产/万 t	
	江西	湖南	江西	湖南	江西	湖南
稻谷（总）	278.62	354.15	5178.0	5983.5	1442.6	2119.2
双早	111.05	122.45	4815.0	5127.0	535.0	627.8
双晚	126.57	150.45	5167.5	5986.5	645.0	900.6
一季稻	41.05	81.25	6399.0	7270.5	262.6	590.8

江西省粮食生产水平低，既有低产农田比重大的因素，也有品种、农业投入不足等原因。由此可以通过进一步提高良种良法覆盖率、增加化肥等物质投入、增强抗灾能力和病、虫、草、鼠害防治水平来解决。

若水稻平均单产与湖南省的差距缩小 5%，即可新增粮食 15 亿～25 亿 kg。

2.4 粮食市场发展潜力

（1）地理位置优势：江西省周边拥有上海、武汉、广州等特大城市，以及长三角和珠三角经济发达地区，粮食需求不断增加。

（2）交通优势：京九铁路贯穿江西南北，浙赣线横跨东西，皖赣、鹰厦铁路错综交织，高速公路近 10 年迅速发展。

（3）粮食产业化潜力：目前，不仅粮食生产规模小，而且粮食加工、储藏能力薄弱，产业化程度很低，龙头企业少，粮食市场不规范，抗风险能力弱。

3 建设优质粮仓的关键问题

3.1 伏秋干旱频率和强度加大

俗话说“有收无收在于水”，随着红壤区生态环境的退化，伏秋干旱的频率和强度加大，近 20 年已达到每 2.3 年 1 次。其干旱机制主要是降水量变化超前于潜在蒸发量变化 2.02～2.62 月。其次是红壤调控、供水能力弱，入渗土壤中能被作物利用的水不足土壤储水量的 1/5、年降水量的 1/10，加上作物生长旺期供需矛盾突出，构成卡脖子旱。因此，应大力开发、推广节水技术，建立开源节流、降耗、增效等抗旱技术体系，实现多水源开发、调配与高效利用技术的集成。

3.2 中、低产田的改造

全省改造中、低产田各占全省耕地面积的 1/3，通过农田基本改造及完善配套水利措施，使水田低变中、中变高，每公顷增加粮食产量 375～750kg，即总产可增加 7.5 亿～15 亿 kg，有巨大增产潜力。中低产水田按其障碍因素分为冷烂、干瘦、黏板、沙漏以及矿毒型等类型（表 4），应针对性采取改良利用措施。

表 4　江西省水稻土发育母质、面积、类型

起源母质	母质发育类型	地貌类型	面积/万 hm^2	占总面积/%	起源母质面积和所占比例/%	所属水稻土类型
红壤	花岗岩发育红壤	低山	19.1	9.1	1893	淹育、潴育型
	泥质、石英岩发育红壤	丘陵	20.3	9.6	（60%）	潴育型
	砂页岩发育红壤	丘陵	46.3	22.0		淹育、潴育型
	红黏土（Q_2）、黄土（Q_3）	丘岗	40.6	19.3		潴育型
洪积冲积物	洪积物	阶地	2.87	1.4	1264	潴育型
	冲积物	河谷平原	12.5	5.9	（40%）	潴育型
	湖积物	平原	68.9	32.7		潴育、潜育型

从江西水田的生产水平来看：水田 60%是由各类母质发育的红壤经坡改梯并长期植稻后形成的，所处地形一般较高，需山塘、水库提水灌溉，即老百姓所称的望天田、雨养地；易旱、干瘦，中低产田比重大，尤其是砂岩、花岗岩发育的红壤坡地形成的水稻田，土质砂性重，易于漏水。相对低洼的山丘沟谷又多为冷浸、渍涝水田，潜育、冷僵、黏重，只能种一季稻。矿区附近又多为矿毒田。

水田 40%是河湖相冲积沉积物发育的稻田，地势低平，灌溉条件好，质地以砂壤为主，多为高产稳产基本农田，仅有少部分低湿地内排水不畅，地下水位高，内涝冷僵；应分级开沟，排灌分开，水旱轮作。

3.3　冬季农业开发

冬季农业不仅能提高土地利用率，增加农产品产量，缓解人增地减矛盾，提高土地承载能力，而且与种植业、畜牧业、加工业和多种经营及其持续发展密切相关。

目前冬季农业开发存在的主要问题：

（1）闲田面积大。江西省冬闲田面积占耕地面积的 60%～80%。

（2）冬作单产低。统计资料表明江西冬作单产仅为各邻省（湖南、浙江等）平均单产的 44%，全国平均单产的 1/3。

（3）冬种效益差。95%的绿肥直接归田，当季无直接经济收入；其他冬作（油菜、小麦）经济效益也很差。

（4）冬作结构单一。冬种作物中 50%～60%是绿肥，绿肥比重很大，70%冬种粮、油为小麦、油菜，其他冬作所占比例较小。

（5）产量稳定性差。有关资料数据统计发现江西省冬作的单产变异系数明显高于夏秋作，说明冬作产量稳定性明显低于夏秋作。

冬季农业开发存在问题的原因分析：

（1）冬季缺水。江西常出现伏秋干旱，晚稻收获以后，移栽作物往往要遭受干旱的危害，常导致作物生长受阻或者死亡，严重减产。2003 年特大干旱，坡地 2～3 次播种蚕豆、萝卜等，均因旱出不了苗，或苗期干枯。

（2）早春气候不利。早春 3～5 月常有连续性低温阴雨天气，这对油菜、小麦的生长发育和持续稳产高产极为不利。

（3）畜禽危害。村前屋后农田种植的绿肥或油菜等很容易受到猪、牛、狗、鸡、鸭等畜伤害，造成严重减产甚至失收。

建议抗旱高投入种植蚕豌豆、马铃薯、萝卜、紫云英和油菜等多种冬作物，种植模式构成粮经型、粮粮（油）型、粮肥（饲）型等。

3.4　优质、绿色大米基地建设与粮食产业化

当前我国粮食安全问题已从供求总量短缺，需求无法选择条件下的数量问题转化为供求之间因品种和品质不适应而形成的结构、质量问题。优质、绿色大米基地建设与粮食产业化已经成为当前和今后农业发

展的必然趋势。实现粮食标准化生产，发展相应的标准化技术，要严格按照无公害绿色、有机大米生产技术规程，建多、建好农业标准化示范区。为了确保粮食安全和平稳供给，应加强优质粮食产业化建设，确立粮食质量的保证体系，实行粮食安全市场准入制度。

4　对建设优质粮仓研究的几点建议

4.1　红壤水土资源综合治理战略研究

研究目标：利用 3S 数字技术，摸清全省土壤资源状况，制定粮食发展战略。

研究内容：利用 3S 技术，建立全省土地资源监测信息系统；制定土地资源动态变化和平衡策略；制定挖掘土壤粮食生产力潜力的主攻策略；研究江西省对保证国家粮食安全的潜力和调节能力和对策。

4.2　江西粮食生产基础能力建设

研究目标：明确制约粮食生产的基础设施因素，确定国家粮食生产投资导向，确保国家粮食安全和农民收入增加。

研究内容：高产田优质粮食工程的标准化建设；低产田农田改造和配套基础设施工程建设；老灌溉区改造和新灌溉区建设；粮食加工和商品化工程建设；粮食和粮食产品品牌和市场建设。

4.3　江西粮食生产技术能力建设

研究目标：加强科学研究，应用最新农业生产技术，提高粮食生产潜力。

研究内容：①水：节水灌溉技术。②肥：专用肥、硅钙肥、绿肥及提高肥料利用率。③土：防治土壤质量退化、建设基本农田。④种：培育、引进新品种，种植制度改革。⑤信息技术：精准施肥技术、信息市场定位技术。⑥生物技术：创建绿色、有机大米。⑦技术集成组装和示范样板：标准化、规范化。

5　对建设优质粮仓有关措施的几点建议

（1）实行严格的土地用处管制，严格控制耕地转为建设用地；认真履行耕地占补平衡义务，力保补地质量。

（2）大力加强农田水利基本建设，改善农业生态环境。

（3）重视浅丘岗地的综合开发，发展多种经营，促进粮食生产。改造中低产田（地）、增加复种指数、稳定水稻播种面积、充分发挥旱地农业、秋冬季农业在粮食生产中的作用。

（4）适度发展林业，充分利用荒坡地发展牧草，促进畜牧业发展和土壤肥力的提高，这些牧草地可以作为粮食生产的应急用地，在国际粮食市场大的波动下，可以很快恢复粮食生产。

（5）积极调整种植业结构，千方百计增加农民收入；大力推广引种栽培、植保、施肥等综合配套技术措施。

氮：施用硝化抑制剂可有效抑制土壤硝化作用，施用表面分子膜可减少稻田氨挥发，增产达 10%。有机无机肥配合施用，是提高红壤有机质及氮素肥力最有效的措施。

磷：氮磷混合穴施，磷肥和有机肥配合施用能有效降低红壤磷的吸附量和土壤对磷的固定量。

钾：红壤钾库重建最有效的措施是化学钾肥的施用，稻草和本田秸秆还田也较好，但效果较慢，而厩肥在钾库重建中的作用较小。

（6）利用新技术改良污染土壤，改善生产环境。

（7）调整农业政策，加强管理体制建设，加大农业投入。

（8）重视生态与环境质量的改善，加强农业生态实验站和推广队伍建设，重视已有科技成果的转化。

（9）继续组织红壤科技攻关，争取国家有关部门的立项支持。

参 考 文 献

[1] 江西省农业厅. “山下建优质粮仓”背景材料. 2004.

Building up Jiangxi into a Quality Barn to Insure Food Safety of the Country

Zhao Qiguo
Institute of Soil Science，Chinese Academy of Sciences，Nanjing　210008，China

Abstract

Jiangxi is one of the 13 grain production bases of the country and a key one that has kept supplying the country with commodity grains. In order to further tap Jiangxi's potential in grain production，based on years of researches，its strategic position in grain production and its resource potentials and key problems in building it up into a quality barn of the country，some recommendations are put forth for reference.

Key words　Grain production；Resource potentials；Quality barn

江西省粮食生产可持续发展分析*

徐梦洁　赵其国

中国科学院南京土壤研究所，南京　210008

摘　　要

本文从狭义角度，对江西省农业可持续发展作了理论分析和实际计算，将江西省的农业可持续发展划分为 10 个时段，并对江西省未来人口和农业生产进行预测，分析江西省农业可持续发展的潜力。

社会经济的可持续发展，是当今国家与社会普遍关注的重大问题。其中又以农业生产的不断增长、农业资源的持续利用、农业生态环境的有效保护作为人口生存和发展的基础，受到了更加广泛的重视[1]。粮食是人类赖以生存、社会得以发展的必不可少的物质，历史经验业已证明，粮食是我国农业以及整个国民经济的基础，是国家安定的基本要素之一，“无粮则乱”。

1　可持续发展的理论基础

广义的农业资源可持续利用，必须满足三个基础约束条件：时间上的可持续约束（人均水平的世代保持）、空间上的可持续约束（地理空间上的趋向均衡）和资源管理上的可持续约束（区域上的资源互补及优化配置）。世界上诸多学者认为：所有这三项基本条件均被满足，全球的、全国的、区域的农业在广义上的可持续发展才能得以实现[2]。同时，可持续发展本身是一个动态的概念，区域可持续发展的能力不是局限于现状，而是注重发展潜力的培养[3]。我们无法单纯就某个地区在某一时段的发展状况断言该地区是否实现农业可持续发展，只能在时段对比与增长过程中，根据农业系统变化的总趋势对该地区农业可持续发展能力作出评价。

农业资源的有效利用目的是为了产出合理的“目标物”，以支持人类生存的基本需要。牛文元[4]等的研究表明人口增长的规律与粮食增长的规律有着惊人的相似性，其内部逻辑关系表现为两方面：首先，其增长的规律有本质上的可解释性，生命过程曲线的表达为二者之间的关联奠定了“对应”的基础；其次，“狭义”的可持续发展规定了粮食增长与人口增长之间的“同步性”，它意味着人均粮食生产保持常量的状态下，规模总量的增长必须保持严格的对应可比，才能被认为是在可持续发展的范围。

2　基 本 模 型

根据“狭义”的农业可持续发展理论，在区域尺度上，存在 4 种基本模型，分别是：①农业可持续模型；②农业不可持续模型；③先期可持续而后期不可持续模型；④先期不可持续而后期可持续模型（图 1）[1]。随着时段的拓展，这 4 种模型可以互相转化，其转化方向受到社会、经济、政策和自然条件诸多因素的约束。无疑，我们追求的是第 1 种模型或是力图实现第 4 种模型，而在实际情况下，我们可能面临第 2 种或第 3 种模型，因此，适宜的政策和措施是保证模型良性转换的必要前提。

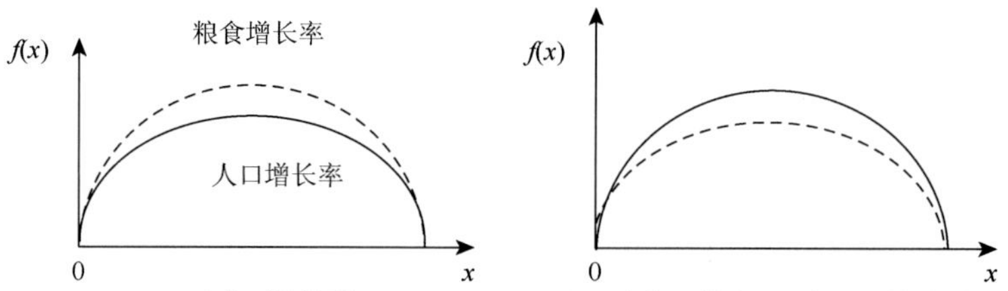

农业可持续型
(1)

先期可持续而后期不可持续型
(2)

---

* 本研究为中国科学院重大基金子专题（KZ95T-04-01）资助项目。
本文原载《红壤生态系统研究》（第五集）1998 年第 232-238 页。

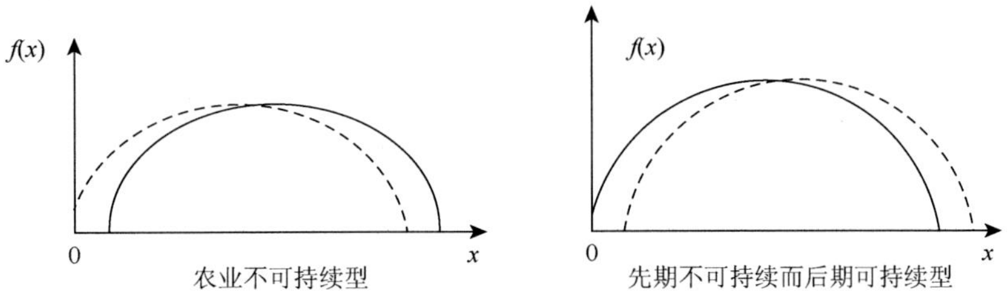

农业不可持续型 (3)　　先期不可持续而后期可持续型 (4)

图 1　农业可持续发展状况的 4 种基本模型

3　江西省人口与粮食生产状况

江西省位于我国东南部长江中下游南岸，北纬 24°29′14″至 30°04″41″，东经 113°34′36″至 118°28′58″。东西端最长约 490km，南北间最长约 620km。江西东临浙江、福建，南连广东，西接湖南，北毗湖北、安徽。江西属中亚热带湿润气候区，光、温、水等自然条件优越，农业资源丰富，是我国重要农业大省。

江西省土地总面积 166 947km^2，占全国土地总面积的 1.7%。1995 年总人口 3938.6 万人，耕地面积 3462.7 万亩，粮食总产 1607.4 万 t。据统计，江西省平均每年上调国家粮食 5 亿 kg 左右，新中国成立以来共调出粮食 200 亿 kg 以上[5]。农业商品率也由 20 世纪 50 年代初的 30%提高到近年的 60%以上。

江西省历年人口见表 1。

表 1　江西省历年人口[6]　　（单位：万人）

年份	总人口	年份	总人口	年份	总人口	年份	总人口
1949	1313.7	1961	2021.8	1973	2807.7	1985	3462.6
1950	1567.2	1962	2038.3	1974	2890.2	1986	3511.1
1951	1642.7	1963	2101.0	1975	2965.5	1987	3557.3
1952	1654.2	1964	2143.7	1976	3045.2	1988	3631 3
1953	1678.5	1965	2207.6	1977	3118.2	1989	3696.8
1954	1729.9	1966	2281.6	1978	3182.6	1990	3771.0
1955	1761.8	1967	2355.6	1979	3226.4	1991	3802.0
1956	1800.7	1968	2411.6	1980	3269.6	1992	3827.0
1957	1852.6	1969	2506.4	1981	3306.4	1993	3857.2
1958	1914.3	1970	2586.6	1982	3344.7	1994	3893.7
1959	1974.3	1971	2649.9	1983	3381.6	1995	3938.6
1960	2009.2	1972	2723.6	1984	3417.2		

新中国成立以来，江西省人口总数变化曲线（图略）近于直线，即人口增长趋势较平稳，表明人口控制取得了一定成效（表 1）；同时，江西省的人口增长发展阶段分明，大致可分为 4 个阶段：即两个高峰期、一个低谷期和一个有控制的缓慢增长期。第一阶段，1949～1959 年，为第一个人口增长高峰期。江西省的人口由 1949 年的 1313.7 万人增加到 1959 年的 1974.3 万人，增加了 660.6 万人，年均增长率为 41.58‰。第二阶段，1960～1962 年，为人口增长低谷期。这一阶段人口受到“自然灾害”和“大跃进”政策双重打击，人口出生率迅速下降，死亡率回升。江西省人口在 1959 年年末为 1974.3 万人，1962 年年末为 2038.3 万人，年均增长率仅为 10.69‰。第三阶段，1963～1978 年，为第二次人口增长高峰。由于经济政策调整，生产得到恢复和发展，人民生活水平得以改善，出生率回升，死亡率回落。江西省人口由 1962 年的 2038.3 万人增加到 1978 年的 3182.6 万人，年均增长率为 28.24‰。第四阶段，1978 年以后，是人口有控制的缓慢增长阶段，特别是进入 80 年代以来，计划生育工作日益加强，出生率得到严格控制。1995 年人口为 3938.6 万人，1975～1995 年人口年均增长率为 12.62%。这说明我国计划生育工作已取得显著成效。但是，应该看到，人口增长具有惰性，加上前一生育高峰的影响，江西省近期必将面临新一轮的人口增长高峰。江西省历年粮食生产状况见表 2。

表 2　江西省历年粮食生产状况[6]　　（单位：万 t）

年份	粮食产量	年份	粮食产量	年份	粮食产量	年份	粮食产量
1949	387.6	1961	610.0	1973	942.0	1985	1534.6
1950	449.0	1962	603.6	1974	986.4	1986	1454.5
1951	428.4	1963	637.7	1975	1056.7	1987	1562.0
1952	575.1	1964	700.0	1976	1025.0	1988	1544.9
1953	575.8	1965	802.3	1977	1089.0	1989	1590.3
1954	575.1	1966	805.3	1978	1125.7	1990	1679.1
1955	626.7	1967	768.9	1979	1296.5	1991	1634.9
1956	648.6	1968	829.6	1980	1239.8	1992	1592.3
1957	654.6	1969	866.2	1981	1268.7	1993	1517.1
1958	662.4	1970	985.6	1982	1408.7	1994	1603.5
1959	627.2	1971	994.7	1983	1460.4	1995	1607.4
1960	606.3	1972	995.0	1984	1549.2		

新中国成立以来，江西省人均占有粮食总的趋势也是逐年增加。江西省 1949 年人均占有粮食不足 300kg，1990 年达 408kg 以上，1991～1995 年虽有所减少，但也基本稳定在 400kg 以上。1949 年江西省粮食总产 387.6 万 t，粮食单产 109.2kg/亩，1995 年粮食总产 1607.4 万 t，粮食单产 464.2kg/亩，40 余年粮食总产增长了 3.15 倍，粮食单产增加了 3.25 倍，这大大改善了江西人民的生活，提高了全省耕地的人口承载力，不仅是对整个江西省的贡献，也是对整个国家的贡献。

4　人口与粮食产量预测

人口预测的方法很多，大致可以归纳为两大类，即数学法和因素法。由于因素法对数据的要求很高，故本文采用数学模式预测江西省总人口数。逻辑斯谛曲线是人口预测专门模型，曲线与长期人口的变化趋势相接近，适于用在中长期预测中，它能克服几何方程在长期预测时无限制地增长下去的缺点[7]。逻辑斯谛曲线的数学公式为

$$P_t = \frac{c}{1+\mathrm{e}^{a+b(t-t_0)}} \qquad (1)$$

式中，P_t 是预测末期人口总数；t 是预测年限；t_0 是基准年限；a、b、c 是常数。

根据历年人口数据，分别解出 a、b、c 三个系数的值，将各个系数代入式（1）：

$$Y=5463.938/\{1+\exp[0.911-0.0424(t-1949)]\}$$

根据上述模型，得到未来人口总数预测结果（表 3）。

表 3　江西省未来人口总数预测结果

结果	2000 年	2010 年	2020 年
预测值/万人	4248.8	4602.0	4869.5

粮食产量受到诸多因子的作用，既有人口的、社会的、政策的、经济的，又有区域自然生态条件方面的，具有一定的不可知性，即“灰色性”，因此选用灰色系统 GM（1, 1）模型。GM（1, 1）模型为

$$X(t+1)=A\exp(-at)+b \qquad (2)$$

选取江西省 1949～1995 年粮食产量数据作为原始数据，可求得江西省耕地变化灰色模型为

$$X(t+1)=-18\,655.99\exp(0.027\,744t)-18\,268.39$$

基准年是 1949 年。

模型评价参数 C=0.2257，P=1.0000 表明为很好，证实模型精度很高。用灰色模型预测的江西省粮食产量见表 4。预测表明江西省的粮食产量将保持增长的势头。从江西省的实际情况出发，1949～1960 年粮食产量由 387.6 万 t 上升到 606.3 万 t，增加了 218.7 万 t；1961～1970 年粮食产量由 610.0 万 t 上升到 985.6 万 t，增长了 375.6 万 t；1971～1980 年粮食产量由 994.7 万 t 上升到 1239.8 万 t，增长了 254.1 万 t。1981～1995 年粮食产量由 1268.7 万 t 上升到 1607.4 万 t，增长了 338.7 万 t，这期间，除 1949～1957 年间耕地面积逐年增长外，耕地

面积基本是逐年递减的。因此，在耕地继续减少的情况下，粮食生产持续稳定增长的预测结果是可信的。

表4　江西省未来粮食产量预测结果

结果	2000年	2010年	2020年
预测值/万t	1744.23	2101.322	3473.22

5　计算分析

首先，以江西省1949～1950年的统计资料为依据，分析了新中国成立以来江西省粮食生产可持续发展的总体概况。从总体而言，1949～1995年，江西省的人口由1313.7万人增长到3938.6万人，年均增长率为2.41%，同期，江西省的粮食产量由387.6万t增加到1607.4万t，年均增长率为3.14%。满足狭义的农业可持续发展概念。但是在不同的时段，情况怎样呢？

宏观的趋势分析，不能完全反映时间过程中不同时段的真实情况。我们根据中华人民共和国成立以来人口和粮食数据，计算人口和粮食产量逐年增长率，这样得出的结果波动性极大。为了减少不规则波动的影响，采用滑动平均的方法，找出其变化的节律，滑动平均取3年为一组，这样得到1951～1994年江西省人口增长和粮食增长的对比分析结果（表5）和江西省粮食生产可持续发展的时段变化图（图2）。

表5　江西省历年人口增长与粮食产量增长的对比分析　（单位：%）

年份	人口增长率	粮食增长率	年份	人口增长率	粮食增长率	年份	人口增长率	粮食增长率
1951	8.27	15.17	1966	3.19	3.49	1981	1.21	3.00
1952	2.33	9.93	1967	2.99	1.25	1982	1.13	5.68
1953	1.74	11.41	1968	3.18	2.60	1983	1.10	6.93
1954	2.13	2.99	1969	3.17	8.70	1984	1.16	2.94
1955	2.37	4.12	1970	3.19	6.37	1985	1.26	0.03
1956	2.31	4.46	1971	2.81	4.91	1986	1.35	0.41
1957	2.81	1.87	1972	2.77	1.46	1987	1.60	0.36
1958	3.12	1.07	1973	2.94	0.19	1988	1.73	3.08
1959	2.74	2.48	1974	2.88	2.17	1989	1.96	2.48
1960	1.84	2.68	1975	2.74	2.95	1990	1.54	1.96
1961	1.07	1.26	1976	2.36	3.46	1991	1.16	0.12
1962	1.51	1.74	1977	2.38	2.20	1992	0.76	3.32
1963	1.97	4.79	1978	1.95	8.26	1993	0.80	0.54
1964	2.70	10.01	1979	1.59	4.72	1994	0.96	0.41
1965	2.79	8.25	1980	1.28	4.38			

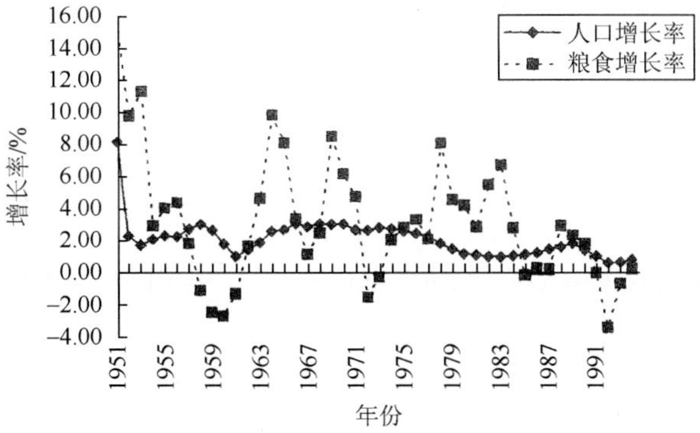

图2　江西省粮食生产可持续发展的时段变化

从图2可以看出，江西省1951～1994年，符合可持续发展的共5个时段，共27年，不符合可持续发展的也有5个时段，共17年，时段比为0.61∶0.39。在粮食生产的非可持续发展时段中，以1957～1961年最为严重，这是由于受“大跃进”和自然灾害的双重打击，这段时间里，人口的年均增长率仅为2.21%，但是同期粮食生产呈现–1.75%的负增长，产量徘徊于606.3万～662.4万t，人口和粮食产量之间出现巨大的非同调差异。可持续发展时段中，持续年份最长的时段是1975～1984年，这期间计划生育工作日益加强，同时宏观政策的实施释放了农业生产中潜在的能量，使这一时段成为江西省粮食生产可持续发展的最好时期。因此，正确的政策和措施是引导粮食生产乃至农业实现可持续发展的必要手段。值得我们注意的是，进入90年代后，粮食生产发展的势头受到遏制，1990年以来，江西省粮食产量稳定在1500万～1600万t，一方面是由于经济发展，建设用地占用耕地，致使耕地数量的减少；另一方面种粮的比较效益差，影响农民种粮积极性也是一个重要原因。

6　江西省粮食生产的可持续发展前景

根据江西省人口和粮食产量的预测结果（表3、表4），可以得出江西省粮食生产的前景预测（表6）。

表6　江西省粮食生产可持续发展前景预测　　（单位：%）

时段	人口年均增长率	粮食年均增长率
1995～2000年	1.53	1.41
2000～2010年	0.80	1.88
2010～2020年	0.57	1.64

从表6可知，江西省在1995～2000年间将处于非可持续的阶段，而2000～2020年将逐渐实现可持续发展模式。在世纪之交，由于前一轮生育高峰的影响，江西省将面临另一个生育高峰，因而人口的年均增长率会超过粮食产量的年均增长率，此后随人口增长冲击波对粮食生产的压力渐趋缓和以及粮食生产的进一步提高，江西省粮食生产模式将由不可持续模式向可持续发展模式转化。在未来的20～30年中，我们应致力于控制人口规模，加大计划生育力度。与此同时，还应当大力发展农业生产特别是粮食生产，从社会、政策和经济诸多方面着手，为农业发展提供宽松和良好的环境，确保实现狭义观念上的农业可持续发展，并为进一步实现广义农业可持续发展提供物质基础。

参考文献

[1] 牛文元. 中国农业资源的可持续性分析. 自然资源学报，1996，4：293-299.

[2] Gmssmam G M，Helpman E. Endogenous Innovation in the Theory of growth. National Bureau of Economic Research，1994，8：23-24.

[3] 刘传详，承继成，李琦. 可持续发展的基本理论分析. 中国人口、资源与环境，1996，2：3-7.

[4] 牛文元. 自然资源开发原理. 开封：河南大学出版社，1989.

[5] 黄国勤. 江西省耕作制度理论与实践. 南昌：江西科学技术出版社，1996.

[6] 国家统计局. 中国农业统计年鉴. 北京：中国统计出版社，1980—1996.

[7] 黄荣清，等. 人口分析技术. 北京：北京经济学院出版社，1989：284.

Analyse on the Sustaining Development of Grain Production in Jiangxi Province

Xu Mengjie　Zhao Qiguo

Institute of Soil Science，Academia Sinica，Nanjing　210008，China

Abstract

Through the oretical analysis and practical computation，the sustaining development of grain production in Jiangxi Province may be divided into 10 periods. Then the grain production and population were predicted by Grey Model. And its potential of sustaining development ability was analyzed.

赵其国院士上书“国家农业政策建议报告”

首倡建设东北“大粮仓”特区

记者　刘明扬　赵宏光

“5～10 年年均增产粮食 200 亿 kg，10～20 年年均增产粮食 300 亿 kg，满足未来全国粮食新增需求量的 20%，为国家粮食安全乃至国家安全提供相应的保障。”中科院院士赵其国首倡“建设东北黑土区国家粮食生产特区”（大粮仓特区），为促进东北黑土区粮食可持续增产指明了方向。

首倡建设“大粮仓”

赵其国院士为南京土壤研究所原所长，是我国著名土壤地理学家，20 世纪 80 年代曾踏察了整个东北黑土区，是北大荒开发建设计划的参与者之一。近年来，赵其国院士致力于土壤整治、退化土壤改良及土壤生态与环境评价研究。

2005～2007 年，赵其国院士三次参加由中组部、人事部组织的“院士东北行”。重返黑土地，让这位“视泥土为生命”的老院士深感责任重大，向国家有关部门提交了“国家农业政策建议报告”，首倡“建设东北黑土区国家粮食生产特区”（大粮仓特区）。

赵其国院士介绍，按照测算我国未来粮食生产每年将有 500 亿～1800 亿 kg 的短缺，而最有能力弥补这一“短缺”的是东北黑土粮食生产区。目前，东北黑土区的粮食商品率达 60%以上，年可提供 350 亿 kg 商品粮，可以提供全国 1/10 人口的口粮。难能可贵的是，东北黑土区尚有巨大的粮食增产潜力，只要通过基础设施建设、科学技术保证和粮食政策支持，东北黑土区完全可以实现两大粮食增产目标，即 2015 年前年均增产粮食 200 亿 kg；2030 年前年均增产粮食 300 亿 kg。

战略方案作保障

在赵其国院士的主持下，黑龙江省农业科学院联合中科院南京土壤研究所共同制定了“东北黑土区国家粮食生产特区”科技战略方案及技术、设施和政策保障战略。

科技战略方案，即建设三大科技平台、六大粮食增产工程和十大粮食示范区。

1. 三大科技平台

监测、决策系统平台，技术研发平台和产业化平台。

监测、决策系统平台，建立东北黑土区土地资源管理信息系统和粮食生产决策支持系统。技术研发平台，建立东北粮食生产共性和关键技术研发平台。产业化平台，完善农技推广体系、产业化生产服务体系。

2. 六大粮食增产工程

黑土培肥工程：定向培育退化黑土和薄层黑土 200 万 hm^2，在现有的产量基础上，平均提高单产 1500kg/hm^2；粮食总产增加 30 亿 kg。

抗旱节水增产工程：加强黑土地区节水农业技术集成与示范，建立具有东北半干旱抗旱灌溉区特色的系列化、规范化的节水农业技术体系与模式及相应的综合示范样板。高产黑土 300 万 hm^2，提高单产 1500kg/hm^2。粮食总产增加 45 亿 kg。

减灾稳产增产工程：综合治理春旱盐碱化土壤 100 万 hm^2，在现有的产量基础上，平均提高单产 1500kg/hm^2；综合治理低湿易涝土壤 200 万 hm^2，在现有的产量基础上，平均提高单产 1500kg/hm^2；粮食总产共增加 30 亿 kg。

水土流失治理增产工程：治理强度侵蚀耕地面积 20 万 hm^2，防止土壤侵蚀耕地面积 200 万 hm^2，平均提高单产 1000kg/hm^2。粮食总产共增加 20 亿 kg。

本文原载《哈尔滨日报》2007 年 7 月 9 日第 003 版。

盐碱风沙治理增产工程：综合治理盐碱风沙土壤 100 万 hm^2，在现有的产量基础上，平均提高单产 1500kg/hm^2；粮食总产共增加 15 亿 kg。

机械化、集约化增产增效工程：机械化、集约化和节水灌溉现代化农业经营耕地面积 300 万 hm^2，在现有的产量基础上，平均提高单产 1500kg/hm^2，生产成本下降 1500 元/hm^2；粮食总产共增加 45 亿 kg。

3. 六种类型十大粮食示范区

机械化集约耕作高产增效示范区：友谊农场。

高质量黑土增产稳产增效示范区：海伦市、五常市、公主岭市和昌图县。

春旱地保水节水农业增产示范区：龙江县。

渍涝型低湿耕地综合治理增产示范区：富锦市。

盐碱综合治理增产示范区：大安县、盘锦市。

水土流失综合治理增产示范区：拜泉县。

技术、设施和政策保障战略，分为 6 项粮食增产技术保障战略、2 项粮食增产设施保障战略和 2 项粮食增产政策保障战略。

粮食增产技术保障战略——培肥综合配套技术体系建设、保护性耕作栽培技术体系建设、中低产田改造和土壤退化防控技术体系建设、农业养分资源高效利用技术体系建设、抗灾减灾和高效利用资源技术体系建设及农业标准化生产技术保障体系建设。

粮食增产设施保障战略——机械化配套体系建设和机械化技术推广保障体系建设。

粮食增产政策保障战略——建立健全黑土耕地保护法律法规体系和建立开发资金来源体系建设。

第三部分　耕作制度改革

稻田轮作系统的生态学分析*

黄国勤[1]　熊云明[1]　钱海燕[1]　王淑彬[1]　刘隆旺[1]　赵其国[2]

1 江西农业大学生态科学研究中心，南昌　330045

2 中国科学院南京土壤研究所，南京　210008

摘　　要

针对目前稻田单一化的连作耕作制度对农田环境造成的不利因素，根据 5 年田间定位试验，从土壤理化性状、作物产量变化、病虫害发生发展规律、能流及养分平衡状况等角度对稻田连作耕作制度和轮作系统进行生态学分析。结果表明，与连作耕作制度相比较，在试验设计范围内，稻田轮作系统明显改善了土壤的理化性状，使得土壤随着耕种年限增加，容重下降，而孔隙度增加，固相比率下降，气相比率上升，气液比值增大，土壤通透性大大增强，有效阻止土壤次生潜育化和土壤酸化，提高土壤 pH；改变了植株病原菌寄生，增强了植株的抵抗能力，对作物病、虫、草害产生了一定的抑制作用。同时，稻田轮作系统的总初级生产力、光能利用率、辅助能利用率分别比连作系统高 17.47%、9.87%和 5.0%。N、P、K 的养分利用率也同样明显高于连作系统。提出了合理轮作的优化模式和复种模式。

关键词　稻田轮作；理化性状；作物生产力；能量转化；物质循环

轮作是一种在同一田地上有顺序地轮换种植不同作物或轮换采用不同复种方式的种植方式，是农田用地和养地相结合，提高作物产量和改善农田生态环境的一项行之有效的农业技术措施[1]。稻田轮作系统生态效应明显，具有改善土壤理化性状，调节土壤肥力，提高系统生产力，减轻农作物的病虫草害，降低农田环境污染等优点[2-8]，因而合理轮作是提高作物产量的一项重要农业技术措施[9]。

能量转化与物质循环是生态系统的基本功能之一，是农田生态系统的最主要的研究内容之一[9-11]。武继承等通过对开封市几种农业种植方式的氮磷钾投入产出状况和价值转换效益等方面的分析，论述了其物流、能流和价值流的数量特征[12]。秦丽杰通过对珲春市农田生态系统 N、P、K 物质循环的状况进行分析，指出了农田生产中的限制因素及解决的对策[13]。刘鸿翔等采用模拟养分循环开展长期定位试验的方法，模拟几种农业制度的养分循环，探索不同经营制度对生产力发展、养分循环率以及对土壤环境的影响[14]。冷志杰等建立了人口、玉米连作与奶牛养殖相结合的农牧生态系统物流模型[15]。李忠佩等研究了不同施肥制度下红壤稻田的养分循环与平衡规律[16]，朱清海研究了稻田养殖泥鳅时的物流、能流特征等[17]，为发展新型农业提供了科学依据。

纵观前人研究，发现大部分研究仅局限于某一或某几部分，对整个过程缺乏完整系统的研究。种植黑麦草发展稻草轮作虽在一些地区进行了研究和生产，但绝大部分研究都是局部的，不能全面反映其效果。本文根据 5a 田间定位试验，对稻田轮作系统进行生态学分析，并筛选出能持续发展的稻田轮作系统和顺应当今农业结构调整要求的种植模式，从而为农业发展提供理论和实践依据。

1　材料与方法

1.1　试验设计

试验于 1998 年冬至 2003 年秋在江西农业大学实验站水稻田进行，试验前各小区均为肥（紫云英、黑麦草)-稻-稻种植方式，土壤肥力均匀一致。试验设 4 个处理，重复 4 次，随机区组排列，小区面积为 33.35m^2。试验设计见表 1。

---

* 国家重大科技专项“粮食丰产科技工程”子课题（编号：2004BA 520A14—C14）研究内容。

作者简介：黄国勤（1962—），男，教授，博士生导师，研究方向为耕作制度、农业生态及农业可持续发展。

本文原载《土壤学报》2006 年第 43 卷第 1 期第 69-78 页。

表 1　稻田轮作田间试验设计

处理	代号	第一年度 1998 年冬至 1999 年秋	第二年度 1999 年冬至 2000 年秋	第三年度 2000 年冬至 2001 年秋	第四年度 2001 年冬至 2002 年秋	第五年度 2002 年冬至 2003 年秋
连作	A	紫云英-早稻-晚稻	紫云英-早稻-晚稻	紫云英-早稻-晚稻	紫云英-早稻-晚稻	紫云英-早稻-晚稻
轮作 1	B	紫云英-早稻-玉米	紫云英-早玉米-晚稻	紫云英-早玉米-玉米	紫云英-早稻-晚玉米‖晚大豆	紫云英-玉米‖大豆-晚稻
轮作 2	C	紫云英-玉米-晚稻	紫云英-早玉米-玉米	紫云英-早稻-玉米	紫云英-玉米‖大豆-晚稻	黑麦草-中稻
轮作 3	D	紫云英-玉米-玉米	紫云英-早稻-玉米	紫云英-玉米-晚稻	紫云英-玉米‖大豆-玉米‖大豆	黑麦草-早稻-晚稻

注："-"表示接茬，"‖"表示间作。

供试材料及品种：1998 年冬至 1999 年秋：冬季绿肥为紫云英，早稻为浙 965，玉米为湘玉 7 号，晚稻为汕优 10 号；1999 年冬至 2000 年秋：冬季绿肥为紫云英，早稻为金优 402，早玉米为农大 108，晚稻为金优桂 99，晚玉米为掖单 13；2000 年冬至 2001 年秋：冬季绿肥为紫云英，早稻为金优 974，早、晚玉米为掖单 13，晚稻为金优桂 99；2001 年冬至 2002 年秋：黑麦草为赣选一号，冬季紫云英为余江大叶籽，早稻为金优 974，早玉米为掖单 13，大豆为南昌本地种，中稻为两优培九，晚稻为金优 253；2002 年冬至 2003 年秋供试材料及品种分别为：冬季黑麦草为赣选一号，冬季紫云英为余江大叶籽，早稻为中优 66，早玉米为掖单 13，早大豆为南昌本地种，中稻为两优培九，晚稻为中优 207。

水稻、玉米、大豆采用计算机模拟优化施肥方案[18]。早稻 666.7m^2 施纯 N9kg，中稻 666.7m^2 施纯 N15kg，晚稻 666.7m^2 施纯 N12kg；玉米 666.7m^2 施纯 N15kg。水稻施肥比例 N∶P_2O_5∶K_2O=1∶0.8∶1，玉米施肥比例 N∶P_2O_5∶K_2O=1∶0.6∶0.8。在施用肥料过程中，磷肥均作基肥（紫云英除外），666.7m^2 施钙镁磷肥 25kg；钾肥的施用是水稻 666.7m^2 施氯化钾 15kg，按分蘖肥∶孕穗肥∶抽穗肥=2∶1∶1，玉米 666.7m^2 施氯化钾 20kg，按苗肥∶穗肥=2∶1；氮肥施用，水稻采用基肥∶分蘖肥∶孕穗肥∶抽穗肥=2∶1∶1∶1，玉米按基肥∶苗肥∶穗肥=2∶3∶5。大豆 666.7m^2 施钾肥 10kg，按基肥∶花肥=1∶1，钙镁磷肥 25kg，尿素 10kg，按基肥∶花肥=2∶3。黑麦草施肥标准参照李正明等的研究[19]，磷肥和钾肥均为底肥，其中 666.7m^2 施钙镁磷肥 50kg，氯化钾 15kg；氮肥均采用苗肥∶分蘖肥∶刈期肥=1∶5∶4（2 处理的最后一次刈割除外，1 个单位表示 3kg）施用。紫云英不施肥。其他栽培管理同一般大田。

1.2　测定项目与方法

1.2.1　土壤理化性状的测定

样品分析采用常规土壤分析方法[20]。

1.2.2　作物草害调查

作物在大田生长期间对田间杂草每隔 15d 调查一次，主要针对杂草的种群变化、覆盖度等进行调查分析，采用乘积优势度法[21]。

1.2.3　作物病害调查

于作物成熟期对作物主要病害的发病率及病情指数进行调查分析[22]。

1.2.4　作物虫害调查

于水稻成熟前调查稻纵卷叶螟、二化螟的危害情况；于玉米和大豆成熟前调查其害虫和天敌的种类、数量[23]。

1.2.5　作物考种与测产

（1）水稻，于水稻成熟期，在各小区随机选取有代表性的水稻植株 5 丛，作为考种材料，并于成熟期采用五点取样法取 100 蔸水稻，脱粒晒干去秕后称重，作为实测产量。

（2）玉米，于玉米成熟期，在各小区选取有代表性的玉米棒 5 个，作考种材料，并采集 25 个玉米棒脱粒晒干后称重，作为实测产量。

（3）大豆，于大豆成熟期，在各小区选取有代表性的大豆 5 株，作为考种材料，并采集 5 株大豆，除去豆荚晒干后称重，作为实测产量。

（4）黑麦草，分别在刈割期，采用五点法，每点测 $1m^2$，测其鲜重。

（5）紫云英，在成熟期，采用五点法每点测 $1m^2$，测其鲜重。

1.2.6 各处理的物质、劳力等投入

记载不同处理的种子、农药、化肥、劳力数量及资金投入等[24]，用元/hm^2 表示。

1.2.7 能量数学模型的建立和能量合理投入范围的确定

合理的辅助能投入能使农田生态系统捕获更多的太阳能，提高光合效率和光合作用量，进而促进系统生产力水平的提高。国内外许多研究表明[25]，农田生态系统投入与产出之间的关系呈 S 形：即在达到一定投入水平之前，系统边际生产力与投入呈正相关，而超过这一投入水平之后，便开始下降。由于几乎农田生态系统的各种投入都可以采用能量的形式加以表示，因此可以得出结论，系统的能量投入与产出也同样呈 S 形关系[24]。这种 S 形关系符合生态学有限空间种群增长的 Logistic 方程，其数学模型如下：

$$Y=K_m/(1+e^{C-rX})$$

式中，Y 为农田生态系统的能量产出，单位 J/hm^2；X 为农田生态系统的能量投入，单位 J/hm^2；r 为估算系数，表示能量产出的变化率；K_m 为在能量投入的各生产要素均为合理的条件下农田生态系统能够达到的潜在最大能量产出，单位 J/hm^2；C 为估算系数。

根据能量投入和产出的实验分析和统计数据，即可拟合能量投入–产出的 Logistic 曲线，求得给定农田生态系统的潜在最大能量产出 K_m 及方程的估算系数 r 和 C，根据此拟合方程便可计算出任一能量投入水平下系统的理论能量产出。

叶旭君等认为[9]，当能量投入弹性 EEI 在 0～1 范围内的能量投入水平是农田生态系统合理的投入范围。即当能量投入弹性 EEI=1 时，边际能量生产力 MEP 等于平均能量生产力 AEP，通过求解即得能量合理投入范围的下限；当能量投入弹性 EEI=0 时，边际能量生产力 MEP=0（取近似值 0.005），求得能量合理投入范围的上限。MEP、AEP 和 EEI 的表达式如下：

$$\mathrm{MEP}=K_m \cdot r \cdot e^{C-rX}/(1+e^{C-rX})^2$$

$$\mathrm{AEP}=(Y-Y^0)/X$$

$$\mathrm{EEI}=\mathrm{MEP}/\mathrm{AEP}$$

式中，Y^0 指在没有任何辅助能量投入的情况下系统的能量产出，单位为 J/hm^2。在各处理能量数学模型的基础上，根据各指数的数学表达式，分别求出边际能量生产力、平均能量生产力、能量投入弹性。令 EEI=1，即 MEP=AEP 时，求出下限；EEI=0，即 MEP=0 时，求出上限，从而建立能量数学模型和确定能量合理投入范围。

1.3 数据处理

采用 DPS 统计分析软件，用 Duncan 新复极差法进行多重比较。对于表格的同一列来说，字母相同表示处理间无显著差异，字母不同表示有显著性差异（$P\leqslant 0.05$）。

2 结果与分析

2.1 土壤理化性状

2.1.1 物理性状

从表 2 看出：

（1）土壤容重：从 1999 年至 2003 年，各处理土壤容重总的呈下降趋势，但轮作较连作下降幅度大。

其中处理 A 下降了 4.10%，B 下降了 5.83%，C 下降了 5.79%，D 下降了 4.88%。

（2）土壤总孔隙度：从 1999 年至 2003 年，各系统土壤总孔隙度均呈上升趋势，其中 A 为 3.96%，B 为 4.80%，C 为 5.12%，D 为 4.87%。

（3）土壤毛管孔隙度：从 1999 年至 2003 年，各处理土壤毛管孔隙度均略有上升，其中 A 为 1.39%，B 为 0.92%，C 为 0.46%，D 为 1.17%。

（4）土壤非毛管孔隙度：从 1999 年至 2003 年，各处理土壤非毛管孔隙度，均呈上升趋势，到 2003 年年底，A 为 1999 年的 1.87 倍，B 为 2.04 倍，C 为 3.20 倍，D 为 2.84 倍。

表 2　不同处理土壤物理性状的变化

处理代号	取土时间	容重/（g/cm^3）	总孔隙度/%	毛管孔隙度/%	非毛管孔隙度/%	三相比	气/液比值
A	1999-04	1.22b	52.52c	50.94a	1.58e	1∶1.07∶0.03	0.031d
	2003-10	1.17e	54.60ab	51.65a	2.95c	1∶1.14∶0.06	0.057c
B	1999-04	1.20d	53.36bc	51.33a	2.02d	1∶1.10∶0.04	0.039d
	2003-10	1.13g	55.92a	51.80a	4.12a	1∶1.17∶0.09	0.079a
C	1999-04	1.21c	53.27bc	52.14a	1.13f	1∶1.12∶0.02	0.021e
	2003-09	1.14f	56.00a	52.38a	3.62b	1∶1.19∶0.08	0.069b
D	1999-04	1.23a	52.41c	51.35a	1.06f	1∶1.08∶0.02	0.021e
	2003-10	1.17e	54.96ab	51.95a	3.01c	1∶1.15∶0.07	0.057c

2.1.2　化学性状

从表 3 看出：

（1）土壤有机质：从 1999 年到 2003 年，各处理土壤有机质均呈上升趋势。较之 1999 年，2003 年 A 土壤增加了 10.7%，B 增加了 17.61%，C 增加了 19.31%，D 增加了 8.36%。其排列顺序依次为 C>B>A>D。

（2）土壤有效氮、磷、钾：从 1999 年到 2003 年，土壤有效氮、磷、钾含量，不论哪种种植方式，总体上均有随土壤耕种年限增加而增加的趋势，但各处理增幅有差异。较之 1999 年，有效氮 2003 年 A 增加了 8.67%，B 增加了 12.37%，C 增加了 18.16%，D 增加了 13.03%；有效磷 2003 年 A 增加了 43.08%，B 增加了 50.07%，C 增加了 62.38%，D 增加了 48.46%；有效钾 2003 年 A 增加了 20.19%，B 增加了 38.63%，C 增加 80.33%，D 增加了 22.23%。由此可知，B、C、D 要高于连作 A，其排列顺序依次为 C>B>D>A。

（3）土壤 pH：从 1999 年至 2003 年，各处理土壤 pH 均有上升趋势。连作在冬季种植越冬肥料作物，使得土壤有一个短暂的回旱过程，从而在一定程度上得以增强土壤的通透性，减少土壤次生潜育化和酸化。轮作通过在稻田种植旱地作物，则明显地有了一个较长而彻底的回旱过程，使得土壤通透性大大增强，有效阻止土壤次生潜育化和土壤酸化，提高土壤 pH。

表 3　不同处理土壤化学性状的变化

处理代号	取样时间	有机质/（g/kg）	有效氮/（mg/kg）	有效磷/（mg/kg）	有效钾/（mg/kg）	pH
A	1999-10	2.99e	64.69e	14.46f	29.62g	5.02d
	2003-10	3.31c	70.3d	20.69e	35.6f	5.32bc
B	1999-10	3.01e	70.39d	22.79d	48.69e	5.32bc
	2003-10	3.54a	79.10b	34.20a	67.50a	5.51a
C	1999-10	2.90f	69.92d	20.20e	36.10f	5.40b
	2003-09	3.46b	82.62a	32.80b	65.10b	5.59a
D	1999-10	3.11d	73.93c	20.08e	50.97d	5.24c
	2003-10	3.37c	83.56a	29.81c	62.30c	5.33bc

2.2 作物产量变化

2.2.1 水稻产量及其构成因素

由表 4 可知，2003 年轮作早稻与连作早稻相比，其有效穗、每穗粒数及结实率等各项指标均优于连作，最终导致其产量要比连作高 569kg/hm^2，增幅为 9.14%；轮作晚稻与连作晚稻相比，处理 B 和 D 分别比 A 高 7.14%和 4.76%，平均高 5.95%。C 与 A 全年比较，中稻比连作两季稻少收稻谷 3581kg/hm^2，减幅为 27.2%，D 与 A 全年比较，D 比 A 多收稻谷 900kg/hm^2，增幅为 6.83%。

表 4 不同处理对水稻产量及其构成因素的影响（2003 年）

项目	处理代号	有效穗/丛	每穗颖花数	每穗粒数	结实率/%	千粒重/g	理论产量/（kg/hm^2）	实测产量/（kg/hm^2）
早稻	A	8.1f	118.3f	95.1f	80.3d	24.9b	6843f	6226f
	D	8.3e	119.6e	99.4e	82.8c	25.3b	7425d	6795e
晚稻	A	9.1d	131.6d	110.4d	83.6bc	24.8b	7301e	6959d
	B	9.5b	134.0c	113.3b	84.3b	25.2b	7956b	7456b
	D	9.3c	135.4b	112.1c	82.7c	25.0b	7659c	7290c
中稻	C	10.3a	201.8a	173.5a	86.2a	26.2a	10 178a	9604a

2.2.2 不同处理作物产量比较

表 5 结果为各处理不同作物的产量情况，为便于比较，将各处理作物的经济产量根据价格比调整为晚稻产量。折算后的产量以处理 D 最高，为 13 686kg/hm^2，比 A 高 6.7%，C 由于种植一季稻，因而产量最低，折算后比连作处理低 25.1%。然而冬季作物产量以 C 最高，其他依次为 D 和 B，分别比 A 高出 385%、226%和 3.0%，其中 C 比 D 高出 36.1%。因此，将紫云英调整为黑麦草后，不但使粮食作物或经济作物获得了较好的产量，而且其饲料作物较对照有大幅度上升。

表 5 不同处理各作物产量（2003 年） （单位：kg/hm^2）

处理代号	紫云英	黑麦草	早稻	中稻	晚稻	早玉米	早大豆	折产*
A	26 903		6225		6958			12 817b
B	27 695				7456	4218	885	12 557c
C		119 400		9604				9604d
D		87 750	6795		7290			13 686a

*根据价格比折成晚稻产量（不包括冬季作物紫云英和黑麦草），各作物均按早稻 1.6 元/kg，中晚稻 1.7 元/kg；玉米 1.3 元/kg；大豆 3.6 元/kg 计算。

2.3 农田病虫草害的发生、发展规律

2.3.1 作物病害

从表 6 可知，各个处理中，早稻纹枯病处理 A 发病率比 D 高 22.5%，病情指数比 D 高 0.6；晚稻纹枯病 B 最低，为 65.7%，其次为 D，为 72.9%，最高为 A，达 80.3%。而一季稻发病率相对较轻，仅 34.6%。因此，长期轮作及适当变换作物种类（如改紫云英为黑麦草）均可以减少作物病害。

表 6　不同处理受病害的影响（2003 年）

处理代号	早稻纹枯病		早玉米纹枯病		早大豆花叶病		中稻纹枯病		晚稻纹枯病	
	发病率/%	病情指数	发病率/%	病情指数	发病率/%	病情指数	发病率/%	病情指数	发病率/%	病情指数
A	46.9	1.4							80.3	3.3
B			44	1.3	23.8	0.4			65.7	1.8
C							34.6	0.7		
D	38.3	0.8							72.9	2.2

2.3.2　作物虫害

从表 7 可知，早稻稻纵卷叶螟处理 A 比 D 高 14 苞/百丛；晚稻稻纵卷叶螟处理 A 和 D 分别为 91 苞/百丛和 90 苞/百丛，无差异，B 则只有 50 苞/百丛，比 A 和 D 少 41 苞/百丛和 40 苞/百丛。中稻稻纵卷叶螟相对较少，为 58 苞/百丛。由此可见，越冬黑麦草可以抑制下茬作物的害虫发病数；年内换茬可减少作物虫害。

表 7　不同处理作物害虫及天敌的分析（2003 年）

项目		处理代号			
		A	B	C	D
早稻纵卷叶螟/（虫苞数/百丛）		101			87
早玉米害虫	种类/种		7		
	数量/个		17		
早玉米天敌	种类/种		8		
	数量/个		112		
早大豆害虫	种类/种		5		
	数量/个		19		
早大豆天敌	种类/种		7		
	数量/个		43		
中稻纵卷叶螟/（虫苞数/百丛）				58	
晚稻纵卷叶螟/（虫苞数/百丛）		91	50		90

2.3.3　作物草害

从表 8 可知，处理 C 和 D，因冬季种植的黑麦草生长势强，对杂草有一定的抑制作用，所以在处理 A 和 B 中以优势种出现的看麦娘和雀舌草在 C 和 D 均以亚优势种出现，而有些在 A 和 B 中以亚优势种出现的杂草如小飞蓬等，在 C 和 D 中基本上没有出现。

B 由于实行年内旱改水，使杂草由旱地杂草为主转为以水田杂草为主，且杂草种类大大减少，无优势种杂草出现。A 和 D 均以水田杂草为主，杂草种类、优势种杂草及亚优势种杂草均有所增加。而 C 由于种植黑麦草时间较长，到种植后作水稻即水改旱时，一些旱地杂草遇水则不能生长，而一些水田杂草，因生长势较弱，与生长势强大的一季稻相争，只有较少能发展为优势种，且杂草种类也不多。

表 8　不同处理杂草优势种的年内消长动态（2003 年）

处理代号	调查日期		
	3 月 26 日	6 月 16 日	9 月 10 日
A	看麦娘、雀舌草、牛筋草*、双穗雀稗*、小飞蓬*	鸭舌草、碎米莎草*、蘋*、丁香蓼*	节节菜、鸭舌草、矮慈姑、浮萍*、碎米莎草*、丁香蓼*、蘋*
B	看麦娘、雀舌草、牛筋草*、双穗雀稗*、小飞蓬*	双穗雀稗、碎米莎草、丁香蓼、鳢肠*、蘋*、碎米荠*	节节菜*、鸭舌草、丁香蓼*
C	看麦娘、雀舌草、牛筋草*、双穗雀稗*	鸭舌草、碎米莎草*、蘋*	节节菜、鸭舌草、矮慈姑*、碎米莎草*
D	看麦娘、雀舌草、牛筋草*、双穗雀稗*	鸭舌草、碎米莎草*、蘋*、丁香蓼*	节节菜、鸭舌草、浮萍*、碎米莎草*、矮慈姑、丁香蓼*、蘋*

注：表中杂草右上标有“*”号为杂草亚优优势种。

从表 9 可知，处理 C 杂草种类和覆盖度，在各个时段都相对较低。处理 B 在玉米田间杂草生长高峰期时，其覆盖度比种植水稻要高得多，杂草种类更为丰富，种群结构更为复杂，草害更为严重，但后作改种水稻后，田间杂草种类和覆盖度均有较大程度的降低。处理 A 和 D 由于年内连作，使得晚稻田间杂草覆盖度比处理 B 和 D 均高。

表 9 不同处理杂草种类和覆盖度的变化（2003 年）

处理代号	3 月 26 日		6 月 16 日		9 月 10 日	
	种类	覆盖度/%	种类	覆盖度/%	种类	覆盖度/%
A	7	42	11	31	11	42
B	8	51	18	63	9	18
C	6	25	7	14	8	26
D	6	23	10	28	12	37

2.4 能流分析

2.4.1 能量构成及能流特征

从表 10 中可知，稻田轮作系统总初级生产力平均为 575.51×10^9J/hm^2，比连作系统高 85.61×10^9J/hm^2，达 17.47%。其中处理 D 表现最高，比 A 高出 20.41%，其他依次为处理 C 19.79%，B12.22%。轮作系统能量总投入平均为 148.94×10^9J/hm^2，比连作系统高 16.17×10^9 J/hm^2，达 12.18%。其中，处理 D 最高。

表 10 稻田轮作系统初级生产者能量输入输出参数值 （单位：10^9 J/hm^2）

项目		A（ck）	B	C	D
总初级生产力	水稻	435.43	215.03	210.28	197.19
	玉米		269.54	240.66	275.42
	大豆		9.76	6.04	10.68
	黑麦草			83.58	61.43
	紫云英	53.88	54.78	45.78	44.61
	杂草	0.60	0.57	0.54	0.57
	总计	489.90	549.76	586.88	589.89
辅助能	化石能	80.25	90.7	97.23	97.75
	劳力能	37.96	42.37	41.31	45.56
	其他	14.55	10.45	12.33	10.12
	总计	132.77	143.52	150.87	152.43
初级生产力的生态效率	光能利用率/%	1.105 3	1.118 0	1.259 4	1.265 9
	辅助能量产投比	3.69	3.83	3.89	3.87

注：以上数据为 5a 平均值；折能标准见参考文献[24]；全年辐射能平均为 4.462×10^{13}J/hm^2；人工辅助能的总投入包括农机具、化肥、劳力、畜力、种子等。

2.4.2 能量数学模型的建立和能量合理投入范围的确定

为分析和比较不同处理生态系统能量产投关系和能量生产潜力的差异，本文通过分析 1998～2003 年江西农业大学农学实验站农田生态系统的能量输入和输出的动态变化趋势，并计算获得了各个生态系统的平均能量投入和产出，将计算获得的能量投入和产出数据输入目前普遍采用的 DPS 统计软件，在非线性方程回归程序界面下建立能量投入产出 Logistic 方程，运行回归程序，求得处理 A 的 K_m 及 r 和 C 分别为 526.13×10^9 J/hm^2、0.0228 和 0.4199，处理 B 的 K_m 及 r 和 C 分别为 583.92×10^9 J/hm^2、0.0239 和 0.6554，处理 C 的 K_m 及 r 和 C 分别为 628.87×10^9 J/hm^2、0.0243 和 1.0321，处理 D 的 K_m 及 r 和 C 分别为 631.26×109J/hm^2、0.0041 和 1.0089，把经拟合获得的 K_m 及估算系数 r 和 C 代入能量投入产出模型，建立该系统的 Logistic 能量模型。然后求得边际能量生产力、平均能量生产力和能量投入弹性，并确定该系统的能量投入合理范围（表 11）。

表 11　稻田轮作系统能量数学模型和能量合理投入范围

处理代号	能量投入产出模拟模型	相关系数	能量合理投入范围/（$\times10^9$J/hm^2）
A	$Y=526.13/(1+e^{0.4199-0.0228X})$	0.9196**	27.59～359.71
B	$Y=583.92/(1+e^{0.6554-0.0239X})$	0.8827*	40.99～359.28
C	$Y=628.87/(1+e^{1.0321-0.0243X})$	0.8552*	63.17～372.70
D	$Y=631.26/(1+e^{1.0089-0.0041X})$	0.8664*	62.29～374.62

由表 11 可知，稻田生态系统各处理，即轮作系统和连作系统的能量投入均在合理范围之内，目前各系统的能量产出仍稍低于理论上最高能量的产出。因此各系统仍可以通过适当增加辅助能投入进一步提高能量产出，以期获得更大的经济效益。

2.5　养分平衡状况分析

如表 12 所示，N、P_2O_5、K_2O 的产投比均为轮作系统大于连作系统。

表 12　不同处理养分的输入与输出分析

处理代号	投入/（kg/hm^2）			产出/（kg/hm^2）			产投比		
	N	P_2O_5	K_2O	N	P_2O_5	K_2O	N	P_2O_5	K_2O
A	419.7	152.1	420.7	240.3	102.7	132.4	0.57	0.68	0.31
B	465.3	152.1	465.7	320.6	136.8	192.3	0.69	0.89	0.41
C	498.8	152.1	465.7	387.5	124.6	168.7	0.78	0.82	0.38
D	506.6	152.1	465.7	350.2	130.4	158.9	0.69	0.86	0.36

注：以上数据为五年平均值；系统养分产出包括作物籽实和秸秆的含量；养分折算标准参考《农业生态学》[24]。

N 的投入，处理 D 最高，为 506.6kg/hm^2，A 最低，为 419.7kg/hm^2，各系统依次为 D＞C＞B＞A；P_2O_5 的投入各系统均相同，为 152.1kg/hm^2；K_2O 的投入 A 最低，为 420.7kg/hm^2，其他处理均为 465.7kg/hm^2。N、P_2O_5、K_2O 产投比均小于 1，说明农田土壤中 N 素、P 素、K 素均为盈余状态，呈正平衡状态。这有利于实现土壤养分的良性循环和农田的持续稳定发展。

3　结　　论

通过 5a 定位试验，运用生态学原理对稻田轮作系统进行了较系统的研究和分析，并筛选出适应南方稻区发展的合理高效的种植模式。稻田轮作系统的优化模式为“紫云英-早玉米-晚稻→紫云英-早玉米-晚玉米→紫云英-早稻-晚玉米→紫云英-早玉米 ‖ 早大豆-晚稻→黑麦草-中稻”。复种方式的优化模式为“黑麦草-中稻”。

由于时间的限制，本研究不够全面，在有些方面未能做到更进一步的研究，如作物的生理生化指标的定量分析、黑麦草的根系效应与土壤中微生物群落变化的关系、不同耕作制度与土壤中微生物群落变化的关系以及稻草轮作的长期效应、农田小气候，等等，都有待进一步的研究和探讨。

参 考 文 献

[1]　沈学年，刘巽浩. 多熟种植. 北京：中国农业出版社，1983：2-3.

[2]　黄冲平，丁鼎良. 水旱轮作对作物产量和土壤理化性状的影响. 浙江农业学报，1995，7（6）：448-450.

[3]　王人民，丁元树. 稻田年内水旱轮作对土壤肥力的影响. 中国水稻科学，1998，12（2）：85-91.

[4]　杨东方，李学恒. 水旱轮作条件下土壤有机无机复合状况的研究. 土壤学报，1998，26（1）：1-8.

[5]　Prasad R，Gangaiah B. Effect of crop residue management in rice–wheat cropping system on growth and yield of crops and on soil fertility. Experimental Agriculture，1999，34（4）：427-435.

[6]　Phillips I R. Phosphorus availability and sorption under alternating waterlogged and drying conditions. Communications in Soil Science and Plant Analysis，1999，29（19/20）：3045-3059.

[7] Phillips I R. Nitrogen availability and sorption under alternation waterlogged and drying conditions. Communications in Soil Science and Plant Analysis，1999，30（1/2）：1-20.

[8] Nguyen my hoa，Upendra Singh. Potassium supplying capacity of some lowland rice soils in the Mekong Delta. Better Crops International，1998，12（1）：11-15.

[9] 叶旭君，王兆骞. 浙江省德清县农田生态系统能量投入的优化. 生态学报，2001，21（12）：2081-2088.

[10] Panesar B S，Fluck R C. Energy productivity of a production system：analysis and measurement. Agriculture Systems，1993，43（4）：415-437.

[11] Ma Z Y，Edwards-jones G. Optimizing the external energy input into farmland ecosystems：a case study from Ningxia，China. Agriculture Systems，1997，53（3）：269-283.

[12] 武继承，王秋杰. 开封市区主要种植方式的物流、能流与价值流数量特征. 河南农业科学，1997，28（3）：287-293.

[13] 秦丽杰. 珲春市农田生态系统的物质循环分析. 哈尔滨师范大学自然科学学报，1996，12（4）：107-109.

[14] 刘鸿翔. 松嫩平原黑土区不同养分循环结构农业经营制度比较研究. 应用生态学报，1994，5（2）：148-151.

[15] 冷志杰，赵浩. 一个农牧结合生态系统物流模型的建立及持续性分析. 东北农业大学学报，1997，28（3）：287-293.

[16] 李忠佩，唐永良. 不同施肥制度下红壤稻田的养分循环与平衡规律. 中国农业科学，1998，31（1）：46-54.

[17] 朱清海. 稻–泥鳅田生态系统能流、物流和效益分析. 中国稻米，1997，1：26-28.

[18] 罗敏. 水稻氮、磷、钾化肥最佳用量初探. 耕作与栽培，1999，（2）：44-45.

[19] 李正明，舒惠玲，王文. 赣选一号黑麦草鲜草总产量高产栽培技术研究，江西畜牧兽医杂志，1996，12（增刊）：25-30.

[20] 中国科学院南京土壤研究所. 土壤理化分析. 上海：上海科学技术出版社，1981.

[21] 王永山，王风良. 苏北沿海棉田杂草群落发生分布消长及防除策略. 杂草科学，1998，（3）：8-10.

[22] 《浙江农业科学》编辑部. 农作物田间试验记载项目及标准. 杭州：浙江科学技术出版社，1982：25-40.

[23] 南京农业大学农学院，扬州大学农学院. 农业植物病理学. 南京：江苏科学技术出版社，1996：245-250.

[24] 骆世明，陈聿华，严斧. 农业生态学. 长沙：湖南科学技术出版社，1987：327-342.

[25] 叶旭君，李全胜. 农田生态系统能量投入产出模型及其应用研究. 生物数学学报，2002，（1）：104-109.

Ecological Analysis of Crop Rotation Systems in Paddy Field

Huang Guoqin[1] Xiong Yunming[1] Qian Haiyan[1] Wang Shubin[1] Liu Longwang[1] Zhao Qiguo[2]

1 Research Center on Ecological Science，Jiangxi Agricultural University，Nanchang 330045，China

2 Institute of Soil Science，Chinese Academy of Sciences，Nanjing 210008，China

Abstract

Aimed at the unfavorable impact of mono-cropping cultivation on farmland environment，in paddy field，a five-year field experiment was carried out. Ecological analysis in the experiment was conducted to compare crop rotation with mono-cropping cultivation in soil physical and chemical properties，yield，incidence of crop diseases and pests，energy flow and nutrient balance. The results show that the former significantly improved soil physical and chemical properties and yield by 384.8%，226.2% and 3.0%，respectively. Moreover，crop rotation not only altered the environment for pathogen bacteria，but also built up plant resistance to diseases and pest，and suppressed crop diseases，insects，and weeds，etc. And increased the overall initiative productivity，light energy use rate and auxiliary energy use rate by 17.47%，9.87% and 5.0%，respectively，N，P and K use rate as well. Therefore，reasonable optimized multi-crop rotation systems are presented in the paper.

Key words Paddy-field rotate；Soil physical and chemical properties；Crop productivity；Energy transformation；Material circle

稻田实行保护性耕作对水稻产量、土壤理化及生物学性状的影响*

黄国勤[1] 杨滨娟[1] 王淑彬[1] 黄小洋[1] 张兆飞[1]
姚 珍[1] 黄禄星[1] 赵其国[2]
1 江西农业大学生态科学研究中心，南昌 330045
2 中国科学院南京土壤研究所，南京 210008

摘 要

在江西双季稻田进行长期田间定位试验，分析了多年保护性耕作对水稻产量、土壤理化性状及生物学性状的影响。连续 8a 稻田保护性耕作处理的平均产量高于传统耕作 4.46%～8.79%，各处理的有效穗数、每穗粒数和结实率均高于对照，而各处理间穗长和千粒重差异不显著。实行稻田保护性耕作处理的土壤容重低于传统耕作 3.6%～5.6%，而总孔隙度和毛管孔隙度分别高出传统耕作 1.6%～17.4%、2.4%～16.7%。与传统耕作相比，连续 8a 保护性耕作显著提高了土壤有机质（2.9%～10.0%）、有效磷（4.8%～31.6%）、速效钾（9.7%～25.7%）。在 2005 年免耕+插秧的土壤真菌数量最多，显著高于对照处理 51.6%，免耕+抛秧在 2008 年达到最大，显著高于对照处理 54.1%。2012 年免耕+抛秧、免耕+插秧显著高于对照 126.1%、121.1%；另外，各处理间过氧化氢酶、脲酶活性均差异不显著。8a 间土壤转化酶活性变化范围在 0.292～0.451mg/g，其中 2005～2007 年、2012 年均是免耕+抛秧达到最大，与对照相比，增加范围为 72.7%～137.7%，且差异显著（$P<0.05$）。因此，实行稻田保护性耕作是适合江南丘陵区双季稻区农业可持续发展的有效模式之一，其中免耕+抛秧和免耕+插秧两种方式效果最为显著。

关键词 长期定位试验；保护性耕作；水稻产量；土壤性状；稻田

可持续农业已成为世界农业的发展趋势，保护性耕作是可持续农业中的关键技术[1]。保护性耕作是以减轻水土流失和保护土壤与环境为主要目标，采用保护性种植制度和配套栽培技术形成的一套完整的农田保护性耕作技术体系，如免耕栽培技术、秸秆残茬利用技术和绿色覆盖技术。王昌全等[2]连续 8a 不同免耕方式的试验结果表明，与翻耕相比，免耕在第 1 年产量基本持平，第 2 年免耕产量即开始增加，并随着免耕时间的增加而日趋明显。李继明等[3]26a 长期施用绿肥定位试验结果表明，绿肥与化肥长期配合施用 26a 水稻平均产量增产 64.5%，土壤有机质、全氮和全磷均有所积累，积累的量与有机肥种类有关。高菊生等[4]连续 30a 双季稻绿肥轮作定位试验表明，种植绿肥作物对提高水稻产量、增加土壤有机质和提高土壤有机质活性具有重要意义。余晓鹤[5]研究结果显示，在免耕条件下，表层（0～5cm）土壤的全 N、NH_4^+-N 明显增加，5～15cm 则迅速下降，在土壤层次中发生明显差异。目前关于不同耕作方式对作物产量及土壤养分的研究较多，但对于综合探讨长期保护性耕作体系下水稻产量、土壤理化性状、生物学性状的年际变化以及各成分之间相关性的报道较少。通过研究不同耕作方式下水稻产量的变化趋势、土壤各理化性状及土壤生物活性的变化特征，探讨稻田长期实行保护性耕作在水稻产量和稻田土壤肥力等方面的优势效应，为合理调整和大力推广稻田保护性耕作技术提供理论支持和科学依据。

1 材料与方法

1.1 试验地基本概况

于 2005～2012 年在江西农业大学科技园实验田进行双季稻定位试验，试验基地年平均太阳总辐射

*基金项目：国家科技支撑计划课题（2007BAD89B18-03，2012BAD14B14-01）。
本文原载《生态学报》2015 年第 35 卷第 4 期第 1225-1234 页。

量为 $4.79\times10^{13}J/hm^2$，年平均日照时数为 1852h，年日均温≥0℃的积温达 6450℃，无霜期约 272d，年均温为 17.6℃，年降水量 1624mm。供试土壤发育于第四纪的红黏土，为亚热带典型红壤分布区。试验前供试土壤基本性质（0～20cm）：pH5.40，有机质 26.32g/kg，全氮 1.42g/kg，有效磷 4.73mg/kg，速效钾 34.05mg/kg。

1.2 试验设计

试验共设 4 个处理：①传统耕作+插秧（对照，CT+P），即按传统方法耕田；②保护性耕作处理：传统耕作+抛秧（CT+T），即按传统方法耕田、整平后进行抛秧；③保护性耕作处理：免耕+插秧（NT+P），即不进行翻耕，插秧前用除草剂灭茬；④保护性耕作处理：免耕+抛秧（NT+T），即不进行翻耕，抛秧前用除草剂灭茬，共 4 个处理。每个处理 3 次重复，随机区组排列，共 12 个小区，每小区面积 $33m^2$（11m×3m），小区间用高 30cm 的水泥田埂隔开，独立排灌。每年各处理水稻品种不同，2005～2006 年早稻品种为株两优 02，晚稻为中优 253；2007～2009 年早稻品种为金优 213，晚稻为金优 284；2010 年早稻品种为金优 1176，晚稻中优 161；2011～2012 年早稻品种为淦鑫 203，晚稻为新香优 96。早稻在每年的 4 月中下旬移栽，7 月中旬收获，晚稻在 7 月下旬移栽，10 月下旬收获。各处理栽插密度为 29.4×104 蔸/hm^2（移栽行株距为 20cm×17cm，每蔸 2～3 株）。早、晚稻所用化肥为尿素（N46%），钙镁磷肥（$P_2O_5$12%），氯化钾（K_2O60%），周年 N、P_2O_5、K_2O 用量为 150kg/hm^2、90kg/hm^2、120kg/hm^2。氮肥早稻按基肥∶分蘖肥∶穗肥=6∶3∶1 施用，晚稻按基肥∶分蘖肥∶穗肥=5∶3∶2 施用。磷肥全部作基肥，一次性施入，钾肥按分蘖肥∶穗肥=7∶3 施用。基肥在插秧前一天施下，分蘖肥在水稻移栽后 5～7d 时施用，穗肥在主茎幼穗长 1～2cm 时施用。其他田间管理措施同一般大田栽培。

1.3 测定指标与方法

1.3.1 水稻考种与测产

于水稻成熟期，在各小区普查 50 蔸作为有效穗计算的依据，然后用平均数法在各小区中随机选取有代表性的水稻植株 5 蔸，作为考种材料，清水漂洗去除空、秕粒晒干后用 1/100 分析天平测千粒重。并于成熟期用 1/10 天平测每小区实际产量（干重）。

1.3.2 土壤理化性状的测定

于晚稻收获后采集 0～20cm 土样（五点法）进行分析。土壤物理性状：土壤容重、土壤总孔隙度、毛管孔隙度采用环刀法测定，土壤总孔隙度=1－土壤容重/2.65，毛管孔隙度（%）=[（吸水后全筒土重－全筒烘干土重）/总体积]×100；土壤吸湿水采用烘干法。土壤化学性状：土壤 pH 采用 pH 计测定，土壤有机质采用重铬酸钾法-浓硫酸外加热法测定，全氮采用半微量凯氏定氮法，有效磷采用 $NaHCO_3$ 浸提-钼锑抗比色法，速效钾采用 NH_4OAc 浸提-火焰光度法。

1.3.3 土壤微生物数量及活度测定

于每年晚稻成熟期 10 月底采集土样，每小区 5 点取样并混匀为一个样品，置阴凉处风干后过 1mm 筛，并置于 4℃冰箱中保存。细菌、真菌、放线菌计数采用平板稀释涂布法。细菌培养用牛肉膏蛋白胨培养基，真菌用马丁氏培养基，放线菌用高氏 1 号培养基。具体测定方法参考文献[6]。土壤过氧化氢酶活性采用高锰酸钾滴定法测定，脲酶活性采用苯酚-次氯酸钠比色法测定，转化酶采用 3, 5-二硝基水杨酸比色法[7]。土壤过氧化氢酶活性以单位土重的 0.05mol/L 高锰酸钾毫克数表示，脲酶活性以 24h 后 1g 土壤中 NH_3-N 的毫克数表示，转化酶活性以 24h 后 1g 土壤中葡萄糖的毫克数表示。

1.4 数据处理

运用 Microsoft Excel 2010 处理数据，用 SPSS13.0 系统软件进行数据处理和统计分析，用 LSD（least significant difference test）进行样本平均数的差异显著性比较，用主成分分析（PCA）、Pearson 相关系数和逐步线性回归进行相关性分析。

2　结果与分析

2.1　稻田保护性耕作对水稻产量及产量构成要素的影响

稻田保护性耕作显著提高了水稻产量（图 1）。总体上看，2005～2012 年连续 8a 保护性耕作各处理（CT+T、NT+P、NT+T）的平均产量均高于对照（CK（CT+P），传统耕作），增加范围为 4.5%～8.8%。另外，除了 2010 年 NT+P 处理产量达到最高以外，其他年份均是 NT+T 处理最高，与对照相比增产幅度为 7.7%～11.4%。随着试验年份的推进，各处理水稻产量的差异也发生了明显的变化，均呈现逐渐增加的趋势，但各处理增加幅度略有不同，其中处理 NT+P 的增产幅度最大，为 28.9%。这说明长期实行保护性耕作能够提高水稻产量，增加经济收益。

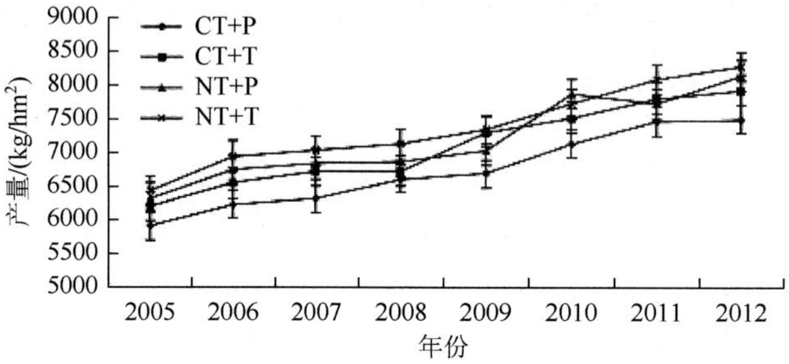

图 1　稻田保护性耕作的水稻产量分析

CT+P：传统耕作+插秧；CT+T：传统耕作+抛秧；NT+P：免耕+插秧；NT+T：免耕+抛秧

由表 1 可以看出，连续 8a 保护性耕作各处理的有效穗数、每穗粒数和结实率均高于对照（CK），而各处理间穗长和千粒重差异不显著。8a 间保护性耕作处理（均值，下同）的有效穗数显著高于对照 3.0%～11.6%（P＜0.05），2005～2008 年以 NT+T 处理最大，高出其他处理 2.3%～14.9%；NT+P 处理在 2009 年、2010 年、2012 年达到最大，2011 年则是 CT+T 处理最大，说明稻田保护性耕作总体上能促进水稻形成有效穗，从而影响产量。每穗粒数方面，与对照相比，8a 间保护性耕作处理增加幅度为 2.3%～8.2%，但仅在 2006～2008 年、2010 年与对照差异显著（P＜0.05），2006～2008 年表现为 NT+T＞NT+P＞CT+T＞CT+P；2010 年表现为 NT+T＞CT+T＞NT+P＞CT+P。结实率方面，2005 年、2008 年均是处理 NT+T 显著高于对照（P＜0.05），增加幅度分别 3.4%、3.6%，2010 年则是处理 NT+T 显著高于对照。

表 1　稻田保护性耕作处理的水稻产量构成分析

年份	处理	穗长/cm	有效穗数/(×10⁴ 穗/hm²)	每穗粒数	结实率/%	千粒重/(g/1000 粒)
2005	CT+P	21.54a	288.10d	94.21b	73.30b	22.57a
	CT+T	21.67a	294.00c	95.89ab	74.37ab	22.93a
	NT+P	21.83a	323.40b	96.21a	73.40b	23.03a
	NT+T	21.69a	346.90a	97.71a	75.77a	23.97a
2006	CT+P	20.68a	294.19d	96.30d	74.35a	23.03a
	CT+T	21.07a	313.28c	98.60c	74.72a	23.17a
	NT+P	21.49a	318.26b	101.50b	74.88a	23.14a
	NT+T	21.28a	321.42a	105.70a	75.86a	23.67a
2007	CT+P	20.34b	265.33c	93.25b	79.65a	22.72a
	CT+T	21.40ab	269.18b	97.15a	80.23a	23.22a
	NT+P	21.28ab	275.71a	98.57a	81.46a	23.33a
	NT+T	22.56a	276.14a	98.86a	81.07a	23.51a
2008	CT+P	20.82a	284.98d	92.20c	77.07b	24.42a
	CT+T	21.50a	292.55b	96.92b	78.54ab	24.49a
	NT+P	21.18a	290.24c	98.17b	79.18a	24.55a
	NT+T	21.78a	297.53a	104.10a	79.86a	24.54a

续表

年份	处理	穗长/cm	有效穗数/($\times 10^4$ 穗/hm^2)	每穗粒数	结实率/%	千粒重/(g/1000 粒)
2009	CT+P	20.56a	385.14c	97.93b	79.04ab	26.97a
	CT+T	21.46a	391.02b	98.94b	80.72a	28.73a
	NT+P	20.99a	415.88a	99.50b	79.54ab	27.57a
	NT+T	21.26a	389.90b	102.09a	78.33b	28.27a
2010	CT+P	20.54a	398.37c	124.29c	79.66c	25.72a
	CT+T	21.67a	421.89b	129.66ab	79.84c	26.01a
	NT+P	21.69a	445.41a	129.16b	84.63a	26.66a
	NT+T	20.68a	420.42b	131.31a	82.58b	25.91a
2011	CT+P	20.49b	396.90d	125.93b	81.34c	25.82a
	CT+T	23.28a	449.82a	126.44b	83.84ab	26.79a
	NT+P	21.40ab	416.01c	127.62b	82.03bc	26.34a
	NT+T	21.28b	426.30b	135.88a	84.02a	26.82a
2012	CT+P	20.56b	349.55d	121.66c	83.61b	26.13a
	CT+T	22.50a	365.99b	124.25b	87.37a	27.91a
	NT+P	21.78ab	419.33a	122.67bc	86.92a	27.26a
	NT+T	20.82ab	352.49c	128.36a	84.09b	26.62a

注：表中数据为平均值；同列不同的小写字母表示不同处理同一年份差异达 5%显著水平（$P<0.05$）。

2.2 稻田保护性耕作对土壤理化性状的影响

从表 2 可以看出，连续 8a 实行稻田保护性耕作各处理的土壤容重均低于对照（CK），而总孔隙度和毛管孔隙度均高于对照，这有利于土壤中水、肥、气、热的流通和储存，有利于水稻根系的穿插和水稻的生长发育。土壤容重方面，8a 间低于对照 3.6%～5.6%，而总孔隙度的增加幅度为 1.6%～17.4%，毛管孔隙度为 2.4%～16.7%。因此，采用保护性耕作能起到调控土壤物理性质的作用。另外，整体来看，随着试验时间的延长，各处理稻田表层土壤的容重有逐渐提高的趋势，较 2005 年增加 0.16g/cm^3，增加幅度为 14.6%，而稻田表层土壤的总孔隙度和毛管孔隙度有所降低，较 2005 年降低幅度分别为 19.1%和 18.7%。由此可见，长期耕作后容易导致土壤板结，需要及时翻耕土壤，增加土壤中养分的积累。

表 2 稻田保护性耕作对土壤理化性状的影响

耕作年份	处理	土壤物理性状			土壤化学性状				
		SB	TP	CP	pH	OM	TN	AP	AK
2005	CT+P	1.15a	53.97d	51.26d	5.61a	28.61b	1.35b	19.43b	34.72b
	CT+T	1.14a	58.24c	56.74c	5.69a	28.73b	1.45b	21.14b	34.98b
	NT+P	1.09a	64.52b	60.33b	5.58a	29.68ab	1.90a	27.13a	44.61a
	NT+T	1.07a	67.32a	62.42a	5.71a	31.08a	1.93a	27.63a	45.19a
2006	CT+P	1.18a	53.40a	50.62b	5.61a	29.22b	1.46a	26.11c	34.56c
	CT+T	1.16a	54.30b	50.93b	5.70a	30.19ab	1.53a	27.50c	35.77c
	NT+P	1.13a	56.70b	52.14ab	5.67a	30.87ab	1.60a	29.41b	40.18b
	NT+T	1.12a	56.94b	53.79a	5.73a	32.01a	1.71a	35.89a	44.15a
2007	CT+P	1.20a	53.10b	49.98b	5.63a	28.30b	1.45a	22.04c	34.65b
	CT+T	1.19a	53.34b	51.22b	5.69a	28.73b	1.85a	25.09b	42.68a
	NT+P	1.15a	55.82a	53.66a	5.68a	29.94ab	2.07a	28.39a	43.61a
	NT+T	1.13a	55.64a	53.90a	5.71a	31.25a	2.19a	28.39a	44.34a
2008	CT+P	1.23a	52.76b	48.86c	5.34a	27.36b	1.52a	19.50c	35.10b
	CT+T	1.21a	53.03b	50.33bc	5.36a	27.88ab	1.55a	20.64c	35.30b
	NT+P	1.18a	55.01a	52.11ab	5.69a	29.66a	1.97a	27.63a	45.01a
	NT+T	1.16a	55.67a	53.03a	5.73a	29.71a	2.05a	25.47b	44.80a

续表

耕作年份	处理	土壤物理性状			土壤化学性状				
		SB	TP	CP	pH	OM	TN	AP	AK
2009	CT+P	1.25a	50.69b	48.05b	5.19a	30.50b	1.94a	17.94c	43.20c
	CT+T	1.21a	51.88ab	48.84ab	5.20a	31.75b	2.05a	18.36c	45.36b
	NT+P	1.17a	52.63a	50.04a	5.32a	32.30b	2.19a	22.93b	49.51a
	NT+T	1.16a	52.93a	50.72a	5.56a	34.70a	2.31a	25.31a	50.25a
2010	CT+P	1.26a	50.07b	47.43a	5.11a	30.80b	1.07a	17.98c	32.57c
	CT+T	1.24a	51.22ab	48.20a	5.14a	34.80a	1.50a	19.25bc	36.86b
	NT+P	1.18a	51.76ab	48.65a	5.15a	31.80b	2.58a	20.26b	38.40b
	NT+T	1.17a	51.98a	48.88a	5.18a	35.00a	2.62a	25.60a	42.26a
2011	CT+P	1.28a	49.82a	46.65a	4.90a	32.00b	1.81a	19.37a	43.19c
	CT+T	1.25a	50.20a	47.03a	4.95a	35.00a	2.03a	20.13a	44.37c
	NT+P	1.21a	50.88a	48.22a	4.95a	36.20a	2.41a	20.27a	47.20b
	NT+T	1.19a	51.27a	48.45a	5.04a	31.50b	2.67a	20.52a	55.36a
2012	CT+P	1.33a	48.78a	45.73b	4.76a	34.72a	2.31a	20.12d	39.50b
	CT+T	1.31a	49.12a	46.07b	4.94a	35.34a	2.55a	22.75c	40.50b
	NT+P	1.24a	49.23a	47.48ab	4.92a	36.45a	2.62a	25.12b	41.25b
	NT+T	1.22a	50.33a	48.24a	4.96a	35.39a	2.59a	31.55a	48.25a
8a 平均值		1.19	53.52	50.63	5.36	31.61	1.96	23.71	41.80

注：表中数据为平均值；同列不同的小写字母表示不同处理同一年份差异达 5%显著水平（$P<0.05$）；OM：有机质（g/kg）；TN：全氮（g/kg）；AP：有效磷（mg/kg）；AK：速效钾（mg/kg）；SB：土壤容重（g/cm^3）；TP：总孔隙度（%）；CP：毛管孔隙度（%）。

另外由表 2 可知，与对照相比，连续 8a 稻田保护性耕作处理提高了土壤有机质、有效磷、速效钾含量，其中土壤 pH、全氮差异不显著。连续 8a 保护性耕作处理土壤有机质均高于对照，增加范围 2.9%～10.0%，其中 2005～2010 年均是 NT+T 处理最大，高于其他处理 5.0%～10.1%，NT+P 处理在 2011～2012 年达到最大，高于其他处理 10.3%、3.7%。8a 间保护性耕作处理土壤有效磷含量均高于对照，提高幅度为 4.8%～31.6%，这说明保护性耕作能促进有效磷的提高，有利于改变土壤中的速效养分，使土壤的性状朝有利于水稻生长的方向改善。与对照相比，连续 8a 保护性耕作处理的速效钾含量增加了 9.70%～25.67%，且除了 2008 年 NT+P 处理达到最大以外，其余年份均是 NT+T 效果最好，高于其他处理 10.0%～23.2%。

2.3　稻田保护性耕作对土壤生物学性状的影响

由表 3 可以看出，土壤真菌方面在 2005 年处理 NT+P 处理数量最多，与对照相比增加了 51.6%，且差异显著（$P<0.05$），CT+T 处理在 2008 年达到最大，显著高于对照处理 54.1%。2005～2011 年连续 7a 间各处理的硝化细菌数量差异不显著，仅在 2012 年处理 NT+T、NT+P 显著高于对照 126.1%、121.1%，增加幅度较大，但各处理间细菌、放线菌均差异不显著。另外由表 3 还可以看出，各处理间过氧化氢酶、脲酶活性均差异不显著。8a 间土壤转化酶活性变化范围在 0.292～0.451mg/g，其中 2005～2007 年、2012 年均是处理 NT+T 达到最大，与对照相比，分别依次增加了 105.2%、82.6%、137.7%、72.7%，且差异显著（$P<0.05$）。

2.4　水稻产量、土壤理化性状、生物学性状的相关性

水稻产量、产量各构成要素与土壤理化性状、生物学性状相关性分析（表 4）可以看出，水稻产量与土壤容重、pH、有机质、全氮、硝化细菌呈极显著相关（$P<0.01$），与总孔隙度、毛管孔隙度、速效钾、放线菌显著相关（$P<0.05$），而与有效磷、细菌、真菌、过氧化氢酶、脲酶、转化酶相关不显著（$P>0.05$）。在产量构成要素中，穗长与真菌、过氧化氢酶极显著相关；有效穗数与土壤容重显

著负相关，与总孔隙度、毛管孔隙度极显著相关，与pH、全氮、硝化细菌显著相关；每穗粒数与土壤容重显著负相关，与pH、有机质、全氮、速效钾、放线菌极显著相关，与总孔隙度、毛管孔隙度、细菌、硝化细菌显著相关；结实率与土壤容重呈极显著负相关，与pH、有机质、全氮、硝化细菌极显著相关，与总孔隙度、毛管孔隙度、速效钾、真菌、放线菌显著相关；千粒重与土壤容重显著负相关，与总孔隙度、毛管孔隙度、有效磷、硝化细菌显著相关。综上，通过采取一定的农田管理措施提高土壤理化性状、生物学性状，能够促进水稻生长发育、增加水稻产量，而保护性耕作对于有效提高土壤养分和增加土壤活性方面发挥着重要的作用。

表3 稻田保护性耕作对土壤微生物数量和酶活性的影响

年份	处理	微生物数量				酶活性/(mg/g)		
		细菌/($\times10^7$CFU/g)	真菌/($\times10^5$CFU/g)	放线菌/($\times10^6$CFU/g)	硝化细菌/($\times10^5$CFU/g)	过氧化氢酶	脲酶	转化酶
2005	CT+P	0.41a	0.62b	0.82a	0.85a	0.638a	0.192a	0.194b
	CT+T	1.02a	0.75ab	0.85a	1.11a	0.829a	0.225a	0.194b
	NT+P	1.40a	0.94a	0.91a	1.08a	0.948a	0.240a	0.352ab
	NT+T	1.63a	0.66ab	0.97a	1.20a	1.003a	0.251a	0.398a
2006	CT+P	0.55a	0.56a	0.71a	0.76a	0.631a	0.174a	0.298b
	CT+T	0.89a	0.97a	0.93a	1.17a	0.648a	0.259a	0.359ab
	NT+P	1.12a	1.18a	0.76a	2.21a	1.038a	0.277a	0.517a
	NT+T	1.76a	1.63a	1.03a	1.35a	1.427a	0.231a	0.544a
2007	CT+P	0.75a	0.68a	0.72a	0.81a	0.567a	0.151b	0.255b
	CT+T	0.94a	1.06a	0.96a	1.32a	0.699a	0.179b	0.421ab
	NT+P	1.22a	1.64a	1.13a	1.59a	0.786a	0.217ab	0.521a
	NT+T	1.61a	1.33a	1.25a	1.21a	1.210a	0.381a	0.606a
2008	CT+P	0.77a	0.61b	0.66a	0.69a	0.766a	0.133a	0.221a
	CT+T	0.82a	0.94a	0.84a	1.82a	0.745a	0.133a	0.283a
	NT+P	1.13a	0.93a	1.05a	2.15a	0.748a	0.138a	0.292a
	NT+T	1.23a	0.68b	1.36a	2.04a	0.780a	0.144a	0.372a
2009	CT+P	0.93a	0.65a	0.88a	1.43a	0.808a	0.119a	0.278a
	CT+T	1.17a	0.93a	1.28a	2.28a	0.820a	0.133a	0.286a
	NT+P	1.54a	0.82a	1.32a	2.47a	0.850a	0.140a	0.303a
	NT+T	1.56a	1.07a	1.02a	1.47a	0.904a	0.142a	0.383a
2010	CT+P	1.50a	0.79a	1.24a	1.22a	0.799a	0.140a	0.192a
	CT+T	1.88a	0.93a	1.45a	1.48a	0.805a	0.204a	0.271a
	NT+P	1.97a	0.94a	1.89a	2.19a	0.873a	0.235a	0.314a
	NT+T	2.75a	1.16a	1.98a	3.02a	0.940a	0.251a	0.373a
2011	CT+P	1.63b	0.97a	1.61a	1.57a	1.001a	0.212a	0.237a
	CT+T	1.95b	1.01a	1.69a	1.75a	1.055a	0.219a	0.278a
	NT+P	2.83ab	1.29a	1.82a	2.69a	1.070a	0.237a	0.354a
	NT+T	3.85a	1.45a	1.88a	2.74a	1.114a	0.263a	0.373a
2012	CT+P	1.75b	0.96a	2.34a	1.61b	0.967a	0.202a	0.275b
	CT+T	2.30ab	1.05a	2.75a	1.99ab	1.149a	0.226a	0.376ab
	NT+P	3.80a	1.53a	2.94a	3.56a	1.057a	0.236a	0.392ab
	NT+T	2.67ab	1.91a	3.20a	3.64a	1.177a	0.250a	0.475a

注：表中数据为平均值；同列不同的小写字母表示不同处理同一年份差异达5%显著水平（$P<0.05$）。

表 4　水稻产量、产量各构成因素与土壤性状之间的相关性

项目	SB	TP	CP	pH	OM	TN	AP	AK	BA	FU	AC	NB	CA	UA	IA
RY	−1.00**	0.98*	0.98*	1.00**	0.99**	1.00**	0.79	0.98*	0.94	0.57	0.97*	1.00**	0.57	0.12	0.54
EL	−0.48	0.36	0.35	0.58	0.65	0.6	0.08	0.69	0.79	1.00**	0.73	0.48	1.00**	0.77	0.41
EP	−0.99*	1.00**	1.00**	0.96*	0.93	0.95*	0.92	0.91	0.83	0.35	0.89	0.99*	0.35	0.36	0.73
NP	−0.98*	0.95*	0.95*	1.00**	1.00**	1.00**	0.73	1.00**	0.97*	0.65	0.99**	0.98*	0.65	0.02	0.45
SR	−0.99**	0.97*	0.97*	1.00**	0.99**	1.00**	0.77	0.99*	0.95*	0.6	0.98*	0.99**	0.6	0.09	0.51
GW	−0.96*	0.98*	0.99*	0.91	0.87	0.9	0.96*	0.84	0.75	0.22	0.82	0.95*	0.22	0.48	0.82

*为显著相关（$P<0.05$），**为极显著相关（$P<0.01$）；

注：RY：水稻产量；EL：穗长；EP：有效穗数；NP：每穗粒数；SR：结实率；GW：千粒重；SB：土壤容重；TP：总孔隙度；CP：毛管孔隙度；OM：有机质；TN：全氮；AP：有效磷；AK：速效钾；BA：细菌；FU：真菌；AC：放线菌；NB：硝化细菌；CA：过氧化氢酶；UA：脲酶；IA：转化酶。

3　讨　　论

3.1　多年稻田保护性耕作体系下的土壤性质变化

土壤氮、磷、钾元素是表征土壤肥力（健康）的重要指标，在提供作物生长所需的养分、改善土壤结构、增加土壤保水保肥性能以及缓冲性能等方面发挥着重要作用[8, 9]。徐阳春等[10]连续 14a 的水旱轮作免耕试验表明，长期免耕和施肥造成土壤养分的表层富集，0～5cm 土层有机碳、全氮、速效氮含量显著增加，而 5～10cm 和 10～20cm 土层则明显低于传统耕作。这是因为稻田免耕土壤没有经过人为的干扰松动，肥料施在土壤表层，难于下渗到亚表层和底土层，因而有利于土壤养分在表土层富集[11, 12]。本研究结果也表明，与传统耕作相比，连续 8a 稻田保护性耕作处理提高了土壤有机质（2.9%～10.0%）、有效磷（4.8%～31.6%）、速效钾（9.7%～25.7%），且以免耕+抛秧和免耕+插秧效果最为显著。姚珍等[8]研究表明，与传统耕作相比，秸秆覆盖可使土壤总孔隙度增加 0.3%～2.0%，容重降低 0.02～0.06g/cm^3。本研究与上述结果一致，实行稻田保护性耕作土壤容重低于传统耕作 3.6%～5.6%，而总孔隙度和毛管孔隙度分别高出传统耕作 1.6%～17.4%、2.4%～16.7%。而吴建富等[13]研究表明，稻田免耕（1a），有利于改善土壤物理性状，随着免耕时间（2a）的延长，稻田表层土壤容重开始增加，非毛管孔隙度较翻耕处理下降 18.7%～23.3%；免耕 3a，稻田土壤容重较翻耕增加更明显，增幅达 8.10%。说明稻田免耕 2a 后土壤开始板结，本研究结果也表明随着试验时间的延长，稻田表层土壤容重较 2005 年增加了 14.6%，总孔隙度和毛管孔隙度降低了 19.1%和 18.7%。总体上，多年稻田保护性耕作有利于改变土壤中的速效养分，促进土壤中养分的积累和吸收，使土壤朝有利于水稻生长的方向改善。

土壤微生物推动着土壤的物质转化和能量流动，它可以代表土壤中物质代谢的旺盛程度，是土壤肥力的一个重要指标[14, 15]。保护性耕作可以增加土壤某些微生物数量和活性。殷士学[16]经过 7a 的试验结果显示，砂壤土上免耕土壤中的微生物数量明显高于传统耕作。李华兴等[17]研究结果表明免耕土壤中的放线菌和真菌数量减少，而细菌数量增加，酶活性增强。张星杰等[18, 19]研究发现在全生育期保护性耕作处理土壤微生物细菌、放线菌、真菌和纤维素分解菌数量分别比传统耕作提高 41.9%、470.1%、67.9%和 65.7%。本试验研究结果表明，2012 年处理免耕+抛秧、免耕+插秧的硝化细菌数量显著高于对照 126.1%、121.1%，增加幅度较大，但各处理间细菌、放线菌均差异不显著。另外 2005～2007 年、2012 年土壤转化酶活性均是处理免耕+抛秧达到最大，显著高于对照 72.7%～137.7%，但各处理在过氧化氢酶、脲酶活性均差异不显著。因此，免耕后水稻根茬丰富的有机质含量可以促使细菌和真菌大量繁殖，能够有效促进土壤中营养元素的转化，有利于水稻的吸收和生长[20]。

3.2　产量与土壤性质关系

水稻产量和稻米品质受品种遗传因素影响，也与土壤肥力、气温等环境条件关系密切。王秋菊[21]通过探讨土壤性状影响水稻稻米产量及品质指标形成的机理，结果表明水稻产量因土壤肥力水平不同而差异显著。水稻产量与土壤有机质、全氮、碱解氮含量呈显著正相关关系，而与土壤有效磷、速效钾含量相关关系不显著。刘淑霞等[22]分析不同耕作施肥措施下土壤速效养分和作物产量的变化规律及其相互关系，表明速效钾的含量对作物产量的影响相对较大，而土壤中碱解氮的含量对作物产量的影响相对较小。本研究结果表明，水稻产量与土壤容重、pH、有机质、全氮、硝化细菌呈极显著相关，与总孔隙度、毛管孔隙度、速效钾、放线菌显著相关（$P<0.05$），而与有效磷、细菌、真菌、过氧化氢酶、脲酶、转化酶相关不显著。

随着我国现代农业的发展，省工、省力、轻简、环境友好型技术越来越受到欢迎和重视，“中央一号”文件连续多年将保护性耕作技术列为重要的可持续技术加以推广[23]，基于保护性耕作对作物产量及土壤肥力状况和微生物的积极效益，长期稻田保护性耕作是适合江南丘陵区双季稻区农业可持续发展的有效模式之一，其中免耕+抛秧和免耕+插秧两种方式效果最为显著。但南方部分地区耕地规模小，机械化水平低，且作物产量高，秸秆量大，保护性耕作秸秆处理技术难度较大，上述原因导致保护性耕作难以大范围推广与应用。

4 结　论

（1）在本试验条件下稻田保护性耕作显著提高了水稻产量，8a 间保护性耕作处理的平均产量高于传统耕作 4.5%～8.8%，各处理的有效穗数、每穗粒数和结实率均高于对照，而穗长和千粒重差异不显著。

（2）连续 8a 实行稻田保护性耕作处理的土壤容重低于传统耕作 3.6%～5.6%，而总孔隙度和毛管孔隙度分别高出传统耕作 1.6%～17.4%、2.4%～16.7%。与传统耕作相比，连续 8a 保护性耕作处理提高了土壤有机质（2.9%～10.0%）、有效磷（4.8%～31.6%）、速效钾（9.7%～25.7%）。

（3）在 2005 年免耕+插秧的土壤真菌数量最多，显著高于对照处理 51.6%，免耕+抛秧在 2008 年达到最大，显著高于对照处理 54.1%。2012 年免耕+抛秧、免耕+插秧显著高于对照 126.1%、121.1%。8a 间土壤转化酶活性变化范围在 0.292～0.451mg/g 之间，其中 2005～2007 年、2012 年均是免耕+抛秧达到最大，显著高于对照处理 72.7%～137.7%。

参 考 文 献

[1] 邹应斌，黄见良，屠乃美，等. “旺壮重”栽培对双季杂交稻产量形成及生理特性的影响. 作物学报，2001，27（3）：343-350.

[2] 王昌全，魏成明，李廷强，等. 不同免耕方式对作物产量和土壤理化性状的影响. 四川农业大学学报，2001，19（2）：152-154，187.

[3] 李继明，黄庆海，袁天佑，等. 长期施用绿肥对红壤稻田水稻产量和土壤养分的影响. 植物营养与肥料学报，2011，17（3）：563-570.

[4] 高菊生，曹卫东，李冬初，等. 长期双季稻绿肥轮作对水稻产量及稻田土壤有机质的影响. 生态学报，2011，31（16）：4542-4548.

[5] 余晓鹤，黄东迈. 土壤表层管理对部分土壤化学性质的影响. 土壤通报，1990，（4）：158-161.

[6] 中国科学院南京土壤研究所微生物室. 土壤微生物研究法. 北京：科学出版社，1985：59-63.

[7] 关松荫. 土壤酶及其研究法. 北京：农业出版社，1986：27-30.

[8] 姚珍. 保护性耕作对水稻生长和稻田环境质量的影响. 南昌：江西农业大学，2007.

[9] 徐玲，张杨珠，周卫军，等. 不同施肥结构下稻田产量及土壤有机质和氮素营养的变化. 农业现代化研究，2006，27（2）：153-156.

[10] 徐阳春，沈其荣，雷宝坤，等. 水旱轮作下长期免耕和施用有机肥对土壤某些肥力性状的影响. 应用生态学报，2000，11（4）：549-552.

[11] 刘怀珍，黄庆，李康活，等. 水稻连续免耕抛秧对土壤理化性状的影响初报. 广东农业科学，2000，（5）：8-11

[12] 江泽普，黄绍民，韦广泼，等. 不同连作免耕稻田土壤肥力变化与综合评价. 西南农业学报，2007，20（6）：1250-1254.

[13] 吴建富，潘晓华，石庆华，等. 水稻连续免耕抛栽对土壤理化和生物学性状的影响. 土壤学报，2009，46（6）：1132-1139.

[14] 徐琪，杨林章，董元华. 中国稻田生态系统. 北京：中国农业出版社，1998：158-170.

[15] 张鼎华，叶章发，范必有，等. 抚育间伐对人工林土壤肥力的影响. 应用生态学报，2001，12（5）：672-676.

[16] 殷士学，宋明芝，封克. 免耕法对土壤微生物和生物活性的影响. 土壤学报，1992，29（4）：370-376.

[17] 李华兴，卢维盛，刘远金，等. 不同耕作方法对水稻生长和土壤生态的影响. 应用生态学报，2001，12（4）：553-556.

[18] 樊晓刚，金轲，李兆君，等. 不同施肥和耕作制度下土壤微生物多样性研究进展. 植物营养与肥料学报，2010，16（3）：744-751.

[19] 张星杰，刘景辉，李立军，等. 保护性耕作对旱作玉米土壤微生物和酶活性的影响. 玉米科学，2008，16（1）：91-95，100

[20] 倪国荣，涂国全，魏赛金，等. 稻草还田配施催腐菌剂对晚稻根际土壤微生物与酶活性及产量的影响. 农业环境科学学报，2012，31（1）：149-154.

[21] 王秋菊. 黑龙江地区土壤肥力和积温对水稻产量、品质影响研究. 沈阳：沈阳农业大学，2012.

[22] 刘淑霞，刘景双，赵明东，等. 土壤活性有机碳与养分有效性及作物产量的关系. 吉林农业大学学报，2003，25（5）：539-543.

[23] 高旺盛. 中国保护性耕作制. 北京：中国农业大学出版社，2011.

Effects of 8 Years of Conservational Tillage on Rice Yield and Soil Physical, Chemical and Biological Properties

Huang Guoqin[1]　Yang Binjuan[1]　Wang Shubin[1]　Huang Xiaoyang[1]
Zhang Zhaofei[1]　Yao Zhen[1]　Huang Luxing[1]　Zhao Qiguo[2]

1 Research Center on Ecological Science, Jiangxi Agricultural University, Nanchang　330045, China

2 Institute of Soil Science, Chinese Academy of Sciences, Nanjing　210008, China

Abstract

Conservation tillage is a key technology in the trend towards sustainable agriculture. The main targets of conservation tillage are to reduce soil erosion and protect the soil and the environment. Conservation tillage can be complemented by the use of a range of other cultivation techniques, including no-till cultivation techniques, the use of straw stubble technology and green covering technology. There are a number of current studies reporting on the effects of different tillage methods on crop yield and soil nutrients. There have been fewer comparisons of the effects of long-term application of conservation tillage on rice yield, soil physical, chemical and biological properties and interannual variability. Through research on trends in rice yield, soil physical and chemical properties and variation of soil biological activity under different tillage methods, this study explores the advantages of long-term application of conservation tillage on rice yield and soil fertility in paddy fields. It provides theoretical support and a sound scientific basis for the rationalization and vigorous promotion of conservation tillage technology in paddy fields. We have comprehensively studied the effects of long-term application of conservation tillage on rice yield, soil fertility and biological activity. The study site is located in the southern hilly region in Jiangxi Province, China. The double-cropping experiment was conducted in a paddy field at Jiangxi Agricultural University between 2005 and 2012. The test comprised a total of four treatments: ①conventional tillage +transplanting (CT+P), the traditional farming method; ②conservation tillage treatment: conservation tillage+throwing (CT+T), the traditional method of plowing and throwing seedlings after flattening; ③conservation tillage treatment: no-tillage+transplanting (NT+P), no tillage, with the herbicide applied to stubble before transplanting; ④conservation tillage treatment: no tillage+throwing(NT+T), no tillage, with the herbicide applied to stubble before throwing. The results indicate that with conservational tillage, rice yield was significantly higher (4.5%～8.8%) than with conventional tillage. Yield components were also higher with conservation tillage than conventional tillage, but the differences in ear length and grain weight among all treatments were not significant. Implementation of conservation tillage decreased soil bulk density by 3.6%～5.6%, increased total porosity by 1.6%～17.4% and increased capillary porosity by 2.4%～16.7% when compared with conventional tillage. Significant increases in soil organic matter (2.9%～10.0%), available phosphorus (4.8%～31.6%) and available potassium (9.7%～25.7%) were also obtained under long-term conservation tillage treatments when compared with conventional tillage. The abundance of fungi in the no-tillage + planting treatments was significantly higher (51.6%) than in conventional tillage in 2005, while the abundance of fungi in the no-tillage +throwing treatments was significantly higher (54.1%) than in conventional tillage in 2008. The differences in the abundance of nitrifying bacteria among all treatments were not significant between 2005 and 2011. The abundance of nitrifying bacteria in the no-tillage + throwing and the no-tillage +planting treatments were significantly higher (126.1% and 121.1%, respectively) than conventional tillage in 2012. No significant differences were obtained for catalase or urease activity among all treatments. Invertase activity varied between 0.292 and 0.451 mg/g during the 8 years sampled. Invertase activity was significantly higher in the no-tillage+throwing treatments (72.7%～137.7%) than in conventional tillage for the years 2005～2007 and in 2012. The implementation of conservation tillage was an effective model for sustainable development of agriculture and was suitable for the southern hilly region. The no-tillage + throwing and no-tillage + planting treatments generated the most significant effects.

Key words　Long-term field experiment; Conservational tillage; Rice yield; Soil properties; Paddy field

红壤旱地不同玉米种植系统的生态学功能评价*

黄国勤[1]　贺娟芬[1]　赵其国[2]

1　江西农业大学生态科学研究中心，南昌　330045

2　中国科学院南京土壤研究所，南京　210008

摘　　要

为了充分发挥红壤旱地的生态功能，筛选出较优化的玉米种植系统，本研究依据近 23a（1984～2006 年）的田间试验资料，从农田生态系统的生产功能、能流功能、价值流功能以及用养结合功能四个方面对红壤旱地 15 种玉米种植系统进行了分析，并采用灰色关联度法从生态效益、经济效益和社会效益三个层次 13 个指标对各种植模式进行综合评价，筛选出了 3 种适宜于在红壤旱地上推广的较优化的玉米种植系统。结果表明，处理（10）“豌豆/早玉米+早稻/晚玉米”的社会效益和生态效益关联度值分别为 0.750 和 0.986，均居第一位，其经济效益关联度值为 0.841，居第二位，经灰色关联度分析，得出其综合加权关联度值最大，是最适宜在南方红壤旱地上推广的优化种植模式。处理（12）“紫云英-早玉米-芝麻”和处理（11）“豌豆/棉花+早玉米”的加权关联度值也较大，分别为 0.739 和 0.716，居第二位和第三位，这两种种植模式对今后红壤旱作区种植业结构布局和种植方式的优化具有积极意义。

关键词　玉米种植系统；生态学功能；优化模式；红壤旱地；可持续发展

红壤旱地是我国南方地区重要的农业土壤资源，由于生产条件较差，存在酸、瘦、黏、板、旱、蚀等多种限制因素。致使红壤旱地资源未能得到充分开发利用，生产潜力没有得到应有的发挥和挖掘[1]。

玉米是世界上仅次于水稻和小麦的第三大作物。被誉为“饲料之王”。当今学者把人均占有玉米数量视为衡量一个国家畜牧业发展状况和人民生活水平高低的重要标志之一[2]。我国南方稻区由于玉米等饲料短缺，农民长期以来都是用稻谷喂养家畜。不同程度地出现了“人畜争粮”、“人增粮减”的不正常现象，对南方乃至全国的“粮食安全”带来不利影响。

近年来的科学研究和生产实践证明，开发南方红壤旱地资源，在红壤旱地上种植玉米，大力发展红壤旱地玉米生产，不断增加玉米生产量，对于缓解饲料短缺和粮食不足，确保南方乃至全国粮食安全具有重要的现实意义和长远的战略意义[3]。因此，本研究从玉米为主体的种植系统的生态学功能入手，筛选出优化的种植模式供生产上推广应用，这对大幅度提升红壤旱地生态系统的功能和效益，实现以多熟种植为特征的红壤生态系统的可持续发展具有重要意义。

当今学者对农田种植系统的生态学功能做了大量的研究。如，叶旭君等在分析了农田生态系统能量转化规律的基础上，对农田生态系统的能量投入产出模型及其应用进行了研究[4]，陈喜靖等对红壤旱地 3 熟 4 作和 3 熟 5 作复合制与 2 熟制进行了比较研究，结果表明，多元多熟复合种植制可以获得较高的物质和能量生产力、光能利用率、经济效益和劳动报酬率[5]。刘巽浩对我国不同地区农田生态系统能量转换效率进行了初步研究，结果表明我国不同地区能量产投比有很大的区别，而且随着能量投入的增加，能量的效益也随之提高[6]。陈典豪等从施肥水平对红壤旱地不同种植制度的影响角度进行了研究，结果表明施用等量的肥料，因种植系统不同，土壤理化性质的变化也明显不同。产量与经济效益方面也显著不同[7]。赵安洁等对滇中红壤旱地上几种主要农作物在不同间套作形式下土壤肥力的变化的研究表明，几种处理的土壤肥力都有不同程度的下降，在投入的氮磷钾中作物对钾的吸收量最低[8]。顾宏辉等对近年来浙中南山区和浙西南丘陵地区的旱地新型多熟种植模式进行调查分析，表明不同新型多熟种植模式具有明显的增值效果[9]。

---

*国家教育部科学技术研究重点项目（编号：03067）和江西省农业厅 2006 年农牧渔业科研计划项目（赣农字[2006]23 号）共同资助。

作者简介：黄国勤（1962—），男，教授，博士生导师，研究方向为耕作制度、农业生态及农业可持续发展等。

本文原载《土壤学报》2009 年第 46 卷第 3 期 442-451 页。

纵观前人研究，多是对种植系统的生态学功能的某个或某些方面进行深入研究，而对农田多熟种植系统的生态学功能进行全面而系统的研究，特别是对其功能、效益等进行长期定位试验并进行定量综合评价，则不多见。本文以作者近 23a（1984～2006 年）的田间试验数据为依据，全面探讨红壤旱地上发展以玉米为主体的多熟种植系统的生态学功能，并通过定量评价，筛选出适宜南方红壤旱地上推广的优化种植模式，以期为南方红壤旱地资源开发、缓解饲料短缺、维护南方乃至全国的粮食安全作出积极贡献。

1　材料与方法

1.1　试验设计

试验地位于江西农业大学科技园（原农学院实验站）红壤旱地上，地处 28°46′04.476″N，115°55′02.040″E，年均气温为 17.6℃，日均气温≥10℃的活动积温达 5600℃，持续天数 255d。年平均日照总辐射量为 478.93kJ/cm^2，年平均日照时数为 1820.4h，无霜期约 272d，年降水量 1624.4mm。低岗地，其成土母质为第四纪红色黏土，无灌溉条件（本试验主要通过种植抗旱品种、调整作物播种期和收获期，以及采用免耕、覆盖等技术措施，防止红壤旱地季节性干旱）。土壤肥力基本一致，小区长 11.1m，宽 3m，面积为 33.3m^2，重复三次，随机区组排列。试验时间为 1984 年 10 月至 2006 年 10 月（本试验是一个长期定位试验，目前，该试验仍在进行中），各试验小区不同年份间实行轮作，田间管理（如播种、施肥、中耕、收获等各个环节）均同大田作物。红壤旱地供试的玉米种植方式为：处理（1）单作旱玉米（CK）；处理（2）旱玉米+大豆；处理（3）旱玉米+花生；处理（4）旱玉米+绿豆；处理（5）大豆-晚玉米；处理（6）黑麦草/大豆-晚玉米；处理（7）紫云英/大豆+旱玉米/晚玉米；处理（8）紫云英-旱玉米/晚玉米+绿豆；处理（9）蚕豆-旱玉米/甘薯；处理（10）豌豆/旱玉米+旱稻/晚玉米；处理（11）豌豆/棉花+旱玉米；处理（12）紫云英-旱玉米-芝麻；处理（13）油菜/大豆+旱玉米-芝麻；处理（14）混播绿肥-旱玉米-大豆；处理（15）蚕豆/旱玉米/甘薯。“-”表示接茬，“+”表示间作，“/”表示套作。

供试材料与主要品种：紫云英为余江大叶籽，蚕豆为南昌农家品种，大豆为浙 6892，绿豆为南昌农家品种，花生为南昌本地种，甘薯为南昌农家品种，旱稻为中旱 3 号，棉花为赣棉 11 号，芝麻为中赣 02 号。黑麦草、旱玉米、晚玉米品种按一定顺序轮换种植，选择当年当地大量种植的常规品种。

施肥方案：玉米和旱稻 1hm^2 施钙镁磷肥 375kg（基肥），氯化钾 225kg（基肥：苗肥：孕穗肥=3：3：4），尿素 450kg（基肥：苗肥：孕穗肥=2：3：5）；大豆和绿豆 1hm^2 施钙镁磷肥 325kg（基肥），氯化钾 200kg（基肥：苗肥：孕穗肥=3：3：4），尿素 320kg（基肥：苗肥：孕穗肥=2：3：5）。花生和芝麻 1hm^2 施钙镁磷肥 375kg（基肥），氯化钾 225kg（基肥：苗肥：孕穗肥=3：3：4），尿素 75kg（基肥：苗肥：孕穗肥=2：3：5）；蚕豆 1hm^2 施钙镁磷肥 300kg（基肥），氯化钾 75kg（基肥），尿素 75kg（基肥：追肥=1：2）；棉花 1hm^2 施钙镁磷肥 375kg（基肥），氯化钾 225kg（基肥：苗肥：花铃肥=3：3：4），尿素 450kg（基肥：苗肥：花铃肥=2：3：5）；黑麦草和紫云英不施肥，其他栽培管理同一般大田。

1.2　测定项目及方法

（1）记载各农作物的生育期和不同处理种子、农药、化肥、劳力数量及资金投入。

（2）紫云英和黑麦草，在成熟期，采用五点法，每点测 1m^2，测其鲜重，然后取样烘干测其干重。

（3）玉米，于玉米成熟期，在各小区随机选取玉米棒 5 个，作考种材料，并采集 25 个玉米棒脱粒晒干后称重，作为实测产量。

（4）大豆、绿豆、豌豆、油菜、花生和蚕豆，分别于成熟期，在各小区随机选取植株 5 株，作为考种材料，并采集 5 株，除去豆荚晒干后称重，作为实测产量。

（5）甘薯与花生，测量各小区实际产量。

（6）旱稻、棉花和芝麻，每小区随机选取 5 蔸植株，带回室内考种，然后计算理论产量。

2　结果与分析

2.1　生态学功能

红壤旱地玉米种植系统是一个典型的农田生态系统，它是由玉米、大豆、花生、甘薯、棉花、旱稻等多种旱作物及旱地农田无机环境所组成。在旱作物和无机环境之间有着千丝万缕的联系，其中最本质的联系就是通过转换太阳能，产生能量转换和价值增值[10]，生态系统的能流特征反映了其能量转化功能，价值流特征则反映了其价值转换功能，而农田生态系统不仅具有生产功能，还具有用养结合功能（即用地与养地相结合的功能）。基于这种认识，本研究拟着重从生产功能、能流特征、价值流功能和用养结合功能等方面，全面、系统地分析红壤旱地玉米种植系统的生态学功能[11]；在此基础上，定量评价不同玉米种植系统的综合功能和效益，从中筛选出适合南方红壤旱地广泛种植的优化种植模式。

（1）生产功能。农田生态系统的生产功能特征主要表现在作物产量与光合生产力的大小。由表1可知，全年经济产量总量以处理（10）最高，其次是处理（9），再次是处理（11），分别较处理（1）（对照）增产142.2%、53.6%、38.4%；总秸秆产量比较，以处理（12）最高，其次是处理（10），再次是处理（11），分别比处理（1）增加522.2%、352.6%、345.8%；总生物量相比，以处理（12）最高，其次是处理（10），再次是处理（11），分别较处理（1）增加285.1%、250.2%、196.2%。从表1还可知，经济光合生产力以处理（9）最高，其次是处理（8），再次是处理（7），分别较处理（1）（对照）增加47.3%、40.0%、26.0%；秸秆光合生产力以处理（8）最高，其次是处理（7），再次是处理（9），分别较对照高164%、149.5%、138.4%；总光合生产力比较，以处理（8）最高，处理（8）＞处理（9）＞处理（7）＞处理（6），分别较处理（1）高103.6%、94.1%、89.3%、60%。从以上分析可以看出，以处理（12）和处理（8）的系统初级生产力最高。

（2）能流功能。生态系统中一切过程中的状态、数量都与能量的流动和转换有关。能量转换是生态系统最基本的功能之一，也是多熟种植系统最主要的研究内容之一。许多专家学者在这方面作了大量的研究[12-15]。我们通过对15种玉米多熟种植系统能量流动的研究（表2），可以看出，红壤旱地玉米多熟种植系统总初级生产力为 2.03×10^{11}～7.34×10^{11}J/（hm^2·a）、经济生产力为 9.12×10^{10}～2.18×10^{11}J/（hm^2·a）。前者平均值高于玉米单作系统（对照）85.6%，后者平均值高于玉米单作系统28.39%。其中，前者以处理（11）的 7.34×10^{11}J/（hm^2·a）为最高，处理（10）次之，分别较对照高244.6%、195.3%；后者是以处理（10）的 2.18×10^{11}J/（hm^2·a）为最高，处理（11）次之，分别较对照高98.2%、78.2%。

玉米多熟种植系统的生物产量光能效率平均值高于玉米单作生态系统（对照）36.7%，经济产量光能效率平均值高于单作19.6%。多熟种植系统人工辅助能效率为 3.96×10^{10}～6.56×10^{10}J/（hm^2·a），平均值较单作系统 3.8×10^{10}J/（hm^2·a）高22.1%。多熟种植系统人工辅助能中，化石能最大，其他能（主要为有机能）次之。

表1　红壤旱地玉米种植系统的作物产量和光合生产力比较分析

处理	作物	生育期/d	作物产量/[kg/（hm^2·a）]			光合生产力/[kg/（hm^2·d）]		
			经济产量	秸秆产量	总生物量	经济产量	秸秆产量	总生物量
1	早玉米	106	6508	6857	13 365	61.39	64.69	126.1
	全年	106	6508	6857	13 365	61.39	64.69	126.1
2	早玉米	106	5835	5629	11 464	55.05	53.10	108.2
	大豆	101	871.5	1406	2277	8.63	13.92	22.55
	全年	207	6706	7034	13 740	32.40	33.98	66.38
3	早玉米	106	5740	4852	10 590	54.16	45.78	99.94
	花生	126	705.0	1342	2047	5.60	10.65	16.25
	全年	232	6445	6195	12 640	27.78	26.70	54.49
4	早玉米	106	5686	4955	10 640	53.65	46.75	100.4
	绿豆	91	568.3	927.1	1495	6.25	10.19	16.43
	全年	197	6255	5882	12 137	31.75	29.86	61.61
5	大豆	96	1731	2189	3920	18.03	22.81	40.84
	晚玉米	91	4008	4373	8382	44.05	48.06	92.11
	全年	187	5739	6562	12 302	30.69	35.09	65.79
6	黑麦草	200	—	9782	9782	—	48.91	48.91
	大豆	95	1529	1934	3464	16.10	20.36	36.46
	晚玉米	90	3635	6841	10 480	40.39	76.01	116.4
	全年	385	5164	18 560	23 723	56.49	145.3	201.8

续表

处理	作物	生育期/d	作物产量/[kg/（hm^2·a）]			光合生产力/[kg/（hm^2·d）]		
			经济产量	秸秆产量	总生物量	经济产量	秸秆产量	总生物量
7	紫云英	178	—	3128	3128	—	17.58	17.58
	大豆	95	931.5	1 371	2303	9.81	14.44	24.24
	早玉米	100	2869	4721	7591	28.70	47.22	75.91
	晚玉米	90	3494	7391	10 890	38.83	82.13	120.9
	全年	463	7295	16 614	23 910	77.34	161.37	238.7
8	紫云英	168	—	3016	3016	—	17.96	17.96
	早玉米	100	5544	9562	15 110	55.44	95.62	151.1
	晚玉米	90	2198	4286	6485	24.43	47.63	72.06
	绿豆	90	546.0	864.0	1410	6.07	9.60	15.67
	全年	448	8288	17 730	26 020	85.94	170.8	256.8
9	蚕豆	187	1635	3293	4928	8.74	17.61	26.36
	早玉米	87	5089	8859	13 950	58.49	101.8	160.3
	甘薯	141	3271	4908	8179	23.20	34.81	58.01
	全年	415	9995	17 060	27 060	90.43	154.2	244.7
10	豌豆	169	3000	8571	11 570	17.75	50.72	68.47
	早玉米	100	6952	11 440	18 390	69.53	114.4	183.9
	晚玉米	85	3750	7932	11 680	44.12	93.32	137.4
	早稻	122	2061	3091	5152	16.89	25.34	42.23
	全年	476	15 764	31 036	46 800	33.12	0.65	98.32
11	豌豆	185	2162	6456	8618	11.69	34.90	46.59
	棉花	229	2942	15 624	18 570	12.58	68.23	81.08
	早玉米	86	3903	8493	12 400	45.39	98.76	144.2
	全年	500	9008	30 574	39 580	18.02	61.15	79.17
12	紫云英	171	—	27 321	27 320	—	159.8	159.8
	早玉米	102	7556	12 056	19 610	74.09	118.2	192.3
	芝麻	63	1238	3293	4531	19.66	52.27	71.92
	全年	336	8795	42 670	51 465	26.18	127.0	153.2
13	油菜	192	1513	4304	5817	7.88	22.42	30.30
	大豆	102	1607	2366	3973	15.76	23.20	38.96
	早玉米	72	4859	4612	7971	46.66	64.06	11.07
	芝麻	89	543.8	1446	1989	6.11	16.25	22.36
	全年	455	7023	14 230	21 250	20.36	41.24	61.60
14	混播绿肥	145	—	2893	2893	—	19.95	19.95
	早玉米	92	5467	6776	12 244	59.43	73.66	13.31
	大豆	88	952.5	985.5	1938	10.82	11.20	22.02
	全年	325	6420	10 660	17 075	19.75	32.79	52.54
15	蚕豆	203	1612	3246	4858	7.94	15.99	23.93
	早玉米	93	4425	6099	10 525	47.59	65.58	11.32
	甘薯	152	2623	4130	6754	17.26	27.18	44.44
	全年	448	8661	13 477	22 137	24.40	37.96	62.36

表 2 红壤旱地玉米种植系统的初级生产能量输入输出参数值 [单位：10^{10}J/（hm^2·a）]

处理		1	2	3	4	5	6	7	8	9	10	11	12	13	14	15
总初级生产力	混播绿肥	—	—	—	—	—	—	—	—	—	—	—	—	—	4.36	—
	油菜	—	—	—	—	—	—	—	—	—	—	—	—	10.29	—	—
	黑麦草	—	—	—	—	—	14.13	—	—	—	—	—	—	—	—	—
	紫云英	—	—	—	—	—	—	4.56	4.40	—	—	—	4.33	—	—	—
	蚕豆	—	—	—	—	—	—	—	—	7.34	—	—	—	—	—	8.26
	大豆	—	3.97	—	—	6.92	6.08	3.99	—	—	—	—	—	6.93	3.48	—
	豌豆	—	—	—	—	—	—	—	—	—	5.88	20.05	—	—	—	—
	旱稻	—	—	—	—	—	—	—	—	—	21.02	—	—	—	—	—
	棉花	—	—	—	—	—	—	—	—	—	—	27.73	—	—	—	—
	芝麻	—	—	—	—	—	—	—	—	—	—	—	16.94	3.55	—	—
	玉米	21.11	17.45	17.21	17.62	12.95	15.91	28.06	32.84	21.23	35.80	25.42	20.36	12.24	18.84	16.15
	绿豆	—	—	—	2.54	—	—	—	2.17	—	—	—	—	—	—	—
	甘薯	—	—	—	—	—	—	—	—	12.37	—	—	—	—	—	10.22
	花生	—	—	3.66	—	—	—	—	—	—	—	—	—	—	—	—
	杂草	0.18	0.15	0.13	0.16	0.17	0.21	0.19	0.18	0.19	0.18	0.15	0.14	0.18	0.16	0.19
	总计	21.29	21.57	21.11	20.33	20.04	36.34	36.81	39.59	41.12	62.88	73.35	41.77	33.19	26.84	34.82
经济生产力	油菜	—	—	—	—	—	—	—	—	—	—	—	—	3.99	—	—
	蚕豆	10.98	—	—	—	—	—	—	—	2.73	—	—	—	—	—	3.37
	大豆	—	1.84	—	—	3.62	3.20	1.95	—	—	—	—	—	3.36	1.99	—
	豌豆	—	—	—	—	—	—	—	—	—	2.79	6.75	—	—	—	—
	旱稻	—	—	—	—	—	—	—	—	—	5.78	—	—	—	—	—
	棉花	—	—	—	—	—	—	—	—	—	—	4.91	—	—	—	—
	芝麻	—	—	—	—	—	—	—	—	—	—	—	7.49	1.43	—	—
	玉米	—	9.51	9.36	9.43	6.54	5.93	10.37	12.62	8.30	13.23	7.92	7.92	5.48	8.92	7.22
	绿豆	—	—	—	1.19	—	—	—	0.91	—	—	—	—	—	—	—
	甘薯	—	—	—	—	—	—	—	—	5.20	—	—	—	—	—	4.17
	花生	—	—	1.64	—	—	—	—	—	—	—	—	—	—	—	—
	总计	10.98	11.36	11.00	10.62	10.16	9.12	12.32	13.53	16.23	21.80	19.58	15.41	14.26	10.91	14.76
辅助能	化石能	3.34	2.95	2.80	2.87	1.74	5.15	4.30	4.59	3.92	4.60	4.83	3.25	3.08	2.73	2.55
	劳力能	0.15	0.24	0.22	0.21	0.16	2.81	2.13	2.33	2.42	3.13	3.00	1.61	0.20	0.23	0.21
	其他	2.14	2.16	2.15	2.04	0.12	1.77	3.35	3.32	4.03	3.35	3.34	3.28	1.13	1.15	1.13
	总计	5.63	5.35	5.18	5.13	3.02	9.73	9.78	10.24	10.37	11.08	11.17	8.04	4.40	4.11	3.89
初级生产力的生态效率/%	生物产量光能效率	0.90	0.96	0.84	0.93	1.29	0.96	0.97	0.96	0.98	2.78	1.53	1.15	1.43	1.23	1.46
	经济产量光能效率	0.46	0.50	0.44	0.48	0.66	0.49	0.51	0.52	0.49	0.98	0.41	0.42	0.62	0.50	0.62
	辅助能效率	3.8	4.03	4.08	3.96	5.21	4.04	4.06	4.07	4.07	4.91	6.56	4.11	5.25	5.30	5.29

注：（1）折能标准参考文献[10]；（2）人工辅助能包括化肥、劳力、种子、有机肥、作物秸秆等。

（3）价值流功能。多熟种植系统是一个典型的农田生态系统，而农田生态系统又是一个典型的自然、经济、社会的复合生态系统，可称之为“农业（农田）生态经济系统”，显然，作为一个典型的农业生态系统，它一般具有能量流动（能流）、物质循环（物流）、信息传递（信息流）和价值增值（价值流）四大功能。价值可以在生态系统中转换成不同的形式，并且在不同的组分之间转移。多熟种植有利于促进生态系统的价值转换，实现价值增值的功能。从表 3 可以看出，红壤旱地玉米多熟种植系统总投入为 5296.5～

7202.2 元/hm^2，约比玉米单作系统（对照）高 12.4%，其中化肥费用所占比例最大，平均占总投入费用 46.6%，其次为劳力费用，平均占总投入费用 35.3%，处理（10）最多，比对照多 61.4%。

玉米多熟种植系统总产值为 14 214～25 275 元/hm^2，约较单作系统高出 46.7%。其中以处理（10）的 28 190 元/hm^2 为最高，其次是处理（12），处理（11）再次之，分别较对照多 116.6%、94.2%、85.6%。

玉米多熟种植系统平均产投比为 3.08，对照为 2.34，较对照高 31.6%。

玉米多熟种植生态系统与单作玉米生态系统相比：纯收入高 72.3%、成本产值高 33.9%、农业费用盈利率高 60.0%。在这 15 种玉米多熟种植系统中，处理（10）优于其他处理，表现为：纯收入最高，达 20 988 元/hm^2，较对照多 181.7%；成本产值居第二高，达 2.9，较对照高 69.6%；农业费用盈利率最高，为 2.9，较对照高 123.1%；劳力净产值率以处理（10）最高，其次是处理（11），再次是处理（12），分别较对照高 83.1%、70.6%和 55.4%。

因此，从以上分析结果可以看出，玉米多熟种植系统明显优于单作生态系统，且处理（9）"豌豆/早玉米+早稻/晚玉米"是一种复种指数高、投入产出比较高的优化创新的农田种植生态系统。

表 3　红壤旱地玉米种植系统的价值流动参数值　　（单位：元/hm^2）

项目		处理														
		1	2	3	4	5	6	7	8	9	10	11	12	13	14	15
投入	种子	786.3	836.5	854.2	862.1	830.5	840.0	847.5	783.5	1 195.0	1 167	745.2	753.6	856.0	846.0	795.2
	化肥	2 606	2 865	2 950	2 855	2 798	3 387	2 741	2 833	2 315	3 487	3 019.1	2 610.3	2 706	3 369	2 856
	农药	206.3	261.2	254.5	258.9	235.0	296.6	287.2	269.7	186.5	288.2	210.5	205.6	278.3	295.2	258.9
	劳力	1 966	1 987	2 098	2 188	1 996	2 610	1 980	2 160	2 250	2 260	3 174	1 727	1 989	2 523	2 065
产出	玉米	13 015	11 671	11 481	11 373	8 017	7 271	18 467	15 485	10 178	21 405	7 808	15 113	9 719	10 935	8 852
	大豆	—	3 399	—	—	6 751	5 965	3 633	—	—	—	—	—	6 268	3 715	—
	豌豆	—	—	—	—	—	—	—	—	—	3 00	2 811	—	—	—	—
	早稻	—	—	—	—	—	—	—	—	—	2 885	—	—	—	—	—
	棉花	—	—	—	—	—	—	—	—	—	—	13 536	—	—	—	—
	芝麻	—	—	—	—	—	—	—	—	—	—	—	7 430	3 263	—	—
	花生	—	—	2 961	—	—	—	—	—	—	—	—	—	—	—	—
	绿豆	—	—	—	2 273	—	—	—	2 184	—	—	—	—	—	—	—
	甘薯	—	—	—	—	—	—	—	—	3 272	—		—	—	—	2 624
	油菜	—	—	—	—	—	—	—	—	—	—	—	—	2 270	—	—
	蚕豆	—	—	—	—	—	—	—	7195	—	—	—	—	—	7092	
	黑麦草	—	—	—	—	978	—	—	—	—	—	—	—	—	—	
	混播绿肥	—	—	—	—	—	—	—	—	—	—	—	—	579	—	
	紫云英	—	—	—	—	—	939	905	—	—	—	2732	—	—	—	
总产值		13 015	15 070	14 442	13 646	14 768	14 214	23 039	18 574	20 645	28 190	24 155	25 275	21 520	15 229	18 568
总投入		5565	5949	6157	6164	5859	7133	5855	6046	5946	7202	7148	5296	5829	7033	5975
纯收入		7450	9120	8285	7482	8908	7080	17 183	12 530	14 700	20 988	17 006	19 980	15 690	8196	12 590
成本产值		2.3	2.5	2.3	2.2	2.5	2	3.9	3.1	3.5	3.9	3.4	4.8	3.7	2.2	3.1
农业费用盈利率		1.3	1.5	1.3	1.2	1.5	1	2.9	2.1	2.5	2.9	2.4	3.8	2.7	1.2	2.1
劳力净产值率 /（元/d）		46.6	59.1	50.0	44.2	45.6	50.9	68.3	58.3	70.0	85.3	79.5	72.4	50.2	51.3	56.9

注：（1）农产品价格经市场调查而得：黑麦草（鲜草）为 0.10 元/kg，紫云英（鲜草）为 0.30 元/kg，蚕豆为 4.40 元/kg，豌豆为 1.3 元/kg，大豆为 3.9 元/kg，玉米为 2.00 元/kg，绿豆为 4.00 元/kg，甘薯为 1.00 元/kg，花生为 4.2 元/kg，芝麻为 6.00 元/kg，棉花为 4.6 元/kg，油菜为 1.5 元/kg，早稻为 1.4 元/kg。（2）劳工价格为 12 元/工日。钙镁磷肥为 0.40 元/kg，尿素为 1.80 元/kg，氯化钾为 1.70 元/kg。

（4）用养结合功能。用地与养地相结合的功能，或简称用养结合功能，是任何农田生态系统都具有的基本功能之一，只是程度不同，效果不一而已。本研究以作物多样性指数（MI）、土地当量比（LER）[16]、养地作物指数和秸秆还田量 4 个指标对红壤旱地玉米种植系统的用养结合功能进行分析。其计算公式如下[17]：

$$\mathrm{MI}=\sum_{i=1}^{n}\mathrm{CI}_i,\ \mathrm{CI}_i=\begin{cases}1,\ T_i<1\\ 1+0.5\times(T_i-1),\ T_i>1\end{cases}$$

式中，MI 表示系统作物多样性指数；CI_i 表示 i 类型作物的多样性指数；T_i 表示 i 类型作物中的作物种类数，其中类型是指作物的类型：

$$\mathrm{LER}=\sum_{i=1}^{n}\frac{Y_i}{\mathrm{AY}_i}$$

式中，Y_i 表示第 i 种作物单产；AY_i 表示 i 作物在当地当年平均单产

$$养地作物指数=\frac{1\times 养地作物数+0.5\times 兼养作物数+0.1\times 用地作物数}{系统中作物总数}$$

$$农田秸秆归还量=\sum_{i=j}^{n}\mathrm{CRSF}_i$$

式中，CRSF_i 表示系统中第 i 种作物秸秆归还量。

由表 4 可以得出，玉米多熟种植系统中，在作物多样性指数方面，以处理（7）、处理（8）、处理（10）、处理（13）最高，为 3.5；从土地当量比来看，以处理（8）最高，为 3.04，其次是处理（10）和处理（11），分别为对照的 2.3 倍和 2.2 倍；而养地作物指数以处理（6）和（14）最高，为 0.53，其次是处理（7）、处理（8）和处理（13），都为 0.43（而处理（1）为 0.10）；最后从秸秆归还量来看，则是处理（11）最多，达 19 795.5kg/hm^2，其次是处理（10），再次是处理（8）。

表 4 红壤旱地玉米种植系统的用养结合功能比较

处理	作物多样性指数量	土地当量比（LER）	养地作物指数	秸秆归还量/（kg/hm^2）
1	1.0	1.35	0.10	4 572
2	2.0	2.36	0.30	4 689
3	2.0	2.39	0.30	4 630
4	2.0	2.41	0.30	4 726
5	2.0	2.33	0.30	4 768
6	2.5	2.84	0.53	8 775
7	3.5	2.98	0.43	16 614
8	3.5	3.04	0.43	17 730
9	2.5	2.88	0.23	17 060
10	3.5	2.98	0.20	19 730
11	2.5	2.98	0.23	19 800
12	2.5	2.93	0.40	9 463
13	3.5	2.85	0.43	1 569
14	2.5	2.78	0.53	9 785
15	2.5	2.86	0.23	1 754

2.2 评价

（1）评价原理与方法。要准确、全面地评价不同种植系统的优劣，应着眼于系统的观点。本研究运用灰色关联度法对红壤旱地玉米种植系统的综合功能与效益进行综合评价。

玉米种植系统的综合功能与效益主要取决于生态、经济、社会效益三者的统一，因此本研究根据评价耕作制度的综合评价指标体系[18-20]，选取生态效益（生物产量光能效率 I_1、经济产量光能效率 I_2、辅助能效率 I_3、总生物量光合生产力 I_4、养地作物指数 I_5、秸秆归还量 I_6）、经济效益（总产值 I_7、纯收入 I_8、成本产值 I_9、农业费用盈利率 I_{10}）和社会效益（作物多样性指数 I_{11}、劳力净产值率 I_{12}、土地当量比 I_{13}）13 个评价指标，应用灰色关联度法[21]，对不同种植生态系统进行分析与综合评估。

（2）灰色关联分析。首先，将各指标中的最大值作为参考序列（x_0）的各单项指标，构成参考种植模式序列 x_0[2]，表示为{x_0（1）}，{x_0（2）}，…，{x_0（n）}（k=1，2，…，n）。试验各处理各单项指标所构成的数列，构成比较数列 x_i（k）（i 为各处理的种类），表示为{x_i（1）}，{x_i（2）}，…，{x_i（n）}（k=1，2，…，n；i=1，2，…，m），然后将原始指标数据进行无量纲化处理[23]，即用 x_0 分别去除 x_0，从而得到一个新的数列（表略）。

其次，求关联系数。其计算公式为

$$\xi_{i(k)}=\frac{\min\limits_{i}\min\limits_{k}|x_0(k)-x_i(k)|+\rho\max\limits_{i}\max\limits_{k}|x_0(k)-x_i(k)|}{|x_0(k)-x_i(k)|+\rho\max\limits_{i}\max\limits_{k}|x_0(k)-x_i(k)|}$$

式中，$\xi_{i(k)}$ 表示 x_0 与 x_i 在第 k 个指标的关联系数，$|x_0(k)-x_i(k)|$表示 x_0 与 x_i 数列在第 k 点的绝对值，$\min\limits_{i}\min\limits_{k}|x_0(k)-x_i(k)|$ 为二级最小差，$\max\limits_{i}\max\limits_{k}|x_0(k)-x_i(k)|$ 为二级最大差，它们分别是$|x_0(k)-x_i(k)|$集合中的最小值和最大值，ρ 为分辨系数，取值范围 0～1 之间，一般取 0.5。

通过计算可知，二级最小差为 0，二级最大差为 0.92，ρ 取 0.5，由上述公式求得关联系数（表略）。

最后，求加权关联度。由于各个指标对各种植模式的重要性不同，因此需赋予各指标不同的权重，由此计算得出的关联度，称为加权关联度，其计算公式为

$$r_i=\sum_{k=1}^{N}W_K\xi_i(k)$$

式中，W_K 为权重系数。本研究各种效益的权重系数分别为：经济效益 0.5，生态效益 0.3，社会效益 0.2。根据上述公式，计算不同种植方式各种效益的关联度，见表 5。

表 5　不同处理综合效益的关联度

处理	生态效益	经济效益	社会效益	综合效益	排序
1	0.434	0.502	0.450	0.471	15
2	0.453	0.536	0.597	0.523	12
3	0.443	0.530	0.578	0.513	13
4	0.448	0.525	0.564	0.510	14
5	0.501	0.529	0.560	0.527	11
6	0.597	0.571	0.672	0.599	8
7	0.628	0.698	0.885	0.714	4
8	0.664	0.598	0.863	0.671	5
9	0.593	0.641	0.740	0.647	7
10	0.750	0.841	0.986	0.843	1
11	0.632	0.728	0.813	0.716	3
12	0.515	0.865	0.762	0.739	2
13	0.526	0.661	0.805	0.649	6
14	0.580	0.581	0.661	0.597	9
15	0.486	0.595	0.690	0.580	10

由表 5 可知，各处理的加权关联度排序为处理（10）＞处理（12）＞处理（11）＞处理（7）＞处理（8）＞处理（13）＞处理（9）＞处理（6）＞处理（14）＞处理（15）＞处理（5）＞处理（2）＞处理（3）＞处理（4）＞处理（1），处理（10）“豌豆/早玉米+早稻/晚玉米”的加权关联度最大，为 0.843，表明此处理经济、生态、社会综合效益最高，是红壤旱地玉米多熟种植系统增产、增收、增效的最优模式；处理（12）“紫云英-玉米-芝麻”和处理（11）“豌豆/棉花+玉米”次之，对红壤旱地玉米的种植结构布局与优化具有积极意义。

3 结 论

通过对以上 15 种玉米种植方式田间定位对比试验的生态学功能分析和评价，可以发现：

（1）多熟种植系统的灰色关联度值比单作系统（CK，处理（1），都要高，也就是说多熟种植系统的综合效益明显高于单作种植系统。这说明，合理的间、混、套、复种多熟种植比单作更具有促进系统增产的优越性，这也证实了前人的观点[23, 24]。究其原因，显然是在单作的条件下，时间（季节）和土地都没有得到充分利用，光能、水分、养分等都有较大浪费；而间混套复种多熟种植系统构成的多熟复合群体在一定程度上弥补了单作的不足，它不仅能做到充分利用光、温、水、土、气等各种自然资源，而且还能充分利用肥料、劳动力、农业生产技术等社会经济资源；另一方面，由于我国人多地少，劳动力资源丰富，又有精耕细作的传统经验，实行间混套复种可以充分利用劳力资源，与现代技术结合，实行劳动密集型、科技型的集约生产。合理的间混套作能显著提高单位面积土地生产力，利用和发挥作物间的互利关系，减少投入换取较多产品输出，利用不同作物特性增强对灾害的抵抗能力，还可以提高土地的用地水平，维持农田的生态平衡[25]。

（2）同样，在多熟制条件下，随着熟制的不断提高，如有二熟制提高到三熟制，其对土地、光能和水肥也相应地得到了提高，从而达到增产增收的目的。如在本试验中，同为多熟制的处理（7）“紫云英/大豆+早玉米/晚玉米”和处理（2）“早玉米+大豆”，因为处理（7）为三熟制，而处理（2）为二熟制，由表 1 可知，处理（7）的产量和光合生产力就要比处理（2）高得多。

（3）在所有的参试种植模式中，以“粮-饲”型种植模式处理（10）“豌豆/早玉米+早稻/晚玉米”加权关联度值最大，效益最高，是红壤旱地增产、增收、增效的最优模式；“经-饲”型种植模式处理（11）“豌豆/棉花+玉米”次之，由于棉花等经济作物需要花费的劳动力较多，因此，该模式适合于在劳动力相对充足的红壤旱作区发展。

（4）前人的研究对种植系统的生态学功能只是进行了某个或某些方面的分析，而本研究进行了生态学功能全面系统的分析，且运用了灰色关联度法筛选出了 3 种优化模式（处理（10）“豌豆/早玉米+早稻/晚玉米”、处理（11）“豌豆/棉花+早玉米”和处理（12）“紫云英-早玉米-芝麻”），在研究方法和研究结果上均有创新。

（5）通过对当地生产实际情况的实地典型调查。发现本研究的关联分析综合评价结果与实际情况基本一致，与当地农民对几种种植制度的直观评价结果也是相吻合的。因此，采用该方法做出的分析结果可以为推广种植制度提供理论依据和参考。

致谢 先后参加和支持本项研究工作的人员有：钟树福、刘隆旺、曾庆太、王林如、叶方、张明林、苏艳红、刘秀英、廖萍等同志。作者谨表谢意。

参 考 文 献

[1] 叶芳，黄国勤. 红壤旱地以玉米为主体耕作制度的可持续发展研究及评价//黄国勤. 中国耕作学：北京：新华出版社，2001：149-187.
[2] 刘秀英，黄国勤，苏艳红，等. 红壤旱地几种复种方式的周年生产力及生态经济效益研究. 耕作与栽培，2005，(1)：19-21.
[3] 苏艳红，黄国勤，刘秀英. 红壤旱地玉米大豆间作系统的增产增收效应及其机理研究. 江西农业大学学报，2005，27（2）：210-213.
[4] 叶旭君，李全胜. 农田生态系统能量投入产出模型及其应用研究. 生物数学学报，2002，17（1）：104-109.
[5] 陈喜靖，王国法，阮关海，等. 红壤旱地多元多熟复合种植制的物能生产力研究. 耕作与栽培，2000，(3)：3-4.
[6] 刘巽浩. 能量投入产出研究在农业上的应用. 农业现代化研究，1984，(4)：15-20.
[7] 陈典豪，陈永安，黄佳良，等. 种植制度对红壤旱地肥力和作物产量的影响. 广西农业科学，1998，(6)：293.
[8] 赵安洁，宋淑琼，饶本华. 红壤旱地不同种植方式的增产效果. 云南农业科技，1998，(5)：22-28.
[9] 顾宏辉，李永山，赵伟明，等. 山区与丘陵旱地新型多熟种植模式及配套技术. 浙江农业科学，2000，(6)：274-277.

[10] 骆世明. 农业生态学. 北京：中国农业出版社，2001.

[11] 黄国勤，熊云明，钱海燕，等. 稻田轮作系统生态学分析. 土壤学报，2006，43（1）：69-78.

[12] 戈峰，刘向辉，丁岩钦. 不同类型的棉田生态系统功能特征. 生态学报，2002，22（9）：1433-1439.

[13] Uhiln H. Energy productivity of technological agriculture-lessons from the transition of Swedish agriculture. Agriculture Ecosystems and Environment，1997，73：63-81.

[14] Han C R，Frank G，Zheng G M. Energy analysis of advanced collective farms in North China. Agriculture，Ecosystems and Environment，1985，13：301-310.

[15] Jones M R. Analysis of energy use of energy in agriculture-approaches and problems. Agriculture Systems，1989，29（4）：339-355.

[16] 刘玉华. 间混作效果定量评价研究. 沈阳农业大学学报，1995，30（5）：490-493.

[17] 黄国勤著. 中国耕作学. 北京：新华出版社，2001.

[18] 黄国勤，钟树福，刘隆旺. 鄱阳湖区旱地耕作制度的模糊综合评判. 耕作与栽培，1993，(1)：7-10.

[19] 黄细喜，沈明星. 应用灰色关联分析综合评估种植制度经济和生态效益. 江苏农学院学报，1993，14（2）：65-72.

[20] 袁继超. 利用主成分分析对稻田种植方式综合评价. 耕作与栽培，1995，(5)：21-23.

[21] 邓聚龙. 灰色系统基本方法. 武汉：华中理工大学出版社，1987.

[22] 李伟伟，卞新民，王伟，等. 用灰色关联度分析法评价红壤丘陵区水田多熟制种植效益. 江苏农业科学，2005，(4)：26-28.

[23] 桂富荣，普雁翔，王平华. 马铃薯与玉米不同套种模式的经济效益评价. 云南农业大学学报，2005，20（6）：792-794，803.

[24] 李彩虹，吴伯志. 玉米间套作种植方式研究综述. 玉米科学，2005，13（2）：85-89.

[25] 卢秉生，李妍妍，丰光. 玉米大豆间作系统产量与经济效益的分析. 辽宁农业职业技术学院学报，2006，8（4）：4-6.

Ecological Function of Maize Cropping Systems on Upland Red Soil and Its Comprehensive Evaluation

Huang Guoqin[1]　He Juanfen[1]　Zhao Qiguo[2]

1　Research Center on Ecological Science，Jiangxi Agricultural University，Nanchang　330045，China

2　Institute of Soil Science，Chinese Academy of Sciences，Nanjing　210008，China

Abstract

To bring ecological functions of upland red soil into full play and screen out better maize cropping systems，a study was carried out making full use of the data accumulated in the recent 23 years of field experiments and analyzing production，energy flow，value flow and integrated utilization/cultivation functions of 15 different maize cropping systems in the soil. Comprehensive evaluation of the cropping systems was performed on the basis of 13 indexes of ecological benefit，economic benefit and social benefit by means of grey relation degree. Three maize cropping systems were screened out to be optimal and fit for extension on upland red soil. Results shows that the grey relation degree of the ecological benefit and social benefit of Treatment X（pea/early maize+upland rice/late maize）reached 0.750 and 0.986，respectively，ranking first among the 15 and of economic benefit got to 0.841，ranking second. And the treatment was the highest in weighed grey relation degree and hence assumed to be the priority system for extension in the red soil regions in South China. Treatment XI（pea/cotton+early maize）and Treatment XII（Chinese milk vetch-early maize-sesame）followed，being 0.739 and 0.716 in weighed grey relation degree，and would have important roles in optimizing the cropping systems in the upland red soil.

Key words　Mize cropping systems；Ecological function；Optimum mode；Upland red soil；Sustainable development

红壤旱地玉米对间作大豆和花生边行效应影响的研究*

张向前[1]　黄国勤[2**]　卞新民[1]　赵其国[3]

1　南京农业大学农学院，南京　210095

2　江西农业大学生态科学研究中心，南昌　330045

3　中国科学院南京土壤研究所，南京　210008

摘　　要

为深入了解间作豆科作物的边行效应，研究了低施氮肥条件下（50kg/hm^2）玉米对间作大豆和花生边行（叶绿素、叶面积指数、根干重、根瘤、农艺性状及产量）的影响。结果表明：无论在施氮肥和不施氮肥条件下间作大豆和花生边1行和边2行的叶绿素含量在不同生育时期均高于其单作，而边3行与单作相比变化不明显。间作同样可以增加大豆和花生不同生育时期边1行和边2行的叶面积指数，而对边3行无明显影响，且间作的效果小于该施氮水平。不施氮条件下，间作大豆边1行和边2行的单株根干重高于单作14.7%和2.8%，间作花生边1行和边2行高于单作16.5%和3.1%；施氮条件下，间作大豆边1行和边2行的单株根干重高于单作11.3%和1.3%，间作花生边1行和边2行高于单作13.5%和4.6%，而边3行与单作相比无明显变化，且该施氮肥的效果大于间作。间作同样可以增加大豆和花生边1行和边2行成熟期的单株根瘤数和根瘤重，而对边3行无明显影响，而该施氮水平对根瘤数和根瘤重具有一定的抑制作用。施氮肥和间作可以改善大豆和花生的农艺性状，以施氮肥条件下边1行优势最为明显。不施氮肥和施氮肥条件下间作大豆和花生边1行和边2行的单株经济产量和生物产量及行产量皆高于相应单作，并以边1行为最高，而边3行与单作相比变化不明显，且施氮肥在改善大豆和花生农艺性状提高产量方面的效果大于间作。因此本试验得出间作边行优势效应为边1行＞边2行＞边3行（单作），且施氮肥的效果大于间作边行效应。

关键词　玉米；豆科作物；间作；边行效应；叶绿素；叶面积指数；根干重；产量

豆科作物与禾本科作物间作是我国农业生产中历史悠久而又非常有效的一种栽培方式，合理的玉米‖豆科作物间作，由于株型及生理生态方面的差异，时空与水肥利用产生互补作用，可获得比单作更高的产量和经济效益[1-3]。间作作物的产量优势主要源于间作系统中各边行优势效应的累加，因此系统研究间作边行效应的大小对于更好地开发利用边行优势效应、建立合理的田间配置、保证间作效益的最大化及实现作物稳产高产具有重要意义[4-6]。为此本试验通过玉米对间作大豆和花生边行效应影响的研究，揭示了间作豆科作物不同边行之间的产量及植株生理生态的差异，从而明确间作豆科作物各边行对增产贡献效应的大小，以期为间作种植模式中豆科作物的增产增效提供新的理论和科学依据。

1　材料与方法

1.1　试验设计

试验在江西农业大学红壤旱地试验田进行，该试验田位于东经115°36′，北纬28°46′，海拔22.0m。试验田地势平坦，年平均温度约17.7℃，日平均温度≥10℃的活动积温达5640℃，持续天数约为256d，无霜期约273d，多年平均降水量1624.6mm。其成土母质为第四纪红色黏土，排灌方便，地力均匀，耕层土壤有机质含量16.4g/kg，碱解氮68.1mg/kg，速效磷15.6mg/kg，速效钾164.4mg/kg，pH6.2。

---

*　国家自然科学基金重点项目（U1033004）资助。

** 通讯作者：黄国勤（1962—），博士（后），教授，博士生导师，主要从事耕作制度与生态农业的研究。

张向前（1984—），男，博士研究生，主要从事作物间作方面的研究。

本文原载《中国生态农业学报》2012年第20卷第8期第1010-1017页。

试验采用随机区组设计，4×2 双因素试验，2 因素分别为施肥方式和种植模式，2 种施肥方式分别为不施肥和施肥，4 种种植模式分别为大豆单作、花生单作、玉米间作大豆和玉米间作花生，3 次重复，共 24 个小区，小区面积为 6m×5.5m（$33m^2$）。供试玉米品种为“科糯 986”，花生品种为“粤油 116”，大豆品种为“早 50”。玉米、大豆和花生同时于 2011 年 7 月 28 日播种，玉米于 11 月 15 日收获，大豆和花生均于 11 月 20 日收获。种植模式为南北行种植，从东向西先种大豆和花生带然后种玉米带，每个小区种 2 个玉米带和 3 个大豆或花生带，大豆和花生每带种植 5 行，玉米每带种植 2 行。玉米行距 40cm，株距 30cm，玉米与大豆、花生间作的行距均为 40cm，大豆与花生的行距和株距均为 30cm 和 20cm，此外单作大豆和花生的行株距及其施肥和田间管理措施均与其相应的间作一致。

施肥设为施氮肥 50kg/hm^2 和不施氮肥（CK）两个水平，钾肥以硫酸钾计（K_2O≥50%），300kg/hm^2；磷肥以普钙计（P_2O_5≥16%），400kg/hm^2；氮肥以尿素计（N≥46.5%）。播种时磷肥、钾肥和氮肥作底肥一次施用，试验在大田条件下进行，灌水及其他田间管理按照当地习惯进行，以充分保证作物生长发育需要为基础。

1.2 测定项目与方法

叶绿素含量：于大豆开花期、结荚期、鼓粒期、成熟期及花生花针期、始荚期、盛荚期、成熟期用手持式叶绿素测定仪（SPAD-502）测定，每行选 5 株大豆或花生，每一时期选取植株中部相同部位的叶片并在上面均匀取 5 个点测定，以平均值计数。

叶面积指数（LAI）：于大豆开花期、结荚期、鼓粒期、成熟期及花生花针期、始荚期、盛荚期和成熟期选择生长发育一致、叶片无病斑和无破损的植株，每行每次取 5 株大豆和花生测定。采用打孔称重法测定叶面积，LAI=单株叶面积×单位土地面积内株数/单位土地面积。

根干重：于成熟期取深度为 0～40cm、宽度为 20cm 土壤的 5 株大豆和花生根系连同土壤样方一起装入尼龙网中，用水冲洗干净，自然晾干后用烘箱烘干至恒重。

根瘤重：于成熟期测定大豆和花生单株根瘤数和根瘤重，每行取生长一致的 5 株，收集每株的根瘤洗净晾干，然后称重取平均值，其取样方式同测根干重。

单株生物产量：于成熟期在每行取 5 株大豆和花生，在 105℃下烘 45min 杀青，再在 85℃下烘干至恒重后称取干物重。

农艺性状的测定：于成熟期连续取有代表性的植株 10 株分别测定其株高、有效分支数、单株荚数、单株粒数、结实率和百粒重。

行产量：为每行实际收获的籽粒产量（经济产量），每个小区取 2 行，共 6 次重复。对于单作小区样本的取样，取样时皆未取单作小区作物的最外侧两行。

1.3 统计分析

采用 Microsoft Excel 2003 软件对数据进行处理和作图，采用 DPS7.05 软件和最小显著差数法（LSD）进行方差分析和多重比较。

2 结果与分析

2.1 不同施氮条件下间作大豆和花生边行与单作叶绿素含量的比较

从表 1 可以得出，施肥对大豆和花生不同时期叶绿素含量的影响均达显著水平（$P<0.05$），而间作的边行效应除对大豆结荚期和花生花针期的叶绿素含量影响未达显著水平外（$P>0.05$），对其他各个时期的叶绿素含量的影响均达显著水平，此外施肥和边行效应互作对大豆和花生叶绿素含量的影响均未达到显著水平。从表中亦可看出无论在施氮和不施氮条件下，间作大豆和花生边 1 行和边 2 行的叶绿素含量均高于相应单作，其中边 1 行的增加效果更为明显，有的达到显著差异，而边 3 行与单作相比无明显变化。大豆在不施氮和施氮条件下边 1 行的叶绿素含量在不同时期分别比相应单作增加 13.5%、9.4%、8.7%、13.7%和 7.4%、7.4%、

7.7%、12.2%，花生在不施氮和施氮条件下边 1 行的叶绿素含量在不同时期分别比相应单作增加 5.4%、17.3%、12.7%、17.7%和 2.4%、5.5%、5.3%、23.4%。此外无论在不施氮和施氮条件下大豆和花生各生育期的叶绿素含量为边 1 行>边 2 行>边 3 行。施氮条件下大豆和花生的单作及边行的叶绿素含量均显著高于不施氮条件下的相应处理，说明施氮肥（50kg/hm^2）在增加叶绿素含量方面的效果显著大于间作的效果。

表 1 不同施氮处理下间作边行与单作作物叶绿素含量（SPAD）的比较

氮肥	边行	大豆				花生			
		开花期	结荚期	鼓粒期	成熟期	花针期	始荚期	盛荚期	成熟期
不施氮肥	S	28.84±3.26d	31.56±4.35c	38.66±3.12c	28.94±4.23d	32.14±2.69c	34.98±3.89d	38.46±4.20d	24.10±3.26d
	R1	32.74±4.12bc	34.52±3.69bc	42.02±2.96bc	32.90±3.25bc	33.88±2.89bc	41.02±4.25bc	43.36±5.23bc	28.36±4.52cd
	R2	30.16±3.69cd	32.56±3.12bc	39.98±4.23c	30.42±2.69cd	32.02±4.56c	37.86±5.23cd	41.92±4.32cd	26.38±3.09d
	R3	28.92±2.98d	30.94±4.02c	38.58±4.15c	29.80±3.21d	31.76±5.23c	36.84±4.42d	39.42±4.78d	24.64±3.28d
施氮肥	S	33.76±3.65ab	36.02±5.62ab	44.12±3.86ab	34.24±2.89b	36.14±4.69ab	43.98±4.09ab	45.82±5.36ab	32.04±4.28bc
	R1	36.26±4.41a	38.70±4.21a	47.50±3.56a	38.42±3.09a	37.02±5.32a	46.38±5.14a	48.26±6.54a	39.54±3.98a
	R2	34.20±2.96ab	36.44±6.21ab	45.58±3.39a	35.10±4.08b	36.22±3.69ab	44.30±3.65ab	46.86±5.45ab	34.90±3.87b
	R3	33.58±5.26ab	35.78±4.12ab	44.80±5.12ab	32.96±4.23bc	35.34±2.98ab	42.18±3.39b	43.96±4.96bc	31.64±2.99bc
P 施肥	（A）	0.000 1	0.000 1	0.000 1	0.000 1	0.000 1	0.000 1	0.000 1	0.000 1
边行（B）		0.031 7	0.102 7	0.041 5	0.001 0	0.217 2	0.018 7	0.010 0	0.001 2
施肥×边行	A×B	0.932 1	0.986 8	0.987 8	0.668 1	0.938 5	0.538 3	0.677 8	0.544 2

注：S、R1、R2 和 R3 分别代表单作、边 1 行、边 2 行和边 3 行（玉米带边的边行），表中数据为平均数±标准差，各列后不同小写字母表示在 0.05 水平上差异显著。下同。

2.2 不同施氮条件下间作大豆和花生边行与单作叶面积指数的比较

从表 2 可以看出，除边行效应对大豆结荚期叶面积指数的影响不显著外，施肥和边行效应对大豆和花生各个生育时期叶面积指数的影响均达显著水平（$P<0.05$），此外施肥和边行效应的互作对大豆和花生叶面积指数的影响均未达到显著水平（$P>0.05$）。作物叶面积指数在一定程度上反映了光合面积的大小，因此与作物产量的形成密切相关[7]。无论在施氮和不施氮条件下，间作大豆和花生边 1 行和边 2 行的叶面积指数均高于相应的单作。在不施氮条件下间作大豆和花生不同生育时期边 1 行的叶面积指数分别比单作增加 12.7%、10.1%、14.2%、12.9%和 13.3%、18.3%、25.1%、11.3%，施氮条件下间作大豆和花生不同生育时期边 1 行的叶面积指数分别比单作增加 15.8%、5.8%、14.1%、12.1%和 10.9%、13.1%、11.8%、8.5%，而边 3 行与单作相比无明显变化。此外无论在不施氮和施氮条件下大豆和花生不同生育时期边行的叶面积指数为边 1 行>边 2 行>边 3 行。施氮条件下间作大豆和花生边行及单作的叶面积指数在不同生育时期皆高于不施氮条件下的相应处理，且多数存在显著差异，说明施氮肥（50kg/hm^2）在增加大豆和花生叶面积指数方面也发挥着重要作用，且其效果大于间作。

表 2 不同施氮处理下间作边行与单作作物叶面积指数的比较

氮肥	边行	大豆				花生			
		开花期	结荚期	鼓粒期	成熟期	花针期	始荚期	盛荚期	成熟期
不施氮肥	S	1.73±0.23d	2.76±0.51cd	3.30±0.63d	2.41±0.38cd	2.78±0.38de	3.49±0.54d	3.50±0.85d	3.10±0.39c
	R1	1.95±0.36c	3.04±0.52abc	3.77±0.28c	2.72±0.28c	3.15±0.29cd	4.13±0.62c	4.38±0.68c	3.45±0.78bc
	R2	1.79±0.32cd	2.91±0.36bc	3.65±0.74cd	2.55±0.39cd	2.86±0.34de	3.67±0.55d	3.61±0.64d	3.19±0.86c
	R3	1.70±0.29d	2.57±0.29d	3.41±0.72cd	2.27±0.27d	2.69±0.52e	3.58±0.61d	3.58±0.42d	3.15±0.69c
施氮肥	S	2.22±0.46b	3.13±0.65ab	4.46±0.62b	3.30±0.47b	3.47±0.67bc	4.65±0.57b	4.91±0.63b	3.77±0.54ab
	R1	2.57±0.56a	3.31±0.53a	5.09±0.67a	3.70±0.38a	3.85±0.54a	5.26±0.63a	5.49±0.98a	4.09±0.46a
	R2	2.33±0.31b	3.18±0.63ab	4.51±0.59b	3.41±0.52ab	3.66±0.39ab	4.82±0.36b	5.05±0.82b	3.74±0.84b
	R3	2.25±0.49b	3.18±0.42ab	4.38±0.51b	3.37±0.64ab	3.53±0.49ab	4.50±0.87bc	4.84±0.49b	3.60±0.92b
P 施肥（A）		0.000 1	0.000 1	0.000 1	0.000 1	0.000 1	0.000 1	0.000 1	0.000 1
边行（B）		0.000 1	0.060 6	0.002 4	0.030 5	0.019 9	0.000 4	0.000 1	0.014 0
施肥×边行	A×B	0.745 1	0.405 6	0.417 2	0.818 4	0.928 0	0.830 2	0.607 9	0.802 7

2.3 不同施氮条件下间作大豆和花生边行与单作单株根干重的比较

作物根系的状态不仅决定着作物对土壤中养分和水分的吸收利用状况，还与作物地上部的生长及产量形成密切相关[8]。从图 1 可以看出，不施氮条件下，间作大豆边 1 行和边 2 行的单株根干重高于单作 14.7%

和 2.8%，间作花生边 1 行和边 2 行高于单作 16.5%和 3.1%；施氮条件下，间作大豆边 1 行和边 2 行的单株根干重高于单作 11.3%和 1.3%，间作花生边 1 行和边 2 行高于单作 13.5%和 4.6%，其中大豆边 1 行的根干重与单作皆存在显著差异（$P<0.05$），而大豆和花生边 3 行的单株根干重与单作相比无明显变化。施氮条件下大豆和花生边行和单作的单株根干重皆显著高于不施氮条件下的相同处理，说明该施氮水平在增加大豆和花生单株根干重方面的效果大于间作。

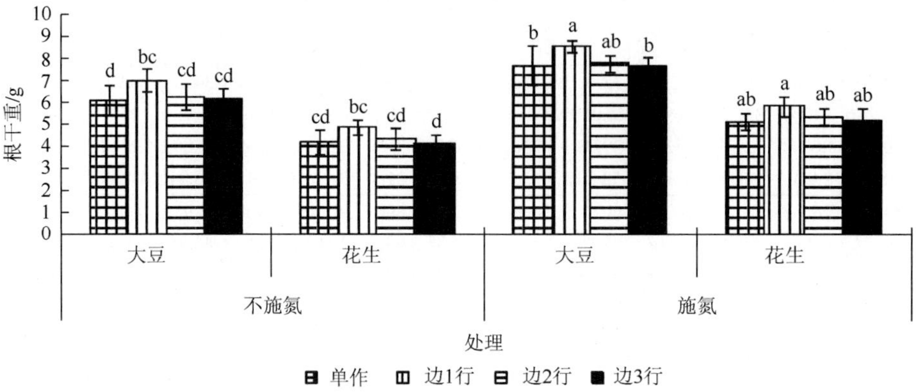

图 1　不同施氮条件下间作大豆和花生成熟期边行与单作根干重的比较

柱状图上不同字母代表同种作物不同处理间差异达显著水平（$P<0.05$），下同

2.4　不同施氮条件下间作大豆和花生边行与单作作物成熟期根瘤的比较

从表 3 可以看出，施肥对单株根瘤数和单株根瘤重的影响达显著水平（$P<0.05$），而对单瘤重的影响不显著（$P>0.05$）；边行效应除对单株根瘤重的影响达到显著水平外，对单株根瘤数和单瘤重的影响则均不显著；施肥和边行效应的互作对根瘤的影响均未达到显著水平。在不施氮和施氮条件下，间作大豆和花生边 1 行的单株根瘤数、单株根瘤重及单瘤重均高于相应单作，有的存在显著差异（$P<0.05$）；不施氮条件下间作大豆边 1 行的单株根瘤数、单株根瘤重及单瘤重高于相应单作 14.9%、45.5%和 32.3%，间作花生边 1 行的单株根瘤数、单株根瘤重及单瘤重高于相应单作 25.3%、45.4%和 53.2%；施氮条件下间作大豆边 1 行的单株根瘤数、单株根瘤重及单瘤重高于相应单作 29.7%、87.3%和 50.0%，间作花生边 1 行的单株根瘤数、单株根瘤重及单瘤重高于相应单作 19.7%、38.6%和 15.9%。边 3 行与单作相比无明显变化，且无论在不施氮和施氮条件下，大豆和花生的单株根瘤数、单株根瘤重和单瘤重总体为边 1 行＞边 2 行＞边 3 行。施氮条件下大豆和花生的单株根瘤数、单株根瘤重和单瘤重均低于不施氮条件下的相应处理，这可能是由于施氮肥在一定程度上可以通过降低根瘤数和根瘤重进而抑制豆科作物的固氮能力[9]。

表 3　不同施氮处理下间作边行与单作作物成熟期根瘤的比较

氮肥	边行	大豆			花生		
		单株根瘤数	单株根瘤重/g	单瘤重/g	单株根瘤数	单株根瘤重/g	单瘤重/g
不施氮肥	S	20.12±5.27ab	0.606±0.22b	0.031±0.01ab	13.98±2.91ab	0.656±0.13b	0.047±0.02b
	R1	23.12±5.56a	0.882±0.17a	0.041±0.01a	17.52±3.06a	0.954±0.12a	0.072±0.02a
	R2	18.66±3.52ab	0.670±0.30ab	0.036±0.01ab	14.58±2.85ab	0.676±0.13b	0.047±0.01b
	R3	19.60±4.45ab	0.580±0.11b	0.029±0.01ab	12.56±3.64bc	0.588±0.15bc	0.050±0.02b
施氮肥	S	12.04±4.96cd	0.292±0.10d	0.024±0.01b	9.54±2.24c	0.414±0.09de	0.044±0.01b
	R1	15.62±4.05bc	0.547±0.23bc	0.036±0.01ab	11.42±3.24bc	0.574±0.12bcd	0.051±0.02ab
	R2	11.26±2.34cd	0.337±0.15cd	0.032±0.01ab	9.74±2.19c	0.458±0.10cde	0.046±0.01b
	R3	9.88±3.84d	0.274±0.18d	0.028±0.01ab	8.78±2.86c	0.394±0.09e	0.047±0.01b
P 施肥（A）		0.000 1	0.000 1	0.202 5	0.000 1	0.000 1	0.202 1
边行（B）		0.070 5	0.005 6	0.092 0	0.058 7	0.000 2	0.129 3
施肥×边行 A×B		0.919 1	0.997 4	0.942 7	0.853 3	0.352 0	0.519 1

2.5 不同施氮条件下间作大豆和花生边行与单作农艺性状的比较

由表 4 可以看出，无论在不施氮和施氮条件下，间作大豆和花生边 1 行的株高均明显高于相应的单作，边 2 行与单作相比略有增加，而边 3 行与单作相比无明显变化。施氮条件下大豆和花生的株高均高于不施氮条件下的相应处理，并均达到显著差异（$P<0.05$），说明施氮肥（50kg/hm^2）在增加大豆和花生株高方面的效果大于间作。无论在施氮和不施氮条件下，间作大豆和花生边 1 行和边 2 行的有效分枝数均高于相应单作，而边 3 行与单作相比无明显变化。间作大豆和花生边 1 行和边 2 行的单株荚数也均高于相应的单作，其中以边 1 行的单株荚数为最高，并与相应的单作存在显著差异（$P<0.05$），分别增加 18.5%、14.6%、13.8%和 7.8%，而边 3 行与单作相比无明显变化。间作大豆和花生边 1 行和边 2 行的单株粒数、结实率及百粒重均高于相应单作，并以边 1 行为最高，且多数与其相应的单作存在显著差异，而边 3 行与单作相比无明显变化。施氮在改善大豆及花生农艺性状方面也发挥着重要作用，施氮条件下大豆和花生单作及边行的农艺性状均优于不施氮条件下的相应处理，因此可以得出间作和施氮肥有利于改善大豆和花生的农艺性状。

表 4 不同施氮处理下间作边行与单作作物成熟期农艺性状的比较

作物	氮肥	边行	株高/cm	有效分枝数	单株荚数	单株粒数	结实率/%	百粒重/g
大豆	不施氮肥	S	61.64±2.82d	2.38±0.40d	28.40±4.81d	56.52±3.92d	69.48±3.20d	13.50±0.46cd
		R1	66.10±4.03c	2.82±0.54cd	33.66±5.42bc	66.14±6.83c	74.28±2.40bc	14.10±0.64bc
		R2	61.74±4.16d	2.52±0.50d	29.66±4.25cd	58.02±1.84d	72.14±2.03cd	13.72±0.91bcd
		R3	60.58±2.05d	2.46±0.23d	28.70±4.63cd	55.84±3.95d	69.20±1.96d	12.88±1.06d
	施氮肥	S	72.42±2.54ab	3.38±0.36b	35.58±3.38b	70.44±4.03bc	76.11±3.90bc	14.46±0.56abc
		R1	76.28±3.56a	4.90±0.37a	40.78±2.51a	80.70±3.17a	81.60±3.32a	15.22±0.94a
		R2	73.26±2.26ab	3.53±0.36b	36.10±3.01ab	72.34±5.80b	77.40±3.66ab	14.68±0.64ab
		R3	70.52±3.85b	3.22±0.61bc	36.46±4.00ab	69.76±3.28bc	75.26±4.96bc	13.96±0.98bc
花生	不施氮肥	S	34.86±3.19d	6.18±0.19c	8.42±0.31d	19.32±0.67d	70.56±4.05b	67.42±3.91c
		R1	38.70±2.77bcd	6.98±0.16b	9.58±0.41c	20.44±1.67cd	73.80±3.59ab	71.98±5.11bc
		R2	36.60±2.08cd	6.40±0.41c	8.86±0.49cd	19.66±0.88d	71.66±5.36b	67.40±3.71c
		R3	35.46±1.91d	6.22±0.47c	8.28±0.47d	19.18±0.85d	71.08±6.12b	67.56±4.06c
	施氮肥	S	40.62±2.96b	7.16±0.35b	11.74±0.83b	22.20±1.20bc	75.92±4.09ab	74.24±4.27ab
		R1	44.82±4.45a	7.76±0.27a	12.66±0.51a	24.56±2.11a	78.72±3.85a	79.50±5.39a
		R2	42.26±3.50ab	7.28±0.29b	11.94±1.01ab	22.48±1.51b	76.08±3.82ab	77.30±4.74ab
		R3	39.86±2.08bc	7.30±0.19b	11.86±0.92ab	21.92±1.32bc	74.66±4.61ab	74.18±3.67ab

2.6 不同施氮条件下间作大豆和花生边行与单作单株经济和生物产量及行产量的比较

从图 2（a）可以看出，间作大豆和花生边 1 行和边 2 行的单株经济产量和生物产量均高于相同施肥条件下的单作，并以边 1 行为最高，不施氮条件下，间作大豆和花生边 1 行单株经济产量分别比相应单作增加 19.6%和 22.3%，单株生物产量分别增加 18.0%和 16.5%；施氮条件下，间作大豆和花生边 1 行单株经济产量分别比相应单作增加 24.3%和 17.6%，单株生物产量分别增加 8.9%和 13.3%，而边 3 行与单作相比则无明显变化。除不施氮条件下的大豆边 1 行经济产量与单作未达到显著差异外（$P>0.05$），间作大豆和花生边 1 行的单株经济产量和生物产量均与相应的单作存在显著差异（$P<0.05$）。此外施氮条件下大豆和花生边行与单作的单株经济产量和生物产量均高于不施氮条件下的相同处理，且均存在显著差异。从图 2（b）可以看出，无论在不施氮和施氮条件下间作大豆和花生边 1 行和边 2 行的行产量均高于相应单作，并以边 1 行的行产量最高，除施氮条件下间作花生外，边 1 行的产量均与相应单作存在显著差异（$P<0.05$），分别增加 13.9%、11.7%、21.5%和 10.1%，而边 3 行与单作相比无明显变化。施氮条件下大豆和花生边行与单作的行产量均高于不施氮条件，并存在显著差异（$P<0.05$）。因此得出无论在不施氮和施氮条件下大豆和花生的单株经济产量和生物产量及行产量的高低为边 1 行＞边 2 行＞边 3 行（单作），且该施氮肥增产的效果大于间作。

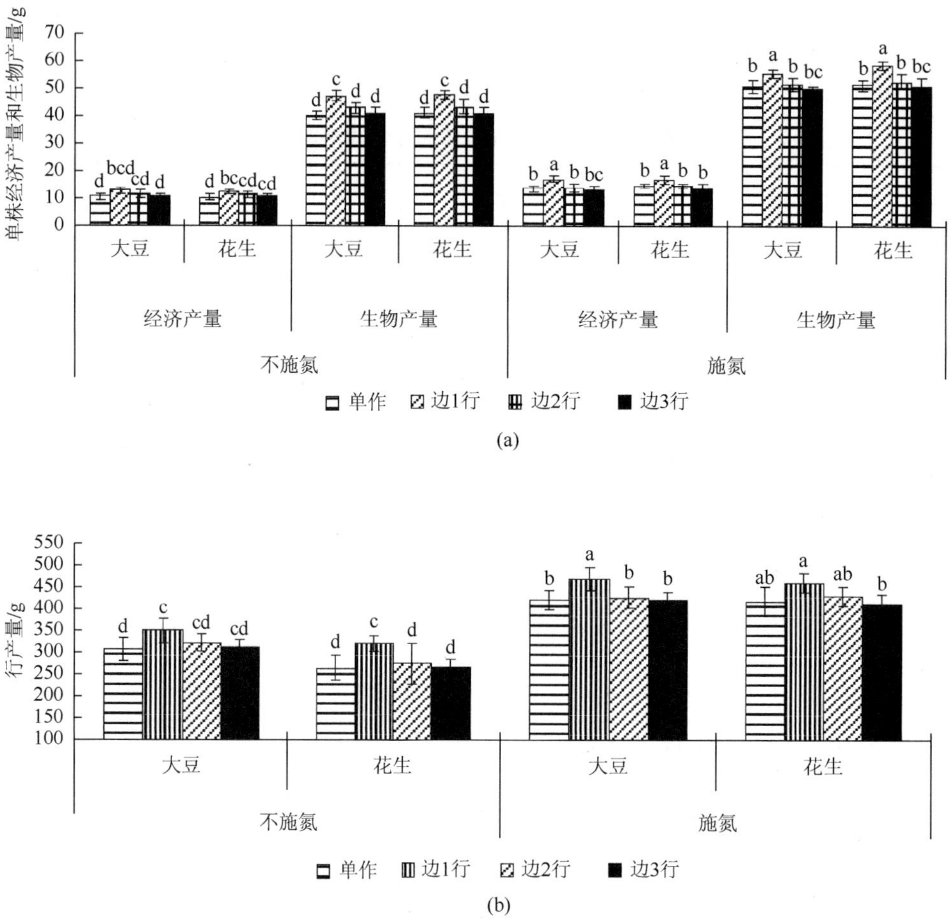

图 2 不同施氮条件下间作大豆和花生边行与单作作物成熟期产量的比较

2.7 相关分析

由表 5 可以看出（由于施氮肥对根瘤有抑制作用，故以不施氮条件下的大豆数据分析），大豆叶绿素除与单株根瘤数和百粒重未达到显著相关外，与其余各指标间均达到显著正相关（$P<0.05$）。叶面积指数与单瘤重、单株生物产量和行产量均显著正相关，说明叶面积指数与三者关系很密切，且存在正的相互促进作用。单株根干重除与百粒重未达到显著正相关外，与表中其余各指标均达到显著或极显著正相关。单株根瘤数、单株根瘤重和单瘤重与各指标间也均存在正相关关系，且部分达到显著或极显著水平，说明根瘤特性对豆科作物性状和产量有较大影响。单株粒数与单株经济产量、单株生物产量和行产量达到极显著正相关，而百粒重与单株经济产量、单株生物产量和行产量相关不显著，说明单株粒数比百粒重对大豆单

株经济产量、单株生物产量和行产量有更大影响。此外单株生物产量和单株经济产量极显著正相关，从侧面再次说明了生物产量是经济产量的基础。

表 5　大豆各测量性状之间的相关性分析

	叶面积指数	单株根干重	单株根瘤数	单株根瘤重	单瘤重	株高	单株粒数	百粒重	单株经济产量	单株生物产量	行产量
叶绿素	0.93*	0.96**	0.76	0.99**	0.98**	0.92*	0.97**	0.86	0.98**	0.99**	0.99**
叶面积指数		0.84	0.49	0.86	0.92*	0.70	0.83	0.74	0.88	0.93*	0.91*
单株根干重			0.89*	0.98**	0.89*	0.96**	0.99**	0.75	1.00**	0.98**	0.99**
单株根瘤数				0.84	0.66	0.95*	0.88*	0.59	0.85	0.78	0.81
单株根瘤重					0.96*	0.97**	1.00**	0.86	0.99**	0.98**	0.99**
单瘤重						0.86	0.93*	0.93*	0.93*	0.95*	0.94*
株高							0.98**	0.80	0.95*	0.91*	0.93*
单株粒数								0.82	0.99**	0.97**	0.98**
百粒重									0.76	0.79	0.79
单株经济产量										0.99**	1.00**
单株生物产量											1.00**

*为显著相关（$P<0.05$），**为极显著相关（$P<0.01$）。

3 讨　　论

叶绿素是植物进行光合作用的物质基础，其含量高低在一定程度上决定着光合速率的大小[10-12]。焦念元等[13]研究发现玉米花生间作提高了玉米、花生的叶绿素含量，并延缓了叶片的衰老从而使作物生育后期保持较高的叶面积指数。本研究同样发现间作大豆和花生边 1 行和边 2 行的叶绿素含量和叶面积指数均高于相应的单作，其中边 1 行的增加效果更为明显，而边 3 行与单作相比无明显变化。间作大豆和花生边 1 行所表现出的优势可能主要由作物间的根系互作引起，玉米根系所分泌的一些营养物质能优化豆科作物的生长环境，促进豆科作物对营养物质和微量元素的吸收，如左元梅等[14]在研究中发现禾本科作物与花生间作能够改善花生的铁营养状况。而边 2 行相对于边 3 行所表现出的少许优势可能是由于边 2 行的通风条件略好于边 3 行，良好的通风条件对提高植株的光合、蒸腾都有很大促进作用[15]，而且边 2 行相对于边 3 行距离玉米植株更近，其种间互惠优于边 3 行，种内竞争小于边 3 行。此外也发现低施氮肥（50kg/hm^2）在增加叶绿素含量和叶面积指数方面的效果大于玉米和两种豆科作物间作的效果。

在间作系统中，不同种类作物的根系相互影响，互相制约[16-18]。孙守家等[19]在对小麦石榴农林间作系统研究中发现，间作小麦具有明显的根系生长优势，其中以边 1 行的优势最为明显，主要表现在根长密度的增加。本研究同样发现无论在施氮和不施氮条件下，间作大豆和花生边行的单株根干重以边 1 行为最高，边 2 行次之，边 3 行与单作相比无明显变化。豆科作物的固氮能力与其根部的根瘤性状密切相关，肖焱波等[9, 20]研究发现，小麦根系的竞争作用能增加间作蚕豆的根瘤数和根瘤重，但施氮肥能显著降低根瘤数、根瘤重和单瘤重。本研究同样发现间作大豆和花生边 1 行的单株根瘤数、单株根瘤重和单瘤重均高于相应的单作，有的存在显著差异（$P<0.05$），边 2 行与单作相比略有增加，而边 3 行与单作相比无明显变化，并同样证明了施氮肥能降低大豆和花生的单株根瘤数、单株根瘤重和单瘤重。

高阳等[21]研究发现，玉米和大豆间作的群体总产量分别比相应单作增加 32.0%和 6.0%。齐万海等[4]研究发现，间作有利于增加玉米和小麦复合群体的总产量，但各边行之间的产量存在一定差异，其中不隔根间作、塑料薄膜隔根间作、尼龙网隔根间作小麦边 1 行产量较边 2 行分别增加 18.2%、29.0%和 33.7%，较边 3 行分别增加 33.9%、19.4%和 29.8%。本研究中我们同样发现间作不仅可以改善大豆和花生的农艺性状，还可以提高大豆和花生的单株经济产量、单株生物产量和行产量，其中以边 1 行的增产效果最为明显，边 2 行次之，边 3 行与单作相比无明显变化。边 1 行的产量优势主要是由于边 1 行在协调作物间的竞争与互补关系、充分利用自然资源和减轻病虫害方面处于更有利的地位。此外还发现低施氮肥（50kg/hm^2）的效果大于间作的效果，因此可以得出间作增产的优势作用还存在一定局限。

通过本试验发现间作大豆和花生的优势效应为边 1 行＞边 2 行＞边 3 行（单作），且边 3 行与相应单作相比无优势效应，此外低施氮肥（50kg/hm^2）的效果大于间作的优势效应。因此在实际生产中为了提高单位土地面积上禾本科||豆科作物间作系统中豆科作物的产量，同时减少播种收获时的人力浪费，可以考虑每个豆科作物间作带种植 4 行的模式。

参 考 文 献

[1] 史中欣，柴强，杨彩虹，等. 带型配置及施氮量对玉米间作豌豆产量和水分利用效率的影响. 甘肃农业大学学报，2011，46（1）：39-43.

[2] Willey R W. Intercropping：its importance and research needs. Part I. Competition and yield advantage. Field Crops Abstract，1979，32：1-10.

[3] 马骥，马淑云，程寅生，等. 玉米大豆间作效应分析. 西北农业大学学报，1994，22（4）：80-84.

[4] 齐万海，柴强，于爱忠. 间作小麦的边行效应及其与根系空间分布的关系. 甘肃农业大学学报，2010，45（1）：72-76.

[5] 张少泽，甄志高，吴峰. 边行优势在花生套种中的应用研究. 安徽农业科学，2004，32（4）：616-621.

[6] 罗家传，韦胜利，朱高纪，等. 套种条件下小麦产量构成因素及产量变化分析. 种子，2005，24（7）：83-85.

[7] 张伟，冯利平，邱强，等. 遇旱灌水和施肥对大豆产量及农艺性状的影响. 大豆科学，2010，29（5）：812-815.

[8] 高阳，段爱旺，刘战东，等. 玉米/大豆间作条件下的作物根系生长及水分吸收. 应用生态学报，2009，20（2）：307-313.

[9] 肖焱波，李隆，张福锁. 两种间作体系中养分竞争与营养促进作用研究. 中国生态农业学报，2004，12（4）：86-89.

[10] 刘钟栋. 植物生理学. 北京：高等教育出版社，1989：43-52.

[11] Juskiw P E，Helm J H，Salmon D F. Forage yield and quality for monocrops and mixtures of small grain cereals. Crop Science，2000，40（1）：138-147.

[12] 张礼军， 张恩和. 小麦/蚕豆间作条件下磷对作物产量和相关生理指标的影响. 中国农学通报，2005，21（12）：222-224.

[13] 焦念元，宁堂原，赵春，等. 玉米花生间作复合体系光合特性的研究. 作物学报，2006，32（6）：917-923.

[14] 左元梅，李晓林，王永歧，等. 玉米/花生间作对花生铁营养的影响. 植物营养与肥料学报，1997，3（2）：153-159.

[15] 刘景辉，曾昭海，焦立新，等. 不同青贮玉米品种与紫花苜蓿的间作效应. 作物学报，2006，32（1）：125-130.

[16] 刘浩，段爱旺，孙景生，等. 间作模式下冬小麦与春玉米根系的时空分布规律. 应用生态学报，2007，18（6）：1242-1246.

[17] 郭忠录，钟诚，蔡崇法，等. 等高植物篱/大豆间作根系相互作用对生长和氮素吸收利用的影响. 植物营养与肥料学报，2008，14（1）：59-64.

[18] 宋日，牟瑛，王玉兰，等. 玉米、大豆间作对两种作物根系形态特征的影响. 东北师大学报：自然科学版，2002，34（3）：83-86.

[19] 孙守家，桑玉强，孟平，等. 华北低山丘陵区农林间作系统中小麦根系时空分布及边行效应研究. 河南农业大学学报，2011，45（6）：640-646.

[20] 肖焱波，李隆，张福锁. 小麦/蚕豆间作体系中的种间相互作用及氮转移研究. 中国农业科学，2005，38（5）：965-973.

[21] 高阳，段爱旺，刘祖贵，等. 单作和间作对玉米和大豆群体辐射利用率及产量的影响. 中国生态农业学报，2009，17（1）：7-12.

Marginal Effect of Soybean and Peanut Intercropped with Maize in Upland Red Soils

Zhang Xiangqian[1] Huang Guoqin[2] Bian Xinmin[1] Zhao Qiguo[3]

1 College of Agriculture，Nanjing Agricultural University，Nanjing 210095，China

2 Centre of Ecological Sciences Research，Jiangxi Agricultural University，Nanchang 330045，China

3 Institute of Soil Science，Chinese Academy of Sciences，Nanjing 210008，China

Abstract

To understand the marginal effect of leguminous crops in intercropping systems of maize，chlorophyll content，leaf area index，root dry weight，root nodule，agronomic traits and yield of border-row soybean and peanut were determined under low nitrogen（50kg/hm^2）fertilized soybean-maize and peanut-maize intercropping systems. The field experiment was carried out in the Upland Red Soil Experimental Station of Jiangxi Agricultural University for the period from Jul. 28，2011 to Nov. 20，2011. The results showed that the chlorophyll content of the first and second border-rows of intercropped soybean and peanut was higher than that of the mono-crop system at different growth stages with/without nitrogen fertilization. However，no obvious differences were noted in chlorophyll content between the third border-row of intercropped and mono-cropped soybean and peanut. While leaf area index of the first and second border-rows of intercropped soybean and peanut increased at different growth stages，no obvious change was noted in the third border-row，compared with the mono-cropped soybean and peanut. Also the effect of nitrogen fertilization under the mono-cropped was greater than that of the intercropping. Root dry weight of the first and second border-rows of intercropped soybean increased by 14.7% and 2.8% and those of intercropped peanut increased by 16.5% and 3.1%, respectively, compared with mono-cropped soybean and peanut under no nitrogen fertilization. Root dry weight of the first and second border-rows of intercropped soybean increased by 11.3% and 1.3% and those of intercropped peanut increased by 13.5% and 4.6%, respectively, compared with mono-cropped soybean and peanut under nitrogen fertilization. The third border-row of intercropped systems showed no obvious difference from mono-cropped. Nitrogen fertilization under mono-cropping showed greater effect than intercropping. Intercropping also increased per-plant root nodule number and weight of the first and second border-rows of intercropped soybean and peanut at maturity stage. It, however, showed no obvious effect on the third border-row and 50kg/hm^2 nitrogen fertilization decreased root nodule number and weight. Nitrogen fertilization and intercropping improved agronomic traits of soybean and peanut, with the most significant marginal effect of the first border-row. The economic and biological yields per plant and yields per row of the first and second border-rows of intercropped soybean and peanut were higher than those of mono-cropping system with/without nitrogen fertilization. The first border-row presented the highest value, while the values of the third border-row were not obviously different from those of the mono-cropping system. Furthermore, the effects of nitrogen fertilization on agronomic traits and yield of soybean and peanut were greater than those of intercropping system. The study therefore showed that marginal advantages of intercropping was the first border-row > the second border-row > the third border-row ≈ mono-cropped system. The effect of nitrogen fertilization was greater than intercropping.

Key words Maize; Leguminous crop; Intercrop; Marginal effect; Chlorophyll; Leaf area index; Root dry weight; Yield

间作对玉米品质、产量及土壤微生物数量和酶活性的影响*

张向前[1]　黄国勤[2]　卞新民[1]　江学海[1]　赵其国[3]

1　南京农业大学农学院，南京　210095

2　江西农业大学生态科学研究中心，南昌　330045

3　中国科学院南京土壤研究所，南京　210008

摘　　要

为了进一步深入了解禾本科作物和豆科作物间作的优势机理，研究了在不同施肥条件下玉米单作、玉米‖花生间作和玉米‖大豆间作对玉米籽粒品质、单株经济产量和生物产量、产量及土壤中细菌、真菌、放线菌和固氮菌数量及酶活性的影响。结果表明，在不施肥条件下玉米间作可以显著提高玉米籽粒蛋白质、油分和赖氨酸含量，但对淀粉含量影响不显著；在施肥条件下玉米间作可以显著提高淀粉和赖氨酸含量，但对油分和蛋白质含量的增加却影响不显著；间作在提高玉米籽粒淀粉、蛋白质和赖氨酸含量方面的效果没有该施氮水平（50kg/km^2）显著。间作可以增加玉米产量及其单株经济产量和生物产量，其中在不施肥和施肥条件下产量分别比单作增加了 3.7%、9.7%、19.0%和 18.6%，但间作在增加产量方面的效果没有该施氮水平显著。间作在不同施肥条件下可明显增加土壤中细菌、真菌、放线菌和固氮菌的数量，且效果达到显著水平。土壤中的酶活性也显著受到间作的影响，在不施肥条件下玉米间作和单作土壤中的转化酶活性差异达到显著水平，在施肥条件下间作和单作土壤中转化酶和磷酸酶活性差异达到显著水平。4 种微生物数量和 4 种酶活性之间呈显著或极显著正相关，玉米籽粒品质、产量及单株生物产量除与转化酶及磷酸酶活性部分相关不显著外，与土壤中的其他酶活性及微生物数量皆显著或极显著正相关。

关键词　间作；土壤微生物；籽粒品质；酶活性

生态位分离是间作优势产生的主要生态机制，间作中由于两种作物所占据的地上部和地下部生态位发生了分离，在时间生态位和空间生态位上互补扩大，从而使地上部的光、热和地下部的营养资源在时间上前后分离在空间上互补扩大，实现了资源最大限度的利用[1-3]。玉米和豆科作物间作是我国北方普遍实施的一种重要种植方式，与单作相比，玉米的产量和品质都会有较大改善。间作对作物产量和品质的影响主要缘于作物系统内环境和土壤环境的改变[4-5]。土壤微生物和酶一起作用于土壤物质转化和能量流动，并参与许多重要的生物化学反应过程[6-7]，反映着土壤中物质代谢的旺盛程度，是评价土壤肥力的重要指标之一[8]。如何在减少氮肥施用量保护环境的基础上，在确保土壤肥力和作物产量不下降的同时改善作物营养品质提高人们营养条件，已经成为当今社会研究的热点问题。为此本研究以玉米、大豆和花生为间作作物，研究了低施氮量条件下间作对玉米营养品质、产量、土壤微生物数量和酶活性的影响，其目的在于：①探讨低施氮量条件下间作是否有利于改善作物营养品质和产量；②阐述间作是否有利于提高土壤微生物数量和酶活性进而改善土壤微生态环境和肥力；③明确土壤微生物数量和酶活性与作物产量和品质存在的内在关系。

1　材料与方法

1.1　试验设计

试验在江西农业大学附近红壤旱地试验站进行，该试验田位于东经 115°36′，北纬 28°46′，海拔 22.1m。试验田地势平坦，年平均温度约为 17.7℃，日平均温度≥10℃的活动积温达 5640℃，持续天数约为 256d，

*基金项目：国家自然科学基金重点资助项目（U1033004）。

本文原载《生态学报》2012 年第 32 卷第 22 期第 7082-7090 页。

年平均日照时数为 1820.4h，无霜期约 273d，多年平均降水量 1624.6mm。其成土母质为第四纪红色黏土，排灌方便，地力均匀，耕层土壤含有机质 17.1g/kg，碱解氮 69.4mg/kg，速效磷 14.6mg/kg，速效钾 167.4mg/kg，pH6.2。

试验采用随机区组设计，3×2 双因素试验（两因素为间作方式和施肥，其中 3 种间作方式、2 种施肥水平），3 次重复，共 18 个小区，小区面积为 6m×5.5m（$33m^2$）。供试玉米品种为“科糯 986”（用 KN986 表示），花生品种为“奥油 116”，大豆品种为“早 50”。玉米、大豆和花生同时于 4 月 9 日播种，玉米于 7 月 25 日收获。种植模式为南北行种植，从东向西先种玉米带后种大豆或花生带，每个小区种 3 个玉米带和 2 个大豆或花生带，玉米每带种 2 行，大豆和花生每带种 4 行。玉米单间作行株距一致，其中行距为 40cm，株距为 30cm；大豆与花生单间作行株距亦一致，行距和株距分别为 40cm 和 20cm，此外玉米与大豆或花生间作的行距亦为 40cm。玉米每行种 20 株，每个小区为 120 株。单作用 S 表示，间作用 ‖ 表示。玉米间作组合分别标记为 KN986S（玉米单作）、KN986Ⅰ（玉米 ‖ 花生）和 KN986Ⅱ（玉米 ‖ 大豆）。

施肥设为施氮肥 50kg/hm^2 和不施氮肥（CK）两个水平。氮肥以尿素计（N≥46.5%），分别在拔节期和大喇叭口期施用，每次 25kg/hm^2，即每行（0.4m×6m）施 6g 氮肥，施肥时将氮肥溶于等量（2000mL）水中采用条施的方法，施于 3 种作物各行间并使单间作每行的施氮量一致。钾肥以硫酸钾计（K_2O≥50%）300kg/hm^2，磷肥以普钙计（P_2O_5≥16%）700kg/hm^2，播种时磷肥和钾肥作底肥一次施用，试验在大田条件下进行，灌水及其他田间管理按照当地习惯进行，以充分保证作物生长发育需要为基础。

1.2 样品采集与测定

将计产收获的籽粒（以玉米间作籽粒与单作对照）采用 BRURER 公司生产的 MATRIX-1 型近红外光谱分析仪测定籽粒蛋白质、淀粉、脂肪和赖氨酸含量。

单株生物产量（地上部干物重）测定：在每小区随机取 10 株玉米植株样本在 105℃下烘 45min 杀青，再在 85℃下烘干至恒重后称取干物重。单株经济产量：为单株收获的籽粒产量。产量（每平方千米经济产量）为单位土地面积上收获的籽粒产量换算为每平方千米的产量。

于玉米灌浆期（7 月 8 日）采集距玉米植株根部 5cm 处 10～15cm 深的耕层土壤（玉米与大豆、花生相邻行的土壤），每行采五个点并混匀。土壤微生物活菌数量测定采用文献[9]的方法；土壤脱氢酶活性（以 TPF 计，μg/（g·24h））采用氯化三苯基四氮唑（TTC）还原法测定[10]；土壤转化酶活性（以 glucose 计，mg/（g·24h））测定采用 3, 5-二硝基水杨酸比色法[10]；脲酶活性（以 NH_3-N 计，mg/（g·24h））采用靛酚蓝比色法测定[10]；土壤磷酸酶活性（以 phenol 计，mg/（g·24h））的测定采用磷酸苯二钠比色法[10]。

1.3 统计分析

数据采用 DPS7.05 软件和最小显著差数法（LSD）进行统计分析。

2 结果与分析

2.1 不同施肥条件下间作对玉米籽粒品质的影响

从表 1 可以看出，施肥处理和间作方式对玉米籽粒淀粉含量、蛋白质含量、油分含量和赖氨酸含量的影响分别达到极显著（$P<0.01$）和显著（$P<0.05$）水平。而施肥处理和间作方式的互作效应对玉米籽粒营养品质的影响则没有达到显著水平（$P>0.05$）。玉米籽粒淀粉含量为 68.17%～73.09%，在不施氮肥条件下，玉米间作和单作的籽粒淀粉含量差异不显著，在施氮肥条件下，间作玉米的籽粒淀粉含量显著高于单作，KN986Ⅰ（玉米 ‖ 花生）和 KN986Ⅱ（玉米 ‖ 大豆）分别比单作增加了 1.98% 和 2.7%；玉米籽粒蛋白质含量为 7.01%～10.51%，以施肥条件下 KN986Ⅰ间作模式为最高。在不施肥条件下，玉米间作与单作的籽粒蛋白质含量存在显著差异，KN986Ⅰ和 KN986Ⅱ分别比单作增加了

23.0%和 19.3%，而在施肥条件下则差异不显著；玉米籽粒油分的含量为 3.59%～4.49%，以施氮肥条件下 KN986 Ⅱ间作模式为最高。在不施肥条件下，玉米籽粒油分含量间作显著高于单作，KN986 Ⅰ和 KN986 Ⅱ分别比单作增加了 11.4%和 17.8%，而在施肥条件下则差异不显著；玉米籽粒赖氨酸含量在 0.16%～0.27%，以施肥条件下 KN986 Ⅱ间作模式为最高。无论在不施氮肥或施氮肥条件下，间作玉米籽粒赖氨酸含量皆显著高于单作，KN986 Ⅰ和 KN986 Ⅱ分别增加了 25%和 31.3%、13.0%和 17.4%，说明玉米籽粒赖氨酸含量显著受到间作的影响。表 1 多重比较结果表明，在不施肥条件下玉米间作可以显著提高玉米籽粒蛋白质、油分和赖氨酸含量，但对淀粉含量影响不显著，在施肥条件下可以显著提高淀粉和赖氨酸含量，但对油分和蛋白质含量的增加却影响不显著。此外施肥条件下单作玉米籽粒的淀粉、蛋白质和赖氨酸的含量皆显著高于不施肥条件下的玉米间作，说明间作在提高玉米籽粒淀粉、蛋白质和赖氨酸含量方面的效果没有该施氮水平显著。

表 1　不同施肥条件下间作对玉米籽粒品质的影响　　（单位：%）

氮肥	间作	淀粉	蛋白质	油分	赖氨酸
不施肥 CK	KN986S	68.17±0.55c	7.01±0.69c	3.59±0.41c	0.16±0.002d
	KN986I	68.48±0.76c	8.62±0.38b	4.00±0.13b	0.20±0.019c
	N986 Ⅱ	69.40±0.60c	8.36±0.49b	4.23±0.12ab	0.21±0.008c
施肥	KN986S	71.19±0.80b	9.75±0.54a	4.34±0.10ab	0.23±0.012b
	KN986I	72.60±0.66a	10.51±0.40a	4.47±0.12a	0.26±0.005a
	KN986 Ⅱ	73.09±0.14a	10.45±0.39a	4.49±0.04a	0.27±0.003a
P	施肥处理	0.0001	0.0001	0.0009	0.0001
	间作方式	0.0083	0.0034	0.0216	0.0001
	施肥处理×间作方式	0.3890	0.3172	0.1783	0.4291

注：表中数据为平均数±标准差；各列后不同小写字母表示在 0.05 水平上差异显著（$P<0.05$）。

2.2　不同施肥条件下间作对玉米单株经济产量和生物产量及大田产量的影响

从图 1 中可以看出，无论在施肥和不施肥条件下，间作玉米的单株经济产量皆高于单作玉米，其中 KN986 Ⅰ和 KN986 Ⅱ在不施肥条件下分别比单作增加了 3.6%和 7.8%，在施肥条件下分别增加了 12.2%和 18.9%，但同一施肥条件下差异绝大多数不显著（$P>0.05$），且施肥条件下的玉米单间作的单株经济产量皆显著高于不施肥条件下的相同种植模式，说明该施氮水平对玉米单株经济产量的影响大于间作。从图 1（a）中亦可看出，间作也有利于提高玉米的单株生物产量，其中 KN986 Ⅰ和 KN986 Ⅱ的单株生物产量在不施肥条件下分别比单作增加了 6.9%和 7.4%，在施肥条件下分别增加 2.4%和 2.1%，但在施肥条件下两种间作模式的单株生物产量与单作差异皆不显著（$P>0.05$），在不施肥条件下只有 KN986 Ⅱ间作模式与单作存在显著差异，此外施肥条件下的玉米单间作的单株生物产量皆显著高于不施肥条件下的相同种植模式，说明施氮肥在增加玉米单株生物产量方面也发挥着重要作用。还可以看出，无论在施肥和不施肥条件下，间作玉米的产量皆高于单作，其中在不施肥条件下 KN986 Ⅰ和 KN986 Ⅱ的玉米产量分别比单作增加了 3.7%和 9.7%，在施肥条件下分别增加了 19.0%和 18.6%，说明了间作有利于提高玉米的大田群体产量。施氮肥在提高玉米大田产量方面也发挥着重要作用，其中施肥条件下玉米单作的大田产量与不施肥条件下的玉米单作和间作的大田产量皆存在显著差异（$P<0.05$）。

2.3　不同施肥条件下间作对土壤微生物数量的影响

从图 2 中可以看出，无论在施肥和不施肥条件下，玉米间作相对于单作均能显著增加土壤中细菌的数量，在施肥和不施肥条件下 KN986 Ⅰ和 KN986 Ⅱ分别比单作增加了 86.4%和 81.2%、25.9%和 29.8%，此外施肥也能明显提高土壤中细菌数量，同一间作处理施肥量之间的差异达显著水平（$P<0.05$）。可以得出，

施肥和间作均可以显著提高土壤中真菌的数量并以施肥条件下 KN986Ⅱ间作模式土壤中真菌的数量为最高，在施肥和不施肥条件下 KN986Ⅰ和 KN986Ⅱ分别比单作土壤中真菌的数量增加了 17.3%和 20.0%、13.2%和 16.3%，差异显著。施肥和间作对土壤中放线菌数量的影响与对真菌的影响相类似，具有相同的变化规律，其中施肥条件下的间作与不施肥条件下的间作差异达到显著水平。土壤中固氮菌的数量也显著受到施肥和间作的影响，并以施肥条件下 KN986Ⅰ间作模式下土壤中的放线菌数量为最多，在施肥和不施肥条件下 KN986Ⅰ和 KN986Ⅱ分别比相应的单作增加了 53.1%和 48.7%、124.1%和 132.8%，且间作的效果在不施肥条件下大于施肥条件下的效果。

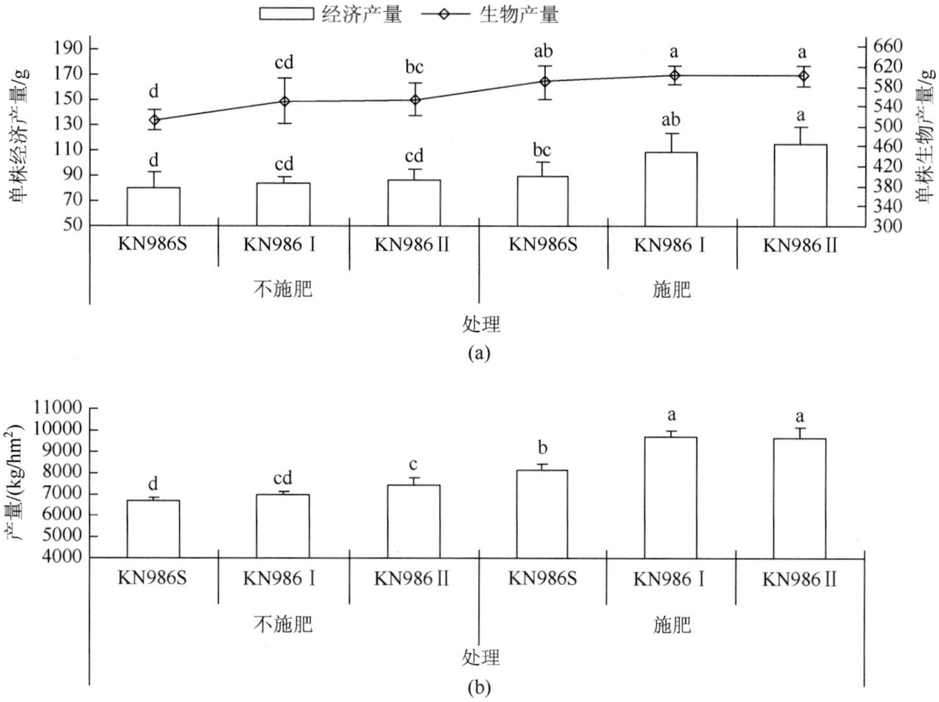

图 1　不同施肥条件下间作对玉米产量的影响

柱状图上的不同字母代表差异达到显著水平（$P<0.05$）

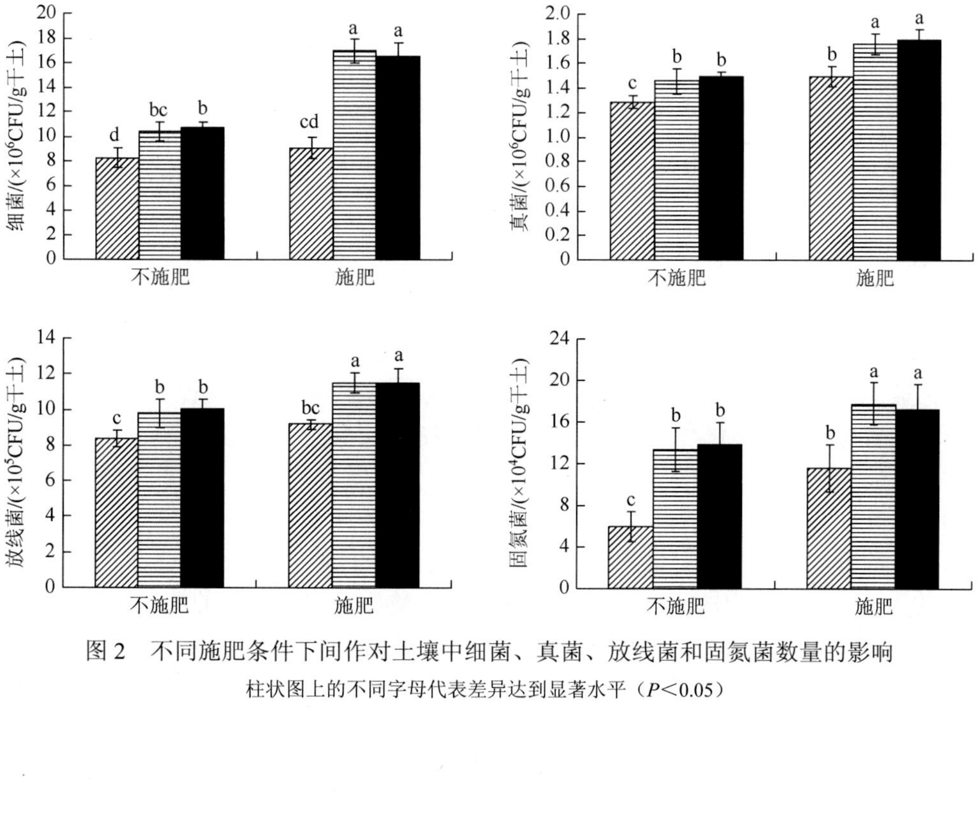

图 2　不同施肥条件下间作对土壤中细菌、真菌、放线菌和固氮菌数量的影响

柱状图上的不同字母代表差异达到显著水平（$P<0.05$）

2.4　不同施肥条件下间作对土壤酶活性的影响

从表 2 中可以看出施肥处理对土壤中转化酶、脱氢酶、脲酶和磷酸酶活性的影响皆达到显著水平（P<0.05）或极显著水平（P<0.01），间作方式除对土壤中脱氢酶活性的影响不显著外（P>0.05），对另外 3 种酶活性的影响皆达到显著或极显著水平，而施肥处理和间作方式的互作对四种酶活性没有显著影响（P>0.05）。土壤中转化酶活性在 5.38～10.26mg/（g·24h），以施氮肥条件下 KN986 I 间作模式为最高。无论在施肥或不施肥条件下，间作玉米土壤中的转化酶活性皆高于玉米单作，并存在显著差异。此外施肥条件下的玉米单作土壤中的转化酶活性显著高于不施肥条件下的玉米单作，增加了 22.1%，说明了施肥对提高玉米单作土壤中转化酶活性有显著作用。土壤中脱氢酶活性在 0.83～1.24μg/（g·24h），以施氮肥条件下 KN986 I 间作模式为最高，无论在施肥或不施肥条件下，玉米间作土壤中脱氢酶活性皆高于单作但差异不显著。土壤中脲酶的活性在 0.34～0.74mg/（g·24h），且其活性在间作模式下皆显著高于单作，在不施肥和施肥条件下 KN986 I 和 KN986 II 分别比单作增加了 50.0%和 44.1%、14.0%和 29.8%。土壤中磷酸酶活性在 1.63～2.01mg/（g·24h），其中施肥条件下的 KN986 I 和 KN986 II 分别比单作增加了 17.2%和 18.9%，差异显著。可见施肥和间作可以明显增加土壤中的酶活性，除间作对土壤中脱氢酶活性影响不显著外，其余影响皆达到显著水平。

表 2　不同施肥条件下间作对土壤中酶活性的影响

氮肥	间作	转化酶活性 /[mg/（g·24h）]	脱氢酶活性 /[μg/（g·24h）]	脲酶活性 /[mg/（g·24h）]	磷酸酶活性 /[mg/（g·24h）]
不施肥（CK）	KN986S	5.38±0.35d	0.83±0.09c	0.34±0.08d	1.63±0.23c
	KN986 I	8.81±0.55b	0.90±0.14bc	0.51±0.09bc	1.85±0.08ab
	KN986 II	9.42±0.96ab	0.93±0.14abc	0.49±0.06cd	1.83±0.11abc
施肥	KN986S	6.57±0.46c	1.11±0.22abc	0.57±0.07bc	1.69±0.26bc
	KN986 I	10.26±0.29a	1.24±0.13a	0.65±0.12ab	1.98±0.17a
	KN986 II	10.08±0.71a	1.15±0.20ab	0.74±0.12a	2.01±0.13a
P	施肥处理	0.0035	0.0067	0.0006	0.0370
	间作方式	0.0001	0.6018	0.0281	0.0031
	施肥处理×间作方式	0.5498	0.8385	0.5449	0.6436

注：表中数据为平均数±标准差；各列后不同小写字母表示在 0.05 水平上差异显著（P<0.05）。

2.5　微生物数量、酶活性与玉米籽粒品质、单株生物产量及产量的相关性分析

表 3 显示了上述土壤中四种微生物数量、四种酶活性及玉米 4 种品质指标、单株生物产量和产量（每平方千米经济产量）彼此之间皆存在正相关关系，说明了彼此之间存在正的相互促进作用。除细菌与油分、转化酶与脱氢酶、转化酶与脲酶、转化酶与淀粉、转化酶与蛋白质、转化酶与赖氨酸、转化酶与单株生物产量、转化酶与产量、脱氢酶与磷酸酶、磷酸酶与淀粉、磷酸酶与蛋白质、磷酸酶与单株生物产量之间的相关性不显著外（P>0.05），其余各指标两两之间皆达到显著（P<0.05）或极显著（P<0.01）水平。从单株生物产量与淀粉、蛋白质、油分、赖氨酸及产量的相关系数可以得出，生物产量不仅是玉米产量形成的基础，而且对玉米籽粒品质的影响很大。从表中亦可看出，土壤中的微生物数量与土壤中的酶活性之间的关系极为密切，二者之间皆达到显著或极显著正相关，同时由于二者在一定程度上反映着土壤的肥力水平，因此通过提高土壤中微生物数量和酶活性可以改善玉米的籽粒品质及增加玉米的单株生物产量和产量。土壤微生物数量和酶活性与玉米单株生物产量、籽粒品质及产量的关系极为密切，并存在正的促进作用。

表 3 土壤中微生物数量、酶活性与玉米籽粒品质、产量及单株生物产量的相关性

	细菌	真菌	放线菌	固氮菌	转化酶	脱氢酶	脲酶	磷酸酶	淀粉	蛋白质	油分	赖氨酸	单株生物产量
细菌	0.95**	0.94**	0.85*	0.97**	0.88**	0.83*	0.80*	0.84*	0.80*	0.74	0.83*	0.77*	0.91**
真菌		0.91**	0.96**	0.96**	0.93**	0.82*	0.89**	0.93**	0.90**	0.96**	0.91**	0.96**	
放线菌			0.98**	0.97**	0.93**	0.77*	0.89**	0.80*	0.83*	0.83*	0.86*	0.80*	0.87*
固氮菌				0.95**	0.77*	0.89**	0.95**	0.77*	0.86*	0.91**	0.88**	0.85*	0.81*
转化酶					0.55	0.74	0.96**	0.57	0.66	0.76*	0.7	0.64	0.65
脱氢酶						0.88**	0.65	0.96**	0.96**	0.87*	0.94**	0.96**	0.95**
脲酶							0.84*	0.93**	0.96**	0.92**	0.98**	0.95**	0.92**
磷酸酶								0.7	0.75	0.76*	0.78*	0.71	0.77*
淀粉									0.94**	0.86*	0.96**	0.94**	0.98**
蛋白质										0.94**	0.98**	0.99**	0.92**
油分											0.96**	0.96**	0.84*
赖氨酸												0.98**	0.95**
单株生物产量													0.92**

* 为显著相关（$P<0.05$），**为极显著相关（$P<0.01$）。

3 讨 论

合理的间作，由于株型及生理生态方面的差异，使时空与水肥利用产生互补作用，不仅比单作明显提高了产量，而且能显著改善作物的营养品质[11, 12]。Li 等[13]在研究中发现玉米‖蚕豆间作时，种间竞争较弱，玉米和蚕豆品质都能得到明显的改善。刘天学[14]在对不同基因型玉米间作研究中发现间作可以提高玉米的产量，改善玉米的营养品质。但是不同品种间产量的提高和品质的改善未必是同步的，沈其荣[15]通过对旱作水稻与花生间作系统的研究表明，水稻‖花生间作具有显著的产量优势，间作水稻产量可以提高 18%～41%。本研究中同样表明，当玉米与大豆、花生豆科作物间作时，无论在施肥和不施肥条件下不仅明显增加了玉米的单株经济产量和生物产量，而且大田经济产量也显著提高，同时亦显著改善了玉米籽粒的营养品质，这与焦念元等[16]的研究结果相一致。此外本研究还表明间作在增加玉米产量、提高玉米籽粒淀粉、蛋白质和赖氨酸含量方面的效果没有施氮水平的影响效果显著。

土壤微生物是土壤生态系统的重要组成部分，土壤微生物数量与作物地下部及地上部生长有密切联系，土壤-作物系统与土壤微生物之间存在相互作用、互为条件的关系。宋亚娜[17]在小麦‖蚕豆、玉米‖蚕豆和小麦‖玉米间作中发现间作相对于单作能够提高作物根系细菌群落多样性，改变根际细菌群落结构组成；柴强[18]在玉米‖蚕豆和玉米‖鹰嘴豆间作中同样证明了间作作物根际微生物多样性显著高于相应单作，间作相对于单作，能提高土壤中的细菌、真菌和放线菌的数量。本研究表明，无论在施肥和不施肥条件下间作相对于单作可以明显增加土壤中的细菌、真菌、放线菌和固氮菌的数量并达到显著水平，与吴凤芝等[19]的研究结果相一致。这可能是由于施氮肥增加了土壤中的氮素，可以为微生物提供更多的氮源，而间作中作物根系的互作可以使根系土壤中含有更多的维生素、碳水化合物、氨基酸和有机酸等，从而明显提高了土壤中微生物的数量[17, 20]。

土壤酶活性反映了土壤中各种生物化学过程的强度和方向，它与土壤理化特性、肥力状况和农业措施有着显著的相关性，是土壤肥力评价的重要指标之一[21]。柴强等[18]通过玉米‖蚕豆间作发现种植模式对土壤过氧化氢酶和磷酸酶活性具有极显著影响；刘均霞等[22]通过盆栽试验表明间作体系中玉米、大豆根际土壤中的脲酶和磷酸酶活性均显著高于相应单作。在本试验中我们同样发现无论在施肥和不施肥条件下间作除对脱氢酶活性的影响没有达到显著水平外，对转化酶、脲酶和磷酸酶活性的影响都达到显著水平，与姜莉等[8]的研究结果相一致。

土壤微生物参与土壤的物质循环和能量转化，而土壤酶参与土壤的许多重要的生物化学过程，二者共同成为评价土壤肥力的重要指标。本试验通过相关分析得出，土壤中微生物数量和土壤酶活性之间有显著或极显著的正相关关系，与张继光等[23]的研究结果相一致，证明了土壤微生物数量和酶活性关系极为密切并相互影响。符冠富等[24]在研究中发现水稻灌浆中后期的土壤酶活性与水稻产量及干物质量的相关性皆达到显著水平。马冬云等[25]在研究证实土壤中微生物数量和酶活性的增加有利于小麦产量的增加，证明它们之间存在正的相关关系。本研究同样表明，玉米单株生物产量、产量及其籽粒品质除与土壤中转化酶及磷酸酶活性相关不显著外，与该试验中的土壤微生物数量和其他相关酶活性之间皆显著或极显著相关，说明了土壤微生物数量和酶活性通过影响土壤肥力进而影响到玉米的品质、单株生物产量和大田产量，且彼此之间存在正的相互促进作用。因此在红壤旱地上采用禾本科作物和豆科作物间作，可以充分利用间作作物生态位分离的原理，并通过合理的施肥可以增加土壤中微生物数量和酶活性，有效提高土壤肥力改善作物的生长发育和营养状况，进而达到改善作物营养品质、提高作物产量的目的。

参 考 文 献

[1] 肖焱波，李隆，张福锁. 小麦/蚕豆间作体系中的种间相互作用及氮转移研究. 中国农业科学，2005，38（5）：965-973.

[2] 肖焱波，李隆，张福锁. 根瘤菌菌株 NM353 对小麦/蚕豆间作体系中作物生长及养分吸收的影响. 植物营养与肥料学报，2006，12（1）：89-96.

[3] 李隆. 间作作物种间促进与竞争作用研究. 北京：中国农业大学，1999.

[4] 褚贵新，沈其荣，张娟，等. 用 N 富积标记和稀释法研究旱作水稻/花生间作系统中氮素固定和转移. 植物营养与肥料学报，2003，9（4）：385-389.

[5] Lesoing G W，Francis C A. Strip intercropping effects on yield and yield components of corn，grain sorghum，and soybean. Agronomy Journal，1999，91（5）：807-813.

[6] 苗琳，王立，黄高宝，等. 保护性耕作对旱地麦田土壤酶活性的影响. 干旱地区农业研究，2009，27（1）：6-11.

[7] 孙建，刘苗，李立军，等. 免耕与留茬对土壤微生物量 C、N 及酶活性的影响. 生态学报，2009，29（10）：5509-5515.

[8] 姜莉，陈源泉，隋鹏，等. 不同间作形式对玉米根际土壤酶活性的影响. 中国农学通报，2010，26（9）：326-330.

[9] 中国科学院南京土壤所微生物室. 土壤微生物研究法. 北京：科学出版社，1985：12-36.

[10] 关松荫. 土壤酶及其研究法. 北京：农业出版社，1983：23-47.

[11] 刘秀珍，张阅军，杜慧玲. 水肥交互作用对间作玉米、大豆产量的影响研究. 中国生态农业学报，2004，12（3）：75-77.

[12] Sekamatte B M，Ogenga-Latigo M，Russell-Smith A. Effects of maize-legume intercrops on termite damage to maize，activity of predatory ants and maize yields in Uganda. Crop Protection，2003，22（1）：87-93.

[13] Li L，Yang S C，Li X L，Zhang F S，et al. Interspecific complementary and competitive interactions between intercropped maize and faba bean. Plant and Soil，1999，212（2）：105-114.

[14] 刘天学，李潮海，马新明，等. 不同基因型玉米间作对叶片衰老、籽粒产量和品质的影响. 植物生态学报，2008，32（4）：914-921.

[15] 沈其荣，褚贵新，曹金留，等. 从氮素营养的角度分析旱作水稻与花生间作系统的产量优势. 中国农业科学，2004，37（8）：1177-1182.

[16] 焦念元，宁堂原，赵春，等. 玉米花生间作复合体系光合特性的研究. 作物学报，2006，32（6）：917-923.

[17] 宋亚娜，Marschner P，张福锁，等. 小麦/蚕豆，玉米/蚕豆和小麦/玉米间作对根际细菌群落结构的影响. 生态学报，2006，26（7）：2268-2274.

[18] 柴强，黄鹏，黄高宝. 间作对根际土壤微生物和酶活性的影响研究. 草业学报，2005，14（5）：105-110.

[19] 吴凤芝，周新刚. 不同作物间作对黄瓜病害及土壤微生物群落多样性的影响. 土壤学报，2009，46（5）：899-906.

[20] 刘广才. 不同间套作系统种间营养竞争的差异性及其机理研究. 兰州：甘肃农业大学，2005.

[21] 李成芳，曹凑贵，徐拥华，等. 稻鸭与稻鱼生态系统土壤微生物量 N 和土壤酶活性动态. 生态学报，2008，28（8）：3905-3912.

[22] 刘均霞，陆引罡，远红伟，等. 玉米、大豆间作对根际土壤微生物数量和酶活性的影响. 贵州农业科学，2007，35（2）：60-61.

[23] 张继光，秦江涛，要文倩，等. 长期施肥对红壤旱地土壤活性有机碳和酶活性的影响. 土壤，2010，42（3）：364-371.

[24] 符冠富，王丹英，徐春梅，等. 稻田冬季保护性耕作条件下的土壤酶活性与水稻成熟期叶片衰老和籽粒产量之间的关系. 中国水稻科学，2009，23（1）：43-50.

[25] 马冬云，郭天财，宋晓，等. 尿素施用量对小麦根际土壤微生物数量及土壤酶活性的影响. 生态学报，2007，27（12）：5222-5228.

Effects of Intercropping on Quality and Yield of Maize Grain，Microorganism Quantity，and Enzyme Activities in Soils

Zhang Xiangqian[1] Huang Guoqin[2] Bian Xinmin[1] Jiang Xuehai[1] Zhao Qiguo[3]

1 Agricultural College，Nanjing Agricultural University，Nanjing 210095，China

2 Research Centre on Ecological Sciences，Jiangxi Agricultural University，Nanchang 330045，China

3 Institute of Soil Science，Chinese Academy of Sciences，Nanjing 210008，China

Abstract

To increase our understanding of the advantages of intercropping gramineae crops with legume crops，we conducted a field trial comparing a maize monoculture system, a maize-peanut intercropping system, and a maize-soybean intercropping system with or without application of fertilizer. For each system, we determined maize grain quality (starch, protein, oil, and lysine content), economic and biological yields per plant, crop yield per km^2, abundance of microorganisms (bacteria, fungi, actinomycetes, and nitrogen-fixing bacteria) and activities of various enzymes (invertase, dehydrogenase, urease, and phosphatase) in soils (pH=6.2). The field experiment was carried out on upland red soil at the Experimental Station of Jiangxi Agricultural University (latitude 28°46'N, longitude 115°36'E, altitude 22.1 m above sea level) from 9 April 2011 to 25 July 2011. The experimental plan comprised six treatments (i.e., 3×2) and each treatment was replicated three times. Each plot area was 33 m^2 (6 m×5.5 m) and the field experiment had a total of 18 plots. Crop management was the same as that used for local agricultural production. The results showed that maize intercropping significantly increased protein, oil, and lysine content of maize grains when no fertilizer was applied. However, there was no significant effect on starch content of maize grains. When fertilizer was applied, maize intercropping significantly increased starch and lysine content of maize grains, but did not significantly affect oil and protein content. The effect of intercropping on increasing the contents of starch, protein, and lysine in maize grains was not greater than that of nitrogen fertilizer applied at a rate of 50 kg/km^2. Intercropping also increased the maize yield (square kilometers) and the biological and economic yield per plant. Compared to the yield from the maize monoculture, that from the maize-peanut and maize-soybean mixed cropping systems was increased by 3.7% and 9.7%, respectively, under unfertilized conditions and by 19.0% and 18.6%, respectively, under fertilized conditions. However, the effect of intercropping on increasing the yield of maize was not greater than that of nitrogen fertilization. Intercropping significantly increased the quantities of soil bacteria, fungi, actinomycetes, and nitrogen-fixing bacteria under different fertilization conditions. Soil enzyme activities were also significantly affected by intercropping. The activity of soil invertase differed significantly between the maize intercropping and monoculture systems in unfertilized conditions, and the activities of soil invertase and phosphatase significantly differed between maize intercropping and monoculture systems under fertilized conditions. A correlation analysis showed that the abundance of the four kinds of microorganisms and the activities of four soil enzymes were significantly ($P<0.05$) or highly significantly ($P<0.01$) positively correlated with each other. The maize grain quality, yield, and biological yield per plant were significantly or highly significantly positively correlated with the abundance of microorganisms in soils and with enzyme activities, except for invertase and phosphatase activities.

Key words Intercropping; Soil microorganism; Grain quality; Enzyme activities

间作和低施氮肥对旱地玉米生长及产量的影响*

张向前[1] 黄国勤[2**] 卞新民[1] 赵其国[3]

1 南京农业大学农学院，南京 210095

2 江西农业大学生态科学研究中心，南昌 330045

3 中国科学院南京土壤研究所，南京 210008

摘 要

在江西红壤旱地，设置大豆、花生间作玉米大田试验，观测分析间作及低施氮（50kg/hm^2）条件下玉米植株性状、根干重、单株干物重、叶面积指数、叶绿素含量及产量差异。结果表明，间作和施肥可以增加玉米的株高、节间长和节间粗，其中施肥对玉米株高的影响达到显著水平（$P<0.05$）；玉米单株干物重和根干重也明显受到间作和施肥的影响，但间作的效果没有施肥显著；间作和施肥可以增加玉米的叶面积指数和叶绿素含量，但施肥的效果更明显；间作和施肥在提高和改善玉米产量及其构成因素方面也发挥着重要作用，其中施肥对产量存在显著影响（$P<0.05$）。

关键词 玉米；间作；施肥；叶面积指数；叶绿素；产量

间作是我国农业生产中非常有效的一种栽培方式[1]。利用间作来构建生态位互补的作物群体，不仅可以充分利用自然资源，减轻病虫害，减少化肥农药的使用量，减少环境污染，降低生产成本，还可以提高群体产量和整体经济效益[2-3]，在提高光、肥、水、气、热等自然资源利用率，实现作物高产稳产等方面具有明显的优势[4-6]。其中豆科作物与玉米间作是我国农业生产系统中的一种典型耕作方式。合理的间作方式，改变了株型及生理生态差异，使时空与水肥利用产生互补作用，可获得比单作更高的产量和经济效益[7-9]。

豆科作物与禾本科作物间作具有很强的养分吸收互补性，二者间作可以提高作物对养分资源的高效利用并显著地提高作物产量[10-11]。在豆科‖禾本科作物间作系统中豆科作物可向禾本科作物转移一定量氮素，而禾本科作物通过对土壤氮素的竞争性吸收，减少了土壤氮素对固氮酶活性的抑制，从而可提高豆科作物的生物固氮效率[12-13]。但农业生产中为追求高产大量施用氮肥往往又会对豆科作物的生物固氮产生明显的抑制作用，使间作优势显著降低[10,14]。为了确保作物产量和减少环境污染，低施氮肥的研究越来越受到人们的重视。为此本试验研究了在低施氮肥（50kg/hm^2）条件下大豆和花生对间作玉米植株性状、叶绿素含量及产量等的影响，评估豆科作物和禾本科作物间作的优势效应，为探索禾本科‖豆科作物间作优势机理提供有价值的理论参考。

1 材料与方法

1.1 试验设计

试验在江西农业大学附近红壤旱地试验田进行，该试验田位于东经 115°36′，北纬 28°46′，海拔 22m。试验田地势平坦，年平均温度约为 17.7℃，日平均温度≥10℃的活动积温达 5640℃，持续天数约为 256d，年平均日照时数为 1820.4h，无霜期约 273d，多年平均降水量 1624.6mm。其成土母质为第四纪红色黏土，排灌方便，地力均匀，耕层土壤含有机质 17.1g/kg，碱解氮 69.4mg/kg，速效磷 14.6mg/kg，速效钾 167.4mg/kg，pH6.2。

试验采用随机区组设计，32 双因素试验，3 次重复，小区面积为 6m×5.5m（33m^2）。供试玉米品种为“科糯 986”（用 KN986 表示），花生品种为“奥油 116”，大豆品种为“早 50”。玉米、大豆和花生同时于 2011 年 4 月 9 日播种，玉米于 7 月 25 日收获，大豆和花生分别于 8 月 10 日和 8 月 20 日收获。种植模式

* 基金项目：国家自然科学基金重点项目（U1033004）。

作者简介：张向前（1984—），男，安徽阜阳人，在读博士研究生，主要从事作物间作方面的研究。

** 通讯作者：黄国勤（1962—），男，江西鹰潭人，教授，主要从事种植制度的研究。

本文原载《干旱地区农业研究》2012 年第 30 卷第 5 期第 30-36 页。

为南北行种植，从东向西先种大豆和花生带然后种玉米带，每个小区种 2 个玉米带和 3 个大豆或花生带，大豆和花生每带种植 5 行，玉米每带种植 2 行。玉米行距为 40cm，株距 30cm，玉米与大豆、花生间作的行距皆为 40cm，大豆与花生的行距和株距分别为 30cm 和 20cm。玉米每行为 19 株，每个小区为 76 株。单作（sole-cropping）用 S 表示，间作（intercropping）用 ‖ 表示。玉米间作组合分别标记为 KN986S（玉米单作）、KN986 Ⅰ（玉米 ‖ 花生）和 KN986 Ⅱ（玉米 ‖ 大豆）。

施肥设为施氮肥 50kg/hm^2 和不施氮肥（CK）两个水平。钾肥为硫酸钾（K_2O≥50%）300kg/hm^2；磷肥为普钙（P_2O_5≥16%）70kg/hm^2；氮肥为尿素（N≥46.5%）。播种时磷肥和钾肥作底肥一次施用，氮肥在拔节期施用，施肥后浇水防止烧苗。试验在大田条件下进行，灌水及其他田间管理按照当地习惯进行，以充分保证作物生长发育需要为基础。

1.2 测定项目与方法

株高和节间的测定：株高为基部到植株顶端的高度，节间长为两茎节之间的长度，节间粗为茎节中部的直径，于成熟期 7 月 23 日在每个小区选取 10 株玉米测定其每株株高和节间，节间长分别测定第一、二、三和四节，节间粗分别测定第一、三、五和七节，最后取其平均值。

叶绿素含量：用手持式叶绿素测定仪（SPAD-502 叶绿素测定仪）测定，每个小区选 5 株玉米，每一时期选取玉米中部相同部位的叶片在上面均匀取 5 个点测定，后期测定的为穗位叶，并以平均值计数。

叶面积指数（LAI）：于大喇叭口期、灌浆期和蜡熟期选择生长发育一致、叶片无病斑和无破损的植株测定，每个小区每次取相邻的 5 株玉米测定。单叶叶面积=长×宽×0.75，LAI=单株叶面积×单位土地面积内株数/单位土地面积。

干物重的测定：分别于大喇叭口期、吐丝期、灌浆期和蜡熟期在每个小区取 5 株玉米，在 105℃下烘 45min 杀青，再在 85℃下烘干至恒重后称取干物重。玉米根干重：于成熟期 7 月 23 日取深度为 0～40cm 宽度为 30cm 土壤部位的玉米根系，连同土壤样方一起装入尼龙网中，用水冲洗干净自然晾干后用烘箱烘干至恒重。产量和产量构成因素的测定：成熟期测定穗长、穗粗、秃尖长、行粒数、穗粒数和千粒重，并计算出产量，产量用每小区单位面积实际收获的总籽粒产量折算成每公顷的产量。

1.3 统计分析

采用 Microsoft Excel 2003 软件对数据进行处理和作图，采用 SPSS17.0 软件和最小显著差数法（LSD）进行方差分析和多重比较。

2 结果与分析

2.1 间作和施肥对玉米株高的影响

从图 1 中可以看出，无论在施肥和不施肥条件下，间作对玉米株高的影响具有相同的变化趋势。在不施肥条件下玉米间作比单作的株高分别增加了 6.5%和 1.8%，在施肥条件下分别增加了 5.8%和 5.0%，但差异皆未达到显著水平（P>0.05）。施肥条件下玉米单作和间作的株高分别高于不施肥条件下的相同种植模式，且差异皆达到显著水平（P<0.05），分别增加了 10.6%、10.1%和 13.8%。此外施肥条件下的玉米单作株高也皆高于不施肥条件下的间作，因此可以得出低施氮肥（50kg/hm^2）在增加玉米株高方面的效果大于间作。

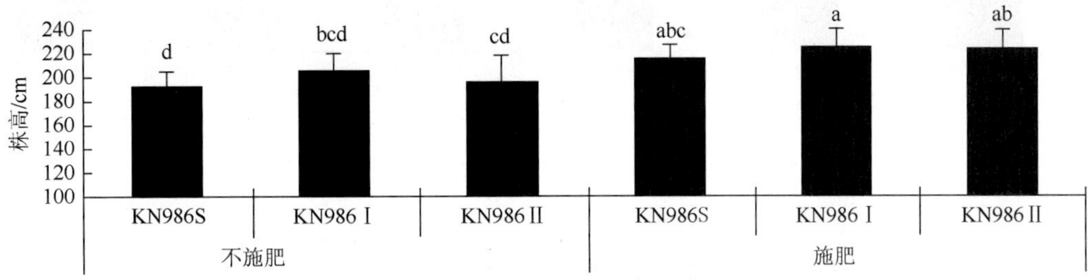

图 1 不同施肥条件下间作对玉米株高的影响

柱状图上的不同字母代表差异达到显著水平（P<0.05），下同

2.2 间作和施肥对玉米茎秆节间的影响

从表 1 中可以看出，施肥处理对玉米节间长和节间粗的影响皆达到显著水平（$P<0.05$），间作方式除对玉米第三节长和粗及第七节粗的影响未达到显著水平外，对其余节间长和粗的影响皆到达显著水平。施肥处理和间作方式的互作除对玉米第四节间长的影响达到显著水平外，对其余节间长和粗的影响皆不显著（$P>0.05$）。研究结果表明，施肥和间作对玉米节长和节粗都有促进作用，无论在施肥和不施肥条件下，玉米间作相对于单作节间长和节间粗都有明显增加，有的达到显著水平。施肥条件下的玉米单作和间作的节间长和节间粗都高于不施肥条件下的玉米单作和玉米间作，除第七节间粗的差异未达到显著水平外，其余皆达到显著差异。表明间作虽对玉米节长和节粗有一定的促进作用，但效果没有低施氮肥（50kg/hm^2）明显。

表 1　间作和施肥对玉米节间性状的影响

施肥处理	间作方式	节间长/cm				节间粗/cm			
		第一节	第二节	第三节	第四节	第一节	第三节	第五节	第七节
不施肥 CK	KN986S	2.4±0.5d	5.1±1.4d	7.9±1.7b	8.7±1.1c	1.74±0.1c	1.87±0.2c	1.59±0.1c	1.29±0.1b
	KN986 I	3.6±0.8c	7.6±1.1c	9.5±1.6b	10.2±1.1bc	1.84±0.1bc	1.99±0.1bc	1.78±0.1b	1.32±0.1ab
	KN986 II	3.9±1.1c	7.5±1.2c	8.8±1.6b	9.7±2.0bc	1.94±0.1b	2.03±0.2bc	1.78±0.1b	1.31±0.1ab
施肥	KN986S	5.3±0.7b	10.9±0.9b	14.9±1.5a	11.6±2.2b	1.94±0.2b	2.18±0.2ab	1.81±0.1b	1.40±0.1ab
	KN986 I	5.7±1.2ab	12.9±1.8ab	16.5±1.7a	18.0±1.5a	2.19±0.1a	2.27±0.2a	1.96±0.1a	1.47±0.1ab
	KN986 II	6.7±1.1a	13.7±3.1a	17.0±1.9a	18.4±1.3a	2.20±0.1a	2.26±0.2a	1.95±0.1a	1.48±0.2a
显著性检验（*P* 值）									
施肥		0.0001	0.0001	0.0001	0.0001	0.0001	0.0002	0.0001	0.0139
间作		0.0008	0.0067	0.1066	0.0001	0.0001	0.2086	0.0026	0.6481
施肥×间作		0.3981	0.8474	0.6775	0.0010	0.1577	0.8053	0.9037	0.8857

注：表中数据为平均数±标准差。各列后不同小写字母表示在 0.05 水平上差异显著（$P<0.05$）。下同。

2.3 间作和施肥对玉米成熟期根干重的影响

从图 2 中可以看出，无论在施肥和不施肥条件下，间作对玉米成熟期根干重的影响具有相同的变化趋势。在不施肥条件下玉米 ‖ 花生和玉米 ‖ 大豆分别比玉米单作的根干重增加了 21.9%和 29.3%，施肥条件下分别增加了 16.8%和 13.5%，但差异皆未达到显著水平（$P>0.05$）。施肥条件下的玉米单作和间作比不施肥条件下的玉米单作和间作的根干重均有所增加，分别增加了 58.2%、51.6%和 39.0%，且差异皆达到显著水平（$P<0.05$）。施肥条件下玉米单作的根干重与不施肥条件下的玉米间作相比也有所增加，分别增加了 29.8%和 22.4%。说明间作在增加玉米单株根干重方面的效果小于低施氮肥（50kg/hm^2）。

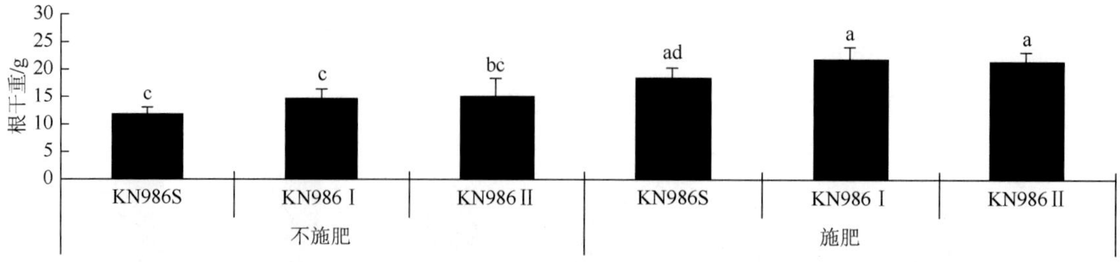

图 2　不同施肥条件下间作对成熟期根干重的影响

2.4 施肥和间作对玉米不同时期单株干物重的影响

从表 2 中可以看出施肥处理对玉米不同时期单株干物重的影响皆达到显著水平（$P<0.05$），间作方式

除对大喇叭口期的单株干物重的影响没有达到显著水平外，对其他各个生育时期的单株干物重的影响皆达到显著水平。施肥处理和间作方式的互作除对蜡熟期的单株干物重的影响达到显著水平外，对其他各个生育时期的影响皆不显著（$P>0.05$）。无论在施肥和不施肥条件下，玉米间作相对于单作的单株干物重都有所增加，且具有相同的变化趋势，说明玉米和豆科作物间作有利于提高玉米的单株干物重，且低施氮肥（50kg/hm^2）对玉米单株干物重无明显抑制作用。从施肥方式看，无论在任何一时期，施肥条件下的玉米单株干物重皆高于不施肥条件下的，除大喇叭口期外，施肥条件下的玉米间作和单作与不施肥条件下的玉米间作和单作皆存在显著差异（$P<0.05$），因此可以得出间作在增加玉米单株干物重方面的效果小于低施氮肥。

表 2　间作和施肥对玉米单株干物重的影响　（单位：g/株）

氮肥处理	间作方式	大喇叭口期	吐丝期	灌浆期	蜡熟期
不施肥	KN986S	95.27±3.62c	245.50±12.32c	335.43±5.39d	674.83±9.92c
	KN986 Ⅰ	105.23±4.68abc	266.87±5.22b	360.47±9.46c	719.30±18.38b
	KN986 Ⅱ	103.33±6.11bc	272.97±8.79b	358.83±9.00c	728.33±14.27b
施肥	KN986S	112.50±10.01ab	273.03±6.89b	396.17±15.79b	799.83±12.73a
	KN986 Ⅰ	117.97±6.78a	297.13±8.39a	424.57±9.53a	801.57±12.00a
	KN986 Ⅱ	116.57±11.14ab	298.13±10.96a	425.07±14.31a	803.23±16.52a
显著性检验（P 值）					
施肥		0.0021	0.0001	0.0001	0.0001
间作		0.2165	0.0015	0.0035	0.0171
施肥×间作		0.8503	0.9003	0.9177	0.0309

2.5 间作和施肥对玉米不同时期叶面积指数的影响

从图 3 中可以看出，在大喇叭口期，无论在施肥和不施肥条件下玉米间作相对于单作叶面积指数皆有所增大，但差异都不显著（$P>0.05$），而施肥条件下的玉米单作和间作与不施肥条件下玉米单作皆存在显著差异，但与不施肥条件下的间作差异不显著。在灌浆期，相同施肥条件下的间作相对于单作叶面积指数皆有所提高，但差异都未达到显著水平，而施肥条件下的玉米叶面积指数与不施肥条件相同种植模式下的玉米叶面积指数皆存在显著差异（$P<0.05$）。在蜡熟期，施肥条件下的单作和间作玉米叶面积指数皆高于不施肥条件下的单作和间作，并存在显著差异。从图中亦可看出，无论在施肥和不施肥条件下，间作对玉米叶面积指数的影响具有相同的变化趋势，说明低施氮肥对玉米叶面积指数无明显抑制作用。由于施肥条件下玉米单作的叶面积指数皆高于不施肥条件下的单作和间作，因此可以得出，在该试验条件下玉米叶面积指数主要受低施氮肥（50kg/hm^2）的影响，其次为单、间作的影响。

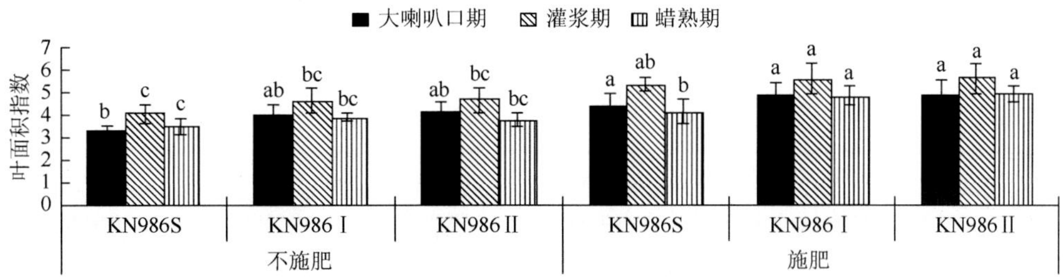

图 3　间作和施肥对叶面积指数的影响

2.6 施肥和间作对玉米不同时期叶片叶绿素含量的影响

从图 4 中可以看出，无论在施肥和不施肥条件下，玉米间作叶绿素含量皆比单作高，但差异皆不显著（$P>0.05$），其中在不施肥条件下玉米间作叶绿素含量在大喇叭口期、吐丝期、灌浆期和蜡熟期分别比单作增加了 2.3%和 1.3%、4.9%和 4.6%、5.2%和 2.3%、10.2%和 7.2%，在施肥条件下分别增加了 4.3%和 9.0%、3.6%和 7.8%、3.7%和 2.9%、3.2%和 1.5%，说明了间作对玉米不同生育时期的叶绿素含量都有一定的提高作用，并可以使玉米在生育后期保持相对较高的叶绿素含量，有利于玉米干物质积累和产量的提高。玉米叶片叶绿素含量随着生育期的进行从大喇叭口期逐渐增大，到灌浆期达到最大值，到蜡熟期缓慢下降，并且在不同施肥条件下变化趋势一致。在玉米同一生育时期和相同种植模式下施肥处理的玉米叶绿素含量皆高于不施肥条件下的，且差异多数达到显著水平（$P<0.05$）。此外施肥条件下不同生育时期的玉米单作叶绿素含量皆高于不施肥条件下的单作和间作，说明了低施氮肥（50kg/hm^2）在增加玉米叶绿素含量方面的效果大于间作。

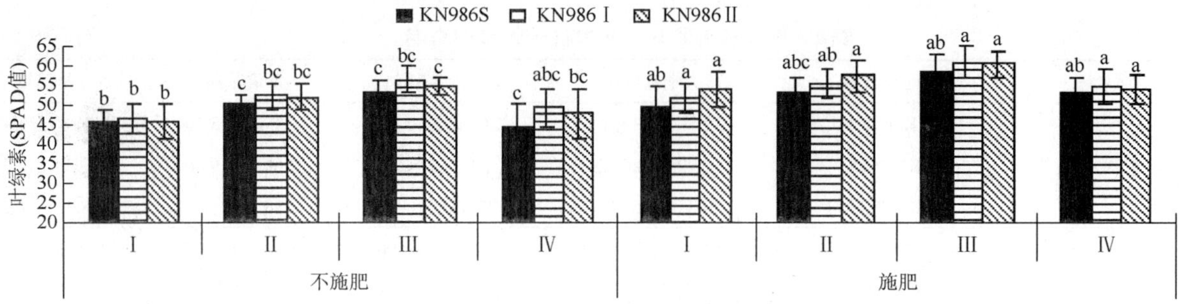

图 4　间作和施肥对叶绿素含量的影响

I：大喇叭口期；II：吐丝期；III：灌浆期；IV：蜡熟期

2.7　施肥和间作对成熟期玉米产量及其构成因素的影响

从表 3 中可以看出，施肥处理对玉米产量及其构成因素的影响皆达到显著水平（$P<0.05$）；间作方式只对千粒重和籽粒产量的影响达到显著水平，而对产量的其他构成因素的影响皆未达到显著水平（$P>0.05$）；施肥处理和间作方式的交互作用只对籽粒产量的影响达到显著水平，而对产量的其他构成因素的影响皆未达到显著水平。无论在施肥和不施肥条件下，间作对玉米产量及其各构成因素都有一定的提高和改善，但大多数间作和单作之间的差异未达到显著水平。施肥条件下的玉米产量及其各构成因素皆优于不施肥条件下相同种植模式，且多数存在显著差异。其中施肥条件下的玉米单作分别比不施肥条件下的单作和间作的产量增加了 20.7%、16.4%和 10.0%，说明间作虽对产量有一定的提高，但增产效果没有低施氮肥（50kg/hm^2）明显。

表 3　施肥与间作方式对玉米产量及其构成因素的影响

氮肥处理	间作方式	穗长/cm	穗粗/cm	秃尖/cm	穗行数	行粒数	千粒重/g	籽粒产量/（kg/hm^2）
不施肥 CK	KN986S	14.2±1.6b	4.08±0.2d	3.12±0.3a	13.2±0.4c	34.4±2.1c	152.1±10.6d	6745.2d
	KN986 I	14.8±1.8ab	4.24±0.2cd	3.18±0.3a	13.4±0.5c	35.4±2.1c	167.7±22.4cd	6996.1cd
	KN986 II	15.2±2.0ab	4.30±0.2bcd	2.82±0.2ab	13.2±0.4c	36.4±3.2c	179.7±16.8cd	7402.3c
施肥	KN986S	15.5±2.6ab	4.56±0.3abc	2.60±0.4b	13.6±0.5bc	37.8±2.9bc	198.0±20.2bc	8143.3b
	KN986 I	17.1±2.6a	4.64±0.4ab	2.74±0.3b	14.2±0.8ab	42.2±2.6a	250.0±12.8a	9687.9a
	KN986 II	17.1±3.7a	4.80±0.4a	2.62±0.4b	14.4±0.5a	40.6±2.1ab	221.8±27.9ab	9654.3a
显著性检验（P 值）								
施肥		0.0281	0.0002	0.0010	0.0007	0.0001	0.0002	0.0001
间作		0.3426	0.2106	0.1718	0.1947	0.0598	0.0426	0.0003
施肥间作		0.8393	0.9161	0.4152	0.2860	0.3296	0.2248	0.0166

3　讨　　论

大量研究证明在多种间作体系种存在间作优势。李隆等[15-16]研究得出小麦‖玉米、小麦‖大豆和蚕豆‖玉米 3 种间作方式具有明显的间作优势。陶志强等[17]在试验中也发现小麦‖蚕豆间作具有明显的间作优势。在本研究中同样发现了玉米‖豆科作物间作也具有明显的间作优势，玉米和大豆及花生间作后，无论在施肥和不施肥条件下玉米的株高、茎节长和茎节粗都高于各自的单作，但同时也发现间作在改善玉米株高、茎节长和茎节粗方面的效果小于低施氮肥（50kg/hm^2）。株高的增加改善了群体的通风透光状况，优化了群体结构，茎节粗的增加有利于增强植株的抗倒伏能力，对抵御自然灾害提高产量有一定的帮助。王树起[18]研究发现，水稻和花生间作后，两种作物的根长、干物质量、根冠比等，间作均高于各自的单作，表明水稻和花生间作系统中两种作物的种间竞争促进了根系的生长。Hauggaard-Nielsen 等[19]采用 ^{32}P 技术对豌豆和大麦间作系统中根的时间和空间分布的研究，表明间作使大麦根生长得更深，而且两种作物的侧根发育比单作更快。宋日等[20]采用根箱方法模拟研究了玉米‖大豆间作条件下两种作物根系形态特征与空间差异，结果表明间作有利于玉米、大豆根系的生长，与单作相比，间作在不同土层中作物根干重相应增加，根冠比增大，比根长明显增加。在本研究中我们不仅发现无论在施肥和不施肥条件下间作玉米的根干重和单株干物重明显高于单作，同时还发现在低施氮量为 50kg/hm^2 的条件下施氮肥的效果大于间作。

禾本科作物对土壤氮的竞争能刺激豆科作物固氮。沈其荣等[10]研究表明，水稻‖花生为 3∶3 和 4∶2 两种间作方式下，间作水稻含氮量比单作分别提高 17.5%和 7.5%。由于间作能提高禾本科作物对氮的吸收，因此能增加禾本科植株叶片的叶绿素含量和叶面积指数。焦念元[21]和刘洋[22]在研究中发现，玉米花生间作提高了玉米、花生的叶绿素含量，并延缓了叶片的衰老。在本研究中我们亦发现，无论在不施肥和低施氮肥条件下，间作玉米的叶面积指数和叶绿素含量在不同生育时期皆高于单作，同时间作也可使玉米在生育后期维持相对较高的叶面积指数和叶绿素含量，为高产打下基础。但在增加玉米叶绿素含量和叶面积指数方面的效果低施氮肥（50kg/hm^2）大于单间作。间作也具有明显的产量优势，沈其荣等[10]在研究中发现，水稻和花生间作表现出明显的产量优势，这种优势体现在通过水稻和花生两种作物的间作，改善了水稻的氮素营养，因而增加了水稻的产量，并与单作存在显著差异（$P<0.05$）。Li 等[23]也发现玉米‖蚕豆间作时，种间竞争比较弱并存在优势互补，玉米和蚕豆产量均得到显著提高。本研究也发现，施肥和间作可以使玉米的产量及各构成要素都得到提高和改善，并以施肥条件下的间作玉米产量为最高，但是间作在提高玉米产量改善玉米产量各构成要素方面的效果小于低施氮肥（50kg/hm^2）。

4 结 论

间作和低施氮肥（50kg/hm^2）能改善玉米植株性状，增加玉米根干重、单株干物重、叶面积指数、叶绿素含量及产量，但间作的效果小于低施氮肥。此外间作优势在不施肥和该施氮条件下表现较为一致，故该施氮水平不会抑制其间作优势作用。

参 考 文 献

[1] 刘巽浩，牟国正. 中国耕作制度. 北京：中国农业出版社，1993：7-15.

[2] 刘登望，李林，王正功. 棉花花生间作复合系统的照度、生长发育与生产力效应. 中国农学通报，2010，26（24）：270-275.

[3] 高阳，段爱旺，刘祖贵，等. 单作和间作对玉米和大豆群体辐射利用率及产量的影响. 中国生态农业学报，2009，17（1）：7-12.

[4] 张桂国，杨在宾，董树亭. 苜蓿+玉米间作系统饲料生产潜力的评定. 草业学报，2011，20（2）：117-126.

[5] Ogindo H O，Walker S. Comparison of measured changes in seasonal soil water content by rain fed maize ‖ bean intercrop and component cropping systems in a semi-arid region of southern Africa.Physics and Chemistry of the Earth，2005，30：799-808.

[6] 史中欣，柴强，杨彩虹，等. 带型配置及施氮量对玉米间作豌豆产量和水分利用效率的影响. 甘肃农业大学学报，2011，46（1）：39-43.

[7] 张莹，孙占祥，李爽，等. 辽西半干旱区玉米/大豆单间作田间耗水规律研究. 干旱地区农业研究，2010，28（5）：43-46.

[8] 刘忠宽，曹卫东，秦文利，等. 玉米—紫花苜蓿间作模式与效应研究. 草业学报，2009，18（6）：158-163.

[9] 张建华，马义勇，王振南，等. 间作系统中玉米光合作用指标改善的研究. 玉米科学，2006，14（4）：104-106.

[10] 沈其荣，褚贵新，曹金留，等. 从氮素营养的角度分析旱作水稻与花生间作系统的产量优势. 中国农业科学，2004，37（8）：1177-1182.

[11] 焦念元，宁堂原，赵春，等. 施氮量和玉米-花生间作模式对氮磷吸收与利用的影响. 作物学报，2008，34（4）：706-712.

[12] 褚贵新，沈其荣，曹金留，等. 旱作水稻与花生间作系统中的氮素固定与转移及其对土壤肥力的影响. 土壤学报，2003，40（5）：717-723.

[13] 肖焱波，李隆，张福锁. 两种间作体系中养分竞争与营养促进作用研究. 中国生态农业学报，2004，12（4）：86-89.

[14] 褚贵新，沈其荣，王树起. 不同供氮水平对水稻/花生间作系统中氮素行为的影响. 土壤学报，2004，41（5）：789-794.

[15] 李隆. 间作作物种间促进与竞争作用研究. 北京：中国农业大学，1999.

[16] Li L，Sun J H，Zhang F S，et al. Wheat/maize or wheat/soybean strip intercropping I. Yield advantage and interspecific interactions on nutrients. Field Crops Research，2001，71：123-137.

[17] 陶志强，柴强，杨彩虹，等. 交替灌溉对间作小麦蚕豆产量和根系的影响. 甘肃农业大学学报，2011，46（1）：34-38.

[18] 王树起，沈其荣，褚新贵，等. 种间竞争对旱作水稻与花生间作系统根系分布和氮素吸收积累的影响. 土壤学报，2006，43（5）：860-863.

[19] Hauggaard-Nielsen H，Ambus P，Jensen E S. Temporal and spatial distribution of roots and competition for nitrogen in pea-barley inter-crops-a field study employing P technique. Plant Soil，2001，236：63-74.

[20] 宋日，牟瑛，王玉兰，等. 玉米、大豆间作对两种作物根系形态特征的影响. 东北师大学报，2002，34（3）：83-86.

[21] 焦念元，宁堂原，李增嘉，等. 玉米花生间作复合体系光合特性的研究. 作物学报，2006，32（6）：917-923.

[22] 刘洋，孙占祥，白伟，等. 玉米大豆间作对辽西地区作物生长和产量的影响. 大豆科学，2011，30（2）：224-228.

[23] Li L，Li S M，Sun J H，et al. Diversity enhances agricultural productivity via rhizosphere phosphorus facilitation on phosphorus-deficient soils. Proceeding of the National Academy of Science，2007，104（27）：11192-11196.

Effects of Intercropping and Low-nitrogen Fertilization on Maize Growth and Yield in Dryland

Zhang Xiangqian[1]　Huang Guoqin[2]　Bian Xinmin[1]　Zhao Qiguo[3]

1　Agricultural College，Nanjing Agricultural University，Nanjing　210095，China

2　Research Centre on Ecological Sciences，Jiangxi Agricultural University，Nanchang　330045，China

3　Institute of Soil Science，Chinese Academy of Sciences，Nanjing　210008，China

Abstract

A field experiment of soybean/maize and peanut/maize intercropping was carried out in Jiangxi upland red soil to observe and analyze the differences of maize plant traits，root dry weight，dry matter weight per plan，leaf area index，chlorophyll content and yield under the condition of intercropping and low-nitrogen fertilization（50 kg/hm^2）.The results showed that intercropping and fertilization could increase plant height，internode length and thickness of maize，and the fertilization had a significant（$P<0.05$）effect on maize plant height. The dry matter weight per plant and root dry weight of maize were also obviously affected by intercropping and fertilization，but the effect of intercropping was not more obvious than that of fertilization. Leaf area index（LAI）and chlorophyll content of maize could also be enhanced by intercropping and fertilization，but the effect of fertilization was more obvious than that of intercropping. Intercropping and fertilization played an important role in increasing and improving yield and yield components of maize，and the fertilization had a significant（$P<0.05$）effect on yield.

Key words　Maize；Intercropping；Fertilization；Leaf area index；Chlorophyll；Yield

间作条件下秸秆覆盖对玉米叶片光合特性和产量的影响*

张向前[1]　黄国勤[2**]　赵其国[3]

1　安徽省农业科学院作物研究所，合肥　230031

2　江西农业大学生态科学研究中心，南昌　330045

3　中国科学院南京土壤研究所，南京　210008

摘　要

为明确间作和秸秆覆盖结合在作物增产方面的效应，采用双因素大田试验，通过设置 2 种种植模式（玉米单作（M）、玉米大豆间作（I））和 4 种秸秆覆盖水平（0（S0）、4000kg/hm^2（S1）、8000kg/hm^2（S2）和 12 000kg/hm^2（S3）），研究秸秆覆盖和间作对玉米叶片生理特性和产量的影响。结果表明，覆盖和间作有利于增加玉米叶片长、宽和单株绿叶面积，其中覆盖处理 S2 和 S3 与不覆盖处理 S0 的差异显著，且覆盖的效果大于间作。玉米叶片含水量基本不受间作影响，但受覆盖的显著影响。间作和覆盖可增加叶片含氮量，在单作下，S3 比 S0 的叶片含氮量在灌浆期和成熟期分别增加 25.6%和 56.6%，在间作下分别增加 30.0%和 42.9%，且 S3 和 S0 间差异显著。覆盖和间作皆可增加叶片叶绿素含量，且覆盖的效果大于间作，但随覆盖水平提高覆盖的效果降低。覆盖和间作皆有利于改善玉米穗位叶的光合特性，在 S0 下，间作的光合速率、气孔导度和蒸腾速率在灌浆期和成熟期分别比单作增加 13.1%、42.3%、39.3%和 46.8%、31.2%、24.5%，而胞间 CO_2 浓度分别下降 20.8%和 18.4%，且 S0 下单作、间作差异显著。玉米产量亦明显受到覆盖和间作的影响，且受覆盖的影响更为明显。研究得出，秸秆覆盖和间作在改善玉米叶片性状及生理特性和产量方面发挥着重要作用，但覆盖的效果会随覆盖水平的提高而降低，且间作的效果小于秸秆覆盖。

关键词　玉米/大豆间作；秸秆覆盖；玉米；叶片性状；叶片生理特性；产量

叶片是植物进行光合作用，制造养料，进行气体交换和水分蒸腾的重要器官。作物籽粒干物质含量主要来自叶片光合作用同化产物，水稻一生中积累的干物质 90%以上来自光合产物，其中 90%以上又是依靠叶片的光合作用生产的[1]。王成雨等[2]研究指出冬小麦下部叶片叶面积指数与群体净光合速率和产量呈极显著正相关关系。众所周知，适当增加作物叶面积，改善叶片光合特性及延长叶片功能期对改善作物生长发育状况，提高作物经济产量和生物产量具有重要作用。间作作为农业生产实践中一项增产措施，在我国粮食生产中发挥着重要作用。合理间作不仅可以充分利用光、温、水等养分资源，还可以有效防治病虫害，降低农业生产中对化肥农药的依赖，进而在降低生产成本和减轻环境污染的基础上实现作物的稳产高产，达到经济效益和生态效益的协调统一[3-7]。秸秆覆盖可以改善土壤水、肥、气、热等效应，其经济效益、生态效益和社会效益都比较高，被认为是中国北方旱作农业持续稳定发展的有效措施和途径之一[8]。在以往的研究中往往对间作和秸秆覆盖两项农艺措施进行单独研究，而在实际农业生产中若能将两种农艺措施有效结合起来将对改善我国农业生产环境、提高粮食总产具有重要的意义。由于叶片性状和生理特性与作物产量密切相关，本文特研究了间作下不同秸秆覆盖水平对玉米叶片长宽、单株绿叶面积、叶片含水量、叶片含氮量、叶绿素含量、叶片光合特性及产量的影响，旨在探讨我国常用农业措施秸秆覆盖和间作对作物叶片性状及生理特性和产量的影响，为进一步完善我国秸秆覆盖和间作优势效应理论提供一定的帮助，并为我国农业生产中将间作和秸秆覆盖两项农艺技术的有效结合提供一定的技术和理论支持。

---

*　国家自然科学基金重点项目（U1033004）资助。

**　通讯作者：黄国勤，研究方向为耕作制度与农业生态。

张向前，主要从事作物生理生态方面的研究。

本文原载《中国生态农业学报》2014 年第 22 卷第 4 期 414-421 页。

1　材料与方法

1.1　试验设计

试验在江西农业大学附近红壤旱地试验站进行。该试验站位于东经 115°36′，北纬 28°46′，海拔 22.0m。试验区地势平坦，光热资源充足，年均气温约 17.7℃，日均≥10℃活动积温达 5640.0℃，持续天数 245～265d，年平均日照时数为 1820.4h，无霜期 255～280d，多年平均降水量 1624.0mm。成土母质为第四纪红色黏土，肥力均匀，排灌方便，耕层土壤有机质含量 15.7g/kg，碱解氮 64.6mg/kg，速效磷 15.9mg/kg，速效钾 135.4mg/kg，pH6.0。

试验采用随机区组设计，4×2 双因素试验（4 种秸秆覆盖水平和 2 种种植模式），3 次重复，共 24 个小区，小区面积为 5.5m×6m（33m^2）。4 种秸秆覆盖水平分别为 S0（0）、S1（4000kg/hm^2）、S2（8000kg/hm^2）和 S3（12 000kg/hm^2），覆盖秸秆为自然风干（风干 1 个月）的水稻秸秆。2 种种植模式分别为玉米单作（monoculture，用 M 表示）和玉米/大豆间作（intercropping，用 I 表示）。供试大豆品种为“早 50”，玉米品种为“衡星 401”。大豆和玉米同时于 2012 年 7 月 20 日播种，并于 11 月 10 日收获。种植模式为南北行种植，从西向东先种玉米带后种大豆带，每个小区种 2 个大豆带和 3 个玉米带，大豆每带种 4 行，玉米每带种 2 行。大豆行距和株距分别为 40cm 和 20cm；玉米单间作行株距一致，其中行距为 40cm，株距为 30cm，玉米与大豆间作的行距亦为 40cm。玉米每个小区为 120 株，每行 20 株。于玉米出苗后 6～7d 进行行间覆盖。播种前基施纯氮（N）69.0kg/hm^2，钾肥（K_2O）100.0kg/hm^2，磷肥（P_2O_5）32.0kg/hm^2，试验在大田条件下进行，其他田间管理措施按照当地习惯进行。

1.2　样品采集与测定

单株绿叶面积：采取画纸称重法[9]测定时每个小区分别选 4 株生长一致的玉米植株测定，最后取平均值。测定时期分别为大口期、吐丝期、灌浆期和成熟期。

叶片长宽的测定：用直尺测定玉米穗位叶的长和宽，其中宽度为叶片最宽部位。测定时期分别为吐丝期和成熟期。

叶片含水量的测定：将玉米叶片剪下后立即称鲜重，然后用烘箱将叶片在 105℃下烘 30min 杀青，再在 85℃下烘干至恒重后称取干物重。测定时期为灌浆期。叶片含水量=（鲜重−干重）/鲜重×100%。

叶片含氮量的测定：于玉米灌浆期和成熟期取样，每处理选择生长一致的植株 3 株，将叶片在 105℃下烘 30min 杀青后，85℃下烘干至恒重。称量，粉碎，过 60 目筛，以 KDY-9820 型凯氏定氮仪测定氮素含量。

叶绿素含量的测定：用手持式叶绿素测定仪（SPAD-502）测定，在玉米大口期、吐丝期、灌浆期和成熟期分别测定相同部位叶片，并以平均值计数。

光合特性的测定：在玉米灌浆期和成熟期，选择晴朗天气在上午 10：00 开始，采用 Li-6400 便携式光合仪分别测定玉米穗位叶光合速率、气孔导度、胞间 CO_2 浓度和蒸腾速率，每个处理选择生长一致的 3 株玉米测定。

产量的测定：将玉米分小区收割后的籽粒产量折算成大田产量，每个小区间作玉米所占面积为 6.0m（带长）×0.8m（带宽）×3（单个小区带数）=14.4m^2。

1.3　数据处理

运用 Microsoft Excel 2003 软件对数据进行统计分析和作图，采用 DPS 7.05 软件和最小显著差数法（LSD）进行方差分析。

2　结果与分析

2.1　覆盖和间作对玉米叶片长宽的影响

在同一覆盖水平下（表 1），间作玉米不同生育期的叶片长和叶片宽皆高于单作，但差异大多不显著（P>

0.05），其中在 S0 条件下，间作玉米的叶片长和叶片宽在吐丝期分别比单作增加 2.8%和 3.5%，在成熟期分别增加 2.5%和 1.8%。在同一种植模式下（间作或单作），覆盖处理 S1、S2 和 S3 的玉米叶片长和叶片宽皆显著（$P<0.05$）高于不覆盖处理 S0，说明覆盖相对于不覆盖能显著增加玉米的叶片长和叶片宽，其中在单作下，S1 比 S0 的叶片长和叶片宽在吐丝期和成熟期分别增加 9.3%、6.8%、5.9%和 5.6%，在间作下分别增加 9.0%、7.3%、5.2%和 5.9%。从表中亦可看出，S1 单作吐丝期和成熟期的叶片长和叶片宽皆高于 S0 间作，分别增加 6.4%、3.2%、3.3%和 3.7%，此外，同一种植模式下，S3 和 S2 的叶片长和叶片宽的差异皆不显著。因此可以得出，覆盖在增加玉米叶片长宽方面的效果随覆盖水平的提高而降低，且覆盖的效果大于间作。

表 1　覆盖和间作对玉米不同生育期穗位叶长和宽的影响　（单位：cm）

秸秆覆盖量/（kg/hm^2）	种植模式	吐丝期		成熟期	
		叶片长	叶片宽	叶片长	叶片宽
0	玉米单作	46.83±1.16e	5.16±0.12d	63.83±1.19e	7.18±0.11f
	玉米/大豆间作	48.13±1.49e	5.34±0.13cd	65.45±2.57de	7.31±0.16f
4000	玉米单作	51.20±1.55d	5.51±0.14c	67.60±2.26cd	7.58±0.15e
	玉米/大豆间作	52.48±1.86cd	5.73±0.18b	68.83±1.35bc	7.74±0.12de
8000	玉米单作	53.28±2.25bcd	5.78±0.12b	69.68±0.69abc	7.82±0.13cd
	玉米/大豆间作	55.45±2.03ab	5.97±0.15a	72.23±2.42a	8.08±0.16ab
12 000	玉米单作	54.58±2.11abc	5.90±0.10ab	71.58±2.42ab	7.97±0.16bc
	玉米/大豆间作	56.18±2.21a	6.06±0.13a	72.63±1.79a	8.17±0.11a

注：数据后不同小写字母表示差异显著（$P<0.05$），下同。

2.2　覆盖和间作对玉米单株绿叶面积的影响

从表 2 可以看出，在同一覆盖水平下，间作玉米不同生育期的单株绿叶面积皆高于单作，但差异大多不显著（$P>0.05$），其中在 S0 下，处理间作比单作的单株绿叶面积在大口期、吐丝期、灌浆期和成熟期分别增加 2.9%、3.3%、1.8%和 6.1%。覆盖同样有利于增加玉米不同生育时期的单株绿叶面积，其中覆盖处理 S2 和 S3 的单株绿叶面积与不覆盖处理 S0 的差异显著（$P<0.05$）；而在同一种植模式下，S2 和 S3 的单株绿叶面积差异不显著。从表中亦可看出，S1 下单作玉米大口期、吐丝期、灌浆期和成熟期的单株绿叶面积皆高于 S0 间作，分别增加 6.2%、1.9%、3.8%和 3.5%。因此可以得出，覆盖在增加玉米单株绿叶面积方面的效果随秸秆覆盖水平的提高而降低，且覆盖的效果大于间作。

表 2　覆盖和间作对玉米不同生育期单株绿叶面积的影响　（单位：cm^2）

秸秆覆盖量/（kg/hm^2）	种植模式	大口期	吐丝期	灌浆期	成熟期
0	玉米单作	3 639.67±174.36e	5 204.07±202.35e	5 930.37±101.74f	2 220.23±133.61e
	玉米/大豆间作	3 744.20±168.55de	5 375.87±157.82de	6 039.07±230.41ef	2 354.70±99.70de
4000	玉米单作	3 977.73±220.15cd	5 478.90±136.72cde	6 270.23±100.21de	2 437.67±82.87de
	玉米/大豆间作	4 243.43±158.16bc	5 614.57±152.40bcd	6 462.43±71.30cd	2 558.93±78.20cd
8000	玉米单作	4 305.53±203.13b	5 767.87±117.05ab	6 598.27±185.95bc	2 727.61±152.06bc
	玉米/大豆间作	4 469.73±229.80ab	5 862.13±90.87ab	6 787.60±108.56ab	2 947.03±128.51ab
12 000	玉米单作	4 493.57±257.13ab	5 733.03±218.32abc	6 781.93±148.49ab	2 934.20±145.32b
	玉米/大豆间作	4 589.03±167.55a	5 965.67±157.01a	6 973.13±78.20a	3 156.97±129.35a

2.3　覆盖和间作对玉米灌浆期叶片含水量的影响

从图 1 可以看出，在同一覆盖水平下，间作和单作的叶片含水量差异皆不显著（$P>0.05$），说明间作对玉米叶片含水量无显著影响。从图中亦可看出，覆盖处理 S1、S2 和 S3 的叶片含水量皆显著（$P<0.05$）

高于不覆盖处理 S0。单作条件下，S1、S2 和 S3 的叶片含水量分别比 S0 增加 5.2%、8.3%和 10.7%；间作条件下分别增加 4.1%、8.2%和 9.1%。处理 S2 和 S3 的叶片含水量差异皆不显著，S1 单作的叶片含水量显著高于 S0 间作。从以上分析结果可得，覆盖相对于不覆盖可以显著提高玉米叶片含水量，但覆盖的效果随覆盖水平的提高而降低，间作在增加叶片含水量方面的效果小于秸秆覆盖。

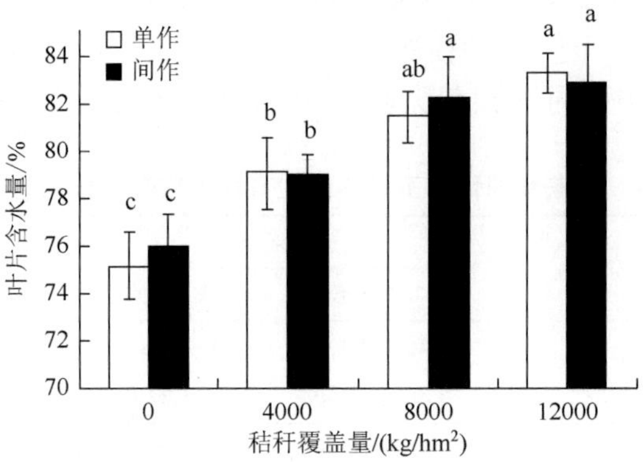

图 1　覆盖和间作对玉米灌浆期叶片含水量的影响

柱状图上不同小写字母表示差异达显著水平（P<0.05），下同

2.4　覆盖和间作对玉米叶片含氮量的影响

从图 2 可以看出，间作相对于单作有利于增加玉米不同生育时期的叶片含氮量，其中在 S0、S1、S2 和 S3 下，间作比单作的叶片含氮量在灌浆期和成熟期分别增加 7.4%、10.9%、12.8%、11.2%和 18.9%、11.3%、13.6%、8.4%，但同一覆盖水平下间作和单作的叶片含氮量差异不显著。覆盖同样有利于增加玉米叶片含氮量，在同一种植模式下，S0 和 S3 间的叶片含氮量差异皆达到显著水平（P<0.05），在单作条件下，S3 比 S0 的叶片含氮量在灌浆期和成熟期分别增加 25.6%和 56.6%，在间作条件下分别增加 30.0%和 42.9%。此外，在同一种植模式下，S2 和 S3 的差异皆不显著，说明覆盖在增加玉米叶片含氮量方面的效果随覆盖水平的提高而降低。S1、S2 和 S3 下单作玉米的叶片含氮量皆高于 S0 下同一生育期间作，表明间作在增加叶片含氮量方面的效果小于秸秆覆盖。

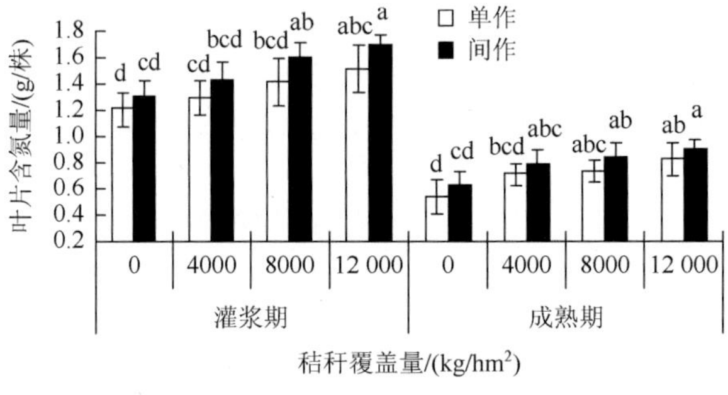

图 2　覆盖和间作对玉米灌浆期和成熟期叶片含氮量的影响

2.5　覆盖和间作对玉米叶片叶绿素含量的影响

从表 3 可以看出，在同一覆盖水平下，间作玉米的叶绿素含量皆高于单作，但差异大多不显著（P>0.05）。在 S0 下，间作玉米的叶绿素含量在大口期、吐丝期、灌浆期和成熟期分别比单作增加 4.7%、2.4%、2.7%和 2.4%。覆盖同样有利于增加玉米不同生育时期的叶绿素含量，其中在同一种植模式下，覆盖处理 S2 和 S3 与不覆盖处理 S0 的差异大多达显著水平，而 S2 和 S3 的差异皆不显著，表明随覆盖水平的提高，覆盖在增加玉米叶绿素含量方面的效果降低。从表中亦可看出，S1、S2 和 S3 下单作玉米大口期、吐丝期、灌浆期和成熟期的叶绿素含量绝大多数高于 S0 间作，表明间作在增加玉米叶绿素含量方面的效果小于秸秆覆盖。

2.6 覆盖和间作对玉米叶片光合特性的影响

从表 4 可以看出，间作相对于单作可以明显改善玉米的光合特性。在 S0 下，间作的光合速率、气孔导度和蒸腾速率在灌浆期和成熟期分别比单作增加 13.1%、42.3%、39.3%和 46.8%、31.2%、24.5%；而胞间 CO_2 浓度分别降低 20.8%和 18.4%，且在 S0 下间作和单作的差异皆显著（$P<0.05$）。在同一种植模式下，S0 和 S3 的光合速率、气孔导度、胞间 CO_2 浓度和蒸腾速率的差异皆显著，而 S2 和 S3 间差异大多不显著。从以上分析可以得出，间作和秸秆覆盖对玉米叶片光合特性的影响皆可达显著水平，但秸秆覆盖的效果会随覆盖水平的提高而降低。

表 3 覆盖和间作对玉米不同生育期叶绿素含量的影响

秸秆覆盖量/（kg/hm^2）	种植模式	大口期	吐丝期	灌浆期	成熟期
0	玉米单作	41.63±2.32c	49.83±1.31d	56.17±1.78d	43.83±1.64c
	玉米/大豆间作	43.57±2.84bc	51.03±2.87cd	57.67±1.08bcd	44.90±1.25c
4000	玉米单作	44.73±2.71abc	52.77±1.68bcd	56.83±1.83cd	44.53±1.78c
	玉米/大豆间作	46.20±1.49ab	54.57±1.82ab	58.37±1.55abcd	48.40±1.81ab
8000	玉米单作	45.93±2.16ab	53.47±2.21bc	58.03±1.70bcd	45.37±1.46bc
	玉米/大豆间作	47.23±1.36ab	55.90±1.70ab	60.20±1.87ab	49.37±2.73a
12 000	玉米单作	46.80±1.90ab	55.27±1.80ab	59.87±1.79abc	46.93±2.25abc
	玉米/大豆间作	48.23±2.41a	57.37±1.12a	61.13±1.36a	49.97±2.17a

表 4 覆盖和间作对玉米不同生育期穗位叶光合特性的影响

秸秆覆盖量/（kg/hm^2）	种植模式	光合速率/[μmol/（m^2·s）]	气孔导度/[mol/（m^2·s）]	胞间 CO_2 浓度/（μmol/mol）	蒸腾速率/[mmol/（m^2·s）]
灌浆期					
0	玉米单作	29.37±1.86e	0.26±0.02e	144.23±9.43a	4.22±0.32f
	玉米/大豆间作	33.23±1.78bcd	0.37±0.02cd	114.20±7.66bc	5.88±0.65bcd
4000	玉米单作	31.67±2.30de	0.35±0.03d	122.27±8.74b	4.65±0.35ef
	玉米/大豆间作	34.70±1.71bcd	0.41±0.03bc	99.83±4.90de	6.14±0.37abc
8000	玉米单作	32.13±1.12cde	0.41±0.02bc	106.80±7.47cd	5.12±0.49de
	玉米/大豆间作	36.10±2.17ab	0.45±0.03b	83.43±5.16f	6.43±0.43ab
12 000	玉米单作	35.17±2.95abc	0.43±0.04b	87.67±8.41ef	5.52±0.37cd
	玉米/大豆间作	38.03±1.40a	0.49±0.03a	78.63±7.99f	6.69±0.40a
成熟期					
0	玉米单作	9.67±1.68d	0.16±0.02d	255.23±23.42a	2.08±0.19e
	玉米/大豆间作	14.20±1.85bc	0.21±0.02bc	208.17±13.06bc	2.59±0.24bcd
4000	玉米单作	12.13±1.35cd	0.19±0.02cd	220.13±12.82ab	2.27±0.16de
	玉米/大豆间作	16.83±1.60ab	0.24±0.02ab	183.17±18.96cd	2.71±0.17bc
8000	玉米单作	14.17±1.60bc	0.22±0.03bc	198.60±19.33bcd	2.39±0.24cde
	玉米/大豆间作	17.57±1.86a	0.27±0.03a	170.07±23.76d	2.95±0.30ab
12 000	玉米单作	15.31±1.50ab	0.24±0.03ab	2.51±0.27cd	180.17±19.12cd
	玉米/大豆间作	17.99±2.19a	0.28±0.03a	163.43±22.66d	3.17±0.25a

2.7 覆盖和间作对玉米产量的影响

从图 3 可以看出，间作相对于单作有利于增加玉米产量，但同一覆盖水平下，间作和单作的差异皆不显著。S1 比 S0、S2 比 S1、S3 比 S2 的产量在单作条件下分别增加 4.9%、2.8%和 2.3%，在间作条件下分别增加 4.2%、2.8%和 2.0%。从图中亦可看出，S1、S2 和 S3 下单作玉米的产量皆高于 S0 下间作，分别增加 2.7%、5.6%和 8.0%。因此可以得出覆盖有利于增加玉米产量，但其效果会随覆盖水平的提高而降低，且覆盖在增加玉米产量方面的效果大于间作。

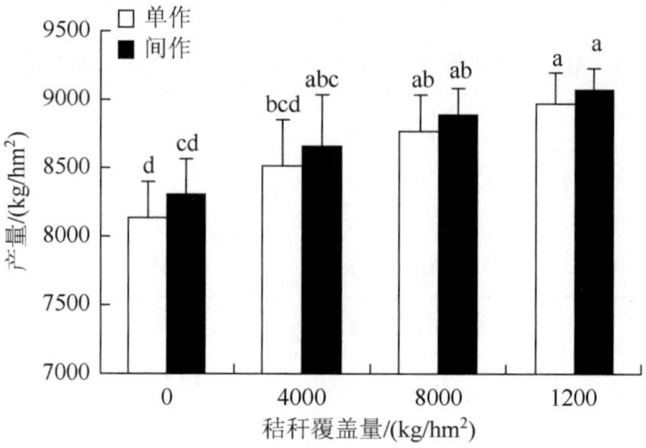

图 3 覆盖和间作对玉米成熟期产量的影响

3 讨论与结论

大量研究证明在多种间作体系中存在间作优势[10-12]。Hauggaard-Nielsen 等[13]研究得出，在间作系统中由于物种间的互惠作用，一种作物可以改善另一种作物的生长发育状态及提高植株个体的成活性。肖焱波等[14]在试验中也证实小麦/蚕豆间作系统也具有明显的产量和养分高效利用等优势。地表秸秆覆盖相对于不覆盖，具有明显的培肥地力、蓄水保墒、降低水土流失、优化微域生态系统环境等优势[15, 16]。本研究同样发现玉米间作相对于单作具有明显的间作优势效应，在相同秸秆覆盖水平下，间作玉米的叶片长和叶片宽皆高于单作，说明间作相对于单作有助于增加玉米叶片的长和宽。此外，我们也发现秸秆覆盖在增加玉米叶片长和宽方面的效果大于间作，且秸秆覆盖的效果会随覆盖水平的提高而降低。王成雨等[2]和安强等[17]在试验中发现，作物叶面积指数与生物产量和产量呈显著正相关关系。罗梦等[18]和欧毅等[19]在研究中指出植物叶片含水量和水势的降低会引起植物生理代谢活动的紊乱。本研究发现，秸秆覆盖不仅有利于增加玉米单株绿叶面积，提高玉米的叶片含水量，但其效果会随覆盖水平的提高而降低。此外本研究亦发现，间作同样有利于增加玉米的单株绿叶面积，但其效果没有秸秆覆盖显著，间作对玉米叶片含水量基本没有影响。

苏海鹏等[20]通过盆栽试验发现，在不同供氮水平下，间作小麦分蘖期和抽穗期叶片全氮含量均显著高于单作小麦，且间作相对于单作对延缓灌浆期小麦叶片叶绿素含量下降的效果显著。张水清等[21]研究发现，稻草覆盖可以增加双季晚稻的叶面积指数和叶片叶绿素含量，并提高地上部干物质质量。本研究发现，间作和秸秆覆盖皆可增加玉米叶片含氮量和叶绿素含量，且秸秆覆盖在增加玉米叶片含氮量和叶绿素含量方面的效果大于间作，但覆盖的效果亦会随覆盖水平的提高而降低。玉米/大豆间作能提高玉米叶片的含氮量，主要是由于豆科作物可以通过各种途径向与之间作的禾本科转移氮素，禾本科则通过竞争吸收土壤有效氮，使其维持在一个相对较低的水平，促进豆科作物固定更多空气中的氮[14, 22]。秸秆覆盖能增加玉米叶片的含氮量主要是由于覆盖可以改善土壤的理化性状和土壤肥力，进而增加作物对土壤氮素的吸收[23, 24]。

张建华等[4]研究发现，间作相对于单作能提高玉米叶片的光合速率、蒸腾速率和气孔导度，增强玉米的光合能力。唐海明等[25]研究发现，冬季覆盖能明显提高双季晚稻各个生育期的净光合速率，增加植株茎叶光能利用率、籽粒光能利用率和总光能利用率。本研究同样发现，间作和秸秆覆盖皆有利于改善玉米的光合特性，但覆盖的效果会随覆盖水平的提高而降低。在本研究中，间作对玉米光合特性的改善主要是由于大豆属于矮秆作物，而玉米属于高秆作物，因此大豆与玉米间作能明显改善玉米系统的通风透光条件。秸秆覆盖对玉米光合特性的改善主要是由于覆盖改善了玉米的水分利用和生长发育状况。Zhang 等[26]在研究中指出，间作有利于增加作物产量。郭书亚等[27]研究证实，秸秆覆盖可以明显提高玉米产量。本研究不仅发现间作和秸秆覆盖可以增加玉米产量，且秸秆覆盖增产的效果大于间作，但随覆盖水平的提高，秸秆覆盖增产的效果会逐渐降低。

本研究证实，秸秆覆盖和间作在增加玉米叶片长和宽、单株绿叶面积、叶片含水量、叶片含氮量、叶绿素含量、改善叶片光合特性及产量方面发挥着重要作用，且秸秆覆盖的整体效果大于间作，但秸秆覆盖的效果会随覆盖水平的提高而降低。可见在实际农业生产过程中，可以采取秸秆覆盖和作物间作相结合的农业措施来改善作物的叶片性状和光合生理特性，进而达到优化作物生长发育状态的目标。但由于秸秆覆盖的效果会随覆盖水平的提高而降低，因此在覆盖时应根据当地农业生产的实际情况确定适宜的秸秆覆盖量，以免造成人力及资源的浪费，同时在覆盖时若结合合理的间作模式亦有利于促进作物产量的进一步提高。

参考文献

[1] 田红刚，刘永巍，樊冬生，等. 超高产水稻生育后期剑叶光合生理特性变化的研究. 植物生理科学，2008，24（10）：268-271.

[2] 王成雨，代兴龙，石玉华，等. 花后小麦叶面积指数与光合和产量关系的研究. 植物营养与肥料学报，2012，18（1）：27-34.

[3] Malézieux E，Crozat Y，Dupraz C，et al. Mixing plant species in cropping systems：concepts，tools and models. A review. Agronomy for Sustainable Development，2009，29（1）：43-62.

[4] 张建华，马义勇，王振南，等. 间作系统中玉米光合作用指标改善的研究. 玉米科学，2006，14（4）：104-106.

[5] 张桂国，杨在宾，董树亭. 苜蓿+玉米间作系统饲料生产潜力的评定. 草业学报，2011，20（2）：117-126.

[6] Hinsinger P，Betencourt E，Bernard L，et al. P for two，sharing a scarce resource：soil phosphorus acquisition in the rhizosphere of intercropped species. Plant Physiology，2011，156（3）：1078-1086.

[7] Li L，Li S M，Sun J H，et al. Diversity enhances agricultural productivity via rhizosphere phosphorus facilitation on phos-phorus-deficient soils. Proceedings of the National Academy of Sciences of the United States of America，2007，104（27）：11192-11196.

[8] 沈裕琥，黄相国，王海庆. 秸秆覆盖的农田效应. 干旱地区农业研究，1998，16（1）：45-50.

[9] Zhang X Q，Huang G Q，Bian X M，et al. Effects of root interaction and nitrogen fertilization on the chlorophyll content，root activity，photosynthetic characteristics of intercropped soybean and microbial quantity in the rhizosphere. Plant Soil and Environment，2013，59（2）：80-88.

[10] 张向前，黄国勤，卞新民，等. 间作对玉米品质、产量及土壤微生物数量和酶活性的影响. 生态学报，2012，32（22）：7082-7090.

[11] Li Y F，Ran W，Zhang R P，et al. Facilitated legume nodulation，phosphate uptake and nitrogen transfer by arbuscular inoculation in an upland rice and mung bean intercropping system. Plant and Soil，2009，315（1/2）：285-296.

[12] Fang S Z，Li H L，Sun Q X，et al. Biomass production and carbon stocks in poplarcrop intercropping systems：a case study in northwestern Jiangsu，China. Agroforestry Systems，2010，79（2）：213-222.

[13] Hauggaard-Nielsen H，Jensen E S. Facilitative root interactions in intercrops. Plant and Soil，2005，274（1/2）：237-250.

[14] 肖焱波，段宗颜，金航，等. 小麦/蚕豆间作体系中的氮节约效应及产量优势. 植物营养与肥料学报，2007，13（2）：267-271.

[15] 王敏，王海霞，韩清芳，等. 不同材料覆盖的土壤水温效应及对玉米生长的影响. 作物学报，2011，37（7）：1249-1258.

[16] 李富翠，赵护兵，王朝辉，等. 旱地夏闲期秸秆覆盖和种植绿肥对冬小麦水分利用及养分吸收的影响. 干旱地区农业研究，2012，30（1）：119-125.

[17] 安强，李宏伟，李春莲，等. 小麦叶面积指数的遗传变异及其影响因素与产量的关系. 西北农业学报，2011，20（12）：46-53.

[18] 罗梦，郭春会，马小卫. 水分胁迫对长柄扁桃叶片含水量及保护酶活性的影响. 干旱地区农业研究，2006，24（6）：103-106.

[19] 欧毅，王进，吴天强，等. 水分胁迫对桃形李叶片含水量、质膜透性和抗氧化酶活性的影响. 西南农业学报，2007，20（5）：982-985.

[20] 苏海鹏，汤利，刘自红，等. 小麦蚕豆间作系统中小麦的氮同化物动态变化特征. 麦类作物学报，2006，26（6）：140-144.

[21] 张水清，钟旭华，黄农荣，等. 稻草覆盖还田对华南双季晚 稻物质生产和产量的影响. 中国水稻科学，2011，25（3）：284-290.

[22] Yu C B，Li Y Y，Li C J，et al. An improved nitrogen difference method for estimating biological nitrogen fixation in legume-based intercropping systems. Biology and Fertility of Soils，2010，46（3）：227-235.

[23] 杨春霞，赵志平，杨丽萍，等. 不同覆盖绿肥养分特性及其对橡胶园土壤理化性质的影响. 植物营养与肥料学报，2012，18（2）：467-474.

[24] 王淑娟，田霄鸿，李硕，等. 长期地表覆盖及施氮对冬小麦产量及土壤肥力的影响. 植物营养与肥料学报，2012，18（2）：291-299.

[25] 唐海明，肖小平，汤文光，等. 冬季覆盖作物对双季稻光合特性的影响. 杂交水稻，2011，26（2）：64-68.

[26] Zhang X Q，Huang G Q，Bian X M，et al. Effects of nitrogen fertilization and root interaction on the agronomic traits of intercropped maize，and the quantity of microorganisms and activity of enzymes in the rhizosphere. Plant and Soil，2013，368（1/2）：407-417.

[27] 郭书亚，张新，张前进，等. 秸秆覆盖深松对夏玉米花后穗位叶衰老和产量的影响. 玉米科学，2012，20（1）：104-107.

Effects of Straw Mulching on Photosynthetic Characteristics and Yield of Intercropped Maize

Zhang Xiangqian[1] Huang Guoqin[2] Zhao Qiguo[3]

1 Institute of Crop Research, Anhui Academy of Agricultural Sciences, Hefei 230031, China

2 Centre for Ecological Sciences Research, Jiangxi Agricultural University, Nanchang 330045, China

3 Institute of Soil Sciences, Chinese Academy of Sciences, Nanjing 210008, China

Abstract

To deeply understand the effects of combined intercropping and straw mulching practices on crop yield improvement, a 2-factor filed experiment was carried out at the Red Soil Experimental Station of Jiangxi Agricultural University in Nanchang City, Jiangxi Province, China. The experimental design consisted of eight treatments (i.e., 2×4) with two planting patterns [maize monoculture (M), maize/soybean intercropping (I)] and four straw mulch levels [0 (S0), 4000kg/hm^2 (S1), 8000kg/hm^2 (S2) and 12000kg/hm^2 (S3)]. The study mainly investigated maize leaf traits, leaf physiological characteristics, photosynthetic characteristics and yield to learn the effects of different straw mulching levels and intercropping patterns on various maize traits. The results showed that mulching and intercropping increased maize leaf length, leaf width and green leaf area per plant. The difference between mulching treatments (S2 and S3 treatments) and non-mulching treatment (S0) was significant at $P<0.05$. Moreover, the effects of straw mulching on the studied maize traits were more significant than those of intercropping. While maize leaf water content was little influenced by intercropping, it was significantly influenced by straw mulching. Intercropping and mulching increased leaf nitrogen content. Compared with S0 treatment, S3 treatment increased leaf nitrogen content by 25.6% and 56.6% under M treatment, and 30.0% and 42.9% under I treatment respectively at grain filling and maturity stages. The difference between S3 and S0 treatments was significant. Mulching and intercropping increased chlorophyll content in maize leaves and the effects of straw mulching were greater than those of intercropping. However, the effects of mulching decreased with increasing levels of straw mulching. Both mulching and intercropping enhanced photosynthetic characteristics of maize ear leaf. Compared with M treatment, I treatment respectively increased photosynthetic rate, stomatal conductance and transpiration rate by 13.1%, 42.3% and 39.3% at grain filling stage and 46.8%, 31.2% and 24.5% at maturity stage under S0 treatment. Concurrently, intercropping respectively reduced intercellular CO_2 concentration by 20.8% and 18.4% at grain filling and maturity stages of maize. The difference between monoculture and intercropping under S0 treatment was significant at $P<0.05$. While maize yield was obviously influenced by both mulching and intercropping, the effect of straw mulching was greater than that of intercropping. The findings demonstrated that straw mulching and intercropping were critical for improving maize leaf traits, physiological characteristics and yield. However, the effect of straw mulching decreased with increasing levels of straw mulching, and the effect of intercropping was less obvious than that of straw mulching.

Key words Maize/soybean intercropping; Straw mulching; Maize; Leaf traits; Leaf physiological characteristics; Yield

秸秆覆盖和根系互作对间作玉米生理特性及产量的影响*

张向前 [1]　卞新民 [2]　黄国勤 [3**]　赵其国 [4]

1　安徽省农业科学院作物所，合肥　230031

2　南京农业大学农学院，南京　210095

3　江西农业大学农学院，南昌　330045

4　中国科学院南京土壤研究所，南京　210008

摘　要

通过盆栽试验研究了不同秸秆覆盖水平和玉米/大豆间作系统中根系互作对玉米的影响。结果表明：秸秆覆盖和根系互作可增加玉米成熟期单株绿叶面积和不同生育时期的叶绿素含量，且根系互作的作用随覆盖水平的提高而增强；玉米成熟期的植株含水量和根伤流显著受到覆盖的影响，而受根系互作的影响不显著（$P>0.05$）；覆盖和根系互作可提高玉米光合速率、气孔导度和蒸腾速率，而降低胞间 CO_2 浓度，其中相同隔根处理下，T1 和 T0 间的差异显著；覆盖和根系互作可改善玉米产量各构成因素，并提高成熟期单株生物产量和经济产量。相关分析发现，玉米单株绿叶面积、叶绿素含量、根伤流速度、光合速率均与产量存在直线正相关关系。得出，覆盖和根系互作有利于改善玉米生理特性，提高产量，且根系互作的优势作用随覆盖水平的提高而增强。

关键词　秸秆覆盖；玉米/大豆间作；根系互作；叶绿素；光合特性；产量

秸秆覆盖可以改善土壤水、肥、气、热等效应，其经济效益、生态效益和社会效益都比较高，被认为是中国北方旱作农业持续稳定发展的有效措施和途径之一[1, 2]。豆禾间作是我国农业生产中应用最为广泛的一种多元种植模式，这一模式利用不同物种在空间分布和养分需求等方面的优势互补，使间作系统能更有效地利用各种环境因子（光、水分、各种养分等）来获得产量优势[3, 4]。此外，间作相对于单作在作物病虫害的防治，杂草抑制，作物产量、品质的提高，以及减少对栽培环境的负面影响等方面都表现出明显的优势[5-7]。已有的研究表明，作物间除了地上部之间的相互作用不可忽视外，地下部根系的相互作用更为重要，且是复合群体高产、高效的主要原因之一[8-10]。为此本文在地上部环境条件一致下（地上部皆为两株玉米和两株大豆）通过隔根试验研究了不同秸秆覆盖水平和根系互作对间作玉米的影响，其目的一是明确间作系统中根系相互作用的效应，二是为秸秆覆盖的增产增效提供理论依据，从而有利于进一步了解间作系统中地下部根系互作的优势作用及秸秆覆盖模式的制定、完善和推广。

1　材料与方法

1.1　试验设计

盆栽试验在江西农业大学红壤试验站露天进行，该试验站位于东经 115°36′，北纬 28°46′，海拔 22.0m。年平均温度约为 17.7℃，日平均温度≥10℃的活动积温为 5640℃，多年平均降水量 1624.6mm。供试塑料桶高 50cm，下口直径 35cm，上口直径 45cm。用聚氯乙烯黏合剂将塑料膜夹于桶中间（以防水胶涂抹使其不漏水）而分隔为两室。设未隔根 NS（no root separation）和塑料膜完全隔根 FS（full

*基金项目：国家自然科学基金重点项目（U1033004）。

作者简介：张向前（1984—），男，安徽阜阳人，博士研究生，主要从事作物间作方面的研究。

** 通讯作者：黄国勤（1962—），男，江西鹰潭人，教授，主要从事种植制度的研究。

本文原载《干旱地区农业研究》2013 年第 31 卷第 4 期第 66-72 页。

root separation with plastic film）两种方式，由于 2 种处理地上部环境条件一致（每桶地上部皆为 2 株玉米和 2 株大豆），因此在同一覆盖水平下 2 种隔根处理间（隔根与未隔根）玉米各测量性状之间的差异均是由地下部根系互作引起的。供试土壤来自江西农业大学红壤试验田，该土壤其成土母质为第四纪红色黏土，土壤含有机质 15.6g/kg，碱解氮 62.1mg/kg，速效磷 14.3mg/kg，速效钾 141.3mg/kg，pH6.1。

每桶秸秆覆盖量设不覆盖 0kg/桶（T0）、0.1kg/桶（T1）、0.2kg/桶（T2）和 0.3kg/桶（T3）四个水平，覆盖秸秆为自然风干的水稻秸秆，秸秆长度为 10～15cm。氮肥用量为 0.20g/kg 土，磷肥用量为 0.15g/kg 土，钾肥 0.10g/kg 土，供试肥料分别为尿素、普通过磷酸钙、硫酸钾。每桶装土 50kg，每室为 25kg，装土高度约为桶高的 3/4，所有肥料与土混匀一次施入。试验采用随机区组设计，4×2 双因素试验（双因素分别为覆盖水平和隔根方式，其中 4 种覆盖水平，2 种隔根方式），共 8 种处理，每种处理 4 次重复，共 32 桶，每桶相距皆为 2m。玉米和大豆间作的株距为 30cm，供试玉米品种为"川彩糯一号"，大豆品种为"早 50"。玉米和大豆于 2012 年 4 月 2 日播种，并同时于 7 月 15 日收获，玉米和大豆各播 4 粒，出苗后各留苗 2 棵，作物生长期间其他管理措施按照当地农业生产习惯进行。

1.2 样品采集与测定

单株绿叶面积：采取画纸称重法，测定时每种处理分别选 4 株生长一致的玉米植株测定，最后取平均值。

叶绿素含量：用手持式叶绿素测定仪（SPAD-502）测定，每一时期选取玉米中部相同部位的叶片在上面均匀取 5 个点测定，每种处理测量 4 株，后期测定的为穗位叶，并以平均值计数。伤流速度：在成熟期选取生长一致的植株 4 株，于晚 18：00 用清洗干净的干燥刀片剪去地上部（切口距地面 10cm），套上装有脱脂棉的已称好重量的小塑料袋，让脱脂棉贴紧切口，用橡皮筋扎紧袋口，次日 8：00 取下称重，每次收集 14h，利用脱脂棉前后重量差值，计算伤流速度。

光合特性的测定：在玉米灌浆期，选择晴朗天气上午 10：00～11：30，采用 Li-6400 便携式光合仪分别测定玉米叶片光合速率、气孔导度、胞间 CO_2 浓度和蒸腾速率，每个处理选择生长一致的 4 株玉米测定，测定叶片为玉米穗位叶。

生物产量（地上部干物重）的测定：将玉米植株在 105℃下烘 45min 杀青，再在 85℃下烘干至恒重后称取干物重，每种处理测量 4 株取平均值。产量（经济产量）及其构成因素的测定：成熟期测定穗长、穗粗、穗粒数和千粒重，并计算出产量。

1.3 统计分析

采用 Microsoft Excel 2003 软件对数据进行处理和作图，采用 DPS7.05 软件和最小显著差数法（LSD）进行方差分析。

2 结果与分析

2.1 秸秆覆盖和根系互作对成熟期玉米单株绿叶面积的影响

从图 1 中可以看出，在同一秸秆覆盖水平下，未隔根处理的玉米单株绿叶面积皆高于隔根处理的，在 T0、T1、T2 和 T3 条件下分别增加了 3.6%、5.3%、6.7%和 7.7%，但差异皆未达到显著水平（$P>0.05$），因此可以得出根系互作有利于增加玉米单株绿叶面积，且其作用随秸秆覆盖水平的提高而增加。从图中亦可看出，在隔根处理下 T1 比 T0，T2 比 T1，T3 比 T2 的单株绿叶面积分别增加了 16.5%、4.5%和 7.1%，在未隔根处理下分别增加了 18.4%、5.9%和 8.1%，且相同隔根方式下 T1 和 T0 间存在显著差异（$P<0.05$），说明了秸秆覆盖有利于提高玉米单株绿叶面积。

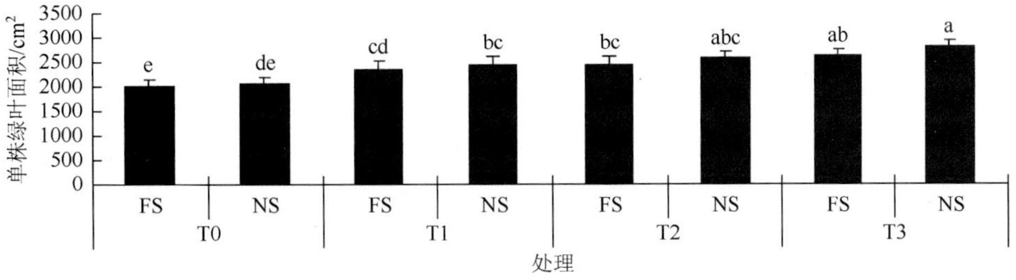

图 1 覆盖和根系互作对玉米成熟期单株绿叶面积的影响

柱状图上的不同字母代表差异达到显著水平（$P<0.05$）

2.2 秸秆覆盖和根系互作对玉米叶绿素含量的影响

从表 1 中可以看出，覆盖水平对玉米四个生育时期叶绿素含量的影响皆达到显著水平（$P<0.05$），隔根处理除对玉米大喇叭口期的叶绿素含量影响不显著外，对其余各生育时期叶绿素含量的影响皆达到显著水平，而覆盖水平与隔根处理的交互作用对叶绿素含量的影响皆未达到显著水平。在相同覆盖水平下，同一生育时期未隔根处理的玉米叶绿素含量皆高于隔根处理的，但差异皆未达到显著水平（$P>0.05$）。在同一生育时期，相同隔根处理下，玉米叶绿素含量随秸秆覆盖水平的提高而增加并在 T3 覆盖水平下达到最大值，其中 T3 覆盖水平下隔根与未隔根处理玉米大喇叭口期、吐丝期、灌浆期和成熟期的叶绿素含量分别比不覆盖 T0 下的相应处理增加了 14.9%和 15.5%、7.6%和 12.1%、11.0%和 13.4%、12.7%和 16.9%，并均达到显著差异（$P<0.05$）。因此可以得出间作系统中地下部根系互作和秸秆覆盖有利于增加玉米的叶绿素含量。此外从表中数据亦可看出，随着覆盖水平的增加，同一覆盖水平下未隔根与隔根处理的差值总体上呈现逐渐增大趋势，说明秸秆覆盖可以增加玉米大豆根系互作的优势作用。

表 1 覆盖和根系互作对玉米不同生育时期叶绿素含量（SPAD 值）的影响

覆盖	隔根	大喇叭口期	吐丝期	灌浆期	成熟期
T0	FS	39.83±1.92d	51.65±2.29c	55.35±2.19e	37.78±2.05e
	NS	41.15±2.28cd	52.58±2.23bc	57.25±2.36de	38.70±2.35de
T1	FS	41.28±1.75cd	52.98±2.22bc	59.20±2.54cde	39.30±2.96cde
	NS	2.95±2.91bcd	54.30±2.65bc	61.03±1.49abcd	42.15±2.78abcd
T2	FS	43.43±2.91bc	53.63±2.85bc	60.85±3.14bcd	41.30±2.06bcd
	NS	44.93±1.92ab	56.13±1.97ab	63.88±2.83ab	43.68±2.43ab
T3	FS	45.75±2.16ab	55.58±2.58ab	61.43±3.88abc	42.58±3.51abc
	NS	47.53±2.50a	58.95±2.54a	64.93±1.36a	45.25±2.10a
P	覆盖水平	0.0003	0.0041	0.0002	0.0008
	隔根处理	0.0803	0.0329	0.0131	0.0165
	覆盖水平×隔根处理	0.9978	0.7579	0.8996	0.8480

注：表中数据为平均数±标准差。各列后不同小写字母表示在 0.05 水平上差异显著（$P<0.05$）。

2.3 秸秆覆盖和根系互作对玉米成熟期植株含水量和根伤流的影响

从图 2 中可以看出，在相同覆盖水平下，未隔根处理的玉米植株含水量和根伤流速率皆高于隔根处理，在 T0、T1、T2 和 T3 条件下分别增加了 1.4%、1.9%、2.5%、0.3%和 7.7%、4.7%、5.0%、4.5%，但差异皆未达到显著水平（$P>0.05$），可见根系互作有利于增加植株含水量和伤流速率，但效果不显著。从图中亦可看出，在相同隔根处理下，随着秸秆覆盖水平的提高，玉米植株含水量和伤流速率皆呈现增加趋势，且秸秆覆盖处理 T1、T2、T3 和不覆盖处理 T0 之间的差异皆达到显著水平，其中植株含水量在隔根和未隔根处理下分别增加了 11.4%和 11.9%、15.4%和 16.7%、20.2%和 18.9%，伤流速率分别增加了 35.9%和 32.1%、55.1%和 51.2%、69.2%和 64.3%，说明秸秆覆盖相对于不覆盖可以显著增加玉米植株含水量和伤流速率。此外从以上数据分析得出，随着覆盖水平的增加，根系互作在提高玉米植株含水量和根伤流方面的效果未表现出增加趋势。

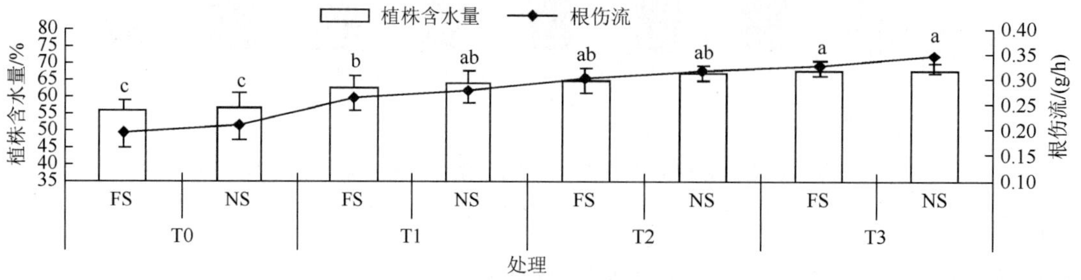

图 2　覆盖和根系互作对玉米植株含水量和根伤流的影响

柱状图上的不同字母代表差异达到显著水平（$P<0.05$）

2.4　秸秆覆盖和根系互作对玉米光合特性的影响

从表 2 中可以看出，覆盖水平和隔根处理对玉米光合速率、气孔导度、胞间 CO_2 浓度和蒸腾速率的影响皆达到显著水平（$P<0.05$），而覆盖水平和隔根处理的交互作用对它们的影响皆不显著（$P>0.05$）。在相同秸秆覆盖水平下，未隔根处理的玉米光合速率、气孔导度和蒸腾速率皆高于隔根处理的，而胞间 CO_2 浓度皆低于隔根处理的，且差异绝大多数不显著，说明了根系互作有利于改善玉米的光合特性，但效果不显著。从表中亦可看出，在相同隔根处理下，随秸秆覆盖水平的增加，玉米光合速率、气孔导度和蒸腾速率皆呈现增加趋势，而胞间 CO_2 浓度呈现下降趋势，并在 T3 覆盖水平下分别达到最大值和最小值。此外，在相同隔根处理下，T1 和 T0 的玉米光合特性各指标间的差异皆达到显著水平（$P<0.05$），T1 比 T0 的光合速率在隔根与未隔根下分别增加了 31.0%和 36.3%，气孔导度分别增加了 37.5%和 37.0%，胞间 CO_2 浓度分别下降了 10.9%和 15.0%，蒸腾速率分别增加了 21.2%和 24.1%，说明了秸秆覆盖可以显著改善玉米的光合特性。

表 2　覆盖和根系互作对玉米灌浆期光合特性的影响

覆盖	隔根	光合速率 / (μmol/ (m²·s))	气孔导度 / (mol/ (m²·s))	胞间 CO_2 浓度 / (μmol/mol)	蒸腾速率 / (mmol/ (m²·s))
T0	FS	23.30±2.55e	0.24±0.04f	137.08±8.74a	3.45±0.31g
	NS	25.53±3.81e	0.27±0.03ef	133.88±5.45a	3.73±0.56fg
T1	FS	30.53±2.37d	0.33±0.05de	122.10±6.30b	4.18±0.39ef
	NS	34.80±3.36cd	0.37±0.04cd	113.75±7.70bc	4.63±0.40de
T2	FS	36.70±2.05bc	0.41±0.03bc	106.58±5.89c	5.23±0.43cd
	NS	39.28±2.94abc	0.47±0.03ab	96.23±4.84d	5.78±0.54bc
T3	FS	39.50±2.91ab	0.48±0.07a	91.20±7.87de	6.18±0.56ab
	NS	42.75±3.00a	0.52±0.04a	83.80±4.82e	6.58±0.46a
P	覆盖水平	0.0001	0.0001	0.0001	0.0001
	隔根处理	0.0098	0.0140	0.0069	0.0222
	覆盖水平×隔根处理	0.9135	0.9494	0.7687	0.9512

注：表中数据为平均数±标准差。各列后不同小写字母表示在 0.05 水平上差异显著（$P<0.05$）。

2.5　秸秆覆盖和根系互作对玉米产量构成因素及产量的影响

从表 3 中可以看出，覆盖水平对玉米产量构成因素及产量的影响皆达到显著水平，隔根处理除对穗长的影响不显著外（$P>0.05$），对玉米产量各构成因素及产量的影响皆达到显著水平，而覆盖水平与隔根处理的交互作用对玉米产量各构成因素及产量的影响皆未达到显著水平。在相同覆盖水平下，未隔根处理的玉米穗长、穗粗、穗粒数、千粒重、单株生物产量和经济产量皆高于隔根处理的，其中单株生物产量和经济产量在

T0、T1、T2 和 T3 条件下分别比隔根处理的增加了 12.0%、12.2%、12.9%、13.0%和 8.4%、8.5%、11.5%、11.1%，说明了根系互作有利于改善玉米产量各构成因素并增加产量。从表中亦可看出，在相同隔根方式下，随着覆盖水平的增加，玉米产量及其各构成因素皆得到提高和改善，其中在隔根和未隔根处理下，T3 比 T0 的穗长、穗粗、穗粒数、千粒重、单株生物产量和经济产量分别增加了 22.9%、12.0%、13.6%、14.4%、41.1%、31.2%和 23.4%、12.7%、11.6%、15.5%、42.3%、34.5%并皆达到显著差异，说明了秸秆覆盖亦有利于改善玉米产量各构成因素并增加产量。此外从表中数据分析亦可得出，随覆盖水平的增加，根系互作在提高玉米单株生物产量和经济产量方面的优势作用亦得到增强。

表 3　覆盖和根系互作对玉米产量构成因素及产量的影响

覆盖	隔根	穗长/cm	穗粗/cm	穗粒数	千粒重/g	单株生物产量/g	单株经济产量/g
T0	FS	14.08±1.1e	4.08±0.1f	398.7±10.6e	245.7±21.1e	309.0±12.8e	109.6±10.0d
	NS	14.75±1.2de	4.19±0.1ef	420.9±10.6de	253.1±15.9de	346.1±12.5d	118.8±10.2cd
T1	FS	15.34±1.4cde	4.25±0.1de	428.7±12.9d	261.1±15.8cde	348.8±13.1d	123.0±12.5cd
	NS	15.85±1.4bcd	4.37±0.1cd	430.8±16.1cd	271.7±16.8abcd	391.2±18.9c	133.5±16.1bc
T2	FS	16.40±0.8bc	4.36±0.2de	436.7±11.6bcd	268.5±15.0bcd	388.2±15.4c	131.0±16.4bc
	NS	16.85±1.1abc	4.54±0.1bc	456.0±15.0ab	283.4±12.2ab	438.2±20.4b	146.0±15.4ab
T3	FS	17.30±0.6ab	4.57±0.1ab	452.8±15.6abc	281.1±14.7abc	435.9±24.9b	143.8±18.3ab
	NS	18.20±0.7a	4.72±0.1a	469.8±20.1a	292.3±6.5a	492.5±14.8a	159.8±14.0a
P	覆盖水平	0.0001	0.0001	0.0001	0.0004	0.0001	0.0019
	隔根处理	0.1155	0.0024	0.0109	0.0456	0.0001	0.0046
	覆盖水平×隔根处理	0.9767	0.9165	0.5691	0.9673	0.7118	0.9534

2.6　相关性分析

叶片是植物重要的源器官，并与植物体内许多生理生化反应过程密切相关，从图 3（a）中可以看出，在一定范围内玉米成熟期单株绿叶面积与单株产量存在直线正相关关系（R^2=0.95），说明了玉米成熟期单株绿叶面积的增加有利于提高玉米产量。叶绿素是植物进行光合作用的物质基础，从图 3（b）中可以看出，玉米叶绿素含量与产量存在密切的相互关系（R^2=0.94），其含量的增加有利于提高玉米产量。根系伤流强度可以反映出植株自身的水分状态，伤流强度量越大，根系活力越强，根系主动吸收能力越强，对延缓叶片衰老和最终产量的形成具有重要作用[11]，从图 3（c）中可以看出，玉米伤流速度与产量存在直线正相关关系，其线性方程为 y=279.29x+54.88（R^2=0.88）。从图 3（d）中可以看出，光合速率与产量存在直线正相关关系（R^2=0.92），在一定范围内玉米产量随光合速率的增加而增加。上文已证实根系互作和秸秆覆盖有利于增加玉米单株绿叶面积、叶绿素含量、植株含水量和光合速率，因此本相关分析从侧面证实了根系互作和秸秆覆盖可以通过改善玉米的一些与产量密切相关的性状指标来增加产量。

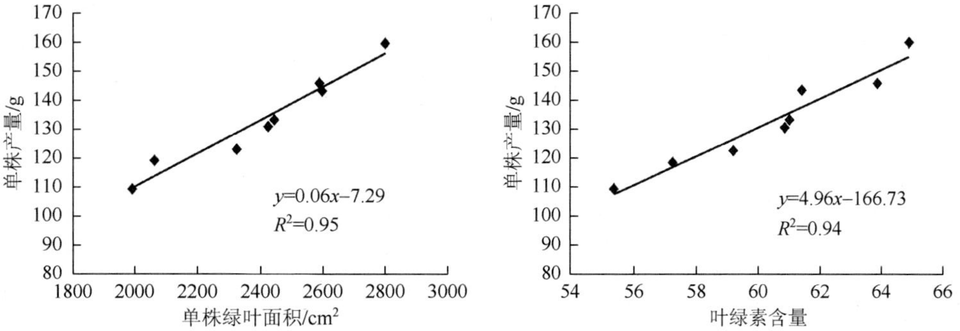

(a)　(b)

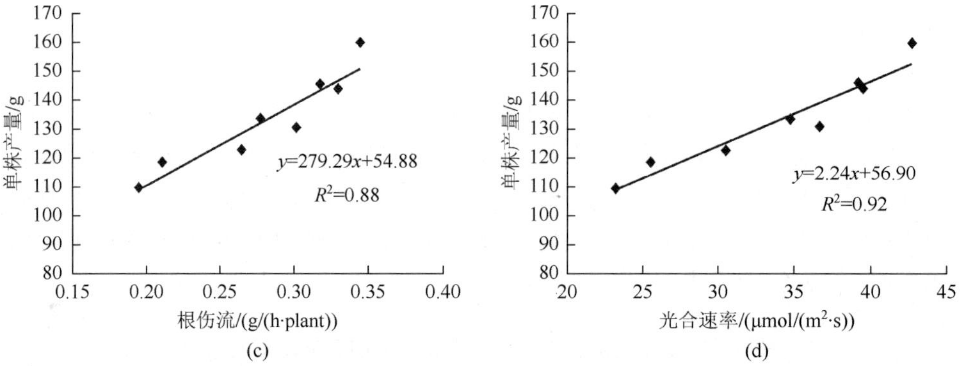

图 3　单株绿叶面积、叶绿素含量、根伤流、光合速率与产量的关系

3 讨　论

地表覆盖相对于不覆盖，具有明显的蓄水保墒、培肥地力、减少水土流失、调节微域生态系统环境等优势[12, 13]。间作相对于单作的优势作用是间作作物地上部和地下部共同作用的结果[9]。本试验发现秸秆覆盖和根系互作可以增加玉米成熟期的单株绿叶面积，其中在相同覆盖水平下根系互作的效果不显著，而在相同隔根方式下，覆盖与不覆盖的玉米单株绿叶面积之间的差异达到显著水平。单株绿叶面积的增加在一定程度上可以增加玉米植株的光合面积，有利于更多光合产物的积累。同时本试验也发现，随着秸秆覆盖水平的增加根系互作在增加玉米单株绿叶面积方面的效果亦得到增强。

焦念元等[14]在研究中发现玉米花生间作可以提高玉米的叶绿素含量，延缓叶片的衰老。在本研究中我们同样发现在相同覆盖水平下，同一生育时期未隔根处理的玉米叶绿素含量皆高于隔根处理，但差异皆未达到显著水平，说明根系互作有利于增加玉米叶绿素含量，但效果不显著。秸秆覆盖亦有利于增加玉米叶绿素含量，其中覆盖处理 T3 与不覆盖处理 T0 之间的差异达到显著水平。这主要可能是由于秸秆覆盖改善了作物对土壤水分和养分的利用，进而提高了叶绿素含量[15, 16]，此外本试验也发现覆盖水平的提高有利于增强根系互作在提高玉米叶绿素含量方面的优势作用。根伤流液是反映根系活力的重要指标之一，伤流液数量的多少反映了根系主动吸收水分和养分能力的强弱[17, 18]，伤流不仅受土壤水分、温度、通气状况等外因影响，也与根系发达程度和生命活动强弱等内因有关[19]。本试验发现，在相同覆盖水平下，未隔根处理的玉米植株含水量和根伤流速率皆高于隔根处理，但差异不显著，说明根系互作有利于增加玉米植株含水量和根伤流量，但效果不显著。此外亦发现覆盖处理的玉米植株含水量和根伤流速率皆显著高于不覆盖处理的，说明秸秆覆盖可以显著增加玉米植株含水量和根伤流速率。这主要可能是由于根系互作和秸秆覆盖可以增加玉米根系的生物量和根系活力，改善了植株的生长状况和对水分养分的利用效率，但根系互作在提高玉米植株含水量和根伤流方面的优势作用未随秸秆覆盖水平的提高而增强。

光合作用是源物质积累的生理基础，较高的光合速率是获得高产的基础和前提[20, 21]。张建华等[22]在对间作系统中玉米光合作用指标改善的研究中发现，在间作种植模式下，玉米叶片的光合速率、蒸腾速率和气孔导度较单作都有不同程度增大趋势。高阳等[23]在研究中发现间作能更有效地利用光能来增加作物产量，其中间作玉米群体总产量比单作增加了 6.0%。付国占等[24]通过试验比较覆盖与不覆盖条件下深松、免耕、翻耕对光合速率的影响，发现覆盖处理平均比不覆盖处理的光合速率提高 26.85%。本研究同样发现根系互作和秸秆覆盖可以增加玉米的光合速率、气孔导度和蒸腾速率，而降低胞间 CO_2 浓度，其中在相同隔根方式下，覆盖处理与不覆盖处理的各光合指标之间的差异皆达到显著水平，说明秸秆覆盖可以显著改善玉米的光合特性，而在同一覆盖水平下，根系互作对玉米各光合指标的影响绝大多数不显著。齐万海等[25]研究发现间作系统群体产量优势的 20.5%来自于地下部分，19.5%来自于地上部分资源的补偿利用。高飞等[15]在研究中发现秸秆覆盖对提高玉米产量具有显著作用。本试验同样发现，根系互作和覆盖有利于改善玉米产量各构成因素并提高产量，其中未隔根处理的玉米单株经济产量在 T0、T1、T2 和 T3 下分别比隔根处理的增加了 8.4%、8.5%、11.5%和 11.2%，在相同隔根方式下，覆盖处理 T3 比不覆盖处理 T0 的单株生物产量和经济产量分别增加了 41.1%、42.3%和 31.2%、34.5%，并皆达到显著差异。此外本试验亦发现，根系互作在提高玉米单株生物产量和经济产量方面的优势作用随覆盖水平的提高而得到增强。

作物产量的形成与多种生理生化指标有关，本文通过相关分析发现，玉米成熟期的经济产量与单株绿叶面积、叶绿素含量、伤流速度及光合速率皆成直线正相关关系，且拟合方程的决定系数 R^2 皆大于0.85，反映出彼此之间存在密切的相互联系，从侧面证实了根系互作和覆盖可以通过改善玉米的一些与产量密切相关的指标来增加产量。一方面由于秸秆覆盖和根系互作在优化土壤微生态环境及理化性状，改善作物各生理性状指标提高作物产量方面发挥着重要作用；另一方面由于根系互作的优势作用会随秸秆覆盖水平的提高而得到一定增强，因此在实际农业生产中若能将秸秆覆盖与豆禾间作两种技术相结合，对改善我国耕地质量、提高粮食作物产量、减少化肥施用量、保护农业生态环境、促进我国农业可持续发展具有重要意义。

参考文献

[1] 李月兴，张宝丽，魏永霞. 秸秆覆盖的土壤温度效应及其对玉米生长的影响. 灌溉排水学报，2011，30（2）：82-85.

[2] 沈裕琥，黄相国. 秸秆覆盖的农田效应. 干旱地区农业研究，1998，16（1）：45-50.

[3] 张桂国，董树亭，杨在宾. 苜蓿+玉米间作系统产量表现及其种间竞争力的评定. 草业学报，2011，20（1）：22-30.

[4] Li L，Zhang F，Li X，et al. Interspecific facilitation of nutrient uptake by intercropped maize and faba bean. Nutrient Cycling in Agroe-cosystems，2003，65：61-71.

[5] 李隆. 间作作物种间促进与竞争作用研究. 北京：中国农业大学，1999.

[6] 刘天学，李潮海，马新明，等. 不同基因型玉米间作对叶片衰老、籽粒产量和品质的营养. 植物生态学报，2008，32（4）：914-921.

[7] 李勇杰，陈远学，汤利，等. 地下部分隔对间作小麦养分吸收和白粉病发生的影响. 植物营养与肥料学报，2007，13（5）：929-934.

[8] Zhang F S，Li L. Using competitive and facilitative interactions in inter-cropping systems enhances crop productivity and nutrient-use efficiency. Plant Soil，2003，248：305-312.

[9] Hauggaard-Nielsen H，Jensen E S. Facilitative root interactions in intercrops. Plant Soil，2005，274：237-250.

[10] 刘广才，杨祁峰，李隆，等. 小麦/玉米间作优势及地上部与地下部因素的相对贡献. 植物生态学报，2008，32（2）：477-484.

[11] 李国强，周吉，曹治彦，等. 玉米根系伤流量与产量关系研究. 华北农学报，2011，26（6）：114-117.

[12] 张义，谢永生，郝明德，等. 不同地表覆盖方式对苹果园土壤性状及果树生长和产量的影响. 应用生态学报，2010，21（2）：279-286.

[13] Cook H F，Valdes G S B，Lee H C. Mulch effects on rainfall interception，soil physical characteristics and temperature under *Zea mays* L. Soil and Tillage Research，2006，91（1）：227-235.

[14] 焦念元，宁堂原，李增嘉，等. 玉米花生间作复合体系光合特性的研究. 作物学报，2006，32（6）：917-923.

[15] 高飞，贾志宽，韩清芳，等. 秸秆覆盖量对土壤水分利用及春玉米产量的影响. 干旱地区农业研究，2012，30（1）：104-112.

[16] 李富翠，赵护兵，王朝辉，等. 旱地夏闲期秸秆覆盖和种植绿肥对冬小麦水分利用及养分吸收的影响. 干旱地区农业研究，2012，30（1）：119-125.

[17] 周小平，张岁岐，杨晓青，等. 玉米根系活力杂种优势及其与光合特性的关系. 西北农业学报，2008，17（4）：84-90.

[18] 左启华，张立峰，李会彬，等. 施钾对高寒区饲用玉米产量与营养品质以及伤流液的影响. 西北农业学报，2011，20（1）：65-69.

[19] 宋海星，李生秀. 水、氮供应对玉米伤流及其养分含量的影响. 植物营养与肥料学报，2004，10（6）：574-57.

[20] 左振朋，孙庆泉，董鲁浩，等. 爆、甜、糯玉米生育后期叶片光合特性的比较. 作物学报，2009，35（10）：1930-1935.

[21] 刘朝巍，张恩和，谢瑞芝，等. 不同施氮方式对宽窄行交替休闲种植玉米产量和光合特性的影响. 草业学报，2012，21（1）：34-42.

[22] 张建华，马义勇，王振南，等. 间作系统中玉米光合作用指标改善的研究. 玉米科学，2006，14（4）：104-106.

[23] 高阳，段爱旺，刘祖贵，等. 单作和间作对玉米和大豆群体辐射利用率及产量的影响. 中国生态农业学报，2009，17（1）：7-12.

[24] 付国占，王俊忠，李潮海，等. 华北残茬覆盖不同土壤耕作方式夏玉米生长分析. 干旱地区农业研究，2005，23（4）：12-21.

[25] 齐万海，柴强. 不同隔根方式下间作小麦玉米的竞争力及产量响应. 中国生态农业学报，2010，18（1）：31-34.

Effects of Straw Mulching and Root Interaction on Intercropped Maize Physiological Characteristics and Yield

Zhang Xiangqian[1] Bian Xinmin[2] Huang Guoqin[3] Zhao Qiguo[4]

1 Crops Research Institute，Anhui Academy of Agricultural Sciences，Hefei 230031，China

2 Agricultural College，Nanjing Agricultural University，Nanjing 210095，China

3 Agricultural College，Jiangxi Agricultural University，Nanchang 330045，China

4 Institute of Soil Science，Chinese Academy of Sciences，Nanjing 210008，China

Abstract

A pot experiment was conducted to study the effect of different straw mulching levels and root interaction in maize/soybean intercropping system on maize. The results showed that straw mulching and root interaction increased the green leaf area per maize plant at maturity stage and the chlorophyll content of different growth stages, and the effect of root interaction was enhanced with the increase of straw mulching level. The plant water content and the root bleeding sap of maize at maturity stage were significantly affected by mulching, but not affected ($P>0.05$) by root interaction. Mulching and root interaction increased the photosynthetic rate, stomatal conductance, transpiration rate of maize, and reduced the intercellular CO_2 concentration. With the same root separation, the differences between the treatments T1 and T0 were significant. Mulching and root interaction improved maize yield components, and increased biological and economic yields per plant at maturity stage. Correlation analysis revealed that the green leaf area per maize plant, the chlorophyll content, the root bleeding sap rate, and the photosynthetic rate were all linearly positive correlated with maize yield. In conclusion, the mulching and root interaction improved maize physiological characteristics and increased yield. The beneficial effect of root interaction was enhanced with the increase of the straw mulching level.

Key words　Straw mulching; Maize/soybean intercropping; Root interaction; Chlorophyll; Photosynthetic characteristics; Yield

施氮肥与隔根对间作大豆农艺性状和根际微生物数量及酶活性的影响*

张向前[1]　黄国勤[2**]　卞新民[1]　赵其国[3]

1 南京农业大学农学院，南京　210095

2 江西农业大学生态科学研究中心，南昌　330045

3 中国科学院南京土壤研究所，南京　210008

摘　要

采用盆栽试验及种间根系分隔技术研究了施氮肥和不施氮肥两种条件下根系互作在大豆玉米间作中所发挥的优势作用。结果表明，无论在施氮肥和不施氮肥条件下相对于尼龙网分隔和完全分隔根系，未分隔处理的大豆玉米间作能增加大豆各个生育时期的叶绿素含量。施氮肥在改善大豆株高、主茎节数、有效分枝数、单株荚数和百粒重农艺性状方面的效果要大于间作，间作中根系互作只在改善大豆单株荚数和百粒重方面起到显著（$P<0.05$）作用。通过地下部隔根处理同样证明了大豆玉米间作由于根系的互作能提高大豆的经济产量和生物产量，但效果没有施氮肥明显。施氮肥和间作作物根系的互作不仅可以增加土壤中的细菌、真菌、放线菌和固氮菌的数量，而且可以提高脲酶、磷酸酶、转化酶和蛋白酶的活性。经相关分析得出，该试验中细菌、真菌、放线菌及固氮菌数量和脲酶、磷酸酶、转化酶及蛋白酶活性与大豆的叶绿素含量及大豆单株的经济产量和生物产量之间皆存在正相关关系，且多数之间存在显著（$P<0.05$）或极显著（$P<0.01$）正相关。本研究认为间作系统中根系的互作在改善土壤微生态环境，增加土壤微生物数量和酶活性，提高作物经济产量和生物产量方面发挥着重要作用。

关键词　根系分隔；间作；农艺性状；根际微生物；酶活性

间作中由于两种作物所占据的地上部和地下部生态位发生了分离，在时间生态位和空间生态位上互补扩大，从而使地上部的光、热和地下部的营养资源在时间上前后分离在空间上互补扩大，实现了资源最大限度的利用[1]。目前间作研究的重点正由田间作物搭配模式，地上部光、热、水、肥利用及作物生理特性、产量、品质优势等方面向地下部根际环境微生物、酶活性的生理协调机制转移。土壤微生物和酶一起作用于土壤物质转化和能量流动，并参与许多重要的生物化学反映过程[2-4]，土壤中微生物数量的多少和酶活性的高低可以代表土壤中物质代谢的旺盛程度，在一定程度上可以反映作物对氮素的吸收利用状况和生长发育情况等，是评价土壤肥力的重要指标之一[5, 6]。

玉米大豆间作是中国北方地区常见的一种种植模式，目前大豆玉米间作存在的主要问题仍是如何调控地上部的光、热和地下部的营养等资源来持续提高产量和增加间作优势[7, 8]。因此，探索种间地上部和地下部相互作用对间作优势的贡献，对于进一步了解间作系统增产的生理生态机制及间作种植体系的管理和持续发展具有重要意义。已有研究表明，作物之间除了地上部之间的相互作用不可忽视外，地下部分对水分和养分的竞争更为激烈[9, 10]，而有关间作对作物地下部分影响的研究则较少，为此本文在地上部环境条件一致下通过根系分隔试验研究了大豆玉米间作两种作物根系的相互作用对大豆植株特性、产量及土壤微生物数量和酶活性的影响，以期为豆科作物和禾本科作物间作的增产机制提供参考。

---

*　国家自然科学基金重点项目（U1033004）资助。

** 通讯作者：黄国勤，教授，博士生导师。

作者简介：张向前（1984—），男，安徽阜阳人，博士研究生，主要从事作物间作方面的研究。

本文原载《土壤学报》2012 年第 49 卷第 4 期 731-739 页。

1 材料与方法

1.1 试验设计

该盆栽试验在江西农业大学红壤试验站露天进行，该试验站位于东经 115°36'，北纬 28°46'，海拔 22m。年平均温度约为 17.7℃，日平均温度≥10℃的活动积温达 5640℃，持续天数约为 256d，年平均日照时数为 1820h，无霜期约 273d，多年平均降水量 1625mm。供试塑料桶高 50cm，下口直径 35cm，上口直径 40cm。用聚氯乙烯黏合剂将 50μm 尼龙网或塑料膜夹于桶中间（并以防水胶涂抹使其不漏水）而分隔为两室。设未分隔（no separation）、尼龙网分隔（partial separation with nylon net）和塑料膜完全分隔（full separation with plastic film），并分别标记为 NS、PS 和 FS。由于 3 种处理地上部环境条件一致，且不像大田试验玉米密度会对大豆产生遮阴和通风透光影响，因此在完全隔根方式下大豆和玉米可以当作单作分析。

供试土壤来自江西农业大学红壤试验田，该土壤其成土母质为第四纪红色黏土，土壤含有机质 17.9g/kg，碱解氮 69.5mg/kg，有效磷 13.6mg/kg，速效钾 169.1mg/kg，pH6.1。

施肥设为施氮肥 0.15g/kg 土和不施氮肥（CK）两个水平。磷肥用量为 P0.10g/kg 土，钾肥 K0.10g/kg 土。供试肥料分别为尿素、普通过磷酸钙、硫酸钾。

每桶装土 50kg，每室为 25kg，所有肥料与土混匀一次施入。试验采用随机区组设计，3×2 双因素试验，四次重复。

供试玉米品种为“科糯 986”，大豆品种为“早 50”。玉米和大豆于 2011 年 4 月 10 日播种，并同时于 2011 年 7 月 20 日收获。玉米和大豆各播四粒，出苗后各留苗两棵，作物生长期间充分供应水分以满足作物对水分的需求，并依据每天天气情况和作物不同生育期需水要求用 1000mL 烧杯使每室各次供水量一致，其他管理措施按照当地农业生产习惯进行，以充分保证作物生长发育需要为基础。

1.2 样品采集与测定

于成熟期取生长一致的 6 棵大豆样本，测定株高、主茎节数、有效分枝数、单株荚数和百粒重。生物产量的测定：将大豆样本在 105℃下烘 45min 杀青，再在 85℃下烘干至恒重后称取干物重。叶绿素含量测定：用手持式叶绿素测定仪（SPAD-502 叶绿素测定仪）测定，选 6 株大豆，每一时期选取大豆相同部位的叶片在上面均匀取 5 个点测定，测定时期分别为始花期（Ⅰ期）、盛花期（Ⅱ期）、始荚期（Ⅲ期）、盛荚期（Ⅳ期）、鼓粒期（Ⅴ期）和成熟期（Ⅵ期）。

于大豆成熟期采集大豆植株根部 10～15cm 深的土壤，每室采两个点并混匀为一个样品，剔除样品石砾和植物残根等杂物，置阴凉处风干后过 1mm 筛，并置于 4℃冰箱中保存。

细菌、真菌、放线菌和固氮菌计数采用平板稀释涂布法。细菌培养用牛肉膏蛋白胨培养基，真菌用马丁氏培养基，放线菌用高氏 1 号培养基，固氮菌用瓦克斯曼氏 77 号培养基。具体测定方法参考文献[11]。土壤转化酶活性（以 glucose 计，mg/（g· h））测定采用 3,5-二硝基水杨酸比色法[3]；脲酶活性（以 NH_3-N 计，μg/（g·h））测定采用靛酚蓝比色法测定[3]；土壤磷酸酶活性（以 phenol 计，μg/（g·h））测定采用磷酸苯二钠比色法[3]；土壤蛋白酶活性（以 NH_3-N 计，μg/（g· h））测定采用茚三酮比色法[3]。

1.3 统计分析

采用 Microsoft Excel 2003 软件对数据进行处理和作图，采用 DPS7.05 软件和最小显著差数法（LSD）进行方差分析和相关分析。

2 结果与分析

2.1 施氮肥及隔根对间作大豆叶绿素含量的影响

叶绿素是植物进行光合作用的物质基础，叶绿素含量的高低在一定程度上决定着光合速率的大小，并与大豆产量密切相关。从图1中可以看出，无论在施肥和不施肥条件下，随着生育时期的进行，大豆叶片叶绿素含量皆呈现先增加后下降的趋势，即在始花期叶绿素含量最低，至鼓粒期达到最大值，成熟期叶绿素含量又逐渐降低。在隔根处理下，施肥的大豆叶绿素含量皆高于不施肥的大豆叶片叶绿素含量，说明施肥对提高大豆叶绿素含量具有重要作用。在相同施肥条件下，根系未分隔和尼龙网分隔的大豆叶绿素含量皆高于相同时期的根系完全分隔处理的大豆叶绿素含量，其中以根系未分隔处理的大豆叶绿素含量为最高，在不施肥条件下较同时期完全分隔处理的叶绿素含量分别增加了1.4%、6.2%、2.6%、9.7%、11.1%和11.2%，在施肥条件下分别增加了1.8%、3.2%、8.9%、5.7%、6.9%和4.6%，可见大豆玉米间作中根系的互作有利于提高大豆的叶绿素含量。

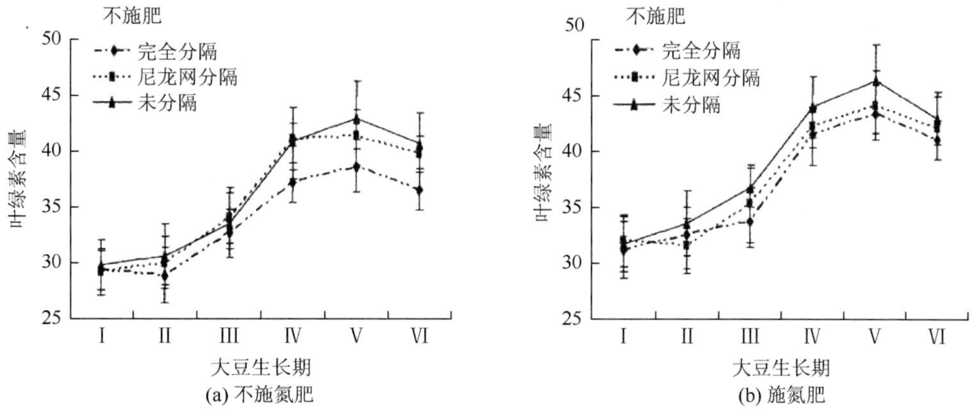

图1 施氮与不施氮条件下隔根对大豆叶绿素含量的影响

Ⅰ：始花期；Ⅱ：盛花期；Ⅲ：始荚期；Ⅳ：盛荚期；Ⅴ：鼓粒期；Ⅵ：成熟期

2.2 施氮肥及隔根对间作大豆农艺性状的影响

从表1中可以看出，施氮肥处理对大豆株高、主茎节数、有效分枝数、单株荚数和百粒重的影响都达到显著水平（$P<0.05$），而隔根方式只对大豆单株荚数和百粒重的影响达到显著水平，隔根方式和施肥处理的交互作用对上述大豆农艺性状的影响都不显著（$P>0.05$）。无论在施肥和不施肥条件下，大豆株高、主茎节数、有效分枝数、单株荚数和百粒重呈现相同的变化趋势，即未分隔＞尼龙网分隔＞完全分隔，其中根系未分隔处理的大豆株高、主茎节数、有效分枝数、单株荚数和百粒重在施肥条件下分别较完全分隔处理的增加了17.0%、16.5%、10.7%、16.5%和11.2%，在不施肥条件下分别较完全分隔处理的增加了3.7%、7.5%、13.0%、20.9%和15.1%，说明了大豆玉米间作中根系的互作有利于改善大豆的农艺性状。

表1 不同施肥条件下隔根对大豆农艺性状的影响

	隔根处理	主茎节数/cm	株高/cm	有效分支数/个	单株荚数/个	百粒重/g
不施氮肥	塑料膜完全分隔 FS	62.6±8.91c	8.0±0.40c	2.3±0.24d	27.3±1.71c	12.6±1.39d
	尼龙网分隔 PS	64.2±9.91c	8.0±0.40c	2.4±0.29cd	31.3±3.30c	13.6±0.87cd
	未分隔 NS	64.9±7.59c	8.6±0.43bc	2.6±0.22bcd	33.0±3.56c	14.5±1.62c
施氮肥	塑料膜完全分隔 FS	77.6±4.97b	9.1±0.67abc	2.8±0.29abc	42.3±5.56b	17.0±0.76b
	尼龙网分隔 PS	85.9±4.04ab	10.2±1.37ab	3.0±0.30ab	46.8±3.50ab	17.8±1.04ab
	未分隔 NS	90.8±5.51a	10.6±1.46a	3.1±0.44a	49.3±4.86a	18.9±0.94a

注：表中数据为平均数±标准差。同一列比较不同小写字母表示在0.05水平上差异显著（$P<0.05$）。

2.3 施氮肥及隔根对间作大豆单株经济产量和生物产量的影响

从图2中可以看出，施肥条件下的大豆单株经济产量（籽粒产量）和生物产量（地上部干物重）皆高于不施肥条件下的大豆单株经济产量和生物产量，并且皆存在显著差异（$P<0.05$）。无论在施肥和不施肥条件下，三种隔根方式对大豆经济产量和生物产量的影响皆表现为未分隔＞尼龙网分隔＞

完全分隔，其中未分隔处理的经济产量在不施肥和施肥条件下分别比完全分隔处理增加了 21.3%和 20.5%，生物产量在不施肥和施肥条件下分别较完全分隔处理增加了 8.2%和 11.2%，说明了大豆玉米间作中根系的互作可以提高大豆经济产量和生物产量，但施肥的效果要大于大豆玉米间作根系互作的优势。

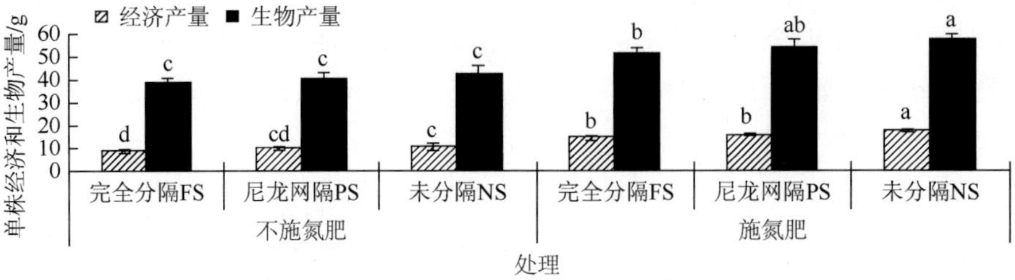

图 2　不同施肥条件下隔根对大豆单株经济产量和生物产量的影响

柱状图上不同字母代表不同处理间差异达到显著水平（$P>0.05$）

2.4　施氮肥及隔根对间作大豆根际微生物数量的影响

从表 2 中可以看出，施肥处理和隔根方式对土壤中的细菌、真菌、放线菌和固氮菌数量的影响皆达到显著水平（$P<0.05$），但二者的交互作用只对固氮菌的影响达到显著水平，固氮菌和细菌的比值只受到隔根方式的显著影响（$P<0.05$）。在不施肥条件下，大豆根际四种菌的数量皆以根系完全分隔处理下的最低，其中根系未分隔处理的细菌、真菌、放线菌和固氮菌的数量分别比完全隔根处理的增加了 117.5%、184.6%、89.2%和 8.5%。在施肥条件下，土壤中大豆根际细菌、真菌、放线菌和固氮菌的数量变化趋势为未分隔＞尼龙网分隔＞完全分隔，其中未分隔处理与完全分隔处理的差异达到显著水平（$P<0.05$），未分隔处理较完全分隔处理的分别增加了 69.8%、51.9%、100.0%和 46.5%。因此可以得出施氮肥和间作作物的根系互作对增加土壤中的细菌、真菌、放线菌和固氮菌数量具有显著作用。

表 2　不同施肥条件下隔根对大豆根际微生物数量的影响

	隔根处理	细菌 /（×10^6CFU/g 干土）	真菌 /（×10^4CFU/g 干土）	放线菌 /（×10^5CFU/g 干土）	固氮菌/（×10^4CFU /g 干土）	固氮菌/细菌/%
不施氮肥	塑料膜完全分隔 FS	5.7±0.87d	2.6±1.10d	6.5±1.76e	7.1±2.27e	1.26±0.41a
	尼龙网分隔 PS	10.4±1.16c	5.4±0.62cd	10.4±0.80cd	7.8±1.61d	0.75±0.18bc
	未分隔 NS	12.4±3.20c	7.4±1.10c	12.3±0.79bc	7.7±1.73de	0.54±0.05c
施氮肥	塑料膜完全分隔 FS	12.6±1.64c	7.9±2.15bc	8.8±1.38de	12.9±1.62c	1.04±0.22ab
	尼龙网分隔 PS	16.9±2.15b	10.3±0.91ab	14.6±1.11b	16.0±2.51b	0.97±0.22ab
	未分隔 NS	21.4±3.13a	12.0±2.07a	17.6±2.58a	18.9±1.98a	0.89±0.09b

注：表中数据为平均数±标准差。同一列比较不同小写字母表示在 0.05 水平上差异显著（$P<0.05$）。

2.5　施氮肥及隔根对间作大豆根际土壤酶活性的影响

2.5.1　根际脲酶活性

脲酶是一种酰胺酶，直接参与尿素形态的转化，能酶促有机质分子中肽键的水解，是尿素分解必不可少的一种酶。试验结果表明（图 3（a）），无论在施肥和不施肥条件下，隔根方式对大豆根际脲酶活性影响的变化趋势为未分隔＞尼龙网分隔＞完全分隔。在施肥条件下未分隔和尼龙网分隔处理的脲酶活性分别比完全分隔处理增加了 68.6%和 39.4%，在不施肥条件下分别增加了 63.2%和 42.0%。在相同隔根方式下，施肥处理的脲酶活性较不施肥处理的分别增加了 40.0%、37.5%和 44.6%，可见间作和施肥可以增加土壤中脲酶的活性。

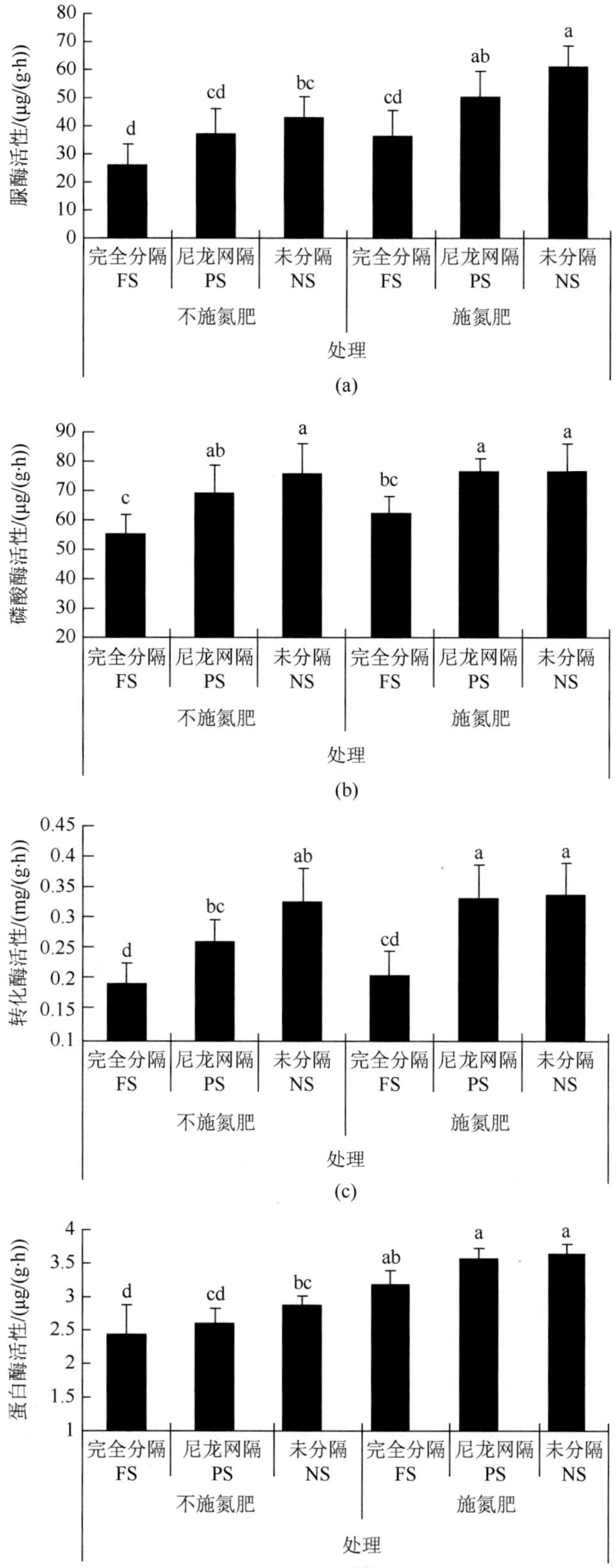

图 3　不同施肥条件下隔根对土壤酶活性的影响

柱状图上的不同字母代表不同处理间差异达到显著水平（$P<0.05$）

2.5.2　根际磷酸酶活性

磷酸酶的酶促作用能够加速有机磷的脱磷速度，提高土壤磷素的有效性。试验结果表明（图 3（b）），无论在施肥和不施肥条件下，未分隔和尼龙网分隔处理的磷酸酶活性皆高于完全分隔处理，并分别与之存在显著差异（$P<0.05$），在施肥条件下分别增加了 23.3%和 23.7%，在不施肥条件下分别增加了 36.8%和 24.6%。在相同的隔根处理下，施肥条件下的磷酸酶活性分别较不施肥条件的增加了 1.3%、12.1%和 12.8%，

但效果未达到显著水平（$P>0.05$）。在相同施肥处理下，未分隔和尼龙网分隔处理的磷酸酶活性分别与完全分隔处理的达到显著差异（$P<0.05$），说明在提高土壤磷酸酶活性方面，大豆玉米间作的根系互作和施氮肥都发挥着一定作用。

2.5.3　根际转化酶活性

转化酶是土壤中参与 C 循环的一种重要的酶，对增加土壤中易溶性营养物质起着重要作用，常用来表征土壤的熟化程度和肥力水平。从图 3（c）中可以得出，土壤转化酶活性变化范围为 0.19～0.34mg/（g· h），以不施肥条件下的完全分隔处理为最低。在不施肥条件下未分隔和尼龙网分隔处理的转化酶活性分别较完全分隔处理的增加了 69.7%和 36.4%，在施肥条件下分别增加了 64.6%和59.5%，充分说明了大豆玉米间作由于根系的相互作用显著提高了土壤中转化酶活性。此外施肥也明显提高了土壤中的转化酶活性，其中未分隔、尼龙网分隔和完全分隔处理分别较不施肥条件下相应的隔根处理增加了 3.3%、27.8%和 6.3%。

2.5.4　根际蛋白酶活性

蛋白酶可以水解蛋白质为短肽，短肽进一步水解为氨基酸，这些水解产物是植物的氮源之一，土壤蛋白酶活性高低在一定程度上反映了土壤氮素营养状况。从图 3（d）中可以得出，土壤中蛋白酶的活性变化范围为 2.45～3.65μg/（g·h），以施肥条件下的未分隔处理为最高。在不施肥条件下未分隔和尼龙网分隔处理分别较完全分隔处理增加了 17.0%和 6.1%，在施肥条件下分别增加了 15.1%和 12.1%，说明大豆玉米间作根系的相互作用能提高土壤中蛋白酶活性。施肥也显著提高了土壤蛋白酶活性，在相同隔根处理下，施肥条件下的未分隔、尼龙网分隔和完全分隔处理的蛋白酶活性分别较不施肥条件下增加了 27.5%、36.9%和 29.7%，并存在显著差异（$P<0.05$）。

2.6　根际微生物数量、酶活性与大豆叶绿素含量、单株经济产量和单株生物产量之间的相关性

从表 3 中可以得出，大豆的经济产量和生物产量除与土壤中的放线菌、磷酸酶及转化酶相关不显著外（$P>0.05$），与该试验中其他菌种数量和酶活性及叶绿素含量之间皆呈显著（$P<0.05$）或极显著（$P<0.01$）正相关。大豆的经济产量与生物产量的相关性达到极显著水平，说明生物产量和经济产量关系极为密切，证明了大豆生物产量是经济产量的基础。大豆植株叶绿素含量除与土壤中的转化酶相关不显著外，与大豆植株的经济产量、生物产量及上述土壤的四种菌数量和三种酶活性皆达到显著或极显著正相关。土壤中上述四种菌之间、四种酶之间及四种菌和四种酶之间除真菌与转化酶、放线菌与固氮菌、固氮菌与磷酸酶、固氮菌与转化酶、磷酸酶与蛋白酶、转化酶与蛋白酶相关不显著外（$P>0.05$），其余皆达到显著或极显著正相关。从表中亦得出，大豆的经济产量和生物产量及叶绿素含量与土壤中的上述微生物数量和酶活性之间的关系极为密切，且皆存在正相关关系，因此通过采取一定的措施来提高土壤中的微生物数量和酶活性可以有助于增加大豆叶绿素含量和提高大豆的生物产量和经济产量。

表 3　土壤微生物数量、酶活性与大豆叶绿素含量、单株经济产量和单株生物产量之间的相关性

	细菌	真菌	放线菌	固氮菌	脲酶	磷酸酶	转化酶	蛋白酶	叶绿素	经济产量	生物产量
细菌		0.99^{**}	0.95^{**}	0.91^{**}	0.98^{**}	0.80^{*}	0.78^{*}	0.92^{**}	0.97^{**}	0.87^{*}	0.88^{**}
真菌			0.91^{**}	0.91^{**}	0.95^{**}	0.80^{*}	0.75	0.96^{**}	0.99^{**}	0.89^{**}	0.90^{**}
放线菌				0.75	0.99^{**}	0.91^{**}	0.92^{**}	0.81^{*}	0.89^{**}	0.72	0.71
固氮菌					0.85^{*}	0.53	0.51	0.95^{**}	0.86^{*}	0.99^{**}	0.99^{**}
脲酶						0.86^{*}	0.86^{*}	0.86^{*}	0.94^{**}	0.80^{*}	0.80^{*}
磷酸酶							0.98^{**}	0.67	0.79^{*}	0.49	0.48
转化酶								0.63	0.73	0.48	0.43
蛋白酶									0.92^{**}	0.97^{**}	0.95^{**}

续表

	细菌	真菌	放线菌	固氮菌	脲酶	磷酸酶	转化酶	蛋白酶	叶绿素	经济产量	生物产量
叶绿素										0.84*	0.86*
经济产量											0.98**
生物产量											

* 为显著相关（$p<0.05$），**为极显著相关（$P<0.01$）。

3 结果与讨论

叶绿素含量高低会直接影响光合作用的生产，张建华等[8]在研究中发现大豆玉米间作，可以使大豆叶绿素含量在各个生育时期略高于大豆单作；李植等[12]在研究中同样发现，大豆玉米间作增加了大豆叶绿素含量，使光合速率增大，光合产物的合成与积累不断增加；本研究通过地下部隔根处理发现无论在施肥和不施肥条件下，大豆玉米间作根系未分隔处理的大豆叶绿素含量在各个生育时期皆高于根系完全分隔处理，并使大豆生育后期能保持较高的叶绿素含量（相对于根系完全分隔处理）。这可能是由于根系未分隔处理的大豆根系与玉米根系之间相对于完全分隔处理有更多的信息和营养物质交流，使作物处于较佳的营养状态，从而使作物生长健壮，有利于叶绿素的提高[13]。此外玉米根系分泌的一些有机酸（如麦根酸类植物铁载体）不仅能改善大豆根系的微生态环境，而且能改善豆科作物缺铁黄化症状，有利于豆科作物的生长和发育，在一定程度上提高了大豆叶绿素含量[14]。由于本试验各处理地上部环境条件一致，因此证明了间作作物根系的互作（根系未分隔）相对于单作（根系完全分隔）能增加作物叶绿素含量。

以往的大量研究已经证明间作能明显改善植物特性，提高作物的经济产量和生物产量。如李隆等[15]研究得出小麦与玉米、小麦与大豆和蚕豆与玉米3种间作方式都有明显的产量优势；李文学[16]在研究中亦发现小麦蚕豆间作可以使小麦、蚕豆的产量明显增加；本研究排除了大豆玉米间作的地上部环境差异，经过分析得出，无论在施肥和不施肥条件下根系未分隔处理的大豆株高、主茎节数、有效分枝数、单株荚数和百粒重都得到一定改善进而提高了大豆的经济产量和生物产量（相对于根系完全分隔处理），其中施肥条件下的间作效果要略微好于不施肥条件下的。可见根系互作在间作体系中对改善作物农艺性状提高作物经济产量和生物产量方面发挥着重要作用。

土壤微生物是土壤生态系统的重要组成部分，目前通过间作栽培改善土壤微生物环境已有较多报告，如小麦与蚕豆、玉米与蚕豆和小麦与玉米间作能够改变根际细菌群落结构组成，提高根际细菌群落多样性[17, 18]。吴凤芝等[19]在研究中也发现，不同作物与黄瓜间作均能提高黄瓜根际的细菌、真菌和防线菌的数量，增加土壤微生物群落多样性。本研究亦发现，无论在施肥和不施肥条件下未隔根和尼龙网隔根处理相对于完全隔根处理明显增加了土壤中的细菌、真菌、放线菌和固氮菌数量，且上述四种菌的数量皆以施肥条件下未隔根处理的为最多，说明了施肥和间作有利于提高土壤中的微生物数量。这可能是由于施氮肥增加了土壤中的氮素，可以为微生物提供更多的氮源[20, 21]，而间作中作物根系的互作可以使根系土壤中含有更多的维生素、碳水化合物、氨基酸和有机酸等，从而提高了微生物数量[17, 22]。土壤酶来自植物、动物和微生物的活体或残体，通过催化土壤中的生化反应发挥着重要作用。刘均霞等[23]通过盆栽试验表明间作体系中玉米、大豆根际土壤中的脲酶和磷酸酶活性均显著高于相应单作；Ghosh 等[24]发现大豆高粱间作使土壤中脱氢酶及硝酸还原酶活性均得到提高。本研究亦得出施肥和间作都能提高土壤中的脲酶、磷酸酶、转化酶和蛋白酶的活性，通过隔根处理可发现，未隔根处理的大豆根际的酶活性皆高于完全隔根处理，这可能是由于在间作系统中由于两种作物根系的互作不仅使有机物转化速度加快，生物氧化代谢活动加强，而且改变了根际土壤的生境增加了微生物数量，使作物根系和微生物向土壤中释放酶的数量增加[1, 5]。因此可以得出间作作物之间根系的交互作用在提高土壤酶活性方面发挥着重要作用。

土壤中酶活性的高低和微生物数量的多少可以代表土壤中物质代谢的旺盛程度，是土壤肥力的一个重要指标[25]，而土壤肥力与作物叶绿素含量及经济产量和生物产量关系又极为密切。本文通过相关分析得出，该试验中的四种菌数量和四种酶活性与大豆植株的叶绿素含量及经济产量和生物产量之间皆呈正相关关系，且大多数达到显著（$P<0.05$）或极显著（$P<0.01$）水平，证明了通过提高土壤微生物数量和酶活性可以增加作物的经济产量和生物产量。尽管目前国内外在玉米大豆间作方面已经开展了不少研究，但整体认识还比较肤浅，而且通常没有将间作系统地上部和地下部环境各自分离出来进行单独研究，因此长期以

来关于间作的理论研究一直不够深入、系统，存在着一定的欠缺。为此，在今后的研究中按照生态位互补原则，深入开展作物间作系统中根系互作的研究，探讨如何通过采取合理的间作模式充分发挥间作系统中作物根系的互作来增加土壤中微生物数量和酶活性、改善土壤微生态环境，不仅对于充分挖掘间作作物地下部根系互惠的潜力，提高土壤肥力和资源利用效率，增加作物的经济产量和生物产量具有重要意义，而且对间作理论研究的深入、完善和系统化及其关键技术的研发、推广和应用具有重要意义。

参考文献

[1] 李隆. 间作作物种间促进与竞争作用研究. 北京：中国农业大学，1999.

[2] 苗琳，王立，黄高宝，等. 保护性耕作对旱地麦田土壤酶活性的影响. 干旱地区农业研究，2009，27（1）：6-11.

[3] 关松荫. 土壤酶及其研究法. 北京：农业出版社，1983.

[4] Ge C R，Zhang Q C. Microbial community structure and enzyme activities in a sequence of copper-polluted soils. Pedosphere，2011，21（2）：164-169.

[5] 姜莉，陈源泉，高旺盛，等. 不同间作形式对玉米根际土壤酶活性的影响. 中国农学通报，2010，26（9）：326-330.

[6] 张信娣，曹慧，徐冬青，等. 光合细菌和有机肥对土壤主要微生物类群和土壤酶活性的影响. 土壤，2008，40（3）：443-447.

[7] Lesoing G W，Francis C A. Strip intercropping effects on yield and yield components of corn，grain sorghum and soybean. Agronomy Journal，1999，91：807-813.

[8] Caldwell M M. Competition between root systems in natural communities//Caldwell M M. Root development. Cambridge：Cambridge University Press，1997：167-185.

[9] 王树起，沈其荣，褚新贵，等. 种间竞争对旱作水稻与花生间作系统根系分布和氮素吸收积累的影响. 土壤学报，2006，43（5）：860-863.

[10] 中国科学院南京土壤所微生物室. 土壤微生物研究法. 北京：科学出版社，1985.

[11] 张建华，马义勇，王振南，等. 间作系统中玉米光合作用指标改善的研究. 玉米科学，2006，14（4）：104-106.

[12] 李植，秦向阳，曹敏建，等. 大豆/玉米间作对大豆叶片光合特性和叶绿素荧光动力学参数的影响. 大豆科学，2010，29（5）：808-811.

[13] 李勇杰，陈远学，汤利，等. 地下部分隔对间作小麦养分吸收和白粉病发生的影响. 植物营养与肥料学报，2007，13（5）：929-934.

[14] 左元梅，张福锁. 不同间作组合和间作方式对花生铁营养状况的影响. 中国农业科学，2003，36（3）：300-306.

[15] Li L，Sun J H，Zhang F S，et al. Wheat/maize or wheat/soybean strip intercropping I. Yield advantage and intersepcific interaction on nutrients. Field Crop Research，2001，71：123-137.

[16] 李文学. 小麦/玉米/蚕豆间作系统中氮、磷吸收利用特点及其环境效应. 北京：中国农业大学，2001.

[17] 宋亚娜，张福锁，包兴国，等. 小麦/蚕豆，玉米/蚕豆和小麦/玉米间作对根际细菌群落结构的影响. 生态学报，2006，26（7）：2268-2274.

[18] 柴强，黄鹏，黄高宝. 间作对根际土壤微生物和酶活性的影响研究. 草业学报，2005，14（5）：105-110.

[19] 吴凤芝，周新刚. 不同作物间作对黄瓜病害及土壤微生物群落多样性的影响. 土壤学报，2009，46（5）：899-906.

[20] 马冬云，郭天财，宋晓，等. 尿素施用量对小麦根际土壤微生物数量及土壤酶活性的影响. 生态学报，2007，27（12）：5222-5228.

[21] 姬兴杰，熊淑萍，李春明，等. 不同肥料类型对土壤酶活性与微生物数量时空变化的影响. 水土保持学报，2008，22（1）：123-133.

[22] 刘广才. 不同间套作系统种间营养竞争的差异性及其机理研究。兰州：甘肃农业大学，2005.

[23] 刘均霞，陆引罡，远红伟，等. 玉米大豆间作对根际土壤微生物数量和酶活性的影响. 贵州农业科学，2007，35（2）：60-61.

[24] Ghosh P K，Manna M C，Bandyopadhyay K K，et al. Intercropping interaction and nutrient use in soybean/sorghum intercropping system. Agronomy Journal，2006，98：1097-1108.

[25] 邱现奎，董元杰，万勇善，等. 不同施肥处理对土壤养分含量土壤酶活性的影响. 土壤，2010，42（2）：249-255.

Effects of Nitrogen Fertilization and Root Separation on Agronomic Traits of Intercropping Soybean，Quantity of Micro Organisms and Activity of Enzymes in Soybean Rhizosphere

Zhang Xiangqian[1] Huang Guoqin[2] Bian Xinmin[1] Zhao Qiguo[3]

1 Agricultural College，Nanjing Agricultural University，Nanjing 210095，China

2 Research Centre on Ecological Sciences，Jiangxi Agricultural University，Nanchang 330045，China

3 Institute of Soil Science，Chinese Academy of Sciences，Nanjing 210008，China

Abstract

A pot experiment using the root separation technique was carried out to study effect of root interaction in soybean maize intercropping with or without N fertilization. Results of the experiment show that the chlorophyll content of soybean was higher in Treatment NS（No separation）than in Treatment PS（partially separated with nylon net) and Treatment FS (fully separated) at all the growth stages with or without N fertilization. N fertilization was better at improving agronomic traits of the soybean, such as plant height, node number of the main stem, effective branches, pods per plant and 100-seed weight, than mere intercropping (without N fertilization), and root interaction between the two interplanted crops played a significant ($P<0.05$) role only in improving pods per plant and 100-seed weight of the soybean. The treatments of root separation underground also demonstrated that the root interaction improved economic and biological yields of the soybean, but the effect was not significant than that of N fertilization. Intercropping and N fertilization could not only increase the populations of bacteria, fungi, actinincrease and nitrogen-fixing bacteria, but also enhanced the activities of urease, phosphatase, invertase and protease. Correlation analysis revealed that the populations of bacteria, fungi, actinincrease, and nitrogen-fixing bacteria and the activities of urease, phosphatase, invertase and protease, were all significant ($P<0.05$) and markedly significant ($P<0.01$) related to chlorophyll content of soybean and economic and biological yields of soybean per plant. All the findings demonstrate that root interaction between interplanted crops plays an important role in improving soil micro-ecoenvironment, increasing the population of microorganisms and the activity of enzymes in the soil, and raising economic and biological yields of the crops.

Key words Root separation; Intercropping; Agronomic traits; Rhizosphere microorganisms; Enzyme activity

施氮和隔根对玉米植株生长、产量和根际微生物的影响*

张向前[1]　黄国勤[2]　卞新民[1]　赵其国[3]

1 南京农业大学农学院，南京　210095

2 江西农业大学生态科学研究中心，南昌　330045

3 中国科学院南京土壤研究所，南京　210008

摘　要

采用根系分隔试验，研究不同施氮水平（0.1g/kg、0.3g/kg、0.5g/kg 和 0.7g/kg）下，玉米-大豆间作系统中根系互作对玉米植株生长、产量和根际微生物的影响。结果表明：根系互作和增施氮肥可以增加玉米株高、叶片长和叶片宽，提高玉米叶绿素含量。未隔根处理玉米成熟期的根干质量与隔根处理相比差异不显著。在 0.1g/kg、0.3g/kg、0.5g/kg 和 0.7g/kg 施氮水平下，未隔根处理的单株生物量分别增加 8.8%、6.3%、3.6%和 0.7%，单株经济产量分别增加 17.7%、10.0%、8.2%和 0.9%。未隔根处理真菌和固氮菌数量与隔根相比显著增高；随着施氮水平的提高，根际细菌、真菌和放线菌的数量均呈逐渐增加趋势，而固氮菌的数量呈先增加后下降的趋势。玉米成熟期的根冠比与细菌、真菌和放线菌数量呈显著负相关，与固氮菌数量相关性不显著。根系互作有利于改善玉米植株生长，增加玉米产量和根际微生物数量，但其效果会随供氮水平的提高而减弱。

关键词　根系互作；隔根；叶绿素含量；产量；微生物

豆科作物与禾本科作物间作是我国农业生产中重要的种植模式，对于发挥生物多样性、提高资源利用效率具有重要作用[1]。间作系统中由于两种作物占据的地上部和地下部生态位发生了分离，从而使地上部的光、热和地下部的营养资源在时间上前后分离、在空间上互补扩大，实现了资源最大限度的利用[2]。在豆禾间作系统中，两种作物不仅可以充分利用地上部的光、热、气等资源，而且豆科作物可以通过地下部各种途径向与之间作的禾本科作物转移氮素，禾本科则通过竞争吸收土壤有效氮，使其维持在一个相对较低的水平，促进豆科作物固定更多空气中的氮[3, 4]，进而提高单位土地面积上的生产力，降低氮肥投入量。间作系统的优势效应主要来源于地上部和地下部共同作用的结果。刘广才等[5]在小麦-玉米间作研究中发现，地上部对系统籽粒产量和生物产量的相对贡献略大于地下部。Zhang 和 Li[6]研究发现，在小麦和大豆间作系统中，间作小麦相对于单作产量增加了 53%，其中 30%是由地上部作用引起的，23%是由地下部作用引起的。

众多研究表明，作物间除了地上部之间的相互作用不可忽视外，地下部根系的相互作用也十分重要，而且是影响复合群体高产、高效的主要原因之一[5-8]。如 Hinsinger 等[9]研究发现，种间根系相互作用在增加作物产量，提高作物氮、磷利用效率和增加根际微生物多样性方面发挥着重要作用。本文以玉米-大豆间作系统为研究对象，在地上部环境条件一致的条件下，通过根系分隔试验研究了不同施氮水平和根系互作对间作玉米的影响，以明确间作系统中根系相互作用的效应，阐明不同施氮量对豆禾间作系统中根系互作效应的影响，为间作作物的高产和间作系统研究的深入和完善提供科学依据。

1　材料与方法

1.1　供试材料

试验于 2011 年 7～11 月在江西农业大学红壤试验站（28°46′N，115°36′E）进行。该区年均气温 17.7℃，

*　国家自然科学基金重点项目（U1033004）资助。

本文原载《应用生态学报》2012 年第 23 卷第 12 期第 3369-3376 页。

≥10℃的年均积温5640℃，年降水量1624.6mm。采用盆栽试验，塑料桶高50cm，下口直径30cm，上口直径40cm。用聚氯乙烯黏合剂将塑料膜夹于桶中间，将桶分隔成2室。供试玉米品种为“衡星401”，大豆品种为“早50”。供试土壤来自江西农业大学红壤试验田，土壤成土母质为第四纪红色黏土，土壤有机质16.8g/kg，碱解氮67.1mg/kg，速效磷13.3mg/kg，速效钾161.3mg/kg，pH6.1。

1.2 试验设计

试验采用随机区组设计，双因素试验，双因素分别为施氮水平和隔根方式。设4个施氮水平0.1g/kg、0.3g/kg、0.5g/kg和0.7g/kg，分别用N_1、N_2、N_3和N_4表示；2种隔根方式：隔根（Ⅰ，将玉米和大豆根隔开）和未隔根（Ⅱ）。每处理4个重复，共32个桶，分为2行平行摆布，桶间距2m。玉米和大豆均于2011年7月25日播种，11月15日收获。每桶玉米和大豆各播种4粒，出苗后各留苗2棵，作物生长期间充分供应水分. 每桶装土50kg，施磷肥0.15g/kg，钾肥0.10g/kg，肥料为尿素、普通过磷酸钙和硫酸钾，所有肥料与土混匀一次施入。

1.3 测定项目与方法

1.3.1 玉米株高、叶片长和宽测定

于收获期，每处理分别选7株生长一致的玉米植株，测定株高、叶片宽和叶片长，取平均值。

1.3.2 叶绿素含量测定

于大喇叭口期、吐丝期、灌浆期和成熟期，选取玉米植株中部叶片，用手持式叶绿素测定仪（SPAD-502）测定叶片叶绿素含量，每处理测量7株，取平均值。

1.3.3 玉米根干质量测定

收获期，收集玉米根系，用水冲洗干净，自然晾干后用烘箱于105℃下20min杀青，80℃烘干至恒量。

将玉米植株在105℃下杀青45min，85℃下烘干至恒量后称干质量，每处理测量7株，取平均值，计算生物量。成熟期测定穗长、穗粗、秃尖长、行粒数、穗粒数和千粒重，并计算出产量。

1.3.4 微生物数量测定

于玉米成熟期采集根部5～15cm深的土壤，采2个点并混匀。细菌、真菌、放线菌和固氮菌计数采用平板稀释涂布法，细菌培养用牛肉膏蛋白胨培养基；真菌培养用马丁氏培养基；放线菌培养用高氏1号培养基；固氮菌培养用瓦克斯曼氏77号培养基。具体测定方法参照文献[10]。

1.4 数据处理

采用DPS 7.05软件和Microsoft Excel 2003软件进行数据统计分析和作图，采用最小显著差数法（LSD）进行方差分析和显著性检验（α=0.05），图表中数据表示平均数±标准差。

2 结果与分析

2.1 施氮和隔根对玉米植株性状的影响

从表1可以看出，施氮水平对吐丝期和成熟期玉米株高、叶片长和叶片宽的影响均达显著水平，隔根处理只对吐丝期的株高、叶片宽及成熟期的叶片长的影响达到显著水平，施氮和隔根处理的互作对玉米株高、叶片

长和叶片宽的影响均不显著。在相同施氮水平下，未隔根处理玉米吐丝期和成熟期的株高、叶片长和叶片宽均高于隔根处理，且在低氮水平下（N_1、N_2）增加的幅度大于高氮水平（N_3、N_4）。其中，在 N_1 条件下吐丝期和成熟期的株高、叶片长和叶片宽分别增加了 5.0%、4.3%、6.5%和 4.9%、4.3%、2.8%，在 N_2 条件下分别增加了 5.2%、2.9%、4.5%和 4.5%、2.5%、1.5%，在 N_3 条件下分别增加了 1.8%、0.6%、5.9%和 0.9%、1.4%、1.8%，在 N_4 条件下分别增加了 1.1%、0.1%、0.9%和 0、0.3%、0.9%。这说明大豆和玉米间作系统中，根系互作有利于增加玉米的株高、叶片长和叶片宽，但这种根系互作的优势作用随着施氮水平的提高逐渐减弱。

表 1　施氮和隔根对玉米植株性状的影响

施氮	隔根	吐丝期			成熟期		
		株高/m	叶片长/cm	叶片宽/cm	株高/m	叶片长/cm	叶片宽/cm
N_1	I	1.40±0.06f	50.16±2.47e	5.06±0.26f	1.85±0.07d	61.03±2.07f	7.07±0.29f
	II	1.47±0.06ef	52.30±2.15de	5.39±0.30ef	1.94±0.09cd	63.63±2.31e	7.27±0.21ef
N_2	I	1.53±0.09de	54.19±2.32cd	5.73±0.30de	2.01±0.08bc	65.23±2.53de	7.46±0.25de
	II	1.61±0.09cd	55.76±2.80bc	5.99±0.45cd	2.10±0.13ab	66.89±1.86cd	7.57±0.35de
N_3	I	1.67±0.09bc	56.99±2.15ab	6.27±0.37bc	2.15±0.16a	68.34±2.12bc	7.76±0.29cd
	II	1.70±0.06ab	57.36±1.87ab	6.64±0.41ab	2.17±0.13a	69.30±2.20ab	7.90±0.34bc
N_4	I	1.75±0.08ab	58.49±2.14a	6.80±0.34a	2.21±0.15a	71.01±2.88a	8.16±0.30ab
	II	1.77±0.05a	58.54±2.38a	6.86±0.36a	2.21±0.16a	71.21±2.35a	8.23±0.27a
F 值	F	49.29^{**}	30.68^{**}	53.47^{**}	21.59^{**}	40.20^{**}	29.17^{**}
	S	5.46^{*}	3.25	6.93^{*}	2.79	5.15^{*}	2.68
	F×S	0.57	0.73	0.52	0.55	0.73	0.11

注：Ⅰ：隔根；Ⅱ：未隔根；F：施氮；S：隔根；$*P<0.05$；$**P<0.01$，同列不同小写字母表示处理间差异显著（$P<0.05$）。

随着施氮水平的提高，玉米的株高、叶片长和叶片宽均呈增加趋势，且相邻 2 个施氮水平处理间，较高施氮水平下隔根处理的玉米株高、叶片长和叶片宽高于较低施氮水平下未隔根处理。这说明施氮肥有利于增加玉米的株高、叶片长和叶片宽，而且大豆和玉米根系互作的优势作用小于施氮作用。

2.2　施氮和隔根对不同生育时期玉米叶绿素含量的影响

从表 2 可以看出，施氮水平对不同生育时期玉米叶绿素含量的影响均达到显著水平，隔根处理只对灌浆期叶绿素含量的影响达到显著水平，施氮和隔根处理的交互作用对玉米叶绿素含量的影响均未达到显著水平。在相同施氮水平下，未隔根处理的玉米叶绿素含量均高于隔根处理，但差异大多不显著；而且随着施氮水平的提高，未隔根和隔根处理的玉米叶绿素含量之间的差异逐渐减小。在 N_1 和 N_2 条件下，未隔根处理玉米大喇叭口期、吐丝期、灌浆期和成熟期的叶绿素 SPAD 值分别比隔根处理增加了 1.9%、1.8%、3.7%、2.3%和 1.9%、1.5%、1.4%、2.1%，在 N_3 和 N_4 条件下分别增加了 0.7%、0.7%、0.6%、0.8%和 0.3%、0.1%、0.1%、0.2%。这说明随着施氮水平的提高，玉米和大豆间作系统中，根系互作在增加玉米叶绿素含量方面的优势作用逐渐减弱。

表 2　施氮和隔根对玉米叶绿素 SPAD 值的影响

施氮	隔根	大喇叭口期	吐丝期	灌浆期	成熟期
N_1	I	46.91±1.46f	53.66±1.27e	56.99±1.73c	44.30±1.30d
	II	47.80±1.04ef	54.62±0.86de	59.09±1.80b	45.32±1.64cd
N_2	I	48.54±1.06de	55.39±0.89cd	58.99±0.94b	45.94±1.58c
	II	49.46±0.58cd	56.21±1.82bc	59.83±1.02ab	46.91±1.69bc
N_3	I	50.52±1.35bc	57.01±1.38ab	60.51±1.62ab	47.72±1.09ab
	II	50.88±1.62ab	57.43±1.14ab	60.90±1.42a	48.08±1.14ab
N_4	I	51.77±1.48ab	58.17±1.37a	61.39±1.52a	48.87±1.47a
	II	51.90±1.23a	58.21±0.97a	61.43±1.64a	48.96±1.78a

续表

施氮	隔根	大喇叭口期	吐丝期	灌浆期	成熟期
	F	33.05**	29.11**	13.88**	20.63**
F 值	S	2.84	2.94	4.46*	2.40
	F×S	0.33	0.40	1.28	0.34

随着施氮水平的提高，隔根和不隔根处理下玉米叶绿素含量均呈增加趋势，而且相邻 2 个施氮水平间，较高供氮水平下隔根处理的叶绿素含量高于较低供氮水平下未隔根处理。这说明施氮肥在增加玉米叶绿素含量方面发挥着重要作用，而且大豆和玉米根系互作的优势作用小于施氮作用。

2.3 施氮和隔根对玉米成熟期根干质量的影响

从图 1 可以看出，在相同施氮水平下，未隔根处理的玉米根干质量均高于隔根处理，但差异未达到显著水平。在 N_1、N_2、N_3 和 $N_4$4 个施氮水平下，未隔根处理的根干质量比隔根处理分别增加 3.2%、2.7%、1.3%和 0.8%，说明随着施氮水平的提高，根系互作在增加玉米根干质量方面的优势作用逐渐减弱。

随着施氮水平的提高，玉米根干质量呈逐渐增加趋势，而且相邻 2 个施氮水平间，较高施氮水平下隔根处理的根干质量高于较低供氮水平未隔根处理，其中，N_2 比 N_1、N_3 比 N_2 和 N_4 比 N_3 分别增加了 4.3%、3.3%和 1.8%，这说明施氮肥有利于增加成熟期玉米根干质量，而且大豆和玉米根系互作的优势作用小于施氮作用。

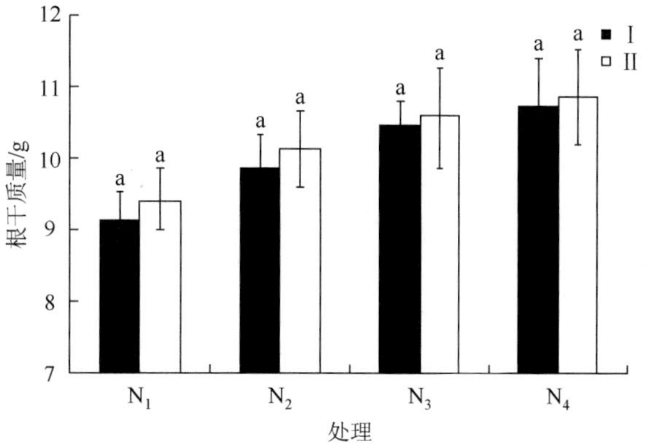

图 1 施氮和隔根对玉米成熟期根干质量的影响

I：隔根；II：未隔根。不同小写字母表示处理间差异显著（$P<0.05$）

2.4 施氮和隔根对成熟期玉米单株生物量的影响

从图 2 可以看出，在相同施氮水平下，未隔根处理的玉米单株生物量均高于隔根处理，而且在 N_1 和 N_2 2 个施氮水平下差异显著。其中，在 N_1、N_2、N_3 和 N_4 4 个施氮水平下，未隔根处理的玉米单株生物量比隔根处理分别增加了 8.8%、6.3%、3.6%和 0.7%，说明随着施氮水平的提高，根系互作在增加玉米单株生物量方面的优势作用逐渐减弱。

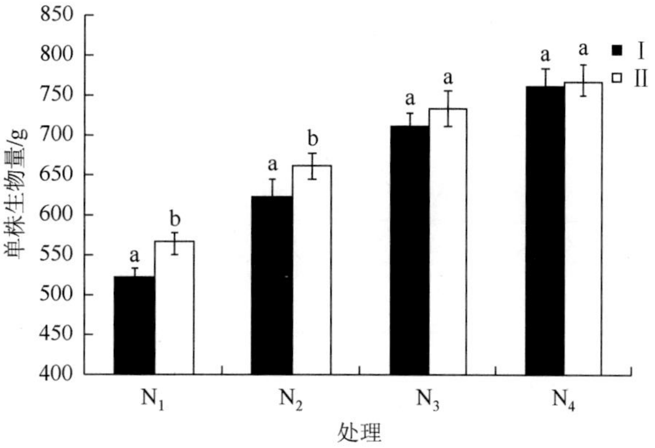

图 2 施氮和隔根对成熟期玉米单株生物量的影响

I：隔根；II：未隔根。不同小写字母表示处理间差异显著（$P<0.05$）

随着施氮水平的提高，相邻 2 个施氮水平间，较高施氮水平下隔根处理的玉米单株生物量高于较低供氮水平下未隔根处理，而且差异均显著。其中，N_2 比 N_1、N_3 比 N_2 和 N_4 比 N_3 分别增加了 10.8%、6.9%和 4.2%。这说明施氮肥可以显著增加玉米单株生物量，而且施氮水平的效果大于大豆和玉米根系互作的效果。

2.5 施氮和隔根对玉米产量及其构成的影响

从表 3 可以看出，施氮水平对玉米产量及其构成因素的影响均达到显著水平，隔根处理对穗长、穗粒数和单株产量的影响达到显著水平，而施氮和隔根处理的交互作用对玉米产量及其构成因素的影响均未达到显著水平。在相同施氮水平下，未隔根处理的玉米穗长、穗粗、行粒数、穗粒数、千粒重和单株产量均高于隔根处理，而秃尖长低于隔根处理，说明根系互作有利于提高玉米产量并优化其构成因素。其中，在 N_1、N_2、N_3 和 $N_4$4 个施氮水平下，未隔根处理的玉米单株产量比隔根处理分别增加了 17.7%、10.0%、8.2%和 0.9%，说明根系互作的优势作用在低氮水平下（N_1）表现得较为突出，而随着施氮水平的提高，其优势作用逐渐减弱。

玉米的单株产量及其构成因素随着施氮水平的提高而逐渐提高，而且相邻 2 个施氮水平间，较高施氮水平下隔根处理的玉米单株产量及其构成因素高于较低施氮水平下未隔根处理。其中，N_2 比 N_1、N_3 比 N_2 和 N_4 比 N_3 的单株产量分别增加了 21.3%、13.4%、11.9%、10.1%、13.2%和 5.6%。这说明施氮肥在增加玉米单株产量方面发挥着重要作用，而且施氮水平的效果大于大豆和玉米根系互作的效果。

2.6 施氮和隔根对成熟期玉米根际微生物数量的影响

从表 4 可以看出，施氮水平和隔根处理对玉米根际细菌、真菌、放线菌和固氮菌数量的影响均达到显著水平，而施氮和隔根处理的交互作用对其影响不显著。此外，固氮菌和细菌的比值受施氮水平和隔根处理的显著影响。在同一施氮水平下，未隔根处理的玉米根际细菌、真菌、放线菌和固氮菌的数量均高于隔根处理，其中，真菌和固氮菌的数量在 2 种隔根处理间差异均达到显著水平。在 N_1、N_2、N_3 和 $N_4$4 个施氮水平下，未隔根处理的玉米根际真菌数量分别比隔根处理增加 103.5%、106.9%、56.5%和 30.1%，固氮菌分别增加 91.8%、38.2%、46.5%和 58.4%。随着施氮水平的提高，玉米根际细菌、真菌和放线菌的数量均呈逐渐增加趋势，而固氮菌的数量呈先增加后下降的趋势。综合分析，施氮肥和根系互作有利于增加玉米根际细菌、真菌、放线菌和固氮菌的数量，但在较高的施氮水平下，固氮菌的数量会被抑制。

表 3 施氮和隔根对玉米产量及其构成的影响

施肥	隔根	穗长/cm	穗粗/cm	秃尖长/cm	行粒数	穗粒数	千粒重/g	单株产量/g
N_1	I	13.36±0.4f	4.02±0.2e	3.25±0.2f	33.31±1.2g	392.29f	243.91d	95.94e
	II	13.89±0.4e	4.10±0.1de	3.14±0.2ef	34.34±1.6fg	420.14e	263.04c	112.89d
N_2	I	14.34±0.3d	4.19±0.1cde	2.99±0.2def	35.50±2.0ef	427.71de	270.73bc	116.39cd
	II	14.83±0.4c	4.28±0.1bcd	2.89±0.2cde	36.61±2.1de	447.29cd	275.50bc	128.03bc
N_3	I	15.49±0.4b	4.39±0.2bc	2.79±0.2cd	37.81±2.5cd	457.43bc	282.27ab	130.20b
	II	15.71±0.3b	4.53±0.2ab	2.71±0.3bc	38.80±2.5bc	467.14abc	286.30ab	140.91ab
N_4	I	16.10±0.3a	4.66±0.3a	2.60±0.2ab	40.46±1.9ab	480.86ab	293.61a	147.37a
	II	16.24±0.3a	4.70±0.4a	2.57±0.2a	40.83±1.4a	486.71a	295.83a	148.77a
F 值	F	147.67**	19.27**	23.68**	38.92**	28.15**	16.98**	31.57**
	S	13.98**	2.00	2.24	3.47	6.27*	3.10	9.35**
	F×S	1.05	0.09	0.11	0.13	0.62	0.83	0.94

表 4　施氮和隔根对玉米根际微生物数量的影响

施氮	隔根	细菌（$\times10^6$ CFU/g）	真菌（$\times10^4$ CFU/g）	放线菌（$\times10^5$ CFU/g）	固氮菌（$\times10^4$ CFU/g）	固氮菌/细菌/%
N_1	I	16.00±2.14f	3.75±1.49e	5.25±1.98e	4.50±1.93d	0.28±0.14d
	II	20.63±2.92de	7.63±3.16cd	7.63±3.02e	8.63±3.11c	0.42±0.15bc
N_2	I	19.00±2.98ef	5.50±2.45de	11.25±4.46d	10.13±3.40bc	0.53±0.16ab
	II	22.00±3.21cde	11.38±3.34ab	14.00±2.00cd	14.00±3.21a	0.64±0.09a
N_3	I	22.75±3.06cd	7.75±2.82cd	13.75±3.01cd	9.13±2.36c	0.40±0.10cd
	II	24.63±4.14bc	12.13±2.90ab	15.88±4.02bc	13.38±2.45a	0.54±0.13a
N_4	I	27.50±4.44ab	10.38±3.38bc	17.63±4.07ab	8.13±3.36c	0.30±0.12cd
	II	30.38±3.85a	13.50±3.51a	20.38±3.96a	12.88±3.27ab	0.42±0.10bc
F 值	F	29.89**	12.37**	37.93**	10.07**	10.97**
	S	13.44**	33.18**	8.64**	30.58**	14.73**
	F×S	0.45	0.60	0.03	0.06	0.14

2.7　玉米成熟期根冠比与根际微生物数量的关系

土壤微生物数量和作物的根冠比在一定程度上可以反映土壤的肥力状况和作物地上与地下部生长的情况。根冠比为单株根干质量与单株生物量的比值，增施氮肥和根系互作可以降低玉米成熟期根冠比。从图 3 可以看出，玉米成熟期的根冠比与根际细菌、真菌和放线菌的数量均呈线性显著负相关，与固氮菌数量的相关性不显著。

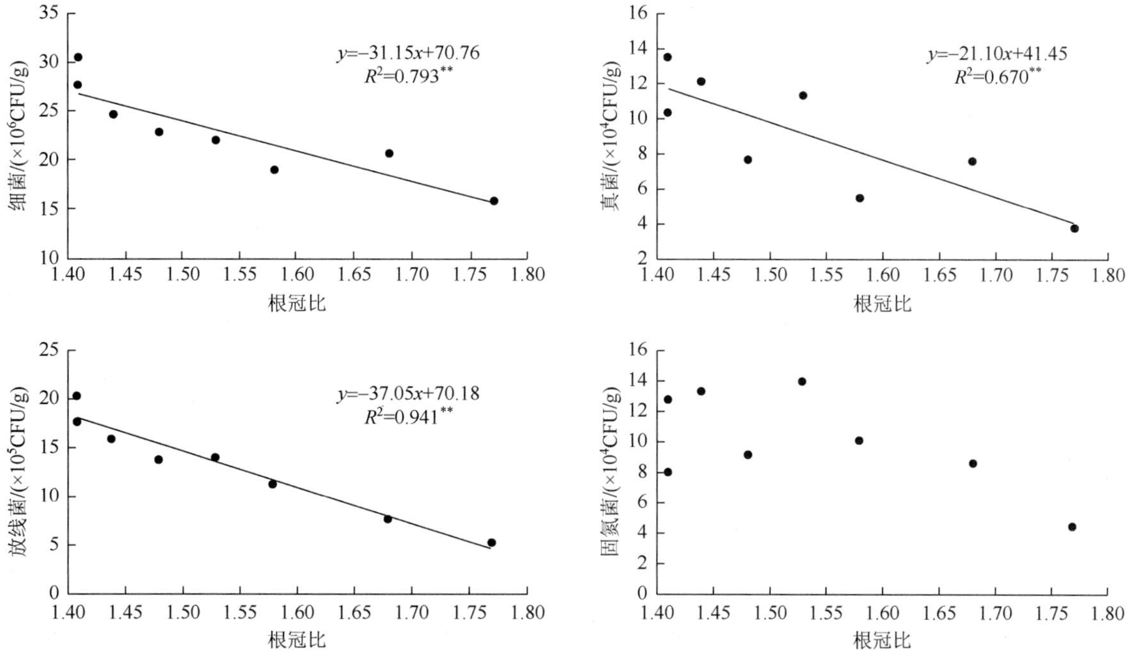

图 3　玉米成熟期根冠比与根际微生物数量的关系

3　讨　　论

间作的优势效应是间作作物地上部和地下部共同作用的结果。齐万海等[11]研究发现，小麦-玉米间作中，与隔根处理相比，不隔根处理群体产量优势的 20.5%来自于地下部分，19.5%来自于地上部分资源的补偿利用。李勇杰等[12]研究发现，根系的相互作用不仅改善了小麦的生长，而且提高了抗白粉病的能力，不隔根和尼龙网隔根的小麦产量与完全隔根相比分别增加 100.0%和 87.0%，表现出了明显的根系互作优势。本研究中，根系互作在大豆-玉米间作优势效应中发挥着重要作用，同一施氮水平下未隔根处理的玉米株高、叶片长和叶片宽均高于隔根处理，说明与根系完全分隔相比，间作作物的根系互作在改善玉米植株性状方面发挥着重要作用。株高和叶片长、宽的增加在一定程度上可以增加玉米植株的光合面积，有利于更多光合产物的积累。另外，根系互作在改善玉米植株性状方面的优势作用随着施氮水平的提高逐渐减弱，其优势作用小于施氮作用。

叶绿素是植物进行光合作用的物质基础，其含量高低在一定程度上决定着光合速率的大小[13]。焦念元等[14]研究发现，玉米-花生间作可以提高玉米和花生的叶绿素含量，延缓叶片衰老。本研究中，同一施氮水平下，与隔根处理相比，未隔根处理能够增加玉米各生育期的叶绿素含量，然而根系互作增加叶绿素含量的优势作用在低氮水平（0.1g/kg 和 0.3g/kg）下表现得较为明显，而在高氮水平（0.5g/kg 和 0.7g/kg）下会减弱。郝艳如等[15]研究表明，在小麦-玉米间套种中，与未隔根相比，塑料膜隔根处理小麦和玉米的根数分别减少 21.7%和 23.0%，根长减少 32.2%和 21.0%，根体积下降 19.2%和 4.1%。本研究中，不同施氮水平下，根系互作可以增加玉米成熟期的根干质量。这可能是由于间作中作物根系的互作可以使根系土壤中含有更多的维生素、碳水化合物、氨基酸和有机酸等，优化了作物根系的微生态环境，从而有利于作物根系的生长[16]。在间作系统中，作物株型和生理生态方面的差异，使时空与水肥利用产生互补作用，可以比单作明显提高产量[17, 18]。本研究中，间作系统中根系互作明显提高了玉米单株生物量和经济产量，并改善了玉米经济产量的构成因素，而且低氮水平下根系互作增产的优势作用较为明显土壤微生物是土壤生态系统的重要组成部分，目前，通过间作栽培改善土壤微生物环境的研究较多[19, 20]。吴凤芝等[21]研究发现，小麦与黄瓜间作显著提高了黄瓜根际真菌和细菌的数量，增加了土壤微生物群落多样性。本研究中，间作系统中根系互作和增施氮肥可以明显增加土壤中细菌、真菌、放线菌和固氮菌的数量，但是相对较高的施氮水平下固氮菌的数量会被抑制。这可能是由于间作系统中存在着 2 种作物根系分泌物，可以使土壤中含有更多的维生素、碳水化合物、氨基酸和有机酸等，从而提高了微生物数量[22-24]。土壤微生物数量与作物根质量及地上部分生长有密切联系，作物系统与土壤微生物之间存在相互作用、互为条件的关系[25]，而作物根冠比能够反映作物地上部与地下部生长的情况[26]。本研究中，玉米成熟期的根冠比与根际细菌、真菌和放线菌数量均呈显著负相关，说明玉米成熟期的根冠比与根际微生物数量关系密切。

虽然间作系统中根系互作可以改善玉米植株性状，提高产量，优化土壤微生态环境，但这种优势效应在高氮水平下会减弱。其原因可能是豆科作物可以通过各种途径向与之间作的禾本科作物转移氮素[4, 27]，而在高施氮水平下，作物将更多依赖外来氮源，根际固氮菌数量减少，从而降低豆科作物的生物固氮效应，同时降低豆禾作物间的氮素转移量。因此，在实际生产中应充分利用间作作物生态位分离的原理，在不减产的情况下尽量少施氮肥以减少其抑制效应，进而充分发挥间作作物根系互作的优势作用，优化土壤微生态环境，提高作物产量，减少大量施用氮肥造成的环境污染。

参 考 文 献

[1] Ye Y L，Li L，Sun J H. Effect of beans intercropped with maize on water use. Journal of Irrigation and Drainage，2008，27（4）：33-36.

[2] Li L. Interspecific Facilitative and Competitive Interactions between Intercropped Species. PhD distantion. Beijing：China Agricultural University，1999.

[3] Xiao Y B，Li L，Zhang F S. Nitrogen complementary use in intercropped wheat and faba bean. Plant Nutrition and Fertilization Science，2003，9（4）：396-400.

[4] Stern W R. Nitrogen fixation and transfer in intercrop systems. Field Crops Research，1993，34：335-356.

[5] Liu G C，Yang Q F，Li L，et al. Intercropping advantage and contribution of above and below-ground interactions in wheat-maize intercropping. Chinese Journal of Plant Ecology，2008，32（2）：477-484.

[6] Zhang F，Li L. Using competitive and facilitative inter-actions in intercropping systems enhances crop productivity and nutrient-use efficiency. Plant and Soil，2003，248：305-312.

[7] Wang S Q，Shen Q R，Chu X G，et al. Effect of interspecies competition on root distribution and nitrogen uptake of peanut and rice in intercropping in aerobic soil. Acta Pedologica Sinica，2006，43（5）：860-863.

[8] Li L，Tang C，Rengel Z，et al. Chickpea facilitates phosphorus uptake by intercropped wheat from an organic phosphorus source. Plant and Soil，2003，248：297-303.

[9] Hinsinger P，Betencourt E，Bernard L，et al. P for two，sharing a scarce resource：soil phosphorus acquisition in the rhizosphere of intercropped species.Plant Physiology，2011，156：1078-1086.

[10] Institute of Soil Science, Chinese Academy of Sciences. Methods for Studying Soil Microbial. Beijing: Science Press, 1985.
[11] Qi W H, Chai Q. Yield response to wheat/maize competitiveness in wheat/maize inter-cropping system under different root partition patterns. Chinese Journal of Eco-Agriculture, 2010, 18 (1): 31-34.
[12] Li Y J, Chen Y X, Tang L, et al. Effects of root separation on nutrient uptake of wheat and occurrence of powdery mildew under wheat-fababean intercropping. Plant Nutrition and Fertilizer Science, 2007, 13 (5): 929-934.
[13] Liu Z D. Plant Physiology. Beijing: Higher Education Press, 1989: 112-124.
[14] Jiao N Y, Ning T Y, Li Z J, et al. Characters of photosynthesis in intercropping system of maize and peanut. Acta Agronomica Sinica, 2006, 32 (6): 917-923.
[15] Hao Y R, Lao X R, Zhao B Q, et al. Effect of separating root method on wheat and corn intercropping system. Journal of Triticeae Crops, 2003, 23 (1): 71-74.
[16] Liu G C. Difference and Its Mechanism of Interspecific Nutrition Competition in Different Intercropping System.Lanzhou: Gansu Agricultural University, 2005.
[17] Miyazawa K, muradami T, Takeda M, et al. Intercropping green manure crops: effects on rooting patterns. Plant and Soil, 2010, 331: 231-239.
[18] Liu X Z, Zhang Y J, Du H L. Effects of moisture-fertilizer interaction on the yields of maize and soybean under the condition of inter-cropping. Chinese Journal of Eco-Agriculture, 2004, 12 (3): 75-77.
[19] Song Y N, Zhang F S, Bao X G, et al. Effect of intercropping on bacterial community composition in rhizoshpere of wheat. Acta Ecologica Sinica, 2006, 26 (7): 2268-2274.
[20] Chai Q, Huang P, Huang G B. Effect of intercropping on soil microbial and enzyme activity in the rhizosphere. Acta Prataculturae Sinica, 2005, 14 (5): 105-110.
[21] Wu F Z, Zhou X G. Effect of intercropping of cucumber with different crops on cucumber diseases and soil microbial community diversity. Acta Pedologica Sinica, 2009, 46 (5): 899-906.
[22] He H, Wang Z W, Hu D, et al. Progress on interactions between root exudates and rhizosphere microorganisms. Journal of Hebei Agricultural Sciences, 2011, 15 (3): 69-73.
[23] Dong Y, Tang L, Zheng Y, et al. Effects of nitrogen application rate oil rhizosphere microbial community in wheat-faba bean inter-cropping system. Chinese Journal of Applied Ecology, 2008, 19 (7): 1559-1566.
[24] Lu S L, Zhang C, Xu J W. Root exudates of wetland plants and the influence on the microbial community in constructed wetlands. Ecology and Environmental Sciences (生态环境学报), 2011, 20 (4): 676-680.
[25] Jia Z H, Sun M, Yang Z P, et al. Influence of different fertilizers to crop rhizosphere microorganisms. Acta Agronomica Sinica (作物学报), 2004, 30 (5): 491-495.
[26] Shao G Q, Li Z J, Ning T Y, et al. Effects of normal urea and release-controlled urea on root and shoot growth and yield of maize in different water conditions. Acta Agronomica Sinica (作物学报), 2009, 35 (1): 118-123.
[27] Morris R A, Garrity D P. Resource capture and utilization in intercropping: Non-nitrogen nutrients. Field Crops Research, 1993, 34: 319-334.

Effects of Nitrogen Fertilization and Root Separation on the Plant Growth and Grain Yield of Maize and its Rhizosphere Microorganisms

Zhang Xiangqian[1] Huang Guoqin[2] Bian Xinmin[1] Zhao Qiguo[3]

1 College of Agriculture, Nanjing Agricultural University, Nanjing 210095, China

2 Research Centre on Ecological Sciences, Jiangxi Agricultural University, Nanchang 330045, China

3 Institute of Soil Science, Chinese Academy of Sciences, Nanjing 210008, China

Abstract

A field experiment with root separation was conducted to study the effects of root interaction in maize-soybean intercropping system on the plant growth and grain yield of maize and its rhizosphere microorganisms under different nitrogen fertilization levels (0.1g/kg, 0.3g/kg, 0.5g/kg and 0.7g/kg). Root interaction and nitrogen fertilization had positive effects on the plant height, leaf length and width, and leaf chlorophyll content of maize. Less difference was observed in the root dry mass of maize at maturing stage between the treatments root separation and no root separation. However, as compared with root separation, no root separation under the nitrogen fertilization levels 0.1g/kg, 0.3g/kg, 0.5g/kg and 0.7g/kg increased the biomass per maize plant by 8.8%, 6.3%, 3.6% and 0.7%, and the economic yield per maize plant by

17.7%，10.0%，8.2% and 0.9%，respectively. No root separation increased the quantity of rhizosphere fungi and azotobacteria significantly， as compared with root separation. With increasing nitrogen fertilization level，the quantity of rhizosphere bacteria，fungi，and actinomycetes presented an increasing trend，while that of rhizosphere azotobacteria decreased after an initial increase. The root-shoot ratio of maize at maturing stage was significantly negatively correlated with the quantity of rhizosphere bacteria，fungi，and actinomycetes， but less correlated with the quantity of rhizosphere azotobacteria. It was suggested that the root interaction in maize-soybean intercropping system could improve the plant growth of maize and increase the maize yield and rhizosphere microbial quantity，but the effect would be decreased with increasing nitrogen fertilization level.

Key words　Root interaction；Root separation；Chlorophyll content；Yield；Microorganism

带状种植系统养分供给与利用研究进展*

孙 辉[1] 唐 亚[1] 赵其国[2]

1 中国科学院成都生物研究所，成都 610041

2 中国科学院南京土壤研究所，南京 210008

摘 要

带状种植是一种以固 N 植物篱为核心、农作物与植物篱相间种植的农林复合经营模式，植物篱通过修剪避免对农作物遮光，其枝叶作为覆盖物和有机肥，可提高土壤肥力。阐述了植物篱枝叶 N 素矿化和利用、枝叶有机碳矿化及其对土壤有机质的影响以及固 N 植物篱对土壤 P 素和其他矿质元素的供给状况，并评价了该模式下土壤养分和有机质动态。

关键词 带状种植；固 N 植物篱；养分动态

带状种植模式（alley cropping）是将植物篱（主要是固 N 树种）与农作物呈带状相间种植在坡耕地上用以防治土壤侵蚀的一种特殊农林经营模式。该模式植物篱通过修剪避免对农作物遮光，并提供大量枝叶培肥土壤或提供其他经济收益，通过低投入实现土地持续利用。固 N 植物篱枝叶含有丰富的粗蛋白等养分，可用来饲养牲畜，厩肥输入种植带培肥土壤。另外还可将固 N 植物篱引入退化草场，以恢复和提高牧场生产力和稳定性。不少研究者将该模式作为热带地区坡耕地落后耕作方式的替代模式，近 20 年来已成为国际上农林复合经营的研究热点之一。该模式在实现水土保持的同时，可通过植物篱刈割枝叶输入作物种植带实现养分循环，达到不施或少施化肥的目的，在亚热带地区具有潜在应用价值，因而该模式的研究和应用对我国南方地区农业生态环境建设具有重要的借鉴意义。

1 带状种植模式下枝叶有机碳矿化及其对土壤有机质的影响

刈割植物篱提供大量枝叶作绿肥可增加土壤有机质。研究发现，带状种植下土壤有机碳为 9.4g/kg，比对照（5.9g/kg）高得多，植物篱下土壤有机质可达 12.3g/kg，土壤动物活动强，使植物篱下土壤中养分、有机碳循环和固持量增大；孙辉等在金沙江干热河谷对退化坡耕地利用带状种植模式的研究表明，植物篱可明显改善耕层土壤的理化性状。有机质矿化受其化学组成的影响，Lupwayi 等研究表明，新银合欢（*Leucaena leucocephala*）枝叶干物质有机碳含量为 482～492.6g/kg，并用指数模型很好地拟合了干物质或有机碳分解与时间的关系。大部分有机碳分解发生在施用枝叶 14～28d 后，新银合欢枝叶中易矿化干物质的日矿化率为 6.5%～25.1%，分解较快，施 N 肥可促进分解；难分解的干物质占总量 42.6%～50.8%，可长期存留在土壤中，枝叶中木质素、多酚等较难分解组分含量及 C/N 值也影响有机碳矿化。土壤有机质积累与矿化还受土壤理化与生物性质、气候因素和耕作措施等因素影响，表 1 是不同模式下玉米/豇豆长期连续轮作土壤有机质含量，传统耕种有机质衰减最为迅速。

表 1 不同模式下玉米/豇豆长期连续轮作土壤有机质变化

处理	土壤有机质/(g/kg)			
	1982 年		1986 年	
	0～5cm 土层	5～10cm 土层	0～5cm 土层	5～10cm 土层
犁耕	17.0	11.2	4.2	2.8
免耕	25.0	14.1	10.8	5.2

* 国际山地中心（ICIMOD）ATSCFS 项目、四川省青年科技基金和中国科学院成都地奥科学基金共同资助。

本文原载《中国生态农业学报》2001 年第 9 卷第 2 期 85-87 页。

续表

处理		土壤有机质/(g/kg)			
		1982 年		1986 年	
		0～5cm 土层	5～10cm 土层	0～5cm 土层	5～10cm 土层
植物篱	新银合欢-4m	30.1	15.9	9.0	9.1
	新银合欢-2m	23.5	11.0	7.1	6.5
	丁香-4m	22.6	15.3	6.3	6.0
	丁香-2m	23.8	14.7	6.0	6.1

2 带状种植模式下植物篱枝叶 N 素矿化与利用

2.1 植物篱生物固 N 及其供 N 量

植物篱生物固 N 量受多种因素影响，刈割频率对新银合欢、阔叶合欢（*Albizzia lebbeck*）和墨西哥丁香（*Gliricida septium*）的生物固 N 量、根瘤和固 N 酶活性无不良影响。刈割可促进生物固 N，墨西哥丁香刈割和不刈割生物固 N 量分别为其全 N 的 54%和 35%，刈割使 N 素主要分布在叶和根内（54%）；枝叶使用方式对生物固 N 也有影响，枝叶施入土壤使新银合欢和墨西哥丁香的生物固 N 分别降低了 19.1%和 20.6%，而覆盖地表处理的植物篱固 N 量最大，生物固 N 可分别满足其本身所需 N 素的 73%和 50%。也有些情况下生物固 N 量很少，可能引起植物篱与农作物竞争 N 素，如 Kadiata 的研究显示，新银合欢中 N 素的 72.5%、墨西哥丁香 N 素的 63.9%、阔叶合欢 N 素的 49.8%源于土壤，较多依赖土壤 N 可能与未接种相应根瘤菌有关。植物篱供 N 量与植物篱树种、生物量、固 N 能力、枝叶质量及经营方式等有关，新银合欢刈割后地下部分 N 素占全部 N 素 50%以上，作物生长期间地下部分向土壤供 N 25～102kg/hm^2，说明植物篱地下部分的 N 素贡献很可观。植物篱 L. *leucocephala*、*Acioa berterii*、*Alchornea cordifolia*、L. *leucocephala*、*Gliri-cida sepium*、*Acacia mearnii* 和 *Erythrina poepigana* 通过刈割其枝叶年供给作物带的 N 素分别为 150kg/hm^2、41kg/hm^2、85kg/hm^2、169kg/hm^2、247kg/hm^2、200kg/hm^2 和 60kg/hm^2。

2.2 刈割枝叶中 N 素的矿化

Lupwayi 等利用指数模型较好地拟合了新银合欢枝叶中 N 素矿化与时间的关系：

$$N_{\min t}=15.08\%\times（1-e^{0.12t}） \quad (1)$$

式中，$N_{\min t}$ 为 N 素矿化量占枝叶全 N 的百分数；15.08%为易矿化 N 百分数；t 为天数；0.12 为矿化常数。新银合欢枝叶施用后最初 14d N 素释放最快，236d 后有 8%的新银合欢 N 素存留在土壤中，多转化为稳定的、非淋溶态有机氮，N 素矿化主要是微生物分解而不是淋溶作用。枝叶中木质素、多酚含量及土壤水分状况影响其矿化速率，矿化速率与降雨次数呈正相关，与多酚/N 和（多酚+木质素）/N 呈显著负相关。有研究表明，在淋溶条件下矿化常数与枝叶木质素、多酚含量之间的回归关系为

$$k=0.079e^{-0.068x} \quad (2)$$

式中，k 为矿化常数；x 为木质素+多酚含量。在非淋溶条件下矿化常数 k 与枝叶蛋白质结合容量（protein-binding capacity）呈负指数相关：

$$k=0.078e^{-0.0083y} \quad (3)$$

式中，y 为蛋白质结合容量，施用 98d 后枝叶中 N 素矿化量为 6%（淋溶状态）和 22%（非淋溶状态）。新银合欢植物篱间种植玉米，在枝叶施用 20d 后其叶、茎和叶柄分别有 50%～58%、25%～67%和 38%～51%分解，枝叶矿化的 N 素玉米中占 3.9%～9.4%，未分解枝叶中占 32.7%～49%，而 36%～48%留存于土壤中，0.3%～21.9%损失掉；枝叶施用 52d 后 55%以上的 N 素矿化，玉米、有机质、土壤中及损失的 N 素分别占枝叶 N 素的 4.8%、45.1%、24.9%和 25.2%。

2.3 枝叶中 N 素利用率

枝叶中 N 素利用率决定于枝叶中 N 释放、转化、固定及作物需 N 水平，在新银合欢与 *Dactyladenia* 刈割枝叶施用 5d 后未种植作物处理中施入的枝叶 N 素分别有 20%和 5%留存于土壤，而种植作物处理的土壤中则分别只有 5%和 1%，枝叶矿化的 N 素在开始 42d 没有淋失，因为释放的 N 素绝大部分被作物利用。新银合欢植物篱间种植玉米，新银合欢叶施用 45d 后玉米、新银合欢植物篱、土壤和未分解有机质中以及总利用率所占 N 素比例分别为 4.2%、9.6%、19.7%和 33.5%，129d 后这些指标为 10.0%、9.4%、13.2%和 42.2%，在施新银合欢叶后 45d 内 N 素释放与玉米需 N 不同步，在 45d 后叶释放的所有 N 素被玉米、植物篱或土壤生物利用。研究还表明，在实验培养（非淋溶）条件下玉米对枝叶释放 N 素的利用率平均达 89%，但田间实验玉米对枝叶 N 素利用率较低，且与矿化量有密切关系，当季利用率一般仅 10%～20%。施枝叶后可短期内提高土壤速效氮并影响农作物生长，新银合欢枝叶施入土壤 14d 后土壤 NO_3^--N 比无植物篱免耕处理增加了 4 倍，4 个月后 NO_3^--N 和 NH_4^+-N 平均增加了 2.8 和 1.4 倍，不同水分条件下作物 N 素吸收比免耕增加 2～3.5 倍。长期施枝叶使土壤易矿化有机氮增加，矿化率上升；微生物在作物生长期间增加 80%；在种植玉米时施 ^{15}N 标记的植物篱枝叶 30d 后 ^{15}N 占玉米全 N 的 13%～14%，而 100d 后只有 8%～11%，枝叶 N 素当季利用总量约 10kg/hm^2，这部分 N 素 60d 内基本全被作物利用；施枝叶后微生物活性迅速增加，使 N 素矿化率增高，有利于作物有充足 N 素进行早期形态建成，是增产的重要因素。植物篱枝叶可提高 N 肥利用率并减少其淋失，如硫铵与枝叶混施比单施硫铵的处理作物产量和 N 素吸收量显著增加。Xu Z. H. 研究表明，新银合欢枝叶施用量为 1.7t/hm^2（干物质量）不能满足作物需 N 要求，施用 40kg/hm^2 硫铵后 N 素利用率可达 42.7%，其余 N 素主要分布在 0～25cm 的表土中，约 35%的 N 素损失；枝叶埋入土壤比覆盖地表 N 素当季利用率低，约为 9%；枝叶中 N 素约有 27%～41%由于反硝化等损失，进入土壤的 N 素主要在 25cm 的表土中，25em 以下土壤中不足 2%，淋失很少。

3 带状种植模式下固 N 植物篱对土壤 P 素及其他矿质元素的供给

有机质可阻塞土壤中铁铝氧化物的 P 吸附位，提高土壤有效磷含量。在坦桑尼亚 10 年研究表明，施用枝叶可提高土壤有机磷和全 P 量，改善 P 素平衡状况，这可能是有机质影响的结果。固 N 植物枝叶 P 含量很低，单施枝叶难以满足农作物对 P 的需求，一般在中等施 P 条件下土壤 P 素才能长期维持。在全 P 或 P 吸附量较高的土壤上植物篱可促进土壤 P 素周转和活化，墨西哥丁香和新银合欢接种 VA 菌根后植物对 P、K 吸收增加，同时采用深耕和根障（root barrier）减少植物篱与作物的竞争，使植物篱吸收土壤深层 P、K，可促进系统中 P、K 循环。表 2 是不同植物篱刈割枝叶提供的 P 和矿质元素量，已有研究结果表明，植物篱刈割枝叶对农作物所需 K、ca、Mg 等矿质养分可有效补充。豆科植物枝叶中 K、Mg 和 Ca 等含量很高，其矿化与 N 素矿化相似，在施用后 7d 释放最快。Wendt 等研究了新银合欢枝叶与玉米需 P 和矿质元素的关系，表明可提高土壤全 N、pH、交换性 Ca、Mg 和 K；表土 15cm 提供的 K 和 Zn 超过玉米所需，而提供的 P 素不足以使玉米达到最大产量；施 P35kg/hm^2 玉米可增产，作物吸收 P 增加，但导致土壤 Zn 缺乏。施枝叶可使表层土壤的 Ca、Mg、K 和 S 循环加快。

表 2 不同植物篱供给作物 P 与其他矿质养分量

植物篱树种	养分/（kg/（hm^2·a））			
	P	K	Ca	Mg
Acioa berterii	4	20	15	5
Alchornea cordifolia	6	48	42	8
Gliricida sepium	11	149	66	17
Leucaena leucocephala	19	185	98	16
Leucaena leucocephala	8	94	52	13
Erythrlna poepigana	7	46	61	—
Inga edulis（fertile soll）	11	40	45	6
Inga edulis（in fertile soil）	9	50	30	7
Senna siamea	6	11	110	7
Dactyladenia barteri	4	31	40	8
Grevillea robusta	2	24	60	7

参 考 文 献

[1] Haggar J P，Tanner E V J，Beer J W，et al. Nitrogen dynamics of tropical agroforestry and annual cropping systems. Soil Biology and Biochemistry，1993，25（10）：1363-1378.

[2] Handayanto E，Cadisch G，Giller K E. Manipulation of quality and mineralization of tropical legume tree prunings by varying nitrogen supply. Plant and Soil，1995，176（1）：149-160.

[3] Kadiata B D，Mulongoy K. Isirimah N O. Effect of tree pruning and pruning application to trees on nitrogen fixation by Leucaena and Gliricidia. Agroforestry Systems，1998，39（2）：117-128.

[4] Lal R. Myths and scientific realities of agroforestry as a strategy for sustainable management for soil in the tropics. Advances in Soil Science，1991，15：91-137.

[5] Lupwayi N Z，Haque I. Mineralization of N，P，K，Ca and Mg from sesbania and leucacna leaves varying in chemical composition. Soil Biology and Biochemistry，1998，30（3）：337-343.

[6] Palm C. A. Contribution of agroforestry trees to nutrient requirements of intercropped plants. Agroforestry Systems，1995，30（1-2）：105-124.

[7] Rheades C C，Nissen T M，Kettler J S. Soil nitrogen dynamics in alley cropping and no-till systems on uhtisols of the Georgia pied-mont，USA. Agroforestry Systems，1998，39（1）：31-44.

[8] Saninga N，Vanlauwe B，Danso S K A，et al. Management of biological N_2 fixation in alley cropping systems：estimation to N balance. Plant and Soil，1995，174（1-2）：119-141.

[9] Vanlauwe B，Swift M J，Merckx R. Soil litter dynamics and N use in a leucocephala Lam. Alley cropping system in Southwestern Nigeria. Soil Biology and Biochemistry，1996，28（6）：739-749.

[10] Xu Z H，Myers R J K，Saffigna P G，et al. Nitrogen cycling in leucaena alley cropping in semiarid tropics. Ⅱ. Response of maize growth to addition of nitrogen fertilizer and plant residues. Plant and Soil，1993，148（1）：73-82.

Review of Research on Nutrient Contribution and Recovery in Alley Cropping Systems

Sun Hui[1]　Tang Ya[1]　Zhao Qiguo[2]

1 Chengdu Institute of Biology，Chinese Academy of sciences，Chengdu　610041，China

2 Institute of Soil Sciences，Chinese Academy of Sciences，Nanjing　210008，China

Abstract

Alley cropping is the farming system growing food crops between hedgerows of trees or shrubs（nitrogen fixing species）. The hedgerows in the systems are regularly pruned to prevent shading companion crops and to provide prunings for mulch and manure to improve soil fertility. Nitrogen mineralization of branch and leaf of hedgerow，organic carbon mineralization of branch and leaf of hedgerow and its effects on soil organic matter as well as the supply situation of hedgerow on soil phosphorus and other mineral element were expounded. The dynamics of soil nutrien and organic matter under the system were reviewed.

Key words　Alley cropping systems；Nitrogen fixing hedgerow；Nutrient dynamics

黑麦草浸提液对水稻、大豆和玉米种子萌发及幼苗生长的影响*

王晓维[1] 杨文亭[1] 王淑彬[1] 黄国勤[1**] 赵其国[2]

1 江西农业大学生态科学研究中心/作物生理生态与遗传育种教育部重点实验室，南昌 330045

2 中国科学院南京土壤研究所，南京 210008

摘 要

为进一步了解黑麦草还田对后茬作物可能的作用，本试验研究了不同质量分数的黑麦草浸提液（0、5%、7.5%和 10%）对水稻、大豆和玉米种子萌发和幼苗生长的影响。结果表明：从种子发芽率来看，5%和 7.5%浸提液促进水稻发芽，10%浸提液抑制水稻发芽，3 种质量分数的黑麦草浸提液均在一定程度抑制了大豆和玉米的发芽率；从幼苗根长来看，5%的浸提液对水稻幼苗根长有一定的促进作用，7.5%和 10%的浸提液对水稻幼苗根长显著的抑制效果，黑麦草浸提液均一定程度抑制了大豆和玉米幼苗根的生长。从作物幼苗苗高来看，7.5%的浸提液对玉米幼苗苗高生长有一定的促进作用，10%浸提液则表现了明显的抑制作用。从幼苗干质量来看，5%浸提液对水稻、大豆干物质的积累具有显著的促进作用，7.5%和 10%浸提液对大豆和水稻干物质累积具有抑制作用；随着黑麦草浸提液浓度上升对玉米干物质累积抑制作用呈上升趋势，5%浸提液处理与 7.5%和 10%浸提液处理间存在显著差异。综合来看，黑麦草浸提液抑制了大豆种子的萌发，对水稻和玉米种子萌发存在“低促高抑”现象，10%的黑麦草浸提液抑制了水稻、大豆和玉米的幼苗生长。农田冬季种植黑麦草作为绿肥还田需要根据后茬作物的种类进行不同比例的还田量，以利于后茬作物的生长，维持作物高产。

关键词 浸提液；发芽率；干质量；幼苗；化感作用

黑麦草（*Lolium multiflorum* Lamk.）是禾本科草本植物，原产于意大利，1988 年杨中艺教授[1]提出“多花黑麦草-水稻”草田轮作系统（IRR 系统）概念，并对该系统的生产[2-4]、生态学、高产栽培技术[5]、意大利黑麦草的根际效应[6, 7]、综合效益[8, 9]和稻田冬种黑麦草使后作水稻增产机理[10, 11]等一系列问题进行了深入的研究，发现种植黑麦草后土壤改善稻田理化性质，增加了土壤微生物数量，对早稻产量有显著的促进作用[12]。因此，我国南方多省区确立了稻田冬种多花黑麦草的稻草轮作模式[13]，为南方发展种植和畜牧养殖业提供了重要的饲料来源。王华等[14]以黑麦草作为冬季绿肥进行研究表明施用黑麦草作为绿肥能提高土壤肥力和土壤有机质，对后茬作物生长起着积极的作用。而 Faget 等[15]在研究中发现与玉米单作相比，玉米间作黑麦草中的玉米干物质累积降低 56%。Liedgens 等[16]同样发现玉米和黑麦草间作比玉米单作的生物量和产量分别下降 78%和 72%。高承芳等[17]研究了不同品种多花黑麦草对紫花苜蓿的化感作用，发现不同品种的黑麦草浸提液均对紫花苜蓿均具有化感作用，基本表现为低促高抑。李志华等[18]研究了黑麦草对萝卜、苜蓿、白三叶、红三叶等的化感作用，研究表明黑麦草存在化感作用潜势。基于上述研究，针对黑麦草种植对后茬作物的影响的研究结果并不一致，同时笔者在江西农业大学进行双季稻田冬种黑麦草大田试验发现，黑麦草作为绿肥压翻后，后茬早稻生长减慢，故设计试验验证黑麦草是否对大豆、水稻、玉米 3 种作物具有化感作用，鉴于成株植物化感作用研究受分离方法所限，结合 Thi 等[19]发现生物化感作用物质主要集中分布于地上茎叶中，同时化感作用生物测定研究方法大多选用植物浸提液对受体植物种子及幼苗生长的影响[20]，因此本研究以黑麦草茎叶作为供体，以大豆、水稻、玉米 3 种作物为受体，设置 4 个浓度的黑麦草浸提液，通过室

* 基金项目：国家自然科学基金重点项目（U1033004）。

作者简介：王晓维（1989—），男，硕士生，主要从事农业生态研究。

** 通讯作者：黄国勤，教授，博导。

本文原载《江西农业大学学报》2014 年第 36 卷第 3 期第 470-475 页。

内受控实验，研究黑麦草浸提液对后茬作物种子萌发及幼苗生长的影响，以期为南方稻田冬季种植黑麦草作为绿肥合理翻压量的确定提供一定的理论依据。

1 材料与方法

1.1 试验材料

供体材料为一年生多花黑麦草（*Lolium multiflorum* Lamk.）：品种为赣选一号，受体材料为玉米（*Zea mays* L.）：品种为赣新白糯二号甜玉米，品种为大豆（*Glycine max* L.）：台湾 292，水稻（*Oryza sativa* L.）：品种为金优 1176。供体与受体种子均购自江西省南昌市蛟桥镇种子店。供体材料于 2012 年 11 月 2 日在江西农业大学科技园红壤试验田播种。

1.2 水浸提液制备

于 2013 年 3 月 21 日采集供体材料黑麦草，清洗后自然阴干，切成 2cm 小段，称取 50g，用 500mL 蒸馏水浸提 48h，期间经常摇动。经双层纱布过滤后制质量分数为 10%的母液，将质量分数为 10%的母液取部分稀释成 7.5%、5%的浸提液，置于 4℃冰箱内保存备用。

1.3 试验方法

1.3.1 种子萌发实验

参照郑丽等[21]的方法，在直径 9cm 加入两层滤纸的培养皿中，选取籽粒饱满大小均一的 3 种作物种子置于滤纸上，玉米和大豆每皿 20 粒，水稻每皿 50 粒，分别加入 3 种不同质量分数的茎叶浸提液 20mL，对照加等量蒸馏水，每个浸提液浓度设 3 次重复，置于 25℃培养箱中黑暗培养，每天加等量的水提液或蒸馏水补充水分，至培养第 7 天对照组发芽率（以胚根突破种皮，胚根长达到种子长度一半视为发芽）已达到 90%，种子萌发实验结束。

1.3.2 幼苗生长实验

选择籽粒饱满大小均一的 3 种作物种子催芽 2 天，选取同期发芽的种子均匀排列于铺经灭菌处理的盛有 60g 石英砂的直径 9cm 培养皿中，每个培养皿中植入 20 颗，分别加入 3 种不同质量分数的茎叶浸提液 20mL，对照加等量蒸馏水，每个浸提液浓度设 3 次重复，置于 28℃光照培养箱中，14h 光照，10h 黑暗培养，至培养第 7 天对照组 90%的玉米和大豆分化出根茎叶，水稻长出根及叶鞘时，实验结束。

1.4 测定内容与方法

1.4.1 发芽率

记录每个培养皿中种子发芽数，利用以下公式计算发芽率：

$$\text{发芽率（percent germination，GR）}=\text{（发芽种子数/供试种子总数）}\times 100\% \quad (1)$$

1.4.2 根长和幼苗高度

在每个培养皿中随机选取各 10 株受体作物，分别测量其最长根长及幼苗高度，玉米和大豆幼苗高度用苗高来表示，水稻幼苗高度用芽长来表示，取平均值。

1.4.3 干质量

将每个培养皿中幼苗（去除种子残留物后的幼苗）于 105℃杀青 30min，75℃烘干至恒质量，最后称量，取平均值。

1.4.4 化感效应评价

参照 Williamson 等[22]的方法对黑麦草浸提液化感作用进行评价，即

化感效应指数（response index，RI）=1-C/T（$T \geqslant C$）或 RI=T/C–1（$T < C$）

式中，C 为对照值；T 为处理，RI＞0 时表示为促进作用，RI＜0 时表示为抑制作用，RI 绝对值的大小表示化感作用强度的大小。

综合化感效应（synthesis effects，SE）为同一浓度处理下 3 种作物的发芽率、根长、苗高和干质量的化感效应指数的平均值。

1.5 数据分析

采用 Microsoft Excel 2003 和 SPSS 17.0 软件进行数据处理和统计分析，用 Duncan 多重比较方法检验差异显著性（$P < 0.05$）。

2 结果与分析

2.1 黑麦草浸提液对水稻、大豆和玉米种子萌发的影响

从图 1 中看出，随着黑麦草浸提液质量分数升高，3 种受体的发芽率均呈现下降趋势，但不同质量分数的黑麦草浸提液对 3 种受体种子萌发的影响不完全相同。5%、7.5%浸提液处理促进了水稻种子萌发，促进率分别为 14.49%和 6.52%，而 10%浸提液处理却完全抑制水稻种子萌发，发芽率为 0。3 种质量分数黑麦草浸提液处理对大豆萌发均产生抑制作用，抑制率分别为 18.86%、21.43%和 37.50%。3 种质量分数浸提液对玉米种子萌发均产生抑制作用，抑制率分别为 6.90%、10.34%和 29.31%。

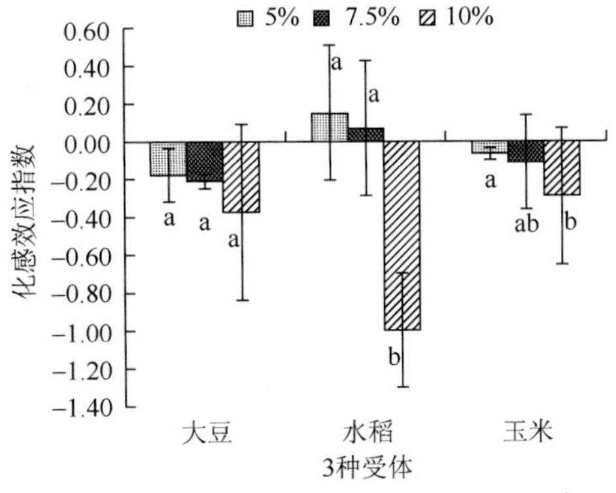

图 1 黑麦草茎叶浸提液对 3 种受体种子相对发芽率的化感效应指数的影响

不同小写字母间差异显著（$P < 0.05$）

2.2 黑麦草浸提液对 3 种受体幼苗根长的影响

从图 2 可以看出，黑麦草浸提液对 3 种受体幼苗根长具有不同的影响。5%和 7.5%的浸提液对水稻根长的抑制效果不明显，而 10%浸提液完全抑制水稻种子萌发。3 种质量分数黑麦草浸提液对大豆根长均有一定的抑制作用，随着浓度升高抑制作用增强，抑制率分别为 25.35%、41.75%、47.86%，其中 10%浸提液处理下的抑制率显著高于 5%。5%和 7.5%浸提液对玉米根长的抑制作用不显著，10%质量分数浸提液对玉米根长的抑制率达到 66.31%。10%浸提液处理的抑制率显著高于 5%和 7.5%浸提液处理。

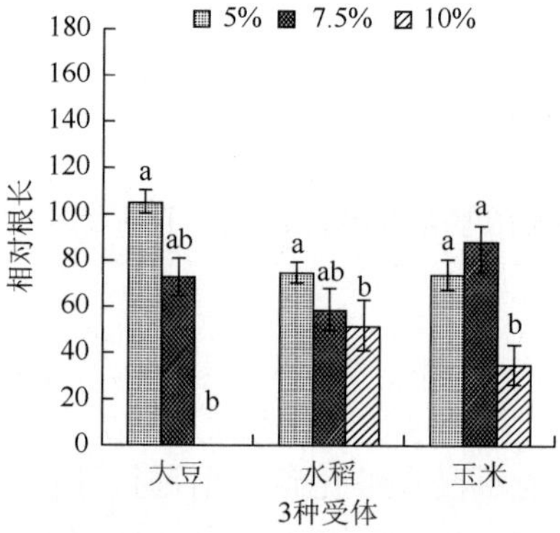

图 2　黑麦草浸提液对 3 种受体幼苗根长的影响

不同小写字母间差异显著（$P<0.05$）

2.3　黑麦草浸提液对 3 种受体幼苗高度的影响

从图 3 可以看出，不同浓度的黑麦草浸提液对 3 种受体幼苗高度具有不同的影响。水稻幼苗高度（芽长）随着浓度的增大而降低，5%和 7.5%浸提液之间没有显著差异，10%浸提液完全抑制了水稻发芽。大豆由于空白对照和浸提液处理在实验结束时均未长出茎，故此不讨论黑麦草对大豆苗高的影响。5%浸提液对玉米幼苗苗高抑制作用不明显，7.5%浸提液对玉米幼苗苗高具有一定的促进作用，促进率达到 33.63%，而 10%浸提液对玉米幼苗苗高具有明显的抑制作用，抑制率达 41.81%。

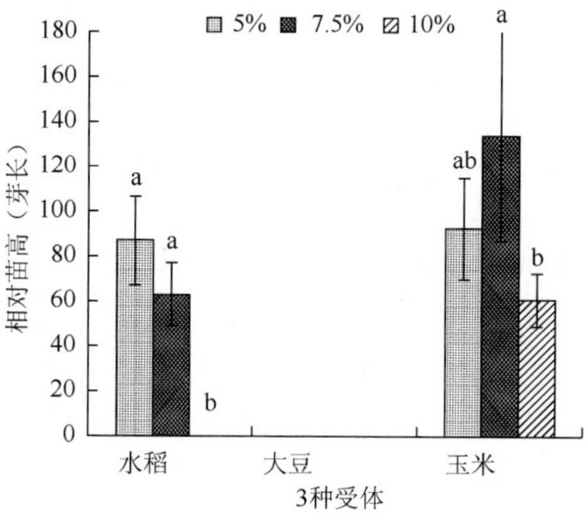

图 3　黑麦草浸提液对 3 种受体幼苗高度的影响

不同小写字母间差异显著（$P<0.05$）

2.4　黑麦草茎叶浸提液对 3 种受体幼苗干质量的影响

黑麦草浸提液对 3 种受体幼苗干质量影响如图 4 所示。5%浸提液促进水稻干物质累积，促进率为 39.10%，而 7.5%和 10%浸提液抑制水稻干物质累积，抑制率为 43.90%和 49.27%，与 5%浸提液处理均存在显著差异。3 个质量分数浸提液之间对大豆幼苗干质量影响具有显著差异，5%浸提液对大豆干物质累积

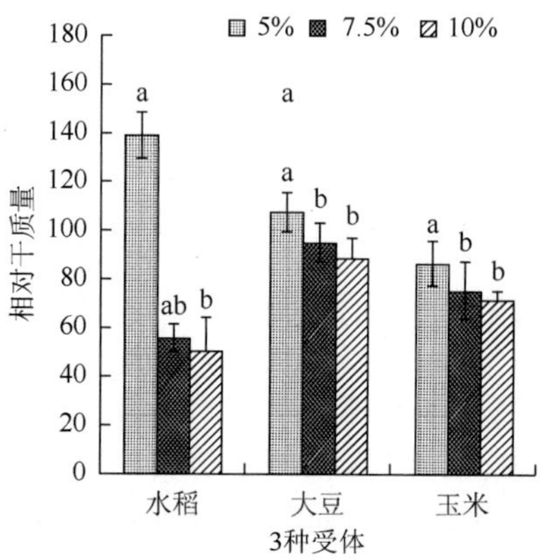

图 4　黑麦草浸提液对 3 种受体幼苗干重的影响

不同小写字母间差异显著（$P<0.05$）

具有促进作用，促进率为 7.57%，而 7.5%和 10%浸提液抑制大豆干物质累积，抑制率分别为 4.82%和 11.29%，5%和 10%浸提液之间存在显著差异。黑麦草浸提液对玉米干物质的累积均有抑制作用，随着浸提液质量分数上升，抑制率分别为 13.46%、24.66%、28.46%，5%处理与 7.5%和 10%处理间存在显著差异。

2.5 黑麦草浸提液对 3 种受体综合化感作用评价

从综合化感效应分析，3 种受体作物的综合化感效应，随着黑麦草浸提液浓度的升高而增强（图 5）。5%的黑麦草浸提液对水稻生长具有促进作用，而对大豆和玉米幼苗生长具有一定的抑制作用，但抑制效果不显著，对 3 种受体作物综合化感效应大小依次是：大豆、水稻、玉米。随着浸提液浓度升高，7.5%的浸提液对 3 种受体综合化感效应由大到小依次为：水稻、大豆、玉米。10%黑麦草浸提液对 3 种受体作物均具有抑制作用，对 3 种受体综合化感效应由大到小依次为：水稻、玉米、大豆。

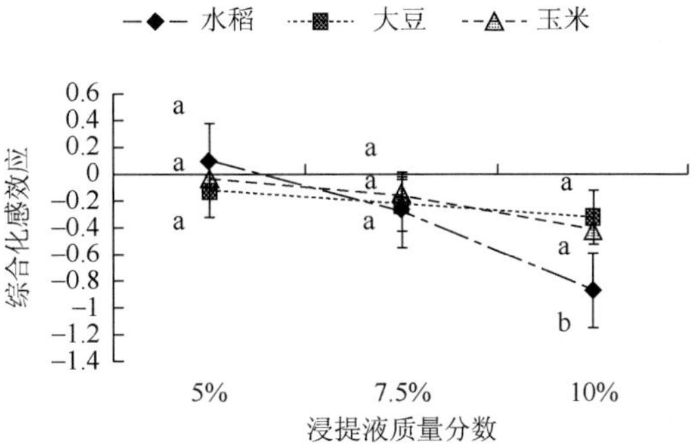

图 5 黑麦草浸提液对 3 种受体综合化感效应评价

不同小写字母间差异显著（$P<0.05$）

3 结论与讨论

低浓度的黑麦草浸提液对水稻萌发具有一定的促进作用，与杨中艺等[12]研究黑麦草具有促进水稻生长的活性物质的研究相一致。但对水稻苗高、根长和干物质累积均表现为抑制作用，随着浸提液浓度的升高抑制作用增强，10%的浸提液完全抑制水稻种子萌发。黎国喜等[23]研究表明，稻田冬季种植黑麦草对水稻产量有一定的负面影响，黑麦草降解过程中可能一定程度上抑制了水稻的生长。黑麦草浸提液中化感物质可能累积到一定程度才对水稻生长产生抑制作用。今后将黑麦草作为绿肥还田时，应注意黑麦草的施入量，施入过多可能会抑制水稻生长。黑麦草还田量与化肥最佳配比量还需进一步研究探讨。

研究发现，黑麦草浸提液存在一定的化感作用，对大豆的发芽率、幼苗的根长、苗高都表现出明显的抑制作用，并且随浸提液浓度的提高，抑制作用明显加强。但低浓度（5%）时黑麦草水浸液增加了大豆的干物质的累积，可能是低浓度时黑麦草能促进大豆蛋白质的产生[24]，以抵御黑麦草的化感作用。同时大豆苗高对黑麦草浸提液的敏感性最高，黑麦草分泌的化感物质可能抑制大豆地上部的生长。可能的原因在于黑麦草浸提液中含有多种化感物质，化感物质可能影响受体作物细胞膜系统[25]，改变细胞内酶活性，调控植物体内激素水平，主要影响种子吸水能力、呼吸强度及体内储存物质的调用机制等众多代谢过程[26]，可能进一步对基因转录产生影响，从而影响作物种子的萌发和幼苗的生长[27]。

黑麦草浸提液对玉米的化感作用并没有呈现“低促高抑”，随着浓度上升抑制作用增强。而在 7.5%时出现拐点，7.5%浸提液促使苗高的增加。Bezuidenhout 等[28]研究结果表明，黑麦草与玉米间作，对玉米早期生长产生一定抑制作用，但随着玉米生长到 28d 时抑制作用开始缓解，可能是由于玉米生长早期对黑麦草化感物质较为敏感。

比较黑麦草浸提液对三者化感作用，玉米具有较强的耐受性，而在低浓度时，大豆表现出对浸提液的敏感性，而高浓度的浸提液则对水稻产生了较强的抑制作用，与朱波等[29]研究黑麦草翻压对水稻生长有积极作用相异。故当生产实践中，施用黑麦草作为绿肥时，应注意施用量的配比及黑麦草种植后的接茬问题。同时由于不同作物对黑麦草化感作用敏感性不同，在间作生产中，如需以黑麦草作为绿肥还田，应注意选择合适的后茬作物，以减少黑麦草化感物质对作物生长的负面影响。同时在后续研究中还需进一步对黑麦草浸提液中的化感物质进行提取分离鉴定，并且要对黑麦草不同生长时期进行化感物质的提取，以确定黑麦草的翻压时间或是刈割的时间。

参 考 文 献

[1] 杨中艺. 热带和南亚热带地区饲用物种的时空搭配. 草业科学，1991，8（5）：14-18.

[2] 杨中艺，余玉，陈会智. “黑麦草—水稻”草田轮作系统的研究Ⅰ：意大利黑麦草引进品种在南亚热带地区集约栽条件下的生产能力. 草业学报，1994，3（4）：20-26.

[3] 杨中艺，潘静澜. “黑麦草—水稻”草田轮作系统的研究Ⅱ：意大利黑麦草引进品种在南亚热带地区免耕栽培条件下的生产能力. 草业学报，1995，4（4）：46-51.

[4] 杨中艺，潘哲祥. “黑麦草—水稻”草田轮作系统的研究Ⅲ：意大利黑麦草引进品种在南亚热带地区稻底撒播条件下的生产能力. 草业学报，1995，4（4）：52-57.

[5] 辛国荣，杨中艺，徐亚，等. “黑麦草—水稻”草田轮作系统的研究Ⅴ：稻田冬种黑麦草的优质高产栽培技术. 草业学报，2000，9（2）：17-23.

[6] 辛国荣，李雪梅，杨中艺. “黑麦草—水稻”草田轮作系统根际效应研究Ⅳ：黑麦草根际土壤性状及其对水稻幼苗生长的影响. 中山大学学报：自然科学版，2004，43（1）：62-66.

[7] 辛国荣，岳朝阳，杨中艺，等. “黑麦草—水稻”草田轮作系统的根际效应Ⅱ：冬种黑麦草对土壤物理化学性状的影响. 中山大学学报：自然科学版，1998，37（5）：79-83.

[8] 辛国荣，杨中艺. “黑麦草—水稻”草田轮作系统研究Ⅶ：黑麦草残留物的田间分解及营养元素的释放动态. 草业学报，2004，13（3）：80-84.

[9] 王宇涛，辛国荣，杨中艺，等. 多花黑麦草的应用研究进展. 草业科学，2010，27（3）：118-123.

[10] 杨中艺. “黑麦草—水稻”草田轮作系统的研究Ⅳ：冬种意大利黑麦草对后作水稻生长和产量的影响. 草业学报，1996，5（2）：38-42.

[11] 辛国荣，郑政伟，徐亚幸，等. “黑麦草—水稻”草田轮作系统的研究 6：冬种黑麦草期间施肥对后作水稻生产的影响. 草业学报，2002，11（4）：21-27.

[12] 黎国喜，李厚金，杨中艺，等. “黑麦草—水稻”草田轮作系统的根际效应Ⅴ：意大利黑麦草（*Lolium multiflorum*）根茬腐解物中存在促水稻生长活性物质的证据. 中山大学学报：自然科学版，2008，47（4）：88-93.

[13] 陈三有，杨中艺，辛国荣. 黑麦草—水稻草田轮作系统研究与应用. 草原与草坪，2000，88（1）：32-34.

[14] 王华，黄宇，阳柏苏，等. 中亚热带红壤地区稻—稻—草轮作系统稻田土壤质量评价. 生态学报，2005，25（12）：3271-3281.

[15] Fageta M，Liedgensa M，Feil B，et al. Root growth of maize in an Italian ryegrass living mulch studied with a non-destructive method. European Journal of Agronomy，2012，36：1-8.

[16] Liedgens M，Soldati A，Stamp P. Interactions of maize and Italian ryegrass in a living mulch system：（1）Shoot growth and rooting patterns. Plant and Soil，2004，262：191-203.

[17] 高承芳，张晓佩，李文杨，等. 几种多花黑麦草与紫花苜蓿品种的化感作用研究. 中国农学通报，2011，27（20）：24-28.

[18] 李志华，沈益新，薛萍，等. 黑麦草、草地早熟禾、蔨股颖和白三叶的化感作用初探. 中国草地，2003，25（1）：32-38.

[19] Thi H L，Teruya T，Suenaga K. Allelopathy and the allelopathic activity of a phenylpropanol from cucumber plants. Plant Growth Regulation，2009，57：101.

[20] Wendy M，Ridenour R M. The relative importance of allelopathy in interference：the effects of an invasive weed on a native bunchgrass. Oecologia，2001，126：444-450.

[21] 郑丽，冯玉龙. 紫茎泽兰叶片化感作用对 10 种草本植物种子萌发和幼苗生长的影响. 生态学报，2005，25（10）：2782-2787.

[22] Williamson G B，Richardson D. Bioassays for allelopathy：measuring treatment responses with independent controls. Journal of Chemical Ecology，1988，14：181-187.

[23] 宋亮，潘开文，王进闯，等. 酚酸类物质对苜蓿种子萌发及抗氧化物酶活性的影响. 生态学报，2006，26（10）：3393- 3403.

[24] 韩志军，陈静，郑寒，等. 花椒叶浸提液对大豆种子萌发和幼苗生长的化感作用. 应用与环境生物学报，2011，17（4）：585-588.

[25] Muscolo A，Panccio M R，Sidari M. The effect of phenols on respiratory enzymes in seed germination. Plant Growth Regulation，2001，35：31-35.

[26] Cruz-Ortega R，Anaya A L，Heránadez-Bautista B E，et al. Effects of allelochemical stress produced by Sicyos deppei on seedling root ultrastructure of Phaselus vulgaris and Cucurbita ficifolia . Journal of Chemical Ecology，1998，24（12）：2039-2057.

[27] Li G X，Zeng R S，Li H，et al. Allelopathic effects of decaying Italian ryegrass（*Lolium mutiflorum* Lam.）residues on rice. Allelopathy Journal，2008，22（1）：15-24.

[28] Bezuidenhout S R，Reinhardt C F，Whitwell M I. Cover crops of oats，stooling rye and three annual ryegrass cultivars influence maize and cyperus esculentus growth. Weed Research，2012，52：153-160.

[29] 朱波，易丽霞，胡跃高，等. 黑麦草鲜草翻压还田对双季稻田肥料氮循环的影响. 中国农业科学，2012，45（13）：2764-2770.

The Effect of Perennial Ryegrass Extracts on the Germination and Seedling Growth of Rice, Soybean and Corn

Wang Xiaowei[1] Yang Wenting[1] Wang Shubin[1] Huang Guoqin[1] Zhao Qiguo[2]

1 Research Center of Ecological Sciences, Jiangxi Agricultural University/Key Laboratory of rop Physiology, Ecology and Genetic Breeding, Ministry of Education, Nanchang 330045, China

2 Institute of Soil Science, Chinese Academy of Sciences, Nanjing 210008, China

Abstract

In order to further understand the possible impact of perennial ryegrass returning on succeeding crops, the influence of different concentrations of the water extracts of perennial ryegrass (0, 5%, 7.5% and 10%) on seed germination and seedling growth of rice, soybean and corn was studied. The results showed that: from the perspective of seed germination rate, 5% and 7.5% concentration promoted the germination of rice, 10% concentration inhibited the germination of rice, and three kinds of concentrations of the water extracts of perennial ryegrass inhibited the seed germination rate of soybean and corn in some extent. From the perspective of seedling root length, 5% concentration of the water extracts had certain promoting effect on rice seedling root length, 7.5% and 10% concentrations had significant inhibitatory effect on rice seedling root length, the water extracts of perennial ryegrass inhibited the growth of seedling root of soybean and corn. From the perspective of crop seedling height, 7.5% concentration of the water extracts had certain promoting effect on corn, 10% concentration showed obvious inhibitatory effect. From the perspective of seedling dry weight, 5% concentration of the water extracts had significant promoting effect on the dry matter accumulation of rice and soybean, 7.5% and 10% concentration had inhibitatory effect on the dry matter accumulation of rice and soybean; the inhibitatory effect on the dry matter accumulation of corn increased with the concentration of the water extracts of perennial ryegrass, there were significant difference among 5% and 7.5%, 10% concentrations. In conclusion, the water extract of perennial ryegrass had a "hormesis effect" on corn and rice, and inhibited the seed germination of soybean, 10% concentration of the water extracts of perennial ryegrass inhibited the seedling growth of rice, soybean and corn. The optimum proportions of perennial ryegrass returning amount in paddy field should be based on the kinds of succeeding crops, so as to improve the growth of succeeding crops and maintaining high yield.

Key words Leaching solution; Germination rate; Dry weight; Seedling; Allelopathy

施肥对连作蔬菜地蔬菜产量和土壤氮素含量的影响*

钱海燕[1,2]　王兴祥[3]　黄国勤[2**]　胡　伟[2]　张桃林[3]　赵其国[3]

1 江西省山江湖开发治理委员会办公室，南昌　330046

2 江西农业大学生态科学研究中心，南昌　330045

3 中国科学院南京土壤研究所，南京　210008

摘　　要

为了研究施肥对连作蔬菜地蔬菜产量、肥料效应以及土壤养分铵态氮与硝态氮含量的影响，笔者进行了连续四茬蔬菜的田间试验。结果表明，在试验设计范围内，随着施氮量的增加，四茬蔬菜鲜样可食部分产量随着施氮量的增加而增加，芹菜的最佳施氮量为 537.4kg/hm^2，白菜的最佳施氮量为 473.88kg/hm^2。同时，与对照相比，用于每茬蔬菜生长所施用的肥料明显增加了土壤中铵态氮含量，且随着施用量的增加而显著增加。土壤硝态氮含量随施肥量的增加而增加，随蔬菜种植时间的延长而上升。试验同时表明，经过了四茬蔬菜收获后，土壤剖面硝态氮含量已经发生了变化，除了未施肥对照区的土壤剖面硝态氮含量下降外，其余施肥处理土壤剖面硝态氮含量均呈上升趋势。研究结果给连作蔬菜地的合理施肥提供了参考依据。

关键词　施肥；蔬菜地土壤；最佳施氮量；土壤硝态氮；土壤铵态氮

菜园土壤肥力水平的高低，既关系到蔬菜产量与品质，又直接影响到土壤与地下水质量安全。2004 年，中国蔬菜播种面积达 1756 万 hm^2，占全国农作物总面积的 11.44%[1]，露地蔬菜在蔬菜生产中占有重要地位，但中国露地栽培条件中氮肥的过量施用问题仍比较普遍，有的甚至超过 N1200kg/hm^2[2]。不合理的氮肥投入，不但使施肥效益降低，而且易引起土壤的养分不均衡富集和次生盐渍化，成为制约蔬菜产量和品质提高的重要因素。因此，研究露地栽培条件下氮肥的合理施用及其环境效应具有重要意义。笔者通过在不同的施肥方式下，露地栽培蔬菜产量以及土壤养分氮素演变规律的研究，探讨合理施肥对于蔬菜产量及土壤肥力的影响，旨在为改善菜田施肥管理及叶菜类蔬菜高产、优质、安全提供科学依据。

1　材料与方法

1.1　供试材料

供试作物为南昌市郊区普遍种植的 4 种叶菜类蔬菜。根据季节变化种植。其中 2004 年 7～10 月，种植甘蓝（kohlrabi）；2004 年 11 月～2005 年 4 月，种植青花菜（cauliflower）；2005 年 5～8 月，种植广东芹菜（celery）；2005 年 9～12 月，种植大白菜（cabbage）。

供试肥料为当地普遍使用的进口三元复合肥，N∶P_2O_5∶K_2O 为 15∶15∶15。其氮素形态为铵态氮、硝态氮、酰胺态氮各 1/3。

1.2　设计与处理

试验从 2003 年 7 月开始，在江西省南昌市青山湖区扬子洲乡滕州村蔬菜生产基地进行，为露地栽培，

* 基金项目：中国科学院知识创新项目“中国东南地区高度集约化农业利用下土壤退化的机制及合理调控”（KZCX3-SW-417）。

第一作者简介：钱海燕，女，1977 年出生，江苏南通人，助理研究员，硕士，研究方向为农业环境保护和流域生态环境管理。

** 通讯作者：黄国勤，男，1962 年出生，江西余江人，教授、博士生导师，研究方向为农业生态学和农业环境保护。

本文原载《中国农学通报》2008 年第 24 卷第 7 期第 270-275 页。

地处东经 115°55′13E，北纬 28°45′03N，试验计划进行两年。该蔬菜基地已有十多年的种菜历史，耕层土壤的质地为河湖相沉积物发育的潮砂泥土，土壤基本理化性状见表 1。属于肥力较高的土壤。

表 1 供试土壤基本理化性状

采样深度/cm	pH	硝态氮/(g/kg)	有机质/(g/kg)	全氮/(g/kg)	全磷/(g/kg)	全钾/(g/kg)	有效磷/(mg/kg)	速效钾/(mg/kg)	土壤容重/(g/cm^3)
0～10	5.84	6.71	24.42	1.35	1.22	25.58	244.56	300.00	1.09
10～20	5.78	4.8	24.88	1.55	1.24	24.06	217.44	287.50	1.12
20～40	5.67	2.25	23.73	1.06	1.16	22.54	27.95	100.00	1.22
40～60	6.08	—	22.85	0.66	1.05	19.56	0.84	42.50	1.51

试验共设置 10 个处理，每个处理重复 4 次，小区面积为 7m×3.14m，随机排列。小区间用畦沟隔开，畦沟宽为 0.33m，深为 15～20cm，防止养分和水分流失。肥料一次性作为基肥于蔬菜种植前施入，以后不再追肥。灌溉方式为喷灌，灌水量及灌水次数以及田间防治病虫草鼠害措施均按照当地农民的传统习惯进行。试验处理设计及施肥量见表 2。

表 2 试验处理设计及施肥量 （单位：kg/hm^2）

编号	处理	N	P_2O_5	K_2O	备注
1	CK	0	0	0	根据需要施用化学农药
2	N_{175}	175	175	175	
3	N_{350}	350	350	350	根据需要施用化学农药，N_{350} 为施氮量 350kg/hm^2（下同）
4	N_{525}	525	525	525	

1.3 分析项目和方法

样品分析采用常规土壤分析方法[3]，在中国科学院红壤生态实验站分析实验室进行。

于蔬菜种植前及蔬菜收获后采集土样（五点法）进行分析。土壤容重：环刀法测定；pH：电位测定法；有机质：重铬酸钾法-浓硫酸外加热法；全氮：$HClO_4$-浓 H_2SO_4 消化，半微量凯氏法；全磷：$HClO_4$-浓 H_2SO_4 消化，钼蓝比色法；全钾：$HClO_4$-浓 H_2SO_4 消化，火焰光度法；硝态氮含量测定：Cu-Cd 还原法；铵态氮含量测定：2NKCl 浸提，蒸馏法。

2 结果与分析

2.1 施氮量对蔬菜产量的影响及肥料效应

边际产量是指增减单位量肥料时所增加(或减少)的总产量。如图 1 所示，当施氮量由 0 增至 175kg/hm^2，此时 4 茬蔬菜鲜样的平均边际产量分别为 7kg、3kg、36kg、45kg，其增产幅度分别为 4%、14%、25%、30%；当施氮量由 175kg/hm^2 增至 350kg/hm^2，此时 4 茬蔬菜的鲜样的平均边际产量分别为 14kg、9kg、18kg、38kg，增产幅度分别为 8%、36%、10%、19%；当施氮量由 350kg/hm^2 增至 525kg/hm^2，此时 4 茬蔬菜的鲜样的平均边际产量分别为 9kg、3kg、13kg、2kg，增产的幅度分别为 5%、8%、7%、1%。由此可见，随着施氮量的增加，前两茬蔬菜的边际产量和增产幅度先增加后减小，而后两茬蔬菜的边际产量和增产幅度递减；随着边际产量的变化，总产量也相应地变化。因此，边际产量反映施肥量所引起的总产量的变动率，是确定经济合理施肥量的重要依据。

由图 1 可知，4 茬蔬菜鲜样可食部分产量随着施氮量的增加而增加，差异显著。处理 CK、N_{175}、N_{350}、N_{525} 经统计分析表明，施氮量与 4 茬蔬菜鲜样可食部分产量之间存在着极显著的线性相关关系，肥料效应方程分别为：

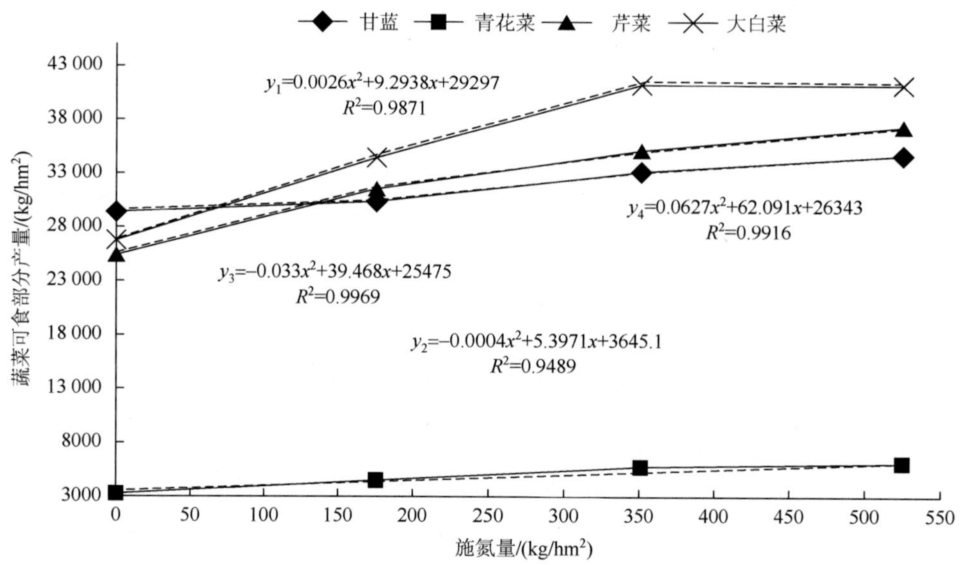

图 1　施氮量对 4 茬蔬菜鲜样可食部分产量的影响

$$y_1=-0.0026x^2+9.2938x+29297$$
$$y_2=-0.0004x^2+5.3971x+3645.1$$
$$y_3=-0.033x^2+39.468x+25475$$
$$y_4=-0.0627x^2+62.091x+26343$$

相关系数（R^2）分别为 0.9871**、0.9489**、0.9969***、0.9916***，增产效果显著。由肥料效应方程可知，第 1 茬蔬菜肥料效应呈报酬递增型，这估计是因为原来菜地存在肥力的缘故。在第 2 茬种植青花菜时，肥料效应开始趋向报酬递减型，但变化不是很明显，当种植第 3 茬芹菜和第 4 茬白菜时，肥料效应的曲线已经明显呈现报酬递减型，根据方程求得最高产量施氮量分别为 598kg/hm^2 和 495kg/hm^2。

经济最佳施肥量是指在单位面积上获得最大施肥利润（总增产值与肥料总成本之差）的施肥量。在肥料效应的第二阶段肥料效应的变化符合报酬递减规律，随施肥量的增加边际产量递减[4]。当边际产量等于肥料与产品的价格比时，即边际产值等于边际成本时，边际利润等于零，单位面积的施肥利润最大，此时的施肥量即为经济最佳施肥量。以第 3 茬和第 4 茬的作物为例，芹菜的氮肥效应：

$$y_3=-0.033x^2+39.468x+25475，P_x=4\text{ 元/kg}，P_y=1.0\text{ 元/kg}$$

经济最佳施氮量为

$$\frac{\mathrm{d}y}{\mathrm{d}x}=\frac{P_x}{P_y}$$

$$39.468-0.066x=4/1.0，x=537.4\text{kg/hm}^2$$

白菜的氮肥效应：

$$y_4=-0.0627x^2+62.091x+26343，P_x=4.0\text{ 元/kg}，P_y=1.5\text{ 元/kg}$$

经济最佳施氮量为

$$\frac{\mathrm{d}y}{\mathrm{d}x}=\frac{P_x}{P_y}$$

$$62.091-0.1254x=4/1.5，x=473.88\text{kg/hm}^2$$

可见，芹菜的最佳施氮量为 537.4kg/hm^2，白菜的最佳施氮量为 473.88kg/hm^2。因此，肥料的用量并非越多越好。过多的肥料施入不仅不利于作物增产，而且还可能造成养分的浪费和损失。

2.2　菜园连茬条件下，不同施肥方式对土壤氮素的影响

2.2.1　土壤中的铵态氮

土壤中能被植物直接利用的氮素主要是铵态氮和硝态氮。这两种形态氮素在土壤中存在的数量都不

多。土壤中的铵态氮部分来自大气，部分来自土壤有机质。施用化学氮肥是土壤铵的一个重要来源。含铵的化学氮肥施入土壤中，可直接增加土壤的铵态氮；尿素进入土壤后，在土壤微生物脲酶作用下，水解成碳酸铵，碳酸铵再分解为铵。这一过程在 10℃时，7～10d 就可完成，20℃时只要 4～5d，而在 30℃时，2～3d 就可转化[4, 5]。不管从哪种途径进入土壤的铵态氮，都是植物氮素的营养给源，也是氮素转化过程中的重要产物。菜地土壤中硝化过程快，铵态氮会很快转化为硝态氮，数量较少且相对稳定。土壤中铵态氮含量多少取决于土壤有机质含量、土壤水分和施肥情况。

由图 2 可知，与对照相比，用于每茬蔬菜生长所施用的肥料明显增加了土壤中铵态氮的含量，且随着施用量的增加而显著增加。在第 1 茬蔬菜收获后，以处理 N_{525} 为最高，达到了 9.38mg/kg。同样的自然条件下，在施氮量为 175～350kg/hm^2 范围内，土壤中铵态氮含量增加的幅度超过了施氮量在 350～525kg/hm^2 范围。这是由于蔬菜吸氮量在不同的范围内吸氮量不同而引起的，与蔬菜的产量的变化相一致。这再次证明了过多的施用肥料，属于奢侈吸收。

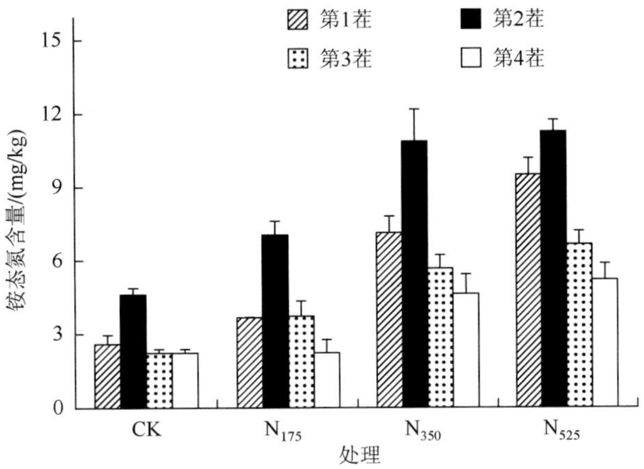

图 2 不同处理对土壤铵态氮含量的影响

图 2 也同样说明，在连续经过 4 茬蔬菜收获后，土壤中的铵态氮含量呈现下降趋势，并趋于稳定。第 2 茬蔬菜收获后，由于季节的缘故，土壤中的铵态氮含量同比之下为最高。但是，在最后 1 茬的蔬菜收获后，土壤中的铵态氮含量已经无显著差异。

2.2.2 土壤中的硝态氮

不少营养元素本身也是污染元素，投入不当会导致经济效益下降，引起环境污染，造成生态条件恶化[6, 7]；伴随着营养物质的投入也会投入其他有害元素，进一步加剧对环境的不良影响。氮素也有这方面的问题。蔬菜是需氮较多的作物，没有氮素，就无法生产蔬菜，更不要说高产优质的蔬菜了。蔬菜营养生长阶段固然累积硝态氮，但能不能累积，累积多少，取决于外部供应的情况。外部供应多，也就是土壤中的硝态氮含量高，植物就会大量而贪婪地吸收；外源供应不足，即使作物有着大量的需求，也不会在体内累积起来。因此从外源的条件来看，外源氮素的供给是植物累积的根本条件；而造成外源氮素大量累积的原因是不合理地投入肥料。不合理的肥料投入，使土壤中累积大量的硝态氮，污染了蔬菜。另外，土壤中的氮，以硝态氮最易淋溶迁移。地下水的硝态氮污染主要由土壤中的硝态氮淋溶所引起。农业上长期大量施用氮肥是造成地下水硝酸盐污染的重要原因。在过量施用氮肥的地区，蔬菜抗病虫害能力降低，导致农药大量施用，增加农业成本[8]，加剧环境质量恶化，甚至导致物种灭绝。

（1）表层土壤硝态氮的积累。由图 3 可知，氮肥施用量对连茬蔬菜土壤的硝态氮含量有明显的作用，经统计分析表明，施氮量与连作 4 茬蔬菜收获后土壤硝态氮含量之间均存在着极显著的线性相关关系，回归方程分别为

$$y_1=0.0346x+14.58，\quad y_2=0.0853x+21.267$$

$$y_3=0.0592x+11.279,\quad y_4=0.0359x+2.8875$$

相关系数（R^2）分别为 0.9882**，0.8243*，0.9233**，0.9754**。有试验结果表明，土壤中的硝态氮含量随施肥量的增加而增加[9-11]。可见，这与前人研究的结果是一致的。由图 3 可知，在前 3 茬蔬菜收获后，除 CK 对照（无肥区）以外，土壤硝态氮含量随蔬菜种植时间的延长而提高。第 3 茬土壤的硝态氮含量小于第 2 茬硝态氮含量，并且表现出下降趋势，这与不同的蔬菜生长季节，降水量与灌溉水量的不同有关。降水量与灌溉次数的增多，客观上为土壤中硝态氮的淋失创造了条件，同时，随着施肥量的增加，更多的硝酸盐向下淋洗。这不仅导致 N 素的损失，也造成了地下水的污染。第 4 茬（2005 年 9 月至 12 月）收获后土壤的硝态氮含量远远小于前 3 茬蔬菜收获后土壤的硝态氮含量，这也是受季节、气温、灌溉等条件影响，再加之这个季节降水量和灌溉水量的增加，加速了 N 素的淋失，致使土壤中的硝酸盐含量如此之低。再者，蔬菜品种对硝态氮含量也有影响。第 4 茬蔬菜种植的是大白菜，大白菜相对于别的蔬菜品种来说，在较短的生长期内更能吸收更多的硝态氮。但是，在同一季节内，如果种植同一种蔬菜，在同样的施肥条件下，蔬菜收获后土壤的硝态氮含量有逐年累积的趋势。

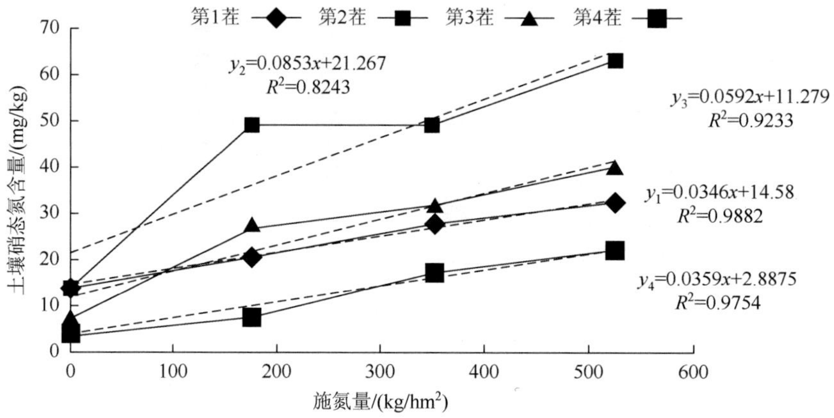

图 3　施氮量对土壤硝态氮含量的影响

（2）4 茬蔬菜收获后土壤硝态氮的淋失。蔬菜地，尤其是经过长期种植的老菜地，形成了特有的菜园土，结构良好，有机质含量较高，但若施肥不当，很容易引起氮素淋失并污染地下水[12]。Jackson 的研究结果表明，施肥两周后大量肥料氮以 $^{15}NO_3^-$ 形式分布在 10～30cm 土层，连续种植两茬莴苣后淋出 30cm 土壤深度的肥料氮为 146kg/hm²，占施氮量的 79.3%[13]。Waddel 等的试验也表明，在施氮量高于 200kg/hm² 的情况下，种植马铃薯的土壤氮素淋失量达到 110kg/hm²，为施氮量的 51.0%～72.1%[14]。DeNeve 等的研究报道，施用花椰菜残体后由于含有丰富的可矿化氮素，因此施用作物残体同样会导致严重的氮素淋洗损失[15]。汤丽玲等的研究表明，在华北露地生产条件下，4 茬蔬菜轮作后，传统灌溉措施条件下的氮素处理都不同程度地造成了土体氮素淋失，所影响的土层深度达到了 150～180cm[16]。可见，氮肥的施用量、降雨量和灌溉、耕作方式以及作物种类和种植方式等是影响菜田土壤氮素淋失的因素。

由表 3 可知，与试验前相比，经过了 4 茬蔬菜收获后，土壤剖面硝态氮含量已经发生了变化，除了没有施肥对照区，土壤剖面硝态氮含量下降，其余施肥处理土壤剖面硝态氮含量均呈上升趋势。尤其是高施肥处理 N_{525}，土壤各个剖面的硝态氮含量与试验前相比较，10～20cm 的土壤剖面硝态氮含量增加了 1.4 倍，20～40cm 的土壤剖面硝态氮含量增加了 73%，40～60cm 的土壤剖面硝态氮从无到有，具有了一定的含量。这是由于降水量与灌溉次数的增多，客观上为土壤中硝态氮的淋失创造了条件，同时，随着施肥量的增加，更多的硝酸盐向下淋洗。这不仅导致 N 素的损失，也造成了地下水的污染。在连续 4 茬蔬菜连作后，表 3 显示的是第 4 茬蔬菜收获后土壤剖面硝态氮含量的变化，这茬蔬菜收获后土壤表层硝态氮含量低于第 3 茬表层土壤硝态氮含量，除了降雨量与灌溉的原因，还与蔬菜的品种及其土壤氮矿化度有关。

表 3　试验前后土壤硝态氮含量变化　（单位：mg/kg）

剖面/cm	试验前	试验后			
		CK	N_{175}	N_{350}	N_{525}
0～10	6.71	3.67	7.43	16.59	21.54
10～20	4.80	3.45	5.21	6.22	11.54
20～40	2.25	0.58	3.79	5.29	3.90
40～60	—	0.81	1.48	2.70	2.70

3 结　论

研究结果表明，在本试验设计范围内，连续 4 茬蔬菜鲜样可食部分产量随着氮肥的施用量的增加而增加，差异极显著。除了第 1 茬蔬菜由于原来菜地存在肥力的缘故致使肥料效应呈报酬递增型，其余 3 茬均呈现报酬递减型的趋势。并且随着施氮量的增加，边际产量递减。可见肥料的用量并非越多越好。过多的肥料施入不仅不利于蔬菜增产，而且还可能导致蔬菜的奢侈吸收，造成养分的浪费和损失。

在试验设计范围内，施氮量同样对土壤养分含量有显著的影响。肥料明显增加了土壤中铵态氮、硝态氮含量，且随着施用量的增加而显著增加。在连续经过 4 茬蔬菜收获后，土壤中的铵态氮含量呈现下降趋势，并趋于稳定，土壤硝态氮含量随蔬菜种植时间的延长而提高。同样与试验前相比，经过了 4 茬蔬菜收获后，土壤剖面硝态氮含量已经发生了变化，除了对照区，土壤剖面硝态氮含量呈降低趋势，其余施肥处理土壤剖面硝态氮含量均呈上升趋势。尤其是高施肥处理 N_{525}，土壤各个剖面的硝态氮含量与试验前相比较，10～20cm 的土壤剖面硝态氮含量增加了约 1 倍多，20～40cm 的土壤剖面硝态氮含量增加了 70%左右，40～60cm 的土壤剖面硝态氮也发生了从无到有的变化。可见，氮肥的施用是导致土壤硝态氮淋溶的主要原因之一。

从经济效益来看，以施氮量为 525kg/hm^2 的处理净产值为最高，但是为了减轻氮肥损失以及对环境的污染，必须改善菜田施肥管理措施。减少氮肥用量，是防治土壤肥力退化的有效措施之一。从生态效益和社会效益，还有经济效益长远综合考虑，以施氮量在 350～525kg/hm^2 这个范围内为合理施肥量。

参 考 文 献

[1] 中华人民共和国统计局.中国统计年鉴. 北京：中国统计出版社，2005：460-461.

[2] 刘宏斌，李志宏，张维理，等. 露地栽培条件下大白菜氮肥利用率与硝态氮淋溶损失研究. 植物营养与肥料学报，2004，10（3）：286-291

[3] 中国科学院南京土壤研究所.土壤理化分析.上海：上海科学技术出版社，1981：89-98.

[4] 中国土壤学会土壤农业化学委员会，土壤生物和生物化学专业委员会. 我国土壤氮素研究工作与展望. 北京：科学出版社，1986：125-129.

[5] 文启孝，张晓华，杜丽娟，等.太湖地区主要土壤中的固定态铵及其有效性.土壤学报，1998（25）：22-30.

[6] Odum E P.Input management of production system.Sci.1989：177-223.

[7] Keeney D R.Nitrogen—analysis，part 2.Am.Soc.A gron.Medision，Wis，1982：711-734.

[8] 朱兆良，文启孝. 中国土壤氮素. 南京：江苏科学出版社，1992：267-287.

[9] 李晓欣，胡春胜，程一松.不同施肥处理对作物产量及土壤中硝态氮累积的影响.干旱地区农业研究，2003，21（3）：38-42.

[10] 刘敏超，曾长立，王兴仁，等.氮肥施用对冬小麦氮肥利用率及土壤剖面硝态氮含量动态分布的影响. 农业现代化研究，2000，21（5）：309-312.

[11] 古巧珍，杨学云，孙本华，等.旱地嵝土长期定位施肥土壤剖面硝态氮分布与累积研究.干旱地区农业研究，2003，21（4）：48-52.

[12] 黄元仿，曹兵，胡克林，等.不同施肥条件下菜地土壤无机氮动态及其淋洗污染潜力.土壤通报，1997，28（4）：175-177.

[13] Jackon L E. Fates and losses of nitrogen from a nitrogen-15-labeled cover crop in an intensively managed vegetable system. Soil Science Society of America Journal，2000，64（4）：1404-1412.

[14] Waddell J T，Gupta S C，Moncrief J F，et al.Irrigation and nitrogen management impacts on nitrate leaching under potato.Joural of Environmental Quality，2000，29（1）：251-261.

[15] De Neve S，De Hofman G. N mineralization and nitrate leaching from vegetable crop residues under field conditions：a model evaluation. Soil Biology and Biochenistry，1998，30（14）：2067-2075.

[16] 汤丽玲，陈清，张宏彦，等.不同灌溉措施对露地菜田土壤无机氮残留的影响.植物营养与肥料学报，2002，8（3）：282-287.

Effect of Fertilization on the Yield of Vegetable and Nitrogen Content in Continuous Cropping Vegetable Soil

Qian Haiyan[1, 2] Wang Xingxiang[3] Huang Guoqin[2] Hu Wei[2] Zhang Taolin[3] Zhao Qiguo[3]

1 Office of MRL in Jiangxi Province, Nanchang 330046, China

2 Research Center on Ecological Science, Jiangxi Agricultural University, Nanchang 330045, China

3 Institute of Soil Science, Chinese Academy of Sciences, Nanjing 210008, China

Abstract

Field experiment was carried out by planting four continuous stubbles of vegetable, in order to research the effects of fertilization on the yield of vegetable, fertilizer effect, the contents of NO_3^-N and NH_4^+N in soil. Experimental result shows that, the fresh yield of eatable part of vegetable increased along with adding the dosage of nitrogenous fertilizer in the four continuous stubbles of the designed field experiment. It also shows that the optimal dosages are 537.4 kg/hm^2 and 473.88 kg/hm^2 for celery planting and cabbage planting, respectively. By contrast with the non-fertilization counterpart region, the contents of NH_4^+N increase along with adding the dosages of nitrogenous fertilizer, and the contents of NO_3^-N also increase with prolonging the planting time of vegetable. On the other hand, fertilization has changed the contents of NO_3^-N in soil profiles of counterpart regions after harvesting of four continuous stubbles. In the different treatments of fertilization, the contents of NO_3^-N have increasingly raised in the soil profiles of the fertilized regions. But the content of NO_3^-N decreased in soil profile of counterpart region without nitrogen fertilization. The experimental result can be used as a reference to guide proper fertilization in the continuous cropping vegetable soil.

Key words Fertilization; Vegetable garden soil; Optimal dosages of nitrogenous fertilizer; NO_3^-N of soil; NH_4^+N of soil

干旱季节不同耕作制度下作物-红壤水势关系及其对干旱胁迫响应

张　斌　张桃林　赵其国
中国科学院南京土壤研究所，南京　210008

摘　　要

季节性干旱是南方红壤地区旱地农业生产中的主要障碍因素。本文报道了田间条件下作物土壤水势关系及其对干旱胁迫响应。结果表明 SPAC 中水势梯度为：叶气系统＞叶土系统＞70cm 以上土层，且约以 100 倍左右递减。水势日变化结果表明免耕较常耕，窄垄较宽垄叶土水势差下降，水分胁迫更强；花生的耐旱性较强，大豆和玉米的则较弱；作物叶水势与土壤基质势呈正相关，可以用二项式表示。作物叶水势与不同土层土壤基质势关系表明，垄作处理作用层次更深，免耕处理仅与表层土壤基质势相关。土壤基质势和叶水势都随环境温度提高而降低；不同耕作制度改变了土壤温度和微气候，进而影响了水势的温度效应。结果说明高温和水分胁迫导致并加剧了红壤季节性干旱胁迫。

关键词　土壤基质势；叶水势；水势温度效应；红壤

我国南方的季节性干旱主要是伏秋旱，高温少雨。干旱胁迫不仅表现在水分胁迫，而且有高温胁迫。植物叶水势既是植物许多生理过程的重要影响因素，也是土壤水分能态和植物水分和高温胁迫的反映。有关植物生长发育对土壤水分和温度各自的胁迫响应的报道较多[1, 2]，但在植物对它们共同胁迫响应方面的研究报道则较少。土壤温度升高不仅影响土壤水分能态，影响水分有效性[3]，而且影响土壤水分保持[4]，提高水分扩散能力[5]，土壤水分蒸发强烈，加剧水分胁迫。不同利用方式其微气候环境不同，所以即使是相同植物在不同的生境中对干旱胁迫的响应也不同。本文拟在田间条件下，研究不同利用方式下作物-土壤基质势间的关系及其与环境温度的关系，以深入理解南方季节性干旱中作物对干旱胁迫的响应特征，为评价和建立不同抗旱利用方式提供理论依据。

1　试验设计与方法

本试验在中国科学院红壤生态试验站进行。该站位于江西省余江县境内（166°55′E，28°15′N），平均气温 17.61℃，平均降水量 1797.7mm，且 50%左右集中在 4～6 月，伏秋旱频繁发生[6, 7]。该站气候和土壤代表广大红壤低丘岗地类型。

本试验区的原始植被为稀疏马尾松林，坡度 7°，相对高度 45m 左右，于 1992 年开垦为 100m^2 标准径流小区。试验以来各小区利用方式保持不变。供试土壤为第四纪红黏土发育的普通红壤，1995 年 11 月土壤理化性质见表 1。相同种植制度处理施肥量相同，但土壤管理方式不同[8]。处理 A：当地传统耕作制度花生接茬肥田萝卜；处理 B 和 D：甘薯间作大豆后接茬荞麦，冬作物为油菜，处理 B 为常规耕作，处理 D 为免耕覆盖；处理 C 和 E：甘薯间作大豆后种植冬作物油菜，处理 C 为窄垄耕作，处理 E 为宽垄耕作。供试品种为大豆（*Glycine max*），矮脚青；玉米（*Zea mays*），腋单 4 号；甘薯（*Ipomoea batatas*），枫叶薯；荞麦（*Fagopytum esculentum*），甜荞；油菜（*Brassica* spp.），饶油 1 号；花生（*Arachis hypogaea*），粤油 551。

1995 年 7 月 7 日的降水量为 79.7mm。田间测定在 1995 年 7 月 8～20 日，此间无降水。每小区中间安装一组负压计，埋设深度为 10cm，20cm，30cm，40cm，70cm，90cm，110cm，130cm，150cm。土壤基质势用 U 形负压计测定。土壤基质势为土壤吸力的负值。土壤温度用水银温度计观测，安装深度为 0.5cm，

本文原载《土壤学报》1999 年第 36 卷第 1 期第 101-110 页。

表 1　5 种耕作制度处理的土壤理化性质

处理	土壤管理	黏粒	粉砂粒	砂粒	有机质	总量/（g/kg）			速效量/（mg/kg）			pH	
		<0.002mm	0.002～0.05mm	0.05～2mm		全氮 N	全磷 P	全钾 K	水解氮 N	速效磷 P	速效钾 K	KCl	H_2O 1∶2.5
A 花生-肥田萝卜	传统耕作	408	33.2	26.0	14.4	0.84	1.05	9.48	52.4	11.89	105.1	6.06	4.38
B 玉米+大豆-荞麦→油菜	常规耕作	381	34.5	27.4	90	0.56	0.77	11.55	35.1	2.95	166.0	5.66	4.1
C 甘薯+大豆→油菜	窄垄耕作	420	34.1	23.9	14.0	0.83	0.96	10.45	64.3	7.53	102.5	6.20	4.26
D 玉米+大豆-荞麦→油菜	免耕覆盖	408	34.9	24.3	12.2	0.76	0.98	9.74	47.4	6.55	179.9	5.79	4.18
E 甘薯+大豆→油菜	宽垄耕作	409	35.7	23.4	13.8	0.81	1.13	10.24	59.5	9.38	141.1	6.20	4.26

10cm，15cm，20cm。除日常观测土壤温度（8：00，12：00，20：00），土壤基质势（8：00）外，在此期间每间隔 1h 或 2h 测定一次土壤不同深度的土壤基质势和土壤温度。在 8：00，10：30，12：30，14：30，16：30 5 个时间点内同时测定大气湿度、温度，叶水势、气孔阻力、蒸腾强度。大气湿度采用干湿温度计测定，湿度计安置于作物高度的 1/2 处。采用 ZLZ-4 型植物水分状况测定仪（压力室）测定植物叶片水势，LI-1600 型稳态气孔计测定叶片气孔阻力、蒸腾速率和叶面温度等。试验过程中，在各小区内设置 4～5 个样方，每个样方取样重复 2～3 次以上。玉米取自顶端起 3～4 叶位上的正常叶片，大豆取自顶端起的 3～4 分枝上的正常叶片，甘薯、花生取顶部的生长正常的展开叶片，各小区植物固定叶位叶片的水势，求其算术平均，代表相应时间内植物叶水势；每样方取 10 片测定气孔阻力和蒸腾速率，求其算术平均，代表相应时间内作物气孔阻力和蒸腾速率。每种作物的测定控制在半小时内，相同种植制度处理中的同一种作物同时测定。

大气水势由水势的定义出发，可由大气的相对湿度计算，即

$$\Psi_a = \frac{RT}{V_w}\ln \mathrm{RH} = 4.6182\times 10^5 T \ln \mathrm{RH} \tag{1}$$

式中，R 为普适气体常数，8.3127Pa·m^3/（mol·K）；T 为大气绝对温度（K）；V_w 为水偏摩尔体积（cm^3/mol）；RH 为相对湿度。

2　结果与讨论

2.1　土壤、植物、大气水势的日变化规律

2.1.1　土壤基质势的日变化

干旱季节所有处理 40cm 土层以上土壤吸力随时间快速上升，且表层土壤吸力上升速度最快，而 70～150cm 土层的土壤吸力变化非常小（如图 1 所示处理 A）。不同处理土壤吸力表现明显日变化的层次不同：处理 B、C 为 0～20cm，处理 A 为 0～30cm。同一时间不同处理土壤基质势的比较结果表明：10cm、20cm、30cm 土层土壤，D>B；10cm、20cm 处，C>E；30cm 处，E>C；40～70cm 以下，对应处理间的差异较小（如表 2 所示处理 C 和 E）。

表 2　对应处理 C 和 E 相同时间（8：30）70cm 深度以上土层土壤基质势差异

处理	日期（月/日）	土壤基质势				
		10cm	20cm	30cm	40cm	70cm
C	7/13	−0.04622	−0.03702	−0.02423	−0.01748	−0.01173
E	7/13	−0.06489	−0.04293	−0.02243	−0.01757	−0.01183
C	7/14	−0.06268	−0.04177	−0.02937	−0.02005	−0.01276
E	7/14	−0.06476	−0.05682	−0.02602	−0.01963	−0.01259

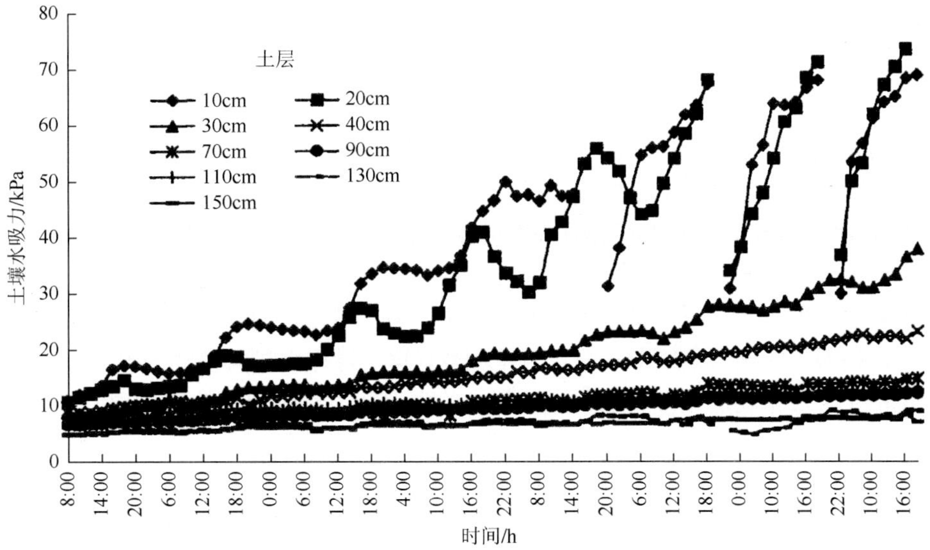

图 1　A 处理土壤水吸力的日变化（7/8～7/15/1995）

2.1.2　大气水势和植物叶水势的日变化

干旱季节大气水势具有较强的日变化（表 3）。早晨大气水势 Ψ_a 。也高达−60～−80MPa，随后一直下降，在下午 16:30 时达到−120～−160MPa。

表 3　5 种处理中大气水势和作物叶水势的日变化

作物	处理	日期（月/日/年）	水势/MPa	时间				
				8:30	10:30	12:30	14:30	16:30
玉米		7/11/1995	大气水势	−67.82	−130.56	−112.07	−118.86	−124.96
	B		叶水势	−1.22	−1.58	−1.68	−1.72	−1.58
	D		叶水势	−1.35	−1.68	−1.73	−1.77	−1.58
大豆		7/12/1995	大气水势	−87.41	−129.36	−125.49	−133.09	−157.03
	B		叶水势	−1.38	−1.50	−1.98	−1.97	−1.90
	D		叶水势	−1.68	−1.75	−1.72	−1.90	−1.85
		7/13/1995	大气水势	−82.85	−116.82	−144.38	−131.66	−146.61
	C		叶水势	−1.70	−1.85	−1.98	−2.20	−2.03
	E		叶水势	−1.77	−1.90	−2.01	−2.00	−2.13
甘薯		7/14/1995	大气水势	−104.39	−124.00	−118.41	−132.01	−138.97
	C		叶水势	−1.10	−1.37	−1.42	−1.27	−1.45
	E		叶水势	−1.07	−1.38	−1.38	−1.35	−1.70
花生			大气水势	−80.79	−108.86	−117.88	−121.18	−127.33
	A	7/15/1995	叶水势	−1.27	−1.88	−2.00	−2.28	−1.97

植物叶水势日变化与大气水势日变化趋势并不一致，且其规律因作物种类和利用方式而异. 这可能与作物叶水容有关，花生和甘薯的比水容较大[9]，所以花生和甘薯叶水势与大气水势日变化相对一致。玉米叶水势上午 10：30 下降后略有上升，叶水势变幅为处理 B＞D；B、D、C、E 四处理中大豆叶水势从早晨至傍晚的变化呈下降趋势，叶水势变幅为处理 B＞D＞C、E。处理 A 花生叶水势早晨下降后至傍晚 16：30 略有上升日变化趋势；甘薯叶水势日变化较小，水势大于其他植物，叶水势变幅为处理 C＜E。处理间相同作物叶水势存在明显的差异。结果表明花生、玉米叶具有较强的水势调节恢复能力；甘薯叶具有较强的抗旱能力，而大豆叶水势的恢复和抗旱能力小于其他植物。免耕覆盖处理使作物叶水势降低，说明受干旱胁迫更严重。此外，间作方式影响植物叶水势。

2.2　SPAC 中水势分布规律

由表 4 可见，SPAC 的叶气系统中的水势梯度是叶土系统水势梯度的 100 倍左右，而叶土系统水势梯度又是 70cm 土层内土壤基质势梯度的 100 倍左右。不同处理下植物的水势分布略有不同。D 处理的玉米和大豆的叶土水势差大于 B 处理；而 E 处理的大豆和甘薯的叶土水势差大于 C 处理；与玉米间作的大豆叶土壤基质势梯度小于与甘薯间作的大豆叶土水势梯度；花生的叶土水势梯度仅次于与甘薯间作的大豆。水势梯度越大，说明根系吸水需要消耗更多的能量，或干旱时所受的胁迫更严重。结果表明水流在 SPAC 中运移时，其能量主要消耗在叶气界面，这是因为在这一系统中水分发生了相变，这一过程主导着植物的被动吸水过程；其次消耗在土根界面，这一过程主导着植物的主动吸水，反映了植物吸水能力和对干旱的自我调节能力[10-12]。

表 4　5 种处理土壤-作物-大气中水势梯度

作物	处理	日期（月/日/年）	$\Delta\Psi_{aL}\pm$SE/MPa	$\Delta\Psi_{Ls}\pm$SE/MPa	$\Delta\Psi_{si}\pm$SE/MPa
玉米	B	7/11/1995	109.25±24.82	1.55±0.20	0.018±0.0012
	D		109.28±24.93	1.61±0.17	0.018±0.0006
大豆	B	7/12/1995	124.58±24.89	1.74±0.28	0.030±0.0011
	D		124.85±24.98	1.77±0.09	0.025±0.0007
	C	7/13/1995	123.06±26.32	1.94±0.19	0.036±0.0019
	E		121.95±25.69	1.96±0.14	0.054±0.0014
甘薯	C	7/14/1995	122.1±13.10	1.312±0.14	0.049±0.0006
	E		122.29±13.12	1.36±0.22	0.056±0.0028
花生	A	7/15/1995	109.33±17.93	1.87±0.37	0.049±0.0043

注：$\Delta\Psi_{aL}$，叶气水势差；$\Delta\Psi_{Ls}$，叶土（100cm）水势差；$\Delta\Psi_{si}$，70 与 10cm 土壤基质势差；SE，标准差。

2.3　土壤-植物水势间的关系

在充分供水的条件下，作物叶水势受其生理过程控制，但当土壤水受到限制时，作物根系吸水满足不了蒸腾需要时，叶水势与土壤基质势有密切的相关。8：30，10：30，12：30，14：30，16：30 共 5 个时间内测定各小区植物固定叶位叶片水势与对应时间的土壤基质势的关系可以用二项式方程表示（表 5）：

$$\Psi_L = \pm(a\Psi_s^2 - b\Psi_s + c) \tag{2}$$

式中，Ψ_L，Ψ_s 分别为植物叶水势和土壤基质势，MPa；a，b，c 为方程系数，均大于零。系数 a 前的正负号仅表示单调区间的不同。

表 5　植物叶水势（MPa）与土壤基质势（MPa）的关系

叶	处理	期（月/日）	土层/cm	相关方程	相关系数
花生	A	7/15	10	$\Psi_L = 11\,717\Psi_s^2 + 1525.9\Psi_s + 47.561$	09627**
			20	$\Psi_L = 3037.1\Psi_s^2 + 423.17\Psi_s + 12.643s$	0.9544**
			30	$\Psi_L = 70\,573\Psi_s^2 + 4766\Psi_s + 78.135$	0.8450*
			40	$\Psi_L = 5\times10^6\Psi_s^2 + 213\,669\Psi_s + 2309.4$	0.9315**
大豆	B	7/12	10	$\Psi_L = 148\,278\Psi_s^2 + 12\,102\Psi_s + 244.96$	0.9308**
			20	$\Psi_L = 74\,542\Psi_s^2 + 3\,984.9\Psi_s + 51.292$	0.8844*
			30	$\Psi_L = -2\times10^7\Psi_s^2 - 562\,036\Psi_s - 4930.5$	0.9838**
	D	7/12	10	$\Psi_L = -157\,337\Psi_s^2 - 11\,036\Psi_s - 195.22$	0.8607*
			20	$\Psi_L = -296\,126\Psi_s^2 - 12\,839\Psi_s - 140.85$	0.8609*
	C	7/13	10	$\Psi_L = 34\,393\Psi_s^2 + 3\,406\Psi_s + 82.185$	0.9274**
			20	$\Psi_L = 3777\Psi_s^2 + 400.58\Psi_s + 7.9163$	0.9842**
			30	$\Psi_L = 149\,912\Psi_s^2 + 7819.2\Psi_s + 99.749$	0.9902**
			70	$\Psi_L = 3\times10^6\Psi_s^2 + 67\,979\Psi_s + 408.08$	0.8648*

续表

叶	处理	期（月/日）	土层/cm	相关方程	相关系数
大豆	E	7/13	10	$\Psi_L=422\,931\Psi_s^2+55\,779\Psi_s+1836.8$	0.9392**
			20	$\Psi_L=39\,132\Psi_s^2+3548.6\Psi_s+78.367$	0.8482*
			30	$\Psi_L=117\,935\Psi_s^2+4837.5\Psi_s+47.369$	0.8460*
			40	$\Psi_L=-3\times10^6\Psi_s^2-115\,185\Psi_s-1013$	0.8785*
玉米	B	7/11	10	$\Psi_L=332\,709\Psi_s^2+13\,678\Psi_s+138.85$	0.9974**
			30	$\Psi_L=3\times10^6\Psi_s^2+87\,329\Psi_s+678.03$	0.8630*
	D	7/11	10	$\Psi_L=101\,117\Psi_s^2+3417.7\Psi_s+27.126$	0.9413**
甘薯	E	7/14	10	$\Psi_L=-4292.3\Psi_s^2-516.85\Psi_s-16.548$	0.8933*
			20	$\Psi_L=80\,142\Psi_s^2+9582.8\Psi_s+284.65$	0.9764**
			30	$\Psi_L=53\,529\Psi_s^2-2515\Psi_s-30.392$	0.8702*
			70	$\Psi_L=10^6\Psi_s^2+27\,101\Psi_s+178.62$	0.8767*

注：*，**分别代表 0.05 和 0.01 水平的显著性；叶片水势取值范围见表 3，土壤水势为负压计量程范围。

结果表明，在本试验条件下，当土壤基质势减小，叶水势降低；大多作物叶水势仅与 40cm 土层以上土壤基质势相关。不同利用方式下不同作物叶水势与不同深度的土壤基质势相关，间接说明作物根系吸水深度的不同. 处理 B、D 中作物的吸水根系较浅，主要分布在表层土壤（30cm 以上），处理 B 较处理 D 的略深；处理 C、E 中作物的吸水根系可达到 70cm，处理 C 较处理 E 深；处理 C、E 中大豆根系吸水深度大于处理 B、D。处理 D 长期免耕导致亚表层的压实[8]，垄作增加了疏松土层厚度，不同耕作方式影响作物根系分布深度，因而在干旱季节强烈蒸腾条件下，导致不同处理中相同作物受不同深度土壤水分的胁迫不同。

2.4 土壤-作物水势与环境的关系

2.4.1 土壤基质势与土壤温度

干旱季节当土壤温度大于 25℃时，所有处理 10cm 或 20cm 土层的土壤吸力与土壤温度都可以用线性方程（3）拟合；20cm 土层土壤吸力与土壤温度用幂函数方程（4）拟合，相关系数比用线性方程的显著提高（表 5）。

$$S=a+bt \tag{3}$$

$$S=at^b \tag{4}$$

式中，S 为土壤吸力，kPa；t 为土壤温度，℃；a，b 为方程系数。

土壤基质势受土壤温度的影响可以用土壤基质势温度效应的概念表示[6, 13]，即在一定含水量下单位温度变化所引起的土壤基质势变化量，即方程（3）和方程（4）的微商：

$$\frac{d\Psi}{dt}=-\frac{dS}{dt}=-b \tag{5}$$

$$\frac{d\Psi}{dt}=-\frac{dS}{dt}=-ab\times t^{b-1} \tag{6}$$

如表 5 所示，$b>0$，即土壤基质势的温度效应小于零。结果表明不同利用方式下土壤基质势随土壤温度的升高而降低. 稀疏草地土壤基质势温度效应值最小，松树下的最大，各耕作制度则介于其中。不同耕作制度中，土壤基质势温度效应值 10cm 处处理 B 大于处理 D，20cm 处结果则相反；处理 A 的大于处理 B、D；因缺少土壤温度资料，缺处理 E 资料，而处理 C 的大于其他处理。由表 6 还可见不同处理下土壤温度变幅影响土壤基质势的温度效应，土壤温度昼夜变幅较大时土壤基质势的温度效应值较小。此外，20cm 土层土壤基质势的温度效应不是定值，结果表明随着土壤温度升高，土壤基质势温度效应值增大，可能与 20cm 土层根系分布较密集有关。该土层温度变化较大，土壤基质势因作物根系吸水变化较激烈。所以土壤基质势温度效应随温度升高而增大。

表 6　土壤吸力（kPa）与土壤温度（℃）的相关关系（n=58）

处理	10cm 模拟方程	10cm 相关系数	20cm 模拟方程	20cm 相关系数
A	$S=3.87t-73.381$ $25.5\leqslant t\leqslant 32.8$	0.3899**	$S=12.548t-310.28$ $S=2\times 10^{-16}t^{11.928}$ $25.0\leqslant t\leqslant 30.0$	0.6326** 0.7184**
B	$S=2.5585t-42.156$ $25.4\leqslant t\leqslant 35.5$	0.3490**	$S=5.3678t-42.156$ $S=9\times 10^{-9}t^{7.1337}$ $25.7\leqslant t\leqslant 31.3$	0.6329** 0.6845**
C	$S=5.5029t-118.13$ $25.4\leqslant t\leqslant 31.0$	0.3942**	$S=2\times 10^{-12}t^{9.1347}$ $S=8.0981t-192.37$ $25.0\leqslant t\leqslant 29.2$	0.4993** 0.5671**
D	$S=2.4789t-39.047$ $26.0\leqslant t\leqslant 34.0$	0.3003*	$S=6.7314t-162.65$ $S=6\times 10^{-13}t^{9.3897}$ $25.0\leqslant t\leqslant 29.2$	0.7396** 0.7973**
F	$S=1.3507t-14.943$ $26.0\leqslant t\leqslant 36.5$	0.2876*	$S=3.0285t-73.221$ $25.7\leqslant t\leqslant 32.4$	0.7043**
G	$S11.602t-274.08$ $25.7\leqslant t\leqslant 29.5$	0.5756**	$S=17.063t-425.9$ $S=10^{-24}t^{17.766}$ $25.0\leqslant t\leqslant 28.0$	0.7288** 0.8154**

*，**分别代表 0.05 和 001 水平的显著性；

注：处理 F，G 分别为稀疏草地，稀疏松树地，为开垦前的利用方式。

本文结果与闵安成等[3]的结果不一致。闵安成等的研究结果表明，在田间条件下土壤温度较低（4～28℃）时，土壤基质势的温度效应为正值，且表明在高含水量时土壤基质势温度效应受土壤温度变幅的影响较大．理论上讲，温度升高不仅降低水分的黏滞系数，水分表面张力减小，对土水系统而言土壤基质对水分的吸力减小，水势提高，土壤基质势的温度效应为正值。但是文中四个耕作处理中仅一个处理温度与水势显著相关。本研究中土壤温度较高，变幅大（25～36℃）。高温可能使作物蒸腾和土壤蒸发迅速增加，土壤含水量迅速下降，导致土壤基质势下降；同时高温可能导致土壤水分部分相变后，影响其气态扩散系数[5]，所以土壤基质势温度效应更加显著[13]，且表现为负效应。此外，温度对土壤基质势的影响还依赖于土壤类型[4, 14]。所以南方红壤区土壤温度对土壤基质势的影响及其影响因素有待深入研究。

2.4.2　植物叶水势与温度、湿度的关系

如表 7 所示，除处理 D 中大豆和处理 C 中的甘薯外，植物叶水势与大气温度、叶温呈显著负相关，即温度升高叶水势下降。两者可用二项式方程描述，其一阶导数方程（7），表示植物叶水势的温度效应：

表 7　植物叶水势（MPa）与温度（℃）的关系

植物叶	处理	日期（月/日）	相关方程及相关系数	
			气温	叶温
花生	A	7/15	$\Psi_L=0.0207t^2-1.6389t+29.896$ 0.9982**	$\Psi_L=0.0188t^2-1.5759t+30.481$ 0.9985**
玉米	B	7/11	$\Psi_L=0.1201t^2-8.7498t+157.66$ 0.9466**	$\Psi_L=0.1274t^2-9.755t+185.06$ 0.9553**
	D	7/11	$\Psi_L=0.10328t^2-2.4650t+44.582$ 0.9999**	$\Psi_L=0.0395t^2-3.1016t+59.072$ 0.9997**
大豆	B	7/12	$\Psi_L=0.0562t^2-4.1527t+74.767$ 0.9463**	$\Psi_L=0.0542t^2-4.2175t+79.979$ 0.9510**
	C	7/13	$\Psi_L=-0.009t^2+0.5583t+10.361$ 0.9507**	$\Psi_L=-0.0089t^2+0.584t+11.318$ 0.9681**
	E	7/13	$\Psi_L=-0.0215t^2+1.6102t+28.03$ 0.9383**	$\Psi_L=-0.0217t^2-1.7063t+31.422$ 0.9387**
甘薯	E	7/14	$\Psi_L=-0.0436t^2-3.0004t-50.163$ 0.8504*	$\Psi_L=-0.0376t^2-2.7617t-50.163$ 0.9037*

*，**分别代表 0.05 和 0.01 水平的显著性。

$$\frac{\mathrm{d}\Psi_{\mathrm{L}}}{\mathrm{d}t}=2at-b \tag{7}$$

结果表明干旱高温季节，植物水势温度效应随着气温升高而下降，植物水势调节能力下降，植物干旱胁迫程度越大，说明高温也是季节性干旱的成因之一。不间作作物花生和间作中的高秆作物叶水势与大气湿度、大气水势显著相关，表现的关系也可用二项式方程描述（表 8）。结果表明，干旱季节，由于大气温度升高或空气较为干燥，因而大气水势降低，叶气系统水势梯度增大，导致植物蒸腾加快，进而叶水势降低；间作改变了系统微环境的温度、相对湿度，因而造成间作中矮秆植物叶水势与大气湿度无显著相关关系。

表 8　植物叶水势（MPa）与相对湿度（%）和大气水势的关系

植物叶	处理	日期（月/日）	与相对湿度的方程及相关系数	与大气水势的相关方程及相关系数
花生	A	7/15	$\Psi_{\mathrm{L}}=0.002x^2-0.1556x+0.9231$ 0.8871^{*}	$\Psi_{\mathrm{L}}=0.002\Psi_A^2+0.063\Psi_A+2.19333$ 0.8923^{*}
玉米	B	7/11	$\Psi_{\mathrm{L}}=0.0024x^2-0.2293x+3.7532$ 0.9871^{**}	$\Psi_{\mathrm{L}}=0.0003\Psi_A^2+0.0627\Psi_L+1.6854$ 0.9863^{**}
	D	7/11	$\Psi_{\mathrm{L}}=0.0019x^2-0.1799x-2.5345$ 0.9367^{**}	$\Psi_{\mathrm{L}}=0.002\Psi_A^2+0.0483\Psi_A+0.9117$ 0.9330^{**}
大豆	C			$\Psi_{\mathrm{L}}=9\times10^{-5}\Psi_A^2+0.0267\Psi_A-0.1009$ 0.8110^{*}
	E	7/13	$\Psi_{\mathrm{L}}=-0.0005x^2+0.0628x-3.7022$ 0.9690^{**}	$\Psi_{\mathrm{L}}=3\times10^{-5}\Psi_A^3-0.002\Psi_A-0.7173$ 0.9765^{**}
甘薯	E	7/14	$\Psi_{\mathrm{L}}=0.0532x^2-3.6065$ 0.9034^{*}	$\Psi_{\mathrm{L}}=6\times10^{-5}\Psi_A^2-0.0004\Psi_A-4406$ 0.8973^{*}

*，**分别代表 0.05 和 0.01 水平的显著性。

3 结　论

（1）SPAC 的叶气系统中的水势梯度是叶土系统水势梯度的 100 倍左右，而叶土系统水势梯度又是 70cm 土层内土壤基质势梯度的 100 倍左右；不同耕作制度影响水势的日变化，免耕较常耕，窄垄较宽垄叶土水势差下降，水分胁迫更强；水势日变化结果表明花生的耐旱性和抗旱性较强，大豆和玉米的则较弱。

（2）南方红壤地区干旱季节作物叶水势与土壤基质势显著相关，土壤基质势下降叶水势降低；垄作处理中作物叶水势与较深层次的土壤基质势相关；免耕处理亚表层土壤压实导致叶水势仅与表层土壤基质势相关。

（3）干旱季节，不同耕作制度下，土壤基质势随土壤温度的升高而降低；不同利用方式影响土壤基质势温度效应，昼夜温差越大土壤基质势温度效应值越小；20cm 土壤随温度升高，该层土壤基质势温度效应值增大。

（4）叶水势随温度升高而降低；间作改变了作物群体内的大气湿度，从而导致间作中矮秆作物的叶水势与大气湿度或大气水势无显著相关关系；随着气温或叶温的升高，叶水势温度效应值下降，作物干旱胁迫程度加剧。

综上所述，南方红壤区高温和土壤水分胁迫共同作用导致季节性干旱胁迫，高温加剧了水分胁迫；种植制度和耕作方法影响作物对干旱胁迫的响应主要表现在作物根系或群体小环境的影响。高温对土壤基质势及干旱胁迫的影响有待深入研究。

致谢　陈树元研究员，柳建国硕士在田间试验过程中提供帮助，王兴祥硕士参加田间管理工作并提供土壤养分资料，在此一并感谢。

参 考 文 献

[1] 荆家海，陈凯. 温度和水分状况对几种不同类型植物叶片水势和延伸生长的影响. 植物生态学与地植物学报，1989，(3)：49-57.

[2] 李德全，邹琦. 土壤水分胁迫对小麦叶片的渗透调节与延伸生长的影响. 植物学报，1992，34（2）：120-125.

[3] 闵安成，张一平，朱铭莪，等. 田间土壤的水势温度效应. 土壤学报，1995，32（2）：235-240.

[4] 张富仓，张一平，张君常. 温度对土壤水分保持影响的研究. 土壤学报，1997，34（2）：160-169.

[5] 闵安成，张一平. 土壤气态水扩散特征初探. 西北农业大学学报，1994，22（2）：16-21.

[6] 王明珠，姚贤良，张佳宝，等. 低丘红壤伏秋旱的成因、特征及抗旱体系的研究. 自然资源学报，1997，12（3）：250-255.

[7] 张斌，张桃林. 南方东部丘陵区季节性干旱成因及其对策研究. 生态学报，1995，15（4）：413-419.

[8] 张斌，张桃林. 新垦红壤旱地耕作制度的比较研究//中国科学院红壤生态实验站. 红壤生态系统研究. 第二集. 南昌：江西科学技术出版社. 1993. 118-124.

[9] 张斌，张桃林，柳建国，等. 植物的水容特征与其耐旱性的关系. 植物资源与环境，1996，5（2）：23-27.

[10] 邵明安，杨文治，李玉山. 植物根系吸收土壤水分的数学模型. 土壤学报，1987，24（4）：295-105.

[11] 邵明安，杨文治，李玉山. 土壤-植物-大气连续体体中的水流阻力及相对重要性. 水利学报，1986，(9)：8-14.

[12] Shao M A，Simmonds L P，Chen Z X. Hydraulic resistance and capacitance in the soil-plant system. Pedosphere，1991，1（3）：191-206.

[13] 朱祖祥. 土壤学（上册）. 北京：农业出版社，1993：112.

[14] Hopmans J W，Dane J H. Temperature dependence of soil retention curve. Soil Sci. Soc. Am. J.，1986，50：562-567.

Relationship between Water Potentials of Red Soil and Crop Leaves under Five Farming Systems and Their Responses to Drought Stress in Dry Season

Zhang Bin　Zhang Taolin　Zhao Qiguo

Institute of Soil Science，Academia Sinica，Nanjing　210008，China

Abstract

Seasonal drought is one of the main constraints to agricultural development of upland in the area of red soil of China. The responses of crops under five farming systems to drought stress are reported in this paper. The differences of water potentials between air and crop leaves were about 100 times higher than those between crop leaves and soil in the surface layer of 10cm. The differences between the latter were around 100 times higher than those between soils in the layers of 10cm and 70cm as well. The differences of water potentials were lower in the treatments of minimum tillage and narrow ridge tillage than those in the treatments of conventional tillage and wide ridge tillage respectively，indicating the serious water stress in former treatments. The results of diurnal variation of water potentials in soil-plant-aunosphere continuum（SPAC）indicated that peanut is more tolerant to drought than soybean and corn. Leaf water potential decreased with the increase of soil water potential and its relationship could be expressed by binomial equations. In the treatments of ridge tillage，leaf water potential was more related to the water potential of soil in deeper layers than to that of soil surface in the treatment of minimum tillage. Water potentials of soils or leaves increased with the increase of soil and air temperatures respectively. The effect of temperature on water potentials of soils and leaves were affected by farming practices and crop communities. Results showed that seasonal drought in the region is caused by integration of water stress and high temperature.

Key words　Soil water potential；Leaf water potential；Effect of temperature on water potential；Red soil

干旱季节不同耕作制度下红壤-作物-大气连续体水流阻力变化规律*

张　斌　丁献文　张桃林　赵其国

中国科学院南京土壤研究所，南京　210008

摘　要

确定水流阻力不仅有助于定量土壤-作物-大气连续体（SPAC）描述的水分传输过程，而且对建立减少水流阻力的节水农业措施，解决红壤区季节性干旱有重要意义。本文研究了不同耕作制度下作物气孔阻力日变化及其与蒸腾速率、土壤基质势、作物叶水势的关系，并分析了水流阻力的分布及其日变化规律。结果表明气孔阻力和蒸腾速率受作物种类和耕作制度影响，气孔阻力随着 70cm 土层以上土壤基质势的变化而变化；SPAC 中叶气系统水流阻力为 10^9～10^{10}S，是作物体水流阻力的 1000 倍，而后者又是 70cm 以上土层土壤水流阻力的 100 倍；作物体水流阻力大小顺序为：大豆＞花生＞玉米＞甘薯，除甘薯外，其他作物体水流阻力有明显的日变化；此外，耕作制度也影响作物体水流阻力。

关键词　水流阻力；气孔阻力；水势；红壤；耕作制度

水分在土壤-植物-大气连续体（SPAC）中的传输过程，也是植物的蒸腾失水过程。该过程中水流阻力的确定不仅有助于定量描述 SPAC 的水分传输过程，而且对建立减少水流阻力的节水农业措施有重要的意义。因此，关于水流过程中阻力的大小和分布、与水势间的关系等问题一直是研究的焦点[1]，但仍未取得统一的认识。我国目前相关的研究工作主要集中在北方干旱、半干旱地区，且多着重于单一作物的定量定性描述[2, 3]。我国南方红壤区存在严重的季节性干旱[4, 5]，关于热带亚热带地区干旱季节 SPAC 水流阻力的研究鲜见报道。前文报道了田间条件下作物-土壤水势关系及其对干旱胁迫的响应[6]。本文旨在研究不同耕作制度下水流阻力的变化规律，以从水流阻力角度深入理解南方季节性干旱中作物对干旱胁迫的响应特征，为评价和建立不同抗旱利用方式提供理论依据。

1　试验设计与实验方法

本试验在中国科学院红壤生态试验站进行。该站位于江西省余江县境内（166°55′E，28°15′N），平均气温 17.6℃，平均降水量 1797.7mm，且 50%左右集中在 4～6 月，伏秋旱频繁发生[7]。该站气候和土壤代表广大红壤低丘岗地类型。

本试验区的原始植被为稀疏马尾松林，坡度 7°，相对高度 45m 左右，于 1992 年开垦为 100m^2 标准径流小区。试验以来各小区利用方式保持不变。供试土壤为第四纪红黏土发育的普通红壤，1995 年 11 月采样测定的土壤理化性质见表 1。相同种植制度处理施肥量相同，但土壤管理方式不同[7]。处理 A：当地传统耕作制度花生接茬肥田萝卜；处理 B 和 D：甘薯间作大豆后接茬荞麦，冬作物为油菜，处理 B 为常规耕作，处理 D 为免耕覆盖；处理 C 和 E：甘薯间作大豆后种植冬作物油菜，处理 C 为窄垄耕作，处理 E 为宽垄耕作。供试品质为大豆（*Glycine max*），矮脚青；玉米（*Zea mays*），腋单 4 号；甘薯（*Ipomoea batatas*），枫叶薯；荞麦（*Fagopyrum esculentum*），甜荞；油菜（*Brassica* spp.），饶油 1 号；花生（*Arrachis hypogaea*），粤油 551。

1995 年 7 月 7 日前降水量为 79.7mm。田间测定在 1995 年 7 月 8～20 日，此间无降水。每小区中间安装一组负压计，埋设深度为 10，20，30，40，70，90，110，130，150cm。土壤基质势用 U 形负压计测定。土壤基质势为土壤吸力的负值。

---

* 国家自然科学基金项目（49701008），中科院重大项目（KR95-04-01-15）和国家攻关项目（96-004-03）资助。

本文原载《土壤学报》2001 年第 38 卷第 1 期第 17-24 页。

表 1　5 种耕作制度处理的土壤理化性质

处理	土壤耕作	黏粒	粉砂粒	砂粒	总量/(g/kg)				速效量/(mg/kg)			pH	
		<0.002mm	0.002～0.05mm	0.05～2mm	有机质 O.M.	全氮 N	全磷 P	全钾 K	水解氮 N	速效磷 P	速效钾 K	H_2O	KCl
A 花生-肥田萝卜	传统耕作	40.8	33.2	26.0	14.4	0.84	1.05	9.48	52.4	11.89	105.1	5.4	3.9
B 玉米+大豆—荞麦→油菜	常规耕作	38.1	34.5	27.4	9.0	0.56	0.77	11.55	35.1	2.95	166.0	5.6	4.3
C 甘薯+大豆→油菜	窄垄耕作	42.0	34.1	23.9	14.0	0.83	0.96	10.45	64.3	7.53	102.5	5.6	4.2
D 玉米+大豆—荞麦→油菜	免耕覆盖	40.8	34.9	24.3	12.2	0.76	0.98	9.74	47.4	6.55	179.9	5.8	4.3
E 甘薯+大豆→油菜	宽垄耕作	40.9	35.7	23.4	13.8	0.81	1.13	10.24	59.5	9.38	141.1	5.5	4.1

在 8：30，10：30，12：30，14：30，16：30 共 5 个时间段内同时测定大气湿度、温度、叶水势、气孔阻力、蒸腾强度。大气湿度采用干湿温度计测定，湿度计安置于作物高度的 1/2 处。采用 ZLZ-4 型植物水分状况测定仪（压力室）测定植物叶片水势，LI-1600 型稳态气孔计测定叶片气孔阻力、蒸腾速率和叶面温度等。试验过程中，在各小区内设置 4～5 个样方，每个样方取样重复 2～3 次以上。玉米取自顶端起 3～4 叶位上的正常叶片，大豆取自顶端起的 3～4 分枝上的正常叶片，甘薯、花生取顶部的生长正常的展开叶片。测定各小区植物固定叶位叶片的水势，求其算术平均，代表相应时间内植物叶水势；每样方取 10 片叶片测定气孔阻力和蒸腾速率，求其算术平均，代表相应时间内作物气孔阻力和蒸腾速率。每种作物的测定控制在半小时内，相同种植制度处理中的同一种作物同时测定。

大气水势由水势的定义出发，可由大气的相对湿度计算，即

$$\psi_a=\frac{RT}{V_w}\ln RH=4.6182\times10^5 T\ln RH \tag{1}$$

式中，R 为普适气体常数，8.3127Pa·m³/（mol·K）；T 为大气绝对温度（K）；V_w 为水偏摩尔体积（cm³/mol）；RH 为相对湿度（%）。

土壤阻力 R_s 用 Gardner-Lowan 公式计算，即

$$R_s=\Sigma R_{si}=\Sigma 5.0\times10^{-4}(\psi_{mi}/\psi_{mo})^{2.57} \tag{2}$$

式中，R_{si} 为第 i 层土壤阻力（S），单位 S 换算成通用单位 Pa/（W/m²）或（m/s）需乘以 0.4×10^{-5}；ψ_{mi} 为第 i 层土壤基质势（cm 水柱高）；ψ_{mo} 为土壤水分特征曲线上饱和点的进气值 $\psi_{mo}=-800$cm 水柱高。因为红壤区植物根系集中在 70cm 土层内，所以 i 取 70cm 土层以上。

植物体的阻力 R_p 包括根系阻力、茎和叶的阻力，根据 van den Honert 的水流公式，可得

$$R_p=(\psi_s-\psi_L)/T-R_s \tag{3}$$

式中，T 为植物叶片的蒸腾速率（μg/（cm²·s））；ψ_s，ψ_L 分别是土壤基质势（Pa）和植物叶水势；R_p，R_s 分别是植物体阻力（S）和土壤阻力（S）。

叶气系统的水流阻力 R_{La} 由下列公式计算：

$$R_{La}=(\psi_L-\psi_a)/T \tag{4}$$

式中，ψ_L，ψ_a 分别是叶水势（Pa）和大气水势（Pa）；R_{La} 为叶气系统水流阻力（s）；T 为蒸腾速率（μg/（cm²·s））。

2 结果与讨论

2.1 作物蒸腾速率、气孔阻力日变化

不同处理作物的蒸腾速率日变化规律不同（表 2）。玉米的蒸腾速率在 10：30 最大，上午大于下午；常耕处理 B 大于免耕处理 D，且上午的差异更大。大豆的蒸腾速率日变化在各处理间趋势基本相同，最大值出现在上午 10：30，且上午高，下午低；处理 C、E 的蒸腾速率大于处理 B、D，且日变幅更大；处理 B、D 蒸腾速率差异较小，处理 C 小于处理 E。甘薯蒸腾速率远大于其他植物，除处理 E 的下午 16：30 时略有下降外，几乎无日变化，处理 E 略大于处理 C。花生蒸腾速率早晨迅速下降后，上午 10：30 开始保持不变直至下午 16:30 有所回升。所有作物的气孔阻力的日变化趋势与其蒸腾速率的日变化相反（表 2）。总之，作物蒸腾速率和气孔阻力及其日变化结果说明，甘薯能抵御一定的干旱胁迫，玉米和大豆水分调节阈值较低，抵御干旱的能力小于甘薯和花生；与对应处理相比，免耕覆盖处理 D 和窄垄耕作处理 C 中作物的气孔阻力增加，蒸腾速率下降，受干旱胁迫更严重。

表 2 不同处理中作物蒸腾速率和气孔阻力的日变化

日期（月/日/年）	作物	处理	蒸腾速率/[μg/（cm^2·s）]					气孔阻力/（S/cm）				
			8：30*	10：30	12：30	14：30	16：30	8：30	10：30	12：30	14：30	16：30
7/11/1995	玉米	B	24.37	39.20	21.81	13.96	13.06	1.04	0.69	1.33	2.35	2.37
		D	12.67	31.37	21.07	19.76	8.58	2.09	0.92	1.51	1.59	3.41
7/12/1995	大豆	B	13.77	17.77	16.83	11.30	10.55	1.97	1.49	2.16	3.54	3.56
		D	17.77	13.16	11.73	9.73	16.26	1.60	2.02	3.38	4.05	2.38
7/13/1995	大豆	C	25.91	22.08	18.56	11.65	14.31	0.71	1.32	1.90	3.05	2.66
		E	29.00	34.96	18.49	15.34	13.08	0.69	0.75	1.68	2.35	2.76
7/14/1995	甘薯	C	33.25	36.28	41.21	41.57	42.23	0.62	0.54	0.41	0.60	1.01
		E	37.14	37.15	45.95	46.16	33.42	0.53	0.59	0.37	0.60	0.69
7/15/1995	花生	A	38.08	13.93	14.58	12.70	16.19	0.63	1.84	2.05	2.43	1.82

* 为测定时间：时：分。

2.2 气孔阻力与土壤、植物叶水势的关系

虽然大量研究结果表明，气孔阻力和叶水势之间具有很好的线性负相关[2]，但这些研究都是在土壤水分条件充足、叶水势较大时进行的。本试验结果表明（表 3）：干旱季节虽然所有作物都表现随着叶水势减小气孔阻力增大的趋势。但只有单作花生和间作中的高秆作物大豆气孔阻力与叶水势显著相关。叶水势和气孔阻力不仅受气象因素，如饱和水汽差、净辐射、气温和光照强度的影响，而且受作物本身生理过程的调节。干旱季节，不同间作处理形成不同的微生态气候条件，且作物对干旱胁迫产生一系列生理反应，可能导致气孔调节形成的气孔阻力变化与叶水势变化不同步，对干旱胁迫作出响应不同。

表 3 气孔阻力 y（S/cm）与植物叶水势 x（MPa）的关系

作物	处理	日期（月/日/年）	相关方程	相关系数
花生	A	7/15/1995	$y=-0.2893x^2-2.7881x-2.4316$ $-2.28\leqslant x\leqslant -1.27$MPa	0.9944^{**}
大豆	C	7/13/1995	$y=-0.9067x^2-8.4926x-11.169$ $-2.20\leqslant x\leqslant -1.70$MPa	0.9794^{**}
大豆	E	7/13/1995	$y=9.0151x^2+29.11x+23.886$ $-2.13\leqslant x\leqslant -1.77$MPa	0.9063^{**}

**代表 $P<0.01$ 水平的显著性。

干旱季节，某时间测定气孔阻力的平均值与其土壤基质势的相关分析（n=5）结果表明，气孔阻力随土壤基质势增大而增大，不同作物以及不同利用方式下的同一作物气孔阻力受土壤基质势的影响强度不同（表 4）。处理 A 中花生气孔阻力仅与 40cm 以上土壤基质势相关，处理 B、D 玉米气孔阻力仅受 20～30cm 土层土壤基质势的影响，其他作物的气孔阻力与土壤基质势的作用深度达 70cm，比植物水势与土壤基质势的作用深度更深，说明气孔阻力比植物水势更适宜于作为土壤干旱胁迫指标。

表 4　气孔阻力（S/cm）与土壤基质势（MPa）的关系

作物	处理	日期（月/日/年）	土层/cm	相关方程	x 取值范围/kPa	相关系数
花生	A	7/15/1995	10	$y=-24689x^2-3186.8x-100.63$	$-68.75 \leqslant x \leqslant -53.17$	0.9776**
			20	$y=-24689x^2-3186.8x-100.63$	$-7326 \leqslant x \leqslant -49.80$	0.9636**
			30	$y=-129337x^2-8706.6x-29.88$	$-37.32 \leqslant x \leqslant -30.39$	0.8123*
			40	$y=-9\times10^6x^2-405440x-4384.7$	$-22.71 \leqslant x \leqslant -21.35$	0.9669**
玉米	B	7/11/1995	10	$y=-201197x^2-11934x-174.54$	$-36.56 \leqslant x \leqslant -25.75$	0.9695**
			20	$y=301758x^2+11337x+107.24$	$22.28 \leqslant x \leqslant -18.01$	0.9000*
	D	7/11/1995	10	$y=429710x^2+22407x+293.37$	$-35.63 \leqslant x \leqslant -26.00$	0.9704**
			30	$y=3\times10^6x^2+91324x+611.93$	$-15.33 \leqslant x \leqslant -13.40$	0.9563**
大豆	B	7/12/1995	10	$y=449336x^2+35169x+689.9$	$-51.07 \leqslant x \leqslant -30.23$	0.9568**
			20	$y=371858x^2+17973x+218.95$	$-27.94 \leqslant x \leqslant -23.18$	0.8379*
			30	$y=4\times10^7x^2+10^6x+13150$	$-19.93 \leqslant x \leqslant -17.35$	0.8347*
			40	$y=5\times10^6x^2+151337x+1074.8$	$-16.31 \leqslant x \leqslant -13.59$	0.9532**
			70	$y=1\times10^7x^2+242498x+1256.9$	$-11.77 \leqslant x \leqslant -9.97$	0.9676**
	D	7/12/1995	10	$y=563327x^2+40473x+728.95$	$-3679 \leqslant x \leqslant -33.95$	0.8949*
			20	$y=2\times10^6x^2+101829x+1116.9$	$-25.24 \leqslant x \leqslant -20.87$	0.9851**
			70	$y=3\times10^6x^2+54772x+267.5$	$-10.95 \leqslant x \leqslant -8.70$	0.9839**
	C	7/13/1995	10	$y=-111729x^2-11241x-279.89$	$-60.89 \leqslant x \leqslant -38.78$	0.9565**
			20	$y=-42577x^2-3860.5x-83.763$	$-45.75 \leqslant x \leqslant -36.26$	0.9820**
			30	$y=-557508x^2-29321x-382.43$	$-28.98 \leqslant x \leqslant -23.72$	0.9910**
			70	$y=-6\times10^6x^2-141971x-867.54$	$-12.50 \leqslant x \leqslant -11.35$	0.8725*
	E	7/13/1995	10	$y=-2\times10^6x^2-251756x-8304.8$	$-73.22 \leqslant x \leqslant -61.18$	0.9881**
			20	$y=-90868x^2-8670.2x-203.96$	$-56.70 \leqslant x \leqslant -42.80$	0.9854**
			40	$y=2\times10^7x^2+744930x+6579.1$	$-18.73 \leqslant x \leqslant -16.93$	0.9874**
			70	$y=2\times10^6x^2+50751x+289.67$	$-13.70 \leqslant x \leqslant -10.54$	0.9228**
甘薯	C	7/14/1995	20	$y=15586x^2+1401.5x+31.976$	$-52.69 \leqslant x \leqslant -40.10$	0.9647**
			30	$y=217240x^2+13027x+195.8$	$-34.12 \leqslant x \leqslant -29.12$	0.8241*
			40	$y=1\times10^6x^2+47884x+474.17$	$-22.11 \leqslant x \leqslant -19.41$	0.9929**
			70	$y=6\times10^6x^2+153016x+990.62$	$-12.50 \leqslant x \leqslant -11.35$	0.9929**

*代表 0.05 水平的极显著性；**代表 0.01 水平的极显著性。

2.3　不同 SPAC 的水流阻力日变化及分布

根据 Gardner 和 Gardner-Lowan 的定义[2, 8]，土壤阻力 R_S 与土壤水吸力呈非线性正相关关系，与土壤导水率成反比，与根系半径成正相关。红壤的非饱和导水率随土壤含水量的变化很大，当土壤容积含水量分别为 30%，24%，18%，12%和 6%时，其导水率比近饱和导水率（土壤基质势为 0）分别下降 1～3，3～4，6～7，9～10 和 11～13 个数量级。干旱季节随着植物根系吸收消耗土壤水分，土壤导水率急剧下降，其下降速度远超过根系生长的速度。本文所计算得 70cm 土层以内土壤阻力在 10^5S 数量级，日变化有不断上升的趋势（表 5）。此外，土壤阻力也存在层次性，即表层土壤阻力大，向下则越小（数据未列）。虽然表 5 中的土壤阻力不可以作横向比较，但仍可以看出干旱季节土壤阻力随时间推移而增大。

作物体水流阻力包括根系水流阻力、茎叶水流阻力。不同作物体水流阻力存在差异[2]。由表 5 可见，作物体水流阻力有日变化，其变化范围为 10^6～10^7S，大小顺序为：甘薯＜玉米＜花生＜大豆。作物平均比水容结果表明这几种作物的比水容变化范围在 0.0258～0.6935m/Pa，大小顺序为：甘薯叶＞大豆叶＞花生叶＞玉米叶，花生茎＞甘薯茎＞大豆茎，且叶片比水容大于茎的比水容[9]。比较两者结果可见比水容越大的作物，其水流阻力越小。水容表示单位水势变化引起的植物组织内含水量的变化，与植物水势呈非线性关系[9, 10]。植物体水流阻力随水流通量的增加而减小，且受植物体内含物的影响而变化[11]。此外，植物体的比水容和水流阻力受土壤水分状况影响且随其生育期变化而变化[2, 10]，植物体水流阻力不仅与植物水容有关，而且受土壤水容的影响。所以植物比水容和水流阻力的关系非常复杂，可能存在负相关关系，但有待深入研究。

表 5　5 种处理作物 SPAC 水流阻力日变化

日期（月/日/年）	作物	处理	水流阻力/S*	测定时间（时：分）					平均
				8：30**	10：30	12：30	14：30	16：30	
07/11/1995	玉米	B	土壤（$\times10^5$）	0.22	0.23	0.23	0.26	0.28	0.24
			作物体（$\times10^7$）	1.22	0.98	1.90	3.03	2.99	2.02
			叶-气（$\times10^{10}$）	0.68	0.82	1.26	2.10	2.36	1.45
			SPAC 总和（$\times10^{10}$）	0.69	0.82	1.27	2.10	2.37	1.45
		D	土壤（$\times10^5$）	0.21	0.19	0.18	0.20	0.23	0.20
			作物体（$\times10^7$）	2.63	1.32	2.03	2.21	4.57	2.55
			叶-气（$\times10^{10}$）	1.31	1.03	1.31	1.48	3.59	1.75
			SPAC 总和（$\times10^{10}$）	1.13	1.03	1.31	1.48	3.60	2.55
07/12/1995	大豆	B	土壤（$\times10^5$）	0.47	0.49	0.51	0.52	0.55	0.51
			作物体（$\times10^7$）	2.47	2.07	2.91	4.30	4.45	3.24
			叶-气（$\times10^{10}$）	1.56	1.80	1.83	2.89	3.67	2.35
			SPAC 总和（$\times10^{10}$）	1.56	1.80	1.83	2.90	3.68	2.36
		D	土壤（$\times10^5$）	0.37	0.36	0.35	0.33	0.39	0.36
			作物体（$\times10^7$）	2.34	3.29	3.61	4.84	2.8	3.38
			叶-气（$\times10^{10}$）	1.21	2.42	2.64	3.38	2.39	2.41
			SPAC 总和（$\times10^{10}$）	1.21	2.43	2.65	3.38	2.39	2.41
07/13/1995	大豆	C	土壤（$\times10^5$）	0.89	0.90	0.98	1.10	1.12	1.00
			作物体（$\times10^7$）	1.59	2.05	2.61	4.66	3.49	2.88
			叶-气（$\times10^{10}$）	0.78	1.30	1.92	2.84	2.53	1.87
			SPAC 总和（$\times10^{10}$）	0.78	1.31	1.92	2.84	2.53	1.88
		E	土壤（$\times10^5$）	1.67	1.66	1.77	1.82	1.75	1.73
			作物体（$\times10^7$）	1.48	1.32	2.7	3.21	4.01	2.54
			叶-气（$\times10^{10}$）	0.70	0.82	1.92	2.07	2.76	1.65
			SPAC 总和（$\times10^{10}$）	0.70	0.82	1.93	2.07	2.77	1.65
07/14/1995	甘薯	C	土壤（$\times10^5$）	1.64	1.67	1.75	1.74	1.92	1.74
			作物体（$\times10^7$）	0.77	0.89	0.81	0.71	0.80	0.80
			叶-气（$\times10^{10}$）	0.78	0.84	0.71	0.79	0.81	0.79
			SPAC 总和（$\times10^{10}$）	0.70	0.85	0.71	0.79	0.82	0.79

续表

日期（月/日/年）	作物	处理	水流阻力/S*	测定时间（时：分）					平均
				8：30**	10：30	12：30	14：30	16：30	
07/14/1995	甘薯	E	土壤（×10^5）	2.13	2.28	2.43	2.39	2.57	2.36
			作物体（×10^7）	0.67	0.87	0.7	0.67	1.21	0.82
			叶-气（×10^{10}）	0.69	0.83	0.64	0.71	1.03	0.78
			SPAC 总和（×10^{10}）	0.70	0.83	0.64	0.71	1.03	0.78
07/15/1995	花生	A	土壤（×10^5）	1.74	2.24	2.61	2.83	3.20	2.52
			作物体（×10^7）	0.90	3.31	3.36	4.42	2.96	2.99
			叶-气（×10^{10}）	0.52	1.92	1.99	2.34	1.94	1.74
			SPAC 总和（×10^{10}）	0.52	1.93	1.99	2.35	1.94	1.75

*单位 S=4×10^{-6}m/s；**为测定时间：时：分。

不同耕作制度也影响植物体水流阻力。处理 D 中玉米和大豆的水流阻力大于处理 B；处理 B、D 中大豆水流阻力又大于处理 C、E，处理 C 中大豆水流阻力大于处理 E；处理 C、E 甘薯水流阻力相差较小。除甘薯水流阻力的日变化不明显外，其他作物水流阻力都有明显的日变化，下午最大值是早晨最小值的 2～4.5 倍。由于作物体水流阻力主要分布在根系部分，且根系吸收阻力仅与其生物特性有关而与土壤条件无关[8]，因此土根接触阻力是植物体阻力的主要变异项。红壤失水后土壤迅速收缩可能会引起土根接触阻力迅速增加。

叶气阻力的变化范围在 10^9～10^{10}S（表 5），是植物体阻力的 10^3 倍，是土壤阻力的 10^5 倍，因而，叶气阻力是 SPAC 总的水流阻力的 99%以上。所以，在 SPAC 中叶气阻力对控制系统的水流运动起着主导作用。叶气阻力中，气孔阻力又是空气边界层阻力的 3～5 倍[2]，因而气孔阻力就成为 SPAC 中水流运动的主要控制因素。

虽然土壤阻力在 SPAC 总的水流阻力中比例很小，但由前文可知气孔阻力受到土壤水分状况的反馈调节作用和土壤水分物理性质的影响较大。因此南方季节性干旱不仅与气候有关，而且是植物、土壤与大气条件共同作用的结果。

3 结　　论

（1）作物蒸腾速率和气孔阻力及其日变化结果说明，花生和甘薯能抵御一定的干旱胁迫，玉米和大豆水分调节阈值较低，抵御干旱的能力小于甘薯和花生；与对应处理相比，免耕较常耕和窄垄较宽垄中作物的蒸腾速率降低，气孔阻力提高。

（2）气孔阻力随土壤基质势增大而增大，较植物水势更适宜于作为土壤干旱胁迫指标；处理 A 中花生气孔阻力仅与 40cm 以上土壤基质势相关，处理 B、D 玉米气孔阻力仅受 20～30cm 土层土壤基质势的影响，其他作物的气孔阻力与土壤基质势的作用深度达 70cm；干旱季节虽然所有作物都表现随着叶水势减少气孔阻力增加的趋势，但只有单作花生和间作中的高秆作物大豆气孔阻力与叶水势显著相关。

（3）SPAC 的叶气系统中的水流阻力变化范围在 10^9～10^{10}S 之间，是作物体阻力的 1000 倍，而作物体水流阻力又是 70cm 土层土壤阻力的 100 倍；干旱季节土壤阻力受土壤水分状况影响随时间推移而增大；作物体水流阻力大小顺序为：大豆＞花生＞玉米＞甘薯，除甘薯外，其他作物体水流阻力有明显的日变化；不同耕作制度影响作物体水流阻力。

致谢　陈树元、柳建国在田间试验提供帮助，王兴祥参加田间管理工作并提供土壤养分资料。在此一并致谢。

参 考 文 献

[1]　冷石林，石培华. SPAC 水流阻力的确定. 中国农业气象，1993，14（6）：43-46.

[2]　康绍忠. 土壤-植物-大气连续体水流阻力分布规律的研究. 生态学报，1993，13（2）：157-163.

[3] 张喜英. 冬小麦、夏玉米叶水势、蒸腾和液态水流阻力的田间试验研究. 地理学报，1997，52.
[4] 张斌，张桃林. 南方东部丘陵区季节性干旱成因及其对策研究. 生态学报，1995，15（4）：413-419.
[5] 王明珠，姚贤良，张佳宝，等. 低丘红壤伏秋旱的成因、特征及抗旱体系的研究. 自然资源学报，1997，12（3）：250-255.
[6] 张斌，张桃林，赵其国. 干旱季节不同耕作制度下作物-红壤水势关系及其对干旱胁迫响应. 土壤学报，1999，36（1）：101-110.
[7] 张斌，张桃林. 新垦红壤旱地耕作制度的比较研究//中国科学院红壤生态实验站主编红壤生态系统研究（第二集）. 南昌：江西科学技术出版社，1993：118-124.
[8] 邵明安，杨文治，李玉山. 植物根系吸收土壤水分得数学模型. 土壤学报，1986，24（4）：295-304.
[9] 张斌，张桃林，柳建国，等. 植物的水容特征与其耐旱性的关系. 植物资源与环境，1996，5（5）：23-27.
[10] Shao M A，Simmonds L P，Chen Z X. Hydraulic resistance and capacitance in the soil-plant systems. Pedosphere，1991，1（3）：193-206.
[11] 黄明斌，邵明安. 土壤-植物系统中非稳态流研究进展. 土壤学进展，1994，3：20-26.

Variation of Hydraulic Resistances in Red Soil-crop-air Continuums in Different Farming Systems in Dry Season

Zhang Bin Ding Xianwen Zhang Taolin Zhao Qiguo
Institute of Soil Science，Chinese Academy of Sciences，Nanjing 210008，China

Abstract

Estimation of hydraulic resistances of soil-plant-climate continuum（SPAC）is important both for describing water movement in the continuum and for adopting practical water-saving measures in agriculture to find the solutions to seasonal drought in the area of red soil of China. The diurnal variation of stomatal resistance of crops in dry season was observed and its relation to transpiration rate and water potentials of crop leaf and soil in different farming systems was also studied. Results indicated that stomatal resistance and transpiration rate were different for each crop in different farming systems. Stomatal resistance was related to soil water potentials within the soil layers of 70cm. The hydraulic resistances of the leaf-air interface in SPACs ranged from 10^9 to 10^{10} S，which was 1000 times higher than those of crop body. The resistance of crop body was 100 times as much as that within the soil layer of 70cm. In dry season，soil resistance increased with the depletion of soil water. Resistance of crop body fell in the order：soybean＞peanut＞corn＞sweet potato，which experienced dramatically diurnal variation except that of sweet potato. Resistance of crop also varied with cropping systems.

Key words Hydraulic resistance；Stomatal resistance；Water potential；Red soil；Farming system

耕作方式对红壤水分入渗特性的影响及测定方法的比较*

张　斌　张桃林　赵其国
中国科学院南京土壤研究所，南京　210008

摘　　要

土壤水分入渗不仅是制约坡地水土流失的重要因素，而且也是合理调控土壤水分、防旱抗旱的关键。土壤水分入渗特性参数的测定由于测定方法的不同而存在差异。本文采用双环刀法、恒定水头法和水平土柱法直接或间接测定不同耕作制度下土壤水分的入渗特征。结果表明，原状土测定结果大于搅动土，土壤初始含水量和土壤表面结皮对导水率的测定结果可能导致双环刀法和恒定水头法测定结果间的差异。3 种方法的测定结果都表明，第四纪红黏土发育的红壤开垦后导水率提高，入渗特性良好。免耕覆盖比对应的常规耕作处理导水率增加；而窄垄和宽垄耕作处理间差异不明显，三种试验方法所得出的结论也不一致。测定导水率方法间的误差可能大于处理间的实际误差。

土壤水分入渗是指降水或灌溉水经过土壤表面进入土壤的过程[1]。作为农田水分循环中的一个重要过程，它不仅是制约坡地径流和土壤侵蚀发生的重要因子，而且也是合理调控土壤水分、防旱抗旱的关键。

土壤导水率或土壤入渗速率是定量描述农田水分入渗过程和评价土壤管理的重要参数之一。土壤的导水率$K(\theta)$为单位土壤水势梯度下的通量密度或渗透度，它是土壤含水量的连续增函数。饱和条件下，$K(\theta)$为定值，又称为饱和导水率；非饱和条件下，$K(\theta)$随土壤含水量或土壤水势而变化。饱和导水率的测定有室内恒定水头法和田间实测法，如双环刀法和 Gulph 仪法，方法相对比较容易；非饱和导水率的测定也有田间和实验室测定两种方法。田间的方法有零通量法或表面通量法等。室内方法有水平土柱法，但试验方法相对困难[2]。由于各测定方法所依据的原理不同以及受土壤件质的影响，各方法的测定结果存在较大的差异。

土壤水分物理特性如土壤导水率与土壤结构关系极为密切[3]。不同利用方式影响土壤结构。进而影响土壤导水率。所以通过建立合理的利用方式提高降水的入渗对减轻南方红壤地区季节性干旱的危害有重要意义。本文采用三种方法直接或间接测定不同耕作制度下土壤水分入渗特性，以比较其变化和评价不同方法的测定差异。

1　试验处理及测定方法

耕作制度处理详见参考文献[4]。简单讲，包括常规花生-肥田萝卜（A），玉米间作大豆接茬荞麦和油菜常规耕作（B）和玉米间作大豆接茬荞麦免耕覆盖（D），甘薯间作大豆接茬油菜窄垄耕作（C）和甘薯间作大豆接茬油菜宽垄耕作（E）。自 1991 年起各小区耕作制度和施肥制度保持不变，同时在试验小区附近设置荒草地（F）和松树地（G）处理作为对照。本试验于 1995 年 9～11 月完成。

1995 年 9 月中旬在不同小区的相同部位设置了 3 次重复，用双环刀法测定入渗速率，采用其中的重复性相对较好的两次结果，用 Philip 方程（方程 1 和方程 2）模拟测定结果[2]。当时，虽然同时采样分析土壤含水量，但因故未能获得含水量结果。

$$I(t) = St^{1/2} + AAt \tag{1}$$

$$i(t) = \frac{1}{2}St^{-1/2} + A \tag{2}$$

式中，$I(t)$为累计入渗量；$i(t)$为入渗速率（cm/min）；S 为吸渗系数（cm/min$^{1/2}$），反映初始入渗的特征；A 为恒定入渗速率（cm/min），反映后期的入渗特征。

*国家自然科学基金项目资助，项目批准号（49371034 和 49701008）。
本文原载《红壤生态系统研究》（第五集）1998 年第 183-191 页。

恒定水头法测定饱和导水率的原理是在土样的两端保持一定的水头差条件下，待流经土样的水流速度恒定后，测量一定时间内流经土样的水量，计算出土壤饱和导水率。用环刀分 0～5cm 和 20～25cm 两层取原状土，处理 B 和 D 还分别在 10～15cm 土层加取样一次，各处理每层取 6 次重复，3 个用于测定土壤水分特性曲线，另 3 个用于测定饱和导水率。1995 年 10～11 月用恒定水头法在常温下测定饱和导水率。每一土样重复测定 3～4 次。测定结果换算成 10 度条件下的饱和导水率 K_{10}。

取原装土的同时分 0～20cm 和 20～40cm 两层取小区内混合土样风干后碾磨并通过 2 毫米筛备用。采取水平土柱入渗法测定扩散系数 $D(\theta)$。具体步骤是采用半径 10cm，长 65cm 土柱，按田间测定容重装土柱，用自制的马氏瓶供水，保持土柱进水端的含水量不变。当湿润峰前进到 30cm 处时，停止供水，记载供水时间。随后立即分别按 2cm 或 1cm 分段取样测定土壤含水量，每段重复 3 次。以平均含水量表示土柱的含水量分布。用解析法计算出扩散系统 $D(\theta)$。试验结果见参考文献[5]。$D(\theta)$的模拟方程包括：

$$D(\theta) = D_0 \mathrm{e}^{-\beta(\theta_s-\theta)} \tag{3}$$

$$D(\theta)=D_0(\theta/\theta_S)^n \tag{4}$$

根据下列关系计算土壤导水率：

$$K(\theta)=C(\theta)\times D(\theta) \tag{5}$$

$$C(\theta)=\frac{\mathrm{d}\theta}{\mathrm{dS}}=\frac{1}{ad}\theta^{b+1} \tag{6}$$

所以土壤导水率方程为

$$K(\theta)=\frac{D_0}{ad}\mathrm{e}^{(-\beta\theta_S-\theta)}\theta^{b+1}=\alpha_1\mathrm{e}^{-\beta(\theta_S-\theta)}\theta_1^{\gamma_1} \tag{7}$$

$$K(\theta)=\frac{D_0\theta_S^{b+1}}{ad}\left(\frac{\theta}{\theta_S}\right)^{b+1+m}=\alpha_2\left(\frac{\theta}{\theta_S}\right)_2^{\gamma_2} \tag{8}$$

式中，$K(\theta)$，土壤导水率（cm/min）；θ_s，近饱和含水量，即土壤吸力为 0 时的土壤含水量，其值略小于土壤饱和含水量（cm^3/cm^3）；α_1，β，γ_1 是方程（7）的系数；$K_{S1}=\alpha_1\theta^{Y1}{}_S$ 为通过方程（7）计算的土壤近饱和导水率理论值(cm/min)；α_2，γ_2 为方程(8)的系数，α_2 为方程(8)计算的土壤近饱和导水率的理论值(cm/min)，γ_2，反映了导水率变化的速度。

为了研究不同初始土壤含水量对入渗规律的影响，采用垂直土柱法，按田间一定容量（$1.25g/m^3$）和不同的含水量 $0.05cm^3/cm^3$，$0.085cm^3/cm^3$，$0.132cm^3/cm^3$，$0.205cm^3/cm^3$，$0.265cm^3/cm^3$，$0.291cm^3/cm^3$，$0.366cm^3/cm^3$，$0.422cm^3/cm^3$ 装土柱，记载一定时间内的水分入渗量。

2 试验结果与讨论

2.1 双环刀法测定结果

Philip 入渗方程模拟结果表明，吸渗系数 S 的变异性较大，恒定入渗速率 A 变异性则较小（表 1）。不同处理间的吸渗系数 S 变化幅度在 6～21cm/min$^{1/2}$。各处理间的变化趋势为 C＞A＞D＞E＞B＞F＞G。吸渗系数 S 控制着入渗初始过程，受土壤的初始状况影响较大，特别是受起始土壤含水量、土壤孔隙状况、结皮现象的影响。处理 A 在试验前刚刚翻耕而无结皮，所以吸渗系数最大；垄作处理 C、E 在测定时仍有植被覆盖和覆盖处理 D 一样，吸渗系数较大，处理 B 和处理 F、G 的结皮现象较明显，所以处理 B、F、G 的吸渗系数小于其他处理。

表 1 各处理的 Philip 入渗模型参数

处理	模型参数及其变异系数				相关系数 R
	A		S		
	M	Var	M	Var	
A	0.1369	0.05	19.6071	64.73	0.9805
B	0.1193	0.67	11.0759	27.37	0.8725
C	0.1073	0.20	24.2079	4115.2	0.9056

续表

处理	模型参数及其变异系数				相关系数 R
	A		S		
	M	Var	M	Var	
D	0.1578	0.06	15.17	361.4	0.9227
E	0.0768	0.04	14.5959	31.54	0.9491
F	0.0857	0.08	6.873	107.16	0.9372
G	−0.267	12.64	8.2816	247.13	0.9532

注：S，A 分别表示吸渗系数（cm/min$^{1/2}$）和恒定入渗系数（cm/min）；M，Var 分别表示平均值和变异系数（%）；R 为相关系数。

恒定入渗速率 A 变化幅度在 0.07～0.16cm/min，各处理间大小顺序为：D>A>B>C>F>E。图 1～图 3 为根据测定结果模拟的各处理入渗变化规律曲线。图中递增的曲线为累积入渗量曲线，递减的曲线为入渗速率曲线。

由图 1 可见，耕翻后处理 A 的初始入渗速率和恒定入渗速率都大于稀疏草地处理 F 和松树处理 G；处理 F、G 入渗速率在实验开始很短的时间内就表现明显的下降，而处理 A 入渗速率下降则较缓慢；处理 G 在试验后期累积入渗量几乎不再增加，处理 F 的增加缓慢，处理 A 的增加速度却非常快。由于处理 A 的结果为花生收获翻耕后所测定的结果，不能代表处理 A 的实际情况。但结果仍然表明，荒芜低丘红壤长期受高能雨滴的冲击，形成的表土结皮现象，严重影响了降水的入渗，导致严重的降水径流，但开垦翻耕之后，入渗速率大幅度提高。图 2 表明，处理 D 的初始入渗速率和恒定入渗速率大于处理 B；处理 B 入渗速率下降的时间略早于处理 D；结果随时间的延长，处理 D、B 的累积入渗量的差值增大。结果表明与常规处理相比．免耕翻耕处理不仅提高了土壤的降水入渗速率，而且影响了其入渗变化过程，原因可能是处理 D 土壤结构改善，同时表土结皮现象比处理 B 较轻。由图 3 可见，处理 C、E 的初始入渗速率和恒定入渗速率相差不大，但其中间变化趋势却不相同，处理 E 入渗速率快速下降的时间早于处理 C；随时间的延长两者的累积入渗量差值增大，处理 C 入渗速率较大的原因与其耕作层较深有关。

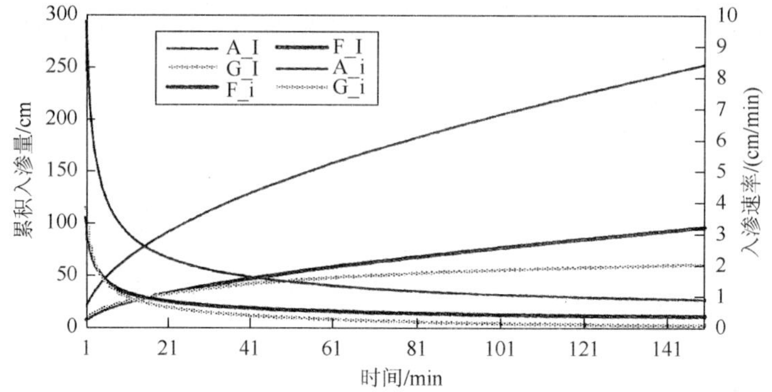

图1　处理 A，F，G 的累积入渗量和入渗速率

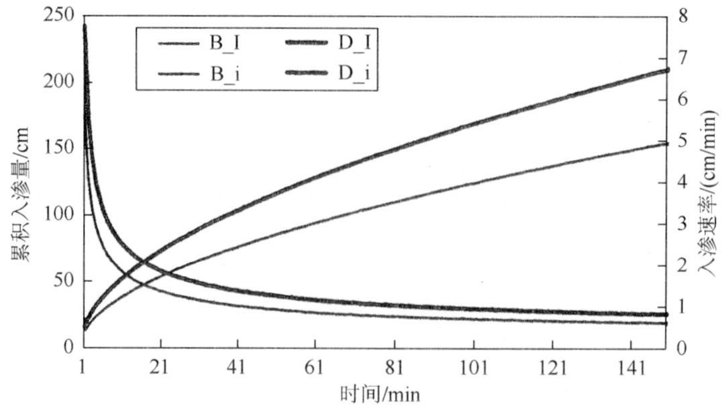

图 2　处理 B、D 的入渗速率和累积入渗量曲线

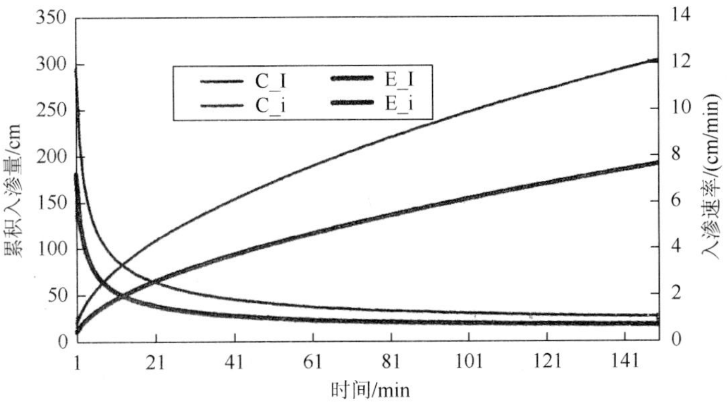

图 3 处理 C、E 的入渗速率和累积入渗量曲线

因 1995 年长时间无降水，处理 B、D 区均未能及时播种荞麦，所以当时 A、B、D 处理区均为裸露土壤。由于强烈的土壤蒸发和暴晒，可能导致表层土壤结构的变化如形成微小裂隙，所以处理 C 和 E 的恒定入渗速率小于 B、D 处理和 A 处理。

总之，双环刀试验结果，说明无论土壤的初始状况如何，同一处理土壤的入渗速率趋于恒定，且各处理土壤的入渗速率存在差异，除处理 E 外，所有耕作处理区土壤的恒定入渗速率均大于对照处理区。

2.2 水平土柱法测定结果

用指数函数（方程 7）模拟的土壤近饱和导水率略高于用幂函数（方程 8）的模拟结果（表 2）。但两者所示处理间的变化趋势一致。所有处理表层土壤的近饱和导水率低于亚表层土壤的近饱和和导水率；表层土壤的近饱和导水率处理 B、C 小于对照，而处理 D、E 的大于对照，处理 A 土壤刚翻耕所以未取表层土壤测定土壤水分特征曲线，而无结果；处理 B 和 D 的 0～10cm 土层的近饱和导水率远远低于 10～20cm 的结果，而处理 B 的差异更大，处理 A、B、E 的亚表层近饱和导水率小于对照，而处理 C、D 亚表层的土壤近饱和导水率大于对照。结果表明红壤开垦后土壤容重下降，使其土壤导水率提高。处理 A 和 B 的导水率下降可能与其水土流失量大而土壤结构退化有关[6]。免耕常规处理 D 的导水率提高，可能与其土壤结构改善有关。

表 2 各处理的土壤导水率拟合方程

土层/cm	处理	θ_S	方程 1			方程 2		
			α_1	β	γ_1	K_{S1}	α_2	γ_2
0～20	A	32.84						
	B1	34.65	4.85E-28	0.1443	15.6930	0.0007054	0.0005	17.6437
	B2	32.01	2.87-23	0.1863	14.5890	0.262	0.1806	16.8653
	C	31.68	9.23E-19	0.1948	11.8600	0.598	0.4045	14.3501
	D1	35.8	2.41E-18	0.1564	11.0010	6.58	4.1694	13.4913
	D2	37.59	3.1E-17	0.1546	11.4160	2.49	1.5105	13.5293
	E	35.96	4.31E-18	0.1546	11.4160	2.49	1.5105	13.5293
	F	35.08	3.65E-18	0.1909	11.2820	0.985	0.6440	14.0739
	G	36.14	2.39E-21	0.1666	13.4660	2.28	1.4479	15.7531
20～40	A	35.38	1.59E-24	0.1462	15.2050	0.563	0.4061	17.2387
	B	34.88	3.74E-19	0.1942	11.8300	0.664	0.4688	14.9003
	C	37.31	3.42E-17	0.1605	10.9774	6.14	3.8401	13.3370
	D	37.61	1.84E-17	0.1344	11.0700	5.06	3.6461	13.1860
	E	34.34	1.12E-18	0.1414	11.7280	1.15	0.16783	13.4113
	F	34.78	3.31E-21	0.1241	13.5780	2.80	1.9666	16.1353
	G	37.97	2.04E-18	0.1590	11.3450	1.69	1.1066	13.7510

注：B1 和 D1 分别为处理 B 和 D 的 0～10cm 土壤测定结果，B2 和 D2 分别是处理 B 和 D 的 10～20cm 土壤测定结果。

运用所得的模拟方程计算不同含水量的土壤导水率 $K(\theta)$时发现，当土壤容积含水量分别为 30%，24%，18%，12%和 6%时，其导水率 $K(\theta)$分别比 $K(\theta_S)$下降 1～3，3～4，6～7，9～10 和 11～12 个数量级。

2.3　恒定水头法测定结果

恒定水头法测定结果的变异性非常大（表 3）。所有处理表层和亚表层土壤的饱和导水率均大于对照。免耕处理 D 表层和亚表层土壤的饱和导水率大于常规耕作处理 B；结果表明红壤表层土壤的饱和导水率小于亚表层土壤；开垦一定时间后，表层的饱和导水率增大。处理间表层土壤饱和导水率大小排列顺序为：E＞C＞D＞B＞F＞G，相同种植制度处理间差异较小，荒草地和松树地的差异也较小。各处理间亚表层土壤饱和导水率大小排列顺序为：G＞E＞D＞C＞B＞A＞F。处理 G 亚表层土壤的饱和导水率较大，可能与植物的死根系孔径有关。

表 3　各耕作制度处理耕层土壤的饱和导水率　　（单位：cm/min）

处理	0～20cm			20～40cm		
	饱和导水率	变异系数	重复数	饱和导水率	变异系数	重复数
A				0.054	0.200	3
B1	0.655	10.25	3	0.094	0.24	6
B2	0.284	9.51	8			
C	1.749	17.49	3	0.102	0.60	6
Dl	0.687	10.09	8	0.290	4.02	6
D2	0.366	48.53	4			
E	2.629	26.29	3	0.374	20.06	4
F	0.413	4.128	7	0.051	8.17	7
G	0.408	4.08	4	1.265	5.57	8

注：B1 和 D1 分别为处理 B 积 D 的 0～5cm 土壤测定结果，B2 和 D2 分别是处理 B 和 D 的 20～25cm 土壤测定结果。

2.4　三种方法测定导水率结果比较

比较三种测定方法可以看出，导水率结果以室内恒定水头法测定的最大，水平土柱法其次，双环刀最小。变化范围大都在 10^{-2}～10^{0}cm/min。许绣云[7]应用恒定水头法测定橘园和耕地原状土和搅动土的饱和导水率 K_1，其平均值分别为 0.14cm/min 和 0.014cm/min。袁东海等[8]用恒定水头法和水平土柱法测定的表层土壤饱和导水率，其结果变幅分别为 0.13～0.73cm/min 和 0.0125～0.63cm/min。杨艳生[9]报道，应用双环刀法和恒定水头法测定的耕层土壤的平均导水率变幅分别为 0.065～1.53cm/min 和 0.028～0.137cm/min。以上试验和本试验一样均在第四纪红黏土发育的红壤上进行，而且结果一致，并表明，第四纪红黏土发育的红壤的导水率一般较高，变化幅度在 10^{-2}～10^{2}cm/min 数量级之间；原状土测定结果大于搅动土的测定结果（表 4）。

表 4　三种方法测定的导水率比较　　（单位：cm/min）

处理	双环法 A	恒定水头法 K_S				水平水柱法 K_1			
	0～15	0～5	0～20	20～25	20～40	0～10	10～20	0～20	20～40
A	0.1369				0.054				0.563
B	0.1193	0.655		0.284	0.094	0.0007	0.262		0.664
C	0.1073		1.749		0.102			0.598	6.14
D	0.1578	0.687		0.366	0.290	1.29	6.58		5.06
E	0.0768		2.629		0.374			2.49	1.15
F	0.0857		0.413		0.051			0.985	2.80
G	−0.267		0.408		1.265			2.28	1.69

三种方法测定结果的差异除与其测定原理和测定结果的物理意义存在差异有关外，还受土壤的质地、结构、孔隙度及其分布和连续性、土壤初始条件如土壤含水量的影响。据报道，双环刀法在田间操作时易使环刀周围形成裂隙，从而使测定值偏大[9]。本试验也发现有此现象，但其结果仍比恒定水头法的测定结果小，其原因可能与田间使用时毛管中空气闭塞有关，或与土壤胶体的膨胀或微团聚体的破坏导致毛管孔隙闭塞形成结皮有关。而其他两种方法则不存在此类问题[10]。

用于不同的利用方式试验时土壤含水量存在一定的差异。入渗速率受田间土壤含水量的影响非常大。图4为入渗速率随时间的变化过程经计算机模拟的结果。结果表明：当 θ_2=0.085cm^3/cm^3 时，水分入渗速率最小，当 θ_3=0.132cm^3/cm^3 和 θ_5=0.263cm^3/cm^3 时，水分入渗速率最大，而当 θ_1=0.05cm^3/cm^3 和 θ_4=0.205cm^3/cm^3 时，水分入渗速率居中（图4）。

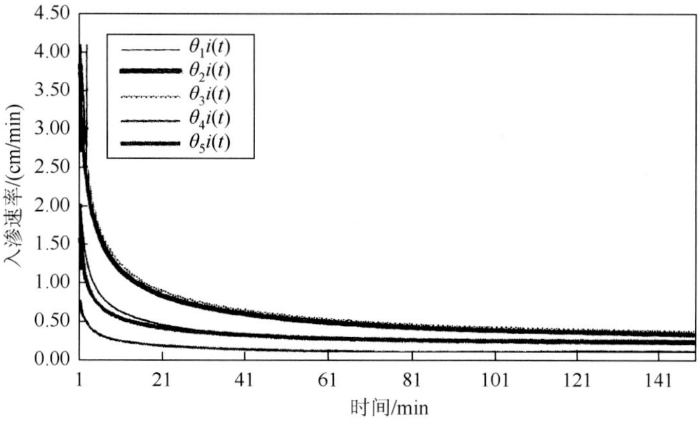

图4　不同初始土壤含水量处理的入渗速率曲线

土壤的吸渗系数随土壤初始含水量的增加而下降，恒定入渗速率随土壤初始含水量的增加而增加。第四纪红黏土的土壤性质随土壤含水量变化而发生很明显的变化，土壤含水量在 0.085cm^3/cm^3 左右时，加水后土壤膨胀，迅速导致土壤表面结皮，造成严重的土壤气闭塞，所以水分入渗速率最小；土壤含水量较大时，土壤颗粒分散，堵塞了土壤孔隙，所以水分入渗速率最小；土壤含水量的变化状况可以部分地解释在本试验中双环刀法测定结果小于恒定水头法的原因。

此外，三种方法都表现耕作层导水率大于亚表层，处理 D 大于处理 B。而对于处理 C、E 三种方法测定的结果则相对不一致。原状土测定法（恒定水头法和双环刀法）的结果都表明开垦耕种可提高导水率。但水平土柱法的结果则不然。其原因可能与处理 C、E 间的差异小于各种方法测定结果间的差异有关。

3 结　论

原状土测定方法（如双环刀法和恒定水头法）的结果大于搅动土测定方法（如水平土柱法）的结果。土壤初始含水量和土壤表面结皮对导水率测定结果的影响可能是双环刀法和恒定水头法测定结果差异的原因。双环刀法、恒定水头法和水平土柱法测定的导水率结果表明，第四纪红黏土发育的红壤开垦后导水率增加，入渗性能良好；免耕覆盖耕作处理与对应的常规耕作相比，导水率提高。而3种方法得出的窄垄和宽垄耕作处理间变化不一致，说明处理间差异不明显，或导水率方法的测定误差可能大于处理间的实际误差。

参 考 文 献

[1] 姚贤良，程云生，等. 土壤物理学. 北京：农业出版社，1986.

[2] 雷志栋，杨诗秀，谢森传. 土壤水动力学. 北京，清华大学出版社，1988.

[3] 姚贤良，于德芬. 赣中丘陵区红壤的不同结构对某些水分物理性质的影响. 土壤学报，1964，14（1）：65-72.

[4] 张斌，张桃林. 新垦红壤旱坡地几种耕作制度的比较研究//中国科学院红壤生态实验站. 红壤生态系统研究（第二集）. 南昌：江西科学技术出版社，1993：118-124.

[5] 张斌，张桃林. 不同耕作制度下红壤非饱和扩散系数的变化规律//中国科学院红壤生态实验站. 红壤生态系统研究（第四集）. 南昌：江西技术出版社，1997：90-93.

[6] 张斌，张桃林. 不同耕作制度下红壤缓坡地水土流失及土壤水分研究//中国科学院红壤生态实验站. 红壤生态系统研究（第三集）. 北京：中国农业科技出版社，1995：121-129.

[7] 许绣云. 粘质红壤的导水率. 土壤，1995：22-23.

[8] 袁东海，陈明亮. 鄂东南红壤水分运动参数与红壤性质的相关性. 华中农业大学学报，1995，21（2）：161-166.

[9] 杨艳生. 缓丘坡耕地模拟降雨及土壤通透性研究. 土壤学报，1991，28（3）：237-247.

[10] Kutilek M，Nielsen D R. Soil hydrology：textbook. Cremlingen-Detedt，Catenaverl. 1994.

Effect of Farming System on Infiltration Characteristic of Water into Red Soil and Comparison of Measuring Methods for It

Zhang Bin　Zhang Taolin　Zhao Qiguo

Institute of Soil Science，Academia Sinica，Nanjing　210008，China

Abstract

Infiltration of water into soil is a key factor not only for controlling soil and water losses but also a key factor for regulating soil moisture and resisting seasonal drought. The parameters indicated the infiltration characteristic varied with the measuring methods. This paper reports the results of infiltration characteristic of water under different farming system and measured with three methods; The doubling cutting-ring method，constant water head method and horizontal soil column method aiming to probe their variation affected by farming systems and measuring methods. Results，indicated that values measured with undisturbed soil were greater than that with disturbed soil. Initial soil water content and crusts of soll surface might contribute to the variation between the parameters measured by the doubling cutting-ring method in field and constant water head method in laboratory. Results from the measurement of three methods reached such a consensus that water conductivity of red soil derived from Quatemary red clay would be improved after it reclaimed for agriculture，Non-tillage with mulching improved soil water conductivity compared to the conventional tillage. However，Results from the measurement of three methods were not in a concordance to show the variation between the treatments of wide ridge and narrow ridge tillage，indicating that the errors derived from different methods might be greater than the real errors in treatments.

中国探索实行耕地轮作休耕制度试点问题的战略思考

赵其国[1]　滕应[1]　黄国勤[2]

1 中国科学院南京土壤研究所，南京　210008

2 江西农业大学生态科学研究中心，南昌　330045

摘　要

耕地是粮食生产的根本和载体。近年来，在中国粮食连年增产的同时，耕地资源环境面临着多重挑战，高强度利用和长期高负荷运转使耕地得不到休养生息，耕地地力严重透支，耕地质量退化、耕地污染尤为突出，严重制约了中国农业可持续发展。科学推进耕地轮作休耕制度，提升耕地综合生产能力，是探索藏粮于地、藏粮于技的具体实现途径，对推动中国农业绿色发展和保障国家粮食安全具有重要战略意义。文章在剖析国内外耕地轮作休耕实践与发展的基础上，战略性地提出了探索实行耕地轮作休耕制度试点问题的研究重点和目标，包括调研中国重点关注区域适于轮作休耕的耕地资源现状与区划，探讨重点关注区域耕地实施轮作休耕的技术路径、建立重点区域耕地轮作休耕制度试点体制机制等。为实现“十三五”国家农业转型发展，保障粮食生产能力和国家粮食安全提供重要咨询建议。

关键词　耕地资源；轮作休耕；技术模式；体制机制；试点工作

2016 年是中国“在部分地区探索实行耕地轮作休耕制度试点”工作全面启动的开局之年，是党中央、国务院着眼于中国农业发展突出矛盾和国内外粮食市场供求变化作出重大决策部署之年。2016 年 6 月农业部会同财政部等 10 个部门和单位联合印发了《探索实行耕地轮作休耕制度试点方案》，对试点工作进行了全面部署。针对这一制度试点问题，2016 年 10 月中国科学院启动了学部咨询项目“探索实行耕地轮作休耕制度试点问题咨询研究”，对试点工作开展战略性的、深层次的高端智库讨论。为了使中国科学院学部咨询研究能更好地在国家“实施藏粮于地、藏粮于技战略”的统筹决策部署与工作中有序推进，咨询项目组将在本文中对中国科学院学部咨询研究的立项背景、研究内容、技术路线、体制机制、预期成果、项目组织等加以简介与论述，期望得到国家及有关部门的高度重视。

1　立 项 背 景

近年来，中国粮食产量实现了“十二连增”，然而在粮食连年增产的同时，中国耕地资源环境、国内外粮食市场供求变化均面临着众多问题与挑战，具体表现在以下三方面。

1.1　目前中国农业正面临着三大突出问题

粮食总产量增加：2015 年已达 6.215×10^{8}t。粮食库存量增加：2015～2016 年度中国玉米、小麦、稻谷库存合计高达 2.54×10^{8}t。农产品进口量增加：2015 年全国进口粮食 1.24×10^{8}t，占全年粮食总产量的 19.3%；进口大豆 8.169×10^{7}t，占全世界大豆出口量的 70%。

1.2　未来粮食生产面临更大压力

2016 年中央一号文件[1]提出，农业要推进供给侧结构性改革。从供给端来看，今后中国受耕地、水资

本文原载《生态环境学报》2017 年第 26 卷第 1 期第 1-5 页。

源约束，粮食持续增产困难会越来越大，并将面临资源环境多重挑战，耕地高强度开发利用，耕地地力严重透支，水土流失、地下水严重超采、土壤质量退化、耕地污染加重已成为制约农业可持续发展的突出矛盾。

1.3　实行耕地轮作休耕制度——提升粮食产能

2015 年 10 月 29 日通过的《中共中央关于制定国民经济和社会发展第十三个五年规划的建议》中明确指出，实行耕地轮作休耕制度，重点在地下水漏斗区、重金属污染区、生态严重退化地区开展试点工作。2016 年 6 月 30 日，国务院发布《探索实行耕地轮作休耕制度试点方案》，既有利于耕地休养生息和农业可持续发展，又有利于平衡粮食供求矛盾、稳定农民收入、减轻财政压力。

因此，如何有序、稳妥、科学推进耕地轮作休耕制度，探索“藏粮于地”、“藏粮于技”的具体实现途径，既是推进农业供给侧结构性改革的重要途径之一，又是加强资源保护和生态修复的重大措施与发展方向，对推动中国农业绿色发展和资源永续利用具有重要的战略意义。

2　国际与国内耕地轮作休耕实践与发展

2.1　轮作休耕的内涵

轮作休耕（crop rotation and land fallow）是耕作制度（亦称农作制度，farming systems）的一种类型或模式，是耕作学、土壤学研究的重要内容之一[2]。

轮作（crop rotation），是指在同一田块上不同年度间有顺序地轮换种植不同作物或以复种方式进行的种植方式，如一年一熟的“大豆→小麦→玉米”3 年轮作，这是在年间进行的单一作物的轮作；在一年多熟条件下，既有年间的轮作，也有年内的换茬，如南方的“绿肥-水稻-水稻→油菜-水稻-水稻→小麦-水稻-水稻”轮作，这种轮作由不同的复种方式组成，因此，也称为复种轮作[3]。轮作制度（crop rotation system），是指在一个地区，在一定时期（周期）内，由多种轮作方式相互组合、配套组成的轮作体系，即构成该地区在这一时期（周期）的轮作制度。实行合理的轮作、建立合理的轮作制度，具有多方面的经济效益、生态效益和社会效益[4]。

休耕，亦称休闲（fallow），是复种的对义词，是指耕地在可种作物的季节只耕不种或不耕不种的方式。在农业生产上，耕地进行休闲（休耕），其目的主要是使耕地得到休养生息，以减少水分、养分的消耗，并积蓄雨水，消灭杂草，促进土壤潜在养分转化，为以后作物生长创造良好的土壤环境和条件。

根据休耕时间长短，可将休耕分为季节性休耕、全年休耕和轮作休耕。季节性休耕，指耕地在一年中某个季节休闲，如冬闲、秋闲或夏闲等；全年休耕，指耕地整年休闲；轮作休耕，将作物轮作与耕地休耕结合起来，即耕地在轮作周期内（一般为 3～5 年，3～5 个田区），各个田区依次轮流休闲，如国外的“二圃制”、“三圃制”或“四圃制”就是如此。

2.2　国外轮作休耕的发展与成效

2.2.1　美国的休耕保护项目——CRP

CRP（Conservation Reserve Program）是美国休耕保护项目的英文缩写。CRP 是美国联邦政府最大的私有土地休耕项目。根据 1996 年农业法案，到 2002 年美国 CRP 的土地面积上限为 1.473×10^7 hm^2（3.640×10^7 英亩，1 英亩≈0.404 686hm^2）；2002 年农业法案规定 CRP 延期至 2007 年 12 月 31 日，参加项目的面积上限从 $1.473\times10^7hm^2$ 提高至 $1.586\times10^7hm^2$（3.920×10^7 英亩）；2008 年农业法案修改 CRP 的面积上限为 $1.295\times10^7hm^2$（3.2×10^7 英亩）；截至 2008 年，已有 $1.405\times10^7hm^2$（3.47×10^7 英亩）土地参加该项目。2007 年项目实施面积为 14 892 248hm^2，为 CRP 启动以来的最高值。从项目实施面积上看，主要的州有得克萨斯州（$1.59\times10^6hm^2$）、蒙大拿州（$1.34\times10^6hm^2$）、北达科他州（$1.23\times10^6hm^2$）[5]。在此期间，粮食价格下降等原因迫使农场主和牧场主等主体主动参加 CRP，这样可以获得可观现金补贴。从

全美来看，CRP 的实施对于稳定粮食价格起到了一定作用，并且通过种植修复性植被等措施改善了生态与环境[6]。

2.2.2 欧洲国家休耕还林还草计划

欧洲可耕地面积约 $3.0\times10^8hm^2$，人均耕地面积 $0.411hm^2$。工业革命以来，欧洲经济社会高速发展，同时也促进了农业高度的机械化、集约化、规模化、专业化。据统计，到 20 世纪 80 年代初期，原欧共体国家共减少农业用地面积 $1.1\times10^7hm^2$，占耕地总面积的 8%。2000 年，欧盟将休耕面积比例固定为 10%（约 $3.5\times10^6hm^2$），共完成休耕（退耕）还林 1.2×10^7～$1.6\times10^7hm^2$。欧盟实施的休耕（退耕）还林还草计划，有效调控了粮食产量，平衡了供应市场，降低了农业生产对环境的危害，保护了乡村自然生态环境[7]。

瑞士休耕项目起源于 20 世纪 90 年代早期，当时该项目是政府控制粮食生产增长的措施[8]。1991 年，瑞士实施了旨在扩大农作物生产的项目，其采取的休耕措施包括：①从谷物生产向草地转换；②进行短期绿色休耕；③建设森林、河流和公路旁边的树篱；④对有林农田和缓冲地带等高生态价值地区进行保护；⑤生产非食用的可更新资源。项目开始以来，瑞士每年都有新的土地加入，1994 年大约有 $5.7\times10^4hm^2$ 耕地加入休耕项目，其中将近 $3.3\times10^4hm^2$ 是大面积低强度放牧用地，但只有 4%的农户拿到了草地用途的休耕补贴，2%拿到了绿色休耕补贴。参与率最低的是低洼地花草种植项目和非食用作物生产项目。瑞士实施土地休耕项目，取得了明显的成效：不仅增加了农村地区的动植物多样性，还提升了人文景观，特别是对诸如沿河、湖、森林、道路等缓冲区的大规模植草，对水质和野生动物保护产生了有益的影响。

2.2.3 日本农田休耕项目

1971 年，日本开始实施休耕项目，休耕面积依年份不同差异较大，大多数年份休耕农田的面积都超过 $5.0\times10^5hm^2$[9]。日本实施农田休耕项目的最初目标是在粮食生产供大于求的情况下，减少粮食剩余，该项目作为供给控制的手段，并未确定环境目标。1993 年，在新产品调整促进计划中，日本政府确定了能达到生态环境保护目标的休耕农田。农田休耕方式主要有 3 种，即轮种休耕、管理休耕和永久性休耕。其中，永久性休耕是把农田用于造林、造果园和建鱼塘等，永久性休耕的面积为 $1.3\times10^4hm^2$，仅占休耕总面积的 2.6%；总休耕面积占总耕地面积的 64.6%。1996 年，日本政府扩大水稻的休耕面积，将水稻总面积降为 $7.87\times10^5hm^2$。目前，日本农田休耕项目的主要目的已从以控制粮食生产为主转变为以保护生态环境为主。

2.3 中国轮作休耕的实践与发展

中国是一个具有 5000 年文明的农业大国，轮作休耕、用地与养地相结合是中国农业传统之一，在中国有 2000 多年的历史。关于轮作休耕，中国古农书《吕氏春秋》的《任地篇》、《氾胜之书》、《齐民要术》等均早有记载。如北魏《齐民要术》中有“谷田必须岁易”、“麻欲得良田，不用故墟”、“凡谷田，绿豆、小豆底为上，麻、黍、胡麻次之，芜菁、大豆为下”等记载[10]。下文将对近年来中国轮作休耕的实践与进展进行简要论述。

2.3.1 中国台湾省的稻田转作休耕

据有关资料，近 30 多年来，台湾的稻谷生产能力相对过剩，这就为稻田休耕和提升稻米品质提供了较好的基础[11]。1988 年台湾促进大面积稻田转作休耕 51 210hm^2。1994 年，台湾“行政院”正式核定提高稻田转作休耕补贴标准，每公顷补助 19 800 元新台币。

2012 年 12 月，台湾“农委会”宣示，自 2013 年启动“调整耕作制度活化休耕农地中程（2013—2016 年）计划”，优先活化连续休耕农地，促进农业劳动结构年轻化及扩大经营规模。该计划的实施，可兼顾农民权益及产业调整，并创造台湾农业永续发展。预计至 2016 年可活化休耕农地 $4.5\times10^4hm^2$，粮食自给率提高 34.9%，总体产值及效益增加 88 亿元，并创造 10 万人就业机会。该计划将重建农业尊严、农地生机与农村价值，创造环境、人力资本与国民健康多赢的局面。

2.3.2　京津冀分区分类科学休耕

京津冀地处黄淮海平原，自古以来就是中国最重要的粮食产区，京津冀增长极的优化发展与黄淮海平原作为中国核心口粮生产基地的现代化建设目标相互制约。水土资源安全是实现京津冀可持续发展的前提保障。当前京津冀区域的巨大水土资源压力，已成为阻碍区域优化发展的焦点问题，危及国家粮食安全、食品安全、国土和生态环境安全。

通过对京津冀及其周边区域进行分析，认为现有农业发展方式是造成水土利用不可持续的关键，提出要以科学休耕为主要手段，以京津冀协同发展和“一带一路”国家战略实施为背景，采取加快转变农业发展方式、加快国土综合整治和生态良田建设、加强区域资源变化监管、进口中亚优质小麦等多种手段，恢复京津冀水土资源支撑能力，重塑水土利用新平衡。京津冀农田休耕可分为三类进行：一是严重的地下水超采、土壤污染、水土流失区域，实行永久性休耕或长期休耕；二是一般的地下水超采、土壤污染、水土流失区域，采取环境修复型休耕和轮作方式；三是具备较好水土资源条件的优质农田区依据粮食供应紧张程度采取市场调节性休耕和保护性休耕[12]。

2.3.3　吉林高光效休耕轮作高产栽培技术

高光效休耕轮作高产栽培技术是吉林省近年来大力推广的玉米、水稻新型栽培种植模式。通过调整垄向、增加株数、株数加密等栽培方式提高粮食产量。在九台运行几年来，取得了很好的经济效益、社会效益和生态效益，特别是休耕轮作对黑土地的保护意义非常重大。通过高光效技术种植的玉米，1hm^{2}地比普通地多种 3 万多株，而且通风好、光照足，预计 1hm^{2}地能增产 2.5～5t，垄间还间种了黄豆，1hm^{2}地还能种 0.22hm^{2}的黄豆。

对长春市合心镇实行耕地适度休耕的农户意愿进行了实地调查，在此基础上，选取其中典型休耕模式，对其经济效益与生态效益进行定量分析[13]。调查表明，该镇有 3%的农民愿意实行耕地适度休耕，并要求在确定合理休耕制度、做好休耕补贴工作、推进基础设施建设、加强政策宣传推广、加强休耕期监管工作等方面有积极的“配套”措施。通过对土地休耕制度的深入了解及模拟规划，证实了保护性休耕方式是一种有利于土地永续利用的方法。不论是从国家层面还是社会层面抑或是人民层面来看，土地适度休耕制度都有着良好的作用，对经济效益和生态效益都产生了积极的影响[14]。

2.3.4　安徽省泗县实行稻田轮作休耕

安徽省泗县地处皖东北，是全国产粮大县，一年两熟制以旱作为主，另有极少部分采取小麦、水稻轮作复种模式。2010 年该县耕耘农机专业合作社在流转的 5.3hm^2（80 亩）耕地上探索轮作休耕，取得了较好的经济效益和社会效益。根据田间测定结果，轮作休耕模式的效益是传统种植模式的 1.88 倍[15]。其具体做法：将传统的种植模式“小麦-水稻”一年两熟，改为“花生→小麦-水稻”两年三熟，这样，在 1 个生产周期中，从水稻收割后至来年清明，从花生收获至小麦播种，耕地有 7 个月的休养，在此期间地力可得到恢复和提高。

2.3.5　江苏省句容市“稻-果”轮作模式

句容市是全国闻名的“草莓之乡”，尤其以东部的白兔镇最为有名，该镇从 20 世纪 80 年代初在裸露地上引进草莓种植示范发展到目前逾 330hm^{2}大棚设施草莓规模，带动了全市草莓种植以及其他鲜果产业发展。为缓解土壤连作病害威胁，探索了“水稻+草莓”高效种植模式，种植面积不断扩大，达到 200hm^{2}以上，种植的越光水稻年效益可达 24 000 元/hm^{2}左右。

2.3.6　云南省耕地轮作休耕

在重金属污染区：采用物理的、化学的、生物的措施进行修复治理。种植一些对重金属敏感的植物，吸收土壤中的重金属，逐步恢复耕地生产安全农产品的功能。城郊蔬菜和花卉种植区：重点实行轮作，停止种植需肥量大、投入高的蔬菜和花卉等作物品种，改种水稻、玉米、蚕豆等需肥量小的作物，增施有机肥，种植豆科绿肥，分时段、间隔性地进行休耕，逐步恢复地力。长期覆盖地膜区域：选择覆膜时间长、地膜残留量大、农作物产量低的耕地进行休耕，清除残膜，种植绿肥作物或豆科作物，提高土壤有机质，改善土壤物理性状，逐步恢复地力。

3 主要研究内容

3.1 调研中国适于轮作休耕的耕地资源现状与区划

根据全国农业产区生态环境质量状况和区域土水资源情况，通过多途径实地调研，试验示范，区域对比以及采用信息遥感、数字与计量统计等新技术，深入分析重点关注区域（如地下水漏斗区、重金属污染区、连作障碍区、生态严重退化地区）农业生态环境退化的主要矛盾，研究区域土水资源及粮食产能发展的限制因子；明确适于轮作休耕的耕地资源数量（如面积、范围、规模）和质量（如生产功能、环境功能、生态功能），开展适于区域轮作休耕的生态环境产业区划。

3.2 探讨重点关注区域耕地实施轮作休耕的技术模式

轮作休耕是一项系统工程，应用“源汇”、“因果”关系及系统工程、分类推进方法，研究所关注的区域导致生态环境退化的主要成因，通过轮作、休耕、退耕、替代种植等多种方式，严格管理土水肥药的合理使用，提出针对性的耕地轮作休耕技术方案，并开展综合治理示范。以农业资源承载力和环境容量为基础，综合分析耕地轮作休耕的综合效益。建立资源环境承载能力监测预警机制，对水土资源、环境容量超载区域实行限制性措施，开展以县级行政区为单元的资源环境承载能力试评工作，分析超载成因，开展限制性政策预研，形成资源环境承载能力监测预警报告。

3.3 建立重点区域耕地轮作休耕制度试点体制机制

研究重点关注区域实施轮作休耕制度试点的相关政策，建立生态补偿制度和管理机制；构建实施耕地轮作休耕的差别补偿标准体系；建立严格的生态环境保护责任制度、补贴补偿制度和投入机制、行政问责制度等；建立区域生态环境保护机制，建立有效的生态环境监测与修复网络；培育生态环保的市场经济机制，提高当地人民群众的经济收益。

总之，应用对立统一观点，探行工作十大技术环节：①突出重点，做好试点；②摸清资源，完成区划；③统计数量，突显质量；④时段演变，空间布局；⑤藏粮于土，藏粮于技；⑥建立体制，完善机制；⑦以点为主，片面结合；⑧重视创新，着力实践；⑨全面总结，不断提升；⑩着眼当前，面向长远。

4 预期目标与成果

（1）明确中国实行耕地轮作休耕制度试点的分区；编制实行耕地轮作休耕的技术方案；提出中国实行耕地轮作休耕的机制体制建议。

（2）撰写中国耕地轮作休耕制度试点区划，耕地轮作休耕技术体系与管理报告。

（3）提交探索实行耕地轮作休耕制度试点国家咨询报告。

总而言之，实施“藏粮于地、藏粮于技”战略，是中国“十三五”规划的重点国家项目。习近平总书记指出：“我国是个人口众多的大国，解决好吃饭问题始终是治国理政的头等大事。”从治国安邦角度看，保障粮食安全是首要之务，更是一个永恒的课题。根据试点经验，推行轮作休耕制度，是推进中国农业供给侧结构性改革的重要举措，是有效保护耕地资源和改善环境质量的具体途径；有利于增加农民收入，有利于与国际市场接轨。加大中国农业科技投入，提高农业生产规模化水平，降低农业生产成本，实现农业现代化的发展。

2016 是中国决胜全面小康开局之年、推进结构性改革攻坚之年，也是中国经济开好局、起好步之年。在此大好形势下，咨询项目组能有机会肩挑实施“藏粮于地、藏粮于技”战略任务，真是机遇难得，我们一定要倍加珍惜！一定要以“勿忘初心，不断向前”、“走好我们自己长征路的精神”完成我们应尽的任务。

参考文献

[1] 中国农业新闻网. 中共中央国务院关于落实发展新理念加快农业现代化实现全面小康目标的若干意见（2016 年中央一号文件）. 北京：新华社 http：//www.farmer.com.cn [2016-01-27].

[2] 沈学年.耕作学（南方本）. 上海：上海科学技术出版社，1984.

[3] 黄国勤，张桃林，赵其国. 中国南方耕作制度. 北京：中国农业出版社，1997.

[4] 刘巽浩. 耕作学. 北京：中国农业出版社，1996.

[5] 朱文清. 美国休耕保护项目问题研究. 林业经济，2009，（12）：80-83.

[6] 向青，尹润生.美国环保休耕计划的做法与经验. 林业研究，2006，（1）：73-78.

[7] 刘璨. 欧盟休耕计划保护了乡村的自然环境. 中国绿色时报：2009-01-05（第 3 版）.

[8] 刘璨，贺胜年. 认识瑞士土地休耕项目——控制生产增长保护生态环境. 中国绿色时报：2010-07-12（第 3 版）.

[9] 刘璨，贺胜年. 日本农田休耕项目——从控制粮食到保护生态环境. 中国绿色时报：2010-08-18（第 3 版）.

[10] 黄国勤.农业现代化概论. 北京：中国农业出版社，2012.

[11] 花登峰，王聪玲. 台湾考察有感. 农机科技推广，2014，（1）：35-36.

[12] 杨邦杰，汤怀志，郧文聚，等. 分区分类科学休耕重塑京津冀水土利用新平衡. 中国发展，2015，15（6）：1-4.

[13] 王程，李毅，闫程.吉林省长春市合心镇实行适度休耕意愿调查及对策. 北京农业,2015，（27）：195-196.

[14] 孙治旭. 关于云南省实行耕地轮作休耕的思考. 环境与可持续发展,2016，（1）：148-149.

[15] 周光明.泗县休耕轮作种植模式与传统种植模式效益分析. 农业机械,2014，（5）：97-98.

Consideration about Exploring Pilot Program of Farmland Rotation and Fallow System in China

Zhao Qiguo[1]　Teng Ying[1]　Huang Guoqin[2]

1　Institute of Soil Science，Chinese Academy of Sciences，Nanjing　210008，China

2　Research Center on Ecological Science，Jiangxi Agricultural University，Nanchang　330045，China

Abstract

Farmland is fundamental to grain production. Recently，as the grain output increased year by year，resources and environment faced with multiple challenges. The farmland is high-intensity used，seriously overdrawn，deteriorated，and polluted，which severely restrict the agricultural sustainable development in China. It is a specific way to realize the implementation of a food crop production strategy based on farmland management and the application of technology by carrying out farmland rotation and fallow system to expand overall farmland production capacity，which has a strategic significance on promoting the development of green agriculture and guaranteeing national food security. This paper analyses the advancements and practices on farmland rotation and fallow system in and abroad，and put forward the research priorities and objectives on exploring pilot program of farmland rotation and fallow system. Including investigating farmland resources and regionalization suitable for rotation and fallow in key areas，discussing technological approaches to implement farmland rotation and fallow system in key areas，and establishing systems and mechanisms for exploring pilot program of farmland rotation and fallow system. All is to provide consultation for realizing agricultural transition in the 13th Five-Year Plan and assuring grain production capacity and national food security.

Key words　Farmland resources；Farmland rotation and fallow；Technological model；System and mechanism；Pilot program

中国轮作休耕制度的应用进展*

钱晨晨[1,2]　黄国勤[1,2**]　赵其国[3]
1 江西农业大学生态科学研究中心，南昌　330045
2 江西省高校生态学学科联盟，南昌　330045
3 中国科学院南京土壤研究所，南京　210008

摘　　要

当前中国土地污染严重，再加上长期处于高负荷的运转状态，使得粮食的高产稳产受到严重威胁。为了加快传统农业向现代农业形式的转变，保持中国农业可持续发展，为建设资源节约和环境友好型社会提供技术支撑和理论依据，本文归纳了轮作休耕的提出、内涵及可行性，认为推行轮作休耕具有保护物种多样性、提高土壤有机质含量、减少化肥和农药使用量等现实意义，并列举出国内外轮作休耕的典型案例加以描述，提出了有效推进轮作休耕的 6 点建议：制订科学的计划；明确轮作休耕的范围；进行有效的管理和监督；加强宣传力度；调整农业种植结构；确定合理的补偿标准。

关键词　轮作休耕；耕地；土壤；可行性建议；农业可持续发展

引　　言

"万物土中生，食以土为本。"土地作为自然物的一部分，已不仅仅是最基本的生态环境要素，而是成为人们生活和生产的自然资源宝库，是一切生产资料和生活资料的源泉和依托。中国的耕地面积仅占世界耕地面积的 7%左右，但粮食总产量却位列各国之首。连作虽然在短期内会增加粮食产量，但从长远来看，也会产生很多弊端。前人的研究结果表明[1,2]，土地长期处于高负荷运转会导致肥力下降、耕作层变浅，土壤质量不断下降，土壤酸化、重金属污染等问题。卞民德[3]认为，连作的土地就像是一个人一天 24h"连轴转"地工作，如果得不到适当的休息，身体就会生病，工作效率也会不断下降。对于那些生态环境脆弱、遭受严重污染的耕地来说，进行休耕就是最好的保护，让遭受到污染的土地能够得到自我修复，实现"藏粮于地"。因此，探索实行耕地轮作休耕制度试点已刻不容缓，这也充分体现了尊重自然、保护自然的科学理念。

1　提　　出

轮作休耕制度自古以来就有。最早是出现在《汉书 • 食货志》，由于当时无肥可施，土壤养分入不敷出，只能种植两三年就休耕[4]。如北魏《齐民要术》中就有"麻欲得良田，不用故墟"、"谷田必须岁易"、"凡谷田，绿豆、小豆底为上，麻、黍、胡麻次之，芜菁、大豆为下"等记载，可见中国古代就重视土地的轮作休耕。《中共中央关于制定国民经济和社会发展第十三个五年规划的建议》对全面节约和高效利用资源提出了明确要求，其中提出"探索实行耕地轮作休耕制度试点"[5,6]。轮作休耕制度是保护耕地和加快传统农业向现代农业方式转变的重大举措，有利于保障国家粮食生产安全，实现"藏粮于地"、"藏粮于技"，推进农业结构的调整。

* 基金项目：中国科学院学部咨询评议项目"探索实行耕地轮作休耕制度试点问题咨询研究"（咨询评议项目没有项目编号）。
第一作者简介：钱晨晨，女，1992 年出生，江苏泰兴人，硕士研究生，研究方向为农业生态学。
** 通讯作者：黄国勤，男，1962 年出生，江西余江人，教授，博导，博士研究生，研究方向为耕作制度、农业生态等。
本文原载《农学学报》2017 年第 7 卷第 3 期第 37-41 页。

2 内　涵

所谓轮作是在同一块田地上有顺序地在季节间和年度间轮换种植不同作物或复种组合的种植方式，是用地养地相结合的一种生物学措施。而休耕是可耕地在某一时期不种植农作物，休养生息，以恢复地力，长期休耕可以形成规模较小的自然公园和动物的栖息地[7]。

3 可 行 性

随着农业生产技术的不断完善，目前中国粮食单产逐年提高，粮食生产供大于求，这正是推行耕地轮作休耕最合适的时机。实行耕地轮作休耕制度，既能使耕地得到“休息”，又能平衡粮食供求矛盾，减轻财政压力，促进农业可持续发展。

3.1 社会各界达成共识

在以前，中国粮食生产能力低下，粮食单产低，再加上中国人口众多，为了缓解粮食供应紧张的问题，农民特别注重精耕细作的耕作方式，几乎不存在弃耕抛荒的行为。而当前，随着生产技术及耕作方式不断科学化，中国粮食产量不断提高，再加上粮食对外开放的程度也在不断扩大，这充分保障了中国的粮食生产安全。因此，以往的粮食安全理念不断受到现实的冲击，而实行轮作休耕制度，减少粮食的生产，藏粮于地，在党中央和社会各界均已达成了共识[8]。

3.2 国内粮食供应充足

由于国家政策的支持，农民种植的积极性不断提高，目前中国已实现夏粮“十二连增”，全年粮食“十一连丰”，特别是三大主粮库存充盈，粮食的供求关系处于供大于求的状态，也就是说并不需要这么多土地来进行耕种。充足的粮食供应为实行轮作休耕制度提供了物质基础。

3.3 国际粮价持续走低

尽管目前全球粮食产量有所减少，但供应仍然充足，粮食库存继续增加，再加上全球经济危机加剧、粮食市场供需关系宽松等因素，粮食出口国之间的竞争也日益激烈，使得出口价格不断被拉低，因此粮食价格持续处于下跌趋势，这有利于利用国内外两个市场来保障国内粮食安全。此时进行休耕，如果中国的粮食供小于求，也可以通过进口粮食来弥补这个缺口。

3.4 中国经济实力增强

推行土地轮作休耕制度，需要强大的经济实力作为支撑。中国的耕地面积（1.22 亿 hm^2）居世界第四位，仅次于美国、俄罗斯、印度，如果每年按照总耕地面积的 10%实行轮作休耕，那么需要给农民的补贴就达到上千亿元，没有强大的经济实力根本无法进行。经过三十多年的改革开放，中国的经济实力大大增强，有能力给实行轮作休耕制度试点的农户适当的补贴，让农民安心、放心，让他们有实实在在的“获得感”，使粮食安全保障水平处于更高的层次。

4 意　义

4.1 有利于保护物种多样性

人们的耕种活动使得许多物种已濒临灭绝，物种越来越倾向于单一化，生态环境也遭到人类行为的破坏。人们在进行粮食生产的同时，应该考虑到人为干扰对其他物种的影响，不要破坏其他物种的自然繁殖，应该注意保护物种的多样性。而休耕的土地由于不受人为因素的干扰，犹如小自然保护区一样，各种生物可以随意生长繁殖，有助于保护物种的多样性。

4.2 有利于提高土壤有机质含量

土壤有机质是土壤的重要组成部分，是衡量土壤肥力的重要指标。可以说没有土壤有机质就没有土壤肥力。而当前中国耕地土壤质量严重退化、耕地肥力不断下降，解决这些问题迫在眉睫。数据表明，中国耕地进一步贫瘠化，11%的耕地有机质小于 0.6%，中低产田占耕地总面积的 80%，因此急需提高土壤的有机质含量[9]。而休耕的土地长满杂草，相当于种植了绿肥，加上动物和微生物的活动，能够有效地提高土壤中有机质的含量。由于欧美国家的耕种方式是轮作休耕制，因此土壤比较肥沃。

4.3 有利于减少化肥、农药的使用

轮作休耕使得耕地面积减小，粮食产量降低，有可能减少农民的收入。但休耕的土地，有机质增加，从而使土壤肥力得到提高，产量也就能够增加，这样就可以减少化肥和农药的施用量。

5 实践与成效

5.1 国外案例

在有些西方国家，由于粮食供求关系并不十分紧张，绝大部分农场采用不同作物轮作加休耕的方式进行粮食生产[10]。苏联从 20 世纪初就开始了草田轮作制度[11]。在美国的玉米产区，通常是 2～3 年玉米轮作一茬大豆，大豆的固氮作用可以帮助提高土壤中氮素的含量，减少氮肥施用量的同时增加玉米产量。由于近年来，耕地资源紧张加剧，很多国家把休耕改成了轮作，比如北美间插葡萄等植物代替休耕，澳大利亚则采用了谷物和豆科作物轮作的方式[12]。

美国：美国的休耕主要是通过立法来实现的，它是一种政府行为，其目的是改善生态环境和解决粮食生产过剩的问题。CRP（Conservation Reserve Program）是美国联邦政府最大的私有土地休耕项目[13]，其主要是通过对农民进行补贴的方式，针对土壤极易侵蚀或环境敏感的农业用地采取休耕还林、还草等措施；1986 到 1989 年间，美国实施休耕计划的耕地占 1360 万 hm^2；到 1990 年，退耕还林（草）或休耕面积达到了 4777 万 hm^2；2002 年参与 CRP 的所有土地中，95%实施了休耕、还林[14]，在美国农业法案中休耕面积的最高额度是 1530 万 hm^2，约占耕地总面积的 16%[15]。无论是实体法，还是程序法，美国可以称得上是全世界休耕制度最完善的国家。

欧洲：欧洲的休耕行为，起始于 1992 年的“麦克萨里（Ray Macsharry）”改革，其采取的是强制与自愿相结合的方式，目的是为了培肥地力，减少农业生产对环境的破坏。1992 年，欧盟规定：农场主每年必须休耕一定比例的土地，1993 年休耕 15%的耕地，2000 年休耕比例被固定为 10%，由此休耕制度就被确定了下来。据统计，欧盟每年强制性休耕的农田有 38 万 hm^2。值得注意的是，欧盟的休耕比例并不是一成不变的，耕地保有量会根据粮食安全状况进行不断调整[16]：2006 年，国际粮食问题突出，于是欧盟通过了“在 2007 年秋季到 2008 年春季将原本 10%的土地休耕率降为零”的决议[17, 18]，等粮食问题缓解后，休耕制度再次恢复。

日本：日本农田实行轮作休耕的目的是减少粮食生产，是一项供给控制措施。早在 20 世纪 70 年代初期，日本政府就将休耕行为作为生产控制的方式，并研究农田退出大米生产的环境效应。1971 年，日本开始了休耕项目的实施，每年的休耕面积都不同且差异较大，但是大部分年份实施休耕的面积都超过了 50 万 hm^2。

5.2 国内案例

吉林省：吉林省近年来大力推广高光效休耕轮作高产栽培技术，它是一种玉米、水稻新型栽培种植模式。通过增加株数、株数加密、调整垄向[19]等栽培方式提高粮食产量[20]，并取得了很好的综合效益，特别是休耕轮作能够增加总孔隙度和土壤有机质含量[21]，有利于对黑土地的保护[22]。多年来的测产结果表明，

水稻单产平均增幅达到10%以上，玉米达到15%以上，而且由于宽窄行种植[23, 24]边际效应增强，有利于促进作物成熟，提高粒重，进而提高粮食质量[25-28]。

陕西省："十三五"期间，陕西省将深入开展耕地质量保护与提升行动，实行用地养地结合，每年拿出总耕地面积的2%——约6.67万hm^2耕地[29, 30]，以财政补贴形式，在陕北和渭北开展耕地休耕轮作试点，以恢复地力。休耕轮作初步打算在渭北一年休耕一料庄稼，在陕北休耕一年。给耕地以一定时间的休养生息，可以增强地力，提高产量，减少化肥和农药的施用量，实现耕地的绿色、可持续发展。

河北省：水利部门发布的数据显示，农业生产消耗着中国大部分的水源，每年用水量超过3400亿m^3，占到供水总量的55%，河北省地下水资源严重短缺。河北省政府表示，一直鼓励小麦种植户休耕或者改种对水资源消耗较少的农作物，诸如苜蓿，以此缓解水源严重透支的问题及土地资源面临的压力。

安徽省：2009年，安徽省泗县农机推广站在调研时了解到，水稻、小麦轮作模式的效益很难提高，经过农艺技术人员和农户的共同研究和探讨，决定于2010年在泗县耕耘5.3hm^2耕地来实行轮作休耕[31]。经比较，休耕轮作种植模式的经济效益是传统种植模式的1.88倍，得到了周边群众认可[32]。

6　建　　议

6.1　制订科学的计划

轮作休耕制度在中国仍是一个新生事物，也是一项系统工程，如何科学地推进是一个值得关注的问题。在哪些区域先行推进、运用什么样的耕作方式都应该考虑农村种植结构，进行统筹安排，合理布局，制订科学的计划。首先要对种植不同作物的耕地进行全面而完善的统计，然后用科学的方法进行分类，通过轮作、休耕、退耕、替代种植等多种方式推进。中国耕地面积广阔，耕地质量差异极大，需要针对不同区域的情况制定耕地轮作休耕计划。需要实行轮作的，尽量实行水旱轮作；生态严重退化地区的耕地进行综合治理[33, 34]；生态环境较为脆弱的地区侧重于生态保护型休耕；土壤污染较为严重的地区侧重于环境修复型休耕。

6.2　明确轮作休耕的范围

实行轮作休耕制度要明确耕地的面积和规模，与农民协商并签订休耕协议[35]，对休耕农民给予一定的实物补助或现金补助，解除农民的后顾之忧，让休耕农民安心。同时，要利用科学有效的手段，对休耕的耕地实行动态性管理，防止将不具备休耕条件的耕地列入休耕范围的行为发生，导致耕地大面积的撂荒；防止一些农民为了个人的经济利益，不让自己承包的耕地进行休耕[36]；同时防止耕地非农化[37]，确保休耕的耕地在需要时能够产得出、用得上。

6.3　进行有效的管理和监督

休耕的目的是让耕地得到休养生息，培肥地力，因此非常有必要对实行轮作休耕的土地进行有效的管理和监督。休耕并不意味着抛荒，应该鼓励农民在休耕的耕地上种植绿肥作物，提高土壤有机质含量，坚决杜绝大面积的抛荒现象[38]。农技部门也应该通过科学有效的手段，制定出适合不同类型土壤的耕作方式，保证轮作休耕制度能达到我们所期望的要求。总而言之，政府各部门要对轮作休耕进行严格的监督和管理，防止将休耕的土地挪为他用、不实行科学的轮作方式的情况发生，从而使轮作休耕试点工作能够顺利开展。

6.4　加强宣传力度

要开展耕地轮作休耕制度试点工作，必须加大宣传力度，要让农民适应耕作方式的改变。对广大农民来说，让好好的土地撂荒是件难以理解的事。因此需要做好宣传工作，让农民认识到实行轮作休耕的真实目的是培肥地力，提高土地质量，进而提高粮食单产，从而在根本上改变农民以往的陈旧观念。

6.5 调整农业种植结构

针对粮食生产结构性矛盾日益突出的现状，应注重作物栽培技术和有机肥料的示范推广工作，提高农产品质量和产量，实现高产优质的目的。随着生活水平的不断提高，人们对肉蛋奶及水产品的需求量也在不断增加，同时，畜牧业和水产业的发展也促进了农民收入的增加。因此，畜牧业、水产业的发展前景非常广阔。而城市郊区的农田，也可以借机发展生态旅游农业，一方面让城市中的人们体验采摘果蔬的乐趣、消除工作中的烦恼；另一方面让农民从中获益，进而提高建设和保护耕地的意识[39]。

6.6 确定合理的补偿标准

土地是农民赖以生存的根本保障。轮作休耕制度的实行，势必会降低粮食的产量，影响到农民的收入，农民收益不减少才能使轮作休耕的任务落到实处。因此，在实行轮作休耕的过程中，应给予农民合理的补偿。而补偿标准的制定非常重要，不能减少农民收益的同时，还要考虑到国家的承受范围。由于轮作与休耕是两种不同的耕作方式，因此在制定补偿标准时，也应分开讨论。总体原则是补偿标准与原有的种植收益相当，不影响农民收入，同时还要让种地的农民保持积极性。补偿的方式可以采取直接发放现金或折粮实物补助。

7 展 望

实行轮作休耕制度是保护耕地、促进农业可持续发展的重要举措，是中国在新常态背景下提出的一项新技术。但由于“探索实行耕地轮作休耕制度试点”是 2015 年刚刚提出，再加上中国特殊的国情以及各地不同的自然环境，目前还存在以下问题：①缺乏经验指导；②偏向理论研究，实践成果较少；③各地执行力度差异较大。希望在以后的工作中能加大对这些方面的研究力度，只要有党的政策支持、社会各界的鼎力相助以及广大农民的积极参与，中国农村的环境污染将会得到改善，最终实现人与自然的和谐相处[40]。

参 考 文 献

[1] 邓琳璐，王继红，刘景双，等.休耕轮作对黑土酸化的影响. 水土保持学报，2013，(3)：184-188.
[2] 梅松武.轮作休耕为哪般. 四川日报，2016-05-30（002）.
[3] 卞民德.给疲惫的耕地放个假. 人民日报，2016-06-08（016）.
[4] 张凤荣.轮作休耕须建立在牢固的生产能力之上. 中国国土资源报，2015-12-15（003）.
[5] 习近平.关于《中共中央关于制定国民经济和社会发展第十三个五年规划的建议》的说明. 新长征，2015，12：19-23.
[6] 一溪.要高效，更要生态，轮作休耕的战略考量. 东方城乡报，2016-04-14（A01）.
[7] 肖主安. 欧盟环境政策与农业政策的协调措施. http：//www.tany.gov.cn/news/shownews.asp?News ID=1386 [2004-9-6].
[8] 郑红明. 抓住时机试点休耕. 中国粮食经济，2016，(3)：35-36.
[9] 崔和瑞，孟祥书.基于休耕轮作的人与自然和谐的农村生态环境的构建. 中国农学通报，2006，(12)：502-504.
[10] 白由路.国内外耕地培育的差异与思考. 植物营养与肥料学报，2015，(6)：1381-1388.
[11] Allen E R，Johnson G V，Unruh L G. Current approaches to soil testing methods：Problems and solutions//Havlin J L，Jacobsen JS. Soil testing：prospects for improving nutrient recommendations. Madison，Wisconsin，USA：Soil Science Society of America （SSSA Special Publication Number 40），1994：203-220.
[12] 刘立华.世界农业土地资源概况. 世界农业，1987，(7)：26-28.
[13] 朱文清.美国休耕保护项目问题研究. 林业经济，2009，(12)：80-83.
[14] 向青，尹润生.美国环保休耕计划的做法与经验. 林业经济，2006，(1)：73-78.
[15] 李国龙.试点轮作休耕要着眼“藏粮于地”. 农民日报，2015-11-25（003）.
[16] 揣小伟，黄贤金，钟太洋.休耕模式下中国耕地保有量初探. 山东师范大学学报：自然科学版，2008，23（3）：99-102.
[17] 潘革平.粮食供应紧张欧盟暂停休耕. 经济参考报，2007-09-28（3）.
[18] 粮食供应紧张欧盟暂停休耕. http：//www.cngrain.com/ PublishFinace/200709/336586.shtml[2007-9-28].
[19] 苏丽春，杨喜俊，吴成久.玉米高光效休耕轮作技术. 现代农业科技，2013，(10)：26，29.
[20] 苗永建.公主岭市玉米高光效休耕轮作栽培技术. 基层农技推广，2015，(1)：173-175.
[21] 郝宇佳，张含思，张磊，等.高光效休耕玉米轮作技术对土壤的影响. 湖北农业科学，2015，(8)：1829-1831.

[22] 李纯.玉米免耕栽培实现田块内部轮作休耕. 农民日报，2015-08-27（005）.
[23] 胡喜军.北方玉米高光效休耕轮作栽培技术. 中国农技推广，2013，(12)：21-22.
[24] 王茵，胡希伟.副省长隋忠诚到我市调研春耕生产及“高光效”休耕轮作技术示范工作. 辽源日报，2014-04-28（001）.
[25] 杨锡财，刘素波，任希武.浅析玉米高光效休耕轮作栽培技术在磐石地区推广的局限性. 农业与技术，2012，(12)：68.
[26] 李昊徽.辽源市高光效休耕轮作技术推广调研报告. 福建农业，2014，(8)：149-150.
[27] 李昊徽.辽源市高光效休耕轮作技术推广问题研究. 长春：吉林大学，2014.
[28] 刘远兴，刘远和.四平市玉米高光效休耕轮作田间试验. 农机科技推广，2013，(11)：30-31，33.
[29] 陕西省人民政府办公厅关于推进耕地轮作休耕实行化肥农药使用减量化的意见. 陕西省人民政府公报，2016，(5)：34-37.
[30] 元莉华，乔佳妮“.十三五”我省每年休耕轮作百万亩地. 陕西日报，2016-02-24（002）.
[31] 周光明.实行休耕轮作提高种田效益. 农机科技推广，2014，(4)：32，35.
[32] 周光明.泗县休耕轮作种植模式与传统种植模式效益分析. 农业机械，2014，(5)：97-98.
[33] 孔祥斌.“休养生息”意在提质增效. 国土资源，2016，(2)：9.
[34] 邵海鹏.“十三五”轮作休耕背后的战略考量. 农村.农业.农民（A 版），2016，(4)：8-10.
[35] 李慧.耕地轮作休耕如何试点推进. 光明日报，2015-11-27（003）.
[36] 乔金亮.轮作休耕试点要立足“藏粮于地”. 经济日报，2016-02-15（009）.
[37] 李慧.耕地轮作休耕应避免非农化. 粮油市场报，2015-11-28（B03）.
[38] 孙贵书.科学统筹推进耕地轮作休耕. 农民日报，2016-01-23（003）.
[39] 欧阳梦云.轮作休耕为土地提质增效. 经济日报，2016-03-27（008）.
[40] 李建群，侯秋月.构建和谐社会的哲学思考，陕西日报，2005-6-1（2）.

Application Advance of Rotation Fallow System in China

Qian Chenchen[1,2]　Huang Guoqin[1,2]　Zhao Qiguo[3]

1 Research Center of Ecological Science，Jiangxi Agricultural University，Nanchang　330045，China
2 Colleges and Universities Union of Ecology in Jiangxi Province，Nanchang　330045，China
3 Institute of Soil Science，Chinese Academy of Sciences，Nanjing　210008，China

Abstract

At present，land pollution is serious in China，coupled with long-term operation under high load，it makes the high and stable yield of grain under serious threat. In order to speed up the transformation from traditional agriculture to modern agriculture，to maintain the sustainable development of agriculture in China，and to provide technical support and theoretical basis for building a resource-saving and environment-friendly society，this study concludes the proposing，content and feasibility of rotation fallow. It is considered that the rotation fallow cultivation has the practical significance of protecting the species diversity，increasing the soil organic matter content and reducing the amount of chemical fertilizer and pesticides. The study also describes the typical cases of rotation fallowing at home and abroad，and puts forward six suggestions for effectively promoting the rotation fallow：make scientific plans；define the scope of fallow rotation；carry out effective management and supervision；strengthen propaganda；adjust agricultural planting structure；determine reasonable compensation standards.

Key words　Rotation fallow；Farmland；Soil；Feasibility proposals；Sustainable development of agriculture

中国南方冬季农业的战略地位及开发模式

黄国勤[1]　张桃林[2]　赵其国[2]

1 江西农业大学，南昌　330045

2 中国科学院南京土壤研究所，南京　210008

摘　　要

南方冬季农业是种植业的起点和基础，合理开发南方冬季农业，有利于促进整个农业的持续发展。目前，我国南方冬季农业开发模式主要有：①间混复合型；②结构优化型；③农牧结合型；④高产高效型。本文对上述各模式进行了较为深入的分析。

关键词　冬季农业；开发模式；耕作制度；持续发展

1　战 略 地 位

我国南方冬季农业在整个农业生产中，占有重要的战略地位，起着很重要的作用，已成为农业生产中不可分割的一部分。

1.1　南方冬季农业是种植业的起点和基础

南方冬季农业生产不仅关系到当季的粮、油、肥、饲生产，而且是夏、秋季农业生产的起点，对全年种植业生产起着至关重要的作用。

1.1.1　发展冬季农业，有利于解决作物间的争地矛盾

在南方农业生产过程中，经常存在夏、秋季的水稻、大豆等粮食作物与经济作物（棉花、油料等）和饲料绿肥作物争地的矛盾，尤其是大力发展水稻常导致挤占其他作物的种植面积，造成除水稻以外的其他粮食作物和经、饲作物无地可种或种植面积过小的局面。发展冬季农业，可使作物间“空间”争地的矛盾，从“时间”上得以解决或缓和。如冬种小麦、大麦、蚕豆、豌豆等春粮作物，在一定程度上可减少夏秋粮食作物的播种面积；冬种油菜，亦可减少花生、芝麻等油料作物的种植面积，从而有利于优化南方全年作物的种植结构，使冬种作物做到“各得其所，协调发展”。

1.1.2　发展冬季农业，有利于解决用地和养地的矛盾

既充分用地，又积极养地，做到用地和养地相结合，这是发展农业生产、建立合理耕作制度的基本原则，也是保证土地永续利用的重要措施和保证。在南方种植业生产中，夏秋季种植的作物如水稻、棉花、玉米等大多是消耗地力的作物，其种植过程中对地力的消耗很大，尤其是进入 20 世纪 80 年代以后，种植作物过分依赖化肥而忽视有机肥，这对土壤结构和土壤肥力均有较大影响，不利于恢复、培养和提高地力。发展冬季农业、冬季种植作物绿肥（紫云英、肥田萝卜）、油菜和蚕豌豆等，并将其秸秆全部或部分还田，有利于生物养地，不断改善土壤结构，增加土壤有机质和提高土壤肥力，真正做到用养结合，地力常新。

1.1.3　南方冬季农业是种植业的重要组成部分

上海从 1949～1993 年，春粮总产从 11×10^4t，增加到 50×10^4t 左右，均占到当年全年粮食总产量的

本文原载《土壤》1998 年第 30 卷第 2 期第 70-75 页。

15%～20%以上；江苏省粮食总产量中有 40%左右来自春粮；安徽省每年春粮播种面积达（3000～4000）$\times10^4$ 亩以上，占全年粮食总播种面积的 30%～40%[1]。1993 年。我国南方共生产春粮 3916.7$\times10^4$t，占南方全年粮食总产量的 16.3%[1]。可见，南方冬季农业是种植业的重要组成部分，冬季农业的增产增收，对实现南方全年粮、棉、油的高产、稳产和持续增产至关重要。

1.1.4　冬季农业是全年种植业的起点

冬季作物生育期的长短及养地效果的好坏，直接影响到夏秋季作物的种植。如实行“油-稻-稻”三熟制种植模式，冬作油菜生育期的长短直接影响到早稻乃至晚稻的栽插和收获，故在生产上宜选用生育期适当、相互搭配的品种。

1.2　合理开发南方冬季农业，有利于促进整个农业的持续发展

1.2.1　发展冬季农业，有利于实行农牧结合，促进畜牧业的发展

农牧结合是农业发展过程的产物，在我国南方既有历史传统又有现实意义。种植业为畜牧业提供饲料，畜牧业为种植业提供肥料，二者相互联系相互促进，有利于形成高产高效、增产增收和良性循环的农-牧业系统。

在南方稻区，发展冬季农业，冬种绿肥、油菜、大麦、蚕豆、豌豆等，有利于增加饲料供应量，促进养猪业的发展。冬种绿肥紫云英是一种豆科绿肥作物，其营养价值高，干物质中蛋白质含量丰富，且富含矿物质和维生素，鲜嫩多汁，适口性好，是一种优质青饲料。油菜籽饼含蛋白质 35%～47%，还含有各种氨基酸，以及粗脂肪、纤维素、矿物质和多种维生素，是家畜的优质饲料。世界上 70%～80%的大麦用于畜禽饲料，中国进入 80 年代以后，在大麦消费量中饲料占 70%。小麦的麦麸和蚕豆、豌豆的秸秆等均是较好的饲料。可见，发展冬季农业，可以生产多种优质饲料，促进畜牧业的发展，以提供优质的畜产品；同时畜牧业还能为种植业提供优质的有机肥，这又有利于发展冬季农业，促进整个种植业的发展，真正做到农牧双丰收。

1.2.2　开发冬季农业，可以带动和促进农村加工业、食品工业和多种经营的发展，从而推动和促进整个农村经济的全面、持续发展

开发冬季农业，生产出更多的大麦、小麦、油菜籽等农产品，这些产品既是粮食作物，也可以称作“经济作物”，开发利用得好，可以建立起相应的食品工业、饮料工业和饲料工业；油菜作为经济作物，仅一次生产、一次加工，就具有油、肥、蜜、饲料等多种效用，在这些效用中，有些具有一次性使用价值，有些则可以多次利用。可见，开发冬季农业，既能直接促进饲料工业和食品工业的发展，又可带动加工业的发展，加速农村剩余劳动力的就地消化和转移，对于促进农村经济全面和持续发展．具有长远意义。

1.2.3　合理开发南方冬季农业，对促进整个农业的持续发展具有重要的战略意义

合理开发南方冬季农业，不仅能提高农业生产力，提高经济效益，充分利用冬季的光、热、水、肥、气、劳力、畜力和机械等自然资源和社会经济资源；而且还有利于保护农业资源，防止自然灾害，减少水土流失，不断提高土壤肥力。

（1）合理开发冬季农业，可以减少水土流失，保护土地资源。种植冬作物绿肥、油菜、大麦、小麦、蚕豆、豌豆、马铃薯和冬季蔬菜等，增大了农田冬季地面覆盖率，有利于保持水土、减少水土流失，尤其对南方坡耕地效果更加明显。

（2）合理开发冬季农业，可以做到用地和养地相结合，不断提高土壤肥力。①冬种作物本身具有不同程度的养地作用。如冬种紫云英、油菜、大小麦、蚕豌豆、马铃薯和冬蔬菜等均有不同程度的养地作用。②在种植冬作物过程中，还常常通过轮作、少耕、免耕、深耕、中耕等农业技术措施来调节和协调土壤肥力因素间的关系，以达到养地的目的。③通过人工投入辅助能，如施用化肥、投入有机肥、作物秸秆还田、施用土壤改良剂等，均能较大幅度地恢复和提高土壤肥力。

（3）合理开发冬季农业，具有稳产高产、持续增产和防御自然灾害的作用。发展冬季农业，增种各种冬作物，增加了农田生物的多样性，使农田生态系统的结构趋于复杂、功能趋于完善，因而抵御农业自然灾害的作用加强；发展冬季农业，使其高产稳产，也必须重视农田基本建设，改善水利设施。以利于防止旱涝灾害。可见，合理开发冬季农业，对实现冬作乃至全年的高产、稳产和持续增产以及防止自然灾害具有很重要的作用。

2 开发模式及其效果

根据作者近年来的调查和研究，我国南方冬季农业的开发模式大致包括以下几种。

2.1 间混复合型

将冬季油菜与绿肥紫云英间混作，既是开辟我国南方油料来源、提高土壤肥力的重要措施，又是解决冬季油菜与绿肥争地的良好方法。实践证明，在南方实行这一冬季农业开发模式，具有显著的增产增收和培肥地力的效果：

（1）增加油料产量。实行油菜与紫云英间、混作后，可以扩大油料作物的种植面积，提高单产和总产，并能解决扩大绿肥与油菜争地的矛盾。据在江西调查[2]，萍乡国有农场在双季稻田采用油菜与紫云英（未翻耕）混作，平均每亩收油菜籽 36.25kg，收紫云英鲜草 1550kg；江西广丰县在晚稻收获后，翻耕整地，混播油菜与紫云英，平均亩收油菜籽 55kg，收紫云英鲜草 1100kg；临川县油菜与紫云英间、混作，每亩收油菜籽 25～40kg，紫云英鲜草 1250～1700kg；而单作油菜，每亩收子也只 27.5～41.3kg，单播紫云英，好的亩产 2500kg，中等的 1000～1500kg，低的只有 400～450kg。这充分表明，油菜与紫云英间混作，既能收子榨油，又可沤紫云英肥田，可以增加收入、开辟肥源。

（2）提高土壤肥力。江西临川等地生产实践证明[2]，在油菜与紫云英混作田块栽种早稻，比单种油菜的田块增产稻谷 50～100kg/亩，且水稳性团粒结构（>0.25mm）较紫云英单播田块相对提高 17%～26%。

（3）降低生产成本。采用油菜与紫云英间、混作的种植方式，不同作物可同时整地，必要时亦可同时播种，既省工，又可保证播种不误时。据在江西崇仁等地的调查，油菜与紫云英间混作，可比单播油菜少施 1 次肥，少用 3 个工，并可收到一定数量的油菜籽，从而有效地降低了生产成本[3]。

2.2 结构优化型

结构决定功能。要提高冬季农业开发的生态经济效益，必须对冬季农业的作物种类、比例、结构等进行调查和优化。作者曾于 1992～1993 年[3]，依据线性规划理论及建模方法，以统计资料和调查数据为参数，对江西省冬季农业的种植结构进行了优化研究。结果表明，江西省冬季作物结构以绿肥占 30%、油菜占 40%、春粮（包括小麦、大豆、蚕豆等）占 30%效益最佳，其经济效益（种植业纯收入）由优化前的 950 488.8 万元增加到优化后的 1 131 105 万元，优化后经济效益增加 180 616.2 万元，增长 19%以上。即在原有资源（包括耕地面积、作物种类、种子数量、肥料投入等）基础上不增加任何新的资源和物质投入，优化后纯收入比优化前增加近 20%，这充分说明，“优化出效益”。

2.3 农牧结合型

紫云英是我国南方最主要的冬季绿肥，曾对保持和提高地力、确保南方双季稻的持续高产稳产起过重要作用。但近 10 多年来，我国南方冬季绿肥一再“滑坡”，面积减少，单产下降，对实现南方粮食生产的持续稳定增长极为不利。1979 年南方共有冬绿肥面积 11 724.9 万亩，占全国绿肥总面积比重的 92%以上，1992 年则下降为不足 6000 万亩（5803.5 万亩），下降 1/2 以上[4]，江西省 1969 年绿肥面积曾达到历史最高峰的 2358 万亩，占当年江西耕地面积的 64%，此后逐步下降，到 90 年代已降为 1000 万亩左右[5]。面积减少的同时，南方各地绿肥的鲜草产量也呈大幅度下降之势，已由五六十年代的大面积亩产 2000～3000kg 降为目前的 1000～1500kg/亩[6]。

为了扭转这一局面，提高绿肥的经济效益，我们于 1989～1992 年在江西鄱阳湖区永修县进行“鄱阳湖区冬季农业开发”课题研究时[2]，在总结群众经验的基础上，通过试验和摸索发现，将紫云英青割后添加适当糖分及其他物质，调制成青贮饲料，是利用紫云英作饲料的一个很有前途的办法，而且还可解决稻区农民养猪业中饲料供应淡、旺季节的矛盾。因此，从生态良性循环的特点出发，改传统的绿肥直接还田为青贮转化，实现农牧结合，过腹还田，是进行南方冬季农业开发、提高绿肥生态经济效益的关键所在。

试验表明，亩产鲜草 3038kg 的紫云英，将其地上部 2/3 进行青贮，可获得 1360kg 优质青贮饲料。青贮紫云英的肥育猪试验，进一步反映了紫云英过腹还田、转化增值的显著效果（图 1）。

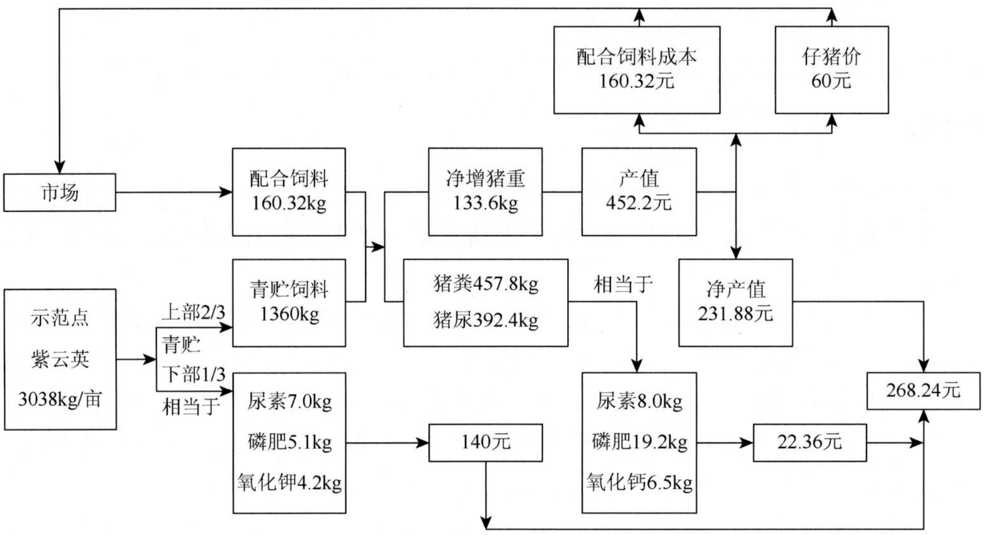

图 1　紫云英青贮过腹还田、转化增值示意图

这里，我们选择了肥育猪试验中配合饲料 0.5kg+青贮紫云英/（头 · 日）处理，结果表明，配合饲料与青贮紫云英配合饲喂，使得 1 亩紫云英的产值由直接还田时的 42.32 元增至 268.24 元，通过食物链加环和农牧结合，紫云英经济效益提高了 5.3 倍。

为此，我们在鄱阳湖区推广了这一模式，仅 1992～1993 年就推广面积 32 896.5 亩，使每亩紫云英平均增收 68.85 元，共增收 226.5 万元，实现了粮（油）、肉（猪肉）全面丰收[2]，目前，这一模式正在江西及南方各省、区、市的冬季农业开发中广泛应用。

2.4　高产高效型

2.4.1　利用冬闲稻田养鱼

我国南方冬闲耕地中，有一大半是冬闲稻田[7]，其中有相当部分是冬水田，充分利用这部分冬水田发展稻田养鱼，实行“鱼-稻-稻”种植模式，则是一种增产增收的有效途径。

江西省铜鼓县 1994 年利用冬闲田养鱼面积达 10 080 亩，占可养稻田面积的 1/4 以上，共产成鱼 286t，亩产达 31.5kg，占该县水产品总产量的 21%；同时培育优良鱼种 38.5 万尾，占全县鱼种的 8%；每亩比过去增收达 200 元以上[2]。

2.4.2　冬种高效经济作物

（1）蔬菜+蘑菇-双季稻模式。福建省龙海县近年来在种好双季稻的基础上，利用冬季大力发展蔬菜和蘑菇。1992 年冬种蔬菜面积达 16 万亩，占总面积 25 万亩的 64%，冬种蔬菜的种类有荷莲豆、芥菜、笋菜、马铃薯、番茄、黄瓜等，根据 1992 年春收的 31 291 亩冬季蔬菜统计，平均亩产值 1142.2 元，亩纯收入达 862.88 元[4]。此外，以两季稻草为基础原料，配以牛粪等原料，可在冬季农业开发期间种 40～50m^2 的蘑菇，亩收入可达 800～1000 元[6]。这一模式实际上是“双重”利用模式，也就是冬季农业开发期间室内种蘑菇、田间种蔬菜双重利用冬季气候资源，从而取得较高经济效益。该模式冬季农业期间亩收入合计可达 1600～2000 元。

（2）马铃薯-双季稻模式。马铃薯是一种高产高效作物，既可作口粮，也可作饲料和蔬菜，其茎叶还可作饲料和绿肥。因而，种植马铃薯对粮食增产、经济增收、土地增肥的“三增”效益较为显著。

1990 年，广东肇庆市冬种马铃薯 14.6 万亩，年均亩产 975kg，鲜薯总产折原粮 2.85×10^4t，占春收粮食总产的 62.8%。广东云浮县托洞乡，1989 年冬种马铃薯 4000 亩，1990 年春收鲜薯 3920t，仅此一项全乡人均增收 65.3 元。同时，马铃薯收获时一般有 500～600kg 鲜茎叶可作绿肥，使当年的早稻增产。

（3）花卉-双季稻模式。福建厦门郊区早稻 3 月下种，4 月下旬插秧，7 月收获，然后种早中熟晚稻，10 月下旬收获后就可把事先经过 3 个月左右室内低温贮藏的球根花卉如郁金香下田栽培，12 月至 1 月进行田间简易设施保温栽培，在 2 月份（春节前后）可开花上市，4 月中旬可挖球根（贮藏于翌年使用），早稻可在正常季节 4 月 20 日左右插秧。冬季花卉亩产值亩达 2000 元左右。

2.4.3 建立商品生产基地

我国南方，尤其是华南地区冬季却是一个巨大的“天然温室”，这一季节（冬生长季）正是适合生产多种高档蔬菜（如番茄、豌豆、豆角、花椰菜及瓜类等）的黄金季节。南方露天生产的这些蔬菜、瓜类，成本较低，且质量又高。因此，可充分发挥南方（尤其是热带、南亚热带地区）冬暖气候优势，利用冬闲耕地，在交通便利的水陆运输线上，建设“南菜北调”的冬季蔬菜生产基地，以满足北方城市冬季蔬菜淡季之需，这对于解决冬季蔬菜供需矛盾、活跃市场经济、节省能源等都具有十分重要的现实意义。事实上，我国广东省自实行改革开放和市场经济以来，农业向高质、高产、高效方向转变，冬种布局发生了很大变化，现已转向生产高产值、反季节的北运、出口蔬菜，引、扩种南亚热带、热带果树和水产养殖业，并建立了商品生产基地，成效十分显著。据统计，1992 年广东全省冬种北运蔬菜达 96.9 万亩，有效地增加了全省的经济收入，使冬季农业的开发成为该省发展高效农业的一支生力军。仅茂名市 1992 年北运蔬菜种植面积就达 54.75 万亩，产值达 5 亿元。

参 考 文 献

[1] 黄国勤. 论开发南方冬季农业. 古今农业，1993，（2）：67-71.
[2] 黄国勤. 江西省耕作制度理论与实践. 南昌：江西科学技术出版社，1996，134-172.
[3] 黄国勤. 江西省冬季农业研究专辑. 江西农业大学学报，1993：58-64.
[4] 黄国勤. 张桃林. 论南方稻田耕作制度的调整与改革. 农业技术经济，1996，（1）：41-45.
[5] 黄国勤. 江西省冬季农业的发展. 自然资源，1992，（5）：35-38.
[6] 刘巽浩. 牟正国等. 中国耕作制度. 农业出版社，1993：259-277 .
[7] 黄国勤. 论提高我国南方耕地复种指数自然资源，1995，（1）：30-37.

中国南方农田养地制度的演变与发展*

黄国勤[1]　张桃林[2]　赵其国[2]
1 江西农业大学农学院，南昌　330045
2 中国科学院南京土壤研究所，南京　210008

摘　　要

农田养地制度是耕作制度的重要组成部分。40 多年来，我国南方农田生产力能够得到不断提高，是与农田养地制度的不断发展和完善分不开的。本文比较系统和全面地分析、总结了中华人民共和国成立以来，我国南方农田土壤耕作制度、农田培肥制度的演变和发展。对指导南方耕作制度的进一步改革、促进南方农业的可持续发展具有重要意义。

关键词　农田养地制度；土壤耕作制度；农田培肥制度；演变；持续发展；南方

农田养地制度，亦叫农田土壤管理制度，是指对农田采取的保护、调养和培肥地力的技术措施体系。它是耕作制度的重要组成部分，是种植制度得以实现高产高效和持续发展的重要保证。农田养地制度主要包括土壤耕作制度和农田培肥制度两方面的内容。

1　土壤耕作制度

我国南方培养地力的方法很多，有物理学、化学和生物学方法。土壤耕作属物理学养地方法，它是最基本而又最常用的农业技术措施，对改善土壤环境，协调土壤中水、肥、气、热等肥力因素之间的矛盾，充分发挥土地的增产潜力起着主要的作用。

1.1　南方土壤耕作制度的演变与特点

新中国成立 40 多年来，我国南方农田土壤耕作制度的演变大致可分为 3 个阶段。

（1）传统多耕多耙阶段。从 20 世纪 50 年代至 60 年代，我国南方农田大多采用传统耕作方法（亦叫常规耕作方法），即在农业生产过程中，农田耕作以传统的多耕多耙占主导地位。这种耕作法，利用犁耙、镇压器、锄和中耕机等工具来进行土壤耕作。主要包括耕翻、深松、上翻下松等基本耕作措施和耙地、旋耕、镇压、开沟、作畦、起垄、筑埂、中耕、培土等表土耕作措施两部分，对我国南方农业生产的发展起了很重要的作用。但若使用不当，则易导致严重的水土流失，尤其对我国南方的坡耕地更是如此。

（2）强调少耕免耕阶段。由于不合理地利用传统耕作方法很容易导致南方农田的水土流失，自 70 年代以来，少、免耕耕作法在我国南方广大地区得到不断的实践和推广，对减少水土流失、提高土壤肥力、促进农业的稳产高产和持续增产起了很重要的作用。据初步统计，全国少、免耕面积已达 2000 万 hm^2，其中约有 50%分布在南方各地。

（3）实行轮耕轮作阶段。传统耕作，多耕多耙，有利于加深耕层，疏松土壤，扩大库容，翻埋秸秆，深施基肥，消灭杂草等，一举多得。但传统耕作程序繁杂，花工多，耗能大，延误农时，易造成水土流失和养分的耗散，且应变性小。由于作物赖以生存的土壤、气候是多变的，不应在什么情况下都采取同一耕

* 系第一作者于 1994～1996 年在中国科学院南京土壤研究所完成的博士后研究工作的内容之一，在导师赵其国院士的指导下完成，张桃林研究员给予大力支持和帮助。

本文原载《热带亚热带土壤科学》1997 年第 6 卷第 4 期第 277-283 页。

作法，“以不变应万变”是不科学的，也不适应当代农业的发展要求。

少、免耕不扰乱土层，保持土壤原状结构及肥力分布梯度，适期早播，利于早发壮苗，节本省工，是土壤耕作技术的一大进步。但随着少免耕年限的延续，土壤养分、作物根系、微生物种群、杂草种子等都趋向同步表层富集，导致土壤库容小，供肥能力差，草害严重，作物易出现早衰、倒伏等现象。

回顾世界土壤耕作史，曾走向两个极端，先是强调增加耕作次数和强度，继而趋向少、免耕，甚至认为“犁耕者愚蠢”。实践证明，任何一种单一的耕作方法都难以解决“用地与养地”、“复种与农时”、“高产与高效”的矛盾，而实行轮耕，即轮换采用不同耕作方法，则可以集不同耕作方法之优点为一体，扬长避短，趋利避害，开源节流，有利于提高土地的生产力，达到高效低耗、持续高产的目的。

我国南方自20世纪80年代开始，将土壤轮耕与作物轮作结合起来，取得了明显进展和显著效果。如江苏省从1985～1990年在苏南、苏中、苏北不同生态区推广轮耕、轮作技术面积累计达67万多hm^2，新增总产量6亿kg，新增产值8亿多元，增产7%～10%，增收10%～20%，节工10%～30%，节油30%～50%。进入90年代，轮耕轮作技术在南方各省、区、市进一步得到推广。

1.2 南方土壤耕作制度的类型与现状

1.2.1 少、免耕方式增多

如上所述，少、免耕作为一种新型的耕作方法，有着传统耕作方法所不及的优越性，它对保持农田土壤结构、防止水土大量流失、维护农业生态平衡以及缓解作物季节紧张的矛盾等均具有很重要的作用。目前，南方农业生产上广泛采用的少耕与免耕方式主要有以下几方面。

（1）半旱式耕作。水田半旱式耕作是一种自然免耕法，其核心是在精耕细作的基础上，通过人为改变地表状态，实行垄（厢）沟浸润灌溉，使土壤水、热、气、肥状况适于水稻、小麦等作物的正常生长，同时也适合鱼、萍和其他水田作物共生。自1980年以来，这一耕作方式已发展近7万hm^2，遍及我国南方各省市，它主要运用于冬水田，其中以深、烂、冷、毒田效果最佳。四川省1986年推广9.47万hm^2，稻谷增产10%～30%左右，一些常年“坐蔸田”增产稻谷50%以上；江西省1990年在贵溪、石城、信丰、瑞金、南康、东乡等县的冬水田推广这一免耕法8万hm^2，共计增产稻谷7200万kg，节约化肥折合尿素1250t、钙镁磷肥9600t，而且改善了土壤理化和生物学性状，提高了土壤肥力。

（2）板田油菜。在二晚收割后，不经过耕翻，直接在稻茬田移栽（甘蓝型）或直播（白菜型）油菜，目前已在我国南方各地推行。它能够缓和季节紧张、维护土壤结构、保持土壤养分，从而可使油菜产量达1500～2250kg/hm^2（甘蓝型）和750～1125kg/hm^2（白菜型）。我们于1991年冬季在江西永修县梅棠乡推广板田油菜技术，面积达143.64hm^2，比耕翻油菜（CK）平均增产幅度为5.44%～10.12%。

（3）稻茬板麦。上海嘉定县1981～1983年种植200hm^2免耕麦，比耕翻种麦平均增产6.1%～28.2%；宝山县1981～1982年实行稻板免耕麦，比耕翻种麦平均增产19.6%。据统计，江苏省目前三麦应用少免耕技术，常年已达133.33万hm^2以上。

（4）早稻收割后直接栽插晚稻。江西很多地方在早稻收割后，由于田块冷浸、泥土深烂和下陷，加上季节紧张、劳力不足和耕牛缺乏，不经过任何耕翻就直接栽插二晚。如江西省余江县春涛乡38.67hm^2冷浸田、深陷田，采用这种免耕后，可提高单产5%～8%。

（5）再生稻。再生稻是在水稻收割后，利用残留茎节上的休眠芽所萌发的再生蘖培育而成，是一种典型的少免耕栽培。它具有管理简单、节省成本、节约用水和生育期短等特点，在不适于发展双季稻的地区，宜发展再生稻。江西省农科院在1987年种植“40-1”再生稻新品种，头季稻产量为7296.75kg/hm^2，再生稻为5152.5kg/hm^2，全年每公顷产稻谷12 449.25kg。目前，再生稻栽培正在四川、湖北、云南、广西等省区推行。

（6）稻底蚕豆。稻底点播蚕豆，是改革耕作制度，实现一年三熟、粮肥兼种、用养结合的新途径。一般在 10 月上、中旬，当晚稻进入黄熟中期、田面土壤湿润时播种最佳，既不影响晚稻，又不误春播。一般每公顷产蚕豆可达 1875kg，高的可达 3000 多 kg。若将蚕豆秸秆用来肥田，可产蚕豆鲜苗 15 000～22 500kg/hm^2，可以代替绿肥。

（7）晚稻套播紫云英。江西一般在 9 月下旬至 10 月初、二晚齐穗灌浆初期，将紫云英撒播于稻田中，这是争取季节、提高绿肥产量的重要措施。紫云英一般每公顷产 22 500～30 000kg，高的可达 37 500～45 000kg，甚至可达 75 000kg。我们于 1991 年在江西永修县推广 191.3hm^2 紫云英，最高产量达 51 405kg/hm^2，平均为 24 369kg/hm^2。这种免耕套播绿肥的形式，在我国南方广泛存在，是水田实行肥-稻-稻三熟制的有力保证。

（8）旱地间套作。我国南方旱地广泛实行免（少）耕种植，如冬小麦（油菜、蚕豌豆）行间免耕套种棉花、花生、大豆、玉米或西瓜；旱玉米（或大豆）免耕套播晚芝麻等。其主要作用是抢时、抢墒，利于多熟增产。

（9）旱地聚土免耕。对于土层较薄、水土流失严重的旱地，实行聚土免耕，则不仅可加厚土层，减少水土流失，还可保墒、早播，提高旱作产量。我国南方四川省还有相当面积的旱地推广聚土免耕，取得了明显的增产增收效果。

1.2.2 红壤旱地深耕

南方红壤旱地大多存在土层薄、易干旱的特点，采用深耕，在一定程度上可防止或减轻干旱带来的威胁，促进作物根系的扩展，从而有利于红壤旱地作物的高产。作者于 1985～1990 年在江西南昌对绿肥（紫云英）、油菜、玉米、花生、甘薯等旱作物的深耕效应进行了研究，结果表明，旱作产量（y）与深耕深度（x）均呈极显著相关（表 1）。可见，红壤旱地实行深耕可显著提高作物产量，增强抗旱能力，适宜在南方红壤旱地因地制宜地推广。

表 1　红壤旱地深耕深度（x）与旱作物产量（y）的关系

作物	产量（y）	回归方程	相关系数（r）
绿肥	生物产量	y=1392.8480+5.8709x	r=0.9788**
油菜	经济产量	y=−312.2865+7.5833x	r=0.9927**
	生物产量	y=281.0330+1.0364x	r=0.9783**
玉米	经济产量	y=252.8875+1.0293x	r=0.9895**
	生物产量	y=609.0995+2.6019x	r=0.9914**
花生	经济产量	y=113.0455+1.9261x	r=0.9798**
	生物产量	y=223.3060+2.7984x	r=0.9726**
甘薯	经济产量	y=1858.5625+11.1905x	r=0.9794**
	生物产量	y=2625.8390+17.9880x	r=0.9471**

1.2.3 各种耕作方式结合

常耕（常规耕作的简称，亦叫传统耕作）、深耕、浅耕、少耕和免耕，简称“五耕”，是农业生产上广泛采用的土壤耕作措施。“五耕”的合理与否，对农业生产会产生很重要的影响。大量的生产实践和试验研究表明，在南方不同地区、不同土质和不同作物上，“五耕”的增产效果并不一致。如采用少、免耕，虽然对缓和季节紧张的矛盾、维护土壤结构和保持农田水分有较好的效果，但有时却会导致某些作物减产；红壤旱地实行深耕，虽然能增强作物抗旱能力，但深耕本身花工较多，有时“得不偿失”，等等。因此，在南方农业生产实践上，常根据不同地区、不同土壤环境条件和不同作物的特点，将少耕、免耕、深耕、浅耕和常耕结合起来，相互配套，取长补短，共同促进南方农业的持续、稳定发展。例如，江西进贤县旱地实行的“冬深耕，增加农田蓄水保墒能力；夏浅耕，防止土壤水分蒸发；春不耕，减少水土流失”的土壤耕作制度，就是该省合理进行土壤耕作的重要经验之一，深受广大群众欢迎。

2 农田培肥制度

2.1 南方农田培肥发展概况

我国南方农田培肥经历了以下 3 个阶段：

第一阶段：农田有机培肥阶段（20 世纪 50～60 年代）。1970 年以前，我国南方农业生产中投入的肥料以绿肥、猪粪、草塘泥、堆肥等有机肥为主。据对江苏省 1951～1970 年 20 年的资料统计，全省年平均施肥总量（折合标准肥，下同）为 142.2 万 t，其中有机肥投入量为 99.8 万 t，占 70.2%；化肥投入量 42.4 万 t，占 29.8%。平均每公顷年施肥量为 267.0kg，其中有机肥为 187.5kg，化肥为 79.5kg。由于总的肥料投入较低，作物产量增长也不大，其总的特点表现为：低投入、低产量、低速度、低效益。

第二阶段：有机无机并重阶段（1970～1980 年）。这一阶段，具有两个显著标志：一是有机肥的施用继续增加。如江苏省在 1971～1980 年的 10 年中，年平均施用有机肥 233.5 万 t，占施肥总量的 48.6%，比前 20 年年平均增长 1.4 倍。江西省绿肥种植面积，1949～1969 年平均达（90.27±39.68）万 hm^2，1970～1980 年年平均达（138.80±7.54）万 hm^2，后者比前者平均增长 53.77%。安徽省绿肥种植面积已由 50～60 年代的 9 万～33.33 万 hm^2（占耕地的 4%～12%）发展到 70 年代的 66.67 万 hm^2 左右（占耕地面积的 20%～40%）。此外，在这一阶段，河塘沟泥的利用、猪牛栏粪还田等在南方得到空前重视，达到历史的高峰。二是化肥的投入大大增长。江苏省在这 10 年中，化肥投入量为 246.4 万 t，占肥料投入总量的 51.4%，比前 20 年平均增长 4.8 倍；化肥每公顷施用量为 520.5kg。是前 20 年平均水平的 6.5 倍。江西省化肥施用总量由 50 年代、60 年代的 0.73 万 t、7.09 万 t，增加到 70 年代的 17.75 万 t，施用量由 30～75kg/hm^2 增加到 225kg/hm^2 以上。由于化肥和有机肥的同步增长，使农作物产量大大提高，如江西省粮食、棉花、油料单产由 50 年代、60 年代的 1500～1875kg/hm^2、150～225kg/hm^2、450～525kg/hm^2 提高到 70 年代的 2700kg/hm^2、450kg/hm^2、675kg/hm^2 以上；江苏省 10 年粮食总产年平均达 203 亿 kg，比前 20 年平均增加 70%，平均每公顷产达到 4297.5kg，比前 20 年年平均每公顷产增加 95.6%。这一阶段总的特点是：投入多、产量高、速度快、效益好。

第三阶段：化肥为主培肥阶段（20 世纪 80 年代以后）。这一阶段突出表现在：①有机肥投入急剧减少。首先是绿肥面积减少，单产下降。1979 年南方绿肥种植面积达 781.66 万 hm^2，1992 年只剩下不足 400 万 hm^2，减少 1/2 以上；在面积减小的同时，绿肥鲜草产量也有较大幅度下降。目前，南方大面积绿肥鲜草产量已由六七十年代的 30 000～37 500kg/hm^2 下降到 15 000kg/hm^2 左右，有的甚至只有 7500kg/hm^2。其次是河塘沟泥的利用有所忽视。现在，南方广大农村基本上没有利用这部分有机肥源，这是造成目前大量河塘淤泥沉积、河床明显抬高、交通航道受阻、作物渍害加重、旱涝灾害频繁的重要原因之一。最后是其他有机肥，如猪牛栏粪、草皮、垃圾、灰肥等的施用量也大为减少。②化肥施用量成倍增长。1981～1990 年，江苏省化肥施用量达 724.8 万 t，占肥料总量的 66%；江西省 80 年代化肥总量为 55 万 t，比 70 年代增加 2 倍以上。这一阶段的特点是"三高一低"，即高投入、高产量、高速度，但出现化肥效益变低的现象。

2.2 农田培肥途径及其分析

2.2.1 化学途径养地

化学途径养地，即施用化肥培肥地力，它是现代农业中一项效果明显、必不可少的增产措施。已有研究和实践业已证明，合理施用化肥，不仅能够增加农作物产量，而且可以改善农产品品质、提高土壤肥力，从而有利于促进农业的持续发展。

1. 南方农田化肥施用量的变化

中华人民共和国成立初期，我国南方农田很少施用化肥。如江西省直至 1952 年才有少量化肥施用，每公顷耕地施用化肥只有 1.5kg（实物量）和 0.3kg（折纯量）。60～70 年代，特别是进入 80 年代以来，我国南方化肥施用量有了较大增长（表 2）。由表 2 可以看出，从 1980～1993 年。南方农田化肥施用量以年均 8%～9%左右的速度递增。可以预料，今后，随着农业生产的不断发展，农田化肥施用量仍将进一步增加。

表 2　1980～1993 年南方农田化肥施用量

年份	实物量		折纯量	
	万 t	kg/hm^2	万 t	kg/hm^2
1980	3404.0	863.25	745.3	189.15
1981			733.6	186.30
1982	4021.9	1027.50	896.9	229.05
1983	4250.8	1089.15	956.5	245.10
1984	4170.2	1059.30	961.2	244.20
1985	4256.0	1120.50	1005.1	262.20
1986	4794.2	1257.30	1119.1	293.55
1987	5071.6	1334.70	1180.0	310.50
1988	5358.0	1410.15	1263.9	332.70
1989	5723.9	1509.90	1359.2	358.50
1990	6141.3	1620.45	1468.0	387.30
1991	6500.8	1717.50	1569.1	414.60
1992	6628.3	1762.80	1637.2	435.45
1993			1688.5	452.55
年均增加/%	7.29	8.02	9.04	9.05

2. 南方农田化肥施用存在的主要问题

目前，我国南方农田化肥施用存在以下问题：一是重化肥，轻有机肥，即在农业生产中，过分依赖化肥而忽视了有机肥的施用。实践证明，只有将有机肥和无机肥相互结合起来，走“无机有机结合”的路子，才有利于农业的持续发展，否则，就不利于农作物的持续高产稳产，并势必妨碍农业的稳定发展。二是重氮肥，轻磷、钾肥。生产上存在重施氮肥，过量施用氮肥，而少施或不施磷、钾肥的倾向，这是造成我国南方尚有 78%的农田土壤缺磷、58%的农田缺钾的主要原因。三是重大量元素肥，轻微量元素肥。由于长期忽视微量元素肥（简称微肥）的施用，造成我国南方目前 90%的农田土壤缺硼和钼、49%的农田土壤缺锌，这应引起有关方面的重视。

根据以上存在的问题，要求我们在生产上做到 3 点：一是无机有机结合；二是氮磷钾配合；三是大量元素肥和微肥一起施。只有这样，才能促进南方农业的进一步发展。

2.2.2　生物途径养地

1. 绿肥养地

施用绿肥是氮素循环的重要环节，是生物固氮的重要途径之一，对增加土壤养分含量具有重要作用。绿肥可富集土壤中的磷、钾元素，对缓和磷不足有重要意义。绿肥作为重要的有机肥料之一和生物养地措施之一，能明显改善土壤结构、提高土壤肥力，为农作物提供多种有效养分。据报道，每 0.5kg 氮素紫云英鲜草能使早稻增产 6～8kg，并使以后的晚稻也可增产 0.5～1kg，因此，它最直接的作用表现在促进农作物的增产上；绿肥又是牲畜的好饲料，畜牧业的发展能为农作物提供大量的优质有机肥，它的间接作用又体现在促进农作物的增产上。据有关试验，种紫云英的田块在其地上部分全部割出，仅翻埋根茬部分以后，其后作籼稻两年平均每公顷产稻谷 5547.0kg，比冬闲田增产 609.0kg，即增产 12.23%。每公顷产鲜草 22 500～30 000kg 的紫云英，可约固氮 61.5～81.0kg，高的可达 81.0～108.0kg。

我国南方1997年绿肥种植面积量达近800万hm^2，1992年降至不足400万hm^2；鲜草产量也由30 000～45 000kg/hm^{2}减少到15 000kg/hm^{2}左右，这既不利于种植业的发展，也不利于畜牧业的发展，必须尽快扭转这一局面。

为了培养和提高地力，首先必须在提高绿肥鲜草产量的前提下，重视恢复和扩大绿肥种植面积，并走“农-牧结合”的路子，将绿肥先作饲料后还田，充分发挥其“肥饲兼用”的功能，真正实现增产、增饲、增肥、养地的生态良性循环，促进农-牧业的持续发展。

2. 豆类养地

豆类作物（包括大豆、花生、蚕豌豆、绿豆等）是重要的养地作物，它不仅具有很强的固氮能力，而且还有增加土壤有机质，活化土壤养料，改善土壤结构的作用。从1979～1993年，南方大豆种植面积虽有增加，但增加幅度并不大（表3），花生面积也只增加42%。因此，今后应进一步扩大南方农田豆类的种植面积，尤其是随着人们生活水平的不断提高，豆类在改善人们膳食结构方面的作用也是不容低估的。

表3 1979～1993年南方豆类种植面积 （单位：万hm^2）

年份	大豆	花生
1979	212.2	105.0
1980	203.2	112.2
1981	233.4	118.0
1982	251.8	120.6
1983	243.2	105.9
1984	236.9	115.5
1985	228.2	134.4
1986	242.2	142.3
1987	238.9	136.4
1988	221.9	132.0
1989	227.6	129.4
1990	214.1	128.8
1991	184.3	125.1
1992	193.5	132.4
1993	226.3	149.1
1993年比1979年增加/%	6.7	42.0

3. 养殖养地

在农田养殖中具有养地作用的生物（如鱼、泥鳅、青蛙、蚯蚓、鸭、螺等），对改善土壤结构、优化农田环境、提高土壤肥力、增加作物产量具有重要作用。如稻×鱼、稻×萍×鱼、稻×萍×鱼×螺、稻×萍×鱼×蛙、稻×萍×鱼×鸭、稻×萍×鱼×鳝等养殖养地模式在我国南方各地均有分布，有力地促进了我国南方农田的高产高效和持续发展。

4. 施用有机肥

充分利用我国南方丰富的有机肥源，是实现农业高产稳产的重要措施和保证。但从总体上来说，目前我国南方对有机肥的重视不够，其开发利用潜力较大。首先，我国南方有机肥源特别丰富。南方幅员辽阔，所蕴藏的有机肥有河塘沟泥、猪牛栏粪、鸡鸭鹅屎、人畜粪尿、瓜皮果壳、秸秆残茬、青草树叶、草皮、垃圾等，不仅种类多样，而且数量丰富。据研究，我国人均日产垃圾0.56kg，年产204.4kg，南方现有66 883万人，年产垃圾1367.09亿kg；仅江苏省苏州市现有河泥总贮量就达52 351.3万t，河泥平均厚度达57.8cm。可见，我国南方有机肥源是何等丰富。其次，质量较高。一是养分含量高，根据对江苏省309个不同河泥样品的化验测定结果，河泥平均pH 6.8，有机质含量42.21g/kg，速效磷含量52.7mg/kg，速效钾149.7mg/kg；

河泥机械组成为，河泥粒径<0.001mm 颗粒平均为 14.71%，1～0.05mm 颗粒平均为 3.75%，0.05～0.01mm 颗粒为 39.38%，可见，其养分含量之丰富，质量之高，将其施入农田，对增肥改土和作物增产极为有利；二是肥效长久，有机肥最显著的特点就是耐贮，肥效长久，这是化肥所不及的；三是无副作用，有利于环境保护和“绿色食品”的生产，这也是有别于化肥的重要特征。最后，使用方便。有机肥具有随处可取、随时可用的优点，对促进作物全面增产、持续增产十分有利。因此，今后必须重视充分利用我国南方丰富的有机肥源，使之在农业持续发展中发挥应有的作用。

2.2.3　其他途径养地

秸秆还田是介于化学与生物学的养地方法，已在我国南方广为推行。江苏省农田秸秆还田量 1975 年为 450kg/hm^2，1988 年增加到 1845kg/hm^2，全省秸秆还田面积已达 266.67 万 hm^2 次，占全国 1333.33 万 hm^2 的 1/5；江西省目前早稻秸秆约有 60%直接还田，晚稻还田量也有 30%左右，不仅增加了农田有机质，还将秸秆中的微量元素（如稻草中的硅）返回农田，有利于改善土壤结构和培肥地力。

此外，在我国南方还常常施用菌肥和土壤改良剂，以不断提高地力，促进农作物的全面增产和持续增产。

The Evolution and Development of Soil-nourishing System of Farmland in South China

Huang Guoqin[1]　Zhang Taolin[2]　Zhao Qiguo[2]

1　Jiangxi Agricultural University，Nanchang　330045，China

2　Institute of Soil Science，Academia Sinica，Nanjing　210008，China

Abstract

The soil-nourishing system of farmland is an important part of farming system. The field productivity of south China has been increased quickly for more than 40 years，which has something to do with the developing and perfecting soil-nourishing system. This paper analyses and summarizes the evolution and development of soil-tillage system and fertilizer-applying system in South China，in order to promote the reform of farming system and the development of sustainable agriculture in South China.

Key words　The nourishing system of farmland; Soil-tillage system; Fertilizer-applying system; Evolution; Sustainable development；South China

论南方贫困地区建立脱贫致富型耕作制度*

黄国勤　张桃林　赵其国

中国科学院南京土壤研究所，南京　210008

摘　　要

本文分析了我国南方贫困地区建立合理耕作制度的原则及其途径、效益和发展前景。

1　前　　言

中华人民共和国成立 40 多年来，我国农业得到了很大发展，人民生活水平不断提高。目前，我国人民已基本上解决了温饱问题，这是中国农业取得的巨大成就。

然而，与此同时，我国至今尚有约 8000 万人口未解决温饱问题，由于社会和历史等多方面的原因，他们多属老、少、边、穷地区，其中有相当一部分分布在我国南方广西、云南、江西等省区。据统计，我国南方红壤地区 1991 年人均年收入在 500 元以下的县达 150 个，人口达 5693.3 万人，占本地区人口总数的 9.18%[1]。

在改革开放不断深入和发展、社会主义市场经济不断建立和完善的今天，如何有效地解决贫困地区人民的温饱问题，使他们尽快脱贫致富，这是摆在我们面前的重要课题。这一问题的解决，不仅具有现实的经济意义，而且关系到社会的稳定和民族的团结，因而具有重要的政治意义，不可等闲视之。

本文拟从耕作制度入手，着重探讨我国南方贫困地区通过建立合理的耕作制度来达到增产增收，以摆脱贫困，尽快实现脱贫致富奔小康。

2　建立贫困地区脱贫致富型耕作制度的原则

在贫困地区建立脱贫致富型耕作制度，应遵循以下几个原则。

1. 确保粮食生产

“民以食为天”。贫困地区要尽快解决温饱问题，并早日实现脱贫致富，就必须首先把粮食问题放到第一位。这是因为：①粮食是基础，没有粮食，一切无从谈起，“无粮则乱”；②贫困地区粮食只能立足自给，因为经济贫困，不可能拿出钱来“买粮”。因此，建立贫困地区脱贫致富型耕作制度，必须确保粮食生产，以稳定粮食生产为前提[2]。

2. 发展经济作物

贫困地区要脱贫致富，应在稳定粮食生产的前提下，重视发展高效经济作物。在社会主义市场经济体制条件下，只有高效经济作物，才有较好的经济收入，才有利于脱贫致富。因此，贫困地区要重视发展油菜、花生、西瓜、棉花、大蒜、食用菌、药用作物等。

3. 不可忽视生态保护

长期以来，贫困地区忽视了生态环境的保护，造成一些地区生态失衡。如广西有 603.62 万 hm^2 的丘陵生态环境恶化，江西也有 35.88 万 hm^2 的丘陵面积环境恶化，尤其是赣南的兴国、宁都，生态破坏为严重。今后，必须高度重视生态环境的保护，否则；将产生生态上和经济上的“双重”恶性循环，脱贫致富则是一句空话。

4. 发挥资源优势，挖掘资源潜力

一般来说，贫困地区资源较丰富，资源优势明显。然而，如何发挥当地的资源优势，充分挖掘其资源

---

* 本文系中国科学院“九五”前期研究红壤项目的部分研究结果。

本文原载《红壤生态系统研究》（第四集）1997 年第 1-7 页。

潜力，这是贫困地区脱贫致富的关键所在。我们认为，贫困地区要依托其区位优势，如沿线（铁路沿线）、沿江（长江）、沿海、沿边（如广西、云南）等，这对资源开发、产品外销和发展经济十分有利，有利于变资源优势为产品优势和经济优势[1]。

3 贫困地区建立脱贫致富型耕作制度的途径及其效益与前景分析

3.1 提高耕地复种指数

1. 提高耕地复种指数的必要性

人口不断增加，耕地日益减少，人均耕地逐年下降，人地矛盾日趋突出，这是全国和全世界不可逆转的大趋势，我国南方贫困地区则表现更为突出。长期以来，由于受“多子多福”等传统思想的影响，南方贫困地区人口增长速度超过全国平均水平，给农业及经济的发展带来了很大的压力。今后，要从根本上扭转这一地区贫穷落后的局面，就必须在严格控制人口增长和耕地减少的前提下，提高耕地的利用率和生产率，提高耕地复种指数，这有利于增加单位面积的农产品产出量。

2. 提高耕地复种指数的可能性

南方贫困地区地属热带、亚热带，自然条件十分优越。年太阳总辐射量平均可达 4686±576MJ/m^2，日照时数平均为 1912±328h，年均气温 17.8±2.9℃，降水量 1277±254mm。这为大力提高耕地利用率，提高耕地复种指数提供了可能。

3. 提高耕地复种指数的效益分析

第一，提高耕地复种指数可明显增加作物产量。我们根据江西、广西、云南等省（区）的历年统计资料，对耕地复种指数（MCI）与粮食总产（TY）进行回归分析，结果表明（表 1），耕地复种指数与粮食总产均呈正相关，表明随着耕地复种指数的提高，粮食总产均有所增加；以上回归方程的相关系数 R 均达极显著差异，表明复种指数提高可以显著增加粮食产量。因此，在生产实践中，在光、热、水等自然资源和劳力、畜力、肥料、资金等社会经济资源充分的情况下，南方贫困地区应重视和强调提高耕地复种指数，以增加作物产量。

表 1 三省区耕地复种指数（MCI）与粮食总产（TY）的回归分析

省、区	回归方程	R	资料年限
江西	TY=-949.5725+8.9779MCI	R=0.7358**	1949～1991
广西	TY=－899.3215+9.7920MCI	R=0.6803**	1949～1992
云南	TY=－1336.4520+14.8091MCI	R=0.7574**	1949～1992

** 表示 0.01 水平的显著性。

第二，提高耕地复种指数可显著提高资源利用率。作者曾于 1986～1989 年对南方红壤旱地不同熟制、不同复种指数的几种种植制度的效益进行了试验研究，表明实行三熟制（复种指数为 300%）对太阳辐射、日照时数、≥10℃积温和降水的利用率平均高达 471.97KJ/cm^2、1816.75h、5556.06℃和 1466.05mm，分别比两熟制（复种指数为 200%）提高 23.28%、28.27%、9.95%和 26.76%。

第三，有利于解决作物间争地矛盾，促进全面增产。合理提高复种指数、扩大复种面积，不但可适当解决粮食作物与经济作物、大田作物与饲料绿肥之间的争地矛盾，而且还利于粮食作物、经济作物、饲料绿肥作物的全面发展、全面增产。如在贫困地区，冬季种植一定比例的大麦、小麦、油菜和绿肥，形成肥-稻-稻、油-稻-稻、麦-稻-稻等三熟种植方式，复种指数提高到 300%，既解决了对油料作物的需要，又同时解决了对绿肥（饲料）的需求，使粮、油、肥（饲）做到各得其所、全面发展，从而全面增产。

第四，增加地面覆盖，减少水土流失。增加复种面积，提高复种指数，实行一年三熟，做到“根不离土、土不离根”，农田全年“绿色覆盖”，尤其是采用少耕、复耕和覆盖技术；可以显著减少地面径流、土壤冲刷和土壤养料的流失。

第五，提高耕地复种指数，还有利于增加“三料”（饲料、肥料、燃料）供应，促进农业生态系统的良性循环。

4. 提高耕地复种指数的潜力

1990～1992 年贫困地区耕地复种指数平均为 193.05%，尚有较大潜力可挖。根据预测，2000 年其耕地复种指数平均提高到 210%～220%是完全可行的[3]。

5. 提高耕地复种指数的途径

提高贫困地区耕地复种指数，必须从以下两方面入手。

（1）开发冬季农业。目前，南方贫困地区尚有大量冬闲田存在，这是造成耕地复种指数低的主要原因。根据调查和统计，云南省尚存冬闲田（水田和旱地）133.33 万 hm^2，占全省耕地的 47.24%；江西省有冬闲田 61.48 万 hm^2，占耕地的 26.23%；广西的冬闲田也占耕地的 30%～50%，由此可见冬闲田面积之大[4]。

根据作者对江西贫困地区的分析，由于冬闲田冬闲时间达半年（11 月至翌年 4 月）之久，不仅白白浪费了全年太阳辐射的 36.29%、日照的 36.76%、积温的 57.14%和降水的 40.28%，少利用了一季土地，而且还使土壤中有机质分解释放出来的养分遭到淋溶、挥发而损失。因此，必须重视南方贫困地区冬季农业的开发。

开发冬季农业，具有多方面的潜力。一是面积潜力，即消灭冬闲田面积，扩种冬季大麦、小麦、蚕豆、豌豆、油菜、绿肥、马铃薯、冬季蔬菜等各种作物。二是单产潜力，即在现有基础上，将冬作单产提高，这方面潜力很大。据调查，贫困地区冬作单产普遍较低，如江西赣南春粮平均单产只有 706.95±196.80kg/hm^2，油菜也只有 589.05±304.35kg/hm^2，可见潜力之大。三是优化结构潜力。作者对江西冬季农业结构进行了优化，表明绿肥、油菜、春粮的冬种面积比例以 30%、40%、30%为最佳，此时综合效益可提高 20%。四是转化增值潜力。即将冬种绿肥紫云英进行青贮转化，先作饲料，后作肥料，过腹还田，实行农牧业结合，可增加收入 1020 元/hm^2 以上，有利于促进养猪业的发展，形成良性循环和持续发展的农一牧业系统。

（2）发展秋季农业。南方贫困地区尚有大量秋闲田存在，大多因秋旱不能复种二季晚稻，仅江西省每年就有约 26.67 万 hm^2。用这些秋闲田发展秋玉米、秋大豆、秋甘薯等，并组合成玉米＋大豆、玉米＋甘薯、大豆＋甘薯等间套方式，有利于增加饲料生产、促进贫困地区养猪业的发展，以利增加收入，尽快脱贫致富。

3.2 重视旱地农业，大力发展旱地间混套作

1. 旱地农业的战略地位

旱地作为耕地资源的重要组成部分，不仅面积大、分布广、类型多，而且可种植的作物多种多样，所提供的农产品更是丰富多彩，发展旱地农业，对调整和改善人们食物结构、发展农产品加工业、增加饲料生产和促进畜牧业的发展，提高经济效益和增加农民收入，以及缓解人地矛盾等都具有十分重要的战略意义。因此，必须重视发展贫困地区的旱地农业。

2. 旱地农业存在的问题

我国南方贫困地区旱地农业主要存在以下几方面的问题。

（1）限制因素多，生产条件差。一是酸。这是红壤旱地存在的普遍现象。如有相当部分旱地 pH＜5.0～5.5，甚至＜4.5～5.0。二是瘦。据测定，红壤旱地有机质和植物营养元素均较缺乏，如江西井冈山旱地的土壤全氮量仅 0.8～0.9g/kg，全磷（P_2O_5）量 0.30～0.35g/kg，全钾（K_2O）量 15.5～16.1g/kg，速效磷 4.6mg/kg，速效钾 32mg/kg，等等。三是黏。南方贫困地区旱地大多是肉红色黏土、石灰岩、玄武岩风化物发育的红壤，土层很黏重，不利农业耕作。四是板。“雨天一包脓，晴天一块铜”，对旱作物的生长发育极为不利。五是旱。降雨量分布极不均匀，常导致旱地干旱（如江西的伏秋干旱），这常常是限制旱作物稳产高产的

主要因素。六是蚀。因降水集中且降水强度大，导致旱地水土流失，土壤瘠薄。

（2）单产低，效益差。总的来说，旱地生产力很低，作物单产仅为稻田的1/3。由于单产低，投入又少，经济效益难以提高，从而形成“低投入-低产出-低效益”。因而，其单位面积的经济收入也只有稻田的1/3～1/2。

3. 改革旱地耕作制度，大力发展间混套作多熟制

（1）增加农业物质投资，改善旱地生产条件。要大力加强农田基本建设，改善旱地的灌溉条件，改善水利设施，重建或重修水库、水坝、水沟等，真正做到要水有水、能灌能排，以解决长期困扰和制约南方贫困地区旱地农业发展的干旱问题，这是发展旱地农业首先必须解决的问题，也是解决旱地农业其他问题的基础和前提。

（2）推广抗旱型的优良作物和品种。积极推广和大力发展抗旱、高产、优质、低耗、高效和抗病虫的作物及品种，对大幅度提高旱地生产力具有十分重要的意义和作用。如高粱，素称作物中的“骆驼”；粟，“戴盔甲的粮食”，以及荞麦、甘薯、芝麻等都是耐旱力较强的品种，适合在江西、广西等省（区）旱地推广，只要辅之以相应的栽培和管理，是可以获得好收成的。此外，还有很多耐旱型的优良作物品种，亦可通过大面积的示范，逐步加以推广到贫困地区旱地。优良作物和优良品种的大力推广和广泛种植，必将促进旱地农业向高产、优质、高效方向发展。

（3）发展多种间混套作和新型高效种植模式。旱地作物种类繁多，间混套作方式丰富，由此组成的种植模式类型更加多种多样，并且千差万别。由于采用合理的间混套作；做到一年三熟、“四季满田”，既能充分利用季节和光、热、水资源，又能改良土壤、防止干旱，从而提高全年作物产量。因此，在生产上应进一步大力发展各种形式的间混套作，并组合成各种高效种植模式，真正做到“作物种类多元化，间套方式多样化，种植模式高效化”，并通过试验示范，逐步推广到南方的广西、云南、贵州、江西等省（区）旱地。如小麦/辣椒/甘薯＋绿豆，油菜/西瓜＋玉米-蔬菜等，均适合在广大旱地推广[5]。

（4）建立旱地的养地体系。要解决旱地普遍存在的土壤瘠薄、酸性较强等问题，必须采取一系列的养地措施，逐步培肥土壤、降低酸度，为旱作物的生长发育创造一个良好的环境和条件。

一是扩大种植养地作物。进一步扩大绿肥、花生、大豆、蚕豌豆、油菜、绿豆等作物的种植面积。二是实行等高耕作，防止旱地（尤其是旱坡地）水土流失。江西实行的“冬深耕、春不耕、夏浅耕”的旱地土壤耕作制度，适宜在贫困地区的旱地上大面积推广。三是增加化肥和有机肥的投入，做到合理施肥，即有机肥和无机肥相结合，不可忽视有机肥的施用；氮磷钾肥配合；强调实行绿肥和作物秸秆过腹还田（地）；充分收集和利用各种有机肥，如人粪尿、火土灰、青草、树叶、垃圾及河塘沟泥等；施用石灰，降低土壤酸度。

通过以上措施，则可明显培肥旱地土壤，改善其生产条件，促进旱地农业高产高效，增产增收。

3.3 建立合理的轮作体系

实行合理轮作，一般可增产10%～30%（甚至更高），因此，常被认为是一项“不花钱”的增产技术。南方贫困地区经济较落后，实行轮作，不用花成本即可增产增收，是一项很实用的技术，值得广泛推广。

1. 推广分带轮作

（1）技术要点。一是选择优良作物和品种组合；二是分带规格化种植，各茬作物各走各的路，播种、收获互不干扰；三是每年种植作物按生产季节及其特性科学组配，同一地块上种植，不重茬；四是实行分带（厢）轮作换茬，充分合理利用光、热、水、土等资源，以达到用地养地之目的。

种植形式主要有：“麦-玉-薯”“菜-玉-薯”、“油-玉-薯”、“麦-玉-豆”30多种，间套作物有玉米、麦类、薯类、豆类、高粱、棉花、油菜、花生、烤烟、麻类、瓜果、绿肥、蔬菜、蘑菇、药材等。

（2）效益分析。经济效益：据川、黔、桂、苏、浙1987年统计，分带轮作推广面积88.28万/hm^2，粮食平均单产为9488.85kg/hm^2，比对照每公顷增产1740.45kg，增产22.46%，每公顷平均增加纯收入538.2元，总增4.75亿元。四川达县推广1.23万hm^2，平均每公顷产粮食11411.25kg，比“小麦-甘薯”一年

两熟增加 3063kg，增产 36.7%，每公顷产值增加达 1710.3 元，每公顷增纯收入 1477.5 元，总增纯收入 1818.31 万元。又如重庆市江津县临峰乡推广“小麦-西瓜-甘薯”间种蔬菜，每公顷产值达 15 750 元，每 hm^2 纯收入 10 500 元左右。

生态效益：据四川省达县农技站测定，实行分带轮作后，土壤有机质含量为 12g/kg，全氮 0.9g/kg，碱解氮 65mg/kg，速效磷 7.5mg/kg，比对照有机质含量提高 40.7%，全氮提高 55.2%，碱解氮高 35.4%，速效磷高 63%。同时，由于分带轮作的边行多，通风透光好，边行优势强以及由于高矮作物间套种，从而大大提高了光能利用率，提高了农田作物复种指数。

社会效益：据广西、湖南等省区调查，推广分带轮作，不仅促进了多种经营和畜牧业的发展，还加速了退耕还林还牧的步伐。四川省云阳县大力推广分带轮作，三年退耕还林 7260hm^2，粮食作物播种面积虽然在逐年减少，但粮食产量却每年上升 6%～19%，粮食总产稳定在 31.4 万～32.9 万 t；生猪饲养量迅速发展，1987 年生猪存栏比 1984 年增加 82 万头，提高 14.4%，生猪育肥头数增加 14.22 万头，提高 40.88%。湖南省试点基地县推广这种分带轮作后，以 365 户调查材料看，1986 年户平均产值 4051 元，人均产值 843.9 元，人均纯收入 612.2 元，比改制前一般增长 1～2 倍。

（3）推广应用前景。分带轮作适宜于我国南方广大农田。据川、黔、滇、湘、鄂、浙 6 省统计：1985～1987 年三年中，累计推广这种分带轮作 190.26 万 hm^2，其中 1985 年是 33.91 万 hm^2，到 1988 年则达到 144.87 万 hm^2，与 1985 年相比，扩大 110.96 万 hm^2，增长 3 倍多。1985～1987 年三年累计增产粮食 29.07 亿 kg；棉花、油料、糖料、烤烟、蔬菜、药材等作物的产量也都有不同程度的提高。所以，分带轮作在我国南方（尤其是贫困地区）很有应用和推广价值，具有广阔的发展前景。

2. 提倡水旱轮作

（1）技术要点；首要任务是搞好土肥建设和农田灌溉系统，最大限度地拦蓄天然降水，防止水土冲刷；其次是增加科技投入（包括对农民的智力投入）。前者是高产稳产的前提，后者是关键，也是保证。主要技术要点是：第一，广辟肥源，即积、造、种、养有机肥，增施磷、钾肥；第二，搞好农田水利建设，注意排灌分家；第三，择优良种组合和综合运用先进农业技术措施，重点抓好两段育秧和地膜育苗，测土配方施肥；第四，种植形式要规范化，主要种植形式有：“大（小）麦-双杂”、“油菜-双杂”、“马铃薯-双杂（或中稻）”、“绿地-双杂”、“玉米-中杂”、“冬烟-中杂”等。

（2）效益分析：

经济效益：据湖南省 1984 年吨粮田综合技术开发产量验收统计：邵阳市如娄底地区，“大麦双杂”种植形式面积达 1.69 万 hm^2，大麦平均单产 2920.5kg/hm^2，旱杂交稻 7032kg/hm^2，晚杂交稻 7356kg/hm^2，合计年产量 17 308.5kg/hm^2；长沙市和衡阳市，“春玉米-晚杂交稻” 1.19 万 hm^2，春玉米产量 7213.5kg/hm^2，晚杂平均 8397kg/hm^2，合计年产 16 506kg/hm^2；岳阳市及益阳地区，“马铃薯-双杂”1.45 万 hm^2，马铃薯、早杂、晚杂平均每 hm^2 产量分别为 2953.5kg、7341kg 和 7185kg，合计全年为 17 569.5kg/hm^2。又据衡阳市一些县 1989 年吨粮田投入产出情况调查，衡东每公顷产粮 15 922.5kg，产值 7961.25 元，投入为 2711.85 元，每公顷比对照增产粮食 2035.5kg，纯收入增加 658.65 元；又如衡阳县 3.46 万 hm^2，每公顷产粮 15 322.5kg，产值 7661.25 元，投入 2807.7 元，亩纯收入 4853.55 元，与对照田相比，每公顷纯收入多 763.5 元。

生态效益：无论是“大麦-双杂”，还是“春玉米-晚杂”或是“早杂-秋玉米”，以及“绿肥-双杂”和“油菜-双杂”轮作，均可改善农田生态条件。据测定，试种“玉米-杂交晚稻”后，土壤孔隙度增加 4.52%. 青泥层下降 5～7cm，速效 N、P、K 分别增加 3.8mg/kg、12.6mg/kg 和 29.5mg/kg。同时实践证明：“玉米-杂交稻”的稻田，一年水旱轮作后，土壤次生潜育化程度明显减轻，增产后效作用可持续 2～3 年。

社会效益：由于“大麦-双杂”和“玉米-杂交稻”面积增加，产量增多，均为畜牧业的发展提供优质饲料，尤其是玉米营养价值更高，玉米 100kg 相当于 120kg 高粱、130kg 大麦、139kg 稻谷，同时大麦不仅是发展瘦肉型猪的好饲料，而且还是啤酒酿造业的优质原料；对缓和季节矛盾和“双抢”劳力紧张也是大有好处的。

（3）推广应用前景。水旱轮作主要适宜于我国南方丘陵山区中低产水田，其中以水旱轮作三熟种植形式为主，其海拔高程，在南亚热带（如广西）低山丘陵一般在 500m 以下，而在中亚热带（如江西）一般在 300m 以下。实行水旱轮作，符合我国南方丘陵山区人多耕地少，但水热条件较好的特点。因而，水旱轮作具有广泛的应用前景。

3. 实行换茬轮作

即在广大地区，实行换茬式的自由轮作，它既不受田地大小的限制，又不受作物种类多少、年限长短的约束，具有很大的自由性、灵活性、可操作性。如在江西旱地可实行小麦/大豆→芝麻-蚕豆/玉米/甘薯；小麦/棉花→油菜-棉花＋绿豆等；稻田可实行肥-稻-稻→油-稻-稻；肥-稻-稻→麦-稻-稻，等等。

3.4 提高单产，挖掘稻田生产潜力

南方广大贫困地区，常因投入不足、管理粗放，水稻单产很低，有 1/3～2/3 的稻田属中低产田。因而，稻田增产潜力很大。尤其是随着人地关系日趋紧张，深度开发稻田资源，挖掘水稻增产潜力则是必然趋势。

稻田作为种地中的精华部分，与旱地相比，具有很多优越性。人们只要通过对水资源的调控，还可输出水生、湿生、旱生植物和水生动物及微生物类产品约 100 种。为了提高效益，尽快脱贫致富，必须十分重视挖掘稻田生产潜力。

1. 推广水稻优良品种

如在江西的赣州、吉安、抚州、宜春等地区，可推广产量高、米质好、抗性强、熟期适中的早稻优良品种，包括协优华联 2 号、协优 49 等；在抚州、上饶、吉安可推广赣早籼 26 号、赣早籼 29、中 86-44、浙 733、湘早籼 7 号、赣早籼 14 号等，此外，双竹粘、各类粳稻品种等均可大力推广，对提高稻田经济效益具有显著作用。

2. 将高效经济作物纳入稻田种植

在冬水田，种植“席草-迟中稻或一季晚稻”，可产稻谷 7500kg/hm^2、席草 9750kg/hm^2，每公顷产值达 13 500～15 000 元；“早稻＋茭白-晚稻”，每公顷可产稻谷 11 250kg、茭白 6750kg，产值 11 250 元左右；“中稻＋茭白-再生稻”，产值可达 11 250kg/hm^2；此外，“冬水-早稻-荸荠”、“冬水-早稻-慈姑”等，均有较好的效益。

3. 扩大稻田养鱼面积

目前，江西、广西等省（区）大面积能实现亩产“千斤稻、百斤鱼、万斤萍”的指标；在一年里亩产粮食 500kg、产值 1000 元的“双千田”模式层出不穷。今后在广大贫困地区要进一步扩大稻田养鱼面积，以充分发挥稻田资源优势和生物间的“共生、互补”作用，可推广“大麦-早稻×萍×鱼-晚稻×萍×鱼”、“油菜-双季杂交稻×萍×鱼”、“蚕豌豆-中稻×萍×鱼-再生稻×萍×鱼”等模式，真正实现“凡能种稻，就可养鱼”。

3.5 建立轮作耕制，将常耕与少耕、免耕、深耕、浅耕等有机结合起来

常规耕作（传统耕作）措施，曾经为农业生产的发展作出过重要贡献；少耕、免耕对维护土壤结构、保持土壤水分、缓和季节紧张减少劳力投入等具有显著作用，但同一田块长期进行少耕和免耕，则容易产生诸如杂草问题、病虫害问题、土壤结构问题等；深耕，在一定范围内，有利于接纳天然降水，对缓解土壤干旱、促进作物根系的延伸和发育都具有很好的效果；浅耕在一定程度上可以保持土壤水分、减少人工投入等。以上各种耕作措施，均有其优、缺点，长期单独采用某一措施都是不可取的；只有根据特定作物和特定时空条件，综合运用、有机结合，才可起到较好效果。即在生产上采用相互配合的“轮耕制”，则有利于土壤-作物-气候条件间的协调，有利于全面增产、持续增产。

参考文献

[1] 黄国勤，张桃林，赵其国. 中国南方耕作制度. 北京：中国农业出版社，1997.
[2] 黄国勤，张桃林，赵其国. 论南方稻田耕作制度的调整与改革. 热带亚热带土壤科学，1996，5（2）：108-115.
[3] 黄国勤. 论提高我国南方耕地复种指数. 自然资源，1995，（1）：30-37.
[4] 黄国勤. 论开发南方冬季农业. 古今农业，1993，（2）：67-72.
[5] 黄国勤. 论开发南方旱地农业. 中国农业资源与区划，1996，13（6）：37-41.

On the Establishment of Reasonable Farming System in the Poor Area of Southern China

Huang Guoqin Zhang Taolin Zhao Qiguo
Institute of Soil Science，Academia Sinica，Nanjing 210008，China

Abstract

In order to establish the reasonable farming system of poor area in Southern China，the principle，way，benefit and prospect are analysed in this paper.

桂北耕作制度调查报告——以广西桂林市灵川县为例*

马艳芹[1] 黄国勤[1**] 时 炜[2] 施 吉[2] 杨滨娟[1] 冯 钊[2] 赵其国[3]

1 江西农业大学生态科学研究中心，南昌 330045

2 广西康华农业股份有限公司，桂林 541001

3 中国科学院南京土壤研究所，南京 210008

摘 要

【目的】对灵川县主要乡（镇）的耕作制度模式开展相关调查，为灵川县农业快速健康发展提供理论依据。【方法】对灵川县6个乡（镇）进行走访以及查阅相关资料，收集相关信息，并于2012年6月22～24日进行实地问卷调查。【结果】调查结果显示，目前灵川县耕作制度类型主要有水田耕作模式（包括紫云英-早稻-晚稻、蔬菜-早稻-晚稻或蔬菜-一季稻、冬闲-早稻-晚稻或冬闲-一季稻、马铃薯-早稻-晚稻或马铃薯-一季稻、稻-菜轮作）、旱地主要耕作制度（包括玉米间作或套作大豆、柑橘间作花生）、山地立体种植模式以及果园立体种养模式。但在调查中也发现灵川县耕作制度仍存在许多问题，如新型种植模式推广速度慢、范围小；种植人员结构老化，劳动力不足；农产品加工业发展滞后，技术含量较低；农田重用轻养，冬闲田面积较多等。【建议】应加快农业产业结构调整、继续建立和完善农业综合开发基地、提高农民科学文化素质、提高农业产业化程度、加大冬闲田的开发利用、扩大农业技术推广人才队伍、提高农业机械化程度，以积极推动灵川县农业可持续发展。

关键词 耕作制度；模式；存在问题；对策；灵川县

引 言

【研究意义】我国是世界农业发祥地之一，具有悠久的历史。自从人类发明种植业以来，便产生了耕作制度[1]。耕作制度是指人们在从事农业生产过程中形成的一套用地与养地相结合的农业生产技术体系的总称，它是由作物种植制度和农田土壤管理制度两部分组成，前者包括间作、混作、套作、再生作、复种、轮作、连作等，后者包括土壤耕作制（如少耕、免耕等）、农田施肥制、病虫杂草防除制、农田灌溉制等[2]。种植制度是耕作制度的中心环节，养地制度是实施种植制度的基础与保证[3]。要实现作物全面持续的稳产和高产，就必须采取一整套的用地与养地相结合的综合农业技术措施，建立合理的耕作制度[4]。桂林市是著名的旅游城市，近年来桂林市十分注重发展农业，积极调整农业产业、产品结构，积极开展科技兴农，加快农业综合开发，使桂林农业经济稳步发展。据统计，2012年底桂林市粮食播种面积达377 933hm^2，总产199.5万t，同比增长4.96%；水果种植面积为181 900hm^2，总产307.4万t，其面积、产量、单产、产值等指标仍高居全区第一；蔬菜播种面积17.55hm^2，总产量355.1万t，居全区第二位；农田有效灌溉面积21.87万hm^2，占实有耕地总面积的83.3%。【前人研究进展】目前，对灵川县农业的研究主要集中在灵川县水田耕作制度、农业结构调整、农产品加工、农业产业化、农业综合开发、农业种植产业发展现状等方面，如：蒙子正和王基杰早在1965年就认为灵川县耕作制度不可能单一化，双季稻与稻薯、稻豆、稻荞并存[5]；蒋乔才对灵川县农业产业化发展现状、制约因素及如何推进农业产业化进行了探析[6]；张树斌分析了灵川县农业结构调整的动因、现状、效果及对耕地保护的影响，提出了加强耕地保护的建议[7]；李荣金和潘丽梅阐述了灵川县充分发挥农机在农产品资源加工贮藏中的作用，提出了发展农产品加工贮藏的措施[8]；唐树忠和雷贵明分析了灵川县

---

* 基金项目：国家自然科学基金重点项目（U1033004）。

** 通讯作者：黄国勤（1962—），教授，博士生导师，主要从事耕作制度、农业生态、农业可持续发展等研究工作。

马艳芹（1987—），研究方向为农业生态学。

本文原载《南方农业学报》2013年第44卷第11期第1937-1942页。

种植产业发展对漓江保护的影响，指出灵川县漓江流域种植产业发展存在的问题，并提出应在灵川县实施节水灌溉、农产品加工、农产品质量安全检测等促进种植产业可持续发展的环保型农业项目[9]。【本研究切入点】从相关文献来看，到目前为止，针对近年来灵川县耕作制度研究的报道较少，通过中国知网搜索，仅1965年蒙子正和王基杰曾对灵川县水田耕作制度进行过研究，对于旱地耕作制度研究尚属空白。【拟解决的关键问题】采用问卷调查的方式对灵川县主要乡（镇）的耕作制度模式开展相关调查，以期为灵川县农业发展提供一定的理论依据和技术支持。

1 研究地概况与方法

1.1 灵川县概况

灵川县地处湘桂走廊南端，东、西、北三面环抱历史文化旅游名城桂林市区，东北与兴安县，东南与灌阳县、恭城县交界，西北与龙胜县为邻，西与临桂县接壤，南与阳朔县相连，总面积 2257.2km^2，辖五乡六镇，分为东、中、北3个片区。东部有大圩、潮田、海洋、大境、灵田5个乡（镇），中片有三街、灵川、定江3个乡（镇），北片有潭下、青狮潭、兰田3个乡（镇）；总人口35.49万人，其中农业人口29.1万，占总人口的82.0%。灵川县属中亚热带季风气候区，四季分明，雨量充沛，阳光充足，热量丰富，夏长冬短，雨热同季，年平均气温18.7℃，年平均日照1614.7h，年平均雨量1926mm，年平均无霜期318d。灵川县地形地貌复杂，以漓江河谷平原为中轴，东有海洋山余脉，西有月城岭余脉，整个地形呈“川”字结构，东片、北片为层峦叠嶂的群山或连绵起伏的丘陵，中片为地势平坦的小平原，全县海拔最低点134.7m，最高点1722.4m，县内土壤以红壤为主，pH4.3～6.4，其中漓江流域以河流冲积母质沙壤土和水稻土为主，其他低山丘陵地区以棕色石灰土和黑色石灰土为主。优越的自然气候和地理条件为灵川县农业发展提供了有利条件。

1.2 调查内容与方法

笔者自2012年4月～2013年1月先后8次到灵川县，对该县的乡（镇）进行了走访调查，并通过查阅相关资料，收集了大量关于灵川县耕作制度的资料。在2012年6月根据实际需要设计调查问卷，于2012年6月22～24日进行了实地问卷调查，根据调查目的，在灵川县的东、中、北3个片区中各选取有代表性的乡（镇）作为调查对象，分别为东部片区的大圩、潮田、大境3个乡（镇），中部片区的灵川镇以及北部片区的潭下镇和青狮潭镇。调查主要以灵川县耕作制度为主要内容，包括耕地面积、家庭收入、作物熟制、农业生产手段、是否有闲置土地、农田使用的肥料、主要种植模式、冬种作物、农业需求、农田水利等方面。共发放问卷60份，问卷回收率为100%，有效问卷率为100%。

2 结果与分析

2.1 稻田主要耕作制度

2.1.1 紫云英-早稻-晚稻

紫云英-早稻-晚稻曾是我国南方双季稻区稻田的主要复种方式，在20世纪60～70年代，其种植面积占稻田总播种面积的2/3以上。近年来，由于种植冬季绿肥紫云英没有产生直接的经济效益以及劳动力的不足等原因，导致绿肥种植面积连年下降。调查结果显示，目前灵川县冬季仅有11.67%的农户种植紫云英，且在三大片区分布不均匀，东部片区冬季种植紫云英的农户相对较多，占全县种植总户数的57%；相比之下，中部片区选择该种模式的农户较少，仅占14%，其主要原因是中部片区靠近灵川县县城和桂林市，很多农户选择在农田种植反季节蔬菜来获取更大的经济收益。因此，目前该种种植模式主要分布在灵川县东部大圩、潮田、大境等乡（镇），其他乡（镇）则较少，且较分散。

2.1.2　蔬菜-早稻-晚稻或蔬菜-一季稻

蔬菜-早稻-晚稻复种三熟制近年来在南方分布较广，这是一种用地与养地相结合、经济效益与生态效益俱佳的传统复种方式。灵川县历来有种植秋冬菜的传统，年种植面积达 13 300hm^2，产品主要供应桂林市区和深圳、珠海等沿海发达地区和港澳地区，是桂林市重要的菜篮子基地之一。目前，该种植模式在灵川县各个乡（镇）均有分布，但主要分布在靠近桂林市的大圩、灵川镇以及水源较好、交通便利的潭下镇、青狮潭镇等乡（镇）。目前，大圩镇已建立了崴村、廖家千亩芥菜基地，大圩、高桥千亩茄子、豆角基地，袁家千亩葱蒜基地等 6 个千亩示范基地，约有 71.4%的农户在水稻收割后种植西红柿，年产量达 0.25 万 t，取得了较好的经济收益。青狮潭镇、潭下镇、大圩镇一般在中稻收割后种植蔬菜，其他乡镇则相对较少（图 1）。

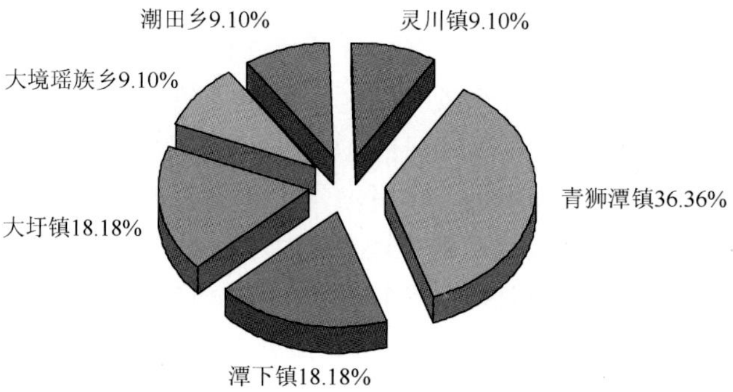

图 1　2012 年灵川县蔬菜-一季稻种植情况

2.1.3　冬闲-早稻-晚稻或冬闲-一季稻

冬闲-早稻-晚稻这类复种方式在我国南方较为常见，主要原因为：一是农村大量精壮劳动力向城市转移，只有老弱妇幼在家从事农业生产，双季稻的种植劳动力不足，冬季只能选择休闲；二是由于农业易受气候和环境影响，农业收入每年均有一定差异，农业收入不稳定；三是我国加入世贸组织后，外来农产品大量涌入我国市场，致使农产品价格下跌。目前，灵川县双季稻种植比例普遍不高，只有灵川镇高于 50%，而其他乡（镇）基本在 50%以下，青狮潭镇约有 20%的农户种植双季稻。在种植双季稻的农户中，大部分农户选择冬季农田休闲（图 2）。

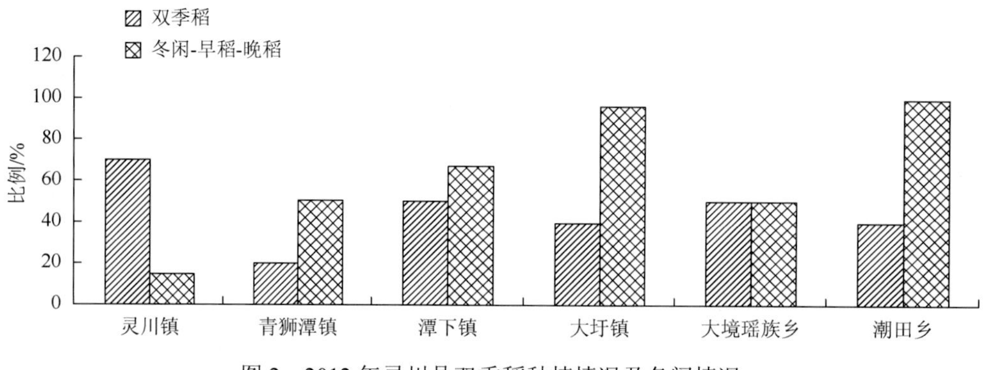

图 2　2012 年灵川县双季稻种植情况及冬闲情况

灵川县各乡镇种植一季稻农户主要分布在青狮潭镇和大圩镇，灵川镇、大境瑶族乡、潮田乡种植较少。一季稻结束后，冬季农田选择闲置的较多，其中灵川镇一季稻冬闲的农户较多（图 3）。该种类型耕作模式与冬闲-早稻-晚稻模式一样，浪费了大量的水、热、光、土等资源，不利于农业可持续发展。

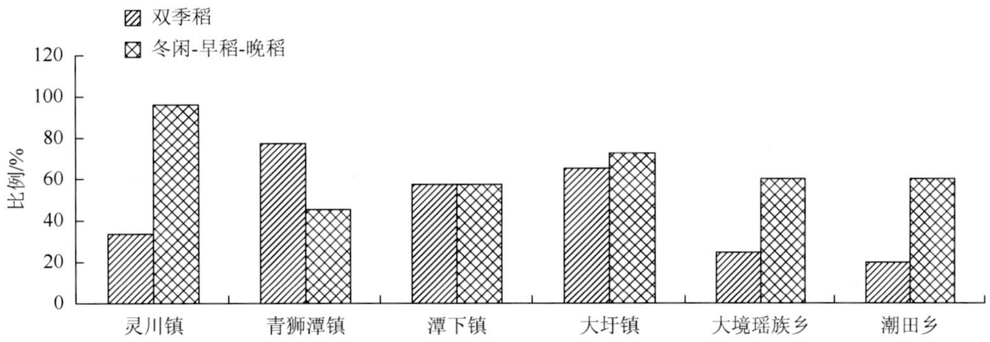

图 3　2012 年灵川县单季稻种植情况及冬闲情况

2.1.4　马铃薯-早稻-晚稻或马铃薯-一季稻

冬种马铃薯是一项时间短、见效快、效益高的增收致富项目。这种栽培方法简便易行，省工省力，并且从整地到收获一般无须喷施化学农药，产品质量安全。广西双季稻区冬季免耕种植马铃薯一般 22 500kg/hm^2，高者达 30 000kg/hm^2。灵川县于 2007 年 10 月开始试种马铃薯，并获得成功。2010 年全县完成冬种马铃薯推广面积达 533.33hm^2，建成 6.67hm^2 以上的示范点 6 个，其中三街镇富丘渡冬种马铃薯示范点面积达 20hm^2。同年大圩镇敢兴冬种马铃薯示范点每公顷产量达到 45 000kg。至 2011 年，灵川县三街镇、大圩镇、潭下镇、青狮潭镇发展马铃薯面积达 666.67hm^2。

2.1.5　稻-西瓜轮作

稻-西瓜轮作是指早稻收获后种植小西瓜的粮经轮作模式。每年早稻收割后，在 7 月上中旬，选用早中熟、品种优的西瓜品种（如花仙子）进行种植，9 月成熟上市。该种模式投资小、周期短、收益高、便于管理且见效快，尤其是西瓜对种植时节要求不高，只要天气不冷，随时可以播种、生长、结果，有利于瓜农自我调节西瓜出产时间。灵川镇民治村很多农户选择种植西瓜，花仙子西瓜种植基地总面积达 200 多 hm^2，每公顷产量可达 22 500～37 500kg，每公顷产值达 67 500～112 500 元，经济效益显著。

2.1.6　稻-菜轮作

稻-菜轮作因水旱两种作物交替种植，实现优势互补，生产效益显著。它充分利用光温和土地资源，提高复种指数，避免土地闲置，提高土壤有机质及腐殖质含量，改良土壤结构，减肥减药，生产成本极大降低，既能提高菜农的经济收入，又能促进高效生态农业发展，是一种“双赢”的生产模式。灵川县潭下镇薛家村水田的土壤类型为潴育黄沙泥田，土层深厚，土质黏重，通透性差，长期以来耕作模式为双季稻。为提高土地可持续生产能力，增加产量效益，2012 年县农业局在该村实施水旱轮作改良土壤项目计划。通过水旱轮作制度改变原双季水稻种植为单季中稻种植，即收割中稻之后种植一季秋冬蔬菜（莴苣）的稻菜种植模式，实现中稻产量达 9750kg/hm^2，莴苣产量 60 000kg/hm^2，稻菜年均每公顷产值 120 000 元以上，达到既增加农民收入又改良土壤的目的。

2.2　旱地主要耕作制度

据统计，2009 年年末灵川县拥有旱地 0.393hm^2，主要种植大豆、玉米及一些小杂粮作物。近年来，除传统的玉米间作或套作大豆外，有些农户将水田改为旱地种植柑橘或金橘来提高经济收入，由此产生了一种新的农业种植模式——柑橘间作花生。

2.2.1　玉米间作或套作大豆

玉米和大豆间套作，在广西种植面积较大，分布广，种植历史悠久，不仅可以节约劳动力，增加单位面积产量，还可显著提高单位面积营养素产量及经济效益和社会效益。玉米和大豆间套作是灵川县较为传统的旱地种植模式，经调查，目前主要分布在灵川县大圩、大境瑶族乡、灵田乡等旱地较多的乡（镇），但由于近年来柑橘、葡萄、桃树种植面积扩大，该种植模式在逐渐缩小。

2.2.2　柑橘间作花生

柑橘园内间作花生不仅可以提高土地光能利用率、改善土壤结构、提高土壤肥力、减少土表水分蒸发、防止冲刷、抑制杂草生长，还能增加柑橘园的经济收入，起到以短养长的作用[10]。灵川县地处国家柑橘优势产区桂北区域，柑橘生产是该县农村经济发展的支柱产业，灵川县柑橘产地主要分布在潭下镇至青狮潭镇九屋村公路沿线两侧。2010 年潭九公路示范区连片面积达 1333.33hm^2，分布在潭下镇、青狮潭镇的 6 个村委会的 28 个自然村；潮大公路示范区连片面积达 1000hm^2，分布在潮田乡、大境乡的 5 个村委会的 23 个自然村。目前，这两个示范区柑橘种植面积已接近灵川县柑橘总种植面积的 50%，共涉及农户 1 万多户。

2.3　山地立体种植模式

除了水田和旱地，灵川县还有大片山地。近年来，灵川县根据自身资源条件，通过实践探索出适合本地农业状况的种植模式——山地立体种植模式。该种植模式是根据区域内不同高度的山地、丘陵以及其他梯度，进行多层次开发利用，实现经济效益、环境效益和生态效益相统一的种植模式，其形式为山顶造水源林，山腰种经济林，山脚种果树，山垌种农作物。灵川县烟墩乡妙庄村有山地 446.67ha，采用多层次立体种养模式（图 4），不但经济效益显著，而且生态效益大幅提高。近年来，灵川县依托退耕还林项目，大力发展林下经济，2011 年灵川县大境瑶族乡林下试种灵芝获得成功，加之灵芝市场前景广阔，增收效益十分显著，平均每户每茬可收入 2 万元。

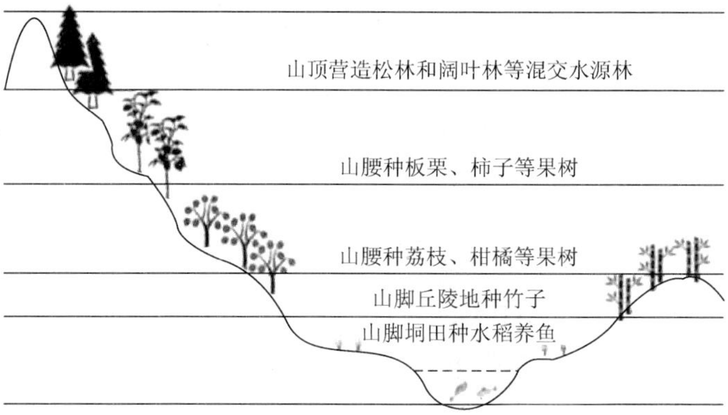

图 4　灵川县烟墩乡妙庄村多层次立体种养模式

2.4　果园立体种养模式

近年来，灵川县积极发展特色水果产业，根据“以柑橘为主导，以名优水果区域分布为特色”的水果生产发展思路，充分发挥潭九公路沿线万亩柑橘，大圩、灵田万亩提子，海洋万亩优质桃，潮田万亩南方优质梨，青狮潭万亩百香果等水果基地示范作用，2011 年全县水果种植面积达 18 933hm^2。为实现土地资源的充分利用，增加经济收益，灵川县产生了一种新的农业生产模式——果园立体种养。果园立体种养模式是指在设施果园内种植草本植物，放养鸡、鹅、羊等畜禽的一种现代农业管理模式，达到生产出高营养、无污染、安全性强的无公害、绿色、有机果品的目的。如在果园养鸡，可以充分利用果园的空间资源、饲料资源，节约成本，获取高效益，且养出的鸡肉质好。灵川县潭下镇梨树种植面积达 200hm^2，据统计秋冬季在梨树下套种蔬菜、马铃薯等，每公顷可新增农业产值 12 000 元以上。而在葡萄园下套种其他作物模式，可实现每公顷产值在 30 万元以上。经调查，目前该模式主要分布在灵川县潭下、青狮潭、大境瑶族乡、大圩镇、海洋乡等乡（镇），但规模不大，只有个别农户选择该模式。

3 存在问题

3.1 新型种植模式推广速度慢、范围小

目前，农业种植模式仍以种植双季稻为主，新型种植模式推广范围小，推广速度慢。如 2003 年广西开始推广免耕栽培冬种马铃薯，即稻—稻—薯种植模式，灵川县在 2007 年 10 月才开始引进该种植模式，2008 年在青狮潭镇试种成功后才开始在周边乡镇推广，而相对较偏远的大境瑶族乡在 2011 年 12 月才开始试种，该种种植模式在灵川县推广落后整个广西 4～8 年。

3.2 种植人员结构老化，劳动力不足，且科学文化素质不高

近年来，随着城乡收入差距的增加，很多青壮劳动力选择外出务工。灵川县劳动力大量向城市转移，特别是农村青壮年劳动力不足。此外，由于农村教育落后，劳动力素质相对较低。据统计，我国农村劳动力中，接受过短期培训的仅占 20%，接受过初级职业技术教育培训或教育的仅占 3.4%，接受过中等技术教育的仅占 0.13%，而未接受过技术培训的高达 76.5%[10]。灵川县农村劳动力素质状况更令人担忧，据调查，现阶段灵川县农村主要从业人员初中及小学以下学历的占 90.01%。种植业方面的劳动力投入不足，从业人员结构老化，生产管理不到位，接受新技术、新品种能力差，农业新技术推广难度大，农业发展受到一定阻滞[9]。

3.3 农产品加工业发展滞后，技术含量较低

农产品进行深加工是农业生产的继续、深化和发展，是农业生产与市场连接的纽带，是降低农产品产后损失、增加农产品经济价值、提高农产品市场竞争力的有效措施。但在灵川县无论是粮食、油料、水果、蔬菜，还是畜禽、水产等，加工增值的比重和技术含量均较低，农产品加工基本处于粗放、零散的状态，农产品加工业发展滞后，造成农产品大量损耗和资源浪费。如海洋乡的白果，虽在机械生产上有一定进步，但产后利用不足，没有加大深加工开发力度，造成白果价格从原来的每公斤 20 多元，到现在的每公斤 8～10 元，极大损害了生产者的利益。

3.4 农田重用轻养，冬闲田面积较多

冬闲田的存在不仅影响农业可持续发展和农村生态环境建设，还影响农业经济增长和农民增收。根据本次调查，目前灵川县的冬闲田面积较大，占全县农田面积的 63.33%，其他养地作物如油菜、紫云英、豆类、萝卜等种植比例较小，而没有闲置的农田主要种植西红柿、辣椒、葱蒜等蔬菜类及柑橘、葡萄、银杏、桃、梨等果树类作物。冬季农田出现闲置的主要原因：一是劳动力不足；二是经济效益较低；三是农民的养地意识不强。

3.5 农业技术推广人员缺乏，农业机械化程度不高

农业技术推广人员在农业技术推广、技术宣传与培训、农业技术指导、提高广大农民素质、推动农业和农村经济发展中具有不可替代的作用。据统计，2011 年上半年灵川县早稻播种面积 1.133 万 hm^2，中稻播种面积 0.578 万 hm^2，完成杂粮播种面积 0.426 万 hm^2，蔬菜种植面积 0.897 万 hm^2，另有柑橘、银杏、优质桃、葡萄、食用菌等特色农业；目前灵川县农业技术推广体系队伍中共有专业技术人员 139 人，其中

高级5人，中级76人，初级58人，这些农业技术人员远不能满足整个灵川县农业发展的需求。此外，农业机械化水平不高也是制约灵川县农业发展的主要因素之一。据有关资料显示，2012年全县共有各类农业机械设备8.1万台，农机总动力仅41.06万kW，不能满足该县农业发展的需求。本次调查结果显示，灵川县仍有80%以上的农户以手工操作为主，农业机械化程度不高[11]。

4 对策建议

4.1 加快农作物结构调整，继续建立和完善农业综合开发基地

灵川县自然资源丰富，各级政府应因地制宜，努力将该县潜在的资源优势转化为现实的经济优势，加快农作物结构调整，如在保证粮食作物产量不变的情况下，适当压缩粮食作物的播种面积，扩大经济作物的种植面积，尤其是加大高产优质高效经济作物（水果、蔬菜、中草药、花卉等）的种植。建立农业综合开发基地，继续加强对灵田乡廖家千亩南方优质梨基地，潮田乡万亩南方优质梨基地，海洋乡万亩优质桃基地，大圩草莓、提子、茄子基地，灵川镇、定江镇食用菌生产基地，定江、灵川、三街镇20km立体养殖带，青狮潭镇、兰田乡竹子开发基地等的建设。

4.2 提高农民科学文化素质

农民的科学文化素质直接影响农业科技成果的应用[12]，因此应积极提高农民科学文化素质，培养农民对农业科学文化知识的汲取和应用能力。一是要依托高等农业院校和农业科研院所，对种植大户、养殖大户、科技示范户、农民专业合作社领办人等进行培训。二是要通过电视、网络、悬挂横幅等多种方式宣传国家对解决“三农”问题的有关政策以及具体部署等，或建立示范基地，做对比试验，以点带面激励广大农民群众提高自身科学文化素质的积极性。三是各级农业技术人员要深入田间地头，开展技术咨询服务，加强现场指导，切实解决广大农民群众生产中遇到的实际问题。

4.3 提高农业产业化程度，加大农产品深加工力度

推进农业产业化经营，围绕现有的区域性主导产业，培育一批具有市场开拓能力、能进行农产品深度加工、能带动基地生产和区域经济发展的龙头企业。随着农业产业化水平的提高，农产品产量也将相应增加，对农产品进行深加工成为增加经济收益的重要途径之一，这就需要引进先进的农产品贮藏加工机械设备和技术，利用各种机械、物理、化学和生物学的方法对农产品进行深加工，提升农产品的商品价值。

4.4 加大对冬闲田的开发利用程度

一是县农业局、各乡（镇）农业技术推广站等农业相关部门应高度重视对冬闲田的开发利用，要将开发冬季农业作为农业工作的重点来抓。二是要加大宣传力度，提高农民种植冬季作物的意识，使广大农户参与到冬季农业开发中来。三是要适当调整种植业结构，如改稻—冬闲田、稻—稻—冬闲田耕作模式为稻—稻—薯、稻—稻—菜等高效耕作模式，提高农田产出率，增加经济效益。四是要建立冬季农业开发示范基地，以便对周边农民进行大面积、大范围、大规模引导和示范带动，以达到“以点带线、以线促面、以面推片”的良好效果。

4.5 扩大基层农业技术推广人才队伍，提高农业机械化程度

新型耕作制度的推广离不开农业技术人员，因此要加强农业科技“地方队”建设，即要以农业科研单位、农业高等院校和农业技术推广单位为基地，大力培养各类农业专业技术人才，重点建设技术过硬、留得住、用得上的农业技术推广队伍。此外，要实现传统农业向现代农业转变，发展农村经济，提高农业竞争力，增加农民收入，不仅需要各类农业专业技术人员，更需要先进的农业机械装备作支撑。因此，首先要认真落实农机购置补贴政策，保证各项农机作业服务收入减免税优惠政策落实到位；其次要加大对农机化扶持资金的投入，对农机作业及农机燃油、新技术推广、农机合作组织建设给予

一定的资金扶持；最后，推进农业作业环境的标准化，如栽培方式的统一化和生育状态的同样化，便于高度机械化作业。

参 考 文 献

[1] 漆爱红. 社会进步与耕作制度改革. 甘肃科技纵横，2005，34（2）：46，110.

[2] 黄国勤. 中国南方稻田耕作制度的发展.耕作与栽培，2006，（3）：1-3.

[3] 赵其国，黄国勤. 广西农业. 银川：阳光出版社，2012：138-183.

[4] 孙开彬，王允林. 东部山区耕作制度改革问题初探. 农业与技术，1998，（3）：14-15.

[5] 蒙子正，王基杰. 对灵川县水田耕作制度的一些看法. 广西农业科学，1965，（1）：49-53.

[6] 蒋乔才. 灵川县农业产业化发展初探. 计划与市场探索，1997，（6）：15-16，22.

[7] 张树斌. 灵川县农业结构调整与耕地保护. 中国土地科学，2002，16（1）：37-39.

[8] 李荣金，潘丽梅. 对灵川农产品加工与贮藏的探讨. 广西农业机械，2006，（3）：17-19.

[9] 唐树忠，雷贵明. 灵川县漓江流域种植产业发展现状分析. 农家之友，2010，（6）：61-63.

[10] 杨顺国. 橘园树冠对间作花生性状及产量的影响. 耕作与栽培，1998，（2）：7-8.

[11] 戴相材，范学银. 自贡农村劳动力现状对粮食安全的影响及对策研究. 四川农业科技，2009，（3）：15-16.

[12] 刘柏春. 提高农民科学文化素质的途径. 福建农林大学学报：哲学社会科学版，2006，9（4）：20-23.

Investigation Report of Farming System Models in Northern Guangxi —A Case of Lingchuan County in Guilin City

Ma Yanqin[1] Huang Guoqin[1] Shi Wei[2] Shi Ji[2] Yang Binjuan[1] Feng Zhao[2] Zhao Qiguo[3]

1 Ecological Science Research Center of Jiangxi Agricultural University，Nanchang 330045，China

2 Guangxi Kanghua Agricultural Company，Ltd.，Guilin 541001，China

3 Institute of Soil Science，Chinese Academy of Sciences，Nanjing 210008，China

Abstract

【Objective】The present situation of the farming system in main counties and villages of Lingchuan was investigated to provide theoretical references for rapid and sound development of Lingchuan agriculture. 【Method】The relevant information was collected and gathered through literature and visiting to 6 villages of Lingchuan county. Self-designed questionnaire investigation was conducted on June 22-24，2012. 【Result】The results of the survey showed that the farming system models in Lingchuan at present were divided into paddy field farming system（including milk vetch-early rice-late rice，vegetables-early rice-late rice or vegetables-single-season rice，vacancy-early rice-late rice or vacancy-single-season rice，potatoes-early rice-late rice or potatoes-single-season rice and rice-vegetables crop rotation），dryland farming system （including corn intercropping or relay intercropping soybeans and citrus intercropping peanuts），mountain dimensional planting models and orchards three-dimensional planting models. But many problems still existed in the farming system of Lingchuan such as shallow cropping patterns with low level and small scale，aging planting staff and lack of labor，low developed agricultural product processing industry with lagged technology，inadequate farmland maintenance and no use in winter. 【Suggestion】To proactively promote sustainable development of Lingchuan agriculture，it suggested that Lingchuan local authorities should speed up the adjustment of agriculture structure，build and improve agricultural comprehensive development base，increase farmers' knowledge on science and technology，improve agricultural industries，expand farmland use in winter，recruit more talents for agricultural technology promotion and use more agricultural machines.

Key words Farming system；Model；Issue；Strategy；Lingchuan

参考文献

Investigating Report of Farming System Models in Northern Guangxi

—A Case of Lingchuan County in Guilin City

Key words: Farming system;

第四部分　农业发展模式

赵其国：我国须走生态高值农业之路

潘　希

日前，中国科学院院士、中科院农业科技领域发展路线图研究组组长赵其国提出，发展“生态高值农业”是应对未来农业巨大挑战、实现农业持续发展的一项最重要的创新举措。

1　现代可持续发展的方向

赵其国说，未来我国农业发展面临巨大机遇和挑战。在机遇层面，农产品市场的扩张、农业比较效益的提高、农业生产结构的改善和农业科技的发展等，都将为中国未来农业发展提供难得机遇。

基于此，“生态高值农业”的概念应运而生。赵其国说，“生态高值农业”是包括生态农业及环境与农产品高产、高质、高效及科技、市场、产业经济价值相结合的总概念，是现代农业可持续发展的方向。

赵其国说，“生态高值农业”是充分应用现代及未来新能源、新材料、新装备以及新信息技术、新生物技术等武装起来的农业高新技术体系与生产模式，其宗旨是在确保生态环境友好的前提下，通过提高农业科技内涵和提高农业生产管理水平实现农业产业的高值化，从而大幅度提高农业生产能力、产业化水平、竞争力和比较效益。

2　五方面进行技术创新

根据我国“生态高值农业”技术支撑与需求现状，赵其国分析，目前应主要从以下几个方面进行技术创新。

第一，无公害农产品种养殖技术。主要包括环境友好型肥料、生物性农药、病虫草害生物防治、可降解农膜、废弃物资源化利用、污染物处理技术等。

第二，农产品加工技术。进一步提升营养水平和商品化水平的高附加值加工技术及相应加工设备的研制。

第三，我国传统农业精华。充分挖掘和整合我国传统与常规农业中的经验及技术精华，整合合理轮作和间套复种、保护性耕作、病虫综合控制等技术，形成一整套生态化种养殖业技术。

第四，标准化生产体系。重点就生态化物料投入、生态化种养殖业、无公害产品加工、产品营销等过程的技术规程、标准等进行规范化研究，为我国“生态高值农业”的规范化和国际化奠定坚实基础。

第五，高新农业技术。目前主要表现为生物技术支持下的分子育种技术、全球卫星定位支持的精确农业技术、可降解塑料生产的农用薄膜、害虫的性引诱技术、新型纳米材料制作的控释肥生产、新型微生物制剂等。

3　2050年进入“生态高值农业”时代

根据预测，未来 40 年，除大米和小麦需求会出现先缓慢增长后下降的趋势外，其他农产品将出现不同幅度的增加。例如，奶制品需求将增长 6 倍以上，水产品需求将增长近 3 倍，畜产品、饲料粮、水果、食油和纤维总量需求将增长 1.5～1.6 倍，蔬菜和食糖需求将分别增长 75%和 1 倍。

除食品安全外，农业的比较效益不断下降，生态环境压力日益严重，全球不确定性因素对农业发展的影响日益明显，农业本身也面临减排温室气体的压力，发展“生态高值农业”已刻不容缓。

赵其国说，要通过构建“生态高值农业”产业体系，不断满足国内日益增长的农产品总量需求以及质量、安全和多功能需求。

本文原载《中国食品报》2010 年 9 月 22 日第 006 版。

“生态高值农业”建设的核心任务是实现农业生物质资源、水土资源和废弃物资源的生态高值化利用，实现农产品的生态高值化生产，实现产后生态高值化加工及其市场化。

赵其国分析说，“生态高值农业”产业体系主要包括农产品安全、可持续农业、智能农业和高值农业建设四个方面。

（1）在农产品安全方面。至 2050 年，实现覆盖全基因组的基因时空表达、翻译、修饰和调控技术，通过分子模块的耦合对动植物个体实行全基因组优化组装，从而创制出智能品种，肉蛋奶等人均占有量增加 1 倍以上，全面实现农产品优质化、营养化、功能化、高营养及功能型农产品占比提高 50%以上。

（2）在可持续农业方面。至 2050 年，实现农业生态系统持续良性循环，多功能安全高效肥料占 30%，生物农药用量占 30%，稻麦等 C3 作物光能利用率提高到 2%；土肥水综合利用率提高 30%。

（3）在智能农业方面。至 2050 年，生产流通全程信息服务覆盖到每个生产和流通单元，实现全国农业资源和产量动态监测和预报，智能温室、人工养殖业基本实现精准化管理，东北和新疆 70%的种植业实现精准化作业，黄淮海平原、长江中下游 40%的种植业实现精准化作业，其他地区 20%的种植业实现精准化作业。

（4）在高值农业方面。至 2050 年，形成农业高值转化的产业体系，形成景观优美、功能多样、城乡一体的服务型农业产业体系。

赵其国认为，“解决世界经济发展所面临的人口、资源、环境这三大难题的根本出路在于实现经济的可持续发展。我国农业的现代化必然是现代化的‘生态高值农业’。”

生态高值农业是我国农业发展的战略方向

赵其国

中国科学院农业科技领域发展路线图研究组，中国科学院南京土壤研究所，南京 210008

摘 要

生态高值农业是充分应用现代及未来新能源、新材料、新装备以及新信息技术、新生物技术等武装起来的农业高新技术体系与生产模式，其宗旨是在确保生态环境友好的前提下通过提高农业科技内涵和提高农业生产管理水平实现农业产业的高值化，从而大幅度提高农业生产能力、产业化水平、竞争力和比较效益。生态高值农业是包括生态农业及环境与农产品高产、高质、高效及科技、市场、产业经济价值相结合的总概念，是现代农业可持续发展的方向。

关键词 生态高值农业；农业生产能力；产业化水平；竞争力和比较效益

我国作为发展中大国，大力发展生态高值农业，不仅符合现代农业的发展规律，适应时代的发展趋势，更体现了循环经济和建设小康社会与和谐社会的发展要求，对推动我国农业的发展和农业现代化建设，转变农业增长方式，全面提高农业综合生产能力具有十分重要的意义。

1 生态高值农业的内涵

中国未来农业发展将面临巨大的机遇和挑战。农产品市场的扩张、农业比较效益的提高、农业生产结构的改善和农业科技的发展等，都将为中国未来农业发展提供难得的机遇。同时，农业发展面临着5个方面的巨大挑战：①日益严峻的耕地、水资源和生态安全；②小规模经营和农业现代化发展之间的矛盾；③农业劳动人口的大规模转移与就业；④农业多功能需求的增长对中国的粮食与农产品安全和水土等资源超载压力的威胁；⑤全球气候变化对农业的冲击和影响。而发展生态高值农业是应对未来农业巨大挑战、实现农业持续发展的一项最重要的创新举措。胡锦涛主席在2010年6月7日两院院士大会上，首次提出了“构建我国生态高值农业产业体系”。所谓生态，就是要体现农业既能为社会提供安全优质的农产品又能实现农业资源的永续利用，将农业纳入可持续发展的道路；所谓高值，就是要体现农业有很高的土地产出率、投入产出率、劳动生产率。

“生态高值农业”是充分应用现代及未来新能源、新材料、新装备以及新信息技术、新生物技术等武装起来的农业高新技术体系与生产模式，其宗旨是在确保生态环境友好的前提下通过提高农业科技内涵和提高农业生产管理水平实现农业产业的高值化，从而大幅度提高农业生产能力、产业化水平、竞争力和比较效益。生态高值农业是包括生态农业及环境与农产品高产、高质、高效及科技、市场、产业经济价值相结合的总概念，是现代农业可持续发展的方向（表1）。

表1 生态高值农业的实质内涵

内容	内涵
生态	生态农业；水，土，气，生，岩，污
高值	农产值，农技值，农市值，农产经值，其中： 农产值：农产品高量、高质、高效（农一产） 农技值：智能农业、高科值农业（农技一产） 农市值：市场经济价值（农二产）-农加转工 农产经值：产业化经济价值（农三产）-农经贸旅游文
生态高值	生态高值农业是包括生态农业及环境与农业品高产、高质、高效及科技、市场、产业经济价值（包括农业的一、二、三产产值）相结合的总概念

本文原载《土壤》2010年第42卷第6期第857-862页。

2　国内外生态高值农业现状与发展趋势及模式

以西方国家为代表的生态农业，主张少用或不用人工性化学品、机械等，降低能耗，减少污染，通过作物轮作、种植绿肥、有机肥和秸秆还田以及采用生物防治病虫草害，使农业生产建立在生态良性循环的基础之上。

另一种是以我国及印度为代表的类型。这些国家人多地少，经济基础差，发展能力弱。同时面临饥饿、灾荒、贫穷等问题；另外，面临资源短缺和环境污染等问题，在实践中并不排斥化肥、农药等化学品的使用，并与传统农业技术相结合，充分利用有限的土地等资源，运用生态系统工程学的方法，全面规划、合理组织农业生产，实现农业优质高效和持续发展，达到生态与经济两大系统的良性循环和经济、生态、社会三大效益的统一。

西方与我国生态农业有明显的差别，但不能因此而否认其共性的东西，这些主要共通之处表现在：①都面临全球性资源与环境问题的共同挑战和威胁；②都把农业生态环境的维护与建设作为系统的基本输出目标或目标之一；③都不排斥高科技的应用，都重视绿色食品的生产，努力提高产品质量和生产的规范化。这些就是我国今后“生态高值农业”应走的发展道路。

我国大致可概括为下列 4 个不同层次的典型农业生态经济模式。

（1）农户小循环经济模式：①北方“四位一体”循环经济模式；②“鸡-沼气-蚯蚓-鸡”循环经济模式；③“猪-沼气-果”循环经济模式；④“立体种养”模式；⑤基塘生态农业模式。

（2）村庄循环经济模式：①以清洁能源为纽带的综合利用模式；②以秸秆综合利用为主的生态村模式。

（3）乡镇大循环经济模式：①农业和工业之间的循环；②农业与第三产业的循环。目前主要体现为生态观光农业，农业与旅游业的结合必然要求按照自然生态系统循环和能量流动规律，把清洁生产、资源及其废弃物综合利用、生态设计和可持续消费融为一体，真正实现经济、社会和生态效益的高度统一。

（4）循环农业圈层模式的发展（区域循环经济模式）。随着农业的机械化、专业化和商品化，出现了专业公司把农业从农业物资生产和供应，农业生产，农产品收购、储运、加工、销售等所有环节连成了一个有机整体，形成了农业一体化经营。同时利用田园景观、自然生态等环境资源并借助现代物质技术条件，融现代农业、乡村文化、观光休闲以及环保教育、农事体验职能于一体，实现农业生产功能、生活功能、生态功能的统一。该模式以信息化、数字化、智能化控制技术和精准变量投入技术为装备，实现最佳的产量、最优的品质、最低的农业环境污染和最好的生态环境，达到社会、经济、资源、环境协调，最终实现农业的可持续发展。

一个典型的实例如：上海崇明岛前卫村（“生态高值农业”举例）。近十年来，全村坚持“生态、环境可持续发展”生态农业的理念。以生态农业为核心，加强了全村生态经济、生态环境和生态文化建设，以“种、养、沼、加”“科、高、旅、教”“路、桥、林、田、水”相结合，不仅发展了农业生产还促进了其他多种产业的发展。全村 333.3hm^2 土地，500 人近年年收入 8000 万，人均年分配达到 16 万。这是一个名副其实的“生态高值农业”的典范，值得在上海及全国有关地区推广。

3　生态高值农业的特征与技术体系

3.1　生态高值农业特征

3.1.1　低碳循环经济型农业

未来“生态高值农业”将用太阳能、氢能等新型绿色能源逐渐替代现在的化石能，包括产前化肥、农药、农膜、农机等生产资料和设备的生产，产中农业机械和农用物资的使用，以及产后农产品的加工、储运等过程；同时，“未来生态高值农业”将充分采用农业废弃物的多级化生态农业利用模式，实现农业生产废弃物的零排放，保证农业的清洁生产，并最大限度地创造农业生产的生产能力和产值。

3.1.2　高产优质高效安全型农业

“未来生态高值农业”将实现高产、优质、安全、高效的有机统一，以满足食物和生态环境保育的需求。未来“生态高值农业”将在确保环境友好和可持续发展的前提下，建立农作物生产和养殖的高产、高效绿色生产技术体系，以替代目前农业生产的掠夺式经营方式，同时建立农产品加工、储运和销售的绿色管理技术体系，确保农产品自农田/养殖场到餐桌的食品质量安全。

3.1.3 高科技型农业

未来“生态高值农业”将借助现代生物技术改良、设计、培育高产、优质新品种；借助新材料生产技术开发新型智能肥料、农药、兽药、农膜、饲料等生产资料，大幅度提高化肥、农（兽）药、水分、光能、土地的利用率，减少农业面源污染的排放，提高农产品的品质和产量；借助现代土壤学、物理、化学、生物学原理和工程技术，开发设计土壤和快速改造土壤的技术体系，快速定向提高土壤功能和持续生产能力；借助现代物理、化学、生物、机械制造、计算机信息等技术开发新型食品加工与储藏、保鲜、物流等生产技术和管理技术，延伸农业产业链，大幅度增加农业产业的产值。

3.1.4 规模化市场经济型农业

未来“生态高值农业”将以规模化、专业化、市场化为特征，逐渐改变目前土地分散经营的粗放生产模式，大幅度提高农业的比较效益和规模效应，增加农业的市场竞争能力。

3.2 生态高值农业的技术体系

3.2.1 无公害农产品种养殖技术

主要包括环境友好型肥料、生物性农药、病虫草害生物防治、可降解农膜、废弃物资源化利用、污染物处理技术等。

3.2.2 农产品加工技术

进一步提升营养水平和商品化水平的高附加值加工技术及相应加工设备的研制。

3.2.3 我国传统农业精华技术

充分挖掘和整合我国传统与常规农业中的经验及技术精华，整合合理轮作和间套复种、保护性耕作、病虫综合控制等技术，形成一整套生态化种养殖业技术。

3.2.4 标准化生产技术

重点就生态化物料投入、生态化种养殖业、无公害产品加工、产品营销等过程的技术规程、标准等进行规范化研究，为我国生态高值农业的规范化和国际化奠定坚实的基础。

3.2.5 高新农业技术

目前主要表现为生物技术支持下的分子育种技术、全球卫星定位支持的精确农业技术、可降解塑料生产的农用薄膜、害虫的性引诱技术、新型纳米材料制作的控释肥生产、新型微生物制剂等。

4 生态高值农业的建设目标

到 2020 年，通过重点农业科技领域的重大创新和突破，使中国农业具备“生态高值农业”体系所需要的国家食物和纤维总量供给安全得到基本保障，国家食品质量安全得到基本保障，以及农业生产结构、生态和功能实现根本转变，农业资源可持续利用和安全得到一定提高的科技支撑条件。

到 2050 年，具备实现农业资源可持续利用、国家食物总量和质量安全得到充分保障、农业进入传统功能与现代多功能并存的未来农业所需要的科技支撑条件，使我国在发展中国家中率先进入生态高值农业可持续发展的时代，全面实现农产品优质化、营养化、功能化，实现农业生产管理的信息化、数字化、精准化，建成农业高值转化的产业体系，形成生态系统持续良性循环、景观优美、功能多样、城乡一体的新型农业。

5　生态高值农业的建设内容

生态高值农业的产业体系主要包括农产品安全、可持续农业、智能农业和高值农业建设 4 个方面。

（1）农产品安全。至 2020 年，形成分子育种技术体系，通过对多个基因的组合实现对多个性状的分子改良，分子育种品种的数量增加一个数量级以上，获得 80～100 个具有特定高营养组分或对人体健康具有可靠功效的功能型动植物新品种，生产和加工等环节的污染得到完全控制，粮食自给率 95%以上，其他农副产品基本自给。

至 2050 年，实现覆盖全基因组的基因时空表达、翻译、修饰和调控技术，通过分子模块的耦合对动植物个体实行全基因组优化组装，从而创制出智能品种，肉蛋奶等人均占有量增加 1 倍以上，全面实现农产品优质化、营养化、功能化，高营养及功能型农产品占比提高 50%以上（表 2）。

表 2　农产品安全

	现状	2020 年	2030 年	2050 年
数量	粮食基本自给，其他农产品的进口总量与出口总量基本平衡	粮食自给率 95%以上，其他农副产品基本自给	肉蛋奶等人均占有量增加 60%	肉蛋奶等人均占有量增加 1 倍以上
质量	以自然携带的营养组分的动植物品种为主体，缺乏人工设计和创制的高营养与特定功能品种，同时生产和加工等环节受到污染	获得 80～100 个具有特定高营养组分或对人体健康具有可靠功效的功能型动植物新品种，生产和加工等环节的污染得到完全控制	具有高营养和功能型特征的优质农产品占比提高到 20%以上	全面实现农产品优质化、营养化、功能化，高营养及功能型农产品占比提高 50%以上

（2）可持续农业。至 2020 年，建立不同区域结构合理、功能稳定的生态农业模式，实现化肥和农药适量使用，开始应用可降解农膜，稻麦等 C3 作物光能利用率提高到 1.2%，土肥水综合利用率提高 10%。至 2050 年，实现农业生态系统持续良性循环，多功能安全高效肥料占 30%，生物农药用量占 30%，稻麦等 C3 作物光能利用率提高到 2%，土肥水综合利用率提高 30%（表 3）。

表 3　生态农业

	现状	2020 年	2030 年	2050 年
生态农业模式	生态农业初具规模，覆盖 10%左右，没有成为农村经济发展的基本模式；模式多样，经营规模小，劳动投入高，产业化和商品化水平不高，技术体系不完备	建立不同区域结构合理、功能稳定的模式	主要农区的生态系统结构得到优化	实现农业生态系统持续良性循环
农业清洁生产	化肥和农药过量使用 20%以上，可降解农膜处于研制阶段	实现化肥和农药适量使用，开始应用可降解农膜	化肥和农药用量减少 10%～15%，可降解农膜等材料广泛应用	多功能安全高效肥料占 30%，生物农药用量占 30%
土肥水光利用效率	稻麦等 C3 作物光能利用率 1%，土肥水综合利用率低下	稻麦等 C3 作物光能利用率提高到 1.2%；土肥水综合利用率提高 10%	稻麦等 C3 作物光能利用率提高到 1.5%；土肥水综合利用率提高 20%	稻麦等 C3 作物光能利用率提高到 2%；土肥水综合利用率提高 30%

（3）智能农业。至 2020 年，生产流通全程信息服务覆盖到县级，实现全国及全球遥感估产、各种灾情遥感监测，90%大型温室设施农业、50%的禽畜鱼大型人工养殖场、东北和新疆 20%的种植业实现单项或多项作业精准化，黄淮海平原、长江中下游开始大面积精准作业试点。至 2050 年，生产流通全程信息服务覆盖到每个生产和流通单元，实现全国农业资源和产量动态监测和预报，智能温室、人工养殖业基本

实现精准化管理，东北和新疆70%的种植业实现精准化作业，黄淮海平原、长江中下游40%精准化作业，其他地区20%精准化作业（表4）。

表4　智能农业

	现状	2020年	2030年	2050年
生产流通全程信息服务	覆盖到省和部分农业企业	覆盖到县级	覆盖到乡村	覆盖到每个生产和流通单元
主要农田信息综合监测系统	主要农区遥感估产，遥感旱情监测，洪涝雪灾灾情监测，测土配方施肥正在全国展开	全国及全球遥感估产，各种灾情遥感监测，建立农业资源数据库	主要农作物品质遥感监测，各种灾情预测，农业资源（水土林草）动态监测	基本实现全国程度，部分内容实现全球程度农业资源动态监测和预报
生产过程精准管理	正在开展试点	90%大型温室设施农业、50%的禽畜鱼大型人工养殖场、东北和新疆20%的种植业实现单项或多项作业精准化，黄淮海平原、长江中下游开始大面积精准作业试点	80%的禽畜鱼大型人工养殖场、东北和新疆40%的种植业实现精准化作业，黄淮海平原、长江中下游20%精准化作业，其他地区开始试点	智能温室、人工养殖业基本实现精准化管理、东北和新疆70%的种植业实现精化作业，黄淮海平原、长江中下游40%精准化作业，其他地区20%精准化作业

（4）高值农业技术体系。至2020年，形成生物基为原料的高附加值产品的研发体系，初步建立集休闲、观光、教育、文化于一体的高值化服务型农业产业。至2050年，形成农业高值转化的产业体系，形成景观优美、功能多样、城乡一体的服务型农业产业体系（表5）。

表5　高技农业

	现状	2020年	2030年	2050年
分子设计	分子育种技术体系正在形成，已通过少量目的基因的转移和分子标记的跟踪实现对单一性状的分子改良，极少数的分子育种品种得到应用，其余均处于试验和验证阶段	形成分子育种技术体系，通过对多个基因的组合实现对多个性状的分子改良，分子育种品种的数量增加一个数量级以上	通过对关键基因及其时空表达过程、基因作用网络的调控实现对某类性状的分子改良，经过分子改良和分子设计的品种占比达到30%以上	实现覆盖全基因组的基因时空表达、翻译、修饰和调控技术，通过分子模块的耦合对动植物个体实行全基因组优化组装，从而创制出智能品种
农业生物质资源	生物质核心种质的分布、筛选和培育及其加工工艺和设备研究阶段	获得50～100个新生物质能源新品种、新种质；每年生产乙醇和生物柴油2000万t	形成生物质资源相关产业群；每年生产乙醇和生物柴油5000万t	每年生产乙醇和生物柴油1亿t
高值转化（二产）	主要以现有动植物产品为原料进行简单开发的单项技术，缺乏成熟的技术体系和高值产品	形成生物基为原料的高附加值产品的研发体系	形成营养保健品、天然化妆品、酶制剂等产业群	形成农业高值转化的产业体系
服务型农业（三产）	在大部分城市的郊区有所发展	初步建立集休闲、观光、教育、文化于一体的服务型农业产业	围绕大中城市，形成服务型农业产业群	形成景观优美、功能多样、城乡一体的服务型农业产业体系

6　生态高值农业的总体路线图

6.1　在植物种质资源与现代育种科技发展方面

主要利用系统生物学、生物信息学、组学及其技术、基因工程以及生命科学与信息科学、材料科学等多学科交叉融合研究手段，采用重大产品导向的研发战略，充分发掘和利用我国丰富基因资源优势，建立战略植物各层面基因资源库，根据需要优化设计植物新基因型，对目标基因进行扫描，对理想基因型“吉祥”组装，创制高产、优质、多功能性，并能够对环境进行快速响应的智能粮食作物、饲料作物和能源植物新品种。

6.2　在动物种质资源与现代育种科技发展方面

充分发掘我国丰富的畜禽水产动物资源优势，发展水产动物种质资源评价、发掘、保存利用技术，增强畜禽水产动物遗传改良力度。克隆鉴定出有重要价值的功能基因，进行分子育种价值的功能基因，进行分子育种设计，并与传统育种相结合，培育出生长速度快、蛋白含量高、产肉量高、饲料转化率高或抗病力强的猪、牛、羊、鸡和鱼、虾、贝新品种；发展特定病原特效育苗制备等技术，实现高效的、无病害的集约化养殖，提供健康安全的畜禽水产品。

6.3　在资源节约型农业科技发展方面

首先建立耕地监测管理，水、肥、能资源利用新肥料研发平台；在阐明区域耕地、水资源演变和调控，农业生态系统水、肥、能循环和调控，土壤退化阻止修复和定向培育等理论的基础上，实现水土资源集约利用、节地技术、少免耕技术、农田生物质资源高效利用技术和高效施肥技术体系的单项突破、研发配套农业机、制定生产的操作规范；创制新型缓释智能肥料，建立新肥料产业；最后结合农业信息化植物品种方面的发展，全面建立节时节地型农业、节水型农业和节能型农业三大生产技术体系，促进农业集约化生产与耕地生产力的稳定提升，稳定我国农业的可持续发展。

6.4　在农业生产与食品安全科技发展方面

充分采用计算机网络技术、3S 技术、计算机可视化、地理信息系统、高质量的卫星图 BP 神经网络智能专家管理系统，并建立动植物病虫害流行的预警监测系统、智能专家管理系统，并建立以预防为主的综合防治的食品安全生产技术管理体系；建立从源头到餐桌的完整的食品安全数字追踪预警系统，实现精确监测、先发制“病”、精确防控的“主动食品安全战略”；在全面解析动植物安全产品的各要素的基础上，运用基于精确、快速高通量检测“智能化个性营养食品”，满足每个人对食品安全和营养健康的持久需求。

6.5　在农业现代化与智能化农业科技发展方面

农业信息服务网络化所依赖技术相对成熟，基础条件具备，将在 2020 年前优先发展。农业资源管理数字化、农业生产过程管理精确化、农业装备智能化依赖与多项高技术的发展，处于研究开发阶段，需要制定长远发展计划。基本思路是：技术难点、关键部件（或模块）、重要系统发展模式，即首先突破关键技术难点，解决瓶颈问题，然后研发关键部件（或模块），最后进行重要系统的集成。

7　我国生态高值农业展望

我国经济面临“三农”问题的困扰和加入 WTO 后的一系列挑战，现阶段的农业已进入了结构转型的关键时期。我国生态农业在清洁化生产和维护生态环境等方面具有明显的效果和作用，也逐渐得到了世人的认可。另一方面，我国生态农业总体上还是一种发展中的新事物，正处于不断完善的过程中，需要根据其发展不断进行调整和创新。在新形势下，“生态高值农业”的提出将丰富我国农业的转型战略，促进我国农业的可持续发展，是我国生态农业产业化客观性和必然性的体现。

尽管我国的地域类型众多，但从全国范围看，目前的“生态高值农业”应主要集中在富有区域特色的清洁食品生产与加工、绿色环保产业、生态观光旅游、废弃物循环利用、生态肥料、可降解膜、生物农药产业化等方面。

总之，解决世界经济发展所面临的人口、资源、环境这三大难题的根本出路在于实现经济的可持续发展。我国农业的现代化必然是现代化的“生态高值农业”，只有发展生态高值农业，才能充分挖掘农业增效、农民增收的潜力，实现生态、社会与经济的可持续发展，实现人与自然和谐共处，最终达到经济、社会、生态综合效益的最大化。

致谢　感谢段增强、董元华教授提供资料。

参 考 文 献

[1]　中国科学院农业领域战略研究组. 中国至 2050 年农业科技发展路线图. 北京：科学出版社，2009.

[2]　赵其国，段增强. 我国生态高值农业发展模式及其技术体系. 土壤学报，2010，47（6）：1249-1254.

Characteristics and Objectives of Ecological High-value Agricultural System in China

Zhao Qiguo

Agricultural Science and Technology Roadmap Study Group, Institute of Soil Science, Chinese Academy of Sciences, Nanjing 210008, China

Abstract

Ecological high-value agriculture, a high-tech agricultural system and production mode fully equipped with modern and future new energies, materials, facilities, IT and biological technologies, aims at achieving high-value agricultural industry by improving the technological contents of agriculture and the level of agricultural management under the premise of ensuring a good eco-environment so as to effectively improve the productivity, level of being industrialized, competitiveness and comparative effectiveness of agriculture. Ecological high-value agriculture is a general concept that integrates ecological agriculture and environment, agricultural products being high-yield, high-quality and high-effectiveness with integrated technological, market-oriented and industrial economic values. It is the development direction of modern agriculture.

Key words Ecological high-value agriculture; Productivity of agriculture; Level of being industrialized; Competitiveness and comparative effectiveness

农业须走生态高值之路

赵其国

随着社会经济发展，我国农业生产对资源、生态和环境的影响越来越明显。传统的“石油农业”就是依靠大量能源、资源维持其高速运转。

“石油农业”为解决世界粮食危机起到了重要作用，但高投入高产出的“石油农业”已带来资源锐减、环境污染、生态功能衰减、食品安全等一系列严重问题。

我国人均耕地不足世界人均水平的一半，并且还在以每年33万hm^2（约合500万亩）的速度减少。全国平均每年旱涝灾害造成1000万t粮食损失；全国污灌面积已占总灌溉面积的7.3%；平均每公顷化肥施用量达400kg以上；农药年使用量已达120万t以上，其中约50%左右的农药将进入土壤与水体，被污染农田面积已达900万hm^2……

在今年6月召开的中国科学院第十五次院士大会、中国工程院第十次院士大会上，国家主席胡锦涛在讲话中针对农业科技，首次提出要“构建我国生态高值农业产业体系”。

“生态高值农业”是充分应用现代及未来新能源、新材料、新装备以及新信息技术、新生物技术等在确保生态环境友好的前提下，通过提高农业科技内涵和提高农业生产管理水平实现农业产业的高值化，从而大幅度提高农业生产能力、产业化水平、竞争力和比较效益。

世界上有两种最基本的生态农业类型。一种是以欧美等发达国家为代表的生态农业，即所谓西方生态农业，另一种是以我国及印度为代表的替代农业类型。

替代农业在实践中并不排斥化肥、农药等化学品的使用，利用现代科学技术与传统农业技术相结合，充分利用有限的土地等资源，全面规划、合理组织农业生产，实现农业优质高效和持续发展，达到生态与经济两大系统的良性循环和经济、生态、社会三大效益的统一。

“生态高值农业”具有低碳循环经济、高产优质、高效安全、高科技、规模化市场经济型农业的特征。只有更加充分地把工业化、城市化成果应用到现代农业建设中来，才能有效带动农业增长方式的转变、促进农业综合生产能力的全面提升，才能充分挖掘农业增效、农民增收的潜力，才能更加体现农业集约化经营与生态化生产的有机结合。

“生态高值农业”建设的核心任务是实现农业生物资源、水土资源和废弃物资源的生态高值化利用，实现农产品的生态高值化生产，实现产后生态高值化加工及其市场化。

因此，“生态高值农业”的发展需要在植物种质资源与现代育种科技、动物种质资源与现代育种科技、资源节约型科技、农业生产与食品安全科技、农业现代化与智能化农业科技五大领域的基础研究和应用技术开发上取得重要创新和突破，以便为“生态高值农业”和生物产业发展提供重要科技支撑。

我国农业的现代化必然是现代化的“生态高值农业”。只有发展“生态高值农业”，才能充分挖掘农业增效、农民增收的潜力，实现生态、社会与经济的可持续发展，实现人与自然和谐共处，最终达到经济、社会、生态综合效益的最大化。

本文原载《中国食品质量报》2010年10月21日第A02版。

我国须走生态高值农业之路

赵其国
中国科学院院士
王　平　整理

专家档案

赵其国

中国科学院院士

核心提示

随着社会经济发展，我国农业生产对资源、生态和环境的影响越来越明显，涉农相关生态环境事件时有发生。传统的“石油农业”依靠大量能源、资源维持其高速运转，严重影响了世界农业的可持续发展。发展“生态高值农业”是应对未来农业巨大挑战、实现农业持续发展的一项最重要的创新举措。

耳听八方

北京：

奶牛中心博士后科研工作站投入使用

日前，北京奶牛中心博士后科研工作站揭牌成立。北京奶牛中心作为一家国家级奶牛良种繁育和生产的企业，在奶牛良种繁育技术、性控精液和优秀组合胚胎生产等领域处于国内一流的水平。工作站的设立，为自主创新搭建了重要的平台，它将有力地推动首农集团与高校和科研院所的合作，为企业高层次人才培养和科技研发能力的提升创造更大的发展空间。当天，4 名新进站的博士后分别就各自研究的课题：北京地区奶牛基因信息辅助选择体系研究、犊牛体外胚胎生产及移植、干奶期和围产期奶牛饲养以及微生物发酵粕类蛋白饲料的评价与开发四个方面作了开题报告。

天津：

高标准推进农村水利工程建设

从天津市水务局获悉，当前正值农村水利建设的黄金时间，全市各级水务部门抓住有利时机，高标准推进农村水利工程建设，确保全年建设任务按时保质保量完成。其中，历时五年的农村饮水安全及管网入户改造、历时三年的环外河道水环境治理和病险水库除险加固三项工程年内将全面报捷。历时五年的农村饮水安全及管网入户改造工程，历时三年的环外 29 条河道水环境治理工程和全市病险水库除险加固工程将于今年全面收官。全年计划投资近 18.3 亿元，实施“农村饮水安全及管网入户改造”“病险水库除险加固”“环外河道水环境治理”“节水灌溉增效示范项月”“水土保持工程”等八项农村水利工程建设项目。

宁夏：

干旱区设施蔬菜节水技术通过国家“大考”

国家科技支撑计划课题“宁夏干旱区设施蔬菜综合节水技术研究与示范”近日通过了国家验收。作为国家科技支撑计划项目“节水农业综合技术研究与示范”的重要内容，课题于 2008 年立项，国拨经费 473 万元，由宁夏农业科学院、宁夏大学等单位承担完成。课题提出了半干旱区设施蔬菜扬黄水净化处理方法、设施、装置与净化处理技术流程与模式，研发了设施蔬菜滴灌首部系统，获得了新型实用专利；掌握了宁夏干旱风沙区和黄土高原区设施蔬菜（番茄、黄瓜、辣椒、西瓜、甜瓜、茄子）需水规律，制定了主要设施蔬菜滴灌灌水指标及高效灌溉制度；建立了宁夏干旱风沙区和黄土高原区设施蔬菜节水高效综合生产技术集成体系，提出了 5 套设施蔬菜综合节水技术集成模式，取得了显著的经济、社会与生态效益。

并非简单的“生态+高值”

“石油农业”为解决世界粮食危机起到了重要作用，但高投入高产出的“石油农业”已带来资源锐减

本文原载《东方城乡报》2010 年 9 月 16 日第 B01 版。

与退化、环境污染、生态功能衰减、食品安全等一系列严重问题。

我国人均耕地不足世界人均水平的 45%，并且还在以每年 33 万 hm^2（约合 500 万亩）的速度减少。全国平均每年旱涝灾害造成 1000 万 t 粮食损失；全国污灌面积已占总灌溉面积的 7.3%；平均每公顷化肥施用量达 400kg 以上；农药年使用量已达 120 万 t 以上，其中约 50%左右的农药将进入土壤与水体，污染农田面积已达 900 万 hm^2……

未来我国农业发展面临巨大机遇和挑战。在机遇层面，农产品市场的扩张、农业比较效益的提高、农业生产结构的改善和农业科技的发展等，都将为中国未来农业发展提供难得机遇。

但是，我国农业发展还面临五个方面的巨大挑战：日益严峻的耕地、水资源和生态安全；小规模经营和农业现代化发展之间的矛盾；农业劳动人口的大规模转移与就业；农业多功能需求的增长对中国粮食与农产品安全及水土等资源超载压力的威胁；全球气候变化对农业的冲击和影响等。

基于此，“生态高值农业”的概念应运而生。赵其国说，“生态高值农业”是包括生态农业及环境与农产品高产、高质、高效及科技、市场、产业经济价值相结合的总概念，是现代农业可持续发展的方向。“生态高值农业”必须是生态的，同时又是高值的，不过却不是简单的“生态+高值”。

“生态高值农业”是充分应用现代及未来新能源、新材料、新装备以及新信息技术、新生物技术等武装起来的农业高新技术体系与生产模式，其宗旨是在确保生态环境友好的前提下，通过提高农业科技内涵和提高农业生产管理水平实现农业产业的高值化，从而大幅度提高农业生产能力、产业化水平、竞争力和比较效益。

而且，“生态高值农业”以健康消费需求为导向，以提高农业市场竞争力和可持续发展能力为核心，兼有高投入、高产出、高效益与可持续发展的双重特性；是转变农业增长方式、提高农业综合生产能力的集中体现。

不盲目效仿发达国家

世界上有两种最基本的生态农业类型。一种是以欧美等发达国家为代表的生态农业，即所谓西方生态农业，另一种是以我国及印度为代表的替代农业类型。

以欧美等发达国家为代表的生态农业直接针对资源短缺和环境污染问题，着重考虑农业生态环境的保护及优良生态环境带来的伦理、道德上的可接受性，甚至宁愿采取一些限制经济发展的做法，把发展生态农业等替代农业作为保护农业生态环境和资源的基本措施和战略选择。

而以我国和印度为代表的使用替代农业的国家，人多地少，经济基础差，发展能力弱，满足日益增长的农产品量与质的需求是当前农业的主要任务。

替代农业类型的国家在实践中并不排斥化肥、农药等化学品的使用，利用现代科学技术与传统农业技术相结合，充分利用有限的土地等资源，运用系统工程学的方法，全面规划、合理组织农业生产，实现农业优质高效和持续发展，达到生态与经济两大系统的良性循环和经济、生态、社会三大效益的统一。

我国基本国情决定了现代生态农业不能简单引入西方发达国家的理论，而应在借鉴国外成功经验的基础上，依照生态原理和生态经济规律，把经济、社会和生态效益作为一个有机整体来统筹运作，既要体现我国农业发展的良好形象，又要将生态系统原理应用到农业中去，构成一种低投入、高产出的现代农业生产体系。

以西方发达国家为代表的国外生态农业与我国生态农业有明显差别，但其中却有很多共通之处。

首先，各国都面临全球性资源与环境问题的共同挑战和威胁；其次，都把农业生态环境的维护与建设作为系统的基本输出目标或目标之一，都非常重视利用生态系统自身的生物循环达到环境自净和良性生产的目的；再次，在发展趋势上虽然侧重面有所不同，但都不排斥高科技的应用，都重视绿色食品的生产，努力提高产品质量和生产的规范化。

我国经济面临“三农”问题的困扰和加入世界贸易组织后的一系列挑战，现阶段的农业已进入结构转型的关键时期，具有发展的客观性和必然性。另外，我国生态农业总体上还是一种发展中的新事物，正处于不断完善的过程中，需要根据其发展不断进行调整和创新。

在新形势下，“生态高值农业”的提出将丰富我国农业的转型战略，促进我国农业的可持续发展，是我国生态农业产业化客观性和必然性的体现。

我国生态农业在清洁化生产和维护生态环境等方面具有明显的效果和作用，也逐渐得到世人认可。

尽管我国地域类型众多，但从全国范围看，目前的“生态高值农业”应主要集中在富有区域特色的清洁食品生产与加工、绿色环保产业、生态观光旅游、废弃物循环利用、生态肥料、可降解膜、生物农药产业化等方面。

五方面进行技术创新

不过，实现“生态高值农业”必然会引发农业思想观念、产业结构、技术结构和经营管理体制等的一系列大变革。

“生态高值农业”具有低碳循环经济、高产优质、高效安全、高科技、规模化市场经济型农业的特征。只有更加充分地把工业化、城市化成果应用到现代农业建设中来，才能有效带动农业增长方式的转变、促进农业综合生产能力的全面提升，才能充分挖掘农业增效、农民增收的潜力，才能更加体现农业集约化经营与生态化生产的有机结合和经济社会生态综合效益的最大化。

作为能够协调生态效益、社会效益和经济效益的一种农业生产方式，“生态高值农业”建设须构建农业的生态格局。其核心和关键是进行景观格局的规划、循环系统的设计和生物多样性关系的重建，把工业化农业所分割的、分散的、直线化的农业在系统和整体的意义上实现重组。

根据我国“生态高值农业”技术支撑与需求现状，目前应主要从以下几个方面进行技术创新。

（1）无公害农产品种养殖技术。主要包括环境友好型肥料、生物性农药、病虫草害生物防治、可降解农膜、废弃物资源化利用、污染物处理技术等。

（2）农产品加工技术。进一步提升营养水平和商品化水平的高附加值加工技术及相应加工设备的研制。

（3）我国传统农业精华。充分挖掘和整合我国传统与常规农业中的经验及技术精华，整合合理轮作和间套复种、保护性耕作、病虫综合控制等技术，形成一整套生态化种养殖业技术。

（4）标准化生产体系。重点就生态化物料投入、生态化种养殖业、无公害产品加工、产品营销等过程的技术规程、标准等进行规范化研究，为我国“生态高值农业”的规范化和国际化奠定坚实基础。

（5）高新农业技术。目前主要表现为生物技术支持下的分子育种技术、全球卫星定位支持的精确农业技术、可降解塑料生产的农用薄膜、害虫的性引诱技术、新型纳米材料制作的控释肥生产、新型微生物制剂等。

根据预测，未来 40 年，除大米和小麦需求会出现先缓慢增长后下降的趋势外，其他农产品将出现不同幅度的增加。例如，奶制品需求将增长 6 倍以上，水产品需求将增长近 3 倍，畜产品、饲料粮、水果、食油和纤维总量需求将增长 1.5～1.6 倍，蔬菜和食糖需求将分别增长 75%和 1 倍。

除食品安全外，农业的比较效益不断下降，生态环境压力日益严重，全球不确定性因素对农业发展的影响日益明显，农业本身也面临减排温室气体的压力，发展“生态高值农业”已刻不容缓。

我国生态高值农业的内涵、模式及其研发建议

赵其国　黄季焜　段增强

中国科学院农业领域战略研究组，南京　210008

摘　　要

“生态高值农业”是集约化经营与生态化生产有机结合的现代农业。它以健康消费需求为导向，以提高农业市场竞争力和可持续发展能力为核心，兼有高投入、高产出、高效益与可持续发展的双重特性，是转变农业增长方式、提高农业综合生产能力的集中体现。本文主要对其内涵、模式及其研发问题进行论述。

关键词　生态高值农业；内涵；模式

1　国内外农业发展形势

1.1　全球农业面临的发展机遇及主要挑战

随着全球经济和社会的快速发展，以及人口的不断增加，人们对食物和纤维的需求，以及对多功能食品的需要将不断增长。除中国及东亚的谷物食物需求将出现减少趋势外，全球谷物（食物+饲料）需求将增加 75%，其中发展中国家畜产品消费将成倍增长。这不仅有利于农产品市场扩张，更能促进农业产业结构的变革，以及农业生产技术和效益的提高。另外，经济全球化和世界贸易的发展，以及全球农业科技的不断进步，使得全球农业发展面临着巨大的机遇，人类农业的发展开始进入新的发展纪元。

同时，世界农业发展面临着巨大挑战，主要表现在以下几个方面：①满足世界 90 亿人口对食物和纤维需求增长的挑战；②农业生物燃料发展与食物竞争将日趋突出，发展中国家粮食等食物安全将面临前所未有的挑战；③水资源短缺，以及土地和森林等资源退化带来的挑战；④气候变化和生态环境保护带来的挑战；⑤农业生产增长将主要依靠生产力提高对科技发展提出的挑战。

1.2　目前我国农业面临的发展机遇及挑战

我国是世界上主要的农业大国之一，经济的快速发展和人口增长的压力，使得我国未来的农业发展面临着巨大的发展机遇和挑战。据预测，未来 40 年，虽然中国的大米和小麦需求会出现先缓慢增长，然后有所下降的趋势；但饲料粮需求将大幅度增加，奶制品需求将增长 6 倍以上；水产品需求将增长近 3 倍；畜产品、水果、食油和纤维总量需求将增长 1.5～1.6 倍；蔬菜和食糖需求将分别增长 75%和 1 倍。同时，我国农业发展将面临 5 个方面的巨大挑战：①确保食物安全的任务日趋艰巨；②提高农业比较效益的难度不断加大；③生态环境压力日益严重；④农业及农产品功能多样性需求的增加；⑤为了应对气候变化，农业本身也面临温室气体减排的压力等。

另外，2012 年中央一号文件《加快推进农业科技创新持续增强农产品供给保障能力》提出实现农业持续稳定发展、长期确保农产品有效供给，根本出路在科技。文件指出：农业科技是确保国家粮食安全的基础支撑，是突破资源环境约束的必然选择，是加快现代农业建设的决定力量。要求我们必须把保障粮食安全作为首要任务，把提高土地产出率、资源利用率、劳动生产率作为主要目标，并努力促进农业技术集成化、劳动过程机械化、生产经营信息化，构建适应“高产、优质、高效、生态、安全”农业发展要求的技

本文原载《土壤》2012 年第 44 卷第 5 期第 705-711 页。

术体系。这对我国农业的发展和农业的现代化建设具有十分重要的意义。

2 生态高值农业的提出、概念与内涵

2.1 生态高值农业的提出与背景

2010年6月召开的中国科学院第15次院士大会、中国工程院第10次院士大会上，国家主席胡锦涛在讲话中对我国科技发展工作提出了8点意见，其中针对农业科技的第4点意见明确指出：我国要大力发展现代农业科学技术。要发展高产、优质、高效、生态、安全农业和相关生物产业，保障粮食和主要农产品安全，实现农产品优质化、营养化、功能化，推进农业信息化、数字化、精准化，构建我国生态高值农业和生物产业体系，建成农业高值转化的产业体系，形成农业生态系统持续良性循环、景观优美、功能多样、城乡一体的新型农业。要发展先进育种技术，提高农产品质量、产量和抗逆性，研发推广节约资源、减少面源污染、农业废弃物资源化利用等技术，提高我国农业可持续发展能力和国际竞争力。这其中，首次提出要“构建我国生态高值农业产业体系”。

2.2 生态高值农业的概念与内涵

那么，究竟什么是“生态高值农业”？其概念与内涵是什么？

“生态高值农业”，顾名思义，其必须是生态的，同时又是高值的。所谓“生态”，就是要体现农业既能为社会提供安全、优质的农产品，又能实现农业资源的永续利用，将农业纳入可持续发展的道路；所谓“高值”，就是要体现农业有很高的土地产出率、投入产出率、劳动生产率。因此，“生态高值农业”是集约化经营与生态化生产有机结合的现代农业。它以健康消费需求为导向，以提高农业市场竞争力和可持续发展能力为核心，兼有高投入、高产出、高效益与可持续发展的双重特性，是转变农业增长方式、提高农业综合生产能力的集中体现。

“生态高值农业”的目标体系可表述为

$$D=aE+bV+cS\{E,V\}$$

式中，D 为生态高值农业发展水平；E 为农业的生态环境效益；V 为农业的经济效益；S 为农业的社会效益，体现生态环境效益与经济效益相互协调的程度；a、b、c 是由社会生产力的发展水平、社会制度、人类的审美观与价值观等因素决定的。

上述公式表明，生态高值农业绝对不是简单的“生态+高值”，而是需要体现生态和高值协调的社会属性。不同的社会生产力的发展水平、社会制度、人类的审美观与价值观等因素也将决定着系数 a、b、c 的不同，从而表现出不同的“生态高值农业”模式。实现“生态高值农业”必然引发农业思想观念、产业结构、技术结构和经营管理体制等一系列重大变革。只有更加充分地将工业化、城市化的成果应用到农业现代化建设中来，才能有效带动农业增长方式的转变、促进农业综合生产能力的全面提升，才能充分发掘农业增产、农民增收的潜力，才能更加体现农业集约化经营与生态化生产的有机结合和经济社会生态综合效益的最大化。

可见，“生态高值农业”是包括生态农业及环境，农产品的高产、高质、高效，以及科技、市场、产业经济价值（包括农业的一、二、三产的产值）三者相结合的总概念，是现代农业可持续发展的总体方向。

3 我国生态高值农业的建设目标和研发内容

3.1 生态高值农业的建设目标

通过构建生态高值农业体系，不断满足日益增长的农产品总量需求以及质量、安全和多功能需求。

到2020年，通过重点农业科技领域的重大创新和突破，使中国农业具备生态高值农业体系所需要的国家粮食和纤维总量供给安全得到基本保障，以及农业生产结构、生态和功能实现根本转变，农业资源可持续利用和安全得到一定提高的科技支撑条件。

到 2050 年，中国农业具备实现农业资源可持续利用、国家食物总量和质量安全得到充分保障，进入传统功能和现代多功能并存的未来农业所需要的科技支撑条件，使我国在发展中国家中率先进入生态高值可持续发展的新时代，全面实现农产品优质化、营养化、功能化，实现农业生产管理的信息化、数字化、精准化，建成农业高值转换的产业体系，形成生态系统持续良性循环、景观优美、功能多样、城乡一体的新型农业。

3.2　生态高值农业的研发内容

我国生态高值农业的研发内容与目标有 4 个层次。

3.2.1　提升“中国至 2050 年农业科技发展路线图”的理念与五大科技领域的研究水平

五大科技领域主要包括植物种质资源与现代育种技术，动物种质资源与现代育种技术，资源节约型农业科技，农业生产与食品安全技术，农业现代化与智能化农业科技、未来农业展望与科技发展体制及政策保障等方面。

根据中国至 2050 年农业科技发展路线图，到 2020 年，我国农业科技将在如下一些具体方面取得科技重大突破。植物种质资源利用与现代育种方面：①建立生态群落和种质资源数据库平台与共享体系；②培育多基因转移和多性状改良品种；③实现主效基因与其互作网络的高效转移和聚合。动物种质资源利用与现代育种方面：①建立重要畜禽水产动物的种质资源共享平台；②开发分子标记技术和对特殊价值种质资源的发掘。资源节约型农业方面：①建立耕地和水资源监测预警平台、水肥利用研究平台和新肥料研发平台；②建立耕地协同耦合利用和土壤质量定向培育技术；③研发节水灌溉工程与改土保墒覆盖集成技术；④研究节肥和免耕技术以及新型缓控释肥料；⑤达到中低产田面积减少 30%～40%，土、肥、水综合利用率提高 10%，养分能源投入降低 15%～20%，增加复种指数 10%～15%，普及复合肥和缓释肥的目标。农业生产与食品安全方面：①针对影响农业产品品质安全的主要因素，加强相关科学问题的基础研究；②通过关键技术的突破和综合技术的集成应用，消除影响农产品安全的危害因素，建立农产品安全生产、储运保鲜和加工的标准化技术体系；③构建绿色食品生产的生态环境，提供绿色安全优质的农产品。农业现代化与智能化农业方面：①完成农业信息多功能网络平台和专业搜索引擎的开发；②实现农业信息服务多网络融合；③完成精准化、智能化、数字化、虚拟农业关键技术的开发。

同时，我国农业创新的制度背景也发生了迅速变化——更加复杂，而且涉及创新的多个体系和多个来源。随着市场经济的发展，创新动力更多地来源于市场（需求端），新的需求推动在确定创新研究方向以及从“农场到盘碟”的价值链时，更强调使用者的权力。新型农业的创新需要更多参与者的信息反馈、学习和集体行动。因此，在今后 10 年或更长一段时间内，根据我国国情及地区发展特点，需要构建一系列农业科技发展体制与政策保障。一是进一步深化农业科技体制改革，创建国家农业科技创新体系。二是建立国家农业长期科技投入机制，改善农业科研环境。

3.2.2　建立生态高值农业的综合技术体系

生态高值农业是能够协调农业的生态效益、经济效益和社会效益的一种农业生产方式。生态高值农业的建立需要做好以下 4 个方面的工作：①建立健全生态高值农业创新体制：主要包括各级政策法规等保障与激励制度、生态环境质量保障与快速诊断、区域特色模式研究等。②资源节约发展战略：涉及耕地质量定向培育与集约利用、流域水资源保护与持续利用、农业生态系统养分循环增效等。③产品质量安全保障：涉及环境友好型肥料、生物性农药、病虫害生物防治、可降解农膜、清洁生产标准化体系等。④智能农业预警系统：涉及土壤质量动态信息库、农业物联网技术、农田增汇减排、可控环境农业、精准农业等。

3.2.3　研发我国六大城市圈、十大典型区域生态高值农业发展模式及其技术支撑体系

目前亟须开展与加强以下典型生态高值农业发展模式的研究：我国特大城市生态圈建设模式（如北京、上海、重庆、武汉、沈阳、南京等）；区域模式主要体现在：长三角城市群郊区生态高值农业模式、

华中种养加一体化农业圈层模式、西南山地立体农业生态高值农业模式、南方亚热带特种农林果综合开发模式、滨海滩涂农业综合开发利用模式、黄淮海平原粮养加农业综合模式、东北平原粮食基地综合开发利用模式、西北寒旱区农牧综合开发模式、北部漠境盐湖综合整理开发模式、黄土高原水土保持及农林果流域开发模式。

3.2.4 建设农业的三大产业化体系

包括建立农产品产业化体系、加工产业化及综合产业化体系等。

最后在上述 4 个层次研发基础上，全面建立我国生态高值农业产业化网络体系。

4 我国生态高值农业典型模式初探

4.1 长江三角洲平原水网区城郊循环农业圈层模式

4.1.1 面临的问题

从古至今，长江三角洲的农业在我国农业发展方面都有着得天独厚的条件，其农业在我国农业中也占据着相当重要的地位。但是长时间地不合理利用农业资源以及对农业资源的过度开发，使得长江三角洲平原水网区城郊农业与生态环境面临较多的问题：①城乡一体化进程迅速，城市群近郊（特别是城乡接合部）大气、水体、土壤等产地环境质量低劣，并传承着以低品质蔬菜生产为主的历史格局，且政府行为加大，设施农业（温室大棚）发展迅速；②“资源-产品-污染排放”的直线型物质流农业模式，导致农业资源严重浪费；③城市郊区的环境负荷越来越重，生态环境保障和服务功能日渐衰退，曾经的“鱼米之乡，丝绸之府”，如今的“鱼米欠香，吃水受阻”。面对这些问题，努力探索出一条保证本地区农业可持续发展的农业发展模式成为研究的首要任务。

4.1.2 主要研究内容

针对长江三角洲平原水网区城郊农业与生态环境面临的问题，中国科学院南京土壤研究所进行了一系列的研究，其主要内容包括以下几个方面：①城郊农业经济发展趋势及其社会基础；②城乡一体化水平及城乡差别的主要因素；③城郊农业格局及其与土地流转、集约化经营在时空上的动态关系；④农业技术发展水平及其传播网络构建趋势；⑤农产品健康质量与生态环境状况间的交互作用。

在此基础上，从“点”与“面”两个层次上构建长江三角洲城郊生态高值农业典型模式。在“点”的层次上，为村镇级及农庄或农业大户提供“种-养-加”一体化循环农业模式。在“面”的层次上，结合目前的土地流转、适度规模农业的发展、外来资金向城郊农业的介入，以及政府对生态环境保护投入的加大，在以大、中城市为中心的同心圆逐步构建——长江三角洲城郊区生态高值农业圈层模式：①以城乡接合部为第一圈层的水-旱轮作模式；②布局以蚕桑、苗木、经济林等多年生农林产业、畜牧业及农产品加工业为主的第二圈层“种-养-加”一体化循环农业模式；③发展以优质高产粮油、蔬菜生产基地为主的外圈层规模农业模式。

4.1.3 模式的运行效果

通过该模式的推广应用，达到了以下几方面的效果：①废弃物资源化与循环利用；②环境保育功能提升；③综合经济效益提升。

4.1.4 模式的拓展与应用

在上述成功经验的基础上，可探索《我国特大城市生态圈建设》等方面的课题，代表性城市如东北的沈阳，华北的北京，华中的武汉，华东的上海，西南山区的重庆，平原水网区的南京等。

4.2　基于稻田湿地功能的“种-养-加”模式

该模式比较典型的代表为江苏省泰州市里下河地区生态农业示范区，该示范区面积为 66.6hm^2，辐射区面积达 3000hm^2。在该示范区内采用稻田湿地功能的优化轮作模式与畜禽养殖排泄物安全处理和利用技术相结合，在基地形成了“一头猪、百只禽、千斤粮、万斤果蔬、万元田”的“种-养-加”特色循环农业模式。稻田湿地可完全接纳农村农业废水，水旱轮作基本克服了设施栽培中的连作障碍，并提高了水肥利用率，降低了化肥与农药用量，年均亩（667m^2）效益超过 10 000 元，示范区年产值超过 1000 万元，经济效益同比提高 20%。

该模式的创新性：①结合长三角城市群郊区环境保育功能，突出了农业废弃物无害化处理及其所含养分的循环利用。②针对长三角农业布局及特色农业生产中的突出问题，从循环经济角度出发，提出了操作性强的城郊生态高值农业典型发展模式及其技术体系。

4.3　西南山地立体农业模式

4.3.1　研究背景

西南山区虽然气候与生物资源十分丰富，但也存在许多问题，例如水土流失严重、水污染、人均耕地占有量小等。而山地发展立体农业，则一方面能够充分地利用当地的气候和生物资源丰富的优势，另一方面能够增加山地的覆盖率，减少水土流失，减轻当地人口与环境的压力。

4.3.2　研究内容

山地立体生态高值农业模式及其技术体系的研发内容见图 1。

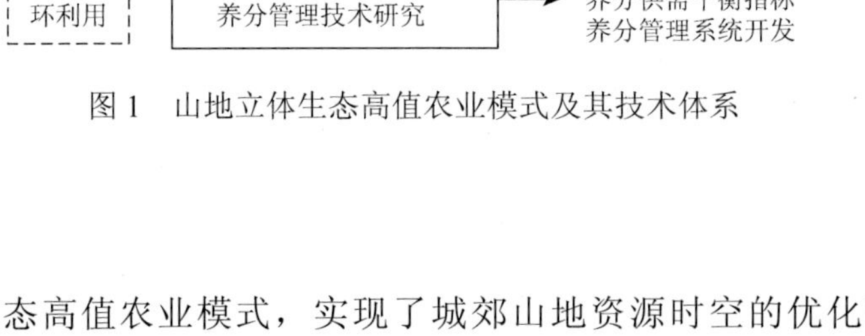

图 1　山地立体生态高值农业模式及其技术体系

4.3.3　实现的效果

通过建立山地立体生态高值农业模式，实现了城郊山地资源时空的优化配置，实现了城郊山地资源时空的优化配置，实现了养分拦截与山地保育，例如果菜间作可拦截并利用的养分达 420kg/（hm^2·a），减少水土流失达 20%。该模式还实现了养分的循环利用，其中半旱式稻菜轮作技术可接纳流失养分达 225kg/hm^2。据有关实验数据资料显示，山地立体生态高值农业模式其盈利率达到 1.5%以上。

4.4　南方亚热带特种农林果开发模式

我国南方亚热带农业资源丰富，各地结合自己的优势资源，发展不同的特种农林果开发模式，比较典型的包括以下几种。

4.4.1 赣东北种养结合循环经济优化模式

该模式采用“果+农+畜”种养有机结合，见图 2。通过推广应用该模式，土壤有机质提高 19.2%，强酸性土壤 pH 提高 0.5～0.6；径流和土壤侵蚀降低 35%以上，综合生产能力提高 20%～25%，肥料用量降低 20%～25%，节本 25%～30%，总体经济效益增加 15%～20%。

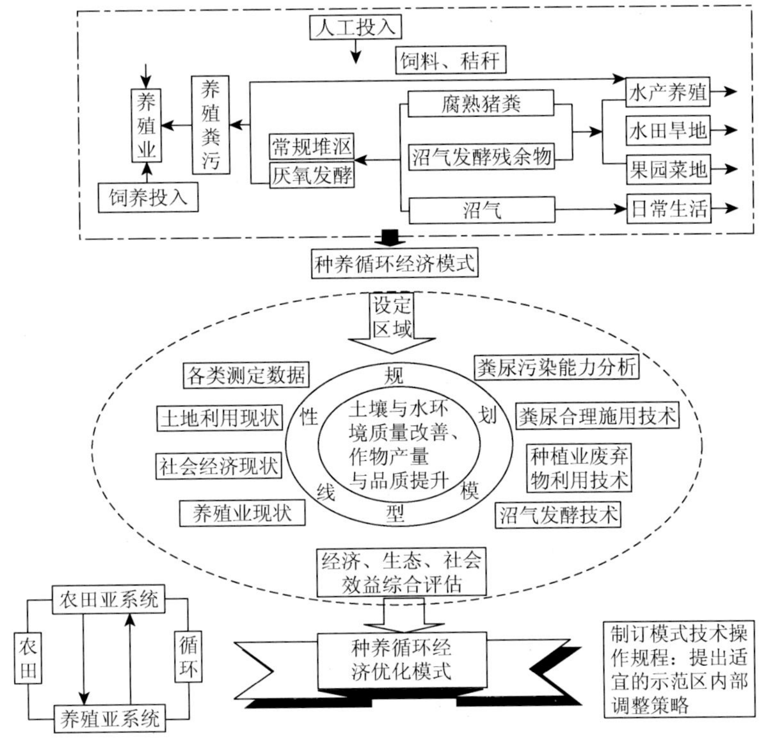

图 2 赣东北种养结合循环经济优化模式

4.4.2 湘中南“油茶/柑橘-西瓜/牧草”模式

该模式每年种植的西瓜和牧草在 4～6 月雨季，恰好覆盖地面，不仅可以减少水土流失，还可快速培肥地力。通过该模式的实施，间种西瓜可以使地表径流量减少 51%，泥沙量减少 64%。另外，西瓜产量达 37 500～45 000kg/hm^2，如果连续种植，土壤得到快速培肥。

4.4.3 闽西中经济开发型崩岗治理模式

该模式主要是在坡面等高线布设竹节沟、截水沟，分段拦蓄，分散径流；将集中起来的坡面径流，有序引入蓄水池、旱井；在沟道设置小型堰坝，层层拦蓄。这些措施使治理区植被有效盖度提高到 45%以上，侵蚀量减少 50%；有效地改善了生态环境，提高了综合生产能力和经济效益，还可使果园收益达 7500～15 000 元/hm^2，增加农民的收益。

4.4.4 粤东南特色林果园生草（水肥一体化）模式

该模式主要是针对特色林果金柚、脐橙、番木瓜、荔枝等，例如生草栽培减少水土流失 16.9%～55.2%，使表层土壤养分（N、P、K）增加；果实品质提高；省工省时，经济效应提高。据有关研究数据显示，若灌溉施肥 1.33hm^2，只需要 6 人 3 天，1 人 2 小时就可以完成，节约劳动力达 98%。

4.4.5　桂西石山区草饲畜牧业替代型水保模式

桂西石山区岩溶土壤侵蚀主要是化学溶蚀、重力侵蚀和流水侵蚀叠加的结果。流失方式不仅有地面流失，更主要的是地下漏失。因此减少水土流失，增加收入，防治石漠化成为工作的重中之重。通过采用草饲畜牧业替代型水保模式，植被覆盖率提高了 28.5%，达到了 91%，生物多样性指数提高了 27%，林木生长量提高了 18%，土流失减少了 37%，土壤侵蚀模数下降了 33.8%，水分利用率提高了 30%～40%。

4.4.6　南方人工经济纯林（桉树）生态改造模式

目前广东、广西两省（区）纯林减少，使生物多样性减少，造成“林下无草、林中无鸟”的现象。经过建造桉树人工林，不仅可以减少水土流失，还可减少病虫害。

4.5　滨海滩涂农业综合开发利用模式

该种模式的主要研究内容有：①滩涂土壤水盐调控与海涂开发利用及安全评价。主要是开展滩涂土壤盐分评估、水盐动态监测与滩涂土地利用规划技术研究，建立滩涂土壤盐分状况评估、耐海水经济植物种植利用条件下苏北海洋滩涂土壤盐分动态监测和滩涂土地耐盐经济植物种植利用的规划技术体系；开展苏北盐碱滩涂水盐优化调控技术及综合管理模式研究与示范，研究并建立改善土壤质量和植物生长条件、提高植物生物产量和滩涂土地生产力水平的水盐优化调控技术体系；②苏北海涂耐盐经济植物新品种选育。选育有重大市场前景的耐盐能源植物新品种（品系），如糖基类能源植物和油脂类能源植物；选育耐盐与适用全海水灌溉的蔬菜品种，如北美海蓬子、碱蓬等。

4.6　黄淮海平原“粮-养-加”农业耦合模式

黄淮海地区大面积中低产田，是我国增粮的最大潜力点。在生产实践中，创造了黄淮海平原“粮-养-加”农业耦合模式。所谓的“粮”，即中低产区高效治理技术，高效节水灌溉技术，达到均衡增粮的目的；“养”，即种养结构配置技术，以及养殖结构优化；“加”，即农副产品深加工技术、有机肥生产技术、沼气发酵技术。将三者有机结合起来，形成“粮-养-加”农业耦合的模式。该模式中，全秸秆还田 10 年土壤有机质可增加 0.45%；20 年使用氮肥每季 150kg/hm^2，目前年产量保持 1t/hm^2；15 年水循环研究吨粮田耗水 800～850mm（作物生理耗水为 52%）；农田土壤有机质、水养容量和生物活性协同增进。另外可适当结合一些配套设施改造技术，例如工程整治和生产作业机械化、农田地下电网化、灌溉地下管网机电化、农田墒情监测智能化、农田基本信息数字化、现代农业技术等。该模式的效果主要有以下几个方面：粮食持续增产；农田肥力逐渐提升；农民收益大幅增加；资源循环利用，农村生态环境改善等。

4.7　东北平原粮食基地综合开发利用模式

4.7.1　面临的问题

东北黑土区农业集约化存在问题：①农田光能利用率较低；②东北以雨养农业为主，降水利用率较低；③黑土长期重用轻养，耕地质量下降；④平原区风蚀、坡耕地水蚀加剧；⑤秸秆资源焚烧浪费严重；⑥耕地家庭联产承包分散经营制约新技术和现代农业发展；⑦缺乏农田水肥信息快速采集技术。

4.7.2　集约化农业模式研究内容与关键技术

东北黑土区集约化农业模式研究内容与关键技术如图 3 所示。

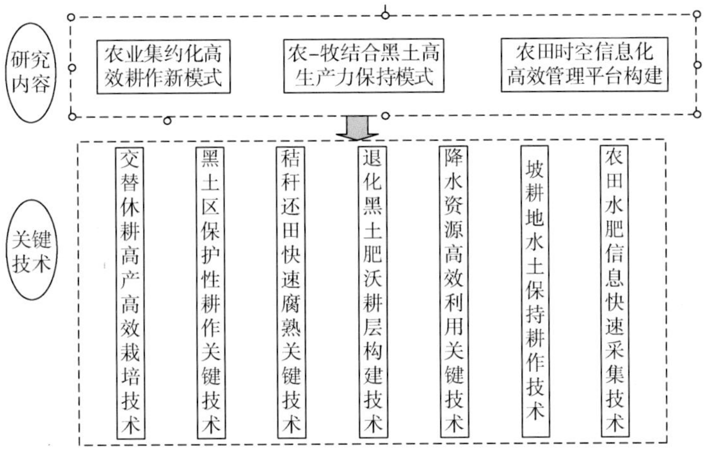

图3 集约化农业模式研究内容与关键技术

4.7.3 主要措施

①发展绿色粮食生产，确保国家粮食安全：减少氮肥用量20%左右，确保农产品卫生安全，并增加收益；减少水用量20%～40%，改善农业生产的生态基础；②发展寒地黑土特色农业、观光旅游业。

4.8 西北寒旱区农牧综合开发模式

该模式比较典型的代表为张掖绿洲现代农业试验示范区，该示范区是张掖市政府与中国农科院共同规划论证建设的现代化农业试验示范区，它的正式挂牌，填补了我国北方农业标准试验示范园区的空白。

这个占地 0.204 万 hm^2 的农业试验示范区，建成后将用于研发、试验、集成、示范新产品和新技术，为国内外专家提供标准的农业试验平台。该园区充分依托和利用张掖市独特的农业资源优势和绿洲特色，坚持以科技创新为立区之本，以试验示范为核心任务，以主导产业为重要依托，以节水生态为建设前提，以城乡一体化发展为方向的原则，通过实施院地合作、农民参与、企业带动、政府服务、资金扶持的运行机制，借助国内外科技力量，搭建现代农业试验示范平台，不断探索农民参与式农业试验示范的新模式、科研机构与当地政府紧密合作的有效模式和绿洲农业试验示范-辐射推广-产业化的新路子，把张掖建成中国绿洲现代农业试验示范“新基地”，为全面推动张掖农业提质增效提供强有力的科技支撑。

4.9 北部漠境盐湖综合治理开发模式

我国的咸水湖和干涸盐碱湖盆大多集中在西部，除了1.4亿 hm^2 盐碱地之外，面积 $1km^2$ 以上的盐湖面积有4万 km^2，全部咸水湖要有10万 km^2 以上。比较典型的案例为山西省运城市以盐湖为重点的生态环境综合治理工程，该核心工程为8项，即盐湖池南山生态建设、盐湖环湖防护林建设、盐湖环湖道路及湖岸整治与保护、盐湖污染治理、盐湖防洪设施建设、盐湖周边污染治理、盐湖湿地保护、盐湖禁墙修复。主要建设内容为荒山造林1.87万 hm^2，天然草场建设1.33万 hm^2，小流域治理0.06万 hm^2，环盐湖防护林带建设75km，湖岸修复治理6.2km，盐湖湿地保护0.2万 hm^2，禁墙修复6.2km，环盐湖道路整治50km，盐湖湖岸（城区段）环境综合治理6.2km，盐湖防汛设施修复，运城市污水及生活垃圾处理，盐湖硝尘污染整治，硫化碱节能改造，配套森林防火，舍饲养殖，草地鼠害治理等设施建设。该工程建成后，将有效恢复盐湖及周边地区植被，减轻工业污染，明显改善盐湖面貌及周边地区生态环境，对提升运城市城市形象，改善投资环境，促进区域经济社会可持续发展起到积极的推动作用。

4.10 黄土高原水土保持及农林果流域开发模式

该模式将农、林、果、牧有机结合起来，“农”即基本农田+水土保持增产技术体系；“林果”即山地果园优质丰产技术及多功能水保林建造技术；“牧”即调整畜禽结构，发展优质牧草，以草定畜，夏秋轮封轮牧，冬春舍饲催肥。

该模式中农林复合、农牧耦合使泥沙减少 50%以上；退耕地和荒坡生产力提高 2～5 倍；农牧业生产效益增加 1 倍以上；更使生态景观得到美化。

5 我国生态高值农业技术体系的构建

根据我国生态高值农业技术支撑与需求现状，目前应主要从以下几个方面进行技术创新。

（1）无公害农产品种养殖技术。包括环境友好型肥料、生物性农药、病虫草害生物防治、可降解农膜、废弃物资源化利用、污染物处理技术等。

（2）农产品加工技术。提升营养水平和商品化水平的高附加值加工技术及相应加工设备的研制。

（3）我国传统农业精华技术。包括间套复种和轮作、保护性耕作、病虫综合控制技术，生态化种养殖业技术。

（4）标准化生产技术。重点就生态化物料投入、生态化种养殖业、无公害产品加工，产品营销技术规程、标准等进行规范化研究，为农业的规范化和国际化奠定基础。

（5）高新农业技术。目前主要为分子育种技术、精确农业技术、可降解塑料产的农用薄膜、害虫的性引诱技术、新型纳米控释肥生产、新型微生物制剂等。

6 我国生态高值农业展望

我国生态高值农业是在十七届三中全会，审议通过了《中共中央关于推进农村改革发展若干重大问题的决定》后，出现“土地流转与适度规模”等一系列农业变革后发展起来的。过去农业的研究主要是以提高粮食产量为目标的相对单一的技术突破，如：品种更新、配方施肥、化学防控、节水灌溉等。当前农业已在我国迅速发展，农业生产正由粗放经营向集约经营转变，“农庄作业、机械化生产”正逐步实现，这些均为生态高值农业的发展创造了发展的机遇与条件，也为其发展奠定了良好的社会基础。

但当前从全国看，我国“生态高值农业”大多局限在部分农业园区，尚未形成全局，也未形成全国性的布局与产业。今后还需要从“生态高值农业”的理念、模式、技术及产业体系上进行更广泛深入的研究与发展，使我国的农业逐步走向真实全面的“生态高值农业”的道路！

参 考 文 献

[1] 中国科学院农业领域战略研究组. 中国至 2050 年农业科技发展路线图. 北京：科学出版社，2009：1-156.

[2] 赵其国，黄季焜. 农业科技发展态势与面向 2020 年的战略选择. 生态环境学报，2012，21（3）：397-403.

Proposals on Connotation，Mode，Research and Development of Ecological High-value Agriculture of China

Zhao Qiguo　Huang Jikun　Duan Zengqiang

Strategy Study Group of Agriculture，Chinese Academy of Sciences，Nanjing　210008，China

Abstract

Ecological high value agriculture is a kind of modern agriculture which is combined organically by the intensive management and the ecological production. With the guide of the healthy consumption demand and the core of increasing agricultural market competitiveness and sustainable development capacity，it is the centralized embodiment of the transform in agricultural growth mode and of the increase in agricultural comprehensive production capacity with the dual properties of high input，high output，high benefit and sustainable development. This paper mainly discussed the connotation，mode，research and development of ecological high-value agriculture.

Key words　Ecological high value agriculture；Connotation；Mode

中国生态高值农业发展模式及其技术体系*

赵其国　段增强
土壤与农业可持续发展国家重点实验室，中国科学院南京土壤研究所，南京　210008

摘　　要

通过对国内外农业发展现状与我国新形势下农业现代化建设需求的分析，根据我国“发展现代农业，必须按照高产、优质、高效、生态、安全的要求”，提出了“构建我国生态高值农业产业体系”的相关概念与内涵、我国生态高值农业模式构建原则及相关技术体系；分析并展望了我国“生态高值农业”目标体系与发展方向。

关键词　生态高值农业；发展模式；技术体系

工业革命以来，以高度集约化、高度专业化、高效率劳动为特征的现代农业——“石油农业”彻底动摇了传统农业的生产方式，特别在发达国家已占据农业的主导地位。“石油农业”为解决世界粮食危机起到了重要作用，但高投入高产出的“石油农业”依靠大量的能源、淡水、土地、物种等人类赖以生存和发展的重要资源来维持其高速运转，且已带来了资源锐减与退化、环境污染、生态功能衰减、食品安全等一系列影响世界农业可持续发展的严重问题。

目前我国农业生产对资源、生态和环境的影响越来越明显，涉农相关生态环境事件时有发生，为了改善这一局面，实现农业的可持续发展，十七届三中全会《中共中央关于推进农村改革发展若干重大问题的决定》明确提出2020年农业和农村发展的目标之一是让“资源节约型、环境友好型农业生产体系基本形成”，“按照建设生态文明的要求，发展节约型农业、循环农业、生态农业，加强生态环境保护”；决定还提出“发展现代农业，必须按照高产、优质、高效、生态、安全的要求”；并“健全农业生态环境补偿制度，形成有利于保护耕地、水域、森林、草原、湿地等自然资源和农业物种资源的激励机制”。

因此，我国作为发展中大国，既要与国际接轨，又要结合国情，大力发展生态高值农业，不仅符合现代农业的发展规律，适应时代的发展趋势，更体现了循环经济和建设小康社会与和谐社会的发展要求，对推动我国农业的发展和农业现代化建设、转变农业增长方式、全面提高农业综合生产能力具有十分重要的意义。

1　我国农业可持续发展面临的形势与问题

我国经济与社会的快速发展以及人口的不断增加，不仅拉升了对食物和纤维的需求总量，而且也促进了食物消费结构的改变、农业经营规模和农产品市场的扩张以及农业产业结构的变革和农业生产技术与效益的提高。然而，这种难得的发展机遇同时也面临着诸多方面的严峻挑战[1, 2]。

第一，确保食物安全的任务日趋艰巨。根据预测，未来40年，除了大米和小麦需求在今后10年会出现先缓慢增长，然后下降的趋势外，其他农产品将出现不同幅度的增加，如奶制品需求将增长6倍以上，水产品需求将增长近3倍，畜产品、饲料粮、水果、食油和纤维总量需求将增长1.5～1.6倍，蔬菜和食糖需求将分别增长75%和1倍（图1～图4）[3, 4]。

---

* 农业部公益性行业项目（200903011）资助。
本文原载《土壤学报》2010年第47卷第6期第1249-1254页。

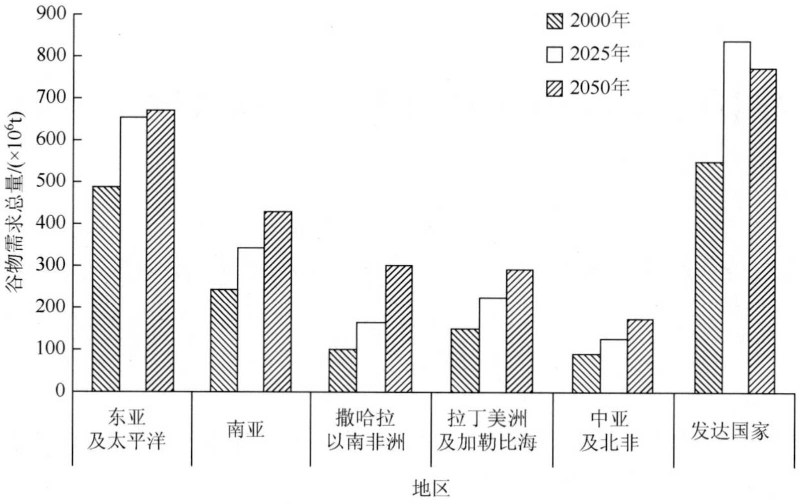

图 1　2000～2050 年谷物需求总量（食物+饲料）

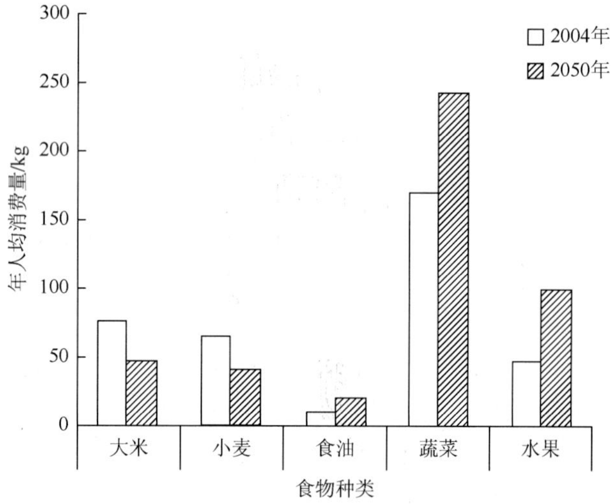

图 2　2004～2005 年我国人均食物消费预测（植物类）

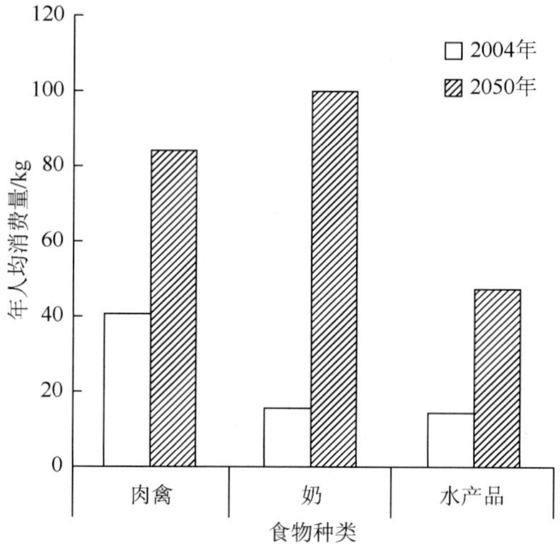

图 3　2004～2050 年我国人均食物消费预测（动物类）

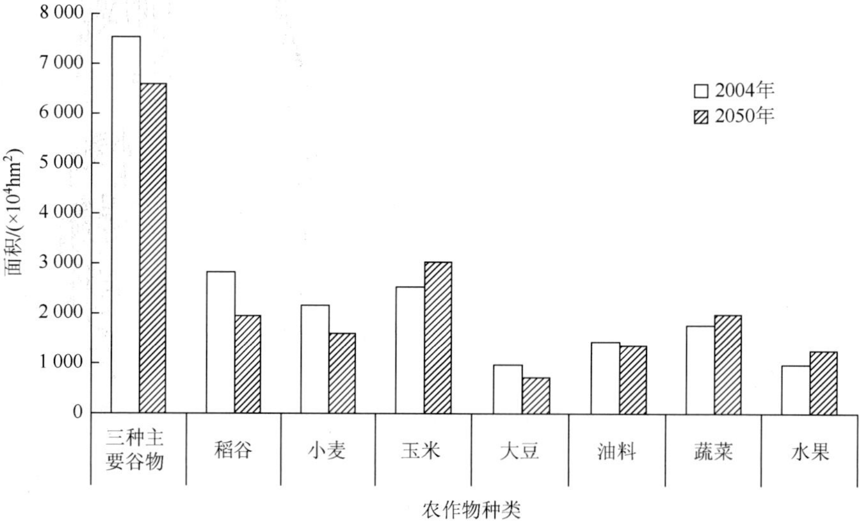

图 4　2004～2050 年我国主要农作物面积预测

第二，提高农业比较效益的难度不断加大。随着工业化与城镇化的不断推进，以及受资源短缺、成本上涨、市场竞争、劳动力外流等多重因素的约束，农业的比较效益不断下降。如果不能实现农业的高值化生产，“三农”问题将不能得到根本解决。

第三，生态环境压力日益严重。①农业资源数量不断减少、质量不断下降。我国人均耕地不足世界人均水平的45%，并且还在以每年33万hm^2（合500万亩）的速度减少；1/3的国土受到风沙威胁；草地退化、沙化、碱化面积每年以200万hm^2的速度增加；全国平均每年旱涝灾害造成1000万t粮食损失。②工业对农业生态环境与农产品品质的污染尚未得到有效控制。全国污灌面积已占全国总灌溉面积的7.3%；530万hm^2（合8000万亩）以上的耕地遭受不同程度的大气污染。城市郊区和公路沿线的耕地重金属污染严重超标，农产品出口竞争力下降。③农业自身造成的污染日趋严重。我国平均每公顷化肥施用量达400kg以上，已远远超过发达国家；全国农药年使用量已达120万t以上，其中约50%左右的量将进入土壤与水体，污染农田面积已达900万hm^2（合1.36亿亩）；地膜、农业废弃物如秸秆、畜禽粪便等污染也呈加剧趋势，给人民生活和经济建设带来了严重影响[2]。

第四，全球不确定性因素对农业发展的影响日益明显。经济全球化将进一步加剧农业的国际贸易竞争，全球能源紧缺与食物安全的矛盾日益突出，加大了我国农产品贸易难度。

第五，为了应对气候变化，农业本身也面临减排温室气体的压力。农业投入品、生物质等合理处理及利用，农业生产中直接能源消耗等问题需响应全球气候变化的政策和技术要求。

发展生态高值农业是应对未来农业巨大挑战、实现农业持续发展的一项最重要的创新举措，其宗旨是在保护生态环境的前提下通过农业的高值化，大幅度提高农业生产能力、产业化水平、竞争力和比较效益。

2 生态高值农业的概念、内涵与战略意义

2010年6月7日，国家主席胡锦涛在中国科学院第十五次院士大会、中国工程院第十次院士大会上对我国科技发展工作提出了八点意见，其中，针对农业科技的第四点意见明确指出：我国要大力发展现代农业科学技术。要发展高产、优质、高效、生态、安全农业和相关生物产业，保障粮食和主要农产品安全，实现农产品优质化、营养化、功能化，推进农业信息化、数字化、精准化，构建我国生态高值农业和生物产业体系，建成农业高值转化的产业体系，形成生态系统持续良性循环、景观优美、功能多样、城乡一体的新型农业。要发展先进育种技术，提高农产品质量、产量和抗逆性，研发推广节约资源、减少面源污染、农业废弃物资源化利用等技术，提高我国农业可持续发展能力和国际竞争力。这其中，首次提出了“构建我国生态高值农业产业体系”。

“生态高值农业”，顾名思义，其必须是生态的，同时又是高值的，但其却不是简单的生态+高值。

那么，“生态高值农业”中的“生态”有什么含义呢？

我们先来回顾一下什么是生态农业，随着现代农业对环境污染的日趋严重和资源消耗的不断加剧，现代农业的诸多弊端引起了西方学者的注意。1971年美国土壤学家威廉·阿尔布瑞奇（William Albreche）首次提出了生态农业（ecological agriculture）的概念，1976年英国农学家M. K. Worthington对此提出了新的认识，其观点是：“生态上能自我维持、低投入、经济上有生命力，在环境或伦理和审美诸方面不产生大的、长远的及不可接受的变化的小型农业系统”。在这段时间内，一些“替代农业”模式应运而生，诸如：自然农业（natural farming）、有机农业（organic agriculture）、生物农业（biological agriculture）、生物动力学农业（biodynamic agriculture），等等。替代农业模式都强调崇尚自然，保护生态环境，这不可避免地会降低土地产出率，影响农业产量水平。发展中国家，包括我国，“生态农业”是指在环境与经济协调发展思想的指导下，按照农业生态系统内物种共生、物质循环、能量多层次利用的生态学原理，因地制宜地利用现代科学技术与传统农业技术，充分发挥地区资源优势，依据经济发展水平及“整体、协调、循环、再生”原则，运用系统工程方法，全面规划，合理组织农业生产，实现农业高产优质高效持续发展，达到生态和经济两个系统的良性循环和“三个效益”的统一[5]。

再有，“生态高值农业”中的“高值”又是什么含义呢？

这里的“值”，即“价值”。我们知道“价值”是人类对于自我发展的本质发现、创造与创新的要素本体，包括任意的物质形态。“价值”是具体事物的属性，是指在具体事物中真理的含量，是从质和量的统一上对具体真理的度量。促进与实现和谐发展的功能，是它的质；这种功能起作用的时空范围与强度，是

它的量[6]。而体现农民收入的“经济价值”，其本质是人类经济产品、关系发展过程中的人类劳动作用，包含创造产品的使用价值与创造生产关系的劳动价值。

综上所述，所谓生态，就是要体现农业既能为社会提供安全优质的农产品又能实现农业资源的永续利用，将农业纳入可持续发展的道路；所谓高值，就是要体现农业有很高的土地产出率、投入产出率、劳动生产率。因此，“生态高值农业”是集约化经营与生态化生产有机结合的现代农业。它以健康消费需求为导向，以提高农业市场竞争力和可持续发展能力为核心，兼有高投入、高产出、高效益与可持续发展的双重特性；是转变农业增长方式、提高农业综合生产能力的集中体现。对“生态高值农业”的发展而言，“生态高值农业”目标体系可表述为

$$D=aE+bV+cS\{E, V\} \tag{1}$$

式中，D 为生态高值农业发展水平；E 为农业的生态环境效益；V 为农业的经济效益；S 为农业的社会效益，体现生态环境效益与经济效益相互协调的程度；a、b、c 是由社会生产力的发展水平、社会制度、人类的审美观与价值观等因素决定的。

上述公式表明：“生态高值农业”绝不是简单的生态加高值，而是需要体现生态与高值协调的社会属性。不同的社会生产力发展水平、社会制度、人类审美观与价值观等因素也将决定着系数 a、b、c 的不同，从而表现出不同的“生态高值农业”模式。实现“生态高值农业”必然会引发农业思想观念、产业结构、技术结构和经营管理体制等的一系列大变革。只有更加充分地将工业化、城市化成果应用到现代农业建设中来，才能有效带动农业增长方式的转变、促进农业综合生产能力的全面提升，才能充分挖掘农业增效、农民增收的潜力，才能更加体现农业集约化经营与生态化生产的有机结合和经济社会生态综合效益的最大化。可见，“生态高值农业”是包括生态农业及环境与农业品高产、高质、高效及科技、市场、产业经济价值（包括农业的一、二、三产产值）相结合的总概念，是现代农业可持续发展的方向。

3　国内外生态农业现状与发展趋势

世界上有两种最基本的生态农业类型。一种是以欧美等发达国家为代表的生态农业，即所谓西方生态农业，直接针对的是资源短缺和环境污染问题，强调人类顺应自然，着重考虑农业生态环境的保护及优良生态环境带来的伦理、道德上的可接受性，甚至宁愿采取限制经济发展的一些做法，将发展生态农业等替代农业作为保护农业生态环境和资源的基本措施和战略选择。在做法上，主张少用或不用人工性化学品、机械等，降低能耗，减少污染，通过作物轮作、种植绿肥、有机肥和秸秆还田和采用生物防治病虫草害，使农业生产建立在生态良性循环的基础之上。

另一种是以我国及印度为代表的替代农业类型。这些国家人多地少，经济基础差，发展能力弱。一方面面临饥饿、灾荒、贫穷等社会问题的困扰，另一方面，由于资源短缺和环境污染等一系列问题，发展生产力，满足人民群众日益增长的农产品量与质的需求仍是当前农业的主要任务。因此，这些国家必须寻求一种既能发展本国经济又能使生态环境免于受到破坏的安全策略和途径。这些国家实行的生态农业等替代类型在做法上与发达国家全然不同。在实践中并不排斥化肥、农药等化学品的使用，因地制宜利用现代科学技术，并与传统农业技术相结合，充分利用有限的土地等资源，依据农业生态系统“整体、协调、循环、再生”的原理，运用系统工程学的方法，全面规划、合理组织农业生产，实现农业优质高效和持续发展，达到生态与经济两大系统的良性循环和经济、生态、社会三大效益的统一。

以西方发达国家为代表的国外生态农业与我国生态农业有明显的差别，但不能因此而否认其共性的东西，甚至可以说，共性的东西要大于差异之处，只有这样才能真正客观地分析和研究事物，达到共通和借鉴的目的。我们认为，这些主要共通之处表现在：①都面临全球性资源与环境问题的共同挑战和威胁；②都将农业生态环境的维护与建设作为系统的基本输出目标或目标之一，都非常重视利用生态系统自身的生物循环达到环境自净和良性生产的目的；③在发展趋势上虽然侧重面有所不同，但都不排斥高科技的应用，都重视绿色食品的生产，努力提高产品质量和生产的规范化。

4 构建我国生态高值农业技术体系

生态高值农业是能够协调农业的生态效益、社会效益和经济效益的一种农业生产方式。生态高值农业建设需构建农业的生态格局，其核心和关键是进行景观格局的规划、循环系统的设计和生物多样性关系的重建，将工业化农业所分割的、分散的、直线化的农业在系统和整体的意义上实现重组[7, 8]。

根据我国生态高值农业技术支撑与需求现状，目前应主要从以下几个方面进行技术创新。

（1）无公害农产品种养殖技术。主要包括环境友好型肥料、生物性农药、病虫草害生物防治、可降解农膜、废弃物资源化利用、污染物处理技术等。

（2）农产品加工技术。进一步提升营养水平和商品化水平的高附加值加工技术及相应加工设备的研制。

（3）我国传统农业精华。充分挖掘和整合我国传统与常规农业中的经验及技术精华，整合合理轮作和间套复种、保护性耕作、病虫综合控制等技术，形成一整套生态化种养殖业技术。

（4）标准化生产体系。重点就生态化物料投入、生态化种养殖业、无公害产品加工、产品营销等过程的技术规程、标准等进行规范化研究，为我国生态高值农业的规范化和国际化奠定坚实的基础。

（5）高新农业技术。目前主要表现为生物技术支持下的分子育种技术、全球卫星定位支持的精确农业技术、可降解塑料生产的农用薄膜、害虫的性引诱技术、新型纳米材料制作的控释肥生产、新型微生物制剂等。

5 我国生态高值农业展望

我国基本国情决定了现代生态农业不能简单引入西方发达国家的理论，而应该在借鉴国外成功经验的基础上，依照生态原理和生态经济规律，将经济、社会和生态效益作为一个有机整体来统筹运作，既要体现我国农业发展的良好形象，又要将生态系统原理应用到农业中去，构成一种低投入、高产出的现代农业生产体系。

经过数十年的发展，结构转型是我国生态农业可持续和深化发展的大势所趋，具有发展的客观性和必然性。我国经济面临“三农”问题的困扰和加入 WTO 后的一系列挑战，现阶段的农业已进入了结构转型的关键时期。我国生态农业在清洁化生产和维护生态环境等方面具有明显的效果和作用，也逐渐得到了世人的认可。另一方面，我国生态农业总体上还是一种发展中的新事物，正处于不断完善的过程中，需要根据其发展不断进行调整和创新。在新形势下，“生态高值农业”的提出将丰富我国农业的转型战略，促进我国农业的可持续发展，是我国生态农业产业化客观性和必然性的体现。

尽管我国的地域类型众多，但从全国范围看，目前的“生态高值农业”应主要集中在富有区域特色的清洁食品生产与加工、绿色环保产业、生态观光旅游、废弃物循环利用、生态肥料、可降解膜、生物农药产业化等方面。

总之，解决世界经济发展所面临的人口、资源、环境这三大难题的根本出路在于实现经济的可持续发展。我国农业的现代化必然是现代化的生态高值农业，只有发展生态高值农业，才能充分挖掘农业增效、农民增收的潜力，实现生态、社会与经济的可持续发展，实现人与自然和谐共处，最终达到经济、社会、生态综合效益的最大化。

参 考 文 献

[1] 赵其国，钱海燕. 低碳经济与农业发展思考. 生态环境学报，2009，18（5）：1609-1614.

[2] 中国科学院农业领域战略研究组. 中国至 2050 年农业科技发展路线图. 北京：科学出版社，2009.

[3] International Flood Policy Research Institute. IMPACT simulation：Global agriculture toward 2050. Washington DC：IFPRI，2008.

[4] Huang J K. China' s agriculture toward 2050：A report submiitted to IAASTD. Center for Chinese Agricultural Policy，Chinese Academy of Sciences，Beijing，2008.

[5] 万宝瑞. 发展高效生态农业是现代农业建设的必由之路. 中国食物与营养，2009，（7）：4-7.

[6] 王洋，李东波，齐晓宁. 现代农业与生态农业的特征分析. 农业系统科学与综合研究，2006，22（2）：157-160.

[7] 仇德辉. 统一价值论. 北京：中国科学技术出版社，1998.

[8] 骆世明. 生态农业的景观规划、循环设计及生物关系重建. 中国生态农业学报，2008，16（4）：805-809.

Development Model and Technology System of Hign Value Eco-agriculture of China

Zhao Qiguo Duan Zengqiang

State key Laboratory of Soil and Sustainable Agriculture, Institute of Soil Science, Chinese Academy of Sciences, Nanjing 210008, China

Abstract

The development status of domestic and international agriculture was introduced, and the agricultural modernization construction demands under new situation of China was analyzed. According to "high-yield, high quality, efficient, ecological and safety requirements to develop modern agriculture", concept and connotation were proposed concerning "construction of high value eco-agriculture industrial system of China" . Moreover, principles of high value eco-agricultural model and relevant technology system were constructed. In the end, target system and development direction of "high value eco-agriculture" was analyzed.

Key words High value eco-agriculture; Development model; Technology system

至 2050 年中国生态高值农业体系建设特征与目标*

中国科学院农业科技领域发展路线图研究组
中国科学院南京土壤研究所，南京 210008

摘 要

2010 年 6 月 7 日，国家主席胡锦涛在两院（中国科学院、中国工程院）院士大会上针对农业科技明确指出：构建我国生态高值农业和生物产业体系，建成农业高值转化的产业体系。本文对“生态高值农业”进行论述。所谓生态，就是要体现农业既能为社会提供安全优质的农产品又能实现农业资源的永续利用，将农业纳入可持续发展的道路；所谓高值，就是要体现农业有很高的土地产出率、投入产出率、劳动生产率。因此，“生态高值农业”是集约化经营与生态化生产有机结合的现代农业。它以健康消费需求为导向，以提高农业市场竞争力和可持续发展能力为核心，兼有高投入、高产出、高效益与可持续发展的双重特性，是转变农业增长方式、提高农业综合生产能力的集中体现。

关键词 生态高值农业；土地产出率；投入产出率；劳动生产率；农业资源的永续利用

1 生态高值农业的内涵与特征

中国未来农业发展将面临巨大的机遇和挑战。农产品市场的扩张、农业比较效益的提高、农业生产结构的改善和农业科技的发展等，都将为中国未来农业发展提供难得的机遇。同时，农业发展面临着 5 个方面的巨大挑战：日益严峻的耕地、水资源和生态安全；小规模经营和农业现代化发展之间的矛盾；农业劳动人口的大规模转移与就业；农业多功能需求的增长对中国的粮食与农产品安全和水土等资源超载压力的威胁；全球气候变化对农业的冲击和影响等。而发展生态高值农业是应对未来农业巨大挑战、实现农业持续发展的一项最重要的创新举措。

生态高值农业是充分应用现代及未来新能源、新材料、新装备以及新信息技术、新生物技术等武装起来的农业高新技术体系与生产模式，其宗旨是在确保生态环境友好的前提下通过提高农业科技内涵和提高农业生产管理水平来实现农业产业的高值化，从而大幅度提高农业生产能力、产业化水平、竞争力和比较效益。生态高值农业是包括生态农业及环境与农产品高产、高质、高效及科技、市场、产业经济价值相结合的总概念，是现代农业可持续发展的方向。

生态高值农业具有如下的特征。

（1）低碳循环经济型农业。未来生态高值农业将用太阳能、氢能等新型绿色能源逐渐替代现在的化石能，包括产前化肥、农药、农膜、农机等生产资料和设备的生产，产中农业机械和农用物资的使用，以及产后农产品的加工、储运等过程；同时，未来生态高值农业将充分采用农业废弃物的多级化生态农业利用模式，实现农业生产废弃物的零排放，保证农业的清洁生产，并最大限度地创造农业生产的生产能力和产值。

（2）高产优质高效安全型农业。未来生态高值农业将实现高产、优质、安全、高效的有机统一，以满足食物和生态环境保育的需求。未来生态高值农业将在确保环境友好和可持续发展的前提下，建立农作物生产和养殖的高产、高效绿色生产技术体系，以替代目前农业生产的掠夺式经营方式，同时建立农产品加工、储运和销售的绿色管理技术体系，确保农产品自农田/养殖场到餐桌的食品质量安全。

（3）高科技型农业。未来生态高值农业将借助现代生物技术改良、设计、培育高产、优质新品种，

* 基金项目：中国科学院农业科技领域发展路线图研究专项基金项目（2009 年 6 月）。
本文原载《生态环境学报》2010 年第 19 卷第 8 期第 1765-1770 页。

借助新材料生产技术开发新型智能肥料、农药、兽药、农膜、饲料等生产资料，大幅度提高化肥、农药、兽药、水分、光能、土地的利用率，减少农业面源污染的排放，提高农产品的品质和产量；借助现代土壤学、物理、化学、生物学原理和工程技术，开发设计土壤和快速改造土壤的技术体系，快速定向提高土壤功能和持续生产能力；借助现代物理、化学、生物、机械制造、计算机信息等技术开发新型食品加工与储藏、保鲜、物流等生产技术和管理技术，延伸农业产业链，大幅度增加农业产业的产值。

（4）规模化市场经济型农业。未来生态高值农业将以规模化、专业化、市场化为特征，逐渐改变目前土地分散经营的粗放生产模式，大幅度提高农业的比较效益和规模效应，增加农业的市场竞争能力（表 1）。

表 1　“生态高值农业”的实质内涵

生态	生态农业：水，土，气，生，岩，污			
	生产值	科技值	市场值	产业值
高值	生产值—农产品高量，高质，高效（农一产）	科技值—智能农业，高科值农业（农技一产）	市场值—市场经济价值（农二产）农业加工	产业值—产业化经济价值（农三产）农经贸

可见，生态高值农业是包括生态农业及环境与农业品高产、高质、高效及科技、市场、产业经济价值（包括农业的一、二、三产产值）相结合的总概念，是现代农业可持续发展的方向。

2　生态高值农业的建设目标

通过构建生态高值农业产业体系，不断满足国内日益增长的农产品总量需求以及质量、安全和多功能需求。到 2020 年，通过重点农业科技领域的重大创新和突破，使中国农业具备生态高值农业体系所需要的国家食物和纤维总量供给安全得到基本保障，国家食品质量安全得到基本保障，以及农业生产结构、生态和功能实现根本转变，农业资源可持续利用和安全得到一定提高的科技支撑条件。

到 2050 年，中国农业具备实现农业资源可持续利用、国家食物总量和质量安全得到充分保障、进入传统功能与现代多功能并存的未来农业所需要的科技支撑条件，使我国在发展中国家中率先进入生态高值可持续发展的时代，全面实现农产品优质化、营养化、功能化，实现农业生产管理的信息化、数字化、精准化，建成农业高值转化的产业体系，形成生态系统持续良性循环、景观优美、功能多样、城乡一体的新型农业。

3　生态高值农业的建设内容

生态高值农业建设的核心任务是实现农业生物质资源、水土资源和废弃物资源的生态高值化利用，实现农产品的生态高值化生产，实现产后生态高值化加工及其市场化。生态高值农业的产业体系主要包括农产品安全、可持续农业、智能农业和高值农业建设 4 个方面。

（1）农产品安全。包括食物的数量安全和质量安全两个方面。以提升农业生产科技内涵为切入点，充分借助生物、物理、化学、信息、新材料、新能源等技术的发展，设计、培育高产、优质动植物新品种，研发高效绿色新型肥料、农药、兽药、饲料、农膜等生产资料等，大幅度提高农业生产的生产力和农产品质量。至 2020 年，形成分子育种技术体系，通过对多个基因的组合实现对多个性状的分子改良，分子育种品种的数量增加一个数量级以上，获得 80～100 个具有特定高营养组分或对人体健康具有可靠功效的功能型动植物新品种，生产和加工等环节的污染得到完全控制，粮食自给率 95%以上，其他农副产品基本自给。至 2050 年，实现覆盖全基因组的基因时空表达、翻译、修饰和调控技术，通过分子模块的耦合对动植物个体实行全基因组优化组装，从而创制出智能品种，肉蛋奶等人均占有量增加 1 倍以上，全面实现农产品优质化、营养化、功能化，高营养及功能型农产品比例提高 50%以上（表 2）。

表 2　农产品安全

食物	现状	2020 年	2030 年	2050 年
数量	粮食基本自给，其他农产品的进口总量基本平衡	粮食自给率 95%以上，其他农副产品基本自给	肉蛋奶等人均占有量增加 60%	肉蛋奶等人均占有量增加 1 倍以上
质量	以自然携带的营养组分的动植物品种为主体，缺乏人工设计和创制的高营质量养与特定功能品种，同时生产和加工等环节受污染	获得 80～100 个具有特定营养组分或对人体健康具有可靠功效的功能型动植物新品种，生产和加工等环节的污染得到完全控制	具有高营养和功能型特征的优质农产品比例提高到 20%以上	全面实现农产品优质化、营养化、功能化，高营养及功能型农产品比例提高 50%以上

（2）可持续农业。在动植物新品种和新型农业生产资料品种开发的基础上，针对我国不同农区农业生产与农业资源特点，开发土壤质量保育和水、土、肥、生、光热资源等高效利用的农业生产技术体系和生态农业模式。至 2020 年，建立不同区域结构合理、功能稳定的生态农业模式，实现化肥和农药适量使用，开始应用可降解农膜，稻麦等 C3 作物光能利用率提高到 1.2%，土肥水综合利用率提高 10%。至 2050 年，实现农业生态系统持续良性循环，多功能安全高效肥料占 30%，生物农药用量占 30%，稻麦等 C3 作物光能利用率提高到 2%；土肥水综合利用率提高 30%（表 3）。

表 3　可持续农业

	现状	2020 年	2030 年	2050 年
生态农业模式	生态农业初具规模，覆盖 10%左右，没有成为农村经济发展的基本模式；模式多样，经营规模小，劳动投入高，产业化和商品化水平不高，技术体系不完备	建立不同区域结构合理、功能稳定的模式	主要农区的生态系统结构得到优化	实现农业生态系统持续良性循环
农业清洁生产	化肥和农药过量使用 20%以上，可降解农膜处于研制阶段	实现化肥和农药适量使用，开始应用可降解农膜	化肥和农药用量减少 10%～15%，可降解农膜等材料广泛应用	多功能安全高效肥料占 30%，生物农药用量占 30%
土肥水光利用效率	稻麦等 C3 作物光能利用率 1%，土肥水综合利用低下	稻麦等 C3 作物光能利用率提高到 1.2%，土肥水综合利用率提高 10%	稻麦等 C3 作物光能利用率提高到 1.5%，土肥水综合利用率提高 20%	稻麦等 C3 作物光能利用率提高到 2%，土肥水综合利用率提高 30%

（3）智能农业。借助现代计算机和信息技术，提升农业生产水平和管理现代化水平，包括产前、产中、产后的各种生产要素信息和市场信息的及时服务，主要任务是建立生产流通全程信息服务、主要农田信息综合监测系统、生产过程精准管理等。至 2020 年，生产流通全程信息服务覆盖到县级；实现全国及全球遥感估产、各种灾情遥感监测；90%大型温室设施农业、50%的禽畜鱼大型人工养殖场、东北和新疆 20%的种植业实现单项或多项作业精准化；黄淮海平原、长江中下游开始大面积精准作业试点。至 2050 年，生产流通全程信息服务覆盖到每个生产和流通单元；实现全国农业资源和产量动态监测和预报；智能温室、人工养殖业基本实现精准化管理；东北和新疆 70%的种植业实现精准化作业，黄淮海平原、长江中下游 40%精准化作业，其他地区 20%精准化作业（表 4）。

表 4　智能农业

	项目	现状	2020 年	2030 年	2050 年
智能农业	生产流通全程信息服务	覆盖到省和部分农业企业	覆盖到县级	覆盖到乡村	覆盖到每个生产和流通单元
智能农业	主要农田信息综合监测系统	主要农区遥感估产，遥感旱情监测，洪涝雪灾灾情监测，测土配方施肥正在全国展开	全国及全球遥感估产，各种灾情遥感监测，建立农业资源数据库	主要农作物品质遥感监测，各种灾情预测，农业资源（水土林草）动态监测	基本实现全国、程度、部分内容实现全球程度农业资源动态监测和预报

续表

项目		现状	2020 年	2030 年	2050 年
智能农业	生产过程精准管理	正在开展试点	90%大型温室设施农业、50%的禽畜鱼大型人工养殖场、东北和新疆20%的种植业精准化；黄淮海平原、长江中下游开始大面积精准备作业试点	80%的禽畜鱼大型养殖场、东北和新疆40%的种植业实验精化作业；黄淮海平原、长江中下游20%精准化作业，其他地区开始试点	智能温室、人工养殖业基本实现精准化管理；东北和新疆70%的种植业实现精准化作业；黄淮海平原、长江中下游40%精准化作业，其他地区20%精准化作业

（4）高值农业。借助现代物理、化学、生物学、信息学以及新材料、新能源的发展，开发工厂化设施农业生产技术体系，开发高效绿色的功能性食品与功能性生物源工业原料及其产品，研发生物质资源高值转化技术体系，包括有机废弃物的无害化高值化资源化利用技术，建立高值化服务型农业模式。至 2020 年，形成生物基为原料的高附加值产品的研发体系，初步建立集休闲、观光、教育、文化于一体的高值化服务型农业产业。至 2050 年，形成农业高值转化的产业体系，形成景观优美、功能多样、城乡一体的服务型农业产业体系（表 5）。

表 5　高值农业

项目	现状	2020 年	2030 年	2050 年
分子设计	分子育种技术体系正在形成；已通过少量目的基因的转移和分子标记的跟踪，实现对单一性状的分子改良，极少数的分子育品种得到应用，其余均处于试验和验证阶段	形成分子育种技术体系；通过对多个基因的组合，实现对多个性状的分子改良，分子育种品种的增加一个数量级以上	通过对关键基因及其时空表达过程、基因作用网络的调控实现对某类性状的分子设计，经过分子改良和分子设计的品种占比达到30%以上	实现覆盖全基因组的基因时空表达、翻译、修饰和调控技术，通过分子模块的耦合对动植物个体实行全基因组优化组装，从而创制出智能品种
农业生物质资源	生物质核心种质的分布、筛选和培育及其加工工艺和设备研究阶段	获得 50～100 个新生物质能源新品种、新种质每年生产乙醇和生物柴油 2×10^7t	形成生物质资源相关产业群；每年生产乙醇和生物柴油 5×10^7t	每年生产乙醇和生物柴油 1×10^8t
服务型农业	在大部分城市的郊区有所发展	初步建立集休闲、观光、教育、文化于一体的服务型农业产业	围绕大中型城市，形成服务型农业产业群	形成景观优美、功能多样、城乡一体的服务型农业产业体系

建设生态高值农业的上述产业体系，必须加强农业科学与其他科学、技术的交叉融合，实现农业科学技术的创新与突破。因此，生态高值农业的发展需要在植物种质资源与现代育种科技、动物种质资源与现代育种科技、资源节约型农业科技、农业生产与食品安全科技、农业现代化与智能化农业科技 5 大领域的基础研究和应用技术开发上取得重要创新和突破，以便为生态高值农业和生物产业发展提供重要的科技支撑。

4　总体路线图

为了实现前述总体目标和分阶段目标，5 大领域分别制定了路线图，汇总后得到了农业科技发展的总体路线图（图 1 和图 2）。该路线图包括了上述 5 个重点领域的核心，具体见下面所述。

图 1　“生态高值农业”需要解决的关键科技问题

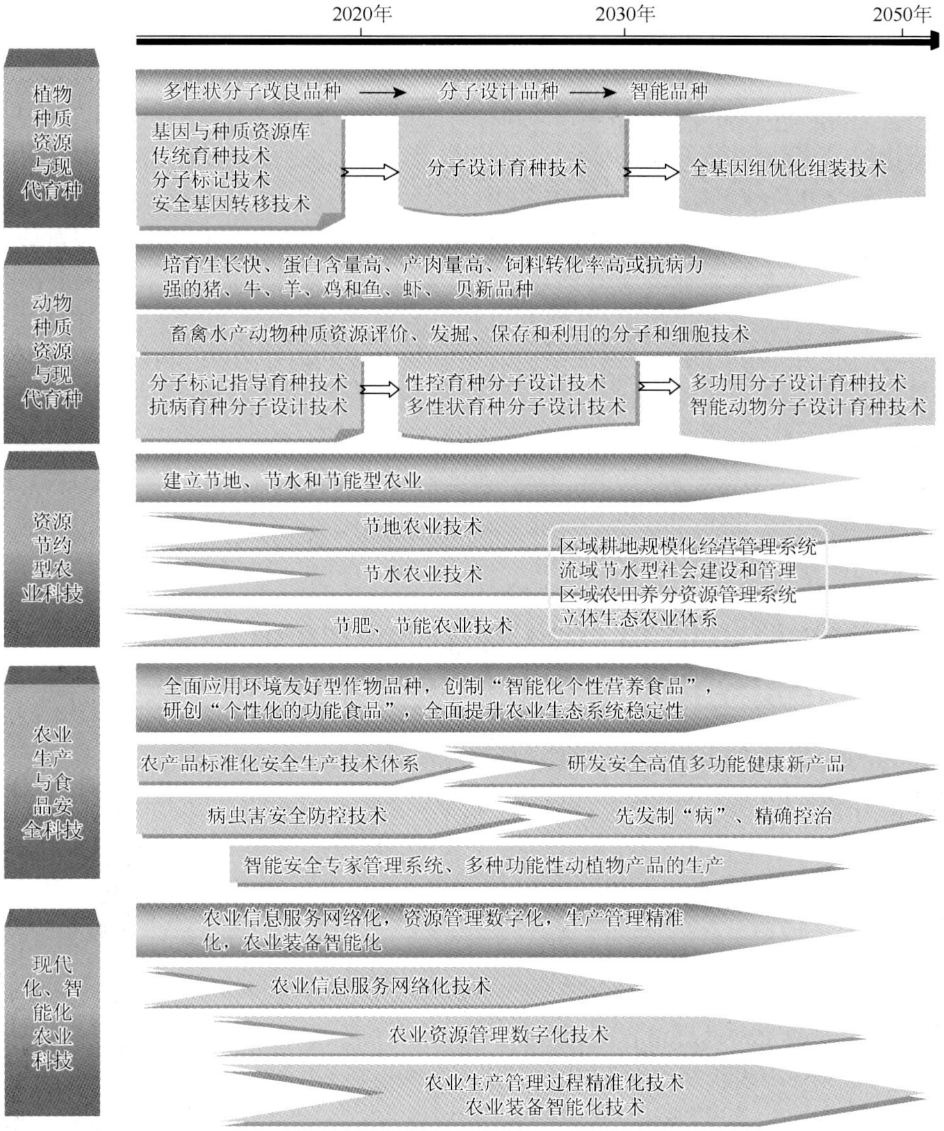

图2　生态高值农业体系总体

在植物种质资源与现代育种科技发展方面，主要利用系统生物学、生物信息学、组学及其技术、基因工程以及生命科学与信息科学、材料科学等多学科交叉融合研究手段，采用重大产品导向的研发战略，充分发掘和利用我国丰富基因资源优势，建立战略植物各层面基因资源库，根据需要而优化设计植物新基因型，对目标基因进行扫描，对理想基因型进行组装，对基因表达和翻译进行定量激活和沉默，创制高产、优质、多功能性，并能够对环境进行快速响应的智能粮食作物、饲料作物和能源植物新品种。

在动物种质资源与现代育种科技发展方面，充分发掘和利用我国丰富的畜禽水产动物资源优势，发展水产动物种质资源评价、发掘、保存和利用技术，增强畜禽水产动物遗传改良力度和创新的潜力。克隆鉴定出有重要价值的功能基因，进行分子育种价值的功能基因、分子育种设计，并与传统育种相结合，培育出生长速度快、蛋白含量高、产肉量高、饲料转化率高或抗病力强的猪、牛、羊、鸡和鱼、虾、贝新品种；发展特定病原特效育苗制备等技术，实现高效的、无病害的集约化养殖，提供健康安全的畜禽水产品。

在资源节约型农业科技发展方面，首先建立耕地监测管理，水、肥、能资源利用和新肥料研发平台；在阐明区域耕地和水资源演变和调控，农业生态系统水、肥、能循环和调控，土壤退化的阻止修复和定向培育等理论的基础上，实现水土资源集约利用、节地技术、少免耕技术、农田生物质资源高效利用技术和高效施肥技术体系的单项突破；研发配套农业机，制定生产的操作规范；创制新型缓控的智能肥料，建立新肥料产业；最后结合农业信息化和植物品种方面的发展，全面建立节时节地型农业、节水型农业和节能型农业3大生产技术体系，实现农业集约化生产与耕地生产力的稳定提升，稳定我国农业的可持续发展。

在农业生产与食品安全科技发展方面，充分吸收和采用计算机网络技术、3S技术、计算机可视化、地理信息系统、高质量的卫星图 BP 神经网络和智能专家管理系统，建立动植物病虫害流行的预警监测系统、智能专家管理系统，并建立以预防为主的综合防治的食品安全生产技术和管理体系，建立从源头到餐桌的完整的食品安全数字追踪和预警系统，实现精确监测、先发制“病”和精确防控的“主动食品安全战略”；在全面解析动植物安全产品的各要素的基础上，运用基于精确、快速高通量检测的“智能化个性营养食品”，满足每个人对食品安全和营养健康的持久需求。

在农业现代化与智能化农业科技发展方面，农业信息服务网络化所依赖技术相对成熟，基础条件具备，将在 2020 年前优先发展。农业资源管理数字化、农业生产过程管理精确化和农业装备智能化依赖与多项高技术的发展，处于研究开发阶段，需要制定长远发展计划。基本思路是：技术难点→关键部件（或模块）→重要系统的发展模式，即首先突破关键技术难点，解决瓶颈问题，然后研发关键部件（或模块），最后进行重要系统的集成。

参 考 文 献

[1] 中国科学院农业领域战略研究组. 中国至 2050 年农业科技发展路线图[M]. 北京：科学出版社，2009.

The Feature and Goals of the Construction of Ecological High-value Agriculture System in China until 2050

The Research Group for the Route Chart of Agricultural Science and Technology Development
Chinese Academy of Sciences，Nanjing　210008，China

Abstract

On June 7，2010，President Hu pointed out clearly at CAS-CAE member convention that to construct ecological high-value agricultural and biological industrial system and to build up agriculture high-value conversion system are two major missions of future agriculture science and technology development. In this paper，we only discussed “Ecological High-value Agriculture”. The ecological aspect means that it is able to provide safe and high-quality agricultural product as well as to realize agricultural resources sustainability. On the high-value aspect，it can represent high land-productivity，high output-input ratio，high labor-productivity in agriculture. Therefore，Ecological High-value Agriculture can be defined as an integrated intensively operating and ecologically producing modern agriculture. Ecological High-value Agriculture is directed by the healthy consuming requirement，developed as a core of improving the agriculture competitive capacity and sustainability，representing an integrated high input，high output，high effectiveness and sustainable development system. It comprehensively embodies the changed agriculture development model and the improved agriculture all-round productivity.

Key words　Ecological High-value Agriculture；Land productivity；Output-input ratio；Labor productivity；Agricultural resources sustainability

农业的未来在于生态高值

赵其国

民以食为天，万物土中生，农业是一个非常重要的问题。那么，未来的农业究竟应该走什么方向？四个字，生态高值。

农业不搞生态就绝对做不起来，农业有了生态，把农业做起来，农产品才能高值，才能换到钞票。

胡锦涛主席在去年6月7日的两院院士大会上，明确提出了“构建我国生态高值农业产业体系”。胡锦涛在谈到大力发展现代农业科学技术时强调，要发展高产、优质、高效、生态、安全农业和相关生物产业，保障粮食和主要农产品安全，实现农产品优质化、营养化、功能化，推进农业信息化、数字化、精准化，构建我国生态高值农业和生物产业体系，建成农业高值转化的产业体系，形成生态系统持续良性循环、景观优美、功能多样、城乡一体的新型农业。

到底什么是生态高值农业？我们先来明确两个概念。所谓生态，就是要体现农业既能为社会提供安全优质的农产品又能实现农业资源的永续利用，将农业纳入可持续发展的道路。要强调这个农产品是安全优质的，不是吃了拉肚子的，不是糊弄老百姓的。所谓高值，就是要体现农业有很高的土地产出率、投入产出率、劳动生产率——“三高”。农业实现这“三高”了，才能给农民带来实惠。

一句话，生态高值农业是充分应用现代及未来新能源、新材料、新装备以及新信息技术、新生物技术等武装起来的农业高新技术体系与生产模式。

农业为什么要走生态高值农业的路？

现在，国际农产品市场的扩张、农业比较效益的提高、农业生产结构的改善以及农业科技的不断发展等，都为中国未来农业发展提供了难得的机遇。但是，中国农业的发展仍然面临着严峻的挑战，我们现在的耕地很少，水资源和生态安全的形势也很严峻，小规模经营和农业现代化发展之间的矛盾也很突出。另外，农业劳动人口的大规模转移与就业、农业多功能需求的增长对中国的粮食与农产品安全和水土等资源超载压力的威胁以及全球气候变化对农业的冲击和影响等，都在考验我国农业的发展。

所以，发展生态高值农业是应对未来农业巨大挑战、实现农业持续发展的一项最重要的创新举措。

生态高值农业是包括生态农业及环境与农产品高产、高质、高效及科技、市场、产业经济价值相结合的总概念，是现代农业可持续发展的方向。

如果要想靠农业换来更多钞票，我们就得好好做做“高值”的文章。农业有四个方面可以赚钱：①农产值——就是生产高量、高质、高效的农产品；②农技值——智能农业、高科技农业带来的收益；③农市值——通过农产品加工进一步体现农产品的市场经济价值，农产品没有加工就没有附加值；④农产经值——就是农业产业化后产生的经济价值，体现在什么地方呢？那就是农经贸科教游文，样样都有所反应。

现在很多地方都在提“现代农业”，它跟生态高值农业又有什么关系呢？这从现代农业的基本类型中就看得出来。

现代农业的基本类型包括安全农业、高效农业、休闲农业、特色农业、生态循环农业、现代农业产业园、外向农业，所有这些类型的发展内涵与方向均是按“生态高值”农业的理念发展的，它们首先都是“生态”（综合）的，又是“高值”的。

所以，发展现代农业与生态高值农业并不矛盾，正是通过这些不同类型的组合，才能形成强大的“农业产业化体系”，最终构成生态高值的现代农业。

本文原载《东北之窗》2011年第11期第15页。

我们的未来农业——功能农业

赵其国
中国科学院院士
中国科学院南京土壤所

主持人：

今天这个日子也比较特殊，咱们北京市在举行各种竞赛活动。同时，下周又有期中考试，所以对咱们今天参与的人数有点影响。在座的同学是属于非常积极的，而且确实是对我们这场报告特别感兴趣的，所以希望你们能够认真听。

今天的报告是我们北京青少年科技俱乐部的第143场报告，今天的同学来了以后我觉得你们特别荣幸，因为今天有两位专家为同学们作报告，所以希望同学们能够更好地听讲。我们今天请到了赵其国院士，他是中国科学院农业发展委员会的主任、中国科学院南京土壤所研究员、中国科技大学兼职教授、中国科技大学苏州研究院功能农业重点实验室学术委员会的主任、中国功能农业产业联盟主要的发起人，曾任中国土壤学会的理事长、国际土壤学会盐渍土分委员会主席、土壤环境委员会副主席，长期从事我国以及世界土壤农业可持续的研究，而且还是《中国至 2050 年农业科技发展路线图》编制组的组长，我们中国的功能农业学科奠基人。

另外一位，是赵老师的学生，叫尹雪斌。尹博士是中国科技大学功能农业团队带头人、中国科技大学苏州研究院功能农业重点实验室、中国科技大学先进技术研究院功能农业工程中心的主任、国际硒研究学会的秘书长、中国功能农业产业联盟秘书处的负责人。曾任第一届、第二届、第三届国际硒与环境和人体健康会议组委会主席，“姑苏领军人才”获得者。并获评“江苏省粮食行业十大人才”，专注从事功能农业的研究。而且他是为我们国家领创的硒谷科技、微港科技，已经成为我们功能农业技术的一个知名品牌，而且他服务于中粮、北大荒、江苏农垦等数十家龙头企业。所以我想今天同学们很幸运，今天的理念非常新，而且这两位专家对青少年特别热心，因为属于有重点实验室，所以我今天冒昧向他们提出来我们是否可以去参观和组织活动，他们都特别支持，所以我希望我们对农业感兴趣的同学能够积极参与这项活动。下面用热烈的掌声先有请赵其国院士作报告。他们总的题目叫做“我们的未来农业——功能农业”。分别由赵院士讲功能农业的昨天、今天和明天，由尹博士讲功能农业产业化实践。大家欢迎。

赵其国：

在座的各位，非常高兴，今天我是作为一个参加和年轻同志们一起作为学术讨论交流者的身份，互相学习互动的机会，来跟大家见面。我今天算是老 80 后的成员，在座的是当代的年轻人，今后事业的接班人，我们之间存在一个时代的差距，但是我们的思想是融合在一起的。我很少有机会跟这么多以后事业接班人的年轻同志在一起做学术交流，虽然我是一个科技工作者，但是机会很少，所以今天我来到之后感觉我也很年轻，用你们的年轻活力充实我自己对今天报告的精神，所以我感到非常兴奋。

我是来自中国科学院南京土壤学研究所的一名研究员，我是 1953 年从大学毕业以后进入到中国科学院的这个研究行列学农业，但是分到土壤研究所，进行了63年的工作。这个过程是一个时间很长的过程，是一个漫长的过程，也是一个很快的过程，还是一个曲折的过程，是值得我们这群人回忆的。我感觉到非常兴奋，感觉到与现代社会对比充满了信心。所以说我应该是从事土壤学研究的。大家知道土壤学的研究是跟农业，跟生态学和环境有关系。而且现在农业的发展，从一个世纪跨到另一个新世纪来，这个农业发展情况不断地变化，变化到一个从传统农业到过渡时期的农业，到新时代的农业有一个转折，所以现在的标题叫“我们的未来农业——功能农业”，大家可能会奇怪，你怎么讲未来农业叫功能农业，不管未来农业，功能农业，是说农业发展的过程到当代这个时代进展的过程当中，是发展的必然。所以我作为一个科

本文原载《科学名家讲座·第十五讲》2016 年第 7-32 页。

普互动交换者跟大家作一个报告，我愿意把我的思路，从开始做土壤学的研究，转到对农业生态高值研究方向，转到功能农业过程的情况，做很简单的一个报告。也是跟大家讲一下，我自己接触这个事业当中，我的一个转变和认识，也是跟大家讲一个大的故事，把这个过程讲成一个阶段。

首先，希望同学们和老师听了以后，大家互动，共同提高我们对农业发展的认识。

我的题目叫做“我们的未来农业”。未来农业，这个标题是功能农业，但是我在功能农业前面加了一个生态高值农业，这个名词可能大家听起来比较生疏。因为生态高值农业是一个生态的农业，而且是高值。这个值是价值的值，生态农业又是高产值农业，有社会经济价值的农业，而且还要跟功能农业发展联系起来。我今天讲的题目大概有下面这几点。

第一点，关于土壤与农业。土壤和农业有什么关系呢？我是学土壤的，究竟土壤有什么重要性，土壤农业怎么样。

第二点，我们国家的土壤跟农业有关系的话，我们农业问题的发展为什么要提出生态高值农业，因为生态高值农业是我们现代化农业发展的一个方向。现代化农业是一个世界性的名词，哪个国家都有现代化农业，但是中国的现代化农业具体体现在生态农业，是一个有高产值的生态价值农业，而且这个农业它是一个生态发展的农业，发展到市场体系产业化的农业。谈到这个问题以外，在新型的农业发展当中，创造出一个功能农业的概念，功能农业因为是生态高值体系研究当中一个新的内容。什么叫做功能农业？它的建设和发展怎么样？举个例子来讲，我们现在首先是在发展富硒功能农业。富硒（Se），大家把元素周期表打开看一下就知道了。富硒本身就是功能农业当中的一个起步点和突破口。这个问题，现在是代表我们功能农业当中一个发展内容和方向。所以，我说从土壤讲到生态农业，讲到高值生态农业建设，最后我把富硒农业做一个说明，看看我们国家农业发展的情况是怎么样的。这是我今天讲这个问题的思路。

首先，关于土壤跟农业。同学们，土壤大家清楚，土地最普通的、最现实的一个事物就是土壤，那么它和农业有什么关系？我们生动地讲，有两方面的意思，这张表讲完了以后你们会信服，我们现在谈土壤不是过去一般泥腿子，这些人玩泥巴像我们过去研究的情况，我们土壤本身这两个字，我们因为叫 soil，这个名词有它历史的战略意义。在历史上，民以食为天，吃东西不靠土壤能行吗？而且土壤是万物之本，生命之源。人离开了土壤活不活得了？你们会想到赵院士讲的这个事情也太近代化了，现在我们的万物之本，生命之源不用土壤也活得了，航天、太空，同学们，那是少数的人，代表性的人物，代表的生命，我们 13 亿人口你上天试试看，谁有本事把 13 亿人口弄到天上去？吃什么？吃空气？这个事情是我们未来社会发展的必然，我们在座的同学们恐怕你们都等不到这一天，等到这一天更好，我觉得在我现在看来是可能的，是一个自然发展的规律。所以说土壤这么重要，过去我们有一个农业“八字宪法”，我们农业最早是毛主席提出来的，搞农业一定要注意：第一个是土。第二个是肥料。第三个是水。第四个是种，品种。第五个是密，密度。第六个是保，植物的保护，动物的保护。第七个是管理。第八个是工，工程方面的措施。这几个字是我们国家历史上对土壤问题的认识，很有战略意义。跟大家报告一个好消息，第 68 届联合国大会才开过，从 2015 年开始每年的 12 月 5 日为世界土壤日，这一天我们要庆祝一下，说明世界上承认这一点，而且定 2015 年为“国际土壤年”，这一年都要宣传，不是今天，YEAR 是作为一年当中的宣传，不是一天的宣传，今天我参加这个会是跟同学们首先宣传，我们这个宣传应该响应联合国大会的号召，因为我们是联合国大会的成员。而且今年宣传的主题是什么？今年规定宣传的题目是“健康的土壤带来健康的生活”。一个土壤要健康，要健康的土壤带来健康的生活。今天我们也是宣传健康的土壤带来健康的生活，土壤的重要性。第 20 届世界土壤学大会，去年在韩国召开的，有 2000 人参加，世界搞土壤的会员国，包括中国在内的 120 多个国家为主体的，在韩国开的会议，当中有一个主题叫做“土壤拥抱生命和万物”。土壤把生命都抱住，而且把万物都抱住。它的英文原字是土壤（soil）加“s”，Soils embrace life and universe。这是原话，英文字我一个字都没有念错，大家看看这个土壤现在一下提这么高，同学们说你是不是在这儿吹？没有根据的？我每一个字、每一句话、每一个标点符号都有依据，所以，我讲这段话的意义在于现在土壤非常重要，不是一般过去的泥腿子，专门玩土壤的这些人在做文章，而是要做一个全国性、世界性、共同体会年轻人、老年人大家团结一致的认识，而且付诸行动。

我们从科学性来看，土壤为什么这么重要？因为土壤是植物生长、农业生产的基础，土壤圈它是地球最富有生命力的圈层，土壤是地球陆地生态系统的重要基础，土壤是食物安全与人体健康的基本保障。这段话很重要，因为民以食为天，土壤能够保证你的食物安全，提供食物安全的基础，是人体健康的基本保证，我们人生存的最高标准是生命，是要活，生命的延续，土壤就是保证。土壤通过植物来保证，通过人体的健康来保证这是很重要的。再有，土壤资源本身，这么大资源的保护，是我们生态环境建设的核心，我们现在讲生态建设、环境建设，没有土壤做基础是不可能的。土壤资源是培育和提高土壤综合生产能力的前提。另外，全球土壤变化是人类生存的重要条件。最后，土壤是城乡发展和人居环境建设的重要环节。一共有八条，所以同学们，我这里总结了一下，我觉得，土壤学从它面向社会，面向人民，面向整个生态环境有它的重要性。我们现在随着新社会的发展，对土壤的认识提高了，过去我们谈农业，现在我们把这个概念加上土壤的概念变成生态环境保护的概念，我们谈生物安全跟人体健康起来，我们谈资源保护跟能源环境建设联系起来，我们谈土壤资源培育跟提高生产能力联系起来，我们谈全球土壤的变化跟人类生产联系起来，我们谈城乡发展跟人群环境联系起来，我们谈社会经济跟自然灾害防治联系起来。所以现在土壤的问题绝不是土壤的问题，而是生态环境的问题、人体健康的问题、资源环境建设、提高综合能力生产发展的环境，跟自然灾害七个方面的重要性。你们听了还有什么怀疑？我们大家互动讨论一下，看能不能统一对土壤的认识。

最后结论是三个：第一，我看了上面这段话，我们要珍惜土壤，要对土壤爱护和珍惜。第二，要保护土壤。第三，要把土壤永续利用。这是我第一段讲话的结论。讲完这个之后我们讲土壤和农业的连接点。

既然土壤这么重要，土壤的问题也很明确。从目前阶段来看分三个阶段。第一，高产农业。以前我们吃饭粮食供应都成问题，我们曾经有一段时间很困难，不大容易吃得饱，我经历过，在座的都没经历过，在座的都是幸运的，没有吃过这个苦，我们过去是农业困难时期，是一个发展阶段当中面临的现实。现在情况好了，过去我们发展农业是高产，一定要把粮食弄得多多的，因为要吃饱，还达不到吃饱的问题怎么办呢？第二阶段，我们吃饱以后我们要稳定产量以后发展绿色农业，把产量稳住，虽然提高了产量也要稳住，稳住之后要提高和发展，发展以后要吃好了，现在我们面临的是吃饱向吃好，要吃得健康的过程当中。过去经历由没有吃饱到吃饱的阶段，从吃好到稳定的阶段，现在进入第三阶段，吃得饱，吃得好，吃得健康的阶段就是功能农业发展的阶段。

从农业问题上来讲，是农业本身怎么发展。我们要把中国农业发展的实践，把现代化的农业要构建我们国家生态高值农业产业体系，这个是现代农业发展当中一个很重要的思维方向。为什么？因为生态是我们发展农业当中很重要的环节。没有生态，没有水、土、气怎么谈发展农业？不可能。所以谈农业要首先把生态看清楚，生态安全了才能谈农业安全，同学们要问生态叫什么？什么是生态？生态是指生物资源（动、植、微、农、林、牧）与环境（水、土、气、生、废、污）的相互依存关系。生态就是动、植、微、农、林、牧，都是生物，我们人就是跟生物发生关系，没有生物了我们就活不了，但是生物是跟环境发生关系以后就变成了生态，所以生态是生物圈和环境圈和生态圈结合的。正因为有了生物，正因为有了生物跟环境的关系，才形成很大的生物圈，这个生物圈构成了人类活动下的一个主体，生物圈在人类活动影响下有两个发展方向，一个是要保护它，一个是要建设它。我们得出来一个生态环境是正能量的环境，是个好环境，因为有生物，有生态发展。反过来破坏它、干扰它，人类不是按照我们正确的行为方向，很多就会造成环境污染。所以我意思就是，首先要承认我们生活的条件和环境是美好的，我们要保护美好的生态条件，不要破坏它，不要污染它。这是我们在这个情况下讨论保证我们农业的安全性，在这个上面做不到，我们农业得不到安全。因为你本身就是破坏的，是污染环境的怎么可能得到食物安全？不可能。我们中国科学院从 2007 年 10 月到 2009 年 3 月两年提出来“构建我国生态高值农业产业体系”，我们提出到 2050 年，研究要提出来我们中国农业发展的路线图应该是什么方向，提出这么一个课题。我当时有幸参加了这项工作的组织，我们把全国农业方面科学院系统农业方面将近 100 位杰出的专家集中在一起，两年时间研究这个事情。想一想我们中国到 2050 年，到最后我们习主席提出来完成中华人民共和国成立 100 周年的时候，在这个时候我们的农业发展路线图怎么走。提出这个问题，我们在这个情况下两年基本完成，我们在三四年的实践调查研究过程中编写了这本书，现在已经出版了好几年了，这本书里面对我们构建生态高值农业提出了思路，我们中国 2050 年要发展生态高值农业产业体系方向。这是我们进入农业，进入到现代化农业发展方向之一。我们写了几本书，一本是《生态高值农业：理论与实践》，是我主编的。另外，我们主编团队工作组出版的《科技发展新态势与面向 2020 年的战略选择》的这本书，这本书昨天我有机会已经提供给了我们科学院的有关领导同志。在 2010 年的时候，在我们完成以后，在科学院第 15 次院士大会上，工程院和科学院的大会上，国家当时的领导人，首先提出来肯定我们这个方向，要构建我们国家生态高值农业产业体系，明确了我们要把这个方向作为一个研究方向。所以从那个时候开始一直到现在，我们围绕生态高值农业的国家将近进行了有六、七年的工作，累积了很多资料，我们现在把这个思路正在往国家提升，希望国家在今后的“十三五”规划中围绕生态高值农业对现代化农业进行深化和调整。我下面简单说说思路，究竟是做什么的？

生态高值，什么叫生态？我们这个生态高值农业本身要抓生态，这个生态农业是（水、土、气、生、岩、污）六个字加起来的综合在农业体系当中发展就叫生态。这个叫生态农业，我们绝不能说把水的问题解决了叫生态，不行，只解决了土地问题不行，解决了气体问题不行，要把这六个统筹起来考虑，综合解决我们农业问题。什么叫做高值？第一，我们农产品要达到很高的质量，农产品高质量体现到我们农产品当中，就是有高的数量，产量高，质量高，效益高。现在国家提出来，农产品本身要做到产量高、质量高、效益高，三高。这样会得到很好的价值。第二，我们把智能农业，把高科技农业全部加上去，提升到这个层次上面去，变成了农业科学技术产值，又提升了一级叫农业的一产。我们把这个产值提升了以后，经过加工、转化、附加值提高，变成了农业市场价值。这个农业市场价值，可以把我们农产品价值又往上提。最后我们的农产品，不但农产值提高了，农技值提高了，农市场价值高了，我们农产品变成了一个农业产业化的经济价值整体提高，我们的农业不单是面向农业，面向经济，面向牧业，面向科学技术，面向教育，面向旅游，面向文化，我们要发展牛博园、盐博园、观光和体验农业，等等。所以可以想见，我们现在提出的生态高值，是包括生态农业及环境农业高产、高质、高效及科技、技术、市场产业经济价值相结合的总概念。这是我们生态高值农业的实质，要统筹起来才能发展生态高值农业。不是这么容易就能发展生态高值农业性的。

我们现在说的高值，第一，举个例子来说，水稻——袁隆平 1000kg/亩，小麦——河南 690kg / 亩，玉米——新疆 1300kg / 亩，都是高产值。第二，通过信息商业和温室技术提高了以后的值，市场值通过农产品加工走向国际与国内市场。加工以后的农产品可以提高十倍、几十倍到上百倍。比方说安徽有 70g 的番茄酱可以卖到 50 块钱，红薯粉价格提高 23 倍，美国玉米现在有 3500 多种加工，产值提高了上千倍。我们国家的农产品现在把它综合一下，最近一些年加工工业产值和农业产值的比值，假如每增加 0.1%，可以带动 230 万人就业。农业的问题发展起来也不得了，你们同不同意这个观点？恐怕不是你们同意不同意，而是事实就是这样。所以我们要从你们年轻一代就开始统一认识，因为在你们今后发展的路上还将呈现更多倍。另外，我们通过综合的经济，可以走农业、经济、贸易、科学、教育、文化、生产综合发展的道路，所以说农业发展是很有希望的。

下面，我把上面的图再进一步说一下，可以得到结论性的意义。刚才我讲我的土壤圈的概念，这是一个很重要的观点，这是一个基础。我们这个基础的概念为什么要把它提出来？因为万物土中生，有了土壤以后才有土壤肥力，如果没有肥力的庄稼就没法生产。什么东西是土壤肥力的内容？首先，土壤要养分，土壤如果不提供养分在生物的生长上，它没有肥根本就不可能生长。土壤要没有空气，它不能呼吸，它的生命是活力体。另外，它有热量、有水、有气，它是一个作物的生产活力，所以说土壤很重要就在这里。它有了这些以外，对环境生态来讲，外面所生长的作物，我们土壤可以供应：氮肥、磷肥、钾肥，回到我们重金属元素里面去掉以后，我们的微量元素硒都要通过这个成长。所以它对于环境生长的生物来讲，水有四种形态：一个是地上水，一个是地面水，一个地中水，一个是地下水。四个水在转化，我们这个水是活的，不是说我们看到上面下雨的水，下雨经过土壤的表面，表面经过土壤里面，里面通过地下，地下再转过来。我们土壤大气当中有正效应的气，温室效应气体具有累积能量的效应；还有负面的，比如我们现在经常提到的 $PM_{2.5}$ 以及一些悬浮污染物颗粒都是负效应的。所以这个气有两个作用，一个正交换，一个负交换，两种气能帮助我们进行大气温度的调节。土壤里面有水、土、气、热能，生态里面有水、土、气、生，土壤的热量一直跟大气以及环境热量交换，正因为这样，土壤与生态一直在协调、交换当中，因此土壤才能把水、肥、微生物体系等等保留起来。所以说土壤是一个活的土壤，我们由这个一直协调的环境，才能平衡我们的产量，稳定产量，由此提升产量。我们现在整个农业技术过程，就是在调节土壤肥力跟生态功能之间的关系，从理论这个数据来说明。正因为这样，所以在这个情况下，我们要发展的农业是一个良好生态环境的农业，是具有好水、好土、好气、好生的综合条件的生态。我们的农产品当然是一个绿色的农产品，清洁农产品，持续的农产品，所以这样我们的农产品能够卖出价钱，就能有经济价值的。我们这个农产品，才能达到一个我们农业一产、农业二产、农业三产。最后，我们达到生态高值农业的体系。

这是我们整个的思路。我一层层往下讲，希望同学能理解。我们现在在土壤学的基础上，在建立一个生态高值型的农业基础上，进一步发展，推动我们现代化农业。我们现在把生态高值农业，提到国家层面上来研究，几年了，我们想提升一个 2050 年的发展路线图，建立四大发展体系，发展六大城市，十大地区，现在是三大产业化农业，现在我们在进行耕作。我们把农业植物种植、动物养殖、资源节约、生态环境、现代化农业、未来科技农民发展和保证，作为我们研究的主题。我们把生态高值经济体系、资源体系、产品质量、智能农业的情况综合研究。我们在前面举了十个地区典型，我们的特大城市，以长江三角洲为主，加上江南、西南、南方、滨海、黄土、黄淮海、东北、西北跟北部综合地区，根据这个情况的研究，我们把产业化发展为不同的品种类型，水稻、小麦、玉米、大豆等，然后把不同农产品加工的成品产业化，最后把农业、养殖业、牧业等综合产业化，现在我们这个体系已经做了，初次在全国布置了一些城市作为示范区域。我们现在根据这个研究的结果，最后总结出来，到 2020 年，我们这个生态高值农业的建设目标是，我们希望通过构建生态高值农业技术体系，为不断满足我国日益增长的对农产品总量、质量、安全和多功能的需求以及改善农业生产结构、生态环境和农业资源永续利用等生态高值农业体系提供科技支撑。搞 80～100 个能够在总量保证、质量保证、安全性健康特征上有保证的品种。大家想想看，搞了半天才只能搞 80～100 个有保证的品种，而现在市场上上万个都有，都是营养品，鱼龙混杂，但是真正的能够保证总量、质量、安全等功能的也不是那么多。我们到 2050 年，达到我们的农业具备实现农业资源可持续利用，使我们国家率先进入生态高值可持续发展的新时代。我们要全面实现农产品优质化、营养化、功能化，实现农业生产管理的信息化、数字化、精准化，建成农业高值转换的产业体系，形成生态系统持续良性循环、景观优化、功能多样、城乡一体的新型农业。这是我们建设生态高值农业的标准。在这个问题上我们就已经得到一个很明确的指示标准，就是 2020 年开始我们的农业发展项目多种工业化的保证。通过这个研究，我们现在已经建成了全国 150 个模式，我们已经建立了 5 万 hm^2（约 80 万亩）的生态高值农业。综合效益提高 20%～30%，技术示范与辐射面积 50 万 hm^2（约 800 万亩），年经济效益可达 300 亿元。

下面转向功能农业，要通过两个方面：一个是功能农业的思路提出来，一个是功能农业的创建。

首先，什么是功能农业？“功能农业”是指通过生物营养强化技术，就是生物本身要得到的养分，假如是肥料通过肥料使生物生长强化它的技术，给它一个功能，加入到农产品里面，也包括经深加工制成的高能量功能物质含量的农产品。例如，富硒农产品具有食用和保健两重功能。所以发展富硒功能农业是推动农民致富、农业发展农村的抓手。我们现在特别把功能农业的含义谈谈，特别联系到富硒作为一个例子来说一下。那么功能农业它的建设发展提出的思路，我们功能农业是怎么形成的？这里有很多微量元素，强化到植物体内。使它微量元素的含量通过植物体系强化进入到人体当中，所以人体得到微量元素含量使自身的免疫力加强，患病率下降，微量元素摄入量增高，从动物得到，它可以从本质上提高。所以人体和动物都能受益。

我们这个功能农业提出的，是我们在这个书里面首次提出了功能农业的研发问题。另外，在 2013 年，我们已经提出来功能农业作为生态高值农业体系在“十二五”到“十三五”的突破。我们把功能农业作为生态高值农业科技支撑体系的组成部分。最后在中国科学院农业“十三五”中长期规划当中，已考虑将功能农业作为生态高值农业的重要组成列入其中。所以说，我们 2008 到 2015 年期间，我们中国科学院将把功能农业思路作为功能农业打下重要基础。我们功能农业的创建，是在尹雪斌教授等一下要讲的题目里面，谈到中国科技大学在苏州研究院建立功能农业重点实验室，它是 2008 年建的，我们这个材料已经从 2008 年开始慢慢地进入到实践过程当中，它提出功能农业，是作为实验室从硒开始提出的。所以它是吸收了国内及国际的有关经验，开展了功能农业一系列的创新工作，取得了明显成绩，并从 2011 年到 2013 年在苏州召开的两次功能农业国际交流会上得到国内外学者的好评，这个工作可以概括在下面。

在这个下面提出了 2050 年功能农业发展路线图，就是在 2010 年到 2020 年，这一时期的食品不同于普通食品，它具有某种营养和功能，能够解决矿物质缺乏带来的“隐性饥饿”。什么叫隐性饥饿？因为从世界上看，我们现在研究食品是一些企业，这些国家认为我们全世界将近有 1/3 的人口虽然有营养，但是它缺乏营养的特点。它处在一个营养饥饿的状态，有营养，但是不健康。我们国家有 2/3 的人口缺乏营养。所以这个目标是在某种营养功能的食品要达到 80～100 种，产值突破 1000 亿元。我们在这个时期，生物营养强化将广泛应用，主要是发展硒等其他几种功能农业的产品营养元素，迎合消费者对食品更高的要求，获得高效的产销价值。

虽然我们的农产品到 2008 年才提出来这个富硒功能，提出来时间并不长，至今不到 7 年，但它却是未来 40 年农业科技的重要发展方向，是符合“十二五”国家新兴规划，当中要求面向人民健康中央文件的精神，是一个非常值得大力发展的方向。

按市场价值来算：目前的功能性产品比例还低于 0.1%，到 2020 年可以提高 10 倍，2030 年为 1 万亿，功能农业我们估计到 2050 年达到 5 万亿的产值，大家看看这 5 万亿仅仅是功能农业一个方面，它的情况是可观的。

提出了富硒的重要性，比方说中国营养学提出来除了硒以外，还有锌、钙、铁，都是我们营养方面的。

1817 年瑞典的贝采利乌斯从硫酸厂的底部红色粉状物质当中得到了硒，并命名为“月亮之神”。20 世纪 60 年代，科学家施瓦茨发现硒是预防肝坏死的重要因子，这是第一次关于硒对于动物具有营养的报告，施瓦茨设了一个奖。1937 年 Rotruck 发现了硒是过氧化酶的重要组成部分。在这个时期又发现克山病与人群缺硒有关，是在东北发现，缺硒以后人有心脏病，发生以后只要很短的时间心脏破裂而死，当时影响的人数是上万人、几十万人，所以当时卫生组织也宣布硒是人和动物的必需的微量元素。这些发现使人们对硒在生命过程中的作用和医学上的意义有了一定的认识。国外科学家对硒与人体健康的大量研究结果表明，硒在人体元素中的含量虽然少，它与铁、锌、碘等微量元素一样，对人类健康具有不可忽视的作用。硒可以防癌，除了这个以外，还能预防糖尿病、护眼、保胃、提高免疫能力、防病毒、抗重金属、抗氧化、防衰老，还有医药价值。所以总共有 10 个方面，硒对人的生理功能有保证作用。同学们会问，你这么一下提出 10 个有什么根据，这个都是有医学的根据，世界证明我们国家这些年已经证实了这个问题。等下尹博士会提出医学的证明。

从现在来看，我们缺硒的大概占 70%以上，2／3 都是缺硒，我们现在缺硒的情况，我们中国将按照每一个人吃的微克硒的数字，假如说按照比例，我们中国是 36μm，加拿大是 100μm，美国是 123μm，日本是 129μm，其他国家比我们国家缺硒的情况少得多。所以我们面临着世界卫生组织推荐吃硒的含量，我们每一个人要吃 50～250μm 是合理的。我们克山病的地区 17μm，我们在中部地区，在苏州是 34～39μm，在韩国是 58μm，在荷兰是 72μm，日本是 129μm，等等。我们中国缺硒的情况问题还是比较突出。所以根据这种情况，我们有 16 种人群，从补硒的人群，癌症的人群到肝病，患癌病、心脏病、糖尿病等情况，最后到亚健康，我们每一天需要服用硒亚健康的为 50～100μm 这个定量标准。这个是根据医疗整个的鉴定实践过程当中得出的结论。

我们现在国家补硒有三个阶段：第一阶段，在克山病发展当中全国有 1500 多万人用，但是长期的服用这种克山病用亚硒酸钠片，它有高毒性，并有无机残留，所以从 1993 年起国际禁用。第二阶段，保健品补硒——富硒酵母。“北大富硒康”进入中国，但是这个服用之后发现有刺鼻味道，有残留，所以对人体不适宜。第三阶段，即现阶段，尹教授他们研制出的动物营养强化的硒，粮食类、动物类、果树类的食品补硒——硒蛋白。这种产品还是比较有效的。

我们说富硒的产品有三个方式：第一，是叶面喷施硒溶液。第二，天然高硒区自产农产品。本身这个地区不要富硒，它的水分就含有硒，像恩施是我们全球当中含硒最高的富硒地区，最高的反而在中国，但是不太普遍。第三，通过土壤根部施肥。这个是最好的传统产业方式。

经过了这样的情况以后，我们把这项工作，我们把富硒农业的情况达到一个段落，正在按照这个思路在发展我们的富硒农产品，当中富硒的功能在进行。我们现在在全国，在尹博士生产基地上全国发展了很大的基地。我刚才讲的是从思路上的概念，为什么搞、怎么搞，接力棒给尹博士来讲怎么推到市场上，推到生产上，推到经济价值上。在北京现在也有一个基地，这个基地是我们尹博士他们在建立推广当中的一个核心地区，而且这个公司在北京的基地设立了一个硒谷功能农业产品公司，开展了功能农业营销和推广工作，虽然只有一两年时间，但是已经取得了很好的成绩。已经跟北京大兴区，有一个叫“留民营”的生态农场，和他们建立了合作关系，建立了功能农业示范推广工作。这个生态农业实验场是从 20 世纪 80 年代开始建立，有 2000 亩地。有种植业、有养殖业、有观光业，它是要成为中国生态农业第一村。根据我们和它的协助加入以后，我们把富硒功能农业产品和它联合开发，在这个场里已经布置了在它的粮食上，蔬菜、果树上都把我们功能农业的富硒产品加入进去，这一两年在发展当中。我们有幸去参观了，体会很深。希望同学们到这个基地去参观学习，参与这个工作。参观了以后，这个生态城将会改名为中国生态功能农业第一村，它现在叫生态农业村。我们跟他们商量以后，将变成北京市中国生态功能农业第一村，成为北京市功能农业的先行地区，起到很重要的带动作用。我们加入功能农业地区所产生的农产品，长得又好又快，又有营养价值，它的产值起码是 3～5 倍以上。

结语有四点：第一，我们的土壤科学正在朝向土壤圈与水、土、气、生、地球圈层间交互作用的方向发展。它必将对我国生态高值型功能农业的发展起重要的推动作用。第二，功能农业是农业发展的新兴领域，应抓紧这难得的历史机遇，加大投入、加快布局，把科技优势扩大为市场与产业优势，带动我国农业与食品产业，为国家农业发展做贡献。第三，土壤科学与农业的发展，是一项重大而艰巨的事业，必须在国家统筹领导下，发挥政府有关职能部门以及社会全民的力量，特别是年轻人的共同努力才能完成。第四，希望这项光荣的任务，能得到今天在座年轻同志们的支持与参加。

我们现在有这么一个设想，我们准备在安徽的中国科技大学和南京土壤所要创建一个功能农业训练和学习讲座的学院，从明年开始我们就想招收学生进入到这里面，首届功能农业的学生来参与对功能农业的示范推广，我们想研究部门的工作可以跟土壤所联合，学习训练的部分在科技大学举行，所以我希望在座的年轻朋友们，假如今天的报告让你们提起了兴趣，我们希望你们发挥年轻一代的活力优势和你们的生产积极性，能够成为我们国家，以北京功能农业核心力量为重点，对功能农业发展起到引领和带动作用。依靠你们年轻一代，欢迎你们参加报名，成为我们共同推动这个事业新的领导力量。祝同学们身体健康，学习有成，事业有望，成为今后推动功能农业发展的新生动力。

祝大家好运。谢谢。

功能农业：英才沃土

尹雪斌
中国科学技术大学苏州研究院功能农业重点实验室

今天非常高兴陪同赵院士一起到这边来给我们同学一起分享一下在过去的七、八年时间我们在这方面所做的一些思路，包括做了一些工作，以及对未来的一些展望。我觉得刚才赵院士讲的这一部分是把整个框架、方向做了很好的介绍。今天我分享一下功能农业作为新兴领域是什么样子，未来又是什么样子。

功能农业是一个新兴领域，又是一个高大上的领域。它和人们的健康结合起来之后已经不是一个传统的大家印象当中农民的概念，而是需要很多优秀高知的人才加入进来。

另外，我跟随赵院士学习包括后面的工作，我的一个亲身感受是农业大有可为，同时我们一些年轻的同学们大家在思考的时候，最终一个优秀的人才要思考到价值和使命感。实际上，最后一个人重不重要，不在于他干的活是不是轻松，拿的钱多不多，而在于肩负多少使命，能带来什么价值，要从这个层面考虑。

今天我的题目叫“功能农业：英才沃土”。我也希望越来越多的青年人能够加入到我们的这个行列，共同推进农产品进入功能时代。因为大家知道绿色产业是来自于美国从而影响世界，我们希望功能农业在赵院士提出这个概念以后，我们能够由中国来影响。

今天分享四个方面：第一，功能农产品长得什么样。第二，功能农业这样一个新兴产业它的版图是怎么样的，它会和哪些产业结合。第三，和我们的生活的联系。第四，和我们的家乡的联系。因为很多在座的是北京市的同学，但是你们的父母也许再往前推还有好多老家是在农村的，所以跟农村存在一个联系。

在讲之前，我给大家讲几个关键词。

第一方面，是新。我们是在去年 6 月份跟多国农业部官员讲功能农业的时候，问了一个问题，我说功能农业大家曾经有没有听过，都说没有。这表明功能农业是赵院士首先提出来的，以前是没有的。

第二方面，功能农业就是大健康产业的代表，所以我觉得“大”应该是它的另一个关键词。

第三方面，是“焦灼”。实际上它不是给功能农业的，而是给农业的。这个词表明现在已经吸引很多领域的关注，像京东、民生银行、联想以及恒大，大家知道“恒大”做冰泉和大米等。这里边我们特别最近几年能够深刻感知到这些大资本进入农业之后实际上处于一种焦灼状态。这么多的资源进来都是筹划数十亿百亿以上的钱往这里砸的时候，到这里面做什么成为非常关键的问题。而他们进来之后从根源上来说，就是做农业自身是否能够实现效益，那个才是根本。那么赵院士所提出的生态高值农业就是回应这种焦灼，功能农业的出现也是回应这种焦灼。就是通过满足消费者的需求，消费者愿意出这个价钱去买这个东西，最终是让产业链在有效的价值下运作，这样是盈利的，否则就是亏损的，亏损的东西走不远。所以想三个关键词之后再来看，功能农业，功能农产品实际上跟普通的农产品是一模一样的，眼睛是看不出区别的。这是各种蔬菜、水果，包括一些果汁和饼干。它所不一样的是内涵。比如说做的富硒功能大米，它的一碗饭含有 15μg 硒，是每日推荐值的 25%。它的不一样在于，我们进一步地去把这些大米里边硒的形态去解读的时候发现，它是人体更容易吸收的形态，硒代蛋氨酸等，这种形态比较好。我们所说的氨基酸还是小分子形态的，真正在植物里的是大分子蛋白形态的。这些都是需要一些交叉学科技术来实现的。

我们还做了一些更高硒含量的产品，比如说微早餐。大家都喝过豆奶粉，这一袋里面它实际上就是粮食，但是这里面的粮食，比如说玉米，它硒的含量比普通硒含量高出 100 倍，一袋里面含 100μg。我们当初设计这个产品，是因为北京大家吃的东西含有 40μg，包括肉、面、菜、蛋、加上这 100μg 能达到日本人的补硒水平。目前推荐是 60～250μg，但是根据我们十几年的研究经验，觉得我们正常老百姓摄入量应该在 150μg，身体状态会比较好。像这种类似功能性农产品直接使用或者加工性使用，是为了满足这样一个目的。

本文原载《科学名家讲座・第十五讲》2016 年第 35-52 页。

那么这项技术，实际上是我们称为高硒谷物技术。比如说高硒谷物技术能实现对谷物材料2～1000倍人工硒强化技术。有了这些技术我们可以用于我们的微早餐，或者功能性食品的开发，就能和食品工业相结合。

那么功能农业的出现，实际上第一个目的是为了解决隐性饥饿的问题。大家早上没有吃饭，现在饿能感觉到的叫“显性饥饿”。“隐性饥饿”是感觉不到的。但是“隐性饥饿”也是有评测办法的，比如说硒给你增加100μg，你感觉状态更好了，这表明早先是缺乏的，应该把木桶效应补充好。

我们来看一看这个产业。实际上，功能农业它的出现是一种革命性的进步，所以赵院士提出这个方向以后，我们可以说几年时间，七、八年时间沃尔玛就专注在这个方面。并且我们现在已经逐步扩大了一个团队，我们有10个博士，我们有将近60号人，并且我们现在目前是通过联合实验室，我们今年可能还会增加3个国际的联合实验室，包括美国、欧洲和澳洲。这些都反映了我们整个产业已经团聚一些力量。那么之所以能够有很多人愿意投身进来，就是因为这样一次革命性的进步它带来很好的发展前景以及机会，这个机会是来自于模糊了保健品和食品的界限。因为早先吃就是吃，保健就是保健，在功能农业出现以后吃的东西就是保健。那么这个也让食物补充一些营养成为可能。中国人最讲究食物补充，但是如果食物里面含有的东西不定量，忽高忽低就无法补充。所以这样一个前提实现了一个大的商业发展。

那么功能农业首先带动的是农业发展，带动的是农业转型升级。这里面的升级实际上从我们的理解来说，它最明显的是实现了绿色农业向功能农业的跨越。我们讲绿色农业，它即将或者已经进入红海。这里面有一组数据，一个是我们全国性的绿色农产品的认证大概已经超过15%。赵院士跟我们讲，在中国它就是这么一个特点，能赚钱的农业大概10%左右，大部分属于政府补贴或者亏损的情况，是没有效益的。另外，在北京，包括江苏等地，位的“三品一标”（无公害农产品、绿色食品、有机农产品和农产品地理标志）面积超过80%，说明绿色农业已经是一个普及性技术，而不是一个差异性技术。这个时候功能农业带来一个差异性农业，带来一个产业化的蓝海。

功能农业，还带来了食品业的革新性发展。因为以前是往食品里面加一些东西，现在是把食品进行深加工就形成功能食品。

另外有意思的一点，它能带动养生格局进一步拓展。因为早先包括中药养生，它是一种手段，用中药来维系。中药获得很好的发展，但是后来因为有草药味有些人吃不惯，而功能农业就不一样，你早先吃什么还是什么，只不过是给你定量进行了功能化的设计，具有重大意义。

还有一点，功能农业，健康体检从知道到改变。早先的时候发现人有什么样的情况，可以预测未来哪些疾病可能会高，但早先知道你未来生什么病没有办法，如果能够有一些功能农业，有一些可以长期使用的东西去预防的话，那么这种手段就非常珍贵和需要。

同样的，对高端保险业也是这样的。现在中国人寿已经到我们那参观两次，他们想开发一款产品，不止于等待，因为很多人买保险是买安心，但是这个安心对你没有真正的价值，是没有意义的。所以它现在希望设计一个险种是干预降低风险，而不是等待一种风险的出现。这个对于他们来说都是革命性的进步，要着力于改变。

第三个方面要跟大家分享的是，到底我们的功能农业与我们的生活有怎样的关系。功能农业技术使得生产的农产品中定量富含硒元素，每天补充定量的硒，可以有效提高身体免疫力，远离感冒。我们团队最近几年，我们的微早餐是免费作为福利发放，大家感觉最多的是，家里边包括小孩不容易感冒，这个实际上反映了这样一个愿景。另外一种场景，“善存”是一种复合营养素，在未来也许喝上一杯早餐，就相当于你吃了这样一片善存，这个就是一种非常好的营养补充的方式。还有一种，比如说我们同学年轻可能不一定，但是在小的时候小孩在生长的时候和年老的时候需要钙片，但是早期的钙片就是一种碳酸钙，实际上就是石头研磨形成的，这种吸收率特别低。包括还有骨骼等，更不靠谱，非常难溶于水，如果易溶的话早就化掉了。这里我们做到比虾皮还高一倍，并且是定量的，这样带来革命性的进步。还有一种场景是讲到估计家里的爸爸妈妈会讲起来，比如一旦我们缺什么，钙、铁、锌，就会问什么东西富含。但是仅凭自然里面的富含很多时候是解决不了问题的，比如说它到底含有多少，没有概念。又能吃多少，实际上都是问题。而功能农业是定量的，而且是你日常能吃到的东西。像大米、蔬菜、水果，都是在非常愉快的情况下实现了一种最必需营养素的补充。另外一种元素，就是碘。之所以我们后来非常重视是因为我们国家早期出现过碘过量的问题，我们后来发现原因可能是碘盐用的是碘酸钾，它的特点是容易挥发，包括有的同学有炒菜经验的家长会讲最后一项放盐，但是它的产品在设立的时候有些人是遵守的，设立的时候是按照有些人不遵守来设计量的，所以加的量就高了，而遵守的人就过了，我们现在所研发的生物碘，它设计的好处是在任何时间下，最高损失不超过15%，这样给强化碘盐带来非常好的机遇。最后一种，小孩的吃饭问题，锌的问题，因为早先锌一般都会是葡萄糖酸锌，但是有一个问题，一吃上去以后马上吃饭香，愿意吃饭，但是一停马上就不愿意吃饭了，所以它的依赖性很强，主要是吃下去就有，不吃马上代谢掉了，身体里面留不住，但如果是我们的粮食这些东西功能性的富硒功能性农产品，它停留的时间就比较长，依赖性较弱，本身硒强化的时间可以长期使用，因为它不是药物。所以这样也能解决这个问题。

最后一点，我们的功能农业和农村会有怎样的景象出现。一个是博士种田会变得很平常。因为以前普通农业留不住人才，但是功能农业不一样，我们现在很多博士工作在田间地头，因为整个功能农业需要很多细致的观察，还要想很多办法实现这种矿物质在这些作物里面的定量、可控，甚至是照着我们个性设计的方向走。那么它也是一个高大上的营生，新华社还做过长篇报道，让功能农业走向高大上。

还有一点，让精耕细作成为可能。因为早年粗放性农业承受不住一点点的成本的增加，前些天我们江苏省粮食协会召集龙头开会的时候，讲粮食里面普通粮食的利润就在3分钱、5分钱，那么它的成本一增加就没有利润，就亏损了。但是功能农业不一样，功能性农产品都是高出几倍数倍的，那么它增加一点成本去保障这个产品的质量是没有问题的。再一点，由于功能农业是一种高价值的生态农业，含有很高的经济附加值，所以能带动农村农民生活的改变。

我们国家一直讲“三农”，只有三农问题得到很好的解决，中国才能实现真正意义上的小康。我觉得功能农业在我们国家提的小康战略议题上，它的价值就非常大。左手解决了农村富裕的问题，右手解决了居民健康问题。小康不是说收入值多大，而是身体健康了，家庭幸福了，这个才是重要的方面。

所以，我想功能农业是在我们共同努力下，未来已来。最后欢迎大家能够报考中国科技大学，特别鼓励大家能够加入到我们功能农业这样一个阵营里面来。

谢谢各位。

主持人：

刚才赵院士和尹博士用了将近两个小时的时间给大家介绍了功能农业的情况和美好的发展愿景，现在利用这点宝贵的时间，希望同学和其他一些听众抓住这个宝贵的时机，有什么问题可以进行充分的交流。先由张主任发言。

张主任：

同学们，抱歉喉咙哑了。我觉得今天要向各位同学和我们的老师们汇报几句。主持人周琳老师已经介绍了两位老师的简介，我相信一会儿关老师会有非常精彩的总结。在他们讲之前，在同学们请教之前，我想说几句话。

今天，我们的同学们听到的，给我们做报告的赵其国老师，是著名的土壤学科学家和他的高徒尹雪斌教授，他们所报告的绝不是单纯的理论阐释，是以他们的多年扎扎实实的、丰富的科学研究的积累和丰硕的科研成果在给我们做报告。我们所听到的其国老师给我们讲的未来我们农业的发展，功能农业也不是老师的理论阐释，老师是《中国至2050年农业科技发展路线图》的编制组的组长。老师今天给我们讲的，既是他们研究成果的延伸、深化，更是对国家层面的建议。所以同学们这一点应该坚信，就是说经过其国老师的奠基推动这项事业最终会实现的。

其国老师非常重视培养优秀年轻人才，他培养和带出了一支相关领域非常优秀的年轻队伍，而这个队伍当中的一些人已经成为相关领域的领军人物，今天给我们做报告的尹雪斌博士就是其中一位。

最后，要向我们的同学和老师们介绍的是，我们的赵其国老师从他毕业以后执着于一种理念、一项信念，那就是忠诚于祖国，忠实地服务于人民的生活安全、食品安全，他63年如一日的今天的研究成果和尹雪斌老师从科技大学毕业以后他就跟着赵其国老师沉淀于功能农业的研究，特别是功能农业产业化的实践，他已经取得了丰硕成果。刚才周琳老师已经介绍了，可能由于老师说得比较快，未必我们的老师和同学都听清楚了。现在雪斌老师工作在苏州，他已经是“姑苏领军人才”，这是被评的荣誉称号。他也被评为“江苏省粮食行业的十大领军人才”。说这些是希望我们的同学们和我们在座的老师们能够相信他们所介绍的科学性，最后说一句，我觉得今天虽然来的同学比往次少了，但是我相信这是我们名校优秀学子们你们感兴趣才来的，我们也相信我们有这么多名校老师来了，那么我们的赵其国老师和尹雪斌老师对同学们一种热切的期待，最终也会实现。谢谢。

问：

我想问一下，之前您说的关于加碘盐的问题，刚开始说以前的加碘盐会过量那个方面不是很明白。

答：

刚才同学讲的这一点，因为我们之前往里面加的属于碘化钾和磷酸钾容易挥发，国家在设计标准的时候是按照不遵守这个规则的，所以他如果要保障这种不遵守规则的人也能够摄入足够碘的话，往里面加的量会非常大，一大就出问题了。但是现在生物碘的好处是损失会很小，它有精准的设计，需要加多少就加多少，它的设计量特别低，所以是通过这样一个意思来解决这个问题。希望你能够理解。

问：

赵先生是研究土壤的，土壤是一种复合物，我们把里面的东西去掉是无机盐，它是一种基质，以后的农业会不会全部发展为无土栽培，不需要土壤这种基质？另外一个关于功能农业的问题，吃的现在我们主要摄入营养物质，那么科学的发展我们是不是做有机的合成，我们不需要色香味各种各样的菜，就是碳氢氧分子的组装，我们只要吃类似于牙膏一样的膏状物，有没有这种可能。还有一个问题是土壤学的问题，现在土壤研究哪个国家研究得最深入和透彻，因为我们现在很多的同学以后可能要从事这方面的研究，是不是做一个引领。最后一个问题，觉得报告非常之好，因为现在互联网和金融业的发展，大家都认为目前来讲我要做金融或者做互联网，因为比较舒服，其实现在中国人的食品安全问题已经非常严量，土壤污染特别严重，巨大的危机之后有巨大的商机和希望，以后科学发展可能紧接着互联网新型的农业发展，可能就是未来发展非常好的引领的方向，这个报告可能是改变了某些同学一生的报告，这点我觉得是鼓励同学们更多投身到这种未来高科技新兴农业的方向当中，而不光是关注一些物理和化学方面的东西，因为我们人类最终发展还是关注自身，最终结果是关注自身健康。

答：

生物老师提的问题层次比较深，老师提了几个问题，一个是土壤学发展的情况，另外土壤污染的问题怎么解决，同时营养问题，国家有几个管理很重要。第一，我们今后农业的发展，我刚才讲了为什么叫生态高值农业？我们以后的农业，我们现在土壤里面来发展，当然太空农业是另外一种农业，脱离形状可以组成可以协同生产。现在我们在地上生产土壤农业的问题，在当前首先我们要种在一个健康的土壤上，现在污染的问题非常突出，而且污染变得更加复杂化、综合化。但是我们现在农业的问题，刚才我为什么讲生态农业？必须要建立一个新的生态概念，整个规划设计上面，我们在以后农业要把土壤首先进行修复和改造。我们种什么庄稼，是不可能的。局限性越来越受到限制，我们今后必须要首先把土壤整理好，修复好，要把它平衡好，要在一个健康的土壤上种植健康的农业。这个过程首先要把土壤里面的污染都进行全局性的改良。现在我们国家提出了京津冀地区生态环境问题，其中一个就是土壤问题。土壤问题是在生态环境修复上面，把土壤变成健康的土壤之后在上面种植，假如这点做不到，农业今后的发展都是虚的。比方说，现在很多工厂搬迁了以后，要把过去的石油工厂等搬迁以后，我们现在北京地区有上万亩的地叫厂地，就是搬迁的这个土地因为污染了以后走了以后，那个厂地是不经过修复以后绝对不能用，现在很多开发商用这个土地来盖房子，变成了人居土地，它也经过评价，房子盖好了以后人住上去各种病就出来了。一个污染问题是原来土地带来的问题，这个问题很大。再有一个把原来的房子挖地十尺，挖到临界线上，再把新的填上去，这样才是一个解决方法。这是一个法制问题，社会问题，需要解决。

另外一个问题，你讲氮磷钾的问题，我们刚才讲了很多你讲的综合的代替产品，大家吃的叫做微早餐，很多的都可以研究。太空上带的产品恐怕没有富硒的东西，但是富硒加进去的情况就是尹博士提出的问题，可以丰富实验的结果，正在发展研究成型当中。而且这个事业研究工作发展的方向是没有问题的。刚才航天的问题，假如说把富硒带进去可能有一些新的特点，带到原来的氧气瓶当中加上一个富硒功能的养分，这是一个新的方向。

另外一个问题，土壤学的发展是理论研究、基础研究，是跟产值有关系的研究方向。现在在基础研究方面，我们现在国家的战略地位是在某一些尖端技术方面，关于遥感、信息等领域，我们在这方面有所差距。但是我们在自己国土上面的问题，比方说食品的问题，我们土壤当中营养学的发展，我们跟土壤联系起来有关的水稻特殊的土壤问题，很多经验在国际上有交流。现在我们慢慢和国际上形成一定的联系。为什么我们在国外学会里面能够占据一定的地位，因为我们中国的特色是我们土地资源的研究，我们土地质量的研究，我们土地数量平衡的研究，我们跟国际上面土壤类型当中的差异的一些基本资源情况是国际上所不能代替的，所以这是我们国家的特色。我们要丰富理论研究，另外，实际内容要与国际交流提升。

另外，我们现在农业问题说老实话在数量上有所提高，质量上有待丰富，实际上农业问题要跟国际上进行互补研究。这个是我们各有各的特点和问题。我们在土壤学的地位上，现在几乎是有几十个国家，而且我们的土壤学在过去，在亚热带地区，叫亚非拉，现在是亚非欧。在热带亚热带局限下，中国的研究是非常有特色的，许多经验是吸取中国的经验来填补空白。

另外我觉得刚才讲的问题，补充几句。第一，张老师讲的，我现在研究的土壤问题，特别是功能农业，这个绝不是我一个人来参与和领导的，实际上这个工作是我们科学院集体参与的。不能说是我自己的贡献，这是集体的贡献。第二，我希望年轻同志在学习过程中能够脚踏实地，一步一个脚印按照自己的特点，自己的优势，个人对科学、对生产实践当中的价值内容，很好地填补。希望你们在学习当中取得成功，在事业当中取得进步，为了我们今后共同的事业贡献一分力量。我虽然年龄这么大了，但是我真挚地希望看到同学们今后在这个领域的成绩，希望大家保重身体。谢谢大家。

问：

我想问赵院士几个问题，首先大家提到了污染问题，如果采用无土栽培的技术是不是就没有污染？其次，我们现在吃的食物里是缺乏硒的，是作物缺少吗？如何添加硒？功能农业培养的活动有什么，我非常感兴趣。

答：

无土栽培的问题，现在在很多温室里面我们不要土壤也可以把种子种起来，这个是没问题的。因为它是经过氮磷钾的元素研究之后，配好配方，用农业的方式，用管道的方式进行分析培育。但是土壤里面对所有农作物所需要的营养是一个问题。但是这种东西你想想看，仅仅是在温室的条件下面，不是在特殊的航天条件下面，而是把无土容易变成固体的东西在航天上面，它毕竟是少量的，局部性的。它不是几亿人、几十亿人能够实现的无土栽培，而且中国的无土栽培能满足得了吗？这个是在某一种需要情况下的发展，不要说无土栽培情况。我们十几亿人都是无土栽培？不可能。培育营养，而我们现在有这个营养，按照土地的情况这么富裕，土地科学化地取哪种不取哪种都能有控制。

另外，关于硒的问题，它是不容易得到。你想想这个硒是在矿石里面，是稀散元素，在地壳中含量很低，主要存在于硒矿中，以复合物的形式存在。单质硒是由特殊的火山喷发形成的，硒含量丰富。这个矿石打出来打碎了以后，最高的富硒能够达到很高水平，上千倍都可以，一个石头拿来以后，怎么样把它粉碎到哪里去，一个头发丝厚度的十万分之一的，把石头变成这种粉末，因为只有这种越细的粉末，它的化学性、黏着性最强。把这么细的粉末加到肥料里面去，再施到农田里，农田里再种水稻、种小麦、种果树等，从根系当中营养结出的果实这里面含有硒。这个硒绝对是从本身的元素进入到土壤，进入到食物，所以它是最容易消化，最容易定量的。所以从量上就可以控制，刚才讲的定量、定性，这个过程是很复杂的一个过程。假如说同学们有兴趣，可以到我们实验室去看，这是一个很复杂系统的工程。

答：

我知道想讲第三个问题。做一个小的调查，如果我们中国科技大学在苏州研究院这边给大家提供免费暑期夏令营，有兴趣的大概有多少人？因为具体的事情回头我们周老师会去给大家组织安排，我在这里表个态，我欢迎我们同学一到两周到功能农业实验室去实习，大家带着想法过去做一些沟通，去那边看学着自己动手做一点小课题，我想我们实验室的费用全部是全免的，自己只要做一些生活费的支付就可以了。

主持人：

这件事从一开始就跟尹博士谈过，他也非常支持，所以科技俱乐部在暑期会举行这样的活动，希望大家积极参加。

问：

刚才赵院士讲增加硒元素可以做根土壤施肥的方法，它能不能吸收？如果不吸收会不会有害？这样的问题我们怎么解决？

答：

我们同学提了很深入思考的一个问题。这个问题实际上我们在过去将近 10 年进行的研究和设计的时候，也是有过像同学这样一个困惑。我们作为这种天然矿物质进行追加的时候，它在土壤里面积累性的行为会是什么样的情况？现在我们的结论是说，它每年可能还会有一定的积累，植物不能全部吸收，所以现在我们采取的办法是每一个季度结束之后，重新测定它里面的动态情况，还需要追加多少，一直确保它的平衡，确保它的安全。是一个动态的管理。

问：

关于功能农业的说法，它的实验手段是怎么样的，刚才说到分步植入的方法，它是改变品种还是人工植入？如果是改变品种的方法，它是筛优的方法先种一片然后找微量元素比较多的植物从中复制，是这样的方法吗？还是其他的？

答：

这位同学刚才讲的，所提到的问题作为功能农业这样一个发展技术手段，实际上就是它的两个技术角度，一个是根部给肥，我们让它自然吸收得更多一些，并且在这个吸收过程中进行定量控制。另外一种，是通过种子资源上的优选，甚至我们在未来和现在一直在推进希望我们在功能上面有一些储备，它的应用会到二十年之后运用，但是可以开始一些储备。因为同样比如说水稻，它的不同品种它的积累性也不一样。所以你刚才的思维还是很好的，至少你想到的两点就是功能农业两个最重要的方面。

问：

我是一名家长，同样一个比较低端的问题，我想刚才说的功能作物，就是给人类提供健康，对植物来说当然应该是一个健康的状态，如果给它提供过量的比如说硒元素，它会不会超过健康的限度？

答：

我们家长问的这个问题是非常关键的一点，因为功能农业它的发展赵院士给我们讲的最重要的两点叫“高安全、标准化”。功能农业和绿色农业不同之处也在于我们家长提到的这点，有机肥在地里多上一点和少上一点问题不大，但是微量元素微量矿物质它的定量强化非常重要，我们在过去八年里面做的上十万个数据全部是为了支撑能够让它更安全、更标准化，使它的定量标准化能够实现。所以现在制定标准化，就是为了达到产业发展中既能达到有效，同时确保在安全限度。它实际上对于人，你吃各种东西，我们现在已经有人按照这 17 项标准去做。其中一个主导思想是大家吃各种东西加到一起会不会超过安全限度。

问：

在古代，农业一直是支柱产业，现在工业农业齐头并进都成为国家重点发展项目，现在所有农业都是机械化，现在也是求好儿不是盲目求多，您认为在未来农业会变成怎样的角色？

答：

农业要发展，现在我们的粮食已经到了 6 亿 t 以上，然而按照我们发展到 2050 年的规划，粮食平衡要 6000 亿万 t 的粮食，今后是一个紧密平衡，不是很充裕，因为人口要增长。所以我们农业生产必须要发展，我们现在的功能农业是在现在农业发展的基础上面我们种田还要种粮食，我们按照生态高值理念发展农业，这个农业绝对是高产值，绝对是可靠的，吃了以后绝对无害的，以后我们种的大米不但要求数量增加，超过 6 亿 t 到 7 亿 t 最好，我们的质量商业化很重要，一个是数量要提高，质量一定要保证，效益一定要提高。效益提高是数量质量的平衡性和它的持续性。现在我们粮食种好的基础上面，增加一些辅助的微量元素的成分。这个一点不妨碍，我们种稻的过程当中加一些我们营养的微量元素进去，富硒加进去，并不影响我们的数量，更不影响质量，这个不是矛盾的。并不是说只能种功能农业的，功能农业是在大面积保持可靠性的基础上面增加营养。它不影响你的数量，不影响你的产量，不影响你的质量，要加一点，我看没有矛盾，只有好处。不是说把现在种水稻都停下来开辟一个地专门种植功能农业的水稻，功能农业种植不起来，首先种水稻要按照高值生态肥料，水稻一定要种好，保证质量，保证数量，保证有效性，在这个种植过程中增加一点精耕细作的办法，增加一点营养在里面，增加一点硒、碘、钙在里面，而且增加的这几种微量元素要有定量性。这个是好事情，因为我们是加进去的东西，硒这个东西你自己很难增加到，而且我们这个增加一定是有科学性。我们以后的方向，从品种上面要有改革，以后我们不增加富硒，我们种植水稻的品种，这个就可以产生富硒。从遗传学的角度来说，通过基因改造，打破功能农业遗传本性，不用再施化肥，就可以使我们的水稻本身富硒。可以从基因学、遗传学、DNA 层次上面改造。不要再施肥料，我们水稻品种本身就是富硒的。从基因学、遗传学、DNA 上面做。你们想过没有？我想过这个问题。

答：

我再补充一下。因为你刚才讲的农业角色，从我们的理解它实际上是一个载体，而且这个载体非常重要。大家都知道 iPhone，大家为什么现在对它非常关注，因为它解决的是一个入口的问题，吃实际上也是一个入口。今后对健康的维系要靠吃来进行，很多商业都涉及这点，所以农产品加工等都是控制入口的。而且赵院士还讲它不单是这样一个入口问题，它是一产二产三产联动的入口。

问：

农业以后是单独存在还是依托别的产业，还是进行多元化的分配？农业它本身还能像原来一样持续主导性的地位吗？

答：

我们中国现在是最古老的传统农业，现在实际上是传统农业向现代农业的过渡。但是现在跟最古老的人来脱离的也有，大家不要奇怪这个问题。最新式的农业和最古老的农业同时存在，我们要把农业变成一个高值产业，我们农业以后要辅助工业，我们农业要变成一大产业。我们农业要翻身，所以我也提出来我说我们农业不能一辈子就在工业抚育下面支持农业，到了一定时刻我们农业一定要翻身。现在我们为什么不能翻身？农业工业，永远保持现在处在百分数比较低的现状，我们农业翻身的可能性绝对是有，我对农业充满信心。虽然现在农业还有很多问题，但是也有希望。我们要共同承担这个责任和推动这个责任，拿出勇气和志气把农业大的发挥，我是有，不知道你有没有信心。

主持人：

通过这个报告大家可以深切体会到，赵其国院士和尹博士对农业的深刻思考和责任，大家要好好深刻体会一下老科学家他们这个对农业粮食问题的热切希望，我的感觉是往往越重要的问题人们平时越忽略它，因为大家现在衣食无忧，大家有没有想过怎么样让十几亿人吃到安全的粮食，这是一个大的问题。另外还有一个国家安全的问题，所以真的希望咱们每个同学能够很好地体会一下今天科学家对大家的热切希望。刚才赵院士在最后又再一次强调责任，其实责任和每个人自己的发展也是密切相关的。像赵院士 60 多年潜心于土壤学和后来农业的发展，其实就是把个人的喜好和发展与国家的命运相结合。其实这个之间也是可以有很好的结合的。所以希望每个同学回去以后能够深入地思考。另外再强调一下，刚才在讲座过程中周琳秘书长跟各位老师商量了一下，我们在适当时候组织今天来参会的各位学生到苏州以及南京相关的功能农业场所进行交流参观学习，后续的工作我们会通过俱乐部的渠道开展活动。也希望有这方面需求的老师和同学，能够积极跟俱乐部取得联系。

另外，今天张主任满怀热情地给大家做了总结发言，大家听到刚才张主任的语气能够体会到她有些激动，能够体会到她对大家有多么热切的希望。所以希望同学们今后能够更好地踊跃参加科技俱乐部的活动，报答她对你们的殷切希望。今天的活动到此结束，祝大家周末愉快。

赵其国院士：功能农业扶贫大有可为

日前，在苏州工业园区举办的“2016 中国功能农业产业趋势分析会”上，赵其国院士应邀作了大会主题报告，他高兴地指出：“功能农业作为一项新兴农产品增值技术，在扶贫开发上大有可为。”

为了实现我国全面进入小康社会，中央政府战略性决定 2020 年实现全部 7000 万人的脱贫目标。由于产业扶贫是重中之重，担负着解决近 4000 万人脱贫的任务。而贫困地区主要还是发展农业，在过去光伏农业、绿色农业、休闲农业概念的基础上，赵其国院士支招发展功能农业，为扶贫开发增加新驱动。

功能农业作为未来农业的重要发展方向，所生产的农产品具有高附加值和健康价值，可有效地与我国的扶贫工作结合，形成“功能农业扶贫”的新模式。这一模式的最大优势就在于能够集中体现中央精准扶贫的方针政策，能够使科学技术与社会组织两个资源优势得以有机结合，还能够有效根治“因病返贫”“粮贱伤农”这两个使贫困地区和贫困农民长期徘徊在贫困线上的两大顽症，实现精准扶贫。

据悉，中国扶贫开发协会已与中国科技大学尹雪斌博士团队达成合作，拟在 2016～2020 年，在全国 100 个县试点实施 100 个“万亩功能农业示范区”，培育 100 个龙头企业，1000 个以上相关合作社，带动 30 万贫困人口脱贫。

本书原载《科学网》2016 年 3 月 3 日 08:49。

富硒功能农业高峰论坛举行
赵其国作主题报告　任桃英作推介

记者　丁　锐

本报讯　记者丁锐报道：9 月 13 日，由第八届月亮文化旅游节组委会和中国科技大学苏州研究院功能农业重点实验室共同主办的 2014 年中国江西宜春富硒功能农业高峰论坛在明月山温泉风景名胜区举行。中国科学院院士、著名土壤科学家赵其国出席论坛并作了功能农业发展及建言我市农业发展的主题报告；市人大常委会主任任桃英出席论坛并对我市月亮文化及明月山温泉风景名胜区作了重点推介；市委常委张鉴武致辞；副市长赖国根为江西宜春绿万佳万亩功能农业示范园揭牌。

我市有富硒土壤面积 278 万亩，2013 年全市富硒产业总产值达到 25 亿元，注册有富硒农产品商标 34 个，龙头企业 31 家，专业合作社 7 家。

赵其国在报告中指出，当前农业的发展已经进入到一个全新的时期，功能农业将是今后一个重要发展方向。宜春是全国重点富硒土壤区，也是富硒产品产业发展较早的地区。目前已经形成了一定的规模和产业，发展富硒产业走在了全国前列。赵其国指出，宜春要进一步发展富硒产业，将富硒功能农业做强做大，就必须做好规划，防止过度开发；要走精品之路，做出自己的品牌；要走标准化之路，只有实现标准化才能保证富硒功能农业产品的质量，发挥切实改善人体健康的作用，才能实现农业产业快速、有序、健康发展。

本文原载《宜春日报》2014 年 9 月 15 日第 001 版。

2015年中国功能农业产业发展报告

执笔人：尹雪斌　博士

中国科学技术大学苏州研究院功能农业重点实验室
中国科学技术大学先进技术研究院功能农业工程中心

首席顾问：赵其国　院士

中国科学技术大学苏州研究院功能农业重点实验室
中国科学技术大学先进技术研究院功能农业工程中心
中国科学院南京土壤研究所生态高值农业研究组

致　　谢：

本报告主要基于前一年度公开发表的功能农业有关报道、咨询报告、政府提案和建议。在此向提供这些宝贵资料或对资料做出贡献、对功能农业发展给予帮助和指导的所有人士致谢！部分贡献者包括：

中粮集团	原董事长	周明臣
京粮研究院	院　　长	贾健斌
总后勤部军需研究所	主　　任	郝利民
江苏农垦	总 经 理	胡兆辉
安徽农垦	董 事 长	田文俊
白湖农场	董 事 长	程志先

报 告 提 要

本报告围绕功能农业的五个问题，论述了十个方面内容。即功能农业是什么？为什么发展？发展得怎么样？有什么问题？怎么更好地发展？

整体来看，过去一年，功能农业产业发展的重要亮点有三：第一，功能农业方向得以正式确立，超过十个农业重点省份副省级以上领导，关注、支持功能农业发展，部分省份已考虑将功能农业列入省域农业发展的“十三五”规划，赵其国院士已建议将其列入《国家科技规划纲要》；第二，形成了万亩功能农业示范区发展模式，集合了政府、地方龙头企业与中国科技大学、硒谷科技各自优势，形成合力，在全国建立了首批五家万亩示范区；第三，全国标准化功能农业推广面积累计10万亩，产值达10亿，目前，功能农业占比尚不足我国耕地面积的1/10 000，距离赵其国院士预测的2020年占比1%的目标，仍有巨大发展空间。

这是功能农业提出七年来，首次发布功能农业产业年度发展报告，我们回顾了一年来中国功能农业产业的重要进展，展望了未来一年的发展趋势和重要举措。编写中遵照：不夸大、重综合、前瞻性、可借鉴的四点原则。希望借此，给政府、产业界和学术界，从宏观全局角度了解功能农业产业的最新发展动态，打开一扇窗口，为其制定相关计划，提供有价值的参考。

本文原载中国功能农业产业联盟《中国经济信息》2015-01-01。

1　功能农业的提出

功能农业是2008年由赵其国院士在《中国至2050年农业科技发展路线图》(简称《路线图》)编制过程中在全球首次提出。它是指通过生物营养强化技术或其他生物工程技术生产出具有健康改善功能的农产品（如：富硒功能农产品)。根据《路线图》，功能农业在产业发展实践中，将优先发展矿物质强化技术，如对人体必需的多种微量元素，硒、锌、钙、铁、碘等。功能农业是继高产农业、绿色农业之后的第三个发展阶段。

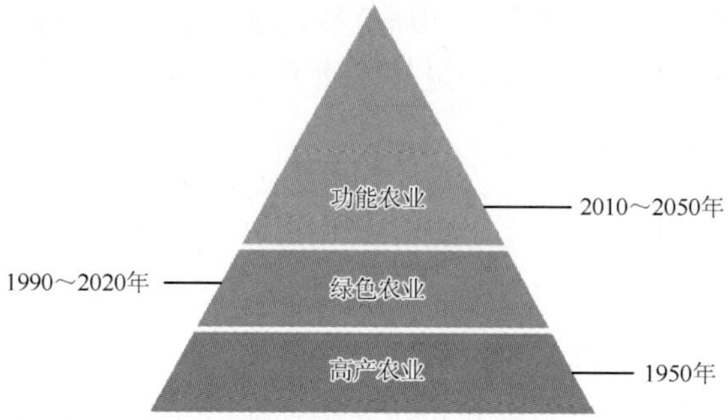

赵其国院士在此后的《科技发展新态势与面向 2020 年的战略选择》中指出，功能农业是我国“十二五”“十三五”最有希望取得突破的农业新领域。在他主编的《生态高值农业》中又进一步明确，在我国构建生态高值农业产业体系的战略中，功能农业是其支撑性技术。

据赵其国院士预测：2020 年，全球将推出 80～100 种功能农产品，仅中国产值就将达 1000 亿元。

2　为什么发展功能农业？

发展功能农业是为了回应两项国家需求。

（1）支撑农业转型升级。农业虽然作为传统行业，但因其在日常生活中的刚性需求特征，越来越受到资本的重视，当然资本、人才的真正集聚需要以农业的高产值为基础。随着绿色食品飞入寻常百姓家，此前作为农业高价值支撑的绿色技术正在演变为大众产品广泛采用的常规技术，绿色农业已经或者即将进入红海。这就要求以品质提升为新内涵农业技术的出现，来支撑高值农业的进一步发展。功能农业恰恰能满足这一诉求，开辟了农业产业新蓝海。

（2）面向解决人们的“隐性饥饿”问题。大家早上没有吃饭，会觉得饥饿，这种饥饿称为“显性饥饿”，就是我们能够感受到的。还有一种饥饿，是我们感觉不到的，比如：矿物质缺乏。由于矿物质等微量营养缺乏相比蛋白、脂肪、糖类等主营养的缺乏更具隐蔽性，因此，世界微量营养组织将目前矿物质的缺乏称为“隐性饥饿”。

现在全球处于“隐性饥饿”的人群高达 1/3，其中，在中国硒、锌、铁、钙、碘的缺乏更为普遍。功能农业的发展使命就是：以日常食物来解决“隐性饥饿”。

因此，发展功能农业，利国利民，具有“三增效应”，即农业增效、农民增收、百姓增寿。

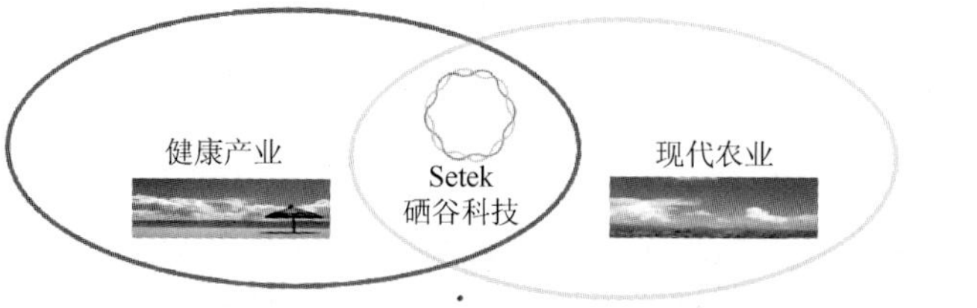

3　功能农业方向得以确立

科技界，赵其国院士在 2008 年提出功能农业这一概念后，先后于 2011 和 2013 年受邀在国际硒与环境和人体健康会议上做了“功能农业在中国：现在和未来”“功能农业在中国：过去五年实践”的主旨报告，受到与会各国专家高度关注和赞许。尹雪斌博士在 2014 年为泰国、埃及等 13 国农业部官员讲授功能农业，与会各国官员纷纷表示愿意引进中国功能农业技术服务其国家农业发展。在 2015 年即将在巴西举行的第四届国际硒与环境和人体健康会议上，尹雪斌博士将应邀做“功能农业在中国：研究与产业化实践”报告。

农业主管部门，包括农业部、国家粮食局、国家林业局、全国供销合作总社、中农办等相关领导也听取汇报，认可功能农业丰富了我国农业产业体系，构成高产农业、绿色农业和功能农业三个层次。国务院发展研究中心韩俊副主任称赞说：“功能农业是一个中国具有科技领先优势，并且有益于农业提质增效，有益于消费者健康的好项目，要在重点地区树立标杆、形成示范以后向全国推广。”功能农业不但有助于农业产业的转型升级，也为食品创新注入了新的活力，在中国食品工作会议上，包括解放军总后勤部、卫生部的食品营养专家赞称：功能农业是功能食品又一新来源。

目前，已有超过十个农业重点省份副省级以上领导，关注、支持功能农业发展，部分省份已考虑将功能农业列入省域农业发展的“十三五”规划，赵其国院士已建议将其列入《国家科技规划纲要》。这些都预示着功能农业已开始被作为一个正式方向得到大力支持。

4 中国功能农业技术高地渐成

自 2008 年功能农业概念提出至今七年间，中国科技大学与苏州硒谷科技公司在我国乃至世界上率先系统地开展了功能农业技术研究与产业化实践，创造了多项第一。

目前，在中国科技大学苏州研究院（苏州工业园区）和中国科技大学先进技术研究院（合肥高新区）分别建立有功能农业重点实验室和功能农业工程中心，国际硒研究学会、中国功能农业产业联盟秘书处均设在那里。因此，中国科技大学已成为具备世界影响的功能农业技术高地。

功能农业的基础是生物营养强化技术（Biofortification），在中国科技大学产学研支撑下，苏州硒谷科技公司和微港科技分别针对我国区域性人群硒、锌、铁、钙、碘等矿物质缺乏现状，按照提高食物链矿物质水平的设计理念，采用生物营养强化技术和纳米技术，自主研发出矿物质植物营养强化剂和生物矿物质食品添加剂两类产品，分别用于生产功能性农产品和功能性食品。

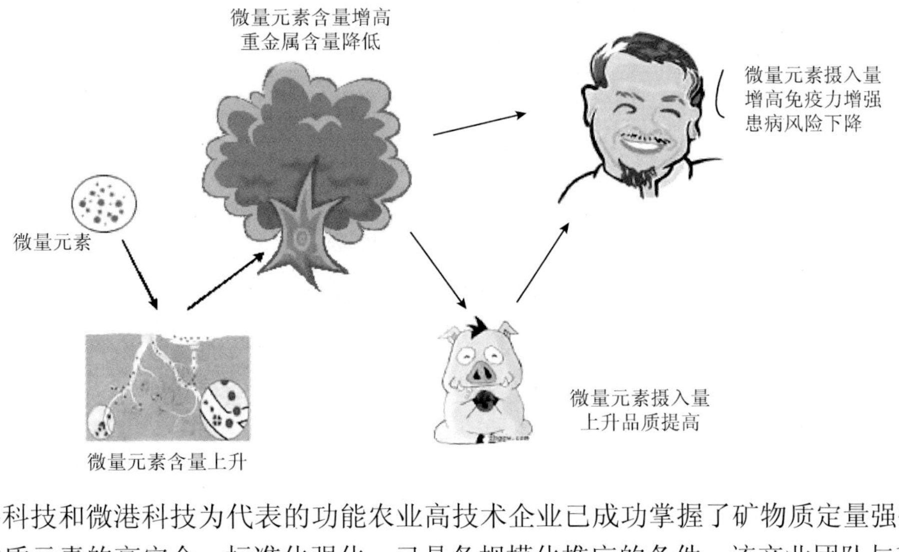

目前以硒谷科技和微港科技为代表的功能农业高技术企业已成功掌握了矿物质定量强化核心技术。能够实现必需矿物质元素的高安全、标准化强化，已具备规模化推广的条件。该产业团队与我国农业龙头企业合作，通过上千次的试验，十万个土壤、水、农产品不同部位的系统分析，已积累了 30 个大宗品种的定量强化技术规范，能够做到同区域、同品种、同地块矿物质元素含量达标稳定。品种上涵盖了粮食类如：大米、小麦、玉米、大豆，还有苹果、梨、桃、西瓜、番茄、黄瓜、食用菌等十余种蔬菜水果，中国十大名茶，大闸蟹、甲鱼等水产和禽蛋。

为了更好地支撑全国区域的功能农业高质量发展，中国科技大学功能农业团队联合硒谷科技及区域农业研究机构，将建立一批区域功能农业应用研究中心。结合硒谷科技已有的领先产品技术，侧重研究适合区域优势品种的使用规范，支撑功能农业技术快速落地。预计 2015 年将新增 5 个。

广西富硒功能农业应用研究中心已揭牌。12 月 15 日，广西壮族自治区农业科学院和中国科学技术大学苏州研究院功能农业重点实验室，揭牌成立了广西富硒功能农业应用研究中心，研究中心将依托强校大院，联手支撑广西富硒功能农业走向标准化。广西富硒功能农业应用研究中心将利用硒谷科技已有标准化技术，针对区域优势品种，并结合广西地域土壤、气候特点，研究成套技术规范、标准，为广西建设“中国富硒农业之都”提供强大科技支脚。

5　功能农业产业示范

功能农业的标准化技术已在长三角、华北、东北、两湖、两广、川陕和新疆 7 大农业战略区，15 个农业重点省开展了试验、示范。至今包括江苏、安徽、黑龙江、吉林、河北、山东、山西、江西、湖北等在内超过 10 个农业重点省份的省级领导开始关注和重视功能农业的发展，目前，中国科技大学、硒谷科技已与中粮集团、北大荒集团、江苏农垦等数十家国家龙头企业建立合作关系，其中，在长三角、华北、两湖地区还开展了以万亩功能农业示范区方式的示范推广，形成良好的经济效益和社会效益。

以“富硒产品”为例，目前市场上，富硒大米均价为 12 元/斤，价格是普通大米的 5～10 倍；富硒砀山梨售价是普通砀山梨的 3 倍；以大闸蟹和甲鱼的功能化最为成熟，阳澄湖周边富硒蟹养殖户经济效益提高 20%～30%，平均每亩水面效益净增 1500 元以上。据估算，目前农业企业在功能农业产业化中投入产出比一般在 1∶20。

2014 年 9 月 30 日，苏州硒谷科技公司台湾地区战略合作签约仪式在苏州隆重举行。硒谷科技将通过建立的台湾硒谷在台湾地区全面推广硒谷科技先进功能农业技术。根据协议，硒谷科技将通过台湾硒谷首先在台湾地区开展试验示范，将优选品质上乘的水稻、茶叶、果、蔬等品种，示范区域选择在生态良好的集中种植区，以硒谷科技先进功能农业技术支撑台湾农副产品走向功能化。

为了更好地促进功能性有机农业的发展，“时代楷模”赵亚夫领导的镇江市戴庄有机农业合作社与硒谷科技签订了功能性有机农业战略合作协议。

6　功能农业产业组织

6 月 12 日由中国科技大学与赵其国院士等发起的中国功能农业产业联盟在京揭牌成立，据悉这是全球首个国家级功能农业产业联盟。

功能农业是由中国科学家提出，并由中国企业率先开展产业化实践，有望成为中国创造影响世界的一个新兴农业领域。为更好地整合行业科技与产业资源，使功能农业产业高质量、有序发展，中国科技大学联合行业知名学者和中粮集团、京粮集团等重点企业在京共同发起成立了“中国功能农业产业联盟”，秘书处设在中国科技大学。该联盟将以“引导产业发展、推动技术创新”为宗旨，致力于推进产业共性技术的研发与应用，促进联盟企业间交流合作，增强我国功能农业产业国际竞争力。

目前，在中国功能农业产业联盟指导下，安徽省率先建立了首个省级功能农业产业联盟。2015 年，联盟计划在功能农业产业发展具备一定基础的农业重点省市建立 10 个省、市功能农业产业联盟，作为中国功能农业产业联盟的团体会员，负责地区性产业健康发展。

中国功能农业产业联盟高度重视产业的信誉，将严把质量控制关。由于功能农业产品的功能物质看不见，摸不到，给制假、售假留有空间。过去一年，就曾发生过小型企业的生产者用普通产品冒充功能农产

品销售的问题，给产业链带来负面影响。为杜绝客户制假、售假，需要加强产业联盟组织，制定联盟公约，严格盟员遴选和动态管理。在盟员遴选上，选择更加珍惜自身品牌、质量管理规范的农业龙头企业；引入认证和防伪标签体系，根据客户的产量进行发放。

7 功能农业发展模式

万亩功能农业示范区模式是行之有效的好模式。

为推动功能农业在中国的发展，万亩功能农业示范区是硒谷科技提出的一项新模式，这种模式是地方政府、龙头企业和硒谷科技联合，地方政府将功能农业作为地方农业产业转型升级典范、农业科技创新亮点，给予政策、资金全方位扶持，龙头企业具体负责实施，硒谷科技提供整套保姆式技术保障。目前，万亩功能农业示范区模式已在江苏、安徽、江西、山西等地成功实施。以山西运城为例，2014 年垣曲县引进功能农业技术近 1 万亩获得良好经济、社会效益，垣曲县与运城市计划 2015 年联合硒谷科技建设山西省首个五万亩功能农业示范区。

天然富硒区恩施、宜春、广西和安徽石台与硒谷科技达成万亩富硒功能农业示范区合作意向。河北省也拟在主粮和特产上，依托中国科技大学、硒谷科技建设一批万亩功能农业示范区，将其打造成为京津冀功能农业示范样板。

8　功能农业发展规划

目前，已有安徽、江苏、江西、湖北、河北、山东、山西和黑龙江等多地、市级政府，拟请中国科技大学苏州研究院功能农业团队和苏州硒谷科技联合起草《区域至 2020 年功能农业产业发展专项规划》，或出台加快发展功能农业的有关意见等，并拟被列入多地农业发展的“十三五”规划的重点方向。其中，江西宜春市上高县还率先编制了县域功能农业发展专项规划，为兄弟地区制定有关规划积累了经验。

9 月 15 日，由中国科技大学苏州研究院功能农业重点实验室和苏州硒谷科技公司联合编制的《上高县至 2020 年功能农业发展规划》通过专家论证，据悉该规划为我国首个县域功能农业规划。

根据规划上高县未来三年将在优势品种规模化、品牌化上作重点推进，从富硒农产品生产、深加工、科技服务支撑、品牌化与全国渠道建设四大方面着力发展。上高县政府将从政策、资金、土地和税收等多方面给予功能农业龙头企业扶持，全力推动上高县功能农业快速、高质量发展，扩大在全国的品牌影响。功能农业 2020 专项规划，势必加速区域功能农业发展，形成以功能农业为主特色的产业集群，并在全国形成影响。

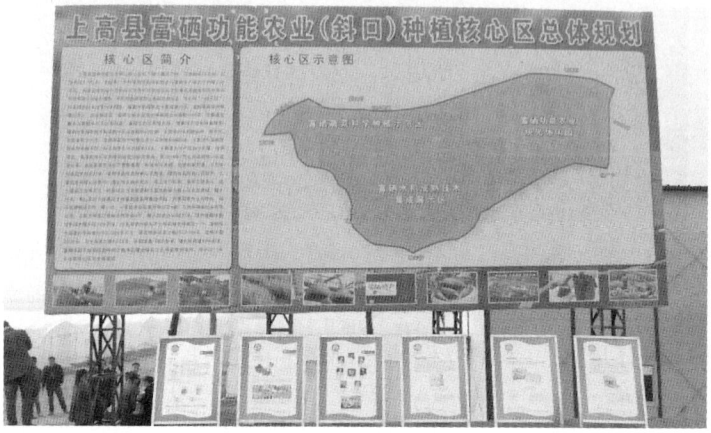

9　功能农业高峰论坛与培训

由中国科技大学功能农业实验室主办了多期功能农业高峰论坛，现已成为在全国范围享有一定影响，为地方政府、龙头企业提供功能农业产业方向宣讲的重要舞台。自 2013 年首届中国功能农业发展高峰论坛举行后，召开过省级高峰论坛的省份有安徽、黑龙江、江西和湖北等地。2015 年，有关功能农业高峰论坛均将由中国功能农业产业联盟主办，由各地政府、龙头企业联合承办。充分发挥各方的力量，加快功能农业文化传播。

2014 年在合肥召开了安徽省首届功能农业发展高峰论坛。来自省农委、省科协以及皖中集团、中储粮等企业代表共计 200 人参会。功能农业奠基人赵其国院士出席论坛并发表《生态高值农业与功能农业》主

题演讲。他指出未来我国将重心构建生态高值农业产业体系，功能农业是其重要组成部分。今后，政府与龙头企业应加强对功能农业的机遇意识，积极推动“生态高值型”功能农业，实现弯道超车。

在江西宜春、湖北恩施举行的功能农业高峰论坛上，作为论坛主旨报告人，赵其国院士建言九大富硒区大力发展功能农业标准化示范。目前，由于缺乏标准化技术支撑，硒品质参差不齐，这种混乱的市场秩序，严重干扰了我国富硒功能农业产业的健康发展。

为针对功能农业这一新产业，培养高素质从业者，2014 年中国科技大学功能农业团队，联合清华大学，开设了功能农业总裁班。在 2015 年，还将在清华大学、中国科技大学陆续推出总裁班和高级专业研修班。集合多方智力、资源，使中国功能农业产业联盟成员高质量发展。

10 功能农业的科学普及

功能农业作为一个新兴方向，产业生态的构建，最重要一项是消费生态的构建。科学普及工作就是消费生态构建的重要基础。过去一年，在关于功能农业科普方面两个方面是亮点：功能农业博物馆总馆在苏州工业园区揭牌，并在宜春市建立了第一个分馆；两个功能农业科普作品《功能农业百问》《硒故事》通过媒体陆续刊发。一部流行的农村题材的电视剧《马向阳下乡记》也为富硒功能农业做了很好的科普，据央视网报道全剧累计不重复收视观众规模接近 3 亿。

自 2008 年功能农业概念提出至今六年间，中国科技大学苏州研究院与苏州硒谷科技有限公司在我国乃至世界上最早系统开展了功能农业研究与产业化实践，积累了这一新兴领域从诞生到发展的系列宝贵实物和资料。功能农业博物馆的建成为社会各界认识功能农业这一新产业提供了窗口，是科学普及功能农业知识的重要阵地。

功能农业博物馆以故事和实物为参观者讲述了为什么要发展功能农业，以及功能农业概念是怎样提出来的，什么是功能农业，什么是功能农产品，生产中会用到哪些技术，六年来出现了哪些产品，这些能给人类带来哪些益处等。透过馆藏，功能农业博物馆将让参观者充分认识这一新兴产业。据计划博物馆还将在 2015 年，建立 20 家外地分馆，并推出网络版，以方便外界访问。并与媒体合作跟进宣传报道我国功能农业产业发展的最新进展和实践经验，开设功能农业专栏，制作专题节目，也将联合科协，利用科普宣传栏和科普报告等宣传功能农业。

2016年中国功能农业产业发展报告

执笔人：尹雪斌　博士

中国科学技术大学苏州研究院功能农业重点实验室
中国科学技术大学先进技术研究院功能农业工程中心

首席顾问：赵其国　院士

中国科学技术大学苏州研究院功能农业重点实验室
中国科学技术大学先进技术研究院功能农业工程中心
中国科学院南京土壤研究所生态高值农业研究组

致　　谢：

本报告主要基于前一年度公开发表的功能农业有关报道、咨询报告、政府提案和建议。在此向提供这些宝贵资料或对资料做出贡献、对功能农业发展给予帮助和指导的所有人士致谢！部分贡献者包括：

中粮集团	原董事长	周明臣
中盐集团国本盐业	董 事 长	李　维
中国扶贫开发协会	会　　长	胡富国
中国经济信息	社　　长	王亚东
中国科学院院刊	执行副主编	王兴东
京粮研究院	院　　长	贾健斌
总后勤部军需研究所	主　　任	郝利民
江苏农垦	总 经 理	胡兆辉
安徽农垦	董 事 长	田文俊
白湖农场	董 事 长	程志先
天方集团	董 事 长	郑孝和
大寨集团	全国人大常委	郭凤莲
西沟村（山西）	全国人大代表	申纪兰
台湾纬杰	管理顾问	洪宜幸

报 告 提 要

本年报延续简约风格，以高度凝练为第一要求，使您能在1小时内读完，并掌握核心内容。

本报告围绕功能农业产业生态构建这个核心问题，论述了十个方面内容及其进程。即功能农业产业生态包括什么？怎样发展？发展得怎么样？下一步树立怎样的未来目标？

整体来看，过去一年，功能农业产业发展的重要亮点有三：第一，功能农业产业生态建设得以正式启

本文原载中国功能农业产业联盟《中国经济信息》2016-01-01。

动，明确了“横7纵8”产业生态体系建设方向，核心要素开始积聚，并实现体系化；第二，完善了万亩功能农业示范区发展模式，集合了政府、地方龙头企业与中科大、硒谷科技各自优势，树立了3～5年，在全国建立“百园万店”目标；第三，单年度全国标准化功能农业推广面积10万亩，产值达10亿，目前，功能农业占比尚不足我国耕地面积的1/10 000，距离赵其国院士预测的2020年占比1%的目标，仍有巨大发展空间。

这是功能农业提出八年来，功能农业产业发展第二个《年度报告》，我们回顾了一年来中国功能农业产业的重要进展，展望了未来一年的发展趋势和重要举措。编写中遵照：不夸大、重综合、前瞻性、可借鉴和着重新进程的五点原则。与2015年年报构成年报系列，希望借此，给政府、产业界和学术界，从宏观全局角度了解功能农业产业的最新发展动态，打开一扇窗口，为其制定相关计划，提供有价值的参考。

1 功能农业的提出、确立历程

功能农业是2008年由赵其国院士在《中国至2050年农业科技发展路线图》（简称《路线图》）编制过程中在全球首次提出。它是指通过生物营养强化技术或其他生物工程技术生产出具有健康改善功能的农产品（如：富硒功能农产品），其使命是消除“隐性饥饿”，以吃的来改善人体健康。

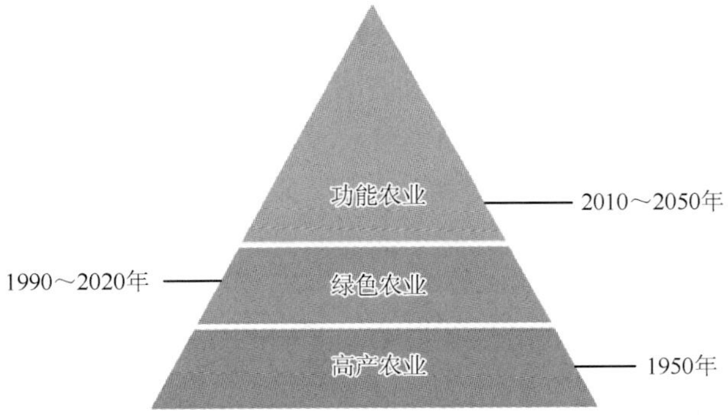

图1 农业发展三阶段

根据《路线图》，功能农业在产业发展实践中，将优先发展矿物质强化技术，如对人体必需的多种微量元素，硒、锌、钙、铁、碘等。功能农业是继高产农业、绿色农业之后的第三个发展阶段，即从吃得“饱”，到吃得“安全”再到吃得“健康”。

赵其国院士在此后的《科技发展新态势与面向2020年的战略选择》中指出，功能农业是我国“十二五”“十三五”最有希望取得突破的农业新领域。在他主编的《生态高值农业》中又进一步明确，在我国构建生态高值农业产业体系的战略中，功能农业是其支撑性技术。

2016年初，由赵其国院士、尹雪斌博士合著的《功能农业》即将由科学出版社出版，这是专注功能农业方向的首部著作，全面阐释了功能农业的概念提出历程、科技创新发展、产业发展历史、未来发展展望，并提出对政府、科技界、产业界和社会公众的八点呼吁。

据预测：2020年，全球将推出80～100种功能农产品，仅中国产值就将达1000亿元。这将预示着，未来中国将有望培育80～100个功能农产品的“单品冠军”企业。

图2 《功能农业》专著封面

2 功能农业产业生态构建

功能农业方向确立后，为了实现功能农业的有序、快速发展，应该逐步构建“横7纵8”的功能农业产业生态。

“横 7”是指：针对功能农业产业发展有关的不同方面资源，将“政、产、学、研、资、用、文”有效联合。即政府、产业、学校、研究机构、资本和金融、用户、文化传播七个核心要素相结合。扼要地来说，就是将政府的决策链与创新链、产业链、金融链和传播链之间的互动结合。

“纵 8”是指：在功能农业产业链的纵向上，将不同产业段的“研、种、养、加、供、销、服、网”有效结合。即研发、种植、养殖、加工、供应、销售、服务、互联网相结合。不同产业段包括功能肥料、农业种养殖、食品加工和生物医药等。

图 3　“纵 8”

在构建“横 7 纵 8”的功能农业产业生态过程会经历三个阶段：启动阶段、体系化阶段、团聚效应放大阶段。每一个阶段短则 3～5 年，长则 5～10 年。所以说，功能农业产业生态构建是一个长期持续的事情。但有了这样一个生态体系，各个环节的有效衔接、高效运行和高质量发展就有了保障。其各个环节之间配合度越高，整个产业生态就越高效，功能农业产业蛋糕越大，效益就越好，这个表现在现实中，就是有越来越多消费者食用功能农产品。

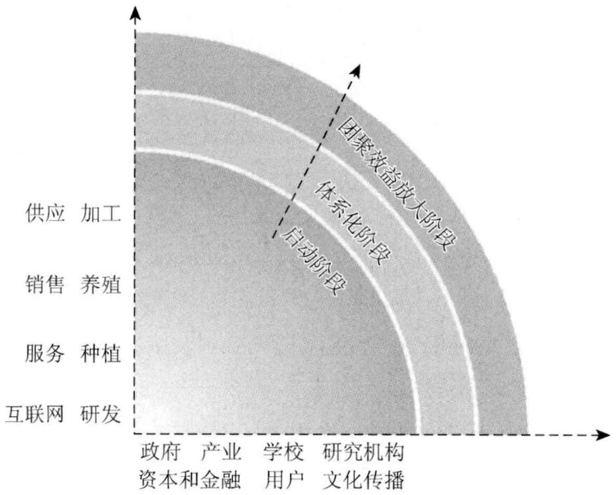

图 4　功能农业产业三阶段

那么如何将这些纵向的环节和横向的资源有效联结起来？中国功能农业产业联盟的建立就非常重要。中国功能农业产业联盟能够将这些“横 7 纵 8”的各个方面联系在一起，共同商讨、合作、推动产业发展。特别是，随着产业生态体系的发展，功能农业产业联盟也将实现体系化，比如在全国功能农业产业联盟基础上，逐步搭建省级联盟、市级联盟和县级联盟。

3　功能农业的科技发展动态

功能农业学科体现为农学、食品学和营养学的交集。它是以人体健康相关物质的定量强化为手段，消除人们“隐性饥饿”为目标。这其中重要的是包含有众多的微量营养，比如：硒、锌等微量元素。这些微量元素在体内的含量存在一个适宜的区间，当然对于不同人群，这一区间也有差别。所以，功能农业的科技发展就是侧重于使功能农产品能够创新设计、标准化生产、加工、制备食品，并结合营养学，不断优化这些指标和质量的过程。

第四届国际硒会议上，来自瑞士苏黎世大学的 Lenny Winkel 教授指出中国表层土壤缺硒带与季风有关，中国地质大学杨忠芳教授小组研究认为中国硒分布主要受控于地质背景；美国农业部的 Gary Bãnuelos 教授通过与中国科学技术大学尹雪斌研究组合作，对中国天然富硒区安徽石台的硒摄入量与长寿之间的关系开展了初步研究，发现人体硒摄入量、发硒以及人群寿命之间可能存有关系，并发起国际 NBP（Natural Biofortification Program）计划，期待更多科学家开展多学科交叉研究，未来将遴选 4～6 个天然富硒区作为首批研究基地；国际硒研究学会副主席、来自德国柏林医科大学 Lutz Schomburg 的教授展示了他们历时 6 年研制的人体血液硒蛋白 P（SePP）定性含量的金标检测试纸，可应用于人体缺硒快速检测，具有巨大的应用价值。

作为本次国际硒会议的联合主办方，中国科技大学尹雪斌博士作了“中国功能农业：从研究到实践”的邀请报告，介绍了中国功能农业 8 年来的理论体系建设与产业化实践，特别阐述了以生物营养强化技术为基础，功能农业在解决中国区域硒缺乏“隐性饥饿”上的有关应用实践；袁林喜博士结合中国科技大学功能农业研究组正在牵头制订的行业标准，报告了在兼顾硒安全、有效两个核心要素基础上，硒食品对应的推荐含量，并呼吁国际硒研究学会成员联合推进国际硒产品标准（ISO），为全球功能农业可持续发展奠定基础。

图 5　中国地调成果报告

图 6　尹雪斌博士应邀作国际硒会议报告

4　功能农业科技创新网络发展

国际硒研究学会积极鼓励国际同行之间共同协作、加深合作，并与中国科技大学苏州研究院功能农业重点实验室、江苏硒生物技术工程中心等，作为功能农业科技创新网络的依托平台，致力于联合攻关一些重要难题、解答一些关键基础问题，构建功能农业的创新链。

中国科技大学功能农业团队联合中国科学院南京土壤所、苏州纳米所、烟台海岸带研究所等建立了“一校三所”功能农业联合实验室。在美国加州 USDA-ARS、美国加州大学伯克利分校、美国南伊利诺伊大学、中国科学院哈尔滨育成中心、中国科学院近代物理所、中国地质大学、台湾海洋大学、台湾东海大学、上海海洋大学、上海东方肝胆医院、广西农科院、安徽农科院、贵州地调院、安徽农业大学和扬州大学、苏州大学、苏州疾控中心等先后建立了联合实验室或联合研究组。2016 年，联合实验室或研究组还将扩展到中国多个农业战略区域和台湾地区、澳洲、美洲和欧洲等地。

图 7　“一校三所”

为了促进功能农业科技创新的深入和持续研究，功能农业长期试验站和相关的研究基地是下一步逐步建设的重要基础设施。正是基于这一考虑，中国科技大学功能农业团队、硒谷科技与白湖农场商洽未来将建立首个功能农业长期试验站，提供功能农业科技创新网络有关研究便利。

“白湖功能农业长期试验站”目的和目标：筹建中的试验站将着重于功能农业相关的科学技术研究和开发，兼有试验性质和农业推广性质，不仅能支持“从实验室到田间、从平方米级到亩级、从一亩级到百亩级”大尺度的科学研究，在万亩级示范中也可发挥重要作用。同时，可作为中国科技大学和全球科研机构相关学科的本科生、研究生实习基地，促进学生培养与提高农业实践能力。首期用地计划为 100～200 亩。长期试验站拥有健全的基础设施、机械和支撑能力，包括：灌溉设施、台站建筑、水肥管理设施，气象、土、肥数据，研究工作的空间、交通、住宿、就餐等。

图 8　白湖万亩功能农业示范基地揭牌

5　功能农业产业发展模式

从宏观到微观，功能农业产业发展存在着不同的模式。

宏观的区域上来看，中国存在区域性十大模式。在中国广袤的土地上，依据原有的农业生态类型存在着“生态高值型功能农业”十大模式，本着宜粮则粮、宜果则果、宜渔则渔、宜茶则茶的原则，在原有特色的基础上，着重提高其健康功能内涵，并注重和深加工、旅游等二、三产业联动，当作大农业来经营。产业上，结合“万亩功能农业示范区”的实施方式，使功能农业成为中国生态高值农业体系的支撑和亮点。

十大模式：①长三角城市群郊区生态高值农业模式；②华中种养加一体化农业圈层模式；③西南山地立体农业生态高值农业模式；④南方亚热带特种农林果综合开发模式；⑤滨海滩涂农业综合开发利用模式；⑥黄淮海平原粮养加农业综合模式；⑦东北平原粮食基地综合开发利用模式；⑧西北寒旱区农牧综合开发模式；⑨北部漠境盐湖综合整理开发模式；⑩黄土高原水土保持及农林果流域开发模式。

宏观的产业结合方面，体现为“功能农业+”的特征。

“功能农业+”是个什么概念？

这是指功能农业+各相关行业形成的产业网络，从而构建功能农业产业生态。功能农业与农业、食品业、保健品行业、体检与健康管理业、保险业、互联网、养老业、养生产业、旅游业、教育与传媒等，都可以建立起紧密关系，实现 1+1＞2 的效果。

这些相关的产业，大多与健康有关，属于大健康产业。而功能农业，最有望成为大健康产业的入口。因为在这种大健康产业网络中，它处于中间关联位置；更为重要的是，即使人们没有过多的消费需求，但是“吃饭”是刚性需求。如果说功能农产品能借助消费者刚性需求，实现对消费者的健康综合管理，就可以为广大相关产业带来巨大利好且便利的通道。

根据功能农业技术第一品牌硒谷科技的市场反馈，2015 年已经出现一些“功能农业+”的产业合作案例。相信在不久的将来，随着功能农业被社会和产业广泛认知，一定会有更多的产业加入到合作行列中，共同开启“功能农业+”的新时代。

6 功能农业产业发展动态

功能农业作为一个战略新兴方向，是一项全新的农产品增值技术，受到科技界、产业界和地方政府的高度重视。在产业发展上，今年的三个动向值得关注。功能农业万亩示范区超过 10 个，标准化程度进一步提高；中国扶贫开发协会与硒谷科技战略合作，将功能农业作为“精准扶贫”的主要抓手，联合推动贫困农业区，脱贫致富；中国高端盐业的领军企业——中盐国本盐业与硒谷科技联合开启“功能农业+食盐”。

万亩功能农业示范扩展到 10 家。对示范基地的富硒产品硒含量稳定性研究表明，同地块、同品种，相对标准偏差可以控制在 30%以内。

表 1 相对标准偏差值

示范基地	年份	面积/亩	样本数量	平均硒含量/（mg/kg）	相对标准偏差（RSD）/%
太仓东林农场	2013	2 000	12	0.19	29
太仓东林农场	2014	2 000	12	0.24	26
江苏淮海农场	2014	10 000	12	0.16	23
江苏淮海农场	2015	10 000	12	0.18	21
安徽白湖农场	2013	3 000	12	0.26	28
安徽白湖农场	2014	3 000	12	0.27	27

这一结果主要是对“万亩功能农业示范区”富硒农产品的硒含量持续跟踪监测得出的。在主粮方面，主要选择了水稻南粳 46、淮稻 5 号、香软米，施肥方式包括机械抛撒、人工施撒，跟踪观测点选取地势平坦、水肥管理严格、人工操作规范的试验田块进行。对于特色产品如茶叶等，所有基地的茶叶均达到了行业标准，且相对标准偏差保持在 30%以内。

中国扶贫开发协会认为功能农业作为未来重要发展方向，所生产的农产品具有高附加值和健康价值，可有效地与我国的扶贫工作结合，形成“功能农业+扶贫”的战略模式。这一模式能够使科学技术与社会组织两个资源优势得以有机结合，还能够有效根治“因病返贫”“粮贱伤农”这两大顽症，实现精准扶贫。

2015 年 10 月，中盐的高端盐制作企业——国本盐业有限公司领导带队考察硒谷科技，双方结合各自的优势就植物盐合作达成战略合作共识。中盐国本盐业是中盐集团为更好地满足消费者需求成立的战略单元，它立志以高端盐品研发为龙头，以高端盐产品为战略发展业务。硒谷科技则长期专注功能农业技术研发，以解决人类矿物质“隐性饥饿”为己任，逐步成长为了具有世界影响的功能农业技术第一品牌。双方本着“联合第一做第一”、强强合作的原则，携手让食盐成为中国人矿物元素健康管理的窗口。

图 9　中盐签约仪式

7　功能农业文化传播

功能农业作为一个新兴的产业方向，目前面临的最大挑战是知者甚少。因此，加强功能农业的文化传播，关系到功能农业的发展和功能农业的产业生态构建。

图 10　功能农业总裁班（二期）

功能农业文化传播在过去一年中，一方面保持了高峰论坛的组织，并丰富了论坛组织形式，部分论坛与相关协会共同发起举办。比如：与中国农业国际合作促进会联合举办的“功能农业开发与发展高峰论坛”。中国科技大学功能农业团队和硒谷科技还应邀参加了“2015 中国安徽（合肥）农业产业化交易会”，分别在产学研馆与龙头企业馆进行了展示。

在功能农业的培训方面。由中国功能农业联盟秘书处发起，举办了“功能农业领军企业特训班”，邀请知名领域与营销专家针对功能农业发展，开展研讨式学习。“褚橙、柳桃”策划人胡海卿亲自讲授“功能农业与电商”。尹雪斌博士、李飞副总工先后受中国扶贫开发协会邀请，为近 500 位大学生村干部进行了“功能农业——农业新兴增值技术”培训。

除了“走出去”，还“请进来”。4 月份，应中国科学院老科协邀请，赵其国院士与尹雪斌博士参加了中科院“科普论坛”，为近 200 位北京市民作了“我们的未来农业——功能农业”科普报告。7 月 16 日，北京青少年科技俱乐部组织的来自北京四中、八中、一零一中学等六所著名中学的 35 位营员，走进中科大苏州研究院功能农业重点实验室，开展了为期七天的“未来农业——功能农业”首届中国功能农业夏令营。我们将以此次活动为契机，打造“中国功能农业夏令营”系列活动，每年举办一次，成为功能农业科普的精品，着力培养功能农业青少年拔尖人才！

图 11　功能农业夏令营

在功能农业文化产品上，联盟秘书处推出了功能农业博物馆的电子版、微信版，使人们在掌上就能看到馆藏展品。由科学出版社出版的“功能农业三部曲”——《功能农业》、《功能农业百问》和《硒故事》也将在春节前后与读者见面。这是首个系列读物，是公众了解功能农业的一面窗口。

8　功能农业国际交往与合作

2015 年 10 月 18～21 日，第四届国际硒与环境和人体健康大会在巴西圣保罗市顺利召开，本次会议由巴西拉夫拉斯联邦大学、马托格罗索联邦大学、圣保罗州立大学、中国科学技术大学先进技术研究院联合主办。

图 12　第四届国际硒会议留影

本届会议由美国农业部植物学家、国际硒研究学会主席 Gary Bãnuelos 博士担任大会主席，来自美国、英国、德国、瑞士、澳大利亚、加拿大、中国等 6 大洲 22 个国家的 89 位专家学者与会，研究领域包括农业、医药、环境、动物和人类健康、生物化学、营养和分子生物学等。3 天的会议精彩纷呈，为中外学者提供了最新学术成果交流、思想碰撞的平台，是硒研究领域的又一次盛会。

在国际硒学会会议期间，学会主席 Gary Bãnuelos 发起阐释了 Natural Biofortification Program（NBP）计划，专注研究：天然富硒地区硒与健康、长寿的实证性关系，获得委员们的广泛兴趣。拟在未来，从天然富硒区中挑选 4～6 个作为“首批研究基地”。

苏州硒谷科技（Setek）作为硒大会一直以来的忠实战略伙伴，第四届硒会议中获颁唯一“全球金牌合作伙伴”。

2015 年 6 月 5 日，在国家科技部主办的“2015 蔬菜优良新品种新技术示范与推广国际培训班”上，尹雪斌博士再一次为来自埃及、泰国等 10 国的农业官员作了题为“我们的未来农业——功能农业”的专题报告。尹博士系统阐释了什么是功能农业，为什么发展功能农业，目前功能农业产业的进展和未来发展前景，报告还提及了中科大、硒谷科技正致力于创建国际功能农业科技创新与推广网络。

尹雪斌博士的报告引起各国代表广泛兴趣，讨论交流踊跃，纷纷表示功能农业是一个战略新兴的产业方向，是支撑区域农业升级的一项重要新技术，愿意参与、推动国际网络建设，把功能农业引进所在国，造福农业、食品企业和本国消费者。这是 2014 年以来的第二次。目前，已有国际合作开始洽谈。

图 13　尹雪斌博士再为 10 国农业官员讲授功能农业

9　功能农业产业组织发展

这一年期间，中国功能农业产业联盟得到更多关注、支持，包括中国扶贫开发协会在内的多个全国机构，愿意作为联盟的指导单位。与此同时，中国功能农业产业联盟还指导建立了多个省、市、县的功能农业产业分联盟，将其作为中国功能农业产业联盟的团体会员，副理事长、理事单位，使联盟发展走向体系化。

图 14　与中国扶贫开发协会签约仪式

在安徽省成立首个功能农业产业联盟后，山西晋中市在晋中市扶贫开发协会建立“晋中市功能农业产业联盟”，促进晋中市功能农业传播与发展，推动“万亩功能农业示范区”建设，建立“功能农业+扶贫开发”模式，树立全国样板。

河北省临城县也成立了“临城县功能农业产业联盟”。在联盟推动下，临城县的功能农业试验、示范获得较快发展，重点是地方有优势的薄皮核桃、小麦和小米杂粮等品种，在临城县委、县政府的大力支持下，功能农业已被列入地方的“十三五”规划，同时，带动了功能农业列入邢台市的农业“十三五”规划。

图15　邢台市委书记张古江会见尹雪斌博士

目前，有意加入中国功能农业产业联盟的单位、团体和龙头企业超过百家。正在筹备成立的地方功能农业产业联盟，正如雨后春笋般萌发。计划在未来3～5年内，农业重点省份均建立起省级功能农业产业联盟，由国家级农业龙头企业牵头，市级功能农业产业联盟由知名省级龙头企业或单位牵头，县级功能农业产业联盟由省级以上龙头企业或市级知名企业牵头。这样一个涵盖国家、省、市、县四级联盟的体系就能形成，可以全面服务、带动中国和区域功能农业发展，在全球树立样板。

10　功能农业发展规划与未来3年预测

功能农业的发展存在三个“十年”阶段。即导入期、发展期、普及期。目前功能农业处于概念导入期。这一论断是基于绿色农业的发展历史得出的。

功能农业的“十三五”预计将呈现三大亮点：标准体系逐步完善、央企启动功能农业布局、功能农业产值破千亿，在功能农业新产业领域“中国高地”会逐渐形成。

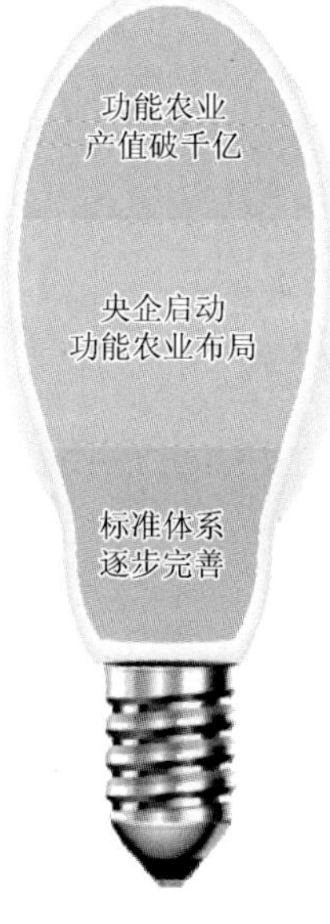

图16　“十三五”三大亮点

功能农业的“十三五”注定是激动人心的。作为新产业，标准体系将更为完善，一批功能农业的行业标准和国家标准会得以建立。同时，一些有广泛行业影响的团体标准，比如中国功能农业产业联盟标准，也将出现。这些标准的出现，为合格产品的评测和认证铺平了道路。消费者能更为放心挑选功能农产品。

随着功能农业的兴起与影响扩大，央企开始陆续关注，并加入产业布局的行列中来。比如：中盐已与硒谷科技商洽，计划联合推动“功能农业+食盐”战略，希望为中国乃至世界消费者提供高端健康功能盐品，让食盐成为人们矿物质管理的窗口。

仅在中国，功能农业的万亩示范区就将达到100家，其中，十万亩10家，百万亩1家，成为标准化功能农产品的主要供应渠道。这些产品以及其深加工制成的食品，涵盖的品种达到80～100种，产值将突破千亿。利用先发优势，中国将在这轮竞争中拔得头筹，形成功能农业产业的“中国高地”。

功能农业的未来十年，将是黄金十年。通过过去八年的点滴积累，功能农业这只金凤凰即将凌空飞翔。来自于中国的功能农业，就将在这一时期走向世界。

为什么说是黄金十年？这是因为这一时期人们将见证，功能农业产业指数级增长。从目前不足0.1%的全国农业面积占比，预计达到3%的占比，30倍的增长就在十年内完成，其增速着实惊人。这个黄金十年也会是功能农业的蓝海十年！

2017年中国功能农业产业发展报告

执笔人：尹雪斌　博士

中国科学技术大学苏州研究院功能农业重点实验室
中国科学技术大学先进技术研究院功能农业工程中心

首席顾问：赵其国　院士

中国科学技术大学苏州研究院功能农业重点实验室
中国科学技术大学先进技术研究院功能农业工程中心
中国科学院南京土壤研究所生态高值农业研究组

致　　谢：

本报告主要基于前一年度公开发表的功能农业有关报道、咨询报告、政府提案和建议。在此向提供这些宝贵资料或对资料做出贡献、对功能农业发展给予帮助和指导的所有人士致谢！部分贡献者包括：

国际硒学会	主　　席	Gary Bãnuelos
中粮集团	原董事长	周明臣
中盐国本	董 事 长	李　维
中国扶贫开发协会	会　　长	胡富国
中国科学院院刊	执行副主编	王兴东
中国农科院	院　　长	范云六
中粮研究院	院　　长	刘新旗
京粮研究院	院　　长	贾健斌
山西农业大学	校　　长	赵春明
江苏农垦	总 经 理	胡兆辉
白湖农场	董 事 长	程志先
大寨集团	全国人大常委	郭凤莲
天方集团	全国人大代表、董事长	郑孝和
西沟村（山西）	全国人大代表	申纪兰
菱花集团	全国人大代表、董事长	江保安
巡天集团	全国人大代表、“张杂谷”发明人	赵治海
柏粮集团	全国人大代表、董事长	尚金锁
南方食品集团	全国人大代表、总工	赖学佳

报 告 提 要

本报告围绕功能农业产业生态构建这个核心问题，论述了八方面内容及其进程。即功能农业的定义与

本文原载中国功能农业产业联盟《中国经济信息》2017-01-01。

新认知？产业生态该如何构建？案例如何？为何树立“第一方阵”目标？各方该怎样定位分工？2017 有何新趋势？等等。

整体来看，过去一年，功能农业产业发展有四个重要亮点：第一，功能农业产业进入综合示范阶段，功能农业虽说是“农”，但可点亮“旅游”和“康养”等三产服务业，渐成农业农村发展的“新动能”；第二，中国科技大学功能农业团队，根据各地政府所需，提供与其相适宜的功能农业发展综合解决方案，受到广大省市政府的欢迎；第三，功能农业产业生态建设上，树立起承德、晋中等实例样板，多项计划落地实施，一批“功能农业示范市”雏形渐显；第四，“百万亩级示范”列入多省市“十三五”，多位政府要员对功能农业的重视进入战略层面，如承德市委周仲明书记、河北省委赵勇副书记、山西省委书记骆惠宁、省长楼阳生和副省长郭迎光。这些都显示，2020 年占比 1%的目标，完全有可能实现。

这是功能农业提出九年来，功能农业产业发展第三个《年度报告》，我们回顾了一年来中国功能农业产业的重要进展，展望了未来一年的发展趋势和重要举措。编写中遵照：不夸大、重综合、前瞻性、可借鉴和着重新进程的五点原则。与 2015 年、2016 年年报构成年报系列，希望借此，给政府、产业界和学术界，从宏观全局角度了解功能农业产业的最新发展动态，打开一扇窗口，为其制订相关计划，提供有价值的参考。

1　功能农业——开启农业 3.0 时代

功能农业，即让农产品有功能。它是 2008 年由赵其国院士在《中国至 2050 年农业科技领域发展路线图》编制过程中在全球首次提出。具体是指通过生物营养强化技术生产出具有健康改善功能的农产品（如：富硒、富锌、富钙功能农产品），其使命是解决人们微量营养缺乏的“第二种饥饿”——也叫“隐性饥饿”。

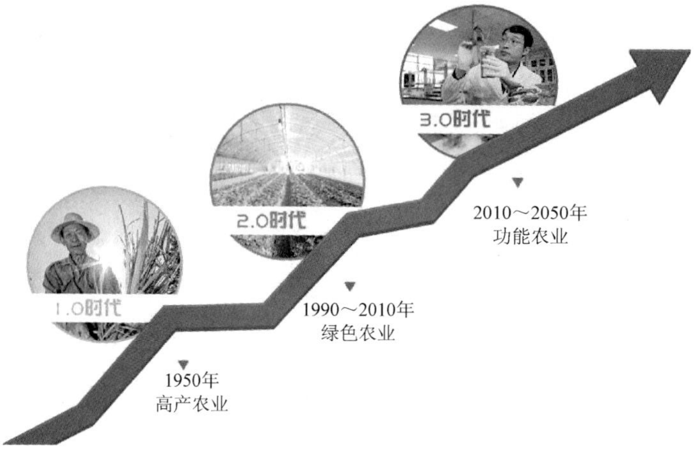

图 1　功能农业——农业 3.0

它是继高产农业、绿色农业之后的第三个发展阶段。高产农业解决了人们“吃饱”的问题，绿色农业解决了人们“吃得安全”的问题，功能农业主要是希望解决人们的“吃得健康”的问题，属于农业 3.0。因此，功能农业不仅开启了人们“吃的未来”，还将成为我国农业农村发展的“新动能”。

赵其国院士预测：2020 年，全球将推出 80～100 种功能农产品，仅中国产值就将达 1000 亿元；功能农业的占比 2020 年将达到 1%，2030 年 10%，2050 年 50%以上。

功能农产品，是功能农业所生产的产品，广义上讲是指对人体健康有益处的农产品，狭义上讲是指所含功能物质已能够标准化的农产品。它有两个重要的衡量标准：一个是在宏观感知上或者微观指标上有促进改善身体机能的作用，比如，提高血硒水平；另一个是能够标准化生产，生产的农副产品中某一种或者几种必需营养元素达到规定的标准。

功能农业也是一项新兴的农产品增值技术。功能农业以对农产品营养品质提升、满足了消费者健康需求，把农业从“吃饭产业”变为了“健康产业”，带动“农业增效、农民增收、人民增寿”。

尹雪斌博士于 2016 年发表了新著——《硒故事》，以 30 则形象有趣的小故事向读者普及硒知识，让读者在一小时之内成为“硒专家”。这一著作与此前的《功能农业》，成为该产业的入门读物。

图 2 《功能农业》《硒故事》专著封面

2 功能农业产业生态——不可缺失的“环”

功能农业方向确立后，为了实现功能农业的有序、快速发展，将在我国率先构建“横 7 纵 8”的功能农业产业生态。经过九年的实践，发现这些环节均不可缺失。

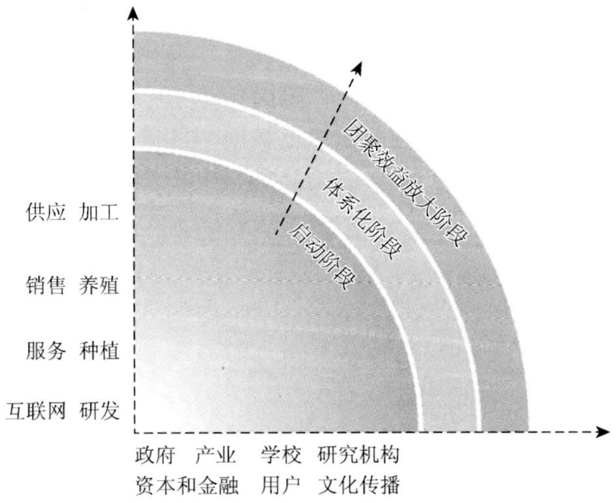

图 3 “横 7 纵 8”

在这个生态系统中，硒谷科技等功能农业技术领军企业，加上近百家具有一两个“单品冠军”品种的农业、食品企业及其营销系统，构成我国功能农业产业体系，这个产业体系与消费者（用户），又共同构成了功能农业的产业生态。产业力量与政府力量、社会力量，是功能农业产业发展的三大力量，均不可或缺，需要分工协作，形成合力。政府资金和政策最终会起到四两拨千斤的效果。

功能农业产业生态过程会经历三个阶段：启动阶段、体系化阶段、团聚效应放大阶段。每一个阶段短则 3～5 年，长则 5～10 年。

产业生态构建的承德案例。承德市以创建我国首个“功能农业扶贫综合示范区”、首个“功能农业扶贫示范市”为目标，结合京津冀一体化、扶贫开发和承德市绿色发展战略，计划经过 10 年发展，实现百万亩以“富硒为主、多元复合”的功能农业综合示范，为承德农业、旅游康养产业，赋予“功能”标签。目前，承德市政府已委托中国科技大学先进技术研究院编制“承德功能农业（扶贫）综合示范区”发展规划，由承德市政府牵头，与苏州硒谷科技、上海凯普庭共同发起成立了承德市功能农业产业引导基金，这是我国首只功能农业产业引导基金。同时，成立承德市功能农业工程技术研究中心、功能农业院士工作站承德站、功能农业研究所，支持硒谷科技合作建设中国（承德）功能农业产业研究院，承德功能农业产品检测与认证中心，开展 10 个“单品冠军”培育，并联合起草标准，重点推动承德硒缘农业、缘天然集团等龙头企业跻身功能农业产业“第一方阵”，把承德建成功能农业产业河北中心和全国先行区、样板区。

图 4　承德市签约国内首个功能农业扶贫综合示范区协议

3　功能农业的科技发展动态

国际合作预研项目（NBP）启动仪式在北京科技会堂隆重召开。2016 年 4 月 8 日，会议由国际硒研究学会（ISSR）主席、美国农业部农业研究中心 Gary Bãnuelos 教授主持，国际硒研究学会秘书长尹雪斌博士、中国营养学会微量元素副主委霍军生研究员、中国农业科学院生物技术研究所副所长张春义研究员、中国科技大学先进技术研究院高工刘文教授出席会议并作精彩报告，标志着该项目隆重启动了。与会专家表示将积极支持，并全力参与由国际硒研究学会牵头、秘书处单位中国科学技术大学组织的 NBP 国际合作预研项目。一直以来关于硒与长寿关系的报道很多，据报道我国长寿之乡多为富硒区，如广西巴马、宜春温汤、安徽石台、海南澄迈和江苏如皋，但尚缺乏系统、直接的实证研究报告。NBP 计划在我国遴选 4～6 个天然富硒和人工干预地区作为首批研究基地，开展硒与人体健康关系的实证研究。

图 5　国际合作预研项目（NBP）启动仪式

国际 NBP 合作项目执行办公室揭牌成立。为高效推进 NBP 计划，国际硒研究学会授权位于中国科技大学的国际硒研究学会秘书处设立国际天然生物硒强化计划（NBP）项目办公室。

图 6　NBP 项目执行办公室揭牌仪式

2016 年 6 月 10 日，在国家科技部主办的“2016 蔬菜优良新品种新技术示范与推广国际培训班”上，硒谷科技袁林喜博士受邀为来自巴基斯坦、埃及、泰国、蒙古、越南等多国的农业官员作了题为“Functional Agriculture in China（功能农业在中国）”的专题报告。这是 2014 年以来袁林喜博士第三次受邀讲授功能农业，极大地推动了中国功能农业的理念与案例走出国门。

图 7　硒谷科技受邀为多国农业官员讲授功能农业

首个功能农业系统的行业标准通过专家审定。由硒谷科技与中国科技大学等联合起草的《富硒农产品》行业标准，2016 年 10 月，通过专家论证，这为功能农业产品的标准体系再添新丁，为功能农业的标准化生产提供了丈量的尺度。

图 8　《富硒农产品》供销合作行业标准通过审定

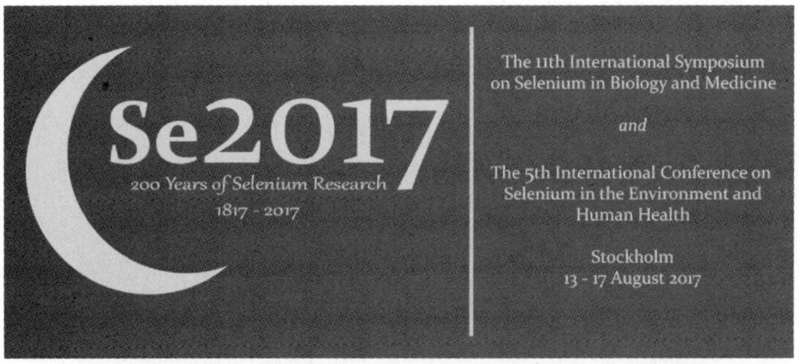

图 9　第五届国际硒与环境和人体健康会议

第五届国际硒与环境和人体健康会议将于 2017 年在瑞典召开。第五届国际硒与环境和人体健康会议将于 2017 年 8 月 13～17 日在硒发源地瑞典召开，由瑞典卡洛琳斯卡研究院和中国科技大学联合主办，尹雪斌博士为共同主席，隆重纪念硒发现 200 周年，预计将有 500 位全球科学家与会。

4　功能农业科技创新网络发展

中国硒学会筹备研讨会成功召开。2016 年 1 月 27 日上午，国际硒研究学会秘书处发起并邀请中国科技大学、中国农业科学院、中科院南京土壤研究所、中华全国供销合作总社、中国地质大学（北京）、华中农业大学等 15 家科研院所的专家学者于苏州召开中国硒学会筹备研讨会，会议由国际硒研究学会秘书长尹雪斌博士主持。与会专家十分赞同成立中国硒学会（国际硒学会中国分会），希望抱团发展，合理分工，形成国际硒研究领域的“中国声音”，现已经国际硒学会批准。目前，已形成由来自中国科技大学、中国农科院、中国疾控中心、华中农业大学、西安交通大学等科学家组成的轮值主席团。2017 年，中国硒学会将借助硒发现 200 周年，召开系列学术活动，团聚中国硒学的有生力量，形成硒科技“第一方阵”。

图 10　国际硒学会中国分会筹备研讨会

国际硒发现 200 周年办公室揭牌成立。自 1817 年永斯·贝采利乌斯发现硒元素，到 2017 年是硒发现 200 周年，国际硒研究学会（ISSR）希望借此机会，计划在全球由所在国科学家发起开展系列纪念活动，其中，在中国联合地方政府和科研单位，召开十场纪念活动，促进硒的科学普及。为指导、促进有关活动，2016 年 7 月 14 日，国际硒研究学会主席 Gary Bãnuelos 博士授权位于中国科技大学的国际硒研究学会秘书处，设立了“硒-200 周年纪念活动办公室”。

国际硒发现 200 周年首场纪念活动在广西贵港召开。2016 年 12 月 2～4 日，国际硒研究学会联合广西农业厅、广西农业科学院、贵港市人民政府主办“广西富硒农业发展暨第二届富硒功能农业学术论坛”在广西贵港成功召开。这是国际硒研究学会“硒-200 周年纪念活动办公室”的首场活动，参会代表达 1000 余人。

2016 年 12 月，广西农科院联合中国科技大学团队建立了广西功能农业工程中心，还在全国率先建立“生态功能农业研究所”，这是我国农科院体系中首个专注功能农业研究的事业单元。

中茶院加入功能农业大家庭，联手促功能茶业发展。中华供销总社茶业科学研究院（中茶院）在茶叶研究享有盛誉，是中国茶叶标准化技术委员会和国际 ISO 茶标准的依托单位，2016 年 11 月 4 日中华供销总社茶业科学研究院尹炜院长与尹雪斌博士团队，达成共建“功能茶叶研究中心”意向，意在联合推动功能茶叶的行业标准、国家及国际标准的建设，开展功能茶叶的认证工作，与龙头携手做大中国茶。

5 功能农业产业发展开启综合示范模式

功能农业产业生态建设上，树立起承德、晋中、六枝特区、“山西农谷”等实例样板，多项计划落地实施，一批“功能农业示范市”雏形渐显。2016 年，多地政府和龙头企业与功能农业技术第一品牌硒谷科技合作，发展功能农业产业的综合示范区，“承德功能农业扶贫综合示范区”“六枝特区山地功能农业扶贫综合示范区”“晋中丘陵功能农业（扶贫）综合示范区”等相继建立，产业上“功能农业+”的综合示范模式在各示范区相继得到实践。“百万亩级示范”列入多省市“十三五”，多位政府要员对功能农业的重视进入战略层面，如承德市委周仲明书记、河北省委赵勇副书记、山西省委书记骆惠宁、省长楼阳生和副省长郭迎光。

宏观的产业结合方面，体现为“功能农业+”，这是个什么概念？

这是指功能农业+各相关行业形成的产业网络，从而构建功能农业产业生态。功能农业与农业、食品业、保健品行业、体检与健康管理业、保险业、互联网、养老业、养生产业、旅游业、教育与传媒等，都可以建立起紧密关系，实现 1+1＞2 的效果。

中国功能农业产业的十大模式。从宏观到微观，功能农业产业发展存在着不同的模式。宏观的区域上来看，中国存在区域性十大模式。在中国广袤的土地上，依据原有的农业生态类型存在着“生态高值型功能农业”十大模式，本着宜粮则粮、宜果则果、宜渔则渔、宜茶则茶的原则，在原有产业特色的基础上，着重提高其健康功能内涵，并注重和深加工、旅游等二、三产业联动，当作大农业来经营。产业上，结合“万亩功能农业示范区”的实施方式，使功能农业成为中国生态高值农业体系的支撑和亮点。

十大模式：①长三角城市群郊区生态高值农业模式；②华中种养加一体化农业圈层模式；③西南山地立体农业生态高值农业模式；④南方亚热带特种农林果综合开发模式；⑤滨海滩涂农业综合开发利用模式；⑥黄淮海平原粮养加农业综合模式；⑦东北平原粮食基地综合开发利用模式；⑧西北寒旱区农牧综合开发模式；⑨北部漠境盐湖综合整理开发模式；⑩黄土高原水土保持及农林果流域开发模式。

6 功能农业产业已进入加速发展阶段

全国人大关注。郭凤莲、申纪兰、郑孝和三位人大代表：建议将功能农业列入我国“十三五”规划。十二届全国人大四次会议上，全国人大代表、全国人大常委会委员、昔阳县大寨村党总支书记郭凤莲，第一届至第十二届全国人大代表申纪兰，全国人大代表、安徽天方茶业（集团）有限公司董事长郑孝和，建议将功能农业列入我国农业“十三五”规划。郭凤莲还建议加大对功能农业方向的科研支持，加大功能农业示范推广力度，加强功能农业标准和协会（联盟）建设。

郭凤莲　　申纪兰　　郑孝和

图 11　全国人大代表提出大力发展功能农业

全国政协关注。九三学社中央资环委常务副主任邹晶、九三学社中央资环委会委员窦观一先后来访硒谷科技。通过对中国科大功能农业实验室、硒谷科技、太仓东林村等实地调研，对功能农业方向的重大意义，以及与我国农业供给侧改革、扶贫开发战略的关系，给予了高度评价，并通过九三学社中央向全国政协提交了“关于重视发展功能农业的建议”及两会提案。

河北样板：围场县—承德市—河北省的“三级跳”。先是 2016 年初我国首个十万亩功能农业示范区在河北围场开建。5 月 6 日，河北省承德市人民政府与江苏省硒生物工程技术研究中心及硒谷科技三方共同签署了《承德功能农业扶贫综合示范区战略合作框架协议》。这标志着中国国内首个功能农业扶贫综合示范区正式落户河北承德，功能农业在承德市进入全域发展阶段。根据协议，承德市将面向打造我国首个“功能农业扶贫示范市”，为农业供给侧改革和扶贫开发蹚出一条新路。

图 12　十万亩功能农业（马铃薯）示范区签约仪式

2016 年 7 月 30 日，承德有机 • 功能农业现场观摩交流会议在围场满族蒙古族自治县召开。国家认监委副主任王大宁，全国供销总社科技教育部部长闵学冲，省质监局副局长王普增，省供销总社副主任郭志江，市委书记周仲明，市长常丽虹，市委常委、市委秘书长刘文勤，副市长吴清海出席观摩交流会。

图 13　承德有机 • 功能农业现场观摩会在围场召开

周仲明说，承德作为一个农业大市，发展功能农业潜力巨大，前景广阔。功能农业作为农业产业供给侧结构性改革的一个重要引擎，是带动农村农业闯出一条以科技为依托、靠质量作保证、凭效益求生存的新路子，更是满足有效供给、大力提高农村农产品综合效益、满足消费者健康需求、引领百姓致富的多赢之路。

图 14　功能农业扶贫专题报告会暨集中签约揭牌仪式

周仲明强调，各县区要根据市委、市政府印发的《加快功能农业扶贫综合示范区建设若干意见及建设推进方案》制定本县区规划和政策，打造一批规模合理、不同主题的富硒功能农业扶贫示范区，打造功能农业“单品冠军”的产业集群。

2016 年 11 月 17 日上午，承德市功能农业扶贫专题报告会暨集中签约揭牌仪式举行。周仲明进一步指出，承德市要大力发展以富硒为先导、富含多种元素、促进健康的功能农业，建设“全国功能农业示范市”。

随后，周仲明和嘉宾、专家一起参加了承德市功能农业集中签约启动揭牌仪式，并为中国（承德）功能农业产业研究院、河北承德功能农业产品检测与认证中心、苏州功能农业院士工作站承德站、承德市功能农业工程中心和承德市功能农业产业联盟揭牌。

会上，承德市与中国科大、硒谷科技等相关单位先后签订了《承德市功能农业扶贫综合示范区发展规划编制协议》《承德市功能农业产业扶贫引导基金合作协议》《2017 年承德市八县功能农业战略合作协议》等相关协议。

图 15 河北功能农业品牌推介会

河北开始全省布局。在承德市的示范带动下，邢台市柏乡县拟与中粮集团、五得利集团等战略投资者合作，打造全国最大的功能主粮及深加工产业集群。张家口市在鲜食玉米和“张杂谷”的功能化上，拟开展示范合作。河北省农业厅先后起草了《关于促进功能农业发展的指导意见》，并通过了专家论证。还在昆明农博会上，把功能农业列为河北重点发展的四大农业之一，并召开了功能农业专题品牌推介会，推介围场富硒马铃薯、柏乡富硒面粉等“单品冠军”品牌。

功能农业产业需要产业链上“研、种、养、加、供、销、服、网”八个环节联动，才能实现优质标准化功能农产品从田间到餐桌。互联网作为一项新兴的信息技术，能够弥补产品走向市场的“最后一公里”。鉴于硒谷科技领先的功能农业产品全程质控服务能力，和河北慧聪在农产品 B2B 推介能力方面的互补性，双方将联手打造“河北功能农业产品虚拟 B2B 中心”——“河北功农城”，使之成为功能农业产品“出河北，进河北”的总入口，双方还将在河北及全国开展合作。

“山西加速度”：功能农业列为全省农业战略。2016 年 11 月 22 日山西省郭迎光副省长在看到尹雪斌博士在《中国科学报》发表的“我们的未来农业——功能农业”后，即签批给农业厅、晋中市和“山西农谷”领导小组成员。并于 2016 年 12 月 1 日，邀请尹雪斌博士到山西省政府做了功能农业专题交流，认为功能农业是当前破解“三农”问题的有效抓手，是农产品“质量”提升的重要支撑，并委托尹雪斌博士于次日，提交了《关于山西功能农业示范省建设的报告》，在全省布局功能农业发展。2016 年 12 月 6 日，副省长郭迎光到晋中市太谷县考察“山西农谷”建设，指出“山西农谷”建设过程中要以功能农业开发为引领，建成山西功能农业的龙头。目前，“山西农谷”建设定位已通过山西省政府常务会议。在不到一个月时间内，山西启动了全省功能农业发展筹划，充分体现出在创新发展上的“山西加速度”。

功能农业成为农业发展的一个新兴而诱人的方向。2017，对于山西来说，发展功能农业的号角已吹响。2016 年 12 月 29～31 日，刚刚结束的中共山西省委十一届二次全体会议暨经济工作会议指出，要“在推进功能农业发展上实现重大突破，把产品调特、品质调高、产业调强、结构调优”。这是省委站在全局和战

图 16　郭迎光副省长亲切接见尹雪斌博士

图 17　郭迎光副省长在太谷考察

略高度，根据山西省情大力推进农业发展，促进农业增效、农民增收作出的决策部署。《山西日报》为此发表整版特稿《深入贯彻省委十一届二次全会暨经济工作会议精神系列述评之五——2017 如何推进发展功能农业》。这标志着功能农业已经进入山西省战略，这是我国首个省份把功能农业作为农业农村“破题”的抓手和农业突破发展的主要方向，因此，山西省有望成为我国首个“功能农业示范省”。这在我国和世界功能农业产业发展历史上，是一个重要的里程碑事件！

我国首个山地功能农业（扶贫）综合示范区落户六枝。2016 年 6 月 14 日，对六枝特区来说是个农业发展划时代的日子，当天，中国科技大学功能农业团队与六枝特区共同签署了功能农业（扶贫）综合示范区战略合作备忘录，这标志着我国首个山地功能农业（扶贫）综合示范区落户六枝。这给六枝特区的特色农业产业发展进行了全新的定位，为六枝特区的脱贫攻坚注入了强大的生机与活力。此外，在贵州的遵义贵三红辣椒、安顺的黄果树瀑布景区的“黄果”，均开始示范。

图 18　六枝特区领导来访硒谷科技

硒谷科技与中盐国本签署战略合作协议。此次协议签订后，双方将本着“联合第一做第一”的原则，共同开发“食盐+功能农业”新产品——功能盐，双方还达成了“互为唯一”的合作共识，携手让食盐成为中国人矿物元素健康管理的窗口。中盐集团的加入为央企参与功能农业开启了一个新起点。

天然富硒区。我国有多达十个天然富硒区，如广西壮族自治区、恩施州、安康市、宜春市、桃源县、石台县、重庆江津区、淄博淄川区等，这些是我国发展富硒功能农业非常宝贵的资源。天然富硒区政府对富硒功能农业发展都非常重视，有些地区已经做出了不错的成绩。广西农科院率先建立了功能农业研究所，并在贵港打出联合中国科大团队、广西农科院建立“中国硒港”的目标；恩施州成立了硒资源保护与开发局，这是我国首个专门的硒相关局办，率先每年举办恩施硒博会，成立了富硒研究院，建立了第一个国家硒产品检测中心。安康市也建立了中国富硒产业研究院，宜春市代表团 2017 年元旦期间即来访中国科大苏州研究院、硒谷科技商洽战略合作，成为“2017 功能农业第一访”。桃源县作为我国天然富硒起步较晚的县域，2017 年显示出强劲的发展势头，成为加速发展的一个典型。石台县天方集团在富硒茶创新营销方面，提出了“一亩富硒茶山”模式。

图 19　硒谷科技-中盐国本签约仪式

桃源：“富硒功能农业第一县”。桃源县委、县政府为了结合桃源天然富硒优势，抢抓功能农业发展机遇，构建辐射湖南全省的富硒功能农业创新示范高地和综合服务中心，作为县委“一号文件”出台了《关于加快富硒功能农业产业发展的若干意见》，据悉这是我国首个以功能农业发展为主题的“一号文件”。桃源县政府还将联合中国科技大学尹雪斌博士团队，开展桃源县富硒功能农业发展规划，共同建设桃源县“一院六中心”，以“湖南第一、全国三强、世界影响”为总体目标，使桃源整体跻身全国富硒功能农业产业“第一方阵”，建成全国首批“功能农业示范县”。

天方“一亩富硒茶山”模式，引入“互联网+”“众筹”新思路。2016 年天方茶业实施了“认领一亩富硒茶山，喝上自家富硒好茶”的会员制营销模式。这是继江苏农垦富硒米卡会员营销后的又一创新模式。目前已在全国举行了多场推介活动，成为功能农业体验式营销的重要尝试。

图 20　“新华人”皖南茶乡行

7　功能农业产业组织发展

在中国功能农业产业联盟之后，2016 年 11 月，全国农业科技创业创新联盟功能农业分联盟在京正式揭牌成立，功能农业分联盟成为全国农业科技创业创新联盟首个分联盟。功能农业分联盟由中国科技大学先进技术研究院功能农业工程中心、苏州硒谷科技有限公司等单位共同发起筹建，组织协调工作具体由苏州硒谷科技有限公司负责，尹雪斌博士任理事长。全国农业科技创业创新联盟是我国农业领域唯一的双创联盟组织，在授牌仪式上，双创联盟理事长刘坚亲自颁牌。

图 21　全国农业科技创业创新联盟功能农业分联盟正式揭牌成立

为进一步团聚各方力量，带动功能农业科技创新和产业发展，经与中国产学研促进会多次商讨，决定由中国科技大学和苏州硒谷科技牵头成立中国功能农业产业技术创新战略联盟。这将成为全国功农人之家，也将成为中国功能农业产业技术创新的源头，扮演着功能农业科技和产业“第一方阵”组织者的角色。

自从在安徽省成立首个功能农业产业联盟后，相继，山西晋中市建立了“晋中市功能农业产业联盟”，2016 年承德市功能农业产业技术创新战略联盟也揭牌成立。联盟发起单位有承德功能农业工程技术研究中心、苏州硒谷科技有限公司等 56 家企事业单位。

图 22　承德市功能农业产业技术创新战略联盟成立大会

目前，有意加入中国功能农业产业技术创新战略联盟的单位、团体和龙头企业超过百家。2017 年，全国联盟还将指导、支持更多省市筹备成立地方功能农业产业联盟。这样一个涵盖国家、省、市、县四级联盟的体系就能形成，可更好地服务、带动中国和区域功能农业发展，在全球树立样板。

8 功能农业 2017 预测

功能农业从 2008 年走来，至今已经九年。在这九年里，从与赵其国院士合著领域首部专著——《功能农业》，到牵头首个系统的行业标准，再到创立首个功能农业工程中心，推动广西首个功能农业研究所建立，筹划承德功能农业产业研究院，筹备中国功能农业产业技术创新战略联盟，在中国科大周围，团聚形成了越来越大的功农人群体。几年前国际硒学会的建立，在国际创新网络建设上，亦不断迈出新步伐，一大批国际著名机构成为这一创新网络的重要节点。

2017，功能农业的新发展会进一步蓄势，但愿在我们周围涌现出更多“首个”，让中国创造，为全人类造福，望与全球科学家们一道，筑起功能农业科技的“第一方阵”。

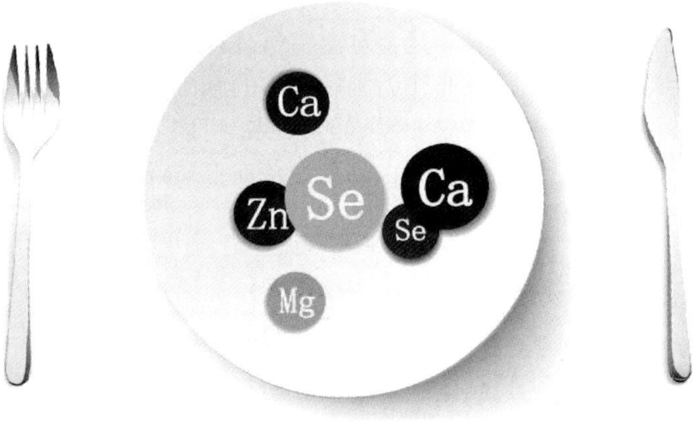

图 23 功能农业——补充人体所需微量元素

在此刻，我们预测 2017 年的功能农业关键词有三：“综合解决方案”、“单品冠军”和“第一方阵”。

图 24 功能农业的 2017 关键词

很多地方政府和大型龙头企业，想发展功能农业，所需要的不是某个产品，而是一套综合解决方案。比如地方政府希望透过综合解决方案，知道地方应该做怎样定位，在全国乃至全球功能农业的产业格局中，才能占有一席之地；可以树立怎样的目标，长远目标和近期目标；实现它，需要怎样的路线图，按照怎样的时间表。

“单品冠军”是功能农业发展的必由之路。一地政府和龙头企业要想在大产业格局中，占据领先，必须高度聚焦，在最具优势的品种上，投入最大的人财物来打造区域及全国的“单品冠军”产品。我们判断 2017、2018 是中小企业开展“单品冠军”打造的最后机会，随着大企业的苏醒，他们将成为打造“单品冠军”的主力军。

“第一方阵”就是行业的领军单位或企业的集群，就好像苹果、三星之于智能手机行业一样。处于“第一方阵”者通常是功能农业相关标准的制定者，影响着功能农业的发展方向，是特定领域内规模最大、市场份额最高、利润最为丰厚的企业。所以，我们希望 2017 团聚更多中国地方政府和伙伴们，培育一批“单品冠军”，整体跻身“第一方阵”，一起把功能农业做成“中国机遇”！

低碳农业

赵其国 [1]　黄国勤 [2]　钱海燕 [1,3]
1 中国科学院南京土壤研究所，南京　210008
2 江西农业大学，南昌　330045
3 江西省山江湖开发治理委员会办公室，南昌　330046

摘　　要

农业生产与全球气候变化紧密相关，农业是全球温室气体排放的第二大重要来源，同时，气候变化又影响着农业的发展。面对全球气候变暖，农业作为国民经济的基础产业，在节能减排中应当有所贡献。本文通过农业低碳发展的必然性，提出了低碳农业发展的领域、可能途径以及发展机制，为响应低碳经济，应对全球气候变化提供科学决策，促进现代农业由高碳经济向低碳经济转型，实现农业的可持续发展。

关键词　低碳；低碳农业；温室气体；碳收支

自 1750 年工业革命以来，支撑人类社会经济活动的主体能源是化石能源，由此建立起来的采掘业、冶金业、石油化工、交通运输、航天航空、电力工业、制造业等等，都直接、间接和无机碳和有机碳（化石能源）的消费或生产有关，人们称之为高碳经济时代。所谓高碳经济是以依靠化石燃料石油、天然气、煤炭为主要能源，以高耗能、高排放、高污染为特征的经济发展方式。受这种经济发展方式影响，目前全球正在经历一场以变暖为主要特征的气候变化。全球大气中 CO_2、CH_4、N_2O 等温室气体的浓度迅速增加，使地球表面的生态环境遭到破坏，成为涉及人类生存和发展的重大问题，其中 CO_2 浓度的升高是造成地球温室效应的一个主要原因[1]。目前全球 CO_2 的浓度当量是 435mg/L，与 19 世纪（285mg/L）相比，增加了 52.6%，如继续，在 21 世纪末 CO_2 的浓度当量很有可能达到 755mg/L，将使全球气候增加 5℃，后果不堪设想。到 2050 年，要实现全球气候变暖控制在 2℃以内，这将要求世界主要经济部门都应该要达到碳的零排放，这意味着全球必须积极采取相应措施，找出一条应对气候变化的根本出路，从而摆脱对化石燃料的过分依赖，实现经济转型，实现全球经济社会的可持续发展。以低能耗、低污染、低排放为基础的低碳经济也将应运而生。

农业生产在全球温室气体循环中占有重要地位，其温室气体排放量介于电热生产和尾气之间，是全球温室气体排放的第二大重要来源[2-4]，同时由于温室效应而引起的气候变化又严重影响到农业生产。农业土壤固碳减排与发展低碳农业作为减缓全球气候变化的有效措施已经越来越受到世人的强烈关注。低碳经济背景下，低碳农业已经从理论构想逐渐转向了科学实践。

1　低碳农业的背景——低碳经济

所谓低碳经济是指依靠太阳能、风能、水能等可再生能源为主要能源，以低能耗、低排放、低污染为特征的新型经济发展方式，其实质是大力提高能源效率和优化清洁能源结构，核心是能源技术创新和制度创新，目标是减缓气候变化和促进人类的可持续发展[5-6]。

关于“低碳经济”概念最早源于 2003 年英国能源白皮书《我们能源的未来：创建低碳经济》。其总体目标是到 2020 年 CO_2 的排放量比 1990 年减少 20%，2050 年减少 60%左右，建立低碳经济的发展模式。目前，低碳经济已成为全球热点，被誉为人类第四次“技术革命”。欧美等国家已大力推进以高能效、低排放为核心的“低碳革命”，着力发展“低碳技术”，并对产业、能源、技术、贸易等政策进行重大调整，以抢占先机和产业制高点。

本文原载《土壤》2011 年第 43 卷第 1 期第 1-5 页。

低碳经济是党中央坚持可持续发展四大战略措施之一。2007年，国家主席胡锦涛在亚太经合组织APEC第15次领导人会议上郑重指出：气候变化从根本上说是发展问题，只有在可持续发展的前提下才能妥善解决，应该建立适应可持续发展要求的生产方式和消费方式，优化能源结构，推进产业升级，发展低碳经济，努力建设资源节约型、环境友好型社会，从根本上应对气候变化的挑战。这次会议明确主张发展“低碳经济”。2010年上海世博会高峰论坛上，英国社科院院士尼古拉斯·斯特恩发表了《中国的发展、中国的城市与新的全球低碳工业革命》的演讲。斯特恩认为：由高碳经济向低碳经济的转变，必将带来新的工业革命。现在已经拥有最先进的生物技术、环境技术，拥有许多如人工培育形成生物燃料，或从大气中吸收CO_2发展技术前景以及其他新的技术突破，这些都有可能带来很强的低碳发展潜力。一些现有的技术，已经带来非常好的效果，一旦实现了低碳的增长，必然会带来非常清洁的、安全的、可靠的、生物多样性的增长模式。中国在现有低碳市场占有很大的份额，今后还会继续增长，事实上有可能实现每年50万亿～60万亿的市场规模。新的工业革命会进一步超越这些市场，将包括绿色农业、绿色林业、绿色建筑、绿色能源效率等所有的形式。实际上高效能源、低碳经济将会遍及世界各地，遍及各个行业。中国在低碳领域或扮演领军角色。

2 低碳农业

农业生产与全球温室气体排放密切相关。农业现代化要求农业设施现代化，很显然只有低能耗、低污染、低排出、高收益的农业机械才有生命力。现代农业要求农业科学技术现代化，要大力推广先进的节能降耗的资源节约型、生态环保的环境友好型农业技术，创新能源技术，提高能源利用效率和清洁能源比重。现代农业要求农业管理现代化，只有用先进的高效农业、清洁农业、安全农业的理念武装管理者头脑、制度指导工作，才能获得事半功倍的效果。显然，农业生产在重视经济发展的同时，发展适应气候变化、减少温室气体排放的低碳农业经济已迫在眉睫。

低碳农业可以看作是对现有农业发展模式的一种升华，一种在农业生产、经营、消费过程中实现碳能源的低消耗、环境的低污染、温室气体的低排放，并同时获得最大社会收益的农业发展形式；其本质是节约型、安全型、健康型、效益型经济[7]，其目的是减少温室气体排放，节约有限资源，改善农村环境，实现我国农业和农村可持续发展。

2.1 农业生产与碳循环

从20世纪70年代后期开始，全球碳循环研究成为国际和国内学界研究的持续热点，农业生产对碳循环的影响具有双重作用，既是碳“源”，又是碳“汇”。我国从20世纪70年代以来，通过植树造林、植被恢复等，使得每年森林吸收CO_2就占到全国工业碳排放的5%。同样，农业生产可以通过土地利用的变化、土地整治等增加碳“汇”，减少CO_2的排放，从而使农业生产由碳“源”变为碳“汇”。因此，土地利用/覆被变化对陆地碳库和通量的影响及其反馈成为当前国际上农业生产与碳循环研究的难点和热点。

2.1.1 农业生产的碳源效应

研究表明，导致气候变暖的人为因素有两方面：一方面是化石燃料燃烧和水泥生产等能源和工业过程直接向大气排放的温室气体，另一方面是土地利用变化影响温室气体源和汇的分别和大小[8]。目前关于农业生产与碳排放的研究内容主要包括土地利用变化、农业土地整治、农业生产水平与结构的变化等。土地利用变化是目前大气中碳含量增加的第二大来源，其作用仅次于化石燃料的燃烧[9]。据估算，1850～1998年间的上述两种排放中，土地利用变化及其引起的碳排放是人类活动影响总排放量的1/3[10]。根据Houghton和Cait[11]的结果推算，1950～2005年我国土地利用变化的累计碳排放量为10.6Pg C，占全部人为碳源排放的30%，占同期全球土地利用变化碳排放的12%。土壤中施用碳酸盐和重碳酸盐的溶解和释放过程产生大量CO_2；尿素施用过程中碳素的挥发性导致CO_2损失。因此施用石灰和尿素也会成为CO_2的排放源。一个广泛的观点是耕垦使土壤团聚体破碎，从而导致土壤有机碳的物流保护层破坏，使有机物暴露于微生物分解之下[12]。

2.1.2　土壤的碳库效应与固碳减排技术

对于农业生态系统，最大的碳库是土壤，土壤圈是碳素的重要贮存库和转换器，它含有的有机碳量占整个生物圈总碳量的 3/4[3, 13]，是大气中的 3 倍，是陆地生态系统重要的碳库。土壤有机碳的储量是进入土壤的植物残体量及其在土壤微生物作用下分解损失量二者之间平衡的结果，其受到农业用地面积、农业施肥、耕作方式等因素的影响。农业用地面积（耕地和牧场）的扩大和森林面积的减小，不但会降低地上植被碳库，还会引起地下土壤碳库的下降，加速有机碳的矿化，进而向大气中排放大量的 CO_2 和 CH_4 等温室气体，导致大气中碳浓度升高。近 20 年的耕地、林地、牧草地之间的土地利用变化，导致 1m 深土层的土壤有机碳蓄积量减少了（65.5±17.9）Tg C，折合年均减少（3.3±0.9）Tg C[14]。此外，有些地方通过农业产业结构调整，尤其是一些地方毁林开荒，或将耕地开发为水域等，都造成碳排放的增加。

以 CO_2 为主的温室气体减排，可以通过 CO_2 减排和固定来实现。所谓固碳也叫碳封存，指增加除大气之外碳库的碳含量，包括物理固碳和生物固碳。物理固碳是将 CO_2 长期储存在开采过的油气井、煤层和深海里。生物固碳就是利用植物的光合作用，提高生态系统的碳吸收和储存能力，从而减少 CO_2 在大气中的浓度，减缓全球变暖趋势。生物固碳包括通过土地利用变化、造林、再造林以及加强农业土壤吸收等措施，增加植物和土壤的固碳能力。

近年来的大量研究和实验表明，土地利用管理可影响 CO_2、CH_4 和 N_2O 的源和汇。采取一些农业措施如免耕、施用有机肥、秸秆还田（“旱重水轻”）等均能够增加土壤有机碳库储量。研究认为，施用有机肥可以迅速提高土壤有机碳含量，且影响是长久的，在植物残体等有机物质归还量较高的情况下，土壤能够固定更多的有机碳[15-16]。

2.1.3　温室气体排放深度对农业和粮食安全的影响

温室气体排放导致全球气候变暖、生态系统退化、自然灾害频发，极大地影响农业和粮食安全。气候因素是制约农业布局的决定性因素。因此，气候变化必将对农业产生广泛影响。在过去的 25 年，全球气候变化已经导致世界上一些地方的粮食作物减产。气温升高使得土壤有机质的分解速率加快，土壤对有机碳的固定减少。一般来说，湿热环境条件使土壤有机碳分解加快，热带地区土壤有机质的分解速率比亚热带和温带地区大。随着气候变暖，土壤对有机碳的固定减少。气温升高导致很多极端气候灾害的出现，也使农业结构、农业病虫害和农业气象灾害发生规律产生了变化，给农业生产造成了很大困难。气候变化将使新的害虫和疾病增加，使得农业生产的不稳定性增加，产量波动幅度增大。近 20 多年来，气候变暖导致我国农作物因旱受灾面积和粮食产量波动呈加大趋势。近几年每年受旱耕地面积约 2200 万 hm^2，因旱灾每年损失粮食 1000 万 t，最严重的 2000 年、2001 年损失超过每年 5000 万 t[17]。由于气候变暖会使农业需水量加大，而供水的地方差异也会加大，水资源短缺将成为农业生产的重要影响因素。为适应生产条件的变化，农业成本和投资需求将大幅度增加。

2.2　低碳农业研究的主要领域

2.2.1　农业生产过程碳排放研究

研究生产过程中的碳减排问题，主要探讨不同水平与结构的农业生产方式对化石燃料的消费。与化石燃料消费有关的农业生产过程包括：农业机械化程度，化肥、农药的使用，农产品加工、储存与运输，食物结构，集约化畜牧业发展等。这些要素皆与碳排放密切相关，因此通过农业生产的生物燃料代替化石燃料消费具有一定的潜力。而通过农业生产减少碳排放的许多措施具有“双赢”的效果。除实现减少碳排放之外，还具有提高土壤肥力、保护土地持续利用、节省开支、增加农产品种类的额外效益。

2.2.2　生产对象固碳效应研究

农业生态系统在碳的增汇减排中占有重要地位和作用，通过采用合理的农业管理措施，减少农田土壤释放CO_2或增强土壤固碳能力，增加土壤碳库的存量，提高土壤质量及其农业生产力，这样可以实现农业增产、农民增收、社会稳定、环境改善。杨景成等[18]认为，农田施肥通过增加土壤中作物残茬和根等有机质的输入、影响微生物量及其土壤呼吸特征来增加土壤有机碳含量。

Campbell 等[19]研究认为：长期施肥 30 年后土壤有机碳含量增加了 4%～6%。张付申[20]的研究发现：长期施用有机肥能显著提高土壤活性有机碳含量，施用化肥则提高惰性有机碳含量，提高了土壤有机碳的氧化稳定性。

2.2.3 农村生产生活过程中碳的低效利用及碳排放研究

能源消费具有副作用，在满足人类需求的同时还带来环境污染、生态破坏和气候变化。但随着经济发展，家用电器的普及带动了农村能源消费快速增长。根据“八五”到“十五”期间 15 年中国人均商品性生活用能的统计数据测算，2010 年，中国人均商品性生活用能将达 245.9kg 标准煤，农村发展对常规能源的需求将达到 3.5 亿 t 标准煤以上。因此，必须调整能源结构，积极转变农村能源服务的思维，形成开源、替代、减排、增收，构建分布式、自给式、低碳化的农村能源服务体系，开发农村生物质能源，发展能源农业的新思维。充分挖掘和利用农村太阳能、风能、水电、地热能等可再生能源和生物质能源，提高可再生能源和生物质能在农村能源消费中的比例。农村能源服务需要开发生物质能源以替代煤炭，降低农业生产过程对化石能源的依赖，探索生产生物柴油、乙醇汽油在推进农村液体燃料自给方面的可行路径，从而形成“低碳”经济模式和碳减排空间。

2.2.4 农业生态系统“碳收支”研究

在哥本哈根气候变化大会以及随后的气候会议中，美国代表团在“透明度”问题上对我国制造了压力。所谓“透明度”问题核心为“三可”，也就是“碳收支”的问题。关于“碳收支”研究，就是指从科学研究的角度论，就是指生态系统每年排放了多少温室气体，通过生态系统建设和其他努力又固定了多少温室气体，这就是所谓的“碳收支”。农业生态系统“碳收支”中的“支”即为排放，它主要来自能源生产利用、土地利用和畜牧业排放等。“碳收支”中的“收”即为固碳，即农业生态系统固碳和人为固碳。到目前为止，我国还没有在系统、严格的科学研究的基础上，获得被国际认可的排放系数，因此，国际上有关研究单位在计算中国的排放量时，作为无“排放系数”国家处理。对无“排放系数”国家，这些数据库都是在“全排放”的假定下给出排放量，这样就高估了我国的排放量。

在“透明度”机制下，国际上今后可能用编制国家排放清单、卫星监测加地面验证的方式来实现。因此，在尽早获得我国自己的各类排放系数、建立计算排放量的软件系统的同时，还需要建立我国的“碳卫星”监测系统和地面定点、移动校正系统。严格地说，发达国家已有的“嗅碳卫星”只能监测一国或一地区的“净排放”，即排放与固碳之间的差值，这样，农业生态系统还必须研究并确定土地利用排放、畜牧业排放、能源生产过程排放等，同时还要确定碳固定的时空变化，如农业生态系统的固碳速率、近期和远期的固碳潜力以及时空分布、重大农业生态工程已固定了碳量、增加固碳量的技术体系等。

2.3 低碳农业发展的可能途径[21]

（1）发展新型能源，推广清洁技术。以生物燃料代替化石燃料，减少农业生产中的碳排放。农业生物燃料有广阔的发展空间，每年可代替化石燃料消费的 8%～27%。

（2）优化耕作制度，提高利用效率。气候变暖有利于发展多熟种植，应因地因时提高复种指数，调整耕作制度，改变农业经济结构。合理的轮作可以加速农田土壤碳的汇集，在轮作中加入长绿牧草可以增加土壤碳含量。提高耕地利用率可增加土壤碳吸收，减少冬闲田和裸地则会降低土壤碳排放。

（3）培育优良品种，强化节能减排。培育或引进高光效、抗高温、抗干旱、抗病虫害作物品种，将固碳减排的关口前移，延长减排链条，从源头上实现节能减排的目标，以确保在不利生态环境中稳定与提高作物产量，扩大碳的吸收与存储。

（4）改进施肥技术，优化养分管理。发展生物多样性农业，实施测土施肥，减少化肥和农药的使用量；

实施有机肥与无机肥的配施。

（5）实施保护耕作，减少碳素流失。包括机械化秸秆还田，秸秆收获打捆，覆盖免耕等。结合秸秆还田的保护性耕作，可减少土壤中碳的流失。

（6）合理开发草业，保护草地资源。改良天然草地，扩大人工草地，既能减少土壤碳排放，又有利于提高产草量，促进畜牧业生产，增加碳储存。同时还要保护草地资源，严禁破坏草地，防止草地沙荒化，保护农业生物多样性。

（7）发展生物能源，提升利用水平。提升农副产品深加工水平，扩大秸秆资源化比例；推行过腹还田，发展沼气；研制生物肥料、加强生物能源的商品化技术研究与推广等。

（8）整治养殖污染，发展新型模式。整治养殖业分散粗放的养殖模式，实施规模化养殖，减少畜牧业的污染与碳排放。

2.4　低碳农业发展机制

低碳农业的发展离不开国家制度的支持。就低碳农业发展机制而言，要着重从 5 个方面入手，不仅要提供法律保障，还要提供技术、服务等保障。

（1）完善相关法律法规。中国政府分别于 2003 年 1 月和 2008 年 8 月颁布了《中华人民共和国清洁生产促进法》和《循环经济促进法》，这两项法律的实行都带来了很好的效果。但是要进一步发展可再生能源，需要制定和实施有助于低碳经济发展的经济政策。

（2）转变农业增长方式。最新的增长理论是一种学习型的理论，是要将一些新的措施不断加以转换，新的技术不断加以运用，实现与环境之间的互动，实现对于消费和生产方面的互相影响。据估计，中国污染的 23%都由生产出口产品造成。这是一种高碳且不可持续的经济。必须要有战略、政策和具体措施限制高碳污染出口产品的生产。

（3）大力依靠科技进步。在发展和使用本国低碳经济技术的同时，积极引进国外先进技术。一是吸引拥有技术的外国企业投资，鼓励他们在中国建设低碳设备；二是中国利用现有的多边环境条约下的国际机制来吸引技术。

（4）民众广泛参与。低碳经济并不仅仅是一种技术选择，也是一种社会选择。生活方式和习惯将给未来排放带来相当的影响，因此应该鼓励民众选择低碳生活方式和消费方式。

（5）建立碳市场。尽管对于碳市场的使用提出质疑，但是碳的价格可以通过很多方式来制定，通过征税或者通过监管，能源效率的进一步提高将对人类的发展提供很大的贡献，并且能让公众理解保护环境的重要性。公共交通工具以及高效智能的电网网络的使用，清洁能源的销售，加上一系列的金融架构的建立以及风险的分担，更有助于低碳经济的发展。

3　前景和展望

低碳农业是在应对全球气候变化中应运而生的新生事物，是一种绿色模式。而这种全新的模式所带动的则是“低碳农业经济”的发展，是一种全新的以低能耗和低污染为基础的绿色农业经济。迄今世界上还没有一个国家的农业现代化是建立在低碳经济的发展模式上的，中国正在走出一条低碳农业的发展之路，这将是国家农业发展方式的重大创新。在经济发展的同时，抓好低碳农业建设，降低农业生产温室气体排放，缓解能源结构矛盾，有助于优化农村生态环境，提高农民生活质量，促进社会主义新农村建设，从而推动现代农业的可持续发展。

参 考 文 献

[1] 张厚瑄. 农业减排温室气体的技术措施. 农业环境与发展，1998，（1）：17-22.

[2] IPCC. Climate Change 2007：Mitigation of Climate Change. Contribution of Working Group III to the Fourth Assessment Report of the Intergovernmental Panel on Climate Change. Cambridge.United Kingdom：Cambridge University Press，2007：63-67.

[3] 马友华，王桂苓，石润圭，等. 低碳经济与农业可持续发展. 生态经济，2009，（6）：116-118.

[4] 董红敏，李玉娥，陶秀萍，等. 中国农业源温室气体排放与减排技术对策. 农业工程学报，2008，24（10）：269-273.

[5] 方涵. "低碳经济"概述及其在中国的发展. 经济视角，2009，(3)：45-46.
[6] 邢继俊，赵刚. 中国要大力发展低碳经济. 中国科技论坛，2007，(10)：87-92.
[7] 王昀. 低碳农业经济略论. 中国农业信息，2008，(8)：12-15.
[8] Houghton R A. Land-use change and the carbon cycle. Global Change Biology，1995，1 (4)：275-287.
[9] 李晓兵. 国际土地利用——土地覆盖变化的环境影响研究. 地球科学进展，1999，14 (4)：395-400.
[10] IPCC. Climate Change 2000：Land-use，land-use change，and forestry，a special report of the IPCC. United Kingdom：Cambridge University Press，2000.
[11] Houghton R A. Carbon flux to the atmosphere from land-use Changes：1850—2005.//Trends：A Compendium of data on global change. Carbon Dioxide Information Analysis Center，Oak Ridge National Laboratory，U. S. Department of Energy，Oak Ridge，Tenn.，U. S. A，2008.
[12] Davidson's. Cultivation and soil organic matter. Rural Research，1986，25：83-93.
[13] 盛婧，赵德华，陈留根. 农业生产措施对土壤碳库的影响. 生态环境，2006，15 (2)：386-390.
[14] 赖力. 中国土地利用的碳排放效应研究. 南京：南京大学，2010.
[15] Grandy A S，Porter G A，Erich M S. Organic amendment and rotation crop effects on the recovery of soil organic matter and aggregation in potato cropping system. Soil Science Society of America Journal，2002，66 (4)：1311-1319.
[16] 徐江兵. 不同施肥处理对旱地土壤团聚体中有机碳含量及组分的影响. 北京：中国科学院研究生院，2006.
[17] 梁宝忠，林而达. 气候变化威胁农业生产适应和减缓要依靠科技发展. http：//www.agri.gov.cn/xxlb/t20080807_1100391.htm[2009-3-2].
[18] 杨景成，韩兴国，黄建辉，等. 土地利用变化对陆地生态系统碳贮量的影响. 应用生态学报，2003，14 (8)：1385-1390.
[19] Campbell C A，Zentner R P，Liang B C，et al. Organic caccumulations in soil over 30 years in semiarid southwestern Saskatchewan—effect of crop rotations and fertilizers. Canadian Journal of Soil Science，2000，80 (1)：179-192.
[20] 张付申. 长期施肥条件下塿土和黄绵土有机质氧化稳定性的研究. 土壤肥料，1996，(6)：32-34.
[21] 王义祥，翁伯琦，黄毅斌. 全球气候变化对农业生态系统的影响及研究对策. 亚热带农业研究，2006，2 (3)：203-208.

Low Carbon Agriculture

Zhao Qiguo[1] Huang Guoqin[2] Qian Haiyan[1, 3]
1 Institute of Soil Science，Chinese Academy of Sciences，Nanjing 210008，China
2 Jiangxi Agriculture University，Nanchang 330045，China
3 Office of MRL Development in Jiangxi Province，Nanchang 330046，China

Abstract

Agricultural production is closely related to global climate change. Agriculture is the second important greenhouse gas source. However，global climate change has influenced the development of agriculture. Facing the global warming，as the foundation of the national economy，agriculture should contribute in energy saving and emission reduction. By studying the necessity for the development of low carbon in agriculture，this paper puts forward the research field，possible approaches and development mechanism to respond low-carbon economy. The paper aims to provide scientific decision-making，promotes modern agriculture by transferring high carbon economy to a low-carbon economy，and realizes the sustainable development of agriculture.

Key words Low carbon；Low carbon agriculture；Greenhouse gases；Global carbon budget

低碳经济与农业发展思考*

赵其国 [1]　钱海燕 [2]
1 中国科学院南京土壤研究所，南京　210008
2 江西省遥感信息系统中心，南昌　330046

摘　要

大气中碳浓度的升高是导致全球气候变化的主要原因。以低能耗、低排放、低污染为特征的低碳经济是目前人类应对全球气候变化，减缓温室气体排放的根本出路。农业生产与全球气候变化息息相关，农业是温室气体的第二大重要来源，如何减少农业温室气体排放量并探寻减排方法已经成为当务之急。从低碳经济这一热点问题谈起，论述了农业生产与全球气候变化的关系，以及当前农业面临的问题和挑战，提出了发展低碳农业的对策以及具体措施，旨在为呼应低碳经济，应对全球气候变化提供科学决策，促进现代农业由高碳经济向低碳经济转型，实现农业的可持续发展。

关键词　低碳经济；温室气体；生态高值农业；低碳农业

目前生态环境的恶化已经为人类社会的发展敲响了警钟。气候变暖已经成为世界生态恶化的首要原因。气候变暖的罪魁祸首源于化石燃料的作用导致的人为温室气体排放，建立在依靠化石能源基础上的高碳经济是 CO_2 等温室气体过量排放的根本原因，又是造成不可再生能源日益枯竭的根本原因。到 2007 年年底，化石能源仍是世界的主要能源，在世界一次能源消费总量和结构中石油占 35.6%，煤炭占 28.6%，天然气占 23.8%，非化石能源和可再生能源只占 12.0%；其中中国在地区能源消费总量中占第二位，仅次于美国，能源结构中煤炭占 70.4%，石油占 19.7%，天然气占 3.3%，除水电外，中国可再生能源仅为 1.5%[1]。这意味着在现有的高碳经济能源结构基础上的节能减排不可能成为遏制生态恶化资源短缺的治本之策，中国必须积极采取相应措施，找出一条应对气候变化的根本出路，从而摆脱对化石燃料的过分依赖，实现经济转型，实现中国经济社会的可持续发展。

1　应对气候变化的根本出路——低碳经济

低碳经济是党中央坚持可持续发展四大战略措施之一。所谓低碳经济是指依靠太阳能、风能、水能等可再生能源为主要能源，以低能耗、低排放、低污染为特征的新型经济发展方式[2]。关于“低碳经济”概念最早源于 2003 年英国能源白皮书《我们能源的未来：创建低碳经济》。其总体目标是到 2020 年 CO_2 的排放量比 1990 年减少 20%，2050 年减少 60%左右，建立低碳经济的发展模式[1]。目前，在全球气候变化的背景下，低碳经济日益受到世界各国的关注。当前，国际上有关低碳经济研究的主要内容有[3]：①能源消费与碳排放：包括与碳减排有关的能源消费结构的转换和低碳排放能源系统的建立；②经济发展与碳排放：主要探讨不同经济发展模式、阶段、速度与碳排放的关系；③农业生产与碳排放：包括土地利用变化、农业土地整治、农业生产水平与结构的变化等；④碳减排的经济风险分析与减排对策研究。

人类的农业生产活动与全球气候变化相互联系与相互影响，政府间气候变化专业委员会第四次评估报告表明，农业是温室气体的第二大重要来源，排放量介于电热生产和尾气之间。农业作为国民经济的基础产业，是一个重要的温室气体来源，同时又受到气候变化的严重影响。正如胡锦涛总书记所说，气候变化问题归根结底是一个发展问题。农业除了解决全球日益膨胀人口的粮食问题之外，也能够为气候变化问题提供解决方案。

---

* 基金项目：国家“十一五”科技支撑项目（2007BAB23C00）；江西省科技支撑项目（2009BNA09300）。
本文原载《生态环境学报》2009 年第 18 卷第 5 期第 1609-1614 页。

2 农业生产与全球气候变化

2.1 农业用碳的根本途径

目前农业生产用碳的根本途径主要有以下几个方面。

（1）农业投入品，既有农业自身活动产出的投入品，如种子、有机肥等，也有工业生产产出的投入品，如化肥、农药、农用薄膜等。

（2）农业机械的制造与使用，都离不开电力、石油等能源的使用。

（3）农产品的加工、流通，能源的使用是必不可少的。产品销售，不论是否包装，都要使用一定的耗用物，如农贸市场、超市的包装袋。

（4）农业的废弃物的处理和利用，同时获得整个社会最大收益的经济。

2.2 农业生态系统与温室气体排放

在人类活动所放出的温室气体中，农业生态系统的贡献占 1/15～1/5，主要有 CO_2、CH_4、N_2O 和 NO_x 等[4]。土壤中的有机物质经微生物分解，以 CO_2 的形式释放入大气，CH_4 可在长期淹水的农田中经发酵作用产生，全球一半以上的 N_2O 和 NO_x 来自土壤的硝化和反硝化过程[5]。耕地释放出大量的温室气体，主要包括以下几个方面：因农业和畜牧业导致的森林减少；饲养反刍动物，如牛、羊、骆驼等，饲料在其肠内发酵引起 CH_4 排放，种植水稻，因土壤长时间用水淹没，形成厌氧条件，产生并排放 CH_4；农田过量施用氮肥，造成土壤中的 N_2O 的排放；家畜粪肥处理过程也会引起 CH_4 和 N_2O 的排放以及生物质燃烧等。

2.2.1 CH_4 和 CO_2 的排放

对于农业生态系统，最大的碳库是土壤，土壤圈是碳素的重要贮存库和转换器，它含有的有机碳量占整个生物圈总碳量的 3/4[6, 7]，是生物圈中最大的碳库。土壤有机碳的储量是进入土壤的植物残体量及其在土壤微生物作用下分解损失量二者之间平衡的结果，其因素受到农业用地面积、农业施肥、耕作方式等因素的影响。

土地利用变化是目前大气中碳含量增加的第二大来源，其作用仅次于化石燃料的燃烧[8]。目前由于土地利用变化每年向大气中排放 116PgC/a，约占人类活动总排放量的 20%[9]。随着农业集约化程度的提高，化肥的大量使用将会促进农田 CO_2 的排放，如施尿素地 CO_2 排放通量值大于不施尿素地 CO_2 排放通量值，在整个观察期，两种田 CO_2 平均排放量分别是 262mg/（m^2·h）和 177mg/（m^2·h）[10]。而农业活动甲烷排放量为 1719.6×10^4t，占中国甲烷排放总量的 50.15%，其中动物饲养过程中的甲烷排放为 1104.9×10^4t，稻田甲烷排放量为 614.7×10^4t[11]。

2.2.2 N_2O 和 NO_x 的排放

化肥施入土壤，有相当一部分以有机或无机氮形态的硝酸盐进入土壤，在土壤反硝化微生物作用下，会使难溶态、吸附态和水溶态的氮化合物还原成亚硝酸盐，同时转化生成 N_2O 和 NO_x 进入大气，使空气质量恶化[12]。根据 Veldkamp 和 Keller 估计，大约有施 N 肥的 0.5%是以 NO_x 的形式损失[13]。1994 年因施肥造成的 N_2O 排放量为 62.8×10^4t，动物粪便和放牧管理过程排放的 $N_2O15.5\times10^4$t，农业源 N_2O 排放量估算为 78.6×10^4t，占中国 N_2O 排放总量的 92.43%[14]。

2.3 气候变化威胁农业生产

气候变化对粮食生产的影响主要来自 CO_2 浓度的升高、UV-B 辐射增强、温度升高、病虫害增加等直接或间接的作用[1]，以负面影响为主[15]。但由于各地变暖程度不同，且各地农民和生产的管理者均会针对气候变化采取一些适应的措施，因而全球气候变化对各地区造成的后果也有所不同。

目前关于气候变化对粮食生产的影响研究报道较多[16-20]，总体来说，气候变化使得农业生产的不稳定性增加，产量波动幅度增大。从区域分布上看，我国北方地区气候对粮食生产的影响程度强于南方。全球的气候变暖导致了我国北部一些地区水稻及大豆增产，而我国中部等大部分地区 2～5 月平均气温的上升和 3 月日照时数的增加，导致冬小麦全生育期缩短，夏季总降水量减少造成夏玉米生育期延迟而使全生育期天数呈现出显著增加的趋势。我国华南、华北和西南等一些地区由于当地气候已经接近农作物生长适宜温度上限，气候变暖使作物生长发育加快，生育期相应缩短，致使产量逐步减少。如果不采取任何措施，到 2030 年，中国种植业生产能力在总体上可能会下降 5%～10%。受全球变化的影响，在保持人民消费水平持续增长的条件下我国未来粮食生产有可能不能满足增长的需求，存在 7%～8%的粮食缺口[21]。气候变化将严重影响我国长期的粮食安全。

全球的气候变化导致很多极端气候灾害的出现，也使农业结构、农业病虫害发生规律和农业气象灾害发生规律产生了变化，加剧了气候灾害对农业生产的影响。

气候变化导致全球降水趋向极端化，高纬度地区气候变得干热，沙漠化程度扩大，冰川雪线进一步缩小，暴雨洪水发生频繁，气候异常变化加剧全球水资源的不均匀性。由于气候变暖，降水减少，会使农业需水量加大，而供水的地方差异也会加大，水资源短缺将成为农业生产的重要影响因素。降水减少 1%，农田灌溉面积必将减少 1%。为适应生产条件的变化，农业成本和投资需求将大幅度增加。

2.4　农业发展本身面临的问题与挑战

面向未来，我国的农业将存在着巨大的发展机遇。经济与社会的快速发展以及人口的不断增加，不仅拉升了对食物和纤维的需求总量，而且也促进了食物消费结构的改变、农业经营范围和农产品市场的扩张、农业产业结构的变革和农业生产效益的提高。然而，这种难得的发展机遇将面临诸多方面的严峻挑战。

首先，确保食物安全的任务日趋艰巨。根据预测，未来 40 年，除了大米和小麦需求在今后 10 年出现缓慢增长后将出现下降的趋势外，奶制品需求将增长 6 倍以上，水产品需求将增长近 3 倍，畜产品、饲料粮、水果、食油和纤维总量需求将增长 1.5～1.6 倍，蔬菜和食糖需求将分别增长 75%和 1 倍。

其次，提高农业比较效益的难度不断加大。随着工业化与城镇化的不断推进，以及受资源短缺、成本上涨、市场竞争、劳动力外流等多重因素的约束，农业的比较效益不断下降。如果不能实现农业的高值化生产，“三农”问题将不能得到根本解决。

再次，日益严重的生态环境压力。由于农业集约化程度的不断提高，我国农业正面临着耕地质量下降、污染加剧、灾害频繁等严峻的资源环境问题。要进一步加大农业发展力度，生态环境的压力将日益增加。

然后，全球不确定性因素对农业发展的影响日益明显。经济全球化将进一步加剧农业的国际贸易竞争，全球能源紧缺与食物安全的矛盾日益突出，加大了我国农产品贸易难度。全球气候变化引发的极端灾害，以及近期爆发的全球金融危机等，对我国农业及食物发展均带来诸多不确定性影响，风险明显增加。

最后，为了应对气候变化，农业本身也面临减排温室气体的压力。农业投入品、生物质等合理处理及利用，农业生产中直接能源消耗问题；应对全球气候变化既需要政策，也需要技术要求，这些都是现代农业发展急需解决的问题。

可见，如何实现现代农业的可持续发展，减少农业生产的温室气体排放，找到应对气候变化的根本出路，是我们当务之急。

3　农业由高碳经济向低碳经济的转变

3.1　低碳农业

农业的可持续发展必须实现由高碳经济向低碳经济的转变。必须通过农业科学技术的创新和突破，发展“生态高值农业”，增加科技对农业发展的贡献率和比较效益，来应对未来我国农业发展所面临的巨大挑战。

发展生态高值农业是应对未来农业巨大挑战、实现农业持续发展的一项最重要的创新举措，其宗旨是在保护生态环境的前提下通过农业的高值化，大幅度提高农业生产能力、产业化水平、竞争力和比较效益。发展“生态高值农业”，必须实现由目前高碳经济向低碳经济的根本转变，过渡就是低碳农业经济。这是低碳经济的一个重要领域，指在农业生产、经营中排放最少的温室气体，同时获得整个社会最大效益的技术。具体来说[22]，低碳农业技术具有以下的特征：首先，它是低能耗、低污染、低排放的“三低”技术；其次，它是节约型的技术，尽可能节约各种资源的消耗，尽可能减少人力、物力、财力的投入；再次，它是安全型的技术，采取多种措施，将农业产前、产中、产后全过程中可能对社会带来的不良影响降到最低限度。

3.2 发展低碳农业的措施

3.2.1 垄作免耕技术

过度耕作使土壤中的碳素释放，是农业排放碳的主要途径。垄作免耕可以从很多方面减少温室气体的排放。首先，摒弃传统的犁铧翻耕的耕作方式而采用免耕，可以保存土壤中的碳含量，有利于土壤对碳的固定。其次，采取免耕可以减少农业机械的使用，这也就减少了化石燃料的燃烧，相应减少 CO_2 的排放。再次，随着土壤肥力的增加，在耕作中化肥的使用也相应减少。N_2O 是氮肥中的主要成分，也是温室效力相当于 CO_2 约 300 倍的一种温室气体。减少化肥的使用，也就减少了 N_2O 的排放。因此，土壤碳汇，减少化石燃料燃烧和减少化肥的使用都是有利于控制全球变暖的因素。除了可以减少温室气体的排放，免耕对环境的有益之处还包括，免耕可以保持水土，改善地表水水质，减少沙尘的发生，提高生物多样性。同时，通过温室气体减排并进行交易又可以进一步增加农民的收入，最终起到帮助当地农民脱贫致富的目的。

3.2.2 灌溉节水技术

目前，农田灌溉节水技术方法较多，而地面灌溉是最古老的，也是最普遍的农田灌溉技术。根据经济发展、灌区基础设施状况及管理水平，地面灌溉在今后相当长的时期仍然是主要的灌溉方式。传统的地面灌水方法能充分满足作物的需水要求，对灌水技术要求不高，很容易掌握运用，不需特殊的设备，投资最低，费用最低，耗水量大，所以，改进地面灌溉技术也是节水的最好方式，可采用以下方式：一是进行土地平整和条田建设，平整度较好的土地比较差的土地平均节水 10%～20%，这是改进地面灌溉技术的基本条件；二是高度重视农艺节水技术，根据作物生长周期和需求饱和度进行适时、适量供水，实现节水、增产和增效，打破部分农民只要有水就浇、浇得越多越好的片面认识。

此外，大力推广喷灌、滴灌等高效节水农业技术，较大限度地提高水资源的利用率，可大大减少农业生产成本。

3.2.3 施肥技术

农业施肥不但会通过影响地上植被的生物量来影响土壤碳源的供应量，而且还会影响土壤微生物活性，决定土壤呼吸强度，因此，农业施肥必然会引起土壤碳库的变化。通过对土壤增施有机肥，减缓土壤有机质腐烂，缩短有机粪肥的田间暴露时间，减少土地耕作活动，改善土壤水分管理，可以减少 CO_2 向大气的排放量。

改善有机肥料库的通风透气条件，降低空气温度；将液体有机肥料变为固体施用并施入土壤深层；收集和利用 CH_4 作为燃料；避免将有机肥料像垃圾一样进行堆放和处理，可以减排 CH_4。

此外，通过测土配方施肥，根据作物需求施肥，减少化肥的使用数量，避免农田土壤中氮肥过剩；增加有机肥使用数量，改善农田土壤的通气条件和酸碱度；尽量减少农田土壤耕作，大力栽培地面覆盖植物；使用氮肥硝化还原抑制剂等，可以减少 N_2O 排放量。

3.2.4 病虫害防治技术

实施农作物病虫害的综合防治措施。充分发挥自然因素的控害作用，全面普及生物防治和物理防治病虫害技术，积极推广农药增效剂和农药替代品，加强农业清洁生产技术的研究，以恢复和保持农田生态平衡，达到控害、保产、保益、保环境、保安全、增效益的目的。

3.2.5 新型农作物育种技术

未来新品种的发展，如培育抗高温、耐干旱、作物生长发育期长的品种，推广高产作物品种，增加多年生牧草种植，大力栽培木本植物，改进牲畜放牧管理等，以提高耕作土地中的碳素储备水平。培育新型氮素高效利用农作物的农业新品种，是农业生产适应气候变化的一个重要措施。开发培育氮素高效利用水稻品种，减少 N_2O 排放对环境的破坏，有助于全球温室气体排放的控制。

3.2.6 畜禽健康养殖技术

畜禽养殖不仅排放大量废水，还是导致全球变暖的六种温室气体中的 CO_2、N_2O 和 CH_4 的主要来源。根据国家的政策、法规、标准，畜禽养殖业通过改变养殖方式，由传统的养殖方式向清洁养殖转变，严格按照《畜禽养殖场污染物排放标准》，建设畜禽养殖场，对集约化养殖场畜禽粪便和污水进行无害化处理与肥料化利用等措施，使得规模化畜禽养殖场粪便综合利用率超过 90%，为本地区适应气候变化及降低气候变化影响作出贡献。

畜禽养殖场改造。主要是改水冲粪为干清粪、雨污分流管道改造等。在进行畜禽养殖场改造时，提倡推广干法清粪工艺，并将产生的粪渣及时运至贮存或处理场所，实现日产日清，降低粪便流失率。粪尿分离，及时清粪，既利于粪污处理，又可减轻对猪体本身的污染和臭气散发。建设内容包括采取有效的防渗措施，建设处理场所，防止畜禽粪便污染地下水，同时进行雨污分流管道改造，建设沉淀池、调节池、原料分配以及土石方工程池。

建设固体粪便有肥厂。对规模化畜禽养殖场（如万头猪以上）采用好氧发酵技术处理固体畜禽粪便，进行无害化处理并制成有机肥，反哺生态农业，生产有机食品、绿色食品。养殖业畜禽粪便生产有机肥料可采用不同的技术路线，其中工艺为：收集—安全性处理（腐熟）—商品肥原料或功能性肥料。

建设液体粪污大中型沼气工程。根据生态学“整体、协调、循环、再生”的原则，对未采用干清粪方式的畜禽养殖场采取厌氧生物处理技术和物理处理技术相结合的治理办法，建设液体粪污大中型沼气工程。

3.2.7 沼气工程节能减排技术

农村沼气工程的实施可以节约能源，减少温室气体排放，减少污染保护环境，并且可以通过交易减排的温室气体而增加农民的收入。沼气是可再生新能源，它是利用农业固体废弃物（作物秸秆和畜禽粪便）进行发酵，产生沼气，用于生活燃料和发电，是一种节约能耗、防治污染、变废为宝的有效形式。农村沼气工程不但能解决农村燃料能源问题，节约大量薪柴、煤炭资源，也减少温室气体的排放量。沼渣还可作为有机肥在农田中施用，减少农村面源污染。

沼气项目的温室气体减排来自两个方面。一方面，使用沼气可以减少对薪柴及化石燃料和电能的消耗，减少温室气体的排放。另一方面，发酵产生的沼渣可以代替常规化肥，减少化肥中温室效力相当于 CO_2 约 300 倍的 N_2O 的排放。实践经验显示，作为一种高效有机肥，沼渣不但能提高农作物产量，而且能有效杀灭害虫和病菌，效果比专用叶面肥还要好。同时，农村利用沼气除了省柴、省煤、省电、省时之外，还能减少烟雾和粪便污染，有利于环境保护。另外，使用沼气还可以节省农民对能源和肥料等的支出，实践显示，一户农民全年使用沼气可直接节省各种费用约 1100 元。除此之外，通过交易温室气体减排量，还可以为农民带来更多的经济效益。

3.2.8 秸秆资源化利用

农作物秸秆是一种廉价、清洁的可再生能源，平均含硫量只有 0.38%，约为煤的 33%，而热值则达标准煤的 50%。我国农作物秸秆年产量约 7 亿 t。在农村，多数秸秆仍是被“付之一炬”，既污染环境，又浪费资源。

就作物残留物的管理方式而言，焚烧秸秆不仅直接释放碳，还加快土壤有机碳的分解损失；而秸秆还田则可以缓解土壤有机碳的下降。减少农田 CO_2 排放的最直接有效措施是提高地面秸秆还田的比例。美国秸秆还田率近 90%，中国秸秆还田率仅约 15%，其结果是，美国农业土壤中有机碳量逐年增加，而中国土壤有机碳量逐年减少。如果地面秸秆还田比率由当前的 15%增加到 80%，中国农田的碳平衡将会由亏转盈[23]。

此外，在治理污染、作物秸秆综合利用过程中，秸秆饲用、秸秆发电、秸秆碳化等是继秸秆还田处理后，适合我国国情的高效资源化利用方式。

4 结　语

随着我国农业向现代化、规模化、产业化迈进，建立生态高值农业和生物产业体系不仅能推动农业向生态环保、高效多元化发展，而且能促进农业产业链的不断延伸，同时能带动农业产业科学技术和生产能力的升级，以不断满足我国日益增长的农产品总量需求和质量需求，全面实现农产品优质化、营养化、功能化，以及农业生态系统的持续良性循环。低碳农业是在应对全球气候变化中应运而生的新生事物，是一种生态高值农业模式。而这种全新的模式所带动的则是“低碳农业经济”的发展，是一种全新的以低能耗和低污染为基础的绿色农业经济。迄今世界上还没有一个国家的农业现代化是建立在低碳经济的发展模式上的，中国正在走出一条低碳农业的发展之路，将是国家农业发展方式的重大创新。

参 考 文 献

[1] 中国可持续发展战略研究组. 2009. 中国可持续发展战略报告——探索中国特色的低碳道路. 北京：科学出版社，2009.

[2] 方涵. “低碳经济”概述及其在中国的发展[J]. 经济视角，2009，(3)：45-46.

[3] 刘慧，成升魁，张雷. 人类经济活动影响碳排放的国际研究动态. 地理科学进展，2002，21（5)：420-429.

[4] Intergovernmental Panel on Climate Change. Climate Change 2007：Mitigation of climate change. Contribution of working group III to the fourth assessment report of the intergovernmental panel on climate change Cambridge. London：Cambridge University Press，2007：63-67.

[5] 张厚瑄. 农业减排温室气体的技术措施. 农业环境与发展，1998，(1)：17-22.

[6] 马友华，王桂苓，石润圭，等. 低碳经济与农业可持续发展. 生态经济，2009，(6)：116-118.

[7] 盛婧，赵德华，陈留根. 农业生产措施对土壤碳库的影响. 生态环境，2006，15（2)：386-390.

[8] 李晓兵. 国际土地利用——土地覆盖变化的环境影响研究. 地球科学进展，1999，14（4)：395-400.

[9] Paustian K，Cole c V，Sauerbeck D，et al. CO_2 mitigation by agriculture：an overview. Climatic Change，1998，40（1)：135-162.

[10] 陈宗良，禹仲举. 不同农业管理方式对北京地区稻田甲烷排放的影响研究. 环境科学研究，1992，5（4)：1-7.

[11] 董红敏，李玉娥，陶秀萍，等. 中国农业源温室气体排放与减排技术对策. 农业工程学报，2008，24（10)：269-273.

[12] 黄国勤，王兴祥，钱海燕，等. 施用化肥对农业生态环境的负面影响及对策. 生态环境，2004，13（4)：656-660.

[13] Veldkamp E，Keller M. Fertilizer-induced nitric oxide emission from agriculture soils. Nutrient Cycling in Agroecosystems，1997，48（1)：69-77.

[14] 国家发展和改革委员会. 中华人民共和国气候变化初始国家信息通报. 北京：中国计划出版社，2004：15-20.

[15] 王义祥，翁伯琦，黄毅斌. 全球气候变化对农业生态系统的影响及研究对策. 亚热带农业研究，2006，2（3)：203-208.

[16] 余卫东，赵国强，陈怀亮. 气候变化对河南省主要农作物生育期的影响. 中国农业气象，2007，28（1)：9-12.

[17] 白莉萍，林而达. CO_2浓度升高与气候变化对农业的影响研究进展. 中国生态农业学报，2003，11（2)：132-134.

[18] 肖国举，张强，王静. 全球气候变化对农业生态系统的影响研究进展. 应用生态学报，2007，18（8)：1877-1885.

[19] 王效科，李长生，欧阳志云. 温室气体排放与中国粮食生产. 生态环境，2003，12（4)：379-383.

[20] 谢云. 中国粮食生产对气候资源波动响应的敏感性分析. 资源科学，1999，21（6)：13-17.

[21] 王铮，郑一萍. 全球变化对中国粮食安全的影响分析. 地理研究，2001，20（3)：282-289.

[22] 王昀. 低碳农业经济略论. 中国农业信息，2008，(8)：12-15.

[23] 李长生，肖向明，Frolking S，等. 中国农田的温室气体排放. 第四纪研究，2003，23（5)：493-503.

Low Carbon Economy and Thinking of Agricultural Development

Zhao Qiguo[1]　Qian Haiyan[2]

1 Institute of Soil Science，Chinese Academy of Sciences，Nanjing　210008，China

2 Remote Sensing Center of Jiangxi Province，Nanchang　330046，China

Abstract

Carbon concentration increases is the main cause of global climate change. With low energy consumption and low emission，low pollution characteristics of low carbon economy is the human to global climate change，slow greenhouse gas emissions. Agriculture was the second important greenhouse gas source，how to reduce emissions of greenhouse gas emissions and explore methods have become the urgent matter. From a low-carbon economy，this paper discusses the issues about agricultural production and global climate change and the relationship between the issues and challenges of the agricultural development，puts forward the countermeasures of low carbon agriculture and concretes measures for the echo，low-carbon economy，global climate change，and provides scientific decision-making by promoting modern agriculture with high carbon economy low-carbon economy transformation，and realizes the sustainable development of agriculture.

Key words Low carbon economy；Greenhouse gases；Ecological agriculture of high value；Low carbon agriculture

低碳经济、低碳农业与低碳作物生产*

黄国勤[1,2]　赵其国[3]

1 江西省/教育部作物生理生态与遗传育种重点实验室，南昌　330045

2 江西农业大学生态科学研究中心，南昌　330045

3 中国科学院南京土壤研究所，南京　210008

摘　　要

低碳经济已成为国内外研究的热点。发展低碳经济，推进低碳产业，已成为国内外发展的大趋势。我国是世界上最大的发展中农业大国，发展低碳经济、低碳产业，首先应大力倡导发展低碳农业、低碳作物生产。文章第一部分，讨论了低碳经济提出的背景、低碳经济的内涵、发展低碳经济的意义，以及我国发展低碳经济采取的行动与实践；第二部分简述了低碳农业的概念、特征、功能、意义和主要模式；第三部分，从低碳作物品种、低碳耕作制度、低碳施肥养地和低碳栽培技术等四方面，探索了低碳作物生产技术和措施。同时紧密结合当前国内外形势和农业生产实际，具有资料新、观点新的特点，对发展低碳经济、低碳农业与低碳作物生产具有现实指导意义和参考价值。

关键词　低碳经济；低碳农业；低碳作物生产；可持续发展

1　低 碳 经 济

1.1　低碳经济的提出

由于全球气候变暖已成事实，造成气候变暖的根本原因是大量温室气体的排放，而温室气体的主要成分是 CO_2（还包括 CH_4、N_2O 等）。因此，要减缓甚至抑制全球气候变暖，必须千方百计减少 CO_2 等温室气体的排放量，并逐步降低大气中 CO_2 等温室气体的浓度[1]。基于这种严峻形势，英国于 2003 年在英政府文件——能源白皮书《我们能源的未来：创建低碳经济》中，首次提出“低碳经济”（low-carbon economy）的概念[2-4]。作为第一次工业革命的先驱和资源并不丰富的岛国，英国充分意识到了能源安全和气候变化的威胁。之后，美国、德国、澳大利亚、法国、日本、加拿大、印度等国都纷纷针对本国实际情况提出了未来发展低碳经济的目标、规划和具体措施。

我国政府十分重视气候变化问题[5,6]。2007 年 9 月，国家主席胡锦涛在亚太经合组织（APEC）第 15 次领导人会议上，本着对人类、对未来高度负责的态度，郑重提出“发展低碳经济”，令世人瞩目。胡锦涛主席指出，气候变化从根本上说是发展问题，只有在可持续发展的前提下才能妥善解决……应该建立适应可持续发展要求的生产方式和消费方式，优化能源结构，推进产业升级，发展低碳经济，努力建设资源节约型、环境友好型社会，从根本上应对气候变化的挑战。按照胡锦涛主席的重要指示，近年来我国各级政府和部门积极发展低碳经济，采取了各种有效对策和措施，并在节能减排、转变经济发展方式等方面取得显著成效。

1.2　低碳经济的内涵

那么，到底什么是低碳经济呢？由于与低碳经济相反的概念是“高碳经济”，因此要弄清楚低碳经济的概念与内涵，首先必须了解“高碳经济”。高碳经济，是以依靠化石燃料石油、天然气、煤炭等不可再生能源为主要能源，以高耗能、高排放、高污染为特征的传统经济发展方式。显然，高碳经济是不可持续的“黑色经济”发展模式。

---

* 基金项目：国家自然科学基金重点项目（U1033004）和江西农业大学生态学学科首席教授配套经费资助项目（09003424）。

本文原载《江西农业大学学报（社会科学版）》2011 年第 10 卷第 1 期第 1-5 页。

与“高碳经济”相反，“低碳经济”则是在可持续发展理念指导下，通过技术创新、制度创新、产业转型、新能源开发等多种手段，尽可能地减少煤炭石油等高碳能源消耗，减少温室气体排放，达到经济社会发展与生态环境保护双赢的一种经济发展形态[7-8]。低碳经济是以低能耗、低污染、低排放为基础的经济模式，是人类社会继农业文明、工业文明之后的又一次重大进步。显然，低碳经济是一种“绿色经济”，是 21 世纪世界经济发展的方向。

1.3　低碳经济的意义

由上可知，应对气候变化，控制气候变暖，这是发展低碳经济最重要、最直接的原因。由于气候变暖已成为全世界生态环境恶化的首要原因，而 CO_2 等温室气体的过量排放是气候变暖的罪魁祸首；建立在依靠化石能源基础上的高碳经济是 CO_2 等温室气体过量排放的根本原因；建立在依靠化石能源基础上的高碳经济又是造成不可再生能源日益枯竭的根本原因；现有的高碳经济能源结构基础上的节能减排不能成为遏制生态恶化资源短缺的治本之策。因此，必须大力提倡和反复强调发展低碳经济[9-10]。

在我国当前形势下，尤其是 2011 年是进入“十二五”的开局之年，面临着开好局、起好步的发展态势，发展低碳经济、转变经济发展方式更具有重大而深远的意义。具体来说，我国发展低碳经济具有以下几方面的重要意义：一是应对气候变化，为营造持续发展的“地球”——这个全人类共同的“家园”作出应有贡献；二是转变发展方式，以实际行动践行“科学发展观”；三是节约能源资源，缓解日益紧张的能源形势，为消除世界“能源危机”作出努力，为建设党中央提出的“资源节约型”社会作出贡献；四是保护生态环境，保护人居环境；五是提高经济效益，建设小康社会，为构建社会主义和谐社会作出不懈努力并取得实效。

1.4　行动

在生产和生活实践中，到底该如何发展低碳经济呢？近年来，为推动低碳经济发展，我国政府和部门积极行动起来，采取了各种有效对策和措施。国家科技部部长万钢指出，应对气候变化，需要优化能源结构，节约能源和提高能效，发展清洁能源和低碳能源，改善土地利用方式；需要综合考虑能源安全、节能减排政策、发展“低碳经济”和“吸碳经济”等重大问题。清华大学国情研究中心主任胡鞍钢认为，气候变暖也可能会给中国带来一个巨大的机会，它将强有力地促进中国从黑色发展模式向绿色发展模式转变，从高碳经济向低碳经济转变。中国有可能成为世界最大的碳交易市场、最大的环保节能市场、最大的低碳商品生产基地和最大的低碳制品出口国。

笔者认为，我国拥有丰富的太阳能、风能、地热能、水能、煤炭、石油、天然气、核能等多种资源，各种能源都有自己的特长和用途，要根据建设资源节约型、环境友好型社会的要求，建设一个能源生态体系。如我国北方牧民使用太阳能进行生产和生活；北京平谷建设“太阳能村”；新疆有我国目前最大的风能发电厂；广东南粤县是我国最大的风能发电海岛；在我国广大农村大力发展沼气，广泛开发利用农作物秸秆资源和各种生物质资源等，这些都是我国各地发展低碳经济的具体行动和实践，取得的成效是显著的。

2　低 碳 农 业

如前所述，当前低碳经济已成为国内外研究的热点。发展低碳经济（low-carbon economy），推进低碳产业（low-carbon industry），已成为国内外发展的大趋势。我国是世界上最大的发展中农业大国，发展低碳经济、低碳产业，首先应大力倡导发展低碳农业（low-carbon agriculture）、低碳作物生产（low-carbon crop production）。

2.1　低碳农业的提出

由“中国知网”检索，在国内“低碳农业”一词最早是 2008 年提出来的。《中国农业信息》于 2008 年第 8 期发表了《低碳农业经济略论》一文[11]，这是最早提出“低碳农业”一词的论文。随后，中国科学院可持续发展战略研究组于 2009 年 3 月出版了《2009 中国可持续发展战略报告：探索中国特色的低碳道路》，该书第八章“中国应对气候变化与低碳发展的对策”中，提出了“提高我国农业适应气候变化的能力，发展有机、生态、高效农业，实现农业可持续发展”[4]；中国农业大学程序教授在《中国生态农业学报》2009年第2期撰文指出：“我国农业和农村在节能减排中应有所作为。农业是唯一生产生物质的产业，在我国的节能减排及向低碳经济战略转型中，生物质能可发挥重大作用，也能成为生态农业的新内涵”[12]。2010年12月17日，作者以“低碳农业”为题名，利用“中国期刊全文数据库”“中国博士学位论文全文数据库”“中国优秀硕士学位论文全文数据库”检索，共有“低碳农业”论文125篇。考虑到还有相当多的论文未进入以上数据库，或是发表于报纸，或是由其他期刊发表，或是在有关学术会议发表，据笔者粗略估算，至今，国内发表有关“低碳农业”的论文在500～600篇。

2.2 低碳农业的含义

低碳农业是从低碳经济“延伸”过来的，低碳农业是指在发展农业生产过程中，采用和推广各种“先进”技术，以尽可能减少能量、物质消耗，减少CO_2等温室气体的排放，减少环境污染，从而获得最大的经济效益、社会效益和生态效益。由此可以看出，低碳农业具有“四低两高”的特征：即低能耗、低物耗、低排放、低污染、高效率、高效益。显然，发展低碳农业才是中国特色的“低碳道路”和可持续发展的必由之路，低碳农业是我国未来农业发展的重要方向和主导模式。

2.3 低碳农业的特征

与传统“高碳农业”发展模式相比，低碳农业具有以下明显特征[13-14]。

（1）节约性。低碳农业首先是资源节约型农业。发展低碳农业，要求在发展农业生产过程中减少化石能源的投入，即减少化肥、农药、农膜、除草剂、植物生长调节剂、土壤改良剂、饲料添加剂等各种农用化学品的投入，以减少CO_2等温室气体的排放。低碳农业，节约了能源和资源，是一种典型的资源节约型农业——特别适宜在人多地少、人均资源不足的我国大力发展。

（2）环保性。低碳农业是环境友好型的农业，对生态环境具有良好的保护功能。由于低碳农业减少了农用化学品的投入，不仅可避免或减少因大量生产、制造农业化学制品而产生的生态破坏，而且还可减少或消除环境污染，因而对保护和优化生态环境具有直接作用。

（3）安全性。低碳农业是优质安全型农业。由于减少了农用化学品的使用，特别是通过推广“生态减灾”技术与措施，可大大减少或基本做到不使用农药、除草剂等“有毒、有害”化学品，从而可有效地保护天敌，这对生产无公害食品、绿色食品和有机食品十分有利，不仅有利于提高农产品质量，更有利于提高其安全性和保健性。

（4）高效性。低碳农业是经济高效型农业。由于减少了农用化学品的投入，从而可大大节省农业生产成本，这对提高农业生产的经济效益、促进农民增收具有十分积极的意义，这也是低碳农业之所以深受广大农民欢迎的重要原因之一。

（5）和谐性。低碳农业是社会和谐型农业。发展低碳农业，减少CO_2等温室气体的排放，可有效缓解全球气候变暖，减少或消除国际、国内的各种“环境纠纷”（因环境问题产生的矛盾和争执），从而对构建“和谐世界”“和谐社会”有利，从这一意义来说，低碳农业是一种社会和谐型农业。

2.4 低碳农业的功能

传统农业的主要功能就是生产功能，即为人类生存和发展提供农产品。现代农业的发展，已大大拓展了农业的范围和功能。低碳农业，作为现代农业的重要模式和组成部分之一，其功能已大大超越了传统农业模式和一般现代农业模式。从总体来讲，低碳农业至少具有以下多方面的功能：一是农产品生产功能，提供数量充足、种类丰富的各种农产品，不仅包括“天然”农产品，还包括多种“人工”农产品；二是农产品质量安全保障功能，要求提供无公害农产品、绿色农产品、有机农产品，既有营养功能，更有保健作用；三是气候调节功能，低碳农业显著减少了包括CO_2在内的各种温室气体的排放，大大减缓了气候变暖的速率；四是生态涵养功能；五是农业金融功能等。

2.5 发展低碳农业的意义

与发展低碳经济一样，发展低碳农业同样具有多方面的重要意义，如：发展低碳农业有利于应对气候变化、缓解能源紧张；发展低碳农业，有利于节约农业资源、建设“资源节约型”农业；发展低碳农业，可有效保护农业环境、维护生态平衡；发展低碳农业，有利于提升农产品质量、确保农产品安全，提高健康水平和提升人口素质；发展低碳农业，还有利于增加农民收入、建设小康社会和构建和谐社会等。

2.6 低碳农业的主要模式

可以说，低碳农业的模式是多种多样的。常见的有：立体农业模式、生态农业模式、绿色农业模式、循环农业模式、休闲观光农业模式和生态高值农业模式[15]等。

3 低碳作物生产

作物生产，即种植业生产，是农业生产（包括农、林、牧、副、渔“五业”生产）的重要组成部分，也是最基础的部分。作物生产担负着把太阳辐射能转化为化学潜能并贮藏在植物体内，即进行光合作用、从事植物性生产的重要任务。作物生产的主要场所是农田（包括旱地和水田）。根据研究[16]，农田是 CH_4 与 N_2O 的重要来源，在全球温室气体的预算中具有重要影响。1994 年中国稻田 CH_4、农田 N_2O 分别占全国总排放量的 18%和 17%；2005 年估算，稻田 CH_4 排放 589 万 t，农田 N_2O 排放 78 万 t。可见，要发展低碳农业，首先要减少农田温室气体的排放，要求在作物生产过程中，采用“低碳技术”，实行低碳作物生产。具体来说，低碳作物生产应采用以下具体技术和措施。

3.1 低排作物品种

选用“低排品种”可降低稻田温室气体排放量。据国外研究，2 个水稻品种（Disang 和 Liut）在生长季内 CH_4 排放上差异显著，分别为 $1.38g/m^2$ 和 $0.96g/m^2$，后者比前者降低 30%。Disang 的高排放与其较高的叶面积指数、根系体积和分蘖数有关；Liut 具有高产株形的主要特征。研究表明，水稻品种之间的植株 CH_4 排放有基因型差异；绿色超级稻品种具有“三节”（节氮、节水、节药）的特征，值得广泛推广。

3.2 低碳耕作制度

一是少耕免耕。在农田生产过程中，采用少耕、免耕，可有效增加土壤中碳的固定，并减少 CH_4 气体的排放量，即少耕、免耕等保护性耕作措施，具有“固碳减排”的功能。相关研究表明，免耕显著影响土壤 CH_4 排放：对于翻耕稻田处理，免耕稻田土壤 CH_4 平均排放通量显著降低了 27%～29%（$P<0.05$）。英国免耕土壤比传统耕作提高 8%的碳含量；荷兰 19 年的综合措施（包括施用有机肥）使土壤有机质提高 0.5%；德国通过 20 年的浅耕，使农田 5cm 土层碳大量积累，50cm 土层有机碳比翻耕高 $5mg/hm^2$。国内研究表明，较常规耕作而言，稻田免耕分别能减少 CH_4、N_2O 排放量的 28%和 33%。二是多熟复种。三是间混套作。四是作物轮作。研究表明，实行水旱轮作，可显著减少稻田 CH_4 排放。五是复合种植。稻田养鸭能显著降低 CH_4 的排放通量，尤其是稻鸭共作期间，两年平均比淹水稻田减少 25%。但稻田养鸭显著提高了 N_2O 的排放量（提高 8%～13%），还显著提高了 CO_2 的排放量（提高 7%～10%）。但总体来看，相对于常规稻作，稻田养鸭的温室气体的综合增温潜势降低了 15%～21%，能有效地降低温室气体的温室效应。

3.3 低碳施肥养地

一是低碳施肥，如进行 CO_2 施肥，少施化肥，多施有机肥，实行化肥与有机肥相结合，推行平衡施肥、测土配方施肥、精准施肥等。实践证明，硫酸盐肥料会减低 CH_4 排放；减少氮肥，增加磷钾肥可减少 CH_4、N_2O 排放。二是生物养地，包括种植豆科固氮、发展绿肥养地、实行秸秆还田、养殖蚯蚓改土等。研究表明，秸秆立体还田（即立秆还田），可减少 CH_4 排放 25%。此外，利用农业生产的“废弃物”和生活垃圾生产沼气，利用沼液、沼渣养地，其效果更佳。

3.4 低碳栽培技术

发展低碳栽培技术，重点是实行低碳田间管理，要求在作物田间生长发育过程中，采取有利于减少温室气体排放的管理措施。研究表明，在水稻生长期间，采用间歇灌溉，不仅可减少稻田水分消耗，而且对减少温室气体排放具有明显效果。研究结果表明[17]，间歇灌溉稻田 CH_4 排放量为 20.04g/m^2，比长期淹灌处理 37.27g/m^2 减少了 46.23%；间歇灌溉稻田 N_2O 排放量为 127.42mg/m^2，比长期淹灌处理增加了 40.52%；间歇灌溉稻田 CH_4 和 N_2O 温室效应的总和为 4651.70kg（CO_2）/hm^2，比长期淹灌处理减少 42.36%。研究还表明，在水稻田间管理过程中，湿润、间歇灌溉比淹水稻田 CH_4 排放减少 26%～40%。

参 考 文 献

[1] Intergovernmental Panel on Climate Change. Climate change 2007：mitigation of climate change. contribution of working group III to the fourth assessment report of the intergovernmental panel on climate change. London：Cambridge University Press，2007.

[2] UK Energy Paper. Our energy future-creating a low carbon economy. 2003.

[3] Kok M，Vermeuleu W，Faaji A. Global warming and social innovation：The challenge of a climate-neutral society. London：Earthscan，2003.

[4] 中国科学院可持续发展战略研究组. 2009 中国可持续发展战略报告：探索中国特色的低碳道路. 北京：科学出版社，2009.

[5] 张坤民. 低碳世界中的中国：地位、挑战与战略. 中国人口. 资源与环境，2008，18（3）：1-7.

[6] 孙桂娟，殷晓彦，孙相云，等. 低碳经济概论. 济南：山东人民出版社，2010.

[7] Toman M A，Jemelkova B. Energy and economic development：an assessment of the state of knowledge. Energy Journal，2003，24（4）：93-112.

[8] Stern D I，Cleveland C J. Energy and economic growth. Rensselaer polytechnic institute working papers in economis，2004.

[9] Zhuang G Y. Role of China in global carbon market. China and World Economy，2006，14（5）：93-104.

[10] 庄贵阳. 低碳经济：气候变化背景下中国的发展之路. 北京：气象出版社，2007.

[11] 王昀. 低碳农业经济略论. 中国农业信息，2008，（8）：12-15.

[12] 程序. 生物质能与节能减排及低碳经济. 中国生态农业学报，2009，17（2）：375-378.

[13] 赵其国，钱海燕. 低碳经济与农业发展思考. 生态环境学报，2009，18（5）：1609-1614.

[14] 黄国勤. 推进鄱阳湖生态经济区低碳农业的发展. 江西农业学报，2010，22（6）：178-180.

[15] 赵其国. 我国须走生态高值农业之路. 科学时报，2010-09-06.

[16] 唐红侠，韩丹，赵由才，等. 农林业温室气体减排与控制技术. 北京：化学工业出版社，2009.

[17] 李成芳，曹凑贵，汪金平，等. 不同耕作方式下稻田土壤 CH_4 和 CO_2 的排放及碳收支估算. 农业环境科学学报，2009，28（12）：2482-2488.

Low-carbon Economy，Low-carbon Agriculture，and Low-carbon Crop Production

Huang Guoqin[1, 2] Zhao Qiguo[3]

1 Key Laboratory of Crop Physiology，Ecology and Genetic Breeding，Ministry of Education/Jiangxi Province，Nanchang 330045，China

2 Centre on Ecological Sciences，Jiangxi Agricultural University，Nanchang 330045，China

3 Institute of Soil Science，Academia Sinica，Nanjing 210008，China

Abstract

Low-carbon economy has become a hot research topic in the world and to develop low-carbon economy and promote low-carbon industry has become a global trend. As the world’s largest developing country in agriculture，China should advocate the development of low-carbon economy and low-carbon industry，especially the low-carbon agriculture and low-carbon crop production. The paper consists of three parts. The first part discusses the background，concept，significance and action and practice. The second part introduces the concept，characteristics，function，significance，and the major models. And the last part explores low-carbon crop varieties，low carbon-farming systems， low-carbon fertilizing and land-nourishing，and low-carbon cultivation techniques，the low-carbon crop production technologies and measures. Closely integrated with the current situation，both domestic and abroad，and agricultural production practice，the paper offers the latest information and viewpoints and is of guidance and reference value for the development of low-carbon economy，low-carbon agriculture，low-carbon crop production.

Key words Low-carbon economy；Low-carbon agriculture；Low-carbon crop production；Sustainable development

我国发展低碳农业的政策、法规和技术体系分析*

金 辰[1,2] 孙 波[2,3] 赵其国[2,3] 李辉信[1]

1 南京农业大学资源与环境科学学院，南京 210095

2 土壤与农业可持续发展国家重点实验室（中国科学院南京土壤研究所），南京 210008

3 国家红壤改良工程技术研究中心，中国科学院红壤生态实验站，鹰潭 335211

摘 要

针对我国保障粮食安全和应对全球变化的双重目标，分析了我国发展低碳农业存在的主要问题，并提出了发展对策。建议基于生态农业、循环农业和生态高值农业的原则，从政策、法规和技术3个方面促进我国低碳农业的发展。发展对策主要包括：贯彻中央一号文件，制定完善的政策法律法规体系及财政补贴；立足各地农情，大力发展区域低碳农业适应性体系；推广低成本低碳农业适应性技术，发展农村低碳农业合作组织；优化低碳农业发展外部环境，提高公众低碳农业认知意识。

关键词 低碳农业；政策；法规；温室气体；限制因子

近一世纪，支撑人类社会经济活动的主体能源是化石能源，由此建立的高碳经济产业导致二氧化碳等温室气体的过量排放，是全球气候变暖的根本原因。英国在2003年发表的《能源白皮书》中首次提出“低碳经济”的概念[1-3]。我国是农业大国，以低碳经济为基础的理念和思想在农业当中可以得到广泛的应用和普及，可以为我国发展低碳经济、实现可持续农业做出重要贡献。

1 我国农业发展阶段及环境问题

1.1 中国农业发展四阶段

我国农业从1978年改革开放至今，先后经历4个发展阶段：高产阶段（1978～1984年）、优质阶段（1985～1991年）、高效阶段（1992～2001年）、安全可持续阶段（2002年～）[4-6]，每一发展阶段都有各自的目标与农业特征（表1）。

表1 改革开放后中国农业发展阶段与各阶段农业特征

	高产阶段	优质与高效阶段	安全可持续阶段
时段	1978～1984年	1985～2001年	2002年～
主要发展模式	高碳农业	“两高一优”农业	生态农业
主要目标	提高产量，解决温饱	改善农产品质量，高产、优质、高效并重	保障生态环境，大幅度提高农业生产能力、产业化水平和竞争力
农业特征	调整作物结构，提升工业肥料投入量，推行多熟种植，防止病、虫、杂草危害	扩种高效作物，大兴特种养殖，推广高效技术，建设高效农田	减少工业肥料投入量，农业生物质资源、水土资源和废弃物资源生态高值化利用，产前、产中、产后低碳化生产及加工

1.2 农业发展与环境恶化

纵观改革开放后我国农业发展史，粮食安全和环境效益之间的矛盾一直伴随左右。中国人口基数庞大，

* 基金项目：中国科学院战略性先导科技专项课题项目（XDA05070305）和国家科技支撑计划项目（2011BAD41B01）资助。

作者简介：金辰（1988—），男，江苏南京人，硕士研究生，主要从事土壤生态学研究。

本文原载《土壤》2014年第46卷第1期第7-14页。

从最初解决温饱到现在保障 13 亿人民粮食安全，必定要以牺牲一定环境利益为代价。1949～1998 年间，我国粮食年总产量与化学氮肥年施用量的相关系数高达 0.9，但是氮肥的增产效果却随施氮量的增加而降低，从反映氮素农业效益的收获物含氮量占总收入氮量比例来看，已经从 1979 年的 57%下降为 1998 年的 43%[7]，工业氮肥的过度使用需要消耗更多的化石能源并增加水体及大气面源污染，加速气候变化，增加农民成本。农村每年燃烧大量作物秸秆释放大量二氧化碳和悬浮颗粒物，会导致更严重的温室效应并严重污染周边城市的空气质量[8]。中国民众对肉类和奶类的需求不断上升大大提升了家禽及畜牧业的发展，据联合国粮食及农业组织（FAO）报道，牲畜产生的温室气体已经超过了汽车，同时牲畜饲养与森林争地，导致有助于调节气候的森林面积减少，从而进一步加剧了气候变暖的趋势[9-11]（表 2）。

表 2　中国发展低碳农业存在的主要问题

发展内容	发展目的	发展现状	污染形式	已采取的应对策略
工业肥料（以工业氮肥为例）[12]	保障粮食安全、保障农产品供应	省份 / 作物 / 氮肥过量/% 江苏 / 水稻 / 50 华北 / 玉米 / 66 陕西 / 小麦 / 100 山东 / 番茄 / 80 在过去 10～30 年间粮食作物和过去 10～15 年集约化蔬菜和水果体系中，氮肥的过量施用日趋严重	①氮肥生产过程原料开采及能源燃烧排放大量温室气体 ②淋洗和径流损失导致水体富营养化 ③氮肥分解氨气导致酸雨	①根据各地土壤含氮情况及作物需求减少氮肥用量 ②采用器械适当深施肥料，采用滴灌施肥代替大水大肥 ③改良肥料性能，添加抑制剂提高氮肥利用率，减缓氨气排放
农业废弃物（以作物秸秆焚烧为例）[13]	节省农民劳动成本	年份 / 秸秆焚烧区面积/万 km^2 2002 / 0.558 2003 / 0.612 2004 / 0.894 2005 / 1.696 秸秆焚烧最严重区域集中在淮河流域，河北南部、陕西中部也比较严重，青海、西藏基本无秸秆焚烧	①秸秆焚烧过程排放大量温室气体 ②重金属和农药残留物污染土壤环境 ③农业污水增加面源污染 ④农业废弃物导致病毒传播，疾病蔓延	①量化我国各地区年均产生的农业废弃物，确定各种消纳和利用途径比例及具体应用情况 ②利用秸秆还田、秸秆饲用、秸秆发电使秸秆资源化利用 ③利用多技术手段相结合综合开发治理使农业废弃物高效利用
畜牧业、养殖业（以畜禽生产温室气体排放量值为例）[9]	保障蛋白总摄入量与动物蛋白总摄入量	年份 / CH_4/万 t / N_2O/万 t 2002 / 970.5 / 55.7 2004 / 990 / 56.8 2006 / 1060.4 / 58.7 2007 / 911.8 / 54.6 1979～2003 年，城镇居民家庭人均消费肉类增加 1 倍，农民人均消费肉类增加 3 倍	①牛羊等反刍动物的肠发酵排放大量温室气体 ②动物粪便分解排放大量甲烷和氧化亚氮 ③畜牧饲料生产与饲养过程存在大量能源消耗	①选育个体生产力高的品种，减少动物饲养总数和甲烷排放量 ②在饲料中添加抑制剂改良饲料性能，规范日常喂养方式 ③对畜禽养殖场进行改造，及时贮存处理粪渣，推广干法清粪工艺，建设液体粪污大中型沼气工程

2　低碳农业内涵与国外低碳农业现状及发展模式

2.1　低碳农业内涵及几种农业发展模式内在联系

低碳农业以“三低三型”（低能耗、低污染、低排放、节约型、效益型、安全型）为主要特征，是一种以减少工业化肥生产及使用为核心的新型农业发展模式。区别于绿色农业、循环农业、生态高值农业，低碳农业明确以“碳”为指标，以农业产前产中产后的温室气体减排为目的，以实际可行技术手段为基础实现节能减排、农民增收（表 3）。

表 3　不同农业发展模式主要含义与目标

	绿色农业[14-15]	循环农业[16]	生态高值农业[17]	低碳农业
含义	以生产无公害农产品、绿色食品和有机食品为目的的无毒无害无污染的农业发展模式	以推进各种农业资源往复多层与高效流动为目的，从而实现节能减排与增收的农业发展模式	以市场为导向，按照生态学原理和经济学原理，运用现代科学技术和管理手段，实现经济、社会、生态效益最佳的农业生产经营模式	以低能耗、低污染、低排放，利用节约型技术，减少各种资源的消耗，减少人力、物力、财力投入，将农业产前、产中、产后对社会带来的不良影响降到最低限度的农业发展模式

续表

	绿色农业[14-15]	循环农业[16]	生态高值农业[17]	低碳农业
目标	①形成绿色农产品结构 ②形成绿色农业指标体系（生产环境、生产资料、生产环节、收获、储运、加工、包装、销售）	①形成废弃物交换循环利用要素耦合等农业产业化网络体系 ②形成清洁生产和节约消费	①形成以农产品安全为基础，以可持续农业、智能农业和高值农业为内容的农业产业体系 ②建立集休闲、观光、教育、文化于一体的高值化服务型农业产业	①形成肥料高效利用体系（如改善氮管理目标） ②形成生物质能源（如农业废弃物）优化利用体系 ③形成农林畜牧多位一体的立体低碳模式 ④提升土壤固碳效率 ⑤形成政府农民消费者自上而下的低碳发展理念

以上 4 种农业经营发展模式并不是相互独立的，它们共同强调以最少的环境代价和资源消耗获得经济、社会、生态效益的三赢局面。绿色农业和循环农业是我国正在发展中的农业经营模式，是实现我国未来生态高值农业的基础。低碳农业在绿色农业和循环农业的基础上进一步明确以碳输入为指标，以温室气体减排为目的的新型农业发展模式，是低碳经济在农业方面的延伸和发展，是当下高碳农业的转变方向。

2.2 国外低碳农业发展现状及模式

发达国家低碳农业起步早、效果好，主要是因为建立起一系列科学管理方法及良好的政策扶持与推动（表 4）。虽然基于长期试验和大量调查研究已经证明，对于我国过量施肥的集约化农田体系，可以减少 25%～50%的化肥用量而不降低产量，在满足区域粮食安全的同时减少温室气体排放[18-21]。但是，我国低碳农业仍然发展缓慢，政府和社会各层次都对降低肥料施用量是否能满足粮食安全保持怀疑，同时由于人口基数庞大，仍然需要追求高产，很难将“低碳”与“粮食安全”完美结合。

表 4 发达国家低碳农业进展与主要措施

美国	加拿大	法国	澳大利亚
①保护性耕作及休耕（减少化石能源投入及作业成本） ②改进农艺做法（减少对化肥、杀虫剂及其他投入物的依赖性）	①执行农地造林制度（发挥森林系统抵消温室气体排放量的功效） ②农作物与豆科作物适度轮作（减少对氮肥投入物的依赖性）	①种植需氮作物并施以适量的无机氮肥（提高土壤有机碳的吸存量） ②长期施用动物性堆肥（提升土壤有机碳储存效果）	采用浓缩饲料、替代饲料（减少牲畜肠发酵所产生的甲烷等温室气体）

3 我国低碳农业发展对策

迄今世界上还没有一个国家的农业现代化是建立在低碳经济的发展模式上，中国正在走出一条低碳农业的发展之路，这将是国家农业发展方式的重大创新[1]。由于现阶段农业持续的高碳输入将对我国未来环境安全及粮食生产产生不容忽视的影响，为了加速我国高碳农业向低碳农业转型，实现农业现代化可持续发展提出如下建议。

3.1 贯彻农业发展低碳理念，完善低碳农业政策法规支持体系

3.1.1 贯彻中央一号文件，夯实低碳农业观念

2004～2013 年，中央一号文件连续 10 年关注“三农”问题，已成为聚焦当下农业问题的专属名词（表 5）。虽没有专门提及低碳农业，但部分内容与“低碳农业”的发展目标与理念不谋而合，是当下高碳农业的转变方向与未来低碳农业及生态高值农业实现的基础[22]。

表 5　2004～2013 年中央一号文件关于低碳农业理念表述

年份	文件	低碳农业理念表述
2004	中央一号文件	加强良种繁育，病虫害防治，扩大有效灌溉面积
2005	中央一号文件	加强良种补贴、测土配方、开展节水设备补助
2006	中央一号文件	推进技术支持，节水、节肥、节药，控制农业面源污染
2007	中央一号文件	完善补贴政策，加快发展农村清洁能源，提高可持续发展能力
2008	中央一号文件	大力发展节水灌溉，加强耕地保护，土壤改良，继续加强生态建设
2009	中央一号文件	加快畜牧标准化养殖，推进生态重点工程建设，扶持农民专业合作社
2010	中央一号文件	建设高标准农田，构建生态安全屏障，推进农林废弃物资源化、清洁化
2011	中央一号文件	大兴农田水利建设，加强水资源配置，完善水资源管理体制
2012	中央一号文件	提升农村金融服务，依靠科技创新驱动，振兴农业教育，发展农业人才
2013	中央一号文件	东北四省节水增粮，推行最严格耕地保护制度，继续完善农村配套金融服务

3.1.2　完善低碳农业法律政策支持体系

低碳农业法制建设不局限于立一部低碳农业基本法和相关单行法的范畴，它涉及整个法律观念的更新。在制定和修改涉及农业法律时要始终贯穿低碳农业的理念，把这种理念融入整个法律体系之中[23]。中央和地方政府决策者必须全面思考当前中国低碳农业发展现状，制定相关政策法规规范低碳农业稳步进行。

十多年来，中国相继出台《基本农田保护条例》，修订了《土地管理法》等一系列有关农业生态环境保护的法律法规[24]。但随着高碳农业带来诸多环境问题，必须有针对性尽快制定并完善农业投入品对生态环境影响等相关标准，加强农产品标准的制定，控制过量化学品投入引起的食品安全和环境安全问题，规范低碳农业发展。如应修订《固体废物污染环境防治法》《水污染防治法》《节约能源法》《清洁生产法》等法律，对农业资源的节约、废弃物的回收、有害物质的使用及排放等做出特殊的规定。

3.1.3　取消相关财政补贴，建立合理财政补贴供应系统

中国的农业补贴起始于 20 世纪 50 年代末的“机耕定额亏损补贴”，之后扩展到农用生产资料的价格补贴、农业生产用电补贴、贷款贴息补贴等方面[25]。但目前部分补贴已成为氮肥过量生产、过量施用及环境污染加重的推手。2013 年中央一号文件强调完善农业补贴政策，进一步推广农民直接补贴、良种补贴、农机具购置补贴及农机以旧换新试点。新的补贴政策旨在提高农户集约经营水平，寻找发展可持续农业与相应金融支持体系的完美契合点（表 6）。

表 6　涉及低碳农业理念部分法律法规与农业补贴

年份	法律法规	年份	农业补贴
1989	环境保护法	2005（中央）	奶牛良种繁育补贴
1993	农业法	2008（中央）	秸秆能源化利用专项补贴
2001	农药管理条例	2009（中央）	太阳能光电建筑应用实施意见
2001（修订版）	畜禽养殖污染防治管理办法	2009（中央）	提高农村沼气建设补助标准
2003	农村沼气建设国债项目管理办法	2010（四川广元）	温室气体减排交易项目补贴
2005	草畜平衡管理办法	2004～2012（地方）	各省市有机肥专项补贴
2012（修正版）	清洁生产促进法	2012（中央）	农业机械购置补贴实施指导意见

3.2 立足各地农情，大力发展区域低碳农业适应技术体系

我国各地区光、热、水等自然条件及低碳农业发展区位优势与限制因子存在巨大差异[26]。长江流域及长江以南耕地只占全国总耕地的 37.8%，拥有的径流量却占全国的 82.5%；黄淮海三大流域径流量只占全国的 6.6%，而耕地却占全国的 38.4%。全国有相当大的农业面积易受洪、涝、旱、渍等自然灾害的侵扰。低碳农业的发展必须因地制宜，各地政府应立足本地农情，通过政策推动、制度保障、技术创新等手段聚集各方力量和各类要素资源，充分挖掘开发本农区碳资源，大力发展低碳农业，加快农村经济发展方式转变，提升现代农业发展水平和农业生态文明水平（图 1～图 3）。

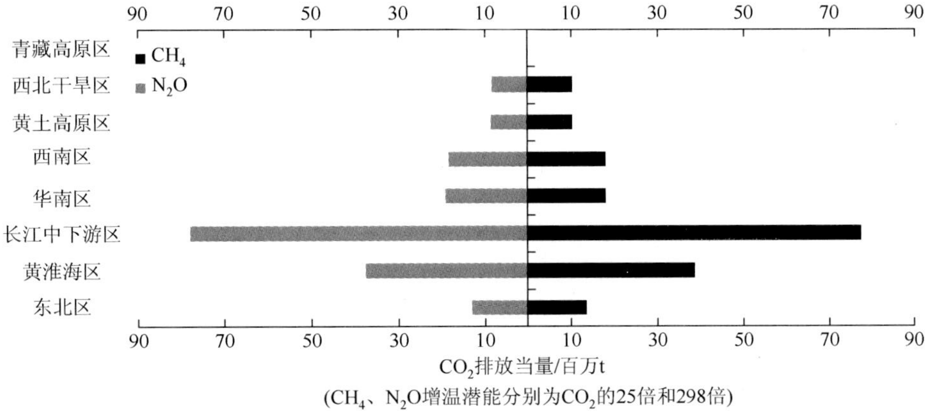

图 1　2008 年各农区氮肥施用温室气体折合 CO_2 当量排放总量[27-28]

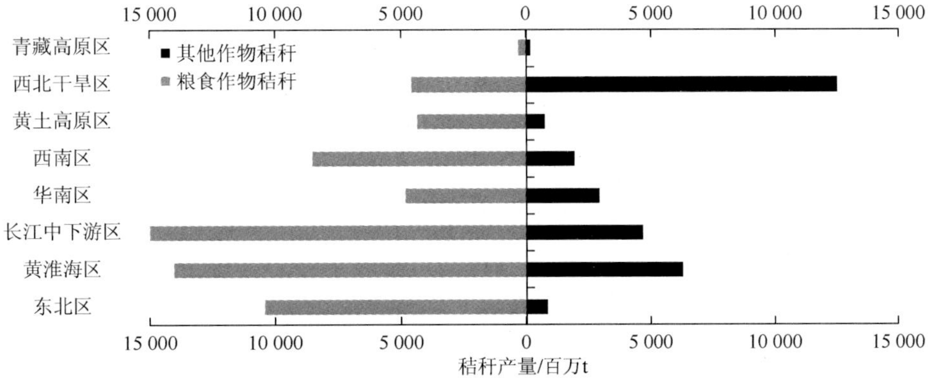

图 2　2008 年各农区粮食作物秸秆及其他秸秆总产量[29-30]

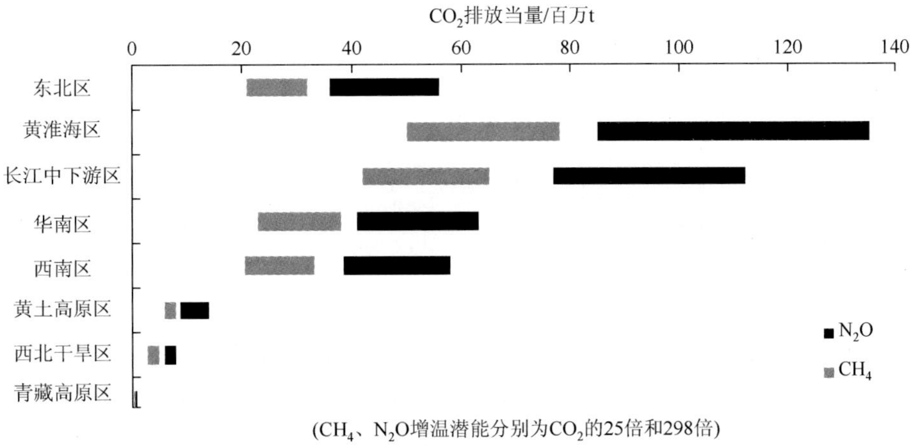

图 3　2008 年各农区家畜肠道发酵及粪肥折合 CO_2 当量排放范围[9, 28]

3.2.1　东北低碳农业发展及限制因子

东北作为北国粮仓，是中国贡献商品粮最多的地区，土地面积无论是人均还是总面积都占全国首位，拥有全国最多的后备耕地和丰沃的黑土地带[31, 32]。温度是东北低碳农业发展的主要限制因子。东北农区年均秸秆总产量约为 1.13×10^4 万 t，但冬季气温较低，达不到沼气发酵的最低要求，需花费大量财力物力提升沼气发酵装备与技术，虽有利于低碳农业发展，但经济效益却是负值。同时，东北农区黑土是土壤有机碳含量最高的土壤之一，氮肥施用折合温室气体排放当量较低，但由于近几年养分的投入不足及过度垦殖造成的水土流失，导致作物每年从土壤中带走的养分得不到有效补充，造成土壤养分平衡失调、理化性质恶化、土壤有机碳含量下降，增施化肥虽然可以使大部分农田土壤有机碳库呈稳定上升趋势，但肥料生产、运输、投入过程中也会产生大量温室气体。因此，必须根据东北地区实际情况，进一步推广测土配方施肥，进一步推广秸秆还田、平衡施肥、少耕免耕等保护性耕作措施，构建满足东北地区需要的低碳农业发展模式。

3.2.2　黄淮海及长江中下游低碳农业发展及限制因子

黄淮海及长江中下游农区氮肥施用及家畜肠道发酵折合温室气体排放当量、秸秆资源都位居全国前列，发展低碳农业潜力巨大。农业产业结构转型及市场需求是该农区发展低碳农业主要限制因子。以黄淮海区为例，在高度发达市场经济驱动下，该农区原有的“粮食作物-经济作物”二元结构迅速向“粮食作物-经济作物-饲料作物”三元结构转型。畜牧业、林果业、水产业不断壮大，但传统农业改造难度大，配套设施与技术落后等一系列问题随之隐现。在集约化蔬菜和水果生产体系中，该农区氮肥施用通常过量 30%，部分地区已经超过 50%甚至更多。大部分农业从业者没有认识到充分利用土壤中来自上季作物、有机肥、灌溉水、粉尘和降雨的有效氮，也包括因缺乏学习途径而缺少氮肥管理最佳技术。该农区必须在保持农业高度集约化生产的同时，控水控肥，在向畜牧业、林果业、水产业转型的同时构建农业废弃物资源利用化技术，形成包括“猪、沼、果”及其与农业配合“四位一体”在内的生态农业工程模式，合理利用大量秸秆和畜粪资源，实现低碳农业经济、社会、环境的三赢。

3.2.3　华南低碳农业发展及限制因子

华南沿海农区以双季稻为主要粮食作物，是我国双季稻种植的典范地区，其稻田单位面积温室气体排放量普遍较高，因此，传统双季稻种植管理方式是该农区低碳农业发展主要限制因子。众多研究表明：CH_4 和 N_2O 是稻田在不同阶段排放的温室气体，CH_4 排放受气温、降水等自然因素影响较大，N_2O 更依赖于水肥管理措施等人为因素[33-35]，因此，应注重二者整体的温室效益。华南大部分地区稻田水分管理方式由传统的淹水灌溉转向中期晒田和湿润灌溉的方法，在高氮投入背景下，虽减少 CH_4 排放，但不可避免增加了 N_2O 排放，抵消部分 CH_4 减排效果。因此，以低碳农业为出发点，以低氮投入为主要手段，通过优化华南地区双季稻田水肥管理措施，根据区域双季稻需肥特性针对性追肥，改进种植方式，优化育种，可提高氮肥利用率，降低晒田期土壤速效氮含量，从而减缓因晒田提高 N_2O 排放的负面作用。稻田 CH_4 排放量占整个中国排放总量的 17.93%。除华南双季稻地区外，长江中下游稻作区、西南稻作区也是农业温室气体贡献大户，因此，各区域稻田温室气体减排是发展中国低碳农业极为重要的组成部分。

3.2.4　西部地区低碳农业发展及限制因子

西北及青藏高原地区属于我国高海拔农业区域，自古以来具有极为浓厚的农业色彩，农业资源与生态环境的约束是该地区低碳农业发展的主要限制因子。西部内陆地区水资源极为短缺，年均降水量不足 200mm，单位耕地面积可利用水量仅为全国平均的 1/10，水土流失面积占其土地总面积的 60%以上，土地荒漠化、盐碱化，草地退化等现象十分严重，与其他农区大水大肥形成鲜明对比[36, 37]。既要发展该地区低碳农业，又要保证农民收入，改变农业粗放经营的现状，难度非常大。未来该地区低碳农业发展应立足于特色农业，结合退耕还林、退牧还草、生态家园工程建设，在中央政府支持改善农业生产条件和生态环境的大方针下，进一步发展以专用玉米、糖料、制种、棉花、苹果、肉羊、牛奶为优势品种的低碳农业支柱产业。

3.3 发展农村低碳农业劳动合作社，优化低成本低碳农业适应性技术体系

3.3.1 根据区域特点，推广适应性技术

建立一个跨部委的国家领导小组，各地农业科技部门和农业推广部门在各级行政部门支持下，积极推行低成本的低碳农业生产新技术。

传统高碳农业向低碳农业的转化关系到农民的切身利益，农民最关心的问题是这些温室气体减排方法的可行性和营利性，我国现阶段低碳农业在农民群体中普及较低，大多还只停留在文字宣传和小区试验阶段，离大田推广和运用还有一定距离，如何提升农民参与低碳农业的积极性是首需解决的问题，因而，要首先推广使用低成本的低碳农业生产适应技术。

在水资源匮乏的西北、华北等地区研发各种器械及低成本的水溶肥，加强技术培训和市场管理，加强对相关设备进行补贴，积极推广滴灌施肥技术，一般可节水30%，节肥20%，首年投资成本约为500～800元/亩；在畜牧业较发达的青藏高原区、蒙新高原区、黄土高原区等地区加强有机无机肥配施培训，开展减少有机肥生产中氮素损失的研究，扩大商品有机肥的补贴政策，有效利用粪肥及其他有机资源中的氮素；在低纬度光热充足地区积极利用太阳能等新型绿色能源替代化石能；在农业发达的东北、黄淮海、长江中下游地区可适当借助现代生物技术改良，设计培育高产优质的新品种，借助多学科综合原理和工程技术，提高农产品品质，提高化肥使用效率。在各农区采用合理的间套作体系，如豆科植物间作、农林复合间作等，从而替代合成氮肥的使用，积极帮助农民调整农业种植结构，推广农民用得起、用得上的生产技术，促进和保障各区域粮食生产的稳定发展。

3.3.2 农业劳动合作社是发展低碳农业的必然选择

农村基本生产单位是农户，极为分散和孤立，缺乏普遍的组织与领导，直接影响低碳农业规模化、集约化、标准化发展。例如，一户农户或一片种植园实行低碳农业模式，而周围耕地仍采用高碳模式的石化农业，该生态模式下的土壤、空气和水源仍会受到影响和污染，从而影响低碳农业发展、增加其发展成本。低碳农业有集群发展的先天优势，集群发展不仅是农业发展的内在需要，更是低碳经济发展的必然要求。农民分散生产难以推动低碳农业发展，而农民专业合作社以同类农产品为对象基于“民办、民管、自愿”的原则在组织分散农民提高商品率、改善农民独自决策效率、延长产业链等方面有积极的作用，是适合低碳农业集群发展的有效组织形式。

3.4 优化低碳农业发展外部环境，完善全民认知意识推广体系

3.4.1 借由消费者驱动低碳农业发展

低碳农业的发展与进步并不局限于政府与农民本身，还需要整个社会的参与，其中包含市场、科研等多部门的合作，因此提高全社会公众的低碳农业意识，是共同适应低碳农业的必然选择。

消费者可由其食品选择影响决策调整，形成市场驱动力量，来改变农产品产销结构，对环境生态做出具体贡献，借由食品消费变革，促使农业朝向低碳产业的道路前进[38]。

3.4.2 借由金融信贷市场调控低碳农业结构

加大对低碳农业投入，以市场经济引领低碳农业发展。调整银行金融信贷服务结构，加大对低碳农业的支持。银行可根据农业项目内容有针对性地发放贷款，鼓励绿色信贷，鼓励投资低碳生产领域，鼓励碳金融和绿色农业金融产品的创新，使资金流入与低碳农业相关的各个农业角落。同时，可以尝试以温室气体减排额作为抵押物，为低碳农业项目做融资。再次，低碳农业的发展需要一个传递信息、构建企业与农民良性循环的低碳农业中介服务体系，因此发展低碳农业中介服务组织与低碳农业环保服务组

织是低碳农业市场发育的重要内容。

3.4.3 借由媒体提升低碳农业全民认知

充分利用网络、广播、电视、报刊等传播媒介，通过多种途径和方式，广泛开展宣传教育，使全社会提高低碳农业的意识，开展自觉的低碳农业适应和减排行为。通过开展针对性培训，可使小范围运用的具体技术迅速辐射整个地区，促进区域低碳农业的持续发展。

参 考 文 献

[1] 赵其国，钱海燕. 低碳经济与农业发展思考. 生态环境学报，2009，18（5）：1609-1614.

[2] 赵其国，黄国勤，钱海燕. 低碳农业. 土壤，2011，43（1）：1-5.

[3] 张厚瑄. 农业减排温室气体的技术措施. 农业环境与发展，1998，（1）：17-22.

[4] 黄国勤. 改革开放 30 年中国农业的发展——Ⅰ. 成就. 中国农学通报，2009，（10）：296-299.

[5] 黄国勤. 改革开放 30 年中国农业的发展——Ⅱ. 历程. 中国农学通报，2009，（15）：285-290.

[6] 黄国勤. 改革开放 30 年中国农业的发展——Ⅲ. 经验. 中国农学通报，2009，（16）：353-356.

[7] 朱兆良，孙波. 中国农业面源污染控制对策研究. 环境保护，2008，（8）：4-6.

[8] Norse D. Low carbon agriculture：objectives and policy pathways. Environmental Development，2012，1（1）：25-39.

[9] 胡向东，王济民. 中国畜禽温室气体排放量估算. 农业工程学报，2010，26（10）：247-252.

[10] 曹珍，廖新俤. 家畜胃肠道甲烷减排技术进展. 家畜生态学报，2011，32（4）：1-8.

[11] 王亚杰，卢星辰，曹姝慧，等. 从健康、低碳角度看农业畜牧业的发展. 农业环境与发展，2011，28（1）：29-32.

[12] David P. Greater food security and a better environment through improved nitrogen fertilizer management. http：//www.sainoline.org[2012-9-21].

[13] 何立明，王文杰，王桥，等. 中国秸秆焚烧的遥感监测与分析. 中国环境监测，2007，23（1）：42-50.

[14] 龚勋. 我国绿色农业发展基本路径探析. 农业经济，2012，（7）：53-54.

[15] 张正斌，王大生，徐萍. 中国绿色农业指标体系建设指导原则和构架. 中国生态农业学报，2011，19（6）：1461-1467.

[16] 高旺盛，陈源泉，梁龙. 论发展循环农业的基本原理与技术体系. 农业现代化研究，2007，28（6）：731-734.

[17] 赵其国. 生态高值农业是我国农业发展的战略方向. 土壤，2010，42（6）：857-862.

[18] Richter J，Roelcke M. The N-cycle as determined by intensive agriculture—examples from central Europe and China. Nutrient Cycling in Agroecosystems，2000，57（1）：33-46.

[19] 刘学军，巨晓棠，张福锁. 减量施氮对冬小麦-夏玉米种植体系中氮利用与平衡的影响. 应用生态学报，2004，15（3）：458-462.

[20] 马兴华，于振文，梁晓芳，等. 施氮量和底施追施比例对土壤硝态氮和铵态氮含量时空变化的影响. 应用生态学报，2006，17（4）：630-634.

[21] 赵营，同延安，赵护兵. 不同施氮量对夏玉米产量、氮肥利用率及氮平衡的影响. 土壤肥料，2006，（2）：30-33.

[22] 中国共产党中央委员会. 2004—2013 年中央一号文件. http：//www.aohan.gov.cn/article/list944-1[2015-6-10].

[23] 张燕，庞标丹. 低碳农业：SWOT 分析及法律发展措施探析. 金融与经济，2010，（12）：10-13.

[24] 郭辉，张术环. 政府在低碳农业技术创新中的角色探析. 前沿，2011，（9）：100-102.

[25] 余滢. 关于我国农业补贴法律制度的构建策略研究. 农业经济，2012，9（8）：69-70.

[26] 《区域农业发展战略研究》课题组. 区域农业发展战略研究. 中国农业资源与区划，2007，28（3）：4-10.

[27] Zhang F S，Zhang W F. The Chemical Fertilizer Industry in China—a Review and its Outlook. Paris，France：International Fertilizer Industry Association，2009.

[28] 中华人民共和国农业部. 新中国农业 60 年统计资料. 北京：中国农业出版社，2009.

[29] 刘刚，沈镭. 中国生物质能源的定量评价及其地理分布. 自然资源学报，2007，22（1）：9-19.

[30] 毕于运，王亚静，高春雨. 中国主要秸秆资源数量及其区域分布. 农机化研究，2010，32（3）：1-7.

[31] 佟国光，李景龙. 东北三省农业发展区位优势综合分析. 中国农村经济，2003，（9）：38-42.

[32] 王淑华，洪岩，杨柳河. 东北农业发展的自然区位优势. 黑龙江农业科学，2008，（5）：136-138.

[33] Wassmann R，Neue H U，Bueno C，et al. Methane production capacities of different rice soils derived from inherent and exogenous substrates. Plant and Soil，1998，203（2）：227-237.

[34] Husin Y A，Murdiyarso D，Khalil M A K，et al. Methane flux from Indonesian wetland rice：the effect of water management and rice variety. Chemosphere，1995，31（4）：3153-3180.

[35] 上官行健，王明星，陈德章，等. 稻田土壤中的 CH_4 产生. 地球科学进展，1993，8（5）：1-12.

[36] 李全武. 加入 WTO 与西北农业发展. 西北农林科技大学学报（社会科学版），2002，2（1）：12-16.

[37] 鲁春霞，谢高地，成升魁. 东中西部区域农业差异及其特征分析. 中国人口. 资源与环境，2003，13（6）：97-100.

[38] 李皇照. 消费者驱动低碳农业发展——食品配销与消费策略之探讨. 台湾农业探索，2010，（4）：12-18.

Analysis of Policies, Regulations and Technological Systems to Develop Low-carbon Agriculture in China

Jin Chen[1,2] Sun Bo[2,3] Zhao Qiguo[2,3] Li Huixin[1]

1 College of Resources and Environmental Science, Nanjing Agricultural University, Nanjing 210095, China

2 State Key Laboratory of Soil and Sustainable Agriculture (Institute of Soil Science, Chinese Academy of Sciences), Nanjing 210008, China

3 National Engineering Research and Technology Center for Red Soil Improvement, Red Soil Ecological Experiment Station, Chinese Academy of Sciences, Yingtan 335211, China

Abstract

In order to achieve the dual goals for safeguarding food security and meeting the challenge of global change, the main problems in developing low-carbon agriculture in China were analyzed and strategies were put forward. The development of low-carbon agriculture should conform to the principles of ecological agriculture, circular agriculture and ecological high-value agriculture, and integrated policies, regulations and technologies should be taken to scale up low-carbon agriculture practices. The main strategies include: ①understand the spirit of No.1 Central Document and develop a sound legal system as well as an advanced financial subsidy frame, ②expand the regional low-carbon agriculture system according to the local agricultural situations, ③extend the low-cost technologies and establish the farmer cooperative organizations of low-carbon agriculture, and ④raise public awareness and optimize the external environment for low-carbon agriculture.

Key words Low-carbon agriculture; Policy; Regulations; Green house gas; Limiting factor

高效生态农业概述*

黄国勤[1,2]　赵其国[3]　龚绍林[4]　石庆华[1,2]

1　江西农业大学生态科学研究中心，南昌　330045

2　江西省/教育部作物生理生态与遗传育种重点实验室，南昌　330045

3　中国科学院南京土壤研究所，南京　210008

4　江西省科学技术协会，南昌　330046

摘　　要

笔者从高效生态农业的提出、内涵、特征、原理、模式、技术6个方面，对高效生态农业的理论与实践进展进行了全面、系统的分析和讨论。①高效生态农业是1991年在国内首先提出；②高效生态农业突出强调“高效”“生态”“结合”；③高效生态农业具有生物多、环境佳、结构良、功能强、质量优、效益高、低排放、可持续的特征；④高效生态农业增产增效的原理在于充分用地、立体用光、超额用季、多层用水、高效用肥、共生互补、生态减灾、循环利用；⑤高效生态农业的典型模式有立体利用型、生物共生型、多业结合型、产业延伸型、科技带动型、环境整治型、资源再生型、休闲观光型；⑥高效生态农业的关键技术有资源节约技术、水肥调控技术、生物养地技术、防灾减灾技术、综合利用技术、水土保持技术、结构调整技术、能源开发技术、流域治理技术、现代高新技术。

关键词　现代农业；生态农业；高效生态农业；农业可持续发展

引　　言

发展高效生态农业，对于中国新世纪实现农业现代化、全面建设小康社会和构建社会主义和谐社会具有极其重要的现实意义和长远的战略意义。目前，关于高效生态农业，国内外已进行了大量分析和研究，并在高效生态农业的理论与实践两个方面均取得积极进展。从理论上来讲，重点研究高效生态农业的概念、内涵、特征，高效生态农业增产、增效的作用机理和内在机制等；从实践方面来看，集中研究区域高效生态农业的模式、技术体系及推广应用效果等。在国外，美国、加拿大、澳大利亚等国着重研究以提高劳动生产率为目标的高效生态农业模式；德国、日本、荷兰等国重点研究能量密集型高效生态农业模式与技术；南斯拉夫、法国、罗马尼亚等国，根据其各自的国情，不仅重视研究提高劳动生产率的高效生态农业模式，而且还十分重视提高土地生产率的高效生态农业模式的研究与推广。在国内，诸多学者先后研究了中国及各地（如黄河三角洲、三峡库区、鄱阳湖生态经济区、上海城市郊区等）高效生态农业的发展模式、技术途径及战略对策等。

但是，到底“高效生态农业”是何时提出的，“高效生态农业”的内涵、特征及其增产增效原理，“高效生态农业”的基本模式及技术体系等，这些问题虽已有所研究或已有涉及，但仍不够系统、不够简洁、不够明确、不够深入或不够全面。因此，笔者拟在国内外已有研究的基础上，对高效生态农业的提出、内涵、特征，高效生态农业的原理、模式、技术体系等作一全面、深入、系统的分析和研究，以期为新世纪新阶段中国高效生态农业的发展提供依据和参考。

1　高效生态农业的提出

“高效生态农业”是在“生态农业”的基础上提出的，因此要弄清“高效生态农业”的提出，首先必

---

* 基金项目：国家自然科学基金重点项目“广西红壤肥力与生态功能协同演变机制与调控”（U1033004）；中国科学技术协会调研课题“鄱阳湖生态经济区高效生态农业发展模式研究”；江西农业大学生态学学科首席教授配套经费（09003424）。

第一作者简介：黄国勤，男，1962年出生，教授，博士，研究方向：作物栽培学与耕作学、农业发展与区域农业、生态学理论与实践等。

本文书原载《农学学报》2011年第1卷第9期第23-33页。

须弄清楚“生态农业”的提出。

1.1 生态农业的提出

生态农业最早于1924年在欧洲兴起，20世纪30到40年代，在瑞士、英国和日本等国得到发展；60年代欧洲的许多农场转向生态耕作，70年代末东南亚地区开始研究生态农业；从20世纪90年代开始，生态农业在世界各国得到较大发展[1-3]。

中国自古以来“以农立国”，很早以前就有精耕细作的优良农业传统，具有5000年的农业文明，其中不乏生态农业的“萌芽”和“精髓”[4]。但真正开始大规模的生态农业建设则是新中国成立以后，尤其是从20世纪70年代末到80年代初开始。在中国，“生态农业”概念的正式提出，是在1981年四川省遭受特大洪涝灾害之后，从事农业经济、生态、环境等领域的广大科技工作者，从恢复生产、重建家园等角度，积极探索防灾减灾、保护生态环境、促进农业持续稳定发展的对策和措施，西南农业大学（现西南大学）农业生态经济学家叶谦吉教授率先提出了发展“生态农业”的新概念和新思路。至此，“生态农业”一词在中国逐步变成家喻户晓的流行词，并成为全国各地农业发展的方向和模式。可以说，近30年来（1981年至今），生态农业为中国农业及经济社会的全面、协调和可持续发展作出了重要贡献[5]。

1.2 高效生态农业的提出与发展

为了弄清“高效生态农业”是何时提出，笔者于2010年6月19日利用《中国知网》(www.cnki.net)，以“高效生态农业”为题名进行检索，得到文章记录149篇。其中，“中国期刊全文数据库”144篇，“中国期刊全文数据库——世纪期刊”1篇，“中国博士学位论文全文数据库”1篇，“中国优秀硕士学位论文全文数据库”3篇。笔者从中还发现，最早提出“高效生态农业”概念的是田军仓等，于1991年第12卷第3期第154-160页的《宁夏农学院学报》发表了《建设‘三三制’水土保持型高效生态农业是发展宁南黄土丘陵沟壑区第二副区黄河农业的正确方向》一文[6]。显然，国内明确提出“高效生态农业”概念是在20世纪90年代初。

目前，对高效生态农业的概念、模式、关键技术，以及高效生态农业的国内外比较与进展等进行研究和探讨的论文数量非常多，表明高效生态农业的研究成果丰富、生产效果显著、发展速度飞快。

2 高效生态农业的内涵

2.1 生态农业的内涵

生态农业，简单地说，就是按照生态学的原理和系统工程的方法，建立起来的农业生产模式或农业生产技术体系。生态农业亦可理解为按照生态学原理和系统工程方法来组织、发展农业生产过程的总称。生态农业的核心就是从单纯追求经济效益，向着三大效益（经济效益、社会效益、生态效益）同步、协调、并进的方向发展。因此，生态农业具有综合性、协调性、多样性、持续性的特点。生态农业是当今世界农业发展的重要模式之一。

2.2 高效生态农业的内涵

高效生态农业是集约化经营与生态化生产有机耦合的现代农业[7]。它以绿色消费这一基本需求为导向，以理念创新、结构创新、科技创新、体制创新为动力，以提高农业市场竞争力和可持续发展能力为核心，具有资源节约、环境友好、产品安全、经济高效、技术密集、人力资源得到充分发挥为本质特征的新的现代农业发展模式。在此，强调以下3个方面。

2.2.1 “高效”

高效生态农业，首先是“高效”。“高效”是高效生态农业的出发点和落脚点，是其根本目标和本质特征。此处的“高效”，不仅是指高经济效益，还包括高投入产出率、高资源利用率、高土地产出率、高社会效益、高生态环境效益等“综合高效”指标。

2.2.2 “生态”

要实现高效，就要求按照生态学规律、生态经济学规律办事，要依据系统工程方法，并且要运用传统科学技术和现代科学技术，尤其是将现代高新技术应用到农业生产的各个方面，从而实现在生态环境好的地方生产出优质、安全、营养、保健的健康农产品，即绿色产品、有机产品。

2.2.3 “结合”

为实现“高效”目标，高效生态农业特别强调以下四个“结合”：一是农、林、牧、副、渔相结合；二是种、养、加，产、供、销，以及农、工、商（贸）相结合；三是传统生态农业技术与现代农业高新技术相结合，例如将传统的间混套作多熟种植技术、用地与养地结合技术等，与现代生物技术、信息技术、新材料技术、新能源技术等有机结合起来；四是将自然资源利用与人力资源开发相结合。通过上述“结合”，极大地丰富了高效生态农业的内涵、扩展了高效生态农业的领域、延伸了高效生态农业的产业链条，并最终全方位提升了高效生态农业的效益。因此，可以说内涵丰富、领域宽广、技术先进、效益显著的高效生态农业，是未来农业发展的方向。

3　高效生态农业的特征

与一般生态农业比较而言，高效生态农业具有以下 8 个明显特征。

3.1　生物多

生物是农业生产的“机器”，尤其绿色植物是农业生产的“初级生产者”（亦称“植物性生产者”或“第一性生产者”）。没有绿色植物参与，就不成为农业生产，就没有种植业生产。当然，没有种植业生产，就不会有畜牧业生产、动物性生产或次级生产。很明显，生物尤其是绿色植物在农业生产中的重要性不言而喻。

一般而言，发展生态农业，进行生态农业生产，其组成的生物往往比传统的一般农业生产的生物种类多、数量足。同样，高效生态农业模式则往往比一般的生态农业模式的组成生物种类多、数量更丰富，否则就不能成为高效生态农业。据有关资料，高效生态农业的生物种类和数量往往是一般生态农业的 2～3 倍，甚至是 3～5 倍或更高。

3.2　环境佳

高效生态农业系统是由生物与环境组成，高效生态农业生物多、环境佳。首先，发展高效生态农业的基础和前提是环境良，只有在环境良好的地方才能发展高效生态农业；其次，由于高效生态农业生产过程中强调生物养地、生态减灾，强调节肥减药、清洁生产，因此高效生态农业的生产过程实际上是农业（农田）生态环境的改善过程、改良过程、优化过程；再次，由于采取一系列清洁生产的技术措施，发展高效生态农业的结果，应是地力常新壮、生态有改善、环境变优良。简言之，发展高效生态农业，有利于改善和优化生态环境。

3.3　结构良

结构决定功能，高效生态农业较一般生态农业而言，其结构往往更优、更良、更好。具体表现在：一是物种结构良。如上所述，组成高效生态农业的生物种类多、数量丰富。二是时间结构良。组成高效生态农业的多物种结构，在时间（季节）上分布合理，相互重叠、镶嵌，且往往“1 天可以当 2 天用”，做到“超额用季、用时”（如采用间作、混作、套作和复种等）。三是空间结构良。在空间上通过间、混、套作立体种植，多层次利用空间（包括地上部空间和地下部空间）的光、热、气、肥等各种资源，实现立体用光、立体利用资源的目的。四是营养结构良。组成高效生态农业的生物与生物、生物与环境，以及环境因子之间，在营养结构上存在“吃”与“被吃”、“影响”与“被影响”的食物链关系，这种关系使系统的自然资源与社会经济资源得到充分利用，并形成“无废物”“无污染”的高效生态农业结构。

3.4 功能强

结构决定功能。合理、优化的结构，必然产生强大、高效的功能。高效生态农业与一般生态农业模式相比，具有结构复杂、功能强大的特点。高效生态农业功能强表现在：一是具有强大的物质循环、能量流动、信息传递和价值增值功能；二是具有强大的物质生产能力，在同等土地（耕地）面积上或同等资源利用条件下，由于资源利用率高、物质转化能力强，高效生态农业能生产出种类更多、数量更高、质量更优的农产品；三是具有强大的抗灾减灾能力和抵御逆境的能力，因此高效生态农业的稳产效果良好。

3.5 质量优

高效生态农业生产出来的农产品质量优，体现在以下三个方面：一是安全。一般农业生产模式，不太注意农产品安全问题，特别是大量施用化肥、农药等化学制品，导致农业面源污染，农业生产环境中的空气、水、土壤等均遭到污染，并最终导致农产品污染，农产品的“安全性”受到极大威胁。而高效生态农业生产出来的农产品均为绿色产品、有机产品，均为安全、放心的农产品。二是营养。高效生态农业生产出来的农产品不仅安全、放心，而且具有很高的营养价值，尤其是多样化的绿色产品、有机产品，对改善人们的膳食营养结构效果非常好。三是保健。高效生态农业生产出来的农产品除了安全、营养之外，还具有保健价值。国内外大量研究表明，高效生态农业生产出来的许多绿色产品、有机产品，如芦笋、甘薯、南瓜、萝卜、胡萝卜、蘑菇、苦瓜等，具有防病（特别是防癌）、防衰老和增强体质、促进健康的作用。

3.6 效益高

高效生态农业的最重要特征之一，就是“高效”。一是经济效益高。根据生产实践，高效生态农业的经济效益至少是一般农业生产模式或一般生态农业模式经济效益的3～5倍或5～8倍，有的甚至可达10～20倍。二是社会效益好。高效生态农业可提供优质、安全、营养、保健的绿色产品、有机产品，深受广大群众喜爱，受到社会各方面的欢迎。三是生态效益佳。高效生态农业重视环境保护，强调生物多样性，强调人与自然和谐共处、协调发展。由于高效生态农业具有良好的生态环境效益，因此从长远来讲，发展高效生态农业有利于实现农业及经济社会的可持续发展。

3.7 低排放

当前，全球气候变化已成为国际关注的热点问题。减少CO_2等温室气体排放，减缓全球气候变暖，已是国内外农业发展模式必须考虑的重要问题之一，也是衡量模式优劣的重要标准之一。高效生态农业，以资源节约、环境友好、人与自然和谐发展为其主要特征，提倡节肥减药、清洁生产、循环利用。这一模式显著提高了资源利用率和物质、能量转化效率，减少了CO_2等温室气体的排放。很明显，高效生态农业是一种典型的低能耗、低污染、低排放的农业发展模式。

3.8 可持续

高效生态农业是一种结构合理、功能强大的农业发展模式；高效生态农业不仅经济效益高，而且社会效益好、生态效益佳；高效生态农业生产出来的农产品不仅质量优，而且具有营养、保健作用。因此，高效生态农业是一种综合效益好、深受国内外欢迎、可持续发展的新型现代农业发展模式。高效生态农业的以上特征，经简要概括，见表1。

表 1　高效生态农业的主要特征（与一般生态农业发展模式比较）

序号	评价指标	一般生态农业	高效生态农业
1	生物种类	少	多
2	环境优劣	较好	更好
3	结构状况	较简单	较复杂
4	功能强弱	较强	更强
5	产品质量	较优	更优
6	综合效益	较高	更高
7	碳排放量	较多	较少
8	可持续性	较持续	更持续

4　高效生态农业的原理

高效生态农业为什么能实现“高效”？其主要原因是什么？不同作物（生物）、不同模式，以及同一作物（生物）、同一模式在不同条件下，其增产增效的作用机理与机制不同，但总体而言，其增产增效的共同原理和作用机理可概括为以下 8 个方面。

4.1　充分用地

地球上的土地（耕地）资源十分有限，要实现农业的高产、高效，必须充分利用土地（耕地）资源。任何浪费土地、滥占耕地的农业发展模式是不可持续的，也不能为人们所接受，更不可能实现高效。

高效生态农业，从节约、集约利用土地（耕地）资源出发，运用中国传统农业中的多熟复种技术，一季多种、一年多熟，一田多用、一地多产，极大地提高了土地利用率和生产力，深受广大群众欢迎。如中国南方稻区广泛推广的“肥-稻-稻”一年三熟制，就是一种典型的高效生态种植业模式，其复种指数高达 300%，1 亩田当 3 亩田种，产出高、效益好，为确保中国的粮食安全作出了重要贡献[8]。

4.2　立体用光

农业生产的本质是转化利用太阳辐射能，通过绿色植物的光合作用将太阳光能转化为化学潜能，贮藏在生物（植物）体内。地球上一切物质、能量的来源，归根结底来源于太阳能。因此，努力提高绿色植物的光能利用率，使更多的太阳能尽快转化为化学潜能贮藏于植物体内，就成为农业高产高效的首要问题。

高效生态农业之所以能达到“高效”，其关键之一就是提高绿色植物的光能利用率。它通过间、混、套作和农林复合种植，多层次、多角度、全方位转化利用太阳辐射能，极大地提高了绿色植物的光能利用率，提高了生态系统第一性生产率。据测定，实行立体种植的高效生态农业模式，是单一、平面种植模式光能利用率的 2～3 倍甚至更高。

4.3　超额用季

农业就其本质而言，在于用地、用光、用季（节）。要获得农业的高产、高效，不仅要充分利用土地和最大限度地提高绿色植物的光能利用率，而且要十分重视时间（季节）的利用，要珍惜农时、不误农时。

高效生态农业，通过间、混套作和复种多熟，以及设施栽培、反季节栽培等多种途径和方法，大大提高了作物（生物）对时间和季节的利用，提高了光能利用率和能量转化率，提高了农业整体效益。如据笔者试验[9]，在南方红壤旱地上传统种植模式“大豆-玉米”、“混播绿肥-甘薯”、“花生-绿豆”，对季节利用全年不足 200 天，季节利用率只及全年的 65.21%；而采用新型三熟制种植模式“油菜/大豆+玉米-芝麻”、“混播绿肥-玉米-大豆”、“蚕豆/玉米/甘薯”，对全年的季节利用平均超过 365 天，季节利用率达全年的 105.48%。

4.4 多层用水

“水利是农业的命脉”，水在“农业八字宪法”中排列第二，可见水的重要性。当前，由于工业化、城市化以及全球性的水荒、水危机，农业用水更加困难。如何高效利用水分，对于今后农业的高效持续发展就显得更加紧迫。

高效生态农业，不仅能充分利用土地、光能和季节（农时），而且能通过植物（作物）根系的多层次合理分布，达到多层次利用土壤水分和提高水分利用率，从而提高植物（作物）生产力。中国科学院南京土壤研究所于 2001～2007 年在江西余江红壤丘陵旱地的定位试验研究表明[10-13]，采用南酸枣与花生立体复合种植，由于多年生木本植物南酸枣与一年生豆科作物花生根系分布存在明显的层次差异，南酸枣可以从土壤深层吸收水分，并且将“提取”的水分部分释放给邻近的花生，因此使得干旱季节这一复合系统比单一花生种植系统具有更强的抗旱能力。在南方红壤旱地，这种将木本植物与农作物组成的复合高效种植模式已越来越普遍。

4.5 高效用肥

“肥”是作物（植物）生长的基础。“有收无收在于水，收多收少在于肥”就充分说明了“肥”对于农业生产的重要性。高效生态农业能充分、高效地利用肥料资源，提高肥料元素的利用率。

4.5.1 充分发挥不同作物的养地作用

不同作物具有不同的养地作用，如“绿肥全是肥，麦类能松泥，豆类能固氮，油菜有余肥”，就是广大群众在生产实践中对不同作物养地作用的经验总结。在农业生产过程中，高效生态农业善于把不同作物的养地作用有机地组合起来，形成有效的养地体系，从而提高了肥料资源的利用率。如在稻田种植冬季豆科绿肥紫云英，在红壤旱地种植绿豆、大豆、花生、肥田萝卜、油菜等养地作物，有利于实现农田作物高效用肥和高产高效。

4.5.2 实行轮作

轮作是高效生态农业中常用的技术措施之一，轮作对于均衡土壤养分消耗、提高土壤养分元素利用率具有显著作用。研究表明[14]，连作田块的氮肥利用率每年下降 4.8%，磷肥利用率每年下降 0.7%，钾肥利用率每年下降 3.2%；相反，轮作则使氮、磷、钾肥的利用率逐年上升。

4.5.3 农林复合立体种植

由于农作物和木本植物形成的复合种植系统，在空间上占据不同层次，地上部不同层次利用不同养分，地下部根系分布不同深度，分别利用不同养分，形成立体利用不同养分，再加上不同种类作物、林木具有不同需肥特性，且彼此间存在互补关系，这就极大地提高了土壤中（包括地上部）养分利用率，从而提高了作物（植物）生产力。

4.6 共生互补

自然界各种生态系统中，不同生物之间往往存在共生、互补关系。充分利用不同生物间的这一共生、互补关系，发挥其共生、互补作用，是高效生态农业实现高效的又一重要原因。

稻田养鱼是一种典型的高效生态农业模式，在中国已有 1000 多年的耕作栽培历史。这一模式就是利用稻、鱼间的共生互补关系而获得高产高效。利用稻田水面养鱼，既可获得鱼产品，又可利用鱼吃掉稻田中的害虫和杂草，排泄粪肥，翻动泥土促进肥料分解，为水稻生长创造良好条件，一般可使水稻增产 10%

左右（高的可达 15%～20%）。据中国科学院地理科学与资源研究所[15]以浙江省青田县稻田养鱼为例进行的调查研究资料，稻田养鱼年净收入为 13 121 元/hm^2，比常规稻作模式年净收入（10 937 元/hm^2）增加 19.97%。与常规稻作模式相比，稻田养鱼在固碳释氧、营养物质保持、病虫害防治、水量调节乃至于农业休闲旅游等方面均有其独特的优势。此外，稻鸭共生、林蛙共栖、稻-萍-鱼复合种养等均属于共生互补型高效生态农业模式。

4.7 生态减灾

农业是“弱质产业”，经常遭受到各种自然灾害的影响和危害。根据生物生长发育的特性，按照自然灾害发生发展的规律，通过生态的措施和方法减轻自然灾害危害是高效生态农业常用的方法之一，此减灾方法，不仅节省成本、经济高效，而且保护了生态系统中的有益生物和整个环境系统，对于实现人与自然的和谐发展具有重要意义。

4.7.1 生态防治农田病、虫、草害

如稻田养鱼、养鸭，均可大幅减少水稻病、虫、草害；通过放养青蛙，可有效减少水稻虫害；稻田装灯（频振式杀虫灯），根据害虫的趋光、趋波和趋色等生物学特性，利用对害虫成虫具有极强诱杀作用的光源、波长及频振高压电网来诱集触杀主要害虫，可有效控制水稻虫害；通过作物轮作，尤其是水旱轮作，可显著减少稻田病、虫、杂草为害。

4.7.2 避洪减灾

1998 年特大洪涝灾害之后，江西鄱阳湖沿湖 11 县（市）推行了高效避洪农业模式，取得了良好效果。如：①改 3 熟制为 2 熟制，即由过去的“冬种作物-早稻-晚稻”1 年 3 熟制种植模式，改为“冬种作物-晚稻”1 年 2 熟制种植模式，两季作物均因避开了水灾危害而高产稳产，全年总产量并不比原有的 3 熟制低。相反，多年平均还可增产 10%～15%以上，同时增收。如实行“油-稻”2 熟制，油菜单位产量可达 1500～1800kg/hm^2，晚稻达 7500～9000kg/hm^2 以上，可实现全年高产高效。②实行退田养鱼或发展高效水生作物。鄱阳湖生态经济区各县（市、区），尤其是对圩区来说，往往因灾有种无收，既极大地造成生产投入上的损失，又浪费了这部分资源。而实行退田养鱼或“高效水生作物+鱼”高效生产模式，不仅能充分开发利用水资源，而且能提高效益，增加收入，如“菱角+鱼”模式，除鱼之外，菱角单位产量可达 11 625kg/hm^2 以上，单位面积增收 9000 元/hm^2[16]。

4.7.3 抗旱避灾

南方红壤丘陵地区（江西、湖南、湖北等）存在严重的季节性干旱问题。为实现“抗旱夺丰收”，该地区大力发展抗旱避灾型高效生态农业，如：①选择抗旱作物种类、调整品种布局和优化种植方式。在干旱缺水地区种植耐旱作物，如甘薯、谷子等，减少耗水量大的作物，选用耐旱品种；②培育壮苗，增强作物抗旱能力；及时中耕除草，减少水分无效消耗，增强植株抗旱能力；③调整作物播种期，有效避开高温干旱给作物生长发育带来的不利影响，以及造成的严重危害；④推广保护性耕作技术，如少耕、免耕、直播、秸秆覆盖等。

4.8 循环利用

在农业生产过程中，除生产出一定数量的主产品（目标产品）之外，往往还会生产出大量的副产品、废弃物、污染物等非目标产品（非目标产物）。这些非目标产品如得不到适当的处理或利用，必然对环境造成破坏或产生不利影响，轻则降低环境质量，重则危害人们的日常生活、影响工农业生产。因此，对农业副产品、废弃物、污染物等的处理和再利用已引起人们的重视。

高效生态农业，十分重视对农业非目标产物的处理和再利用。高效生态农业将这些副产品、废弃物、污染物等视为“资源”，实行“化害为利、变废为宝”、“废物再用、资源再生”，走“资源→废物→再生资源”循环利用的路线。例如，在沼气利用的高效生态农业模式中，将农业生产过程中产生的大量作物秸秆和生活垃圾等投入沼气池，经发酵后产生的沼气，不仅可用作照明，还可用于燃料煮饭、烧菜；产生的沼液、沼渣，可以作饲料喂猪，或用作饵料养鱼，或更多地用作果树（如赣南脐橙）的优质有机肥料。这种以沼气为纽带的高效生态农业模式，被称为南方“猪-沼-果”高效生态农业模式，亦简称为“南方模式”或“赣南模式”。

5 高效生态农业模式

高效生态农业模式是在生态农业模式基础上发展起来，因此要阐明高效生态农业模式，首先应对生态农业模式进行分析。

关于生态农业的模式，国内已有多方面的研究。如 2002 年农业部在对征集的全国 370 种生态农业模式，加之 1993～1998 年中国首批 51 个生态农业县建设试点项目中，各县分别总结提出的 3～10 个适应当地条件的主体生态农业模式，共计 400 余种生态农业模式进行反复研讨的基础上，经过有关领导与专家的遴选、提炼后，推出中国生态农业 10 大模式[17]，即北方“四位一体”生态模式、南方“猪-沼-果”生态模式、平原农林牧复合生态模式、草地生态恢复与持续利用模式、生态种植模式、生态畜牧业生产模式、生态渔业模式、丘陵山区小流域综合治理利用型生态农业模式、设施生态农业模式、观光生态农业模式。李文华[18]组织国内近百位生态农业专家对中国生态农业的发展、原理、模式、技术、管理及区域生态农业等进行了全面、深入、系统的研究，认为生态农业模式主要有以下 8 类：农田间作、套作与轮作模式，农林复合系统生态农业模式，畜禽养殖生态农业模式，湿地系统生态农业模式，淡水湖泊系统生态农业，草地生态农业，以沼气为纽带的物质循环利用模式，水土保持型生态农业模式。邱建军等[19]在对国内生态农业模式分类进行比较总结的基础上，从模式的地区性、适用性、层次性、协调性等方面考虑，依据科学性、整体性、准确性以及层次分明、持续改进、应用方便等原则，将生态农业模式分为 5 种：物质多层利用型、生物互利共生型、资源开发利用与环境整治型、观光旅游型和其他类型。

如上所述，高效生态农业是在生态农业基础上发展而来。因此，可以说，高效生态农业模式也是在生态农业模式基础上发展而来。关于高效生态农业模式，虽然国内已有不少研究[20-22]涉及，但真正全面、系统地研究高效生态农业模式者尚不多见，此方面的成果也是零星、分散的。笔者根据调查，并综合已掌握的有关研究资料，依据科学性、实用性、简洁性和主导性原则，将高效生态农业划分为以下 8 种类型和模式。

5.1 立体利用型

全方位立体利用土地资源是高效生态农业增产增效的基础，也是基本的有效模式之一。中国科学院南京土壤研究所赵其国院士[22]经过长期试验研究和系统总结，创造性地提出南方红壤丘陵地区立体型高效生态农业模式为“顶林、腰果、谷农、塘渔”，这一模式对开发南方红壤丘陵资源、提高红壤开发的生态经济效益具有指导意义。例如四川省的“山顶松树戴帽，山间果竹缠腰，山下水稻鱼跃，田间种桑放哨”，广东省的“山顶种树种草，山腰种茶种药，山下养鱼放牧”，河北省的“松槐帽，干果腰，水果脚”等。这些立体型高效生态农业模式，由于简单直观、操作方便、实践效果显著，受到广大农民欢迎。

5.2 生物共生型

利用生物之间共生、互利、双赢的关系，将不同生态位、不同生长发育特性的生物组合在一起，形成结构上互补、功能上互惠、效益上互利的复合生态系统。这种生态系统可以大幅提高系统的物质循环、能量流动速率和效率，提升系统的整体功能。当前，生产上常见的生物共生型高效生态农业模式有：稻田养鱼、稻鸭共栖、稻-萍-鱼复合系统、棉田养鸡、枣粮间作、果药复合、林蛙共生等。

5.3 多业结合型

多业结合型高效生态农业模式，就是将农、林、牧、副、渔“五业”有机地结合起来，形成“结构合理、功能完善、资源利用充分、系统效益全面”的高效良性循环系统，这是实现农业可持续发展的重要模式和基本途径。如中国南方各地广泛存在的种稻养猪、种草养牛（养兔、养鹅）、种植饲料作物（大豆、甘薯、玉米等）发展畜牧业等“农-牧”结合模式；在红壤丘陵地区的幼林、幼果地，间作肥田萝卜、绿肥（紫云英）、花生、玉米、绿豆、蔬菜等作物的“农-林”结合模式；江西省在鄱阳湖周边农田种植优质牧草作为湖鱼饵料，到秋冬季湖水干枯季节，又将湖底淤泥挖出施入农田作肥料，这是一种典型的“农-渔”结合模式；中国广大农村，家家户户都有大量生活垃圾和各种不能直接利用的副产品、废弃物等剩余物质，将这些剩余物质用于栽种食用菌，不仅可改善、优化农村生态环境，还可取得可观的经济效益和社会效益。南方许多地方将稻草用来生产草菇就是成功的典型例子。可以说，发展多业结合型高效生态农业模式是中国广大农村脱贫致富的好路子。

5.4 产业延伸型

“高值”，即努力提高产品产值和附加值，提高农产品经济价值和农业效益，这是现代农业发展的重要方向。高效生态农业，作为现代农业发展的重要模式之一，也必然强调“高值”。将农业生产中的主产品或副主品进行加工增值，尤其是进行多层次的精加工、深加工，尽可能地延伸产业链条，努力实现生产的产业化，促进产、加、销、贸一体化。这一产业延伸型的高效生态农业模式，将极大地增加农业产业的整体效益，真正实现农业的“高值”、“高效”。

就南方稻区稻米加工产业而言，利用现代农产品加工增值技术，可使稻米资源得到有效的利用和极大的增值。米制食品品种繁多，有备受消费者钟爱的米酒、米饼、米粉、米糕、速煮米、方便米饭、冷冻米饭、调味品等米制食品；稻米深加工产品丰富多彩，有高纯度米淀粉、各种新用途的功能产品；不同蛋白质含量和不同性能的大米蛋白产品；以米糠为原料的日化产品、米糠高强度材料。稻米深加工使稻米的附加值提高 5～10 倍，甚至 10～20 倍以上。完全可以深信，产业延伸型高效生态农业模式的普遍推广和广泛应用，将从根本上改变农业“弱质”、“低效”的局面。

5.5 科技带动型

科学技术是第一生产力，现代农业的发展离不开科学技术进步。同样，高效生态农业的发展，必然是科技成果的转化和应用，是科技进步的必然结果。

据《科技日报》报道，科技支撑中国粮食“7 连增”[23]（2004～2010 年连续 7 年粮食增产），中国农业科技进步贡献率已达 52%。如上海市近年来大力推广“科技化+生态技术”的科技带动型高效生态农业模式；同时大力加强建设农业标准化示范区或标准化生产基地，已建有农业标准化生产基地 1400 多个，示范面积达到 66.7 万 hm^2 以上；并大力建设高效生态农业产业园区，如崇明前卫村、孙桥高效生态农业产业园区等，极大地提高了农业效益，促进了现代农业的快速发展，加快了农业现代化进程[24]。

5.6 环境整治型

当前，优质安全的“生态食品”（主要指无公害食品、绿色食品、有机食品）已受到国内外的广泛青睐，并逐渐成为人们食品消费的首选。然而，要生产出这些优质安全的生态食品，首先要求有良好的生态环境条件。良好的生态环境条件来源于两个方面：一是加强生态建设，植树、种草、养花等，不断提高森林、植被覆盖率，改善、优化、美化生态环境；二是对已经遭到破坏或受到污染的生态环境，进行综合整治，恢复、重建良好的生态环境。近年来，由于工业化、城市化、城镇化速度加快，中国许多地方的生态遭到破坏、环境受到污染，对生产优质安全的生态产品非常不利。为了生产出优质、安全的农产品，满足人民的需求，各地十分重视生态建设和环境治理，大力推进环境整治型高效生态农业的发展。

例如从 2009 年 12 月 12 日“建设鄱阳湖生态经济区”上升为国家战略以来，江西省十分重视在鄱阳湖生态经济区发展环境整治型高效生态农业，并采取了一系列生态建设对策和环境治理措施[25]，例如：①实施造林绿化“1 大 4 小”工程（“1 大”：2010 年江西的森林覆盖率争取达到 63%；“4 小”：大力开展城镇绿化、农村绿化、工业园区绿化，以及沿公路、沿边铁路、沿河、沿湖、沿山绿化）；②污水处理工程，除了在江西省 11 个市区市建立污水处理厂管网以外，在所有的县进行了污水处理厂和管网建设，用了一年半的时间，至 2009 年年底全部建成落实投运，使污水不再进入江河，使河水保持清洁、优质；③农村垃圾无害化处理工程，在全省 5 万个自然村、500 个集镇进行了垃圾无害化的处理；④“5 河 1 湖”源头环境治理保护工程，就是在江西境内的 5 条大河（赣江、抚河、信江、饶河、修河）和鄱阳湖源头进行的生态环境治理，在“5 河 1 湖”的源头保护区内，不准开山开矿，不准建有任何污染的工厂企业，规定在限制时间进行搬迁，使“5 河 1 湖”的源头永远保持生态环境良好，为保护全省水质空气质量创造重要的条件，为确保鄱阳湖“一湖清水”提供强有力的保障。

5.7 资源再生型

按照生态学的“熵增定律”，在农业生产过程中，农业生态系统中的“熵值”必然不断增加，包括系统排出的废气、废液、废渣，以及各种副产品、废弃物、污染物等。无论种类或数量增加与否，如不及时处理，将势必影响系统的结构和功能，损害整个生态系统，并进而影响人类生存环境，危及人类健康。如按照生态学的“物质循环、能量流动”规律，及时对上述废物进行处理和再利用，发展资源再生型高效生态农业模式，将极大地改变这种状况。

在发展资源再生型高效生态农业过程中，各地将农业农村生产过程中产生的所谓“废物”，如作物秸秆、残枝落叶、藤蔓杂草、瓜皮果壳、畜禽粪便、栏圈铺垫物，以及人粪尿、生活废弃物等，通过多种途径和方法，加以再循环、再利用，从而实现了“资源再生、废物再用”、“变废为宝、化害为利”。具体途径和方法，如：①将农业秸秆进入沼气系统进行再利用，不仅产生沼气（作燃料、作能源，照明、煮饭、烧菜等）、沼液（作肥料、饲料、饵料等）、沼渣（作肥料、饲料、饵料等），还可杀灭有害病菌；②可以将农业秸秆、禽畜粪便及其铺垫物作为蚯蚓食料，推广蚯蚓人工养殖业；③将稻草、棉籽壳等用于栽培食用菌，发展食用菌产业，可起到优化农业环境、提高农业效益的“双赢”效果；④农田和果园有些残留物是生产皱褶纸板、软质纤维板和纸张的原材料，可用以制造纤维板、造纸以及进一步利用木质素、纤维素等制造化工产品等。

5.8 休闲观光型

现代农业已从单一提供农产品的传统农业，向着提供农产品和休闲观光旅游等多种功能服务的高效生态农业发展。这种休闲观光型高效生态农业是现代农业发展的新方向、新模式。

当前，休闲观光型高效生态农业的发展具有以下三个特点：一是功能多。休闲观光型高效生态农业，不仅可为旅游者提供观光、采果、体验农作、了解农民生活、享受乡土情趣，而且可住宿、度假、游乐。二是模式多。综观国内外现有休闲观光型高效生态农业，可以看出至少有以下几种典型模式，如观光农园型、农业公园型、教育农园型、采摘体验型、娱乐享受型、综合配套型等，每一模式均有其特色、价值和效益。三是发展快。近年来，休闲观光型高效生态农业发展速度非常快，尤其是在发达国家和经济发达地区，去实际参观、体验休闲观光型高效生态农业的人员越来越多，休闲观光型高效生态农业的效益剧增，发展前景被看好。

6 高效生态农业的技术

关于高效生态农业的技术相当广泛，涉及传统农业技术和现代农业技术的各个方面。笔者在参考大量文献的基础上[26-28]，本着规范、简洁、实用的原则，将高效生态农业的关键技术归纳为以下 10 个方面。

6.1 资源节约技术

资源节约是高效生态农业的基础。资源节约技术，主要包括：①节地技术。如采用传统农业的间、混、套作技术。②节水技术。采用滴灌、渗灌、管灌技术等。③节肥技术。采用测土配方施肥技术、平衡施肥技术、专用肥技术等。④节能技术，采用少耕、免耕技术等。

6.2 水肥调控技术

土壤中的热、水、气、肥等肥力因素之间相互联系、相互影响。在农业生产，尤其是高效生态农业生产过程中，正确处理水肥间的关系，对促进作物生长、提高产量和效益具有重要作用。如在水稻分蘖盛期后到幼穗分化前，将稻田水分排干进行晒田（烤田或搁田），则可起到以水调肥、调气的作用，对促进水稻根系发育，促进无效分蘖死亡，使叶和节间变短，秆壁变厚，增强植株抗倒能力具有重要作用。

6.3 生物养地技术

持续维持、提高土壤肥力，对于持续提高作物产量至关重要。农业生产必须实行用地与养地相结合，才能做到“地力常新、肥力常高”。提高地力、培养肥力有很多途径、方法和技术，而实行生物养地则是既经济又环保的高效养地技术。生物养地技术，作为高效生态农业中的重要技术之一，特别强调[29]：①种植绿肥作物养地，种植紫云英、肥田萝卜、猪屎豆等；②种植豆科作物固氮，如种植大豆、花生、绿豆、豇豆、蚕豆、豌豆等，通过生物固氮，可增加土壤氮素含量；③通过施用厩肥、作物轮作和合理的间混套作等，均可起到养地的作用。

6.4 防灾减灾技术

一是发展避洪农业，减轻洪涝灾害危害；二是发展抗旱避旱农业，提高旱地农业生产力；三是改善农田水利基本条件，提高农业防洪抗旱能力；四是实行生物防治、生态减灾，防治农田作物病、虫、草、鼠害；五是增加农业投入，提高农业防灾、减灾和可持续发展能力。

6.5 综合利用技术

中国农业资源丰富，但由于利用方式单一，资源利用率总体不高，存在浪费大、效益差的问题。如果能走资源综合利用的路子，则可大幅度提高资源利用率和农业生态经济效益。发展高效生态农业，就是要大力推广资源综合利用技术。就作物秸秆资源利用而言，如果实行综合利用，则可将作物秸秆资源作肥料、饲料、燃料、能源（秸秆发电）、工业原料，还可提炼药用成分等。如果以棉籽的综合利用为例[30]，棉籽油可制备生物柴油，利用棉籽可制备高附加值产品棉酚、棉籽糖、维生素 E、木糖醇等。

6.6 水土保持技术

中国是世界上水土流失严重的国家之一[31]。发展高效生态农业，必须重视和推广水土保持技术。目前，水土保持技术主要有：一是生物措施，在水土流失区多种草栽树，种植生物篱，以增加地面覆盖减少水土流失；二是耕作措施，如改顺坡耕作为等高耕作，还可实行作物带状间作，实行保护性耕作；三是工程措施，如实行坡面治理工程、沟道筑坝工程等。

6.7 结构调整技术

结构决定功能，农业结构如何，直接决定农业的功能与效益。发展高效生态农业，必须高度重视农业结构调整，尤其是在中国已进入“十二五”开局之年，经济发展方式转变已成为“主线”的大背景下，农业结构调整已成为高效生态农业的重要内容和关键技术之一。具体来说，农业结构调整技术包括[32]：一是调优，就是要将优质安全的农作物种类和品种调整过来，扩大面积、提高产量，满足人们需求；二是调绿，要大力发展绿色、环保、低碳的农业产业，生产出无公害产品、绿色产品、有机产品；三是调特，各地要因地制宜，大力发展特色农业、生产特色产品、形成特色品牌、产生“特有”效益；四是调高，加大农业科技成果推广力度，提高农业科技贡献率，提高农产品附加值，提高农业整体效益；五是调强，做强、做大农业企业，实行农业产业化，延伸农业产业链条，强化农业基础地位。

6.8 能源开发技术

能源资源短缺，是新世纪世界各国面临的共同问题；保护环境，是全球面临的共同任务。开发利用清洁能源、发展可再生能源，则是世界人民的必然选择。发展高效生态农业，尤其是重视新能源、清洁能源、可再生能源的开发利用[33]：一是开发利用太阳能，如建造太阳能温室（包括阳光塑料大棚、日光温室、太阳畜禽舍等）、开发太阳能热水器、研制太阳灶，发展太阳能发电等；二是利用生物质资源（作物秸秆残茬、畜禽粪便、生活垃圾等）生产沼气；三是开发农村小水电，南方丘陵地区河流密布，水资源丰富，农村小水电的开发利用潜力大、效益好；四是利用荒山、荒地资源和“边角”耕地资源，种植能源林木和能源作物，生产生物柴油、生物乙醇等，发展能源农业；五是开发利用风电资源等。

6.9 流域治理技术

流域（或称小流域）是区域经济社会发展的生命线和基本单元，流域的治理和发展是高效生态农业的重要内容，或者说，发展高效生态农业的重要任务之一就是要将流域或小流域治理好、发展好。发展高效生态农业，将小流域治理好、发展好，就必须大力推广流域治理技术。鄱阳湖是中国最大的淡水湖，鄱阳湖流域集水面积为 16.22 万 km^2，占江西省面积的 97.2%。江西在治理鄱阳湖流域生态环境、保护鄱阳湖“一湖清水”方面作出了突出贡献，为世人瞩目。近年来，江西在鄱阳湖流域治理中采取的主要技术和措施有[34]：一是根治水患，实行退田还湖、加固干堤、移民建镇；二是恢复重建，对已经受到破坏或损害的生态系统，加大综合治理力度，尽快使其结构与功能得到恢复与重建；三是防治污染，重点防治农村农业生产生活过程中的面源污染，确保“源洁流清”；四是有序开发，坚决取缔污染型企业和破坏性开发，将“黄”、“赌”、“毒”项目、污染型项目、落后淘汰类项目坚决拒之门外；五是建立健全制度，加强流域管理。

6.10 现代高新技术

以信息技术、生物技术、新材料技术、新能源技术、空间技术、海洋技术等为代表的现代高新技术[35-37]，已经或正在广泛应用于现代农业，尤其是高效生态农业模式之中，极大地提高了资源利用率、劳动生产率、农业生产力和整个农业的经济社会生态综合效益，将从根本上改变农业发展方式。毋庸置疑，随着现代科学技术的飞速发展，高效技术在高效生态农业中的应用将越来越广泛、作用越来越大、前景越来越广阔[38, 39]。

7 结论与讨论

由以上分析可知，中国“高效生态农业”是 1991 年首次提出。“高效生态农业”的提出对于促进中国农业向着高效、生态、安全和可持续的方向发展具有重要意义。高效生态农业突出强调“高效”、“生态”、“结合”，高效生态农业系统具有生物多、环境佳、结构良、功能强、质量优、效益高、低排放、可持续等优势和特征。高效生态农业之所以“高效”，关键在于该系统能做到充分用地、立体用光、超额用季、多层用水、高效用肥、共生互补、生态减灾、循环利用。综合分析国内外高效生态农业模式，可归纳为立体利用型、生物共生型、多业结合型、产业延伸型、科技带动型、环境整治型、资源再生型、休闲观光型。组成高效生态农业的技术体系有：资源节约技术、水肥调控技术、生物养地技术、防灾减灾技术、综合利用技术、水土保持技术、结构调整技术、能源开发技术、流域治理技术、现代高新技术。

以上研究结论是在前人研究的基础上得出，可以说，在高效生态农业研究方面向前迈一步，其系统性、理论性、实践性更为强些。但从长远来看，从今后发展趋势来看，从对满足当今国内外农业发展需求来看，还远远不够。今后，在高效生态农业理论与实践方面，仍需要从以下几方面加强研究：一是要进一步研究高效生态农业的概念、内涵及特征，要从更高层次探讨其本质特征；二是要深入研究高效生态农业的高产、高效机理与机制，要从分子水平、基因水平等深层次和全球气候变化等高层次探究其发展变化规律，以期为生产实践提供强有力的科学依据；三是要结合中国各地的具体实际，全面调查和分析高效生态农业的类型、模式，并提出更高效、超高效的生态农业模式，并加以推广应用，以便为农业增产、农民增收、农村繁荣作出应有贡献；四是要对高效生态农业的共性技术、关键技术、核心技术进行分析、筛选和提炼，真正为高效生态农业的广泛推广，为中国“三农”问题的全面解决，为早日实现中国农业现代化提供重要支撑。

参 考 文 献

[1] Spedding C R W. An Introduction to Agricultural Systems. Applied science publishers LTD，1979：24-36.

[2] Cox W G，et al. Agricultural Ecology. San Francisco：Freeman and Company，1979：35-48.

[3] 闻大中. 国外生态农业概述. 农村生态环境，1985，（2）：46-51.

[4] 王兆骞. 中国生态农业与农业可持续发展. 北京：北京出版社，2001：77-95.

[5] 李文华，刘某承，闵庆文. 中国生态农业的发展与展望. 资源科学，2010，32（6）：1015-1021.

[6] 田军仓，麻高云，任青峰，等. 建设“三三制”水土保持型高效生态农业是发展宁南黄土丘陵沟壑区第二副区黄河农业的正确方向. 宁夏农学院学报，1991，12（3）：154-160.

[7] 顾益康，黄冲平. 浙江发展高效生态农业的战略与思路. 浙江农业科学，2008，（2）：125-128.

[8] 黄国勤，张桃林，赵其国. 中国南方耕作制度. 北京：中国农业出版社，1997.

[9] 黄国勤. 中国耕作学. 北京：新华出版社，2001.

[10] 王明珠，张斌. 低丘红壤南酸枣-花生复合系统物种间水肥光竞争的研究——Ⅰ. 南酸枣与花生生育性状及产量研究. 中国生态农业学报，2003，11（2）：44-46.

[11] 高国治，王明珠，张斌. 低丘红壤南酸枣-花生复合系统物种间水肥光竞争的研究——Ⅱ. 南酸枣与花生利用光能分析. 中国生态农业学报，2004，12（2）：92-94.

[12] 翟进升，周静，王明珠，等. 低丘红壤南酸枣-花生复合系统物种间水肥光竞争的研究——Ⅲ. 南酸枣与花生利用水分状况分析. 中国生态农业学报，2005，13（4）：91-94.

[13] 翟进升，王明珠，张斌，等. 低丘红壤南酸枣-花生复合系统物种间水肥光竞争的研究——Ⅳ. 南酸枣与花生利用 N 素养分探析. 中国生态农业学报，2006，14（2）：82-84.

[14] 郭凤鸣. 提高农作物肥料利用率的途径. 云南农业科技，2006，（B10）：208-209.

[15] 刘某承，张丹，李文华. 稻鱼养鱼与常规稻田耕作模式的综合效益比较研究——以浙江省青田县为例. 中国生态农业学报，2010，18（1）：164-169.

[16] 黄国勤. 江西避洪农业的思路、模式和技术. 江西农业大学学报，2001，23（3）：406-409.

[17] 农业部科技教育司. 中国生态农业十大模式和技术. 农业环境与发展，2003（1）：16-17.

[18] 李文华. 生态农业——中国可持续农业的理论与实践. 北京：化学工业出版社，2009.

[19] 邱建军，任天志，等. 生态农业标准体系及重要技术标准研究. 北京：中国农业出版社，2008.

[20] 刘玉晓，梁凤莲. 中国高效生态农业的回顾与展望. 中国农学通报，2008，24（8）：405-408.

[21] 季昆森. 发展高效生态农业开发安全食品. 中国生态农业学报，2001，9（3）：92-94.

[22] 杨勋林，王克林，许联芳，等. 发展高效生态农业调整农业产业结构. 中国农业资源与区划，2003，24（3）：31-34.

[23] 科技网，粮食产量“七连增”意义重大. http：//www.stdaily. com/special/content/2010-12/20/content_258217.htm[2010-12-21].

[24] 俞菊生，罗强. 上海高效生态现代农业研究. 上海农业学报，2007，23（3）：46-51.

[25] 黄国勤. 发展中的江西生态经济. 北京：中国环境科学出版社，2009.

[26] 骆世明. 论生态农业的技术体系. 中国生态农业学报，2010，18（3）：453-457.

[27] 宁堂原，焦念元，韩宾，等. 生态技术在现代农业中的地位及其技术群构成. 中国农学通报，2007，23（10）：158-162.

[28] 林雪娥，高锦华，林琳. 生态农业技术模式的探索与推广. 农业环境与发展，2007，（2）：37-39.

[29] 黄国勤. 我国农田养地制度的发展. 耕作与栽培，2008，（5）：1-3，17.

[30] 兰宏兵，张玲，云志. 棉籽的综合利用及深加工技术. 中国油脂，2010，35（7）：61-65.

[31] 赵其国. 我国南方当前水土流失与生态安全中值得重视的问题. 水土保持通报，2006，26（2）：1-8.

[32] 黄国勤. 中国南方农业结构调整的方向和途径. 中国农学通报，2002，18（4）：127-129.

[33] 郭焕成. 中国农村能源与开发利用研究. 经济地理，2004，24（4）：502-504.
[34] 胡振鹏. 鄱阳湖流域综合管理的探索. 气象与减灾研究，2006，29（2）：1-7.
[35] 黄立洪，柯庆明，林文雄. 高新技术在生态农业中的应用与展望. 中国农业科技导报，2005，7（5）：50-54.
[36] 赵其国，叶方. 信息化与农业现代化. 土壤学报，2004，41（3）：449-455.
[37] Department of Science，Technology，Education and Rural Environment，Ministry of Agriculture，PRC. Ecological Agriculture and Sustainable Development-Proceedings of 2001 International Seminar on Ecological Agriculture and Sustainable Development . Beijing：China Agriculture Press，2001.
[38] 万宝瑞. 发展高效生态农业是现代农业建设的必由之路. 中国食物与营养，2009，（7）：4-6.
[39] 沈允钢. 高效生态农业——现代农业的主要趋势. 中国科学院院刊，2010，25（5）：551.

Overview of Eco-agriculture with High Efficiency

Huang Guoqin[1, 2] Zhao Qiguo[3] Gong Shaolin[4] Shi Qinghua[1, 2]

1 Research Center on Ecological Sciences，Jiangxi Agricultural University，Nanchang 330045，China

2 Laboratory on Crop Physiology and Ecology，Genetics and Breeding，Jiangxi Province/Ministry of Education，Nanchang 330045，China

3 Institute of Soil Science，Chinese Academy of Science，Nanjing 210008，China

4 Jiangxi Association for Science and Technology，Nanchang 330046，China

Abstract

From the purpose，content，characteristics，principles，patterns and technology of eco-agriculture with high efficiency，the theory and practice of eco-agriculture with high efficiency had been analyzed generally and systematically. The concept of eco-agriculture with high efficiency was purposed in 1991 in China. The eco-agriculture with high efficiency emphasized on ‘high efficiency’，‘ecology’ and ‘combination’ . The eco-agriculture with high efficiency had a lot of characteristics such as more organisms，good environment，good structure，strong function，good quality，high efficiency，low-carbon emissions，and sustainable development. The principle of the eco-agriculture with high efficiency with the increasing of output and efficiency laid with full use of land，three-dimensional use of sunlight energy，excess use of seasons，multi-layer use of moisture，high efficient use of fertilizer，symbiosis and complementation among organisms，ecological disaster-reduction，and recycling use of agricultural resource. The typical modes of eco-agriculture with high efficiency were the three-dimensional use of agricultural resource，the type of biological symbiosis among organisms，the conjunction type of conglomerate，the type of the industrial extension，the technology-driven type，the type of the environmental improvement，the resource recycling type，and the type of the leisure travel. The key technologies of eco-agriculture with high efficiency were the resources saving technology，the irrigation and fertilizer application regulating technology，the biological soil improving technology，the disaster prevention and reduction technology，the resource comprehensive utilization technology，the soil and water conservation technology，structural adjustment technology，the new energy development technology，the valley harnessing technology，and the current modern new high technology.

Key words Modern agriculture；Eco-agriculture；Eco-agriculture with high efficiency；Sustainable development of agriculture

红壤低丘岗地的优化农业生态模式

赵其国　何园球　张桃林　王明珠
中国科学院南京土壤研究所，南京　210008

摘　要

本文在调查及定位研究基础上，分析了红壤低丘岗地的自然特点和自然生产潜力，提出了“顶林、腰果、谷农、塘渔”的立体农业利用模式，并阐明了模式的研究方法、研究内容以及研究目标。

低丘岗地是我国红壤区最主要的地貌景观，其面积达 6 亿多亩。该区水热资源丰富，生物循环活跃，具有较大的自然生产潜力，是我国热带亚热带经济及粮食作物发展的重要基地。

但长期以来由于不合理的开发利用，这些优势非但未能得到充分的发挥，反而导致水土流失、土壤肥力下降、生物多样性衰减等资源及环境的退化。因此，加强对红壤低丘岗地农业生态系统的结构、功能和调控机制的研究，探索合理开发和综合利用红壤低丘岗地的优化生态模式，对遏制红壤生态环境的进一步恶化，最大限度地发挥生产潜力及促进红壤低丘岗地大农业的持续发展，均具有十分重要的意义。

1　特点与潜力

（1）光、水、热资源丰富，生物气候潜力大，但红壤瘦、蚀、酸，加之伏、秋旱，限制其潜力发挥，中低产的田、地、园、林、塘占 2/3 以上。

（2）地形起伏，农、林、牧均宜，有一坡多用、全面发展的优势；但长期的单一经营、生产结构不合理及局限于“沟谷型”农业，致使林牧业薄弱，生态系统处于恶性循环之中。

（3）投资效益好，但投入少、产出低。农副产品开发水平低，仍处于“原料型”状况。劳力过剩、产品不能增值、经济无法壮大，进而影响农业投入。

2　优化农业生态模式

2.1　模式设计的原则和依据

建立红壤低丘岗地优化农业生态模式，首先应以红壤低丘岗地各种自然和社会因素及经济技术条件为基础。其次，应以红壤资源综合开发治理、合理农业布局，农业转型（沟谷型转为立体型，原料型转为系列开发型，单一耕地经营型转为农、林、牧、副、渔综合发展型，粗放耕作型转为集约耕作型），充分发挥低丘岗地的潜在优势，提高土地资源承载力，促进农业持续稳定发展为总原则。同时，从乔、灌、草多层配置，针、阔混交，一坡多用，恢复植被及生物群落结构多样性等方面着眼，制定优化模式。

2.2　模式方案

根据上述模式设计原则和依据，结合红壤低丘岗地自然特点和利用现状，建议以占总面积 40%以上的低丘中上部作为林草生态单元，种植几种主要的乔、灌、草层；以占总面积约 20%的低丘下坡作为经果生态单元，种植果树及其他经济作物；以占总面积约 30%的低丘坡谷地作为农田生态单元，种植旱作和水稻；以占总面积约 10%的水面作为养殖生态单元，进行水产养殖。

上述生态单元分别构成了红壤低丘岗地的林草生态模式（或亚系统）、经果生态模式、农田生态模式

本文原载《红壤生态系统研究》（第二集）1993 年第 89-97 页。

及水体生态模式 4 个模式，这些生态单元（或亚系统）共同组合在一起，则构成红壤低丘岗地农-林-牧-渔复合生态模式（或系统）。

2.3 模式的研究内容及研究方法

1. 研究要点

研究和比较各亚系统及复合生态系统的结构、功能和调控机制，主要包括不同生态模式下红壤水热平衡动态与元素物质循环特点及其作用，特别是红壤水分、养分动态与植物生长及红壤肥力演变的关系，红壤动物及微生物学特性与生物营养物质循环，光能转化及利用率等物流、能流特点和机制等。在此基础上，开展红壤低丘岗地不同农业生态模式引起的土壤变化，特别是土壤退化、土壤生产力及土地资源承载力等研究，供该区农业布局和农村产业结构调整的优化方案及区域综合发展（中长期）规划用。

2. 研究方法（技术路线）

1）模式的布置

根据上述模式设计及红壤低丘岗地的地形特征，在地形起伏相对较大的低丘阳坡布置一系列不同配置方式（包括对照）的以“顶林-腰果-谷农-塘渔”一坡多用的层状立体布局的平行对比试验，其中“顶林”、“腰果”、“谷农”及“塘渔”又各自相应独立为亚系统。在这些平行对比试验中，既包括了“顶林-腰果-谷农-塘渔”复合生态系统中各亚系统内部的不同配置处理，如在“顶林”亚系统中可布置不同乔、灌、草搭配模式，包括外来物种（如速生丰产豆科树种、桉树薪炭林树种等）引种试验；在“腰果”亚系统中进行各种果树及经济作物种植模式试验，包括生态茶园、生态橘园及各种果农间作试验；在“谷农”亚系统中，布置各种耕作和轮作试验，如水稻-水稻-绿肥（或大麦或油菜），花生-水稻-饲料等轮作模式及粗放耕作、免耕和集约耕作等耕作模式；在“塘渔”亚系统中，布置几种沟通种植业和养殖业的食物链模式，如圈猪-塘渔-（塘边）牧草循环模式等。

2）观测项目及其意义

在上述各亚系统及复合系统中布置一系列共同观测项目及部分亚系统所特有的观测项目，为进行各种生态模式间的比较及优化度评价提供科学依据。这些项目包括以下方面。

（1）土壤集水区观测：在各亚系统单元分别设立集水区，同时设立整个系统的集水区，旨在分析比较不同模式下地表径流量的大小，并通过其泥沙及径流液的化学分析，探索不同模式下土壤侵蚀强度及其发生条件与过程、复合系统中各亚系统间地表水分运动、养分迁移与收支平衡的规律。

（2）土壤排水采集器观测：在各亚系统单元中分别设立排水采集器，并配备土壤温度及水分传感器，旨在研究和比较不同模式下土壤剖面中水分、养分及热量动态，为进行水分平衡、养分平衡及热量平衡研究提供依据。

（3）土壤化学性状观测：在各亚系统单元中布设定位监测点，对一些与土壤肥力密切相关的土壤化学性状，如土壤有机质含量，N、P、K 养分元素及微量元素含量，土壤交换性能及盐基状况等进行动态测定，以比较不同生态模式下，土壤肥力演变的特征、过程、趋向及肥力衰减的机制。

（4）土壤物理性状观测：进行土壤结构、容重、孔隙分布及渗透性能等一系列重要物理性状的定位动态观测，旨在比较不同生态模式下，这些物理性状演变的过程与特点及其与土壤板结、土壤结构破坏等土壤物理退化过程的关系。

（5）土壤动物及微生物学特性观测：旨在比较和探索不同利用模式下，土壤动物及微生物的群落组成、结构及功能，在土壤物理结构改善及生物营养物质循环方面的作用，阐明不同生态模式对土壤生态群落结构多样性及土壤生物学退化的影响。

（6）地上生物量观测：包括森林生长量、凋落物量的动态观测，此项观测仅在林草亚系统单元中进行。

（7）光照强度、光合作用强度及热值测定：旨在比较不同生态模式下各系统中能量传递的特点及光能利用率。

（8）土壤及环境的温度、湿度及气体组成动态观测：在土壤剖面不同深度及在距地面不同高度（林草亚系统则增设乔、灌、草不同层位）设立温度、湿度传感器及气体采集器。旨在研究和比较不同模式对土壤及生态环境影响的动态，特别是土壤及近地面层气体组成的动态变化观测，对研究不同模式下土壤圈与大气圈间气体（尤其是活性温室气体）交换（释放与注入）的机制和速率及其与土壤及生态环境变化的关系，具有极其重要的意义。

建立上述各项观测项目的动态数据库，通过与其他有关自然资源数据库的结合，综合分析和比较不同生态模式下的投入（包括劳力、肥料、农药成本等）与产出（包括作物、果树及产材量等）比率、土壤肥力及其他各项重要土壤物理、化学、生物学性状及生态环境的变化特点与趋向，在此基础上，结合考虑红壤低丘岗地的社会、经济及技术条件，运用系统工程的原理和方法，对各种模式进行优化度综合评价，从而建立我国红壤低丘岗地综合开发治理的农业生态优化模式。

3　红壤优化农业生态模式的预期目标

（1）提出我国红壤低丘岗地农、林、牧、渔复合生态优化模式（系统）及“顶林-腰果-谷农-塘鱼”层状立体布局的具体配置方案。

（2）通过对与土壤肥力及生态环境特性有关的水、热、气、物、化、生等项目的长期定位研究，对上述生态模式的优化度进行综合评价。

（3）通过综合分析比较不同生态模式的投入与产出比率及社会、经济、生态效益，提出实施本区优化生态模式的土地开发治理、农业布局、农业转型及发挥潜在优势的具体途径。

（4）阐明本区农业生态优化模式的理论与实践意义及其对我国乃至世界热带亚热带地区人民的生存及区域环境治理的重要性与科学依据。

Optimization of Agricultural Ecological Patterns in Low Hill land of Red Soil

Zhao Qiguo　He Yuanqiu　Zhang Taolin　Wang Mingzhu
Institute of Soil Science，Academia Sinnica，Nanjing　210008，China

Abstract

Based on the field survey and stationary experimental observation，the physical characteristic and production potential of low hill land of red soil was analyzed and stereo agriculture pattern for the utilization of soil is supposed. In this pattern the arrangement of planting on the hill land will be：on the top of the hill with forest，on the hill sides with fruit trees，while on the lower and gentle slopes and valley plains with arable crops and grasses，and on the low land with rice or pond fishing. In addition，the way，content and aim of this research are also discussed.

综合开发山区资源 促进农业持续发展*
——赣南丘陵山区资源综合开发模式及技术体系的调查研究

黄国勤 张桃林 赵其国
中国科学院南京土壤研究所，南京 210008

摘 要

全文共分四部分：第一部分介绍了赣南丘陵山区自然条件和农业资源概况；第二部分讨论了赣南丘陵山区农村经济持续发展的模式；第三部分着重分析了该区持续发展的种植体系及其特点；第四部分对赣南丘陵山区农业持续发展中存在的问题、障碍因素及其战略对策与配套技术进行了较全面的论述。

1 赣南丘陵山区自然条件和农业资源概况

赣南是赣州地区的简称，地处江西省南部，赣江上游。位于东经113°54′～116°38′，北纬24°29′～27°9′。南北长295km，东西宽219km。总面积39 379.64km^2，占江西省总面积的23.6%。赣南是一个山多平原少的地区，是江西省革命老根据地之一。据统计，其山地丘陵面积为4865.6万亩，占全区总面积的83%；耕地528.09万亩，占9%；水面285.28万亩，占5%；村庄和道路493.91万亩。可概括为“八山半水一分田，半分道路和庄园”。

全区包括赣县、于都、宁都、瑞金、会昌、寻乌、安远、龙南、定南、全南、大余、信丰、石城、上犹、兴国、崇义、南康17个县和赣州市，现有363个乡（镇），占全省的19.76%；308个村，占全省的20.65%；4.98万个村民小组，占全省的24.75%；乡村总户数为136.28万户，占江西全省的19.56%。1994年全区人口已达755.70万，占全省的18.82%，其中乡村总人数为639.75万人，占本区总人口的84.66%。

区内地势起伏，河溪纵横，土壤种类复杂，以紫色土和红壤分布最广，约占总面积的86%。土壤垂直带谱，大体上可划为5个带：①海拔500m以下，为红壤、紫色土、石灰土、潮土、水稻土；②海拔500～800m，为山地黄红壤、红壤性土；③海拔800～1200m，为山地黄壤；④海拔1200～1500m，为山地黄棕壤；⑤海拔1500m以上，为山地草甸土。区内数千条大小河流，由四周向中央汇集，注入赣江。其中，集雨面积超过10km^{2}的河流有1028条，集雨面积超过100km^{2}的河流有128条。属于赣江流域面积为3.43万km^2，占赣江流域总面积的42.4%。

1.1 自然条件优越

从地理位置看，赣南属于中亚热带湿润气候区，水热资源优于省内其他地区。多年平均气温17.9～19.7℃；7月份平均气温为27～29.7℃，1月份为6.9～8.6℃；极端最低气温-4.1～-8.0℃。全年日照时数1499.5～1977.8h；年太阳辐射总量415.33～476.88kJ/cm^2。与江西省内其他地区相比，年平均气温高1～2℃；≥10℃积温多300～600℃。雨量充沛，年平均降雨量1434～1706mm，丰水年达2000mm以上。

1.2 区位优势明显

赣南位于赣江上游。它东接福建省三明市和龙岩地区，南临广东省梅州市、韶关市和惠阳市，西靠湖南郴州地区，北连本省吉安地区和抚州地区，距广州、深圳、香港、澳门、福州、厦门等口岸仅一日汽车路程。市场覆盖面大，前景广阔，具有发展社会主义市场经济、发展外向型经济的天赋条件。

---

* 本文系中国科学院“九五”前期研究红壤项目的部分研究结果。
本文原载《红壤生态系统研究》（第四集）1997年第203-217页。

1.3 农业资源丰富

体现在三个方面：一是山丘面积大。据统计，赣南全区有林地 2509.49 万亩，占山丘总面积的 50%以上；草地 1130.35 万亩，占 23%；侵蚀地和石质山丘 1225.79 万亩，占 25%。后两者统称荒山荒坡，合计 2356.14 万亩，占山丘总面积近 1/2。如何合理开发利用这一部分土地资源，对发展赣南经济意义重大，近年来，赣南人民提出“在山上再造一个赣南”，其意义就在于此。

二是生物种类多。赣南是江西生物资源最丰富的地区。据调查，已经发现的蕨类植物、裸子植物、被子植物，共有 214 科，847 属，3180 种。全区高等植物约有 2500 余种，其中乔、灌木 1500 余种，占全省的 80%。属于国家重点保护的珍贵树种有 26 种。此外，还有野生动物资源和鱼类资源 92 种，天敌昆虫资源 140 余种。

在优越的自然条件和独特的地形地貌环境下，经过劳动人民的长期培育、引种和驯化，产生了很多具有特色的动植物品种资源。据不完全统计，农作物品种有 2000 多种，地方畜牧禽品种有 20 种，果树品种有 100 多种，而且有的品种经过改良或传统工艺加工，已成为具有地方特色的产品。

三是势力充足。全区共有劳动力资源 405.88 万人，相当于每 100 亩耕地上有劳动力 77 人，比全省平均的每 100 亩耕地 68 人高 10%以上。

1.4 农业生产有一定基础

在“决不放松粮食生产，积极发展多种经营”的方针指引下，不但粮食生产稳定增长，而且成为江西全省经济作物比重较大的地区。如甘蔗、烟叶、水果产量分别占全省的近 1/3，肉类、水产品总产量在全省也占有较大比重。南安板鸭、羽绒及制品、信丰红瓜子、空心白莲、香菇、土纸、松香、松节油、竹制品等名特优产品享誉国内外。此外，农业基础设施比较完善，全区有效灌溉面积占耕地的 76.5%，旱涝保收面积占耕地的 60.8%。这些都为本区资源综合开发和农业持续发展奠定了基础[1]。

2 赣南丘陵山区农村经济持续发展模式

2.1 农业产业结构的演变与发展模式

产业结构的演变与发展，是多种自然、社会经济因素共同作用的结果。分析赣南丘陵山区的农村产业结构变化，有助于全面了解和揭示本区的农村经济持续发展的规律。

1. 赣南丘陵山区农村产业结构的演变

自党的十一届三中全会以后，广大农村实行家庭联产承包责任制，农村产业结构发生了显著变化，主要表现在农村第三产业（包括农村运输业、商业、饮食业等）迅速崛起。如 1985 年，赣州地区第三产业产值只有 27 709.6 万元，1993 年达 228 046.0 万元，比 1985 年增长 7 倍以上，年均增长 80.33%（表 1）。

表 1 赣州地区第三产业产值变化 （单位：万元）*

年份	第三产业产值
1985	27 709.6
1988	52 368.2
1992	156 281.0
1993	228 046.0

* 按可比价格计算。

从三大产业结构相对比重来看，则表现为第一产业在整个国内生产总值的比例呈逐年下降的趋势，而第二、三产业的比重则逐年增大。如赣南 1993 年第一产业的比例比 1992 年减少 6.38 个百分点，而第二、三产业的比重则分别上升 3.46 和 2.92 个百分点（表 2）。

表 2　1992～1993 年赣州地区产业结构的变化　（单位：%）

年份	国内生产总值	第一产业	第二产业	第三产业
1992	100	49.88	28.44	21.68
1993	100	43.50	31.90	24.60

这里特别要提的是，乡镇企业的异军突起，给赣南经济带来了生机和活力。赣南地区 1994 年完成乡镇企业总产值 171.3 亿元，其中乡镇工业总产值 102.4 亿元，预计利税总额 18 亿元，分别比上年增长 165.75%、161.38%和 118.03%，实现了一年翻一番多的目标。与 1990 年相比，乡镇企业总产值增长 8.43 倍，乡镇工业总产值增长 8.2 倍，乡镇企业利税总额增长 5.32 倍。

但与全省相比，赣州地区的第一产业比重还高出 11.4 个百分点，而第二、三产业比重分别低 8.4 和 3.0 个百分点（表 3），这是赣南经济落后于全省的主要原因。

表 3　赣南与江西全省农村产业结构构成比较*（1993 年）

地区	第一产业		第二产业		第三产业		国内生产总值	
	总额/万元	占比/%	总额/万元	占比/%	总额/万元	占比/%	总额/万元	占比/%
全省	2 255 800	32.1	2 824 600	40.3	1 938 700	27.6	7 019 100	100
赣南	402 931	43.5	295 735	31.9	228 046	24.6	926 730	100

* 按当年价格计算。

2. 农村产业结构的发展模式

赣南丘陵山区的广大农村，其产业结构的发展模式多种多样、千差万别。但归纳起来，以下面几种模式最为主要。

（1）以沼气为纽带的生态农业模式。赣南丘陵山区重点发展了以沼气为纽带的猪-气-果和猪-气-渔工程，这种生态农业模式具有显著的生态效益、经济效益和社会效益，促进了赣南经济的发展和产业结构的优化。

据调查资料，赣县罗坑村民小组，总户数 49 户，总人口 233 人，劳动力 128 人，总耕地面积 191 亩，1992～1994 年稻田开挖鱼塘 102 亩，山地面积 1130 亩，养殖水面共 180 多亩，1994 年新建果园 130 亩，已建沼气池 12 只，1993 年全组出栏生猪 1028 头，1994 年出栏生猪 1568 头，现有存栏生猪 400 多头，饲养家禽 7114 羽，有鱼苗孵化专业户 3 户，年出售鱼苗 1 亿多尾，年出售成鱼 20t，1993 年人均纯收入 1694 元，1994 年人均纯收入 2709 元，比 1993 年增长 59.9%。

该村民户刘焕粮，全家人口 9 人，劳力 6 人，耕地 7 亩，养殖水面 10 亩，1994 年出售鱼苗 3500 万尾，出售成鱼 6000kg，生猪 150 头，果园 23 亩，建沼气池一只，小四轮汽车一辆。1993 年人均收入 2500 元，1994 年人均纯收入达 10 240 元。

（2）立体综合开发模式。多山，是赣南的一大特点，优势在于山是毫无疑义的。“在山上再造一个高效益的赣南”，这是近年提出的口号，充分体现了赣南人民立体综合开发山区资源的决心。根据我们实地考察，赣南山区治理梅林试验示范场，就是实行立体综合开发模式，经过 8 年（1987～1994）的治理与开发，已形成了“山顶松树盖帽，山腰果树环绕，山下畜禽养殖，山塘蓄水养鱼”的立体开发规模，经济效益和生态效益显著，受到中央、省、地、县领导与联合国官员的高度评价，已成为赣南山区农业持续发展的典范，绿色产业的明珠。

（3）农业-工业化模式。“无农不稳，无工不富”。赣州地区农民积极办好乡村企业，使农业走农业-工业化的道路，促进了村级经济上一个新台阶。1994 年年初，赣县罗坑村兴建了一个有各家农户集资入股的罗坑“小康鞋业股份公司”，生产中、高档旅游鞋。共有 40 户农民入股 110 多股，股金 5.5 万元，从公司的创建到运营，工作组成员不辞辛苦，10 余次来回会昌、福建等地洽谈、采购。由于公司依照章程管理，严把质量关，产品深受顾客青睐，并远销到俄罗斯等地。目前已生产旅游鞋近万双，产值达 55 万元，利税达 5 万元。年底每股分红利 200 元，仅此项就为罗坑村民人均增收 260 元以上。同时，为配合农村的养殖事业，该村兴建了一个年产饲料 110t、产值达 150 万元的饲料加工厂。这些企业的兴办，既消化了农村的剩余劳动力，又增加了农民的收入，使村级集体经济得到了空前的发展。

（4）贸工农一体化协调发展模式。赣南泰和县，在巩固现有农业商业基地和工业生产体系的同时，重点抓好粮食、甘蔗、泰和鸡、生猪、乳役兼用牛、蔬菜、果品七大工业原料的基地建设，扩大和完善工业产品系列，即粮食加工系列、糖果系列、乌骨鸡系列、乳制品系列、酱菜和脱水速冻食品系列等。并注意把农业结构调整和满足工业对农产品的需求结合起来，把农产品供应量的增加与扩大加工业的生产能力结合起来，把巩固优势产品与开发新产品结合起来。

粮油系列：泰和县粮食生产稳定在 2.5 亿 kg 水平，重点对上田和江村粮油公司、正泰饲料股份有限公司进行技术改造，在江村粮油公司开发精炼油生产线。预计到 2000 年，全县粮油系列加工的产值可达 1 亿元，利税 1200 万元。

糖果系列：抓好工业蔗基地建设，到 20 世纪末工业蔗产量达到 15 万 t。以泰和糖厂为龙头，搞好糖果生产及系列加工，开发新产品木糖醇，兴建一条年产 1000t 木糖醇的生产线；引进浸出法制糖新工艺，到 2000 年，糖果系列加工的产值达到 7000 万元，利税 900 万元。

乳制品系列：抓好乳役兼用牛生产，同时，对乳制品厂、皮革厂等企业进行技术改造，加快县乳制品厂钙王粉生产线的建设和投产。据粗略估算，到 2000 年，乳制品系列加工的产值可达到 3000 万元，利税 400 万元。

乌鸡系列：以抓好种鸡、繁育为重点，抓好乌鸡生产。1995 年，泰和县乌鸡饲养和加工产值都突破亿元大关，即“双亿关工程”。县乌鸡酒厂开发乌鸡精、乌鸡八宝粥等新产品，兴建生产线，并扩大乌鸡衍宗酒生产能力；泰和县食品工厂扩建乌鸡系列保健品生产线；泰和饮料厂开发乌鸡软罐饮料等，使乌骨鸡综合利用具有突破性的进展。

酱菜和脱水速冻食品系列：加快蔬菜基地建设。县酱食品厂抓住传统产品上档次，开发软包装低盐酱菜；加紧脱水速冻食品生产线的建成和投产，到 2000 年，酱菜如脱水速冻食品系列加工的产值达到 1 亿元，利税 1000 万元。

2.2　农业生产结构的演变和发展模式

1. 农、林、牧、副、渔“五业”结构的演变及其发展模式

自实行家庭联产承包责任制以来，广大农民自主经营，灵活性大，农业生产结构发生了很大变化，特别是进入 90 年代，以社会主义市场经济理论为指导，以市场为导向，以高产、优质、高效为目标，随机应变，灵活多样，广大农村的农、林、牧、副、渔“五业”结构则更趋合理和优化。

（1）“五业”结构的演变。从赣南 1949～1994 年主要年份农业产值及其比重的变化可以看出（表 4）：从 1949～1978 年的 30 年中，赣州地区农业总产值从 38 090 万元增至 100 371 万元，增长 1.64 倍，年均增长 5.45%；从 1978～1994 年的 17 年中，农业总产值由 100 371 万元增加到 831 903 万元，净增 7.3 倍，年均增长率为 42.87%，是 1949～1978 年年增长率的 7.87 倍。可见，进行农村改革，实行家庭联产承包责任制对促进农村经济及农业的飞速发展起到了巨大的推动作用。

表 4　农林牧副渔业在农业总产值中的比重

年份	农业总产值/万元	比重/%				
		种植业	林业	牧业	副业	渔业
1949	38 090	64.9	6.6	20.4	7.1	1.0
1957	64 406	63.1	13.9	15.8	6.2	1.0
1978	100 371	65.8	8.1	11.9	10.5	1.0
1983	144 242	59.0	8.8	14.0	16.9	1.3
1985	157 185	56.0	10.9	17.2	14.1	1.8
1987	172 479	52.5	10.3	18.3	16.9	2.0
1988	182 885	50.7	9.9	20.0	17.4	2.0
1993	515 818	48.2	10.1	12.6	18.0	2.1
1994	831 903	43.3	10.2	24.4	19.9	2.2

从农（种植业）、林、牧、副、渔“五业”比重的变化来看，1978年以前，“五业”结构处于相对稳定状态，即种植业占总产值比重大致为63%～65%，渔业占1%的比重保持不变，林业7%～14%，牧业在15%左右、副业在6%～10%波动（表4）。但从1978年以后，“五业”结构则发生了较大变化。一是种植业比重逐年下降，从1978年的65.8%下降为1994年的43.3%，下降22.5个百分点；二是林业的比重呈上升趋势，从1978年的8.1%上升为90年代的10%以上；三是牧业的比重上升幅度较大，已由11.9%上升为24.4%，表明赣南的养猪业、养禽业、养牛业和养兔业等有了较大发展；四是副业在农业总产值中的比重有较大的上升，表明赣南的农产品加工业已有很大的发展；五是渔业的比重也有所增长，由1.0%增至2.2%。

由此可见，实行家庭联产承包责任制，实行社会主义市场经济，可有效地优化农、林、牧、渔、副的结构和比例，对促进畜牧业和农产品加工业的发展，效果尤为明显。

（2）发展模式及发展方向。根据大量调查，赣南山区农业发展模式大致可分为以下几种。

粮畜油型：赣南的龙南、安远、大余、兴国、宁都、泰和等县，其农业生产发展多属粮畜油型模式。这种模式的特征：一是大多分布在边远山区；二是种植业占总收入比重较大，农产品商品率低，属自给生产，经济效益差；三是发展畜牧业生产有较丰富的资源，畜牧业较发达；四是油料生产以油茶为主，多利用冬闲田种植油菜，旱地种植花生、芝麻等。

这种模式今后的发展方向和途径：继续调整农村产业结构，按照“决不放松粮食生产，积极发展多种经营”的方针，发挥资源优势，主攻荒山、荒地、荒水，把开发和治理结合起来。同时要稳定粮食种植面积，主攻单产。粮食仍以水稻为主，但应积极发展旱粮；在产量和质量上要扩大杂优面积，重视优质米和粳稻；畜牧业在抓好养猪的同时，发展其他畜禽生产；立足本地资源，积极发展乡镇企业，重点发展食品加工、饲料加工、轻工产品加工。

粮工畜型：赣南的赣县、南康等县，多属这种发展模式。其特征是：第一，交通方便；第二，农业生产投入多，农业现代化水平较高，是粮食高产区；第三，乡镇企业较发达；第四，畜牧业以猪禽为主。

今后发展方向和途径：农工并举，增加农业投入，提高集约经营水平；增加复种面积，提高复种指数，提高土地利用率；建设为城市服务的农副产品基地；农林牧副渔综合发展，发展畜禽和城郊蔬菜等副食品生产，满足工矿、城镇居民的生活需要。

林粮油型：这种模式的特征，一是山地面积大；二是森林资源丰富，覆盖率高；三是山高水冷，耕地分布零散，低产田多，粮食单产低；四是水能资源开发潜力大。

这种模式今后发展的方向和途径：以林为主，林粮并重，重点建立各种用材林基地。在保证粮食自给的前提下，积极发展畜牧业，办好农副产品加工工业，提高经济效益，改造中低产田，促进平衡增产。山区农副土牧产资源丰富，种类繁多，如柑橘、茶叶、冬笋、中药材等，应充分利用农副特产优势，开展种植、养殖、加工等多种经营。

2. 种植业内部结构的演变及其发展方向

（1）种植业内部结构的演变。从表5可以看出，20世纪80年代初期（1980～1983年），赣州地区的农作物总播种面积基本稳定在1030万～1050万亩，作物之间的比重也基本稳定，如粮食作物约占总播种面积的80%，经济作物占7%～8%，其他农作物占12%～13%；80年代末期至90年代初期（1988～1993年），则情况发生较大变化。首先，从作物总播种面积来看，呈逐年递增，由1988年的1118万亩，增加到1993年的1265万亩；其次，作物间的比重发生较大变化，主要表现在粮食作物的比例由70%逐步降为60%；经济作物的比重由11%上升为21%；其他农作物比例基本保持在16%～18%。这反映了农民进入市场以后，自觉不自觉地进行作物结构的调整和优化，对提高农业效益，实现高产、优质、高效农业起了很重要的作用。

表5 种植业内部结构的变化

年份	总播种面积/万亩	比重/%		
		粮食作物	经济作物	其他农作物
1980	1054.81	79.40	6.80	13.80
1981	1037.69	79.90	7.80	12.30
1982	1043.44	79.70	8.30	12.00
1983	1032.50	80.10	7.60	12.30

续表

年份	总播种面积/万亩	比重/%		
		粮食作物	经济作物	其他农作物
1988	1118.11	70.56	11.13	18.31
1990	1245.69	66.67	17.40	15.93
1991	1261.56	64.40	17.95	17.65
1993	1264.90	60.73	20.87	18.40

（2）种植业的发展方向。从总体上来说，目前的作物种类和种植业的结构较 70、80 年代有较大调整，效益也正在逐步提高。但随着我国社会主义市场经济体制的不断建立、发展和完善，要求农业生产要面向国内外、省内外及地区内外市场，以社会主义市场经济理论为指南，以市场为导向，走“两高一优”的路子，不断调整和优化作物的种类、品种、结构、布局，在稳定粮食的前提下，使粮、经、肥、饲、菜等得到全面、协调发展。可以设想，将赣州地区的作物总播种面积提高到 1300 万～1400 万亩，使粮、经、饲肥（包括其他作物）的比例逐步过渡到 50%、25%、25%，这对稳粮（稳定粮食生产）、扩经（扩大经济作物种植）、增饲（增加饲料绿肥和其他作物种植），提高整个种植业效益都是十分有利的。

3　持续发展的种植体系及其特点

3.1　种植体系的演变与特点

自 20 世纪 80 年代以来，赣南山区农田种植体系发生了很大变化，主要表现在以下方面。

（1）耕地复种指数呈逐年提高趋势。从 1980～1983 年，赣州地区耕地复种指数一直在 190%～193%；从 1988～1993 年，则耕地复种指数逐年上升，1993 年接近 240%（表 6），比 1980 年提高 46 个百分点，相当于净增耕地面积 240 万～250 万亩。

表 6　耕地复种指数变化　（单位：%）

年份	赣南（A）	全省（B）	A–B
1980	193.5	232.0	−38.5
1981	190.8	231.7	−40.9
1982	192.2	233.7	−41.5
1983	190.4	229.3	−38.9
1988	208.8	228.8	−20.0
1990	233.7	245.1	−11.4
1991	236.9	248.7	−11.8
1993	239.5	246.0	−6.5

但与全省相比，赣南耕地复种指数还比较低。本来，作为自然条件优越程度居全省之首的赣南，耕地复种指数理应高于全省，但事实恰恰相反，赣南耕地复种指数一直低于江西全省的平均值，一般低几个至几十个百分点（表 6）。可见，提高赣南耕地复种指数潜力巨大。

（2）养地作物增长缓慢。从总体上来说（表 7），养地作物种植面积有所增长，但增长速度相当缓慢，且不够稳定。如绿肥种植面积，1980 年曾达到 121.81 万亩，但到 1983 年则降为 104.01 万亩，之后逐年上升，到 1991 年达 140.06 万亩，但 1993 年又掉下来了，豆类作物 1978 年只有 66.63 万亩，之后一直缓慢增加，到 1993 年达 112.76 万亩，比 1978 年增长 69.23%。

表 7　绿肥和豆类种植面积　（单位：万亩）

年份	绿肥	豆类（包括大豆、蚕豆、豌豆、绿豆、花生等）
1978	110.21	66.63
1980	121.81	61.96
1983	104.01	71.92

续表

年份	绿肥	豆类（包括大豆、蚕豆、豌豆、绿豆、花生等）
1988	115.12	77.60
1990	118.65	85.07
1991	140.06	86.99
1993	118.60	112.76

3.2 种植体系的现状及发展趋势

（1）种植模式多样化。一是间作模式多样化。从 1988 年开始，赣南广泛推广玉米间作增产措施，较好地解决了饲料问题，促进了养猪业的发展。玉米不但种植面积大，而且间作模式多样，如玉米+大豆、玉米+花生、玉米+甘薯、玉米+西瓜、玉米+梨瓜、玉米+蔬菜、玉米+中药材、玉米+幼林幼果（柑橘、桃树等），等等。1988 年仅瑞金、信丰、于都三县玉米间作面积就达 17 028 亩，1989 年发展到 77 624 亩，玉米亩产达 106.9～167.5kg，其他作物单产也有相应增长。目前，玉米间作已在赣南广大农村普遍推行。

二是复种方式多样化。如赣南水田复种方式有；绿肥-双季稻，油菜-双季稻，蚕豆（豌豆）-双季稻，蔬菜-双季稻，冬闲-双季稻，冬作（油、豆、肥、菜）-早稻-秋旱作（大豆、花生、甘薯），冬作（油菜、绿肥等）-春旱作（大豆、花生、烟叶）-晚稻，冬作（油、豆、肥、菜）-早稻-秋闲，一季中、晚稻-休闲，甘蔗（2～3 年，春间作短期作物）→冬作-花生-晚稻→绿肥-双季稻，甘蔗（2～3 年，春间作大豆等）→冬作—双季稻，等等。此外，旱地的复种方式更加多样化，丰富多彩。

三是轮作方式多样化。根据调查，赣南山区目前存在的轮作类型主要有换茬式轮作、分带式轮作两种，每一类型所包括的轮作方式多种多样，尤其是实行社会主义市场经济的今天，换茬式轮作的方式更趋多样化、复杂化。

（2）稻田养鱼高效化。稻田养鱼可充分利用稻田的光、热、水、气、土资源，发挥生物间的“共生、互补”作用，对提高稻田生态经济效益极为有利。据统计（表 8），赣南稻田养鱼无论是面积还是产量，均占江西全省的 1/3 上，明显表现为赣南稻田养鱼的高效化。

表 8　赣南稻田养鱼面积、产量及占全省比重

年份	面积		产量	
	亩	比重/%	t	比重/%
1987	169 809	34.83	2 477	34.60
1988	151 719	36.04	2 397	34.29
1990	153 703	33.78	2 957	37.52

可以预料，随着人民生活水平的不断提高和人地矛盾的日趋紧张，稻田养鱼作为增加农民收入、改善食物结构、实现粮鱼双丰收的重要途径之一，将会在赣南有更大的发展。

4　赣南丘陵山区农业持续发展中存在的问题、障碍因素及其战略对策与配套技术

在农业生产的发展过程中，赣南地区尚存在不少问题障碍因素，严重影响和制约着本区农业的持续发展，因而必须采取相应的对策和配套技术体系。

4.1　农业减灾技术体系

1. 赣南农业灾害的危害性和严重性

赣南是一个多灾地区[2]，致使农业生产年年受灾，主要有以下特点。

（1）农业灾害的多样性和多发性。赣州地区的农业生产每年都不同程度地遭受农业灾害的影响，农

业灾害种类多、频率高、强度大、危害重。其中，以农业气象灾害为主，主要是存在不同程度的干旱、洪涝等。

第一，旱灾和洪灾占农业灾害的60%～80%（表9）。全区因旱涝灾害每年平均损失粮食1亿～1.25亿kg。

表9　近几年赣南农作物受灾、成灾情况

年份	受灾面积/万亩					成灾面积/万亩					成灾面积占受灾面积/%
	合计	旱灾	水灾	病虫灾	其他	合计	旱灾	水灾	病虫灾	其他	
1987	346.6	54.4	30.2	242.0	20.0	182.6	40.5	13.0	119.3	9.8	52.7
1988	450.0	363.4	64.1	4.5	18.0	324.6	260.0	50.1	2.4	12.1	72.1
1992	468.0	118.7	257.7	50.1	41.6	314.3	74.0	179.3	37.2	23.9	67.2
1993	372.9	51.4	161.7	99.8	59.9	255.3	33.9	113.5	66.9	41.1	68.5

第二，植物病虫害常年发生。农作物病虫害是赣南农业三大灾害（旱灾、水灾、病虫害）之一，是影响农业稳产高产和持续发展的大敌。根据调查，全区水稻每年病虫发生面积达1000万亩次，高的达1500万亩次，是水稻播种面积的2倍多，超过全国病虫发生的平均水平，也是全省病虫发生最严重的地区，每年因病虫危害损失粮食达0.5亿～1亿kg。

第三，其他灾害也常有发生。如春季低温在赣南是三年两遇；此外，农业生产还常常遭受冻害、冰雹、寒露风、大风、干热风、森林火灾和虫灾等灾害的影响。

（2）90年代农业灾害的严重性。90年代是赣南、全国乃至全球的天害多发期，为此，联合国决定从1990年起开发“国际减轻自然灾害十年”活动。就赣南而言，进入90年代，农业灾害更频繁，一灾接一灾，次次是大灾，农业等经济损失严重。从农业气象灾害来看，1990年7月全区高温少雨干旱以及上犹、崇义等局部地区暴雨成灾。1991年春季低温；严重春旱连伏秋旱，为新中国成立以来未有的大旱，受旱面积300多万亩，减产粮食数亿公斤；9月崇义县洪涝；12月冻寒使5县（市）创历史低温纪录，受灾越冬作物368万亩。1992年春季久雨低温长春寒，损失早稻种子477万kg；3月和7月又是全区历史上少有的两次大洪涝灾害，受灾农作物313.65万亩，造成直接经济损失25.83亿元；秋冬持续高温干旱。1993年虽属正常气候年份，仍发生冬季冻害、局部暴雨洪涝和风雹灾害。1994年春季低温阴雨；5月、6月两次大洪涝成灾，受淹农田193.93万亩，造成直接经济损失36.44亿元；等等。

2. 赣南农业减灾的对策

（1）增强减灾意识，成立减灾机构。地方领导必须充分认识灾害的严重性，改变救灾积极主动、防灾行动迟缓、重救不重防的被动局面，从赣南多灾种、重灾情、年年都有灾的实际出发，增强减灾意识，贯彻“以防为主，防、抗、救相结合”的方针，把减灾作为经济建设的一项重要措施纳入国民经济和社会发展的总体计划；同时，建立全区统一的综合减灾管理机构，协调全区减灾活动，由单项灾害的单一部门管理向综合部门的全面管理运行机制转变。

（2）培养减灾人才，建立减灾队伍。从事减灾研究工作，需要掌握灾害学、农学、环境学、气象学、地质学、生物学、信息学、计算机技术等多方面的技术和知识，现阶段还难以达到这一要求。这就需要多个学科协同攻关，解决带共性的问题，建立相对集中的减灾研究队伍，着手开发灾害的系列研究。在充分利用现有科技人员的同时，加强减灾研究人员的培训，全面提高科技人员的理论水平和业务素质，培养一支农业减灾的群体，使其担当起到20世纪末实现减少灾害损失30%的重任。

（3）加强科学研究，探索农业灾情。

（4）重视山区减灾，搞好基础设施。

（5）稳定农技队伍，强化农业执行。

4.2　肥力重建和肥力提高技术体系

1. 赣南山区耕地质量仍然不高

从表10和表11可以看出，赣州地区中低产稻田面积仍占80%以上，低产旱地占总面积的1/3以上，且均高于全省平均水平；从土壤耕作层深度看，深度<15cm 的水稻土达 72.51%，<20cm 的旱作土也达 72.86%。可见，加速肥力重建，提高耕地质量已是一项很紧迫的任务，如不引起重视并尽早采取对策，势必影响赣南山区农业的持续发展。

表 10 赣州地区高中低产耕地面积及其比重

地区	高产稻田		中产稻田		低产稻田		低产旱地	
	面积/万亩	比重/%	面积/万亩	比重/%	面积/万亩	比重/%	面积/万亩	比重/%
赣南	147.0	19.84	393.5	52.84	203.2	27.30	248.5	33.38
全省	1226.1	23.36	2677.0	51.01	1345.2	25.62	1264.4	24.10

注：高产稻田——粮食产量水平大于 500kg/亩；中产稻田——粮食产量水平 300～500kg/亩；低产稻田——粮食产量水平小于 300kg/亩。

表 11 土壤耕作层厚度分布情况

地区	水稻田						旱作土					
	>15cm		10～15cm		<10cm		>20cm		15～20cm		<10cm	
	面积/万亩	比重/%	面积/万亩	比重/%	面积/万亩	比重/%	面积/万亩	比重/%	面积/万亩	比重/%	面积/万亩	比重/%
赣南	191.5	27.94	442.6	63.52	62.5	8.99	13.0	27.12	21.3	44.59	13.5	28.27
全省	847.7	18.64	3355.7	73.76	345.8	7.60	146.7	20.26	338.9	48.54	214.2	13.20

2. 提高土壤肥力的对策

（1）增施化肥。与全国各地一样，赣南的化肥施用量每年都在增加，如 1987 年单位面积施用量只有 71.4kg/亩（实物量）和 19.8kg / 亩（折纯量），1993 年则增加为 98.0kg/亩和 25.0kg / 亩，分别增长 38.4%和 26.3%（表 12）。

表 12 赣南山区化肥施用量

年份	总施用量/万 t		亩施用量/（kg/亩）	
	实物量	折纯量	实物量	折纯量
1987	38.26	10.60	71.4	19.8
1988	41.75	11.43	78.0	21.3
1993	52.20	13.20	98.0	25.0

今后，随着农业生产的进一步发展，要求进一步增大化肥的投入，这是农业实现高效益的最有效的途径之一。

（2）重视有机肥。目前，有些地方在一定程度上有忽视有机肥的倾向，错误地认为“化肥可以取代有机肥，现在可以取消有机肥了”，其实不然。化肥、有机肥各有其所“长”，也各有其所“短”，要扬其长而避其短，只有走“无机-有机结合”的路子，做到增施化肥的同时，重视有机肥的施用，提高秸秆返田数量，多施厩肥、河塘沟泥、草皮、火土灰、猪牛栏粪、鸡鸭鹅屎、垃圾，等等。

（3）改善生产条件。增加有效灌溉面积和旱涝保收面积，对提高耕地质量具有很重要的作用。目前，赣州地区农田有效灌溉面积和旱涝保收面积已分别达耕地面积的 75%和 60%左右（表 13）。今后，宜通过农田基本建设，将其比例分别提高到 80%和 70%以上，对实现农业的稳产高产将会起到重要作用。

表 13 赣州地区农田有效灌溉面积和旱涝保收面积

年份	有效灌溉面积		旱涝保收面积	
	面积/万亩	占耕地/%	面积/万亩	占耕地/%
1987	393.58	73.4	303.74	56.7
1988	395.06	73.8	3.5.62	57.1
1990	399.41	74.9	311.32	58.4
1991	400.20	76.6	314.12	59.0
1993	403.80	76.5	321.15	60.8

4.3 防止水土流失的技术体系

赣南是长江流域水土流失最严重的地区之一。从1984～1993年的10年间，赣南地区18个市、县的水土流失面积均有扩大（表14），这对农业生产的持续发展极为不利，必须采取对策进行综合治理。

表14　赣州地区水土流失面积　（单位：万亩）

市、县	1984年*	1993年**	1993年比1984年增加
赣州市	17.51	17.91	0.40
赣县	163.18	170.18	7.00
南康	112.84	119.05	6.21
信丰	80.43	83.93	3.50
大余	45.90	47.55	1.65
上犹	70.07	71.57	1.50
崇义	1.91	1.91	0.00
安远	44.04	90.15	46.11
龙南	59.83	65.83	6.00
定南	55.97	59.38	3.41
全南	11.85	17.74	5.89
宁都	183.66	188.76	5.10
兴国	284.86	284.86	0.00
瑞金	130.91	147.71	16.80
会昌	123.61	123.75	0.14
寻乌	58.89	62.75	3.86
石城	75.88	78.85	2.97
于都	154.87	183.47	28.60
赣州地区	1676.21	1815.35	139.14

* 1984年资料取自《赣南山区农业自然资源综合考察》（江西科学技术出版社，1988）。

** 1993年资料来自《江西水利统计年鉴》（江西省水利厅编，1994）。

（1）植树造林，不断提高植被覆盖率。林木具有改善农业生态环境、增大地面覆盖，减少水土流失的功能。根据调查（表15），从1982～1990年，赣南18个市、县的森林覆盖率，11个市县表现为增加，其中以赣州市增加最多，净增17.7个百分点；7个县森林覆盖率下降，其中龙南县下降最多，达33.2个百分点，年下降近3.7个百分点，必须引起注意。

表15　赣南山区森林覆盖率*　（单位：%）

市、县	1982年	1990年	1990年比1982年增加
赣州市	22.37	40.07	17.70
赣县	53.38	43.64	−9.74
南康	31.76	44.87	13.11
信丰	52.23	36.77	−15.46
大余	44.09	59.83	15.74
上犹	43.91	53.97	10.06
崇义	46.69	59.73	13.04
安远	58.65	60.52	1.87
龙南	82.96	49.76	−33.20
定南	62.21	58.44	−3.77
全南	61.92	54.96	−6.96
宁都	44.46	44.94	0.48
兴国	39.64	49.10	9.46

续表

市、县	1982 年	1990 年	1990 年比 1982 年增加
瑞金	35.00	38.25	3.25
会昌	40.54	39.35	−1.19
寻乌	53.81	54.06	0.25
石城	41.04	40.19	−0.85
于都	34.16	46.97	12.81
赣州地区	47.32	47.70	0.38

*资料来源：江西农村统计年鉴，江西省统计局，1992 年 11 月。

今后，必须采取有效措施，植树造林，封山育林，适度采伐，减少水土流失，不断改善生态环境，促进农业持续发展。

（2）推行免耕覆盖技术。免耕覆盖技术是现代保土耕作的重要措施，它可以有效地减少径流，提高土壤蓄水能力，有效地防止水土流失，尤其是对坡耕地效果更佳。

（3）发展多熟种植体系。实行由间、混、套、复、轮作组成的多熟种植体系，做到“根不离土、土不离根”，全年“绿色覆盖”“四季常青”，对减少农田水土流失具有很重要的作用[3]。

4.4　提高农业效益的技术体系

从表 16 可以看出，赣州地区农业经济效益指标和农民收入均低于全省平均水平，表明赣南农业生产水平还比较落后，必须采取相应对策。

表 16　1993 年农业经济效益和农民收入

地区	劳均产粮/（kg/人）	劳均总产值/（元/人）	农产品商品率/%	农民人均纯收入/（元/人）
赣南	1016	2552	57.2	810
全省	1440	3413	60.1	870

要提高赣南农业生产效益，增加农业经济收入，首先，必须走“高产、优质、高效”的路子，要使农民尽快进入市场，这是实现农业高产高效、增产增收的关键；其次，要通过优化结构，提高效益。优化品种结构、作物结构、种植业结构、大农业结构和农村产业结构，真正做到品种优质化、结构多样化、结构高效化；再次，改善外部环境，减少一切损失。

4.5　珍惜耕地资源，不断提高耕地利用率和生产率

人口不断增加，耕地日益减少，人均耕地越来越少，人地矛盾日趋尖锐，这是全国，乃至全世界发展的大趋势，江西，尤其是赣南表现更为突出。从历年人地关系来看（表 17），赣南的人均占有耕地一直低于全省的平均水平，这给赣州地区农业及经济的持续发展既增加了困难，又带来了压力。赣南人民必须正视现实，在严格控制人口增长的前提下，十分珍惜和充分利用现有每一寸耕地，不断提高耕地利用率和生产率，这是唯一的出路。

表 17　赣南和全省人口、耕地变化比较

年份	赣南			全省		
	人口/万人	耕地/万亩	人均耕地/（亩/人）	人口/万人	耕地/万亩	人均耕地/（亩/人）
1949	305.09	552.04	1.81	1314.0	3548.1	2.70
1952	331.41	601.75	1.82	1655.7	4121.5	2.49
1957	370.07	617.96	1.67	1851.4	4218.9	2.28
1962	388.90	586.24	1.51	2039.9	4100.7	2.01
1965	420.16	579.83	1.38	2209.5	4100.0	1.86

续表

年份	赣南			全省		
	人口/万人	耕地/万亩	人均耕地/（亩/人）	人口/万人	耕地/万亩	人均耕地/（亩/人）
1970	486.69	555.27	1.14	2584.5	3610.8	1.40
1975	561.92	550.53	0.98	2968.5	3614.2	1.22
1978	604.20	547.52	0.91	3182.8	3599.7	1.13
1980	619.23	545.12	0.88	3270.2	3590.8	1.10
1985	655.33	537.07	0.86	3460.2	3553.3	1.03
1987	672.46	536.22	0.80	3559.0	3542.8	1.00
1988	688.19	535.41	0.78	3609.0	3538.0	0.98
1992	724.43	531.81	0.73	3913.1	3505.4	0.90
1993	745.76	528.09	0.71	3966.0	3489.2	0.88

要不断提高耕地利用率和生产率，必须采取以下对策和措施。

（1）提高耕地复种指数。从表 18 可见，赣南耕地复种措施虽逐年有所提高，但大部分市、县低于全省平均水平，不利于发挥耕地的生产潜力，浪费了宝贵的光、热、水、气、土资源，必须尽快扭转这一局面。这也是今后农业生产发展的大趋势。

表 18　赣南各市、县耕地复种指数*　（单位：%）

市、县	1988 年	1990 年	1991 年
赣州市	211.09	244.79	235.35
赣县	191.76	228.65	232.90
南康县	197.57	222.31	219.86
信丰县	210.73	226.70	230.69
大余县	225.87	228.82	246.69
上犹县	234.02	239.75	248.69
崇义县	184.75	213.10	218.98
安远县	189.24	220.60	219.00
龙南县	229.93	250.75	256.98
定南县	210.65	233.53	235.23
全南县	212.76	255.74	266.35
宁都县	220.43	233.33	232.57
于都县	225.37	243.65	250.67
兴国县	199.10	232.75	230.26
瑞金县	208.63	242.12	252.25
会昌县	176.46	219.04	227.39
寻乌县	226.18	230.31	227.80
石城县	216.87	262.41	263.83
赣州地区	208.79	233.68	236.85
全省	228.79	245.07	248.74

*含绿肥。

（2）开发冬闲田和秋闲田。根据近些年的调查，赣州全区冬闲田面积，每年有 360 万～400 万亩，占耕地总面积的 70%～74%；秋季休闲田，水田每年约 40 万亩，占水田总面积的 8.2%；旱地秋闲田约 15 万亩，占旱地总面积的 26.8%。实地考察的几个县（于都等），冬季休闲田面积占各县耕地面积的 50%～90%。冬闲时间 100 天以上，秋闲时间也有 80～90 天。土地休闲，浪费了宝贵的自然资源。必须尽快改变这种状况，提高土地利用率。例如，可将秋闲田改种玉米、高粱、大豆、荞麦等秋作物，并在作物出苗前后，套播冬绿肥或冬作物。这样，既可以获得部分收成，又能增加土壤有机质，有利于用地与养地相结合。

（3）提高中低产田的生产力。如前所述，赣南山区尚有占耕地70%～80%的中低产田，生产力低、效益差。只要略加改善生产条件，增加一定的物质投入，即可实现低产成中产、中产成高产、高产成高效。因此，要重视中低产田的改造，充分挖掘其生产潜力。

（4）建立高效农田，实现高产高效。赣南已有约30%左右的高产田，只要进一步加强农田基本建设，做到旱涝保收，提高土壤肥力，选用高产、优质、多抗良种，推广先进栽培技术，实现进一步高产高效是可能的。事实上，赣南已有部分市、县涌现出不少“吨粮田”“双千田”的典型，这都预示着在赣南山区建立高效农田、实现集约经营、持续增产的良好前景。

参 考 文 献

[1] 黄国勤，张桃林. 论江西省农业可持续发展. 自然资源学报，1995，10（3）：346-251.

[2] 黄国勤. 江西省农业自然灾害及其防御对策探讨. 国土开发与整治，1995，5（增刊1）：63-65.

[3] 黄国勤. 江西省耕作制度理论与实践：南昌：江西科学技术出版社，1996.

Comprehensive Exploitation of Mountainous Resources to Promote Sustaining Development of Agriculture an Investigation of Exploiting Model of South Jiangxi Province and Its Technique System

Huang Guoqin　Zhang Taolin　Zhao Qiguo

Institute of Soil Science，Academia Sinica，Nanjing　210008，China

Abstract

The paper consists of four parts：①natural conditions and general situation of agricultural resources；②development model of rural economic；③cropping system able to achieve sustaining development and its character；④problems，strategies，countermeasures and complete sets of technique.

第五部分　区域农业发展

黄淮海平原的节水农业问题

（重点讨论黄河以北地区）

陈志雄　赵其国

中国科学院南京土壤研究所，南京　210008

摘　要

本文在分析了黄河以北地区的气候水文条件后，指出了大气蒸发过强是该区必须实行“节水农业”的根本原因。在目前地下水位较深条件下，利用“土壤水库”截留汛期雨水是有重要意义的。增加肥料投入也是提高农田水分利用率的有效途径。

黄淮海平原有充足的光、热资源，但由于水资源不足而限制了农业的发展。解决水资源不足的途径不外从开源与节流两方面入手，本文则专就节流问题加以讨论。

与我国其他地区一样，黄淮海平原也受到土地资源限制与人口增长的压力，其农业发展的主要目标是提高单位面积的粮食产量，因此，节水农业的实质，是提高单位水量的粮食产量*。这就是本文讨论问题的出发点。

1　气 候 特 征

以平均年降雨量与 Penman 蒸发量之比（R/ETO）表征地区的干旱程度，黄河以北为 0.42～0.47，黄河以南大部分≥0.5（表 1）。概括地说，黄淮海平原的降雨量仅及大气蒸发要求的一半左右，气候比较干旱，黄河以北尤为严重。

此外，在黄河以北地区，旱季四、五、六三个月的 R/ETO 为 0.24～0.27，十分干旱，雨季七、八、九三个月为 0.9～1.0，降雨与大气蒸发要求基本上持平，水并不过量。不过如果降雨过分集中，也会产生径流或涝渍，故有“春旱秋涝”之说。总的来说，在作物生长的主要季节，降雨显然不足，特别是春末夏初，田间水分难以满足蒸发要求，灌溉有明显效益。

表 1　黄淮海平原中北部的降雨量（R）与潜在蒸发量（ETO）

地区	R/mm			ETO/mm			R/ETO		
	全年	四、五、六月	七、八、九月	全年	四、五、六月	七、八、九月	全年	四、五、六月	七、八、九月
封丘	610.8	144.3	364.3	1377.5	523.4	404.4	0.44	0.27	0.90
安阳	606.3	124.5	390.1	1337.4	526.6	400.9	0.45	0.24	0.97
北京	644.5	130.3	462.1	1351.1	522.8	396.9	0.48	0.25	1.16
天津	602.9	120.9	395.6	1392.9	534.2	422.6	0.43	0.23	0.94
保定	566.6	112.7	397.4	1287.8	510.9	397.6	0.44	0.22	1.00
沧州	630.6	133.2	436.4	1486.9	589.4	442.5	0.42	0.23	0.99
邢台	555.2	117.1	358.6	1301.4	524.6	392.7	0.43	0.22	0.91
惠民	603.3	134.8	388.4	1373.9	552.9	401.6	0.44	0.24	0.97
德州	590.1	134.8	381.5	1423.0	578.6	419.7	0.42	0.23	0.91
济南	685.0	149.9	432.7	1591.0	616.6	455.1	0.43	0.24	0.95
开封	633.9	168.3	349.5	1353.6	511.0	400.7	0.47	0.33	0.37
郑州	640.9	164.6	344.7	1400.0	523.5	413.9	0.46	0.31	0.83

* 与蒸腾系数（植物单位干物质产量的耗水量）的倒数（单位水量的干物质产量）概念相近似，但本文所指的是籽实产量而不是干物质产量。

本文原载《土壤》1989 年第 4 期第 196-199 页。

续表

地区	R/mm			ETO/mm			R/ETO		
	全年	四、五、六月	七、八、九月	全年	四、五、六月	七、八、九月	全年	四、五、六月	七、八、九月
商丘	711.9	179.9	401.0	1318.0	494.1	410.3	0.54	0.36	0.98
菏泽	680.8	168.4	405.0	1370.8	503.7	399.5	0.52	0.33	1.01
兖州	723.2	168.4	447.7	1339.2	514.7	404.7	0.54	0.33	1.11
徐州	848.1	220.9	479.7	1333.7	493.9	409.6	0.63	0.45	1.17

2　农业水资源

该区（指黄河以北地区，下同）年降雨量 500～600mm，为量不算太少，问题在于不均匀。不仅在季节上有显著差异，而且年际和月际的变率都很大，是造成旱、涝灾害的主要原因。

根据刘昌明等[1]估算，黄河以北的滦海平原目前可供农业利用的水资源为 191.81 亿 m^3，其中地表水 104.15 亿 m^3，地下水 87.66 亿 m^3，加上农田直接纳入的有效降雨（土壤水）300.68 亿 m^3，共为 492.99 亿 m^3，其比例如下：

土壤水　　300.68 亿 m^3　　61.1%

地表水　　104.15 亿 m^3　　21.1%

地下水　　87.66 亿 m^3　　17.8%

按该地区耕地 1.0503 亿亩计算，平均每亩可用水量为 704mm*。

而黄河下游地区，因有引黄之利，可供农田的用水较多，根据历年最低引水量并扣除输水过程中 50%的损失计算，平均每亩尚有 1300mm 水可用，条件比滦海平原优越。

3　供 求 关 系

该区的 Penman 蒸发量为 1300～1500mm。据封丘多年资料统计，其月际变率≤30%，年际变率为13%，远较降雨**稳定。就黄河下游地区而言，农田可用水量基本上能够满足其蒸发要求，问题仅在于调节水在时间上的分配，即如何将汛期的黄河水存入供旱季之用。但对黄河以北的广大地区来说，农田可用水量显然不足，即使引入客水（例如南水北调）灌溉，也难以全面地满足其要求。故该区的灌溉只应谋求合理产量，不应盲目灌水追求高产，即除了在面上合理地分配水资源外，在灌溉实施上，要根据湿度条件和作物的需水规律，选择最优的灌溉时机有限量地供水，谋求水的高效利用，尽量保持水资源的平衡。

值得指出，对于如此强烈的供需矛盾缺乏认识，是该区水资源萎缩到今天这样的地步的原因之一。在实施井灌初期，有的地方灌七水、八水，一次几十立方米/亩，甚至上百立方米/亩。产量固然提高了，但水的生产率很低。后来灌溉次数虽然减少了，但面积不断扩大。在这种条件下，水就像从一个有限的源投进一个无限的壑之中，消耗速度远远高于回补，结果，不少水库的实际库容量大大减小，洼地见底，地下水位持续下降，地下大漏斗不断出现。看来，只有用政策大力加以限制，这种情况才有望减缓。

4　对　　策

4.1　原位调节

对该区水资源的区域性调节，已见诸一些有灼见的方案，但由于牵涉关系很多，实施确有困难。本文

* 多年资料的平均值。实际上，不同水文年份的可用水量是不同的，以降雨量的年变率估算，干旱年份（p=75%）的每亩可用水量为 569mm，特别干旱年份（p=90%）为 449mm。

** 封丘多年降雨量的月际变率为 65%～173%，年际变率为 29%。

仅就原位调节的可行性及其意义，予以讨论。

众所周知，该区为宽广的冲积平原，土层深厚，土质疏松，每 1m 土层可储存 200～300mm 有效水[2]。近年，像原来水资源比较丰富的封丘地区，地下水位亦已降到 3m 以下，而在平原的漏斗区，水位浅则十多米，深则 20～30m。换言之，在华北平原的大部分地区，有一个库容至少为 600mm 的“土壤水库”，只要它的一半空着，就可贮存 300mm 以上的水。它既可纳入秋雨，解决涝渍之害，又有利于翌年春旱之缓解。实属一举两得。所以，在汛期前测估土壤的实际库容并根据雨情预报采取相应的接纳（如松土）或截留措施，避免或减少降雨径流产生，是有实效而又容易办到的。

我们在封丘进行的雨养麦田水平衡试验表明，麦播前的土壤贮水占小麦总耗水量的 50%左右，在土壤水丰足的年份，甚至达到 60%。所谓“麦收隔年墒”，说明土壤贮水对农业生产是有重要意义的。

4.2 提高水的利用率

黄淮海平原目前粮食平均单产估计为 646 斤/（亩·年）[3]。以滦海平原的农业可用水资源（704mm/（亩·年））估算黄河以北地区的粮食水分利用率，结果为 0.92 斤/（亩·mm）。比公认的 1.1 斤/（亩·mm）略低。

国家规划 2000 年黄淮海平原粮食产量增加 500 亿斤，平均每亩增产 250 斤/年，即单产达到 900 斤/（亩·年）的水平。如果水资源的投入不增加，就意味着水的利用率需提高 40%左右，达到 1.28 斤/（亩·mm）的水平。

前已论及，该区水资源的开采利用已达到极限。除非有客水调入，否则不可能有更多的水用于农业。换言之，要达到国家规划要求，提高水的利用率几乎是唯一的出路。故上述指标能否达到，如何达到，须加以论证。

我们在封丘连续四年进行的雨养小麦试验表明，在充分施肥（N—26 斤/亩，P_2O_6—15 斤/亩）条件下小麦的水分利用率≥1.7 斤/（亩·mm）（表 2）。这个结果隐示：该区水的潜力尚未充分发挥，因为其平均施肥量（估计为 N—12.8 斤/亩，P_2O_5—4.5 斤/亩）[4]尚未达到上述水平。换言之，增加肥料投入肯定可以提高水的利用率。这个结果同时隐示：该区粮食水分利用率达到 1.28 斤/（亩·mm）是可能的（除了本试验结果外，南皮试区的试验也有达到 2.0 斤/（亩·mm）的记录）。

另一条提高水分利用率的途径是增加四碳作物（例如玉米）的种植比例，因为它的水分利用率比三碳作物高。

4.3 减少输水过程的损失和土面蒸发

如前所述，水的主要流失方向是蒸散，故下述的“节流”措施是“对症”的：

（1）用秸秆、地膜覆盖农田以减少土壤蒸发。

（2）施加吸水剂、土壤结构改良剂以提高土壤的持水能力。

（3）合理的中耕以提高土壤的纳水能力或减缓土壤蒸发。

（4）管道输水或渠道衬垫，地下灌溉或局部灌溉（滴灌）以减少水面或土面蒸发。

这些措施的推广，在很大程度上取决于其经济效益。看来，只有在“水法”认真执行，“用水”计入生产成本的前提下，这些措施才会逐步推广。

表 2 封丘地区雨养小麦的水分利用率

项目		1984～1985 年	1985～1986 年	1986～1987 年	1987～1988 年
水分因素/mm	降雨量	228.5	132.3	147.6	150.6
	Renman 蒸发量	631	669	660	663
	根层贮水量差值	–151	–222	–146	–126.6
	深层渗透量	0	46	—	—
	毛管上升量	–56	–18	—	—
	实际蒸散量	435.5	326.3	293.8	277.2

续表

项目		1984～1985 年	1985～1986 年	1986～1987 年	1987～1988 年
产量/（g/m^2）	总干物质	1245±115	1062±154	855±171	630.6±149.7
	籽实	550±53	563±64	387±103	346±98.6
	茎秆	695±75	499±104	468±84	284±84.9
水的利用率	公斤/公升	1.26×10^{-3}	1.72×10^{-3}	1.31×10^{-3}	1.25×10^{-3}
	斤/（亩 · mm）	1.7	2.3	1.75	1.7

5　存 在 问 题

既然强烈的蒸发要求对该区水资源的有效利用关系极大，下面两个问题值得研究：

（1）在农田植树。它涵养气候对减缓蒸散的效应是正的，但是归根到底，它提高大气湿度的水是从土中来，巨大的叶面积会（比土面）散失更多的水，对保持土壤水分的效应是负的，故其得失值得研究。

（2）喷灌。它可以减少输水过程中的水分损失，但喷出后经过干燥的空气损失的部分无助于作物对水分的利用（顶多短时间内减缓蒸腾），其节水效益也是值得研究的。

6　结 束 语

黄河以北地区气候干旱，而可供农业利用的水资源又较少，加之用水过度，水资源萎缩严重，是推行节水农业的重点地区。

节水农业的方针是节流，即一方面要减少径流的发生，利用土壤水库的功能尽量将汛期水分保持于土壤中，或截留于低地，或补充地下水，供旱季使用；另一方面要采取措施减少无效蒸发，以增加农作物利用的比例。此外，增加肥料投入也是提高水分利用率最有效的途径。

参 考 文 献

[1]　刘昌明等. 黄淮海平原水资源评价. 1983：23.

[2]　熊毅，席承藩. 华北平原土壤. 北京：科学出版社，1951：31.

[3]　席承藩，邓静中，黄荣翰. 黄淮海平原综合治理与农业发展问题. 北京：科学出版社，1985：68.

[4]　中国农业科学院土壤肥料研究所. 中国化肥区划. 北京：中国农业科技出版社，1986：79.

我国南方农业综合发展战略*

赵其国　吴志东

中国科学院南京土壤研究所，南京　210008

人口、资源、环境、粮食和能源是当代人类生存与发展的五大问题，也是我国现代经济发展的基本限制因素。

由于人口膨胀和温带可垦荒地越来越少，土地资源的垦殖利用已逐渐由温带向热带、亚热带地区转移；而温带地区水土资源管理的经验不能直接用由于热带亚热带地区，因此，该地区水土资源的合理开发利用、农业生产的布局和措施等已成为当前国际上的一大研究热点。一些地处温带、北温带的国家，如比利时、法国、联邦德国、荷兰、苏联等都纷纷设立了专门研究热带、亚热带地区农业开发利用的机构。

北半球的热带、亚热带地区，如北非和西亚，因受副热带高压和东北干燥信风的控制，形成了干旱的沙漠。而在同一纬度上，我国长江以南、青藏高原以东的热带、亚热带地区因受东南和西南季风的影响，雨量充沛，气候暖湿，四季常青，成为世界上得天独厚的一块“宝地”，被称为北回归线上的“明珠”。但是，这种优势并未引起人们的普遍重视；对该区的开发战略至今众说纷纭，莫衷一是，以致造成生产建设中不少失误。本文在分析我国热带、亚热带的优势、问题和潜力的基础上，提出该区农业综合发展的战略和建议，供有关方面参考。

本文讨论的范围包括福建、江西、湖南、广东、广西、海南、贵州、台湾等省（区）的全部、浙江、云南、四川的大部以及皖南、鄂南、藏东南和苏西南边缘小部，涉及15个省（区）的我国红、黄壤分布区。

1　优　　势

1.1　优越的水热条件

我国热带亚热带地区是全国生物生产量最高的地区，这是与优越的自然条件分不开的。这里年平均降水量为1200～500mm，干燥度小于1；年平均气温为14～18℃，大于或等于10℃的积温4500～9000℃，是温带的1～2倍；而且高温与多雨同期，水热条件充足，因此生物生产期长，复种指数比温带高出1倍左右。

区内大河纵横，湖泊星罗棋布。长江、珠江两大水系在该区的总流域面积占全国的1/4，地表径流量为全国的一半。

1.2　相对丰富的自然资源

该区土地面积为217.96万km^2，其中耕地4.19亿亩，占13.6%；林业用地13.55亿亩，占44.1%；牧业用地1.13亿亩，占3.7%；荒山荒地7.23亿亩，占23.8%。在不足全国耕地总面积30%的土地上，提供了全国粮食总量和农业总产值的50%，并负担了全国人口的50%。

热带、亚热带经济林果是该区特产。据统计，我国橡胶面积已占世界第4位，年产干胶量为世界第六位；甘蔗、茶叶、柑橘的年总产量均占全国总产量的99.9%；还有一批在国内外享有盛名的名优特产品（如杂交水稻、杉、毛竹、中华猕猴桃、龙眼、荔枝、油茶、蜜柑、夏橙、罗汉果、乌龙茶、乌骨鸡及各种药材）和经济价值高的作物（如椰子、胡椒、剑麻、紫胶、油棕、可可、咖啡、香料等）。

---

* 参加本文起草的还有中科院南京土壤所鲁如坤、龚子同、姚贤良、石华、谢建昌、马毅杰，史德明、王明珠同志。

本文原载《中国科学院院刊》1990年第4期第316-323页。

该区林业资源丰富。据统计，全区森林面积达 8.26 亿亩，约占全国 45%；蓄积量 37.6 亿 m^3，占全国 39.6%；森林覆盖率为 24%，西南山区冷杉、云杉的单位蓄积量高达 750m^3/hm^2，且林木生长快，材质好，更新快，是我国重要的林业基地之一。

1.3 良好的投资效益

我国南方农区不仅是当前我国“T”字形宏观产业布局的主体，也是全国国土开发的重点。全国 19 个综合开发重点区就有 11 个分布于该区，其中有的还拟建成外向型全方位开发经济区。由于该区水热条件优越，自然资源丰富，只要把科学技术用上去，便能产生良好的投资效益。中国科学院先后在该区建立了 8 个地区性农业生态试验站，通过科学技术的投入，已经取得了明显的效果。华南植物所和广东电白县水保站合作，20 余年来，对 369km^2 严重水土流失地进行改造，使水稻亩产由 50kg 提高到 600kg，经济收入由原来的 1.8 万元，上升到 219 万元，扣除成本及固定资产，纯收入 31 万元；南京土壤所江西千烟洲红壤丘陵试验站自 1983 年建站以来，4 年中对该站 3000 亩土地进行改造，通过改善生态环境，建立立体农业，发展商品生产等综合途径进行开发治理，使农业总收入从 1982 年的 0.58 万元，增至 1986 年的 9.84 万元，4 年净增 15 倍，纯收入从 0.37 万元增至 6.87 万元，净增 17 倍。

2 问 题

2.1 人多地少，自然资源人均数量低，粮食矛盾突出

该区土地总面积为全国的 1/4，而人口接近全国的 1/2，人均占有土地面积 7.36 亩，仅为全国的一半，世界的 1/7；全区人均耕地面积 1 亩，比全国少 1/3，为世界人均耕地的 1/5。随着人口增加和耕地的非农业占用，预测至 2000 年，该区人均耕地将减至 0.86 亩（表 1）。

森林资源的人均占有量也很低。世界人均森林面积为 12 亩，该区仅为 1.7 亩；世界人均活立木蓄积量 83m^3，而该区仅为 6.75m^3。尤其是近些年来乱砍滥伐，使森林面积急剧下降。

其他资源也同样存在总储量与人均占有量的矛盾。

表 1 土地、耕地分配情况比较

国别	地区范围	人均土地/亩	人均耕地/亩	
		1977 年	1977 年	2000 年①
世界	全球各国	49.5	4.8	3.75
加拿大	全国	61	26.8	—
苏联	全国	129	13.6	10.95
美国	全国	64	14.6	12.6
中国	全国	14.4	1.57	1.13
	热带亚热带	7.36①	1.0①	0.86②

注：根据联合国 1977 年资料；①为 1981 年统计数；②按人口自然增长率 1.43%测算。

2.2 水土流失严重，生态环境遭到严重破坏

据 50 年代统计，南方 11 个省（区）土壤侵蚀面积为 60 万 m^2，占土地总面积的 24.4%；80 年代初，侵蚀面积达到 69 万 m^2，占总面积的 28%。30 年来，长江流域 13 个重点县流失面积每年以 1.25%～2.5%的速度递增。随着土壤侵蚀的发展，长江流域的水土流失面积已由 20%增至 40%左右。据水利水电科学院报道，1950 年至 1979 年的 30 年间，宜昌站长江年输沙量为 5.2 亿 t，平均含沙量为 1.2kg/m^3；而 1980～1985 年的 6 年间，年平均输沙量为 6.3 亿 t，含沙量为 1.4kg/m^3，分别增加了 21.9%和 18.8%。长江和珠江两河的年平均冲刷量达 25 亿 t，占全国土壤总流失量的一半。

造成水土流失的原因，除了降雨集中（年雨水都集中在 4～9 月）、强度大（日降水量大于 50mm 的暴

雨占15%～34%，多数地方还常有除达100mm/h的大暴雨）、地形起伏（70%～80%为山丘和丘陵）、土壤抗蚀性弱等因素外，植被破坏、盲目垦殖及忽视防治等人为因素也起着很大的作用。加上该区生态系统本身比较脆弱，连续破坏，缺乏休养生息机会，必然很难恢复。

严重的水土流失反过来又进一步影响生态环境。洞庭湖近20年中，平均每年淤高3.5cm，1977年比1949年湖面缩小37%，湖容量减少40%；长江上游20多座水库，使用20年后，泥沙沉积，已使库容量减少了18.5%。大片良田或被冲走表土，或被泥沙堆埋，使土壤的生物生产力越来越低。植被破坏、森林面积缩小，又影响到地方小气候，旱涝灾害频繁，抗灾能力下降，如不及早引起重视，将使“宝地”不宝，“明珠”无光。

2.3 农业结构不合理，单一经营占统治地位

该区山地丘陵面积比重很大。80年代初，土地利用结构中林业用地占44%，农业用地则不足14%，牧业用地占3.7%。而同期该区农林牧副渔总产值中，农业占68%，林业只占4.2%，牧业占14.5%，副业和渔业分别为12.1%和1.5%。由此可见，大农业布局极不协调，山地优势未能充分发挥。特别是在重粮轻林、轻牧等单一经营政策的指导下，只重视占全国土地总面积14%的耕地，而对南方门类丰富、品种众多的经济作物重视不够，对占全区60%～70%的丘陵低山没有认真利用；即使在粮食生产上，也存在着重用轻养、广种薄收、只用不管等的短期行为。

2.4 土地资源质量不高，自然灾害比较频繁

热带亚热带土壤的主要特点是淋溶作用强，多数呈酸性反应（pH4.5～5.5），土壤保肥性能低，养分缺乏，多数严重板结。反映在耕地中，几乎全都缺乏氮素，约60%的水田和100%的旱地缺磷，58%的耕地缺钾，80%缺硼，64%缺钼，49%缺锌，18%缺镁，几乎全部耕地都缺少有机质。

全区有荒山7.23亿亩，但多为山地丘陵，土层浅薄，坡度较大。其中宜农荒地仅占荒地总面积的7.5%，而石质荒地却有1亿多亩，占15%。由于长期以来实行单一经营政策和不合理的耕垦制度，使区内相当大一部分荒地都是耕后丢荒，土壤侵蚀严重，肥力低下。

该区水热资源丰富，但存在着严重的不平衡性，水旱灾害比较频繁。华中一带，常有伏旱；秋旱袭扰，红壤裸地表面的夏季土壤温度可高达70℃，高温加干旱，旱作往往不能正常生长；暴雨不仅冲刷土壤，而且毁坏作物，浙江省1977年一场暴雨，受灾农田达23万余亩；台风是该区的主要灾害性天气，特别是东南部，每年数次到十数次遭受台风袭击，其破坏性已不只是农业的损失。

3 潜 力

3.1 优越的水热条件赋予最高的生物产量潜力

近年来，通常使用生物产量潜力这个指标来衡量一个地区农业增产的前景。表2列出了我国不同地区的这一数据。不难看出，我国南方地区的生物产量潜力是最高的。以广东为例，其比东北地区的哈尔滨和西北地区的酒泉高出约一倍，是华北地区北京的1.5倍。

表2 我国不同地区的生物产量潜力

地区	月平均气温>10℃的月份	生物产量潜力/（kg/亩）		以哈尔滨地区有灌溉时的潜力为100
		有灌溉时	无灌溉时	
哈尔滨	5～9	1515	995	100
北京	4～10	2100	1200	139
酒泉	5～10	1600	0	106
南京	4～11	2200	2200	146
广州	1～12	3150	3150	208

注：资料引自国际旱地会议（1986年，南京）。

生物产量潜力不仅仅是一种理论计算，我国的农业实践已证明经过努力是可以达到的。南方地区某些高产典型，大多已达到或超过了该区北缘的生物产量潜力。而大部分省（区）的作物平均亩产水平，尚远低于上述数字，从而体现出巨大的增产潜力。

3.2　中低产田面积大，只要稍加改造，即可取得经济效益

据统计，在该区 4.19 亿亩耕地中，高产的（400～500kg/亩及以上）有 1.3 亿亩，占 31%；中等产量的（250～400kg/亩）1.29 亿亩，占 30.8%；低产的（250kg/亩以下）1.6 亿亩，占 38.2%。在低产田中，低产稻田 5866 万亩，占低产土壤的 36.7%；低产旱地 4737 万亩，占 29.7%；其他类型的低产土壤为 5370 万亩，占 33.6%。上述数据表明，全区有将近 70%的耕地，其粮食产量尚未达到全国农业发展纲要中提出的指标，而距离该区生物产量潜力的理论值更远。如果将这部分土地的单产提高 10%（这是极容易办到的，中国科学院等单位已经做了大量科学实验），即可增产粮食近千万吨。如果在政策上注意增加农业投入、科技投入，不但中低产田的产量可迅速提高，高产田也仍有较大增产潜力。云南省开发的“农业综合试验区”之一的思茅综合试验区，第一年产量就成倍增长；湖南省桃源县改良潜育性稻田后，平均每季每亩增产稻谷 40～50kg。

3.3　水热条件有保证，复种指数还可提高

北纬 32°以南的热带亚热带低海拔地区，大部分稻田可以满足双季稻三熟制的要求。但就目前情况来看，复种指数平均仅为 199，这一数字虽属全国最高，但与当地优越的水热条件相比，仍属较低水平。浙江省具有较高的复种指数，达 247，该省“六五”期间平均粮食总产量为 163 亿 kg，人均粮食 404.5kg，平均每亩耕地产粮 611.5kg。如果全区都能适当提高现有耕地的复种指数，在现有粮食产量基础上，还可增加粮食 150 亿 kg。

3.4　山地丘陵综合开发，发展“立体农业”，是该区农业开发的巨大潜力所在

山地丘陵多，对于单一经营来说是一个不利因素。但如果从大农业观点出发，实行综合开发经营，既可以建立良性的生态系统，又可以充分利用空间，取得农业发展的综合效益。中国科学院等单位在丘陵山地综合开发利用方面，已经取得了一批成果。立体农业的实施，已在不少地方取得效益。在山地，可发展“垂直利用”，丘陵实行“一丘多用”，平地搞“多层利用”等。如海南岛山地 400m 以下为砖红壤，适宜种植橡胶、油棕、咖啡、可可等热带经济作物；400～800m 为赤红壤，可种植大叶茶、油茶等；800～1200m 以上的黄壤带，宜作用材林基地。一丘多用的例子很多，如湖南的“岗顶松，窝里杉，山坡种油茶”；江西的“丘顶薪炭林，丘腰果、茶、桑，丘脚棉、油、麻”。在同一地形条件下（包括平地）还可以多层利用，如西双版纳的栲-樟-大叶茶、橡胶-大叶茶组合等；海南岛的橡胶-茶、橡胶-咖啡、橡胶-胡椒；东莞的油茶林下种砂仁；湖南的油茶下种黄连等，都有很好的生态效益和经济效益。

值得提出的是，山地丘陵不仅可种经济林果，也是木本粮油的重要产地。华中一带的油茶增产潜力很大，大面积油茶一般亩产仅 2.5～3.5kg，在试验条件下，经过修筑梯田、增施磷钾肥，亩产可增至 35.5kg，为原有产量的 10 倍以上。如果仅要求每亩油茶增产 5～10kg，则全区 6000 万亩油茶林可增收油茶 3 亿～6 亿 kg。

另外，该区荒山荒地中 70%～80%为山地丘陵，以前盲目开垦，使生态系统遭到破坏，土壤遭受严重侵蚀，环境恶化。如果发展综合开发利用，因地制宜，建立人工农业生态模式，则可使废地变宝地，不仅缓解我国粮食矛盾，而且可为工业提供充裕的生物资源。

综上所述，我国南方热带亚热带地区既有得天独厚发展农业的生产优势，也存在影响农业发展的问题。如果放任自流，问题会越来越多，优势将变劣势。因此，权衡利弊，趋利避害，制订出一整套农业综合发展的战略，充分发挥该区优势，增加农业资金投入和科学技术投入，挖掘巨大的生物生产潜力，已是刻不容缓的当务之急，是历史赋予我们这一代人的责任，是缓解我国人口-粮食-环境问题的一个重要途径。

4 战　　略

在今后半个世纪中，我国将进入经济高速增长的阶段。随着生产规模与经济总量的迅速扩张，人民物质生活需求的不断增长，将对日益短缺的资源和基础脆弱的环境形成越来越大的压力。农业生产将面临极其严峻的形势。从全局出发，在考虑和制订我国南方地区农业发展战略时，既要考虑到当前国民经济和人民物质生活的需求，更要考虑到子孙后代的持续发展。因此，必须彻底打破单一经营的传统观念；改变那种头疼医头、脚疼医脚的治表方法；彻底清除毁林种粮、消耗地力等短期行为，从而确立长期发展的方针。基于上述认识，提出该区农业综合发展的初步设想，即充分发挥水热条件优势，以保护和合理开发利用自然资源、建设立体农业生态体系为中心，调整农业产业结构和种植业结构，发展集约经营，改善农业生态环境，建立新商品生产基地，提高农业自我发展能力，逐步建立以热带亚热带作物为主体的农、林、牧、副、渔全面发展的山丘综合利用体系。其战略措施主要有如下几点。

4.1 合理开发荒地资源，建立山丘地农业综合利用和生态农业体系

根据该区“七山一水二分田”和荒地资源的特点，发展多种经营和立体农业，建立山丘地农业综合利用和生态农业体系。经过科学实验，该区已有不少综合利用山丘地的经验。这样，该区内的 5000 余万亩宜农荒地和 6 亿余亩其他类型的荒地可以统一考虑，分步开发，宜农则农，宜林则林，合理配置，搞好整体布局。与此同时，对已垦非宜农土地，还应坚持退耕还林或还牧，逐步建立起良性的生态农业体系，使粮食稳步增产。

4.2 发展集约经营，加强改土培肥，增加复种，建立合理的耕作制和作物布局

针对我国南方人多地少的特点，要充分利用好现有耕地，不断提高其生产力和承载力。一方面要重点改造中、低产田，经过调查研究，摸清中低产田影响增产的障碍因素，对症下药地进行改良。如有些中产地，并无难以克服的障碍因子，只要改进耕作措施、合理施肥便可获得高产；另一方面要重视用地和养地相结合，就区内 31%的高产地来看，虽然产量已经比较高，但与同区各地的丰产典型相比，差距仍然很大，今后在精耕细作、培肥地力和增加复种的前提下，产量尚可大幅度提高。

热带亚热带地区土壤中有机质分解快，矿质养分淋溶强，因此要注意增加土壤有机质，选用既有绿肥的肥田作用，又有当季经济效益的作物安排在轮作制中，以提高农民养地培肥的积极性。

增加复种的主要困难是抢收抢种时劳力紧张，但随着农业机械化条件的逐步改善，季节性劳力紧张的问题不难解决。

4.3 大力防治水土流失，保护生态环境

水土流失问题有人为因素，也有自然因素。在建立起生态农业体系以后，滥伐滥垦现象将会减少，水土流失的人为因素可能降低，但自然因素仍然存在，因此这是一项长期的战略任务。治理水土流失必须采用生物防治与工程防治相结合的措施，同时要以预防为主，注意保护森林资源，局部不能利用的地方，要进行封山育林。

水土保持对发展农业、改善生态环境极为重要，应在政策上、立法上给予必要的保证，要有投资、有检查，杜绝那种“年年造林不见林”的不正常现象。

此外，在农业综合开发中，应重视解决农村能源、燃料等问题；要严格执行环境保护法，坚决控制有毒废弃物污染环境，增加治理环境的投资。

4.4 增加农业投入，调整农业政策

从我国国情分析，要使我国农业生产适应国民经济发展的需要，增加农业投入是关键。特别是在目前我国人口压力不断增长、工业发展速度很快、人均耕地极少、土地承载能力已近极限的情况下，必须大幅

度增加对农业的投入，并鼓励工业部门支援农业。昂贵的农用物资和低廉的农产品价格不仅打击了农民的生产积极性，而且也动摇了农业这个国民经济的基础。数不胜数的农业生产中的短期行为，不能不说与现行的农业政策有重要关系。

4.5 增加科技投入，开展必要的应用基础研究

中华人民共和国成立以来，由于发展生产的需要，对我国南方地区进行了大量调查研究和科学试验，取得了很大成绩，其中不少成果已在国民经济中发挥重要作用。但是就整个南方地区农业的发展战略、生态农业体系、自然资源综合利用等方面尚缺系统的研究。我们认为，现在就需要着手研究以下几个方面的问题：

（1）全区大农业合理配置的科学基础；
（2）分区开发利用的原则和实施依据；
（3）该区自然资源的调查研究和承载力评价；
（4）该区不同自然条件下，土壤-大气界面的能流和物流通量及其对生态环境和农业生产的影响；
（5）提高复种指数的土壤环境条件；
（6）进一步提高单位面积产量的途径；
（7）主要作物的高产模式及其预报；
（8）水土保持的原则和实施途径。

5 建　　议

5.1 加强不同生态农业的研究基地建设

以中国科学院在区内已有的 8 个试验站为基础、向周围扩展，建立实现生态农业的样板。在布局上要考虑到不同地带和不同类型、不同的利用方式及不同的研究目的。

5.2 初步建成几个综合示范区

按不同类型区域建立几个中尺度面积的综合开发示范区，对协调自然环境、资源与社会经济发展关系的开发方向、方式、人工演替机制、自然趋势与人类叠加影响的后效，以及实施的管理和政策等作出合理的科学的回答。

5.3 建立南方农业信息系统

建立信息管理、规律研究、智能决策三位一体的智能系统。该系统对资源合理利用、区域开发具有信息管理、布局指导、潜力估算、开发强度分析及后效预测等功能，为科研和生产的决策及加快进程所服务。

5.4 建立有广泛国际联系的“中国热带亚热带资源研究中心”

该中心可由中国科学院牵头，负责组织和协调国内外、院内外单位，举办各种学术交流，出版刊物，从而推动科研和生产。

加速我国南方农业持续发展与生态环境建设

赵其国
中国科学院南京土壤研究所，南京　210008

摘　　要

作者就加速我国南方农业持续发展与生态环境建设的重要性、面临的问题及其对策作了深入的阐述和讨论。

我国南方跨越热带、亚热带，是农业资源综合开发与经济发展的重要地区。为了适应我国南方沿海、沿江产业带的开发和建设，加快该区，特别是东南丘陵及长江中下游地区的农业持续发展和生态环境建设，具有重要的战略与现实意义。

1　有 利 条 件

在我国，南方通常是指长江中、下游流域及其以南的 14 个省（区）。总面积 220 万 km^2，约占全国总面积 1/4。区内人均土地面积仅为全国人均土地面积的 1/2，而人口占全国的 45%，耕地为全国的 1/3，粮食产量占全国的 1/2，森林占全国的 40%，橡胶产量占世界第 4 位。该区气候条件优越，自然资源丰富，生产潜力甚大，是我国农业，特别是热带、亚热带经济林木和经济作物的重要基地。具有农业持续发展的优势：第一，该区农业资源开发潜力大。以光、热、水为指标的生物生产潜力，比华北地区高 2 倍多，种植业平均产量仅相当于生物生产潜力的 30%，生物资源丰富多样，更新力强，有较高的商品价值，耕地潜力可提高 60% 以上，区内有近 6 亿亩（约占全区土地面积的 1/4）山荒地可供农、林利用。第二，适宜发展多种热带、亚热带农林产品及名、特、优创汇产品。橡胶、棕油、柑橘、茶叶、杉木、药材等产品在国际农业经济竞争中有一定实力。第三，有利于建立丘陵山区农业生态经济体系，使丘陵山区与南北沿海、沿江平原保持农业生态和经济的高度协调。第四，人口稠密，劳力充裕，特别是沿江、沿海及不少城市已进入经济和农业开发的高速发展阶段，对该地区的农业持续发展和生态与环境修复起推动和保证作用。随着全国开放形势的发展，该区已建有 5 个经济特区，8 个沿海开放城市及 8 个高技术开发区。此外，长江三角洲、珠江三角洲、闽江三角洲及长江产业带也正在不断开发。这对整个地区的农业持续发展及生态与环境修复有深刻影响。

但另一方面，长期以来，该区资源未能全面、合理地开发，生产潜力未能充分发挥，且整个地区发展极不平衡。当前，除珠江三角洲、沿海经济特区和开放城市发展较快外，长江产业带仅处于起步阶段，而地处内陆的东部丘陵及西部山区发展相对缓慢。因此，为促进整个南方地区经济的全面开发，保证农业的持续发展和生态与环境修复，必须首先明确全区经济和农业发展的重点，并对区间发展进行协调和平衡。

2　重点发展的地区

南方地区按自然条件、资源和经济特点可分为 4 个地区：一是长江中、下游流域区，长江流经南方 12 个省（区），中下游面积达 80 万 km^2，长江三角洲为该区农业和经济发展的重点；二是东部丘陵区，包括东部 7 省（区），总面积约 101 万 km^2，资源丰富开发潜力大，其中以浙、湘、赣地区为发展重点；三是沿海低丘平原区，包括珠江三角洲、闽江三角洲及广州、海南岛等地，是当前我国重点经济开发区；四是西南山区，即云、贵、川所属地带，山势陡峻，资源丰富，但经济发展缓慢。

从全区农业发展及经济开发潜力看，资源最丰富、潜力最大、经济发展支撑基础较好的，应属东部丘陵区。这是因为，第一，该区有优越的自然条件和充沛的水热资源；第二，有广阔的低丘荒地可供开发（近 6 亿亩）；第三，有丰富的林、果、牧、副及工矿资源可供开发；第四，有农业综合开发和经济配置的典型

本文原载《土壤》1993 年第 1 期第 1-6，20 页。

经验可供借鉴；第五，是我国南方沿海、沿江农业和经济发展的重要后备及支撑。过去有人提出我国东西及沿海以“T”字结构的经济发展模式为宜，我们认为，就我国南方农业与经济发展的整体结构而言，应以“Z”字为宜，即以长江流域与沿海为南北发展的基架，而东部丘陵区（今后还应扩展到西部山区）作为中间支柱。当然，农业的持续发展，除与区域的生态与环境修复有关外，必须有赖于整个地区经济的全面发展，区域之间经济的协调和互补。必须充分利用东部丘陵区的开发潜力，不断壮大和充实沿海、沿江的经济发展实力，同时，沿江、沿海的经济发展必将促进东部丘陵区农业的持续发展。这种相互支撑、全面带动的关系，表明东部丘陵区在我国南方农业持续发展及生态与环境修复中，具有不可忽视的战略地位。此外，正在加速发展中的长江中下游，特别是长江三角洲地区，以上海浦东区为龙头，随着经济的振兴，农业持续发展与生态与环境修复必将进入新的阶段，它将与沿海低丘平原区一起，共同对我国南方经济和农业持续发展起重要推动作用。至于西部山区，虽然目前经济发展较缓，但从资源开发利用前景看，今后也将发挥支撑全区发展的重要作用。

3　面临的问题

随着人口迅猛增长及土地资源不合理的开发，当前整个地区在农业发展和生态、环境上面临下列严重问题。

3.1　人多地少，土地资源人均数量低，粮食短缺突出

该区人均占有土地面积 7.36 亩，仅为全国的一半，世界的 1/7，全区人均耕地面积仅 1 亩，为世界人均耕地面积的 1/5。预测至 2000 年，全区人均耕地将减至 0.86 亩。事实上，当前沿海开发区及长江三角洲一带，人均耕地已不足 1 亩，人均粮食不足 300kg，且粮食生产不够稳定。

3.2　农业结构不合理，山地优势未能发挥

该区丘陵和山体面积比重很大。林业用地占 44%，农业用地不足 14%，牧业用地占 3.7%。但在农业总产值中，种植业占 68%，林、牧、副、渔各业分别只占 4.2%、14.5%、12.1%和 1.15%。可见，大农业结构极不协调，只重视 14%的农业用地，对占全区 60%～70%的丘陵山地未能充分开发利用。即使在农业产值中，粮食作物产值占种植业产值 80%以上，南方水果主产区的果园面积，仅占区域面积 1%，产值仅占全国 13%。

3.3　土地退化严重，土地资源质量亟待提高

该区属红黄壤分布区，土壤特点是：生物循环活跃，淋溶作用强烈，大多呈酸性反应（pH4.5～5.5），土壤保肥性能低，养分缺乏。随着人增地减及水土流失的进一步发展，该区土壤肥力迅速退化。据统计，该区 68%的农田为中低产田；几乎所有耕地都缺少有机质和氮，58%的耕地缺钾，60%的水田和全部旱地缺磷，80%缺硼，64%缺钼，49%缺锌，18%缺镁；由于土壤侵蚀加重，导致土壤沙化和砾质化，土壤渗透性和持水性降低。此外，由于农药残留及酸雨影响，土壤酸化，土体及水体污染日趋严重。区内因酸化、潜育化及污染等[illegible]低产的土壤已超过 1 亿亩。加上水旱灾害较频繁，中部丘陵伏秋旱严重，夏季裸地土温高达 70℃，不少旱作难以生长。

3.4　水土流失严重，生态环境遭破坏

据 50 年代统计，我国南方 13 个省（区）土壤侵蚀面积为 60 万 km^2，80 年代初达到 69 万 km^2。30 年来，长江流域 13 个水土流失重点县，流失面积每年以 1.2%～2.5%的速度递增。长江上游水土流失面积达 35.2 万 km^2，占上游总面积 35%，长江和珠江两河的年平均冲刷量达 25 亿 t，占全国总流失量的一半。水土流失加剧，除自然因素外，植被破坏，盲目垦殖，土地只用不养等也是重要因素。鄱阳湖近 30 年来湖面缩小了 1000km^2，洞庭湖的湖面只及 160 年前的一半，长江上游 20 多座水库，使用 20 年后，泥沙沉积

已使库容量减少 18.5%，大片良田被冲去或被泥沙掩埋。

3.5 农业生产发展不平衡，地区差异大

该区农业资源结构较为复杂，随地形、气候出现地带性与非地带性差异，同时，由于人口、交通等社会经济因素影响，农业生产与结构各不相同。西部山地，农业布局沿岗、丘、山呈环状结构，自外向内，由单一趋向多样，湘赣丘陵，农业生产水平随地势由高向低逐渐增高；东南沿海则呈现由沿海向内陆的梯度变化。因此，合理调整农业布局，发展区间资源互补，是全区农业持续发展与生态与环境修复的重要前提。

4 发展对策

4.1 总体设想

针对该区特点，农业持续发展必须走集约化和商品化的道路。这就是，充分发挥水热条件与资源潜力优势，通过高密集现代科技与劳力、资金的投入，大力发展生态农业和精细农业，合理进行农业开发，在确保粮食产量稳步增长的同时，建立有热带、亚热带地区特色和市场需求的发达及创汇商品经济体系，使全区农业朝向高产、优质、高效、节源和高额创汇的方向持续发展。具体地说，包括以下几点：

第一，农业的集约化和商品化。在保证粮食生产的前提下，应发展具有地区特色的名、特优及创汇产品，逐步走向专业化、社会化和国际化，争取市场，促进发展。

第二，逐步建立土地利用的连续性和合理性机制，促使环境质量的保持和不断改善，经济价值和生态、社会效益的提高，生产力的稳定增长，代传土地质量的稳定以及抗风险的缓冲能力增强等。

第三，不断地保持和提高土壤肥力。

第四，运用生态系统中的可再生资源不断循环的特点，建立一个结构有序、相互依存、彼此促进、动态平衡、能协调人与自然环境和资源矛盾的人工与自然紧密结合的生态系统，从而把向自然索取与改善环境、资源开发与保护结合起来。

第五，建立一个低投入、高产、优质、高效、节源和高额创汇的农业体系。

4.2 区域对策

根据上述总体设想，为协调整个南方地区的农业持续发展和生态与环境修复，对长江流域，特别是长江三角洲，以及东部丘陵两个重点发展地区提出如下对策。

4.2.1 长江流域

长江流域农业开发历史悠久，耕地占全国 1/4，农作物产量占全国 44%，当前正在建设沿江经济产业带。由于人口膨胀，土地过垦，点源与面源污染严重，农业生产与生态环境存在诸多问题。长江上游的云、贵、川、青、藏诸省（区）（面积达 100 万 km^2），长期以来由于森林破坏，土地不合理开垦，水土流失面积达 35.2 万 km^2，占上游总面积的 35%，年均侵蚀总量达 15 亿～19 亿 t。此外，可再生资源未能充分利用，农业经营单一，多种经济植物尚待开发。特别是该区地处三峡库区上游，今后水土保持工作应列为首要任务。同时注意农、林、牧合理配置，增加森林覆盖，建立立体布局的生态农业。

长江中游地区占流域面积 37.5%（68 万 km^2），多为平原及湖区。长期以来，随着湖泊萎缩，湿地面积扩大，围湖造田近千万亩。这类低湖田，旱季地下水位达 30cm 以上，雨季河水位高于田面，土壤处于潜育和沼泽状态，一般只能种一季水稻，且产量低于下游地区；三峡水库建成后，地下水位还将提高 0.5m，受影响耕地扩大 1400 万亩。因此，针对湿地特点，采用稻田养鱼、基塘系统和林-牧-渔系统等方式进行综合利用，搞好水利建设，降低地下水位，统筹对低湖田进行综合治理，是该区的重点。

长江下游，面积为流域的 7.2%（13 万 km^2），经济发达，耕垦系数高，高产稳产农田比重大，耕作制度集约。随着乡镇工业的发展，耕地大量被侵占，人均耕地已不足 1 亩，大气、水体和农作物污染较为严

重，农业萎缩呈难以抑制的趋势。但是，该区土地综合利用经验丰富，效益显著。随着农田效率的提高，为适应外贸需要，名、特、优品种大面积推广，耕作管理体系将面临新的改革。

值得提出的是，以沪、杭、苏、锡、常5城市为主体，面积达3.5万km^2的长江三角洲，是我国重要的经济开发区。这里人均耕地仅0.7亩，农业产值占总产值的5.6%，但粮食单产为全国平均值的2.8倍。随着以浦东开发区为龙头的三角洲产业带的崛起，使城乡经济格局发生变化，土地资源更加紧缺。为适应经济发展，必须把整个三角洲地区看作是一个开放的"城郊型生态系统"，通过调整耕制，建立适度规模的农业体系，采用防治污染和处理城市废弃物的综合技术，建设持续高效的农业生态系统，从而使长江三角洲真正起到带动整个长江流域经济发展的纽带作用。

总之，长江流域农业与环境问题，是一个复杂的系统工程。三峡库区的建设必然会促进整个流域的经济繁荣，但也将随之带来诸如水土保持、库区移民、城市搬迁，农业布局及上下游的协调和配置，以及生态与环境修复等新的问题。所有这些，都是今后整个流域农业和经济发展不可忽视的重要方面。

4.2.2　东部丘陵区

东部丘陵区包括我国东南部7省（区），总面积为101万km^2，其中红壤低丘面积45万km^2。该区地处热带、亚热带，高温多雨，生物产量潜力高，自然资源丰富，宜农荒地近5000万亩，可供综合开发的低丘地近6亿亩，是我国发展热带、亚热带粮食及经济作物的重要基地。

从农业持续发展和生态与环境修复的要求看，该区存在的主要问题是对自然资源，特别是土地利用的不合理和不充分。前者表现为乱砍滥伐，盲目开垦，水土流失，土地退化，生态环境遭到破坏，后者表现为农业经营单一，只注重发展"沟谷农业"，致使巨大的农业资源潜力未能充分发挥。据此，我们认为该区应将开发治理丘陵荒地作为重点。其总方向是，充分发挥水热条件和丘陵资源优势，在保持粮食产品稳步增长的同时，通过农业结构调整，发展立体农业生产体系，建立资源合理利用、生态环境保护及农业综合开发的农业持续发展系统，提高农业自我发展能力，逐步建立以热带、亚热带作物为主的商品生产和创汇产品基地。因此，要着重抓好以下几点。

（1）调整农业结构。针对山丘特点，大力发展多种经营。除利用现有沟谷及平缓耕地发展粮食外，应利用大面积坡耕地和丘陵荒地，采用一业（或多业）为主，多种经营，统筹兼顾，相互促进的农业结构，发展名、特、优、稀和大宗农产品，并因地制宜地建设一批外向型林、果畜、禽和水产的商品基地，搞好种、养、加结合，形成新型农业经济体统。在这方面，各地已有很多成功经验，只要注意总结，即可在区内推广。

（2）改善生态环境，建立立体生态农业体系。总结各地已有的"重点分层利用"、"一丘多用"及"多层多种经营"等良好经验，中国科学院在江西鹰潭开展了红壤丘陵复合农业生态体系（顶林-腰果-谷农-塘渔）的示范研究，在结构上，将林草、经果、作物和养殖相互结合，在功能上，对水、土、生、能进行合理调节，达到经济、社会和生态效益的统一，促进生态和环境的改善，这是丘陵区农业综合利用的良好模式。此外，在立体农业建设中，应注意沟谷和山丘农业结构的互补，注意解决农村能源。

（3）采用综合措施，防治水土流失。试验表明，第四纪红黏土上发育的侵蚀土壤，其流失泥沙不仅在颗粒组成上与侵蚀土壤不同，而且在养分含量上有明显的富集现象，其富集率是：速效钾＞水解性氮＞全磷＞全氮＞全钾＞有机质。说明土壤侵蚀不仅是泥沙的分散和搬运过程，而且伴随着营养元素的选择性吸附，从而导致土壤养分的贫瘠。实践证明，通过造林育林，乔、灌、草结合，制止滥耕滥伐，采用生物和工程等综合措施是防治水土流失的有效途径。广东电北县小良水保站、江西鹰潭生态站、赣南和闽西等地都有成功的经验。我们认为，水土保持的区域治理，必须和区域农业开发相结合，治用结合，远近结合，并需在政策和立法上予以保证。

（4）发展集约经营，培育土壤肥力，防治土壤退化。据统计，该区2.6亿亩耕地中，低产田有1.6亿亩，占70%，此外尚有3/4的低产橘园和茶园，4/5以上的低产林和鱼塘。造成低产的原因主要是忽视合理耕作和管理，导致土壤肥力减退，生产力下降。因此，肥力退化是该区土壤退化的主要表现形式。研究表明，丘陵红壤的肥力与土壤水分和养分的变化状况密切相关。由于红壤本身的土壤特性和区域气候条件的限制，土壤季节性干旱的问题比较突出，但在茶园和橘园土壤中，100～300cm土层中的水分较0～100cm多30%～50%，较旱地和耕地多1.5～3.5倍。这种情况说明，要提高旱季作物对水分的利用率，必须注意地面覆盖，种植耐瘠的多年生深根性林木。在养分状况不同的土壤上，施肥要合理搭配各种元素，但在长期施用磷肥的水稻田，由于磷的积累和活性增加，已经不再缺磷，因此可只考虑增施氮肥和钾肥。总之，通过精耕细作，土壤保墒，合理施肥和改良品种等措施，丘陵红壤的肥力退化问题是可以克服的。

（5）充分利用农业资源，面向商品市场，加强综合开发。其主要途径有两个方面：一是通过集约耕作，改造中低产田，注意发展庭院经济和精细农业；二是通过发展立体农业和综合配置，对荒山、荒地和荒水进行开发。总之，既要稳步发展粮食生产，又要注意通过多种经营促进外向型创汇农业的发展。将资源开发与市场需求相结合，以市场为导向，调整商品结构，面向国内外，建立一批名、特、优、稀的新商品基地，逐步实现专业化、基地化和系统化。与此同时，还需考虑非农业产业，即工、交、商、建、服等第三产业的开发，搞好种、养、加和产、供、销的结合。在实施步骤上，要通过典型示范，有计划地将开发与保护、利用与治理、近期与长远效益结合起来。

5 具体措施

5.1 增加资金和科技投入，调整农业政策

该区农业开发资金投入水平低于全国。今后除按国家规定，实行有偿投资办法外，尚需采取地方投资、社会集资及国家或国际贷款等多途径的筹资对策，以增强投资强度。江西千烟洲生态站 1983～1986 年的 4 年中，国家和地方共投资 40 万元，开发荒地 3300 亩，平均每亩投入 150 元，至 1992 年可全部收回，以后 30 年可收回的利润为原投资金额的 6 倍。如若国家每 4 年在该区开发荒地 2000 万亩，投资 40 亿元，这样，经 15 次投资，共可完成 3 亿亩荒地的开发，则效益是可观的。关于科技投入，主要是引进先进农业技术和信息，开展科技攻关和科技培训，不断提高该地区人民的科技文化素质，但必须解决科技经费的投入问题。为了协调农业物资与工业产品的销售价格，特别是促进科技成果在农业生产中转化为生产力，不断提高科技在发展生产力中的比例，尚需进一步调整农业政策，使新的运行机制在地区农业发展中起推动作用。

5.2 健全经济网络，促进区间互补

该区经济网络包括城镇系统及交通网络的发展水平很低，而且内陆山区与沿江沿河地区间的经济发展极不平衡。今后一方面要结合基地建设和农、副产品加工业的建设，促使重点开发区交通集结并形成集镇，发展第二、第三产业，同时在内陆开发区着重发展原材料粗加工产业，而河谷平原和盆地中心区，则发展精细加工产业和运输业，从而将山区分散经济纳入网络运行中。至于沿海沿江与内陆经济的区间差异，应通过资源开发、产品交换、劳力转移，名、特、优产品建设等进行协调和互补，从而促进农业与经济的全面发展。

5.3 组织科技攻关，建立以农业生态体系为主的开发模式

“八五”期间，国家已在南方地区开展了“南方红壤丘陵农业综合治理与持续发展”攻关，并在浙、赣、湘、鄂、桂、云、贵、川 8 省区中建立了 10 个综合试验区，每个试区面积超过万亩，代表面积为千万亩以上，着重探索各类型区农业发展限制因素，合理利用资源，提高农业生产力，改善生态环境，推动中低产地区农业开发与持续发展。但从当前形势看，这种只限于中低产地区农业持续发展的攻关研究是不够的，今后应对以下方面进行调整与加强。

（1）增加长江上游（库区内）、中游（四湖地区）、下游（长江三角洲）及闽、粤、海南等 6～8 个综合试区，针对不同地区存在的特殊问题进行试验示范。

（2）除中低产田改造外，还需因地制宜地建立不同类型的立体生态农业优化模式，将林、果、农、渔等结构，土、水、气、生、能等功能的协调与生态环境的改善相结合。

（3）试区建设的重点是发展名、特、优产品，种、养、加结合及发展市场商品经济，将中低产田改良与地区龙头产品的发展结合起来。

（4）试区应不断通过科研与生产机制的调整，面向广大农村和基层县市，推广试区新的科研成果，并在科技宣传、干部培养上起积极推动作用。

（5）与县市联合，逐步推动以农业开发为主的农、工、商及第三产业的综合开发，探索建立各种农业综合开发的典型模式。

5.4　开展重点项目的综合研究

（1）南方农业持续发展战略研究。主要包括南方农业持续发展总体战略与对策；土地资源开发与管理对策；水资源利用与管理对策；生态环境问题及对策；地区农业经济发展的布局与优势互补；粮、经、林、果发展战略；农、牧、渔综合利用与评价；旱涝灾害时空变化规律与战略对策；高效持久耕制及提高地力研究；适度规模经营与示范研究。

（2）南方丘陵地区农业生态系统优化模式研究。主要包括丘陵立体布局农业生态系统结构、功能及提高生产力，稳定农业生产系统的研究；农业生态系统物质与能量流动规律及调控研究；系统中水分、养分的平衡及调控研究；提高作物生产品质及肥力的综合定位研究；城郊型农业生态系统的研究。

（3）人类活动对南方丘陵地区生态环境影响的长期研究。主要包括低丘红壤区生态环境的历史演变和人类活动对环境的影响，红壤肥力性状及系统生产力的动态研究；工业污染源的监测与控制；城乡废弃物综合利用途径研究；污染物在土壤-水体-植物体内迁移及转化规律的研究。

（4）南方红壤退化的时空变化、发生机理及预控防治的研究。主要包括红壤退化（包括侵蚀、酸化、污染及肥力衰退等）的发生机理、演替规律及防治途径的研究；退化红壤的更新、恢复及配套措施的研究；红壤退化与水、肥、气、污染的动态变化与综合影响的定位研究；红壤退化数学模拟应用遥感、计算机技术预测预控的研究。

（5）南方经济区域发展及综合开发的研究。主要包括区域可更新资源利用现状、问题及潜力；区域社会经济发展的特征；长江流域产业带开发和区域综合治理；长江三角洲区域发展研究；沿海沿江高开发区与内陆丘陵地区的经济发展与综合开发；合理布局与配置；区域综合开发的措施及政策。

参 考 文 献

[1]　赵其国，吴志东. 我国南方农业综合发展战略. 中国科学院院刊，1990，(4)：316-323.

[2]　赵其国，吴志东，那文俊，等. 综合开发南方红壤丘陵区. 土壤，1990，(3)：3-7.

[3]　席承藩. 南方山区的出路. 北京：科学出版社，1990.

长江三角洲地区农业与环境问题及其持续发展对策

赵其国　董元华

中国科学院南京土壤研究所，南京　210008

摘　要

本文较全面地分析了长江三角洲地区社会与经济发展的特点以及农业与环境当前所面临的主要问题，包括人地、人粮、人与环境的矛盾、农村经营体制的问题等，并就相应的持续发展对策及需研究的主要问题等提出了具体的建议。

关键词　长江三角洲；持续发展；农业；环境

长江三角洲地区是我国最大的经济核心区，包括上海市、江苏省的南京、镇江、扬州、泰州、常州、无锡、苏州、南通及浙江省的杭州、嘉兴、湖州、绍兴、宁波与舟山共 15 个市。土地总面积 9.92 万 km^2。占全国的 1%，1991 年人口 7244 万人，占全国的 6.2%，国民生产总值占全国的 14.4%。工农业总产值占全国的 19%，是我国重要的工农业生产及出口创汇基地，也是我国经济发展水平最高的地区之一。

随着上海浦东开发区的建设，该区的经济发展将对整个长江流域乃至全国产生重要的影响，但目前却面临着严重的资源与环境破坏及农业生产滞后等问题，其中人地矛盾、人粮矛盾、人与环境的矛盾以及现行农村经营体制与经济发展的矛盾极为突出。因此，如何防止该区资源与环境的进一步破坏，协调全区人口、资源、粮食与环境之间的矛盾，是关系到该区经济持续发展的重要问题，需认真解决。

1　社会与经济发展特点

1.1　农村经济迅猛发展

自改革开放以来，长江三角洲地区乡镇企业发展迅速，并在农村经济中占有重要地位。1995 年上海郊县、苏锡常、杭嘉湖与甬绍地区，农村二、三产业在工农业总产值中的份额已达 80%以上，人均纯收入分别超过 4000 元、3900 元和 3500 元。

1.2　城市化步伐加快

在农村工业化的同时，乡村城市化与城乡一体化的步伐加快。据最新的统计资料，至 1995 年底，苏锡常三市建制镇数量已达 322 个，占全部乡镇个数的 77%左右，与 80 年代末相比，增长了 1.08 倍，平均每 54km^2 就有一座小城镇。

1.3　流动人口增加，农业劳动力转移

该区人口自然增长率并不高，显著低于全国的平均水平。如上海市人口自然增长率仅 1.18‰，但外来流动人口却大量增加，以 1991 年为例，人口出生为 10 万，但外地来的建筑工人即达 30 万，总流动人口高达 200 万左右。

随着农村经济的发展，第二、第三产业提供了较多的就业机会，此外，由于农业生产的比较效益低，当地农业劳力便向第二、第三产业大量转移。整个地区农业劳力向第二与第三产业转移的比例约 50%。而上海与苏锡常、杭嘉湖、甬绍地区高达 70%以上。

本文原载《土壤》1996 年第 6 期第 285-289，310 页。

2　面临的农业与环境问题

随着乡镇工业与地区经济的进一步发展，各种农业与环境问题亦日益加剧，并严重威胁着经济的持续发展。

2.1　人地矛盾加剧

2.1.1　耕地数量锐减

该区人口密度高，每平方公里高达 730 人以上，人均耕地仅 0.7 亩，随着乡镇工业与农村城市化的发展，非农业用地急剧上升，耕地数量大幅度下降，平均年降幅度 3‰～5‰，1992 年高达 10‰左右，如以苏州市为例，至 2000 年全市人均耕地将降为 0.58 亩。

2.1.2　耕地质量下降

由于对农田的管理水平低，经营粗放，导致土壤肥力退化。对土壤肥力的监测表明，近几年土壤有机质平均每年下降 0.07g/kg，土壤耕层变浅，物理性状变差。在长期大量施用氮肥条件下，钾肥严重不足，也加剧了土壤养分的不平衡，造成土壤钾素锐减。以宜兴为例，1994 年水稻土速效钾含量与 1984 年相比平均下降 21.7%，缓效钾含量下降 38.0%。此外，由于乡镇企业的排污，导致土壤和地下水污染，亦引起土壤质量的退化。

该区耕地数量不断下降，质量也逐渐退化，同时在后备耕地资源严重短缺，人口却不断增加的情况下，今后人地矛盾将日益突出，并将成为影响该区经济持续发展的严重问题。

2.2　人粮矛盾突出

2.2.1　农业效益低，粮食生产滞后

由于工农产品的价格剪刀差大，农业收入过低，影响了农民种植粮油作物的积极性，使得粮食、油料、棉花等作物的种植面积不断减少，产量亦不稳定，据苏州市物价局在 1991 年的典型调查，蚕桑与蔬菜、棉花、粳稻、油菜、小麦，每亩净产值分别为 410 元、301 元、292.6 元、−8 元、−16.4 元；嘉兴市 1992 年的夏粮全部亏损，水稻每亩利润也仅 40～60 元；上海市稻麦两熟按亩产 700kg，不计劳动成本，1992 年每亩利润仅 170 元。因此，该区粮食生产规模自 80 年代初开始便逐年减少，如嘉兴市在 1993 年的春粮面积减少了 12%。早稻面积则减少 30%。此种情况下，若不提高农业生产的比较效益，该区粮食生产滞后问题将难以解决。

2.2.2　经营体制与经济发展不适应

以分户承包为主的农村经营体制，在经济发展相对落后的地区，对解放生产力能起积极的作用，但在农村工业经济较发达的条件下往往导致粗放经营、土地利用率低、资源浪费严重，进而传统生产与社会化生产方式的矛盾日益加剧，农业生产的机械化和规模化受到阻碍，不利于农业生产集约化与现代化的发展。

由于粮食生产长期滞后，该区人粮矛盾日益突出。据 1993 年统计，上海人均粮食仅 156kg，苏南 458kg，浙江 336kg，与 1984 年相比，人均粮食分别减少了 51kg、85kg、118kg。这是与该区近些年来，耕地数量、质量下降，农业比较效益低以及经营体制不完善等因素分不开的。

2.3　环境破坏严重

在乡镇工业迅速发展的影响下，该区水、土污染状况由点到面，不断蔓延。以苏、锡、常三市为例，

1993 年固体废弃物达 143 万 t，其中有毒的化工废渣超过 6700t，对土壤和水体造成严重污染。而大量过度施用 N 肥，亦造成 NO_3-N 严重污染，如目前苏南一些地区水稻施用 N 肥高达每公顷 340kg，南京丘陵区甚至高达 450～525kg，超过所需量的一半以上，农业废弃物特别是养殖场粪便的直接堆放，加剧了城郊水体的 NO_3-N 和有机物污染，此外，随着城市化速度加快，生活垃圾与生活污水直接排放，更加剧了该区水体的污染。

2.3.1 土壤污染加重

在乡镇企业的直接污染以及水体污染所产生的间接作用影响下，该区一些土壤的污染程度加重。如 1983 年无锡市郊区调查表明 20%左右的耕地存在着不同程度的汞、砷、铬等污染。1989 年第二次调查发现，铅的污染增加了 2～5 倍；镉的污染增加了 5～7 倍；汞的污染增加了 1 倍多。各种污染状况近年来更是有增无减。此外，由于大气污染造成的酸雨，也加剧了土壤的酸化。

2.3.2 水体污染严重

大运河沿岸企业密布，如无锡市沿河企业便有 500 多家，其中年产值超亿元的大企业有 50 多家，这些企业给当地带来了经济繁荣，亦造成运河水体的严重污染。本地区许多水体已呈黑色，且仍在发展。整个太湖地区约有 80%的河湖呈不同程度的富营养化。如太湖 2/3 的湖面存在着富营养化，叶绿素 a 含量 1991 年为 1981 年的 3 倍，总磷为 2.8 倍，总氮为 1.93 倍。

目前，上海、苏、锡、常、杭、嘉、湖、绍等地区不仅已难于找到清洁的地表水，而且地下水污染亦十分严重，仅 NO_3-N 同“七五”相比便超过数十倍。绍兴一些乡镇因水污染严重，目前只能饮用高价的外来水。随着长江沿岸经济的发展，长江干流的水质污染也较严重。据 1992 年监测，42%的江段达不到地面水二级标准，20%江段低于地面水三级标准。

水污染造成的损失是巨大的。因长江水质的不断污染，长江特产“刀鱼”在 1996 年春近于绝迹，太湖特产“银鱼”也早遭灭族之灾，内河养殖大面积死亡时有发生。此外，长江及其他水系污染物质随水排入大海，浅海和近海污染日益加剧，沿海养殖和舟山渔场已受到严重威胁，如浙江沿海带鱼资源已锐减。1990 年太湖藻类暴发，面积达百余平方公里，死鱼约 9 万斤，116 家工厂被迫停产，仅自来水厂停产造成的直接经济损失便达 1.3 亿。浙江长兴县 1995 年因污染停止供水达 140 天。因水质污染造成的农田污染事件亦时有发生，1996 年江阴市青阳、横塘等地引用运河水灌溉，造成一万多亩水稻僵苗，其中严重受害面积达 2000 余亩。

值得注意的是，由于地表水污染不能饮用，一些地区大量抽取地下水，已造成不同程度的地面沉降，其后果更难以预料。如水资源最丰富的嘉兴地区目前只能抽取饮用深层地下水，导致每年 10mm 的地面沉降。

2.3.3 大气污染加剧，酸雨频繁

由于该区煤烟型乡镇工业的污染，大气的污染程度亦加重，酸雨发生率增高。据 1993 年江苏省环境年报，苏州酸雨率达 46%，无锡达 55%，常州达 13%左右，雨水 pH 最小达 3.78。此外，该区大气中的“气溶胶”含量在全国属最高。大气污染也造成了直接经济损失，如因大气中氟的污染，导致蚕不吐丝，仅吴江市每年便损失近百万元，这也是农民近几年大面积毁桑园的主要原因之一。

总之，因乡镇企业的“三废”与城镇生活垃圾和生活污水的排放，以及农用化学物质的施用和农业废弃物所产生的污染，该区的环境已遭到了严重的破坏，如不加以及时治理，经济难以持续发展，特别是水环境的污染，更直接威胁着人们的生活。

3 生态环境建设与农业持续发展对策

长江三角洲地区经济的飞速发展，大幅度地提高了人们的生活水平。但目前这种经济的高速发展大多是以破坏生态环境和浪费资源为代价的。这些问题如不加以研究和解决，不仅影响当地农业，而且会严重

威胁该地区经济的持续发展。

3.1　进行区域性经济发展总体科学规划，协调发展与资源的矛盾

该区经济的持续发展，必须走资源节约型与生态环境保护相统一的道路，除对资源实现保护性的高效利用外，还需对区域资源与经济发展规划进行跨行政界限的统筹考虑。因此要进行区域性科学规划，协调经济发展与环境的关系，加强各地区在经济与生态环境建设之间的合作。如产业布局与结构的调整及污染的综合治理，特别是太湖水污染的治理与排洪等，更需打破行政区划，克服地方保护主义，加强跨地区的密切协作，这样方能发挥区域性资源的优势，实现区域性经济的持续发展。

3.2　开源节流，力争耕地数量的动态平衡，以缓解人地矛盾

要缓解该区的人地矛盾，必须在合理优化配置土地利用的基础上，确定该区的耕地警戒线，划分基本农田保护区；并逐步实现耕地总量的动态平衡。为了达到这一目标，第一必须合理规划各类用地，处理好“吃饭”与“建设”的关系，兼顾二者的需求，并提高土地利用率；第二要充分挖掘现有建设用地的再利用潜力，以尽量避免占用耕地；第三要进行土地综合整治，如复垦田间闲散地、撤并老村庄，复垦旧宅基、开垦“四荒”等有限的后备耕地资源等，以增加或恢复耕地面积；第四要继续改造中低产田，提高耕地质量，以弥补耕地数量的减少；第五要加强水体与林地资源的开发，提高该区土地的整体利用效率；第六要积极开发和推广土地立体利用技术，如稻田养鱼、庭园经济等，以增加耕地的相对数量；此外，尚需加强土地管理，加大执法力度。

3.3　实现农业产业化，提高农业生产水平，缓解人粮矛盾

稳定和提高该区的农业生产水平，需要进一步改革农产品和农业生产资料的流通体制，加快市场体系建设，完善农村经营体制，实现规模经营。为此，必须走农业产业化的道路。即集农、工、贸于一体，产、加、销一条龙的产业化农业经营方式。农业产业化，不仅能提高农业的比较效益，而且着眼于区域经济范畴，将农、工、商的优势组合在一起，对农村三大产业的各种生产要素进行优化重组，可促进资源的合理配置，提高资源的利用率，增强农业的自我积累能力与发展后劲，从而提高农业生产的水平，增加粮食产出。以上海农工商集团为例，该集团有耕地 1.9 万 hm^2，自实行农业产业化以后，1995 年大农业创利高达 2.1 亿元，占总公司 1/10 的人员，创造了该公司 1/3 的经济效益，农业职工年均收入比工商企业职工高出 50%以上，此外，粮食平均单产突破 900kg，常年亩产平均每年递增 44.2kg，连续 6 年超过市郊平均水平。

3.4　加强城乡环境管理，综合治理污染，逐步实现良性循环

对城乡环境的管理和建设，根本途径是依靠经济体制和经济增长方式的转变，并结合有关法规的完善与管理体系的健全。第一，要建立环境与发展综合决策机制，以便优化产业结构，控制污染源头，对污染排放实行总量控制。为此，要严格控制高污染产业的兴建，限期治理或关、停、并、转高污染的乡镇企业，鼓励支持清洁生产的产业，从源头上控制污染的进一步扩大；此外，要坚持“谁污染谁治理”的政策，提高排污费征收标准，如采用“高于污染治理成本”的原则，加强经济手段的作用。排污费必须专款专用，用于环保事业。第二，在治理工业污染的同时，要加强农村环境的建设。如倡导增施有机肥，积极推广配方施肥、各种节氮施肥技术，以提高肥料利用率；推广农业废弃物资源化利用技术和高效、经济、安全的农药等，以减少农业污染。第三，要进一步健全和完善环保执法监督机制，强化环保执法，加大执法力度，同时，要加强环境保护宣传，提高全民环境意识。

4　今后需研究的问题

针对该区农业与环境目前存在的问题，要实施上述对策，以达到持续发展，尚必须对以下问题

进行进一步的研究。

4.1 长江三角洲地区农村经营体制的改革与完善途径

要扭转目前该区粮食生产的滞后局面，除稳定耕地面积和提高单产外，必须走规模经营与农业产业化道路。现行的土地经营制度制约着规模经营的发展，而现行的农业生产资料与农副产品的流通体制也阻碍着农业产业化的真正实现。此外，分户经营严重阻碍着农业先进技术如节氮施肥技术、机械化技术的推广与实施。因此，农村经营体制已成为该区农业与环境持续发展的核心问题，其改革与完善势在必行。

4.2 长江三角洲地区土地资源优化配置及其耕地保护预警研究

该区经济建设特别是工业同农业争地的矛盾近期将不会停止，因此要协调二者的关系，必须合理规划各类用地，进行土地资源优化配置，农业产业内部也要进行合理的规划，如耕作制度与粮、饲、经种植比例的调整等。在进行土地规模配置时，要考虑区域互补与共存的问题。实现耕地数量的动态平衡，尚必须定量确定该区耕地的警戒线，并建立保护预警系统。

4.3 长江三角洲地区粮食供需矛盾发展趋势与平衡途径

随着经济的进一步发展与居民生活水平的不断提高，该区粮食消费结构将发生显著的变化，特别是肉类食物的需求将有较大幅度的增加，饲料粮食的缺口会越来越大。该区各类粮食供需的发展趋势是农业宏观决策的重要依据，对持续发展具有重要的意义。

4.4 长江三角洲地区水土污染的发展趋势与治理途径

该区水土污染不仅直接威胁着居民的身体健康，而且影响着经济的持续发展。搞清该区水土污染的现状与发展趋势，提出相应的治理措施，对改善人与环境的关系具有重要的作用。

4.5 农业有机废弃物资源化利用技术

养殖场有机废弃物与作物秸秆的直接堆放或燃烧，不仅损失了丰富的有机肥源，而且污染了环境。研究和推广实用的农业有机废弃物资源化利用技术，将具有重要的经济和生态环境价值。

4.6 农业机械化配套技术

随着规模化经营的发展，传统农业技术将日益不能适应形势的需要，而各种与机械化配套的农业栽培与管理技术将日显重要，有关方面的研究迫在眉睫。

参 考 文 献

[1] 江苏省统计局. 江苏统计年鉴. 北京：中国统计出版社，1995.

[2] 上海市统计局. 上海统计年鉴. 北京：中国统计出版社，1995.

[3] 浙江省统计局. 浙江统计年鉴. 北京：中国统计出版社，1995.

长江三角洲地区农业可持续发展评价及研究①

徐梦洁　赵其国

南京大学城市与资源学系，南京　210093

中国科学院南京土壤研究所，南京　210008

摘　　要

长江三角洲是我国重要的农产品商品基地，但是近年来其农业发展面临一系列问题，其中最突出的就是如何协调农业、经济与环境之间的关系。本文采用区域 PRESD 系统分析的方法研究长江三角洲农业可持续发展问题。由于长江三角洲面积较大，其农业发展状况存在一定程度的差异，首先选取了人口、资源、经济和社会等方面的评价因子，对长江三角洲地区 14 个城市的农业发展类型加以划分，再从中选取典型城市逐一研究。通过对典型城市的区域 PRESD 要素进行分析，建立各项数据的时间和空间序列，依据区域农业可持续发展评价指标体系和方法对典型城市农业可持续发展水平给予评价，提出不同类型城市农业可持续发展的战略和措施。

关键词　长江三角洲；农业；可持续发展

长江三角洲地区是我国东部的经济发达区，包括上海市、江苏省的无锡、苏州、常州、镇江、南通、南京、扬州、泰州和浙江省的杭州、嘉兴、湖州、宁波、绍兴、舟山共 15 市。该区土地面积 99 610 亩，约占全国的 1%，1995 年总人口 7371.3 万人，占全国的 6.1%，国民生产总值 8859.3 亿元，占全国的 15.2%。全区自然和社会经济的主要特点是：①自然条件优越，利于农业发展。长江三角洲开垦历史悠久，土地产出率和集约化水平高。粮食单产和单位面积种植业产值分别是全国平均水平的 1.4～1.8 倍。②经济实力雄厚。长江三角洲拥有占全国国土面积近 1/3 和全国人口 1/3 以上的长江流域经济腹地，便捷的交通网络使长江三角洲的经济影响几乎遍及全国。③良好的区位条件。长江三角洲有以上海市为核心的，我国最大的城市区域（城市连绵区）。商品市场繁荣，科技信息灵通，区位条件良好。

1　长江三角洲农业发展面临的主要问题

长江三角洲具有丰裕的农业自然资源和坚实的农业发展基础，历来是我国重要的农产品商品基地。但是近十年来，农村二、三产业迅速发展，农业在农村社会总产值中退居次要，出现了一系列影响农业持续发展的问题，较为突出的是人地和人粮矛盾尖锐，生态环境恶化以及规模经营发展迟缓等，其中人口增加、耕地面积下降和因此引起的粮食总产不足，供需矛盾突出是制约该区农业持续发展的关键因素。

为了进一步说明长江三角洲经济发展和人口增长带来的人地、人粮矛盾加剧的状况，本文引用人口压力指数[1]描述“八五”期间该区人、地、粮三者的变化情况。根据人口耕地压力指数和人口粮食压力指数的不同组合关系，将研究区域分类，并得出结论：①长江三角洲各市均为耕地承载力不足的类型；②“八五”期间耕地和粮食压力指数均增加的有上海、嘉兴等 10 市，1995 年时人口占长江三角洲总人口的 74.2%；③整个区域的人口压力指数呈上升趋势。计算结果再次验证了长江三角洲农业发展面临的严峻形势。

2　长江三角洲农业发展类型划分

长江三角洲有 14 个城市，由于自然、经济和历史发展的不同，全区农业发展存在较大的地域差异，农业现代化的城镇化水平不一，以人均国内生产总值为例，1995 年上海市人均国内产值达到 1.89 万元，

---

① 本研究得到中国科学院院长特别基金资助。

本文原载《土壤》2000 年第 3 期第 135-139 页。

是南通市的3倍。自然条件、人口增长状况、经济发展速度和耕地减少态势的地域差异导致长江三角洲农业发展的区域分异，需要选取指标对这15个城市进行聚类分析，进而划分农业发展类型。

2.1 聚类指标和方法

从长江三角洲农业发展面临的主要问题入手，我们选取了人口、经济、土地与农业四方面的内容。人口包括年末人口、城市化水平、人口密度、全部从业人员数和五年人口增长率（1990～1995年）等因子；经济包括GDP、五年经济增长速度、工业化系数和第三产业化系数[2]等因子；土地包括土地面积、人均耕地面积和耕地面积等因子；农业包括农业产值和粮食产量两项因子。聚类方法采用模糊聚类法。

2.2 聚类结果

根据模糊聚类的方法，得到长江三角洲地区城市的分类结果：{上海}，{南京，无锡，常州，苏州，镇江，杭州，宁波，嘉兴，湖州，绍兴}，{南通，扬州}，{舟山}。第一类城市包括上海市，其特点是经济实力雄厚，人口密度高，人均耕地少；第二类城市包括南京等10市，是长江三角洲最主要的类型，这些城市经济较发达，土地资源开发程度高，近年耕地下降速度加快；第三类城市包括南通和扬州，均是重要的商品粮基地，但是经济基础较薄弱，人口基数大，农业人口比重大；第四类城市包括舟山市，是水土资源限制型城市，人地矛盾极尖锐。

3 典型城市农业可持续发展评价

3.1 评价指标体系

3.1.1 区域农业可持续发展的内容

区域农业可持续发展的研究涉及区域PRESD系统，即人口、资源、环境、社会经济和发展系统。根据区域子系统的划分，将区域农业可持续发展的内容概括为五个方面：①食物保障度，即农业生产的产品能够满足不断增长的人口的需要；②经济发展，农业可持续发展不仅要求农业经济发展，也要求国民经济全面发展；③人口控制与发展，应当在控制人口规模的基础上，提高全民的素质；④环境保护与治理，农业生态环境是否达到良性循环是区分传统发展与可持续发展的分水岭；⑤社会进步，要求在社会经济稳定增长的基础上，逐步缩小城乡差距，消除贫困现象。

3.1.2 指标体系的建立

区域农业发展指标体系的建立是在一定的原则基础上构造的，这些原则包括：①系统性原则。指标体系必须能够反映区域农业可持续发展的各个方面。②动态性原则。指标体系应反映区域农业的发展趋势和空间分布特点。③科学性原则。指标的物理意义明确，测定方法标准，统计计算方法规范。④可操作性原则。要考虑到指标的量化及数据采集难易程度和可靠性，尽量利用现有统计资料和有关农业发展的规范标准。⑤区域性原则农业发展存在较大的区域差异和地带差异，指标体系应能反映区域社会经济发展的阶段性和特点。

区域农业可持续发展的评价指标体系是一个由目标层、准则层、指标层和分指标层构成的层次体系。目标层为区域农业可持续发展水平。准则层包括食物安全保障、经济发展、环境保护与治理、人口控制与发展和社会进步，即区域农业可持续发展的五项内容。准则层由具体评价层加以反映，分指标层则包含37项评价因子[3]。

3.1.3 评价方法

基层指标汇总，可采用多目标线性加权函数法。评价指标分三类：第一类是增长型指标如人均GDP增长率，第二类是负增长型指标如城乡居民人均收入差异指数，第三类是控制型指标如人口增长率和耕地递减率，前两类指标得分采用下式计算：$x_i = 1+[(a_1-a_0)/a_0\times(-1)^n-b]/N$，其中 a_1、a_0 分别是参考年和参评年因子指标值，增长型指标的 n 值取 0，负增长型指标取–1，b 为对比参数，N 为时段长度；控制型指标分值用下式计算：$x_i=1+[(a_1/a_0)^{1/N}-c]$，其中 c 为控制标准值，参考市域发展规划指标设定[3]。

3.2　典型城市农业可持续发展评价

根据对长江三角洲 14 个城市农业发展地域类型的划分结果，从 4 类城市中分别选取了上海、南京、南通和舟山作为这四类城市的代表，通过对其区域 PRESD 系统要素的分析，对其区域农业可持续发展进行纵向评价。

3.2.1　上海市农业可持续发展评价

上海市农业的发展状况有如下特点：①土地资源开发程度高，农业集约化程度高。全市包括沿海滩涂在内的土地资源利用率为 94.4%，耕地复种指数达到 195%以上。②耕地逐年减少，非农用地迅速扩大。1980～1995 年间，耕地面积由 $351.7\times10^3hm^2$ 减少为 $289.8\times10^3hm^2$。③乡镇企业发展壮大，农民收入不再以农业生产为主，由基本单一的农业经济演变为农、副、工综合发展的经济。④粮食生产无法自给，为市民提供新鲜农副产品成为郊区农业的主要功能。⑤土地质量下降，生态环境恶化，不少河道水质超过灌溉水标准，土壤中有害物质的含量也有所增加，郊区耕地质量明显下降。

根据前述的指标体系和评价方法，以 1985 年为评价基准年，评价基准年各子系统初值为 1，评价了 1985—1990—1995 年时段上海市农业可持续发展水平，评价结果见表 1。

3.2.2　南京市农业可持续发展评价

南京市农业的发展状况有如下特点：①农业综合生产能力明显提高；②主要农贸产品产量增长，有效供给的增长，为社会经济的可持续发展奠定了坚实的物质基础；③农村经济发展，农民人均纯收入大幅度提高；④农林牧渔业产值构成变化较大，反映了社会经济发展和人民生活水平的提高，农业内部结构日趋合理。

表 1　上海市都市农业可持续发展水平评价

持续性指数	1985 年	1990 年	1995 年
人口控制与发展	1.0000	1.5171	1.8932
食物安全保障	1.0000	1.0788	1.1775
环境保护与治理	1.0000	0.7356	0.8344
经济发展	1.0000	1.6247	2.0133
社会进步	1.0000	1.2321	1.4243
可持续发展水平	1.0000	1.2376	1.4665

以 1988 年为评价基准年，评价基准年各子系统初值为 1，评价 1988～1995 年时段南京市农业可持续发展水平①，评价结果见表 2。

3.2.3　南通市农业可持续发展评价

南通市农业的发展状况特点如下：①农业气候条件优越，有利于农业生产，农业和农村经济是全市发展的基础；②耕地保护工作较好，但人均占有土地面积较少，耕地以中高产田为主，中低产耕地的主要类型的是易旱和涝渍型；③农业结构进行合理调整，多种经济得到明显发展，但种植业产值仍然占据主导地位；④农业生产环境质量下降，南通市粮食中检出 Cu，Zn，Cd 和 Hg，其中 Cu，Cd 和 Hg 超标。

---

① 由于江苏省乡镇企业污染排放调查于 1988 年和 1995 年进行了两次，故南京和南通选取该时段为评价对象。

表 2 南京市区域农业可持续发展水平评价

持续性指数	1988 年	1995 年
人口控制与发展	1.0000	1.2012
食物安全保障	1.0000	1.0281
环境保护与治理	1.0000	0.9842
经济发展	1.0000	1.0897
社会进步	1.0000	0.8868
可持续发展水平	1.0000	1.0380

以 1988 年为评价基准年，评价基准年各子系统初值为 1，评价了 1988～1995 年时段南通市农业可持续发展水平，评价结果见表 3。

表 3 南通市农业可持续发展水平评价

持续性指数	1988 年	1995 年
人口控制与发展	1.0000	1.2772
食物安全保障	1.0000	1.3887
环境保护与治理	1.0000	0.8965
经济发展	1.0000	1.1345
社会进步	1.0000	0.6721
可持续发展水平	1.0000	1.0659

3.2.4 舟山市农业可持续发展评价

舟山市农业的发展状况有如下特点：①经济超速增长，其中增长速度最快的是第三产业；②粮食生产波动大，水产品产量增长迅速，舟山市充分利用了丰富的海洋渔业资源，以养殖和捕捞业为农业生产的龙头，带动其他部门的共同发展；③农业劳动力快速向其他产业转移，农业劳动力大量流向第二和第三产业，特别是第三产业吸纳了大批农村劳动力。

由于掌握的舟山市数据较少，无法进行全面的农业可持续发展评估，仅就舟山市农业发展的状况作简单的评述。第一，舟山市的人口控制较好，但是若以岛屿面积计算的人口密度很高，人均水、土资源水平低；第二，渔业生产是舟山市农业的主导部门，集结了大量男性劳动力，种植业在农业中所占份额不大，舟山市农业可持续发展实际上就是渔业生产可持续发展的问题；第三，近年来由于过分捕捞，近海海产品产量越来越低，捕捞的范围逐渐扩大，海产品的质量却逐年下降；第四，目前舟山市的产业结构层次不高，第三产业发展速度虽快但是未能形成健全的社会服务体系，资源消耗强度大的传统产业仍占很大比重。同时在发展经济的同时忽视了缓解治理和生态建议，导致频繁的赤潮发生。

4 结果与讨论

上海、南京、南通和舟山市是长江三角洲地区四种不同农业发展类型城市的代表，其中，舟山市城市面积较小，人口较少，代表性不明显，前三个城市都具备鲜明的代表性，一方面它们代表了不同的农业发展类型，另一方面这三类城市又可视为城市不同的农业发展阶段。

从城镇化程度看，上海、南京和南通分别处在高、中、低三个层次；从产业构成看，上海市处在工业城市向国际型城市转变时期，南京市以工业为主，南通市则以农业为主导产业；从农业生产资源的约束条件看，上海市的耕地承载力无法满足自给，必须依靠外部调剂，其粮食生产的目标是保证农业人口的需求，南京市的粮食生产能够自给，略有盈余，南通市的耕地面积较大，粮食生产除自给外，还能外调；从城乡二元发展情况看，上海市逐渐步入城乡一体化正轨，城乡居民收入水平差距日渐缩小，南京市的城乡居民收入水平存在明显差距，但是差距发展趋势是逐步弥合；南通市城乡二元结构则不仅没有消弭，城乡居民收入水平差距甚至还有增大的趋势。

这三类城市的农业也存在共同点，首先是农业生态环境都受到不同程度的危害，广大的农村地区主要污染源是乡镇企业，乡镇企业的发展是国民经济的重要组成部分，带动了农村经济的发展，改变了农村单一的经济结构，对吸纳农村剩余劳动力、增加农业投入以及提高农民收入起了重要的推动作用，但是这些乡镇企业以中小型为主，企业整体规模较小，其发展占用了大量的耕地，环保投入少，工业污染物往往未经处理就排放，工业能源以煤炭为主，对大气环境质量造成显著影响；其次是对耕地的占用，对耕地的占用包括乡镇企业建议，更重要的是城市化发展，城区范围的扩大对郊区土地的蚕食，还有就是农村居民点的建设和农业内部种植结构的调整，长江三角洲地区分布了我国最大的城市带，小城镇的密度很高，小城镇的发展和建设占用耕地的比例最高。

这三类城市发展各异，农业可持续发展对策也各有侧重，但是由于它们具有的共同特点和在时间序列上的连续性，也应遵循共同的准则：①控制人口总数，这是我国的基本国策，长江三角洲地区的资源丰富，但是人口众多，使人均资源（水、土等）拥有量低于全国平均水平，人口与资源的供需矛盾成为可持续发展的主题；②摆正农业的位置，在我国农业是典型的弱质产业，长期以来农业为工业化提供了大量的资金积累，具体反映在农产品和工业产品巨大的剪刀差上，根据农业与工业相互关系的演化顺序，应逐渐向农业与工业平等发展，以及工业反哺农业方面演化，个别城市如上海已经进入了工业支持农业的成熟阶段，从长江三角洲经济整体状况考虑，已经基本完成了农业支持工业阶段，不能继续从农业中抽取剩余造成农业的利益损失；③耕地总（质）量保护，我们的研究表明，粮食产量和耕地面积相关度最高，长江三角洲的经济发展不能以丧失耕地为代价，长江三角洲地区的粮食保障也不能单纯依靠其他地区；④乡镇企业的发展方向，乡镇企业的作用无可置疑，我国目前的经济发展形势和城镇化水平都无法完全容纳农村剩余劳动力，因此至少在今后很长的一段时间里，乡镇企业都将是农村经济的重要支柱，对乡镇企业危害农业生态环境的问题，关键是管理和引导，调整产业结构，注重规划布局，健全有关乡镇企业的环境政策和法规，一方面从内部加强乡镇企业的技术改造，一方面从外部利用行政、市场和经济手段调动乡镇企业的治污积极性。

参考文献

[1] 程道平，刘伟. 人口压力评估及其应用研究. 中国人口 • 资源与环境，1995，5（1）：47-51.

[2] 王合生，虞孝感. 我国发达地区可持续发展指标体系及其评价. 经济地理，1997，17（4）：21-25.

[3] 徐梦洁. 区域农业可持续发展评价指标体系初探. 农业系统工程与综合研究，1998，14（4）：313-316.

东南红壤丘陵地区农业可持续发展研究*

赵其国[1]　徐梦洁[2]　吴志东[1]
1 中国科学院南京土壤研究所，南京　210008
2 南京大学城市与资源学系，南京　210093

摘　　要

针对东南红壤丘陵区域的农业发展状况，以区域 PRESD 系统构型方法对区域的人口、资源、环境、社会和经济等子系统逐一分析，在此基础上提出了农业可持续发展评价指标体系，对其 1988～1996 年间的农业发展可持续程度进行评价，并将评价结果与此前利用遥感等手段取得的评价结果对比，结果基本吻合，验证了指标体系的适用性以及红壤地区农业面临的最重要的环境障碍——水土流失问题，并因此提出了对策和措施。

关键词　东南红壤丘陵；农业；可持续发展

区域是一个复杂的巨系统[1]，它包含了包括人类社会本身及与人类社会有关的各种因素[2]，根据这些因素的基本特征，可将其概括为人口（P）、资源（R）、环境（E）和社会经济（S）四大类。四要素及其发展（D）之间的相互作用所形成的各种关系，基本涵盖了区域持续发展系统中所有物质、能量、信息和关系，能对区域持续发展进行全面的描述和揭示。目前实证性的区域持续发展研究尚处于起步阶段，内容并无实质性进展[3]。由基本要素及其发展构成的区域 PRESD 复合系统，是区域持续发展的研究对象，而区域持续发展研究的主要内容就是揭示区域 PRESD 系统人口、资源、环境、和社会经济各要素功能、结构、动态变化和相互作用关系，并在此基础上探讨保证区域协调持续发展的战略、措施及调控[4]。

我国东南红壤丘陵地区，地处热带、亚热带，包括长江流域的大部分及其南部，跨南方 10 个省（区）（琼、桂、粤、赣、湘、闽、浙、鄂、苏、皖），619 个县（市），土地面积 113 万 km^2，占全国土地总面积的 11.8%，人口约占全国的 30%。该区是我国热带、亚热带经济林果、经济作物及名贵药材等名、特、优创汇产品的重要生产基地，但是由于长期以来对土地资源不合理的开发与利用，农业发展滞后和土地退化成为该区发展最大的制约因素。本文针对土地资源的综合开发与生态环境建设问题，采用系统的观点，以区域 PRESD 系统构型方法，对人口、资源、环境与经济发展（PRESD）系统各子系统逐一分析，并对全区农业可持续发展能力进行评价，从而提出相对的对策与建议。

1　区域农业发展概况

1.1　自然资源的优势与特点

东南红壤丘陵区是我国农业生产和经济发展潜力最大的地区之一。在该区生物循环再生和土地更新能力强，全年都能发展种植业，有利于多熟制立体种植的发展。全区平均复种指数为 199（浙江高达 247），尚可进一步提高。以光、温、水为指标的气候生产潜力平均达 51t/（hm^2·a），分别是三江平原的 2.63 倍，黄土平原的 2.66 倍，黄淮海平原的 1.28 倍。而目前大面积种植业平均产量仅为气候生产潜力生产量的 20%左右。该区尚有 2000 万 hm^2 未开发的山丘荒地（其中 1000 万 hm^2 宜植树造林，400 万 hm^2 可用于农耕）、1600 万 hm^2 低丘岗（台）地（是近期开发条件相对较好的资源）和 30%左右的水域面积以及河湖、滩地和 640 万 hm^2 的东海、南海滩涂等重要后备资源可供开发利用。

---

* 本研究属国家自然科学基金项目（基金批准号：49631010）。
本文原载《土壤学报》2000 年第 37 卷第 4 期第 433-441 页。

该区生态与环境条件多样，适宜热带、亚热带农业的综合发展。该区是我国热带亚热带经济林果、经济作物及名贵药材等名特优创汇产品的重要生产基地，具有巨大的特色生物产品贡献能力（表 1）。它还是全国屈指可数的可供未来规模经济开发的商品建设基地，其潜在的经济贡献必将通过综合开发产生巨大的社会影响。

表 1　东南红壤丘陵区热带、亚热带经济作物及水果产品对全国的贡献率

水果	香蕉	苹果	柑橘	梨	葡萄	菠萝	红枣	柿子
贡献率/%	95.83	4.12	73.15	18.92	2.90	93.88	6.96	31.89
经济作物	橡胶	咖啡	椰子	油棕	腰果	香料	剑麻	
贡献率/%	63.49	20.64	100.00	100.00	99.76	46.16	99.86	

1.2　社会经济概况

首先东南红壤丘陵区农村综合经济实力近年逐渐增强，1988～1996 年农林牧渔业产值由 2537 亿元增长到 10 604 亿元，按可比价格计算，年均增长率为 8.51%，其中东南沿海地区、珠江三角洲以及杭州湾地区的农村经济发展势头强劲，是我国农村综合实力百强县的密集分布区；其次产业结构进一步优化，乡镇企业总产值占农村社会总产值比重逐步上升，有些地区非农产值已占农村社会总产值的 90%以上，产业结构由种植型为主向大农业和非农产业型过渡；第三，人均收入水平提高，1988 年该区农村人均年纯收入为 619 元，1996 年达到 2320 元，按可比价格计算，年递增率为 7.01%。贫困地区和人口逐渐减少。

2　区域 PRESD 系统要素分析

2.1　人口子系统

从 1988 年到 1996 年该区总人口从 4.43 亿增长到 4.89 亿，农业人口从 3.62 亿增长到 3.79 亿，对应的城市化水平由 18.26%提高到 22.39%，但各省人口密度、城市化水平以及 1988～1996 年人口年均增长率存在诸多差别。1996 年总人口最多的是江苏省，达到 6908.1 万，占全区的 14.13%，总人口最少的是海南省，人口仅 714 万，占全区的 1.46%；1996 年城市化水平最高的是广东省，按非农业人口计算的城市化水平为 30.56%，城市化水平最低的是广西壮族自治区，仅有 17.05%；浙江省 1988～1996 年人口年均增长率最低，为 0.67%，广东省年均增长率最高，为 1.89%。

2.2　资源子系统

该区农业资源利用的特点有：①林地多，耕地少，72.5%的县实行以林为主的土地资源利用方式，但是林地的生产力不高，种植业产值占整个地区农业总产值的 50%以上；②沟谷宜农荒地开发利用系数较高，但是部分地区出现过垦现象；③区域内有较丰富的牧地和水域资源，但利用程度不高。

农业生产方面，该区的耕地面积由 1988 年的 26 622.6×10^3hm^2 降低到 1996 年的 25 782.1×10^3hm^2，年均递减率为 0.40%，而粮食总产量由 1988 年的 17 093.2 万 t 提高到 1996 年的 19 117.9 万 t，年均递增率为 1.41%。1996 年江苏省耕地面积为 4435.4×10^3hm^2，占全区的 17.20%，比重最大，海南省耕地面积 429.36×10^3hm^2，占全区 1.67%，比重最小；1996 年江苏省人均粮食产量 503kg，全区最高，广东省人均粮食产量最低，为 266kg。本文采用了资源丰度[5]来描述区内各省人均资源拥有状况（表 2），丰度大于 1 表示资源拥有量超过全区平均值，小于 1 表示低于平均值。1988～1996 年农副产品如糖料、肉类、禽蛋、奶类的人均占有量也增长很快，有效灌溉面积由 19767.2×10^3hm^2 增加为 17928.9×10^3hm^2，农村地区解决饮水问题的人数也由 3121.6 万人增长到 5397.9 万人，反映了农业生产能力的全面提高和农村水利建设的进展。

表 2 1996 年东南红壤丘陵区农业资源和经济资源丰度

省份	耕地资源	粮食产量	农林牧渔业产值（当年价）
江苏	1.218	1.287	1.276
浙江	0.695	0.882	0.964
安徽	1.341	1.130	0.810
江西	1.096	1.135	0.836
湖北	1.099	1.100	0.965
湖南	0.959	1.079	0.839
广东	0.634	0.682	1.179
广西	1.098	0.849	0.854
海南	1.1 40	0.708	1.487
福建	0.707	0.758	1.230

注：资源丰度计算公式：各省资源在全区所占比例/各省人口在全区所占比例，计算农业产值丰度时，分母是各省农业人口在全区所占比例。

2.3 环境子系统

根据地貌类型，可将该区的生态与环境状况可以分为三类：①平原地区生态环境质量主要与农药化肥及工业污染状况密切相关。珠江三角洲等农业集约化水平较高的地区农田化肥面源污染严重，而广西的柳江地区及海南省的东部沿海平原地区农业生产水平较低，生态环境质量较好。②丘陵地区主要表现为森林覆盖率低，水土流失严重，其中以湘中、桂西和琼西最严重，水土流失不严重的丘陵地区主要集中在浙、赣、闽三省。③山区生态环境恶化的地区主要分布在鄂西南、湘西南、湘西北、皖东南及桂西，生态环境较好的山区主要分布在武夷山和湖南的会同、资兴等地（表 3）。

表 3 东南红壤丘陵地区的生态与环境状况[6] （单位：10^3hm^2）

省份	平原			丘陵			山地		
	恶化	中等	良好	恶化	中等	良好	恶化	中等	良好
江苏	97.43	0.00	0.00	671.95	0.00	0.00	0.00	0.00	0.00
浙江	2446.02	839.57	3.33	0.00	4290.34	0.00	0.00	0.00	2338.31
安徽	0.00	475.43	0.00	0.00	0.00	0.00	2888.68	0.00	0.00
江西	0.00	3992.35	0.00	358.80	1883.65	5825.56	0.00	3613.21	342.67
湖北	0.00	1121.42	0.00	0.00	0.00	0.00	4098.31	0.00	0.00
湖南	0.00	2855.73	0.00	5594.9	0.00	2964.95	4182.91	1900.20	2845.79
广东	6525.83	0.00	0.00	0.00	1400.07	0.00	0.00	7845.18	946.18
广西	0.00	0.00	8286.53	6036.20	0.00	0.00	4896.02	2982.47	1643.74
海南	0.00	0.00	1327.58	1659.12	0.00	0.00	563.77	0.00	0.00
福建	1357.45	0.00	0.00	1501.57	0.00	0.00	0.00	1851.93	7178.26

2.4 经济子系统

近年该区农村经济发展很快，农民收入水平也有很大幅度提高，但是区域内经济发展并不平衡。1996 年江苏省的农林牧渔业产值最高，达到 1824 亿元（当年价），海南省最低，为 224.5 亿元；农民收入水平最高的广东省，1996 年农民人均年纯收入为 3183 元，最低的是安徽省，农民收入为 1607 元，仅及广东省农民收入的 50%（表 2）。乡镇企业发展也不平衡，一般而言，乡镇企业发展较好的地区如江苏、广东、浙江，农民人均收入普遍较高，乡镇企业发展迟缓的地区如安徽、江西等省，农民收入较低，省域之间呈两极分化现象。

3　区域农业可持续发展评价

3.1　评价指标

3.1.1　指标选取原则

（1）系统性原则。评价指标应全面反映区域农业可持续发展的内容，围绕区域 PRESD 系统设置指标，即按人口、资源、环境和经济四项内容评价。

（2）科学性原则。指标体系应建立在科学基础上，指标物理意义明确，测定方法标准，避免重叠，如复种指数和粮播面积作为衡量农业资源开发利用程度的指标有所重叠，故指标确定时仅取其中一项。

（3）可操作性原则。尽量利用现有统计资料，选取有关农业发展的标准，指标数据便于量化，适用于规范的数据处理方法。

（4）统一性原则。由于该区面积广阔，指标体系必须能推广应用于整个东南红壤丘陵地区，评价区域层次与指标繁简相关，层次越高，评价指标趋向精简。

3.1.2　评价指标确定

评价指标分四方面内容，即人口数量和结构、资源（开发程度）、环境、经济发展。人口控制与发展的评价指标包括总人口、农业人口和劳动力占农业人口的比例；资源包括耕地资源、农产品产量和水资源三项内容，耕地资源包括年末耕地面积和复种指数，农产品产量包括人均粮食产量、人均棉花产量、人均油料产量、人均糖料产量、人均肉类产量、人均蛋产量、人均奶产量、人均水产品产量和水果产量等指标，水资源选取了有效灌溉面积和解决饮水人数；环境选取了水土流失面积单个评价指标；经济发展包括经济总量和农业投入两项内容，经济总量包括农林牧渔业总产量和农民人均纯收入，农业投入包括农村用电量、化肥施用量、农业机械总动力和机耕地面积占耕地面积比重等指标。

3.2　评价方法

3.2.1　评价步骤

对东南红壤丘陵区的评价分两个步骤进行：首先逐省对 1988～1996 年时段的农业可持续发展进行评价，其次是以区域 1988～1996 年整体发展各项指标值为标准，衡量各省相对于区域的可持续发展程度。前者属于“孤立”的评价，不涉及区域整体发展状况，同时剔除了时间因素，只是评价各省是否在原有基础上有所发展，评价结果之间不具可比性；后者属于“复合”评价，以整个东南红壤丘陵区为评价背景，各省评价结果具有可比性。

评价步骤不同，指标体系也有区别。评价步骤 1 采用前述指标体系，但是广东、广西、福建和海南地处热带地区，不适宜棉花种植，故指标体系没有人均棉花产量这一项；评价步骤 2 采用的指标较少，因自然资源配置和饮食习惯不同因而农副产品如糖料、水产品、奶等产量在区内差别较大，考虑到统一性原则，农产品产量仅选取人均粮食产量、人均肉类产量和水果产量三项指标，各省机耕地面积也因地形地貌条件不同在区域内有差别，评价指标体系中也没有这一项。

3.2.2　数据处理和评价

步骤 1 数据处理的评价原始数据来自《中国农业统计年鉴》，首先以评价基准年 1988 年的数据为基础，对原始数据进行标准化处理：

$$X_{ij,n}(1) = X_{ij,n}(0)/X_{ij,1988}(0) \tag{1}$$

式中，$X_{ij,n}(1)$ 是经标准化处理得到的数值；$X_{ij,n}(0)$ 是原始数据；$X_{ij,1988}(0)$ 是 1988 年的数据；i 代表省份，

j 代表第 j 项数据，n 代表年份。

评价指标分增长型指标和负增长型指标两类，其中大部分属于增长型指标，即数据值越大区域可持续发展程度越高；负增长型指标则相反，如总人口、农业人口、水土流失面积等，乡镇劳动力占农业人口的比重则设定为增长型指标，主要是考虑到我国逐渐向老龄化社会发展，乡镇劳动力负担的农业人口数量将增多的因素。

考虑到指标计算的统一性，需对负增长型指标进行正向量化，即

$$X_{ij,n}(2) = 1 - X_{ij,n}(1) + 1 \tag{2}$$

这样 1988 年是基准年，各项评价指标值均为 1，可以得到 1996 年各项参评指标数值，指标值大于 1 表示可持续发展能力增强，小于 1 表示能力减弱，等于 1 表示系统维持现状。

必须指出的是，由于缺乏按不变价计算的农林牧渔业总产值和农民纯收入数据，在标准化之前，将原始数据一致换算为 1990 年不变价数据。农民纯收入的换算以农林牧渔业产值系列为参照系，换算基于这样两个假定：即按不同年份不变价格的农林牧渔业产值数据具备可换算性；按不变价格和现行价格计算的农林牧渔业产值的比率等于按不变价格和现行价格计算的农民人均年纯收入比率。

步骤 2 数据处理首先求取全区和分省各项指标 1988～1996 年的年均增长率，其次对数据进行标准化处理：对于增长型指标是

$$X_{ij}(1) = X_{ij}(0)/X_{jw} \tag{3}$$

或对于负增长型指标

$$X_{ij}(1) = X_{ijw}/X_{ij}(0) \tag{4}$$

最后得到各项指标数值：

$$X_{ij}(2) = X_{ij}(1)/[X_{j\max}(1) - X_{j\min}(1)] \tag{5}$$

式中，X_{jw} 和 $X_{ij}(0)$ 分别是全区和各省各项指标的年均增长率；$X_{j\max}(1)$ 和 $X_{j\min}(1)$ 是数据经标准化处理后该项指标的最大值和最小值；$X_{ij}(2)$ 是各项指标得分；i 代表省份；j 代表第 j 项指标。各项参评指标分值介于 0 至 1 之间。

计算方法采用逐级等权法，即在对参评指标进行上述数据处理的基础上，上一级指标得分等于下一级指标得分加权平均，逐级向上汇总，最后得出各项评价内容的得分。

3.3 评价结果

表 4 和表 5 分别是步骤 1 和 2 的评价结果。从表 4 可以看出，各省经济发展和投入和资源开发强度两项分值均大于 1，可持续发展能力增强具体表现在经济总量增长、农业投入增加、农产品产量提高以及农村地区饮水人数持续增多，但是经济增长的同时环境遭到了严重的破坏，总人口和农业人口的增长对农业和农村经济提出了更高的要求，给生态环境造成了沉重的压力，导致水土流失加剧。表 5 反映的是区内各省农业相对的可持续发展水平，人口数量和结构评价中湖北省得分最低，广西壮族自治区得分最高；资源开发强度评价中湖北省得分最低，海南省得分最高；环境评价中湖南省得分最低，浙江省得分最高；经济发展和投入评价中湖南省得分最低，福建省得分最高。需要注意的是环境评价的分值高并不意味该地区环境良好，表 4 的环境指数表明省内生态环境退化现象严重，水土流失面积较基准年均有增加，表 5 中的分值高低只是揭示环境退化程度高低，即水土流失面积相对增长速度快慢。

表 4　东南红壤丘陵区农业可持续发展评价（1996 年）

省份	人口数量和结构	资源开发强度	环境	经济发展和投入
江苏	0.984	1.263	0.547	1.759
浙江	0.984	1.407	0.640	1.787
安徽	0.966	1.451	0.184	1.727
江西	0.982	1.607	0.426	1.672
湖北	0.821	1.496	0.638	1.704

续表

省份	人口数量和结构	资源开发强度	环境	经济发展和投入
湖南	0.987	1.382	0.715	1.724
广东	0.956	1.316	0.570	2.033
广西	0.983	1.653	0.418	2.000
海南	0.946	1.582	0.313	1.996
福建	0.963	1.614	0.605	2.022

表 5　东南红壤丘陵 1988～1996 年农业可持续发展评价

省份	人口数量和结构	资源开发强度	环境	经济发展和投入
江苏	0.522	0.252	0.750	0.433
浙江	0.462	0.187	1.000	0.420
安徽	0.495	0.308	0.318	0.357
江西	0.407	0.311	0.014	0.397
湖北	0.147	0.189	0.040	0.342
湖南	0.542	0.186	0.000	0.208
广东	0.537	0.259	0.802	0.532
广西	0.688	0.372	0.084	0.767
海南	0.388	0.585	0.420	0.452
福建	0.412	0.395	0.046	0.800

为验证评价结果，将其与 1991[6]年对同一地区的自然资源—生态环境—社会经济评价结果加以对比。首先将表 5 中资源开发强度和环境指数加权平均，得到资源一环境综合指数值，0～0.33 为生态环境质量差，定义为 s1，0.33～0.66 为生态环境中等，定义为 s2，0.66～1 为生态环境良好，定义为 s3；经济发展和投入评价分值中，0～0.2 为社会经济状况极差，定义为 j1，0.2～0.4 为社会经济状况差，定义为 j2，0.4～0.6 为社会经济状况中等，定义为 j3，0.6～1 为社会经济状况良好和极好，定义为 j4，得到不同省份类型组合，和 1991 年结果做对照（表 6）。

表 6　评价结果对比

省份	评价 A	评价 B	备注
江苏	s1j4	s2j3	差别较大
浙江	s2j3，s3j2	s2j3	基本相同
安徽	s1j2	s1j2	基本相同
江西	s3j2，s2j2	s1j2	差别较大
湖北	s1j1，s1j2	s1j2	基本相同
湖南	s1j2	s1j2	基本相同
广东	s2j2，s2j4，s1j3，s3j4	s2j3	基本相同
广西	s1j2，s1j1，s2j2	s1j4	经济发展指数有差别
海南	s3j2，s1j2，s3j2	s2j3	经济发展指数有差别
福建	s1j1，s2j2，s1j2，s3j2	s1j4	经济发展指数有差别

注：评价 A 是 1991[6]年评价结果，所列类型为各省主要类型按其比例大小排列；评价 B 是本文 1996 年评价结果。

从表 6 可以看出，使用本文提出的方法得出各省的环境—经济复合类型和 1991 年评价结果相比，基本反映了各省的主要类型，但是江苏省和江西省差别较大，这是因为江苏省仅有苏南部分地区属于东南红壤丘陵区域，苏南地区乡镇企业污染较严重，本文因数据无法收集而没有选取乡镇企业污染这一评价指标，故得分偏差较大；同样江西省乡镇企业不发达，相对而言污染较轻，表现在 1991 年的评价中整体环境状况为良好或中等，但是江西省的水土流失问题极严重，1996 年水土流失面积仅次于湖北和湖南省，而在

1991年评价结果中没有正确地体现。评价结果的基本吻合表明采用水土流失面积作为环境指数的评价指标是可行的，同时也再次印证水土流失是东南红壤丘陵区农业可持续发展面临的最关键的障碍。

4 区域农业持续发展对策及措施

4.1 发展原则和途径

根据该区农业可持续发展中存在的资源和环境问题，该区实施可持续发展的原则是突出区域重点，明确发展方向[7]。在区域布局的重点应突出占地108.5km^{2}的东南红壤丘陵和面积达45万km^{2}的低丘岗地红壤；整个地区的发展方向是：建立南方丘陵区持续农业和农村经济综合开发的资源综合利用和环境保护系统，从而提高农民收入，增强地区自我发展能力，遏制环境持续退化的趋势，进一步摆脱贫困，缩小各省和省内农民收入差距，实现农村地区经济的全面振兴。地区发展的具体途径是：保证粮食产量稳定的同时，通过劳力、科技与资金投入及农业结构调整，发展立体农业和精细农业，建立高效集约持续农业发展模式及配套技术体系，促进沿海、沿江与丘陵腹地经济的协调发展。

4.2 对策和措施

4.2.1 调整农业结构，发展立体农业

主要措施包括：①推行“粮经饲”三元结构种植模式，提高水耕生态系统的多样性；②优化周年种植制度，开发重点是冬闲田和低产冬绿肥田；③改良中低产地和未垦荒地，挖掘粮食生产潜力。

4.2.2 防止水土流失，建立保土型集约耕制

水土流失及其诱发的各种生态环境问题已经成为该区农业持续发展中最严重的障碍因素，并有进一步恶化的趋势，应针对不同地质地貌条件确立水土保持模式：严重侵蚀坡地封山育林；生态脆弱地段退耕还林；轻微侵蚀的岗地采用等高带状种植方式。

4.2.3 改造生境条件，促进水热协调

红壤生态系统的退化往往是从毁林或单一种植等生境变化开始，所以必须把红壤生态系统内的改土与治山、治水相结合：①植树造林，调节农田小气候和美化环境；②灌蓄节水，引水灌溉是旱季稳定土壤水分状况的重要措施，地面覆盖可减少蒸发；③修筑梯田，改良红壤坡地水势条件和养分状况。

4.2.4 增加农资投入，提高土壤肥力水平

红壤具有蚀、瘦、酸、黏、板等特点，农资投入应根据这些特点相应调整：①多施有机肥，加速土壤有机质积累；②根据红壤熟化程度调节化肥施用量和结构；③施用石灰，中和酸性，减轻活性铝危害，但要注意和有机肥配合施用，以免土壤板结。

4.2.5 合理耕作，充分发挥耕地潜力

主要措施包括：①根据红壤熟化程度，选择最适宜的作物；②合理间作套作，使地表在高温和多雨季节保持多层植被；③合理轮作换茬，能在种植周期内解决作物需求与土壤供给之间的矛盾，保持地表植被；④合理深耕，促进土壤熟化。

参考文献

[1] 张林泉，于杰. 关于区域可持续发展的系统分析. 中国人口·资源与环境，1994，4（2）：13-19.

[2] 毛汉英. 县域经济和社会同人口、资源、环境协调发展研究. 地理学报，1991，46（4）：385-395.

[3] 赵其国. 为跨世纪土壤学的发展作出新贡献——第十五届国际土壤学会会议综述. 土壤学报，1995，32（1）：1-13.
[4] 黄秉维，陈传康. 区域持续发展的理论基础——陆地系统科学. 地理学报，1996，51（5）：445-452.
[5] 张泉源等. 江苏人口压力区域差异及分析//赵其国. 江苏人口、资源、环境研究. 北京：中国农业科技出版社，1995：4-5.
[6] 赵其国，吴志东，张桃林. 我国东南红壤丘陵地区农业持续发展和生态环境建设 I：优势、潜力和问题. 土壤，1998，30（3）：113-120.
[7] 赵其国，吴志东，张桃林. 我国东南红壤丘陵地区农业持续发展和生态环境建设 II：措施、对策和建议. 土壤，1998，30（4）：169-177.

Agricultural Sustainability of the Red Soil Upland Region in Southeast China

Zhao Qiguo[1]　Xu Mengjie[2]　Wu Zhidong[1]
1　Institute of soil science，Chinese Academy of Sciences，Nanjing　210008
2　Urban and resource science department，Nanjing　University，Nanjing　210093

Abstract

According to the agricultural development in the red soil upland region in Southeast China，sub-systems such as population，resources，environment and social economy were analyzed separately. An assessing index system was used to assess the agricultural sustainability for the period from 1988 to 1996 and thus the results were compared with those obtained by other researchers with other methods. The coincidence proved the applicability of the index system and confirmed again that water and soil loss is the major obstacle faced in the sustainable development of the agriculture. Based on the evaluation results counter-measures were proposed.

Key words　Red soil upland region in Southeast China；Agriculture；Sustainable development

我国东南红壤丘陵地区农业持续发展和生态环境建设 I. 优势、潜力和问题

赵其国　吴志东　张桃林

中国科学院南京土壤研究所，南京　210008

摘　　要

我国东南红壤丘陵地区是我国热带、亚热带经济林果、经济作物及名贵药材等名、特、优创汇产品的重要生产基地。在全国商品经济发展中占有重要地位。研究和搞好该地区的农业持续发展和生态环境建设，对我国农业生产的发展具有重大影响。文章就该地区的优势、潜力、问题和今后发展对策等做了研究。

关键词　红壤丘陵；农业持续发展；生态环境建设

我国东南红壤丘陵地区，地处热带、亚热带，大致包括长江流域的大部及其南部，约跨南方 10 个省（区）（琼、桂、粤、闽、赣、浙、鄂、苏、皖），619 个县（市），113 万 km^2，占全国土地总面积的 11.8%（整个南方红壤地区总面积为 217.96 万 km^2，包括 15 个省区，其中东南红壤丘陵占 52%），人口约占全国的 30%。该区自然条件优越，气候生产潜力是我国东北及华北地区的 1～2 倍。此外，尚有 3 亿多亩未开发的丘陵山地和 2.5 亿亩宜于近期开发的低丘岗地。还有 5 亿亩林地及 1 亿亩可开发利用的灌木疏林地。是我国热带、亚热带经济林果、经济作物及名贵药材等名、特、优创汇产品的重要生产基地，在全国商品经济发展中占有重要地位。但是，由于长期以来对土地资源不合理的开发与利用，致使生态与环境破坏所带来的农业滞后和土地退化成为该区在经济发展上最大的制约因素。因此，针对土地资源的综合开发与生态环境建设问题进行深入研究与探讨，将对该区国民经济及农业的持续发展具有重要意义。

1　现状和特点

1.1　自然资源开发利用现状

根据自然资源类型分析，该区具有以下特点（表 1）。

表 1　东南红壤丘陵区可再生资源组合类型构成[1]

组合类型（以县为单位）	比重/%（占总县数）	组合类型（以县为单位）	比重/%（占总县数）
以种植业为主：	17.85	林—耕—园、牧	5.89
耕—林—园、牧	4.46	林—耕—水、未用地	8.21
耕—林—水、未用地	5.00	林—牧—未用地	7.86
耕—牧—林	1.25	林—水、未用地—耕	6.25
耕—水、未用地—林、牧	7.14	其他利用方式：	9.64
以林为主：	72.50	牧—林—未用地	3.39
纯林	25.36	水、未用地—林、牧—耕	5.54
林—耕	18.93	居民点及其他设施	0.71

（1）林地多，耕地少。林地占该区总面积的 35%，区内有 72.5%的县以林为主，或林—耕、林—牧结合；只有 17.8%的县以农为主，或耕—林、耕—牧结合。林业生产力不高，其产值仅占农业总产值的 6.17%，而种植业的产值占了 51.54%；

本文原载《土壤》1998 年第 3 期第 113-120 页。

（2）沟谷宜农荒地开垦利用比较充分，部分地区出现过垦；

（3）区内有较丰富的牧用地资源和水面，但未能充分利用，对今后农业转型、培植经济增长因子有重要意义；

（4）低丘台地可开发面积达 2.5 亿亩，是综合开发条件较好的后备土地资源。

1.2　社会经济状况

（1）人均收入提高，农村经济水平上升。1991 年区内农村人均收入为 705 元。比 1985 年增长 92%，按可比价计算，年递增率为 1.85%，接近全国水平。经济发展使贫困的地区和人口逐步减少（表 2）。

表 2　东南红壤丘陵区农村人均收入情况（1991 年）

类型	人均收入/元	县数/个	比重/%	人口/万人	占总人口/%
极贫困	＜300	21	3.4	905.7	3.4
贫困	300～500	129	20.8	4787.6	18.7
温饱	500～800	287	46.4	12496.6	48.7
较富裕	800～1100	130	21	5346.4	20.9
富裕	1100～1500	39	6.3	1583.4	6.2
小康	＞1500	13	2.1	517.8	2.0

（2）产业结构发生变化，乡镇企业异军突起。1991 年该区已有近 12%的县（市）的乡镇工业总产值占农村社会总产值的 60%以上，有些地区的非农产值已占农村社会总产值的 90%以上（表 3）。产业结构呈现出由种植业型农业向大农业和非农产业型过渡。

表 3　农村产业结构现状（1991 年）[2]

产业比重/%	县数/个	占该区总县数的比重/%	所属类型	代表性
农业≥60	324	52.3	农业主导型	鄂西南、湘西、桂西及赣南
农业＜60 及工业＞40	109	17.6	工业起步型	
40≤工业≤60	115	18.6	工农并重型	浙、闽沿海及两湖平原
工业≥60	71	11.5	工业主导型	杭州湾及珠江三角洲

（3）农村综合实力增强。根据农村经济的水平、结构、效益和科技水平的综合分析（表 4），该区内珠江三角洲、杭州湾及东南沿海地区的农村综合经济实力较强，这些地区也是我国“农村综合实力百强县”的密集分布区。

表 4　农村综合实力分析[2]

评价值/%	县数/个	占该区总县数的比重/%	综合实力判别	代表性地区
＜1.0	64	10.3	弱	鄂西南、湘西及桂西
1.0～2.0	285	46.0	较弱	桂东、湘南、赣东南、皖南及海南
2.0～3.0	165	26.7	中等	两湖平原、雷州半岛及粤东南、闽中及金衢盆地
3.0～4.0	72	11.6	较强	
＞4.0	33	5.3	强	杭州湾和珠江三角洲

1.3　生态与环境状况

根据综合指标，将该区的生态与环境状况划分为三类，在不同地貌类型中，其分布情况是（表 5）：

（1）平原区生态环境质量主要与农药化肥及工业污染状况密切相关。区中杭州湾、福建沿海及广东沿海平原，如珠江三角洲等农业集约化水平较高的地区农田化肥面源污染严重，生态环境质量差；而广西的左右江、柳江地区以及海南省的东部沿海平原等农业生产水平较低，以传统型农业为主，生态环境质量较好；其余大部分地区的生态环境质量则处于中等状况。

（2）丘陵区以湘中、桂西、琼西最严重，主要表现为森林覆盖率低，水土流失严重；湘赣交界的罗霄山区最好，森林覆盖率达 80%以上。生态环境状况处于中等水平的地区主要集中分布于浙、赣、闽三省，以金衢盆地和江西上饶地区为代表。

（3）山区生态环境状况比较恶化的地区主要分布在鄂西南、湘西南、湘西北、皖东南及桂西石山地区，而生态环境良好的山区主要分布在武夷山和湖南的会同、资兴等地、南岭则属生态环境中等的类型区。

表 5　东南红壤丘陵区的生态与环境状况[3]　　（单位：万亩）

省（区）	平原			丘陵			山地		
	恶化	中等	良好	恶化	中等	良好	恶化	中等	良好
江苏	146.14	0	0	1007.93	0	0	0	0	0
浙江	3669.03	1259.36	5.00	0	6435.51	0	0	0	3507.47
安徽	0	713.15	0	0	0	0	4333.04	0	0
江西	0	5988.52	0	538.20	2825.47	8738.34	0	5419.81	514.00
湖北	0	1682.13	0	0	0	0	6147.47	0	0
湖南	0	4283.59	0	8392.39	0	4447.43	6274.36	2850.30	4268.69
广东	9788.75	0	0	0	2100.11	0	0	11767.77	1419.27
广西	0	0	12429.79	9054.30	0	0	7344.03	4473.71	2465.61
海南	0	0	1991.37	2488.68	0	0	845.65	0	0
福建	2036.17	0	0	2252.35	0	0	0	2777.89	10767.39

1.4　现状特征的综合分析

综合上述自然资源、社会经济及生态环境状况的分析，通过计算机处理（图 1），可以看到：

（1）资源不丰、综合经济实力弱或很弱、生态与环境状况差的类型。代表性地区包括桂西石山区、鄂西南山地、湘西、桂东南、皖南和琼西等地。

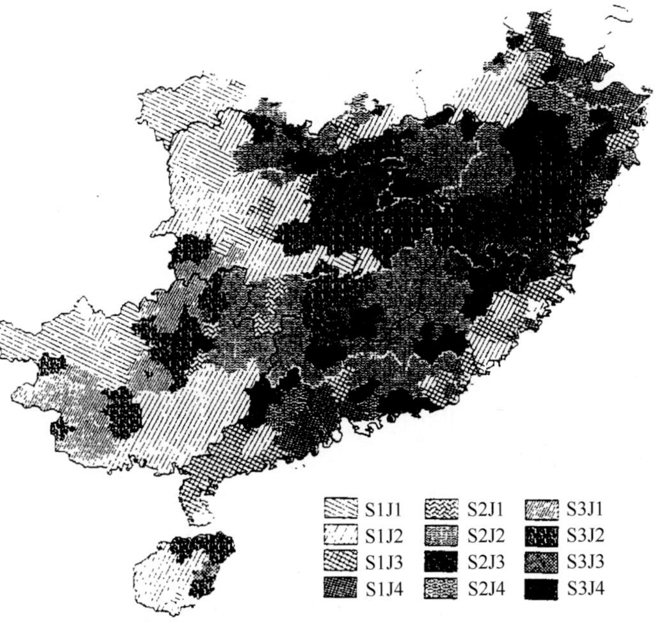

图 1　东南红壤丘陵自然资源—生态环境—社会经济综合状况图

图例说明：S1：生态环境状况差的；S2：生态环境状况中等；S3：生态环境状况良好；J1：社会经济状况极差；J2：社会经济状况差的；J3：社会经济状况中等；J4：社会经济状况良好和极好

（2）资源较丰、经济实力较强、生态环境质量较高。主要集中在福建中西部低山丘陵区。

（3）资源丰富、综合经济实力较弱、生态环境质量较高。包括浙闽沿海丘陵山区、赣中及湘赣交界的江南丘陵区。

（4）资源较丰、综合经济实力中等、生态环境质量中等。集中分布于浙江中西部、赣东北、两湖平原及南岭山地。

（5）资源较丰、经济实力雄厚、生态与环境质量恶化。主要分布在苏南、杭州湾及珠江三角洲。

根据以上综合分析可见，越是社会经济发达的地区，其资源与环境的破坏愈为严重，说明当前不少地区的经济发达，是以破坏环境与资源作为代价的，这种情况应当引起深思和高度重视。

2 优势潜力

2.1 自然资源的优势与潜力

由于本地区受东南季风之惠，是我国水热资源丰富、农业生产和经济发展潜力最大的地区之一。其生产潜力很大。在该区，生物循环再生和土地更新能力强，全年都能发展种植业。有利于多熟制立体种植的发展。全区平均复种指数为 199（浙江高达 247），尚可进一步提高。以光、温、水为指标的气候生产潜力，除秦巴山区外，在 46～54t/（$hm^2 \cdot a$）之间，平均达 51t/（$hm^2 \cdot a$），分别是三江平原的 2.63 倍、黄土平原的 2.66 倍、黄淮海平原的 1.28 倍。而目前大面积种植业平均产量仅为气候潜力生产量的 20%左右。如果考虑土壤肥力因子。从光、温、水、土生产潜力与当前该区粮食生产水平（2/3 的耕地为中低产地，产量为 8.6t/hm^2）的比较来分析耕地的生产潜力，那么平均每公顷可增产 4.5t 以上，其中以海南岛最高，达 12.21t/hm^2。全区增粮潜力总量约为 5500 万 t；该区尚有 2000 万 hm^2 未开发的山丘荒地（其中 1000 万 hm^2 宜植树造林，400 万 hm^2 可用于农耕）、1600 万 hm^2 低丘岗（台）地（是近期开发条件相对较好的资源）和 30%左右的水域面积以及河湖、滩地和 640 万 hm^2 的东海、南海滩涂等重要后备资源可供开发利用[2]。

在林业生产方面，该区 3300 万 hm^2 现有林地的挖潜和 660 万 hm^2 灌木稀疏林地的开发将对全区林业产值与林产品增加产生巨大影响，可建成我国最大的速生林生产基地。

该区也是我国热带、亚热带经济林果、经济作物及名贵药材等名特优创汇产品的重要生产基地，盛产橡胶、竹木、油桐、茶叶、麻类等经济作物以及热带、亚热带水果如香蕉、柑橘、龙眼、荔枝等，具有巨大的特色生物产品贡献能力（表 6）。同时是全国意义的可供未来规模经济开发的商品建设基地，不但产品类型众多，而且分布格局全面，其潜在的经济贡献必将通过综合开发产生巨大的社会影响。

表 6 东南红壤丘陵区热带、亚热带经济作物及水果产品对全国的贡献率（1991 年）[1]

经济作物	橡胶/t	咖啡/t	椰子/万个	油棕/t	腰果/t	香料/t	剑麻薯麻/t	胡椒/t
贡献率/%	73.86	40.02	99.81	100	98.1	83.36	99.81	99.15
水果	总量/t	香蕉/t	柑橘/t	菠萝/t	梨/t	葡萄/t	红枣/t	柿子/t
贡献率/%	46.42	96.90	82.89	93.67	16.9	8.83	7.86	26.71

此外，该区以有色金属为特色的矿产资源极其丰富，合理开发利用这类资源，同时注重生态环境保护，将对该区建设和农业开发产生巨大推动作用。

2.2 区位条件与社会经济发展潜力

随着我国经济的不断发展和改革开放的进一步深入，本地区将逐渐成为具有巨大发展潜力的地区，如以广州、深圳等为核心的珠江三角洲地区，以汕头—厦门—福州—温州—宁波为轴心的东南沿海地区，以杭州、上海及南京等为核心的长江三角洲地区，以长沙、南昌为轴心的两湖平原地区，以上海浦东开发为龙头，三峡工程为契机的长江流域经济建设带以及北海沿边贸易带。同时，京九铁路建成之后，也将会形成以九江—南昌—吉安—广州为轴心的沿线经济开发带。此外，该区集中了 5 个经济特区，8 个高新技术开发区和 8 个沿海开放城市。经济实力已相当雄厚，为腹地山丘资源的开发注入了活力，而腹地山丘资源的开发又将为沿海沿江经济的持续稳定发展提供保证和后盾。因此，该区具有沿海、沿江区与丘陵腹地间在农业生态和经济网络上相互促进、协调发展的巨大区位优势。

3 面临的问题

长期以来，由于对资源的各种不合理的开发利用，该区上述巨大的优势与潜力，不但未充分发挥，各种资源与生态环境退化过程反而日趋严重，人地矛盾愈来愈突出[4]。总括起来，当前整个区域农业发展面临下列主要问题。

3.1 人多地少，人地矛盾突出

当前该区人均占有土地面积 7.36 亩，仅为全国平均值（14 亩）的一半，人均耕地（0.93 亩）也明显小于全国平均值（1.42 亩），且后备土地资源中耕地极其有限，质量差，开发投资大。另一方面，在经济较发达的沿海、沿江地区，随着市场经济的发展，比较注重经济开放。而尚未顾及资源的全面开发，使农村劳力超限度向二三产业转移，耕地抛荒现象已相当普遍，而且乡镇工业和开发区对耕地的侵占和污染也日益加剧，加上人口的急剧增长，人地矛盾相当尖锐，农业呈萎缩状态。

3.2 农业结构不合理，山丘优势未发挥

该区在地貌组成上，以山地（主要是中低山）和丘陵为主体，各占该区总面积的 38%，而在土地资源利用上，长期实行以种植业为主体，以粮食为中心的单一的“沟谷农业”模式，即仅对占全区面积 20%左右的山间及丘间沟谷、河谷平原和缓坡地实行相对集约的农业经营，近 80%的劳力拥挤在这里，而对大面积的山丘，则几乎处于荒闲状态（不包括在一段时间内的毁林种粮），使占地总面积 35%的林地的优势远未发挥。

3.3 土地资源退化，生态环境破坏严重

由于长期不合理的土地开发利用，导致和加剧了该区的水土流失。当前该区水土流失面积为 24.8 万 km^2，占土地总面积的 21.4%，其中强度和极强度流失面积[3]分别占总流失面积的 16.81%和 6.62%，与前人研究的结果比较，赣、湘、闽、粤、桂 5 省区的水土流失面积比 50 年代增加了 2.37 倍，比 80 年代增加了 18.4%（表 7）。

据调查，赣南、粤东、湘西、湘中、桂东南等地区水土流失较为严重。该区 619 个县（市）中，具有明显水土流失的县有 159 个，其中强度以上流失的县共 25 个；浙、湘、闽、粤、桂 5 省区每年表土流失量为 5.85 亿 t，相当于每年冲去 312 万亩耕地的耕作层，损失养分 1796 万 t。

此外，该区存在土壤侵蚀潜在危险的面积为 22.35 万 km^2，其中土壤抗蚀年限在 10 年以下的土地面积达 2.8 万 km^2。更为严重的是，粤、桂 2 省区尚有 2.1 万 km^2 的土地，一旦植被遭到破坏，在一年内就很可能将表土层全部冲去。

表 7 部分省区水土流失面积动态变化

省区	水土流失面积/万亩			1993 年比 50 年代增加百分数/%	1993 年比 80 年代增加百分数/%
	50 年代	80 年代	1993 年		
江西	1650	5127	8169.5	395.1	57.4
湖南	2848	6600	8483.9	197.9	28.5
福建	675	2040	4434.7	557.0	117.4
广东	1117	3495	3097.9	177.3	–11.4
广西	1800	5730	3035.6	68.6	–47.0
总和	8090	22 292	27 221.6	236.5	18.4

该区地处热带、亚热带、高温多雨，矿物风化和土壤淋溶作用强烈，土壤多呈酸性反应。阳离子交换

量低，保肥性能差，自然肥力不高，土壤综合肥力大多处于中、下水平（图 2，表 8，表 9）。耕地中有 68%为中低产田，普遍缺少有机质和氮素，全部旱地和 60%的水田缺磷，58%的耕地缺钾，80%缺硼，64%缺铝，49%缺锌，18%缺镁。因此，土壤养分贫瘠化已成为该区农业持续发展的障碍因素。

表 8　东南红壤丘陵区土壤肥力现状及利用水平（按表 9 指标进行分级）

项目	等级	县数/个	面积/万亩	占总县数的比重/%	代表性地区
土壤综合肥力水平	高	140	37 487.7	22.5	西湖、苏皖沿江、杭嘉湖、珠江三角洲、武陵山区、广西河池
	中	225	65 271.7	39.2	其余地区
	低	207	63 811.0	38.3	琼北、粤桂南部、广西百色、闽南、江西吉泰盆地、浙东
土壤肥力利用水平	高	192	55 326.6	33.2	东部沿海、沿江地区
	中	201	58 161.9	34.9	其余地区
	低	179	53 081.9	31.9	海南中西部、珠江三角洲、广西河池、两湖及安徽沿江平原

此外，由于化肥、农药残留及酸雨影响，土壤酸化及各种土体和水体污染过程也日益严重。据统计，目前区内因酸化、潜育化及污染而造成低产的土壤面积已超过 1 亿亩。对该区东部红壤丘陵区化肥使用情况的统计结果（表 10）表明，该区化肥使用量明显超出全国平均水平，尤以沿海的福建、广东两省超出程度高达 2 倍之多，浙江和江苏两省也达 1.6～1.8 倍。以福建省为例，1991 年亩均化肥纯用量达 40.88kg，其中亩均折纯氮肥用量达 26.40kg，已经高达增施化肥而不增产的地步，而农田化肥尤其是氮肥的潜在面源污染问题日趋严重。

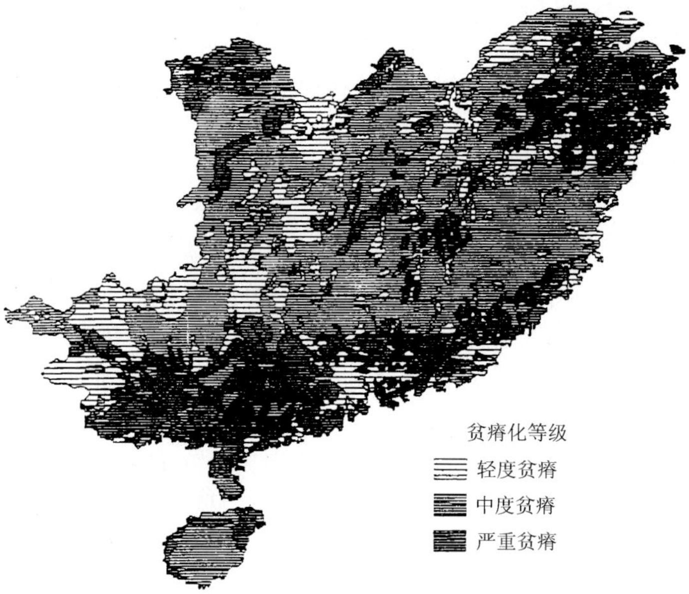

图 2　东南红壤丘陵土壤养分的综合贫瘠化状况[6]

表 9　东南丘陵区红壤肥力状况评价标准[5]

土壤类型	养分水平	代号	有机质	全氮	全磷	全钾	速效磷	速效钾
自然土壤	肥沃	A	＞35	＞1.75	＞1.0	＞30	＞10	＞150
	轻度缺乏	B	25～35	1.25～1.75	0.6～1.0	20～30	5～10	100～150
	中度缺乏	C	15～25	0.75～1.25	0.2～0.6	10～20	2.5～5	50～100
	严重缺乏	D	＜15	＜0.75	＜0.2	＜10	＜2.5	＜50
旱地土壤	肥沃	A	＞20	＞1.5	＞1.0	＞30	＞10	＞150
	轻度缺乏	B	15～20	1.0～1.5	0.6～1.0	20～30	8～10	100～150
	中度缺乏	C	10～15	0.5～1.0	0.2～0.6	10～20	5～8	50～100
	严重缺乏	D	＜10	＜0.5	＜0.2	＜10	＜5	＜50

表 10 南方东部红壤丘陵区化肥使用状况（1991 年）[5]

省份	统计县数/个	化肥总用量/t	亩均纯用量/（kg/亩）	省与全国亩均纯用量之比
江苏	7	174 068	35.39	1.81
浙江	77	970 296	35.29	1.65
安徽	21	162 146	24.98	1.25
江西	87	871 690	24.44	1.25
湖北	26	38 906	23.84	1.22
湖南	106	1 339 374	25.09	1.28
广东	84	1 561 109	40.78	20.90
福建	64	759 187	40.88	20.90
合计	472	6 236 776	31.34	1.58

3.4 经济发展不平衡，农民收入差异显著

西部地区农业沿岗、丘、山呈环状分布，生产水平低，产量不稳。东部丘陵农业偏重于“沟谷”发展，土地利用率低，经济发展缓慢。沿海沿江经济发展迅速，农业增值快，生产面貌迅速改变。分析表明（表 11），该区农村人均社会总值和劳动生产率，无论是数值还是年递增率都呈现出沿海→沿江→腹地逐步递减的趋势。这种梯级分布造成了劳力由腹地向沿江、沿海流动。由于劳力和资金的高度集中，促进了沿海、沿江地区经济的高速发展，同时也加剧了与腹地之间的经济发展不平衡性。

表 11 沿海、沿江及腹地主要经济指标

项目		农村人均总产值		劳动生产率		非农业比重		人均收入	
		1991 年值/元	1985～1991 年递增率/%	1991 年值/元	1985～1991 年递增率/%	1991 年值/%	1985～1991 年递增率/%	1991 年值/元	1985～1991 年递增率/%
沿海	珠江三角洲	9520	13.02	16 221	12.20	75.32	0.71	1609	2.40
	杭州湾	7234	8.75	11 216	10.15	83.30	1.81	1270	2.75
沿江	江苏 8 县市	5538	8.27	10 014	16.17	79.62	3.25	784	−2.89
	江西 13 县市	2281	7.45	4732	4.17	44.24	8.13	783	0.39
	湖南 11 县市	1894	6.30	3989	4.84	47.22	9.09	680	−0.28
腹地	广西百色	706	4.17	1475	2.64	13.98	3.49	330	4.40
	鄂西南	836	1.54	1743	−0.02	23.19	2.53	344	−3.5

从产业结构看，非农产业的比重表现为沿海→沿江→腹地递减，非农业产品的变动速率以沿江为最高，它处于经济迅速变动期，将成为今后该区在经济上极富活力的地区之一。因此，如何利用当前出现的有利形势，突出重点，逐步调整经济布局，是该区经济工作的重点之一。

参 考 文 献

[1] 陈斌飞，张桃林. 赵其国. 南方红壤丘陵区自然资源与潜力优势开发. 土壤，1995，27（3）：113-118.
[2] 翟玉顺，张桃林，赵其国. 我国南方红壤丘陵区农村经济现状与发展对策//王明珠等. 红壤生态系统研究（第三集）. 北京：中国农业科技出版社，1995：44-49.
[3] 李勇，张桃林. 我国南方红壤丘陵区生态环境特征及其评价//王明珠等. 红壤生态系统研究（第三集）. 北京：中国农业科技出版社，1995：57-68.
[4] 赵其国. 我国红壤的退化问题. 土壤. 1995，1995，27（6）：281-285.
[5] 张桃林，张斌，等. 我国南方丘陵区红壤资源潜势、问题与持续利用耕作制度//王明珠等. 红壤生态系统研究（第三集）. 北京：中国农业科技出版社，1995：28-43.
[6] 孙波，张桃林. 赵其国. 南方红壤丘陵区土壤养分贫瘠化的综合评价. 土壤，1995，27（3）：119-128.

我国东南红壤丘陵地区农业持续发展和生态环境建设
Ⅱ. 措施、对策和建议

赵其国　吴志东　张桃林
中国科学院南京土壤研究所，南京　210008

摘　要

东南红壤丘陵地区是我国热带、亚热带经济林果、经济作物及名贵药材等名、特、优创汇产品的重要生产基地，在全国商品经济发展中占有重要地位。研究和搞好该地区的农业持续发展和生态环境建设，对我国农业生产的发展具有重大影响。文章在分析了该地区的优势、潜力和问题的基础上，提出今后发展的措施、对策和建议。

关键词　红壤丘陵；农业持续发展；生态环境建设

1　综合治理方向及配套措施

针对该区当前农业生产中存在的资源和环境问题，结合长期积累的试验与研究经验[1]，提出下列 6 项综合治理的对策和具体措施。

1.1　突出区域重点，明确发展方向

根据该区自然资源、生态、环境及社会经济条件的现状分析，首先，在区域布局的重点上应突出占地 108.5 万 km^2 的东南红壤丘陵和面积达 45 万 km^2 的低丘岗地红壤，并将综合治理与开发作为突破口。整个地区的发展方向是：建立南方丘陵区持续农业和农村经济综合开发的资源综合利用和环境保护系统，从而提高农民收入，增强地区自我发展能力，摆脱贫困和环境退化的影响，达到农村经济的全面振兴。

地区发展的具体途径是：在保证粮食产量稳步增长的同时，通过劳力、科技与资金投入及农业结构调整，发展立体农业与精细农业，走农业产业化和现代化的道路，建立高效集约持续农业发展模式及配套技术体系，逐步建立起以热带、亚热带经济林、果、作物，特别是名、特、优品种的创汇产品生产基地，促进沿海、沿江与丘陵腹地经济的协调发展，为山区脱贫致富及振兴农村经济创造一条新路。

从该区农业资源及垂直层性特征看，低丘岗（台）地层带（其中低丘海拔在 100～300m，岗（台）地在 60～100m）一般地表起伏和缓，自然及水源条件好，荒丘面积广，是近期农林牧生产和开发条件相对较好的一种多宜性土地资源。但另一方面，低丘岗地又是自然景观与人文景观生态系统相互交错的生态脆弱带，人为影响尤其是采薪和铲草积肥活动最严重，植被逆向演替剧烈，水土流失相当普遍，能量固定能力差，物质循环通量小，土壤具有酸、黏、板、瘠、旱等明显障碍特征，根据分布面积较广的第四纪红黏土发育红壤的肥力特征分析结果，其有机质及氮磷钾等养分元素含量的贫瘠化程度均较一般红壤更为严重，大多处于中度至严重缺乏状态。同时对这类红壤水分物理性质的研究结果表明，红壤总库容和贮水量均较高（0～150cm 土层分别达 793.4mm 和 495.32mm），持水性较强，但其有效水库容相当低（0～150cm 土层只有 188.80mm），且主要集中在低吸力段（90kPa 以下），供水性能差，易出现干旱。加之该区降雨季节性分配极不均匀、旱热同季，作物常常受到伏旱秋旱的严重威胁，可见，低丘岗地具有巨大潜力和严重障碍并存的特点，而且该层带开发的成败，对于整个丘陵山区开发前景将产生重大影响。因此，必须尽快采取措施，扬长避短，进行重点治理和开发，建立起良性循环

本文原载《土壤》1998 年第 4 期第 169-177 页。

的丘岗农业景观生态系统。

1.2 调整农业结构，发展立体农业布局

通过调整农业结构，变单一的“沟谷农业”为农、林、牧、副、渔综合发展的高效集约持续农业，实现该区各种资源在时间和空间上的优化配置，形成茶果、蚕桑、竹木、畜禽及水产等新型支柱产业，变资源和区位优势为经济及持续发展优势。具体来说，应采取下列主要措施。

1. 调整作物布局，推行“粮经饲”三元结构种植模式

在保证粮食产量稳步增长的同时，在一些地区应适当压缩当前比重过大的“双三制”（即双季稻三熟制）种植面积，重视旱粮生产，增加经济作物和饲草饲料作物的播种面积，提高水耕生态系统的多样性（或异质性），发展“两旱一水”（如小麦套玉米接晚稻）或水旱轮作及旱地间混套轮作多熟制等新型耕作制度。同时，应大力发展各种林农间作、果农间作、林牧结合的山丘立体农业模式。

2. 开发冬季农业，优化周年种植制度

开发的重点是冬闲田和低产冬绿肥田。针对冬作结构单一（其中绿肥比重占冬种面积的50%左右，油菜占 30%左右，而春粮比重很小并以小麦为主，大麦、蚕（豌）豆仅占春粮的 30%）、产量低、效益差等特点，以消灭冬闲田为突破口，在提高绿肥鲜草单产的同时，稳定或适当压缩面积，增加油菜、小麦、蚕（豌）豆及马铃薯和蔬菜等的种植面积，并实行绿肥过腹还田，促进农牧结合。此外，该区也有相当面积的秋闲田，因秋旱不能复种双季晚稻，可发展秋玉米、秋大豆、秋甘薯以及芝麻、荞麦等，并组成玉米间作大豆、玉米间作甘薯以及大豆间作甘薯等方式。

3. 改良中低产地和未垦荒地，挖掘资源潜力

从对增加粮食产量的三个基本途径，即扩大耕地面积、提高单产和增加复种指数的分析结果看，该区虽有约占土地面积 1/4 的未垦荒地，但其中农荒地仅占 7.5%，石质荒地的比例高达 15%。可见，扩大耕地在粮食增产中虽有一定的作用，但潜力不大。今后该区产量的增加将主要依赖于增加复种指数和提高现有耕地的作物单产。目前该区平均复种指数为 199%，其中西南地区为 196.2%，东部丘陵为 210.5%，江西省则高达 246%（浙江省 1980 年时曾达到 253%），表明在提高复种指数方面，该区有相当大的潜力。再从提高单产的潜力看，目前该区粮食单产 300～350kg，并已出现增施肥而不增产的趋势。看来，若没有品种或技术上的重大突破，难以期望获得较大的提高。今后应从品种改良及提高旱地的肥力水平上加以突破。大量的长期试验表明，增施有机肥，特别是有机肥与化肥配合施用，是重要的土壤肥力管理策略之一。可见，增加养分投入、调整肥料结构、推广平衡施肥技术，应是该区今后迅速恢复、提高耕地和荒地土壤肥力及其农业综合生产力的重要措施。此外，应充分利用适宜的荒山荒丘资源，发展热带亚热带经济林果，特别是各种名、特、优、稀农林产品，并在生产模式上改过去的分散型种植为集中的基地型拳头产品生产，发展规模商品生产模式，走“商品农业”或“创汇农业”的道路。

1.3 防治水土流失，建立保土型集约耕制

由于水土流失及其诱发的各种生态环境问题已成为该区农业持续发展中最严重的障碍因素，而且有进一步发展的态势。因此，必须针对该区特定的地质地貌条件和土壤侵蚀特征，在分类分区的基础上，以小流域为单元，注重生物措施与工程措施的结合、治理与开发的结合、长期与中期及近期利益的结合。依据上述原则，该区最基本的水土保持型模式可概括如下：在坡度大于 25° 的中度至严重侵蚀的陡坡地上，必须封山育林，并在林木生长早期林下种草。同时，对那些已实施陡坡耕种的生态脆弱地段实行退耕还林；在侵蚀轻微的坡麓或岗地上，采用等高带状种植方式，发展经济作物和饲料作物。当然，该区在水土保持方面尚有许多其他成功的模式和技术，尤其是一些水土保持型耕作制度和复合农林业系统及其相匹配的土壤表面管理措施，如少免耕技术、秸秆还田、地面覆盖以及鱼鳞坑等。这些水保措施实施后，通常可获得

明显的效益。针对低丘岗地既是该区潜力最大，近期开发条件最好，但同时又是水土流失最为严重的层带这一特点，研究和发展各种防止或减少低丘岗（台）地土壤侵蚀和恢复退化生态系统生产力的各种水土保持型持续耕作制度，具有特别重要的意义。

1.4 改造生境条件，促进水热协调

红壤生态系统的退化往往是从毁林或单一种植等生境变化开始的。所以，必须把红壤生态系统内的改土与治山、治水结合起来，从而促进地面大气层、生物气候与土壤内部三方面水热动态的协调和稳定。

1. 植树造林

在低丘红壤上营造护田林或实行混林农业，对于调节农田小气候，美化环境都有重要作用。营造护田林首先要因地制宜，在丘顶、岗背、山脊、风口配置永久性林带。其次，林带要与农作物保持一定距离，不与作物争光、争水、争肥，在树种选择上要注意选择树冠适中、抗逆力强、生长快的品种。第三，农林混合、互相促进，一林多用、以林促牧。研究表明，花生与林木间作，较各自单作既增加了土壤水分、养分和光能利用率，又有利于缓冲地面的水热状况。

2. 灌蓄节水

引水灌溉是旱季稳定土壤水分状况的重要措施。据研究[1]，红薯旱季灌溉，块根增产 81.34%～118.24%，茎叶增长 41.95%～100.66%。同时，灌溉可使 0～15cm 土层地温降低 5～6℃，显示出良好的稳温效果。

丘陵红壤区要实现蓄、引、提三结合，通常有以下四种解决办法：一是山前丘岗，依山傍丘，可利用渗水源层层拦蓄，修建山塘水库；二是盆地中波状低丘，可利用丘间洼地逢沟筑坝或河旁提水灌溉；三是地势平缓连片的滨湖河旁丘岗阶地，既可提水上田，也能在其上游筑坝建库；四是远离水源的丘岗，在其坡麓打土井（直径 1～2m，深 7～10m）提水灌溉，缓解干旱缺水矛盾。

此外，地面覆盖可减少蒸发。据中国科学院红壤站和江西省红壤所田间定位试验，在雨养条件下，覆盖比对照增产玉米 16%～20%；花生 38.2%；大豆 29.3%。茶叶叶芽头数增加 34～78 个/m^2，柑橘增产 6.0～14.5kg/株。但不同覆盖物保水效果不同，以稻草优于地膜、活覆盖和对照。活覆盖（竹豆和生草）在干旱严重时，有与茶果争水争肥的矛盾。地膜覆盖在前期可防渍保温，但中后期则因阻隔雨水和追肥不便。效果相对较差。

3. 修筑梯田

坡地修筑梯田是改良红壤坡地水势条件与养分状况最彻底的办法。它使地表处于相对等高的状态，达到保水、保土、保肥的目的。据江西省红壤研究所在红壤丘陵缓坡地测定的结果，在一次降雨量为 60～80mm 时，水平梯田基本保蓄了水分，未发生地表径流，等高不水平的梯田，可保蓄 70%左右，而坡耕地仅保蓄 40%～50%。三者作物产量的比率分别为 100%、70%～90%和 60%～75%。

在修筑梯田时应因地制宜、合理规划，便于机耕、运输和灌排，有利于水土保持。梯田面宽应根据地形、坡度和土层厚度而定。一般要注意保留表土，创造深厚、疏松、均一的耕作层。

1.5 增加物质投入，提高肥力水平

红壤具有蚀、瘦、酸、黏、板等特点，必须加大物质投放，不断提高土壤调节和供应热、水、气、肥的能力，才能取得较好的收成。

1. 多施有机肥

红壤低产的根本原因是有机质少。大量施用有机肥可以加速土壤有机质积累，改良红壤一系列不良性状。有机肥源主要包括种植绿肥、养猪积肥和篙秆还田三个方面。有机质经过微生物的分解和合成作用，形成的深色腐殖质与红壤中的矿质胶体结合，形成有机—无机复合胶体，促使以低硅矿质胶体为主的冷性土变为复合胶体为主的生理热性土。胶体品质的改变，从根本上改善了土壤养分的保蓄和供应性能。同时，有机质不

断矿化也丰富了土壤营养物质。因此，随着有机质含量的增高，红壤养分状况和供肥能力显著好转（表 1）。

表 1　红壤有机质含量与养分状况的关系

采集地	熟化度	有机质/（g/kg）	全氮/（g/kg）	全磷/（g/kg）	交换性盐基总量/（cmol/kg）	pH
南昌	荒地	3.10	0.3	0.4	2.89	4.5
	种植 4 年	16.10	—	—	—	—
进贤	荒地	9.90	0.8	0.1	1.47	5.0
	基本熟化	13.90	0.9	0.6	0.31	5.8
	强度熟化	16.90	1.0	0.8	11.39	6.4
刘家站	荒地	5.2	0.4	0.3	1.04	5.5
	种植 5 年	10.2	0.7	0.6	12.94	5.7

随着有机质的增加，腐殖质逐步成为结构体的主要胶结物质，土粒表面包被的铁锰胶膜逐渐由有机—无机复合胶膜所代替，从而使耕层土壤的水稳性团聚体增加，土壤容重变小，孔隙度增加，通透性良好。缓和了热、水、气、肥之间的矛盾。为土壤和作物的协调，创造了稳、匀、足、适的环境条件。

2. 合理施用化肥

合理施用矿质肥料对于进一步改善红壤的供肥状况，提高作物产量有着重要意义。在开垦早期或尚处于熟化初期的红壤，氮、磷效果都很显著，特别是磷肥，肥效往往超过氮肥，且肥力愈低者磷肥的效果越大。磷肥在土壤中移动性小，后效较高，随着红壤熟化，磷素有一定积累以后，磷肥肥效（在没有氮素配合的情况下）又会逐渐降低。

红壤开垦后，由于耕作频繁，有机质分解快，氮素含量相应降低。同时，作物从土壤中取走的氮素比磷素多。谷类作物中氮、磷比例约为 2∶1。而且由于施磷，作物产量提高，又大大加速了氮素的消耗。因此，中度熟化的红壤施用磷肥与氮肥的肥效差异很小。随着土壤熟化度继续提高，氮素供应日趋紧张，氮素的效应明显地大于磷肥。

钾肥肥效一般比氮、磷稍差，这是因为红壤中钾的淋失率较小，含钾量相对较高。其中第四纪红黏土发育的红壤含钾量（K_2O，下同）为 13.5g/kg，红砂岩发育的为 10g/kg。在耕垦初期，除甘薯、马铃薯、大豆、花生、玉米、烟草等需钾较多的作物对钾肥有较高的增产效果外，其他作物反应不明显，但是随着利用年限的增加，复种指数和产量的提高，作物从土壤中吸取大量钾素，红壤中钾的供应水平逐渐降低，钾肥肥效渐趋显著。多年的钾肥试验表明，钾肥无论对旱作物或水稻都有良好的增产效果，增产率一般都在 10%～12%以上，高的可达 30%以上，各种钾肥品种都有增产。一般认为，窑灰钾肥、钾钙肥等矿质钾肥以作基肥较好，氯化钾、硫酸钾等化学钾肥除可用作基肥外，也可作早期追肥。红壤中钼、硼、锌、镁、铜等微量元素，虽然在酸性条件下可以提高其有效度，但由于受到强烈的淋溶，绝对含量低，施用微量元素肥一般都有较好的效果。特别是钼和硼对于柑橘、大豆、花生、紫云英、油菜等增产显著。在不同熟化程度的红壤旱地上试验，旱大豆用 1g/kg 硼砂拌种，增产 11.1%，旱花生用 1g/kg 钼酸铵拌种，增产 7%～15%，油菜使用硼、钼肥增产 10%～20%。

3. 施用石灰

红壤施石灰的主要作用在于中和酸性，减轻活性铝危害，提高土温，增加钙素，从而促进微生物繁殖，间接调节土壤养分状况，改善物理性质。在低丘红壤区的适宜施用量为 750～1125kg/hm^2，效果最好的可使土壤提高 1 个 pH 单位。试验资料表明，施用有机肥料配合施石灰可使花生增产 10%，大豆、水稻增产 10%～20%。石灰后效较长，根据轮作换茬制度，选择适宜茬口施石灰是必要的。值得注意的是应该与有机肥配合施用，否则可能引起土质板结。

1.6　合理耕作，充分发挥耕地潜力

合理安排茬口，搞好田间耕作管理，通过合理种植、轮作耕作等措施，使土壤中水热动态趋于稳、匀、足、适，为根系的生长，土壤微生物的活动创造了条件。从而不但可以提高产量，而且还可以不断

提高土壤肥力。同时，合理的轮、间、套、复种，可以充分利用红壤生境条件的光、热、水资源优势，特别是在轮作复种中安排豆科作物，则效果更好。这样，有利于使合理利用红壤的过程成为改良红壤的过程。

1. 因土种植

农作物都有自己的土宜特性，按作物土宜种植，不但产量较高，而且培肥改土效果也显著。根据红壤的熟化程度，选择最适宜的作物既可充分利用红壤的增产潜力，又有良好的养地效果。

新垦旱地肥力差，宜种性窄，在没有大量有机肥料和其他许多措施配合的情况下，只有少部分作物、绿肥和树种适合种植，这类作物通常被称之为红壤地上的“先锋作物”或“先锋树种”，它们是甘薯、花生、马铃薯、芝麻等农作物，茶叶、油茶、油桐、桑、柿、柑橘、梨、桃等园林作物，肥田萝卜、豇豆、光叶紫花苕子、紫云英、猪屎豆、紫穗槐、胡枝子等绿肥牧草以及马尾松、湿地松、苦株、合欢、泡桐、桤木等林材。

必须指出，因土种植是相对而言的，因为红壤的熟化程度及其熟化的快慢，取决于人们的投入，如果在开垦初期能修筑水平梯田，施用大量有机肥，及时灌溉等满足作物生长发育的需要，显然就不存在所谓种植“先锋作物”了。

红壤最常见的障碍因素是酸害铝毒。如果选用耐酸及耐铝毒作物就可大大减少因消除铝毒所需的投入。此外，缺磷也是一个严重障碍因素，红壤的标准需要磷量为 100～500μg/g 土，这相当于 3600～18 000kg/hm^2 过磷酸钙[1]。如果能选择耐低磷的作物或者种植能较好利用难溶性磷的甜菜、花生、油菜等，也可降低磷的投入。

2. 合理间作套种

低丘红壤地区历来有间作套种的习惯。近年来，不仅间套种面积逐年扩大，而且形式更多，增产越来越显著。对红壤生态系统来说，通过间作套种，可以缓冲水分、温度的剧烈变化，促进作物与投入之间的协调，从而夺取高产。

间作套种主要功能在于高温和多雨季节保持连续、多层的植被，缓冲地面上下水势状况的剧烈变化。高粱大豆间作行间与二者单作行间比较，温度日变幅和热周期变幅都变小，绝对最高温度低 5.5℃。同时，地面大气相对湿度较大，日变幅较稳定，间套作日平均湿度比单作高 7%～8%，日变幅小 13%～16%，耕层土壤含水量高 1.7%左右。

3. 合理轮作换茬

合理轮作换茬，能在一个年周期或一个轮作周期内解决作物与土壤之间的供需矛盾，并保持连续性的均一植被，这在高温和多雨季节尤为重要。生产者必须根据当地的气候特点安排好各季作物茬口，做到间作套种，茬茬扣紧。新垦红壤多采用花生—肥田萝卜（绿肥）；甘薯—肥田萝卜（绿肥）一年一熟制，或花生—油菜（早熟种）一年两熟制。

4. 合理深耕

红壤旱地耕层浅薄，不能满足作物根系伸展及正常生长发育所需的良好环境和营养范围。进行合理深耕，可创造一个深厚的均一的肥沃的耕作层，促进土壤熟化。

雨后进行中耕及表土埋草深松耕作等措施对于吸蓄雨水，减少蒸发，缓冲水分、温度的剧烈变化有明显的作用。此外，在红壤坡耕地上采用等高耕作、留茬、作畦以及选择耐旱作物、选用早熟品种、适当提早播种和推行合理密植等都是行之有效的抗旱保墒措施。

5. 旱地改水田

旱地改水田可以加快土壤熟化速度，增产幅度也相当明显。旱改水增产的主要原因是：首先，土地经过平整后可以进行人工灌溉，解除了干旱威胁，并能满足高产作物在夏秋高温季节的较高需水量，从而可充分利用夏秋充足的光、热因素达到高产；其次，解决了红壤的水、土、肥冲蚀问题，变“三跑田”为“三保田”；接着，土壤在淹水条件下水热状况的变化相对稳定，施用有机肥料容易促成腐殖化，提高土壤的保肥供肥能力；最后，改变了红壤旱地宜种、宜肥、宜耕范围窄的缺陷，有利于水旱轮作，便于安排作物茬口。旱改水后，有机质和养分含量增加，酸度和活性铝含量明显下降，交换性盐基总量上升，盐基饱和度提高。

2 区域治理建议

为寻求解决该区因生态与环境破坏所带来的农业滞后与土壤退化问题，1995 年 12 月 8 日至 22 日，作者参加了中国科学院地学部组织的中国科学院院士考察组，对该区具有代表性的江西省和广东省共 6 个市，12 个县，13 个试验站及现场进行了实地考察，行程 3000 余公里，通过这次考察，对该区农业持续发展与环境治理等问题提出了以下六个方面的建议。

2.1 重视浅丘岗地的综合开发，发展多种经营，促进粮食增产

江西千烟洲试验区，1983 年开垦红壤丘陵坡地 3000 亩，3 年建成林、果、草、鱼立体格局。10 年提高农业产值 82 倍，人均收入增加 11 倍，60%的农户成为万元户，同时，增强了对粮食生产投入的实力，粮食单产由 115kg 增至 410kg。广东东莞桥头镇，通过建立“农业科技园”，对 1800 亩红壤丘陵坡地进行果、林、鱼、禽开发，3 年后获利 50 万元，粮食增产 1 倍以上。由此可见，开发红壤丘陵坡地不仅用于发展多种经营，促使农民致富，而且有助于稳定粮食面积。实现粮食的稳产高产。这种“开丘稳粮促粮”的经验值得重视与推广。目前全区较易开发的红壤丘陵坡地有 1 亿多亩（其中江西 900 万亩，广东 2500 万亩），我们建议：①国家应将南方红壤丘陵坡地列为近期开发的重点，以充分发挥该区土地资源潜力；②开发红壤丘陵坡地应注意水土保持和搞好农田基本建设，并注意开发与治理、开发与效益相结合，开发一亩，稳定一亩；③江西省提出了“从山上再建一个江西”的目标，而且在山江湖开发治理方面取得了明显的效益，积累了丰富的经验。对此，我们建议首先将江西省山江湖开发治理工程正式列入国家经济建设与社会发展科技攻关计划，予以重点支持。可考虑先以京九线和浙赣线沿线的红壤丘陵坡地开发为试点，逐步推开。这样对促进整个南方经济的发展将有重要意义。

2.2 抓好现有耕地建设，增加科技投入，不断提高单产水平，保证粮食稳定增产

据调查，江西与广东两省中低产田各有 2000 万亩（单产仅 200～250kg），全省平均粮食单产分别为 301kg 及 302.5kg（1993 年）。根据近几年的经验，江西全省耕地确保 3500 万亩，播种面积 5000 万亩，粮食可稳定年产 165 亿 kg；广东省确保 3600 万亩基本农田，粮食可年产 175 亿 kg。此外，通过改革耕制结构，加强冬种，增施氮、钾肥，治理水土流失，江西不少地区粮食可成倍增加；采用引进与开发优良品种，以产业化方式、规模化方向搞农业，广东可年增产粮食 5 亿 kg。但总的看来，到 20 世纪末，全区粮食仅可望增产 150 亿 kg。从供需差额看，尚缺粮 125 亿 kg。为了保证粮食稳定增产，必须通过稳定耕地与粮食播种面积，改造中低产田，提高复种指数，抓好基本农田建设，注意水肥平衡，增加科技投入，同时应加大地区的粮食增产幅度，江西的粮食可每年再增 10 亿 kg（年产达 175 亿 kg），广东每年尚可再增 5 亿 kg（20 世纪末年产达 200 亿 kg），这样，再加上湘、浙、鄂等省增产潜力的挖掘，整个地区粮食可望达到平衡。

2.3 重视生态与环境质量的改善，加强农业生态试验站的建设

江西、广东两省与整个地区一样，生态环境恶化问题不容忽视。近几年来，森林覆盖率虽有提高，水土流失状况有一定程度改善，但不少地区还是“远看绿油油，近看水土流”。特别是“三废”和化肥、农药污染有增无减，生态环境仍在恶化。因此，首先必须注意提高耕地质量，防治土地退化。主要措施是推广平衡施肥，控制氮肥损失，提高磷肥利用率，补充钾肥，防治酸化与重金属污染，并把合理开发利用、综合治理和保护生态环境工作结合起来，继续抓紧抓好。值得注意的是目前江西与广东均设有不同形式的农业生态试验站，其中，中国科学院有 5 个，农业部门有十几个，这些台站在促进地区农业持

续发展与生态环境建设中，起着重要的典型示范作用。特别应提出的是，中国科学院的几个试验站都是正在建设中的生态系统研究网络的基点，各具特色，应注意加强这些生态站的建设。建议农业部和林业部以及有关省（区）加强对这些台站的领导和投资力度，将他们的工作纳入国家和地方的科技攻关和经济发展计划。

2.4 继续组织红壤科技攻关。建立“红壤改良与利用工程技术中心”

建议国家计委、国家科委以及国务院农业开发办在“八五”攻关试区的基础上，成立“红壤改良与利用工程技术中心”，在浙赣沿线，土地连片集中的东乡、临川、余江、进贤四县建立 200 万亩红壤区域治理开发“三高”农业示范区。这里有中低产田 140 万亩，尚可开垦红壤荒地 20 万亩，经改造和开垦后，可增产粮食 5.5 亿 kg，可增产值 112.5 亿元。可以由原来在该地区进行过大量调查研究和科学实验的有关单位和地方政府联合组建。这样，有利于继续深入研究，不致半途而废。其次，在已经通车的京九线上，同样建立“产学研”一体化的农业工程技术中心，作为研究、开发、治理和发展外向型农业的生产基地。通过建立高产名特优产品的综合开发，达到脱贫致富。

2.5 重视现有经验和开发模式的推广，使其尽快地转化为生产力

近年来，江西、广东等地，不少中央和地方单位，在治理和开发利用红壤方面积累了大量系统的经验，并有一批较为成熟的配套技术与开发模式。例如，中低产田改造与高产稻田建设工程模式：丘陵农、林、牧、渔立体种养模式；持续耕作制度与高产技术模式；种植、养殖、加工一体化模式；水土保持治理与开发模式等。这些经验和模式分布在各个区域，代表了不同的地域类型，并包含了各成体系的配套技术，一旦转化为生产力，将对广大丘陵地区农业发展起促进作用。为此，可在不同地区成立以地方政府为领导的，科研院所及农户相结合的推广站网组织。负责将成熟的模式与配套技术加速推广应用。

2.6 调整农业政策，加强管理体制建设，加大农业投入

（1）应相对集中使用资金，包括各种国际贷款，在一定区域内集中使用，以期在短期内取得较好的效益。

（2）注意及时调整农业政策，包括粮食价格、农资价格和鼓励科技转化为生产力的政策。

（3）加强农村科学技术知识的普及和农民文化素养的提高。

（4）加强京九线和浙赣线沿线的经济和农业开发，不要“一哄而起”，注意抓两头（即北港与南门）带中间，有序地、有层次地加以开发，防止各地搞低水平的重复项目。同时，围绕铁路干线，修建沿线一级公路网加以配合。从而使铁路干线起到地区经济辐射与集散的作用。

3 今后科技攻关与研究途径

为促进整个东南丘陵地区农业与环境的持续发展，建议今后在该区开展以下科技攻关和研究项目。

1. 南方丘陵山区粮食稳产高产对策与措施研究

（1）保护耕地，稳定与适当扩大粮食播种面积的对策；

（2）调整耕制，提高复种指数的技术措施；

（3）改造中低产田的配套关键技术措施；

（4）合理增施磷钾肥与微肥，不断改良新品种的技术措施；

（5）适当扩大可垦荒地的配套技术措施。

2. 南方丘陵山区资源综合开发与农业持续发展战略

（1）区域农业和农村经济发展与结构调整的方向和目标；

（2）农业经济总体评价与投资发展预测；
（3）不同类型区优势资源、特色产品与产量发展规划；
（4）区域经济格局与协调互补（东西南北中区间关联度及梯度分析）；
（5）自然资源、生态环境、社会经济（RES）综合分析与分区评价。

3. 南方丘陵山区资源综合开发与农业持续发展模式及配套技术体系

（1）不同类型区与景观区农村经济持续发展模式；
（2）持续发展的种植体系与关键技术体系（不同类型区的种植体系；抗逆、高产、稳产、高效种植制度及技术体系：自然灾害减灾、病虫害防治、品种选育驯化、名特优产品加工及市场信息体系）；
（3）环境退化综合治理体系（侵蚀土壤综合治理、退化土地肥力重建、水资源综合治理及污染防治技术配套体系）。

4. 南方丘陵山区综合开发与环境建设的监测调控体系

（1）水土流失定位监测与调控体系；
（2）土壤肥力监测及调控体系；
（3）土壤退化机制及重建；
（4）区域水资源及旱涝时空变化及调控体系；
（5）土壤污染监测调控体系。

5. 南方丘陵山区综合开发与环境建设试验示范

根据上述农业持续发展战略，发展模式，配套技术及监控体系，在“八五”10个试区的基础上，按当前农村经济持续发展特点及“三点一线”原则，着重布置10～13个试验示范区，并将其作为辐射推广的模式。三个点是：经济贫困区（桂西、滇中、黔东北）脱贫致富试验示范，通过建立高产名特优产品的综合开发达到脱贫致富；温饱区（浙中、赣东北、赣南、湘北、湘西、湘东南），通过建立立体农业开发达到优质、高产，促进农村经济上新台阶；经济发达区（粤东、闽南、珠江三角洲），通过发展绿色食品、创汇农业和环境治理，促进经济的持续发展。一线为京九铁路沿线，结合上述点的布局，建立2～3个试验示范区。预期可以获得的社会经济效益是：①通过科技攻关，到2000年，各攻关试区的粮食产量在目前的基础上再翻一番，温饱型、贫困型的试区分别上一个台阶；经济发达地区的生态环境状况得到改善，影响类型区的重大污染问题得到控制。②到2000年，通过试区的示范和辐射，使全区除继续贡献大量热带、亚热带名特优产品外，粮、棉、油、糖、肉、禽蛋、奶、水果、淡水鱼、木材等大宗产品在全国的生产比重将分别达到：43.7%、44.2%、43.8%、60.7%、42.7%、40.8%、14.2%、43.2%、58.6%和35.3%，与1991年相比，粮、棉、油、禽蛋及奶的贡献率提高4%～15%；木材提高2%；其他产品持平。③以上所提出的本地区进一步发展的战略研究报告及决策支持系统，将为国家在该地区进行布局调整和决策时提供科学依据。

4 结　　语

（1）我国东南红壤丘陵区地处热带、亚热带，土、水、热资源丰富，农业生产与经济发展潜力很大，是我国热带、亚热带经济林木、经济作物及名贵药材等名特优创汇产品的重要基地，在全国国民经济发展中占有重要地位。

（2）红壤丘陵地区由于长期对资源的不合理开发利用，致使资源及环境遭受破坏，从而带来农业发展滞后，土地资源退化，经济发展不平衡，以及粮食矛盾突出的重要问题，使整个地区农业及经济持续发展受到严重影响。

（3）针对所面临的问题，在综合治理措施上必须突出区域发展重点，调整农业结构，防治水土流失，改造生境条件，增加物质投入，提高土壤肥力，充分发挥耕地潜力等方面，从而促进整个地区农业的持续发展。

（4）在区域治理途径上，应注意发展多种经营，稳定粮食增产，抓好耕地建设，重视生态与环境质量改善，调整农业政策，增加农业投入，加强科技攻关。

总之，整个东南红壤丘陵地区的农业生产潜力是巨大的，从全局看，必须逐步建立南方丘陵区高效、集约和持续发展的农业体系；注意人口增长（P）、自然资源开发（R）、生态环境保护（E）与农业经济发展（S）之间的相互协调；在保证全区粮食供需平衡的基础上。不断发展具有热带、亚热带地区特色的粮、经林、果、牧、鱼综合创汇产品走农业产业化发展道路，最终达到促进整个南方红壤丘陵地区两高一优农业与全区社会经济的协调持续发展。

参 考 文 献

[1] 石华，赵其国等. 红壤生态系统综合治理技术及农业持续发展//王明珠等. 红壤生态系统研究（第三集）. 北京：中国农业科技出版社，1995：1-27.

江苏省当前农业发展问题及对策

赵其国
中国科学院南京土壤研究所，南京　210008

摘　　要

江苏省的农业在全国处于领先地位，在仅占4.17%的耕地上，生产出占全国7.1%的粮，12.8%的棉和6.7%的油。这对全省经济发展来说，是十分坚实的基础。但另一方面，随着全国经济的不断发展，特别是在我国即将进入世贸组织的形势下，江苏省的农业发展还面临着不少新问题。本文着重从可持续发展的角度，对江苏省农业发展面临的问题及对策进行论述，供有关方面参考。

关键词　江苏省；农业；问题；对策

1　江苏省农业发展的主要成就

改革开放20余年，全省在农业现代化建设方面取得的成就主要表现为以下几个方面。

（1）农业生产条件显著改善，农业综合生产力达到新的水平。通过多年对农田基本建设的投入，促进了资源、环境、能源、交通等建设，据1998年统计，全省有效灌溉面积达385.54万hm^2，占耕地面积85%，建成稳定高产吨粮田80万hm^2，按粮食播种面积计，单产达5745kg/hm^2，高于世界平均水平89%，粮食总产已连续年超过3400万t。

（2）农业科技进步步伐加快。目前全省粮、油、棉统一供种率达85%，良种覆盖率达92%，良种猪覆盖率达90%，蔬菜、果品全部更新推广了新品种。1998年农业经济增长中科技进步贡献率达52.7%，超过全国10%。

（3）现代市场化组织体系与经营方式正逐步形成。全省农业生产已逐步由小规模半自给性经营，发展为专业化、集约化经营。目前全省农村已有各类专业合作社1173家，入社人数54.47万人，专业协会2517个，会员46万人；农民合作组织1.49万个，运销土产和农民经纪人88.3万人，这些组织、运销大户和经纪人，已成为现阶段开拓农产品市场、搞活农产品流通的主力军。

（4）农业结构性调整取得阶段性成效。近年来，围绕“农业增收，农民增收”，以市场及农业科技为动力，进行农业结构性调整，已取得阶段成果。除种植业、蔬菜园艺业及养殖业加快调整，促进发展外，林业及区域农业均进行了初步调整。去年农村经济中一、二、三产业的比重分别为23.6%、45.4%和31%。农产品加工业、流通业、农村劳动输出及小城镇建设等发展均有所加快，农民收入保持相对稳定。从而为今后进一步深化农业结构性调整打下良好的基础。

（5）农业机械化与水利建设水平不断提高。1999年，全省总动力达2769.9万kw，平均每公顷达5.55kw。大中型拖拉机、机引农具、联合收割机占全国总拥有量的1/5。至1998年底，全省共修建防渗渠2.2万km。控制灌溉面积57.3万hm^2，已推广水稻节水灌溉技术100万hm^2。当前全省农业灌溉水利用率为0.4，如能提高到0.6，则可有80亿m^3的节水潜力。一般年景通过节水措施可基本解决农业缺水问题。

2　当前农业发展特点

我国农业发展的特色，主要体现在对农业发展的观点的更新上，它是农业发展指导思想的集中表现。

2.1　“可持续发展”观

当前农业由传统向现代化，由粗放向集约化，由分散向集中化的方向转变，其核心是走农业可持续发

本文原载《土壤》2000年第5期第225-230，243页。

展的道路。可持续发展是我国农业发展的根本方向，也是江苏实现农业现代化的主要方向。它是实现农业现代化的重要标志，只有坚持此方向，才能加速我国农业的现代化。

所谓农业可持续发展，主要是坚持人口、资源、环境及社会经济相互协调，实现物质装备、科学技术、管理体制及资源环境的优化；加强工业化、农业信息化及农业产业化的支撑。其核心是农业科技革命，关键是解决两个平衡点。

（1）人与水、土、生（生物圈）之间的平衡。人：生与死的平衡；水：供与需的平衡；土：失与保的平衡；林：伐与植的平衡；牧：超与培的平衡；鱼：捕与养的平衡。

（2）“PRESD”的平衡与协调。人口—资源—环境—农业—经济的协调与平衡，其中关键是“资源与环境”的协调与平衡。

2.2 “质量与安全”观

今后农业的总体发展必将面临从单一重视数量向重视质量和重视安全的方向转变。农产品品质与质量，水土资源的质量，环境（是否污染）的质量，均是农业发展的重要内容。值得注意的是，今后在解决重视数量向重视质量转变的同时，必须充分重视安全质量，特别是农产品对人类（动、植物）的安全质量，这是今后农业生物工程、品种培育、生态农业、有机农业与绿色食品发展必须考虑的新方向。其中，质量的安全监测与监控是关键。

2.3 “市场与产业”观

从计划经济走向市场经济，是今后农业发展的根本转变。这种转变必将带动农业从分散走向综合，从初级产品走向加工产品，从低效到高效，从资源性农业向农业知识经济性方向转变。其核心是农业与工业、企业相结合的农业产业化，它的特点是农业产前、产中、产后相联系，贸、工、农相结合，种、养、加相搭配，产、加、销一体化。在此情况下，农业不仅是国民经济的基础，而且是具有高产、高效的农业战略产业，并与整个国民经济发展相适应。

2.4 “保障体系”观

农业发展必须建立粮食、资源、环境与经济 4 大安全保障。

粮食保障是根本。在供过于求的新形势下，必须进行粮食到食物，小农到大农，二元到三元，数量到质量，国内向国际的结构性调整，以保证全国各地区粮食自给率的供需平衡。

资源保护是基础。在水土资源数量减少的总趋势下，应从数量向质量，从耕地向国土，向“山、草、海、空”要地要粮，并通过生态治理，综合持续，加强资源保障。

水、土、气、生环境质量的保证是农业发展的前提。关键是建立从质量到安全，从防治到重建的新思路，加强对人类（动、植物）生命质量的安全保障。

经济保障的目标最终是要增加经济效益，提高农民收入水平。要因地区，因产品制宜，由低效到高效，由单一到整体效益促进农业发展，才能根本转变农村经济的增长。

2.5 “调改创新”观

农业发展的根本出路在于农业科技革命。其内容包括：调整农业结构、改革农经体制和创新农业科技 3 个方面。

调整农业结构，应围绕产业化升级，从种植业到加工业，从组织到经销，从国内到国际市场，抓产品质量及多样化，包括畜牧饲料与水产，产品与加工区域布局，从而不断适应农业发展与平衡。

农经体制改革的重点是从分散到规模经营的变革，从个体到有组织形式的组建，从而保证农村市场与农产品流通。

农业科技创新，主要依靠农业高新技术的发展与推动，除农业生物工程，遗传育种，产品加工等新技术外，当前出现的从单项到配套，从露天到工厂，从精细到精准，从生物、环境到时间、空间挖潜等项技术，这些都是推动农业发展的空间创新内容。

3 江苏省农业发展面临的问题

总的看来，全省农业发展面临的问题，主要是4个保障，即粮食安全保障，资源利用保障，环境质量保障及经济增收保障。

3.1 粮食安全保障

粮食供给保障是农业发展的根本。到2020年，我国人口16亿，人均粮400～450kg，总产需6.4万～7.2万t。粮食自给率控制在90%～95%之间。江苏省经济实力强，交通与资源均具有优势，在此情况下，可将粮食自给率控制在85%～90%，生产底数控制在2800万～3200万t，储备粮控制在600万t左右，扩大种植业调整空间，可调减播种面积67万hm^2左右，并可按区划特点调整布局，如苏南及沿江地区，粮食自给率还可减低，多发展特色农业及创汇农业。但从发展目标看，究竟粮食自给率控制在多大份额为宜？区域之间的调整比例与互补的关系如何？均应研究解决。

3.2 资源利用保障

资源，特别是水土资源，是农业发展的基础。江苏水土资源虽然相对紧缺，但尚有很大的利用潜力。随着国民经济与农业的发展，水土资源的数量将会不断减少，例如耕地占用势难避免，可利用水资源也将减少。因此，如何提高耕地质量，增加肥力，不断增加土地产出率，如何通过节水技术不断提高水资源利用率，是主要问题。此外，根据全省湖、海、丘、平、川等不同地形与土地资源特点，因地因区域制宜地合理利用，是全省今后农业结构性调整与农业发展必须重视的问题。

3.3 环境质量保障

当前全省农业发展中面临严重的环境质量问题，具体表现在水、土、生（农产品）的污染及其影响上。例如太湖地区长期的水污染未能根本治理，今年大部分湖水水质已小于五类标准，发生富营养化。目前全省污水排放量达24亿t，受污染面积162万hm^2。不少地区，特别是苏南地区，由于氮肥施用不当，引起水土污染。有的地区因固体废弃物（包括矿渣）排放，甚至引起重金属元素对农作物及蔬菜产生毒害。据统计太仓城厢灌区水体出现超标的有汞、铬，青菜超标的有镉、铅、砷，稻谷超标的有汞、铬、砷。上述环境质量问题，特别是农产品的污染毒害，说明环境质量中生命质量问题必须引起注意，并需通过建立环境监测、监控体系，对全省环境质量进行监测和治理。

3.4 经济增收保障

农业发展的根本目的在于“农业增收、农民增收”。全国1998年农业人品人均年收入为2160元，江苏省为3400元，与世行规定3000元（折合363美金）为贫困界限相比，江苏省农民收入也刚跨出贫困界限，如果与美国（农民人均年收入12万元）、欧洲（8万～10万元）相比，差距显而易见。因此如何尽快建设高效农业，参与市场竞争，使农业与农民增收，任务极为艰巨。

4 江苏农业发展的途径

总的来看，该省农业发展的途径主要有三：一是调整农业结构，二是改革农经体制，三是创新农业科技。这3条也是我国今后5～10年内农业发展的必然途径。

4.1 农业结构的调整

江苏省近年来在农业结构性调整中取得了初步成绩，加大了种植业、蔬菜园艺业、养殖业、林业等的结构调整力度，初步显现出区域农业的经济特色，农村经济结构已有明显变化。但这些调整均处于起步阶段，当前存在的问题是：优质农产品的比重低：深加工、精加工农产品少；农民组织化程度低、农产品卖难问题未完全解决以及农业结构调整的指导不力等。针对上述情况，在贯彻全省提出的“一个目标，四个环节”的同时，建议重点抓以下两个方面。

4.1.1 关于农业结构调整的指导思想

包括以下 3 方面：

（1）调整原则：①以市场需求为导向；②以提高品质和效益为前提；③以农民增收为主题；④以优化品种结构，降低成本为基础。

（2）调整目标：①从计划经济到市场经济（两个市场）；②从单项到整体（发挥农业社会效益）；③从数量到质量（农业的总体质量）；④从简单生产到产业化（农业的产业化）。最终达到农村稳定，农民增收以及农业的可持续发展。

（3）调整方向：①种植业结构调整——优质农产品；②食物结构调整——增加副食品消费；③组织结构调整——由分散到组织化；④市场结构调整——由区域到全国到国际市场。

4.1.2 关于农业结构调整的重要内容

关键是抓“五调，六突出”。“五调”即调剩、调劳、调缺、调优、调控。“六突出”即突出三元、突出多样、突出蓄水、突出加工、突出质量、突出布局。

1. 突出三元结构

由粮经向粮经饲（三元）进行调整。当前江苏省粮经比例已接近 7∶3，在此情况下，应重点增加饲料种植面积，争取将粮食与经（饲）比例调整到 6∶4 或 5∶5。这样可逐步解决饲料调入问题。

2. 突出多样化

重点突出果、艺（园艺）、蔬（蔬菜）、农、林、牧、副、渔。在全省“水田养鱼，棉田套瓜、坡地种稻、大棚菜花”的已有种植经验基础上，可进一步因地制宜突出多样化特色。争取走特色农业、优势农业与创汇农业的道路。

3. 突出畜牧（畜禽）水产

江苏省农业结构由种植业逐步向畜牧水产业方向调整有重要意义，一是畜牧水产业是劳动密集型产业，有产、加、销结合特点，易形成产业优势；二是随着畜牧水产业发展，将使种植业在节地节水上有所转变，可创高效农业；三是可拉动饲料生产与水产养殖，吸收农村剩余劳力，参与市场竞争。江苏省畜牧、饲草与水产养殖均有良好基础，今后在饲草与饲料发展基础上，大力发展畜牧与水产养殖，尽快改变农业仅以种植业为主的结构面貌。

4. 突出农产品加工

发展农产品加工，特别是食品加工，是提高农业整体效益的重要环节。本省发展食品工业的基础较好，今后应在发展粮油品种基础上，积极发展专用食品及蔬菜、果品、畜禽、水产的保鲜与深加工，将发展农产品加工和扩大农业对外开放结合起来，以适应市场需要，提高农产品的附加值。

5. 突出质量

在发展作物新品种及多样化，注意“色、香、味、养”的基础上，应特别注意作物的健康安全质量。应大力推进农业标准化工作，从制定农产品标准入手，建立农产品质量标准的监测体系，建设全省农产品质量监测中心，突出抓无公害、特色农产品的认证和监控，增强农产品市场竞争力。

6. 突出区域布局

针对全省的不同区域特点，在农业结构调整布局上，可分为6个地区。①徐淮地区。该区光照充足，四季分明，昼夜温差较大。产业布局应突出优质小麦、饲料玉米，特色农产品及加工业，包括特色蔬菜及水果等。②沿海地区。该区属海洋性气候，秋季气温下降缓慢，光热资源丰富，无霜期较长。产业布局应突出棉花、水稻、油菜、水产养殖业及加工业。③里下河地区。该区降水丰富，河网密布。产业布局应突出优质水稻及水生、湿生植物开发，养殖业、禽蛋生产及加工业均可大力发展。④沿江地区。区内热量丰富，光照与降水同步。产业布局应突出优质水稻、棉花、油菜，发展养殖业（禽蛋、水产），形成牧草—畜产—加工系列。⑤太湖地区。该区热量光照及水资源丰富，农村经济发达。产业布局应突出水稻优质高产、设施栽培、商品农业、特色农产品及创汇农业。⑥丘陵地区。全区资源丰富，光热条件好，但水资源不均衡。产业布局应突出经济林果、特色农产品（甜玉米、红薯等），发展林—草—畜相结合的生态农业。

4.2 农经体制的改革

农经体制改革是促进农业与农村发展的关键。本省在这方面的改革共包括两个方面。

1. 规模经营体制改革

近年来，随着农村经济发展，全省不少地区也进行了从小规模到适度规模经营体制的过渡，但针对地区情况，今后如何从适度规模再到规模经营的过渡是值得引起注意的问题。

2. 自组织方式的创建

这是加强农村市场建设，促进农产品流通的重要方面。目前迫切需要提高农民的自组织程度，解决分散经营与市场联结问题。全省已广泛建立农村专业合作经济组织，运销大户和经纪人是现阶段提高农民组织程度的有效措施。今后应进一步探索与农产品市场及特性相联系的多种农民自组织模式，如契约型合作组织模式，农户+合作社模式，农户+合作社+公司模式等，都是值得注意的方向。

4.3 农业科技创新

主要包括农业高新技术推进、资源合理利用、环境保护与发挥科技潜力等方面。

1. 农业高新技术的推进

首先是加强农业生物工程、遗传育种、农产品加工等高科技的研究与应用，并不断提高农业科技含量，抓好农业品种、技术、知识更新3项工程建设，促进科技成果的开发与转化。其次是加强农业科技示范园区的建设与管理。

2. 资源的合理利用

主要应加强丘陵山区的利用。全省丘陵山区有23个行政县，1.48万km^2，已建成以苹果为主的淮北果树基地、以常绿果树为主的太湖基地及宁镇扬干果应时鲜果生产基地。因此，江苏省丘陵山区应以生态及林果畜牧为主进行开发利用。

3. 环境建设与保护（包括肥料）

主要是太湖环境污染问题。太湖是我国第三大淡水湖，2425km^2，问题有4个：①洪涝灾害。自50年代，全流域年淹超过1000km^2的年达12个，90年代特大洪水灾发生3次。②酸雨频繁。1998年1～6月42次降雨，pH仅4.68，酸雨频率87.5%，1999年3～6月33次降雨，pH 4.73，酸雨频率81.8%。③水体污染。太湖农田、畜禽粪尿、生活污水、人粪尿、精养鱼塘及工业废水对水体氮污染的贡献为24%、16%、14%、18%、6%和22%。直接影响太湖环境污染。今年5月，太湖各湖区水质均低于5类标准，境内25条入湖河流，共流入化学需氧量9243t，总磷74t，总氮2047t，均超过允许量，其中总氮超过限量的4.16

倍。今年太湖总体水质已为富营养化，应引起高度重视。④氮肥过量。全省水稻氮肥当季利用率 19.9%，小麦 19.5%。而太湖地区水稻氮肥利用率为 17.2%，低于全省平均水平。太湖水稻丰产方氮肥用量（N）为 $372kg/hm^2$，小麦 $350kg/hm^2$，一般稻田 $327kg/hm^2$，一般小麦田 $283kg/hm^2$。实际水稻氮的合理用量以 240～$270kg/hm^2$（16～18kg/亩）为宜。但从环境及水体污染看，上述氮肥用量是否合适，值得研究。为此，对太湖环境与肥料问题提出 4 点建议：

（1）加强太湖全面综合治理。将治水、治土、治肥与工、农、生污染物排放相结合，当前主要是制止生活污水与固体废弃物的直接排放，同时在加强统筹协调管理基础上，对湖区环境质量进行监测与监控。

（2）加强已开发的硝化抑制剂、脲酶抑制剂、长效碳铵、涂层尿素、腐殖酸尿素等肥料在高产地区应用效果的研究。

（3）按氮肥利用率，建议太湖地区水稻和小麦的氮肥用量可减少 15%左右。适当减少水稻前期，增加中期的施用比重。其他如氮肥深施、分次施用等应大力提倡。

（4）为防治氮肥过量对环境的污染，建议在苏南地区开展长期与多点的定位研究，以确定氮肥合理施用量。

4. 进一步挖掘科技潜力

尽管江苏省在我国的总体农业生产中水平较高，但仍有以下 4 种潜力可挖：①生物潜力。目前生物的产量，远未达到生物的潜在生产能力。本省水稻的产量在亩产 600kg 的基础上，又有大的提高，如江苏（常熟）外向型农业示范区的大面积水稻亩产已超过 650kg。因此，通过超高产品种培育及提高有机物合成、转化和储存，产量还可能在较大范围内提高。②环境潜力。从某种意义上讲，栽培技术是为了改善或充分调节环境条件，特别是包括光、气、水、肥、土、热和病虫害等外部环境条件。目前全省还有 2/3 中低产田，通过改善环境条件，同样具有较大的增产潜力。③空间潜力。指空间的进一步双向拓展。如开垦滩涂地，土地退耕，水面种植等平面向的拓展，又如立体式与垂直栽培式的垂直向的拓展等，均可大大增加利用空间，产量可成倍增加。④时间潜力。指延伸可种植时间或复种指数。通过地膜、大棚、温室使原来不能种植的时间变得可以利用，特别是设施农业的发展使反季节生产成为可能。双季或三季的耕作制度，也将随着机械化程度的提高，新的种植方法的建立，有再实施的可能。

总之，为了充分发挥上述 4 种潜力，现代农业科学技术，包括现代育种、先进栽培及农业设施技术等均不可少。同时，农业的配套政策，包括土地、科技和农业政策，也不可少，其中土地政策解决扩农问题，科技政策解决为农问题，农业政策解决务农问题。只有这样才能加速实现该省的农业现代化。

5　对江苏省今后农业研究的建议

（1）农业入世后江苏省如何加强农业结构性调整？粮食等保障体系如何建立？农业产业如何升级？方向，内涵与标准如何？

（2）如何通过新技术革命，提高农业科技贡献份额，促进农业的持续发展？

（3）如何进一步对全省区域性农业结构调整与农业科技示范园的建设及管理加强研究？

（4）如何加强全省生态与环境质量建设，研究水资源供需平衡与水污染防治；土壤资源包括江（长江）—湖（太湖）—丘（丘陵）—海（海涂）的合理开发利用；大气污染与监测监控；生态资源利用与保护等项研究。

（5）为适应农业发展，如何进一步推动全省水利、农机、能源、交通、农村服务体系与乡镇企业的发展。

江苏省环境质量与农业安全问题研究

赵其国　周炳中　杨　浩

中国科学院南京土壤研究所，南京　210008

摘　　要

本文通过对江苏省环境监测及农产品质量检验数据的综合分析研究，揭示近年来江苏省环境质量与农业安全问题，包括环境问题的重点、成因、发展趋势、环境-农业-人的作用关系及对农业安全的影响效应、环境对策与措施等。

关键词　污染；环境质量；江苏省；农业安全

环境质量问题是生态破坏与环境污染的综合性问题。

江苏生态破坏问题的现状是：①植被覆盖与生物多样性问题。地貌以平原为主，土地的农业开发利用程度甚高，因而天然植被所占面积比重小，且处于较好的保护状态，近10年来对生物多样性的威胁并不明显。②水土流失问题。单位土地上的农业人口载荷相对于其他各省较高，脆弱的丘陵山地环境利用过度，在降水较多的东部季风气候影响下，水土流失问题仍然存在，尤其是植被覆盖少、农业生产水平较低的苏北低山丘陵区较为严重。广大平原区农田的面源侵蚀并不明显。③资源问题。草场利用过度导致退化的问题较严重，以及各类水生生物因水环境变化而导致数量减少、濒危水生物种增多。④自然灾害。省内灾害主要是洪涝、干旱、霜冻、台风和地震等，但发生频率较高、影响范围较广且对社会经济危害较大的是洪涝与干旱[1, 2]。

江苏环境污染问题较复杂。有限的区域面积、密集的人口、发达的社会经济以及位于江河下游和我国东部平原强劲季风区的区域位置，使省内外生产与生活活动中产生的各类污染物质，在各种自然过程作用下所造成的环境污染，波及全省城乡、遍布江河南北，其影响之广、程度之烈，远甚于生态破坏问题，成为影响全省可持续发展现实而又迫切需要解决的战略问题。

农业是环境的产物。环境质量决定农业产品质量，决定以食物链与农产品紧密联系起来的消费者生命与健康安全。

1　江苏环境污染状况与环境质量问题

1.1　大气污染

总体情况是：城市大气质量较差，污染严重。

近10年来，该省城市大气环境质量的平均状况是：重污染2年，中度污染6年，轻度污染2年。中、重度污染年份，全省城市大气中 SO_2、NO_x、总悬浮颗粒、降尘等主要污染物均严重超过国家环境质量标准①。以典型年份 1998 年为例，全省大气质量总体处于中等污染水平。全省总悬浮颗粒物平均值为 0.243mg/m^3，其中 10 个城市大气污染超过国家二级标准，占 77%；2 个城市超过国家三级标准限值，占 15.4%。全省 SO_2 均值 0.028mg/m^3，仅够国家二级标准。氮氧化物的均值为 0.041mg/m^3，有 3 个城市超过国家二级标准限值。各市降尘量年均值普遍超标，在 5.68～15.63t/km^2，其中盐城、徐州、镇江、宿迁、无锡、常州 6 市属严重污染。即使治理后略有好转的 2000 年，仍有 5 市大气环境质量属于中度污染，占全省城市的 39%；衡量大气质量的主要 3 项指标 SO_2、NO_x、总悬浮颗粒等，根据国家《环境空气质量标准》(GB 3095—1996)，超过二级标准的城市占全省的比例分别为 77%、85%和 100%[2]。如以全省平均状况论，3 项指标全部超标，其超标率从 1%～12.4%不等。

① 1990～2000 年江苏省环境状况公告。

本文原载《土壤》2002 年第 1 期第 1-8 页。

1.2　酸雨频繁

近 10 年来，全省频降酸雨，酸雨平均发生频率达 23%。除淮阴与宿迁局部地区外，全省绝大部分地区均是酸雨影响区域。淮南酸雨频率高于淮北，如 1998 年淮南酸雨频率平均达 33%，pH 最小达 3.70，出现在当年的无锡；2000 年南通酸雨频率达 51%[2]。

1.3　水污染

江苏水污染极为严重，范围涉及江河、湖泊、地下水以及沿海海域。

1.3.1　江河污染严重

淮河：水质下降，基本上是一条严重污染的河流。1998 年，淮河 18 个监测断面中，水质属III类的有 12 个，占 67%；IV类断面 2 个，占 11%；V类断面 4 个，占 22%。2000 年，总体水质属于IV类，部分河段属于V类[2, 3]。京杭大运河：大量污水涌入，河流严重污染，但不同河段污染程度有别。苏北淮阴段、苏南镇江段和无锡段水质劣于V类，占大运河江苏境内全长的 37.5%；苏北宿迁段和扬州段水质为IV类，占 25%；其余河段水质大都在V类。长江：江苏境内，因干流水量大，水质相对较好。监测表明，66%河段水质属于II类，但因受石油类和有机物污染，仍有 34%河段属于IV类[2]。城市河流：流经市区的河流，深受城市三废物质的污染，近 10 年来污染一直极为严重，未有改观。12 条主要城市河流均达不到省政府“地面水域功能类别划分标准”[2]。其中，劣于V类的水体占 58%，V类水体占 42%。污染程度最劣的是淮阴清安河、徐州奎河和连云港大浦河；污染相对较轻的河流，其水质也在V类，包括扬州古运河、南通市濠河、南京外秦淮河[2]。

1.3.2　湖泊污染

5 个主要湖泊中，鬲湖水质相对较好，为III类，其余均为IV类，污染由重至轻依次为阳澄湖、洪泽湖、太湖和骆马湖。太湖总体水质为IV类；湖岸区污染及富营养化程度较湖心区严重，尤其是西岸宜兴、武进片区及北岸无锡片区，其水质属于V类。东岸苏州及南岸湖州片区水质相对较好。西部及北部的入湖河流是造成太湖水质恶化的主要原因，河流入湖区域以及太湖西北部的五里湖、梅梁湖等水体劣于V类[2, 3]。

1.3.3　饮用水源污染

全省有一半以上的城市饮用水受污染。饮用水源太湖、阳澄湖、京杭大运河、蔷薇河、废黄河、东洋港等河流与湖泊、港湾均程度不同地遭受污染，受影响的城市涉及无锡、苏州、常州、徐州、淮阴、宿迁、连云港、盐城 8 市①。

1.3.4　沿海海域污染

全省大陆海岸线长 954km，近海海域辽阔。随着陆源污染物排放量的加大，近岸海域及入海河口污染呈加重趋势。1997 年水质监测表明，我省大多入海河口水质处于III类或IV类。其中连云港排淡河口、大浦河口有机污染较严重，南通大洋港、小洋口氨氮污染较突出。此外，近海养殖废水、滩涂农业开发排放的农业化学物质，对海洋环境的污染也不可小视[3]。

2　污染物的主要来源及环境问题的发展趋势

2.1　污染物的主要来源

（1）废气：以煤为主的能源消费结构，废气排放量巨大。近 10 年来，江苏年均煤炭消费量达 7000 万 t

---

① 1995～2000 年江苏省环境状况公告。

以上，仅工业废气年排放量达8000亿标准m^3以上；其中近600亿标准m^3未经任何处理便直接排入大气。全省平均每平方公里的废气排放强度为：$SO_2$12.6t，烟尘4.62t，粉尘3.14t[2, 3]；其单位面积的排放量分别是全国平均数的5.8倍、3倍和2.3倍。废气的另一来源是汽车尾气。全省机动车保有量已超过330万辆，邻近的上海市拥有70万辆；其尾气排放量已成主要污染源之一。

（2）废水：全省废水年排放量达34亿t，其中工业废水22亿t，占64.7%。废水中除COD、悬浮物及石油类（年均含量分别为50.1万t、18万t、4200t）等外，还包括有毒物质如氰化物、砷及其化合物、重金属（Hg、Cd、Pb、Cr）等，其含量年均近300t[2, 3]。全省废水排放量占全国的8.6%。此外，每年有数量巨大的省外污水通过淮河、长江及沂、沭、泗水系进入该省。

（3）固体废弃物：全省平均每年产生固体废弃物2890万t，约占全国量的3.6%；其中危险物90万t。1999年全省工业固体废弃物累积堆存量达9943万t之多，其中包含大量危险物；废弃物占地面积达2489万m^2[2, 3]。

（4）农业化学物：现代化农业生产过程中大量投入的农业化学物质，成为农业面源污染的主要来源，包括农药、化肥和农用薄膜等。1999年化肥（100%折纯）使用量达335.4万t，占全国化肥用量的8.1%；且化肥用量中以磷肥和氮肥为主，占化肥使用总量的75%。1999年农药使用量达17万t，占全国农药用量的9.1%。九五期间农膜使用量在4万～6万t/年，1999年使用量5万t，占全国用量的5.1%[2]。

（5）其他：包括噪声、辐射、北方沙尘、作物秸秆燃烧、生活废水及垃圾等。

2.2 环境问题的发展趋势

综观近10年来江苏环境问题的变化，主要呈现出下述特点：

（1）治理力度加大，局部地区环境或环境要素质量有所改善环境污染严重阻碍了社会经济的可持续发展，环境问题由此逐步得到重视，防治力度逐步增加，全省污染治理投资从1994年的5.42亿元增加到1999年的34.7亿元/年[2]。“三废”物质处理率逐年增加。治理获得一定成效：从“八五”到“九五”，城市大气污染指数略有降低，大气环境质量略有改善。淮河流域局部河段、太湖流域饮用水源质量有所提高，京杭大运河城市段水质污染状况略有减轻。

（2）有限治理不足以扭转污染的发展势头，环境污染状况依然严重。因长期污染，全省环境污染状况仍然严重。截至2000年，城市河流、淮河、大运河等河流总体水质仍在Ⅳ～Ⅴ类，局部河段劣于Ⅴ类；太湖等湖泊水质略有好转，但总体状况仍在Ⅳ类，富营养化问题依然严重；饮用水源受污染状况仍难以得到根本改变。从总体看，地面水体污染未有较大改变。全省大气环境污染仍然较重，尤其小城镇大气污染依旧，无锡、常州、镇江、淮阴等部分地区小城镇大气污染甚至超过当地大中城市。

（3）污染物发生变化，从常量有机污染向有机无机综合及有毒污染物转化。随着社会经济的发展，污染物产生的数量增加，其种类也增多，尤其是微量有毒污染物增加。危险物氰化物、砷及其化合物、重金属（Cr、Hg、Cd、Pb等）在污染物中的含量日益增大，其年产生量从1994年的不足200t增加到2000年的290t，增加了45%[3]。同时随着全省机动车数量的急剧增加，机动车尾气污染加重；环境污染类型发生变化，从以往的煤烟型污染向煤烟-机动车尾气综合污染型转化。该省机动车从1985年的23万辆增加到当前的330万辆，大气中NO_x含量从微量到明显增加，在大气中的占有量已较难达到国家二级标准①。

3 环境污染的后果与江苏农业安全问题

3.1 环境—农业—人的作用关系机制

排入大气中的污染物如PM10、烃、苯类、SO_2、二噁英、POPs等通过降水（包括酸雨）与沉降作用，进入水与土壤环境；工业与生活废水排放、富含农业化学物质的农田排水，导致重金属、P等盐类以及亚硝酸、硝酸等进入水环境；污水灌溉、酸雨、有害物的大气沉降等改变了土壤物质的化学构成，土壤中一方面增加了N、P、K等作物营养盐类，容纳了Cd、Pb、Zn、Cu、Hg、Cr等有害重金属及未曾有过的新

① 江苏省1998～2000年环境状况公告。

物质如 POPs、DDTs 等，土壤由此受污染。污染土壤和污水中的有害元素以及作物生长过程中喷洒的农药，通过生物富集作用进入农业生物体内，进而通过食物链进入人体，危害人的生命与健康（图 1）。

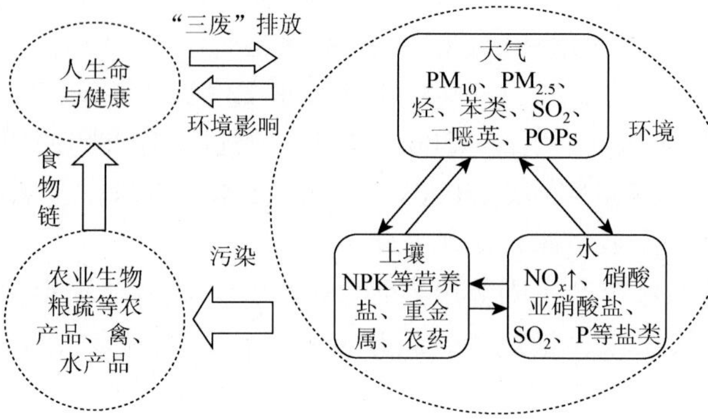

图 1　环境—农业—人的相互作用关系

环境与人的关系除了"环境—农业—人"的大循环关系之外，还存在相互之间的直接关系，即"环境—人"的简单循环：人们排放"三废"物质，其中有害物如污染大气、污水等直接危害人的健康。

3.2　环境污染的后果

仅其直接后果就包括：

（1）污染事故造成的直接经济损失巨大。全省每年发生的环境污染事故在数十甚至上百起，直接经济损失在数百万、千万甚至亿元以上[2]。如 1994 年，全省发生环境污染事故 311 起，直接经济损失 3.2 亿元①。

（2）人民健康受损。大气污染对城镇居民健康的直接损害是引发呼吸系统疾病。据卫生防疫部门统计资料，近年来，江苏城市居民呼吸系统疾病如气管炎、支气管哮喘以及肺癌等发病率呈明显上升势头，与城市环境空气污染密切相关[2]。

（3）自然资源质量下降，数量减少。据不完全统计，该省遭受外省污水污染的农地面积即达 40 余万 hm^2[2]。鱼类资源减少，从 1985～2000 年，鱼产量下降 70%[1]。

污染造成的间接损失难以预测、估计，其中包括农业安全问题。

3.3　农业安全问题

农业安全是一个系统性问题，包括与农业密切相关的 3 个子系统安全，即生产的物质基础——土水资源安全、农业产品安全以及农业从业人员与农产品消费者安全等。其核心是农产品安全，涉及生活在这片土地上的所有人、畜等的生命与健康，事关国家或区域发展的重大战略，在环境污染研究中具有非同寻常的重要意义。

3.3.1　江苏农产品污染较严重，产品安全令人担忧

排入自然界的污染物质，在自然或人为作用下通过大气、水等介质进入农业耕作区，参与或影响农作物的各类生理过程，导致作物减产或作物及其果实中的有害元素富集，农产品受污染。对有关农产品质量检测资料的研究表明，江苏农产品因受污染而产生的质量安全问题具有下述特点：

（1）农产品的主要污染物是对人、畜安全具有严重危害的重金属和农药。有关农产品质量检测结果表明②，重金属 Pb、Cd、Hg、Cu、As、Zn 等以及农药，是残留在农产品中最主要的有害物质。污染产品中 80% 是重金属或重金属加农药复合污染，其中铅的检出频率最高，其次为镉、汞等重金属；20%以上是农药污染，多为呋喃丹、乐果、甲拌磷等农药，甚至在南京市场中检出蔬菜含有禁用的剧毒农药甲胺磷、对硫磷。此外，农产品中硝酸盐的检出率也较高，粮食产品为 47.6%，蔬菜类达 85.3%。

① 1994 年江苏省环境状况公告。

② 江苏省农产品质量检验测试中心，农产品质量检测简报，2000～2001 年。

（2）污染农产品种类多，从日常蔬菜类到稻、麦等主要粮食产品。主要农产品蔬菜和粮食之中，重金属、农药及亚硝酸盐等有害物质均有检出，且有相当部分产品有毒物质残留量过大，超过或严重超过国家有关农产品质量的卫生标准，属于对人、畜安全构成威胁的不合格农产品①。其中包括青菜、菠菜、花菜、黄瓜、白菜、西红柿、韭菜、辣椒、茄子、杨花萝卜等 28 种主要蔬菜品种，粮食之中包括大米、小麦等主食产品。

（3）产品受污染的程度较重、超过国家卫生标准的不合格农产品比例较高。综合分析农产品中 326 个抽检样品的受污染情况①，其平均状况如下（表 1、表 2）。粮食产品质量检测的 4 个项目之中，除亚硝酸盐未超标外，重金属 Pb、Cd 以及农药的检出率均很高，综合不合格率近 40%。其中 Pb 含量最高达 0.53mg/kg，超过国家食品允许残留标准的 1.33 倍；南通粮食产品因 Pb 污染导致不合格率高达 66%。农药超标率多数在 50%以上，其中如东县小麦农药残留量达 3.5mg/kg，超过国家食品标准的 175 倍。蔬菜产品检测的项目包括重金属（Pb、Cd、Hg、As、Cu、Zn、Cr）、农药、亚硝酸盐等 17 个项目，其平均状况见表 2。

表 1 粮食产品抽样检测结果分析

		重金属			亚硝酸盐	农药
		Pb	Cd	综合		
粮食产品（大米、小麦、面粉）平均状况	检出率	88.1%	78.6%		47.6%	100%
	含量/（mg/kg）	0.12～0.53	0.067		0.6	
	超标率	21.4%				30%～80%
	不合格率			38%		40%

表 2 蔬菜产品抽样检测结果分析

污染物类型		重金属/%	亚硝酸盐/%	农药/%
蔬菜产品	总检出率	77	70	52
检测综合	总超标率	25	13	50
分析项目	综合不合格率	42		

蔬菜污染程度重，重金属超标率大多在 20%以上，部分抽检样品超过 50%，最高可超过国家标准的数倍。如 2001 年 5 月南京市场蔬菜检测，Pb 超标率为 51.2%，最高值达 0.86mg/kg，超过规定标准的 4.3 倍。部分蔬菜品种的不合格率也很高，小青菜达 88.9%，杨花萝卜 60%，黄瓜 40%以上。抽检的 39 个蔬菜样品，综合不合格率高达 56.4%。

（4）污染农产品分布的地域范围广。从苏南到苏北，从城郊到较远县区，从一般农田到基本农田保护区耕地，其农产品均存在不同类型、不同程度的污染，表明污染农产品已遍布于全省各地。2001 年元旦抽检南京、苏州、常州和徐州 4 市 28 种 225 份蔬菜，结果表明，4 市均出现不合格产品，不合格率分别为 46%、42.1%、19%和 45%。2001 年 5 月抽检全省 8 市 28 县区粮食产品（大米、小麦和面粉）质量，Pb 检出率达 88.1%，超标率 21.4%；虽然苏州、无锡、淮安和连云港 4 市产品中重金属未出现超标，但农药残留量高，其中农药甲胺磷、乐果、甲拌磷等，大米样中超标率 80%、面粉样超标率 25%，农产品不合格率高达 70%。基本农田保护区的农产品质量安全与一般农田一样令人担忧。南京、苏州、无锡三市基本农田保护区产品质量检测发现，重金属检出率几近 100%；除苏州因抽样不当而未出现超标外，南京、无锡产品中重金属 Pb、Hg、Cd 超标率分别达 66.7%、33.3%、25%。

（5）污染农产品的出现具有时间上的不间断性。不同时间抽检的农产品，均存在重金属、农药等有害物的残留过量问题，区别仅在于其污染程度或污染产品种类的不同。以南京农产品质量为例（表 3），冬、春、夏 3 季农产品抽样检测表明，新鲜蔬菜均存在重金属污染问题，只是春夏 2 季超标率高，冬季稍低。虽然秋季因缺乏资料未能给出有关污染数据，但从蔬菜赖以生长的土壤物质中重金属含量较高、土壤 pH 较高以及秋季适宜温湿条件有助于增强重金属活性等因素可以做出推断：夏、冬 2 季受污染的蔬菜品种，

① 1994 年江苏省环境状况公告。

在秋季可以部分或全部地受重金属污染，与之一样成为有害于人身健康的污染产品。

表 3 不同季节农产品受污染状况统计分析结果

	冬季/%	春季/%	夏季/%	秋季
重金属检出率	77.1	100	100	—
重金属超标率	26.7	66.7	64.1	—

3.3.2 农产品消费者安全

生产的目的是为了消费，农产品质量问题最终通过食物链与消费者生命及健康紧密联系在一起。虽然污染产品对生命与健康的影响机制复杂、引起的疾病类型多样，病情不一，明显的短期急性或潜在的长期慢性损害等，难于做出精确的医学统计，但有些地方性疾病发病及死亡率过高，则是食物损害生命的明显警示。据统计，江苏省为全国恶性肿瘤死亡水平最高省份，较全国平均水平高 50%。自 70 年代以来，江苏恶性肿瘤死亡率一直居各死因之首[2]。

4 措施与对策

4.1 加强宣传，强化环境伦理道德教育

江苏环境问题的根本是人的问题，归因于人的环境意识薄弱。为此不仅需要加大环境执法力度，依靠法的力量；更需要加强全民的环境教育，依靠全民的环境伦理道德力量。应当利用报纸、电视、电影、墙报等各种媒介宣传环境保护知识，在学校、社区开设环境教育课程，在农村加强农民合理使用农药、化肥等的科学技术教育。通过多层次、多方面、大范围的宣传教育活动，为治理、保护、优化江苏环境质量奠定深厚的民众基础，聚集强大的民众力量。

4.2 加快城镇污水处理

城镇污水是造成环境问题的重要污染源。应当采取的主要措施包括：①小城镇及乡镇污水集中控制；②拓宽治污资金来源，在现有基础上扩大 1～2 倍的污水处理投资；③完善城镇治污设施，更新省内近 40%的污水处理设备，提高治污效率。通过上述措施，力争工业废水的达标排放率在 90%以上，生活污水处理率在 80%以上，从源头上降低环境污染的危险性。

4.3 加快农业结构性调整，重视生态环境建设

江苏环境特点及深厚的农业基础、人力资源和区位优势，以及入世之后的市场一体化与全球贸易格局，决定了江苏农业结构性调整的总方向应是发展高效农业、生态有机农业和外向型农业。调整的重点在于突出农产品质量，发展环境有益、经济高效的新品种及江苏地方特色品种，实施化肥农药的科学施用与增加有机肥投入；突出产业多样化，果、艺（园艺）、蔬、农、林、牧、副、渔全面发展，重视苏北果品、沿海水产养殖与加工、沿江高效水稻棉花及集约化兽牧业生产、丘陵区多样化的生态与有机农业等区域化布局；突出产-供-销一条龙、种-养-加一体化的农业产业化。总之，结构调整以强化农业的生态化过程、劳动集约型的清洁化生产为手段，实现以调整促经济高效、以调整促环境优化的综合目标。

4.4 综合治理乡镇工业，强化乡镇环境管理

乡镇工业是江苏产业经济中的重要组成部分。但乡镇企业规模小、技术力量弱、资金有限、工艺落后，环境污染严重。“三废”物质产出率约占江苏工业废弃物总量的 25%～35%，未净化处理排放量的 60%～

80%；且其布局分散，成为全省农村河流与土壤污染的重要来源。长期以来对此疏于治理，应当加大综合治理力度。当前宜于采取的措施包括：①运用行政管制手段，关、停、并、转省内污染重、效益差企业；②加快推进江苏农村城镇化，调整农村工业布局，实施污染集中控制与治理；③加快企业改制，促进乡镇工业规模化、集约化；④凭借江苏经济与区位条件形成的市场优势，广吸人才、资金与技术，推进乡镇企业技术进步与更新改造，实施清洁生产；⑤全面强化乡镇环境监测管理，对乡镇工业实施从污染末端治理向工业生产的全过程环境管理与控制转化；对农业活动应禁止燃烧作物秸秆、随意排放兽禽粪便等不良环境行为，提倡科学施用农业化学物质；对广大农村与丘陵山区应大力提倡植树造林、禁止乱砍滥伐；对人口集中、住区规模较大的镇、村实施生活垃圾集中处理。

4.5 加大资金投入，逐步实现环境优化目标

环境保护需要资金。环境目标越高、保护力度越大，需要的资金投入越多。从当前到入世后的 5～8 年过渡期，江苏环境需要逐步跨越 3 个梯级：减缓水土污染，实现农业安全标准；进一步降低污染，满足人居舒适标准；全面改善水、土、气、生质量，达到世贸规则环境标准。“八五”期间，江苏全省环境投入年均在 5 亿元以下，“九五”期间有所增加，1999 年度投入 34.7 亿元，占当年 GDP 的 1.75%。但环境投资不稳定，1996 年、1997 年分别仅 4.69 亿和 6.15 亿元；2000 年降至 3.58 亿元，仅占全省 GDP 的 0.4%[3]。当前投资水平下的环境治理成效尚不足以实现第一目标；投资缺口大，环境债务重。按国际惯例，环境投资应稳定在 GDP 的 1.5%左右，才能解决随经济增长出现的环境污染问题，逐步达到国际环境标准。江苏经济实力较强，政府投入应随经济发展逐步增加；同时可通过机制创新，开辟多样化筹资途径，满足环境保护需求。

4.6 制度创新

制度规范人的环境行为。江苏环境污染严重、治理成效不高，很大程度上与形成于计划经济时代迄今未变的环境制度有关。环境问题的紧迫性及江苏特有的社会经济背景，有必要也有条件率先在国内探索并试行环境制度创新，包括环境权属、管理、国民核算与审计制度创新，以加速解决环境问题。

1. 环境权属制度创新：从权属模糊向明确界定并实施环境权转变

权属模糊导致责任不清。需要界定的环境权属包括产权与使用权。将环境产权与使用权分离，产权归国家所有，使用权归环境使用者；将环境权从资源权中剥离出来，耕地、山林、水库、池塘、渠道、建筑物等，其资源权（包括产权与使用权）可归集体或个人，环境权归国家。公共资源如大气空间、海域、滩涂、河流、湖泊、湿地、旅游度假区、自然保护区、交通线、地质与历史遗迹、军事区及其他国有资源等，可实行资源与环境统一，其产权均归国家。权属确定，责任明确：使用者有使用的权力，有维护、净化、改善环境的义务，有使用付费、污染治理、破坏受罚的责任。江苏省政府代表国家，在江苏范围内有制定政策法规、监督、执法、规划、管理、协调及动用国家资金解决跨地区、大范围环境问题的权力与责任。

2. 管理创新：从一元化管制向行政管制与市场激励结合的二元化管理转变

入世后，市场机制将主导中国社会经济活动，环境管理可以借鉴。环境权属明确后，政府着力于下述工作：①没有资源权的环境权采用托管制，由资源权所有者负责，建立市场机制下的环境权力与责任关系。受托者经济上有付出与收益，法律上又有约束；②城市区、国家环境权属区环境服务的管理与优化由国家负责，但依市场规则操作：a.制定 3 个目标阶段的环境标准，依标准确定环境容量，计量并规定全省大气与水体可排污量；b.详细调查研究各排污单位社会经济环境状况，综合平衡，公平分配排污许可额；c.确定排污费标准：额内排污低费或免费，额外排污禁止或税、费、赔、罚并用，使其总付出超过用于安装污物处理设备的费用；d.准许排污许可额的市场交易。

行政管制手段应用于：环境权及其范围界定，管理法规制定与执行，许可额分配，市场设定，环境监测与核查，污染认定与处置，争端调解，资金调配与环境治理等。

3. 国民核算与审计制度创新：建立绿色国民账户与环境审计制度

传统国民账户基于市场交易量对常用经济增长进行测度，忽略了支撑区域持续发展的环境资源。试行联合国统计局倡导的 SEEA 统计体系（经过环境调整的国民账户体系），将国民经济活动中的环境成本、环境收益、自然资产以及环境保护支出纳入核算范畴，使之成为经过环境调整的江苏省国内生产净值（EDP）和净国内收入（EDI），以盘点江苏可持续发展的年度总资产，发现并解决环境问题。市县统计，可将上述环境资源项目单独列作环境审计账户，作为地方官员绩效考核与离任审计的主要内容之一。

参 考 文 献

[1] 江苏省统计局. 江苏统计年鉴 2000. 北京：中国统计出版社，2000：108-245.

[2] 江苏省环境保护厅. 江苏省环境质量报告书. 南京：江苏教育出版社，2001，5：75-81，102-147.

[3] 国家环保局. 1999 中国环境年鉴，北京：环境科学出版社，2000：87-102.

江苏省农业生产的持续性和效率评估

徐梦洁[1]　赵其国[2]

1 南京大学城市与资源学系，南京　210093

2 中国科学院南京土壤研究所，南京　210008

摘　要

社会经济的可持续发展，是当今国家社会普遍关注的重大问题。其中又以农业生产的不断增长、农业资源的持续利用、农业生态环境的有效保护作为人口生存和发展的基础，受到了更加广泛的重视。粮食是人类赖以生存、社会得以发展的必不可少的物质基础。本文首先分析了江苏省农业（粮食）生产的持续性，再对农业生产的效率进行评估，最后提出了相应的对策。

关键词　江苏省；农业生产；可持续性

1　江苏省农业生产可持续发展分析

1.1　可持续发展理论及模型

广义的农业资源可持续利用，必须满足 3 个基础约束条件：时间上的可持续约束（人均水平的世代保持）、空间上的可持续约束（地理空间上的趋向均衡）和资源管理上的可持续约束（区域上的资源互补及优化配置）[1]。我们无法单纯就某个地区在某一时段的发展状况断言该地区是否实现农业可持续发展，只能在时段对比与增长过程中，根据农业系统变化的总趋势对该地区农业可持续发展能力作出评价。

根据“狭义”的农业可持续发展理论，在区域尺度上，存在 4 种基本模型，分别是：①农业可持续模型；②农业不可持续模型；③先期可持续而后期不可持续模型；④先期不可持续而后期可持续模型。随着时段的拓展，这 4 种模型可以互相转化，其转化方向受到社会、经济、政策和自然条件因素的诸多约束。适宜的政策和措施是保证模型良性转换的必要前提。

1.2　江苏省农业生产状况

江苏省位于长江下游，土地面积约 10.26 万 km^2，以平原为主，良好的地形和气候条件，对农业生产发展十分有利，是我国农业最发达的省区之一。江苏省农业为全省经济发展提供了坚实的基础。但是江苏省属于资源约束型省，在进入 90 年代后，江苏省的粮食产量徘徊，粮食生产面临严峻形势，主要问题包括：①人口快速增长；②人均耗粮水平增加；③农业投入滞后于经济整体发展水平；④种粮比较效益低下，影响农民种粮积极性；⑤耕地持续减少，质量下降；⑥环境退化，灾害频繁[2]。

1.3　粮食生产持续性分析

以江苏省 1978～1997 年的统计资料为依据，分析了中华人民共和国成立以来江苏省粮食生产可持续发展的总体概况。由于粮食产量年间波动性较大，对粮食产量数据取 3 年平均值做滑动曲线（图 1）。总体而言，1978～1997 年中，江苏省的人口由 5834.3 万人增长到 7147.9 万人，增长率为 22.5%，同期，江苏省的粮食产量由 2400.7 万 t 增加到 3563.8 万 t，增长率为 44.6%，满足狭义的农业可持续发展概念，即粮食生产是可持续的。

宏观的趋势分析，不能完全反映时间过程中不同时段的情况，我们计算了 1978～1997 年期间逐年的

本文原载《土壤》2000 年第 5 期第 240-243 页。

人口和粮食增长率（表 1），从中可以看出这个阶段有 11 年人口的地产长率小于粮食产量的增长，属于可持续发展，而其他 8 年或者粮食产量增长低于人口增长，或者粮食产量增长值小于 0，粮食生产是不可持续的，可持续发展时段与不可持续时段之比是 57.9∶42.1。尤其是 1991 年，人口当年增长 1.1%，而粮食产量下降 7%，出现了巨大的非同调差异。

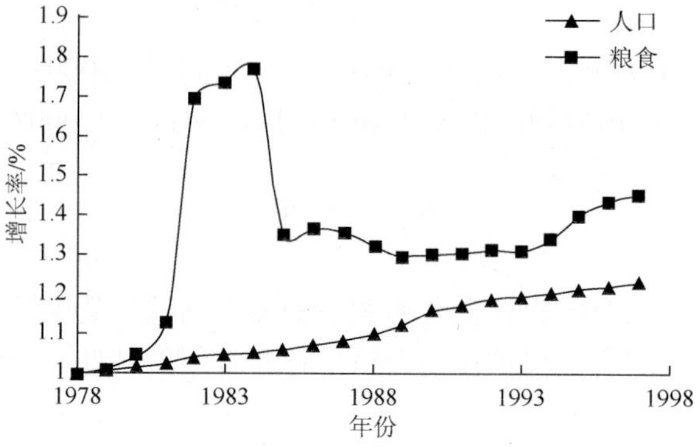

图 1　江苏省粮食生产可持续发展的时段变化

表 1　江苏省人口增长与粮食产量增长率的对比分析

年份	人口增长率/%	粮食增长率/%	年份	人口增长率/%	粮食增长率/%	年份	人口增长率/%	粮食增长率/%
1979	1	7.3	1986	1	6.8	1993	0.8	−1.2
1980	0.8	−6.1	1987	1.2	5.6	1994	0.8	−4.7
1981	1.2	3.9	1988	1.4	−8.1	1995	0.6	5.1
1982	1.3	13.7	1989	1.5	1.2	1996	0.6	5.8
1983	0.8	6.9	1990	3.5	−0.6	1997	0.5	2.5
1984	0.6	9.9	1991	1.1	−7			
1985	0.7	−6.8	1992	1	9.4			

2　江苏省农业效率评估

2.1　农业总要素生产率的测度原理和方法

农业资源的多样性，决定了农业要素投入的多样性。根据各个要素投入在农产品生产中的不同作用，可以把农业要素投入分为 3 大类：土地、劳动和资本。农业总要素生产率是农业产出与农业总要素投入的比率，反映了每单位全部要素投入所生产的农业产出数量，其本质特性是无偏差性，即它能公正和准确的地反映出农业经济效率的水平及其变化。柯布-道格拉斯生产函数是较常用的农业生产函数[3]，其公式为

$$Y=aA^{\alpha}L^{\beta}C^{\delta}$$

式中，Y 代表理论产出量；A、L、C 分别代表土地投入量、劳动投入量和资本投入量；指数 α、β、δ 分别代表土地、劳动、资本的生产弹性，即投入贡献权数；a 为常数项。

2.2　江苏省农业总要素生产率的具体测度

2.2.1　投入和产出数列的构造

由于缺乏江苏省农业增加值和农业固定资本折旧数据，本文选择农业总产值作为构造农业产出数列的实体，各个时期的不变价格都调整到 1990 年不变价格的水平。选择农作物总播种面积作为构造土地数列的基础。而农业劳动投入的数列选取农业劳动力人数加以构造。农业生产中的物质消耗是构造资本投入数

列的基础（表 2）。作为农业资本投入数列的一个补充，本文还选择了农业机械总动力和化肥施用量作为固定资本和流动资本最典型的代表。为便于比较，选择 1978 年作为基期，计算各个指数值。

表 2 1978～1997 年江苏省农业投入和产出数列

年份	总播种面积指数	农业劳动力指数	农业物耗指数	农业总产值指数
1978	100.0	100.0	100.0	100.0
1980	96.1	100.3	137.4	146.1
1984	100.0	111.7	170.8	205.7
1988	97.7	121.3	249.1	255.0
1991	94.3	123.6	275.1	260.7
1992	95.9	124.1	307.1	294.6
1993	93.6	123.6	445.3	327.9
1994	91.6	123.3	461.1	367.5
1995	92.2	122.9	524.4	417.6
1996	92.2	122.2	557.9	415.1
1997	92.8	121.9	564.3	446.9

2.2.2 农业总要素生产率的计算

用弹性系数法计算江苏省农业的土地、劳动、资本投入权数，调整之后得到：α^*=71.7%，β^*=5.1%，δ^*=24.2%。

2.3 对江苏省农业总要素生产率的分析

2.3.1 农业总要素生产率的增长趋势

1997 年和 1978 年相比，江苏省农业产出增加了 346.9%，年均增长 7.6%；超过农业总要素投入的增长速度，但是江苏省农业总要素生产率并非是直线增长（表 3）。1978～1990 年阶段农业总要素生产率的增长幅度远远超过 1990～1997 年阶段，江苏省农业效率呈现明显的阶段不平衡性。

表 3 江苏省农业总要素投入数列和农业总要素生产率数列

年份	总要素投入	总要素生产率	年份	总要素投入	总要素生产率
1978	100.0	100.0	1992	148.2	198.8
1980	106.3	137.5	1993	179.9	182.2
1984	117.6	174.9	1994	182.3	201.5
1988	135.3	188.5	1995	198.0	210.9
1990	139.2	189.4	1996	206.1	201.4
1991	139.2	187.2	1997	208.1	214.7

2.3.2 农业总要素生产率的贡献份额

1978～1997 年江苏省农业总要素生产率对农业增长的贡献份额为 52.3%，总要素投入的贡献份额为 48.7%，不同阶段的贡献份额则体现了一定差异：1978～1989 年江苏省农业总要素生产率的贡献份额为 65.4%，总要素投入的贡献份额为 34.6%；1990～1997 年江苏省农业总要素生产率的贡献份额为 24.5%，总要素投入的贡献份额为 76.5%。

借助总要素生产率和总要素投入的贡献，可将农业的动态增长抽象化为 3 种基本模式：内含增长模式、外延增长模式和中性增长模式。1978～1992 年江苏省农业增长基本属于内含增长模式的初度内含型，农业产出的扩张主要依赖于效率的提高，而此后却转变为外延增长模式，主要依靠投入的增加来实现产出的扩张。

2.3.3　农业总要素生产率的相伴关系

计算可知，江苏省农业部分要素生产率增长的趋势特征表现在土地生产率和劳动生产率的显著增长，其中劳动生产率的上升趋势尤其明显，与此同时资本生产率指数呈现下降势头。资本产出的下降趋势在机械生产率方面表现更明显，说明固定资本投入的生产率下降是资本生产率下降的主要原因。资本生产率的下降源于资本的“惰性效应”。从江苏省 1978～1997 年农业总要素生产率的发展状况看，资本的惰性效应并未“中和”土地生产率和劳动生产率的正向效应，资本的增加仍将是合理行为。

2.3.4　农业部分要素生产率的增长机制

经过计算，江苏省 1978～1997 年农业劳动生产率增长主要依赖土地生产率的增长，贡献份额达到 84.8%；同时江苏省劳动力就业结构的优化调整也体现在地劳比率的贡献份额达到 15.2%，因此虽然江苏省播种面积总体呈下降趋势，由于第一产业就业比重显著下降，地劳比率缓慢上升，没有对劳动生产率的增长构成负向作用。劳动力资本装备率在劳动生产率中的贡献份额达到 110.9%，资本生产率对劳动生产率造成了负向效应，贡献份额为−10.9%。资本生产率对土地生产率的增长表现出负向效应，为−14.9%，江苏省土地生产率的增长全部来源于土地的资本集约率的增长。

2.3.5　农业总要素生产率的增长模式

在农业总要素生产率的增长中，各个部分要素生产率的增长所起的作用并不等同，农业总要素生产率的增长主要是以那一个部分要素生产率为导向因素，即为农业总要素生产率的增长模式。根据土地生产率和劳动生产率的计算结果，可以确定江苏省农业总要素生产率的增长是劳动生产率导向模式。

3　结　　论

从上面的分析可以得出这样的结论：①1997 年和 1978 年相比，江苏省的农业产出增加了 346.9%，农业现代化水平和综合生产能力不断提高，为国民经济发展打下了坚实的基础，总体发展是可持续的，但是农业总要素生产率在个别年份停滞甚至倒退，局部时段的农业发展表现为持续性与不持续性交替发生；②江苏省农业部分要素生产率的增长主要表现在土地生产率和劳动生产率的显著增长，其中劳动生产率的增长尤其明显，我国农业素来存在“隐性失业”的问题，江苏省这 20 年来第二、第三产业快速发展，吸纳了大量富余农业人口，劳动生产率的增长也从侧面反映了劳动就业制度改革的进程，土地生产率的提高也再次验证江苏省农业必须遵循集约农业的指导方针，向精细农业发展；③江苏省近年来劳动生产率的增长主要依靠劳动资本装备率和土地生产率的增长，而土地生产率的增长全部来自土地资本集约率的增长，表明农业投入在江苏省农业发展中的重要作用，根据农业生产率增长的规律以及江苏省农业发展的趋势，资本也即投入的增加在今后仍是合理的行为；④1978～1997 年江苏省的农业增长模式属于中性增长，其中 1978～1991 年属于内含增长，1992 年以后却转换为外延增长模式，出现倒退，这恰与农业生产的阶段不可持续性契合，其中原因值得进一步探讨。

参 考 文 献

[1]　牛文元. 持续发展的理论与实践. 地理知识，1992，(5)：1-9.

[2]　徐梦洁，赵其国. 江苏省中长期食物保障能力与对策. 土壤，1999，31 (4)：179-184.

[3]　冯海发. 中国农业的效率评估. 北京：农业出版社，1992.

率先实现农业现代化，走农业可持续发展的道路
——江苏省农业可持续发展问题

赵其国
中国科学院南京土壤研究所，南京 210008

摘　　要

本文在分析了江苏省农业发展现状的基础上，阐述了江苏省农业可持续发展的基本思路、存在问题和解决途径。并为率先实现农业现代化提出了具体建议。

关键词　江苏省；农业现代化；可持续发展

农业是国民经济发展的重要基础产业。加强农业基础地位，就能保证实现农业的持续发展，从根本上解决我国的粮食问题。中央明确指出，“中国的农业问题，粮食问题，要靠中国人自己解决”。十四大以来，我国粮食生产实现了历史的跨越，1996年达4.9亿t，提前4年实现人均400kg。此外，菜篮子工程，工农关系，城乡关系都有了新的发展。

江苏省的农业在全国一直处于领先地位。近10年来。粮食新增50亿kg，去年与今年粮食分别达340亿kg及350亿kg。人均超过450kg，是历史最高水平。多种经营、乡镇企业、农民生活水平及农村经济实力均跨上新的台阶。但同时还存在着粮食生产不稳、农业结构不甚合理、农产市场与体制组织化程度不高、农业产业化经营水平较低等限制因素。

江泽民总书记在15大报告中指出，“我国东部有条件的地区，要率先实现现代化”。从江苏省农业发展的实际情况看。其根本出路在于：率先实现农业现代化，走农业持续发展的道路。

1　率先实现农业现代化的基本思路

什么是农业现代化？农业现代化的内涵，应包括现代化的物质装备、科学技术、管理体制以及优化的资源与环境4个方面。这是由粗放、低效、封闭的传统农业，走向现代化农业的基本前提。它的特点是：

第一，必须以现代工业为支撑，没有工业现代化，就没有现代化农业。建立农业现代化与农业工业化（乡镇工业化）组成的农业现代化模式是重要方向。

第二，必须建立农业现代化的指标体系，包括产业化与市场化；集约化与机械化；信息化；高效生态农业及高新技术集成5方面的指标体系。

第三，必须坚持农业的持续发展方向，即人口、资源、环境与社会经济的协调。不只考虑当前，而要考虑长远的战略。注意农业发展在时间与空间、数量与质量、静态与动态的统一，以及农产品、农村经济与农民收入的不断提高。

总之，农业现代化的最终目标是农业的持续发展，其核心是依靠现代科学技术，依靠新的现代化的“农业科学革命”，小平同志说过，“中国将来的农业，最终要靠生物工程，靠尖端技术解决问题”。从这个意义上看，推进现代“农业科技革命”，“科技兴农”，是解决我省农业发展问题的出路所在，希望所在。

2　率先实现农业现代化的问题与解决途径

2.1　人地、人粮、人与环境矛盾突出，急需建立人口、资源、环境间的协调机制

江苏省1995年每平方公里689人，人口总数6967万，人均耕地仅0.97亩。30年来，全省人口每年

本文原载《土壤》1998年第2期第64-69页。

增长 80 多万，耕地平均每年减少 30 万亩，一增一减，使耕地负载量比 60 年代增加了 2.5 倍。到 20 世纪末，全省耕地又将比 1990 年净减 132 万亩，人口将达 7362 万，人均耕地仅 0.91 亩，即将突破联合国提出的人均 0.8 亩的警戒线，形势将十分严峻。在人地矛盾影响下，江苏省粮食若以 1993 年的人均 470kg 计，到 20 世纪末，粮食总需求量为 3460 万 t，需净增粮食 181 万 t。显然，问题是突出的：①粮食总量不稳，80 年代，人均约 500kg，90 年代，为 487kg，低于 10 年前的水平；②单产增加不高，前 10 年平均每公顷产量仅 5100kg，90 年代的前 4 年，平均粮食需求缺口，特别是饲料粮，每年需进口约 400 万 t；③地区生产力不平衡，苏南苏北产量差异较大。特别值得注意的是，由于人增地减，耕作不当，近年来全省的生态环境状况在不断恶化，土地退化甚为严重，全省废水排放量居全国第二，废水排放密度、水污染事故与赔款居全国第一。太湖水质恶化与富营养化的进程明显加剧，1990 年藻类大爆发，损失达 1.3 亿元。在海州湾、废黄河口、启东咀等地，其水质与底泥的污染值均高于其他地区。全省年施用化肥共 5301 万 t，进入水中的化肥量每年为 530 万 t，其损失与污染影响可观。

由此可见，人、地、粮与环境之间相互协调机制的建立，是解决问题的关键。首先，应通过控制人口，提高人口素质来完善人口机制，使得在人增地减不可逆转的情况下，努力提高农民科技文化素质与农业劳动力素质，积极开发人力资源，不断适应农业发展。其次，应通过杜绝乱占耕地，严控土地“农转非”等土地资源保护法规，完善人与地的机制。最后，要通过经济手段，严格建立补偿价格体系，来完善资源与环境的协调机制。上述这几种机制建立的关键是政府行为与执行法治。

2.2　农业科技发展滞后，须加快农业科技进程，促进农业持续发展

我省农业科技水平在全国位于前列，农业科技份额已超过 50%，但从农业持续发展要求看，仍将处于滞后状态，不少问题均有待农业科技进一步解决。其基本途径是：

第一，发展农业科技的重要应放在提高农业资源，特别是水土资源的产出率与利用率技术；农业资源的延续利用、污染防治与环境保护技术；基因工程、现代微生物、新品种繁殖、信息与遥感等现代农业科学技术。

第二，必须加强科技挖潜。主要包括：①生物潜力。目前生物的产量，远未达到生物的潜在生产能力。该区水稻的产量在亩产 500kg 的基础上，又有大的提高，如江苏（常熟）外向型农业示范区的大面积水稻亩产已超过 650kg。因此，通过品种培育及提高有机物合成、转化和储存，这种产量是可能在较大范围内达到的。②环境潜力。从某种意义上讲，栽培技术是为了改善或充分调节环境条件，特别是包括光、气、水、肥、土、热和病虫害等外部环境条件。目前该区还有三分之二中低产田，通过改善环境条件，同样具有较大的增产潜力。③空间潜力。指空间的进一步双向拓展。如开垦滩涂地，土地退耕，水面种植等平面向的拓展。又如立体式与垂直栽培式的垂直向的拓展等，均可大大增加利用空间，产量可成倍增加。④时间潜力。指延伸可种植时间或复种指数。通过地膜，大棚、温室使原来不能种植的时间变得可以利用，特别是设施农业的发展使反季节生产成为可能。双季或三季的耕作制度，也将随着机械化程度的提高，新的种植方法的建立，有再实现的可能。总之，为了充分发挥上述 4 种潜力，现代农业科学技术（包括现代育种、先进栽培及农业设施技术等）和农业配套政策（包括土地、科技和农业政策）必须跟上，其中土地政策解决护农问题，科技政策解决为农问题，农业政策解决务农问题。

第三，实现农业现代化必须加大投入。加大投入是实现现代化必不可少的物质保证，首先要加大投入力度，通过现代科学技术武装农业（包括农业的工厂化生产），实现现代科学技术对传统农业的改造；对农民进行科学种田的推广和科普教育；还包括对因地制宜地利用现代科学技术的研究的投入，以迅速提高农业集约化程度；其次，投入重点应逐步转向农田基础设施标准化建设和农业机械化方面。建议国家有关部门进一步扶持农机工业，集中攻关，研制并生产出适于江南特点、高效低价的多种农业机械。此外，必须完善农业投入体系。实现政府、集体、个人三结合，各级政府要增加对农业的投入，可建立各种农业现代化基金组织，将投入重点逐步由农产品价格补贴转向农田基本建设与农业科技教育；要进一步完善各种政策，充分发挥各种集体组织和个人投资农业的积极性。

2.3　农业资源的综合开发薄弱，需要加强开发力度，提高农业综合生产力

全省农业资源综合开发已取得不少成绩，但从农业持续发展看，今后全省的农业综合开发必须注意以

下几点：①将农业资源的开发与保护、节约和合理利用结合起来，并从以增产为中心转移到实现经济、生态与社会效益相结合方面来。②处理好广度开发与深度开发的关系，将开发“三荒”与治理中低产田、农产品加工、提高资源产出率结合起来。③按市场导向调整农业资源开发的产品与结构。④注意农业资源的开发与保护的关系，不断提高资源永续利用的效益。

2.4 农业生产经营体系有待改革，需要加强农业产业化与农民的自组织程度

从生产经营体系看，影响全省农业现代化的突出问题是小生产与大市场的矛盾，分散的农户生产经营缺乏与市场沟通的有效途径，规模经营发展缓慢，农产品与工业原料流通困难，极大地影响了农村经济发展与农民的利益。解决途径是：①通过探索口粮田的规模，推进非农业化，并以市场化为导向，在生产专业化、基地化、商品化及产业化的过程中，稳妥推进适度规模经营；②加快实现农业产业化，关键在于培育龙头产品，龙头企业，并做到企业与农民利益共享，风险共担；③加强贸工农一体化，产加销一条龙的新型经营体系；④为了保障农民利益，必须加强农民的自组织程度，制定相应法规，并介入行政管理，确保农业的持续发展。

3 率先实现农业现代化的几点建议

当前全省在现代化农业发展上存在与土壤有关的问题，主要是反映在土地数量与质量上的人地矛盾，反映在“三高农业”稳粮增产的土地资源开发与管理矛盾，以及反映在水土污染上的土壤生态环境建设的矛盾三个方面。正确认识与解决这些矛盾，是促进全省现代化农业发展的重要举措。

3.1 保护耕地，节约用地

保护耕地始终是增产粮食的基础。中央一再提出必须“珍惜每寸土地”，并将耕地保护作为资源保护工作的重中之重，建议采取以下措施，以保证现有耕地的总量不再减少。

（1）严格节制用地，依法确保基本农田。在城镇规划与开发上，要采用动态平衡方式，用一亩，建一亩，注意用好废弃地，严格节制非农业用地，同时，要对耕地进行科学管理，在土地评查的基础上，建立土地档案，采取严格检验与考核措施，确保基本农田面积。此外，为了制止一些地方靠卖土地赚钱，任意占用耕地的现象，必须加强土地资产的管理。大幅度提高耕地占用的价格与税率，耕地占用费应合理补偿给农民并用于农业的投入。

（2）开辟耕地资源，缓解数量平衡。必须多途径地开发耕地资源，除开发“四荒”弥补耕地数量外，按现有成功经验，一是改造中低产田，建设吨粮田。全省共有中低产田 4538 万亩，占耕地面积 40%。改造中低产田，提高土地生产力，是维持该区耕地平衡的关键。二是复耕零星的弃耕地、休闲地与旧宅基地。三是综合整治土地，包括平整土地与统一规划沟渠路等。四是围垦滩涂。该地区共有滩涂 593 万亩，按江苏滩涂“围田蓄囤雨水养鱼改土”经验，当年每亩产值可超过千元，通过“鱼稻轮作”，可逐步发展粮食生产，在大中城镇耕地紧缺的情况下，可考虑采用跨行改区的“异地开发”办法，即调动社会各方面的积极性，广泛集资围垦滩涂，利用滩涂开发获得的农产品，协调本地粮食的供需平衡。

3.2 注意平衡施肥，提高耕地质量

近年来，全省年施用氮肥达 157 万 t，占全国 9%，磷肥用量 38.3 万 t，占全国 6%，钾肥 7.9 万 t，占全国 3%。在化肥大量投入的前 10 年，全省粮食单产随化肥增加而增高，但近年来出现增加化肥反而减产的趋势。究其原因，从营养平衡看，主要是化肥一直以氮肥为主，到 1993 年，仍占施肥总量的 68.5%。氮、磷、钾比例为 1∶0.24∶0.05，而全国为 1∶0.31∶0.12。1985 年世界的比例为 1∶0.43∶0.37。因此，要注意氮、磷、钾的平衡施用，特别是在氮肥充分施用和磷肥不断补充的情况下，要重视钾肥及微量元素的补充和平衡，并针对不同地区、不同土壤特性，结合作物需求，采用平衡施肥技术。按实践经验，第一，应控制全区的水稻氮肥用量，按纯氮计，一般以每公顷 150～180kg（每亩 10～12kg）为宜，（当前平均用量为每亩 23kg，最高达 30kg）。第二，增施有机肥，除绿肥与秸秆还田（目前全省约有 3500 万 t 秸秆被烧掉）

外，应特别重视人畜粪肥（在有机肥中氮占 70%）的利用，在增施有机肥的情况下，化学氮肥用量还可减少。全省过去绿肥面积曾达 3000 万亩，现仅 500 万亩，如能提高到 1000 万亩，则相当水稻面积的 27%，每亩水稻可增产 10%左右，达到平衡有机质的作用。第三，采取“补钾工程”措施，应把当前氮磷钾的比例（1∶0.24∶0.05）调整到 1∶0.4∶0.25，即增加现有施钾量的 5 倍，以促进土壤养分平衡。第四，采用粒肥深施、犁沟条施及“稻田的无水层混施”等方法，并注意掌握在作物生长旺期施用氮肥，以提高氮肥利用率（苏南水稻氮的利用率仅 30%），减少环境污染。要提倡施用泥肥、复合肥及城肥下乡。

3.3 发展“三高”农业，加强土壤改良，稳定粮食增长

粮食问题始终是国民经济的头等大事，中央的方针是“全国粮食必须立足于自给，供求必须基本平衡，不能出现大的缺口”。因此在粮食问题上必须注意：第一，应认识到近年粮食虽有较大幅度增产，但全区的饲料粮需靠调入，今后粮食稳定增产的任务还相当艰巨，对此决不可掉以轻心。第二，为缓解口粮供需矛盾，必须多途径解决粮食问题，走“大粮食”、“大食品”、“粮食产业化”的道路。即在种植粮食的同时，大力发展畜牧业、养殖业及蔬菜水果种植业。在这方面如东县有成功的经验。第三，预计今后优质粳米与饲料的需求会越来越大。要在稳定粮食播种面积的同时，因地制宜地调整粮食品种，扩大饲料面积。第四，依靠科技主攻单产。目前全区水稻田有 1/3 通过稻麦两熟已达吨粮田，不少农业试验与示范结果表明，如果通过土壤改良、平衡施肥、改革耕作制度、调整农业结构、选育优良品种等措施，可望在 20 世纪末将全省 4538 万亩中低产田进行培育改良，以每亩增产粮食 50～100kg 计，则可增产粮食 22.7 亿～45.4 亿 kg，对缓解全区粮食供需矛盾有重要意义

3.4 防治水土污染，加强生态环境建设

根据近年来江苏省生态环境状况不断恶化的现状，建议采取以下措施整治：①通过合理耕作，增施有机肥等各种防止养分淋失的耕作和施肥措施，防止养分的侵蚀与淋失。②通过平衡施肥，注意养分库的重建，防止养分有效性退化。③通过实施不同配套的施肥、耕作及管理措施与方案，促使土壤肥力不断提高和稳定。

此外，在水环境治理上应注意：

第一，对全省水污染的总量进行控制管理；实行水环境容量的有偿使用，即“谁造成污染，谁承担责任”的原则，决不能走“先污染，后治理”的道路。当前苏南一些地区水稻施用氮肥每公顷 120kg 到 450kg，试验表明，每公顷水稻施用 120～180kg 较适合，这就可将太湖地区平均施肥量（345kg/hm^2）减少一半，如结合有机肥与河泥施用，还可减少更多。这是防治水环境污染的重要措施。

第二，太湖环境与水质污染虽已开始治理。但仍需建立强有力的管理体制与机制，制定切实可行防治污染的总体规划，建设防洪排涝、防治富营养化、环湖绿化与自然资源综合开发等四大工程体系。

第三，注意防治水污染与提高水资源利用率的密切结合。其中包括：建立跨地区的水资源保护立法和管理机制，按流域或区域水环境单元进行规划与管理，发展污水多次与重复利用技术，利用荒废土地及沟渠坝塘，发展污水资源化事业等。

3.5 加强宁、镇、扬丘陵地区开发，促进农业持续发展

宁镇扬丘陵区位于该省西南，土地总面积约 1.33 万 hm^2，占全省 13%，其中丘陵占 76.5%，平地占 23.5%，除 7005 亩耕地外，其余 1300 万亩均为旱地及林地，该区人均土地 4.1 亩，耕地 1.44 亩，林地 0.62 亩，水面 0.5 亩，是全省水土资源数量较多，劳力较充裕，生产潜力较大的地区。

该区土地资源开发的优势是：①兼有山、丘、岗、垄、圩复合地形特点，利于综合开发；②人口密度较低，土地较宽裕，劳力有剩余，开发潜力大，易于结构调整；③农业生产水平中等，产品自给有余，增加投入效率高，发展商品潜力大；④无严重农业限制因素，如洪涝、盐碱等。易于改善生产条件。

在土地资源开发上，存在的问题是水土流失较重，肥力较低，农业结构单一，农业经济实力及工业基础弱。

针对上述情况，建议该区在土地资源开发战略上遵循以下原则：①按地形、土地类型。从“小而全”到“整体”进行发展。②从资源—劳力密集型农业，逐步走向技术一资金型。③发展多样性生物种植结构与农林复合系统。④搞好“立体”农业布局，发展林、果、茶、稻、麦、油及菜、果、桑、粟，形成粮、饲、肥复合结构，并重视农、林、牧、副、渔及种、养、加的全面发展，以不断提高农业系统的整体效益。这样，该区土地资源潜力必能充分发挥，农业生产力将不断提高，并对全省农业持续发展有极大的推动作用。事实上，丹阳市建山乡通过对 2 万亩耕地、2 万亩山地的综合开发，二年内水稻年均每亩增产 50kg，小麦增产 40kg，山地的干果产量增加一倍以上。这些经验，可在我省丘陵区全面推广与借鉴。

最后建议今后对以下问题进行深入研究：

（1）江苏省资源、环境与农业可持续发展综合研究（争取列入 1998 年国家基金委重大基金项目）。

（2）江苏省农村经营与流通体制的改革与完善途径的研究。

（3）江苏省长江三角洲土地资源的动态监测、优化配置及耕地保护预警研究。

（4）江苏省粮食供需矛盾的发展趋势与平衡途径的研究。

（5）江苏省生态农业与绿色工程的建立途径与农业有机废弃物资源化技术研究。

（6）江苏省环境资源的动态监测、调控与水土污染趋势及治理途径研究。

（7）长江三角洲农业现代化指标体系、经营及投入机制与现代农业配套技术研究。

从现代土壤学看江苏省农业持续发展中的问题*

赵其国

中国科学院南京土壤研究所，南京　210008

摘　　要

本文从现代土壤学发展的趋势与特点，联系江苏省农业生产的实际。对该省当前在农业持续发展中存在的土壤问题，包括提高土壤肥力，防治土壤退化，改良中低产田，建设生态环境，实行集约化经营等，进行了详细的论证与讨论，提出了有关加强江苏省农业持续发展与生态环境建设的具体意见。

关键词　现代土壤学；农业持续发展；土壤肥力

土壤是人类生存的基本资源，是农业发展的重要基础。当前在我国传统农业正向高产、优质、高效的现代农业转变时期中，土壤学也正在随着社会经济发展，朝向现代土壤学的方向转变。因此如何从土壤及现代土壤学的观点，正确地认识与解决江苏省当前农业持续发展中所面临的问题，具有重要的理论与实践意义。

1　现代土壤学的发展与特点

1.1　现代土壤学的发展趋向

随着社会的不断发展，土壤作为人类赖以生存的重要自然资源，亦正在逐渐或迅速地发生变化，当今土壤学已由原来仅研究土壤本身向土壤圈及其与各圈层之间的关系的方向扩展。

土壤圈是地球上气圈、水圈、生物圈及岩石圈交界面上的一个圈层，它处于四个圈层的中心，既是地球各圈层物质循环与能量交换的枢纽，又是地球各圈层间相互作用的产物。由于土壤圈处于地圈系统，即上述四个圈层的中心。因而它具有：永恒的物质迁移与能量交换；最活跃与最丰富的生命力；“记忆块”与“基因库”；时空变异与限制性；资源的再生、利用与保护等特性，并且具有支持与调节生物过程与养分循环（对生物圈），影响大气组成、水平衡与释放温室气体（对气圈），影响降水分配与平衡（对水圈），影响土壤发生与地质循环（对岩石圈）等功能。它的作用在于通过土壤圈与其他圈层的物质交换影响全球变化，通过人为活动对土壤圈的强烈作用，对人类生存与环境起重大影响。

因此，从土壤学的发展看，今后的研究共有两个方向：

第一，研究土壤圈与地球其他圈层的关系；

第二，研究土壤圈物质迁移与能量平衡对人类生存环境（持续农业）的影响。

上述研究方向可概括为以下四项研究任务：即土壤圈物质循环与全球土壤变化；水土资源时空变化、开发利用与恢复重建；土壤肥力演变规律、发展趋向与调控对策；农业持续发展、区域治理与生态与环境修复。其中通过土壤圈物质与养分循环，研究与解决农业持续发展与生态环境建设是关键。

1.2　现代土壤学面临的挑战

从当前社会与经济发展对土壤的要求看，现代土壤学正在面临着严峻的挑战。

1.2.1　人口与粮食

到 20 世纪末，世界人口总数，将达到 62.41 亿，粮食的需求量为 21.3 亿～22 亿 t，比 1990 年的粮食

---

* 本文在撰写过程中，承陆彦椿同志提供有关资料，特此致谢。

本文原载《土壤》1996 年第 4 期第 169-175 页。

总量要净增 3.5 亿 t。面对这样的严峻形势，生产条件落后的发展中国家将承受巨大的粮食生产压力，我国人口到 20 世纪末，预计可达 13 亿左右。以人均 400kg 的年消费水平计算。需要粮食 5.2 亿 t、然而要在仅占世界耕地面积 6.8%土地上，获得世界粮食生产总量的 23.6%，任务是极为艰巨的。

1.2.2 资源与环境

当前，全世界拥有耕地 7.3 亿 hm^2，预计到 20 世纪末可再扩大耕地 1.8 亿 hm^2，总共为 9.1 亿 hm^2。但是，由于人类不合理的开垦土地，近年来土地退化不断加剧。全球范围内的水土流失面积已发展到总土地面积的 16.8%；沼泽化、沙漠化的面积也分别达到总面积的 10%和 33%；次生盐渍化面积约 12 亿 hm^2；耕地被侵占近 2 亿 hm^2；20%耕地存在着养分亏缺；在 76 个发展中国家中，森林以每年 1130 万 hm^2 的速度被砍伐，而造林仅为 110 万 hm^2，世界上仅有 0.27%的水资源可为农业、工业和城市利用，有人预测，不出二十年，淡水的供给将不能满足需要。

我国的水土及森林资源按其绝对量来说名列前茅，但人均占有量很低。人均耕地、林地和草地分别仅占世界人均量的 1/3、1/5 和 1/4；水资源总量居世界前列，而人均只占世界的 1/4；森林资源居世界第 7 位，但人均量是第 130 位。目前全国中低产田已占总耕地面积的 2/3，约有 2000 万 hm^2 的耕地受到干旱威胁，水土流失面积占国土总面积的 1/5；沙漠化的土地达到 3330 万 hm^2。并且平均每年以 15 万 hm^2 的速度扩展；草原退化面积 8701 万 hm^2，并且每年以 120 万 hm^2 左右速度增加。随着工业的发展，污染日益严重。每年废水排放量为 368 亿 t，烟尘排放量为 1445 万 t，受污染的耕地面积约 670 万 hm^2，酸雨对江南农业生产的影响也越来越严重，仅 SO_2 的危害，每年可达 270 万 hm^2。

面对上述挑战。现代土壤学今后的发展必须为人类享有充足的食物和清洁的环境作出贡献。今后相当长的时期内，提高粮食生产是主要的任务。

1.3 土壤肥力与农业持续发展

土壤肥力是土壤的本质特性，土壤的概念是和它的肥力分不开的。土壤肥力是指“土壤在某种程度上，能不断地同时供应在植被生长期中所需要的养分、水分、空气与热量的能力”。由于土壤具有肥力，并能不断地提供植物（包括农作物）生长所需的各种土壤因素，保持农产品产量与质量的稳定与提高，因此，土壤肥力是农业持续发展的重要基础，长期的实践表明，土壤植物营养元素，即土壤养分是土壤肥力的主要组成部分，它对农业持续发展有重要影响。据我国 1978～1984 年 6 年统计，每亩增施化肥 4.1kg，增产粮食 68kg；1984～1993 年 9 年间，每亩增施 6.1kg，增产粮食 34.9kg。这与过去记载的每公斤化肥（养分）能增产粮食 8kg，粮食增产有 35%是靠施用化肥的结果相一致，说明氮、磷、钾肥的施用对作物增产的明显作用。

首先，氮素是作物营养元素之首，施用氮肥是提高农产品产量最有效的手段之一。我国氮肥施用量达 1726 万 t 氮（相当于 8630 万 t 硫铵），占世界氮肥用量的 21.6%，为世界首位。江苏省氮肥施用量 157 万 t，占全国 9%，但值得注意的是，各种氮肥品种的氮素，当季利用率均不高：硫铵为 30%～42.7%，尿素为 30%～35%，碳铵为 24%～31%。这是因为氨挥发和硝化—反硝化作用的结果。据近 30 年的研究，水田化学氮肥损失为 50%，旱地为 40%，即每年损失的化肥氮量相当于 3884 万 t 硫铵，价值人民币 285 亿元，如果把氮素损失减少 10%，每年即可减少损失 30 多亿元。此外，农业生态系统中加入的肥料氮的损失通过径流及淋洗进入水体（NO_3^- 等），不仅污染饮用水，而且也引起河、湖富营养化。因此，如何合理施用并控制氮肥损失，是氮肥在农业生产中的重要问题。

磷也是重要的植物营养元素之一。据 1993 年统计，我国磷肥用量已达 750 万 t（P_2O_5），江苏省 38.3 万 t，占全国 6%，但当季植物只能利用 10%～25%左右，有近 75%～90%的磷肥积累在土壤中，其数量相当可观。研究表明，磷肥施入土壤后，大都被固定，各地区土壤全磷通常高于有效磷几百倍。由于长期施用磷肥（1991 年我国磷肥消耗为世界第二位），我国从 70 年代中期起，农田磷素循环即基本达到平衡。因此，如何利用土壤中的累积态磷，是重要的科学问题。此外，随着土壤中积累态磷的增加，释放到径流中的磷将会增加，水体中只要含 0.02mg/L 磷，将使水体开始富营养化，并威胁水生生物的生存，这一问题也应引起注意。

我国钾肥资源紧缺，钾素化肥的用量近年虽有增加（1991 年，我国钾肥消耗量占世界第四位），但从钾的投入与产出量比较，每年均为亏缺。近年亏缺量达 500 万 t 左右，1993 年，全国施用钾肥仅 212 万 t，江苏省 7.9 万 t，占全国 3%。从目前情况看，要把作物所摄取的钾素全部归还给土壤仍很困难。因此，耕地土壤严重缺钾的状况将继续存在。

微量元素在氮、磷、钾施用的基础上，也出现不平衡与亏缺情况，并对植物生长起限制作用，它们在植物营养中也很重要。

除了氮、磷、钾素及微量元素以外，有机肥也是很重要的植物营养来源，我国是具有施用有机肥传统的国家，1990 年与 1949 年相比，我国有机肥增加了 2.6 倍，但由于化肥用量增加，有机肥在肥料总量中的比重不断下降，80 年代初，有机肥与化肥各占一半，1990 年有机肥占总肥料的 37.4%，其中 N、P_2O_5，分别占 23.8%和 31.7%，而 K_2O 占 79.3%，说明有机肥在调节氮、磷、钾比例中的作用。但目前有机肥用量有不断减少的趋势，值得引起注意。

以上简单概括了我国土壤肥力、土壤植物营养与农业持续续发展的关系。但从江苏省当前粮食增产与植物营养，特别是氮、磷、钾肥投放产出的平衡情况看，还存在不少值得重视的问题。

2　江苏省农业持续发展中存在的土壤问题与对策

针对上述土壤学发展的特点，当前江苏省在农业持续发展上，共存在着四个突出矛盾。一是人地矛盾；二是农业需求与供应矛盾；三是经济发展与生态环境建设矛盾；四是土地利用与耕地质量矛盾。因此，如何正确认识与解决这些矛盾，是促进江苏省农业持续发展的重要问题。

2.1　控制人口，保护耕地，克服人地矛盾

按 1993 年统计，江苏省以 6782 万亩耕地，养育着 6967 万人，人均耕地已不足 1 亩（人均 0.97 亩），据粗略统计，30 年来，该省耕地平均每年减少 30 万亩，人口却增长了 80 多万，使耕地负载量比 60 年代增加了 2.5 倍。可是该省可开发宜耕地资源尚不到 160 万亩。按预测，到 20 世纪末，全省人均耕地仅 0.91 亩，形势将更为严峻，据苏、锡、常统计，1992 年耕地下降超过 10%，其中苏州市 80 年代末有粮田 400 多万亩，90 年代以来已减少到 370 万亩，无锡市 90 年代以来，3 年中减少耕地 16 万亩，以这样的速度发展下去，该省的土地资源前景令人忧虑。针对这种情况，首先，应按国家规定要求，严格控制人口，提高人口素质；其次，当务之急是提高全民族保护土地资源的意识，在发展工业和市政建设的同时，严格按国家颁布的《土地法》控制耕地的非法占用，对废弃地进行科学垦复，以稳定基本耕地面积。昆山市在公路建设、开发区建设中尽量不挖坏耕地和合理利用河湖淤泥的做法，是自觉保护耕地的好经验，值得推广。此外，在充分利用自然资源，优化耕作制度的基础上，注意开发荒丘、荒滩，使全省有限的土地资源发挥更大的作用。

2.2　加强农业集约化，发展“三高农业”，稳定粮食增长

据统计，江苏省 1993 年粮食总产 3279 万 t，人均 470kg，按此人均水平，到 20 世纪末，人口达 7362 万人，则粮食总产约需 3460 万 t。需净增粮食 181 万 t。但总的看来，全省粮食生产问题突出：一是粮食产量徘徊。80 年代，粮食年平均产量为 3250 万 t，人均约 500kg，90 年代，年平均产粮 3224 万 t，人均为 487kg，低于 10 年前的水平。二是单产增加缓慢。前 10 年平均每公顷产量 5100kg，而 90 年代的 4 年，平均仅上升 105kg，较 10 年平均水平仅增长 2%。三是粮食需求缺口，特别是饲料粮需求较大，每年需进口约 400 万 t。

一般讲来，提高粮食生产可通过扩大生产规模和提高集约化程度来解决，对于扩大生产与土地规模，对江苏来说潜力不大，全省耕地的后备资源仅有 600 万亩，其中海涂约 200 万亩，荒地与荒丘约 400 万亩。据分析，在 20 世纪开发 1 万 hm^2 的宜农荒地，约需投资 1 亿元。这是现有国力难于承担的。因此，重点宜放在提高资源的集约化与利用效率，即走发展三高农业的途径着手，其中包括 5 点：一是加强对全省 4538 万亩中低产田进行培育改良，在增加投入的基础上，如果针对各种类型中低产田存在的障碍因子采取综合

治理，以每亩增产粮食 50～100kg 计算，则可增产粮食 22.7～45.4 亿 kg；二是提高化肥，特别是提高氮、磷、钾肥的利用率；三是提高水资源。特别是土壤水资源的综合利用率；四是提高现有耕地集约化程度，包括提高复种指数、调整粮食产品结构、改善农田生态环境；五是优化农业生态模式。

2.3 注意平衡施肥，发挥农田养分潜力，提高土壤肥力

江苏省近年来，年施用氮肥达 157 万 t，占全国 9%；磷肥用量 38.3 万 t，占全国 6%；钾肥 7.9 万 t，占全国 3%。值得注意的是，在化肥大量投入的前 10 年，江苏省的粮食单产随化肥增加而增高，但在化肥大量投入的近期，全省出现了增加化肥而减产的趋势，产生这种现象的原因，从植物营养平衡的角度看，主要是化肥一直以氮肥为主，到 1993 年，仍占施肥总量的 68.5%，氮、磷、钾比例为 1∶0.24∶0.05，而全国为 1∶0.32∶0.12。1985 年世界化肥的比例则为 1∶0.43∶0.37。说明在施肥过程中，必须注意氮、磷，钾的平衡施用，特别是在过去氮肥充分施用和磷肥不断补充的情况下，要充分重视钾肥及微量元素的补充和平衡施用问题。此外，必须针对不同地区、不同土壤特性，并结合作物需求，提出不同的 N、P、K 比例，采用平衡施肥技术。只有这样才能保持农产品产量的稳定增长。

此外，除施用化肥外，还应充分发挥农田养分循环的潜力，这是因为全省可能用于养分再循环的肥源潜力很高，包括人畜粪肥、秸秆、绿肥和饼肥等，其中人畜粪肥含有丰富的氮素，秸秆主要含钾，水稻籽实中氮、磷占地上部分总量的 60%，玉米占 70%，小麦占 80%以上，小麦秸秆含钾量占总量的 80%。为此，第一要在农田养分再循环的基础上，建立定量的有机养分的施肥体系。现在可以通过建立模型，计算出某一有机肥源（如秸秆还田）条件下，化肥（如钾肥）的合理用量。第二，要注意绿肥种植与秸秆还田，江苏省过去绿肥面积曾达 3000 万亩，现仅 500 万亩，如能提高到 1000 万亩，则可占水稻面积的 27%，每亩水稻可增产 10%左右，达到平衡有机质的作用。据了解全省近年约有 3500 万 t 秸秆被烧掉。第三，江苏不少地区有泥肥施用、城肥下乡、复合肥施用的习惯，这是发挥农田养分平衡的有效措施。此外，施用粪肥引起的污染，有机肥与化肥的配合施用，均是当前农业持续发展中，值得注意解决的问题。

2. 4 加强生态环境建设，防治土壤退化与水质污染

随着国民经济与城乡建设的不断发展，近年来江苏省的生态环境状况在不断恶化，首先由于人增地减，耕作不当，土地退化甚为严重，全省水土流失面积达 2 万 hm^2，受沙漠威胁的耕地达 390 万 hm^2，年养分流失量 4000 万 t。据最近统计，江苏省近 10 年内，土壤有机质含量除太湖及里下河地区外，均有所减少，土壤磷素较稳定，土壤钾素归还严重不足，土壤速效钾含量每年以 2.3mg/kg 的速度减少。此外，干旱、雨涝、病虫等自然灾害发生频繁。此外，全省地表水人均占有量为全国的 15%，实际上水资源相对贫乏。据统计，全省废水排放量居全国第二位，水排放密度居第一位，水污染事故与赔款最多。太湖水质恶化与富营养化的进程明显加剧，1990 年藻类大爆发，损失达 1.3 亿元，在海州湾，废黄河口，启东咀等地，其水质与底泥的污染值均高于其他地区，水环境的恶化，必将给滩涂开发带来严重影响。江苏全省施用化肥共 5301 万 t，若按上述流失量计算，则进入水中的化肥量为 530 万 t，其损失可观。影响极大。

针对上述情况，首先，应通过防止养分有效性降低、数量减少及生物消耗性退化着手，防治土壤退化，具体包括以下几个方面：

第一，通过合理耕作，增施有机肥，防止养分的侵蚀与淋失，这是克服养分减少的重要措施。由于各种养分施入土壤中均有不同程度的淋失（包括土壤侵蚀），并在不同施用时期中养分形态有不同转化，而且养分增长速度也有所不同，针对此特点，应采用各种防止养分淋失的耕作、施肥措施，使土壤养分的形态转化与增长速度满足植物生长的需要。

第二，通过合理施肥注意养分库重建，防止养分有效性退化。养分有效性退化表现在磷、铵、钾素在土壤中的固定，因此必须对不同开垦利用的红壤进行平衡施肥.实验表明，经过 4 年合理施肥，退化红壤的养分库可发生变化。此外，只要养用结合，不断补充肥源，红壤已退化的养分是可逐渐重建的。

第三，注意生态系统中的养分循环和平衡，防止养分发生生物消耗性退化。在旱地、水耕、林草及果园生态系统中，土壤养分的循环与平衡均各具特色。应通过不同生态系统，提出配套的施肥、耕作及管理措施与方案，促使土壤肥力不断提高和保持稳定。

此外，在水环境治理上，应注意以下几点：

第一，统一社会对水环境的认识。水环境不单是一个“水科学”问题，而是涉及自然科学与社会科学等综合性问题。因此，应统一全社会对水环境的正确认识，同心协力加以解决。

第二，加强水环境的管理。首先应进行全省水环境的流域、区域的规划工作，对全省水污染的总量进行控制管理；其次，建议考虑水环境容量的有赏利用。即“谁造成污染，谁承担责任”的原则，决不能走“先污染，后治理”的道路。当前苏南一些地区水稻施用氮肥每公顷达 120～450kg，按我们的研究结果，每公顷水稻施用 120～180kg 较适合，这就可将太湖地区平均施肥量（345kg/hm^2）减少一半，如结合有机肥与河泥则可减少更多他肥，这是防治水环境污染的重要措施。

第三，重视与加强太湖环境与水质污染的治理。太湖环境治理与开发的对策应为：“制定明确的战略目标，建立强有力的管理体制与机制，制定切实可行防治污染的总体规划，建设防洪排涝、防治富营养化、环湖绿化与自然资源综合开发的四大工程体系。”

第四，注意防治水污染与提高水资源利用率的密切结合。其中包括：建立跨地区的水资源保护立法和管理机制，按流域或区域水环境单元进行规划与管理，发展污水多次与重复利用技术，利用荒废土地及沟渠坝塘，发展污水资源化事业等。

2.5 提高耕地质量，促进农业持续发展

近年来，江苏省在耕地利用开发与农业持续发展上出现的主要问题是耕地质量问题，从耕地质量看，由于耕作管理粗放，有机肥大量减少，投入不足，造成土壤有机质、钾素不断下降，某些微量元素在土壤和作物上的缺乏面积越来越扩大，土壤耕层变浅，容重增加，抗逆能力下降。全省现有中低产田 4538 万亩，占耕地面积的 66.21%，此外，在苏南经济发达及太湖地区，由于耕地利用中盲目过量施用化学氮肥，不但造成浪费，而且对土壤、水体及农产品产生严重污染，并由于过量施用氮肥，造成土壤 N、P、K 失调，特别是钾素亏缺，据对太湖地区耕地的测定，每年每亩缺钾 7.5kg，这是影响耕地质量的重要问题。

针对上述情况，要提高全省耕地质量，保证农业持续发展，必须注意以下问题：

第一，不断提高耕地质量，既要从兴修水利、治水改土、植树造林、平整田地等措施来改善农田生态环境，还需采取耕作、轮作等措施来培育土壤。在肥料施用上，首先应控制太湖地区水稻氮肥用量，同地采取“补钾工程”措施，促进土壤养分平衡，以不断提高耕地质量，达到农业稳定高产。

第二，加强对全省 4538 万亩中低产田进行培育改良，在增加投入的基础上，如果针对各种类型中低产田，集中消除 1～2 个障碍因子，调整好水、肥、气的协调关系，每亩约可增产 100～200kg 粮食。

第三，建立与健全江苏省耕地保护与质量监测网络系统，对重点地区的耕地进行质量监测。

2.6 积极开展农业科技研究与科技支农项目

从现代土壤学与农业持续发展的关系看，应主要开展以下三方面的研究：

（1）持续农业与土壤圈物质循环的研究。应研究以下 6 个方面：即农、牧、微（生物）的相互作用；无机、有机相结合的状况；内、外循环的关系；土壤物质循环与景观生态结构的协调状况；传统技术与现代技术相结合；物质循环与环境保护相结合。

（2）土壤肥力与农业持续发展的研究。具体包括 9 个方面：①不同生态系统中土壤肥力演变规律研究；②高度集约化条件下施肥制度的建立；③区域土壤养分消长规律及肥料需求预测；④土壤—植物根际营养研究；⑤土壤生物工程的研究；⑥植物营养元素在土壤中的化学行为及其有效性研究；⑦持续农业条件下土壤氮、磷、钾等元素的调控、转化及提高利用率的研究；⑧集约农业条件下作物对养分需求特点的研究；⑨施肥技术和提高肥料利用率的研究。

（3）土壤水分平衡与调控的研究。除应研究区域水文整治与农田水分调控、农田水量平衡、根际土壤环境与植物耗水的关系外，还必须进行水分良性循环的研究。

关于江苏省当前应开展的科技兴农项目，建议开展以下几个方面工作：

（1）加强沿海滩涂开发，建立 1 万亩中低产田改良区及 10 万亩示范区。

（2）在太湖常熟市藕渠镇建立设施农业试验示范工程中心，开展现代设施农业的研究。

（3）建立与健全江苏省耕地保护与质量监测网络系统，对重点地区的耕地进行质量监测的长期与系统的观测研究。

（4）开展规模农业社会化服务体系的配套施肥技术与高产、稳产农田建设的示范与研究。

（5）在宁镇扬丘陵地区，发展经济果林、耐旱作物，开展节水农业与节水配套技术的试验与示范研究。

参 考 文 献

[1] 赵其国. 现代土壤学与农业持续发展. 土壤学报，1996，3（1）：1-12.

[2] 赵其国. 土壤退化及其防治. 土壤，1991，23（2）：57-60.

[3] 江苏省科学技术协会等 6 部门，江苏省人口、资源、环境研究文集. 北京：中国农业科技出版社，1995.

但存方寸地　留与子孙耕——对江苏农业持续发展的思考

赵其国

我国农业的发展，使得我们仅用 7%的世界耕地，养活了占世界 22%的人口。江苏农业处于全国领先地位，在仅占全国 4.7%的耕地上，生产出占全国 7.1%、12.8%和 6.7%的粮、棉、油，为全省经济发展打下了坚实基础。但是，由于种种原因，30 年来，全省人口每年增长 80 多万人，耕地平均每年减少 30 万亩，一增一减，使耕地负载量比 60 年代增加了 2.5 倍。到 20 世纪末，全省耕地较 1990 年将净减 132 万亩，人口将达 7362 万人，人均耕地仅 0.91 亩，即将突破联合国提出的人均 0.8 亩的警戒线，形势十分严峻。在人地矛盾影响下，人与粮食的矛盾也非常突出，江苏若以 1993 年人均粮食 470kg 计，到 20 世纪末，人口达 7362 万人，则粮食总产需 3460 万 t，需净增粮食 181 万 t。要解决这一问题，当务之急是推动农业的可持续发展，建立人口、资源、环境与社会经济之间的协调机制。本文拟从土地利用的角度谈几点想法：

保护耕地，节约用地。保护耕地是增产粮食的基础，中央一再提出“珍惜每一寸土地”，并将耕地保护作为资源保护工作的重中之重。今后必须保证现有耕地总量不再减少。在城镇规划与开发上，要采用动态平衡方式，用一亩，建一亩，注意用好废弃地，严格节制非农业用地。对耕地进行科学管理，在土地评查的基础上，建立档案制，采取严格检验与考核措施，确保基本农田面积。为了制止各地靠卖土地赚钱和任意占用耕地的现象，建议在依法严格管理土地的同时，加强土地资产的管理，大幅度地提高耕地占用的价格与税率，将耕地占用费合理补偿给农民并用于农业的投入。多途径开发耕地资源，弥补耕地数量。全省共有中低产田 4538 万亩，占耕地面积的 40%。改造中低产田，提高土地生产力，可以在一定程度上维持耕地平衡；复耕零星的弃耕地、休闲地与旧宅基地；综合整治土地，包括平整土地与统一规划沟渠路等；全省共有滩涂 593 万亩，可按“围田蓄囤雨水养鱼改土”的经验，通过“鱼稻轮作”，逐步发展粮食生产。在大中城镇耕地紧缺的情况下，可考虑采用跨行政区的“异地开发”办法，广泛集资围垦滩涂，利用滩涂开发获得的农产品，协调本地粮食的供需平衡。

发展“三寓”农业，稳定粮食增长。近年全省粮食虽有较大幅度增产，但饲料粮仍需调入，今后粮食稳定增产的任务还相当艰巨，必须多途径解决粮食问题，走“大粮食”“大食品”“粮食产业化”的道路，即在种植粮食的同时，大力发展畜牧业、养殖业及蔬菜水果种植业。目前全省水稻田有 1/3 实行稻麦两熟已达吨粮田，不少农业试验与示范结果表明，如果实行土壤改良、平衡施肥、改革耕作制度、调整农业结构、选育优良品种等措施，可望在 20 世纪末，将全省 4538 万亩中低产田进行培育改良，以每亩增产粮食 50～100kg 计算，则可增产粮食 22.7 亿～45.4 亿 kg。这对缓解全省粮食供需矛盾具有重要意义。

防治水土污染，加强生态环境建设。近年来江苏生态环境不断恶化，由于人增地减，耕作不当，土地退化甚为严重，全省水土流失面积达 2 万 hm^2，年养分流失量达 4000 万 t。据统计，全省近 10 年内，土壤有机质含量除太湖及里下河地区外，均有所减少。此外，全省水资源污染也很严重，废水排放量居全国第二位，水排放密度居第一位，水污染事故与赔款亦居第一。太湖水质恶化与富营养化的进程明显加剧。海州湾、废黄河口、启东咀等地水质与底泥的污染值均高于其他地区。针对这种情况，应通过合理耕作和增施有机肥，防止养分的侵蚀与流失。平衡施肥，防止养分有效性的退化。实施配套的施肥、耕作及管理措施，促使土壤肥力保持稳定和不断提高。

加强丘陵地区开发，促进农业持续发展。宁镇扬地区，土地总面积约 1.33 万 km^2，其中丘陵占 76.5%，这片土地的开发，要综合考虑，整体进行。以发展多样性生物种植结构与农业复合系统为主。在搞好“立体”农业布局的同时，重点发展林、果、茶、稻、麦、油及菜、果、桑、粟，形成粮、饲、肥等复合结构，并重视农林牧副渔及种养加的全面发展，以不断提高农业系统的整体效益。

我深信，只要通过上述努力，江苏省必将为全国跨世纪的持续发展作出更大的贡献。

本文原载《群众》1998 年第 4 期第 28 页。

发展江苏现代农业十项政策建议*

中国科学院院士　赵其国

江苏现代农业发展的主要目标主要有两个，一是确保粮食安全和主要农产品供应；二是促进农民增收和农业增效，提升现代农业产业发展水平。

江苏现代农业竞争力的制约因素主要有三个，一是组织化程度相对低下制约了农民融入现代农业产业体系；二是科技优势未能转化为产业优势制约了科技支撑作用；三是服务供给不足制约了农业保障体系的发展完善。

围绕两大目标，考虑到制约因素，江苏现代农业发展的战略途径是：首先，从农业生产环节来看，通过土地保护与培育，提高粮食综合生产能力，通过发展集约生态特色高效农业来提高农业经济效益；其次，从保障与支撑条件来看，无论在整个现代农业产业体系中，还是农业生产内部环节，都需要全程科技支撑与组织制度保障；最后，从现代农业产业体系来看，江苏现代农业发展的潜力在于现代农业产业链条的延伸与拓展。

根据战略途径，从实际可操作层面着手，提出如下 10 项政策建议：

1. 划定粮食安全耕地保障区，严格保护耕地数量，确保农产品供应

按照人均粮食 400kg/人·年的标准计算，未来江苏省粮食自给条件下的耕地需求量不低于 4000 万亩。为切实保障粮食安全，建议据此面积划定江苏粮食安全耕地保障区，并严格管制。

2. 进行基本农田建设整理，提升耕地质量和粮食综合生产能力

结合沃土工程、土地整理项目及基本农田示范区建设，通过科学规划，按照每年不少于 100 万亩的规模，集中财力进行基本农田连片整治，提升耕地质量，使粮食生产能力提高 5%～10%。至 2020 年，完成 1500 万亩基本农田整理与质量提升，其所提高的粮食生产能力，相当于 75 万～150 万亩耕地的粮食生产能力。

3. 利用粮食安全保障区外土地资源，发展设施农业和规模化养殖业，提高农业效益。

为了保证江苏省粮食生产水平和生产能力，发展高效农业在土地面积扩张上已接近上限，发展并提升设施农业和规模化养殖产业的生产效益成为高效农业的主攻目标。建议根据市场需求，加快设施园艺和规模化畜牧等产业的结构调整，构建江苏名优特农产品产业体系，提高农业资源的综合利用效率，改善农业生态环境，提升江苏高效农业的经营水平。

4. 通过机械化、设施化、信息化及科学管理，提升江苏农业物质装备水平

综合考虑粮食生产以及设施农业和规模养殖的发展，因地制宜配建排灌工程、田间交通工程，在土地连片整理的基础之上，对主要粮食作物耕种采收实施机械化作业，建设粮食干燥储藏设施；对设施农业以及规模化养殖产业建设并提升温室大棚、养殖场、保鲜冷库等设施水平，切实提高江苏省农业发展的物质装备水平。

5. 合理分配江苏农业科技资源，集成并推广先进适用农业技术

调配江苏省农业科技资源，在整合我省农业科技基础研究的基础上，加大力度引导和鼓励部分科技单位及人员注重应用研究及技术集成，构建我省农业科学研究与技术开发推广的分层协调体系；针对我省粮食生产和高效农业发展中的关键问题，研发并集成先进适用农业技术，尤其是环境友好的可持续发展的农业生产技术体系（如克服连作障碍的绿色施肥技术体系等），促进农业产前、产中、产后产业链的延伸与拓展，提高农业资源的综合利用效率，保障食物安全，改善农业生态环境。

---

* 本文系“江苏现代农业发展研究”课题研究成果，参加本文讨论与编写的有周应恒、周生路、陆建飞、郑建初及应瑞瑶等教授。

本文原载《江苏农村经济》2009 年第 4 期第 12-14 页。

专家简介

赵其国　中国科学院院士，著名土壤学家。曾任中科院南京土壤研究所所长、中国土壤学会理事长、国际土壤学会盐渍土分委员会主席、国际土壤学会环境委员会主席等职。长期从事我国及世界土壤地理与土壤资源的研究，在对黄淮海平原的综合治理，红壤的区域治理与退化的机制，特别是对现代土壤学与土壤圈的研究方向均有新的贡献与推进；提出了土壤质量评价以及土壤生态与环境治理及规划的多种建议与开发方案。曾获国际、国家和中科院奖 19 次，发表专著《中国东部红壤地区土壤退化的时空变化、机理及调控》、《红壤物质循环及其调控》等 12 本，论文 350 余篇，对国家有突出贡献的专家。

以县、市（或产业集群区域）为研究基地，选择年产值超 10 亿元的农业优势特色产业，建立产学研一体化产业技术研发中心，围绕产业发展需求，进行农业技术集成创新，为农户开展技术示范、技术服务和农产品市场信息服务，为产业发展提供全面系统的技术支撑。

建立基层农业技术推广财政专项资金及符合农技推广特点的考评与职称评定体系，建设和稳定农业技术推广队伍。建议将农业科技推广队伍分为“首席专家、责任农技员、农技指导员”等大类，各尽其责。

6. 与种养殖结合，鼓励农产品加工及食品产业的发展，促进江苏现代农业产业体系的形成

建设农产品加工与食品产业园，在政策、设施、人员资金上扶持农产品加工及食品生产龙头企业，依据江苏各地农业资源，培育江苏农产品加工及食品企业群，通过推广新技术、新工艺、新设备，加快江苏食品工业现代化进程，促进江苏现代农业产业链条的延伸和现代农业产业水平的提升。设立江苏农产品加工及食品产业发展基金，按比例资助主要加工企业利用会展平台、旅游平台、网络信息平台把江苏农产品加工企业推向国内外市场，培育壮大江苏特色的品牌农产品，扩大其影响力。

7. 完善江苏农产品流通市场体系建设

考虑到超市等新型流通平台的发展，在江苏省建立以农产品批发市场为核心，以农贸市场为支撑，以龙头超市企业为平台的农产品流通市场体系。通过完善农产品流通市场体系，以供应链的形式连接农业产加销各环节，从而生产并销售优质、安全、附加价值高的农产品。

在这个农产品流通市场体系的未来发展过程中，主要趋势是以大型现代农产品批发市场为核心，以超市为主干，建立标准体系原料基地，生产无公害产品和绿色食品，再对生产出的农产品进行分级、整理、包装、储运、配送，形成现代超市农业体系。（家乐福等超市采用此类模式，现行的我省连锁超市农产品流通体系，超市仅仅是一个销售平台，还不能算是“超市农业”流通业态）。

8. 农业微观组织再造，提升江苏农业发展的组织化程度

完善以农业专业合作社为核心，行业协会、龙头企业、经纪人等为依托，涵盖农业生产、加工制造及流通销售各环节的多层次农业组织体系。

建议江苏省财政扶持农民专业合作社的增量资金主要用于示范合作社的建设，通过 3 年时间，建设 100 家（或者更少些）真正意义上规范运作的农民专业合作社，起典型示范作用；农民专业合作社数量的增加和规模扩大，须借助社区资源，动员农村社区负责人牵头组织农民专业合作社，并通过培训工程提高他们对合作社的认知程度。

扶持粮食生产服务组织（特别是粮食生产合作社）的发展，对开展粮食生产全程服务的组织实施补贴。对应用水稻机械化插秧作业或接受植保合作社服务的农民，以“农业服务作业券”的形式进行补贴。对推

广先进粮食生产技术的合作社进行补贴，从税收、财政等层面出台有关优惠政策鼓励社会力量建立农业先进技术推广与服务的专业组织。

9. 重点完善土地和农村金融政策，构建现代农业政策支持体系

依托乡镇农经站设立土地流转服务中心，为本乡镇农村土地流转提供公益性服务，促进土地规模经营和维护农民利益。中心建立土地流转信息和项目储备，并发布土地流转供求信息，提供规范的土地流转合同文本，办理各种事务，规范流转程序，完善流转手续，开展合同鉴证和纠纷调解，实现土地流转规范操作，形成农用地使用权公开、公平、公正交易的市场环境。

农业贷款难问题的根源，主要问题并不在金融企业供给不足。建议江苏省公共财政支持设立农业担保基金，为农户提供担保服务和贴息；公共财政支持开展农村小额贷款保险，降低金融企业的风险。

10. 合理调配农业资金投入方向，集中到提高农业产业水平上来

以江苏农业产业水平提升为目标，集中投入农业资金，提高农业效益。建议农业资金投入前，将龙头企业扶持、基本农田整治以及农民专业合作组织建设等相关农业产业项目有机结合起来，实行产业链意义上的选择。在扶持龙头加工企业的同时，可根据企业生产需求，利用土地治理项目扶持其建设原料生产基地，并扶持企业组建农民专业合作组织，形成“龙头企业+生产基地+专业合作组织”的集中大投入格局，从而促进农业效益的提升和农民收入的增加，提高江苏农业产业发展水平。

链接·数据

江苏省高效农业发展保持高昂势头

今年以来，江苏省各地按照省委、省政府决策部署，认真落实强农惠农政策，加大力度，强化服务，高效农业建设较好地实现了“开门红”。

高效农业规模不断扩大。一季度新增高效农业面积116万亩，新增农业适度规模经营面积107.9万亩，分别完成全年目标任务的48.3%和36%。在新增高效农业面积中，蔬菜类位居第一位，占比为55%，果品、特粮特经、花卉和立体种养四类分别占比12%、10%、9%和6%，茶叶、食用菌、中药材和蚕桑四类均占比2%。东台、宝应、江都、高邮和大丰等县（市）新增高效农业面积均超过5万亩。

设施园艺发展势头迅猛。一季度新增设施园艺面积37万亩，完成全年目标任务的46.2%，阜宁、东海、东台、沭阳、大丰、泗洪等县（市）新增设施园艺面积均超过1万亩；畜牧规模养殖扎实推进，生猪、肉禽、蛋禽和奶牛规模养殖比重分别达到54%、77%、76%和82%，分别比上年提高2、1、1、1个百分点。

农民现金收入稳定增长。全省一季度农民人均现金收入达到3358元，比上年同期增长10.4%，比全国平均增幅高出1.8个百分点。在全省农民人均现金收入中，家庭经营性现金收入增长6.7%；在家庭经营性现金收入中，一产现金收入增长4.4%；在一产现金收入中，种植业现金收入增长15.9%。

区域农业可持续发展研究——以南京市为例

徐梦洁　赵其国
中国科学院南京土壤研究所，南京　210008

摘　　要

在我国，如何保持经济发达地区农业的可持续发展已成为一项重要研究课题。本文以南京市为例，分析了 PRESD 系统要素，并针对该市农业可持续发展中所面临的问题，提出了我国经济发达地区农业可持续发展的对策。

关键词　可持续发展农业；PRESD 系统；南京

持续发展是把人口赖以生存的地球和局部看成是由相互联系又相互制约的人口（P）、资源（R）、环境（E）和社会经济（S）等要素组成的一个复合系统。这四个基本要素及其发展（D）五位一体构成的区域 PRESD 复合系统，是当前区域持续发展的研究对象。农业的可持续发展也同样涉及区域 PRESD 复合系统。广义的农业可持续发展必须满足三个基本条件，即时间上的可持续约束（人均水平的世代保持）、空间上的可持续约束（地理空间的趋向均衡）和资源管理上的可持续约束（区域资源的互补及优化配置）[1]。目前我国经济发达地区（长江三角洲、珠江三角洲等）的社会经济水平已达到小康阶段，并向比较富裕型过渡[2]，可全面限制妨碍可持续发展的因素，调整发展方向；同时经济发达地区的农业可持续发展问题也日益受到人们的关注。本文试图以南京市农业的可持续发展作为研究主体，通过对 PRESD 系统要素的分析，对其可持续发展进行了纵向评价，并针对南京市可持续发展中面临的问题，提出了我国经济发展地区农业可持续发展方向性的对策和措施。

1　南京市农业发展概况

南京位于江苏省西南部，东经 118°220′～119°14′，北纬 31°14′～32°36′，地处长江下游，距长江入海口约 300km；土地面积 6516km^2，其中低山、丘陵分别为 1021km^2 和 3183km^2，水面 743km^2，平原、凹地 1569km^2。南京属于北亚热带季风气候，由于三面环山，一面临江，小地区性气候特征明显，夏热冬冷，春秋短暂。除市区外，南京市下辖江宁县、江浦县、六合县、溧水县和高淳县。南京市 1997 年总人口 529.82 人，其中非农业人口 252.78 万人，国内生产总值（当年价）为 775.06 亿元；年末耕地面积 21.07 万 hm^2，粮食产量 182.51 万 t。

1.1　农业综合生产能力明显提高

1997 年，南京市现价农林牧渔业总产值达到 94.24 亿元，按可比价格计算是 1982 年的 1.7 倍；劳动力均农林牧渔业产值按可比价格计算是 1982 年的 2.1 倍。1997 年全市拥有的农业机械总动力为 163.73 万 kW，化肥施用（折纯）量为 16.47 万 t，机耕面积、机播面积分别为 16.32 万 hm^2 和 5.25 万 hm^2，农村用电量达到 11.94 亿 kW·h，分别是 1982 年的 1.8 倍、1.3 倍、1.5 倍、5.1 倍和 3.1 倍。同时，各种先进实用农业科技的大力推广应用，使南京市的农业综合生产能力有了长足的进步。

1.2　主要农贸产品产量增长

南京市 1997 年粮食总产量达到 182.5 万 t，仅次于 1984 年粮食最高产量，肉类产量达到 14.74 万 t，

本文原载《资源开发与市场》1999 年第 15 卷第 4 期第 240-243 页。

奶类产量达到 29 770t，水产品产量达到 9.2 亿 t。除粮食产量因耕地面积递减、农业内部结构调整等因素影响而出现波动外，肉类、奶类、水产品等主要农贸产品的产量呈增长趋势，粮食单产也达到 6270kg/hm^2，创历史最高水平。有效供给的增长，为社会经济的可持续发展奠定了坚实的物质基础。

1.3 农村经济发展，农民人均纯收入提高

南京市的农业总产值由 1982 年的 9.68 亿元增加到 1997 年的 94.24 亿元，农民人均年纯收入也由 1984 年的 479 元提高到 1997 年的 3533 元。随着市场经济的深入发展，农民越来越多地参与市场，农民向城镇居民、工矿企业等非农居民销售的农副产品、工业品等都较大幅度的增长。1988 年，全市农业商品产值 15.91 亿元，1997 年达到 61.39 亿元，农业商品化率也从 56%增长到 65%。

1.4 农林牧渔业产值构成变化大

南京市农林牧渔业产值由 1982 年的 9.16 亿元增加到 1997 年的 94.24 亿元（当年价），四业产值的绝对值都有不同程度的增加，但其内部构成变化较大。受到耕地面积逐渐减少、农业内部结构调整等因素的制约，种植业产值在农林牧渔业产值中的比重呈下降趋势；林业发展余地较小，其产值在总产值中无变化；畜牧业和渔业的发展则呈上升趋势，这是因为随着经济的发展和生活水平的提高，人们的食物消费结构也在发生变化，动物性食物量增加，特别是对水产品的消费增长速度加快，成为渔业快速发展的强大推动力。四业构成比重从 1982 年的 76.60∶1.14∶20.16∶2.1 转变为 1997 年的 57.34∶2.12∶28.2∶12.34，农业内部结构日趋合理。

2 区域 PRESD 系统要素研究

2.1 人口子系统

人口作为影响社会、经济、生态的核心因素之一，是区域持续发展研究的重要组成部分，甚至是中心内容[3]。1982 年南京市总人口为 450.51 万人，1997 年为 529.82 万人，人口年均增长 10.87%。人口总数变化曲线近于直线，人口增长趋势较平稳，其中人口的自然增长率逐年下降，1997 年人口自然增长率为 2.16‰。人口的机械增长成为城市人口增长的主要动力。近年来，非农业人口的比重不断提高，按非农业人口计算的非农化水平 1982 年为 43.88%，1997 年达到 52.29%，在长江三角洲地区位居前列。由于发达地区计划生育工作开展得较早，南京市人口出生率和自然增长率持续下降，但是人口密度过大（1997 年为 813 人/km^2），对资源、环境以及社会环境子系统带来一定的压力。随着城乡居民生活水平的提高和医疗卫生保健条件的改善，南京市的年龄结构呈现老龄化趋势，已进入老龄化社会（老年人口比重大于 10%），这种状况将加重社会的养老负担。

2.2 资源子系统

发达地区农业发展面临的严重问题是土地资源供需矛盾突出。南京市的土地垦殖指数较高，土地开发利用强度大，后备土地资源有限。南京市的“四荒”面积仅为 1.73 万 hm^2。近年来，随着社会经济的发展，城市化进程加快，城市建成区不断和外扩张，占用耕地现象突出。1982 年耕地面积 22.12 万 hm^2，1997 年耕地面积减少到 21 万 hm^2，年均递减率为 0.34%。可持续发展的核心之一是解决吃饭问题，而一定数量的耕地面积是保证粮食总产量的必要前提。南京地处长江三角洲，水资源相对丰富，但乡镇企业的快速发展给环境造成了危害。如果只单纯注重经济效益而忽略其对环境的影响，水质型缺水将成为南京市农业可持续发展的障碍因素。

2.3 环境子系统

乡镇企业的发展为农村经济整体水平的提高作出了巨大贡献，但也带来了环境问题。第一，乡镇企业的发展占用了大量的耕地，且多数是优质良田。第二，工业废渣长期堆放，有毒、有害物质渗透，严重污染了

周围的土壤。南京市乡镇企业 1995 年固体废物产渣密度达到 86.11t/km^2，仅次于无锡和苏州。第三，乡镇工业排放废水直接造成对地表水的污染。南京市 1988 年乡镇企业排放废水总量 211.08 万 t，到 1995 年达到 2632.06 万 t，增长 19.79%，其中排铅量增加 47.37%，挥发酚增加 80.51%，石油类物质增加 51 倍，COD 增加 209.75%。第四，乡镇企业排放废气对大气环境治理构成严重威胁，南京市 1995 年废气污染物排放量总计达 17.48 万 t，仅次于徐州和苏州，其中二氧化碳约 1.9 万 t、烟尘 2.4 万 t、粉尘 13.1 万 t、氟化物 1375.57t。

2.4 社会经济子系统

80 年代以来，南京市的国内生产总值从 1982 年的 47.97 亿元上升到 1997 年的 755.05 亿元（现价），按可比口径计算年均增长率 14%，比同期江苏省年均增长率高 1.3%，产业结构也发生了巨大的变化，经济结构得到优化。城乡居民人均收入水平也不断，但是城乡居民收入差距在扩大。1985 年城镇居民人均生活费为 658 元，农民人均纯收入 479 元，此后收入差距逐渐扩大，1997 年城镇居民人均可支配收入为 6497 元，而农民人均纯收入仅为 3533 元。可持续发展的一个重要原则是公平性，造成收入差距的部分原因是我国特有的城乡二元经济结构，今后应将缩小城乡居民收入差距作为农业可持续发展的重要内容。

3 区域农业可持续发展评价

3.1 评价指标体系和方法

根据区域农业可持续发展指标体系的设计原则，建立了发达地区农业可持续发展评价指标体系[4]。该指标体系由目标层、准则层、指标层和分指标层构成，目标层由准则层反映，准则层由具体评价层反映。目标层是区域农业的可持续发展，准则层包括人口控制与发展、食物安全保障、环境保护与治理、经济发展、社会进步五项内容。

评价时，采用多目标线性加权函数法对基层指标汇总，公式为

$$Y=\sum(x_i \times t_i)$$

式中，Y 为综合得分，x_i 为单项指标得分，t_i 为第 i 项指标的权重。由于区域可持续发展强调区域 PRESD 系统要素的协调性，因此准则层的因子具有同等重要性，即具有相同的权重取值（0.20）；而指标层和分指标层的权重，根据其对上一层次参评因子影响作用的大小并参考有关研究而确定。评价指标可分三类，第一类是增长型指标，如人均 GDP 增长率；第二类是负增长型指标，如城乡居民人均收入差异指数；第三类是控制型指标，如人口增长率和耕地递减率。前两类指标得分采用下式计算：

$$x_i = 1 + [(a_1 - a_0)/a_0 \times (-1)^n - b] / N \qquad (1)$$

式中，a_1、a_0 分别是参考年和参评年因子指标值，增长型指标的 n 值取 0，负增长型指标取–1，b 为对比参数。例如计算粮食产量时的对比参数即为同期人口增长率，N 为时段长度。控制型指标分值用下式计算：

$$x_i = 1 + [(a_1 - a_0)/a_0 - c] / N \qquad (2)$$

式中，参数含义与式（1）相同，c 为控制标准值，参考南京市发展规划指标设定。

3.2 评价结果

本文根据上述评价指标体系和评价方法，以 1988 年为评价基准年，评价基准年各子系统初值为 1，评价了 1988～1995 年时段南京市农业可持续发展水平，评价结果见表 1。

表 1 南京市区域农业可持续发展水平评价

持续性指数	1988 年	1995 年
人口控制与发展	1.0000	1.2012
食物安全保障	1.0000	1.0281
环境保护与治理	1.0000	0.9842

续表

持续性指数	1988 年	1995 年
经济发展	1.0000	1.0897
社会进步	1.0000	0.8868
可持续发展水平	1.0000	1.0380

从表 1 可以看出，南京市农业总体发展是可持续的，但是准则层指数则存在差异，其中人口控制与发展、食物安全保障、经济发展都属于可持续发展，而环境保护与治理和社会进步表现出阶段性的不可持续性。南京市年末林地面积下降幅度较大，是环境保护与治理指数得分较低的主要原因；城乡居民在收入、教育方面存在的诸多差距无法反映社会公平性准则，导致该项得分较低。

4 区域农业可持续发展趋势预测

由于区域可持续发展不只局限于过去和现阶段，还在于潜力的培养[1]，因此本文进一步对南京市近期与农业可持续发展相关的部分指标作出预测，有利于把握南京市未来农业发展的趋势。根据南京市人口增长的特征和有关数据，其预测采用一元线性回归和 Verhulst 模型，其方程为

$$y=446.77+5.2074\times(t-1981)，R=0.9917 \tag{3}$$

Verhulst 模型方程为

$$y=700/\{1+0.5733\times\exp[-0.0378(t-1981)]\}，R=0.9942 \tag{4}$$

根据两种预测模型计算结果见表 2。

表 2 南京市未来人口预测结果 （单位：万人）

模型	线性回归模型	Verhulst 模型	平均
2000 年	545.71	547.06	546.39
2010 年	597.78	587.47	592.63

粮食总产量与耕地面积、粮食播种面积和粮食单产相关，分别进行粮食总产量和这三项因素的灰色关联度分析，可知粮食总产量和耕地面积的关联度（0.877）＞粮食总产量和粮食单产的关联度（0.864）＞粮食总产量和粮食播种面积的关联度（0.638），运用 GM（1，1）模型对耕地面积、粮食单产和粮食播种面积作出预测，耕地面积的模型为

$$x(t+1)=-69202.69\times\exp(-0.003197t)+69423.94 \tag{5}$$

模型检验参数 c=0.2010，P=1.0000，效果很好。粮食单产的模型为

$$x(t+1)=208188.38\times\exp(-0.023614t)-203043.38 \tag{6}$$

模型检验参数 c=0.5941，一般；p=0.9000，很好。粮食播种面积的模型为

$$x(t+1)=-24751.84\times\exp(-0.013891t)+25094.01 \tag{7}$$

模型检验参数 c=0.4801，p=0.8667，效果为好。预测结果见表 3。

表 3 南京市未来耕地面积、粮食单产预测结果

年份	耕地面积/（万/hm^2）	粮食单产/（kg/hm^2）	粮播面积/万 hm^2
2000	20.92	6604	26.9
2010	20.26	8363	23.4

根据耕地面积和粮食单产的预测结果，可知在正常情况下（不受灾），2000 年粮食总产量可以达到 17.76 万 t，2010 年粮食总产量将达到 19.56 万 t。利用 GM（1，1）模型对人均 GDP 预测，模型为

$$x(t+1)=4539.90\times\exp(-0.191018t)-3466，90 \tag{8}$$

模型检验参数 c=0.1211，p=1.0000，很好。预测结果为 2000 年人均 GDP 达到 2.46 万元，2010 年将达

到 16.6 万元。分别用 GM（1，1）模型对城镇居民人均收入和农民人均纯收入作出预测，城镇居民人均收入的模型为

$$x(t+1)=1973.49\times\exp(-0.192787t)-1470.49 \quad (9)$$

农民人均纯收入的模型为

$$x(t+1)=1152.93\times\exp(-0.19736t)-673.93 \quad (10)$$

两个模型的检验参数都表明为很好，2000 年城乡居民人均收入差异指数为 56%，2010 年为 54%。

由于对乡镇企业环境污染的调查到目前为止仅进行过两次，数据序列短，无法作出可信的预测，只能对其发展趋势略加分析。南京市乡镇企业的用水效益提高很快，但废水排放量将持续增加，工业废渣和废气的排放量也将有所增长，而废水处理率和废渣处理率都将提高。

5　农业可持续发展的对策措施

从以上的分析可以得出这样的结论：①90 年代以来，南京市农业总体发展水平是可持续的；②南京市的人口控制与发展、食物安全保障、经济发展都属于可持续发展，而环境保护与治理和社会进步表现出阶段的不可持续性；③乡镇企业经济收入的增长是以牺牲部分环境利益为代价，导致环境指数的下降；④城乡居民收入存在明显差距，无法体现可持续发展的公平性原则，阻碍了南京市农业的可持续发展步伐；⑤对南京市与农业可持续发展相关的指标作出的预测表明，耕地面积对粮食产量的影响甚于粮食单产，而环境保护与治理和社会进步将是未来南京市农业可持续发展必须解决的重要问题。

针对上述结论，南京市实施农业可持续发展的对策为：①保护耕地，提高单产，确保食物的安全保障能力；②重视乡镇企业对农业生产环境的不利影响，要综合整治；③提高居民总体收入水平的同时，注重提高农民的收入；④加强可持续发展能力的建设。

参 考 文 献

[1]　牛文元. 中国农业资源的可持续性分析. 自然资源学报，1996，17（4）：1-13.

[2]　王合生，虞孝感. 我国发达地区可持续发展指标体系及其评价. 经济地理，1994，14（2）：23-31.

[3]　张林泉，于杰. 关于区域可持续发展的系统分析. 中国人口 · 资源与环境，1994，4（2）：13-18.

[4]　徐梦洁. 区域农业可持续发展评价指标体系初探. 农业系统工程与综合开发，1998，11（4）：123-128.

Research on the Regional Sustainable Agriculture —A Case Study of Nanjing City

Xu Mengjie　Zhao Qiguo

Institute of Soil Science，Academia Sinica，Nanjing　210008，China

Abstract

How to maintain sustainable agriculture in fast developed region became an important research topic in China. Agriculture is closely connected with regional PRESD system. Citing Nanjing as an example in this paper, the author analyzed the different components of PRESD system, evaluated the sustainable index of agriculture and then made a prediction of main itoms of agriculture.

Key words　Sustainable agriculture；PRESD system；Nanjing

南通市农业可持续发展

徐梦洁[1]　赵其国[2]
1 南京大学城市与资源学系，南京　210093
2 中国科学院南京土壤研究所，南京　210008

摘　　要

南通市是江苏省和长江三角洲地区重要的商品粮生产基地，从产值构成、劳动力分布等方面看，其农业都占据主导地位，无论是过去、现在还是将来南通市的农业生产都承担着向外部输出大量农产品的艰巨任务。本文从南通市农业发展概况入手，逐个研究区域农业发展的构成因子，对南通市农业可持续发展程度进行评价，并对主要农业指标作出预测。

关键词　南通市；农业；可持续发展

1　南通市农业发展概况

南通市地处长江下游北岸，滨江临海，东距上海 128km，西距南京 296km，南与苏南各市隔江相望，北靠苏北平原，与扬州、盐城相邻，南部的狼山和长江南岸常熟的福山对峙，历称江海门户。南通市是一个港口城市，全市土地面积 9140km^2，下辖海安、如皋、如东、海门、启东、通州 6 县（市），1997 年总人口 789.04 万人，其中农业人口 649.28 万人，国内生产总值 577.47 亿元，农林牧渔业产值 231.26 亿元，年末耕地 465.6×10^{3}hm^2，粮食产量 353.56 万 t。南通市的农业发展状况有如下特点。

1.1　农业气候条件优越，有利于农业生产，农业和农村经济是全市发展的基础

南通地处亚热带地区，受海洋性气候影响和季风环流支配，日照充足，雨水充沛，农业气候条件优越。南通市光热资源条件较好[1]，年平均光照时数 2040～2280h，年太阳辐射 108～117kcal/cm^2，热量条件可满足各种形式的两熟制。沿江两岸和高沙土地区可适当发展热量条件要求较低的三熟制，南通市郊区和辖县的复种指数在 190%～200%；年降雨量 1000～1060mm，降水充沛，主要集中在 5～9 月，水利工程基本配套，调蓄能力较强，不论平枯水年均可基本满足工农业生产和生活用水之需。在春旱和伏旱期间，作物需水量最大，长江正值汛期，水位最高，为引江抗旱提供了十分有利的条件。

农业是南通市经济发展的基石。从人口构成看，全市人口有 80%以上集中在农村，42%的劳动力从事农业生产；从产值构成看，第一产业产值超过国内生产总值的 40%，南通市的广大腹地在农村，经济大头在农村，农业和农村的经济状况，直接关系到城市的建设和发展。

1.2　耕地保护工作较好，但是人均占有土地面积较少，是农业生产的重要制约因素

1982 年，南通市有耕地面积 474.5×10^{3}hm^2，1996 年耕地面积减少到 466.4×10^{3}hm^2，平均每年减少 0.58×10^{3}hm^2，年均递减率为 0.12%，和长江三角洲地区其他城市相比是最低的。但是南通市人口密度水平在江苏省较高，仅次于无锡，1988 年人口密度是 834 人/km^2，1996 年人口密度增加到 859 人/km^2，人口年均增长率为 0.34%。与此同时，人均占有耕地面积也相应减少，1996 年人均占有耕地面积 0.892 亩。南通市的土壤大部分是江淮石灰性冲击母质，受海潮顶托沉积而成，质地较好，有利于农业深度经营，耕地以中高产田为主，江苏省农业区划委员会对耕地生产水平的调查表明，低产田在耕地中占的比重仅占 4.2%，

本文原载《经济地理》2000 年第 20 卷第 4 期第 77-80 页。

中产田占的比重最大，为 66.8%，中低产耕地的主要类型是易旱和涝渍型。

1.3 农业结构进行合理调整，多种经济得到明显发展，但种植业产值仍然占据主导地位

平原为主的地形和优越的气候条件，使种植业成为南通市农业传统的主导部门（表 1），也使南通成为长江三角洲地区重要的商品粮棉基地。80 年代以来，随着农村改革的深入发展，改变了农村即农业、农业即种植业的狭隘观点，农业开始走向综合发展，农村经济面貌也出现改观，1982 年种植业在农业产值构成中达到 73.5%，1997 年下降为 58.1%。产值结构调整最多的是渔业，1982 年渔业产值比重仅 3.7%，水产品产量 114276t，1997 年增长到 20.4%，水产品产量 549376t，这是因为南通市海涂与近海水产资源比较丰富，全市有 330km 的江海岸线，近海水质好，温度适宜，有利于发展养殖和捕捞业，还与人民生活需求的改变有关。

表 1　南通市历年农业产值构成

年份	种植业/%	林业/%	牧业/%	渔业/%
1982	73 .5	1 .0	21.8	3.7
1983	74 .3	1 .1	21.3	3.3
1984	72 .3	1 .3	22.5	3.8
1985	66 .5	1 .5	27.7	4.3
1986	70 .5	1 .1	23.6	4.8
1987	68 .6	1 .5	24.4	5.6
1988	70 .7	0 .8	23.1	5.3
1989	69 .5	0 .8	24.1	5.5
1990	69 .8	0 .8	24.0	5.4
1991	57 .4	0 .7	29.5	12 .4
1992	57 .7	0 .8	29.3	12 .3
1993	57 .5	0 .6	27.0	14 .9
1994	54 .7	0 .6	28.9	15 .8
1995	54 .9	0 .6	26.4	18 .0
1996	55 .6	0 .6	22.9	20 .9

1.4 农业生产环境质量下降

南通市的建筑业吸纳了大批农村剩余劳动力，与此同时，建材行业也发展很快，乡村工业中，建材企业发展迅速，布局混乱，这些企业的烟囱一半都在 50m 以下，而低空排放的氟化物对大气环境的污染严重。1988 年，海安的排氟强度已达到 3.21kg/（km^2·d），接近 1984 年浙江杭嘉湖地区的蚕桑氟化物的强度（3.9kg/（km^2·d）），而这一现象并未得到彻底治理，1995 年南通市排放的废气污染物中，氟化物的排放量为 3665.09t，是江苏省各市之首，氟在土壤中的含量也较严重。1988 年南通市废水处理率为 21.67%，1995 年处理率下降为 18.43%，而废水污染物中铅的排放量由 1988 年的 0.072t 增加到 1.731t，增长率为 2304%。重金属污染物在土壤中积累，导致粮食和蔬菜的重金属含量超标，南通市粮食中检出 Cu、Zn、Cd 和 Hg，其中 Cu、Cd 和 Hg 超标。

2 南通市农业区域 PRESD 系统要素研究

2.1 人口子系统

南通市的人口密度较高，在江苏省内仅次于无锡市，其中农业人口所占比重也较大，1988 年农业人口 676.29 万人，占总人口的 88.63%，1997 年农业人口 649.28 万人，占 82.6%，城镇化水平在全省较低。1997

年从业人员 481.2 万人，其中 204.7 万人从事农业生产。南通市人口的年均增长率较低，但是其人口密度较高，人口基数较大，对农业生态系统形成了沉重的压力，过去众多农业人口主要从事种植业，人多地少，农民收入水平很低，改革开放以后，南通市调整产业结构，致力发展多种经济和乡镇企业，向外进行劳务输出，使农村剩余劳动力找到出路。1982～1997 年间，约有近百万的农村劳动力从种植业转移出来。

2.2 资源子系统

南通市农业气候条件优越，有利于农业生产发展。南通地区自明清以来，就是重要的商品棉生产基地，此外还盛产黄麻、薄荷、留兰香等经济作物，产量为全省之首，蚕、茧、生猪和家禽饲养在全省也占有重要地位。南通市有 330km 的江海岸线，常年捕捞量占江苏省海产品总量的一半；全市有 12 万 hm^2 的海涂，适宜贝类繁殖生育的滩面近 2/3；长江南通段江面宽阔，岸线长，水质好，同时市内内河纵横交错，全市可供利用的但是面积 6 万 hm^2，盛产各种鱼类。

南通市土壤肥力高，地形平坦，水田比重大，土地利用率高，农业活动在全省占有重要的地位和作用，是多种农产品的生产基地，拥有的耕地面积全省第一，粮食产量仅次于扬（泰）州，但是人均耕地资源和人均粮食产量均低于镇江、扬（泰）州、苏州和常州，高密度的人口对农业生产提出了新的要求。

2.3 环境子系统

1995 年南通市乡镇企业排放 2615.19 万 t 废水，处理率 18.43%，较 1988 年下降了 14.95%，废水产值比为 11.6t/万元，仅高于镇江，低于全省其他市；和 1998 年相比，1995 年废水污染物中，铅和砷都有大幅度增长，其中铅的排放量增加了 23 倍；由于大量乡镇建材企业布局混乱，缺乏治理，南通市氟化物的排放量始终居高不下，1995 年排放氟化物 3665t，排放密度为 0.46t/km^2，其他各市排放密度均在 0.03～0.24t/km^2，全省氟化物排放量最多的 10 个县中，南通市有 4 个县；1995 年南通市乡镇工业固体废物利用率 97.32%，为全省最高。南通市农业生态环境面临的主要问题是重金属和氟化物对农田以及农产品的污染，如果片面追求乡镇企业吸纳剩余劳动力和创造经济效益的能力，忽视对生态环境的保护和治理，不仅会影响南通市农业在全省的地位和作用，还将危害全市经济发展。

2.4 社会经济子系统

80 年代以来，南通市的国内生产总值从 1980 年的 35.66 亿元上升到 1997 年的 577.47 亿元（当年价），农业总产值由 1980 年的 23.07 亿元上升到 231.26 亿元，按可比口径计算的年均增长率为 5.5%，农村经济结构也发生了巨大的变化，人均收入水平普遍提高，但是城镇居民人均可支配收入和农民人均纯收入一直存在较大差距，1981 年城镇居民人均可支配收入 425 元，农民人均纯收入 249 元，到 1997 年城镇居民人均可支配收入增加到 6506 元，而农民人均纯收入为 3388 元，其相对差距增大，呈现明显的城乡对立。

3 南通市农业可持续发展评价

3.1 评价指标体系和方法

根据区域农业可持续发展指标体系的设计原则，建立了发达地区农业可持续发展评价指标体系[3]，该指标体系自上至下由目标层、准则层、指标层和分指标层构成，准则层包括人口控制与发展、食物安全保障、环境保护与治理、经济发展、社会进步五项内容。评价时，采用多目标线性加权函数法对基层指标汇总，由于区域可持续发展强调区域 PRESD 系统要素的协调性，因此准则层的因子具有同等重要性，即具有相同的权重取值（0.20），而指标层和分指标层的权重，根据其对上一层次参评因子影响作用的大小并参考有关研究而确定。评价指标可分三类，一类是增长型指标如人均 GDP 增长率，第二类是负增长型指标如城乡居民人均收入差异指数，第三类是控制型指标如人口增长率和耕地递减率，前两类指标得分采用下式计算：

$$x_i=1+[(a_1-a_0)/a_0\times(-1)^n-b]/N \quad (1)$$

a_1、a_0分别是参考年和参评年因子指标值，增长型指标的 n 值取 0，负增长型指标取−1，b 为对比参数，例如计算粮食产量时的对比参数即为同期人口增长率，N 为时段长度；控制型指标分值用下式计算：

$$x_i=1+[(a_1/a_0)^1/n-c]/N \qquad (2)$$

式中的参数含义与（1）相同，c 为控制标准值，参考南通市发展规划指标设定。

3.2 评价结果

根据上述评价指标体系和评价方法，以 1981 年为评价基准年，评价基准年各子系统初值为 1，评价了 1988～1995 年时段南通市农业可持续发展水平，评价结果见表 2。

表 2　南通市农业可持续发展水平评价

持续性指数	1988 年	1995 年
人口控制与发展	1.0000	1.2772
食物安全保障	1.0000	1.3887
环境保护与治理	1.0000	0.8569
经济发展	1.0000	1.1345
社会进步	1.0000	0.6721
可持续发展水平	1.0000	1.0659

从表 2 可以看出，南通市农业发展总指数水平略有增加，其中人口控制与发展、食物安全保障、经济发展都属于可持续发展，而环境保护和社会进步表现出阶段的不可持续性。环境保护的不可持续性是因为乡镇企业对农业生产环境造成的重金属和氟化物污染持续上升的势头明显，社会进步的不可持续性主要体现在城乡二元对立，农民和城镇居民在人均收入、平均受教育程度等方面的显著差距。

4　区域农业可持续发展趋势预测

由于区域可持续发展不只局限于过去和现阶段，而还在于潜力的培养，因此本文进一步对南通市近期与农业可持续发展相关的部分指标作出预测，有利于把握南通市未来农业发展的趋势。

4.1 城市化水平和人口

城市化水平可以通过 Logistic 模型预测[2]。其解析形式是：$U(t)=K/[1+A\exp(-Bt)]$。K 是极限城市化水平，A 和 B 是模型参数。预测 2010 年的城市化水平是 28.74%。根据南通市人口增长的特征和有关数据，其预测采用对数回归模型，预测 2010 年总人口达到 794.9 万人。依据城镇化水平和总人口预测数据，可以计算出 2010 年的农业人口 567.2 万人。

4.2 粮食产量和耕地面积

通过对粮食总产和耕地面积、粮播面积以及粮食单产三项因素的灰色关联度分析，可得出粮食总产和耕地面积的关联度＞和单产面积的关联度＞和粮播面积的关联度这样的结论，采用 GM（1，1）模型对耕地面积和粮食单产进行预测，可知正常情况下（不受灾），2010 年耕地面积将达到 $460.1\times10^3\text{hm}^2$，粮食总产量将达到 382.7t。

4.3 经济和社会发展

利用 GM（1，1）模型对人均 GDP、城镇居民人均收入和农民人均纯收入预测，2010 年人均 GDP 将达到 13.1 万元，城乡居民人均收入差异 2 指数将进一步扩大，由 1997 年的 47.9%增加到 52.3%。

5 农业可持续发展的对策措施

从以上的分析可以得出这样的结论：①1988～1995 年，南通市农业总体发展水平指数稍有增加；②南通市的人口控制与发展、食物安全保障、经济发展都属于可持续发展，而环境保护与治理和社会进步表现出阶段的不可持续性，影响了总体发展水平；③乡镇企业对南通市农业生态环境破坏性较大，由于农业在南通市具有的特殊地位，对南通市整体经济也会有显著影响；④虽然市民收入水平有很大幅度提高，但是城乡居民收入差距基本保持不变，甚至有稍微扩大的趋势，城乡一体化进程滞缓。

针对上述结论，南通市实施农业可持续发展的对策为：①从指导思想上要明确农业在南通市的主导地位，农业和农村经济的发展和市域经济的发展密切相关，继续调整农业结构，突出发展多种经营，立足市场条件，着力发展高附加值和高创汇率的产品，利用农产品资源优势，发展农产品加工生产，加快农业产业化步伐。②南通市具有丰富的淡水、近海和滩涂资源，开发利用条件好，开发潜力大，适宜水产品养殖和捕捞业，目前低产水面占了大多数，今后随社会经济的发展，人均粮食消费结构中直接耗粮逐渐减少，间接耗粮增加，改造低产水面、开发荒水荒滩不仅符合未来粮食消费规律，水产品属于高附加值的农产品，还可出口创汇。③农业人口占南通市总人口的 80%以上，在今后较长的时间内，农业人口的比重仍然将保持较高水平，在提高人民收入水平的同时，要特别重视提高农民的收入水平，政策适当向农村和农民倾斜，推进城市现代化的同时，促进农村集镇化和城乡一体化。④乡镇工业是农村经济的重要支柱，但是经济增长不能以牺牲环境为代价，乡镇工业发展的同时，应当积极调整优化乡镇工业现有的产品结构，关闭一些污染大、设备差的小型企业，虽然从短期看会造成经济损失，影响农民收入，但是从长远发展的角度有利于农业和市域经济的健康发展。

参 考 文 献

[1] 凌启鸿. 江苏农业资源与综合区划. 南京：江苏科学技术出版社，1993：223-225.

[2] 王远飞，张超. Logistic 模型参数估计与我国的城市化水平预测. 经济地理，1997，(4)：8-13.

[3] 徐梦洁. 区域农业可持续发展评价指标体系初探. 农业系统工程与综合开发，1998，(4)：313-318.

Sustainability Assessment of Agriculture in Nantong City

Xu Mengjie[1] Zhao Qiguo[2]

1 Urban and Resource Science Department of Nanjing University，Nanjing 210093

2 Institute of Soil Science Academia Sinica，Nanjing 210008

Abstract

Nantong is an important food production base of Jiangsu Province and of Yangtze Delta. According to the make up of production value and distribution of labor agriculture plays an important role in Nantong's economy and shares the burden to provide excess food for other cities. The paper analyzed the basic factors of PRESD system，evaluated the sustainability of agriculture and made a prediction of several agricultural indexes.

Key words Nantong city；Agriculture；Sustainable development

江西省农业持续发展与生态环境的建设

赵其国　王明珠

中国科学院南京土壤研究所，南京　210008

摘　　要

本文从江西省振兴经济与农业发展的实际需要出发，根据中国科学院南京土壤研究所在江西省长期工作与定位试验研究的结果与经验，提出了有关加强江西省农业持续发展与生态环境建设的具体建议。

关键词　农业持续发展；生态环境

江西省红壤面积 1.62 亿亩，占全省总面积的 64%，全省荒山荒地 5500 万亩，其中低丘宜农荒地 1500 万亩，40 年来全省开垦了低丘红壤 638 万亩，改良低产田 600 万亩，造林绿化 2000 万亩。此外，对山、江、湖进行了综合开发，开展了商品粮基地建设，兴建京九铁路，所有这些，都对全省农业与生态环境建设起了很好的推动作用。但从加速全省经济建设，促进全面发展来看，今后全省还必须注意农业持续发展与生态环境建设中的问题。根据近些年来中国科学院南京土壤研究所在江西省的工作，以及在江西鹰潭红壤定位试验站的试验研究结果，提出一些问题，与有关方面进行讨论。

1　加快农业转型的速度

目前，全省红壤利用正处于农业转型阶段，即由沟谷型农田延伸到丘顶和丘腰，进行立体开发，由单一粮食作物转向农林果配置，由粗放转向集约经营。当前，全省尚有 3000 万亩荒地未被开垦利用，其中河湖阶地及盆地，有 700 多万亩尚未开发，但在配置方向上存在分歧，如赣中北，在 1990 年、1992 年连续两年遭低温（−10～−5℃）后，究竟是继续发展柑橘或是改为桃、李、柿、板栗等抗寒果树，我们认为，随着异常气候频率的加强，应当加大抗寒落叶果树的比重，选择小地形，配合防护林发展柑橘、椪柑等耐寒性差的常绿果树。

2　搞好开发模式的优化

随着坡地开发利用，当前坡地与沟谷农田，构成了多种利用模式。主要有农林混作、农牧结合、基塘（草、蔗、桑、果）、林果草药等多层配置模式，根据红壤从坡顶到坡谷底的水分、土温、与有效性养分的明显差异，较好的开发模式应该是：顶部流失段的红壤，由于薄、旱、酸、瘦，应以种植抗逆性强，保水土的林草为主，包括用材林、薪炭林、水保林及灌草类；坡麓积累段，由于土层厚，肥、润，宜种水肥条件要求较高的水稻，蔬菜；中部过渡段，主要应发展多年生、高效又能吸收心土层水肥的果、茶、桑园等，这一地段，是红壤坡地最具发展潜力的部分，此外，在底部洼地或池塘中养鱼、水禽及珍珠等，这就构成了“顶林、腰园、谷农、塘鱼”的立体开发模式。

根据我们红壤站多年的试验，在上述多层配置的基础上，同时在塘边建造猪场，以林草、枝叶、饲料喂猪，利用猪粪尿养蘑菇和发展沼气，又使沼液、粪尿流入塘内放养珍珠和作为鱼的饲料，形成草（饲）-猪（粪）-沼、菇-果、鱼的食物链（图 1），这可提高物流能流利用率 15%～30%。在有效调控下，入塘粪尿量与鱼单产呈正相关，鱼的单产为“人放天养”塘鱼的 6.6 倍。因此，将开发模式优

本文原载《土壤》1996 年第 1 期第 1-7 页。

化成种养结合、农林牧果鱼综合配置的立体布局，可明显提高三大效益。土壤研究所近年来在鹰潭刘家站的红壤站示范推广后，已在周围同类地区取得 1126 万元的经济效益，其社会效益也较大。

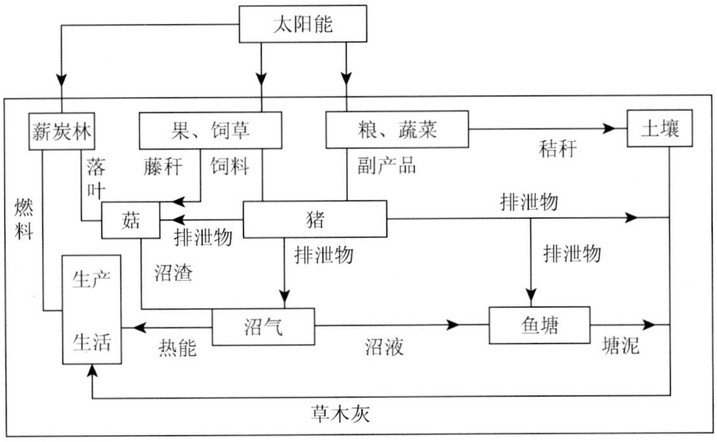

图 1　种养结合多层利用的链式循环

3　注意冬种与旱地耕作

江西冬闲田面积一直较大，解放初期为 60%～70%，其后也为 20%～50%。全省冬作结构单一，单产低，效益差，失收面积大。就小麦单产而言，仅为浙江的 40%，安徽、湖北的 38%，湖南的 77%，邻省平均的 44%和全国平均的 1/3（图 2），其主要原因是冬旱、春雨低温，对小麦生长起不利影响。此外，由于绿肥无直接经济收入，因此，冬季农业一直是江西农业中的一个薄弱环节。根据研究结果，我们认为，该省进行冬种是十分重要的，冬作绿肥、油菜、春粮（蚕、豌豆等）的最佳比例结构为 3∶4∶3，同时，绿肥紫云英是饲肥兼用作物，将其“过腹还田”，既可解决春季家畜的饲料，又能提高有机物质的转化利用率，应大力推广，冬季农业不仅能提高土地利用率，增加农业产量，而且能促进种、养和加工业的发展。

全省旱地约占耕地面积的 19%，目前多二熟或一熟，主要受伏秋旱和肥力影响，复种指数和单产均不高，今后应灌蓄节水，农林复合、调控深层水分，提高旱地的生产力。

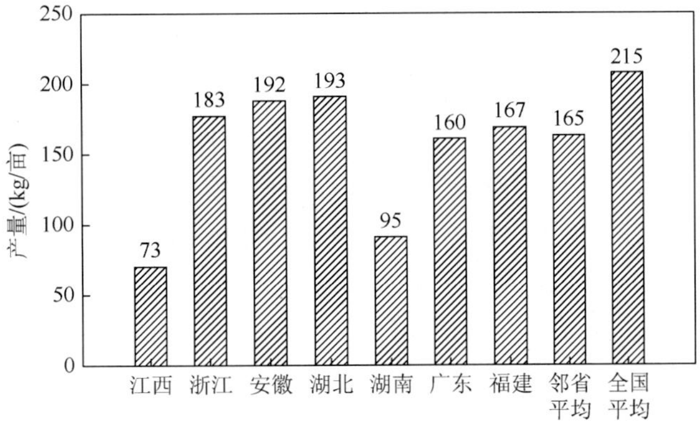

图 2　江西与全国和邻省小麦单产比较（1990 年）

4　加强中低产田的改造

江西是全国每年都调出商品粮的省份之一，但其人均耕地并不多，目前仅 0.91 亩，相当于世界人均的 1/5，全国的 70%。每公顷粮田的人口承载力为 19.33 人，比全国的高 31.6%。表明江西的耕地已处于超载状态。今后农业发展一是要开垦山丘坡地，扩大耕地；二是要挖掘现有耕地的生产潜力，尤其是要挖掘占耕地面积 2/3 的中低产田的潜力。

低产田（地），包括冷烂田、瘦酸田、黏板田、沙漏田和矿毒田等。对其对症下药、趋利避害，是挖掘低产田生产潜力的一项有效措施，主要途径有抗旱排渍、增肥补肥、掺砂客土、合理耕作和防治污染等，在解决主要矛盾时，应配合良种、治虫等其他措施，才能收到良好效果。对无明显障碍因素的中产田，主要是在"良种"、"良法"、"良田"、"良制"四良配套上下功夫。首先在"良种"上，杂交稻在全省推广后，普遍比对照增产 10%～15%，省农科院培育的赣选 19 及中优早 1、2、3 号等优质稻，不仅亩产 400 多 kg，比对照增产 10%～20%，而且米质较好；其次，在"良法"上，如早稻薄膜覆盖育秧、晚稻旱育秧、除草剂除草，两病两虫的综合防治（稻瘟病、白叶枯病、稻飞虱、稻螟）均可减少劳力、培育壮秧，增强抗病抗逆能力。增产 5%～15%；"良田"主要是指提高土壤肥力；"良制"主要是改进耕作制度，根据对 12 种耕制的生态经济效益综合评价，以冬种间套作三熟制的四种轮作方式效益最佳，说明水田中，稻与花生，玉米轮作，粮经肥饲结合以及间套作立体种植，有利于提高耕作的整体效益，促进农业生态系统的持续发展和良性循环。为此，建议将用作饲料的稻谷，改种为高产优质的玉米等饲料作物、形成玉米（或间作豆类）—水稻—冬作物或青绿饲料的三元结构种植制度，这样既可改善土壤理化性质，提高化肥效益，增加整个农田生物固氮能力，又能改进食物营养和消费结构水平。

5　开发草地饲料发展畜牧业

畜牧业是江西农业生产体系中的一个重要环节，应大力发展，但目前沟谷型农区的畜牧业仍以养猪为主。实践证明，在山丘约占 2/3 的江西，只发展养猪为主的农区畜牧业，是不能充分发挥山丘饲草资源优势的，因此，今后畜牧业发展应有一个根本性的转变，扭转用粮食来转换肉食的做法，充分利用林间隙地和冬、秋闲田种草养畜，逐步扩大草食畜禽的比例，走林畜、农畜结合的道路。

林下种草是林区发展牛、羊、兔、鹅等草食畜禽经济效益较高的饲草供给方式。既不影响林木生长，又能增加种草养畜收入。较单纯草山草坡放牧的土地收益率高，牲畜饲养量也多，并有保持水土、促进生态良性循环的作用。据估测，全省可供林下和林间隙地种草的林地近 1 亿亩，如在疏林幼林地内种草，也可常年保持 2000 多万亩人工草地，如以 5 亩草地 1 头牛计，全省可增加 300 万～400 万头牛，相当于现有存栏牛的总头数。

粮草轮作是沟谷地提高复种指数与经济效益的最佳利用方式。据吉安地区畜牧研究所试验，稻—稻—草轮作比稻—稻—闲轮作增产粮食 22.5%，增收饲草 1413kg/亩，不仅可改良土壤性质，促进粮食增产，还可增加养畜收入，扩大饲草来源。

6　发挥经林及经果优势

经林和经果，是促进当前山丘贫困地区脱贫致富的重要农林产品。江西地处中亚热带，在复杂的地形、气候条件下，经过人工长期引种、培育，形成了不少具有地方特色的名特产品。如南康柚、婺源茶、南丰蜜橘、猕猴桃等，经济效益很高，一般条件下，亩产值达 2000～6000 元，比水田产值高 2～7 倍，而且可不占耕地，能在丘岗荒坡上种植。因此，建议在丘陵地上大力发展经林、经果，特别是杨梅、青梅、板栗、桃、李、梨、猕猴桃、无花果等。在赣南则发展柑橘、橙、柚等；此外，在果品集中的产区，可应用这些果类加工果脯、果干、果酱、果汁、罐头及饮料等。

7　搞好水体开发利用

江西有水面 2500 万亩，其中可利用的有 460 万亩。如果可利用的水面每亩年产鱼 50～150kg，则每年共可产鱼 2 亿～5 亿 kg 以上，其产值可观。如果再设法利用较难用的 2000 万亩水面，则生产潜力就更大。目前全省鱼的年产量仅 0.5 亿 kg，仅为可用水面估产潜力鱼的 1/5 左右。以鄱阳湖为例，由于捕捞过度，鱼的产量逐年下降，80 年代尚不足 2000 万 kg。今后开发利用的关键，应从捕捞转为养殖渔业，日本称栽培渔业。其产量已占总产量的 75%～80%，大大超过自然捕鱼的产量。养殖渔业是利用水域发展集约型的立体养殖业。中科院南京地理与湖泊研究所，在太湖一百亩的试验区中，试种深水稻、水花生、菱、藕菜等防风消浪，也为鱼类生长创造了栖食、洄游和产卵的良好环境。水中氧气充足、水质新鲜、鱼饵丰富、亩产鲜鱼可达500～1000kg。太湖水体农业的经验，为鄱阳湖的利用指出了方向。

8 重视复合肥的施用

复合肥与专用肥，是当今世界各国生产化肥的发展趋势。根据红壤肥力特性和对各种作物、果树的长期肥料试验，柑橘、水稻、油菜、花生、大豆、紫云英施用专用肥，可比施用等量氮磷钾元素增产15%～80%。尤其是在其中加入钼、硼、锌等微量元素，更有较好的效果，据在不同程度熟化红壤旱地上试验，旱大豆用1/1000硼砂拌种，增产11.1%，旱花生用1/1000钼酸铵拌种，可增产5%～7%，油菜使用硼、钼肥，可增产10%～20%。此外，施用中量元素硫、镁等，在70年代以后，也呈现明显的增产效应，油菜、水稻、花生等的增产幅度，大都在3%～20%。

9 加强商品基地建设

长期生产实践表明，要加强山丘红壤的开发，必须建设一批相对集中、各具特色的农业商品生产基地。将“分散型”的生产格局，发展为有“拳头”产品的“基地型”生产格局。这可有效利用有限资金和技术力量，扶持重点区域开发“拳头”产品，为开拓中外市场及山区资源深度加工奠定基础，根据江西实际，可考虑建立粮食、毛竹、果品、桑麻、茶叶、蔗糖、水产、草食畜禽八大商品生产基地。再通过“加工”环节，开发八大系列产品，将原料输出型农村经济体系，发展为加工增值型农村经济体系，产、供、销一条龙，既增强农村经济实力，又利于农民致富奔小康。

10 搞好山、江、湖的综合开发治理

江西是一个三面环山、向北开口的红壤盆地，鄱阳湖与五条江河及其上游山区的流域相连，构成了一个完整的流域生态系统，这在我国各省区也是少见的。山、江、湖彼此相连，息息相关，所以，必须把它作为一个整体来抓，在发展利用中，应解决资源、生态、环境失调等一系列问题。当前，山江湖办确定的“治湖必须治江，治江必须治山，治山必须治穷”的基本方针是非常正确的。这与美国30年代开始对田纳西河，日本明治维新时期对琵琶湖的整治极为相似，在开发过程中，应“整体规划、分步实施、以点带面、系统推进”。从项目着手，逐步进行开发治理，争取用30～50年的时间，完成这项宏伟任务，将江西建设成一个经济发达、物质丰富、青山常在、绿水长流，经济、生态、社会协调发展的地区。

11 加强京九沿线经济与农业开发

京九铁路途径江西22个市、县，约占全省市、县总数的1/4。沿线的农业气候资源优越，耕地面积1030.68亩，占全省29.2%；劳动力总数为388.23万人，占全省27%；沿线森林面积为2025.39万亩，占全省20%；此外，沿线旅游业资源非常丰富；但另一方面，铁路沿线的人均耕地仅为0.65亩（按1993年统计），水土流失面积近1万km^2，占土地总面积21%，特别是沿线干旱，洪涝和低温等灾害频繁，环境污染严重。综上可见，江西京九沿线，虽有巨大的资源优势与潜力，但也存在着不利因素。因此，今后随着京九线的开通，必须注意沿线农业资源的开发与经济的全面发展，第一，开发沿线农业资源，必须走高产优质，高效的路子，并注意经济，社会和生态效益的结合，农产品才有生存能力；第二，建立“耕地保护区”，确保耕地数量的基本稳定与质量的不断提高；第三，注意生态环境的保护，做到资源开发资源保护相结合；第四，开发“绿色食品”，建立绿色食品生产基地；第五，优化产业结构；第六，发展“旅游事业”。所有这些，都将保证江西京九沿线的农业与经济得到全面发展。

12 注意水土保持建设

据初步统计，1993年江西省水土流失面积为8169.5万亩，占全省总面积31%。较50年代增加395%

（50 年代为 1650 万亩），较 80 年代增加 57%（80 年代为 5127 万亩），说明全省的土壤侵蚀问题突出。近些年来通过水土流失治理，已取得不少效果，如兴国县通过 10 年治理，1991 年流失土壤为 75.6 万 t，仅为 10 年前的 22.6%（1982 年为 331.4 万 t），水旱灾害下降 48.8%，植被由 10 年前的 28.8%增至 58%，种植的各种林草的经济效益为 8966 万元；较 10 年前增加 5 倍。但从总投入 1.12 亿元看，虽然综合效益好，但其直接效益差，这是值得注意的问题。从现有的经验看，江西的水土保持，如果要获得整体效益，必须走“生态经济型水土保持”的路子，即要有持续发展的经营管理思想：有种植与养殖业相配套的措施；要强调生物多样性与群落多元化；要以土壤肥力建设为核心，同时在布局结构上，要强调保护区与作物区合理布局；山丘坡面的立体布局；种养业的合理配套布局等，这样既可治理土壤流失，又可培肥土壤。

13　红壤地区农业持续发展的关键技术

据我们在中科院江西鹰潭红壤试验站进行的长期定位研究的结果，初步认为，下述农业技术，可供江西省一些地区进行试验与推广。

13.1　红壤丘陵区立体农业模式的优化技术

实践证明，红壤丘陵区推广立体农业模式的优化技术，可大幅度提高土地生产力，使生态效益、经济效益和社会效益同步增长。

13.1.1　立体农业的优化模式

南方红壤坡地从上到下可分为流失段、过渡段和积累段，三段的比例随坡地陡缓而不一。一般顶部占 1/4～1/3，土地薄、旱、瘦，应以种植抗性强、保水土的林、草为主；坡麓约 1/3～2/5，土层深厚、肥沃、湿润，宜种土壤条件要求较高的水稻、蔬菜、饲料；腰（中）部也占 1/3 左右，土、肥、水、热状况介于两者之间，主要发展高效、又能吸收心土层水肥的多年生果、茶、桑园，加上丘塘水库放养鱼、珍珠，构成了红壤坡地的“顶林、腰园、谷农、塘鱼”的立体布局模式。

13.1.2　坡段、田块的多层配置

为了充分挖掘红壤资源的潜力，同一坡段的地块也可实行多层种植，使高矮、生育期、营养需求不同的植物形成适生互补的共生群落，如“顶林”乔灌结合，生物量可比纯林、纯灌高 0.5～6 倍，地被覆盖率增加 10%～40%。“腰园”间套经作、药材，既能减少裸面，储蓄水分，又能提高养分含量和光能利用率，增加经济效益 29%～158%；“谷农”主要是合理配置适生互补作物，提高复种指数，增加经济收入。

13.1.3　种养结合与调控技术

在红壤立体布局、多层配置的同时，可在塘边建造养猪场，以林草枝叶、饲料养猪，猪粪养菇和沼气发酵、沼液又流入塘内作为放养珍珠和鱼的饲料，形成草—猪—沼（菇）—果—鱼的食物链，可提高物流能流利用率 15%～30%，在有效调控下，入塘粪尿量与鱼单产呈正相关。根据中科院红壤生态站试验，1988 年起，鱼的单产逐年增加，至 1992 年已突破 1950kg/hm^2 大关，比投粪前的 1987 年增加了 6.6 倍。

上述丘陵红壤的“顶林、腰园、谷农、塘鱼”的立体布局，坡段、地块的多层配置，加之养猪为纽带的食物链，构成了诸多利用模式中较优的农业生态模式，总体经济效益可翻 1～2 翻，当前已有不少类同地区，正在推广这一模式。

13.2　红壤旱坡地水分养分调控技术

水肥调控，应因地、因时、因作物制宜，这里着重从节水节肥角度，提出拦截地表径流，利用土壤不

同深度水分，合理灌溉及水肥互利等技术。

13.2.1 工程技术

主要是建立山塘水库和水平梯田。目的在于拦截地表径流以蓄水，在干旱季节可供作物对水的需求。

13.2.2 耕作技术

建立合理的间、套、轮作制和土壤耕作制，以充分利用土壤深层的水分，协调水肥间的关系，对林木与花生间作的试验表明，林农间作与单一种植相比，能增加土壤含水量、土壤养分和植物的生物量 6%～100%以上。

13.2.3 覆盖技术

试验结果表明，死物覆盖对减少地表径流、增加土壤渗漏和提高作物产量有较大作用、用死物覆盖地表，每公顷土地每年可节水 6000t、用活物覆盖可节省 3000t，而用塑料薄膜覆盖，可节水 3570t，因此，在旱季应推广死物覆盖技术。

13.2.4 合理灌溉

试验表明，旱稻在扬花期进行灌溉，较非扬花期灌溉，产量增加 4.5 倍，水的利用率也大大提高，此外，灌溉还应随作物品种、播种期及耕作制度而异。这样可避开季节性干旱，并可节约用水。

13.3 红壤地区耕作制度改革技术

13.3.1 因土种植

新垦旱地，肥力差，宜种性窄，通常宜种红壤的先锋作物和树种，如甘薯、花生、马铃薯、芝麻等农作物，茶叶、油桐、桑、柑橘、梨、桃等园林作物，肥田萝卜、豇豆、光叶紫花苕子、紫云英、猪屎豆、胡枝子等绿肥牧草以及马尾松、湿地松，合欢等林木。在有酸害影响的红壤上，应选用耐酸及耐铝毒的作物。此外，红壤需要增加磷素的投入。一般需磷量为 3600～18 000kg/hm^2 过磷酸钙。如能选种耐低磷的作物如花生、油菜等，也可降低磷的投入。

13.3.2 合理间作套种

间作套种主要是在高温和多雨季节保持连续、多层的植被、缓冲地面上下水势状况的剧烈变化。如高粱与大豆间作的行间，温度的日变幅与热周期变幅均较小，绝对最高温度低 5.5℃；同时地面相对湿度较大，日变幅较稳定，土壤含水量较高，间套作的日均温，比单作高 7%～8%，日变幅小 13%～16%，耕层土壤含水量高 1.7%左右，研究表明，凡采用间套三熟制的，每公顷产量都超过 6000kg，单作二熟制的达 3390～5214kg，仅为三熟制的 78%～88%，间套作每公顷的纯收入可增加 30%左右。

13.3.3 合理深耕

雨后中耕与表土埋草深松耕作等措施，对于吸蓄雨水、减少蒸发、稳定水热动态有明显的作用。此外，在红壤坡耕地上，采用等高耕作、留茬、作畦以及选择耐旱作物、选用早熟品种，适当提早播种和推行合理密植等措施，都是行之有效的抗旱保墒经验。

参 考 文 献

[1] 中国科学院红壤生态实验站. 红壤生态系统研究. 第一集. 北京：科学技术出版社. 1992.

[2] 中国科学院红壤生态实验站. 红壤生态系统研究. 第二集. 南昌：江西科学技术出版社，1993.

[3] 赵其国. 土壤退化及其防治. 土壤，1991，23（2）：57-60.

[4] 陈斌飞，张桃林，赵其国. 南方红壤丘陵区自然资源与潜力优势开发. 土壤，1995，27（3）：113-118.

广西农业：机遇、成就、问题与战略*

赵其国[1]　黄国勤[2**]

1 中国科学院南京土壤研究所，南京　210008

2 江西农业大学生态科学研究中心，南昌　330045

摘　　要

为广西农业发展提供有关方面参考，从机遇、成就、问题与战略对策4个方面探讨广西农业的发展问题。广西农业在中国热带、亚热带特色农业中占有重要地位。国家对广西农业发展一直高度重视，近年来出台了一系列相关政策，对推动广西农业发展起到了重要作用。进入“十二五”期间，广西农业面临着新的良好发展机遇，尤其是中国—东盟自由贸易区的建立，为广西发展外向型农业带来了难得的历史性机遇。在“十一五”期间，广西农业虽然取得了巨大成就，但是广西农业发展仍然存在诸多问题，如作物产量较低，潜力未能发挥；土壤退化严重，生产环境变劣；农业基础脆弱，发展后劲不足；农业科技落后，支撑能力不强。“十二五”期间乃至今后相当长的一段时期内，要实现广西农业又好又快的发展，必须实施的发展战略有开放战略、带动战略、提升战略和低碳战略。

关键词　农业；发展战略；农业可持续发展；广西

引　　言

广西壮族自治区位于东经104°26'～112°04'，北纬20°54'～26°24'，北回归线横贯全区中部。广西全区土地总面积23.67万km^2，占全国总面积的2.47%。广西壮族自治区地处中、南亚热带季风气候区，年平均气温为16.5～23.1℃，气温由南向北递减，由河谷平原向丘陵山区递减。全区约65%的地区年平均气温在20.0℃以上，其中右江河谷、左江河谷、沿海地区在22.0℃以上，涠洲岛高达23.1℃。桂林市东北部以及海拔较高的乐业、南丹、金秀年平均气温低于18.0℃。广西降水丰沛，年降水量为1080～2760mm，大部分地区的降雨量为1300～2000mm，其地理分布具有东部多、西部少、丘陵山区多、河谷平原少、夏季迎风坡多、背风坡少等特点。由于受冬夏季风交替的影响，广西降水量季节分配不均，干湿季分明，4～9月为雨季，总降水量占全年降水量的70%～85%；10月～次年3月是干季，总降水量仅占全年降水量的15%～30%。广西自然资源丰富，是中国、亚热带农业发展的重要区域，是全国“产糖大省”、“水果之乡”，广西农业在全国的地位越来越突出[1]。

在进入“十二五”之际，回顾“十一五”广西农业及经济社会发展取得的巨大成就，探索今后5年或更长时间内广西农业发展的思路和战略对策，对于推动广西农业乃至经济社会的全面、协调和可持续发展具有重要意义[2]。笔者拟从机遇、成就、问题与战略对策4个方面，探讨广西农业发展问题，以供有关方面参考。

1　机　　遇

1.1　中央领导高度重视

国家对广西的发展一直非常关心和高度重视[2]。胡锦涛总书记等中央领导同志多次莅临广西考察指导工作，多次对广西工作做出重要指示。2007年3月，胡锦涛总书记要求，要把广西建设成为中国与东盟的

*基金项目：国家自然科学基金重点项目“广西红壤肥力与生态功能协同演变机制与调控”（U1033004）。

**通讯作者：黄国勤，男，1962年出生，江西余江人，教授。

本文原载《农学学报》2011年第1卷第5期第1-8页。

区域性物流基地、商贸基地、加工制造基地、信息交流中心以及连接多区域的国际通道、交流桥梁、合作平台；2008 年春节期间，胡锦涛总书记深入广西指导抗击雨雪冰冻灾害，要求牢牢把握西部大开发的宝贵机遇，努力在继续解放思想上迈出新步伐，在坚持改革开放上实现新突破，在推动科学发展上取得新进展，在促进社会和谐上见到新成效；2009 年 1 月，总书记对广西几年来的工作给予了充分肯定。2010 年春节期间，温家宝总理在广西视察工作时，对广西环境保护和生态建设工作取得显著成效进行了高度肯定，并对未来广西农业及经济社会发展寄予厚望。

1.2　国家出台相关政策

为支持和推进广西“跨越式”发展，近年来国家出台一系列相关政策。2008 年 1 月，国家批准实施《广西北部湾经济区发展规划》，把广西北部湾经济区作为中国西部大开发和面向东盟开放合作的重点地区，并计划把该区建设成为带动支撑西部大开发的战略高地和开放度高、辐射力强、经济繁荣、社会和谐、生态良好的重要国际区域经济合作区。

2009 年 12 月，国务院发布《国务院关于进一步促进广西经济社会发展的若干意见》(国发[2009]42 号)，提出了促进广西经济社会发展的战略任务：①打造区域性现代商贸物流基地、先进制造业基地、特色农业基地和信息交流中心。②构筑国际区域经济合作新高地。③培育中国沿海经济发展新的增长极。④建设富裕文明和谐的民族地区。

1.3　扩大开放深化合作

2002 年，《中国—东盟全面经济合作框架协议》正式签署。中国—东盟自由贸易区的建立，使处于中国—东盟自由贸易区中心位置的广西成为东盟各国进出中国的名户，使广西由边陲省份变成国际通道和枢纽。

近年来，中国—东盟自由贸易区建设进程不断加快。随着《货物贸易协议》《服务贸易协议》和《投资协议》的签署，完成了中国—东盟自由贸易区协议的主要谈判，中国—东盟自由贸易区于 2010 年全面建成。这是一个拥有 19 亿消费者、近 6 万亿美元生产总值、1.2 万亿美元贸易总量的经济区，是中国和东盟 10 国共创世界第三大自由贸易区，是发展中国家组成的最大的自由贸易区。自由贸易区的建成，标志着广西对外开放和合作进入到一个新的历史发展阶段——这是广西农业发展的一个历史性战略机遇[3]。

2　成　就

“十一五”期间，广西经济社会、生态环保和农业发展取得了巨大成就，为“十二五”期间广西的又好又快的发展奠定了坚实基础。就农业、农村而言，广西“十一五”期间取得的巨大成就表现在 5 个方面。

2.1　产值增幅大

2006～2010 年广西农林牧渔业总值从 1448.4 亿元增加到 2610 亿元，农业增加值从 912.5 亿元增加到 1670.37 亿元，农民人均纯收入由 2495 元增加到 4543 元，增幅均超过了 80%。

2.2　农耕技术新

广西农业科技人员因地制宜，大胆探索，自主创新集成推广了“三避”(避雨、避晒、避寒栽培)、“三免”(水稻、玉米、冬季马铃薯免耕栽培)、间套种等多项农业适用新技术。

2.2.1　“三避”技术抗冻又抗旱

2008 年罕见的雨雪冰冻灾害，造成桂北大部分果树受灾，而推广了树冠盖膜“三避”技术的 3333.33hm^2 阳朔金橘却生机勃勃；在 2010 年历史罕见的干旱中，采用了“三避”盖膜种植的农作物，有效节水 50%

左右，“三避”技术有效保住了 60 万 hm^2 甘蔗、西瓜、玉米、香蕉等农作物。

2.2.2 “三免”技术提质又提效

广西的稻草覆盖马铃薯免耕种植技术，改“种薯”为“摆薯”，改“挖薯”为“捡薯”，平均每公顷省工 90～120 天，比常规耕作栽培增产 50%。农业部先后 5 次在广西召开全国会议，推广广西“三免”技术（稻草覆盖马铃薯免耕种植、水稻免耕抛秧、玉米免耕栽培）。

2.2.3 间套种技术省地又增收

水稻莲藕套种技术，让广西宾阳县黎塘镇司村这个莲藕之乡实现稻藕同生。单种藕每公顷只能产莲藕 37 500kg；套种后，莲藕产量不仅达到 45 000kg，还能多收 7500kg 左右的稻谷，每公顷能多收入 15 000 元。2010 年 11 月 13 日，全国农作物间套种技术研讨会在广西召开，与会领导、专家高度称赞“稻藕套种”技术。目前，广西先后探索推广了“粮经套”、“粮油套”、“粮粮套”等多种模式。

2.3 节本增效显

“十一五”以来，广西累计推广“三避”技术 760 万 hm^2、间套种 96.67 万 hm^2、测土配方施肥 93.33 万 hm^2。推广水稻免耕抛秧技术 440.88 万 hm^2，节本增收 68 亿元；马铃薯免耕栽培 41.33 万 hm^2，节本增收 40.3 亿元；玉米免耕栽培 89.67 万 hm^2，节本增收 6.73 亿元；水稻抛秧 833 万 hm^2；植保“三诱”技术 186.67 万 hm^2 以上，节支增收 20 亿元。

2.4 形成产业带

农业科技创新，推动了广西农业特色优势产业的规模发展，近年来，广西重点推动桑蚕、食用菌等 11 大优势产业加快发展，促进产业转型升级，全力推进优势农业优势产业向优势区域集中。目前，广西形成了桂林、南宁、来宾市食用菌产业带，桂西北、桂中、桂南三大桑蚕优势产业带，崇左、来宾、南宁、柳州等主要糖料蔗产业带，桂东南、桂西、桂中木薯优势产业带，桂北、桂中柑橘产业带，左右江和桂东南香蕉产业带，桂南、桂东南荔枝产业带[2]。

2.5 农业地位升

近年来，广西农业在全国的地位越来越突出：①粮食单产连续 4 年创新高，总产量稳定在 1400 万 t 以上，优质稻等产量排全国前列。②“菜篮子”产品稳定增长，蔬菜种植面积 113.33 万 hm^2，成为全国最大冬菜生产基地。③肉类、水产品产量连续 4 年排全国第 8 位，其中对虾产量全国第二，罗非鱼产量全国第三。④糖料蔗、蚕茧、木薯、木材等产量排全国首位，分别占全国总产量的 60%、33%、70%、14%以上。此外，广西水牛存栏数全国第一，动植物良种覆盖率 90%以上，新技术大面积推广，农产品质量安全水平不断提升，农民专业合作经济组织发展到 5219 个，农业产业化经营全面推进，等等。

3 问 题

尽管近年来广西农业发展取得了巨大成就，但在其发展进程中仍然存在诸多问题，突出表现在 4 个方面。

3.1 作物产量较低，潜力未能发挥

根据《中国农业统计年鉴 2009》资料[1]，广西耕地面积 421.75 万 hm^2，占全国总耕地面积的 3.47%，但粮食总产量只有 1394.7 万 t，只占全国粮食总产量的 2.64%，广西耕地粮食生产潜力没有充分发挥出来。就水稻而言，全国稻谷单位面积产量为 6563kg/hm^2，而广西稻谷单位面积产量只有 5227kg/hm^2，广西稻谷

单产比全国稻谷单位面积产量低 13.57%，相当于每公顷少 1336.05kg。这不仅说明了广西水稻产量还比较低，还有较大的增产潜力；而且还说明广西优越的光、温、水等资源没有得到充分利用，资源潜力未能发挥，资源生产潜力亟待挖掘。

3.2　土壤退化严重，生产环境变劣

广西存在严重的土壤退化问题，对农业生产环境造成不利影响。①水土流失加剧：20 世纪 90 年代，广西国有林场面积比 20 世纪 80 年代下降了 13.5%。虽然近年来有些地区的有林地面积增加，但林地质量退化，低矮灌木比例增大。目前全区水土流失中轻度侵蚀占 14%，中度侵蚀占 5%，强度侵蚀占 0.3%，石山占 2.6%。近 10 年中坡耕地水土流失面积增加了约 20%。②红壤酸化严重：20 世纪 80 年代以来，广西的酸沉降的频率和强度均增加，酸雨的面积大幅度地向外扩展。近 20 年来，旱地红壤 pH 平均降低了 0.1～0.2 个单位，预计到 2045 年，土壤 pH 还将有所下降，而盐基饱和度则将下降约 50%。③红壤坡耕地土壤肥力退化：广西土壤肥力大多处于中下水平，中、低肥力土壤的面积比例分别为 42%和 33.3%。水田和林旱地土壤中全氮和速效磷大多处于轻度贫瘠到严重贫瘠水平。近 20 年来，自然荒地和稀疏林地的土壤肥力退化；由林地开垦的旱地土壤肥力也下降；红壤坡耕地中有机质和钾退化严重。特别是经济作物存在严重的连作障碍，红壤微生物生物功能退化。

上述 3 个问题相互影响，使农业生产环境变劣。水土流失严重，每年有大量的表土和养分流失；土壤瘠薄、中低产田（地）面积大；土壤酸化，抑制作物生长；土壤物理结构差，抗季节性干旱能力弱。植被逆向演替、侵蚀加剧，引起肥沃表土流失；酸雨加速了土壤养分离子的淋失，这些都是引起土壤肥力退化的原因。而土壤肥力的退化，又导致土壤生态功能的失调，如土壤微生物和动物种群减少、功能衰退，土壤元素生物循环减少，这降低了土壤对退化过程的缓冲能力，加速了土壤的退化。目前在广西粮食生产中出现了一个重要问题是粮食单产的增长幅度已远远落后于农业投入的增长幅度。近 5 年来，化肥用量年增幅平均为 8.4%，而每年粮食单产增幅仅为 2.2%。引起这种现象的主要原因就是长期对土地资源的不合理利用而产生的土壤肥力退化和生态环境恶化，并由此导致农业生产环境变劣，对农业可持续发展构成严重威胁。

3.3　农业基础脆弱，发展后劲不足

广西农业基础十分脆弱，突出表现在农田水利建设方面存在诸多问题[4]：①灌溉工程老化失修，水库病险隐患较多。广西现有农田水利工程，大部分是 20 世纪 50、60 年代兴建的，标准低、质量差，由于管理不善、维护不够、年久失修，约有三分之二的水利工程设施出现老化、损坏或报毁。②农田水利基础设施建设滞后，灌区服务功能严重退化。广西现有大型灌区渠道防渗率为 12.8%、中型灌区渠道防渗率为 16.6%、小型灌区渠道防渗率为 10.5%，远远低于应有标准。③农田水利工程投入严重不足，资金缺口非常大。由于农业基础脆弱，导致广西农业灾害频发，出现“大雨大（水）灾、小雨小（水）灾、无雨旱灾”，给农业生产和人民生命财产带来严重损失。如 2010 年 2～3 月，广西部分地区干旱等级已经达到严重干旱，其中桂西北达到特大干旱等级，造成极其严重的损失。截至 2010 年 3 月 11 日统计[5]，广西全区有 12 个市出现旱情，农作物受旱面积 52.30 万 hm^2，因旱导致 176.46 万人、87.09 万头大牲畜饮水困难。2010 年 4 月 8 日统计，全区因旱受灾人口 1237.23 万人，差不多每 4 个人中有一人受灾。严重的自然灾害，必然对广西农业发展“后劲”产生不利影响。

3.4　农业科技落后，支撑能力不强

广西地处西南边陲，属中国西部地区 12 个省、市和自治区（包括重庆、四川、贵州、云南、广西、陕西、甘肃、青海、宁夏、西藏、新疆、内蒙古）之一。与东、中部各省（市、区）相比，广西农业科技总体上比较落后，科技对农业及经济发展的支撑能力不强。

3.4.1　农业科技人员缺乏

据有关资料，广西农业科技人员约 3 万人，平均每县只有大约 275 人，低于全国平均水平，更低于东、

中部发达省（区、市）。据统计，广西现有农业科技人员中，博士仅占 2.81%，硕士占 11.64%，与全国平均水平相关甚远，与发达地区（省、区）、发达国家差距就更大[6]。农业科技人员缺乏，特别是农业创新型的科技领军人物、学科带头人和高层次人才更是奇缺。

3.4.2 农业科技投入低

由于广西属于经济相对落后地区，因此每年投入到农业科技方面的资金和财力非常有限，远不及广东、浙江、江苏等发达地区，就是与云南、湖南、贵州等邻省相比，也有较大差距。据广西壮族自治区科技厅资料（2010 年），广西壮族自治区本级科技专项经费增长幅度大大低于全国平均数，如广西为 12.31%，全国平均为 28.8%，贵州 31.98%，湖南 35.72%，云南 43.28%。

3.4.3 农业科技成果转化与推广能力较弱

据广西科技厅研究，广西科技成果转化为现实生产力的只有 28.6%，2/3 以上农业科技成果得不到有效转化，形成产业规模的更少。

3.4.4 农业科技进步贡献率低

据测算，广西“十五”时期（2000～2004 年）农业科技进步贡献率只有 34.34%，而全国同期农业科技进步贡献率达到 49.53%，广西比全国低 15.19 个百分点，可谓差距甚大[7]。

4 发展战略

最近，广西壮族自治区党委提出广西“十二五”期间经济社会全面、协调和可持续发展的总体战略是[2]：两区一带、富民强桂。“两区一带”，就是全面建设好广西北部湾经济区、桂西资源富集区、西江上游经济带，使之呈现优势互补、良性互动、协调发展的良好局面；“富民强桂”——富民，就是坚持以人为本、富民优先，走共同富裕道路；强桂，就是全面增强广西综合实力、整体竞争力和可持续发展能力。就农业发展而言，“十二五”期间重点提升“六大能力”——粮食保障能力、产业发展能力、助农增收能力、科技支撑能力、新农村示范带动能力、农业发展竞争能力。

按照上述思路和战略目标，广西今后（“十二五”期间甚至更长时期）农业发展的战略应是：开放战略、带动战略、提升战略和低碳战略。

4.1 开放战略

4.1.1 总体战略

“开放”是 21 世纪的主旋律，是加快发展的必由之路。广西今后要实现“跨越式发展”、“超常规发展”，就必须在现有基础上，进一步扩大开放、深化合作。就今后农业发展而言，广西要充分利用现有基础和优势，千方百计地加快开放、合作的步伐，不失时机地推进外向型农业发展。要积极适应中国—东盟自由贸易区建成和北部湾经济开放开发的形势，拓展农业对外开放合作的广度和深度。

4.1.2 战略措施

广西实施农业开放战略，具体措施包括：①在南宁建立中国——东盟现代农业科技园，着力打造与东盟各国农产品交易和技术合作平台；②加快建设海峡西岸（广西玉林）农业合作试验区；③吸引、鼓励区外、境外资金来广西投资开发农业产业，争取更多国内外知名农产品加工企业落户广西；④扩大名、特、优、新、稀农产品，以及绿色食品、有机食品的生产和出口；⑤积极引进农业先进技术、管理经验和优秀人才；⑥支持和鼓励广西区的农业企业、农业企业集团到区外、境外建设原料生产基地和加工、流通项目。

4.1.3 实践成效

实践证明，作为中国最大的冬季蔬菜生产基地，广西有潜力做国家“菜篮子”，走出去与东盟农业合作。中国—东盟自由贸易区的建立以及各国推出的优惠政策从多方面刺激了农产品贸易的扩大，广西与东盟的农产品贸易不管是在规模、种类还是其他方面都将面临新的机遇。

除了与“国外”合作，广西也积极利用“国内”资源。近年来，广西实行“借智借脑，跨越发展”，就是农业开放战略的具体体现。2009 年 11 月，广西聘请袁隆平等 13 位国内著名院士担任自治区主席农业顾问；2011 年 2 月，聘 113 名全国顶尖人才为广西农业“百名顶尖人才支撑工程”专家——农业“高端智囊”。这对广西农业发展产生积极影响。

可以设想，随着广西农业“开放战略”的进一步实施，农业“走出去、请进来”速度、频率的加快，其成效将越来越显现出来。

4.2 带动战略

广西农业“带动战略”，就是广西要以“广西—东盟自由贸易区”的建立为契机和龙头，带动整个农业产业体系和经济社会的全面协调可持续发展，推动广西现代农业发展。

4.2.1 在中国—东盟自由贸易区建设中调整农业发展策略

（1）调整农业产业结构。加快水果业、蔬菜业结构的调整步伐，大力发展有特色、有优势的优质水果、蔬菜，建设一批对东盟有竞争优势的水果、蔬菜产业基地。同时，大力发展水产畜牧业和优势林产业。做好优势农产品区域布局并加以实施，形成较大规模的产业带。加快农产品加工业，推进农业产业化进程。

（2）建立农产品风险防范机制。一方面，加强对广西农业领域的监控，通过财政拨款或政策支持，对受到冲击的地区和农民给予财政补贴，统一调控、调整与优化。另一方面，积极建立广西农产品保险制度。还要加强与东盟在经济安全与风险防范方面的合作与交流，共同建立风险防范机制，应对外部市场的挑战。

（3）建立广西—东盟农业贸易交流机制。与东盟国家开展定期或不定期双边和多边的交流活动，如农产品展销洽谈会、农业技术论坛、农业领域高层次研讨会等，以增进双方的了解和沟通。

4.2.2 实施产业带动，推动创新发展

力争到 2015 年：①把蔗糖、畜禽打造成为千亿元产业；②把粮食、蔬菜和水果打造成为五亿元产业；③把蚕茧、草食动物、中药材、生物质能源、奶水牛、优势水产品和农业生态旅游，打造成为亿元产业。同时，深入实施超级稻、秋冬种、间套种“三个千万亩行动计划”，力争近 2～3 年（或 3～5 年）每年新增推广超级稻、间套种、秋冬种各 13.33 万 hm^2。

4.2.3 推动现代农业发展，保障农产品有效供给

狠抓“菜篮子”工程和“万元增收”工程建设；加强新农村规划建设，推进农村土地综合整治；大力发展农业生产经营性服务组织和农民专业合作组织；推进农村土地承包经营权规范有序流转；深入推进集体林权制度改革和华侨农林场改革；推进统筹城乡改革试点，等等。

4.3 提升战略

“提升战略”就是针对当前广西农业存在的“粗放式”增长方式，以“科学发展观”为指导，切实转变农业发展方式，全方位提升广西农业的产量、质量、效率和效益。

4.3.1 提升资源利用率

广西农业资源利用率低，各地不同程度地存在农业资源浪费现象，包括作物秸秆资源浪费、有机肥资

源（畜禽粪便等）浪费、土地资源浪费、水资源浪费等。为节约、集约利用农业资源，走“资源节约型”农业发展之路，必须大力强调提高农业资源利用率。

4.3.2 提升作物生产力

由于自然、历史和人为等多方面因素，广西农作物生产力总体较低，如根据统计，广西玉米、甘蔗、花生、甘薯、大豆等主要旱作物单位面积产量只有全国平均水平的30%～80%左右。因此，采用新型农业增产技术提升广西农作物生产力势在必行且潜力很大。

4.3.3 提升农产品品质

当前市场经济条件下，农产品品质的高低，在一定程度决定着农产品的市场竞争力占有率，尤其是广西作为“广西—东盟自由贸易区”的重要成员，提升农产品品质和质量，增强农产品竞争力更是迫在眉睫。这就要求按照现代农业生产方式，走清洁生产、绿色农业、循环农业之路，真正提高农产品的品质和质量。

4.3.4 提升产品加工率

目前，广西农产品加工率还是比较低的，与全国平均水平还有差距。根据专家测算[8]，若广西农产品加工率提高1%，全区可增加35亿元的工业产值和2.5万个农村剩余劳动力就业，农民可增加7亿元收入；如果广西农产品加工率提高到30%，全区工业产值可增加420亿元，农民可增收84亿元。可见，提高农产品加工率带来的经济效益和社会效益是十分可观的。显然，为实现广西农业及经济的快速发展，必须下大力气并采取切实措施提高广西农产品的加工率。

4.3.5 提升成果转化率

要通过增加农业科技投入、完善农业科技体制和机制，以及建立健全农业科技推广服务体系等各种措施，提升广西农业科技成果转化率，真正实现“科技—经济”相互促进、良性循环。

4.3.6 提升科技贡献率

通过各种有效措施，力争在3～5年内，将广西农业科技进步贡献率达到或接近全国平均水平。

4.3.7 提升全区人员素质

“人”是科技、经济和社会发展的关键性因素，只有人员（包括领导干部、科技工作者和普通群众）素质的不断提升，才能真正实施好广西农业发展的“提升战略”，从而实现广西农业的快速、持续和健康发展。

4.4 低碳战略

4.4.1 战略要求

21世纪是“低碳”世纪，“低碳战略”已成为世界各国发展的共同战略。在农业发展方面，则要求大力发展低碳农业。

广西发展低碳农业，要求从两方面着手[9]：一是大力发展“减排农业”：据政府间气候变化专门委员会统计，全球农业减排的技术潜力高达每年5.5亿～6亿t二氧化碳当量，其中90%来自减少土壤CO_2释放，即土壤固碳。二是积极推动“吸碳农业”：稻田吸碳制氧，水稻田也是“湿地”和“绿肺”，1hm^2水稻田的生态功能相当于0.47hm^2草坪的生态功能。

4.4.2　战略措施

具体来说，广西发展低碳农业的措施有：①大力发展“减排农业”，包括开发农村可再生能源——发展沼气、秸秆综合利用、发展能源农业（种植木薯、甘蔗等能源作物）、开发利用太阳能（塑料大棚、地膜覆盖、日光温室、太阳能电池、光伏发电、太阳能杀虫灯等）；发展农业清洁生产——节肥减药、间歇灌溉、生态减灾（“三避”技术）等；农业机械节能——改进工艺、更新设备等；乡镇企业节能——节能降耗、淘汰落后企业等；发展绿色农业、生态农业、有机农业、循环农业。②积极推动“吸碳农业”，如种植高碳汇农作物——水稻、甘蔗、木薯、果用瓜 4 种作物，具有较大碳汇功能，是广西农业发展的重点；推广吸碳农业技术——施用有机肥、实行秸秆还田、推广保护性耕作（少耕、免耕，“三免”技术）等；广泛开展植树造林——广西森林覆盖率已达 58%，全国第 4，为发展“吸碳农业”做出了贡献。

5　典 型 模 式

通过对广西近年来农业发展的成功案例进行概括总结，归纳出 5 种农业发展模式，并对每种模式分别提出了对应的成功案例，每种案例都有其鲜明的主题和丰富的内涵，可供其他地区农业发展借鉴参考。

5.1　沼气农业模式

从贫困县到全国生态农业示范县——广西恭城瑶族自治县发展以沼气为纽带的低碳农业。2005 年是广西恭城瑶族自治县的丰收年，全县农民人均纯收入 2850 元，创历史最高水平，人均收入超过 5000 元的村子比比皆是。而 23 年前这个地处桂东北山区的少数民族县，农民人均纯收入仅 266 元，是全区有名的少数民族贫困县。恭城实现跨越式发展，靠的是 23 年如一日地走生态农业发展道路。曾赴恭城考察的北京大学教授厉以宁说，恭城走的是循环经济、可持续发展之路。环境让人很舒服，农民富了，这是新农村建设的根本之一。点燃恭城新农村希望的是一项生态农业新技术——沼气的推广。1983 年起，恭城就提出在全县推广沼气池措施。到 2005 年，恭城全县沼气池总数 5.66 万座，沼气入户率 88%，连续 4 年稳居全国第一；其中自动排渣沼气池 2.6 万座，占总数的 46%；并建立红岩、黄家厂等“规模养殖、集中建池、统一供气”的示范点。随着沼气池的推广，恭城县找到了一条适合该县经济发展生态之路。

5.2　农业科技园区模式

2006 年 5 月 28 日，中国—东盟现代农业科技展示园建设在广西百色国家农业科技园区启动，广西百色国家农业科技园区是经国家科技部批准建立的。为了加强和东盟国家科技合作交流，充分利用中国—东盟博览会在广西召开的机会，促进百色亚热带特色农业与东盟国家的合作发展，提高百色国家农业科技园区的创新能力、科技成果转化应用能力，百色国家农业科技园区启动建设中国—东盟现代农业科技展示园。中国—东盟现代农业科技展示园建设，围绕百色以及亚热带特色农业资源优势，与国内外农业科研机构建立合作和联系，加强现代农业共性关键技术攻关，开展农业新品种、新技术、新装备的引进、试验、示范和推广，加大组装配套集成先进适用技术的力度，加快农业科技新成果的转化应用，提升亚热带区域农业产业化水平，通过“核心区—示范区—辐射区”的梯度技术扩散，促进百色市、广西及东盟国家的科技合作与交流，为亚热带地区现代农业提供示范。

5.3　龙头企业模式

2009 年 6 月，以东园公司为代表的 31 个东园企业产品通过了有机认证审核[10]。这样，在仅仅两年多的时间里，该厂及其企业产品就已先后通过了保健食品 GMP 技术认证、ISO9001 国际质量管理体系认证、ISO14001 国际环境管理体系认证、“清洁生产企业”认证和有机产品认证等多项认证审核，是广西区内通过此类认证的少数同行企业之一。据了解，这次通过认证审核的 31 个东园企业产品包括东园家酒、东园牛及其加工产品，东园鸡、鸭、鹅、东园淡水鱼以及东园珍珠、东园蔬菜、东园大米、东园水果等。这次东园企业通过的认证产品数量之多，在国内企业并不多见。这次东园企业产品顺利通过有机认证审核表明，合浦东园家酒厂 10 多年来坚持发展循环经济，不断提升企业产品品质和常抓企业生态环保工作又取得了新的进展，并得到了相关部门的充分认可，企业生产和管理工作的专业化、规范化再上新台阶。该厂总经理黄炳权先生表示，这次东园产品通过有机认证，对企业来说是一个莫大的鼓舞和促进。今后东园企业将严格按照国家有关有机产品的标准进行管理和生产，不断把东园企业的循环经济产业链做长做大，把东园企业的循环经济发展系统做得更加完善，努力打造出一批符合国家产品质量标准、广大消费者信赖的东园有机产品。据介绍，合浦东园生态农业有限公司原是以生产东园家酒为主的轻工企业。10 多年来，该厂不仅坚持大搞循环经济，大搞清洁生产，积极开展各种生态种养，对企业内外各种产业资源进行充分利用，而且还通过运用现代生物科技，对以各种企业下脚料为主体的牛饲料以及沼液沼渣进行发酵处理，在国内率先利用微生物处理方式攻克了沼气池“结壳”难题，并成功开发了东园牛饲料、东园生物肥，东园奶酪、东园珍珠粉、东园珍珠酒等产品，不仅逐渐提升了东园企业产品的品质，而且还最大限度地减少了化肥、农药的使用量，实现了企业污染物零排放，较好地保护了企业的周边环境。

5.4 旅游型低碳农业模式

广西的八桂田园位于南宁市江南区吴圩镇的附近，以现代农业观光、果蔬采摘、农业 DIY（Do It Yourself）、户外休闲等农耕游乐项目吸引游客。目前，广西已开发了 6 类乡村旅游产品：①农家乐（渔家乐等）。如阳朔高田镇历村。②现代农业新村。如恭城县红岩瑶族村、玉林北流罗政村等。③民俗（族）文化村寨或古村落。如宾阳蔡氏书香古宅、灵川县大圩古镇。④集观光、体验、购物于一体的农园。如南宁乡村大世界、柳州农工商农业观光旅游区、桂林刘三姐茶园、田阳布洛陀杧果风情园等。⑤高科技生态农业观光园。如广西八桂田园、广西现代科技示范中心、南宁金满园、北海田野科技种业园等。⑥依托乡村名胜开展乡村旅游。如今，乡村旅游已成为广西城镇居民出游的主要方式之一。据不完全统计，全区 140 多个农业旅游示范点一年的旅游接待人数约有 2000 万，旅游总收入约 50 亿元人民币。

5.5 生态公园模式

广西北流市罗政村地处大容山南麓，水田少坡地旱地多。近年来，村民们因地制宜大做种养文章，建成优质龙眼水果基地 100hm^2，优质苗圃基地 53.33hm^2，使罗政村成了远近闻名的龙眼村、苗圃村。村民人均年收入逐年增加，2010 年达到 3600 多元。推行“养殖—沼气—种植”三位一体的生态高值农业模式——全村建成沼气池 542 座，占全村住户的 93%。家家都用上了自来水，安装了闭路电视，建成了卫生厕所、标准畜禽舍。文化广场建成后村民组建了龙狮队、粤剧队。村子还建了一个古荔园，对 23 株千年荔枝树进行了专门保护。

6 小 结

广西是地处中国西南边陲的经济欠发达的西部省区之一。近年来，国家对广西的发展给予高度重视，国家相继出台了一系列促进广西加快发展的相关政策，为“十二五”期间乃至今后相当长时期广西发展带来了历史性机遇。

“十一五”期间，广西农业发展取得了巨大成就，如农业产值大幅增长、农业耕作技术不断创新、农业节本增效十分显著，已形成多个农业产业带，广西农业在全国的地位日益提升。

然而，就广西农业资源的优势和开发利用潜力而言，广西农业尚存在 4 个方面的问题：一是作物产量较低，潜力未能发挥；二是土壤退化严重，生产环境变劣；三是农业基础脆弱，发展后劲不足；四是农业科技落后，支撑能力不强。

为确保“十二五”时期乃至今后更长时期广西农业又好又快发展，广西农业应实施四大发展战略：一是开放战略；二是带动战略；三是提升战略；四是低碳战略。从加快广西农业发展的角度考虑，对近年来广西农业涌现出的一些成功的典型模式进行了总结和概括，认为以下 5 种模式值得在广西推广和借鉴：一是沼气农业模式；二是农业科技园区模式；三是龙头企业模式；四是旅游型低碳农业模式；五是生态公园模式。

参 考 文 献

[1] 中国农业年鉴编辑委员会. 中国农业年鉴 2009. 北京：中国农业出版社，2009.
[2] 郭声琨.科技日报社长对话广西壮族自治区党委书记郭声琨. 科技日报，2011-03-08.
[3] 陈章良.广西农业发展的历史机遇. 农业工程技术：农产品加工业，2010，(1)：44-47.
[4] 陈发科，黄凯，韦海波，等. 广西农田水利现状及发展对策. 中国农村水利水电，2008，(11)：55-59.
[5] 周映. 我区干旱等级已经达到严重干旱. 广西日报，2010-03-15（004）.
[6] 广西壮族自治区科技厅.紧抓新机遇谋划大发展——广西农业科技自主创新体系建设站在新起点上. 中国农村科技，2010，(11)：34-37.
[7] 赵东喜，王力虎，黄晓昀.广西“十五”时期农业科技进步贡献率测算与分析. 安徽农业科学，2010，38（3）：1500-1502.
[8] 曾东.推进农业由“产品生产”向“产业发展”战略升级. 广西经济，2009，(4)：22-23.
[9] 韦吉田.广西大力发展低碳农业. 农家之友，2010，(5)：6，8.
[10] 林益琳.合浦东园家酒厂 31 个产品通过有机认证审核. 北海日报，2009-06-04.

Guangxi Agriculture: Opportunity, Achievement, Problems and Strategy

Zhao Qiguo[1] Huang Guoqin[2]

1 Institute of Soil Science, Chinese Academy of Sciences, Nanjing 210008, China
2 Research Centre on Ecological Sciences, Jiangxi Agricultural University, Nanchang 330045, China

Abstract

The purpose of this paper was to discuss the development issue of Guangxi agriculture from the aspects such as opportunity, achievement, problem and strategy. Guangxi agriculture holds the important status in tropics and subtropics agriculture with characteristics in our country. The Central Party Committee and the State Council always pays more attention to the agricultural development of Guangxi. In last several years, a series of related policies were issued, which played a vital role in the promotion of agricultural development in Guangxi Province. Entering into the“Twelve-Five”period, Guangxi agriculture is facing good development opportunity, particularly the establishment of “Chinese-Association of Southeast Asian Nations free trading area”, has brought the rare historical opportunity to develop the export-oriented agriculture for Guangxi. In the “Eleven-Five” period, although huge achievements were obtained in Guangxi agriculture, there were many problems in the agriculture development in Guangxi. For example, crops output was low, potential was not able to be displayed; soil degeneration was serious, production environment became poor; agricultural foundation was frail, growth potential was insufficient; agricultural science and technology was backward, and support capacity was not strong. At the “Twelve-Five” period from now on and even in the future quite long time, in order to realize the development with good and fast in agriculture in Guangxi Province, some developmental strategies should be implemented. They include open strategy, driving strategy, enhancement strategy and low-carbon strategy.

Key words Agriculture; Developmental Strategy; Sustainable Development of Agriculture; Guangxi

广西生态农业：历程、成效、问题及对策*

黄国勤[1] 王淑彬[1] 赵其国[2]

1 江西农业大学生态科学研究中心，南昌 330045

2 中国科学院南京土壤研究所，南京 210008

摘 要

生态农业已成为世界农业发展的重要模式和方向。广西生态农业的发展具有基础好、起步早、发展快、模式多、效益佳的特点。从新中国成立至今，广西生态农业经历了 4 个发展阶段：第一阶段（1949～1977 年）：群众自发，实践摸索；第二阶段（1978～1991 年）：模式创新，高产高效；第三阶段（1992～2002 年）：政府推动，全面推广；第四阶段（2003 年至今）：模式优化，提质增效。60 多年来，广西生态农业发展取得了显著的经济效益、生态效益和社会效益，具体表现在：增加产量、提高效益、改善品质、节约资源、保护环境、提升人员素质、扩大国内外影响 7 个方面。当前，广西生态农业存在着 6 个方面的突出问题：①科技薄弱，人才不足；②经济落后，资金缺乏；③生态脆弱，条件恶劣；④技术组装不配套，理论研究不深入；⑤意识不强，措施不力；⑥规模化不够，产业化不强。为使广西生态农业今后又好又快地发展，必须采取如下对策和措施：一是提高认识，转变观念；二是搞好规划，完善制度；三是增加投入，改善条件；四是重视科技，培养人才；五是调整结构，优化模式；六是因地制宜，发挥优势；七是加强交流，开展合作；八是综合配套，全面发展；九是“三效”（经济效益、生态效益和社会效益）并举，良性循环；十是“四化”（规模化、产业化、集约化、科技化）同步，持续发展。

关键词 生态农业；经济效益、生态效益和社会效益；农业可持续发展；广西

生态农业是按照生态学原理和经济学原理，运用现代科学技术成果和现代管理手段，以及传统农业的有效经验建立起来的，能获得较高的经济效益、生态效益和社会效益的现代化高效农业。生态农业已成为世界农业发展的重要模式和方向[1]，它吸收了传统农业的精华，借鉴现代农业的生产经营方式，以可持续发展为基本指导思想，实现农业经济系统、农村社会系统、自然生态系统的同步优化，促进生态保护和农业资源的可持续利用。发展生态农业，一是有利于更好地解决农业发展与环境保护的双向协调，在发展经济的同时，注意资源、环境的保护，使资源和环境能永续地支撑农业发展，同时，通过农业的发展促进资源和环境有效保护，使资源与环境的开发、利用、保护有机地结合；二是有利于重新认识农业的基础地位和作用，使农业的功能不断得到拓宽，促进农村全面、综合、协调地发展，增加农村就业，增加农民收入，缩小城乡差距；三是有利于从我国国情出发，调整农业发展战略和方向，合理开发用资源，保护农业生态环境，促使农业可持续发展，选择适合我国国情的现代化农业发展道路。中国是一个人多地少、人均资源相对不足的世界上最大的发展中农业大国，生态农业已在中国各地蓬勃发展。广西是我国西部地区重要省区之一，生态农业的发展具有基础好、起步早、发展快、模式多、效益佳的特点[2]。本文拟对广西生态农业的若干问题作一探讨，以期为推动广西生态农业的更好更快发展发挥积极作用。

1 历 程

1.1 第一阶段（1949～1977 年）：群众自发，实践摸索

1949～1977 年，广西生态农业处于“群众自发，实践摸索”的发展阶段。尽管当时并没有“生态农业”

* 基金项目：国家自然科学基金重点资助项目（U1033004）。

本文原载《生态学报》2014 年第 34 卷第 18 期第 5153-5163 页。

这一名词、概念，但生态农业的模式和技术却在广西各地的生产实践中广泛存在，广西农民在实践中探索生态农业模式、推广生态农业技术。

根据有关资料记载，当时广西生态农业的模式与技术主要有[3]：①农作物间、混、套作和复种多熟，如春玉米/大豆（/：套作、套种或套播）、早（中）玉米/黄豆、早（中）玉米-秋红薯（-：接茬复种）、春玉米-秋花生，等等；②绿肥、豆科作物养地，如种植冬季绿肥紫云英，种植豆科作物蚕豆、豌豆、大豆、绿豆等，以达到生物固氮、培肥地力的目的；③农家肥、有机肥还田，将生活垃圾、人畜粪便、鸡粪鸭屎、瓜皮果壳等“废物”施入农田，既净化了环境，又培肥了土壤。这一阶段的广西生态农业，多以资源充分利用、废物循环再生、地力改善提升等为主要特征，是“原质原味”的“原始型”生态农业模式和技术。

1.2　第二阶段（1978～1991 年）：模式创新，高产高效

从 1978 年开始，我国实行改革开放，广西与全国各地一样农村开始实行家庭联产承包责任制，农民有了土地生产经营权、产品处置和产品收益权，生产积极性空前高涨，农民的创造性也得到前所未有的发挥。农民在增加农业物质投入、劳动力投入的同时，积极创新、发展生态农业模式，使农业生产力大幅度提高，农产品产量由之前的长期“数量不足”“产品短缺”，一跃变成“数量充足”“产品剩余”。

从 1983 年开始，以生态农业为基础，因地制宜地开展“万元田”“吨粮田”“吨糖田”“菜篮子工程”等生态农业模式创新与示范建设工程，走出了一条以“山、水、田、林、路综合治理，贸、工、农全面发展”的生态农业新路子，取得了农业的高产高效[4]。1983～1986 年，广西农业环境监测管理站先后在贺县、全州、梧州市、兴安等地开展生态农业示范，与此同时，不少地、市、县也建立了生态农业示范点。

从 1978～1991 年，广西各地创新的生态农业模式主要有[5]：①农-林-牧-渔相结合的生态农业模式。来宾县格兰村就是这样一个生态农业模式的典型。该村的做法是：山头种松树，山腰种油茶或杉树，山脚种果树，河沟边种竹子，平川种农作物、养猪、养牛，水库养鱼。整个农业生态系统处于良性循环状态。②建立以沼气池为中心的生态农业模式。这是全自治区普遍推广的一种生态农业模式。贺县的黄屋寨、岑溪县的荔枝村、忻城县的加猛村、横县的曹村、阳朔县的龙岩门村，南宁市的石埠、鹿寨县的六往村、浪村等示范点和兴安生态示范县开始建设的生态村都属于这种类型。③稻鱼共生系统的生态农业模式。梧州地区在贺县、岑溪、富川、钟山建立了稻鱼共生系统 666.67hm^2，取得了显著的效益。据调查，鱼平均每 667m^2 收入 204.3 元，稻谷平均产量 528kg/666.7m^2，比不养鱼的稻田（CK）增加 45kg/666.7m^2。④农田多层次立体利用的生态农业模式。全州县刘家村生态农业示范点属于这种模式。其具体做法是：在一块田内开沟，沟内养鱼，沟边搭棚种瓜遮阴，棚底搭架养鸭，鸭粪喂鱼，沟埂上种小白菜、茄子等。1986 年该村一刘姓农户在 0.22hm^2 田里种菜、养鱼、养鸭，全年收入在 3100 元以上，平均每亩收入近千元。⑤瓜菜基鱼塘的生态模式。贺县黄屋寨 1985 年开始进行示范，在 0.07hm^2（1 亩）鱼塘里按上中下放养各种鱼类，水面上放养水浮莲、水葫芦，供鱼和猪食用，塘基上种瓜类和叶菜，鱼塘周围搭上瓜棚，为鱼塘遮阴防暑，塘泥作瓜菜基肥，在塘上面养鸭，鸭粪喂鱼。1986 年全年共收入 2100 元。⑥草—猪—禽—鱼复合生态农业模式。梧州市长地村 7.33hm^2 鱼塘由 22 户农户承包，承包者按照生态学原理在塘基上种牧草，在塘基上盖猪舍、鸭舍和鸡舍，利用部分牧草通过猪、鸭、鸡腹后再喂鱼，部分牧草直接喂鱼。22 户农户共在鱼塘上养猪 256 头，养鸭鸡近千只，达到了“猪大、禽多、鱼肥”之效果。据测定和统计，鱼塘产量 500 多 kg/666.7m^2，平均每 666.7m^2 鱼塘养猪两头以上，22 户每户这两年纯收入 7000～9000 元。

1.3　第三阶段（1992～2002 年）：政府推动，全面推广

1.3.1　政府推动生态农业建设

1997 年 10 月 25～26 日，广西壮族自治区党委和政府在恭城瑶族自治县召开全区生态农业现场会，总结、推广恭城瑶族自治县以沼气为主体的农村能源建设及以沼气为纽带的生态农业模式——恭城模式[6]，动员全区努力开创广西生态农业建设的新局面。随即，广西壮族自治区党委和政府提出实施生态农业“152 工程”，该工程明确规定，在 1998～2002 年，全自治区建设 100 个“恭城模式”的生态村、50 个生态乡和 20 个生态县。工程建设要求以恭城瑶族自治县创造的“养殖—沼气—种植”三位一体的生态农业体系，即

"恭城模式"为样板，以促进农业增产、农民增收、农村经济可持续发展和社会全面进步为目的。1998 年 8 月，广西壮族自治区人民政府以"桂政发［1998］49 号"文，印发"152 工程"的实施方案，有关部门和各地、市、县采取措施贯彻落实。

1.3.2 在政府推动下，广西生态农业全面发展，成效显著

（1）全面开展生态农业试点。1994 年，广西全区生态农业试点村 300 多个，试点总面积达到 3.34 万 hm^2，试点农户 14.5 万户。至 2001 年底，广西壮族自治区生态农业试点达到 400 个，生态农业试点县 8 个，生态农业试点总面积达到 10 万 hm^2，同时，全面启动了以培肥改土、提高土地产出率为重点的"沃土工程"[7]。

（2）积极推广生态农业技术。1999 年，广西冬种绿肥面积超过 40 万 hm^2，推广秸秆还田 126.33 万 hm^2，制作农家肥达 4100 万 t。广西还充分利用 646.67 万 hm^2（9700 万亩）可利用草地和年产 3000 万 t 的农作物秸秆，积极推广种草养畜，实施国家级秸秆养畜过腹还田示范项目，促进了草食畜禽的发展。至 1999 年底，全区完成种草改草 1.67 万 hm^2（25 万亩），建立秸秆养畜示范县 29 个。这些大大促进了广西生态农业技术的广泛推广和农业生态系统的良性循环。

（3）以生态农业建设带动文明新村建设。广西各地全面推广生态农业的模式与技术，全自治区掀起了生态农业建设热潮，尤其是在沼气池建设、沼气综合利用、太阳能利用等方面取得重大进展。各地将生态农业建设和文明新村建设结合起来，实行改猪牛栏、改厨房、改水、改灶、改路等"五改"措施，农民的居住条件和村容村貌有所改观，涌现出一批初具现代文明特征的新村，如恭城瑶族自治县的天堂村、兴安县的大凸村和黄至坝村、全州县的杜家府村、横县的笔木脚村、柳城县的石脚村、大新县的新光村、桂平市的大蓝坪村等。

1.3.3 生态农业建设成效显著

如上所述，这一阶段广西各地全面推广"养殖—沼气—种植"三位一体的生态农业新模式。到 1999 年，全区新建沼气池 20.8 万座，大化、武鸣两个国家级生态农业试点县通过国家验收，取得了良好的综合效益。

1.4 第四阶段（2003 年至今）：模式优化，提质增效

从 2003 年开始，广西生态农业发展进入"模式优化，提质增效"阶段。

1.4.1 多样化

根据粗略统计，2003 年至今，广西生态农业各种大、小模式至少有 100 余种，其中常见的、较为典型的且推广面积较大的模式至少有 20～30 种[8]，如：①"养殖+沼气+种植"三位一体模式；②"猪+沼+果+灯+鱼+捕食螨+生物有机肥"模式；③"猪+沼+菜+灯+鱼+黄板"模式；④"稻（免耕抛秧）+灯+鱼"模式；⑤以"观农景、品特色、农家乐、风情游"为一体的休闲观光生态农业模式，等等。截至 2009 年，广西累计建成户用沼气池 355.3 万座，沼气入户率达 44.4%，沼气生态农业模式推广面积居全国首位。

1.4.2 高效化

1）节肥高效

2005～2010 年，广西推广"节肥型生态农业模式"累计 1300 多万 hm^2，实际减少化肥施用量 37.41 万 t（折纯量），相当于节约燃煤 1040 万 t、减少 CO_2 排放量 3100 多万 t，节能减排效果十分明显[9]。

2）减药高效

近年来，广西大力推广"生态减灾、绿色防控"生态农业技术，在过去 5 年（2005～2010 年）广西累计推广应用频振式杀虫灯 11.26 万台、害蛾诱捕器 178.26 万个、生态黏虫板 145 万片、植保"三诱"（光

诱、色诱、性诱）技术应用面积 180 多万 hm^2，节支增收 20 亿元以上，减少杀虫剂折纯量超过 4000t，大幅提高了农产品质量。

3）废物高效利用

据初步统计，仅 2010 年冬至 2011 年春，广西宜州市已利用桑枝生产秀珍菇 3500 万棒，产菇 1400 万 t，产值达 1400 多万元，全市菇农人均收入超过 2800 元。目前，桑枝综合循环利用种菇已成为宜州市菇农冬种增收的一大亮点。

4）高效观光生态农业发展成效显著

根据广西农业厅的有关资料，到 2008 年全区共有农业生态旅游园 251 个，农家乐旅游 648 个，有全国农业旅游示范点 34 个，自治区农业旅游示范点 114 个，国家森林公园 20 个，自治区级森林公园 21 个，市县级森林公园 6 个。2008 年全年广西全区农业生态旅游点共接待游客 1350 万人次。

1.4.3 优质化

由于推广应用高效生态农业技术，广西农产品质量安全水平实现了从 2003 年的全国末位到目前（2011 年）先进行列的飞跃，全区蔬菜农药残留检测平均合格率达 96%以上[10]。

2 成　　效

2.1 增加产量

1）广度挖掘资源潜力，增加产量

广西各地发展生态农业，将长期闲置的农业资源，如休闲农田、草地、荒山、未被利用的农业“废弃物”（如作物秸秆）等全部利用起来，大大增加了农产品生产量，对确保国家和地区粮食安全、农产品安全，乃至农业安全均具有重要作用。

2）深度挖掘资源潜力，增加产量

如对土壤肥力低、长期处于低产状态的大量中、低产田，通过推广应用生态农业技术，改善土壤、提升地力，从而提高农田生产力，增加农产品产量。这样的例子在广西各地普遍存在。

3）精度挖掘资源潜力，增加产量

应用生态农业的能量、物质循环再生技术，将农业生态系统中的各种副产品、“废弃物”，通过再利用、再加工、再循环，生产出新的价值更高的农产品。如广西从 2003 年到 2008 年，农产品加工业增加值年均增长 27.6%，形成了以蔗糖、水果、蔬菜、畜禽、水产品、烟草为主的食品工业，以林纸、林板、林化为主的林产工业以及现代中药加工等为支撑的农产品加工产业体系；在广西各地出现了带状分布明显的农产品加工业的产业集群和产业带，如桂北的果蔬加工带、桂中南现代中药加工集群、桂东南的畜禽加工带、桂南的水产品加工带、桂西的林产品加工带、桂中的烟草加工集群、桂西南的香料加工带[11]，等等。

2.2 提高效益

广西壮族自治区通过不断总结、分析、组装、试验和示范，已成功摸索出“猪+沼+果+灯+鱼”等数十多种生态种养模式，并在全区大面积示范推广，取得了生态技术上的突破。目前，果实套袋技术、捕食螨释放技术、频振式杀虫等 10 多项核心生态农业技术已装备到生态农业模式中，不仅实现了生态农业模式的突破，还获得了可观的经济效益、生态效益与社会效益[12]。这里，仅从经济效益而言，据测算，2004 年开始在全区 39 个县（市）、160 多个乡镇、250 多个村全面实施的“十百千万”生态富民小康村建设工程，仅安装频振式诱虫灯一项，每年农民就可减少农药投入近亿元；通过生态养鱼池发展生态养殖业，农民每年可增收 1.2 亿多元。

在广西各地调查发现，凡富裕村、富裕农户，都是推广应用了生态农业的核心技术、关键技术。在广西生态农业试点区内，农民人均收入常常比一般未进行生态农业试点的农民收入平均要高出至少 20%～30%，有的甚至要高出 50%～80%。

2.3 改善品质

广西在发展生态农业过程中，积极开展退耕还林、水土流失治理、防治工业“三废”污染、引导和推动农业废弃物的综合利用与治理、抓好沼气建设、开展测土配方施肥、禁止使用和销售甲胺磷等高浓度高残留农药等工作，极大改善了农村生态环境，提高了农产品质量安全水平。根据 2005 年第一季度全区 14 个市、41 个县快速检测，蔬菜质量安全合格率达 94.9%，同比提高 22.5 个百分点。在今年 4 月农业部的抽检中，南宁市蔬菜质量安全水平实现了从 2003 年的全国倒数第十位跃升顺数第一位。

据报道[13]，近年来，广西“三品一标”产品抽检合格率始终保持在 99%以上。2011 年，全区累计认证种植业无公害产品 582 个，有效使用绿色食品标志产品 137 个；有机产品企业认证率保持 100%，有 26 个特色产品通过国家农产品地理标志登记。恭城县成为全国绿色食品原料基地，乐业县率先创建全国有机农业示范基地。2012 年上半年，全区绿色食品基地申报新认证超过 0.67 万 hm^2，无公害产地已认定 0.53 万 hm^2。

2.4 节约资源

生态农业的实质是“资源节约型”农业。广西各地推广生态农业，大力节约了各种农业资源，提高了农业资源的利用率和生产率。如：①推广生物养地技术、配方施肥技术、作物秸秆还田技术等，则大大减少了化肥投入，节约了肥料资源；②推广应用生态减灾、绿色防治病虫害技术，可少用或不用农药，不仅有效地减少了农药资源投入，还保护了生态环境；③推广科学灌溉技术，实行滴灌、微灌、管灌、渗灌等节水农业技术，因时、因地、因作物灌溉，可大大节约水资源，缓解区域水资源紧张状况；④推广农作物间、混、套作和立体复合种养技术，提高了土地资源利用率，使“一田多用，一地多产”，“一年四季，季季高产”，这实际上是对土地资源最大的节约，是中国特色的具有精耕细作优良传统的生态农业发展之路。

2.5 保护环境

2.5.1 发展沼气生态农业，保护农村生态环境

广西各地发展农村沼气，处理人畜粪便及污水产生沼气，可以减少粪便产生的甲烷（CH_4）排放，同时利用收集的沼气替代生活用化石能源，从而避免相应的燃煤所造成的 CO_2 排放[14]。截至 2009 年 11 月底，广西有户用沼气池 352 万座，年可提供燃料 14 亿 m^3，相当于减少 CO_2 排放 5385.6 万 t，减少甲烷（CH_4）排放 4.4 万 t。

2.5.2 秸秆综合利用，保护生态环境

实行秸秆综合利用，一方面是减少秸秆就地焚烧而产生的甲烷（CH_4）、氧化亚氮（N_2O）的排放；另一方面是形成秸秆固化成型燃料和秸秆气化能源化，替代化石燃料，减少 CO_2 排放。利用 1t 秸秆可节省标煤 0.5t，可减少化石燃料燃烧造成的二氧化碳排放 1.135t。

2.5.3 推广节肥技术，保护农田环境

通过科学施肥，合理养分配比，肥料深施，有机肥与化肥配施等减少肥料损失，提高氮肥利用率，从而减少氧化亚氮（N_2O）排放。测土配方施肥技术减少氮肥用量 10%以上，全区农田减少氧化亚氮排放 2.8 万 t，相当于减排 CO_2 890 万 t。

2.5.4 推行复合种养，优化农田环境

广西推广稻田养鱼、稻鸭共育、林地养鸡等生物共生、互补、复合生态农业技术，既减少了农药的施用量，又保护了生态环境，还节省了生产成本，可谓“一举多得”，对生产无公害农产品、绿色产品、有机食品均十分有利。

2.6 提升素质

首先，生态农业模式就是现代农业科技知识的载体，生态农业模式与技术的推广应用，实际上就是宣传、示范、普及农业科技知识的过程。其次，为了创新生态农业模式与技术，必须掌握现有生态农业的理论、模式与技术，并在此基础上，进一步发挥、提升、创造，这实际上又是一个全面提升农民科技文化素质的过程。最后，已有实践证明，凡是生态农业搞得好的地方，农民的科技文化素质都比较高；凡是科技文化素质都比较高的农民，才有可能在发展生态农业的过程中大显身手。建设生态农业、发展生态农业，对全面提升农村干部、群众的科技文化素质都是十分有利的。

2.7 扩大影响

在长期的生态农业生产实践过程中，广西干部、群众充分发挥创造能力，对生态农业的模式与技术不断总结、提炼、集成、创新，先后创立了多种在广西乃至南方类似地区具有广泛适应性的生态农业模式，如“恭城模式”“黄牛模式”[15]等，并已产生广泛影响。

2.7.1 创立“恭城模式”

1999 年 10 月，国家农业部、财政部等八部委召开了全国发展生态农业现场经验交流会，广西恭城是主要的参观现场，有 37 个国家和地区的 70 多名专家对恭城给予了高度评价，认为具有恭城特色的生态农业——“恭城模式”，是解决当今生态保护这一世界性难题的成功范例，2000 年恭城瑶族自治县被国家农业部列为全国生态农业建设示范县。目前，“恭城模式”已在广西乃至南方类似地区得到广泛推广应用，取得了显著的经济效益、生态效益和社会效益。“恭城模式”实质就是“一池带四小”（即一个沼气池带一个小猪圈、一个小果园、一个小菜园、一个小鱼塘）的庭院循环经济格局，是“养殖—沼气—种植”三位一体的生态农业模式，通过大力发展以柑橙、月柿为主的水果产业，实现经济、社会、人口与环境的全面、协调、可持续发展。如今，昔日的少数民族山区贫困县——恭城县，一跃成为“全国生态农业示范县”“中国椪柑之乡”“中国月柿之乡”，成为联合国“发展中国家农村生态经济发展的典范”，也让老百姓享受到了发展生态农业带来的成果。

2.7.2 创建“黄牛模式”

继“恭城模式”之后，在广大群众生产实践的基础上，广西人民又创造了一种新的生态农业模式——“黄牛模式”，即广西三江县北部以黄牛为转化动力的生态农业模式。该模式的生产路线是：草→黄牛→（牛栏肥料+牛役+牛肉）→粮食（主要是大米）+鱼+蔬菜+棉花+蓝靛等，将草转化为肉、粮食、鱼、蔬菜和布衣，黄牛是转化的动力，简称为“黄牛模式”，产生良好的经济、社会和生态效益。“黄牛模式”利用亚热带山地的草坡是常绿阔叶林地带的次生产物，资源有限，产量不稳定，草质量低。养牛只能小型分散、圈、放养结合。该模式是开放性系统，长期生产过程中对草资源的利用只索取无回归，系统失调，生产力下降。在典型的山地，它仍不失为一种有效的生态农业模式。

3 问　题

3.1 科技薄弱，人才不足

广西是我国西部地区 12 省、区、市之一，科技总体比较薄弱，人才相对不足。就农业科技与人才而言，则更显薄弱和不足。

广西壮族自治区农业科研队伍主要由自治区级农业独立科研院所、市县级农科所和农业（涉农）高校三方面组成。据统计，在农业科技人员中博士占 2.81%，硕士占 11.64%，与全国平均水平相差甚远，与发达国家相差更远。农业科技创新人才缺乏，特别是农业科研领军人物、学科带头人和高层次科技人才奇缺[16]。

据有关资料，农业科技人员约3万人，平均每县约275人。但分布极不平衡，主要集中在农业科研机构，聚集于大中城市。目前推行的“养殖—沼气—种植”三位一体生态农业模式，农业生态体系高新科技含量不高，农民群体素质普遍偏低，对现代农业科技成果的运用能力十分有限。因此，不少农户在发展生态农业时，无论是管理，还是技术水平均较低，制约了生态农业优势的充分发挥，影响了农民进行生态农业开发的积极性。部分地区的生态农业依然停留在传统农业阶段，制约了广西生态农业的生产效率和综合性效率。

3.2 经济落后，资金缺乏

3.2.1 经济落后

据《中国统计年鉴—2013》资料[17]，2012年广西壮族自治区的地区生产总值13 035.10亿元，仅为广东省（57 067.92亿元）的22.84%。目前，广西人均GDP较低，仍有为数较多的县（49个县）要靠国家补贴“过日子”，发展生态农业的资金远远不能满足需要，制约了全区生态农业的发展。

3.2.2 投入不足

广西壮族自治区发展生态农业的资金投入严重不足。由于生态农业资金投入没有形成稳定增长机制，资金投入总量严重不足，导致生态农业科研资金不足和生态农业科技成果转化经费缺乏。据广西科技厅资料[16]，自治区本级科技专项经费增长幅度大大低于全国平均数(广西12.31%，全国平均28.8%，贵州31.98%，湖南35.72%，云南43.28%)。广西农业科技的投入主要用于人头经费，农业科研经费少、比重低，农业科技投入“有钱养兵，无钱打仗”的局面没有根本改变。自治区科技基础条件仍然薄弱。由于财政投入不足，目前广西多数农业科研单位设备落后，一些单位还停留在20世纪七八十年代的水平。设备陈旧、图书资料少、现代信息手段缺乏，大面积综合试验基地少，特别是在基层农业科技单位这一现象更为严重。农业科研基础设施差，农业科研用地日益受到侵蚀；科研基础设施普遍陈旧破损，残缺不全。由于农业科技创新手段落后，大部分科研院所仅具有应用常规技术的能力，缺乏使用高新技术的设备和能力，严重影响了农业科技创新，以及生态农业的建设与发展。

据作者实地调查，在一些贫困山区，农民收入普遍偏低，有相当部分农民甚至温饱都无法解决，农民连必备的生产资料都买不起，缺乏扩大再生产的资金积累，造成贫困的恶性循环。而生态农业的发展初期是要有一定的资金启动和支撑的，但广西发展生态农业所必需的资金十分短缺。可以说，经济落后、资金缺乏是当前广西生态农业发展面临的突出问题之一。

3.3 生态脆弱，条件恶劣

广西整个生态环境大致可分为红壤丘陵地区、石山地区、沿海地区等三大类型区，且均在不同程度上存在生态脆弱、条件恶劣的问题，对发展生态农业构成威胁。①在红壤丘陵地区，存在着水土流失、土壤退化（肥力下降和土壤污染）、物种消失等多方面的生态环境问题。②在广西石山地区，生态问题就更突出，不仅地形破碎、水土流失，更严重的是石漠化加剧[18]。石漠化是生态环境恶化的一种极端形式，主要发生在桂西北岩溶石山地区。据统计广西年石漠化土地面积已达230万hm^2，占石山区面积的29%，而且仍以每年3%～6%的速度递增，涉及广西82个县市。长期以来，由于石山地区人地矛盾突出，不合理的耕作制度，过度砍柴、放牧以及石山火灾等破坏石山植被的人为因素导致了严重的石漠化，而石漠化又加剧了石山地区生态环境的恶化，导致严重缺水缺土和自然灾害频繁发生。③在广西沿海地区，存在的突出生态环境问题，包括：一是自然灾害频繁，对农业生产造成危害。广西沿海地区地处亚热带，农业自然灾害主要是以冬春旱、低温阴雨、台风、暴雨为主，冬春旱（1月到翌年3月）影响冬种作物生长和春作物的播种；低温阴雨影响早稻育秧，造成烂种烂秧，影响早造生产；该地区属多雨区，但由于降雨分配不均匀，雨季集中在6～8月份，降雨量占年总降雨量的70%

以上，每年 7～9 月份常有洪涝灾害，有热带风暴台风危害。二是农业基础设施薄弱，水利设施不完善。三是土壤贫瘠，砂多、偏酸，有机质和 N、P、K、Ca、Mg 等养分缺乏，保水能力差，中低产田（地）约占 60%以上，使农作物产量偏低，部分田块和旱坡地仍存在水土流失问题，时常有台风、暴风雨袭击。

广西各地市县的自然条件、自然资源、生态环境状况，以及经济社会发展水平的差异较大，发展生态农业的背景条件也千差万别，因此各地市县发展生态农业的条件具有许多不可比的因素。特别是有些石山地区，因自身条件太差，生态的承受能力已达极限，农民怎样勤劳也无法解决温饱问题，当然发展生态农业的难度也极大。随着乡镇企业的发展和工业化、城市化、城镇化速度加快，农业环境污染的事故增多，直接影响到生态农业发展的环境。生态农业要求在追求经济效益的同时，要兼顾生态环境保护与改善，在追求短期利益时兼顾长远利益，而目前市场经济的运行机制则更多的是追求经济效益。尤其是许多县、乡、村、农户温饱问题都尚未解决，在实施推进生态农业时，往往为眼前利益而有意或无意破坏脆弱的生态环境，使生态农业的发展步履维艰或名不符实。如何使这些地区生态农业沿正确轨道前进，还需有关政府部门制定出相应的保障政策或进行宏观指导与调控。

3.4　技术组装不配套，理论研究不深入

从广西各地生态农业发展的实践来看，普遍存在着生态农业的技术组装不配套、生态农业的理论研究不深入的问题。

当前，在广西生态农业的模式与技术方面存在着“四多四少”现象，即生态农业的单项技术多，综合性技术少；增加产量技术多，增加农民收入、节约资源、保护环境、拓展农业功能的模式少；低水平重复技术多，重大突破性、具有自主知识产权的模式少；传统技术多，高新技术、实用技术少；同单位、同行业的生态农业成果多，跨行业的重大研究，特别是有深度与广度的理论研究成果少。

针对上述现象，必须高度重视生态农业的技术组装及理论研究，要在通过对单项技术进行研究的基础上，加强对配套技术、组装技术的综合研究，真正体现“1+1＞2”，综合效益远远高于单项技术效益。同时，要深入开展生态农业的理论研究，要深入、系统地研究分析生态农业模式和技术的作用机理及增产增效机制。只有这样，才能使广西生态农业的实践有方向、有依据、有目标，才能实现广西生态农业的高产高效和可持续发展。

3.5　意识不强，措施不力

作者于 2010 年 9 月～2014 年 4 月曾先后多次对广西生态农业进行实地调查，总体感觉是广西有相当部分农民对生态农业、农业生态环境保护的意识还比较薄弱，特别是许多经济相对落后地区的农民更是缺乏环保意识，没有形成从源头上减少资源消耗和降低污染物排放的思想。

由于在农业生产过程中，生态环境保护意识薄弱，常常违背科学种田规律，盲目追求产量，在农业生产中超量使用化肥和农药，严重破坏了生态环境。一些畜牧养殖场的粪便未经处理，就随意排放，导致诸多水域富营养化；地膜广泛应用后因未得到及时降解而造成白色污染；秸秆焚烧现象比较普遍，等等。广西各地农业生产残留物的综合利用整体水平不高，造成空气、土壤和地下水等的不同程度污染。

不仅农民环保意识淡薄，就是许多农村行政管理干部也是“睁只眼，闭只眼”，对违背科学种田规律，滥用化肥、农药、饲料添加剂、土壤改良剂等各种化学制品的不良行为不予以制止，更没有制定切实可行的“预防”措施和“应对”策略，这也是导致广西生态农业发展不快、生态环境改善不明显，甚至有的地方农业生态环境恶化之重要原因。

3.6　规模化不够，产业化不强

中华人民共和国成立以来，特别是改革开放以来，广西生态农业有了突飞猛进的发展，成效是显著的和有目共睹的。但也不可否定，与全国生态农业搞得好的先进省（区、市）比较，广西生态农业的发展还显不足，一是规模化不够；二是产业化不强[19]。

当前，在广西生态农业模式与技术的推广过程中还没有真正形成规模化，或者说规模化程度还比较低，

推广面积还比较小，离真正的“规模化”还有相当距离，一定程度上还是“小打小闹，不成规模”。由于没有形成规模化生产，广西生态农业的产业化也难以真正形成。但从实现广西生态农业可持续发展的目标着想，今后应全力推进广西生态农业的规模化、产业化发展，并配之以集约化、科技化。

4 对 策

针对存在的问题，为使广西生态农业今后又好又快地发展，应综合考虑国际生态农业的发展趋势，结合广西生态农业发展的现状和可持续发展的要求，提出对策和措施[20]。

4.1 提高认识，转变观念

要通过开展宣传教育、科技培训等各种途径，使广西全区干部、群众切实认识什么是生态农业?为什么要发展生态农业?如何发展生态农业……只有把这些问题搞清楚了，才能从思想上真正重视生态农业，才能从行动上发展生态农业，做对生态农业发展有利的事、有益的事。

4.2 搞好规划，完善制度

广西壮族自治区及各地、市、县先后制定了不同类型、不同期限（短期或中、长期）生态农业发展规划，对全区生态农业的建设与发展起到了重要作用。但随着国内外农业形势的发展，原有的规划要么到期过时了，要么目标、内容、手段、技术等不符合新的要求，亟待改进、完善。因此，为使新形势下广西生态农业更好地发展，就必须制定适应新要求、符合新形势的新的生态农业建设与发展规划。

建设生态农业，发展生态农业，要有制度、法律和法规作保障，要以制度、法律和法规来管理、规范从事生态农业建设和发展的各方面的利益和行为。广西要在国家有关法律、法规及相关制度的前提下和基础上，制定适合广西各地实际的“制度”和“规定”。只有这样，才能确保广西生态农业的健康向前发展。

4.3 增加投入，改善条件

如前所述，广西有不少地方（特别是石山地区）生态脆弱、条件恶劣，对发展生态农业极为不利。为推进广西全区生态农业的建设与发展，必须多方面增加投入，切实改善生态农业发展的内、外环境。

首先，要增加投入，改善广大农村的内部环境。要通过兴修水利，改善灌溉条件；通过增施有机肥和实行用养结合的耕作制度，提高农田土壤地力；通过实行秸秆还田，既提升地力，又减少污染。其次，要增加投入，优化生态农业发展的外部环境。如通过植树造林，提高森林覆盖率，减少水土流失；通过修路、架桥等，改善交通条件，有利于农业生产物资和生态农业产品的“进”“出”，从而有利于提高农业生产效率和农业生态系统的生产力。最后，加强宣传，改善生态农业的舆论环境。或者说，通过扩大宣传、加强教育，为建设和发展生态农业营造一个良好的气氛。

4.4 重视科技，培养人才

生态农业，特别是现代高效生态农业，实质上是“高科技型”的农业发展类型与模式。没有现代科学技术，建设、发展现代高效生态农业只能是一句空话。因此，在当前新形势下发展生态农业，就必须重视科技，重视人才。

一是要将现代生物技术、信息技术（特别是“3S”技术——遥感技术、地理信息系统和全球定位系统）、新材料技术、新能源技术等广泛应用于生态农业的生产实践，使之尽快转化为生产力；二是要根据广西各地生态农业的模式及特点，不断研发出新的符合现实需要的高效科技成果和应用技术，从而为提升广西生态农业模式的效益发挥作用；三是要千方百计培养广西生态农业的科技人才，为广西生态农业的可持续发展提供人才保障和智力支撑。

4.5 调整结构，优化模式

调整广西农业生产结构。当前，广西农业结构不尽合理。一是大农业结构中，种植业比重较大，而其他产业（林、牧、渔、副业）比重相对较低，不符合实际需要。要调整广西大农业结构，重视林、牧、渔、副业的发展。二是种植业结构中，粮食作物比重较大，而经济作物特别是高效经济作物比重偏小，亟待改变。要大力发展适合广西种植的高效经济作物，如甘蔗、木薯、蚕桑等。三是要大力发展广西加工业，提升广西农业效益，优化广西生态农业模式。从当前广西各地生产实际来看，生态农业模式存在种类多而杂的现象。为了发挥广西各生态农业模式的优势，以获得应有的实际效益，必须优化广西生态农业模式，各地要选择 1～2 种或 2～3 种适应性广、效益好的模式作为主推模式，重点投入、精细管理、强力推动，必将取得良好效果。

4.6　因地制宜，发挥优势

广西幅员辽阔，各地自然条件、生态环境、资源状况，以及社会经济条件均不一致，且差别往往较大。因此，不同地区，应根据自己的具体条件——优势、劣势，趋利避害，扬长避短选择“最佳”生态农业模式进行推广应用，以真正发挥出优势，取得最大效益。

如在广西红壤丘陵地区，则要选择水土保持型、多层开发型、生物共生互补型生态农业模式加以推广应用；在石山地区，则可选择推广“恭城模式”、立体生态农业模式、低产林地改造模式、旅游观光型生态农业模式等；在广西沿海地区，可推广瓜果菜复合种植、稻鸭鱼立体种养、畜牧—水产良性循环等类型的生态农业模式。

4.7　加强交流，开展合作

广西地处祖国南疆，土地面积 23.67 万 km^2，人口 5000 万人，是全国唯一具有沿海、沿边、沿江优势的自治区。中国-东盟贸易区的建立，使广西由边陲省份变成国际通道和枢纽。处于中国-东盟自由贸易区中心位置的广西，成为东盟各国进出中国的门户。广西要充分利用这一优势与战略机遇，加强生态农业的国际交流，开展生态农业的国际合作。才有这样，广西生态农业才能走向国际，才能更快更好地发展。

4.8　综合配套，全面发展

生态农业是“综合型”农业，要使生态农业达到高产、优质、高效，实现全面发展，必须采取综合性配套措施。这里特别要强调“四良”配套，即在发展广西生态农业过程中，要做到良种（优良品种）、良法（优良栽培技术）、良田（优良农田）、良制（优良耕作制度）“四良”配套。只有这样，才能实现生态农业的全面发展、健康发展。

4.9　“三效”并举，良性循环

生态农业不同于一般的“高产农业”、“创汇农业”、“高效农业”（仅指高经济效益的农业），而是融经济效益、生态效益和社会效益（简称“三效”）于一体的农业，不仅要高产，还要求优质、高效（指“三效”——经济效益、生态效益和社会效益），不仅要开发利用资源，更要保护资源、改善环境、建设生态，只有这样，才能实现农业生态系统的良性循环。因此，广西各地在建设、发展生态农业时，要始终将经济效益、生态效益和社会效益放在同等重要的位置，要做到“三效”并举，确保广西农业生态经济系统的良性循环。

4.10　“四化”同步，持续发展

广西生态农业的发展，要做到规模化、产业化、集约化和科技化“四化”同步。规模化是未来现代生态农业发展的必由之路，有规模才有效益，规模化程度越大，规模效益就越明显；产业化，是解决大市场与小农户之间矛盾的根本途径和有效方法，生态农业的产业化，就是提升生态农业效益、增强农户发展生

态农业“保障”的良法；集约化，是解决广西、解决全国人多地少矛盾的唯一选择，集约化的生态农业是中国特色精耕细作农业的重要组成部分，广西生态农业也必然走“集约化”之路；科技化，是未来生态农业发展的方向，提高生态农业的科技含量，就是提升生态农业的水平、质量、效益。一句话，只有做到规模化、产业化、集约化、科技化“四化”同步，广西生态农业才能实现可持续发展。

参考文献

[1] 李文华. 生态农业：中国可持续农业的理论与实践. 北京：化学工业出版社，2003.

[2] 赵其国，黄国勤. 广西农业. 银川：阳光出版社，2012.

[3] 魏贞莹，钟少宗，施玉秋，李威. 广西耕作制度. 南宁：广西民族出版社，1993.

[4] 龙雯，陆道调，叶丹，张秀青. 广西生态农业发展的主要模式及提升效益策略. 广西农业生物科学，2008，27（增刊）：57-60.

[5] 胡衡生，李艳琳. 广西生态农业的模式与特点. 广西师院学报：自然科学版，1999，16（4）：58-64.

[6] 义崇东. 恭城模式：广西发展生态农业的成功探索. 计划与市场探索，1997，（11）：41-42.

[7] 开流刚. 发展广西生态农业促进农民可持续增收. 广西社会科学，2003，（2）：42-44.

[8] 李丽芳，范文. 广西生态农业多姿多彩. 农民日报，2003-12-23（第 001 版）.

[9] 陈明伟. 广西低碳农业发展模式及对策. 南方农业学报，2011，42（8）：1015-1019.

[10] 张明沛. 建设生态广西重抓生态农业. 广西日报，2005-10-11（第 007 版）.

[11] 陈章良. 广西农业发展的历史机遇. 农业工程技术（农产品加工业），2010，（1）：44-47.

[12] 滕明兰. 广西发展生态农业大有可为. 广西经济，2010，（1）：34-35.

[13] 袁琳. 广西“三品一标”产品合格率 99%以上. 广西日报，2012-7-16（第 001 版）.

[14] 甘福丁，魏世清，曾广宇，徐铁纯，蒋湖波. 广西沼气生态农业发展模式与特点. 现代农业科技，2010，（22）：322-324.

[15] 李信贤. 广西三江县北部以黄牛为转化动力的生态农业模式. 广西科学院学报，1997，13（4）：26-31.

[16] 广西壮族自治区科技厅. 紧抓新机遇谋划大发展——广西农业科技自主创新体系建设站在新起点上. 中国农村科技，2010，（11）：34-37.

[17] 中华人民共和国国家统计局. 2013-中国统计年鉴. 北京：中国统计出版社，2013.

[18] 黄柳林，曾善静. 广西石山地区农业可持续发展模式研究. 沿海企业与科技，2003，（2）：11-12.

[19] 潘志金，黄力明. 广西生态农业产业化研究. 广西农村经济，1999，（2）：35-37.

[20] 赵其国，黄国勤. 广西农业：机遇、成就、问题与战略. 农学学报，2011，（5）：1-8.

Ecological Agriculture in Guangxi，China：Its History，Effectiveness，Challenges and Solutions

Huang Guoqin[1]　Wang Shubin[1]　Zhao Qiguo[2]

1 Research Center on Ecological Science，Jiangxi Agricultural University，Nanchang　330045，China

2 Institute of Soil Science，Chinese Academy of Sciences，Nanjing　210008，China

Abstract

Ecological agriculture can be defined as modern efficient agriculture that is based on the principles of ecology and economics，employs modern science，technology and management tools，and combines the best of traditional agriculture to develop and maintain a high level of economic，ecological and social benefit. The use of ecological agriculture has become an important method and direction for the world's agricultural development. China is the world's largest developing agricultural nation，yet it has a small amount of land per person and a relative shortage of resources per capita. Ecological agriculture is booming all across China. In Guangxi Autonomous Region，one of the most important agricultural provinces（regions）in western China，the development of ecological agriculture has a solid foundation，and began early and developed rapidly with multiple modes of efficient development. This paper addresses a number of issues related to ecological agriculture in an attempt to play an active role in the promotion of the improved and increasingly rapid development of ecological agriculture in this new century that is designed to address China's new dynamic situation.

Since the establishment of the new China，agriculture in Guangxi has undergone four stages. The first stage（1949～1977）occurred when people spontaneously practiced agriculture and explored ecological agricultural techniques. The second stage（1978～1991）experienced model innovation，high production rates and increased efficiency. The third stage（1992～2002）involved government-led and comprehensive promotion of better production techniques. The fourth stage（2003～present）included model optimization，an increase in quality and an improvement in efficiency. During the last six decades，the development of ecological agriculture in Guangxi has created significant economic，ecological and social benefits. These were mainly reflected in the following seven aspects：increased production，efficiency and quality，conservation of resources，protection of the environment，improved the skills of field personnel，and expanded influence at home and abroad. The following aspects of ecological agriculture involved the application of energy：the expansion of material recycling technology，the use of a variety of agricultural recycling methods involving the use of byproduct "waste" in an ecological manner，reprocessing and the production of new higher-value agricultural products.

Currently，we are faced with six kinds of outstanding issues related to the development of ecological agriculture：①a lack of modern technology in the field and a shortage of talent；②poor economic management and fund shortages；③fragile ecosystems and harsh conditions；④use of immature technology and methods combined with a lack of well-developed in-depth theory related to agricultural production；⑤inadequate awareness of the needs of agriculture and proactive measures designed to simultaneously maximize resources and protect the environment；⑥a lack of attention to scale and industrialization. In the future，to achieve sound and rapid development of ecological agriculture，we should do several things. We need to raise awareness and change our idea while making better plans to improve the system. We need to increase investment in agriculture and improve conditions for agricultural employees and provide them with adequate training. A need exists to pay better attention to science and technology，and make structural adjustments to the nation's agricultural systems. We need to optimize methods and develop those that are adapted to local conditions，take advantage of opportunities to strengthen exchanges and cooperation，conduct comprehensive and all-round development of agriculture，and place emphasis on the "three-effects"（economic，ecological and social benefits）. Simultaneously，we must develop the "four modernizations"（scale，industrialization，intensity，and technology）to provide synchronous and sustainable development. Development of ecological agriculture is conducive to comprehensively addressing the bidirectional coordination of agricultural development and environmental protection. It also promotes the effective protection of resources and the environment so that there is an organic combination of the development，use，and protection of resources and of the environment. The development of ecologically-based agriculture helps to re-position the role of the agricultural knowledge base so that the function of agriculture continuously expands. We need to promote comprehensive，integrated，and coordinated rural development，increase rural employment，increase farmers' income and narrow the gap between urban and rural areas. The development of ecological agriculture helps provide solutions for the challenges that our nation faces. A need exists to adjust our strategy and the direction of agricultural development by employing the concepts of both wise use and conservation of the environment. This will promote the development of sustainable agriculture in a way that is suitable for China's agricultural modernization and development.

Key words　Ecological agriculture；Economic、ecological and social benefits；Sustainable agricultural development；Guangxi

广西灵川县种植业的可持续发展*

马艳芹[1]　黄国勤[1]　时　炜[2]　施　吉[2]　杨滨娟[1]　陆树清[2]　赵其国[3]

1　江西农业大学生态科学研究中心，南昌　330045

2　广西康华农业股份有限公司，桂林　541001

3　中国科学院南京土壤研究所，南京　210000

摘　要

广西是我国南方农业大省（区），明确其农业发展的制约因素，提出具体的解决措施，实现农业可持续发展，对解决农业、农村和农民问题，促进经济持续、快速、健康发展，实现社会主义现代化建设战略目标具有重要的理论和现实意义。主要采用了参与性农户评估方法（PRA），通过随机入户方式，与农户面对面交流，并结合调查问卷，对广西桂林市灵川县 11 个乡镇的农户进行了调查访问，为方便研究和数据处理，在数据分析过程中将该县 11 个乡镇分为 3 个片区：东部片区、中部片区、北部片区，对比 3 组农户的文化素质、种植制度、冬季农业现状、农业需求和农田水利设施等方面问题，探讨广西农业可持续发展的制约因素，并提出相应的对策，以期为广西农业可持续发展提供理论依据。调查结果表明，虽然目前灵川县农业取得众多发展成就，但仍存在以下几个方面的问题，严重影响了该县种植业可持续发展的进程。一是种植制度结构单一，二是冬季农业发展薄弱，三是种植技术贫乏，四是基础设施建设不完善等，因此，为促进灵川县种植业可持续发展，亟须采取以下对策和措施：调整作物种植结构，建立合理的种植制度；大力发展冬季农业；满足农民最迫切的农业需求；加强农业基础设施建设等。

关键词　参与式评估；种植业；可持续发展；广西灵川县

广西是我国南方红壤分布的区域之一，广西红壤面积 1074.4 万 hm^2，占广西土地资源总面积的 66.6%，同时广西处于热带、亚热带的气候条件下，湿热充沛，生物资源丰富，是我国热带亚热带林木、果树和粮食作物的重要生产基地，目前耕地总面积为 261.4 万 hm^2，占广西土地总面积的 11.0%，其中水田 154.0 万 hm^2，占 58.9%，旱地 107.4 万 hm^2，占 41.1%[1]。广西作为南方典型农业区，实现农业可持续发展，对解决农业、农村和农民问题，促进经济持续、快速、健康发展，实现社会主义现代化建设战略目标具有重要的理论和现实意义[2]。农业可持续发展是在市场经济导向下，借助一定的技术条件和物质装备，因地制宜地选择农业经营方式和资源利用模式，科学合理地开发农业资源，既要尽量提高农副产品（含系列以农副产品为原料的加工品）的产量和质量以满足当代人生活水平提高对农副产品日益增长的需求，又要不断改善农业生态环境，使农业具有长期持续的发展能力，以确保后代人对农副产品的需求得到满足的农业发展思路[3]。

灵川县属于广西桂林市辖县，其土壤主要是以红壤、黄壤为主，具有悠久的农业栽培历史，2013 年，全县实现粮食年播种面积 3.33 万 hm^2 以上，蔬菜年复种面积 1.87 万 hm^2 以上，水果种植面积 1.67 万 hm^2 以上。全县农林牧渔总产值 42.8 亿元，同比增长 7.9%，农业总产值 27.6 亿元，同比增长 5.9%，农民人均纯收入 8886 元，同比增长 15.4%，是桂林市重要的农业大县。虽然灵川县农业取得众多可喜成就，但其农业发展过程中仍然存在许多问题，为了解广西农业发展的制约因素，从农民的感知角度去全面了解现阶段灵川县种植制度、冬季农业发展、农业需求、基础设施（尤其是农田灌溉水利设施）等现状尤为必要，本研究透过灵川县农业发展存在的制约因素窥探广西农业发展现状，并提出相应的对策建议，以便为整个广西农业的可持续发展提供参考。

---

* 基金项目：国家自然科学基金重点项目（U1033004）。

本文原载《生态学报》2014 年第 34 卷第 18 期第 5164-5172 页。

1 研究区域概况

灵川县地处湘桂走廊南端（东经 110°17'～110°47'，北纬 25°04'～25°48'），东、西、北三面环抱历史文化旅游名城桂林市区，东北与兴安县，东南与灌阳县、恭城县交界，西北与龙胜县为邻，西与临桂县接壤，南与阳朔县相连，总面积 2257.2km^2，辖五乡六镇，分为东、中、北三个片区（图 1）。东部有大圩、潮田、海洋、大境、灵田五个乡（镇），中片有三街、灵川、定江三个乡（镇），北片有潭下、青狮潭、兰田三个乡（镇）；总人口 35.49 万人，其中农业人口 29.1 万人，占总人口的 82.0%。

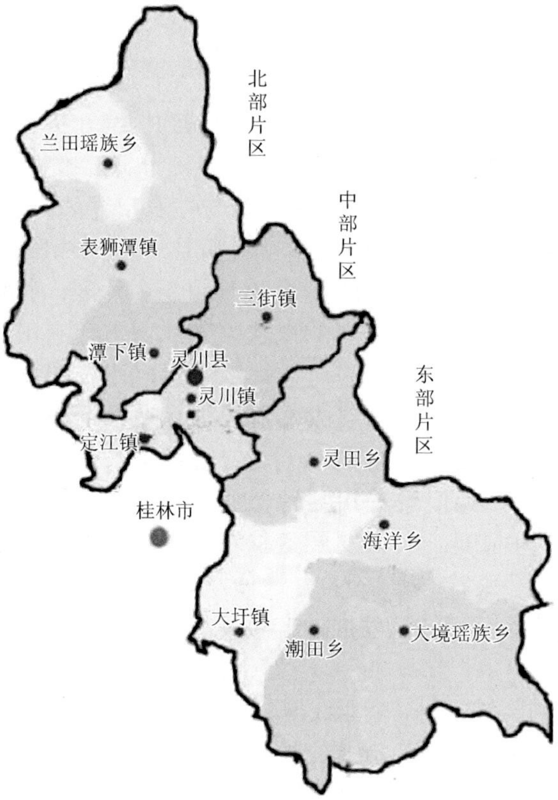

图 1　灵川县三大片区分布图

灵川县属中亚热带季风气候区，四季分明，雨量充沛，阳光充足，热量丰富，夏长冬短，雨热同季，年平均气温 18.7℃，极端最低气温为–4.9℃，极端最高气温为 38.5℃，年平均日照 1614.7h，年平均雨量 1926mm，年平均无霜期 318d[4]。灵川县地形地貌复杂，以漓江河谷平原为中轴，东有海洋山余脉，西有月城岭余脉，整个地形呈“川”字结构，东片、北片为层峦叠嶂的群山或连绵起伏的丘陵，中片为地势平坦的小平原，全县海拔最低点 134.7m，最高点 1722.4m，海拔相对高差达 1587.7m，全县耕地面积 2.45×10^{4}hm^2，水田 1.927×10^{4}hm^2，林地 10.6×10^{4}hm^2。县内土壤以红壤为主，pH 为 4.3～6.4，其中漓江流域以河流冲积母质沙壤土和水稻土为主，其他低山丘陵地区以棕色石灰土和黑色石灰土为为主，种植的主要粮食作物品种有水稻、玉米、大豆、马铃薯等，其他作物有甘蔗、花生、木薯等，主要水果有金橘、油桃、葡萄、南方优质梨等。优越的自然气候和地理条件为灵川县农业的发展提供了有利条件，也带来了多种多样的种植制度。

2 研 究 方 法

本研究主要应用了参与性农户评估方法（PRA）。参与性农户评估是一种“聆听农户，与农户一道学习、认知自身意愿与地方发展的研究方法”[5]，通过与研究地区居民进行非正式访谈来对地方的实际情况进行了解，与社区群众一起调查、分析和评估社区发展面临的限制和机遇，并制定符合实际的发展和研究计划[6]。本研究主要应用了 PRA 中的半结构访谈（semi-structured interview）工具[7]，半结构访谈是指在对农户进行访谈前先拟好采访提纲，在采访过程中围绕主题采用灵活方式对受访者进行提问，而不是仅仅局限于单一、狭窄的主题[8]，从而了解受访者对某一现象或某一事件的看法、愿望和态度等。本研究主要采用随机入户面对面交谈方式，数据的收集工作于 2013 年 6 月到 10 月完成，共访谈农户 215 户，涉及全县 11 个乡镇、民族乡，共获得有效问卷 212 份。

本研究的主要访谈对象为灵川县年龄大于 18 周岁的农田主要劳动者。访问的主要内容包括基本人口统计（如性别、年龄、文化程度、耕地面积等）、主要家庭收入来源、农田作物熟制、农业生产手段、是否有闲置土地、农田使用的肥料、主要种植模式、冬种作物、农业需求、农田水利等方面。访问数据处理时将灵川县 11 个乡镇按其所处的地理位置分为 3 个片区，中部片区主要包括大圩、潮田、海洋、大境、灵田 5 个乡（镇），回收问卷 102 份，中片有三街、灵川、定江 3 个乡（镇），回收问卷 54 份，北片有潭下、青狮潭、兰田 3 个乡（镇），回收问卷 56 份。

3 结果与分析

3.1 调查对象的基本情况

本次研究共调查 212 户，其中男性 108 人，占 50.94%；女性 104 人，占 49.06%；最大年龄 71 岁，最小年龄 21 岁，平均年龄 49 岁。由表 1 可以看出，受访者年龄普遍较高，以 50～59 岁年龄段最多，占 31.6%，其次为 40～49 岁和大于 60 岁年龄段，分别为 27.83%、23.58%，由此可见目前该县农村从事农业的劳动力以 40 岁以上的中老年人为主，约为 3.02%。受访者的文化水平普遍不高，55.66%的受访者文化程度为小学及以下，43.4%为初中文化水平，而只有 0.94%的调受访者为高中及以上学历，各片区学历层次也有一定的区别，在东部片区和北部片区调查者的文化程度都是小学以下占优势，而中部地区拥有初中文化水平的受访者比例要多于小学及以下的比例，拥有高中及以上学历的比例也比其他两个片区要高，其主要原因为中部片区的乡镇主要分布在灵川县县城附近，靠近桂林市区，教育事业相比东部片区和北部片区要发达。本次调查中，受访者的家庭人口主要是以 3～4 口和 5～6 口之家为主，≤2 口的家庭则较少，仅占 2.83%，人口＞5 的家庭一般家中至少会有一个人外出打工，这也是家庭的主要来源。在收入来源方面，现阶段仍有 53.77%的受访者家庭收入主要来源于传统的农业，随着近年经济的发展，农业种植成本的增加，外出务工人员增加，很多人家庭主要收入来源由原先的传统农业转为外出打工，另外还有一小部分受访者在本地企业工作。

表 1 受访者的基本特征

特征	分组	全体		东部片区		中部片区		北部片区	
		频数	%	频数	%	频数	%	频数	%
性别	男	108	50.94	50	49.02	26	48.15	32	57.14
	女	104	49.06	52	50.98	28	51.85	24	42.86
年龄	＜40	36	16.98	21	20.59	9	16.67	6	10.71
	40～49	59	27.83	25	24.51	17	31.48	17	30.36
	50～59	67	31.6	33	32.35	16	29.63	18	32.14
	≥60	50	23.58	23	22.55	12	22.22	15	26.79
文化程度	小学以下	118	55.66	64	62.75	24	44.44	30	53.57
	初中	92	43.40	38	37.25	28	51.85	26	46.43
	高中及以上	2	0.94	0	0	2	3.7	0	0
家庭人口	≤2	6	2.83	2	1.96	3	5.56	1	1.79
	3～4	87	41.04	45	44.12	26	48.15	16	28.57
	4～6	86	40.57	37	36.27	23	42.59	26	46.23
	≥7	33	15.57	18	17.65	2	3.7	13	23.21
收入来源	传统农业	114	53.77	60	58.83	27	50	26	46.42
	外出打工	89	41.98	35	34.31	26	48.15	28	50
	本地企业工作	8	3.77	6	5.88	1	1.85	1	1.79
	其他	1	0.47	1	0.98	0	0	1	1.79

3.2　灵川县种植制度概况

种植制度是耕作制度的重要组成部分，由表 2 可知，目前灵川县种植制度主要以一年一熟制和一年两熟制为主，两者约占灵川县种植制度的 92.45%，一年三熟制、两年三熟制及一年多熟制比例较低。一年一熟制主要是水田种植一季稻-冬闲，大部分受访者表示家中劳动力不足，自己年龄大，种植一季稻只要满足自己稻米需求即可；一年两熟制则主要有早晚双季稻-冬闲、中稻-蔬菜、中稻-马铃薯、中稻-蚕豌豆、早稻-秋冬菜、春玉米-秋大豆、春玉米-秋玉米、春大豆-秋玉米、春大豆-秋大豆、早玉米-秋红薯等模式；一年三熟制主要是冬种三熟制，如早稻-晚稻-冬种绿肥、早稻-晚稻-小麦（该种模式现在种植只有个别农户种植）、早稻-晚稻-油菜（收油菜籽）、早稻-晚稻-蚕豆或豌豆、早稻-晚稻-冬菜（主要分布在东部片区的大圩镇）等；两年三熟制主要有小麦/玉米/大豆（头年冬季种植冬小麦，翌年 3 月中下旬套种玉米，6 月玉米收获时套种秋大豆），目前这种模式已经较少，只分布在东部片区和北部片区一些海拔高的山区村；一年多熟制主要是早蔬菜-一季稻-秋冬菜或全年种植蔬菜，例如潭下镇许多村农户种植韭菜，可实现一年多熟，经济效益较为显著。

表 2　灵川县主要种植制度

类别	全体		东部片区		中部片区		北部片区	
	频数	%	频数	%	频数	%	频数	%
一年一熟	100	47.17	53	51.96	22	40.74	25	44.64
一年两熟	96	45.28	42	41.18	27	50	27	48.21
一年三熟	6	2.83	4	3.92	1	1.85	1	1.79
两年三熟	4	1.89	2	1.96	1	1.85	1	1.79
一年多熟	6	2.83	1	0.98	3	5.56	2	3.57

3.3　冬季农业发展概况

冬季农业是农业增效、农民增收和农业可持续发展的内容之一[9]。由表 3 可以看出，虽然冬种绿肥在各个片区所占的比例相差不大，但在调查中发现各片区种植的作物并不相同，如东部片区种植的绿肥作物主要是油菜，原因是近年来随着大圩古镇、海洋乡银杏林等旅游业的兴起，冬季种植油菜吸引游客增加收入还可实现养地功能；中部片区和北部片区的绿肥作物主要是紫云英和肥田萝卜，其中肥田萝卜主要分布在北部片区的潭下镇和青狮潭镇，但种植面积较少，绿肥作物仍以紫云英为主。豆类主要是指大豆、蚕豌豆等，一般在靠近县城和桂林市的部分乡镇有所种植，规模较小，为小部分农户为补贴家用所种植的。蔬菜种植主要包括马铃薯、秋冬菜等，主要分布在东部片区的大圩镇、中部片区的灵川镇、定江镇、三街镇，其中大圩镇和灵川镇各建有一个万亩无公害标准化蔬菜生产基地。

表 3　灵川县冬季农业发展现状

类别	全体		东部片区		中部片区		北部片区	
	频数	%	频数	%	频数	%	频数	%
绿肥	23	9.2	9	8.41	6	8.22	8	11.43
豆类	12	4.8	4	3.74	3	4.11	5	7.14
蔬菜	50	20	21	19.63	17	2.29	12	17.14
闲置	132	52.8	58	54.21	33	45.2	41	58.57
其他	33	8.8	15	14.02	14	19.18	4	5.71

注：本题在问卷中为多项选择题，绿肥主要包括油菜、紫云英、肥田萝卜等；马铃薯归于蔬菜一类；“其他”主要是一些冬季温室大棚以及旱地果树等。

目前灵川县冬季仍有 52.8%的农田处于闲置状态，其存在主要原因如表 4。由表 4 可知，灵川县冬闲田存在主要原因是劳动力不足和冬季效能差，二者约占 66.49%，其次为冬季缺水和冬季种植作物缺乏技术指导，分别为 10.47%、9.42%，很多农户不知道现在种植什么冬季作物较好。各个片区冬闲田存在的主要原因有一些小差别，东部片区一些乡镇受地势起伏大，水利设施不完善（农田冬季用水不方便），气温条件不适宜（早春气候差）等因素影响，很多农民在冬季选择弃耕，而此种现象在北部片区则较少，原因是1958 年开工至 1987 年完工修建的清狮潭水库，其浇灌着灵川县、桂林市、临桂县 2.8×104hm^2 良田；中部片区冬季种植蔬菜的农户较多，部分农户种植过程中极度缺乏农业技术的指导，也有农户由于对市场的不了解，连年种植作物亏本后便不再冬季种植作物；北部片区的则主要是因为外出务工人员较多，劳动力不足，冬季种植作物经济效益不好。

3.4 农户主要农业需求分析

总体来看（表 5），现阶段灵川县农民的主要农业需求是科技良种和技术培训，分别占 37.3%和 26.98%，其次是对农业机械化技术的需求，约占 18.25%，对农药和化肥知识也有一定的需求。东部片区对科技良种（34.54%）和农业机械化技术（23.2%）需求较高，中部片区农户对科技良种最为强烈，约占 43.56%，原因是其种植的蔬菜、水果等对种子品质和品种的要求较高，新品种的栽培和种植同时也会需要专业人员的指导和培训。例如灵田乡近两年有很多农户种植鱼腥草，由于气候、管理不善、种植技术贫乏，出现成片死亡现象。北部片区则与东部片区需求类似，其农户对农业机械化技术和科技良种需求相对较高，原因是北部地区由于已经进行过土地整理，水稻等作物种植规模较大，故急切需要大型机械化作业，大规模种植更需要种子质量有所保证，否则大规模种植后将会给农户带来巨大损失。

表 4 冬闲田存在的原因

类别	全体		东部片区		中部片区		北部片区	
	频数	%	频数	%	频数	%	频数	%
思想不重视	3	1.57	2	1.79	0	0	1	3.03
劳动力不足	71	37.17	41	36.61	18	39.13	12	36.36
冬季缺水	20	10.47	16	14.29	4	8.7	0	0
冬季效能差	56	29.32	28	25	13	28.26	15	45.45
早春气候差	23	12.04	16	14.29	4	8.7	3	9.09
缺乏技术指导	18	9.42	9	8.04	7	15.22	2	6.06

表 5 农户的主要农业需求

类别	全体		东部片区		中部片区		北部片区	
	频数	%	频数	%	频数	%	频数	%
农业机械化技术	69	18.25	45	23.2	2	1.98	22	26.51
科技良种	141	37.3	67	34.54	44	43.56	30	36.14
化肥	34	8.99	13	6.7	12	11.88	9	10.84
农药	32	8.47	11	5.67	13	12.87	8	9.64
技术培训	102	26.98	58	29.9	30	29.7	14	16.87

3.5 农户对农田灌溉方便程度的感知

农田灌溉是农田水利的重要组成部分，其方便程度可在一定程度上反映该地区农田水利设施的建设情况。由表 6 可以看出，57.08%的农户感觉农田灌溉很方便，尤其是 3 个片区中灌溉最为方便的是北部片区，这主要是由于清狮潭水库的修建，对位于下游的青狮潭镇、潭下镇农田灌溉非常有利，该片区的兰田瑶族乡地理位置较为偏僻，有 10.71%的农户认为灌溉条件较为一般，5.36%的农户则认为灌溉非常不方便。其次是中部片区，有 61.11%的农户认为灌溉较为方便，27.78%的农户认为灌溉条件一般，有 9.26%的农户感觉农田灌溉很不方便，在走访过程中也发现有农户要到很远的河中挑水给棉花浇水。总体来看，东部片区有更多的农户感觉灌溉不方便，约占 22.55%，这也是该片区冬季农田闲置的原因之一。另外还有个别农户无法说出其农田灌溉是否方便。

表 6　农户对农田灌溉方便程度的感知

类别	全体		东部片区		中部片区		北部片区	
	频数	%	频数	%	频数	%	频数	%
很方便	121	57.08	41	40.2	33	61.11	47	83.93
一般	56	26.42	35	34.31	15	27.78	6	10.71
不方便	31	14.62	23	22.55	5	9.26	3	5.36
无法判断	4	1.89	3	2.94	1	1.85	0	0

4　问题与讨论

4.1　种植制度发展存在的问题

灵川县种植制度存在的问题主要包括四个方面。

4.1.1　种植制度结构单一

灵川县的光热水资源较为丰富，但种植制度较为单一，经济作物比重较小。目前灵川县种植制度主要以一年一熟制和一年两熟制为主，一年三熟制、两年三熟制及一年多熟制比例较低，作物种植结构中仍以粮食作物为主，虽然近几年灵川县对农业种植结构进行了多次调整，经济作物的比重有所上升，但与粮食作物比重相比，经济作物的比重相对较少。粮食生产关系到国际民生，任何时候都不能放松，虽然其社会效益大，但经济效益相对较低，在粮食价格不能大幅度上调的情况下，粮食作物比重大，经济作物比重小，要显著提高种植业经济效益，则非常难实现。

4.1.2　冬季农业薄弱

长期以来，由于劳动力不足，冬季经济效益差，加上部分农民群众“重大季、轻小季”思想仍没有得到根本改变，农田秋冬季撂荒问题较为突出；农民的组织化程度较低，随意种植，盲目生产，粗放管理的传统生产方式还没有得到根本改变，这种小规模、低水平生产状况与大市场对农产品的数量、质量等方面的需求存在差距。

4.1.3　种植技术贫乏

农户的种植技术贫乏，有些农户由于对种子的了解甚少，部分人曾经买到假种子，导致作物出苗状况较差，有的甚至颗粒无收，另外由于政府把关不严，一些销售者利欲熏心，加上农户辨别真假农药化肥的能力有限，也会有农户买到假化肥假农药，导致农田作物产量受到影响，给农民带来一定的经济损失。

4.1.4　基础设施不完善

灵川县经济基础相对薄弱，农田水利设施建设滞后，小型水利基础设施建设，保障能力明显不足，部分地块旱不能灌，涝不能排，一些农田基础设施建于 20 世纪 60～70 年代，由于运行时间长，管理不善，大都淤泥齐腰，防洪蓄水能力大不如前。同时，田间道路“窄”“断”现象十分严重，这给机耕、机播及拉运庄稼和积运农家肥都造成困难，同时也不利于农产品及时销售。

4.2　实现种植业可持续发展的措施

4.2.1　建立合理的种植制度

种植制度是耕作制度的中心环节[10]，要实现作物全面持续的稳产和高产，保证农业的健康发展，就必须建立合理的种植制度[11]。合理的种植制度能够提高资源的利用率，满足社会的需求，增加农民收入。种植制度的调整：一方面在保证粮食生产的前提下，发展经济作物，做到粮食生产和经济效益两不误，例如继续加快无公害蔬菜生产基地建设，另外充分利用人工设施如温室、塑料大棚等进行反季节蔬菜水果的生产；另一方面根据自身的资源环境特点，大力开发创新的农业种植模式，如海洋乡是灵川县重要的水果生产基地，其可以在果园套种辣椒、红薯等农作物，可以实现资源的充分利用，同时海洋乡也是灵川县重要的山区，可以重点发展山地立体种植，根据不同高度的山地丘陵以及其地形梯度，进行多层次开发利用，如在山顶造水源林，山腰种植经济林，山脚种果树，地势平坦，水源充足的地方种植水稻、玉米、大豆等粮食作物，地势低的地方进行稻田养鱼。立体种植模式不仅能够实现显著的经济效益，还能实现良好的生态环境效益。

4.2.2 大力发展冬季农业

大力发展冬季农业不仅能充分利用冬季丰富的温光资源、充足的劳力资源和闲置的土地资源，还能不断提高土地利用率和劳动生产率，促进农村经济的全面发展[12]。发展冬作物可增加冬作物播种面积，提高耕地复种指数，有利于耕地资源安全[13]。

冬季农业在一个地区农业发展中占重要的地位，如从耕作制度来看，南方的“早稻-晚稻-绿肥”一年三熟制与“早稻-晚稻-冬闲”一年两熟制相比，冬季种植绿肥（如紫云英）不仅能够养地，提高土壤肥力，还能够增加双季稻的产量。传统的冬季作物主要有紫云英、油菜、小麦等，由于经济效益不高，费时费力，现阶段种植规模已经逐年减少，这就需要开发研究种植高产优质高效的冬季作物，创新冬作种植模式，适宜灵川县的冬种模式主要有冬菜模式（晚稻收割后，安排越冬露地和保护地蔬菜栽培，选用抗病虫、优质高产、抗逆性强、商品性能好、适合本地种植的蔬菜品种[14]）、冬药模式（如大境瑶族乡利用其优越的山地资源优势，发展仿自然环境生产的灵芝等中药材；兰田乡 96%为山地，气候温和，冬暖夏凉，昼夜湿差大，雨量充沛，药材种植发展空间较大，适宜种植厚朴、黄檗、白术、百合、灵香草、天麻、当归等药材）、冬菌模式（利用冬闲田种植蘑菇、香菇、木耳、平菇等，冬闲田搭建简易草棚种植蘑菇，每公顷可实现利润 37 500 元）、冬果模式（将冬闲田用来种植果树，发展果业生产，大圩镇靠近桂林市区，交通方便，有农户利用冬闲田种植草莓，每公顷产值达 9 万元）等。

4.2.3 满足农民最迫切的农业需求

实践证明，在我国，传统的以扩大垦耕种植为主的农业生产方式已走到尽头，运用科学技术，改造我国传统农业是农业自身革新的必经之路，是使农业持续发展的关键[15]。由上文可知，现阶段灵川县农户最需要的农业需求是良种和技术培训。良种包含优良品种和优良种子两个含义，良种是农业生产上重要的生产资料，是扩大再生产的物质基础，在农业生产上，农作物都是靠种子繁殖，没有种子，就无法进行再生产，更谈不上扩大再生产。

实践证明，优良品种能比较充分地利用自然条件和栽培条件中的有利因素，抵抗和减轻其中的不利因素，并能有效地解决生产上的一些特殊问题，因此，良种在农业生产上有着十分重要的作用。因此需要农业科研部门加快对新型作物品种的研究和培育，农业推广部门做好优良品种的推广宣传工作，工商管理部门加大对假种子的检查和打击力度，各部门通力合作确保农户买得起、种得上、种得好新型作物品种。

在技术培训方面，主要是提高农民的科学文化素质，使农民能够熟练掌握现代农业技术，同时要培养他们面向市场的经营意识和敢于竞争的精神，为农业可持续发展创造良好的基础性条件。要提高农民素质最主要是要加大对教育的投入，如通过举办短期培训班对一些有学习意识的中青年农户进行培训，还可利用网络、电视、报纸、广播、期刊等向广大农民传播最新农业致富项目和最前沿的作物栽培技术，对一些年龄大接受能力较差的农户可进行现场示范和指导，使农民真正熟练地掌握现代科学技术。

4.2.4 加强农业基础设施建设

要实现传统自给性农业向现代商品性农业的转变，实现农业现代化和农村可持续发展，必须要有发达和完善的现代农业基础设施与之相配套[16]。农业基础设施的重要意义在于它是农业、农村可持续发展的支撑产业，也是农村和全社会可持续发展的基本要素，而农田水利工程是农业生产的保障系统[17]，各级政府应加大对农业基础设施的投入，如改善水利条件、农用电网和道路设施等，为农业可持续发展创造有利条件。一方面应因地制宜，尤其是对一些农田水利设施薄弱的地区进行重点建设，如灵川县海洋乡、兰田瑶族乡、灵田乡、大境瑶族乡等一些农户反映农田灌溉不方便的地区；另一方面政府应充分认识基础设施建设的重要作用，增加各类农业设施建设的投入，在调查中也发现一些乡镇道路条件较差（如灵田乡、海洋乡），农民与外界交流较少，农民农产品经常出现无人购买现象，这就需要在做好农田水利条件改善工作的同时还应该加强对农村道路的改造和扩建，保证村村通路，农产品能够以最快的速度进入市场。

5 小　结

本文研究主要采用了参与性农户评估方法（PRA），通过随机入户方式，与农户面对面交流，并结合调查问卷，对广西灵川县 11 个乡镇的农户进行了调查访问，调查结果显示，灵川县种植业发展存在着众多制约因素，如种植结构单一、冬季农业发展薄弱、农民种植技术贫乏、基础设施不完善等，因此要实现农业可持续发展，需进行种植制度改革，加大冬季农业开发力度，提高农民的文化素质和专业技能，加强基础设施建设，同时还应做好防治和治理农田垃圾污染、减少农药化肥污染、治理农业用水污染、防止水土流失、防治土壤退化等工作。

参考文献

[1] 赵其国，黄国勤. 广西红壤. 北京：中国环境出版社，2014.

[2] 王雅芹，刘顺英，李树武. 我国农业可持续发展的制约因素分析. 生态经济，2005，(8)：74-77.

[3] 苏维词，朱文孝. 贵州喀斯特生态脆弱区农业可持续发展的内涵与构想. 经济地理，2000，20（5）：75-79.

[4] 马艳芹，黄国勤，时炜，等. 桂北耕作制度调查报告——以广西桂林市灵川县为例. 南方农业，2013，44（11）：1937-1942.

[5] 刘玉凤. 参与式农业技术推广方法的应用研究. 中国农业科技导报，2005，7（1）：68-71.

[6] Dalton L C，Burby R J. Mandaes，planes and planner：buildiy local commitment to development management. Journal of the American Planny Association，1994，60（4）：444-661.

[7] 连纲，郭旭东，傅伯杰，等. 基于参与性调查的农户对退耕政策及生态环境的认知与响应. 生态学报，2005，25（7）：1741-1747.

[8] 徐建英，陈利顶，吕一河，等. 基于参与性调查的退耕还林政策可持续性评价——卧龙自然保护区研究. 2006，26（11）：3790-3795.

[9] 吴冬梅，曾玮，何会超，等. 浙南地区冬季农业开发的探索. 科技通报，2012，28（1）：107-112.

[10] 赵其国，黄国勤. 广西农业. 银川：阳光出版社，2012.

[11] 孙开彬，王允林. 东部山区耕作制度改革问题初探. 农业与技术，1998，(3)：14-15.

[12] 谢昌文. 开发湖北冬季农业的意义——论湖北冬季农业的开发. 湖北农业科学，1988，(7)：1-3.

[13] 朱红波. 论粮食安全与耕地资源安全. 农业现代化研究，2006，27（3）：161-164.

[14] 王淑彬，杨文亭，黄国勤，等. 鄱阳湖生态经济区冬季农业发展研究. 江西农业大学学报：社会科学版，2013，12（4）：503-509.

[15] 齐晓安，朴晓迎，邴育文. 我国农业可持续发展对策研究. 东北师大学报：哲学社会科学版，2001，(1)：41-47.

[16] 陈文科，林后春. 农业基础设施与可持续发展. 中国农村观察，2000，(1)：9-21.

[17] 周玉翠，周竟成. 我国农业可持续发展的制约因素分析. 生态经济，2003，(10)：156-158.

Sustainable development of crop farming in Lingchuan County of Guangxi

Ma Yanqin[1]　Huang Guoqin[1]　Shi Wei[2]　Shi Ji[2]　Yang Binjuan[1]　Lu Shuqing[2]
Zhao Qiguo[3]

1　Ecological Science Research Center of Jiangxi Agricultural University，Nanchang　330045，China

2　Kang Hua Guangxi Agricultural of Limited Liability Company，Guilin　541001，China

3　Institute of Soil Science，Chinese Academy of Sciences，Nanjing　210000，China

Abstract

As a big agricultural region in southern china，to uncover the factors involved in the restriction of agricultural development and propose specific solutions is therefore very important，the sustainable development of agriculture has important theoretical and realistic significance for solving the problems about agriculture, countryside and farmers, promoting economic development rapidly and healthy. The continued development of agriculture is a vital component of local and national economies, especially for solving the problems of countryside protection, low rural income levels, and declining agricultural output. This investigation used a participatory rural appraisal approach to interview farmers in Lingchuan County, a constituent local government area within the city. The study team contacted a random selection of rural households living in the 11 towns and villages that make up Lingchuan County and had face-to-face communication with farmers, supplemented by the distribution of a questionnaire. For the convenience of data processing and the actual research, the county was divided into three areas; the eastern area; the central area; the northern area. Exploration of the constraining factors on sustainable agricultural development in Guilin was achieved through comparing the three areas on farmer quality, planning systems, status of winter agriculture, and the demands of farmers for irrigation and water conservancy facilities or other infrastructure. Finally, we put forward corresponding countermeasures, to provide the theoretical basis for sustainable agriculture development in Guilin. The results of this study indicate that although the agricultural development of Lingchuan County has made many advances, there are still some problems that affect the process of sustainable development in local agriculture. These problems include the lack of scientific and cultural knowledge of the farmers; weak winter agriculture development in some areas; the unmet need for science and technology and technical training from farmers; and the poor construction and uneven distribution of irrigation and water conservation infrastructure. To achieve high and stable production levels a coordinated approach to these problems is needed. At first, a set of technical measures should be taken to build a sustainable farming system. First, farmers should plan to develop more economic crops under the premise of ensuring food production, so food production and economic benefits can be balanced. Additionally, farmers should take full advantage of their own resources and environment to develop innovative agricultural cropping patterns. As a second set of measures, farmers need to make full use of the warm winter light, abundant labor, and idle land resources to develop winter agriculture. Third, agricultural research departments in government and universities need to accelerate research and cultivate new crop varieties, agricultural extension departments need to promote and publicize these crop varieties, and business administration department should check and strengthen the enforcement of measures against fake seed. All departments need to work together to ensure that farmers can buy and plan good new crop varieties. Finally, the government should increase investment in agricultural infrastructure, which can provide favorable conditions for the sustainable development of agricultural land, such as improving water conditions, agricultural facilities, power grids and roads.

Key words Participatory rural appraisal; Crop farming; Sustainable development; Lingchuan county of Guangxi

广西农业气象灾害特征分析及其对农业生产的影响*

王　燕[1]　黄国勤[2,3**]　赵其国[4]　唐以进[1]

1　江西农业大学园林与艺术学院，南昌　330045

2　江西农业大学生态科学研究中心，南昌　330045

3　教育部/江西省作物生理生态与遗传育种重点实验室，南昌　330045

4　中国科学院南京土壤研究所，南京　210008

摘　要

利用广西1981～2012年干旱、洪涝、低温冷害和风雹4种农业气象灾害数据，并结合粮食作物单产资料，采用线性回归、滑动平均和灰色关联等分析方法，研究了广西近32年来农业气象灾害的变化特征及其对广西农业生产的影响。结果表明，1981～2012年4种农业气象灾害的受灾率变化均不明显，但具有阶段性特征。20世纪80年代至90年代初，干旱受灾率呈递增趋势，1988～1992年干旱受灾率居高不下，均在20%以上，90年代中后期干旱受灾率较小且变化平缓；21世纪以后广西又处于较旱阶段；洪涝、风雹、低温冷害在20世纪80年代至90年代初受灾率均相对较小，尤其是低温冷害少有发生；20世纪90年代中后期及以后，洪涝受灾率呈明显周期性波动减小，风雹受灾率呈明显周期性波动增大，低温冷害也呈周期性的暴发。4种农业气象灾害对农业影响程度为：对粮食作物、双季早稻、双季晚稻、玉米等，干旱＞洪涝＞风雹＞低温灾害；对单季稻而言，洪涝＞干旱＞风雹＞低温灾害，说明干旱和洪涝是影响广西农业生产的主要气象灾害。

关键词　农业气象灾害；农业生产；灰色关联分析；广西

引　言

广西地处中国西南边陲，属云贵高原向东南沿海丘陵过渡地带，具有周高中低、形似盆地、山地多、平原少的地形特点，属热带、亚热带湿润季风气候，是中国南方重要的农业省区之一，最主要的农作物是水稻，其次是玉米[1]。由于其特殊地理和气候条件，使广西成为中国气象灾害多发的地区之一，表现为气象灾害种类多、分布广、频率高、成灾比例高的特点[2-5]。对农业生产影响较大的气象灾害主要有干旱、洪涝、低温冷害、热带风暴、冰雹等灾害性天气，多种气象灾害常常并发或交替发生，给农业生产造成巨大损失，严重制约着社会经济的发展[6-9]。对广西近些年来气象灾害影响，特别是对农作物产量影响的定量研究较少，本文运用定量和定性分析相结合的方法，分析了广西1981～2012年主要农业气象灾害（干旱、洪涝、风雹、低温冷害）的年际和年代变化特征，并运用灰色系统理论中的灰色关联分析法对广西主要农业气象灾害对农作物产量的影响程度进行定量分析[10-14]，以找出各种气象灾害对广西农作物产量影响的主次关系，为农业综合防御气象灾害提供参考依据。

1　资料来源与分析方法

1.1　资料来源

农业灾害灾情指标一般有受灾面积、成灾面积、农作物灾损量等，每种指标都从不同角度反映了灾害

---

* 基金项目：国家自然科学基金重点项目“广西红壤肥力与生态功能协同演变机制与调控”（批准号：U1033004）资助。

第一作者简介：王燕，女，1972年出生，副教授，硕士，主要从事农林业生态及农林业气象学教学科研。

**通讯作者：黄国勤，男，1962年出生，江西余江人，首席教授，二级教授，博士生导师，博士后，主要从事耕作制度、农业生态等方面的教学与科研工作。

本文原载《农学学报》2015年第5卷第3期第92-96页。

强度及其对农业生产系统的危害程度[15]。本文采用 1981～2012 年广西各种气象灾害的农作物受灾面积、成灾面积、绝收面积资料来源于中国种植业信息网灾情数据库；同期农作物播种面积、产量资料来源于中国种植业信息网—农作物数据库。

1.2 分析方法

采用线性回归、滑动平均法分析农业气象灾害变化特征。由于每年农作物播种面积均有变化，为了合理反映气象灾害对农业造成的影响，本文用受灾率（即农作物受灾面积与总播种面积的百分率）对受灾情况进行分析。

采用灰色关联分析法分析农业气象灾害对农作物产量的影响大小。农业气象灾害系统是农业系统与气象灾害系统两个灰色系统的复合体，因此可以通过灰色关联分析区分析各气象灾害的综合影响大小。以农作物产量作为参考序列，各种气象灾害的受灾面积为比较序列，求其关联度和关联序，从而判断引起该系统发展的主要和次要因素。关联度分析一般包括下列几个步骤。

（1）设参考数据列为 $X_0=\{x_0(k), k=1, 2, \cdots, n\}$，比较数据列为 $X_i=\{x_i(k), k=1, 2, \cdots, n\}$（$i=1, 2, \cdots, n$）。

（2）原始数据变换：目前灰色关联分析中的原始数据变换主要有均值化变换、初值化变换和标准差变换。本文对参考数据列和比较数据列进行均值化处理，使之无量纲化、归一化。

（3）求绝对差：$\Delta_i(k)=x(k)-x_0(k)(i=1, 2, \cdots, m;\ k=1, 2, \cdots, n)$

（4）求关联系数 $\xi_i(k)$：计算各比较数据列与参考数据列在各时刻的关联系数，其计算公式如下。

$$\zeta_i(k)=\frac{\min\min_k \Delta_i(k)+\rho\max\max_k \Delta_i(k)}{\Delta_i(k)+\rho\max\max_k \Delta_i(k)}$$

式中，ρ 为分辨系数，其意义是削弱最大绝对差数值太大引起的失真，提高关联系数之间的差异显著性，$\rho\in(0, 1)$，一般可取 0.1～0.5。本文取 $\rho=0.5$。

（5）求关联度 r_i：取 $\xi_i(k)$的算术平均值。

（6）关联序按 r_i 的大小排序，就形成关联序。它直接反映了比较系列对参考系列的贡献大小或主次关系。r_i 的值越大，说明其关联的程度越大，r_i 的值越小，则其关联程度越小。

2 结果与分析

2.1 农业气象灾害特征分析

由图 1 和图 3 干旱受灾率的线性变化趋势及其 5 年滑动平均距平的变化可见，近 32 年广西旱灾变化趋势不显著，但有一定的阶段性特征。1981～1988 年旱灾率呈渐增趋势，变幅达 22%；1988～1992 年受灾率居高不下，均在 20%以上，其中 1988 年最大，达 25.7%；1993～1998 年干旱受灾率小，波动平缓，变化位于 5.2%～7.4%；1999 年以后干旱受灾率较大，波动剧烈，其中 1999、2004 和 2010 年干旱受灾率分别为 16.28%、17.8%和 18.3%；而 2001、2002 和 2012 年受灾率分别为 0.84%、1.6%和 1.3%。从 5 年滑动平均距平来看，20 世纪 80 年代旱灾的受灾比表现为正距平，而涝灾为负距平，说明这个时期广西处于较旱时段。洪涝是广西第二大农业气象灾害，其历年的受灾率（7.5%）低于干旱（11.8%）。由图 2 可见，近 32 年来，洪涝受灾率总体上以 0.6 个百分点每 10 年的速率增大。1981～1993 年洪涝受灾率小，且年际变化幅度不大，多数年份受灾率在 5%以下，1993 年以后洪涝灾害受灾率 5.2 个百分点每 10 年的速率显著减小，其中 1994 年受灾率最大，达 27.6%。从 5 年滑动平均距平来看，20 世纪 90 年代洪涝受灾率表现为正距平，干旱受灾率为负距平，说明这个时期广西为相对湿润期。

风雹灾害包括大风和冰雹两种灾害。其发生的主要特点是范围小、时间短、来势凶猛、强度大，对农业的影响主要表现是使植株受机械损伤[16]。由图 5 可见，1981～2012 年，广西风雹灾害以 0.9 个百分点每 10 年的速率增大。20 世纪 80 年代至 90 年代初，农作物受风雹灾害轻（约 2%），略有增加但变化幅度小。1994 年以后受灾率波动大，特别是 1997～2008 年风雹受灾率呈周期性增大，其中 2008 年最大，达 12.97%。5 年滑动平均距平（图 4）显示，风雹受灾率在 20 世纪 90 年代初、2002 年以后表现为正距平，说明此阶段风雹对农作物影响相对较强。

低温冷害是生育期因温度低而影响作物生长发育并引起减产的自然灾害[17]。由图 6 可见，20 世纪 80 年代至 90 年代初广西低温冷害的受灾率为 0～1%，受灾程度变化平缓，农作物受低温影响小；20 世纪 90 年代中后期低温冷害的受灾率呈周期性波动，变幅较大（达 12.5%），农作物受低温影响较大。

2.2　农业气象灾害对农业生产的影响分析

水稻和玉米等粮食作物是广西主要的农作物。根据灰色系统分析方法的思路和要求，本文采用 1981～2012 年广西粮食作物平均单产、双季早稻单产、双季晚稻单产、单季稻单产和玉米单产数据为参考序列，选取影响农业生产的主要气象灾害干旱、洪涝、风雹和低温冷害的受灾面积为比较序列，采用灰色关联分析方法计算以上 4 种气象灾害与粮食产量之间的关联度和关联序列，结果见表 1。

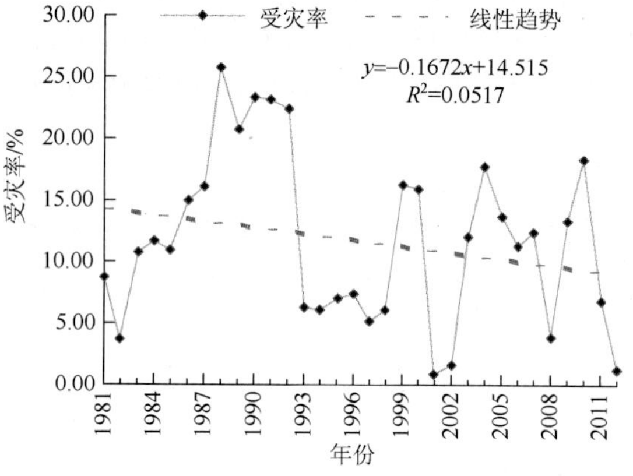

图 1　1981～2012 年广西干旱受灾率年际变化

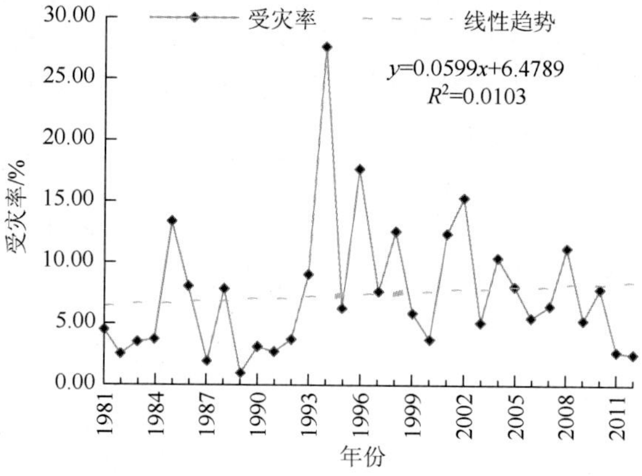

图 2　1981～2012 年广西洪涝受灾率年际变化

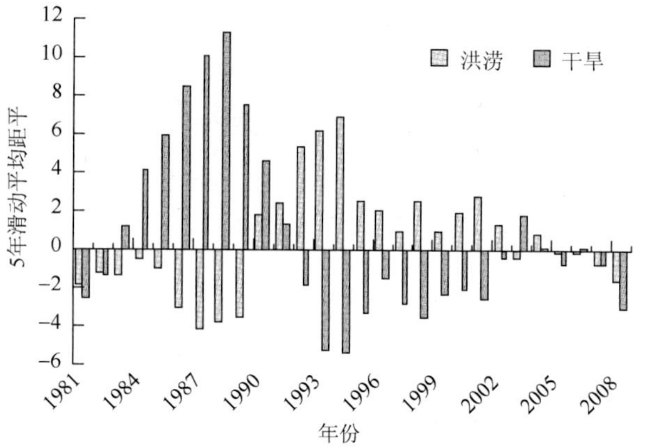

图 3　1981～2012 年广西洪涝和干旱受灾率的 5 年滑动平均距平

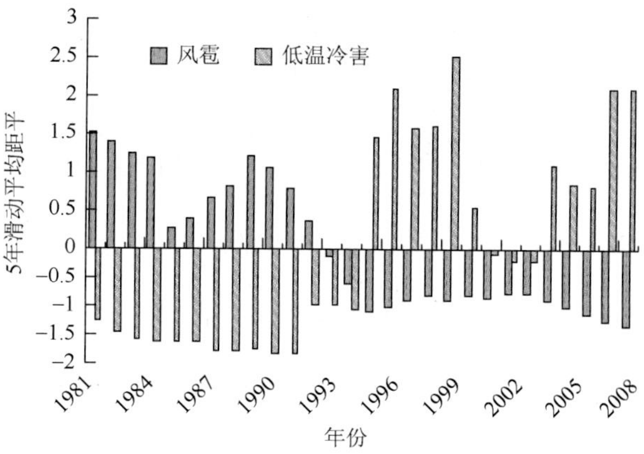

图 4　1981～2012 年广西风雹和低温冷害受灾率的 5 年滑动平均距平

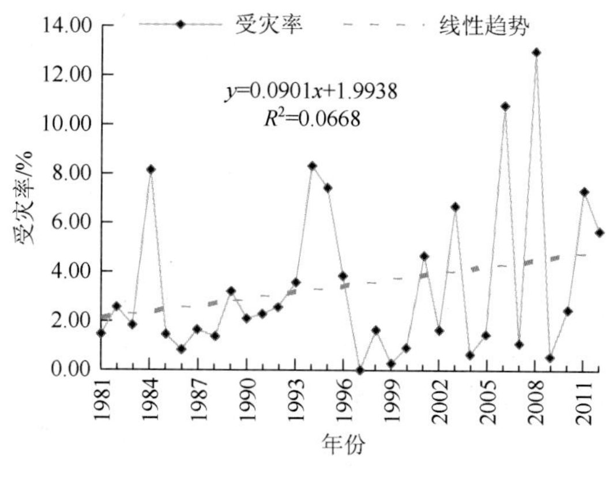

图 5　1981～2012 年广西风雹受灾率年际变化

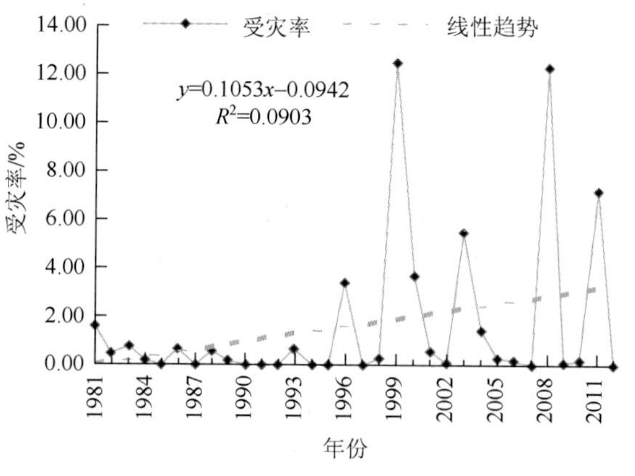

图 6　1981～2012 年广西低温冷害受灾率年际变化

由表 1 可知，干旱、洪涝对广西农作物产量的影响最大，低温冷害的影响最小，风雹影响次小。低温冷害对农作物的影响主要表现为春季的烂秧天气和秋季的寒露风，20 世纪六七十年代早稻烂秧天气影响严重，后因品种改良及耕作技术的提高，早稻受春季低温、晚稻受秋季寒露风危害大大减小。风雹灾主要是台风、雷雨大风及冰雹产生，广西风灾主要发生在夏季，冰雹主要发生在春季，风雹灾的发生一般范围小、时间短，所以对农作物产量的影响不大。广西干旱有春旱（2～4 月）、夏旱（6～8 月）、秋旱和冬旱之分，以春、秋旱发生频率最高（年年发生）、范围最广，夏旱次之，冬旱最轻。广西一年四季均有暴雨出现，但以夏季风盛行期间（4～9）月较为集中，特别是 6～7 月份易形成洪涝灾害[1]。

广西早稻的生长期为 3 月中下旬至 7 月上中旬，春旱直接影响早稻播种及前期生长，而生长的后期，常受洪涝灾害的影响，从而严重影响产量。因此，对双季早稻而言，干旱为主要的气象灾害，洪涝次之。

广西晚稻的主要生长季大约在 7～9 月，不但夏旱经常发生，而且常常出现夏秋连旱，使水稻的抽穗开花以及灌浆不能正常进行，结实率降低，空壳率高，严重影响产量。

广西种有春玉米和秋玉米，多种植在丘陵山地，该地区恰是干旱高频严重区，干旱会影响玉米的正常拔节、抽雄、吐丝期，造成减产。

对单季稻而言，洪涝灾害的影响最重，干旱次之。广西单季稻生长期大约在 5～9 月，正是广西暴雨集中期，特别是生长前期和中期，洪涝灾害及其衍生灾害频发，严重影响单季稻的生育进程，中后期常受夏、秋干旱影响，使水稻的抽穗开花以及灌浆不能正常进行，结实率降低，从而影响产量。

表 1 广西粮食作物产量与农业气象灾害受灾面积的灰色关联分析

项目	粮食作物		早稻		晚稻		单季稻		玉米	
	关联度	关联序	关联度	关联序	关联度	关联序	关联度	关联序	关联度	关联序
干旱	0.8823	1	0.8846	1	0.8833	1	0.8794	2	0.8865	1
洪涝	0.8732	2	0.8740	2	0.8730	2	0.8814	1	0.8822	2
风雹	0.8394	3	0.8345	3	0.8397	3	0.8449	3	0.8454	3
低温冷害	0.7661	4	0.7652	4	0.7671	4	0.7667	4	0.7847	4

3 结论与讨论

（1）1981～2012 年广西干旱、洪涝、风雹和低温冷害等 4 种农业气象灾害的受灾率变化均不明显，但具有阶段性特征。20 世纪 80 年代至 90 年代初，干旱受灾率呈递增趋势，特别是 1988～1992 年受灾率居高不下，均在 20%以上；20 世纪 90 年代中后期较小且变化平缓，21 世纪以后干旱受灾率较大且波动剧烈；洪涝、风雹、低温冷害在 20 世纪 80 年代至 90 年代初受灾率均相对较小，变幅不大，特别是低温冷害少有发生，20 世纪 90 年代中后期以后，洪涝受灾率呈明显周期性波动减小，风雹受灾率呈明显周期性波动增大，低温冷害也呈周期性的暴发。

（2）对各主要农业气象灾害与农作物产量的灰色关联分析表明，干旱和洪涝是过去 32 年间广西主要的农业气象灾害，低温冷害对农业的影响程度最小。4 种农业气象灾害对农业影响程度为：对粮食作物、双季早稻、双季晚稻、玉米等，干旱＞洪涝＞风雹＞低温灾害；对单季稻而言，洪涝＞干旱＞风雹＞低温灾害。因此防御干旱、洪涝是农业气象防灾减灾、提高广西农作物产量的关键。

广西农业气象灾害频发，正确认识灾害的发生规律和特征是采取有效的防灾减灾措施的前提。现阶段广西处于较旱阶段，抗旱仍是广西现阶段和未来一定时期主要的农业防灾减灾主题。风雹灾不断增大、低温冷害随机发生，虽然对农业生产的影响较少，但近年来其发生范围和强度在不断增大，因此对二者的预防仍不容忽视。因此，农业生产要根据农业气象灾害的特点，因地制宜地合理布局，充分利用本地的气候资源，趋利避害，同时要加强气象灾害的监测、预报及防御工作，提高防灾减灾水平，减少损失。

参 考 文 献

[1] 赵其国，黄国勤.广西农业. 银川：阳光出版社，2012：11-12.

[2] 杨年珠，涂方旭，黄雪松，等.中国气象灾害大词典·广西卷. 北京：气象出版社，2007：359-369.

[3] 何燕，高永珍. 广西主要农业气象灾害分析及防灾减灾对策. 广西农业科学，1998（5）：254-257.
[4] 周绍毅，徐圣璇，黄飞，等. 广西农业气候资源的长期变化特征. 中国农学通报，2011，27（27）：168-173.
[5] 何如，黄梅丽，李艳兰. 近 50 年来广西近岸及海岛的气候特征与气候变化规律. 气象研究与应用，2010，31（2）：12-15.
[6] Li Y L，He Ru，Qin W J. Influence of Climate Change on Drought Disaster in Guangxi. Meteorological and Environmental Research，2010，1（6）：62-65.
[7] 黄雪松，邹立尧，魏春秀，等. 广西农业干旱灾害演变态势与应对策略.气象软科学，2009（2）：40-45.
[8] 胡小晖，延军平，欧维新. 1950 年以来广西洪涝灾害及趋势预测. 灾害学，1999，14（4）：28-30.
[9] 姚胜芳，黄治逢，农孟松，等. 广西冰雹的活动特点.热带地理，2008，28（2）：119-123.
[10] 刘思峰，党耀国，方志耕，等.灰色系统理论及其应用. 北京：科学出版社，2000：50-51.
[11] 张星.主要气象灾害对福建粮食生产影响的灰色关联分析. 中国农业气象，2007，28（1）：105-107.
[12] 许月卿，李秀彬.河北省粮食生产灰色关联动态分析. 地理研究，2002，21（3）：339-346.
[13] 马雅丽，栾青，王志伟，等.山西省主要农业气象灾害变化特征及其对农作物产量的影响. 中国农业气象，2010，31（增）：150-154.
[14] 马建勇，许吟隆，潘婕.东北地区农业气象灾害的趋势变化及其对粮食产量的影响. 中国农业气象，2012，33（2）：283-288.
[15] 张养才，何维勋，李世奎.中国农业气象灾害概论. 北京：气象出 版社，1991.
[16] 信乃诠.中国农业气象学. 北京：中国农业出版社，1998：369-378.
[17] 王绍武，赵宗慈，龚道溢，等.现代气候学概论. 北京：气象出版社，2005：66-68.

Characteristic Analysis of Agro-meteorological Disasters and the Impacts on Grain Yield in Guangxi

Wang Yan[1] Huang Guoqin[2, 3] Zhao Qiguo[4] Tang Yijin[1]

1 College of Landscape Architecture and Art，Jiangxi Agricultural University，Nanchang 330045，China

2 Research Center on Ecological Sciences，Jiangxi Agricultural University，Nanchang 330045，China

3 Key Laboratory of Crop Physiology，Ecology and Genetic Breeding，Ministry of Education，Nanchang 330045，China

4 Institute of Soil Science，Chinese Academy of Sciences，Nanjing 210008，China

Abstract

Based on the statistic data of drought，flood，wind-hail，low temperature，combining with grain yield data in Guangxi Province from 1981 to 2012，agro-meteorological disasters tendency variation and their impacting on grain yield in Guangxi Province was analyzed by using linear regression analysis，moving average and gray correlation analysis in this paper. The results showed that，in recent 32 years，the disaster-affected area rate change of wind-hail，while flood，drought and low temperature was not obvious，but existed phase characteristics. In 1980's and early 1990's，the disaster-affected area rate of drought was in increasing trend，especially，it remained more than 20% during 1988～1992，while it was low and gentle changed in the middle and late 1990's，and recent period was in dry phase again. Relatively the disaster-affected area rate of blood and chilling damage and wind-hail was low，particularly chilling damage happened rarely. Since the middle of 1990's the disaster-affected area rate of flood presented to decrease，while wind-hail presented to increase obviously，chilling damage presented fluctuant trend. The impaction of agro-meteorological disasters on average grain yield and early rice yield and late rice yield and corn yield performed as，drought＞flood＞wind-hail＞chilling damage，on single-crop rice as，flood＞drought＞wind-hail＞chilling damage，which revealed drought and flood were major agro-meteorological disasters during grain production in Guangxi province.

Key words Agro-meteorological Disaster；Agricultural Production；Gray Correlation Analysis；Guangxi Province

兰州碱性土壤与农产品中硒分布及形态研究*

李　伟[1,2]　李　飞[2]　毕　德[2]　王华魁[3]　李海勇[3]　周守标[1*]　赵其国[4]　尹雪斌[2]

1　安徽师范大学生命科学学院，芜湖　241000

2　中国科学技术大学苏州研究院苏州市硒与人体健康重点实验室，苏州　215123

3　兰州市农牧局，兰州　730000

4　中国科学院南京土壤研究所，南京　210008

摘　　要

通过对兰州市主要农业区表层土壤总硒有效硒调查和部分农产品总硒有机硒测定，研究了兰州市 碱性农田土壤与农产品中硒的积累特征和分布规律。结果表明，兰州市农田表层土壤 pH 8.39±0.26，总硒含量为(0.179±0.066) mg/kg（n=473），处于全国中等水平。全市土壤总硒含量区域性差别较大，市辖区明显低于三县，榆中县居全市之首。土壤有 效硒与总硒含量显著正相关，有效硒占比为 4.63%～15.8%，平均 8.27%。农产品中玫瑰（*Rosa rugosa*），部分西兰花（*Brassica oleracea* var.*italica*）和芹菜（*Apium graveolens*）样品硒含量高于 0.015 mg/kg，为该市天然富硒农产品。农产品中有机硒占总硒比例较高，均值为 73.4%。从区域整体来看，土壤硒含量较高的县区农产品硒含量相对也较高，适合富有机硒优质农产品开发。

关键词　兰州；碱性土壤；农产品；总硒；硒形态

硒（Se）是人和动物必需、对植物有益的微量元素[1]。硒在抵抗细胞衰老、增强机体免疫力、预防癌症上有重要作用。严重缺硒是克山病、大骨节病两种地方性疾病的主要原因，低硒摄入也会导致癌症、肝病和眼病等疾病高发[2, 3]。据调查，中国有 72%的县（市）不同程度缺硒，其中 1/3 为严重缺硒区，全世界 2/3 的地区缺硒[4]。膳食硒是人体硒的主要来源，食物硒的含量很大程度上取决于土壤总硒含量，特别是生物有效硒含量[5, 6]。之前的研究多集中于较大区域土壤和成土母质中硒背景值的调查分析[7-9]，工业生产对土壤硒的污染和植物中硒含量的关系研究[10]，以及我国东部部分酸性土壤与植物中硒关系的研究[11, 12]；而对碱性农耕土壤和农产品中硒的分布和形态研究较少。土壤偏碱性，有利于提高植物对土壤中硒的吸收和利用[13]。调查研究碱性土壤和农产品中硒含量间的关系，可为今后农产品硒营养强化提供参考依据。

兰州市位于中国甘肃省中部地区，祁连山东端，陇西黄土高原西北部，农耕土壤为碱性土壤。区内海拔高程为 1500～2500m。由于海拔较高，日照时间长，昼夜温差较大，农产品养分积累量大，品质优越；盛产的农产品如玫瑰（*R. rugosa*）、百合（*Lilium brownii*）等都是我国特色的农产品品种。据 20 世纪 80 年代的调查资料显示，兰州地区位于我国低硒区[14]。本文对兰州市主要农耕区的土壤和农产品的硒含量进行了系统调查研究，旨在查明兰州碱性农耕土壤下主要农产品的硒积累特征及空间分布规律，为兰州富硒优质特色农产品的开发提供科学依据。

1　材料与方法

1.1　样品采集和处理

兰州地处中纬度地带，远离海洋，为典型大陆季风气候，日照强烈、干旱少雨、温差较大、积温

---

* 基金项目：国家自然科学基金项目（40601088）、中国科学院南京土壤研究所土壤与农业可持续发展国家重点实验室开放基金项目（Y052010020）和兰州市富硒农产品生产标准化技术研究项目资助。

作者简介：李伟（1984—），男，山西夏县人，硕士研究生，主要从事硒与人体健康方面研究。

本文原载《土壤》2012 年第 44 卷第 4 期第 632-638 页。

较高。全市土壤偏碱性，主要类型为灰钙土、栗钙土、灰褐土、黄绵土、亚高山草甸土等。其中灰钙土是全市面积最大的地带性土壤，占全市总面积的66.21%。灰钙土、栗钙土、黄绵土为主要农田土壤类型[15]。

为了准确反映兰州农业土壤中硒含量情况，土壤采集区域主要沿着该市主要农耕区分布，因此并不是均匀分布。具体采集方法是：每 10hm^2 农田按“S”形采集 10 个土壤点混合为 1 个土壤样品，并用 GPS 记录样品经纬度和海拔高度等信息。采集区域涉及兰州市三县四区的主要农耕区，主要包含榆中县西南部，皋兰县中部、南部，永登县东部一线，以及永登县北部和南部，共计土壤样品 473 个（图 1）。

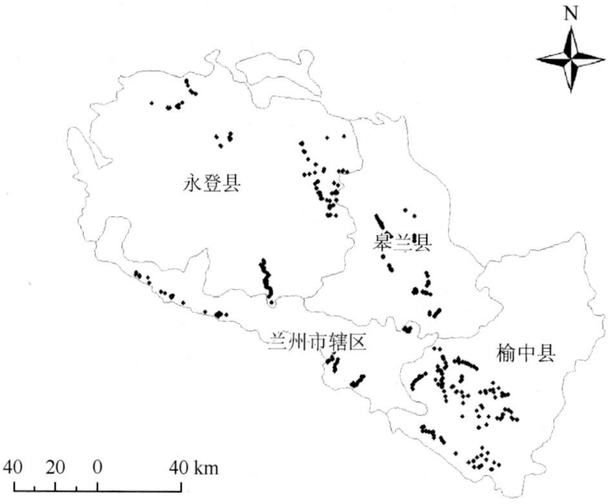

图 1　兰州市土壤样点分布图

农产品样品采集已经成熟的农作物的可食部分。同样以每 10hm^2 农田为一个单位，在区域内采集同种农作物的果实 3 份，混合为 1 个农产品样品。样点分布与土壤样点基本一致，由于不同品种农作物成熟时间不同，采集时间与土壤样点有差异。农产品样品总计 122 个，包括玫瑰、枸杞、百合、娃娃菜和西兰花等兰州特色农产品。

土壤样品自然风干，充分研磨后过 100 目筛，装袋置干燥器中待测。农产品样品用自来水和去离子水依次冲洗 3 次晾干附着水分后，粉碎机粉碎湿样检测硒含量。

1.2　实验方法

1.2.1　样品总硒测定

称取 0.2g 样品于锥形瓶中，用 $v_{(HClO_4)}$ ： $v_{(HNO_4)}=4:1$ 的混酸冷消解过夜，第二天于电热板加热消解至溶液澄清，210℃苷酸至瓶中有大量白烟，待溶液冷却加入 5mL 浓盐酸，还原 3h。

定容至 25mL，用氢化物发生-原子荧光法（HG-AFS）测定硒含量。消解过程采用国家土壤标准物质（GBW07405）作为质量控制，设置样品空白，此方法的回收率 85.5%～117.8%。

1.2.2　土壤 pH 测定

称取 10g 土壤于 50mL 烧杯中，加去离子水 25mL，玻璃棒搅拌 1min，静置 30min 待土液分层，用酸度计测定上层液 pH。

1.2.3　土壤有效硒测定

称取 1g 研磨过筛后土壤样品，用 0.5mol/L 的 KH_2PO_4 溶液 15mL 振荡提取 90min，离心后取 5mL 上清液[16]，按照总硒测定方法处理测定硒浓度，计算得土壤中有效硒含量。

1.2.4 农产品有机硒测定

称取粉碎后样品 2g 于锥形瓶中，加水超声 30min，再加热微沸 20min，转移至离心管 10 000r/min 离心 1h。取上清液用环己烷萃取后，水相按照总硒测定步骤测定硒浓度，计算得到样品中无机硒含量，同时测定样品总硒含量，差减后得到有机硒含量[17]。消解过程采用国家生物标准物质（GBW07602）作为质量控制，设置样品空白，此方法的回收率 85.5%～117.8%。

1.2.5 数据处理

将样品经纬度记录信息导入 Arcgis8.0 软件处理，后结合兰州政区图得到样点分布图。将样品经纬度信息和总硒含量一一对应导入 Arcgis8.0 软件，利用其图层分析功能，结合兰州政区图，用反距离加权插值法制得兰州市土壤总硒含量分布图，并用 SPSS13.0 软件对检测数据统计分析。

2 结果与分析

2.1 土壤总硒和有效硒含量

2.1.1 土壤总硒含量及空间分布

对土样检测分析，结果显示兰州主要农耕区表层土壤 pH 为 8.39±0.26，总硒含量算术平均值为 0.179mg/kg，中值 0.170mg/kg，最小值 0.065mg/kg，最大值 0.703mg/kg。兰州地区表层土壤平均总硒含量低于中国土壤总硒背景值（0.210mg/kg），略高于甘肃省土壤总硒含量平均值（0.160mg/kg），处于全国硒背景值（0.04～9.93mg/kg）和世界背景值范围（0.01～12mg/kg）之内[18]，高于东部沿海地区和东北地区，但明显低于华北、南部沿海和西南地区，属全国中等水平[19-22]。

将土壤总硒含量和样品采集点经纬度记录信息导入 Arcgis8.0 软件，图层分析得到兰州市土壤总硒含量分布图（图 2）。参考中国土壤硒含量环境质量标准[23]，即土壤总硒含量小于 0.125mg/kg，兰州市农耕土壤缺硒区域面积很小，主要位于城关区与皋兰县结合部，在永登县北部，榆中县西南部，七里河区有零星分布；土壤总硒含量低于兰州市平均值面积相对较大，主要分布于永登县西部和北部，红古区西部，城关区、七里河区大部，皋兰县中部和榆中县西南部；土壤总硒含量正常区域，硒含量小于 0.235mg/kg，高于平均值而低于 90%频度值，占兰州市总面积的 1/3 以上，主要分布在永登县东部和南部，皋兰县中西部以及榆中县东部和中部地区。上述 3 个县各有一个土壤总硒含量较高区域点，土壤总硒含量在 90%～95%频度值区间内，分别位于永登县南部、皋兰县东部、榆中县西部，尤其榆中县西部的土壤总硒含量位于兰州市之首，且有多个土壤总硒含量较高点。

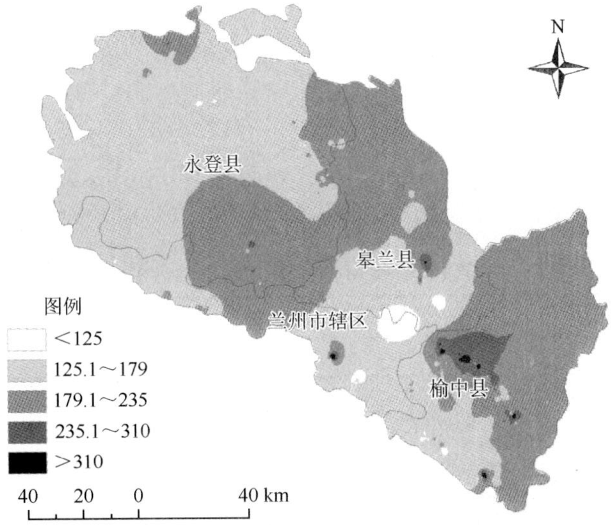

图 2 兰州市农业土壤总硒含量空间分布图（单位：mg/kg）

2.1.2　兰州市各区县和乡镇土壤总硒含量

兰州市土壤样点总硒含量频度分布图（图 3）显示，兰州市土壤表层总硒含量成正偏态分布：硒含量较高样点所占比例很小，硒含量 0.150～0.200mg/kg 的样点占全市 60%以上。参照市辖区和各县土壤总硒含量频度图，市辖区 90%以上样点硒含量低于 0.200mg/kg，只有一个样点偏高。各个县区中，永登县和皋兰县土壤总硒含量频度分布特性较为一致，土壤总硒频度图最接近于正态分布，这表明该县区内不同区域土壤总硒含量差异不大。而榆中县 0.300mg/kg 以上样点频度明显高于市辖区和另外两个县区，而且在 0.170～0.200mg/kg 有一个频度小于 10%的样点区，表明榆中县境内不同区域土壤总硒含量差异较大。总体来看兰州市城乡之间土壤总硒含量有较大差异，各个县区明显高于市辖区（图 3）。

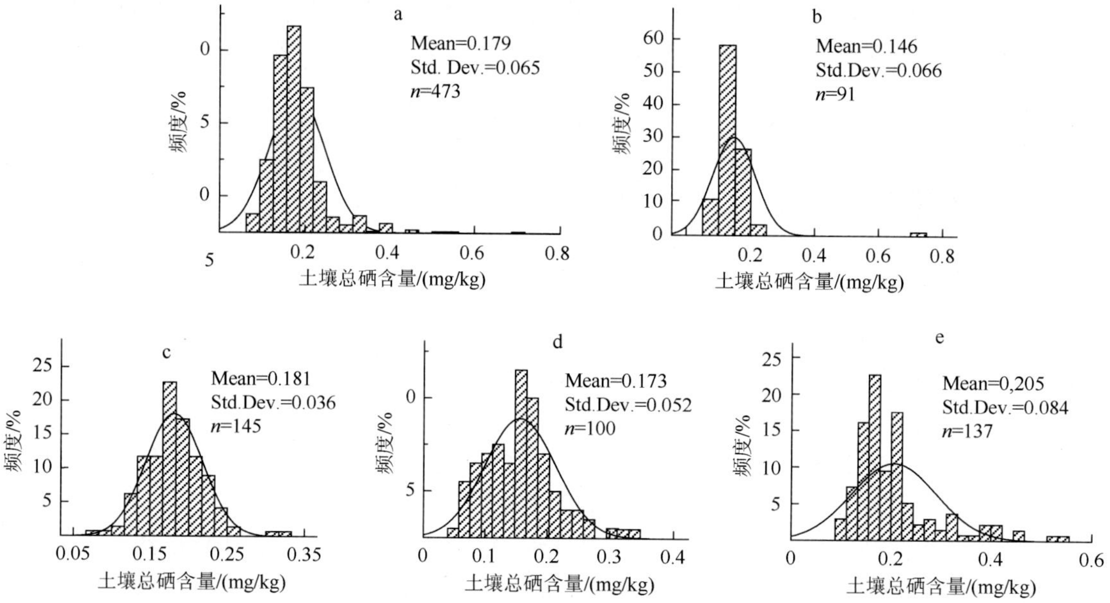

图 3　兰州市以及各县区土壤总硒含量频度图

a 兰州全市，b 市辖区，c 永登县，d 皋兰县，e 榆中县

兰州市辖区的 6 个乡镇只有平安镇土壤总硒含量接近全市平均值，而且有两个乡镇低于缺硒土壤线。其他 3 县的 23 个乡镇中，皋兰县的什川镇处于缺硒土壤线以下。土壤总硒含量在全市均值附近的有 11 个乡镇。有 10 个乡镇高于兰州市平均值。榆中县的土壤总硒含量较高的乡镇最多，其中金崖镇土壤总硒 0.329mg/kg，居兰州市各乡镇的表层土壤之首（表 1）。

2.1.3　土壤有效硒与总硒关系分析

在 473 个土壤样品中抽取 40 个土壤样品进行有效态硒浸提实验，所抽取土壤样品覆盖兰州各个县区。结果表明，兰州土壤有效态硒含量为 0.009～0.047mg/kg，有效态硒占总硒比例范围 4.6%～15.8%，平均为 8.27%±2.7%。土壤有效态硒（x）和总硒（y）含量呈显著正相关（图 4）。这一结果与国内其他地区土壤有效硒和总硒相关性关系类似[24]。

表 1　兰州市各乡镇土壤总硒含量　　（单位：mg/kg）

县/市辖区	乡镇	样品数	平均值
城关区	青白石乡	15	0.103±0.015
红古区	红古乡	12	0.142±0.013
	花庄镇	16	0.159±0.018
	平安镇	13	0.177±0.019
七里河区	西果园镇	20	0.125±0.018
西固区	金沟乡	15	0.144±0.070

续表

县/市辖区	乡镇	样品数	平均值
皋兰县	什川镇	15	0.119±0.017
	水阜乡	30	0.167±0.043
	黑石乡	10	0.171±0.035
	西岔镇	30	0.194±0.013
	石洞镇	15	0.21±0.054
永登县	城关镇	10	0.138±0.014
	上川镇	30	0.175±0.027
	武胜驿镇	15	0.176±0.036
	中川镇	30	0.177±0.016
	秦川镇	30	0.179±0.020
	苦水镇	30	0.217±0.028
榆中县	马坡乡	13	0.139±0.033
	小康营乡	3	0.152±0.019
	城关镇	2	0.152±0.001
	新营乡	15	0.155±0.049
	和平镇	15	0.157±0.021
	连搭乡	15	0.181±0.028
	定远镇	15	0.189±0.017
	来紫堡乡	15	0.207±0.077
	清水乡	15	0.212±0.060
	三角城乡	12	0.212±0.012
	夏官营镇	2	0.224±0.083
	金崖镇	15	0.329±0.060

2.2 农产品硒含量

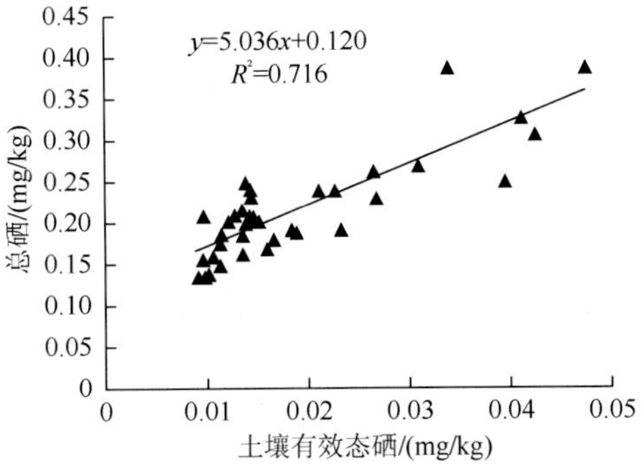

图 4 土壤总硒和有效态硒相关性

在调查的 19 种农产品中，硒含量范围为 0.0011～0.0767mg/kg，农产品硒含量在品种之间和产地之间均有较大差异。永登县农产品的硒含量最高，平均值为 0.0288mg/kg；榆中县次之，皋兰县和西固区的硒含量平均值较为接近，分别为 0.0054 和 0.0051mg/kg；而在市辖区，红古区和七里河区的农产品硒含量相对较低，分别为 0.0028 和 0.0037mg/kg。

调查涉及硒含量高于 0.015mg/kg 的农产品主要分布于永登县和榆中县境内。如永登县玫瑰，含量最高农产品位于本县苦水乡，即兰州的特色农产品苦水玫瑰。榆中县的芹菜和西兰花有部分样品硒含量也高于 0.015mg/kg，分布于榆中县土壤总硒含量较高区内。皋兰县没有农产品硒含量高于 0.015mg/kg。整体土壤总硒含量相对较低的市辖区没有发现农产品硒含量达到 0.015mg/kg（表 2）。

兰州农产品有机硒比例为 73.4%±18.7%。其中玫瑰有机硒比例最高，平均 88.7%，有机硒比例最高达到 94.3%。西兰花有机硒比例较低，多数低于 50%，也是兰州农产品中唯一有机硒比例均值低于 50%的农产品（表 3）。

2.3 土壤总硒与农产品硒关系

调查涉及农产品中，单个农产品硒含量与对应的土壤总硒含量无明显的正相关性，但在乡镇区域水平上，同种农产品硒含量均值与土壤总硒含量变化基本一致。如，玫瑰采集涉及的 3 个乡镇中，苦水乡玫瑰硒含量显著高于秦川镇和中川镇的玫瑰，这与苦水乡土壤总硒高于另外两镇相一致。百合、马铃薯也有类似的规律。同时，区域农产品硒含量与土壤总硒含量均值并不是完全正相关。如，秦川玫瑰与中川玫瑰土壤总硒含量相当，农产品中硒含量却有较大差别；榆中县三角城乡与永登县秦川的马铃薯，农产品与土壤总硒则是负相关；另外榆中县三角城乡与皋兰县石洞乡土壤总硒含量相当，但马铃薯的硒含量有较大差别（表 4）。

表 2　兰州市农产品硒含量（鲜重含量）

农产品	样品数	平均硒含量/（mg/kg）	最大值/（mg/kg）	最小值/（mg/kg）
花椰菜	11	5.41×10^{-3}	10.86×10^{-3}	2.55×10^{-3}
大白菜	1	2.03×10^{-3}	—	—
大芥蓝	3	4.46×10^{-3}	6.99×10^{-3}	2.23×10^{-3}
甘蓝	5	2.90×10^{-3}	4.21×10^{-3}	1.69×10^{-3}
娃娃菜	9	2.91×10^{-3}	6.23×10^{-3}	1.11×10^{-3}
西兰花	7	14.63×10^{-3}	44.59×10^{-3}	6.05×10^{-3}
紫甘蓝	1	8.16×10^{-3}	—	—
百合	10	4.36×10^{-3}	12.87×10^{-3}	1.22×10^{-3}
菠菜	1	10.07×10^{-3}	—	—
刀豆	1	3.01×10^{-3}	—	—
枸杞	5	3.90×10^{-3}	5.89×10^{-3}	2.64×10^{-3}
胡萝卜	11	5.04×10^{-3}	10.04×10^{-3}	1.92×10^{-3}
绿萝卜	2	2.33×10^{-3}	2.39×10^{-3}	2.27×10^{-3}
马铃薯	13	5.69×10^{-3}	11.07×10^{-3}	1.08×10^{-3}
芹菜	4	13.53×10^{-3}	33.20×10^{-3}	5.56×10^{-3}
西芹	4	8.15×10^{-3}	19.71×10^{-3}	2.95×10^{-3}
玫瑰	30	16.67×10^{-3}	22.52×10^{-3}	5.06×10^{-3}
葡萄	3	2.43×10^{-3}	2.97×10^{-3}	1.66×10^{-3}
西葫芦	1	5.20×10^{-3}	—	—

表 3　兰州部分农产品有机硒占总硒的比例

农产品	样品数	平均有机硒比例/%	最大值/%	最小值/%
玫瑰	8	88.75	94.33	75.04
花椰菜	1	74.21	—	—
芹菜	2	73.08	78.23	67.93
百合	1	71.33	—	—
枸杞	2	70.69	74.67	66.71
马铃薯	1	51.03	—	—
西兰花	4	45.61	60.62	37.63

表 4　兰州不同区域农产品总硒与土壤总硒含量

农产品	乡镇	平均硒含量/（mg/kg）	土壤总硒/（mg/kg）
玫瑰	苦水乡	54.73×10^{-3}	217×10^{-3}
	秦川镇	26.16×10^{-3}	179×10^{-3}
	中川镇	37.31×10^{-3}	177×10^{-3}
百合	西果园镇	3.13×10^{-3}	125×10^{-3}
	金沟乡	5.60×10^{-3}	144×10^{-3}
马铃薯	新营乡	2.14×10^{-3}	155×10^{-3}
	三角城乡	3.49×10^{-3}	212×10^{-3}
	黑石乡	5.80×10^{-3}	171×10^{-3}
	石洞镇	7.15×10^{-3}	210×10^{-3}
	秦川镇	7.96×10^{-3}	179×10^{-3}

3　讨论与结论

布和敖斯尔等[25]将中国 41 个土壤类型按照硒含量水平分为 3 个类型区域。此次调查涉及的主要土壤类型有灰钙土、栗钙土、灰褐土和亚高山草甸土等，均属于低硒土类区。兰州市碱性农耕土壤总硒含量 0.179mg/kg，位于农牧业用土壤总硒含量安全阈值范围内[23]，但含量偏低。其中市辖区部分土壤总硒含量低于安全阈值，因为面积小、分布较为分散，且在兰州市农产品生产中不占主导地位，不会引起硒缺乏症。兰州市表层农田土壤总硒含量分布不均匀，城乡差异很大。永登、皋兰和榆中 3 个县的表层土壤总硒含量明显高于市辖区，其中以榆中县最高，永登县和皋兰县次之。土壤有效硒与土壤总硒含量显著相关。

Johnsson 等[26]研究表明，偏碱性、有机质含量较低而且砂质含量较高土壤，有利于土壤中硒向植物可利用的形态转化，促进植物对硒的吸收和积累。兰州市土壤偏碱性，主要土壤类型为灰钙土，在该地区种植的作物对土壤中的硒有较高的利用效率。因此利用人工硒强化技术，开发富硒农产品，在兰州市有很好的前景。

调查涉及的农产品中玫瑰和芹菜等达到兰州市富硒农产品标准，是兰州是天然的富硒农产品。另有 74%的农产品未达到富硒标准。但其农产品中有机硒所占比例较高，多数在 70%以上，只有个别品种低于 50%。针对该市硒含量较低的碱性农田土壤中种植生产出天然富硒农产品的现象，有待于进一步调查研究。

该市农产品硒含量与土壤中总硒含量在一定区域水平上的变化正相关，如 3 个乡镇的玫瑰硒含量与土壤总硒含量。但有例外证明农产品中硒与所调查土壤总硒只有较小相关性，尤其是部分品种单个农产品与对应的土壤样品的硒含量。说明农产品中的硒含量并不只受土壤总硒含量的影响，同时各种外界因子，如耕作方式、水肥管理和微域环境变化等，也对农产品硒含量有一定的影响。若该市通过人工硒强化技术种植富硒农产品，不但应注意种植地的土壤总硒含量背景值，还应该考虑不同农艺措施对农产品中硒含量的影响。关于后者还需进一步深入调查研究。

致谢　实验室人员刘志奎、夏昭远等在样品分析检测过程中给予大量帮助，在此表示感谢。

参 考 文 献

[1] Lyons G H，Genc Y，Soole K，et al. Selenium increases seed production in Brassica. Plant and Soil，2009，318：73-80.

[2] 王大鹏. 硒与人体健康及其分析方法. 世界元素医学，2008，15（4）：44-46.

[3] Papp LV，Holmgren A，Khanna KK. Selenium and Selenoproteins in health and disease. Antioxidants & Redox Signaling，2010，12（7）：793-795.

[4] 赵中秋，郑海雷，张春光，等. 土壤硒及其与植物硒营养的关系. 生态学杂志，2003，22（1）：22-25.

[5] 杨兰芳. 土壤中的硒. 湖北民族学院学报（自然科学版），2000，18（1）：43-46.

[6] Bujdos M，Mulova A，Kubova J，et al. Selenium fractionation and speciation in rocks soils waters and plants in polluted surface mine environment. Environmental Geology，2005，47：353-360.

[7] 朱传凤，贾三春. 甘肃省土壤中硒背景值的调查研究. 甘肃环境研究与检测，1991，14（2）：4-7.

[8] 袁建生，束生庚，刘惠麒，等. 青海省水、土壤环境中硒含量水平分布的调查分析. 青海环境，1994（3）：128-135.
[9] 张晓平，张玉霞. 西藏土壤中硒的含量及分布. 土壤学报，2000，37（4）：558-562.
[10] 姚春霞，尹雪斌，张长波，等. 浙江富阳金属冶炼厂周围水田土壤-水稻系统中 As、Se 含量特征. 土壤，2006，38（5）：534-538.
[11] Cao Z H，Wang X C，Yao D H，et al. Selenium geochemistry of paddy soils in Yangtze River Delta. Environment International，2001，26：335-339.
[12] 林小鸣，杨晓文，杨冬雪，等. 福建省茶园 土壤硒研究. 化学工程与装备，2009（12）：31-33.
[13] 熊远福，李辉勇，刘军鸽. 水稻土壤中硒的价态转化及溶解性 研究. 环境化学，1999，18（4）：338-342.
[14] 中国科学院地理研究所环境与地方病研究组. 我国低硒带和克山病、大骨节病病因研究. 中国科学院院刊，1988（1）：54-60.
[15] 王建成，田大礼，刘庆云. 兰州市农业资源调查和农业区划报 告汇编. 兰州：兰州市农业区划委员办公室，1989：72-75，353-354.
[16] 吴雄平，鲍俊丹，伊田，等. 石灰性土壤有效硒 浸提剂和浸提条件研究. 农业环境科学研究，2009，28（5）：931-936.
[17] 秦昉. 植物中有机硒含量的测定. 无锡轻工大学学报. 1998，17（4）：74-77.
[18] 王云. 土壤环境元素化学. 北京：中国环境科学出版社，1995：217-227.
[19] 王世纪，吴小勇，刘军保. 浙北地区土壤硒元素特征及其生态环境效应评价. 中国地质，2004，31（增刊）：118-125.
[20] 徐文，唐文浩，邝春兰，等. 海南省土壤中硒含量及影响因素分析. 安徽农业科学，2010，38（6）：3 026-3 027.
[21] 何亚琳. 贵州省土壤含硒量及其分布. 土壤学报，1999，33（4）：391-397.
[22] 章海波，骆永明，吴龙华，等. 香港土壤 研究——Ⅱ.土壤硒的含量、分布及其影响因. 土壤学报，2005，42（3）：404-409.
[23] 张东威. 中国土壤中硒及其土壤环境质量标准研究. 水土保持研究，1994，1（5）：20.
[24] 廖启林，华明，冯金顺，等. 苏南局部富硒土壤及其天然富硒茶叶初步研究. 中国地质，2007，34（2）：347-353.
[25] 布和敖斯尔，张东威，刘力. 土壤硒区域环境分异及安全阈值的研究. 土壤学报，1995，32（2）：186-193.
[26] Johnsson L. Selenium uptake by plants as a function of soil type，organic matter content and pH. Plant and Soil，1991，133：57-64.

Spatial Distribution and Speciation of Selenium in Alkaline Soils and Agricultural Products of Lanzhou

Li Wei[1,2] Li Fei[2] Bi De[2] Wang Huakui[3] Li Haiyong[3] Zhou Shoubiao[1] Zhao Qiguo[4] Yin Xuebin[2]

1 College of Life Science，Anhui Normal University，Wuhu 241000，China
2 Suzhou Key Laboratory for Selenium and Human Health，USTC，Suzhou 215123，China
3 Livestock Bureau of Lanzhou，Lanzhou 730000，China
4 Institute of Soil Science，Chinese Academy of Sciences，Nanjing 210008，China

Abstract

To know the spatial distribution of soil total Se and Se speciation in agricultural products，totally 473 Lanzhou soils and 122 agricultural products were sampled and analyzed. The results showed that the average total Se concentration of the topsoil in Lanzhou was0.179±0.066mg/kg（*n*=473），which ranked in middle level of China. Soil pH value was 8.39±0.26. Soil Se varied significantly among sampling sites，and the highest averaged soil Se was found in Yuzhong Area. The bioavailable Se of soils ranged from 4.63% to15.8%，averagely 8.27% of the total Se. A significantly positive correlation between bioavilable Se and toal Se in soils was observed. For the agricultural products，the total Se in rose（*Rosa rugosa*），Chinese wolfberry（*Lycium barbarum*），broccoli（*Brassica oleracea* var.*italica* and celery *Apium graveolens* exceeded 0.015 mg/kg a standard value for Se-enriched products in China）. The organic Se covered averagely 73.4% of the total Se in these agricultural products. Generally，the areas with higher soil Se in Lanzhou could grow higher Se products. Because of alkaline properties of Lanzhou soil，it has a significant advantage in developing Se bio-fortification agricultural products.

Key words Lanzhou；Alkaline Soil；Agricultural product；Total selenium；Selenium speciation

后　记

经过紧张的搜集、整理和编辑，《赵其国文集·农业发展卷》就要与读者见面了，我们感到十分喜悦与欣慰！我们对《赵其国文集·农业发展卷》的顺利出版，表示热烈祝贺！

《赵其国文集·农业发展卷》是赵其国院士及其领衔的科研团队半个多世纪以来，在农业发展领域所作科研工作的集中反映和取得的创新性成果的充分展现。在入选的102篇论文中，可分为三类：第一类，是赵其国院士独立撰写发表的论文，约占总数的1/3；第二类，是赵其国院士指导博士后、博士研究生、硕士研究生等撰写的论文，赵其国署名第一作者或通讯作者，约占总数的1/3；第三类，是赵其国院士科研团队成员，在合作完成科研工作中撰写的论文，并有赵其国署名，这类论文约占总数的1/3。

《赵其国文集·农业发展卷》的编辑、出版，得到了论文作者和全体编委的大力支持与配合，得到了赵其国院士工作单位中国科学院南京土壤研究所的大力支持和帮助，得到了科学出版社的大力支持，在此一并致以衷心的感谢！

今天9月22日，再过几天就到了国庆、中秋“双佳节”，我们借此机会，对所有为中国、为世界农业和农业科学默默无闻工作的人们表示敬意和感谢！祝愿“双佳节”愉快！阖家幸福！并将此书献给祖国！献给世界！献给为农业发展和农业科学发展作出贡献的领导、专家和同志！祝愿祖国繁荣！世界和谐！人类安康！农业发达！

《赵其国文集·农业发展卷》编辑委员会

2017年9月22日于南京